中文版

AutoCAD 2022
从入门到精通

麓山文化　编著

机械工业出版社

本书是一本帮助 AutoCAD 2022 初学者实现从入门到精通的学习宝典。

本书分为 3 篇。第 1 篇为基础篇，介绍了 AutoCAD 2022 入门、坐标系与辅助绘图工具、二维图形的绘制、二维图形的编辑、创建图形标注；第 2 篇为精通篇，介绍了创建文字和表格、图层与图形特性、图块与外部参照、打印出图和输出；第 3 篇为行业应用篇，介绍了机械设计与绘图、建筑设计与绘图。

本书选用了大量的案例，叙述清晰，内容实用，每个知识点都配有专门的案例，一些重点章节还安排了跟踪练习环节，使读者能够在实际操作中加深对知识的理解和掌握。另外，每个实例都取材于建筑、室内、机械和园林等设计中的实际图形，使广大读者在学习 AutoCAD 的同时，能够了解和掌握不同领域的专业知识和绘图规范。

本书适用于 AutoCAD 初、中级用户，可作为广大 AutoCAD 初学者和爱好者的专业指导教材，对广大专业技术人员来说也是一本不可多得的参考手册。

图书在版编目（CIP）数据

中文版 AutoCAD 2022 从入门到精通 / 麓山文化编著. — 北京：机械工业出版社，2022.5

ISBN 978-7-111-70834-6

Ⅰ. ①中… Ⅱ. ①麓… Ⅲ. ①AutoCAD 软件 Ⅳ. ①TP391.72

中国版本图书馆 CIP 数据核字(2022)第 088329 号

机械工业出版社（北京市百万庄大街 22 号 邮政编码 100037）

策划编辑：曲彩云 王 珑　　责任编辑：王 珑

责任校对：刘秀华　　责任印制：任维东

北京中兴印刷有限公司印刷

2022 年 6 月第 1 版第 1 次印刷

184mm×260mm ·29.25 印张·724 千字

标准书号：ISBN 978-7-111-70834-6

定价：99.00 元

电话服务

客服电话：010-88361066

010-88379833

010-68326294

网络服务

机 工 官 网：www.cmpbook.com

机 工 官 博：weibo.com/cmp1952

金 书 网：www.golden-book.com

机工教育服务网：www.cmpedu.com

前　言

AutoCAD 是美国 Autodesk 公司开发的专门用于计算机绘图和设计的软件。该软件自 20 世纪 80 年代面世以来，由于其具有简便易学、精确高效等优点，一直深受广大工程设计人员的青睐。迄今为止，AutoCAD 历经了多次的更新与完善，新推出的 AutoCAD 2022 中文版更是极大地提高了二维制图功能的易用性和三维建模功能。

■ 编写目的

鉴于 AutoCAD 具有强大的功能和广泛的应用领域，我们力图编写一本全方位讲解 AutoCAD 在工程领域应用技术的教程。本书以 AutoCAD 命令为主线，辅以操作实例，详细介绍了使用 AutoCAD 进行建筑、机械、、室内和电气等设计绘图的基本技能和技巧。

■ 本书内容

本书首先从易到难、由浅及深地介绍了 AutoCAD2022 的基本操作，然后结合机械和建筑设计等实际案例，深入讲解了 AutoCAD2022 在各行业的应用方法和技巧。

篇　名	内 容 安 排
第 1 篇　基础篇 （第 1~5 章）	本篇内容主要讲解 AutoCAD 的基本操作以及二维图形的绘制、编辑和标注等功能，这些功能也是 AutoCAD 最核心的功能 第 1 章：主要介绍 AutoCAD 软件的功能特点，以及软件的界面与操作 第 2 章：主要介绍 AutoCAD 中的坐标系，以及一些常用的辅助绘图工具，可使读者掌握最常用的图形绘制方法，快速上手 第 3 章：主要介绍 AutoCAD 二维图形的绘制命令，可使读者进一步掌握 AutoCAD 的绘制方法 第 4 章：主要介绍 AutoCAD 二维图形的编辑命令，可使读者掌握修改图样的方法 第 5 章：主要介绍 AutoCAD 中各种标注工具的使用方法
第 2 篇　精通篇 （第 6~9 章）	本篇内容主要讲解 AutoCAD 的一些高级管理和绘图功能 第 6 章：主要介绍 AutoCAD 文字与表格工具的使用方法 第 7 章：主要介绍图层的概念及图层的创建和操作方法 第 8 章：主要介绍图块的概念及图块的创建和编辑方法 第 9 章：主要介绍 AutoCAD 各种打印设置与打印输出的方法
第 3 篇　行业应用篇 （第 10 和 11 章）	本篇针对 AutoCAD 目前应用较多的 6 个行业中的机械和建筑行业，介绍相关的基础知识和 AutoCAD 实际应用方法和技术 第 10 章：介绍机械设计的相关标准与设计案例 第 11 章：介绍建筑设计的相关标准与设计案例

■ 本书特色

零点起步　轻松入门：内容讲解循序渐进、通俗易懂、易于掌握，每个重要的知识点都采用了实例讲解，读者可以边学边练，通过实际操作理解各种功能的实际应用。

实战演练　逐步精通：安排了各行业中大量经典的实例，每个章节都有实例示范来提升读者的实战经验。实例串起了多个知识点，可提高读者的应用水平，使其快速成为高手。

视频教学　身临其境：附赠资源中的内容丰富超值，不仅有实例的素材文件和结果文件，还有由专业工程师录制的全程同步语音视频教学，让读者仿佛亲临教学课堂。

超值赠送 在线答疑：随书赠送 AutoCAD 常用按钮、命令快捷键、功能键和绘图技巧速查手册 4 本，以及 100 多套图纸及 70 例绘图练习，并提供了 QQ 群（368426081）免费在线答疑，可让读者轻松学习、答疑无忧。

■ 配套资源

本书物超所值，随书附赠以下资源（扫描“资源下载”二维码即可获得下载方式）：

配套 200 集高清语音教学视频，总时长近 900min。读者可以先通过教学视频学习本书内容，然后对照本书加以实践和练习，以提高学习效率。

书中所有案例的源文件和素材。读者可以使用 AutoCAD 2022 打开和编辑。

第 12 ~19 章内容的高清 PDF 文档。读者可以下载到电脑或手机等电子设备上进行阅读。

资源下载

■ 本书编者

本书由麓山文化编著。由于编者水平有限，书中不足、疏漏之处在所难免，在感谢读者选择本书的同时，也希望读者能够把对本书的意见和建议告诉我们。

读者服务邮箱：lushanbook@qq.com

读者 QQ 群：368426081

读者交流

编 者

目　录

第2篇　精通篇

第 3 篇 行业应用篇

第 1 篇 基础篇

第 1 章 AutoCAD 2022 入门

本章导读

本章将通过 AutoCAD 2022 的启动与退出、操作界面、视图的控制和工作空间等基本知识的介绍，使读者对 AutoCAD2022 及其操作方式有一个全面的了解和认识。

学习效果

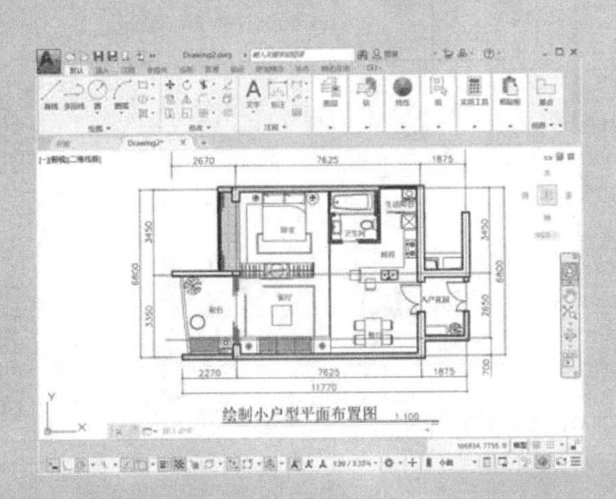

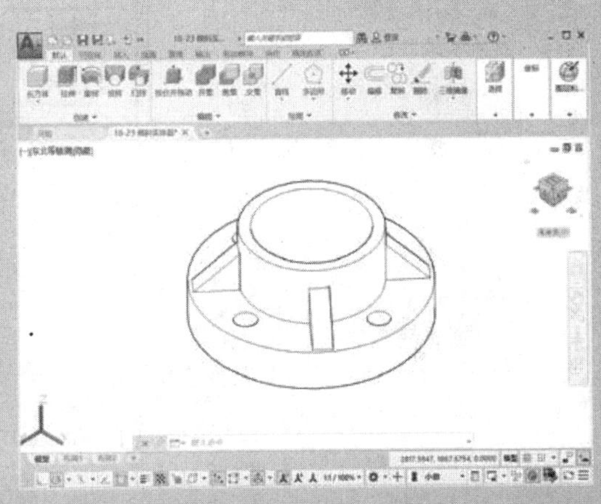

1.1 AutoCAD 的启动与退出

使用 AutoCAD 进行绘图之前，首先必须启动该软件。在完成绘制之后，应保存文件并退出软件，以节省系统资源。

1.1.1 启动 AutoCAD 2022

安装好 AutoCAD2022 后，启动的方法有以下几种：

➢【开始】菜单：单击【开始】按钮，在菜单中选择“所有程序|Autodesk| AutoCAD 2022-简体中文（Simplified Chinese）| AutoCAD 2022-简体中文（Simplified Chinese）”选项。

➢与 AutoCAD 关联的格式文件：双击打开与 AutoCAD 相关格式的文件(*.dwg、*.dwt 等)。

➢快捷方式：双击桌面上的快捷图标，或者 AutoCAD 图样文件。

AutoCAD 2022 启动后的界面如图 1-1 所示，在该界面上可以轻松访问各种初始操作，包括访问图形样板文件、最近打开的图形和图纸集、联机和了解选项以及通告。

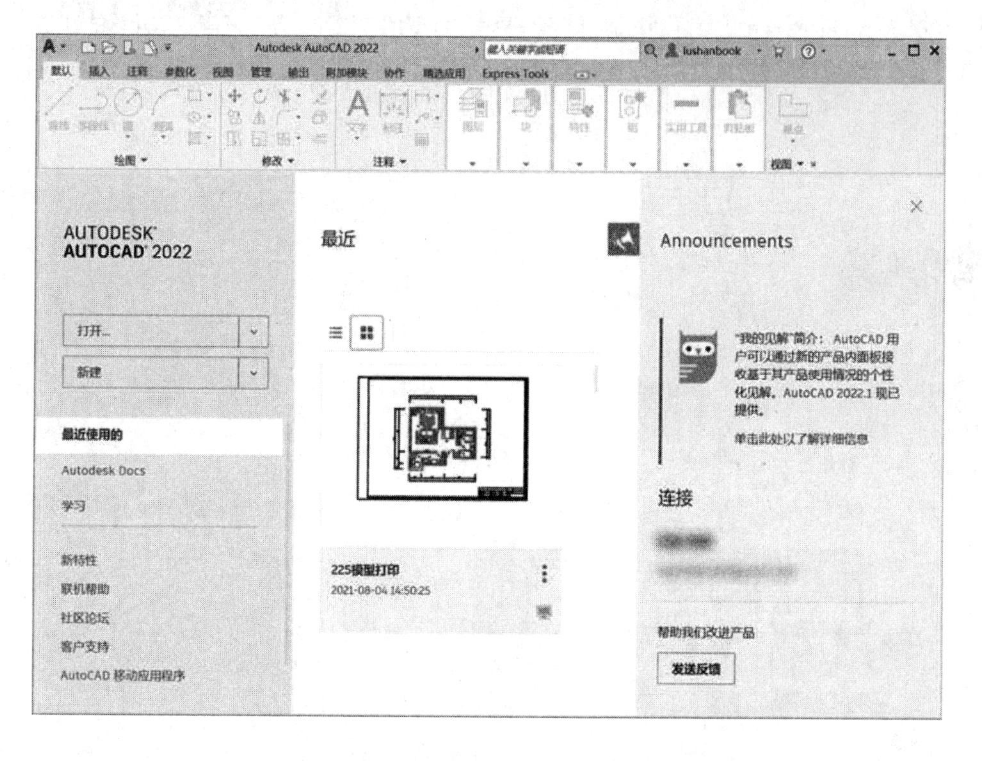

图 1-1 AutoCAD 2022 的启动界面

1.1.2 退出 AutoCAD 2022

在完成图形的绘制和编辑后，退出 AutoCAD2022 的方法有以下几种。

➢【应用程序】按钮：单击【应用程序】按钮，再单击【退出 Autodesk AutoCAD 2022】按钮，如图 1-2 所示。

➢菜单栏：选择【文件】|【退出】命令，如图 1-3 所示。

➢标题栏：单击标题栏右上角的【关闭】按钮，如图 1-4 所示。

➢快捷键：Alt+F4 或 Ctrl+Q 组合键。

➢命令行：输入【QUIT】或【EXIT】命令，如图 1-5 所示。命令行中输入的字符不分大小写。

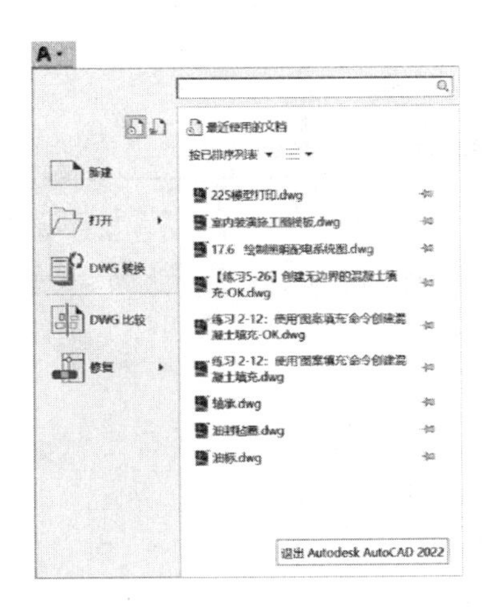

图 1-2 【应用程序】按钮菜单

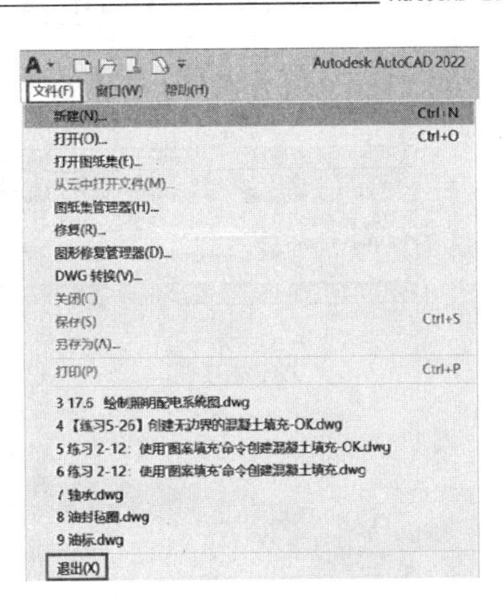

图 1-3 菜单栏调用【退出】命令

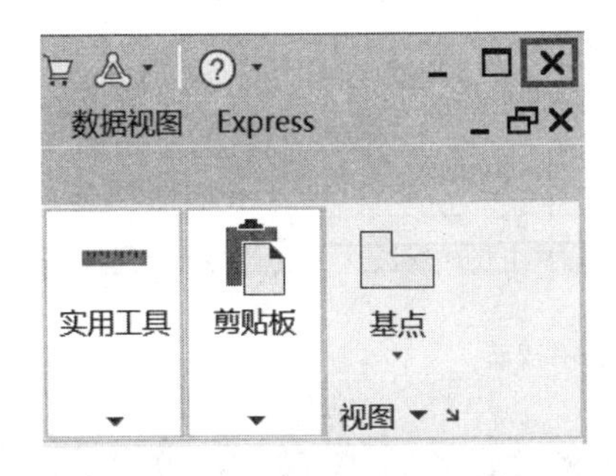

图 1-4 标题栏【关闭】按钮

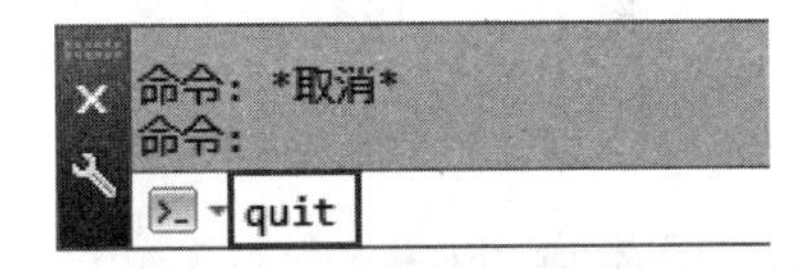

图 1-5 命令行输入关闭命令

若在退出 AutoCAD 2022 之前未进行文件的保存，系统会弹出如图 1-6 所示的提示对话框，提示使用者在退出软件之前是否保存当前绘图文件。单击【是】按钮，可以进行文件的保存；单击【否】按钮，将不对之前的操作进行保存而退出；单击【取消】按钮，将返回到操作界面，不执行退出软件的操作。

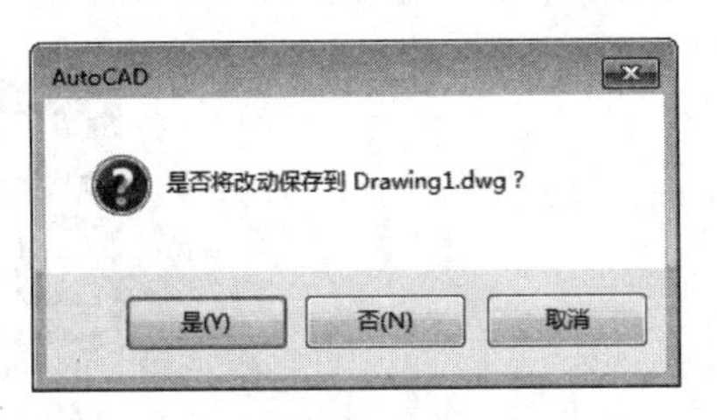

图 1-6 提示对话框

1.2 AutoCAD 2022 操作界面

AutoCAD2022 的操作界面是显示、编辑图形的区域，具有很强的灵活性.根据专业领域和绘图习惯的不同，用户可以设置适合自己的操作界面。

1.2.1 AutoCAD 的操作界面简介

AutoCAD 的默认界面为【草图与注释】工作空间界面（工作空间的相关知识将在本章 1.6 节中进行介绍，这里仅简单介绍界面中的主要元素）。【草图与注释】工作空间界面包括【应用程序】按钮、快速访问工具栏、菜单栏、标题栏、交互信息工具栏、功能区、文件选项卡、十字光标、绘图区、坐标系、命令行、状态栏及文本窗口等，如图 1-7 所示。

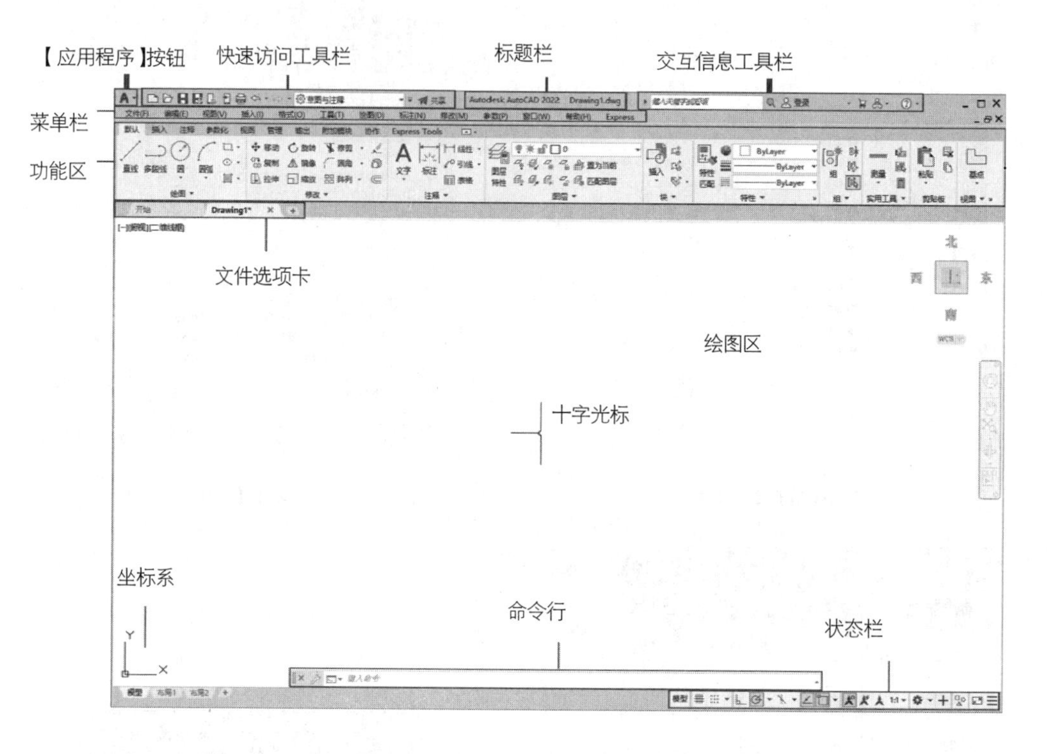

图 1-7　AutoCAD 2022 默认的操作界面

1.2.2　应用程序按钮

【应用程序】按钮位于操作界面的左上角，单击该按钮，系统将弹出用于管理 AutoCAD 图形文件的菜单，包含【新建】【打开】【DWG 转换】、【DWG 比较】【修复】等命令。右侧区域则是【最近使用的文档】列表，如图 1-8 所示。

此外，在应用程序【搜索】按钮左侧的空白区域输入命令名称，即会弹出与之相关的各种命令的列表，如图 1-9 所示，选择其中的命令即可执行该命令。

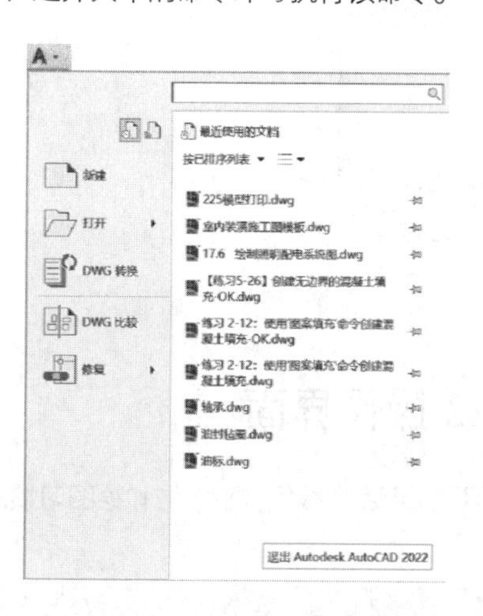

图 1-8　【应用程序】按钮菜单

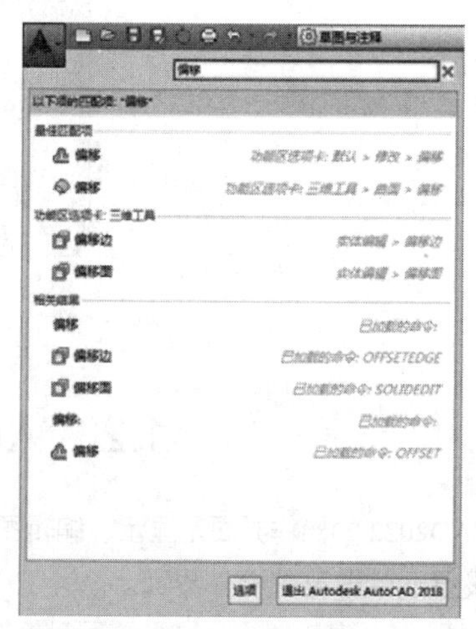

图 1-9　搜索命令列表

1.2.3　快速访问工具栏

快速访问工具栏位于标题栏的左侧，它包含了文档操作常用的快捷按钮，依次为【新建】【打开】【保存】【另存为】【从 web 和 mobile 中打开】【保存到 web 和 mobile 中】【打印】【重做】、【放弃】和【共享】按钮，如图

1-10 所示。

可以通过相应的操作为快速访问工具栏增加或删除工具按钮，有以下几种方法：

➢ 单击快速访问工具栏右侧下拉按钮▼，在菜单栏中选择【更多命令】选项，在弹出的【自定义用户界面】对话框选择将要添加的命令，然后按住鼠标左键将其拖动至快速访问工具栏上即可。

➢ 在功能区的任意工具图标上单击鼠标右键，选择其中的【添加到快速访问工具栏】命令。

如果要删除已有的工具按钮，只需要在该按钮上单击鼠标右键，然后选择【从快速访问工具栏中删除】命令，即可完成删除该按钮操作。

图 1-10　快速访问工具栏

1.2.4　菜单栏

与之前版本的 AutoCAD 不同，在 AutoCAD 2022 中，菜单栏在任何工作空间都默认为不显示。只有在快速访问工具栏中单击下拉按钮▼，并在弹出的下拉菜单中选择【显示菜单栏】选项，才可将菜单栏显示出来，如图 1-11 所示。

图 1-11　选择【显示菜单栏】选项

菜单栏位于标题栏的下方，包括【文件】【编辑】【视图】【插入】【格式】【工具】【绘图】【标注】【修改】【参数】【窗口】、【帮助】和【Express】13 个菜单，几乎包含了所有的绘图命令和编辑命令，如图 1-12 所示。

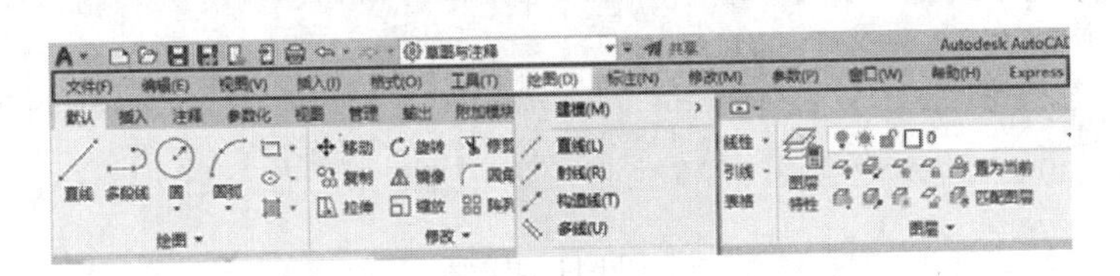

图 1-12　菜单栏

这 13 个菜单栏的主要作用介绍如下。

➢【文件】：用于管理图形文件，如新建、打开、保存、另存为、放弃、打印和重做等。

➢【编辑】：用于对文件图形进行常规编辑，如剪切、复制、粘贴、清除、链接、查找等。

➢【视图】：用于管理 AutoCAD 的操作界面，如缩放、平移、动态观察、相机、视口、三维视图、消隐和渲染等。

➢【插入】：用于在当前 AutoCAD 绘图状态下插入所需的图块或其他格式的文件，如 PDF 参考底图、字段等。

➢【格式】：用于设置与绘图环境有关的参数，如图层、颜色、线型、线宽、文字样式、标注样式、表格样式、点样式、厚度和图形界限等。

➢【工具】：用于设置一些绘图的辅助工具，如选项板、工具栏、命令行、查询和向导等。

➢【绘图】：提供绘制二维图形和三维模型的所有命令，如直线、圆、矩形、正多边形、圆环、边界和面域等。

➢【标注】：提供对图形进行尺寸标注时所需的命令，如线性标注、半径标注、直径标注、角度标注等。

➢【修改】：提供修改图形时所需的命令，如删除、复制、镜像、偏移、阵列、修剪、倒角和圆角等。

➢【参数】：提供对图形约束时所需的命令，如几何约束、动态约束、标注约束和删除约束等。

➢【窗口】：用于在多文档状态时设置各个文档的屏幕，如层叠、水平平铺和垂直平铺等。

➢【帮助】：提供使用 AutoCAD 2022 所需的帮助信息。

➢【Express】：快速链接到各种命令，包括立方体命令、文字命令、更改命令等。

1.2.5 标题栏

标题栏位于 AutoCAD 窗口的最上方，如图 1-13 所示，标题栏显示了当前软件名称，以及当前新建或打开的文件的名称等。标题栏最右侧提供了用于【最小化】按钮、【最大化】按钮/【恢复窗口大小】按钮和【关闭】按钮。

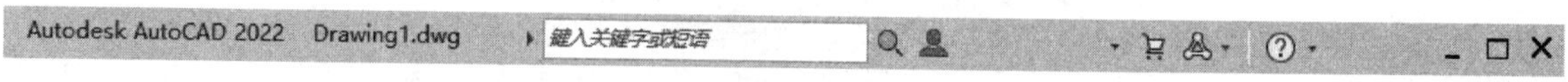

图 1-13　标题栏

1.2.6 交互信息工具栏

交互信息工具栏主要包括搜索框、A360 登录栏、Autodesk App Store、保持连接 4 个部分。

1.2.7 功能区

功能区是各命令选项卡的合称，它用于显示与绘图任务相关的按钮和控件，存在于【草图与注释】【三维基础】和【三维建模】工作空间中。【草图与注释】工作空间的功能区包含了【默认】【插入】【注释】【参数化】【视图】【管理】【输出】【附加模块】【协作】【精选应用】等多个选项卡，如图 1-14 所示。每个选项卡包含有若干个面板，每个面板又包含多个由图标表示的命令按钮。

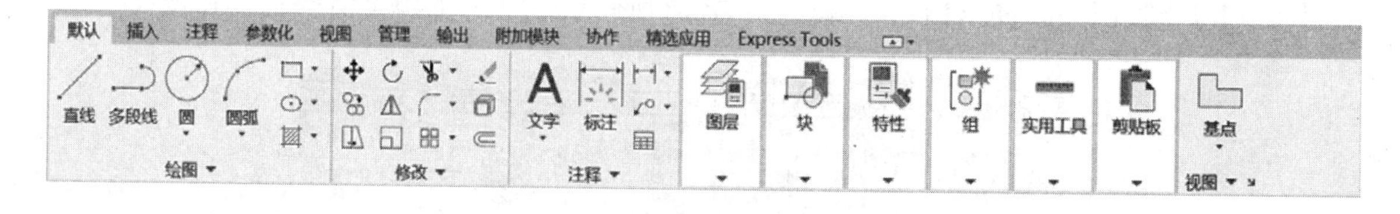

图 1-14　功能区

用户创建或打开图形时，功能区将自动显示。如果没有显示功能区，可以执行以下操作来手动显示功能区：

➢ 菜单栏：选择【工具】|【选项板】|【功能区】命令。

➢ 命令行：输入【ribbon】命令。如果要关闭功能区，则输入【ribbonclose】命令。

1. 切换功能区显示方式

功能区可以以水平或垂直的方式显示，也可以显示为浮动选项板。另外，功能区可以以最小化状态显示，其方法是在功能区右侧单击下拉按钮，在弹出的列表中选择以下几种方式：

➢【最小化为选项卡】：该方式仅显示选项卡标题，如图 1-15 所示。

图 1-15 【最小化为选项卡】的功能区显示

➢【最小化为面板标题】：该方式仅显示选项卡和面板标题，如图 1-16 所示。

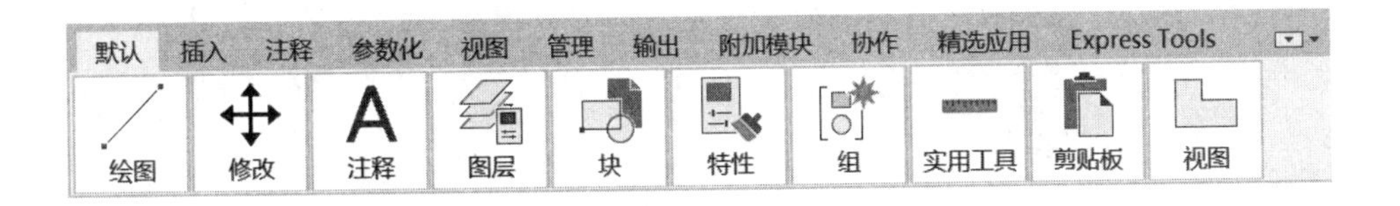

图 1-16 【最小化为面板标题】的功能区显示

➢【最小化为面板按钮】：该方式仅显示选项卡标题和面板按钮，如图 1-17 所示。

图 1-17 【最小化为面板按钮】的功能区显示

➢【循环浏览所有项】：按【完整功能区】【最小化面板按钮】【最小化为面板标题】【最小化为选项卡】顺序切换 4 种功能区状态。

而单击切换按钮，则可以在默认和最小化功能区状态之间切换。

2. 自定义选项卡及面板的构成

用鼠标右键单击面板按钮，弹出显示控制快捷菜单，如图 1-18、图 1-19 所示，可以分别调整选项卡与面板的显示内容。名称前被勾选则表示该内容已显示，反之则隐藏。

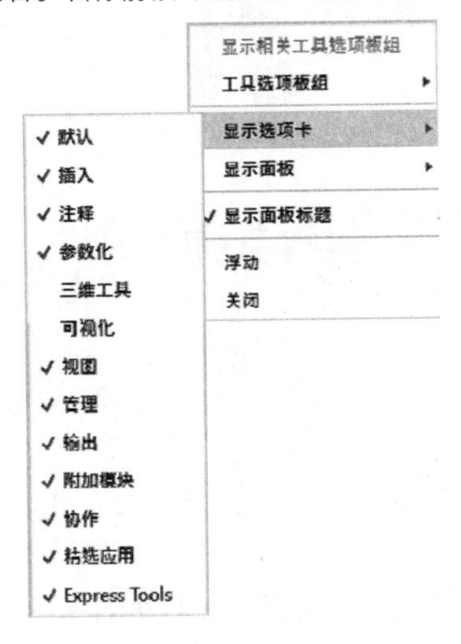

图 1-18 调整功能选项卡显示

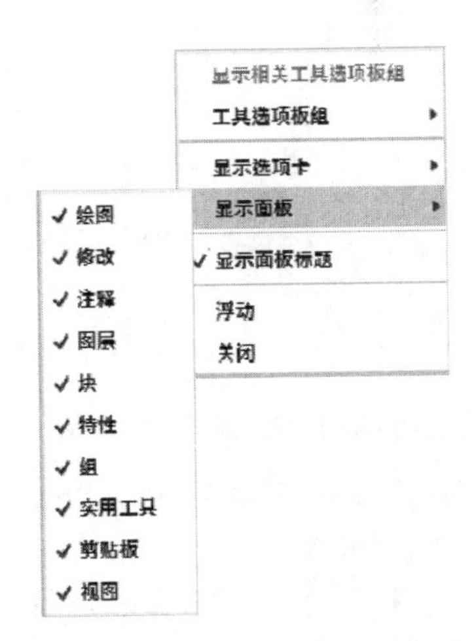

图 1-19 调整选项卡内面板显示

专家提醒 面板显示子菜单会根据不同的选项卡进行变换。面板子菜单为当前打开选项卡的所有面板名称列表。

3．调整功能区位置

在选项卡名称上单击鼠标右键，将弹出如图 1-20 所示的快捷菜单，选择其中的【浮动】命令，可使【功能区】选项板浮动在【绘图区】上方。此时用鼠标左键按住【功能区】选项板左侧灰色边框拖动，可以自由调整其位置。

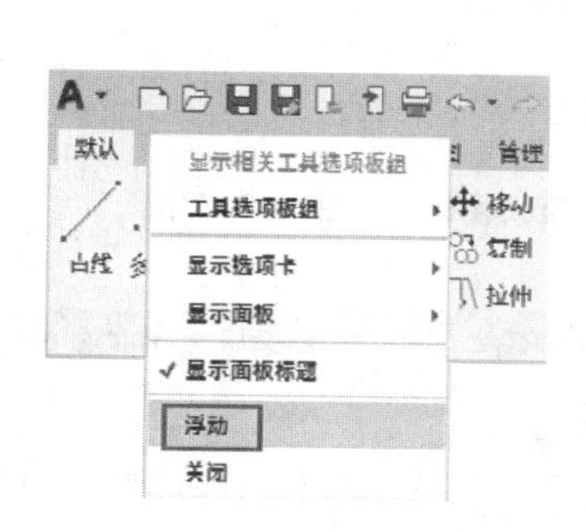

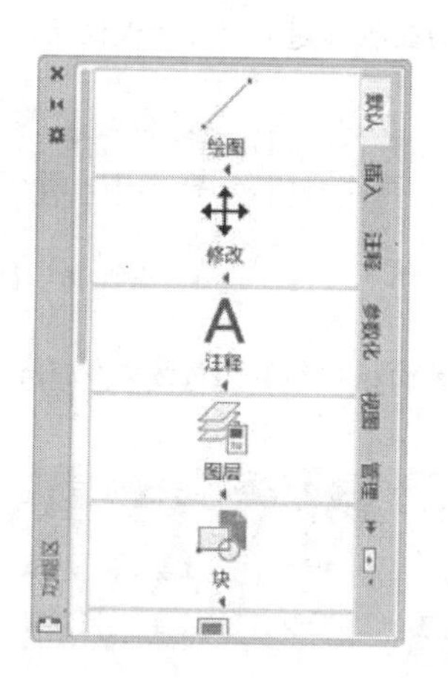

图 1-20　快捷菜单及浮动【功能区】选项板

专家提醒 如果选择菜单中的【关闭】命令，则将整体隐藏功能区，进一步扩大绘图区区域，如图 1-21 所示。

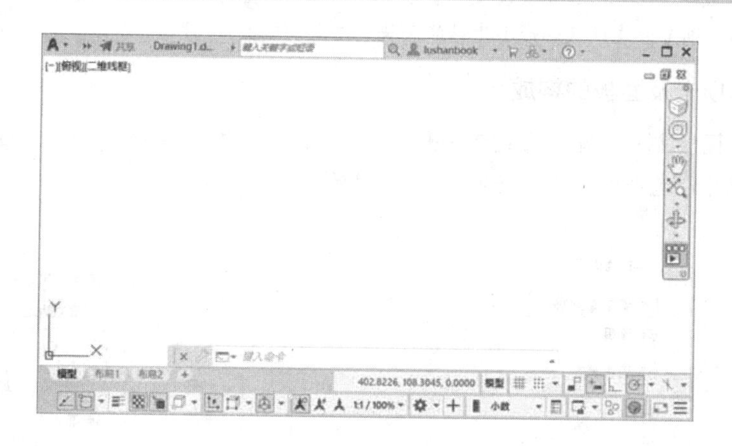

图 1-21　关闭功能区

4．功能区选项卡的组成

因为【草图与注释】工作空间最为常用，因此这里只介绍该工作空间中几个比较常用的选项卡。

❑ 【默认】选项卡

打开【默认】选项卡，从左至右依次为【绘图】【修改】【注释】【图层】【块】【特性】【组】【实用工具】【剪贴板】和【视图】10 个功能面板，如图 1-22 所示。【默认】选项卡集中了 AutoCAD 中常用的命令，涵盖绘图、标注、编辑、修改、图层、图块等各个方面，是最主要的选项卡。

❑ 【插入】选项卡

打开【插入】选项卡，从左至右依次为【块】【块定义】【参照】【输入】【数据】【链接和提取】和【位置】7 个功能面板，如图 1-23 所示。【插入】选项卡主要用于图块、外部参照等外在图形的调用。

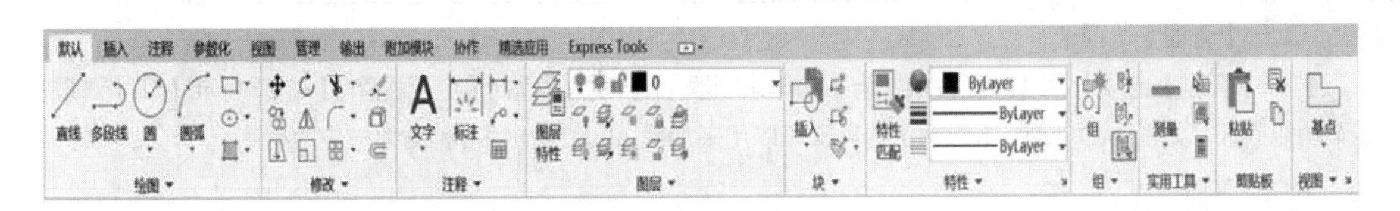

图 1-22 【默认】选项卡

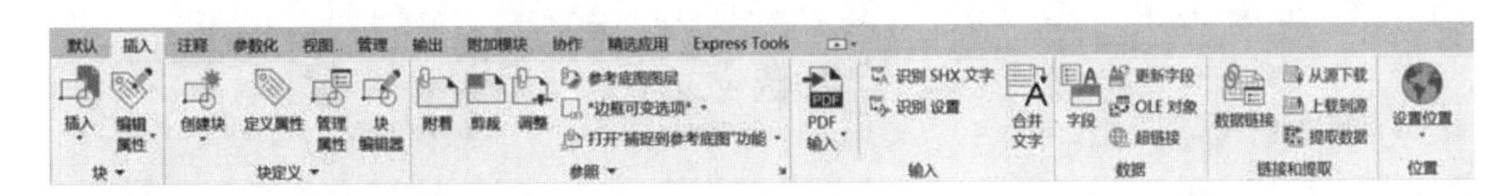

图 1-23 【插入】选项卡

□ 【注释】选项卡

打开【注释】选项卡，从左至右依次为【文字】【标注】【中心线】【引线】【表格】【标记】和【注释缩放】7个功能面板，如图 1-24 所示。【注释】选项卡提供了详尽的标注命令，包括引线、公差、中心线等。

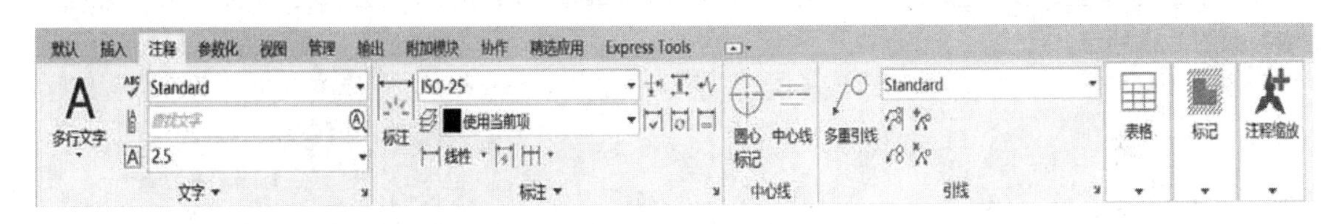

图 1-24 【注释】选项卡

□ 【参数化】选项卡

打开【参数化】选项卡，从左至右依次为【几何】【标注】【管理】3 个功能面板，如图 1-25 所示。【参数化】选项卡主要用于创建和管理图形的几何约束和标注约束。

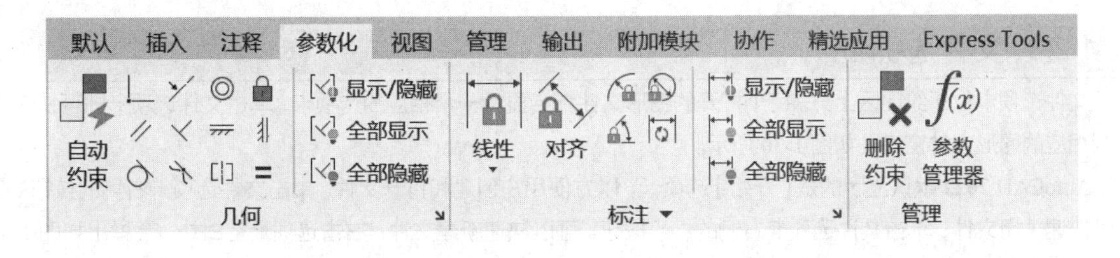

图 1-25 【参数化】选项卡

□ 【视图】选项卡

打开【视图】选项卡，从左至右依次为【视口工具】【命名视图】【模型视口】【比较】【历史记录】【选项板】【界面】5 个功能面板，如图 1-26 所示。【视图】选项卡提供了大量用于控制视图显示的命令，包括 UCS 的显现、绘图区上 ViewCube 和【文件】【布局】等标签的显示与隐藏。

图 1-26 【视图】选项卡

❑ 【管理】选项卡

打开【管理】选项卡，从左至右依次为【动作录制器】【自定义设置】【应用程序】【CAD 标准】和【清理】5 个功能面板，如图 1-27 所示。【管理】选项卡可以用来加载 AutoCAD 的各种插件与应用程序。

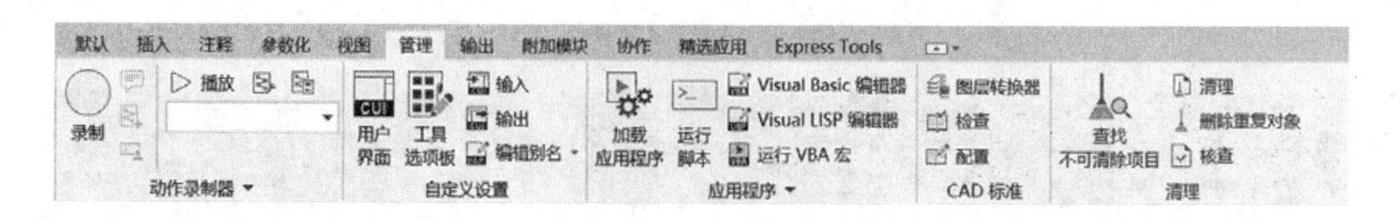

图 1-27　【管理】选项卡

❑ 【输出】选项卡

打开【输出】选项卡，从左至右依次为【打印】【输出为 DWF/PDF】2 个功能面板，如图 1-28 所示。【输出】选项卡集中了图形输出的相关命令，包含打印、输出 PDF 等。

在功能区中，有些面板按钮的右下角有箭头，表示有扩展面板，单击箭头，会在扩展面板中列出更多的操作命令，如图 1-29 所示。

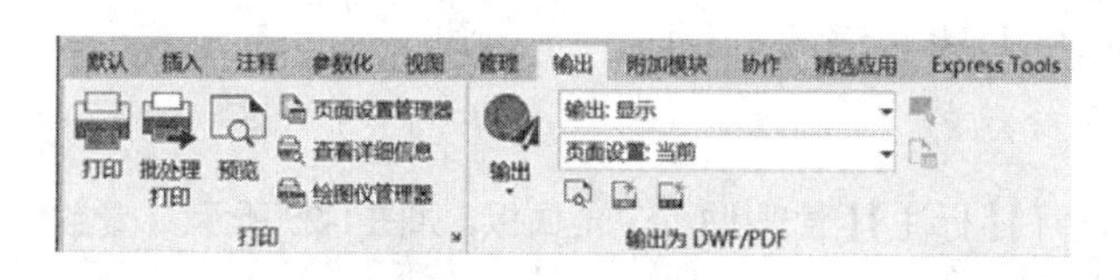

图 1-28　【输出】选项卡

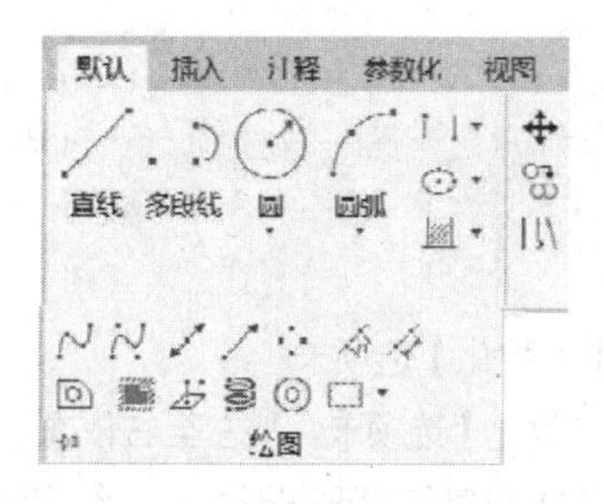

图 1-29　【绘图】扩展面板

1.2.8　文件选项卡

文件选项卡位于绘图区上方。每个打开的图形文件都会显示一个相应的选项卡，单击文件选项卡即可快速切换至相应的图形文件窗口，如图 1-30 所示。

AutoCAD 2022 默认显示的是【开始】选项卡，以方便用户创建和打开文件。单击文件选项卡右侧的按钮，可以快速关闭文件；单击文件选项卡右侧的按钮，可以快速新建文件；右击选项卡空白处，会弹出如图 1-31 所示的快捷菜单，在该快捷菜单中可以选择【新建】【打开】【全部保存】【全部关闭】命令。

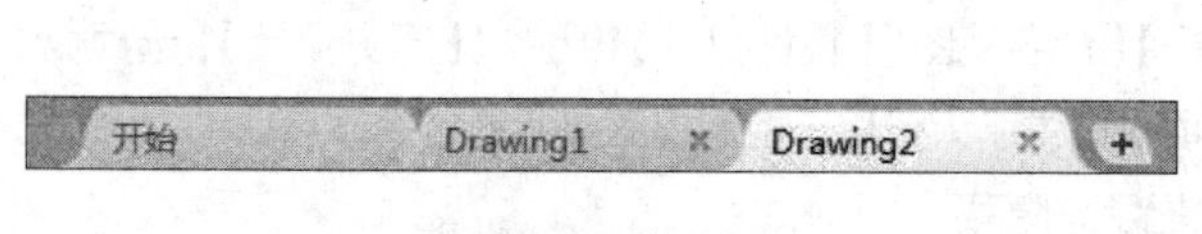

图 1-30　标签栏

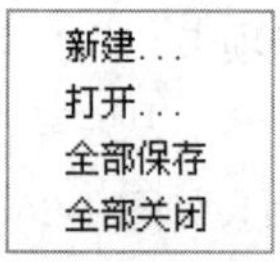

新建...
打开...
全部保存
全部关闭

图 1-31　快捷菜单

此外，在光标经过图形文件选项卡时，将显示文件选项卡对应的图形文件的预览图像和布局。如果光标经过某个预览图像，相应的模型或布局将临时显示在绘图区域中，并且可以在预览图像中访问【打印】和【发布】工具，如图 1-32 所示。

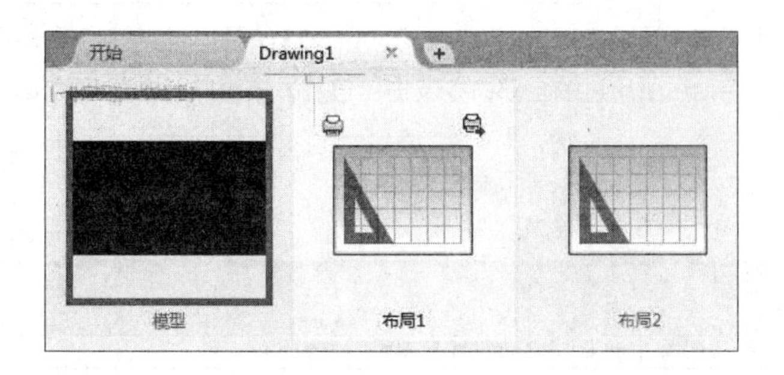

图 1-32　文件选项卡的预览功能

1.2.9　绘图区

绘图区又称绘图窗口，它是 AutoCAD 绘图的区域，绘图的核心操作和图形显示都在该区域中。在绘图区中有 4 个工具，分别是导航栏、坐标系图标、ViewCube 工具和视口控件，如图 1-33 所示。其中视口控件显示在每个视口的左上角，提供更改视图、视觉样式和其他设置的便捷操作方式，视口控件的 3 个标签将显示当前视口的相关设置。注意，当前文件选项卡决定了当前绘图区显示的内容。

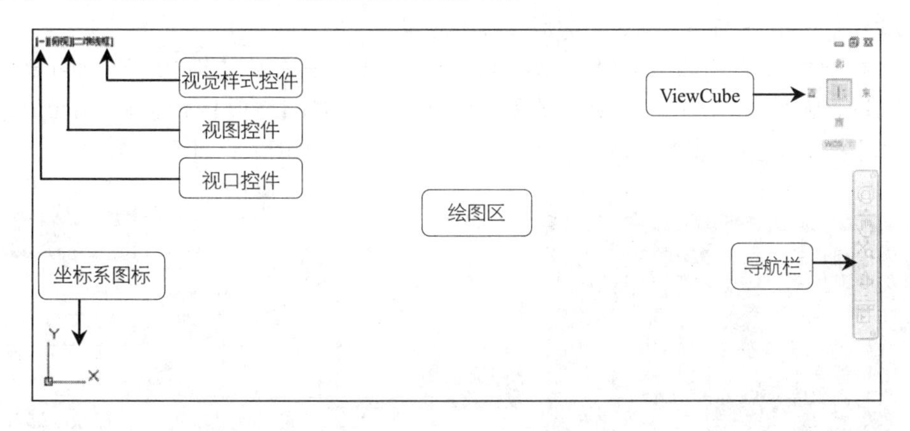

图 1-33　绘图区

绘图区左上角有三个快捷功能控件，选择其菜单中的命令可快速地修改图形的视图方向和视觉样式，如图 1-34 所示。

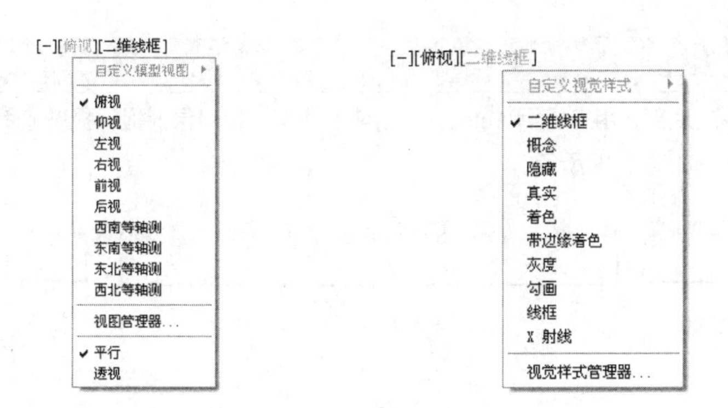

图 1-34　快捷功能控件菜单

1.2.10　命令行与文本窗口

命令行是输入命令名和显示命令提示的区域。默认的命令行位于绘图区下方，由若干文本行组成，如图 1-35 所示。命令行窗口中间有一条水平分界线，它将命令行窗口分成两个部分：命令行和命令历史窗口。位于水平线下方的为“命令行”，它用于接收用户输入命令，并显示 AutoCAD 提示信息；位于水平线上方的为“命令历史窗口”，它含有 AutoCAD 启动后所用过的全部命令及提示信息，该窗口有垂直滚动条，可以上下滚动查看以前用过的命令。

图 1-35　命令行

AutoCAD 文本窗口的作用和命令窗口的作用一样，它记录了对文档进行的所有操作。文本窗口在默认界面中没有直接显示，需要通过命令调取。调用文本窗口有以下几种方法。

➢ 菜单栏：选择【视图】|【显示】|【文本窗口】命令。

➢ 快捷键：Ctrl+F2。

➢ 命令行：TEXTSCR。

执行上述命令后，系统弹出如图 1-36 所示的文本窗口。

将光标移至命令历史窗口的上边缘，当光标呈现![]形状时，按住鼠标左键向上拖动即可增加命令窗口的高度。除了可以调整命令行的大小与位置外，在命令窗口内右击，选择【选项】命令，单击弹出的【选项】对话框中的【字体】按钮，还可以调整命令行内文字字体、字形和大小，如图 1-37 所示。

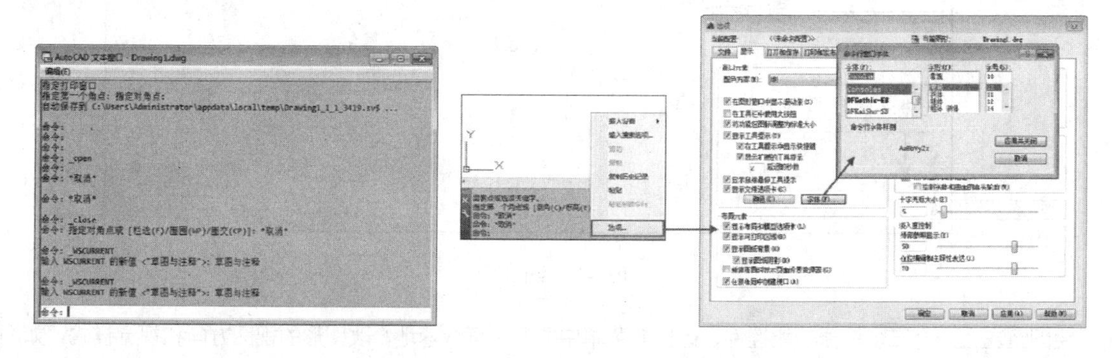

图 1-36　AutoCAD 文本窗口　　　　图 1-37　调整命令行字体

1.2.11　状态栏

状态栏位于屏幕的底部，用来显示 AutoCAD 当前的状态，如对象捕捉、极轴追踪等命令的工作状态。状态栏主要由 5 部分组成，如图 1-38 所示。

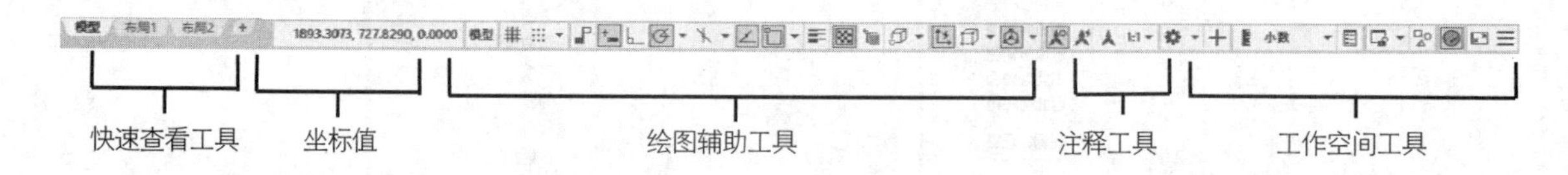

图 1-38　状态栏

1．快速查看工具

使用其中的工具可以快速地预览打开的图形、打开图形的模型空间与布局空间，以及在其中切换图形，使之以缩略图的形式显示在应用程序窗口的底部。

2．坐标值

坐标值一栏会以直角坐标系的形式（x，y，z）实时显示十字光标所处位置的坐标。在二维制图模式下只会显示 X、Y 轴坐标，只有在三维建模模式下才会显示第三个坐标轴 Z 轴的坐标。

3．绘图辅助工具

绘图辅助工具主要用于控制绘图的性能，其中包括【推断约束】【捕捉模式】【栅格显示】【正交模式】【极轴追踪】【二维对象捕捉】【三维对象捕捉】【对象捕捉追踪】【允许/禁止动态 UCS】【动态输入】【线宽】【透明度】【快捷特性】和【选择循环】等工具。各工具按钮的功能说明见表 1-1。

表 1-1　绘图辅助工具按钮

名 称	按 钮	功 能 说 明
模型或图纸空间	模型	用于模型空间与图纸空间之间的转换
栅格显示		单击该按钮，打开栅格显示，此时屏幕上将布满小点。其中，栅格的 X 轴和 Y 轴间距也可以通过【草图设置】对话框的【捕捉和栅格】选项卡进行设置
捕捉模式		该按钮用于开启或者关闭捕捉模式。捕捉模式可以使光标能够很容易地抓取到每一个栅格上的点
推断约束		单击该按钮，打开推断约束功能，可设置约束的限制效果，如限制两条直线垂直、相交、共线、圆与直线相切等
动态输入		单击该按钮，将在绘制图形时自动显示动态输入文本框，方便绘图时设置精确数值
正交模式		该按钮用于开启或者关闭正交模式。正交即光标只能沿 X 轴或者 Y 轴方向移动，不能画斜线
极轴追踪		该按钮用于开启或关闭极轴追踪模式。在绘制图形时，系统将根据设置显示一条追踪线，可以在追踪线上根据提示精确移动光标，从而精确绘图
二维对象捕捉		该按钮用于开启或者关闭二维对象捕捉。二维对象捕捉能使光标在接近某些特殊点的时候自动指引到那些特殊的点，如端点、圆心、象限点
三维对象捕捉		该按钮用于开启或者关闭三维对象捕捉。二维对象捕捉能使光标在接近三维对象某些特殊点的时候自动指引到那些特殊的点
对象捕捉追踪		单击该按钮，打开对象捕捉模式，可以通过捕捉对象上的关键点，并沿着正交方向或极轴方向拖曳光标。此时可以显示光标当前位置与捕捉点之间的相对关系。若找到符合要求的点，直接单击即可
允许/禁止动态 UCS		该按钮用于切换允许和禁止 UCS（用户坐标系）
线宽		单击该按钮，开启线宽显示。在绘图时如果为图层或所绘图形定义了不同的线宽（至少大于 0.3mm），单击该按钮就可以显示出线宽，以标识各种具有不同线宽的对象
透明度		单击该按钮，开启透明度显示。在绘图时如果为图层和所绘图形设置了不同的透明度，单击该按钮就可以显示透明效果，以区别不同的对象
快捷特性		单击该按钮，显示对象的快捷特性选项板。该选项板可用来快捷地编辑对象的一般特性。通过【草图设置】对话框的【快捷特性】选项卡可以设置快捷特性选项板的位置模式和大小
选择循环		开启该按钮，可以在重叠对象上显示选择对象
注释监视器	+	开启该按钮后，一旦发生模型文档编辑或更新事件，注释监视器会自动显示

4．注释工具

用于显示缩放注释的若干工具。对于不同的模型空间和图纸空间，将显示相应的工具。当图形状态栏打开后，将显示在绘图区域的底部；当图形状态栏关闭时，将移至应用程序状态栏。

➢ 注释比例按钮 1:1▾：可通过此按钮调整注释对象的缩放比例。

➢ 注释可见性按钮：单击该按钮，可选择仅显示当前比例的注释或是显示所有比例的注释。

5．工作空间工具

用于切换 AutoCAD 2022 的工作空间，以及进行自定义设置工作空间等操作。

➢ 切换工作空间按钮：可通过此按钮切换 AutoCAD 2022 的工作空间。

➢ 硬件加速按钮：用于在绘制图形时通过硬件的支持提高绘图性能，如刷新频率。

➢ 隔离对象按钮：当需要对大型图形的个别区域进行重点操作，并需要显示或隐藏部分对象时，单击该按钮可临时隐藏和显示选定的对象。

➢ 全屏显示按钮：用于开启或退出 AutoCAD 2022 的全屏显示。

➢ 自定义按钮：单击该按钮，可以对当前状态栏中的按钮进行添加或者删除，方便管理。

1.3 基本文件操作

基本文件管理是软件操作的基础，它包含文件的新建、打开、保存和另存为等操作管理。

1.3.1 新建文件

启动 AutoCAD 2022 后，系统将自动新建一个名为“Drawing1.dwg”的图形文件，该图形文件默认以 acadiso.dwt 为样板创建。用户也可以根据需要自行新建文件。

新建文件有以下几种方法。

➢ 菜单栏：选择【文件】|【新建】命令。

➢ 标签栏：单击文件选项卡右侧的按钮 + 。

➢ 命令行：在命令行输入【NEW】并按 Enter 键。

➢ 快捷键：按快捷键 Ctrl+N。

➢ 快速访问工具栏：单击【新建】按钮。

执行以上任意一种操作，系统弹出如图 1-39 所示的【选择样板】对话框，选择绘图样板之后，单击【打开】按钮，即可新建文件并进入绘图界面。

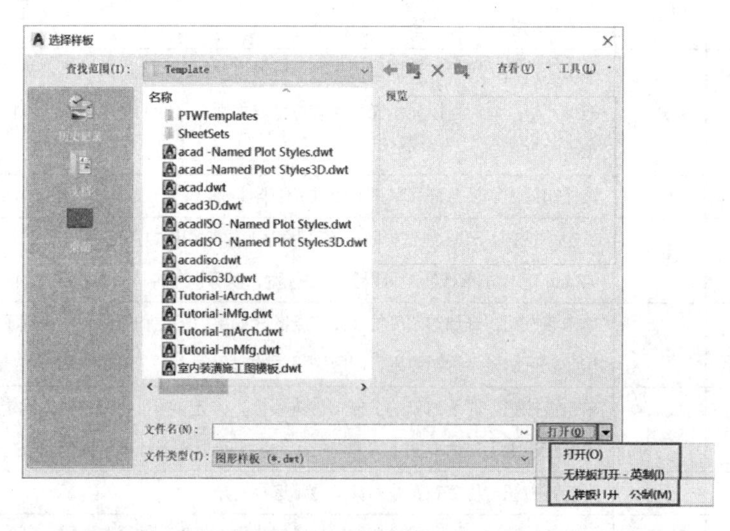

图 1-39 【选择样板】对话框

1.3.2 打开文件

在使用 AutoCAD 2022 进行图形编辑时，常需要对图形文件进行查看或编辑，这时就需要打开相应的图形文件。

打开文件有以下几种方法：

➢ 菜单栏：选择【文件】|【打开】命令。

➢ 标签栏：在标签栏空白位置单击鼠标右键，在弹出的快捷菜单中选择【打开】命令。

➢ 命令行：在命令行输入【OPEN】并按 Enter 键。

➢ 快捷键：按快捷键 Ctrl+O。

➢ 快速访问工具栏：单击【打开】按钮。

执行上述命令后，系统弹出如图 1-40 所示的【选择文件】对话框，在【查找范围】下拉列表框中浏览到文件路径，然后选中需要打开的文件，单击【打开】按钮即可。

图 1-40 【选择文件】对话框

“打开”下拉列表中各选项的含义说明如下：

➢ 打开：直接打开图形，可对图形进行编辑、修改。

➢ 以只读方式打开：打开图形后仅能观察图形，无法进行修改与编辑。

➢ 局部打开：局部打开命令允许用户只处理图形的某一部分，只加载指定视图或图层的几何图形。

➢ 以只读方式局部打开：局部打开的图形无法被编辑修改，只能观察。

1.3.3 保存文件

保存文件就是将新绘制或编辑过的文件保存在计算机中，以便再次使用。也可以在绘制图形的过程中随时对图形进行保存，以免发生意外情况时导致文件丢失。

保存文件有以下几种方法。

➢ 菜单栏：选择【文件】|【保存】命令。

➢ 命令行：在命令行输入【SAVE】并按 Enter 键。

➢ 快捷键：按快捷键 Ctrl+S。

➢ 快速访问工具栏：单击【保存】按钮。

执行上述命令后，若文件是第一次保存，则会弹出如图 1-41 所示的【图形另存为】对话框，在【保存于】下拉列表框中设置文件的保存路径，在【文件名】下拉列表框中输入文件的名称，单击【保存】按钮即可。若文件不是第一次保存，则系统弹出如图 1-42 所示的提示对话框，单击【是】按钮将保存文件的修改。

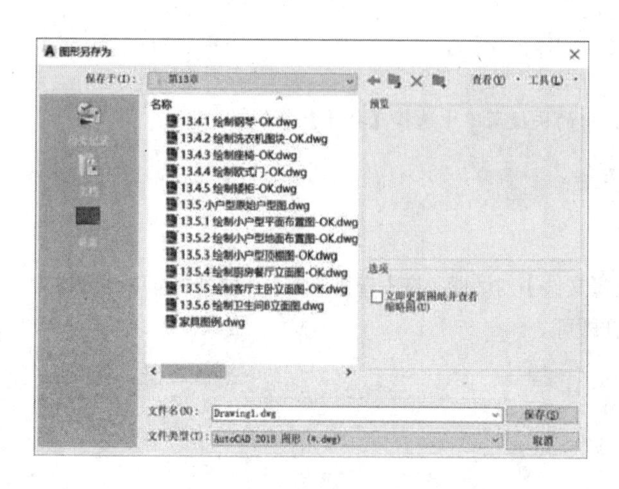
图 1-41 【图形另存为】对话框

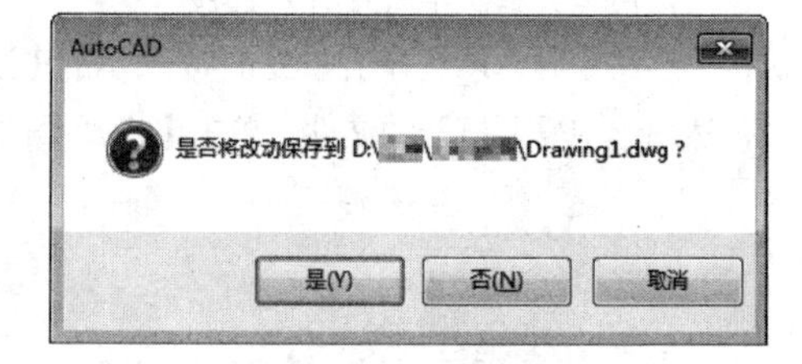

图 1-42 提示对话框

1.3.4 另存文件

另存是将当前文件重新设置保存路径或文件名，从而创建新的文件，这样不会对打开的源文件产生影响。另存文件有以下几种方法。

- 菜单栏：选择【文件】|【另存为】命令。
- 命令行：在命令行输入【SAVEAS】并按 Enter 键。
- 快捷键：按快捷键 Ctrl+Shift+S。
- 快速访问工具栏：单击【另存为】按钮。

执行上述命令后，系统弹出【图形另存为】对话框，在其中重新设置保存路径或文件名，然后单击【保存】按钮即可。

1.3.5 输入 PDF 文件

AutoCAD 2022 可以将 PDF 文件无损转换为 DWG 图纸。用户可以在软件中使用 PDFSHXTEXT 命令将 SHX 几何图形重新转换为文字。此外，TXT2MTXT 命令已通过多项改进得到增强，可以用于强制执行文字的均匀行距选项。

【案例 1-1】：输入 PDF 文件

视频文件：视频\第 1 章\1-2.MP4

01 双击计算机桌面上的 AutoCAD 2022 快捷图标，启动软件，然后单击【标准】工具栏上的【新建】按钮，新建一空白的图样文件。

02 单击【应用程序】按钮，在弹出的快捷菜单中选择【输入】选项，在右侧的输出菜单中选择【PDF】，如图 1-43 所示。

03 按照命令行提示在绘图区中选择 PDF 图像，或者执行【文件（F）】命令，打开保存在计算机中其他位置的 PDF 文件。

04 此处可直接单击 Enter 键或空格键，执行【文件（F）】命令，打开如图 1-44 所示的【选择 PDF 文件】对话框，然后定位至“素材/第 1 章/大齿轮.pdf”文件。

05 单击对话框中的【打开】按钮，系统弹出【输入 PDF】对话框，如图 1-45 所示。在其中可以按要求自行设置各项参数。

06 参数设置完毕后，单击【确定】按钮，即可将 PDF 文件导入 AutoCAD 2022，如图 1-46 所示。

07 使用该功能导入的图形文件具有 DWG 图形的一切属性，可以被单独选择、编辑、标注，对象上也有夹点，如图 1-47 所示。

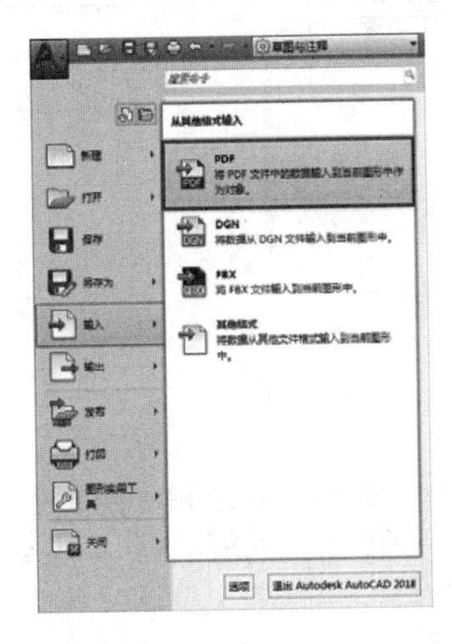

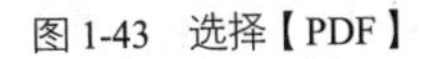

图 1-43 选择【PDF】

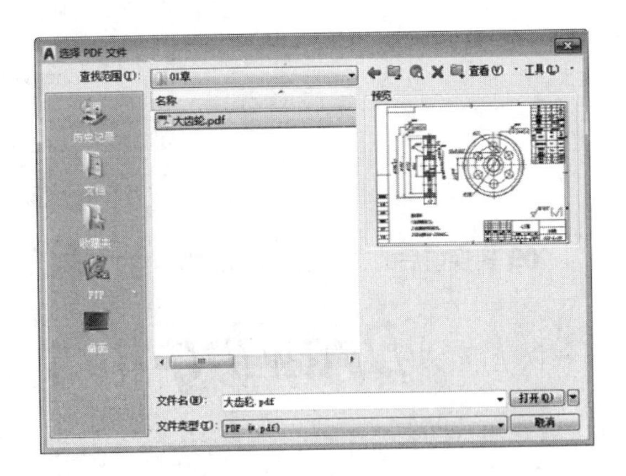

图 1-44 【选择 PDF 文件】对话框

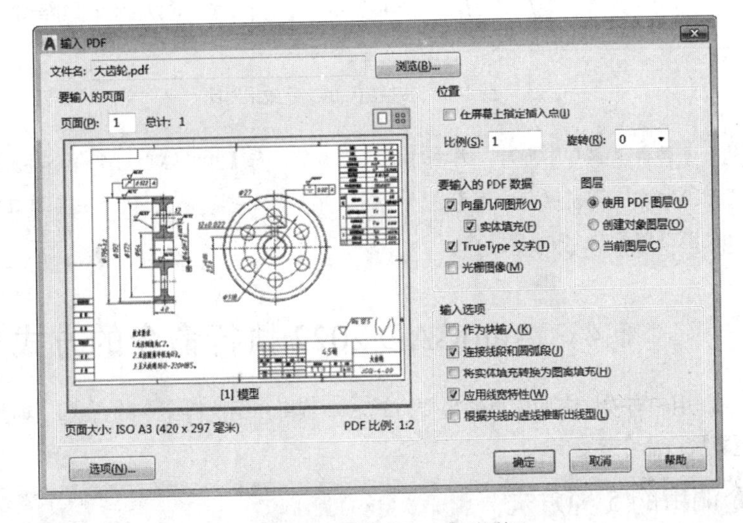

图 1-45 【输入 PDF】对话框

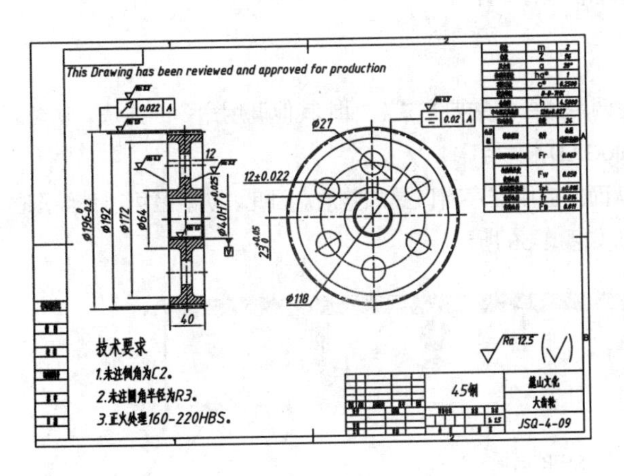

图 1-46 将 PDF 文件导入 AutoCAD 2022

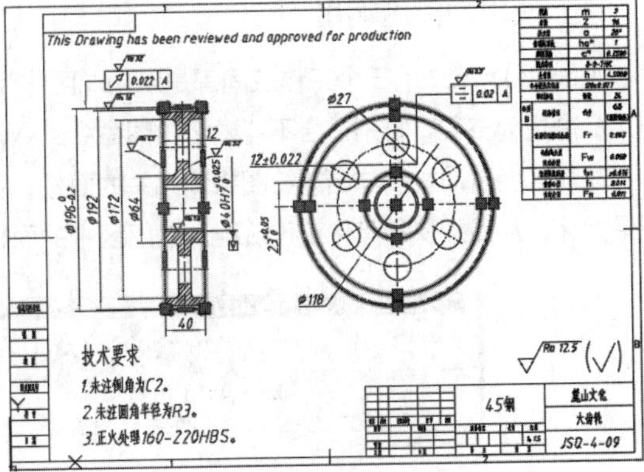

图 1-47 导入的图形具有 DWG 图形的属性

08 导入后图形中的文字对象被分解为若干零散的直线对象，不具有文字的属性，此时可在命令行中输入 P【PDFSHXTEXT】命令，然后选择要转换为文字的部分，按 Enter 键，即可在弹出的【识别 SHX 文字】对话框中看到转换成功的提示，如图 1-48 所示。

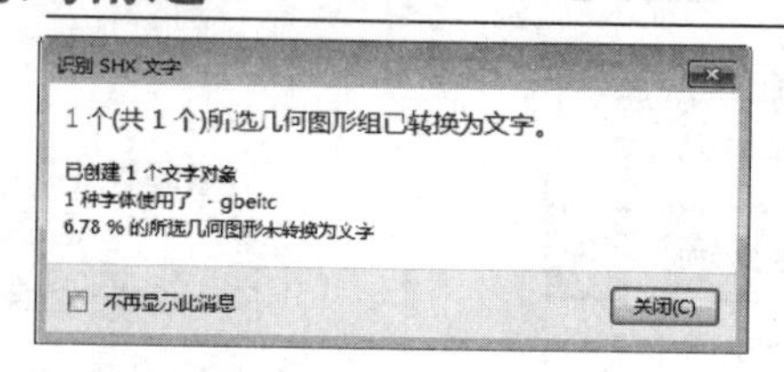

图 1-48 【识别 SHX 文字】对话框

09 转换前后的文字效果对比如图 1-49 所示。

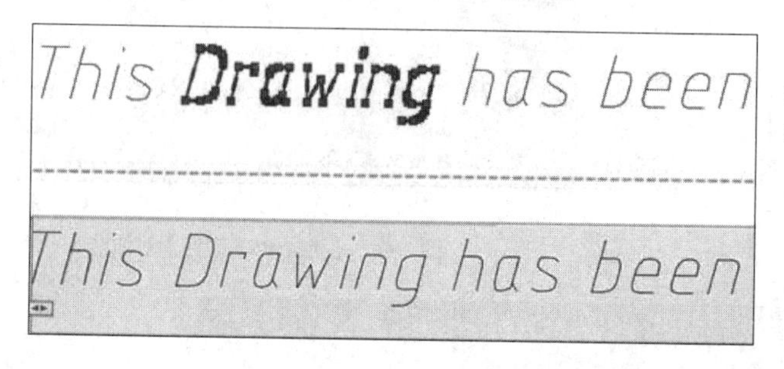

转换前：文字只是由若干线段组成，无法被编辑、修改

转换后：文字转换成了多行文字对象，可以在文本框中编辑、修改

图 1-49 转换前后的文字效果对比

专家提醒 从 PDF 转换至 DWG 图形后，文字对象只能通过执行【PDFSHXTEXT】命令再次转换，才可以变为可识别和编辑的 AutoCAD 文本（即多【行文字】或【单行文字】命令创建的文本），且目前只对英文文本有效，汉字仍不能通过【PDFSHXTEXT】命令进行转换。

1.4 AutoCAD 2022 执行命令的方式

命令是 AutoCAD 用户与软件交换信息的重要方式。本节将介绍执行命令的方式，包括如何终止当前命令、退出命令及如何重复执行命令等。

1.4.1 命令调用的 5 种方式

AutoCAD 调用命令的方式有很多种，这里仅介绍最常用的 5 种。

1. 使用功能区调用

AutoCAD 2022 的三个工作空间都是以功能区作为调用命令的主要方式。相比其他调用命令的方法，功能区调用命令更为直观，特别适合不能熟记绘图命令的 AutoCAD 初学者。

功能区会自动显示与当前绘图操作相关的面板，从而使应用程序窗口更加整洁。因此，功能区可以使绘图区域最大化，从而加快和简化工作流程。功能区中的面板如图 1-50 所示。

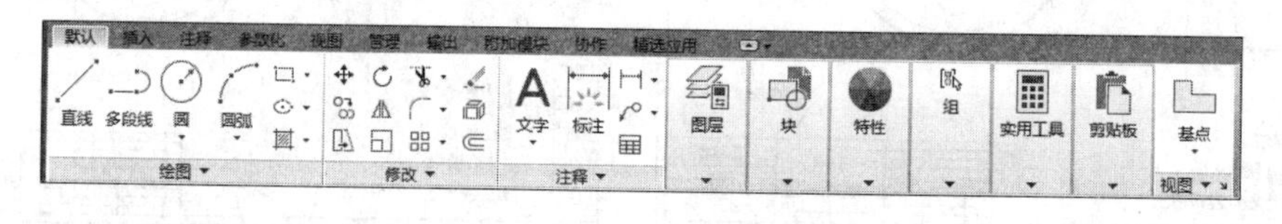

图 1-50 功能区中的面板

2. 使用命令行调用

使用命令行调用命令是 AutoCAD 的一大特色功能，同时也是最快捷的方式。该方式要求用户熟记各种绘图命令，一般对 AutoCAD 比较熟悉的用户都用此方式绘制图形，这样可以大大提高绘图的速度和效率。

AutoCAD 的绝大多数命令都有其相应的简写方式，如【直线】命令 LINE 的简写方式是 L，【矩形】命令

RECTANGLE 的简写方式是 REC。对于常用的命令，用简写方式输入可大大减少键盘输入的工作量，提高工作效率。另外，AutoCAD 对命令或参数输入不区分大小写，因此用户不必考虑输入的大小写问题。

在命令行输入命令后，可以使用以下的方法响应其他任何提示和选项。

➢ 要接受显示在尖括号“< >”中的默认选项，则按 Enter 键。

➢ 要响应提示，则输入值或单击图形中的某个位置。

➢ 要指定提示选项，可以在提示列表（命令行）中输入所需提示选项对应的亮显字母，然后按 Enter 键。也可以使用鼠标单击选择所需要的选项，如在图 1-51 所示的命令行中单击选择“倒角（C）”选项，等同于在此命令行提示下输入“C”并按 Enter 键。

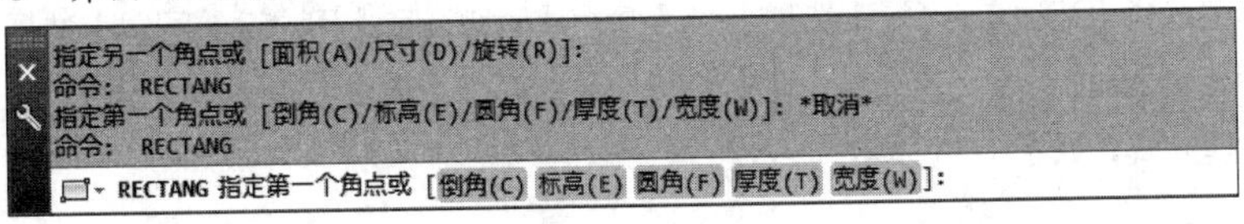

指定另一个角点或 [面积(A)/尺寸(D)/旋转(R)]:
命令: RECTANG
指定第一个角点或 [倒角(C)/标高(E)/圆角(F)/厚度(T)/宽度(W)]: *取消*
命令: RECTANG
RECTANG 指定第一个角点或 [倒角(C) 标高(E) 圆角(F) 厚度(T) 宽度(W)]:

图 1-51　使用命令行输入命令

3. 使用菜单栏调用

菜单栏也是比较常用的调用命令的方法。AutoCAD 绝大多数常用命令都分门别类地放置在菜单栏中。例如，若需要在菜单栏中调用【多段线】命令，选择【绘图】|【多段线】菜单命令即可，如图 1-52 所示。

4. 使用快捷菜单调用

使用快捷菜单调用命令，即单击鼠标右键，在弹出的快捷菜单中选择命令，如图 1-53 所示。

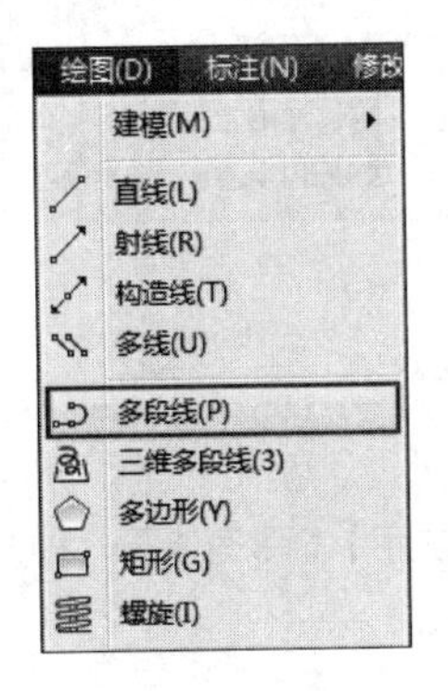

图 1-52　在菜单栏中调用【多段线】命令

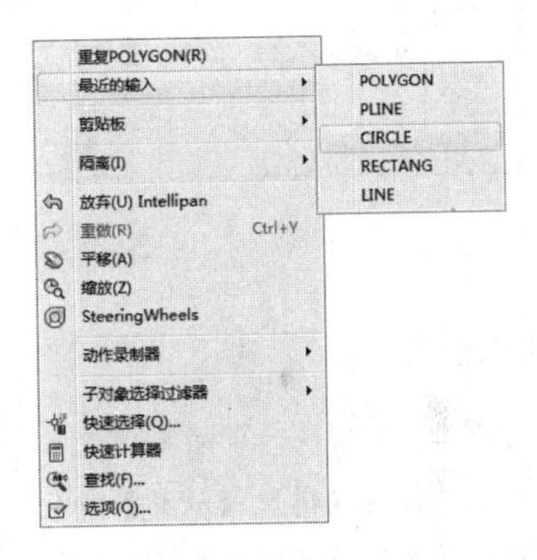

图 1-53　使用快捷菜单调用命令

5. 使用工具栏调用

使用工具栏调用命令是 AutoCAD 的经典方式，如图 1-54 所示，也是旧版本 AutoCAD 最主要的调用命令的方法。但随着时代进步，该种方式也日渐不适合人们的使用需求，因此与菜单栏一样，工具栏也默认不显示在 AutoCAD 的三个工作空间中，需要通过【工具】|【工具栏】|【AutoCAD】命令调出。单击工具栏中的按钮，即可执行相应的命令。

为了获取更多的绘图空间，可以按住快捷键 Ctrl+0 隐藏工具栏和功能区，再按一次即可重新显示。

图 1-54　使用 AutoCAD 工具栏调用命令

1.4.2 命令的重复、撤销与重做

在使用 AutoCAD 绘图的过程中，经常会重复用到某一命令或可能对某命令进行了误操作，因此有必要了解命令的重复、撤销与重做方面的知识。

1. 重复执行命令

在绘图过程中，有时需要重复执行同一个命令，如果每次都重复输入，会使绘图效率大大降低。重复执行命令有以下几种方法。

➢ 快捷键：按 Enter 键或空格键。

➢ 快捷菜单：单击鼠标右键，在系统弹出的快捷菜单中的【最近的输入】子菜单中选择需要重复的命令。

➢ 命令行：MULTIPLE 或 MUL。

如果用户对绘图效率要求很高，可以将鼠标右键自定义为重复执行命令的方式。在绘图区的空白处单击右键，在弹出的快捷菜单中选择【选项】，打开【选项】对话框，然后切换至【用户系统配置】选项卡，单击【自定义右键单击（I）】按钮，打开【自定义右键单击】对话框，勾选两个【重复上一个命令】选项，即可将右键设置为重复执行命令的快捷方式，如图 1-55 所示。

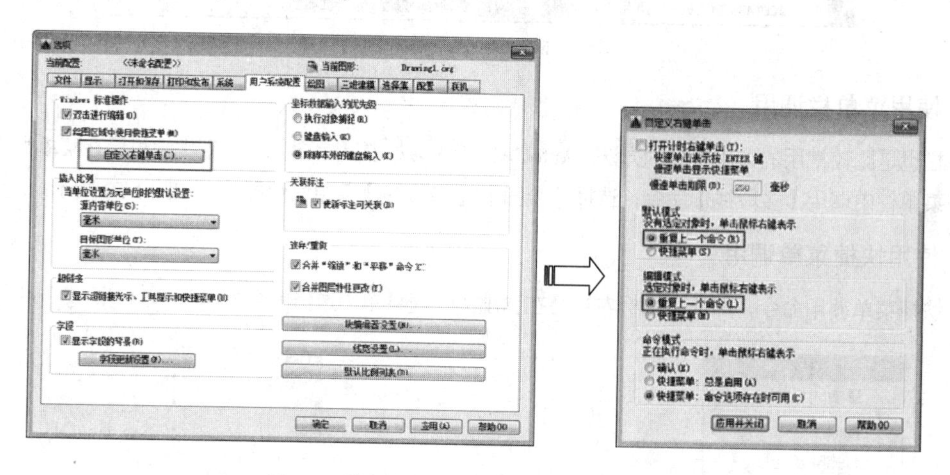

图 1-55　将右键设置为重复执行命令的快捷方式

2. 放弃命令

在绘图过程中，如果执行了错误的操作，此时就需要放弃操作。执行【放弃】命令有以下几种方法。

➢ 菜单栏：选择【编辑】|【放弃】命令。

➢ 工具栏：单击快速访问工具栏中的【放弃】按钮。

➢ 命令行：Undo 或 U。

➢ 快捷键：Ctrl+Z。

3. 重做命令

通过重做命令，可以恢复前一次或者前几次已经放弃执行的操作。重做命令与撤销命令是一对相对的命令。执行【重做】命令有以下几种方法。

➢ 菜单栏：选择【编辑】|【重做】命令。

➢ 工具栏：单击快速访问工具栏中的【重做】按钮。

➢ 命令行：REDO。

➢ 快捷键：Ctrl+Y。

专家提醒 如果要一次性撤销之前的多个操作，可以单击【放弃】按钮后的展开按钮，展开操作的历史记录如图 1-56 所示。该记录按照操作的先后，由下往上排列，选择要撤销的最近几个操作，如图 1-57 所示，单击即可撤销这些操作。

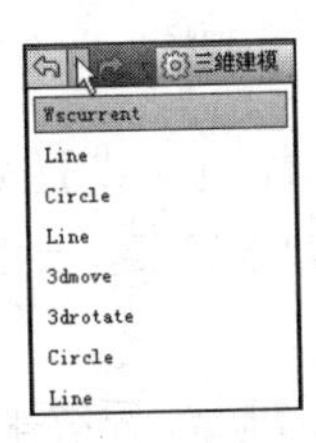

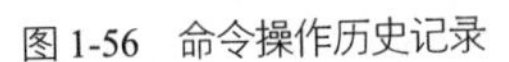
图1-56　命令操作历史记录

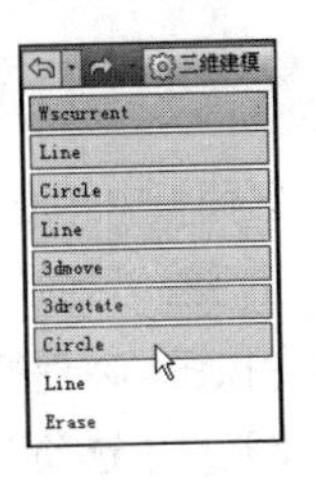

图1-57　选择要撤销的最近几个操作

1.4.3　透明命令

在 AutoCAD 2022 中，有部分命令可以在执行其他命令的过程中嵌套执行，而不必退出其他命令单独执行，这种嵌套的命令就称为透明命令。例如，在执行【圆】命令的过程中，虽然不可以同时执行【矩形】命令，但却可以执行【捕捉】命令来指定圆心，此时因此【捕捉】命令就可以看作是透明命令。透明命令通常是一些可以查询、改变图形设置或绘图工具的命令，如 GRID、SNAP、OSNAP、ZOOM 等命令。

执行完透明命令后，AutoCAD 自动恢复原来正在执行的命令。工具栏和状态栏上有些按钮本身已定义成可透明使用的按钮，便于在执行其他命令时调用，如【对象捕捉】【栅格显示】和【动态输入】等。执行【透明】命令有以下几种方法：

- 在执行某一命令的过程中，直接通过菜单栏或工具栏按钮调用该命令。
- 在执行某一命令的过程中，在命令行输入单引号，然后输入该命令字符并按 Enter 键执行该命令。

1.4.4　自定义快捷键

丰富的快捷键功能是 AutoCAD 的一大特点。用户可以修改系统默认的快捷键，或者创建自定义的快捷键。例如，【重做】命令默认的快捷键是 Ctrl+Y，也可以将其设置为 Ctrl+2。

使用【自定义用户界面】对话框可以轻松自定义 AutoCAD 快捷键。选择【工具】|【自定义】|【界面】命令，系统弹出如图 1-58 所示的【自定义用户界面】对话框。在左上角的列表框中选择【键盘快捷键】选项，然后在右上角【快捷方式】列表中找到要定义的命令，双击其对应的主键值即可进行修改，如图 1-59 所示。需注意的是，按键定义不能与其他命令重复，否则系统弹出提示信息对话框，如图 1-60 所示。

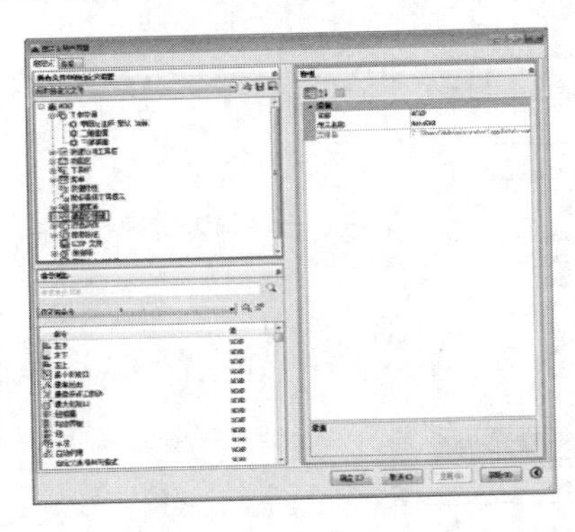

图1-58　【自定义用户界面】对话框

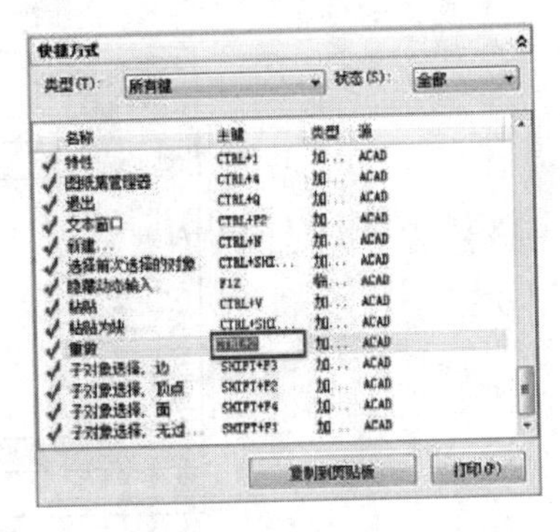

图1-59　修改【重做】按键

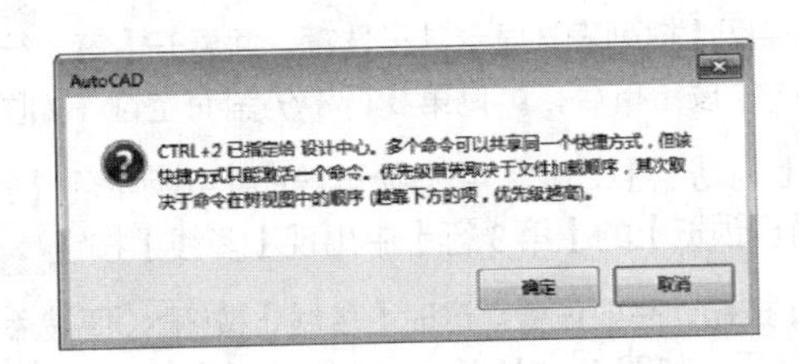

图1-60　提示信息对话框

【案例 1-2】：向功能区面板中添加【多线】按钮　　视频文件：视频\第 1 章\1-3.MP4

AutoCAD 的功能区面板中并没有显示出所有的可用命令按钮，如绘制墙体的【多线】(MLine)命令在功能区中就没有相应的按钮，这给习惯使用功能区面板按钮的用户带来了不便，因此有必要学会根据需要添加、删除和更改功能区中的命令按钮，以提高绘图效率。

01 单击功能区【管理】选项卡【自定义设置】面板中的【用户界面】按钮，系统弹出【自定义用户界面】对话框，如图 1-61 所示。

02 在【所有文件中的自定义设置】下拉列表框中选择【所有自定义文件】选项，依次展开其下的【功能区】|【面板】|【二维常用选项卡-绘图】树列表，选择要放置命令按钮的位置，如图 1-62 所示。

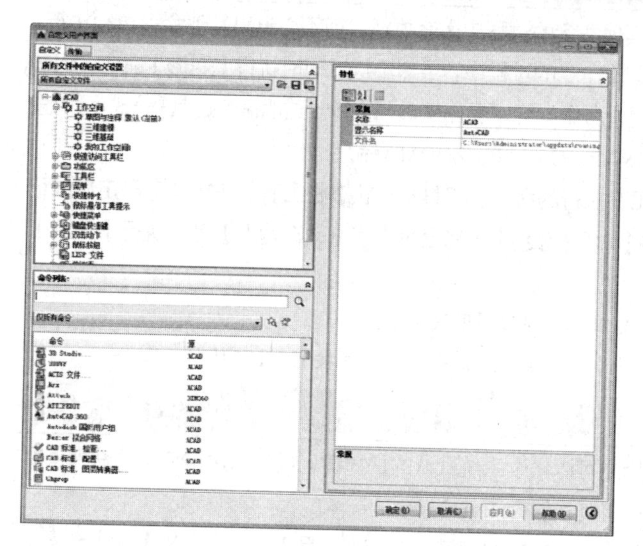

图 1-61 【自定义用户界面】对话框

图 1-62 选择要放置命令按钮的位置

03 在【命令列表】下拉列表框中选择【绘图】选项，在绘图命令列表中选择【多线】选项，如图 1-63 所示。

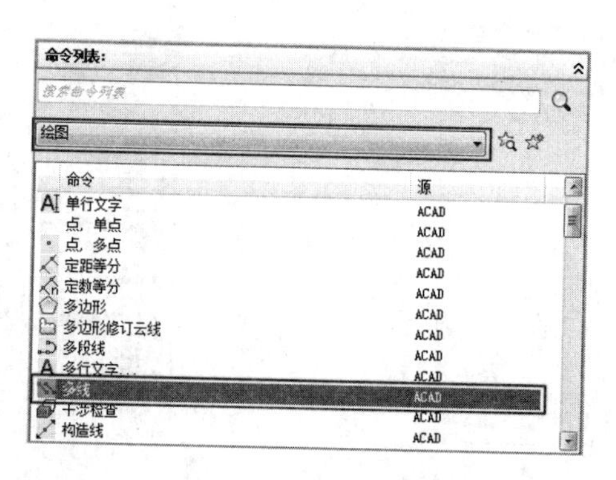

图 1-63 【多线】选项

04 展开【二维常用选项卡-绘图】树列表，显示其子选项，并展开【第 3 行】树列表，在对话框右侧的【面板预览】中可以预览到该面板的命令按钮布置，可见第 3 行中仍留有空位，如图 1-64 所示。

05 选择【多线】按钮并向上拖动至【二维常用选项卡-绘图】树列表下【第 3 行】树列表中，放置在【修订 云线】命令之下，即可在【面板预览】的【第 3 行】中出现【多线】按钮，如图 1-65 所示。

06 在对话框中单击【确定】按钮，完成设置。这时【多线】按钮便被添加进了【默认】选项卡下的【绘图】面板中，只需单击便可进行调用，如图 1-66 所示。

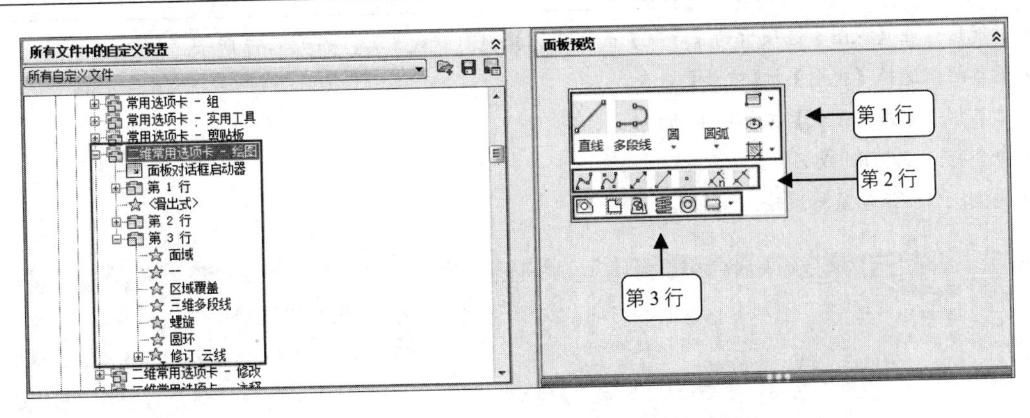

图 1-64 【二维常用选项卡-绘图】中的命令按钮布置图

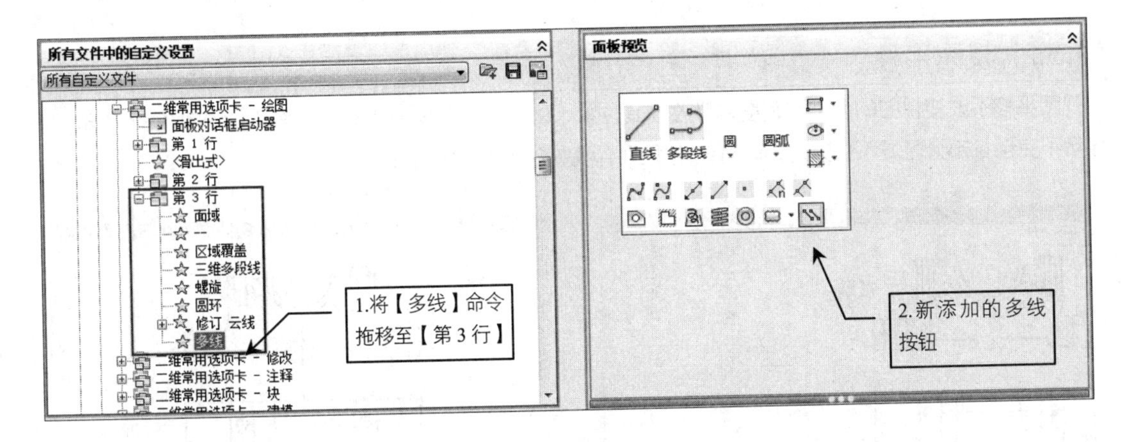

图 1-65 在【第 3 行】中添加【多线】按钮

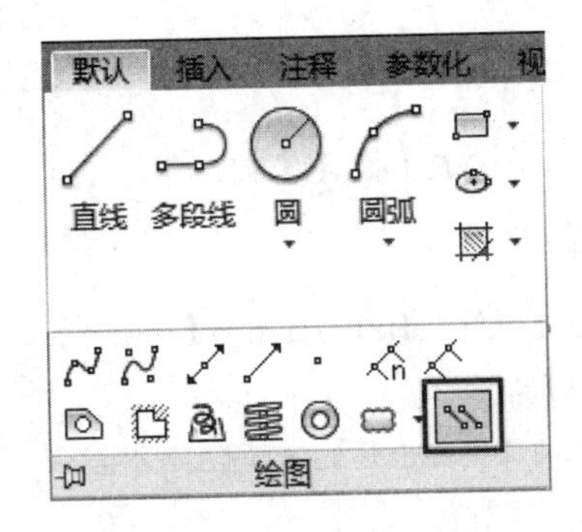

图 1-66 添加的【多线】按钮

1.5 AutoCAD 视图的控制

在绘图过程中，为了更好地观察和绘制图形，通常需要对视图进行平移、缩放、重生成等操作。本节将详细介绍 AutoCAD 视图的控制方法。

1.5.1 视图缩放

视图缩放命令可以调整当前视图大小，既能观察较大的图形范围，又能观察图形的细部而不改变图形的实际大小。视图缩放只是改变视图的比例，并不改变图形中对象的绝对大小，打印出来的图形仍是设置的大小。执行【视图缩放】命令有以下几种方法:

- 功能区：在【视图】选项卡的【导航】面板中选择视图缩放工具，如图 1-67 所示。
- 菜单栏：选择【视图】|【缩放】命令。
- 工具栏：单击【缩放】工具栏中的按钮。
- 命令行：ZOOM 或 Z。
- 快捷操作：滚动鼠标滚轮。

图 1-67 【视图】选项卡中的【导航】面板

1.5.2 视图平移

视图平移不改变视图的大小和角度，只改变其位置，以便观察图形的其他组成部分，如图 1-68 所示。当图形显示不完全且部分区域不可见时，即可使用视图平移来完整地观察图形。

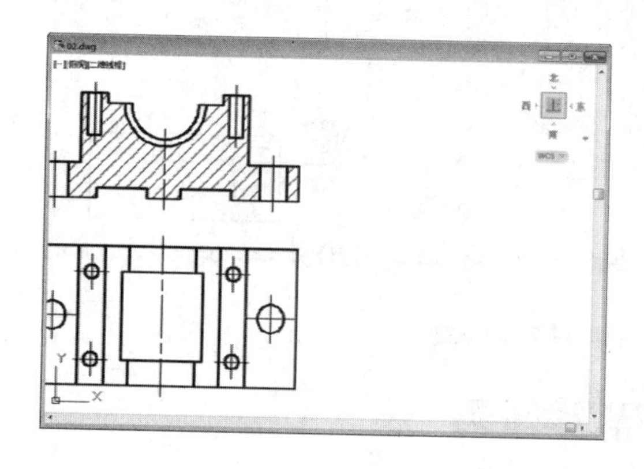

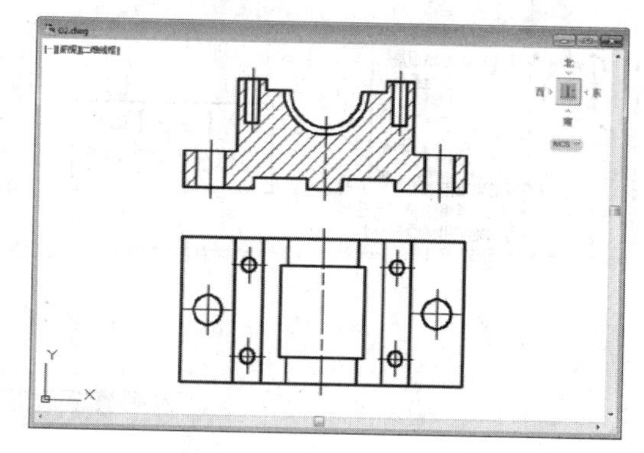

图 1-68 视图平移效果

执行【平移】命令有以下几种方法。

- 功能区：单击【视图】选项卡中【导航】面板的【平移】按钮。
- 菜单栏：选择【视图】|【平移】命令。
- 工具栏：单击【标准】工具栏上的【实时平移】按钮。
- 命令行：PAN 或 P。
- 快捷操作：按住鼠标滚轮拖动，可以快速进行视图平移。

视图平移可以分为【实时平移】和【定点平移】两种，其含义如下。

- 实时平移：光标形状变为手形，按住鼠标左键拖曳可以使图形的显示位置随鼠标向同一方向移动。
- 定点平移：通过指定平移起始点和目标点的方式进行平移。

在【平移】子菜单中，【左】【右】【上】【下】分别表示将视图向左、右、上、下 4 个方向移动。必须注意的是，该命令并不是真的移动图形对象，也不是真正改变图形，而是通过位移图形进行平移。

1.5.3 使用导航栏

导航栏是一种用户界面元素，是一个视图控制集成工具，用户可以从中访问通用导航工具和特定于产品的导航工具。单击视口左上角的“[-]”标签，在弹出的菜单中选择【导航栏】选项，可以控制导航栏是否在视口中显示，如图 1-69 所示。

导航栏中有以下通用导航工具。

➢ ViewCube：指示模型的当前方向，并用于重定向模型的当前视图。

➢ SteeringWheels：用于在专用导航工具之间快速切换的控制盘集合。

➢ ShowMotion：用户界面元素，为创建和回放电影式相机动画提供屏幕显示，以便进行设计查看、演示和书签样式导航。

➢ 3Dconnexion：一套导航工具，用于使用 3Dconnexion 三维鼠标重新设置模型当前视图的方向。

导航栏中有以下特定于产品的导航工具（见图 1-70）：

➢ 平移：沿屏幕平移视图。

➢ 缩放工具：用于增大或减小模型的当前视图比例的导航工具集。

➢ 动态观察工具：用于旋转模型当前视图的导航工具集。

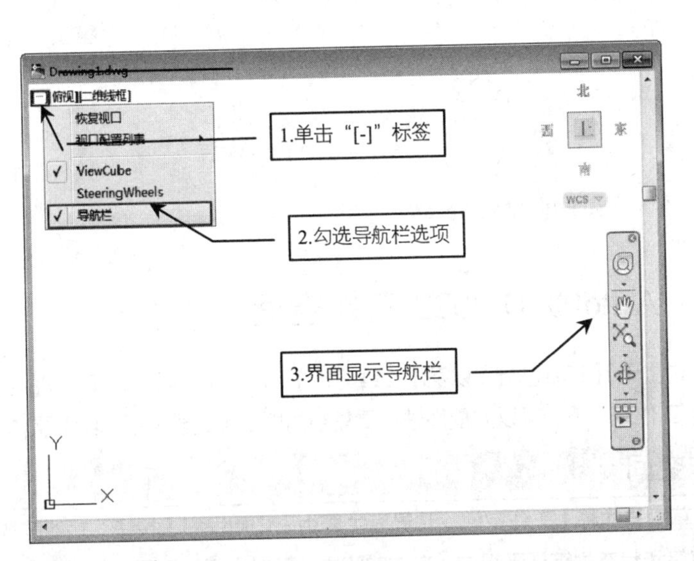

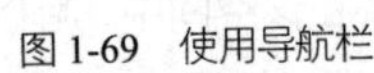
图 1-69　使用导航栏

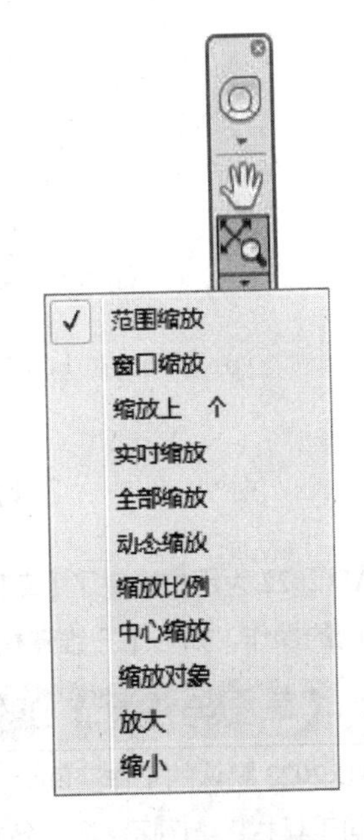

图 1-70　导航工具

1.5.4　重画与重生成视图

在 AutoCAD 中，某些操作完成后，其效果往往不会立即显示出来，或者在屏幕上留下绘图的痕迹与标记。因此，需要通过刷新视图重新生成当前图形，以观察到最新的编辑效果。

视图刷新的命令主要有两个：【重画】命令和【重生成】命令。这两个命令都是自动完成的，不需要输入任何参数，也没有可选选项。

1. 重画视图

AutoCAD 常用数据库以浮点数据的形式储存图形对象的信息，浮点格式精度高，但计算时间长。AutoCAD 重生成对象时，需要把浮点数值转换为适当的屏幕坐标。因此对于复杂图形，重新生成需要花很长的时间。为此软件提供了【重画】这种速度较快的刷新命令。重画只刷新屏幕显示，因而生成图形的速度更快。执行【重画】命令有以下几种方法。

➢ 菜单栏：选择【视图】|【重画】命令。

➢ 命令行：REDRAWALL 或 RADRAW 或 RA。

在命令行中输入【REDRAW】并按 Enter 键，将从当前视口中删除编辑命令留下来的点标记；而输入 REDRAWALL 并按 Enter 键，将从所有视口中删除编辑命令留下来的点标记。

2．重生成视图

AutoCAD 使用时间太久或者图样中内容太多，有时就会影响到图形的显示效果，让图形变得很粗糙，这时就可以用到【重生成】命令来恢复。【重生成】命令不仅重新计算当前视图中所有对象的屏幕坐标，并重新生成整个图形，还重新建立图形数据库索引，从而优化显示和对象选择的性能。执行【重生成】命令有以下几种方法。

➢ 菜单栏：选择【视图】|【重生成】命令。

➢ 命令行：REGEN 或 RE。

【重生成】命令仅对当前视图范围内的图形执行重生成，如果要对整个图形执行重生成，可选择【视图】|【全部重生成】命令。重生成的效果如图 1-71 所示。

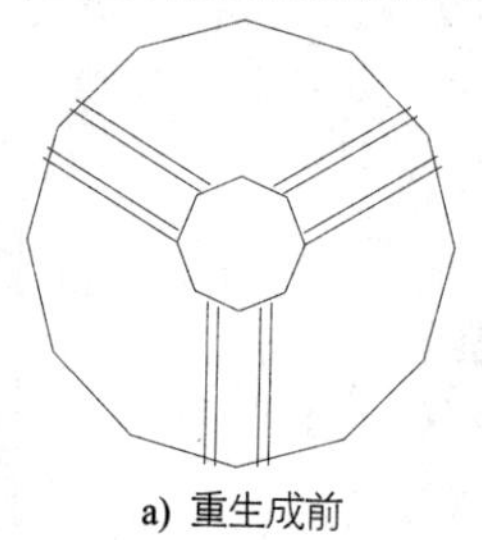

a) 重生成前

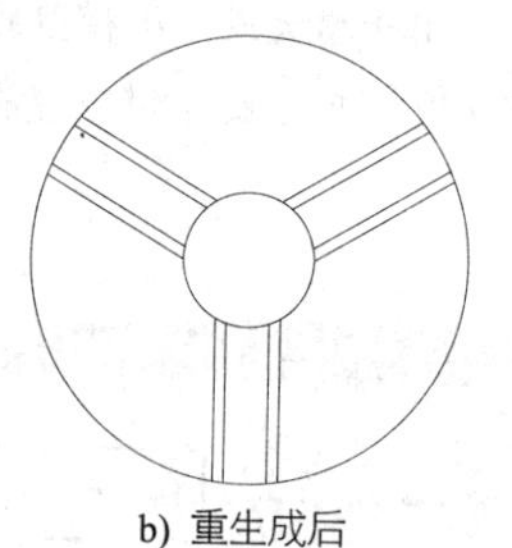

b) 重生成后

图 1-71 重生成的效果

1.6 AutoCAD 2022 工作空间

AutoCAD 2022 为用户提供了【草图与注释】【三维基础】以及【三维建模】3 种工作空间。选择不同的空间可以进行不同的操作，如在【三维建模】工作空间下，可以方便地进行更复杂的以三维建模为主的绘图操作。

1.6.1 【草图与注释】工作空间

AutoCAD 2022 默认的工作空间为【草图与注释】工作空间，其界面主要由【应用程序】按钮、功能区选项板、快速访问工具栏、绘图区、命令行窗口和状态栏等元素组成。在该空间中，可以方便地使用【默认】选项卡中的【绘图】【修改】【图层】【注释】【块】和【特性】等面板绘制和编辑二维图形，如图 1-72 所示。

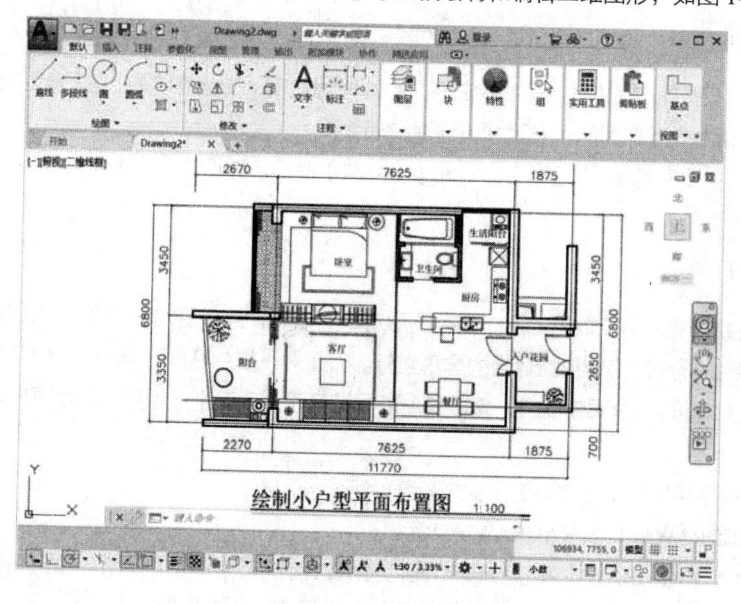

图 1-72 【草图与注释】工作空间

1.6.2 【三维基础】工作空间

【三维基础】空间与【草图与注释】工作空间类似，但【三维基础】空间功能区包含的是基本的三维建模工具，如各种常用的三维建模、布尔运算以及三维编辑工具按钮，如图 1-73 所示，利用这些工具能够非常方便地创建简单的基本三维模型。

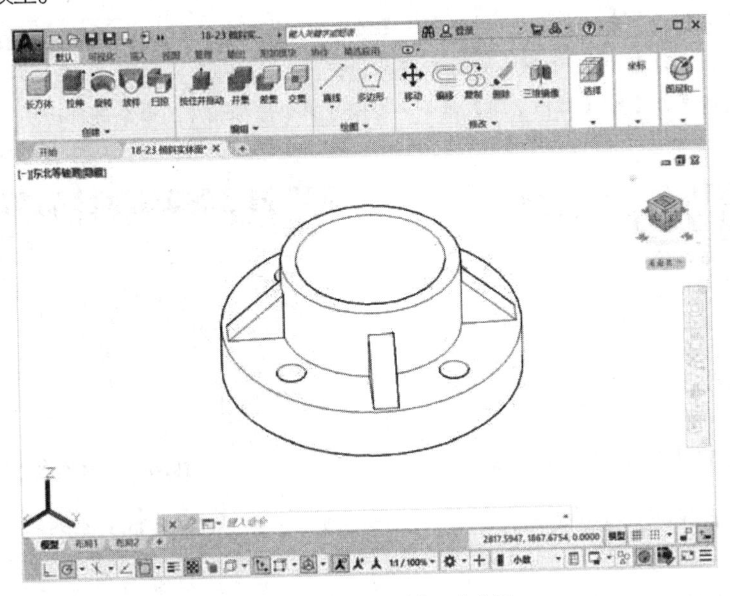

图 1-73 【三维基础】工作空间

1.6.3 【三维建模】工作空间

【三维建模】工作空间的界面与【三维基础】工作空间的界面相似，但功能区包含的工具有较大差异。其功能区选项卡中集中了实体、曲面和网格的多种建模和编辑命令，以及视觉样式、渲染等模型显示工具，为绘制和观察三维图形、附加材质、创建动画、设置光源等操作提供了非常便利的环境，【三维建模】工作空间如图 1-74 所示。

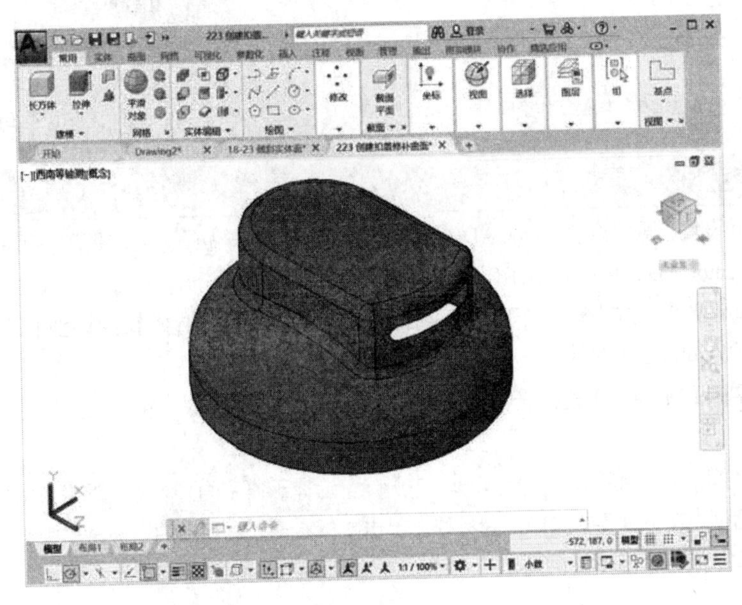

图 1-74 【三维建模】工作空间

1.6.4 切换工作空间

在【草图与注释】工作空间中绘制出二维草图，然后转换至【三维基础】工作空间进行建模操作，再转换至【三维建模】工作空间赋予材质、布置灯光进行渲染，此即 AutoCAD 建模的大致流程。因此可见，这三个工作空间是互为补充的。切换工作空间有以下几种方法：

➤ 快速访问工具栏：单击快速访问工具栏中的【切换工作空间】下拉按钮 草图与注释，在打开的下拉列表中选择相应的选项进行切换，如图 1-75 所示。

➤ 菜单栏：选择【工具】|【工作空间】命令，在子菜单中选择相应的命令进行切换，如图 1-76 所示。

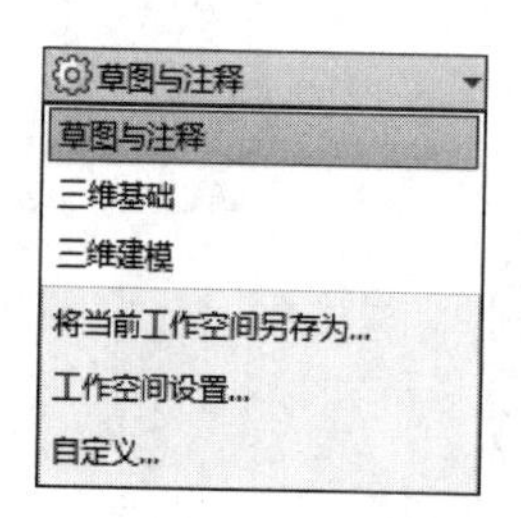

图 1-75 通过快捷访问工具栏切换工作空间

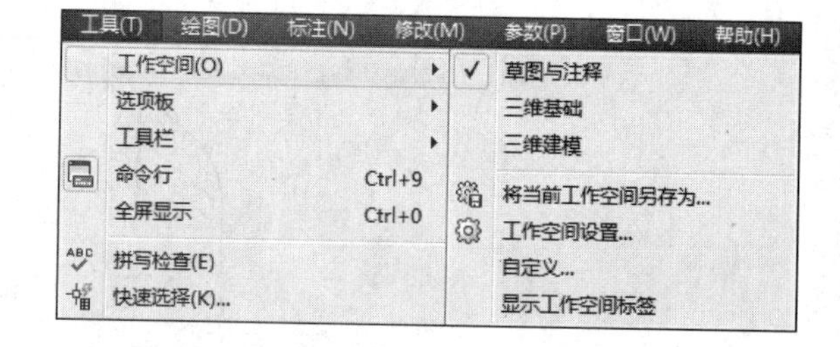

图 1-76 通过菜单栏切换工作空间

➤ 工具栏：在【工作空间】工具栏的【工作空间控制】下拉列表中选择相应的选项进行切换，如图 1-77 所示。

➤ 状态栏：单击状态栏右侧的【切换工作空间】按钮，在弹出的下拉菜单中选择相应的命令进行切换，如图 1-78 所示。

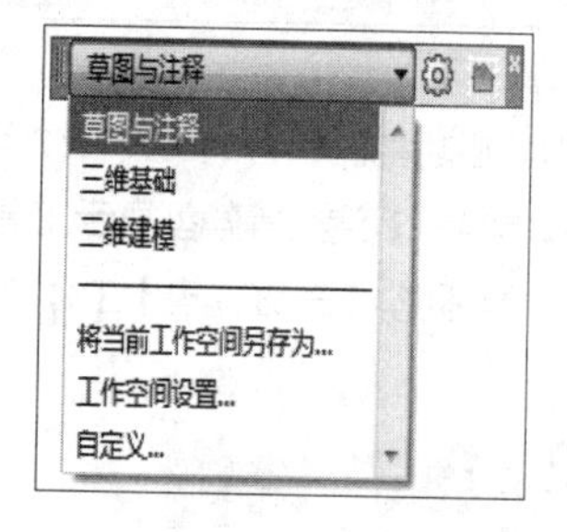

图 1-77 通过工具栏切换工作空间

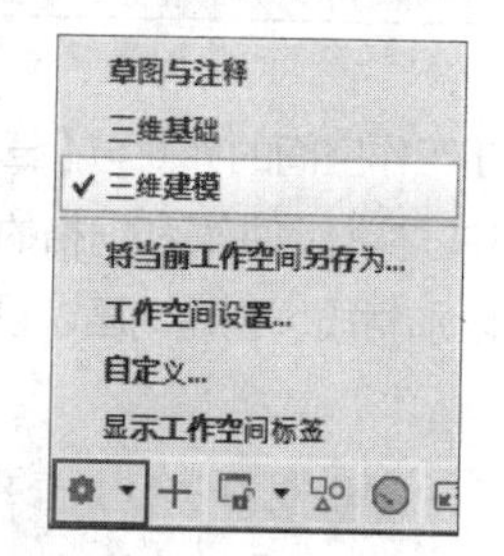

图 1-78 通过状态栏切换工作空间

1.6.5 工作空间设置

通过【工作空间设置】可以修改 AutoCAD 默认的工作空间。这样做的好处就是能将用户自定义的工作空间设为默认，在启动 AutoCAD 后即可快速工作，无需再进行切换。

执行【工作空间设置】的方法与切换工作空间相同，只需在列表框中选择【工作空间设置】选项即可。选择选项之后弹出【工作空间设置】对话框，如图 1-79 所示。

在【我的工作空间（M）=】下拉列表中选择要设置为默认的工作空间，即可将该工作空间设置为 AutoCAD 启动后的初始空间。

不需要的工作空间，可以将其在工作空间列表中删除。选择工作空间列表框中的【自定义】选项，打开【自定义用户界面】对话框，在不需要的工作空间名称上单击鼠标右键，在弹出的快捷菜单中选择【删除】选项，即可删除不需要的工作空间，如图 1-80 所示。

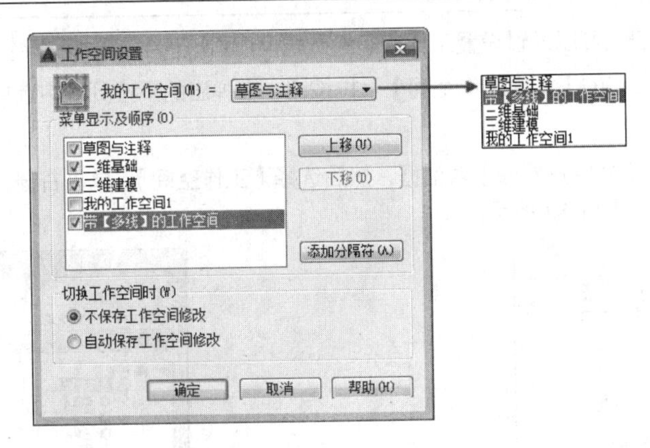

图 1-79 【工作空间设置】对话框

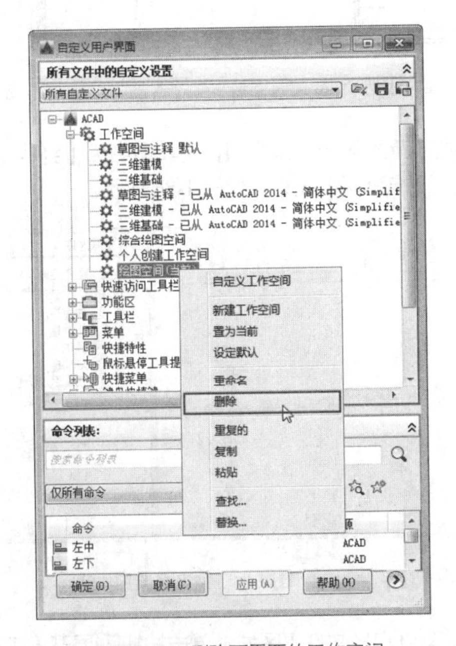

图 1-80 删除不需要的工作空间

【案例 1-3】： 创建带【工具栏】的经典工作空间

视频文件：\视频\第 1 章\1-5.mp4

从 2015 版开始，AutoCAD 取消了【经典工作空间】界面（见图 1-81），结束了长达十余年之久的工具栏命令操作方式。但对于一些有基础的用户来说，相较于 2022 版，他们更习惯于 2005 版、2008 版、2012 版等经典版本的工作界面，也习惯于使用工具栏来调用命令。

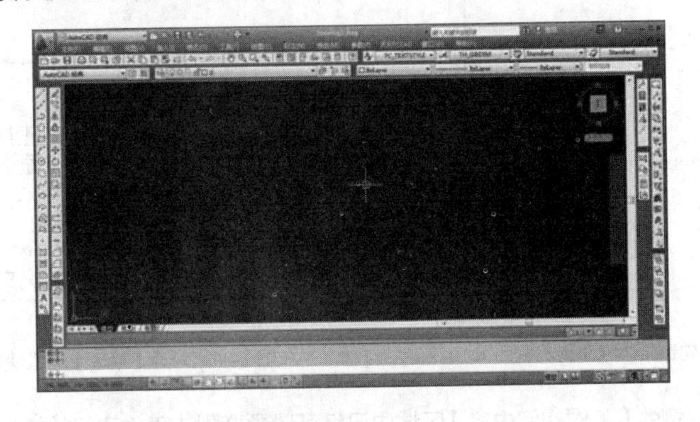

图 1-81 旧版本 AutoCAD 的【经典工作空间】界面

在 AutoCAD 2022 中，仍然可以通过设置工作空间的方式，创建出符合自己操作习惯的经典界面，方法如下。

01 单击快速访问工具栏中的【切换工作空间】下拉按钮，在弹出的下拉列表中选择【自定义】选项，如图 1-82 所示。

02 系统自动打开【自定义用户界面】对话框，然后选择【工作空间】，单击右键，在弹出的快捷菜单中选择【新建工作空间】选项，如图 1-83 所示。

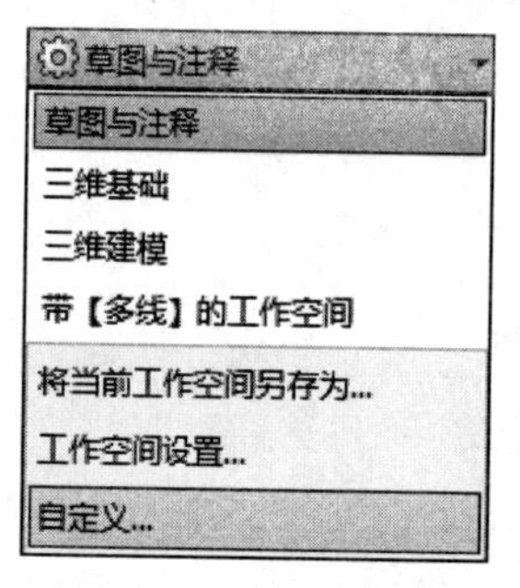

图 1-82　选择【自定义】选项

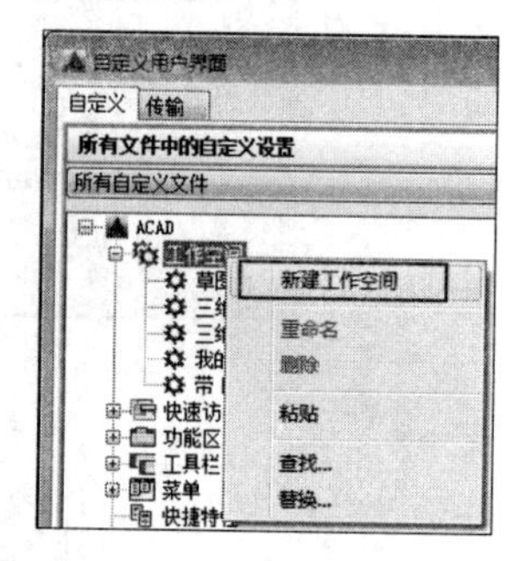

图 1-83　新建工作空间

03 在【工作空间】树列表中新添加一工作空间，将其命名为【经典工作空间】，然后单击对话框右侧【工作空间内容】区域中的【自定义工作空间】按钮，如图 1-84 所示。

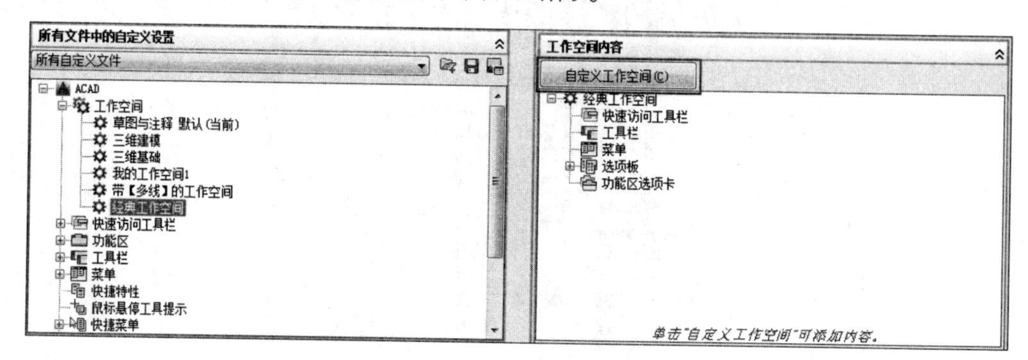

图 1-84　命名经典工作空间

04 返回对话框左侧的【所有自定义文件】区域，单击按钮⊞展开【工具栏】树列表，依次勾选其中的【标注】【绘图】【修改】【标准】【样式】【图层】【特性】7 个工具栏，即旧版本 AutoCAD 中的经典工具栏，如图 1-85 所示。

05 返回上一个界面，勾选【菜单栏】与【快速访问工具栏】下的【快速访问工具栏 1】复选框，如图 1-86 所示。

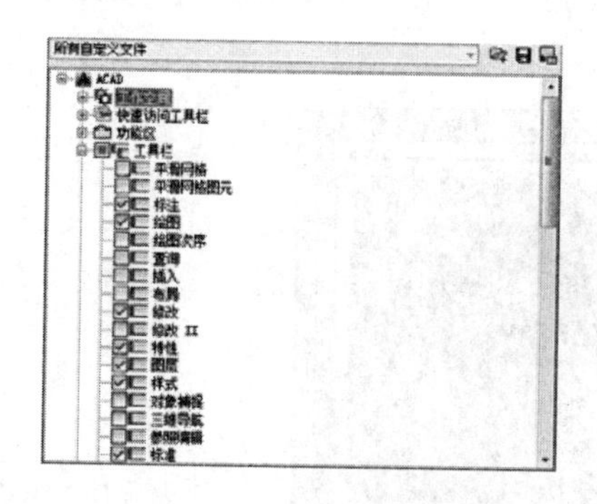

图 1-85　勾选 7 个经典工具栏

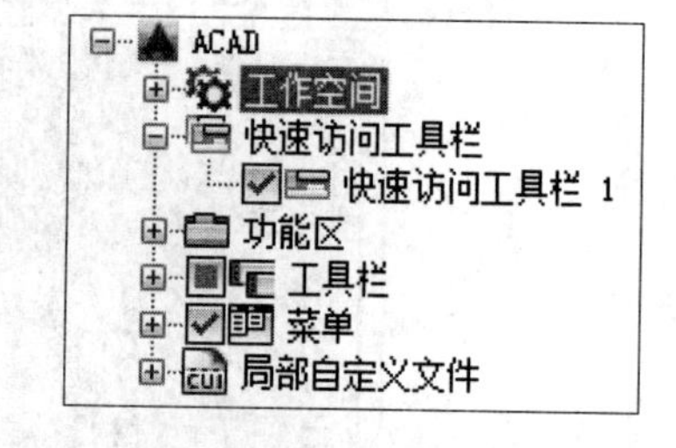

图 1-86　勾选【菜单】与【快速访问工具栏 1】

06 此时在对话框右侧的【工作空间内容】区域中已经可以预览到该工作空间的结构。确定无误后单击其上方的【完成】按钮，如图 1-87 所示。

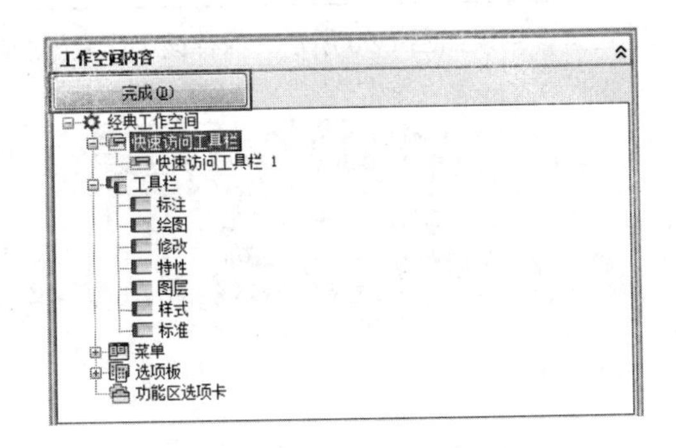

图 1-87　完成经典工作空间的设置

07 在【自定义工作界面】对话框中先单击【应用】按钮，再单击【确定】按钮，退出该对话框。

08 将工作空间切换至刚创建的【经典工作空间】，如图 1-88 所示。

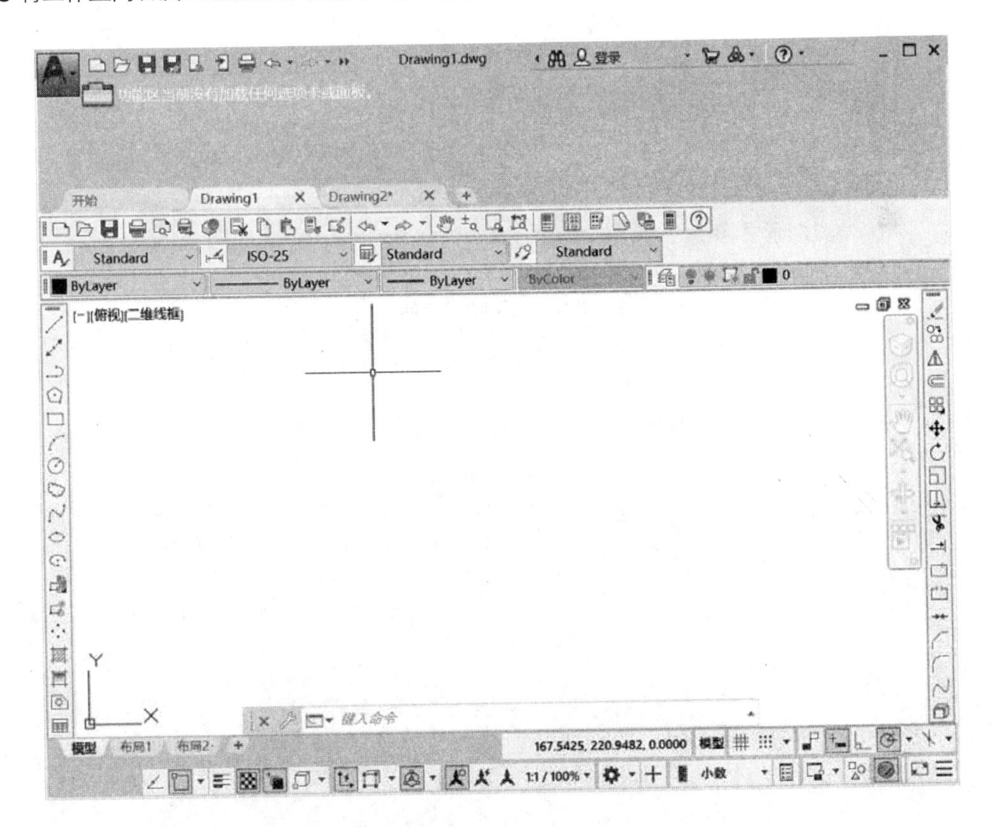

图 1-88　创建的经典工作空间

09 可见在原来的【功能区】已经消失，但仍空出了一大块，影响界面效果。在该处右击，在弹出的快捷菜单中选择【关闭】选项，即可关闭【功能区】显示，如图 1-89 所示。

图 1-89　创建的经典工作空间

10 将各工具栏拖移到合适的位置，结果如图 1-90 所示。保存该工作空间后即可随时启用。

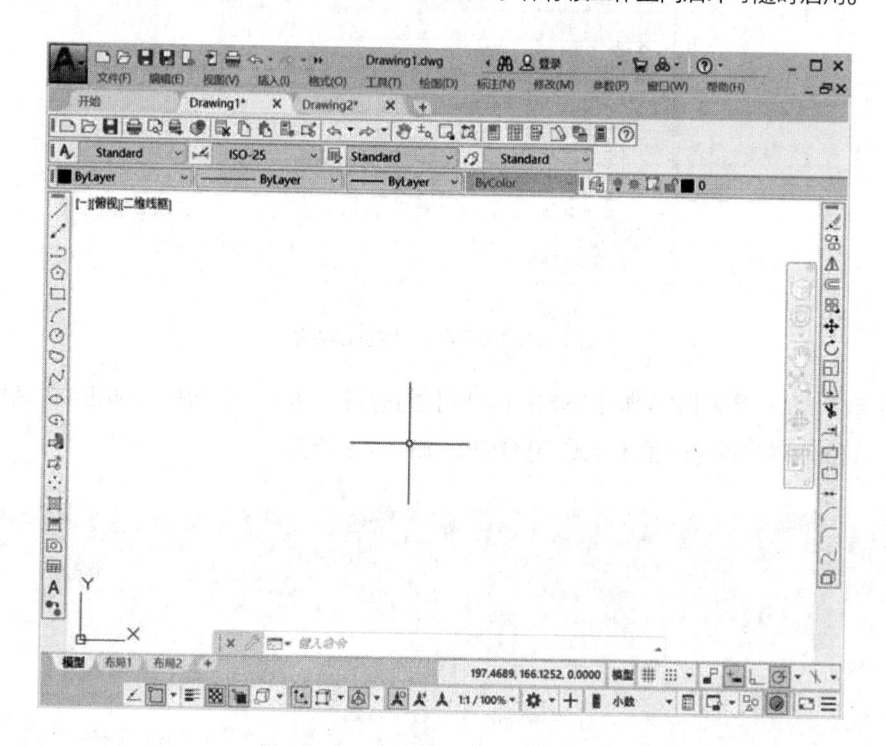

图 1-90　经典工作空间

第2章

坐标系与辅助绘图工具

要使用 AutoCAD 绘制图形，首先必须了解坐标、栅格、捕捉、正交、追踪等基本概念。本章通过具体案例对这些概念进行了介绍。此外，本章还介绍了 AutoCAD 绘图环境的设置方法，如背景颜色、光标大小等。

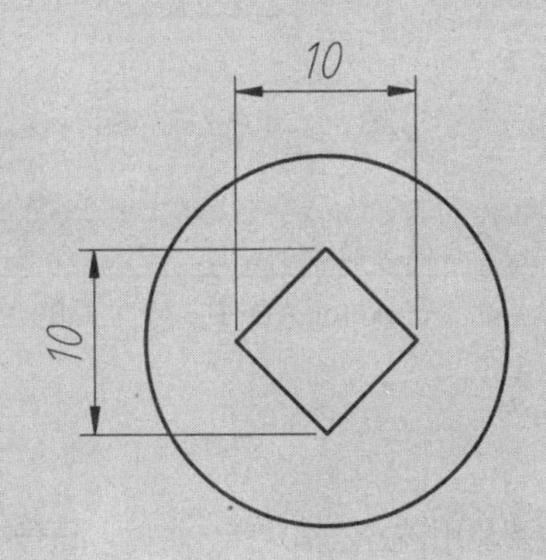

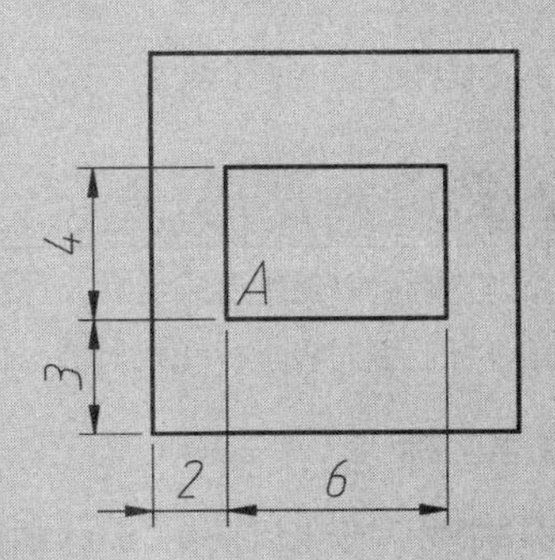

2.1 AutoCAD 的坐标系

AutoCAD 的图形定位主要是由坐标系来确定的。要想正确、高效地绘图，必须先了解 AutoCAD 坐标系的概念和坐标输入方法。

2.1.1 认识坐标系

在 AutoCAD 2022 中，坐标系分为世界坐标系（WCS）和用户坐标系（UCS）两种。

1．世界坐标系（WCS）

世界坐标系（World Coordinate SYstem，简称 WCS）是 AutoCAD 的基本坐标系。它由三个相互垂直的坐标轴 *X*、*Y* 和 *Z* 组成。在绘制和编辑图形的过程中，坐标系的原点和坐标轴的方向是不变的。

如图 2-1 所示，世界坐标系在默认情况下，*X* 轴正方向水平向右，*Y* 轴正方向垂直向上，*Z* 轴正方向垂直屏幕平面方向，指向用户。坐标原点在绘图区左下角，在其上有一个方框标记，表明是世界坐标系。

2．用户坐标系（UCS）

为了更好地辅助绘图，经常需要修改坐标系的原点位置和坐标方向，这时就需要使用可变的用户坐标系（User Coordinate SYstem，简称 UCS），如图 2-2 所示。在用户坐标系中，可以任意指定或移动原点和旋转坐标轴。默认情况下，用户坐标系和世界坐标系重合。

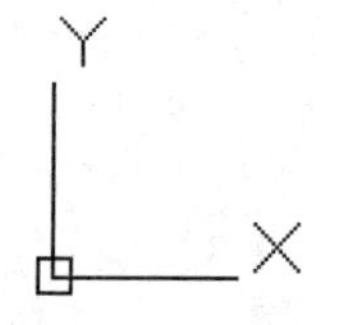

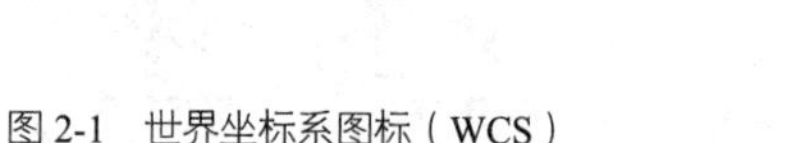

图 2-1　世界坐标系图标（WCS）

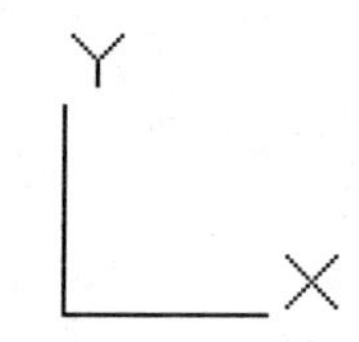

图 2-2　用户坐标系图标（UCS）

2.1.2 坐标的 4 种表示方法

在指定坐标点时，既可以使用直角坐标，也可以使用极坐标。在 AutoCAD 中，一个点的坐标可以用绝对直角坐标、相对直角坐标、绝对极坐标和相对极坐标 4 种方法表示。

1．绝对直角坐标

绝对直角坐标是指相对于坐标原点（0,0）的直角坐标。要使用该方法指定点，应输入逗号隔开的 *X*、*Y* 和 *Z* 值，即用（*X*,*Y*,*Z*）表示。当绘制二维平面图形时，其 *Z* 值为 0，可省略而不必输入，仅输入 *X*、*Y* 值即可，如图 2-3 所示。

2．相对直角坐标

相对直角坐标是基于以某点相对于另一特定点的相对位置来定义该点位置坐标。相对特定坐标点（*X*,*Y*,*Z*）增加（Δ*X*,Δ*Y*,Δ*Z*）的坐标点的输入格式为（@Δ*X*,Δ*Y*,Δ*Z*）。相对坐标输入格式为（@*X*,*Y*），“@”符号表示使用相对坐标输入，用于指定相对于上一个点的偏移量，如图 2-4 所示。

专家提醒 坐标分隔的逗号“,”和“@”符号都应是英文输入法下的字符，否则无效。

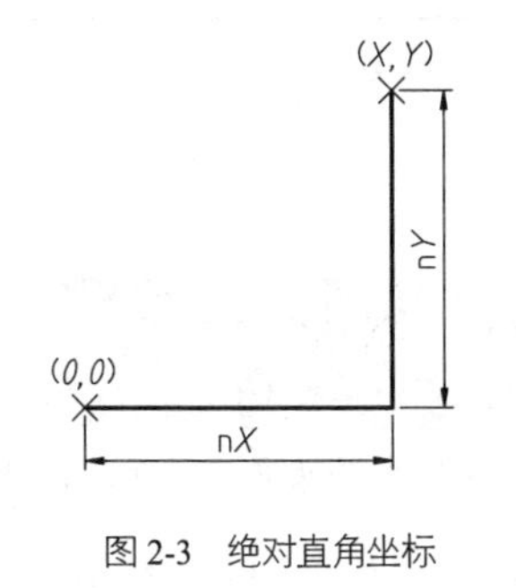

图 2-3　绝对直角坐标

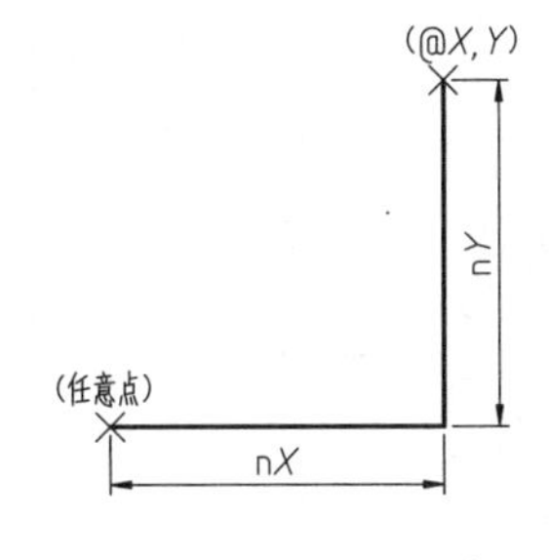

图 2-4　相对直角坐标

3. 绝对极坐标

该坐标方式是指相对于坐标原点（0,0）的极坐标。例如，坐标（12<30）是指沿 *X* 轴正方向逆时针旋转 30°，距离原点 12 的点，如图 2-5 所示。在实际绘图工作中，由于很难确定与坐标原点之间的绝对极轴距离，因此该方法使用较少。

4. 相对极坐标

该坐标方式是以某一特定点为参考极点，输入相对于参考极点的距离和角度来定义一个点位置的坐标。相对极坐标输入格式为（@*A*<角度），其中 *A* 表示指定与特定点的距离。例如，坐标（@14<45）是指相对于前一点角度为 45°、距离为 14 的一个点，如图 2-6 所示。

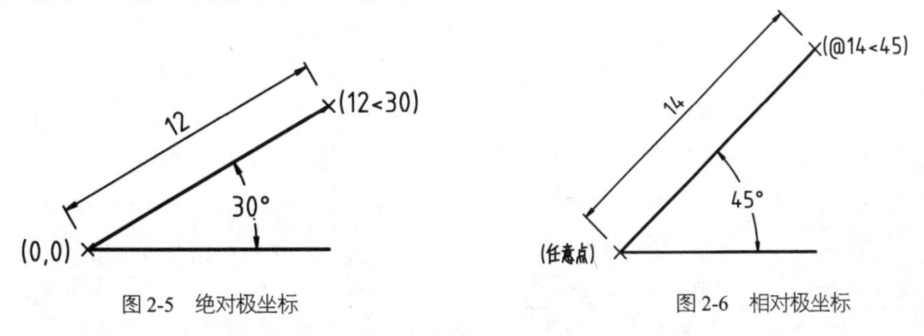

图 2-5　绝对极坐标

图 2-6　相对极坐标

专家提醒 这 4 种坐标的表示方法除了绝对极坐标外，其余 3 种均使用较多，需重点掌握。下面通过 3 个分别采用不同的坐标方法绘制相同的图形例子来做进一步的说明。

【案例 2-1】：通过绝对直角坐标绘制图形　　视频文件：视频\第 2 章\2-1.mp4

本例以绝对直角坐标输入的方法绘制如图 2-7 所示的图形。图中 *O* 点为 AutoCAD 的坐标原点，坐标为（0，0），因此 *A* 点的绝对坐标则为（10,10），*B* 点的绝对坐标为（50,10），*C* 点的绝对坐标为（50,40）。绘制步骤如下：

01 在【默认】选项卡中单击【绘图】面板上的【直线】按钮，执行直线命令。

02 命令行出现“指定第一个点”的提示，直接在其后输入“10,10”，即第一点（*A* 点）的坐标，如图 2-8 所示。

03 单击 Enter 键确定第一点的输入，接着命令行提示“指定下一点”，再按相同方法输入 *B*、*C* 点的绝对坐标值，即可得到如图 2-7 所示的图形。命令行操作过程如下。

```
命令：L                                          //调用【直线】命令
指定第一个点：10,10                               //输入 A 点的绝对坐标
指定下一点或 [放弃(U)]：50,10                     //输入 B 点的绝对坐标
指定下一点或 [放弃(U)]：50,40                     //输入 C 点的绝对坐标
指定下一点或 [闭合(C)/放弃(U)]：C                 //闭合图形
```

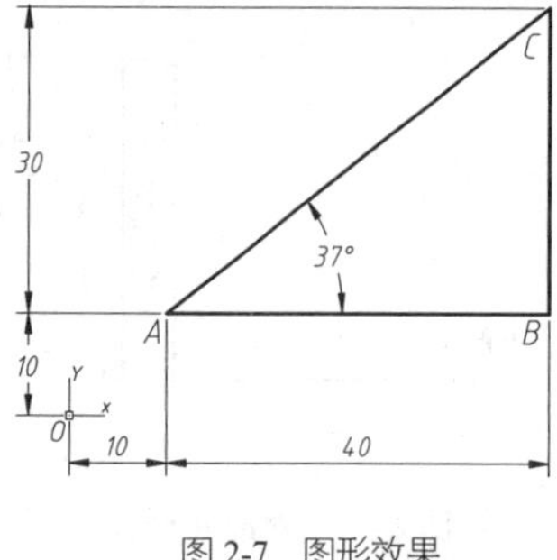

图 2-7　图形效果

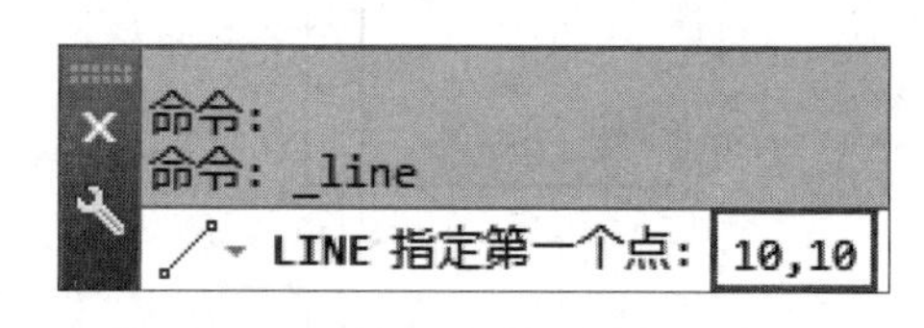

图 2-8　输入绝对坐标确定第一点

专家提醒　本书中命令行操作文本中的“　”符号表示按下 Enter 键，“//”符号后的文字为提示文字。

【案例 2-2】：通过相对直角坐标绘制图形　　视频文件：视频\第 2 章\2-2.mp4

本例以相对直角坐标输入的方法绘制如图 2-7 所示的图形。在实际绘图工作中，大多数设计师都喜欢随意在绘图区中指定一点为第一点，由于这样很难界定该点及后续图形与坐标原点（0,0）的关系，因此往往多采用相对坐标的输入方法来进行绘制。相比于绝对坐标的刻板，相对坐标显得更为灵活多变。

01 在【默认】选项卡中单击【绘图】面板上的【直线】按钮，执行直线命令。

02 输入 *A* 点。可按【案例 2-1】中的方法输入 *A* 点，也可以在绘图区中任意指定一点作为 *A* 点。

03 输入 *B* 点。在图 2-7 中，*B* 点位于 *A* 点沿 *X* 轴正方向（*Y* 轴增量为 0）、距离为 40 处，因此相对于 *A* 点的坐标为（@40,0），在命令行提示“指定下一点”时输入“@40,0”即可确定 *B* 点，如图 2-9 所示。

04 输入 *C* 点。由于相对直角坐标是相对于上一点进行定义的，因此在输入 *C* 点的相对坐标时，要考虑它和 *B* 点的相对关系。*C* 点位于 *B* 点的正上方，距离为 30，即输入“@0,30”，如图 2-10 所示。

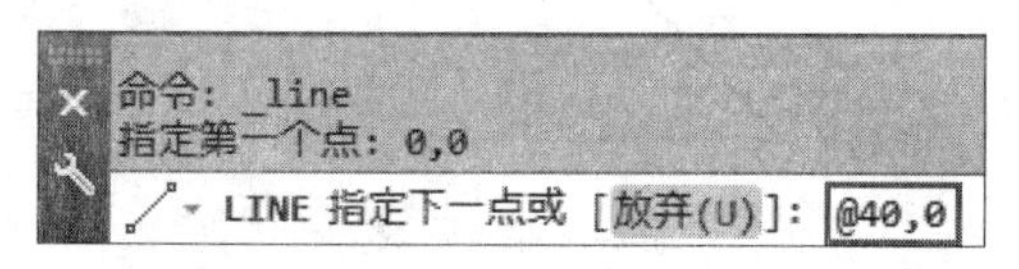

图 2-9　输入 *B* 点的相对直角坐标

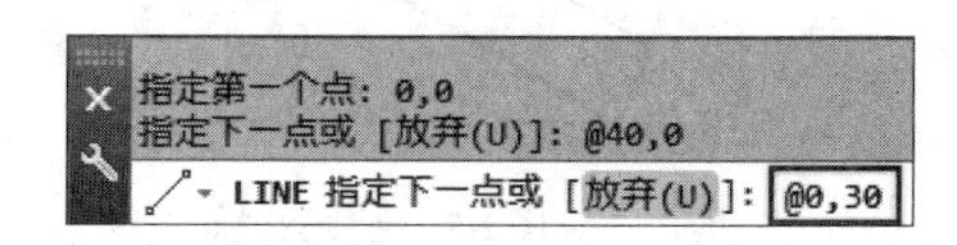

图 2-10　输入 *C* 点的相对直角坐标

05 将图形封闭即绘制完成。完整的命令行操作过程如下。

```
命令: LINE                                  //调用【直线】命令
指定第一个点:    10,10                       //输入 A 点的绝对坐标
指定下一点或 [放弃(U)]: @40,0                //输入 B 点相对于上一个点（A 点）的相对坐标
指定下一点或 [放弃(U)]: @0,30                //输入 C 点相对于上一个点（B 点）的相对坐标
指定下一点或 [闭合(C)/放弃(U)]: C            //闭合图形
```

【案例 2-3】：通过相对极坐标绘制图形　　视频文件：视频\第 2 章\2-3.mp4

本例以相对极坐标输入的方法绘制如图 2-7 所示的图形。相对极坐标与相对直角坐标一样，都是以上一点为参考基点，输入增量来定义下一个点的位置。只不过相对极坐标输入的是极轴增量和角度值。

01 在【默认】选项卡中单击【绘图】面板上的【直线】按钮，执行直线命令。

02 输入 *A* 点。可按【案例 2-1】中的方法输入 *A* 点，也可以在绘图区中任意指定一点作为 *A* 点。

03 输入 *C* 点。*A* 点确定后，就可以通过相对极坐标的方式确定 *C* 点。*C* 点位于 *A* 点的 37° 方向，距离为 50（由勾股定理可知），因此相对极坐标为（@50<37），在命令行提示“指定下一点”时输入“@50<37”，即可确定 *C* 点，如图 2-11 所示。

04 输入 *B* 点。*B* 点位于 *C* 点的-90° 方向，距离为 30，因此相对极坐标为（@30<-90），输入“@30<-90”

即可确定 *B* 点，如图 2-12 所示。

图 2-11 输入 *C* 点的相对极坐标

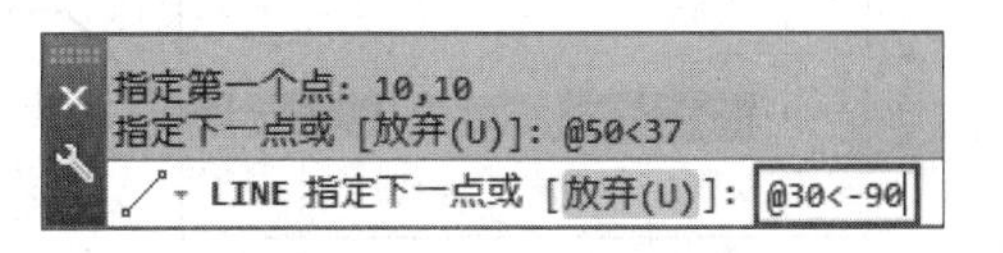

图 2-12 输入 *B* 点的相对极坐标

05 将图形封闭即绘制完成。完整的命令行操作过程如下。

```
命令：_LINE                              //调用【直线】命令
指定第一个点：10,10                      //输入A点的绝对坐标
指定下一点或 [放弃(U)]: @50<37           //输入C点相对于上一个点（A点）的相对极坐标
指定下一点或 [放弃(U)]: @30<-90          //输入B点相对于上一个点（C点）的相对极坐标
指定下一点或 [闭合(C)/放弃(U)]: C        //闭合图形
```

2.1.3 坐标值的显示

在 AutoCAD 状态栏的左侧区域会显示当前光标所处位置的坐标值，该坐标值有 3 种显示状态。

➢ 绝对直角坐标状态：显示光标所在位置的坐标（118.8822, -0.4634, 0.0000）。

➢ 相对极坐标状态：在相对于前一点来指定下一点时可以使用此状态（37.6469<216, 0.0000）。

➢ 关闭状态：颜色变为灰色，并“冻结”关闭时所显示的坐标值，如图 2-13 所示。

用户可根据需要在这 3 种状态之间相互切换。按 Ctrl+I 组合键可以关闭开启坐标显示。当确定一个位置后，在状态栏中显示坐标值的区域，单击也可以进行切换。

在状态栏中显示坐标值的区域右击，将弹出如图 2-14 所示的快捷菜单，可在其中选择所需状态。

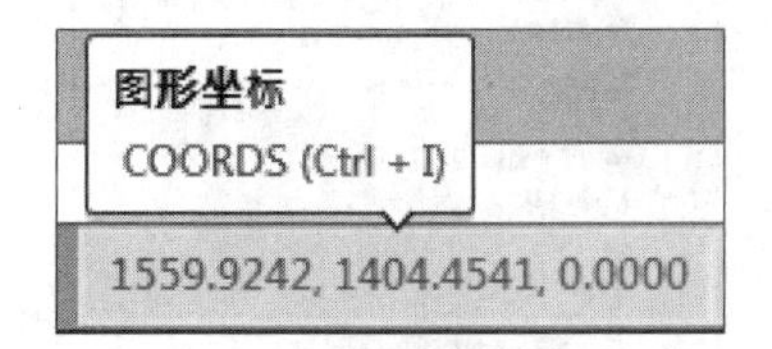

图 2-13 关闭状态下的坐标值

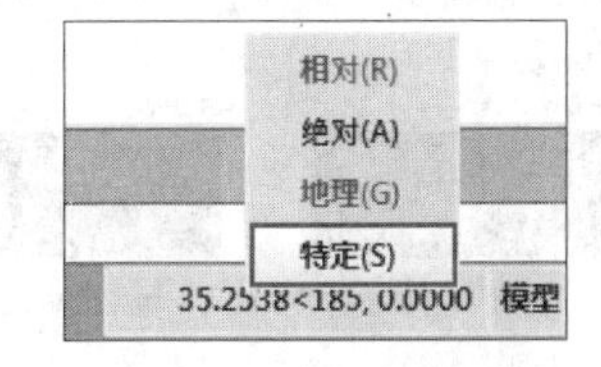

图 2-14 快捷菜单

2.2 辅助绘图工具

本节将介绍 AutoCAD 2022 辅助绘图工具的设置。利用绘图辅助功能，可以提高用户制图的工作效率和绘图的准确性。在实际绘图中，用鼠标定位虽然方便快捷，但精度不够，因此为了解决快速准确定位问题，AutoCAD 提供了一些绘图辅助工具，如动态输入、栅格、栅格捕捉、正交和极轴追踪等。

【栅格】类似定位的小点，可以直观地观察到距离和位置；【栅格捕捉】用于设定光标移动的距离；【正交】控制直线在 0°、90°、180° 或 270° 等正平竖直的方向上；【极轴追踪】用以控制直线在 30°、45°、60°等常规或用户指定的角度上。

2.2.1 动态输入

在绘图的时候，有时可在光标处显示命令提示或尺寸输入框，这类设置即称作【动态输入】。在 AutoCAD 中，【动态输入】有两种显示状态，即指针输入状态和标注输入状态，如图 2-15 所示。

【动态输入】功能的开、关切换有以下两种方法：

➢ 快捷键：按 F12 键切换开、关状态。

➢ 状态栏：单击状态栏上的【动态输入】按钮，若亮显则为开启，如图 2-16 所示。

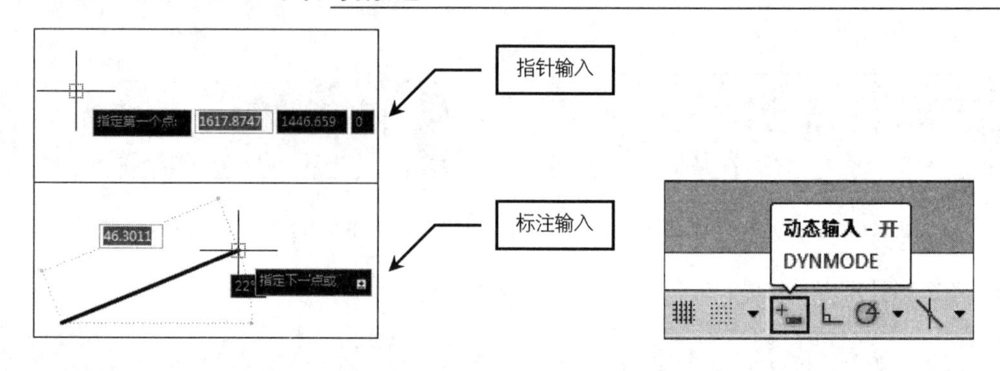

图 2-15 【动态输入】的两种状态

图 2-16 在状态栏中开启【动态输入】功能

右击状态栏上的【动态输入】按钮，选择弹出的【动态输入设置】选项，打开【草图设置】对话框中的【动态输入】选项卡，在该选项卡中进行设置可以控制在启用【动态输入】时所显示的内容。该选项卡中包含 3 个选项组，即【指针输入】【标注输入】和【动态提示】，如图 2-17 所示。

1. 指针输入

单击【指针输入】选项组中的【设置】按钮，打开如图 2-18 所示的【指针输入设置】对话框，可以在其中设置指针的格式和可见性。在工具提示中，十字光标所在位置的坐标值将显示在光标旁边。命令提示用户输入点时，可以在工具提示框（而非命令行）中输入坐标值。

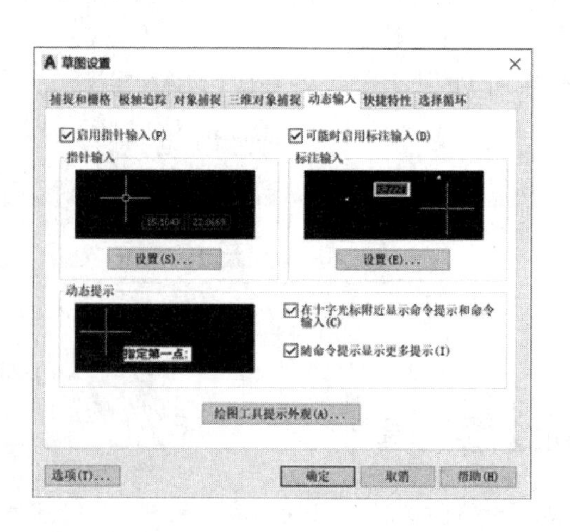

图 2-17 【动态输入】选项卡

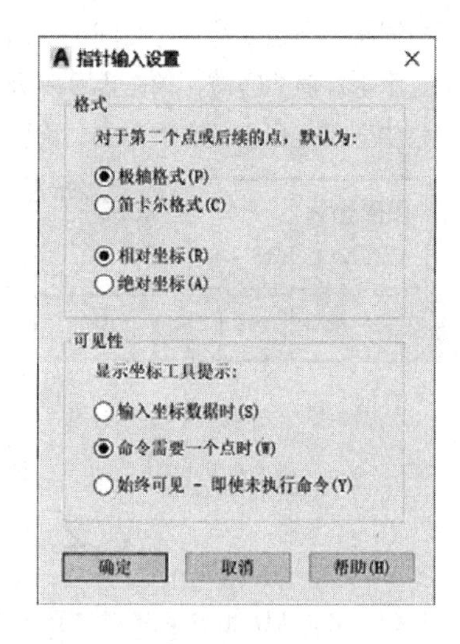

图 2-18 【指针输入设置】对话框

2. 标注输入

在【草图设置】对话框的【动态输入】选项卡中，勾选【可能时启用标注输入】复选框可启用标注输入功能。单击【标注输入】选项组中的【设置】按钮，打开如图 2-19 所示的【标注输入的设置】对话框，在该对话框中可以设置夹点拉伸时标注输入的可见性等。

3. 动态提示

【动态提示】选项组中各选项的含义如下：

- 【在十字光标附近显示命令提示和命令输入】复选框：勾选该复选框，可在光标附近显示命令提示和命令输入。
- 【随命令提示显示更多提示】复选框：勾选该复选框，显示使用 Shift 键 和 Ctrl 键进行夹点操作的提示。
- 【绘图工具提示外观】按钮：单击该按钮，弹出如图 2-20 所示的【工具提示外观】对话框，在其中可进行颜色、大小、透明度和应用场合的设置。

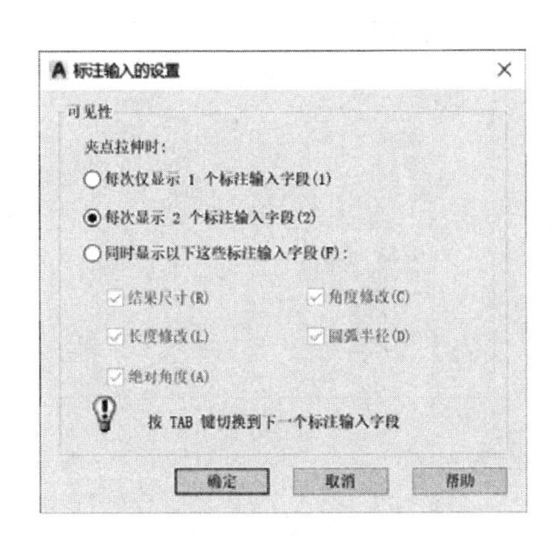

图 2-19 【标注输入的设置】对话框

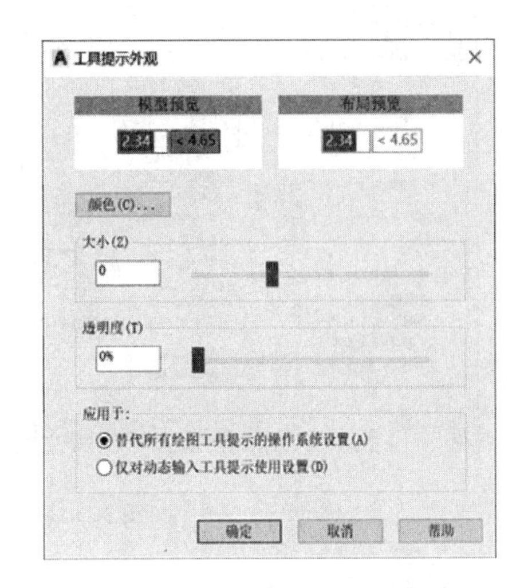

图 2-20 【工具提示外观】对话框

2.2.2 栅格

栅格相当于手工制图中使用的坐标纸，它按照相等的间距在屏幕上设置栅格点（或线），可以通过栅格点数目来确定距离，从而达到精确绘图的目的。栅格不是图形的一部分，只供用户视觉参考，打印时不会被输出。

控制栅格显示的方法如下：

➢ 快捷键：按 F7 键可以切换开、关状态。

➢ 状态栏：单击状态栏上的【显示图形栅格】按钮，若亮显则为开启，如图 2-21 所示。

用户可以根据实际需要自定义栅格的间距、大小与样式。在命令行中输入 DS（草图设置）命令，系统自动弹出【草图设置】对话框，在【捕捉和栅格】选项卡中设置栅格的间距、大小与样式。或调用 GRID 命令，根据命令行提示同样可以控制栅格的特性。

1. 设置栅格显示样式

在 AutoCAD 2022 中，栅格有两种显示样式：点矩阵和线矩阵。默认状态下显示的是线矩阵栅格，如图 2-22 所示。

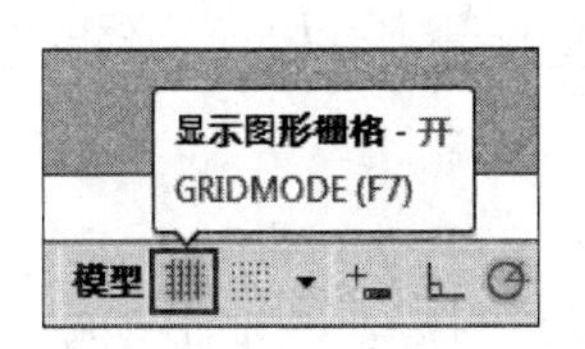

图 2-21 在状态栏中开启栅格

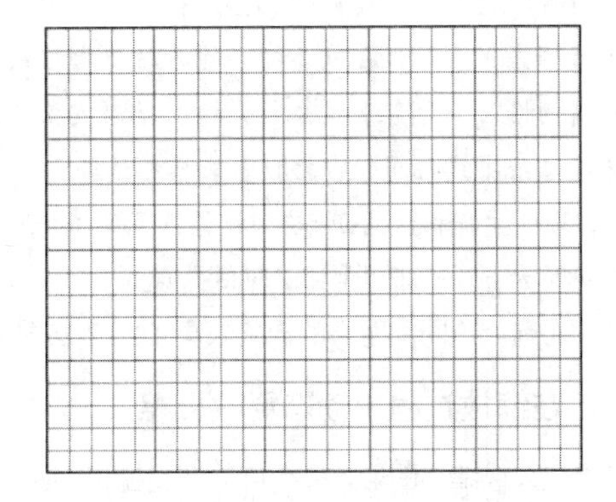

图 2-22 默认显示的线矩阵栅格

右击状态栏上的【显示图形栅格】按钮，选择弹出的【网格设置】选项，打开【草图设置】对话框中的【捕捉和栅格】选项卡，然后勾选【栅格样式】信息组中的【二维模型空间】复选框，即可显示点矩阵样式的栅格，如图 2-23 所示。

同样，勾选【块编辑器】或【图纸/布局】复选框，即可在对应的绘图环境中开启点矩阵样式的栅格。

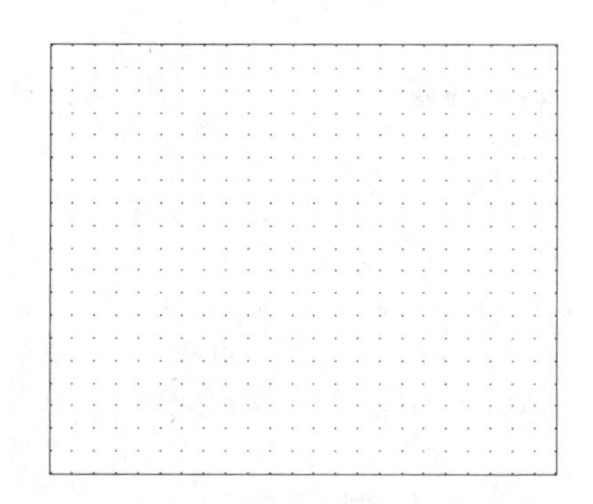

图 2-23 设置及显示点矩阵样式的栅格

2. 设置栅格间距

如果栅格以线矩阵而非点矩阵显示，那么其中会有若干颜色较深的线（称为主栅格线）和颜色较浅的线（称为辅助栅格线）间隔显示，栅格的组成如图 2-24 所示。在以小数单位或英尺、英寸绘图时，主栅格线对于快速测量距离尤其有用。可以在【草图设置】对话框【捕捉和栅格】选项卡【栅格间距】选项组中设置栅格的间距。

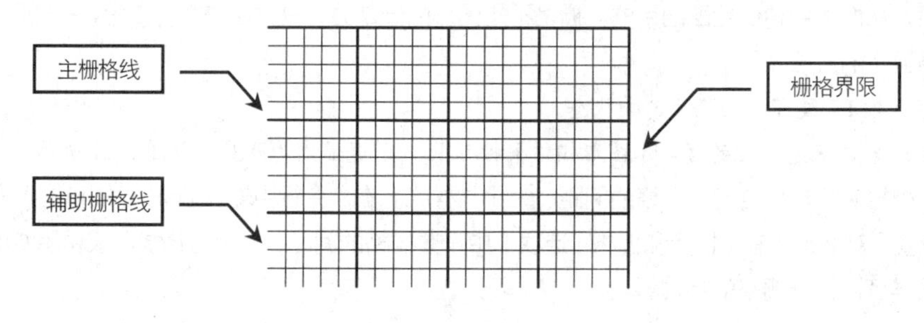

图 2-24 栅格的组成

专家提醒 【栅格界限】只有使用 Limits 命令定义了图形界限之后方能显现。

【栅格间距】选项组中的各选项含义如下：

➢【栅格 X 轴间距】文本框：输入辅助栅格线在 *X* 轴上（横向）的间距值。

➢【栅格 Y 轴间距】文本框：输入辅助栅格线在 *Y* 轴上（纵向）的间距值。

➢【每条主线之间的栅格数】文本框：输入主栅格线之间的辅助栅格线的数量，由此可间接指定主栅格线的间距，即：主栅格线间距=辅助栅格线间距×数量。

默认情况下，*X* 轴间距和 *Y* 轴间距值是相等的，如需输入不同的数值，需取消【X 轴间距和 Y 轴间距相等】复选框的勾选。不同间距下的栅格效果如图 2-25 所示。

3. 在缩放过程中动态更改栅格

如果放大或缩小图形，将会自动调整栅格间距，且辅助栅格线将按与主栅格线相同的比例显示。例如，如果缩小图形，则显示的栅格线间距会自动缩小；相反，如果放大图形，则显示的栅格线间距会自动放大，这个现象称为【自适应栅格】显示，如图 2-26 所示。

勾选【栅格行为】选项组中的【自适应栅格】复选框，即可启用该功能。如果再勾选其下的【允许以小于栅格间距的间距再拆分】复选框，则在视图放大时，会生成更多间距更小的栅格线，即以原辅助栅格线作为主栅格线，然后再进行平分。

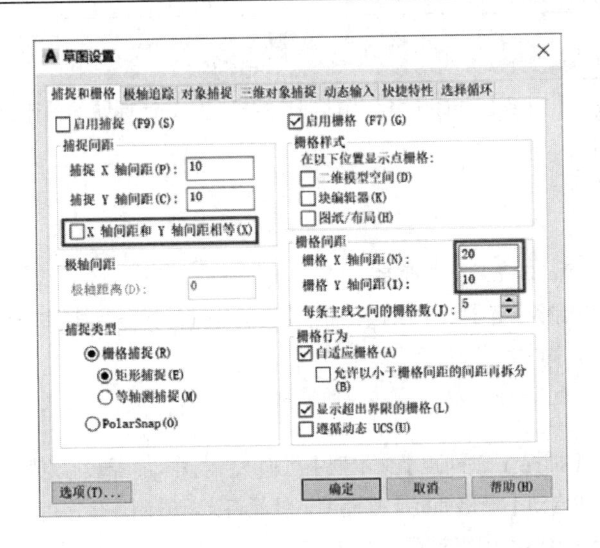

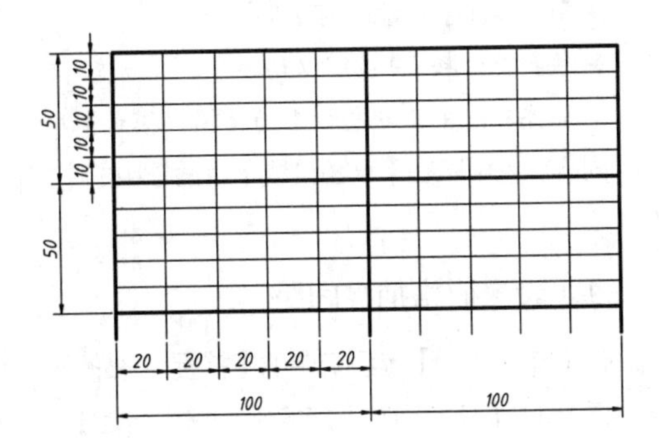

图 2-25　不同间距下的栅格效果

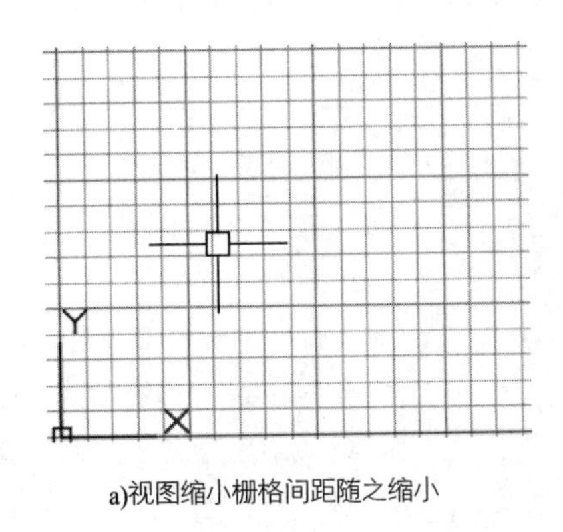

a)视图缩小栅格间距随之缩小

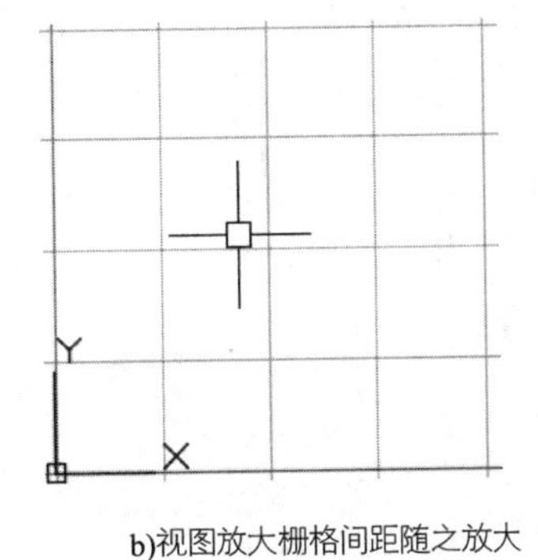

b)视图放大栅格间距随之放大

图 2-26　【自适应栅格】显示

4．栅格与 UCS 的关系

栅格和栅格栅格捕捉点始终与用户坐标系（UCS）原点对齐。如果需要移动栅格和栅格捕捉点，则需移动 UCS。如果需要沿特定的对齐方式或角度绘图，可以通过旋转 UCS 来更改栅格和捕捉角度，如图 2-27 所示。

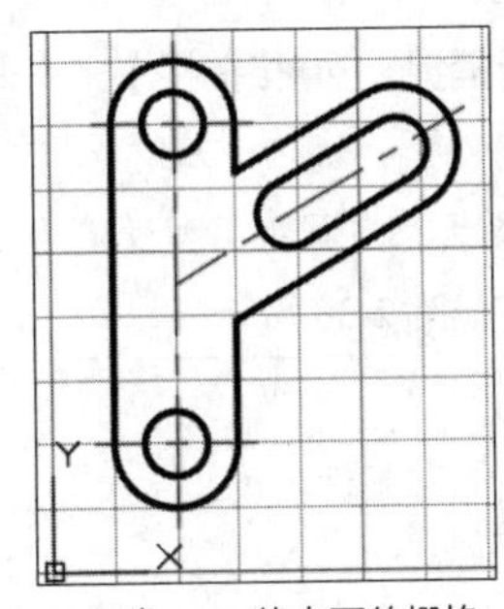

a)正常 UCS 状态下的栅格

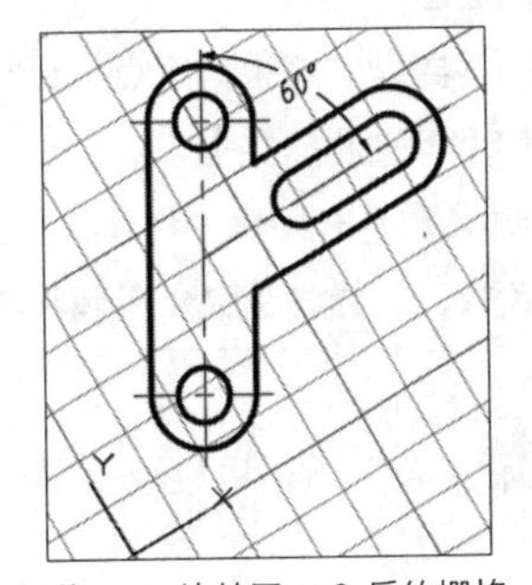

b)将 UCS 旋转了 30° 后的栅格

图 2-27　UCS 旋转效果与栅格

此旋转将十字光标在屏幕上重新对齐，以与新的角度匹配，如在图 2-27 中，将 UCS 旋转 30° 以与固定支架的角度一致。

2.2.3 捕捉

【捕捉】功能可以控制光标移动的距离。它经常和【栅格】功能联用。当捕捉功能打开时，光标便停留在栅格点上，这样就只能绘制出栅格间距整数倍距离的图线。

控制【捕捉】功能的方法如下：

- 快捷键：按 F9 键可以切换开、关状态。
- 状态栏：单击状态栏上的【捕捉模式】按钮，若亮显则为开启。

同样，也可以在【草图设置】对话框中的【捕捉和栅格】选项卡中控制【捕捉】功能的开关状态及其相关属性。

1. 设置栅格捕捉间距

在【捕捉间距】选项卡中的【捕捉 X 轴间距】和【捕捉 Y 轴间距】文本框中可输入光标移动距离的数值。通常情况下，【捕捉间距】应等于【栅格间距】，这样在启动【栅格捕捉】功能后，就能将光标限制在栅格点上，如图 2-28 所示。如果【捕捉间距】不等于【栅格间距】，则会出现捕捉不到栅格点的情况，如图 2-29 所示。

在正常工作中，【捕捉间距】不需要和【栅格间距】相同。例如，可以设定较宽的【栅格间距】用作参照，使用较小的【捕捉间距】以保证定位点时的精确性。

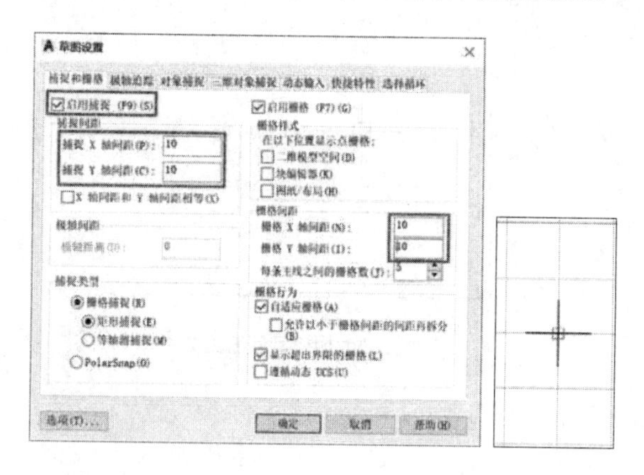

图 2-28 【捕捉间距】与【栅格间距】相等时的效果

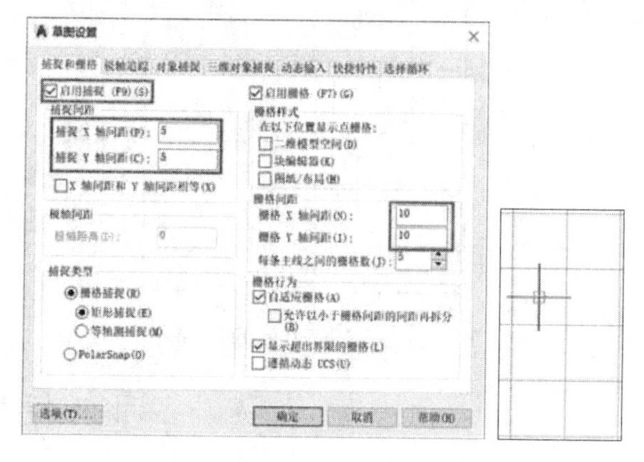

图 2-29 【捕捉间距】与【栅格间距】不相等时的效果

2. 设置捕捉类型

❑ 栅格捕捉

设定栅格捕捉类型。如果指定点，光标将沿垂直或水平栅格点进行捕捉。【栅格捕捉】下有两个单选按钮：【矩形捕捉】和【等轴测捕捉】。

- 【矩形捕捉】单选按钮：将捕捉样式设定为标准“矩形”捕捉模式。当捕捉类型设定为【栅格】并且打开【捕捉】模式时，光标将捕捉矩形捕捉栅格，适用于普通二维视图，如图 2-30 所示。

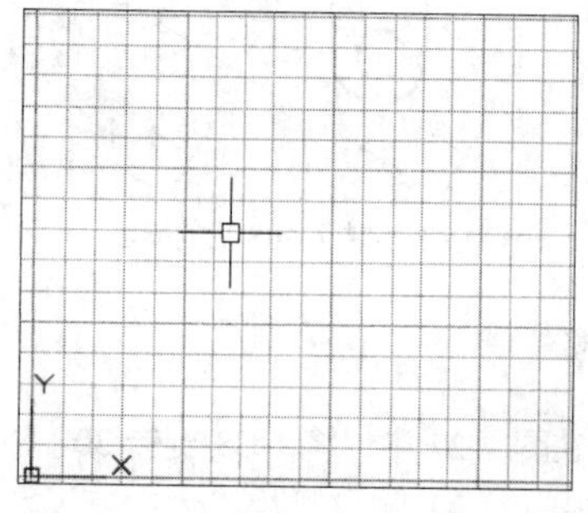

图 2-30 【矩形捕捉】模式下的栅格

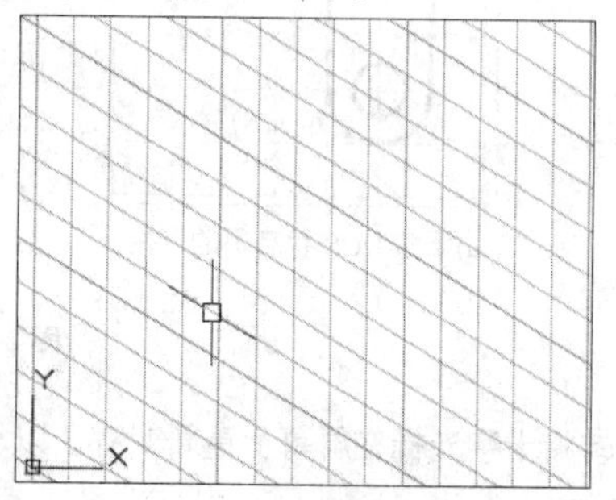

图 2-31 【等轴测捕捉】模式下的栅格

➢【等轴测捕捉】单选按钮：将捕捉样式设定为“等轴测”捕捉模式。当捕捉类型设定为【栅格】并且打开【捕捉】模式时，光标将捕捉等轴测捕捉栅格，适用于等轴测视图，如图 2-31 所示。

❑ PolarSnap（极轴捕捉）

将捕捉类型设定为【PolarSnap】。如果启用了【捕捉】模式并在极轴追踪打开的情况下指定点，光标将沿在【极轴追踪】选项卡上相对于极轴追踪起点设置的极轴对齐角度进行捕捉。

启用【PolarSnap】后，【捕捉间距】变为不可用，同时【极轴间距】文本框变得可用，可在该文本框中输入要进行捕捉的增量距离，如果该值为 0，则【PolarSnap】捕捉的距离采用【捕捉 X 轴间距】文本框中的值。启用【PolarSnap】后无法将光标定位至栅格点上，但在执行【极轴追踪】时，可将增量固定为设定值的整数倍，效果如图 2-32 所示。

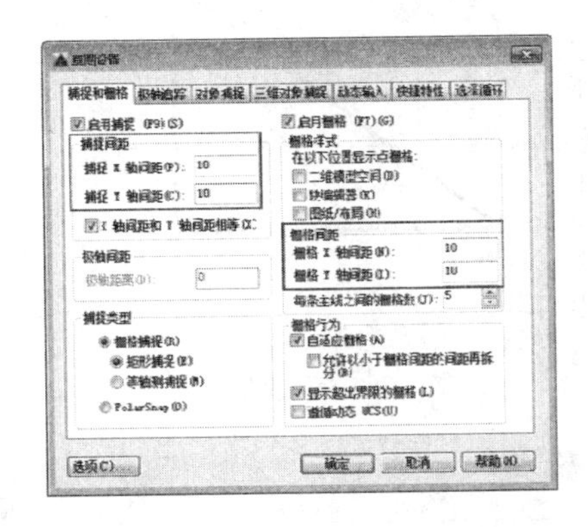

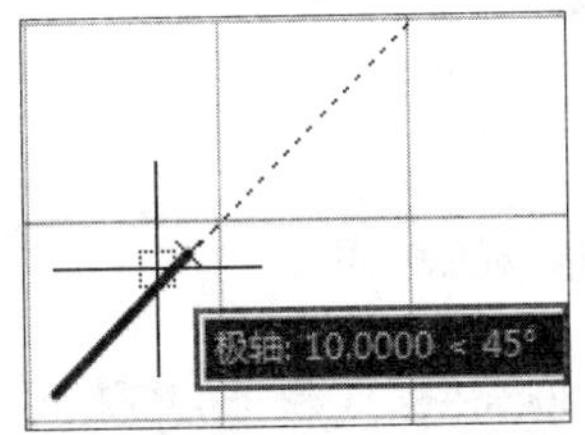

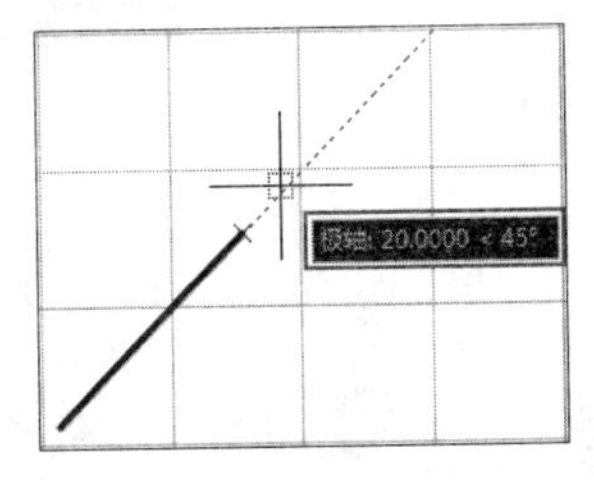

图 2-32　PolarSnap（极轴捕捉）效果

【PolarSnap】设置应与【极轴追踪】或【对象捕捉追踪】结合使用，如果两个追踪功能都未启用，则【PolarSnap】设置视为无效。

【案例 2-4】：通过【栅格】与【捕捉】绘制图形　　视频文件：视频\第 2 章\2-4.mp4

除了前面所介绍的通过输入坐标方法绘图，在 AutoCAD 中还可以借助【栅格】与【捕捉】来进行绘制。该方法适合绘制尺寸圆整、外形简单的图形。本例同样绘制如图 2-7 所示的图形，以方便读者进行对比。

01 右击状态栏上的【捕捉模式】按钮，选择【捕捉设置】选项，如图 2-33 所示，系统弹出【草图设置】对话框。

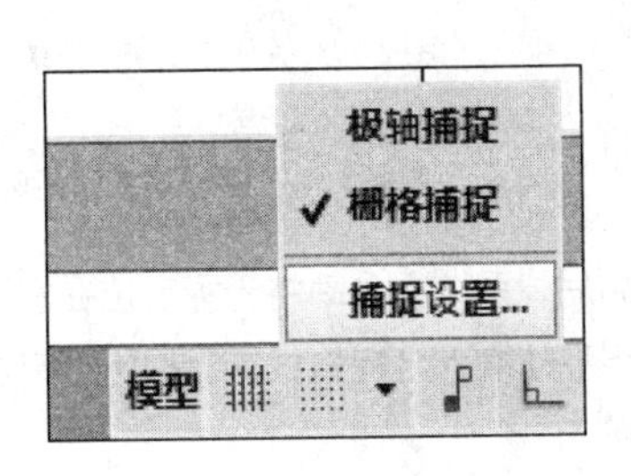

图 2-33　设置选项

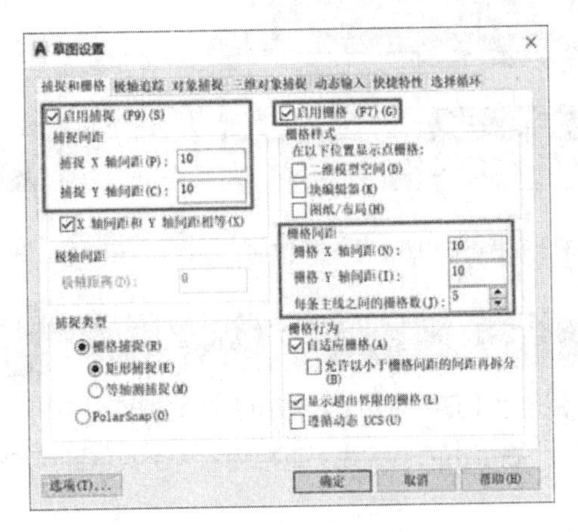

图 2-34　设置参数

02 设置栅格与捕捉间距。由图 2-7 可知最小尺寸为 10，因此可以设置栅格与捕捉的间距同样为 10，使得十字光标以 10 为单位进行移动。

03 勾选【启用捕捉】和【启用栅格】复选框，在【捕捉间距】选项中设置【捕捉X轴间距】为10、【捕捉Y轴间距】为10，在【栅格间距】选项组中设置【栅格X轴间距】为10、【栅格Y轴间距】为10，【每条主线之间的栅格】数为5，如图2-34所示。

04 单击【确定】按钮，完成栅格的设置。

05 在命令行中输入L，调用【直线】命令，可见光标只能在间距为10的栅格点处进行移动，如图2-35所示。

06 捕捉各栅格点，绘制图形，结果如图2-36所示。

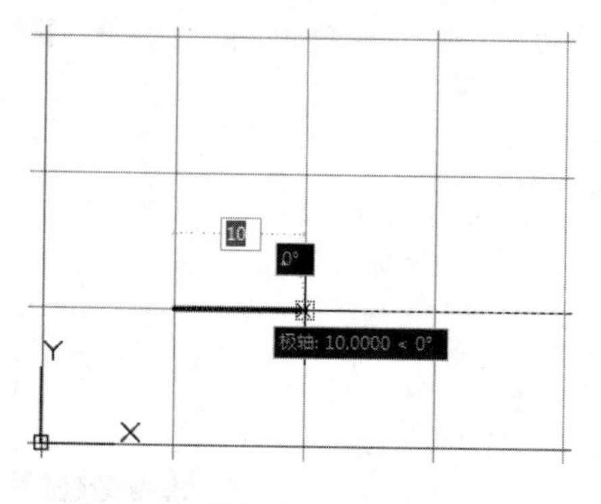

图2-35　光标在间距为10的栅格点处移动

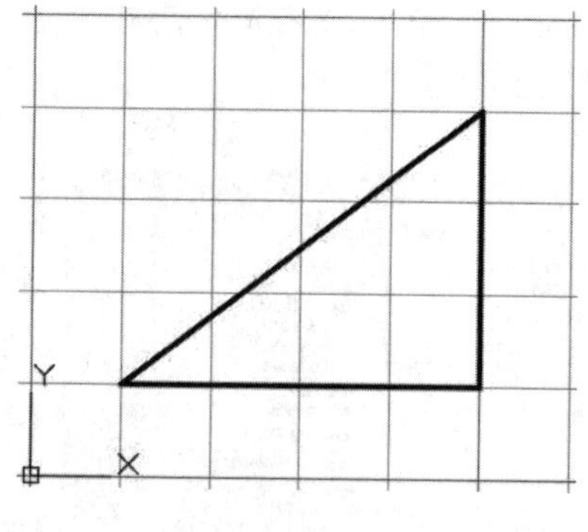

图2-36　绘制图形

2.2.4　正交

在绘图过程中，使用【正交】功能可以将十字光标限制在水平或者垂直轴向上，同时也限制在当前的栅格旋转角度内。使用【正交】功能就如同使用了丁字尺绘图，可以保证绘制的直线完全呈水平或垂直状态，方便绘制水平或垂直直线。

打开或关闭【正交】功能的方法如下。

➢ 快捷键：按F8键可以切换正交开、关模式。

➢ 状态栏：单击状态栏上的【正交】按钮，若亮显则为开启，如图2-37所示。

因为【正交】功能限制了直线的方向，所以绘制水平或垂直直线时，指定方向后直接输入长度即可，不必再输入完整的坐标值。开启【正交】功能后光标状态如图2-38所示，关闭【正交】功能后光标状态如图2-39所示。

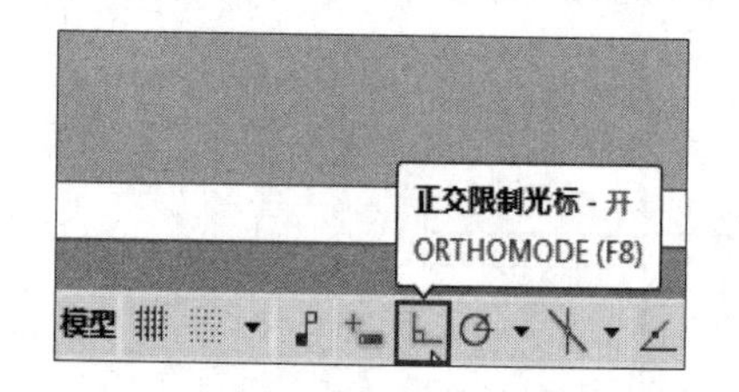

图2-37　在状态栏中开启【正交】功能

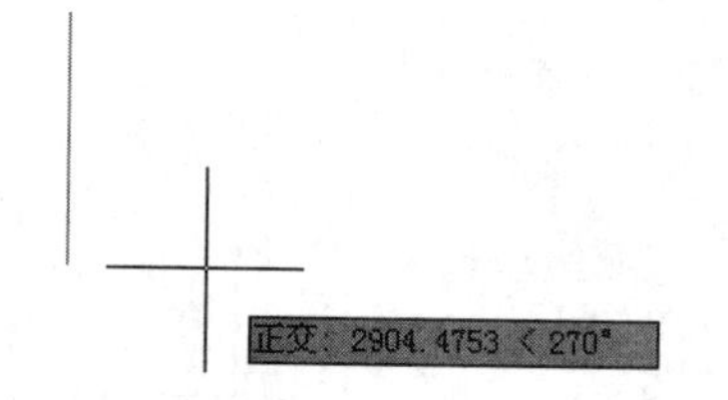

图2-38　开启【正交】效果

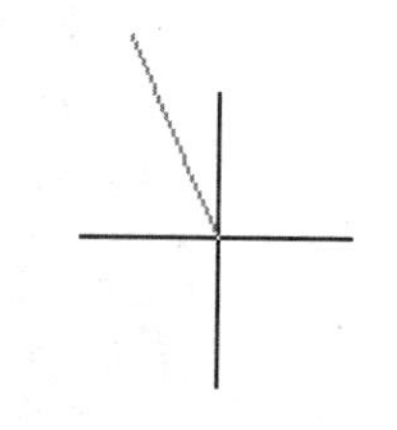

图2-39　关闭【正交】效果

【案例 2-5】：通过【正交】功能绘制工字形　　视频文件：视频\第2章\2-5.mp4

本例通过【正交】功能绘制如图2-40所示的图形。【正交】功能开启后，系统会自动将光标定位在水平或垂直位置上，在引出的追踪线上直接输入一个数值即可定位目标点，而不用手动输入坐标值或捕捉栅格点来进行确定。

01 启动AutoCAD 2022，新建一个空白文档。

02 单击状态栏中的【正交】按钮，或按F8功能键，激活【正交】功能。

03 单击【绘图】面板中的【直线】按钮，执行【直线】命令，结合【正交】功能绘制图形。命令行操作过程如下：

```
命令：_LINE
指定第一点：                              //在绘图区任意栅格点处单击左键，作为起点A
指定下一点或［放弃(U)］:10↙            //向上移动光标，引出90°正交追踪线，输入10，定位B点，绘制第一条直线，如图2-41所示
指定下一点或［放弃(U)］:20↙            //向右移动光标，引出0°正交追踪线，输入20，定位C点，绘制第二条直线，如图2-42所示
指定下一点或［放弃(U)］:20↙            //向上移动光标，引出90°正交追踪线，输入20，定位D点
……
```

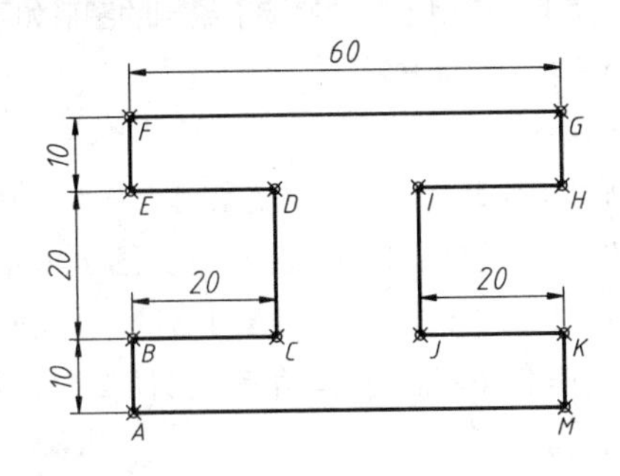

图2-40　绘制图形

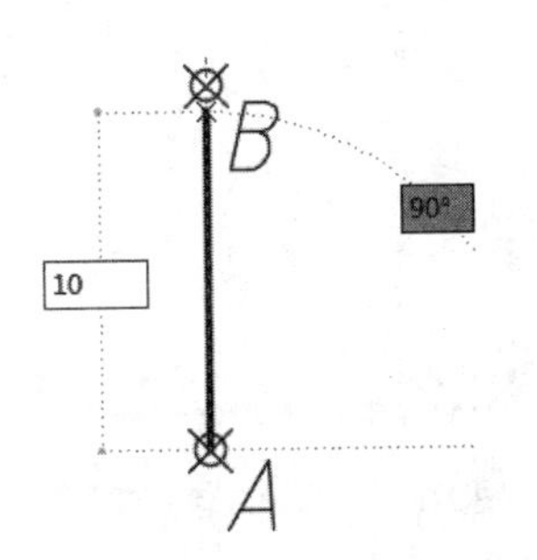

图2-41　绘制第一条直线

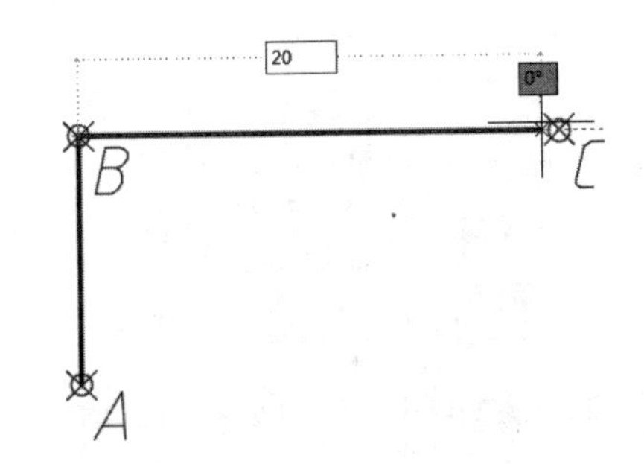

图2-42　绘制第二条直线

04 根据以上方法，结合【正交】功能绘制其他线段，结果如图2-43所示。

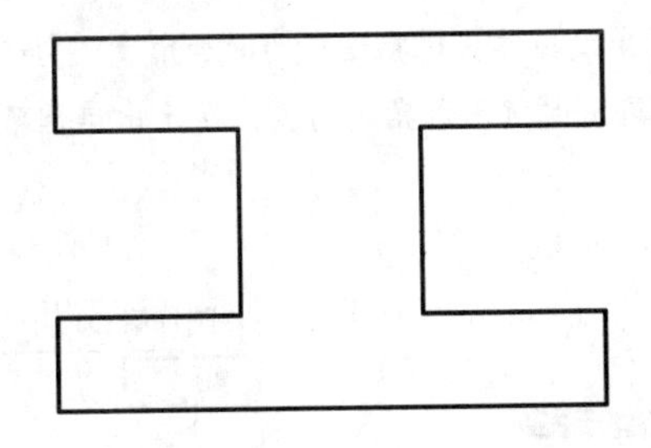

图2-43　完成图形绘制

2.2.5　极轴追踪

【极轴追踪】功能实际上是极坐标的一个应用。使用【极轴追踪】绘制直线时，捕捉到一定的极轴方向即确定了极角，然后输入直线的长度即确定了极半径。因此，和使用【正交】绘制直线一样，使用【极轴追踪】绘制直线一般使用长度输入确定直线的第二点，代替坐标输入。【极轴追踪】功能可以用来绘制带角度的直线。开启【极轴追踪】的效果如图2-44所示。

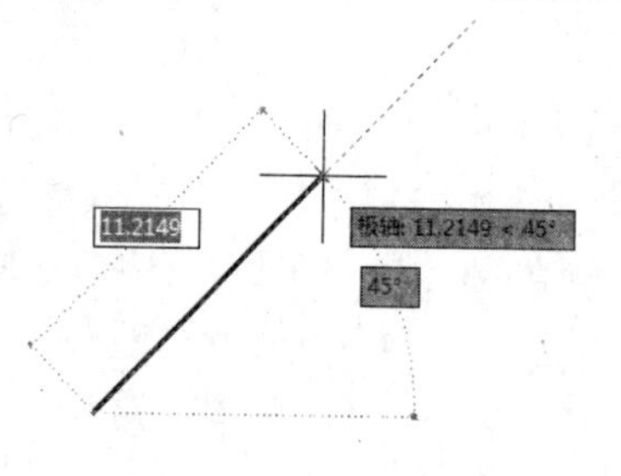

图 2-44　开启【极轴追踪】效果

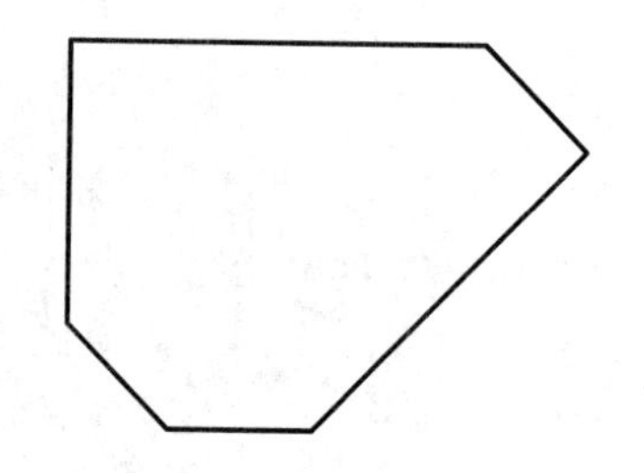

图 2-45　使用【极轴追踪】绘制的图形

一般来说，使用【极轴追踪】可以绘制任意角度的直线，包括水平的 0°、180°与垂直的 90°、270°等，因此某些情况下可以代替【正交】功能使用。使用【极轴追踪】绘制的图形如图 2-45 所示。

【极轴追踪】功能的开、关切换有以下两种方法。

- 快捷键：按 F10 键切换开、关状态。
- 状态栏：单击状态栏上的【极轴追踪】按钮，若亮显则为开启，如图 2-46 所示。

右击状态栏上的【极轴追踪】按钮，弹出追踪角度列表（见图 2-46），其中的数值便为启用【极轴追踪】时的捕捉角度。然后在弹出的快捷菜单中选择【正在追踪设置】选项，则打开【草图设置】对话框，在【极轴追踪】选项卡中可设置极轴追踪的开关和其他角度值的增量角等，如图 2-47 所示。

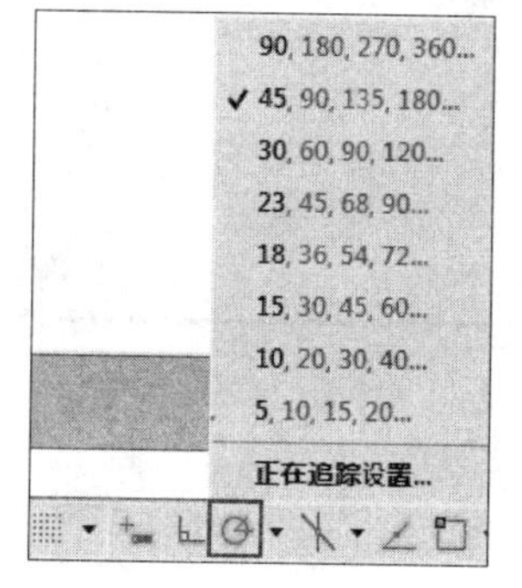

图 2-46　在状态栏上开启【极轴追踪】功能

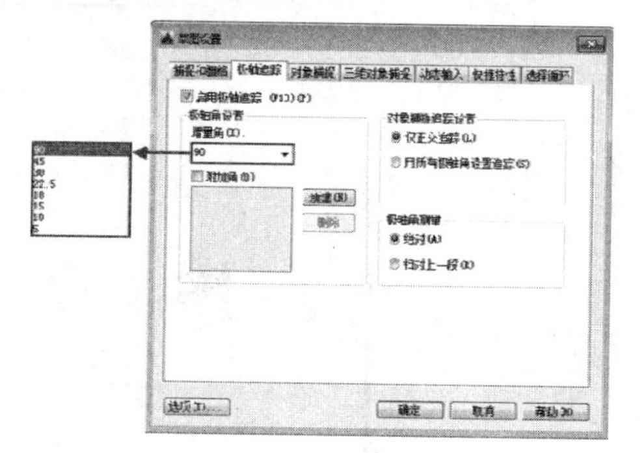

图 2-47　【极轴追踪】选项卡

【极轴追踪】选项卡中各选项的含义如下。

- 【增量角】下拉列表框：用于设置极轴追踪的角度。当光标的相对角度等于该角或者是该角的整数倍时，屏幕上将显示出追踪路径，如图 2-48 所示。
- 【附加角】复选框：增加任意角度值作为极轴追踪的附加角度。勾选【附加角】复选框，并单击【新建】按钮，然后输入所需追踪的角度值，即可捕捉附加角的角度，显示出追踪路径，如图 2-49 所示。

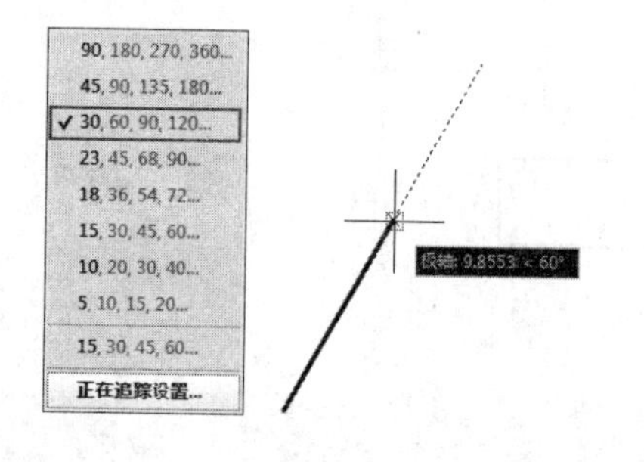

图 2-48　设置【增量角】进行捕捉及追踪路径

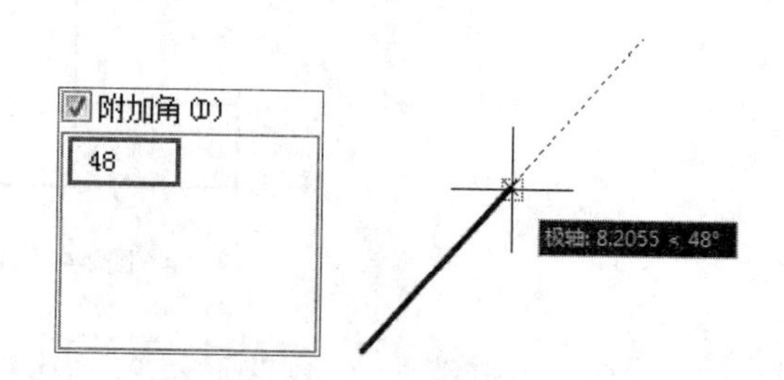

图 2-49　设置【附加角】进行捕捉及追踪路径

- 【仅正交追踪】单选按钮：当对象捕捉追踪打开时，仅显示已获得的对象捕捉点的正交(水平和垂直方向)对象捕捉追踪路径，如图 2-50 所示。

➢【用所有极轴角设置追踪】单选按钮：当对象捕捉追踪打开时，将从对象捕捉点起沿任何极轴追踪角进行追踪，如图 2-51 所示。

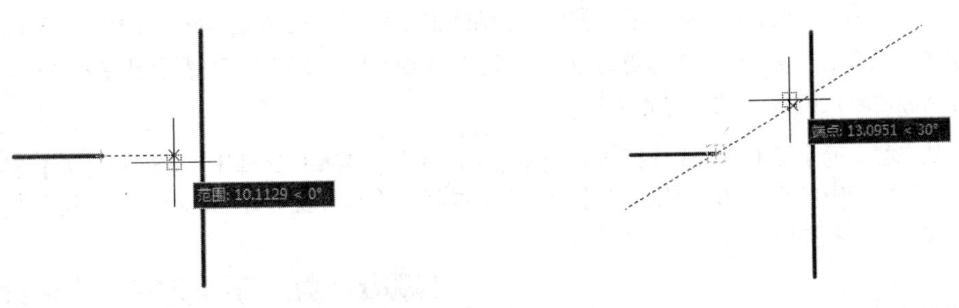

图 2-50　仅沿正交方向显示对象捕捉路径　　图 2-51　可沿极轴追踪角度显示对象捕捉路径

➢【极轴角测量】选项组：设置极轴角的参照标准。勾选【绝对】单选按钮表示使用绝对极坐标，以 X 轴正方向为 0°。勾选【相对上一段】单选按钮将根据上一段绘制的直线确定极轴追踪角，上一段直线所在的方向为 0°，如图 2-52 所示。

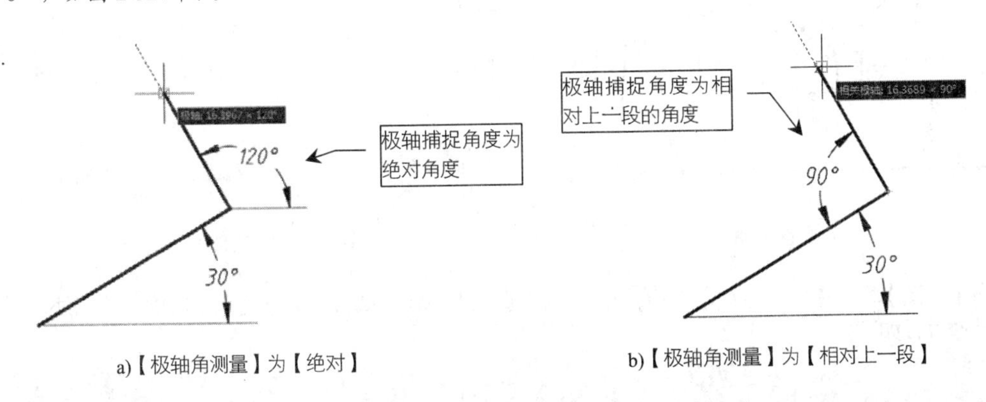

a)【极轴角测量】为【绝对】　　b)【极轴角测量】为【相对上一段】

图 2-52　【极轴角测量】效果

专家提醒 细心的读者可能发现，极轴追踪的增量角与后续捕捉角度都是成倍递增的（图 2-46），但有一个例外，那就是 23° 的增量角后直接跳到了 45°，与后面的各角度也不成整数倍关系，这是由于 AutoCAD 的角度单位精度设置为整数，因此 22.5° 就被四舍五入为 23°。此时只需选择菜单栏中的【格式】|【单位】选项，在【图形单位】对话框中将角度精度设置为【0.0】，即可使得 23° 的增量角还原为 22.5°，使用极轴追踪时也能正常捕捉 22.5°，如图 2-53 所示。

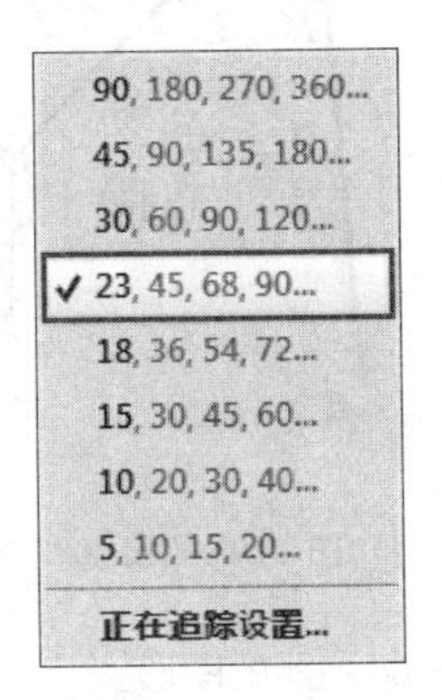

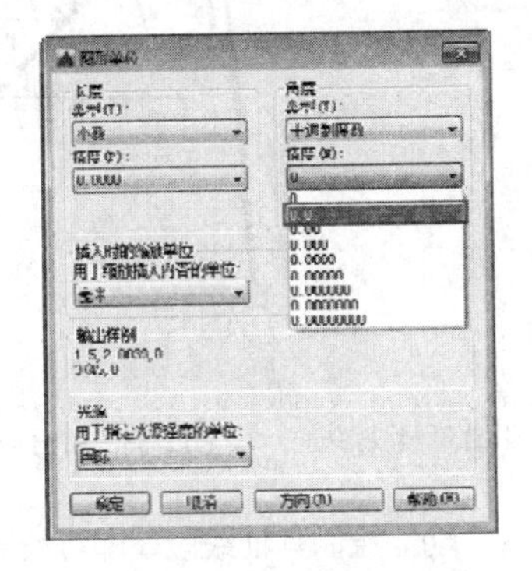

图 2-53　修改图形单位角度精度

【案例 2-6】：通过【极轴追踪】绘制导轨截面

视频文件：视频\第 2 章\2-6.mp4

本例通过【极轴追踪】绘制如图 2-54 所示的图形。极轴追踪功能是一个非常重要的辅助工具，此工具可以在任何角度和方向上引出角度矢量，从而可以很方便地精确定位角度方向上的任何一点。相比于坐标输入、栅格与捕捉、正交等绘图方法来说，极轴追踪更为便捷，可以绘制绝大部分图形，因此是使用最多的一种绘图方法。

01 启动 AutoCAD 2022，新建一空白文档。

02 右击状态栏上的【极轴追踪】按钮，然后在弹出的快捷菜单中选择【正在追踪设置】选项，在打开的【草图设置】对话框中勾选【启用极轴追踪】复选框，并将当前的增量角设置为 45°，再勾选【附加角】复选框，新建一个 85° 的附加角，如图 2-55 所示。

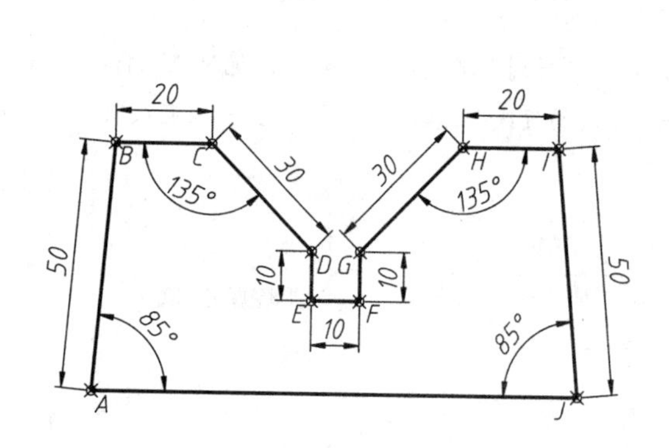

图 2-54　绘制导轨截面

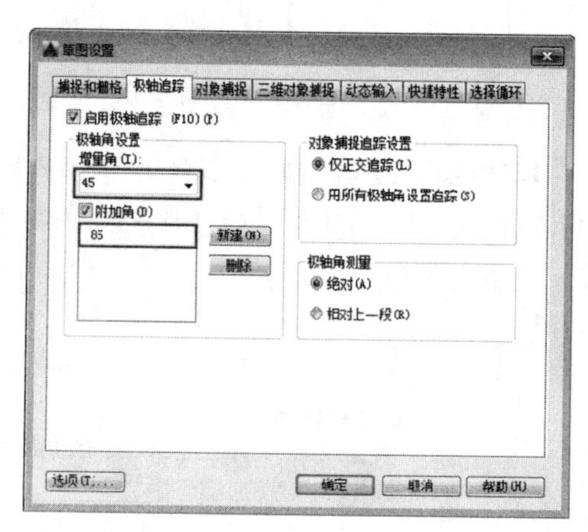

图 2-55　设置极轴追踪参数

03 单击【绘图】面板中的【直线】按钮，激活【直线】命令，结合【极轴追踪】功能，绘制外框轮廓线。命令行操作过程如下。

```
命令: _LINE
指定第一点:                        //在适当位置单击左键，拾取一点作为起点 A
指定下一点或 [放弃(U)]:50          //向上移动光标，在 85° 方向引出极轴追踪虚线，如图 2-56 所示，此时输入 50，得到第 2 点 B
指定下一点或 [放弃(U)]:20          //水平向右移动光标，引出 0° 的极轴追踪虚线，如图 2-57 所示，输入 20，定位第 3 点 C
指定下一点或 [放弃(U)]:30          //向右下角移动光标，引出 45° 的极轴追踪线，如图 2-58 所示，输入 30，定位第 4 点 D
指定下一点或 [放弃(U)]:10          //垂直向下移动光标，在 90° 方向上引出极轴追踪虚线，如图 2-59 所示，输入 10，定位第 5 点 E
……
```

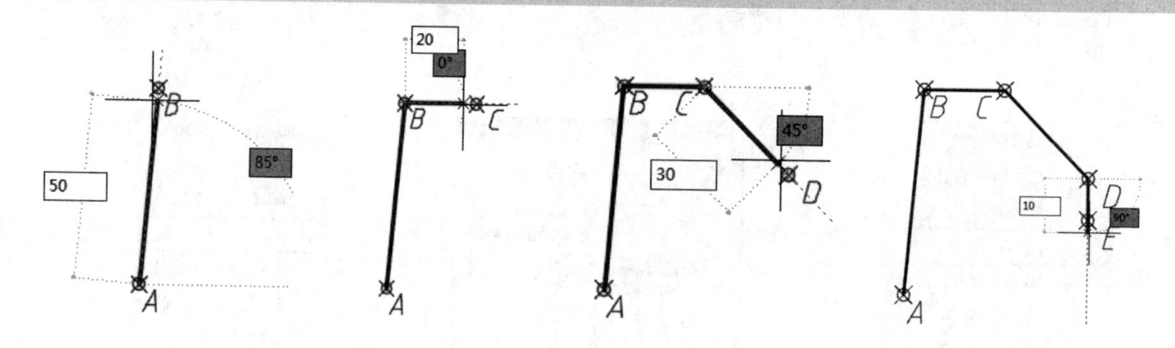

图 2-56　引出 85° 追踪线　　图 2-57　引出 0° 追踪线　　图 2-58　引出 45° 追踪线　　图 2-59　引出 90° 追踪线

04 根据以上方法，结合【极轴追踪】功能绘制其他线段，即可绘制出如图 2-60 所示的图形。

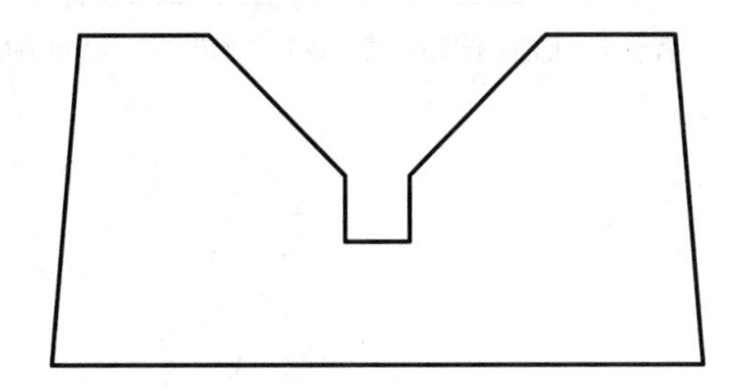

图 2-60　通过极轴追踪绘制图形

2.3　对象捕捉

通过【对象捕捉】功能可以精确定位现有图形对象的特征点，如圆心、中点、端点、节点、象限点等，从而为精确绘制图形提供了有利条件。

2.3.1　对象捕捉概述

鉴于点坐标法与直接肉眼确定法存在各种弊端，AutoCAD 提供了【对象捕捉】功能。在【对象捕捉】功能开启的情况下，系统会自动捕捉某些特征点，如圆心、中点、端点、节点、象限点等。因此，【对象捕捉】的实质是对图形对象特征点的捕捉，如图 2-61 所示。

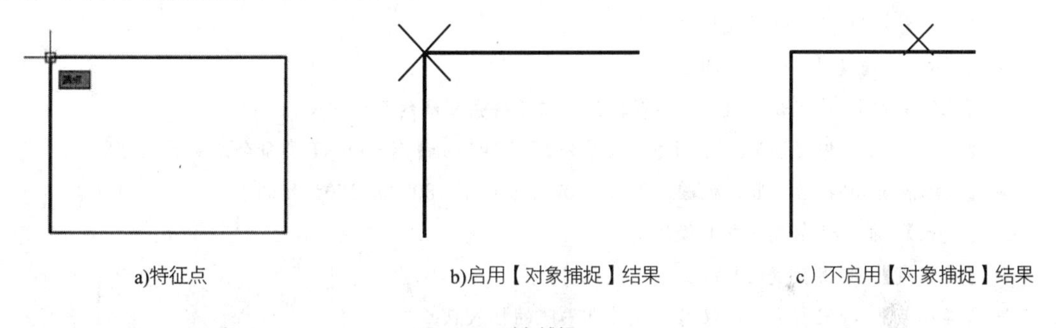

a)特征点　　b)启用【对象捕捉】结果　　c）不启用【对象捕捉】结果

图 2-61　对象捕捉

【对象捕捉】功能生效需要具备两个条件：

- 【对象捕捉】开关必须打开。
- 必须是在命令行提示输入点位置的时候。

如果命令行并没有提示输入点位置，则【对象捕捉】功能是不会生效的。因此，【对象捕捉】实际上是通过捕捉特征点的位置，来代替命令行输入特征点的坐标。

2.3.2　设置对象捕捉点

开启和关闭【对象捕捉】功能的方法如下。

- 菜单栏：选择菜单栏中的【工具】|【草图设置】命令，弹出【草图设置】对话框。选择【对象捕捉】选项卡，选中或取消选中【启用对象捕捉】复选框，即可打开或关闭对象捕捉。但这种操作太繁琐，实际中一般不使用。
- 快捷键：按 F3 键可以切换开、关状态。
- 状态栏：单击状态栏上的【对象捕捉】按钮，若亮显则为开启，如图 2-62 所示。
- 命令行：输入 OSNAP，打开【草图设置】对话框，选择【对象捕捉】选项卡，勾选【启用对象捕捉】复选框。

在设置对象捕捉点之前，需要确定哪些特殊点是需要的，哪些是不需要的。这样不仅可以提高效率，也可以避免捕捉失误。使用任何一种方法开启【对象捕捉】之后，系统弹出【草图设置】对话框，在【对象捕捉模式】

选项组中勾选用户需要的特征点，单击【确定】按钮，退出对话框即可，如图 2-63 所示。

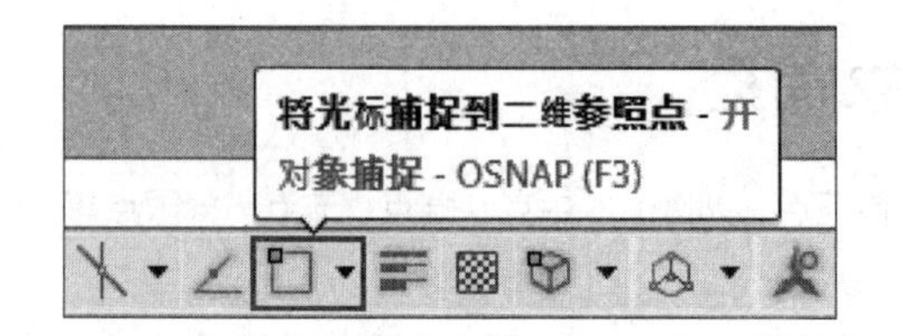

图 2-62　在状态栏中开启【对象捕捉】功能

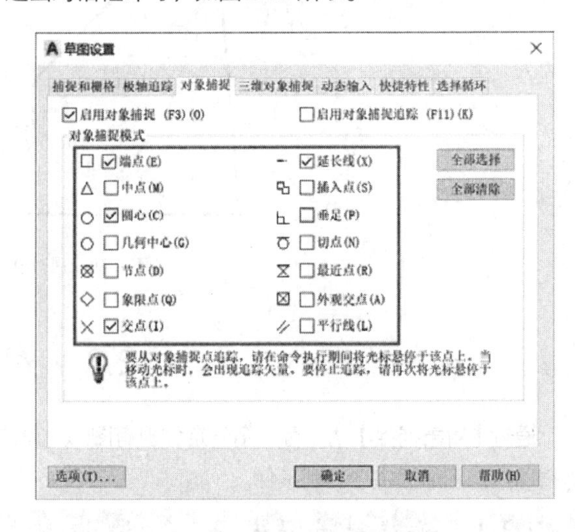

图 2-63　【草图设置】对话框

在 AutoCAD 2022 中，对话框共列出 14 种对象捕捉点和对应的捕捉标记，含义分别介绍如下：

- 【端点】：捕捉直线或曲线的端点。
- 【中点】：捕捉直线或弧段的中心点。
- 【圆心】：捕捉圆、椭圆或圆弧的中心。
- 【几何中心】：捕捉多段线、二维多段线和二维样条曲线的几何中心点。
- 【节点】：捕捉用【点】【多点】【定数等分】【定距等分】等 POINT 类命令绘制的点对象。
- 【象限点】：捕捉位于圆、椭圆或弧段上 0°、90°、180° 和 270° 处的点。
- 【交点】：捕捉两条直线或弧段的交点。
- 【延长线】：捕捉直线延长线上的点。
- 【插入点】：捕捉图块、标注对象或外部参照的插入点。
- 【垂足】：捕捉从已知点到已知直线的垂线的垂足。
- 【切点】：捕捉圆、圆弧及其他曲线的切点。
- 【最近点】：捕捉处在直线、弧段、椭圆或样条曲线上而且距离光标最近的特征点。
- 【外观交点】：在三维视图中，从某个角度观察两个对象可能相交但实际并不一定相交时，可以使用【外观交点】功能捕捉对象在外观上相交的点。
- 【平行线】：选定路径上的一点，使通过该点的直线与已知直线平行。

启用【对象捕捉】功能之后，在绘图过程中，当十字光标靠近这些被启用的捕捉特殊点后，将自动对其进行捕捉，效果如图 2-64 所示。这里需要注意的是，在【对象捕捉】选项卡中，各捕捉特殊点前面的形状符号，如□、╳、○等，便是在绘图区捕捉时显示的对应形状。

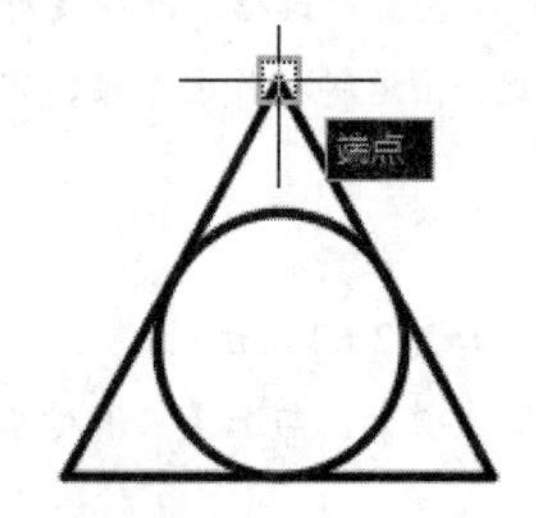

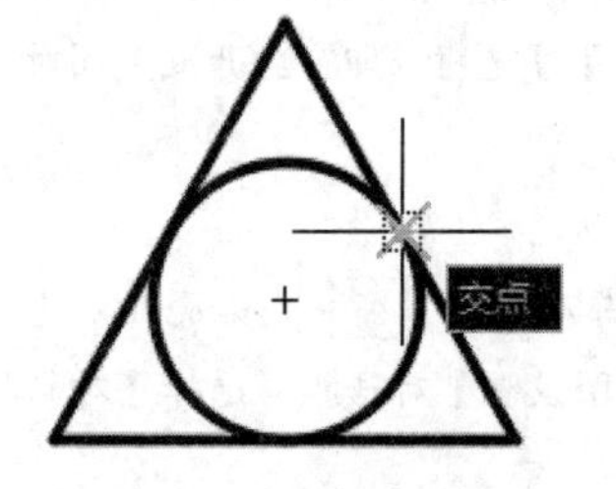

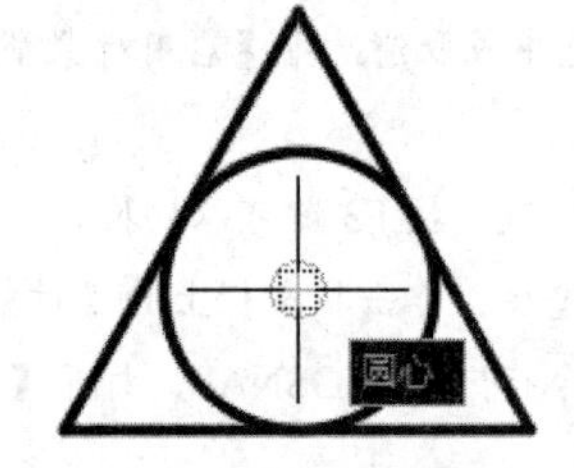

图 2-64　各种捕捉效果

专家提醒 当需要捕捉一个物体上的点时，只要将鼠标指针靠近某个对象或某物体，不断地按 Tab 键，这个对象或这些物体的某些特殊点（如直线的端点、中间点、垂直点、与物体的交点、圆的四分圆点、中心点、切点、垂直点、交点）就会轮换显示，选择需要的点左键单击即可以捕捉这些点，如图 2-65 所示。

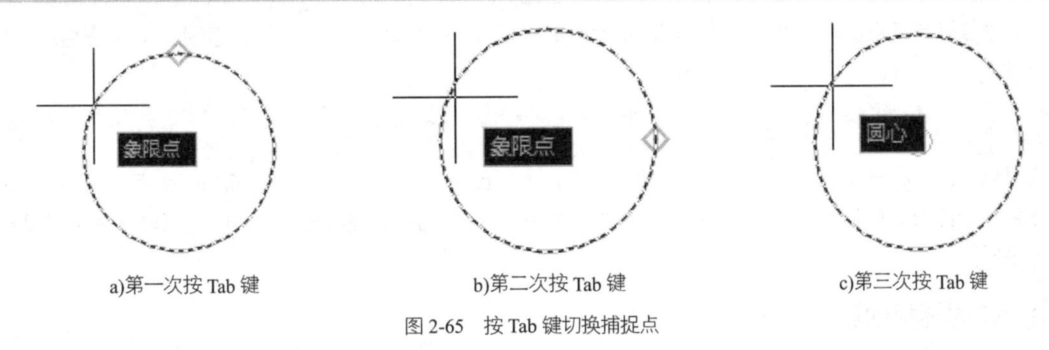

a)第一次按 Tab 键　　b)第二次按 Tab 键　　c)第三次按 Tab 键

图 2-65　按 Tab 键切换捕捉点

2.3.3　对象捕捉追踪

在绘图过程中，除了需要掌握对象捕捉的应用外，还需要掌握对象追踪的相关知识和应用的方法，从而提高绘图的效率。

【对象捕捉追踪】功能的开、关切换有以下两种方法。

➢ 快捷键：按 F11 键，切换开、关状态。

➢ 状态栏：单击状态栏上的【对象捕捉追踪】按钮。

启用【对象捕捉追踪】功能后，在绘图的过程中需要指定点时，光标可以沿基于其他对象捕捉点的对齐路径进行追踪，如图 2-66 所示为中点捕捉追踪，图 2-67 所示为交点捕捉追踪。

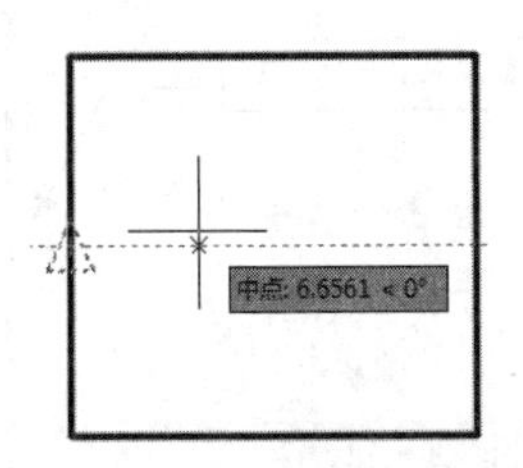

图 2-66　中点捕捉追踪

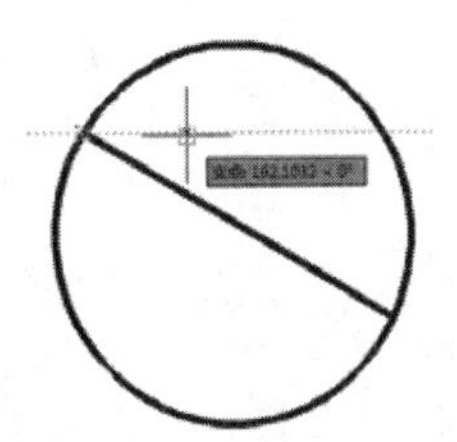

图 2-67　交点捕捉追踪

专家提醒 由于对象捕捉追踪的使用是基于对象捕捉进行操作的，因此要使用【对象捕捉追踪】功能，必须先开启一个或多个对象捕捉功能。

已获取的点将显示一个小加号（+），一次最多可以获得 7 个追踪点。获取点之后，当在绘图路径上移动光标时，将显示相对于获取点的水平、垂直或指定角度的对齐路径。

例如，在如图 2-68 所示的图中启用了【端点】对象捕捉，单击直线的起点 1 开始绘制直线，将光标移动到另一条直线的端点 2 处获取该点，然后沿水平对齐路径移动光标，定位要绘制的直线的端点 3。

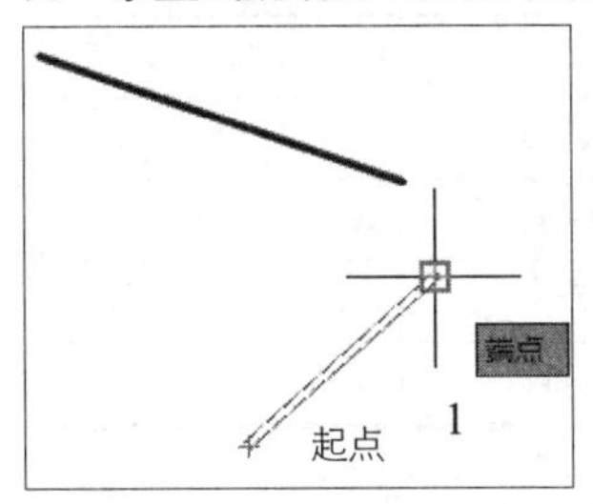

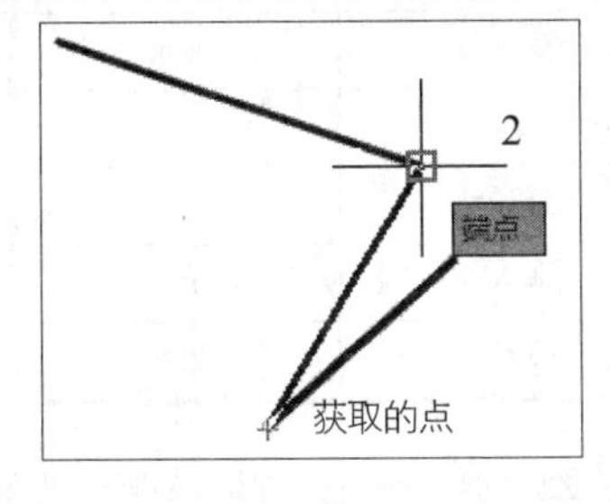

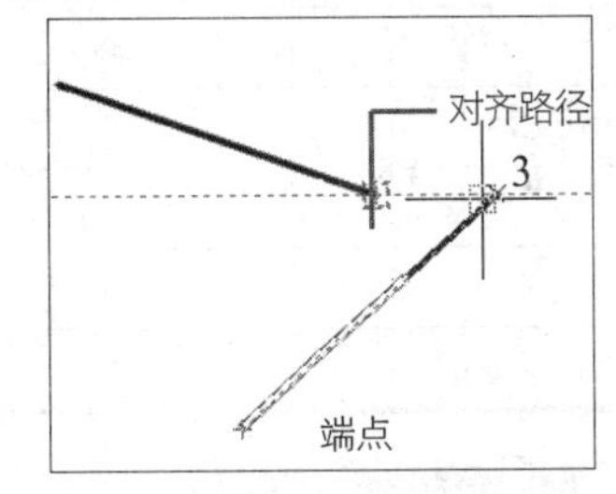

图 2-68　对象捕捉追踪

2.4　临时捕捉

除了前面介绍的对象捕捉功能之外，AutoCAD 还提供了临时捕捉功能，同样可以捕捉如圆心、中点、端点、节点、象限点等特征点。与对象捕捉功能不同的是临时捕捉属于“临时”调用，无法一直生效，但在绘图过程中可随时调用。

2.4.1　临时捕捉概述

临时捕捉是一种一次性的捕捉模式。这种捕捉模式不是自动的，当用户需要临时捕捉某个特征点时，需要在捕捉之前手工设置需要捕捉的特征点，然后进行对象捕捉。这种捕捉不能反复使用，再次使用临时捕捉需重新选择捕捉类型。

1．临时捕捉的启用方法

启用临时捕捉有以下两种方法：

➢ 右键快捷菜单：在命令行提示输入点的坐标时，如果要使用临时捕捉模式，可按住 Shift 键然后单击鼠标右键，系统弹出如图 2-69 所示的快捷菜单，可以在其中选择需要的捕捉类型。

➢ 命令行：可以直接在命令行中输入执行捕捉对象的快捷命令来选择捕捉模式。例如，在绘图过程中，输入并执行 MID 快捷命令将临时捕捉图形的中点，如图 2-70 所示。AutoCAD 常用对象捕捉模式及其快捷命令见表 2-1。

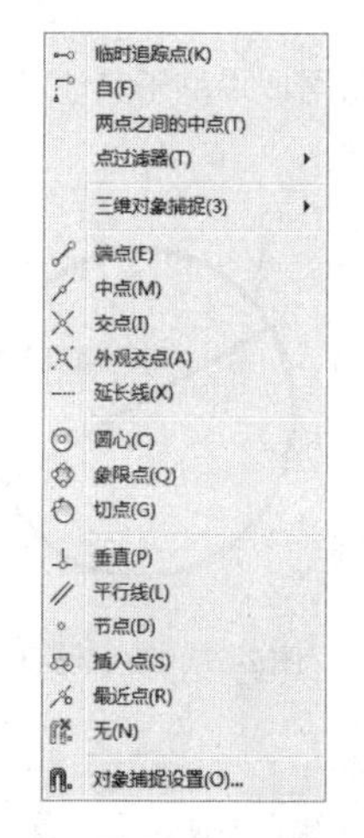

图 2-69　临时捕捉快捷菜单

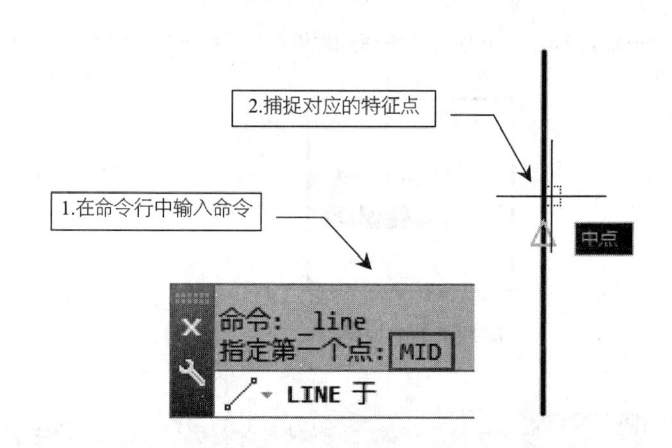

图 2-70　在命令行中输入命令

表 2-1　AutoCAD 常用对象捕捉模式及其快捷命令

捕捉模式	快捷命令	捕捉模式	快捷命令	捕捉模式	快捷命令
临时追踪点	TT	节点	NOD	切点	TAN
自	FROM	象限点	QUA	最近点	NEA
两点之间的中点	MTP	交点	INT	外观交点	APP
端点	ENDP	延长线	EXT	平行	PAR
中点	MID	插入点	INS	无	NON
圆心	CEN	垂足	PER	对象捕捉设置	OSNAP

专家提醒　这些命令即第 1 章中所介绍的透明命令，可以在执行其他命令的过程中输入。

【案例 2-7】：使用【临时捕捉】绘制带传动简图　　视频文件：视频\第 2 章\2-7.mp4

01 打开“第 2 章\2-7 使用临时捕捉绘制带传动简图.dwg”文件，素材图形如图 2-71 所示，可以看到已经绘制好了两个传动轮。

02 在【默认】选项卡中单击【绘图】面板上的【直线】按钮，命令行提示指定直线的起点。

03 此时按住 Shift 键然后单击鼠标右键，在弹出的快捷菜单中选择【切点】，然后将鼠标移到传动轮 1 上，出现切点捕捉标记，如图 2-72 所示。在此位置单击确定直线第一点。

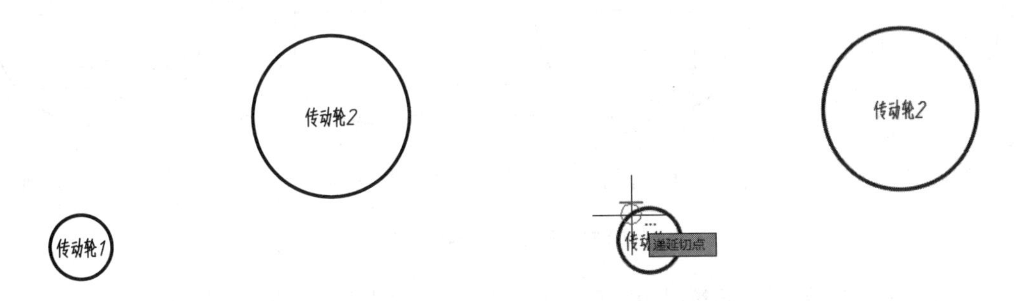

图 2-71　素材图形　　图 2-72　切点捕捉标记

04 确定第一点之后，临时捕捉失效。再次按住 Shift 键，然后单击鼠标右键，在弹出的快捷菜单中选择【切点】，将鼠标移到传动轮 2 的同一侧上，出现切点捕捉标记时单击，完成第一条公切线的绘制，如图 2-73 所示。

05 重复上述操作，绘制第二条公切线，结果如图 2-74 所示。

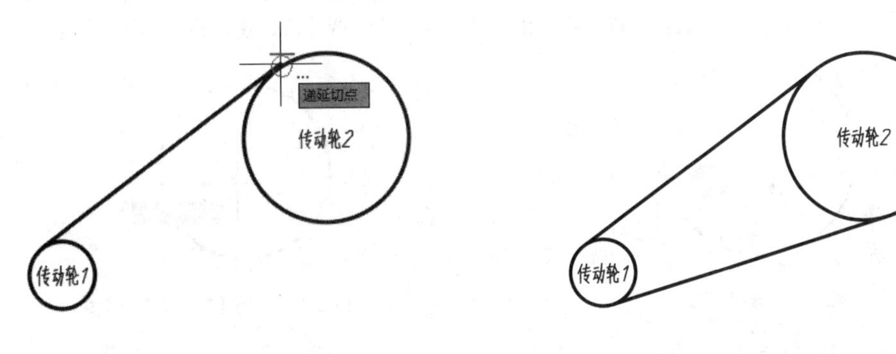

图 2-73　绘制第一条公切线　　图 2-74　绘制第二条公切线

专家提醒 带传动具有结构简单、传动平稳、能缓冲吸振、可以在大的轴间距和多轴间传递动力，且造价低廉、不需润滑、维护容易等优点，在现代机械传动中应用十分广泛。

2．临时捕捉的类型

通过图 2-69 所示的快捷菜单可知，临时捕捉比【草图设置】对话框中的对象捕捉点要多出 4 种命令，即【临时追踪点】【自】【两点之间的中点】【点过滤器】。各命令的具体含义分别介绍如下。

2.4.2　【临时追踪点】命令

【临时追踪点】是在进行图像编辑前临时建立的一个暂时的捕捉点，用于供后续绘图参考。在绘图时可通过指定【临时追踪点】来快速指定起点，而无需借助辅助线。执行【临时追踪点】命令有以下两种方法：

- 快捷键：按住 Shift 键同时单击鼠标右键，在弹出的快捷菜单中选择【临时追踪点】命令。
- 命令行：在执行命令时输入 TT。

执行该命令后，系统提示指定一临时追踪点，后续操作即以该点为追踪点进行绘制。

【案例 2-8】：使用【临时追踪点】绘制图形　　视频文件：视频\第 2 章\2-8.mp4

如果要在半径为 20mm 的圆中绘制一条指定长度为 30mm 的弦，通常情况下都是以圆心为起点，绘制两条辅助线，才可以得到最终图形，如图 2-75 所示。

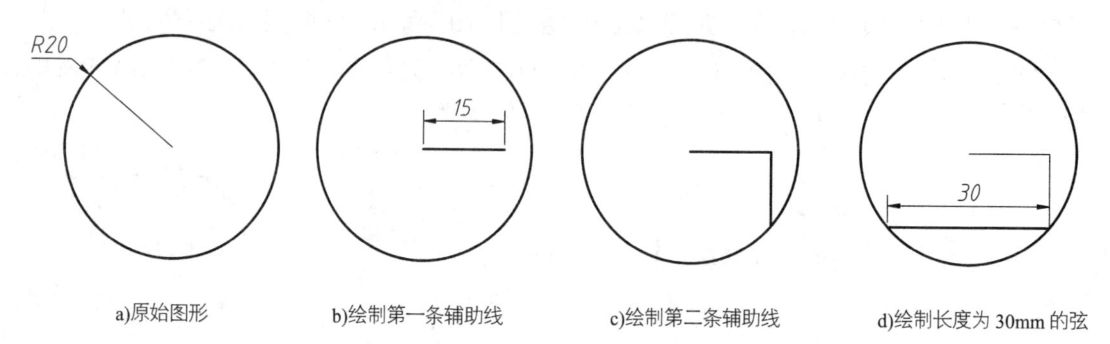

a)原始图形　b)绘制第一条辅助线　c)绘制第二条辅助线　d)绘制长度为 30mm 的弦

图 2-75　指定弦长的常规画法

而如果使用【临时追踪点】进行绘制，则可以跳过辅助线的绘制步骤，直接从原始图形绘制出长度为 30mm 的弦。该方法详细步骤如下。

01 打开 “第 2 章\2-8 使用临时追踪点绘制图形.dwg” 文件，素材图形中已经绘制好了半径为 20mm 的圆，如图 2-76 所示。

02 在【默认】选项卡中单击【绘图】面板上的【直线】按钮，执行直线命令。

03 启用临时追踪点。命令行出现 “指定第一个点” 的提示时，输入 tt，执行【临时追踪点】命令，如图 2-77 所示。也可以在绘图区中单击鼠标右键，在弹出的快捷菜单中选择【临时追踪点】命令选项。

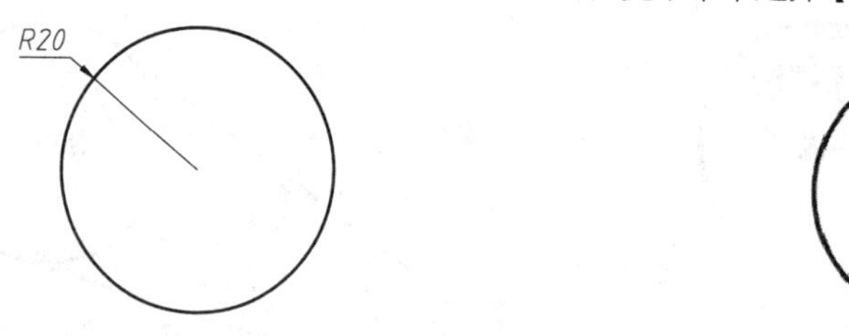

图 2-76　素材图形

图 2-77　执行【临时追踪点】命令

04 指定【临时追踪点】。将光标移动至圆心处，然后水平向右移动光标，引出 0° 的极轴追踪虚线，接着输入 15，即将临时追踪点指定为圆心右侧距离为 15mm 的点，如图 2-78 所示。

05 指定直线起点。垂直向下移动光标，引出 270° 的极轴追踪虚线，将其与圆的交点作为直线的起点，如图 2-79 所示。

06 指定直线终点。水平向左移动光标，引出 180° 的极轴追踪虚线，将其与圆的另一交点作为直线的终点，该直线即为所绘制的长度为 30mm 的弦，如图 2-80 所示。

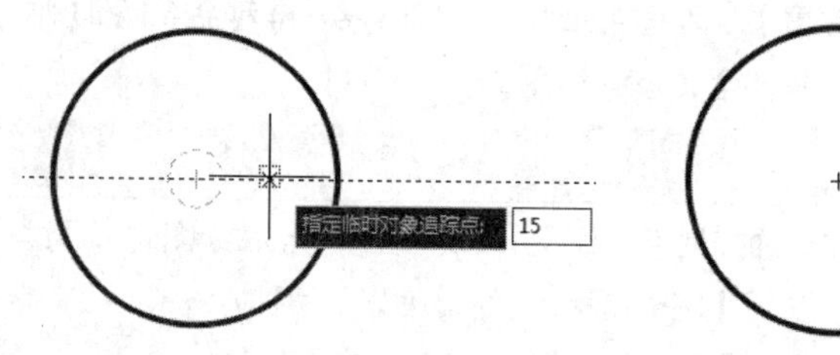

图 2-78　指定【临时追踪点】

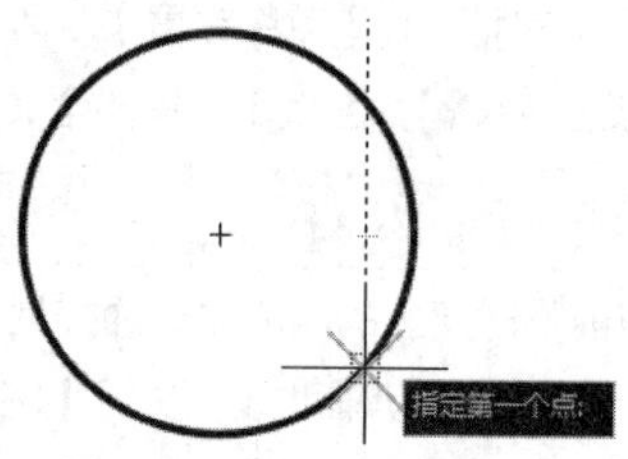

图 2-79　指定直线起点

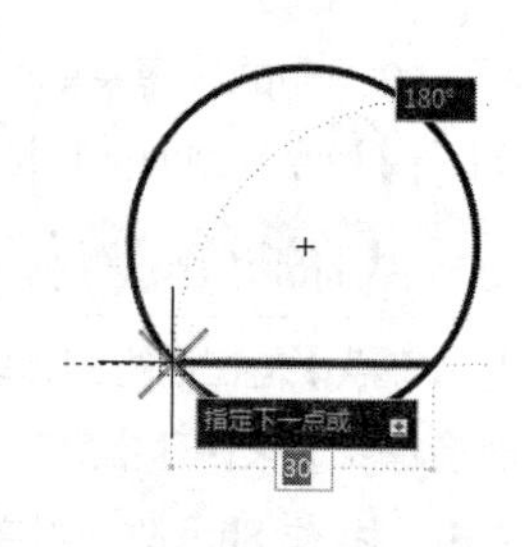

图 2-80　指定直线终点

2.4.3 【自】命令

【自】功能可以帮助用户在正确的位置绘制新对象。当需要指定的点不在任何对象捕捉点上，但在 X、Y 轴向上距现有对象捕捉点的距离是已知的时，就可以使用【自】功能来进行捕捉。启用【自】功能有以下两种方法：

- 快捷键：按住 Shift 键同时单击鼠标右键，在弹出的快捷菜单中选择【自】命令。
- 命令行：在执行命令时输入 from。

执行某个命令来绘制一个对象（如【直线】命令），然后启用【自】功能，此时提示需要指定一个基点，指定基点后会提示需要指定一个偏移点，可以使用相对坐标或者极轴坐标来指定偏移点与基点的位置关系，偏移点就将作为直线的起点。

【案例 2-9】：使用【自】功能绘制图形 视频文件：视频\第 2 章\2-9.mp4

如果要在如图 2-81 所示的正方形中绘制一个如图 2-82 所示的小长方形，一般情况下只能借助辅助线来进行绘制，而因为对象捕捉只能捕捉到正方形每个边上的端点和中点，这样即使通过对象捕捉的追踪线也无法定位至小长方形的起点（图中 A 点）。这时就可以用到【自】功能来进行绘制，具体步骤如下：

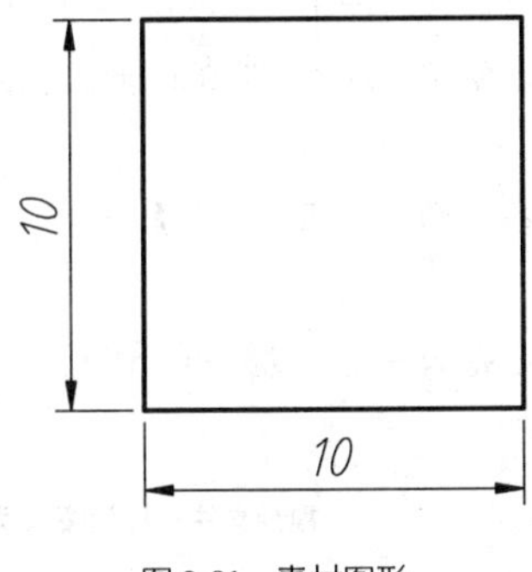

图 2-81 素材图形

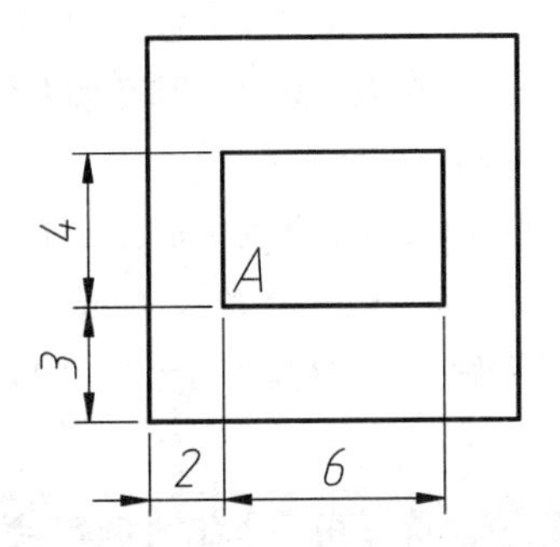

图 2-82 在正方形中绘制小长方形

01 打开“第 2 章\2-9 使用【自】功能绘制图形.dwg”文件，素材图形中已经绘制好了边长为 10mm 的正方形，如图 2-81 所示。

02 在【默认】选项卡中单击【绘图】面板上的【直线】按钮，执行直线命令。

03 执行【自】功能。在命令行出现“指定第一个点”的提示时，输入【from】，执行【自】命令，如图 2-83 所示。也可以在绘图区中单击鼠标右键，在弹出的快捷菜单中选择【自】命令。

04 指定基点。此时提示需要指定一个基点，选择正方形的左下角点作为基点，如图 2-84 所示。

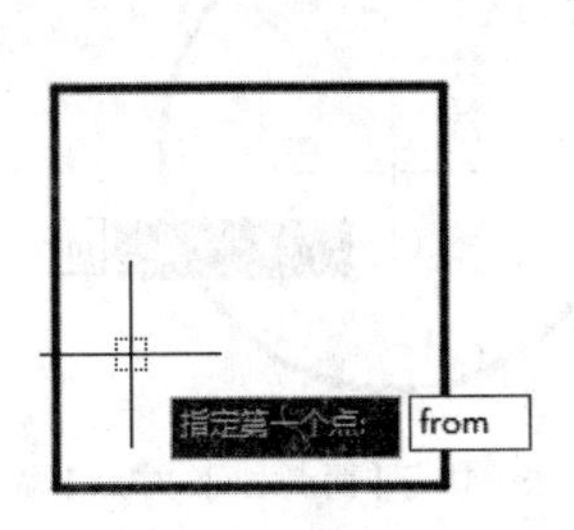

图 2-83 执行【自】命令

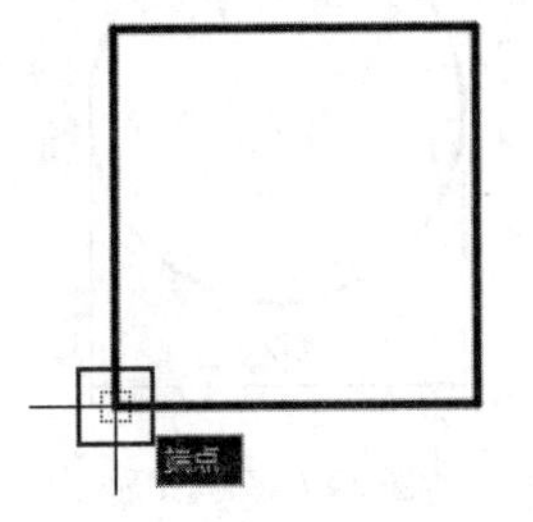

图 2-84 指定基点

05 输入偏移距离。指定基点后，命令行出现“<偏移:>”提示，此时输入小长方形起点 A 与基点的相对坐标（@2,3），如图 2-85 所示。

06 绘制图形。输入完毕后即可将直线起点定位至 A 点处，然后按给定尺寸绘制图形，如图 2-86 所示。

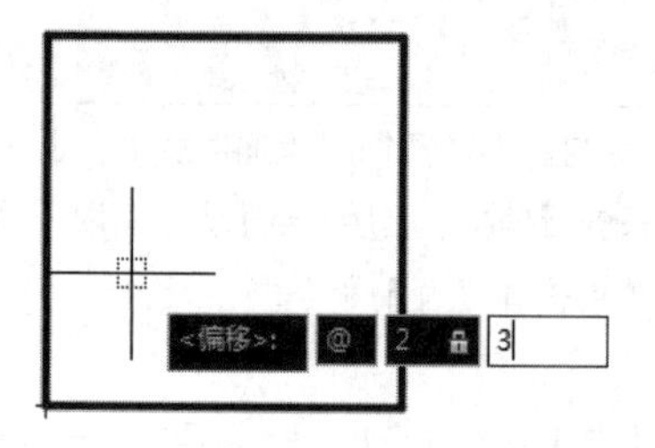

图 2-85　输入偏移距离

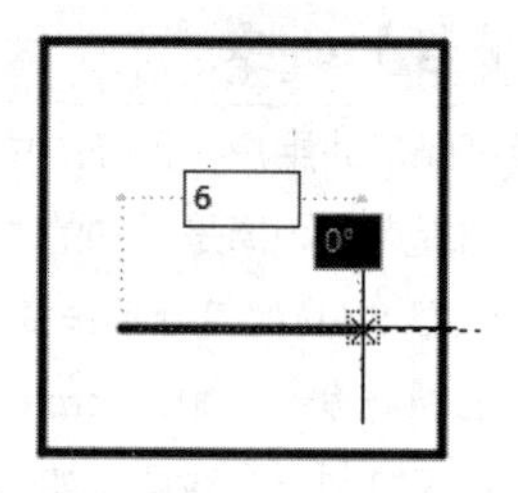

图 2-86　绘制图形

专家提醒 在为【自】功能指定偏移点的时候，即使动态输入中默认的设置是相对坐标，也需要在输入时加上“@”来表明这是一个相对坐标值。动态输入的相对坐标设置仅适用于指定第二点。例如，绘制一条直线时，输入的第一个坐标被当作绝对坐标，随后输入的坐标才被当作相对坐标。

2.4.4　【两点之间的中点】命令

【两点之间的中点】(MTP）命令可以在执行对象捕捉或对象捕捉替代时使用，用以捕捉两定点之间连线的中点。【两点之间的中点】命令使用较为灵活，如果熟练掌握可以快速绘制出众多独特的图形。执行【两点之间的中点】命令有以下两种方法：

- 快捷键：按住 Shift 键同时单击鼠标右键，在弹出的菜单中选择【两点之间的中点】命令。
- 命令行：在执行命令时输入【mtp】。

执行该命令后，系统会提示指定中点的第一个点和第二个点，指定完毕后便自动跳转至该两点之间连线的中点上。

【案例 2-10】：使用【两点之间的中点】绘制铜钱

视频文件：视频\第 2 章\2-10.mp4

01 打开“第 2 章\2-10 使用两点之间的中点绘制图形.dwg”文件，素材图形中已经绘制好了直径为 20mm 的圆，如图 2-87 所示。

02 在【默认】选项卡中单击【绘图】面板上的【直线】按钮，执行直线命令。

03 启用【两点之间的中点】。在命令行出现“指定第一个点”的提示时，输入【mtp】，执行【两点之间的中点】命令，如图 2-88 所示。也可以在绘图区中单击鼠标右键，在弹出的快捷菜单中选择【两点之间的中点】命令。

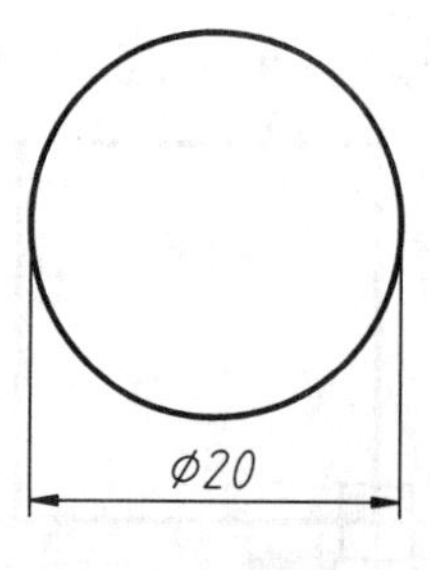

图 2-87　素材图形

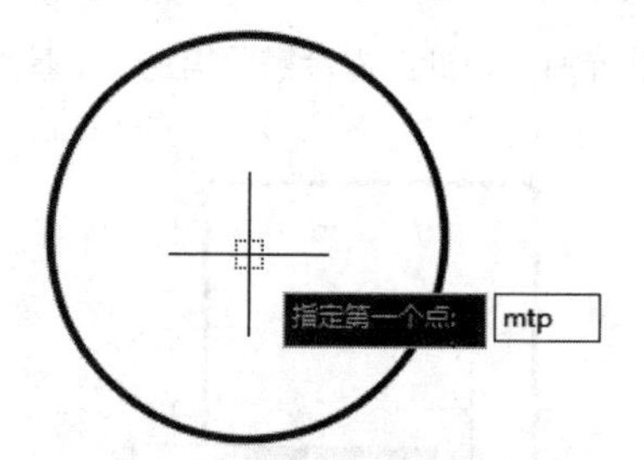

图 2-88　执行【两点之间的中点】命令

04 指定中点的第一个点。将光标移动至圆心处，捕捉圆心为中点的第一个点，如图 2-89 所示。

05 指定中点的第二个点。将光标移动至圆最右侧的象限点处，捕捉该象限点为第二个点，如图 2-90 所示。

06 直线的起点自动定位至圆心与象限点之间的中点处，接着按相同方法将直线的第二点定位至圆心与上象限点的中点处，如图 2-91 所示。

07 按相同方法，绘制其余的直线，结果如图 2-92 所示。

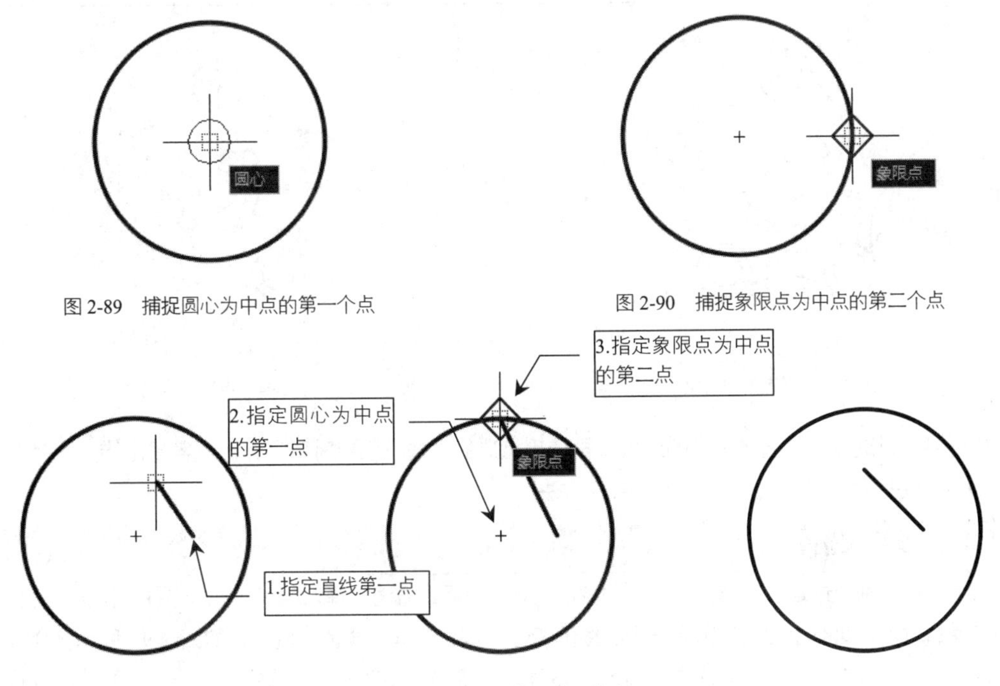

图 2-89　捕捉圆心为中点的第一个点

图 2-90　捕捉象限点为中点的第二个点

图 2-91　定位直线的第二个点

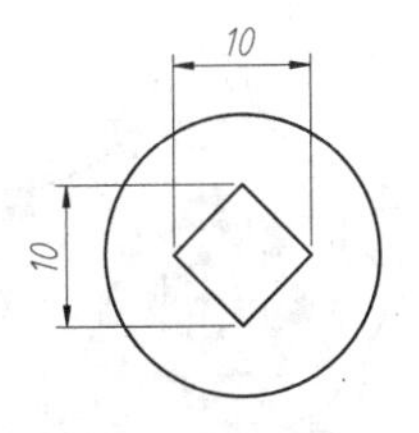

图 2-92　绘制图形

2.4.5　【点过滤器】命令

【点过滤器】功能可以提取一个已有对象的 *X* 坐标值和另一个对象的 *Y* 坐标值，来拼凑出一个新的（*X*，*Y*）坐标位置。执行【点过滤器】命令有以下两种方法：

➢ 快捷键：按住 Shift 键同时单击鼠标右键，在弹出的快捷菜单中选择【点过滤器】命令后的子命令。

➢ 命令行：在执行命令时输入.*X* 或.*Y*。

执行上述命令后，通过对象捕捉指定一点，输入另外一个坐标值，接着继续执行命令操作即可。

2.5　选择图形

对图形进行任何编辑和修改操作时，必须先选择图形对象。针对不同的情况，采用最佳的选择方法能大幅提高编辑图形的效率。AutoCAD 2022 提供了多种选择对象的基本方法，如点选、框选、栏选、围选等。

2.5.1　点选

如果选择的是单个图形对象，可以使用点选的方法。直接将拾取光标移动到选择对象的上方，此时该图形对象会以虚线亮显表示，单击鼠标左键，即可完成对单个对象的选择。点选方式一次只能选中一个对象，如图 2-93 所示。连续单击需要选择的对象，可以同时选择多个对象，如图 2-94 所示。虚线显示部分为被选中的部分。

专家提醒 按下 Shift 键并再次单击已经选中的对象，可以将这些对象从当前选择集中删除；按 Esc 键，可以取消对当前全部选定对象的选择。

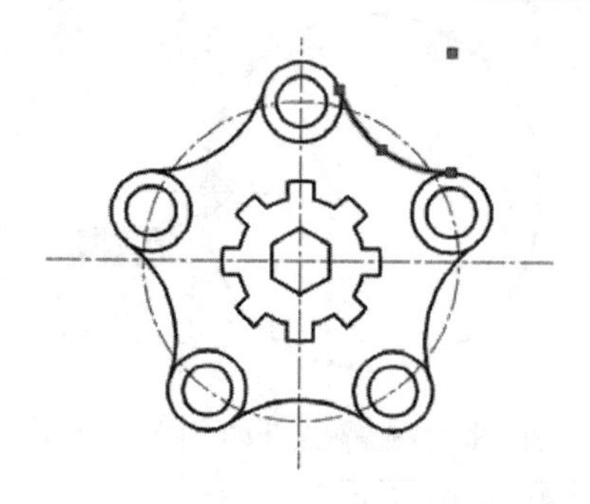

图 2-93　点选单个对象

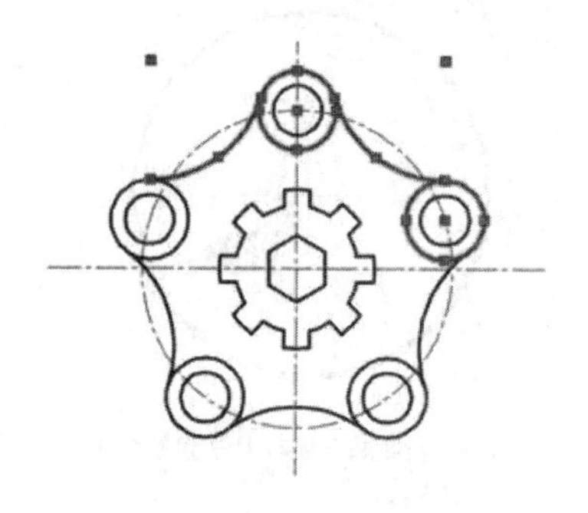

图 2-94　点选多个对象

如果需要同时选择多个或者大量的对象，再使用点选的方法不仅费时费力，而且容易出错。此时，宜使用 AutoCAD 2022 提供的窗口、窗交、栏选等选择方法。

2.5.2　窗口选择

窗口选择是一种通过定义矩形窗口选择对象的方法。利用该方法选择对象时，可从左往右拉出矩形窗口，框住需要选择的对象，此时绘图区将出现一个实线的矩形方框，选框内颜色为蓝色，如图 2-95 所示。释放鼠标左键后，被方框完全包围的对象将被选中，如图 2-96 所示。虚线显示部分为被选中的部分，按 Delete 键将删除选择的对象，结果如图 2-97 所示。

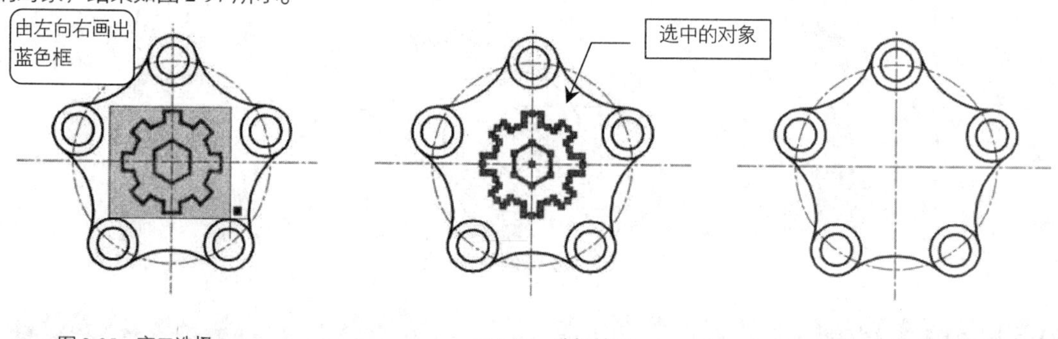

图 2-95　窗口选择　　图 2-96　选择结果　　图 2-97　删除对象

2.5.3　窗交选择

窗交选择对象的选择方向正好与窗口选择相反，它是按住鼠标左键向左上方或左下方拖动，框住需要选择的对象。框选时绘图区将出现一个虚线的矩形方框，方框内颜色为绿色，如图 2-98 所示。释放鼠标左键后，与方框相交和被方框完全包围的对象都将被选中，如图 2-99 所示。虚线显示部分为被选中的部分，按 Delete 键将删除选择的对象，如图 2-100 所示。

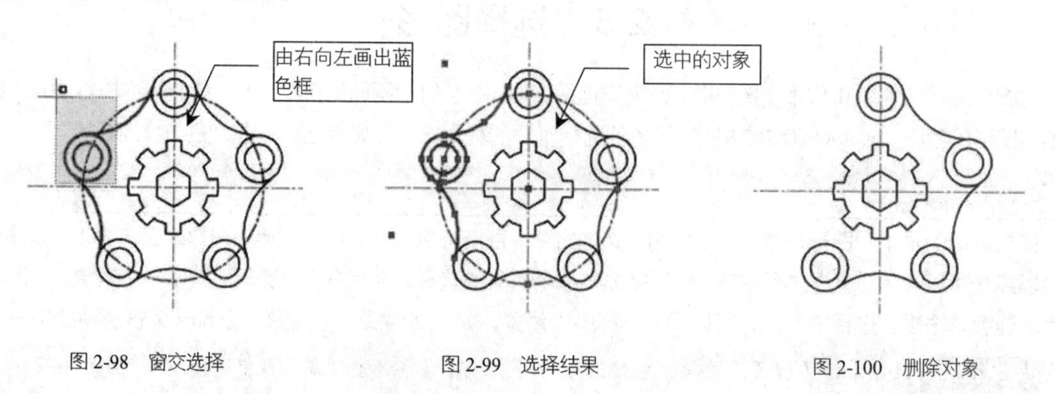

图 2-98　窗交选择　　图 2-99　选择结果　　图 2-100　删除对象

2.5.4 栏选

栏选是指在选择图形对象时拖曳出任意折线，如图 2-101 所示。凡是与折线相交的图形对象均被选中，如图 2-102 所示。虚线显示部分为被选中的部分，按 Delete 键将删除选择的对象，如图 2-103 所示。

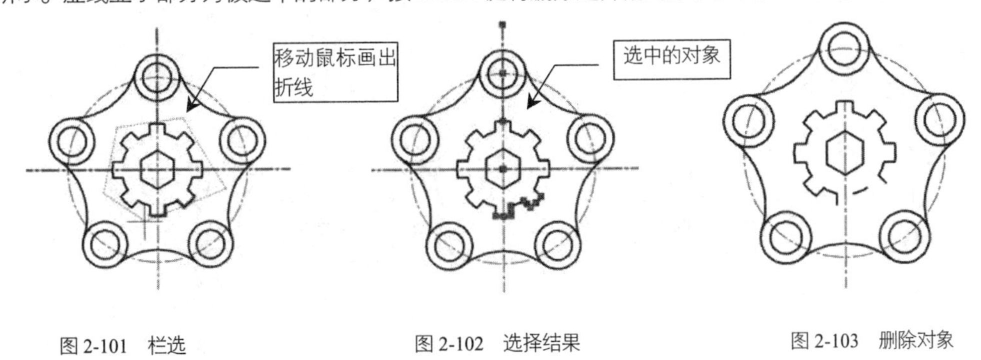

图 2-101 栏选　　图 2-102 选择结果　　图 2-103 删除对象

光标空置时，在绘图区空白处单击，然后在命令行中输入【F】并按 Enter 键，调用栏选命令，再根据命令行提示即可分别指定各栏选点。命令行操作如下：

```
指定对角点或 [栏选(F)/圈围(WP)/圈交(CP)]: F                //选择【栏选】方式
指定第一个栏选点:
指定下一个栏选点或 [放弃(U)]:
```

使用该方式选择连续性对象非常方便，但栏选线不能封闭或相交。

2.5.5 圈围

圈围是一种多边形窗口选择方法，与窗口选择对象的方法类似，不同的是圈围方法可以构造任意形状的多边形，如图 2-104 所示。被多边形选择框完全包围的对象才能被选中，如图 2-105 所示；虚线显示部分为被选中的部分，按 Delete 键将删除选择的对象，如图 2-106 所示。

光标空置时，在绘图区空白处单击，然后在命令行中输入【WP】并按 Enter 键，即可调用圈围命令。命令行提示如下。

```
指定对角点或 [栏选(F)/圈围(WP)/圈交(CP)]: WP                //选择【圈围】选择方式
第一圈围点:
指定直线的端点或 [放弃(U)]:
指定直线的端点或 [放弃(U)]:
```

圈围对象范围选中后，按 Enter 键或空格键确认选择。

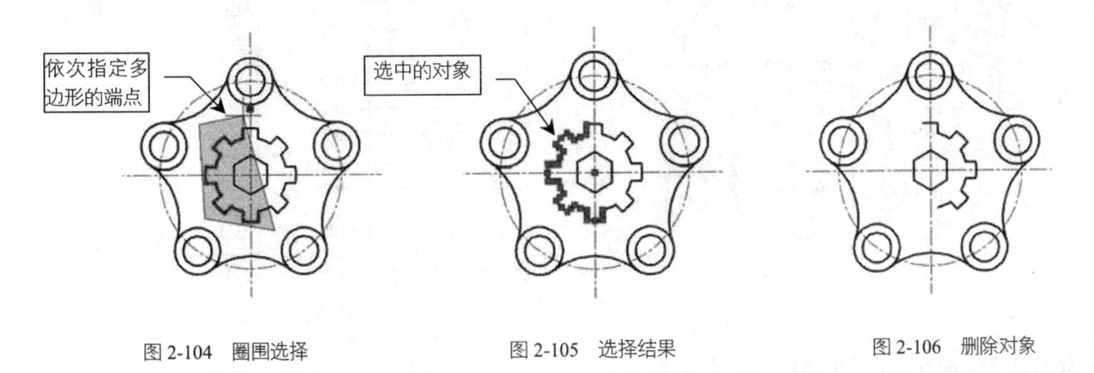

图 2-104 圈围选择　　图 2-105 选择结果　　图 2-106 删除对象

2.5.6 圈交

圈交是一种多边形窗交选择方法，与窗交选择对象的方法类似，不同的是圈交方法可以构造任意形状的多边形，它可以绘制任意闭合但不能与选择框自身相交或相切的多边形，如图 2-107 所示。选择完毕后可以选择多边形中与它相交的所有对象，如图 2-108 所示。虚线显示部分为被选中的部分，按 Delete 键将删除选择的对象，如图 2-109 所示。

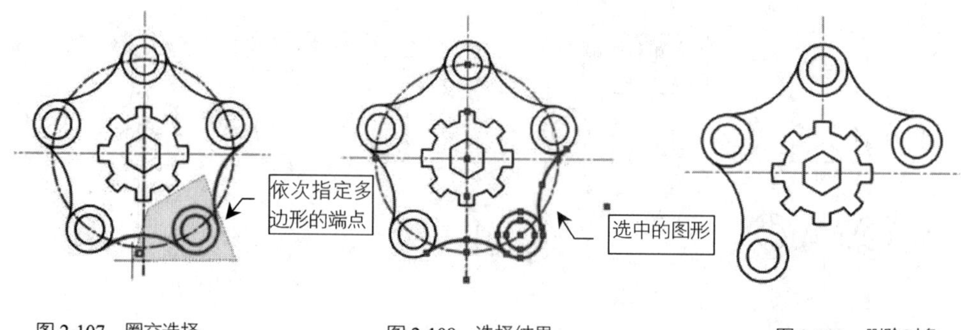

图 2-107　圈交选择　　图 2-108　选择结果　　图 2-109　删除对象

光标空置时，在绘图区空白处单击，然后在命令行中输入【CP】并按 Enter 键，即可调用圈围命令。命令行提示如下：

```
指定对角点或 [栏选(F)/圈围(WP)/圈交(CP)]: CP            //选择【圈交】选择方式
第一圈围点:
指定直线的端点或 [放弃(U)]:
指定直线的端点或 [放弃(U)]:
```

圈交对象范围选中后，按 Enter 键或空格键确认选择。

2.5.7　套索选择

套索选择是框选命令的一种延伸，使用方法跟以前版本的"框选"命令类似，只是当将鼠标围绕对象拖动时，将生成不规则的套索选择区，使用起来更加人性化。根据拖动方向的不同，套索选择分为窗口套索和窗交套索两种。

➢ 顺时针方向拖动为窗口套索选择，如图 2-110 所示。

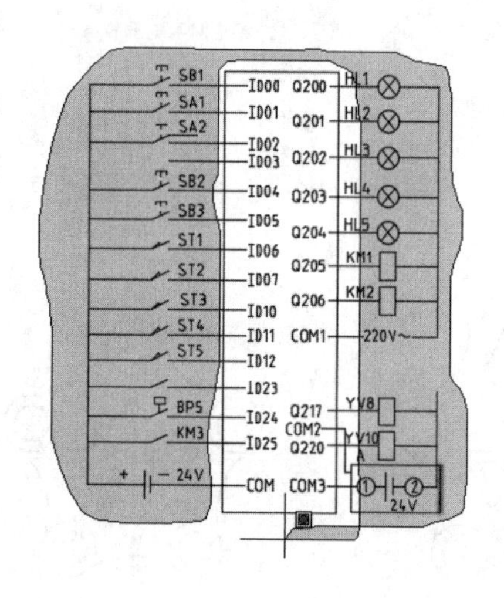

图 2-110　窗口套索选择

➢ 逆时针拖动则为窗交套索选择，如图 2-111 所示。

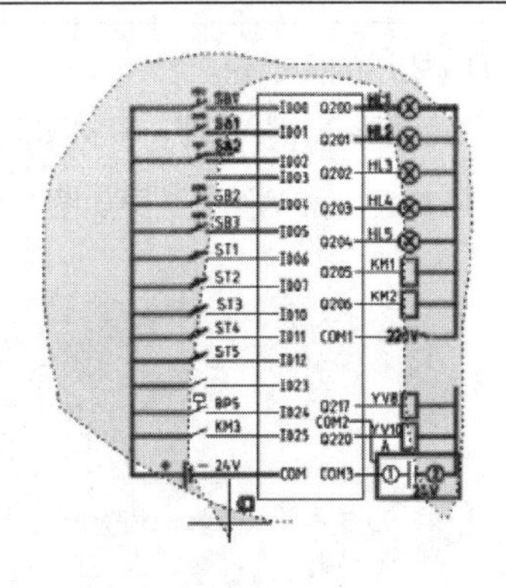

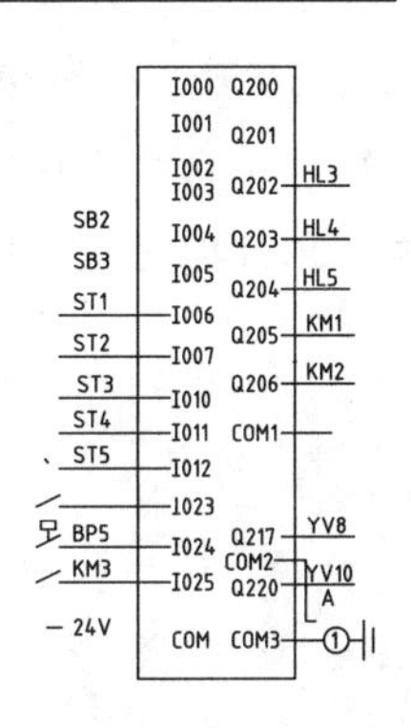

图 2-111　窗交套索选择

2.5.8　快速选择图形对象

快速选择可以根据对象的图层、线型、颜色、图案填充等特性选择对象，从而可以准确快速地从复杂的图形中选择具有某种特性的图形对象。

选择【工具】|【快速选择】命令，弹出【快速选择】对话框，如图 2-112 所示。用户可以根据要求设置选择范围，单击【确定】按钮，完成选择操作。

例如，要选择图 2-113 中的圆弧，除了手动选择的方法外，还可以利用快速选择工具来进行选取。选择【工具】|【快速选择】命令，弹出【快速选择】对话框，在【对象类型】下拉列表框中选择【圆弧】选项，单击【确定】按钮，即可选择圆弧，结果如图 2-114 所示。

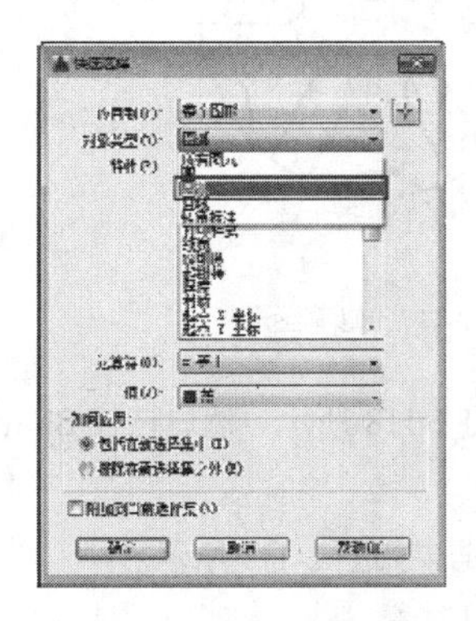

图 2-112　【快速选择】对话框

图 2-113　示例图形

图 2-114　快速选择后的结果

【案例 2-11】：　完善间歇轮图形　　　　视频文件：视频\第 2 章\2-11.mp4

间歇轮又叫槽轮，常被用来将主动件的连续转动转换成从动件的带有停歇的单向周期性转动。间歇轮一般用于转速不高的自动机械、轻工机械或仪器仪表中，有的电影放映机的送片机构中就有间歇轮，如图 2-115 所示。

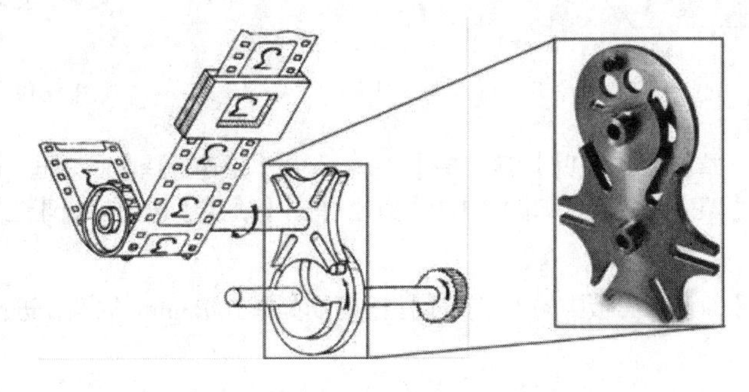

图 2-115　间歇轮

本案例用不同的方式选择要修剪的对象，修剪如图 2-116 所示的间歇轮。

01 启动 AutoCAD 2022，打开“第 2 章\2-11 完善间歇轮图形.dwg”文件，素材图形如图 2-116 所示。

02 选择图形。单击【修改】面板中的【修剪】按钮，修剪 *R*9mm 的圆，结果如图 2-117 所示。命令行操作如下：

```
命令: _TRIM
当前设置:投影=UCS, 边=无
选择剪切边...
选择对象或 <全部选择>: 找到 1 个                              //选择 R26.5mm 的圆
选择对象:
选择要修剪的对象，或按住 Shift 键选择要延伸的对象，或
[栏选(F)/窗交(C)/投影(P)/边(E)/删除(R)/放弃(U)]:               //单击 R9mm 的圆在 R26.5mm 圆外的部分
选择要修剪的对象，或按住 Shift 键选择要延伸的对象，或
[栏选(F)/窗交(C)/投影(P)/边(E)/删除(R)/放弃(U)]:               //继续单击其他 R9mm 的圆
```

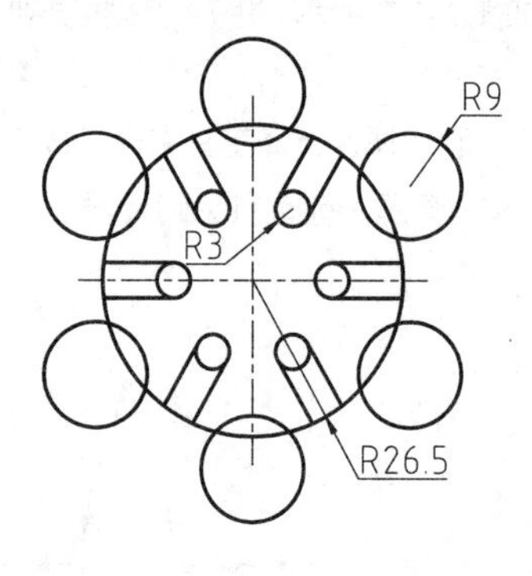

图 2-116　素材图形

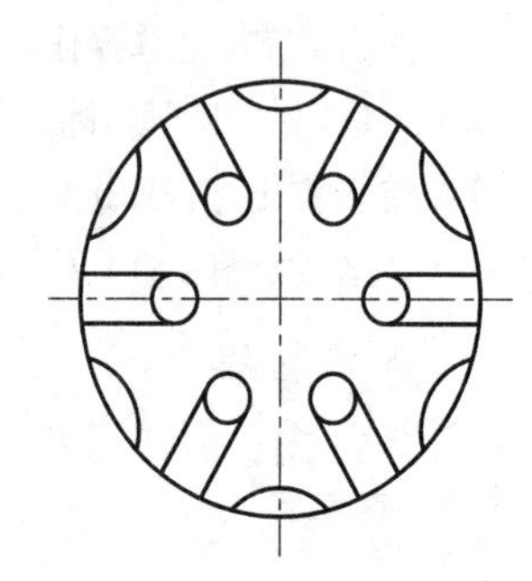

图 2-117　修剪图形

03 窗口选择对象。按住鼠标左键由右下向左上框选所有图形对象，如图 2-118 所示，然后按住 Shift 键取消选择 *R*26.5mm 的圆。

04 修剪图形。单击【修改】面板中的修剪按钮，修剪 *R*26.5mm 的圆，结果如图 2-119 所示。

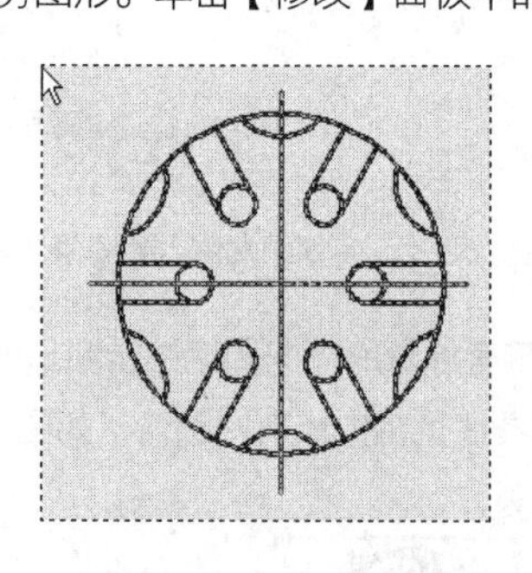

图 2-118　框选对象

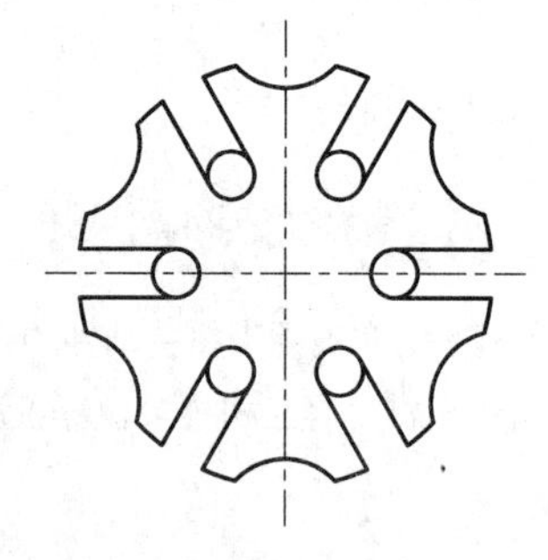

图 2-119　修剪结果

05 快速选择对象。选择【工具】□【快速选择】命令，弹出【快速选择】对话框，设置【对象类型】为【直线】,【特性】为【图层】,【值】为“0”，如图 2-120 所示。单击【确定】按钮，快速选择对象，结果如图 2-121 所示。

06 修剪图形。单击【修改】面板中的【修剪】按钮，依次单击 *R*3mm 的圆，进行修剪，结果如图 2-122 所示。

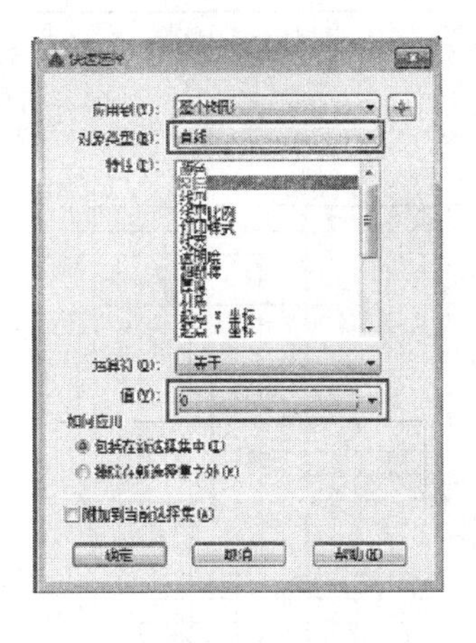

图 2-120　设置选择对象

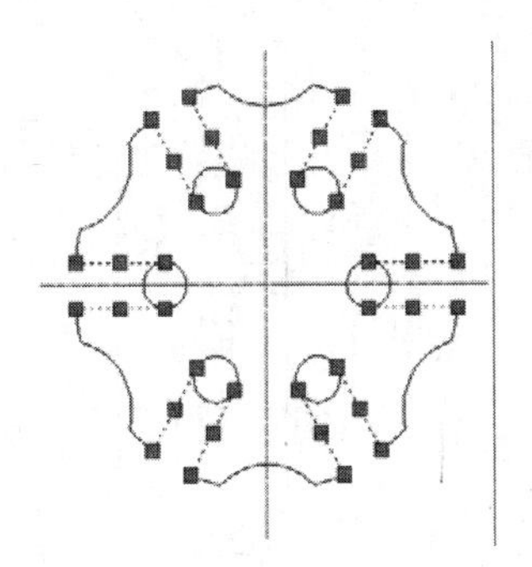

图 2-121　快速选择后的结果

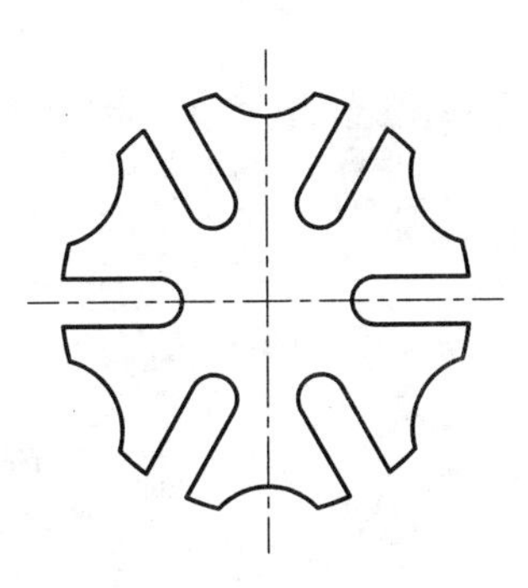

图 2-122　修剪结果

2.6　绘图环境的设置

绘图环境指的是绘图的单位、图纸的界限、绘图区的背景颜色等。本章将介绍绘图环境的设置方法。可以将大多数设置保存在一个样板中，这样就无需每次绘制新图形时重新进行设置。

2.6.1　设置图形界限

AutoCAD 的绘图区域是无限大的，用户可以绘制任意大小的图形，但由于现实中使用的图纸均有特定的尺寸（如常见的 A4 纸大小为 297mm×210mm），为了使绘制的图形符合纸张大小，需要设置一定的图形界限。执行【设置绘图界限】命令操作有以下几种方法：

- 菜单栏：选择【格式】|【图形界限】命令。
- 命令行： LIMITS。

通过以上任一种方法执行图形界限命令后，在命令行输入图形界限的两个角点坐标，即可定义图形界限。而在执行图形界限操作之前，需要激活状态栏中的【栅格】按钮▦，只有启用该功能才能查看图形界限的设置效果。图形界限确定的区域是可见栅格指示的区域。

【案例 2-12】：　设置 A4（297 mm×210 mm）的图形界限　　视频文件：视频\第 2 章\2-12.mp4

01 单击快速访问工具栏中的【新建】按钮，新建文件。

02 选择【格式】|【图形界限】命令，设置图形界限，命令行提示如下（此时若选择【ON】选项，则绘图时图形不能超出图形界限，若超出系统不予显示，选择【OFF】选项时准予超出图形界限）：

```
命令: _LIMITS                                      //调用【图形界限】命令
重新设置模型空间界限:
指定左下角点或 [开(ON)/关(OFF)] <0.0,0.0>: 0,0↙    //指定坐标原点为图形界限左下角点
指定右上角点<420.0,297.0>: 297,210↙               //指定右上角点
```

03 右击状态栏上的【栅格】按钮▦，在弹出的快捷菜单中选择【网格设置】命令，或在命令行输入【SE】并按 Enter 键，系统弹出【草图设置】对话框，在【捕捉和栅格】选项卡中取消选中【显示超出界限的栅格】复选框，如图 2-123 所示。

04 单击【确定】按钮，设置的图形界限将以栅格的范围显示，如图 2-124 所示。

05 将设置的图形界限(A4 图纸范围)放大至全屏显示，如图 2-125 所示。命令行操作如下：

```
命令: ZOOM↙                              //调用视图缩放命令
指定窗口的角点，输入比例因子 (nX 或 nXP)，或者
```

[全部(A)/中心(C)/动态(D)/范围(E)/上一个(P)/比例(S)/窗口(W)/对象(O)] <实时>: A↙

//激活【全部】选项

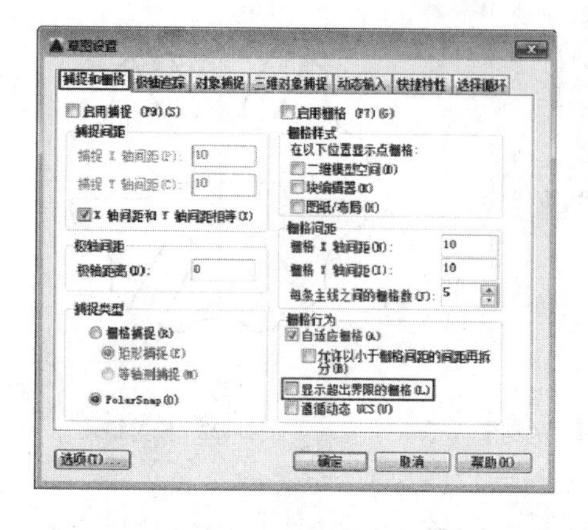

图 2-123 【草图设置】对话框

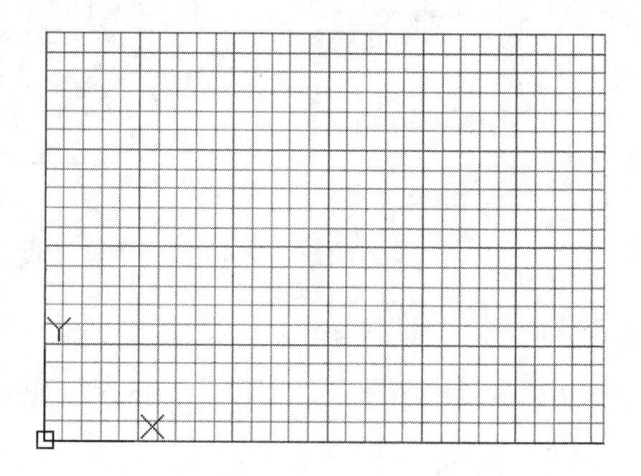

图 2-124 以栅格范围显示图形界限

2.6.2 设置 AutoCAD 界面颜色

【选项】对话框中的第二个选项卡为【显示】选项卡，如图 2-126 所示。在【显示】选项卡中，可以设置 AutoCAD 工作界面的一些显示选项，如【窗口元素】【布局元素】【显示精度】【显示性能】【十字光标大小】和【淡入度控制】等显示属性。

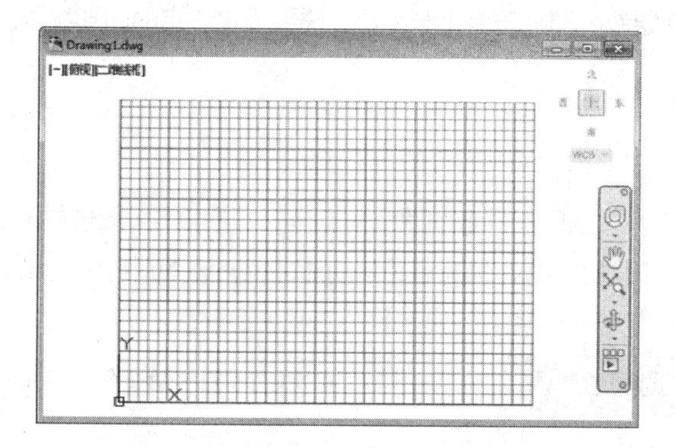

图 2-125 全屏显示

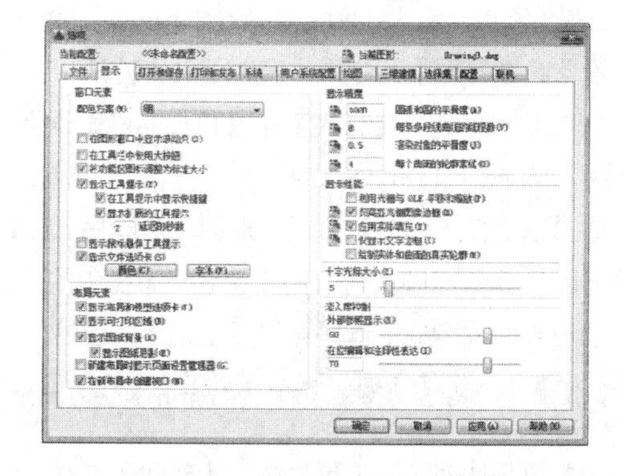

图 2-126 【显示】选项卡

在 AutoCAD 中，提供了【明】和【暗】两种配色方案，可以用来控制 AutoCAD 界面的颜色。在【显示】选项卡的【配色方案】下拉列表中选择【明】和【暗】两种选项的效果分别如图 2-127 和图 2-128 所示。

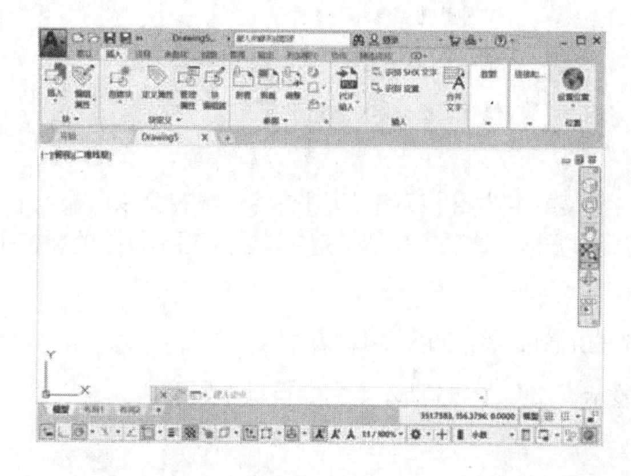

图 2-127 配色方案为【明】

图 2-128 配色方案为【暗】

2.6.3 设置工具按钮提示

AutoCAD 2022 中有一项很人性化的设置，那就是将鼠标指针悬停至功能区的命令按钮上时，可以出现命令的含义介绍，悬停时间稍长还会出现相关的操作提示，如图 2-129 所示，这有利于初学者熟悉相应的命令。

该提示的出现与否可以通过【显示】选项卡中的【显示工具提示】复选框进行控制，如图 2-130 所示。取消勾选该复选框不会再出现命令提示。

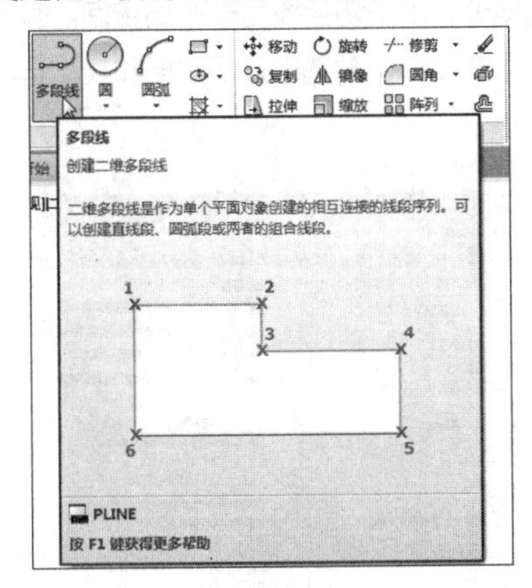

图 2-129 光标置于命令按钮上出现提示

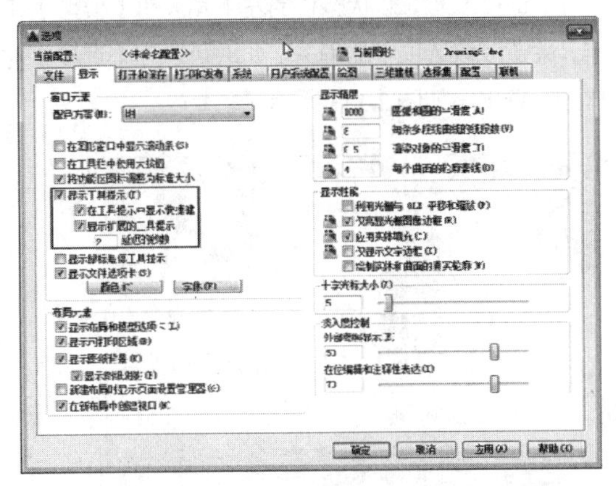

图 2-130 【显示工具提示】复选框

2.6.4 设置 AutoCAD 可打开文件的数量

AutoCAD 2022 为方便用户工作，可支持同时打开多个图形，并在其中来回切换。这种设置虽然方便了用户操作，但也有一定的操作隐患，就是如果图形过多，时间一长就很容易让用户遗忘哪些图纸被修改过。

这时可以限制 AutoCAD 打开文件的数量，使得当用软件打开一个图形文件后，再打开另一个图形文件时，软件自动将之前的图形文件关闭并退出，即在【窗口】下拉菜单中始终只显示一个文件名称。要启用这个功能，只需取消勾选【显示】选项卡中的【显示文件选项卡】复选框即可，如图 2-131 所示。

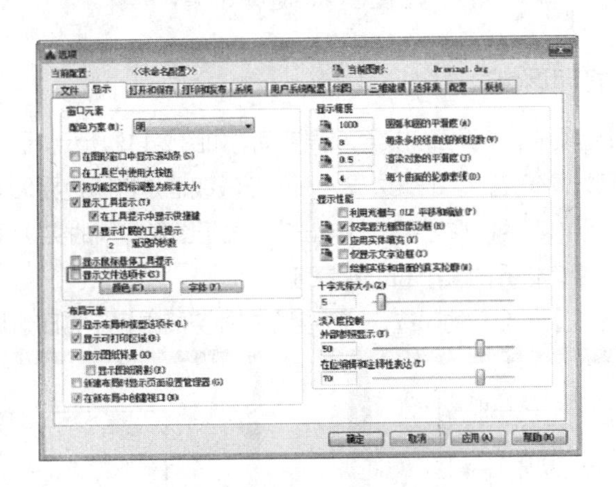

图 2-131 取消勾选【显示文件选项卡】复选框

2.6.5 设置绘图区背景颜色

在 AutoCAD 中可以按用户喜好自定义绘图区的背景颜色。在旧版本的 AutoCAD 中，绘图区默认背景颜色为黑，而在 AutoCAD 2022 中默认背景颜色为白。

单击【选项】对话框【显示】选项卡中的【颜色】按钮，打开【图形窗口颜色】对话框，在该对话框中可设置各类背景颜色，如【二维模型空间】【三维平行投影】【命令行】等，如图 2-132 所示。

2.6.6 设置布局显示效果

在【选项】对话框【显示】选项卡左下方的【布局元素】选项组中可以设置与布局显示有关的一系列参数，包括【显示布局和模型选项卡】【显示可打印区域】【显示布局中的图纸背景】等。

1. 设置模型与布局选项卡

在 AutoCAD 2022 状态栏的左下角，有【模型】和【布局】选项卡，用于切换模型与布局空间。有时由于误操作，会造成该选项卡的消失。此时可以在【选项】对话框【显示】选项卡中勾选【显示布局和模型选项卡】复选框进行调出，如图 2-133 所示。

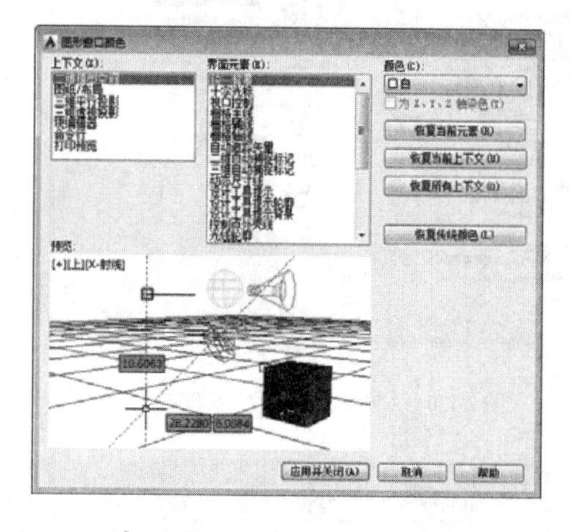

图 2-132 【图形窗口颜色】对话框

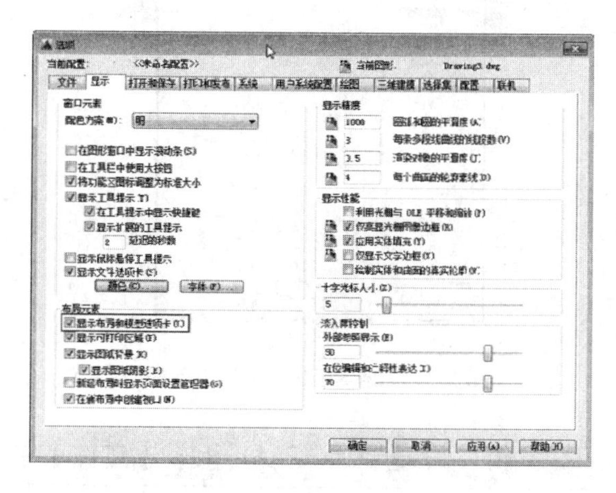

图 2-133 【显示布局和模型选项卡】复选框

模型、布局选项卡的消隐效果如图 2-134 所示。

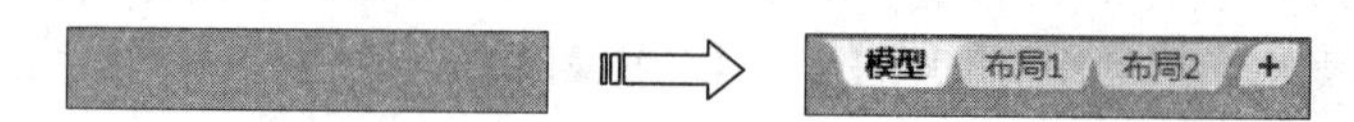

图 2-134 模型、布局选项卡的消隐效果

2. 隐藏布局中的可打印区域

单击状态栏中的【布局】选项卡，将界面切换至布局空间，如图 2-135 所示。最内侧的是纸张边界，是在【纸张设置】中由纸张类型和打印方向确定的。纸张边界外面的虚线线框是打印边界，其作用就好像 Word 文档中的页边距一样，只有位于打印边界内部的图形才会被打印出来。位于图形四周的实线线框为视口边界，边界内部的图形就是模型空间中的模型，视口边界的大小和位置是可调的。

如果取消【显示可打印区域】复选框的勾选，将不会在布局空间中显示打印边界，如图 2-136 所示。

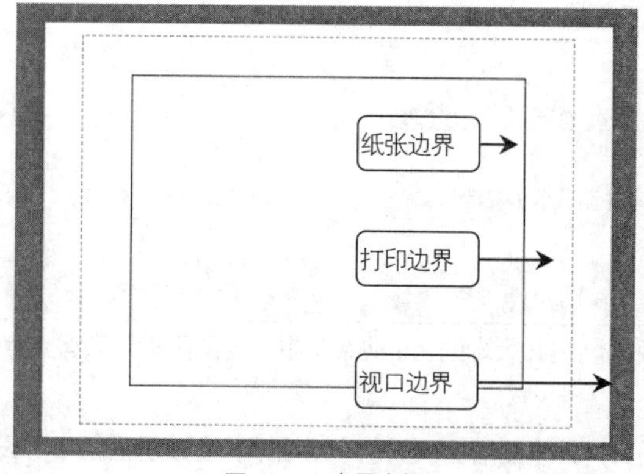

图 2-135 布局空间

图 2-136 隐藏打印边界

3．隐藏布局中的图纸背景

布局空间中纸张边界外侧的大片灰色区域即是图纸背景，取消勾选【显示图纸背景】复选框可将该区域完全隐藏，如图 2-137 所示。另外，勾选【显示图纸背景】复选框下的【显示图纸阴影】复选框与否可以控制纸张边界处的阴影显示效果。

4．取消布局中的自动视口

在新建布局时，系统会自动创建一个视口，用以显示模型空间中的图形。但在通常情况下，用户会根据需要自主创建视口，而不使用由系统自动创建的视口。此时可以通过取消勾选【在新布局中创建视口】复选框来取消自动视口的创建，如图 2-138 所示。

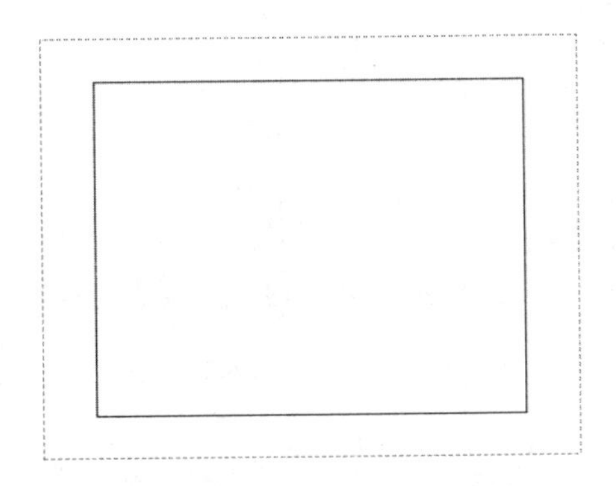

图 2-137　隐藏布局中的图纸背景

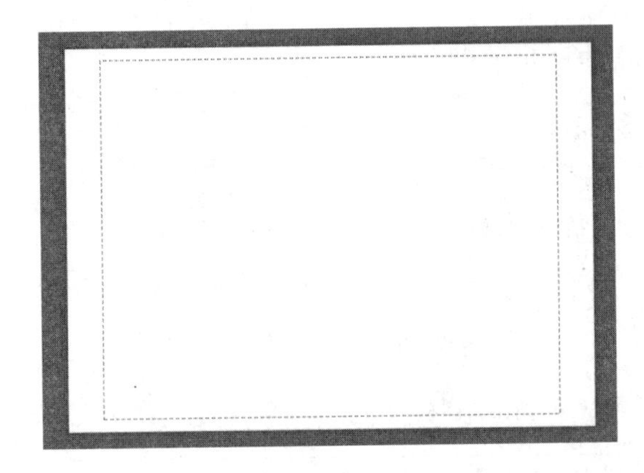

图 2-138　取消布局中的自动视口

2.6.7　设置默认保存类型

在日常工作中，经常要与客户或同事进行图纸往来，有时会出现因为彼此 AutoCAD 版本不同而打不开图纸的情况。通过修改【打开与保存】选项卡中的保存类型，可以让以后的图形都以低版本进行保存，达到一劳永逸的目的。该选项卡可用于设置是否自动保存文件、是否维护日志、是否加载外部参照，以及指定保存文件的时间间隔等。

在【打开和保存】选项卡的【另存为】下拉列表中选择要默认保存的文件类型，如【AutoCAD2000/LT2000 图形（*.dwg）】选项，如图 2-139 所示，则以后所有新建的图形在进行保存时，都会保存为低版本的 AutoCAD 2000 类型，实现无障碍打开。

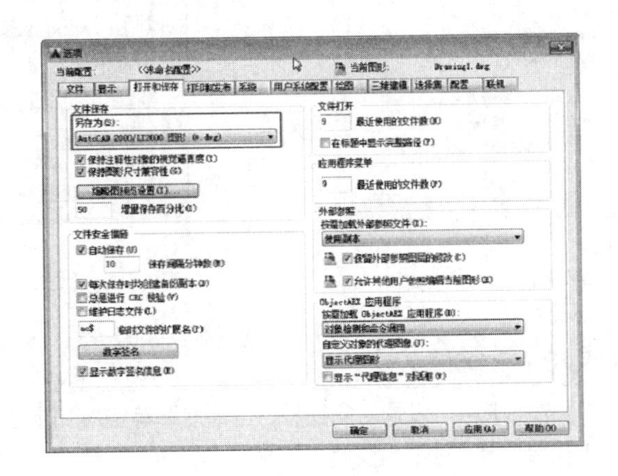

图 2-139　设置默认保存类型

2.6.8 设置十字光标大小

部分用户可能习惯于较大的十字光标，这样的好处就是能直接将十字光标作为水平、垂直方向上的参考。

在【选项】对话框【显示】选项卡的【十字光标大小】选项组中，用户可以根据自己的操作习惯调整十字光标的大小，十字光标可以延伸到屏幕边缘，如图 2-140 所示。拖动【十字光标大小】选项组中的滑块▯，如图 2-141 所示，即可调整十字光标长度，十字光标默认大小为 5，其大小的取值范围为 1~100，数值越大，十字光标越长，100 表示全屏显示。

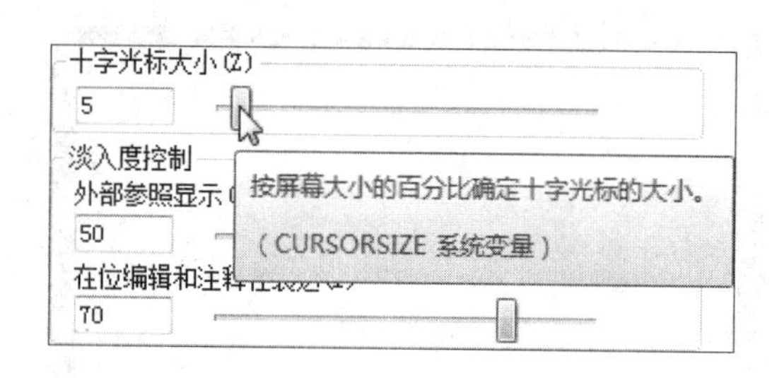

图 2-140 拖动【十字光标大小】滑块

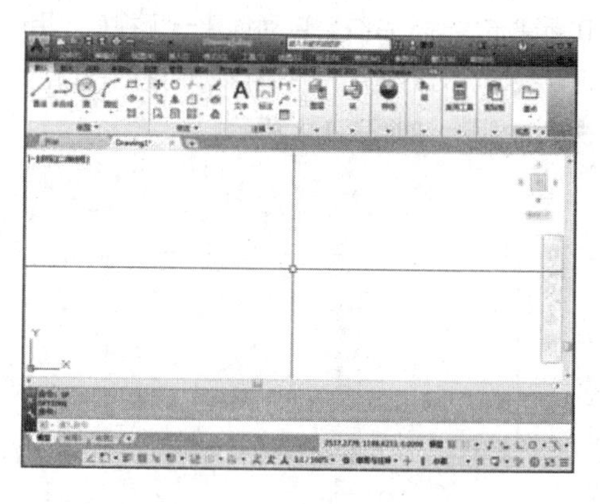

图 2-141 十字光标延伸到屏幕边缘

2.6.9 设置鼠标右键功能模式

在【选项】对话框的【用户系统配置】选项卡中为用户提供了可以自行定义的选项。这些设置不会改变 AutoCAD 的系统配置，但是可以满足不同用户使用上的偏好。

在 AutoCAD 中，鼠标动作有特定的含义，如左键双击对象将执行编辑，单击鼠标右键将打开快捷菜单。用户可以自主设置鼠标动作的含义。打开【选项】对话框，选择【用户系统配置】选项卡，在【Windows 标准操作】选项组中设置鼠标动作，如图 2-142 所示。单击【自定义右键单击】按钮，系统弹出如图 2-143 所示的【自定义右键单击】对话框，可根据需要设置右键单击的含义。

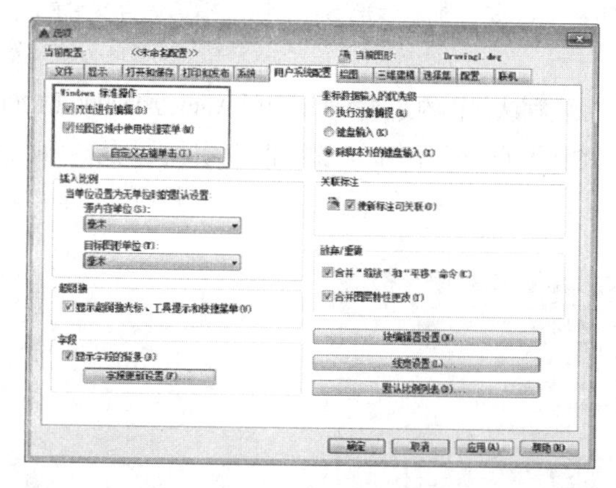

图 2-142 【用户系统配置】选项卡

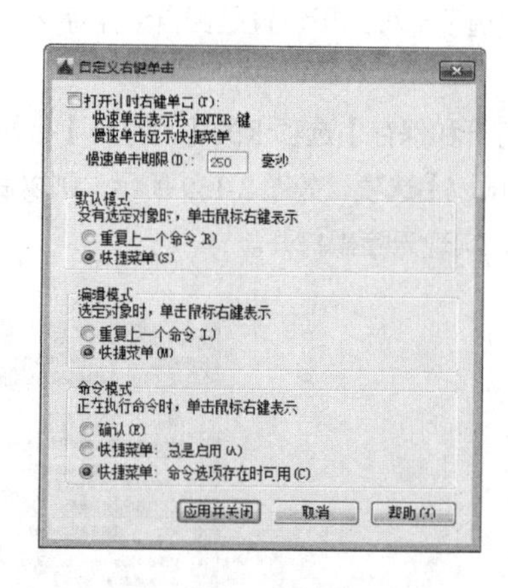

图 2-143 【自定义右键单击】对话框

2.6.10 设置自动捕捉标记效果

在【选项】对话框的【绘图】选项卡中可设置对象捕捉、自动追踪等定形和定位功能，包括自动捕捉和自动追踪时特征点标记的颜色、大小和显示特征等，如图 2-144 所示。

1．自动捕捉设置与颜色

单击【绘图】选项卡中的【颜色】按钮，打开【图形窗口颜色】对话框，在其中可以设置绘图环境中捕捉标记的颜色，如图 2-145 所示。

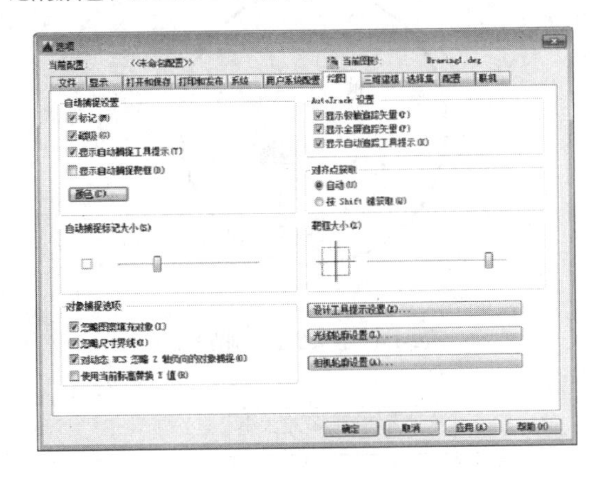

图 2-144 【绘图】选项卡

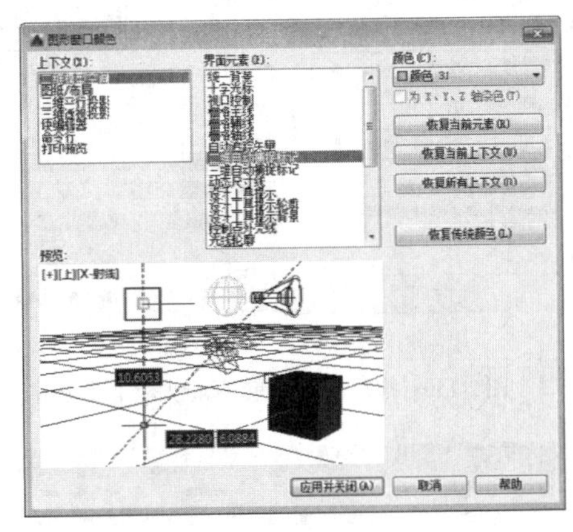

图 2-145 【图形窗口颜色】对话框

在【绘图】选项卡的【自动捕捉设置】选项组中可以设定与自动捕捉有关的一些特性。各选项的含义如下：

➢ 标记：控制自动捕捉标记的显示。该标记是当十字光标移动至捕捉点上时显示的几何符号，如图 2-146 所示。

➢ 磁吸：打开或关闭自动捕捉磁吸。磁吸是指十字光标自动移动并锁定到最近的捕捉点上，如图 2-147 所示。

➢ 显示自动捕捉工具提示：控制自动捕捉工具提示的显示。工具提示是一个标签，用来描述捕捉到的对象，如图 2-148 所示。

➢ 显示自动捕捉靶框：打开或关闭自动捕捉靶框的显示，如图 2-149 所示。

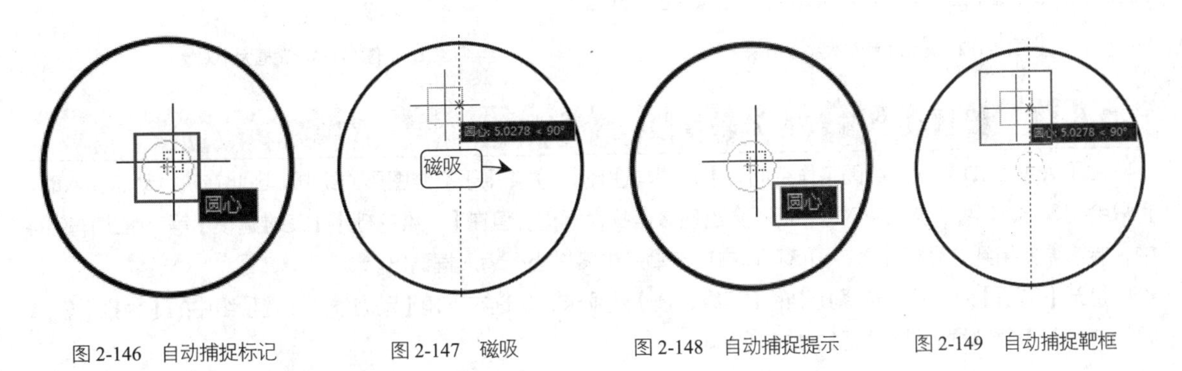

图 2-146 自动捕捉标记　　图 2-147 磁吸　　图 2-148 自动捕捉提示　　图 2-149 自动捕捉靶框

2．设置自动捕捉标记大小

在【绘图】选项卡拖动【自动捕捉标记大小】选项组中的滑块▯，即可调整捕捉标记大小，如图 2-150 所示。图 2-151 所示为较大的圆心捕捉标记。

3．设置捕捉靶框大小

在【绘图】选项卡拖动【靶框大小】选项组中的滑块▯，即可调整靶框大小，如图 2-152 所示。常规靶框和较大的靶框对比如图 2-153 所示。

此处要注意的是，只有在【绘图】选项卡中勾选【显示自动捕捉靶框】复选框，再去拖动靶框大小滑块，才能在绘图区捕捉时观察到靶框大小的效果。

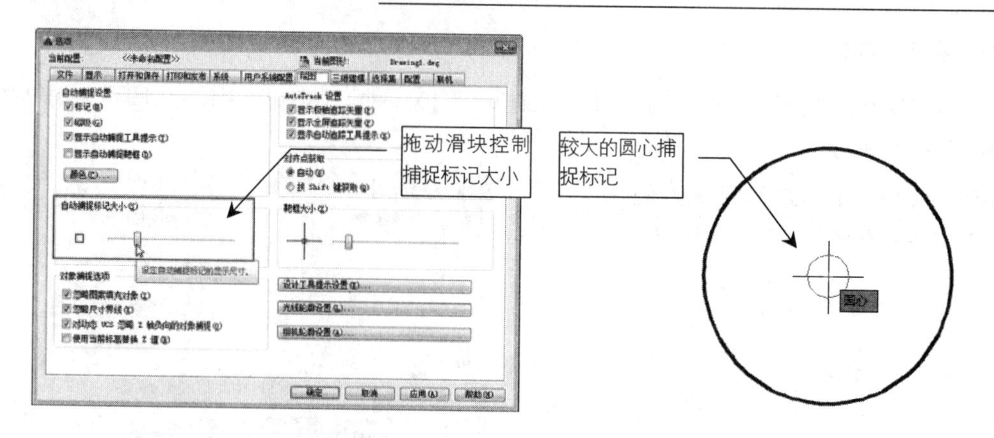

图 2-150　拖动【自动捕捉标记大小】滑块

图 2-151　较大的圆心捕捉标记

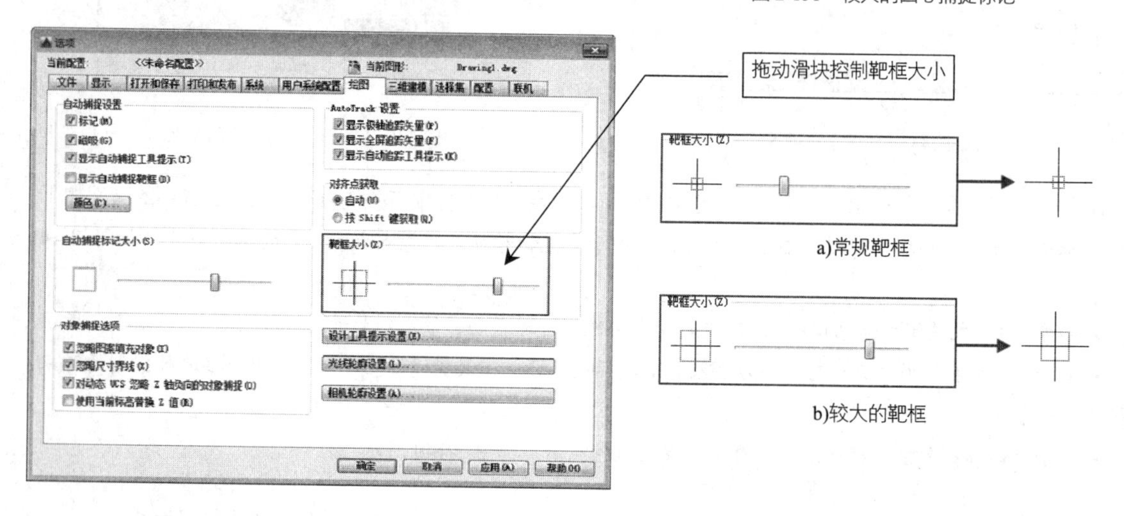

图 2-152　拖动【靶框大小】滑块

图 2-153　靶框大小对比

2.6.11　设置动态输入的 Z 轴字段

由于 AutoCAD 默认的绘图工作空间为【草图与注释】，主要用于二维图形的绘制，因此在执行动态输入时，也只会出现 *X*、*Y* 两个坐标输入框，而不会出现 *Z* 坐标输入框。但在【三维基础】、【三维建模】等三维工作空间中，就需要使用到 *Z* 坐标输入，因此可以在动态输入中将 *Z* 坐标输入框调出。

打开【选项】对话框，选择其中的【三维建模】选项卡，勾选右下角【动态输入】选项组中的【为指针输入显示 Z 字段】复选框，结果如图 2-154 所示。

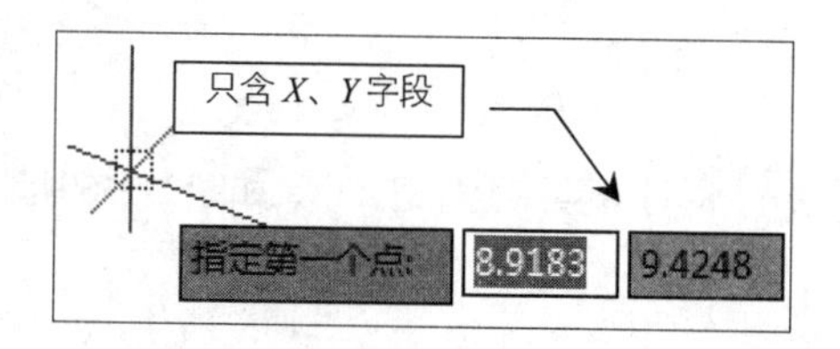

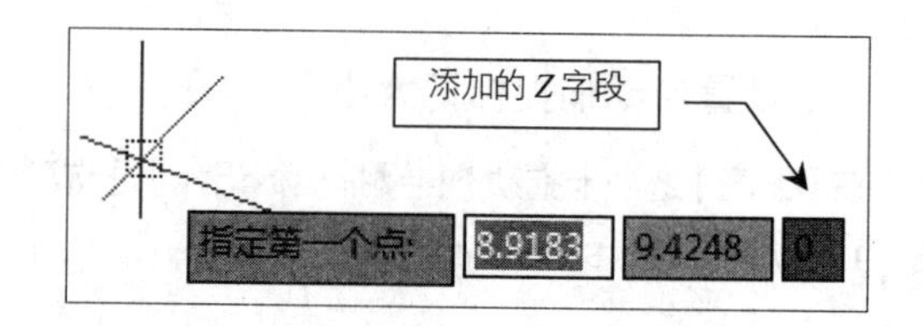

图 2-154　为动态输入添加 *Z* 字段

2.6.12　设置十字光标拾取框大小

在【选项】对话框的【选择集】选项卡用于设置与对象选择有关的特性，如【选择集模式】【拾取框大小】及【夹点】等，如图 2-155 所示。

在 2.6.8 小节中介绍了十字光标大小的调整，但仅限于水平、竖直两轴线的延伸，中间的拾取框大小并没有做调整。要调整拾取框的大小，可在【选择集】选项卡中拖动【拾取框大小】选项组中的滑块。常规的拾取框与放大的拾取框对比如图 2-156 所示。

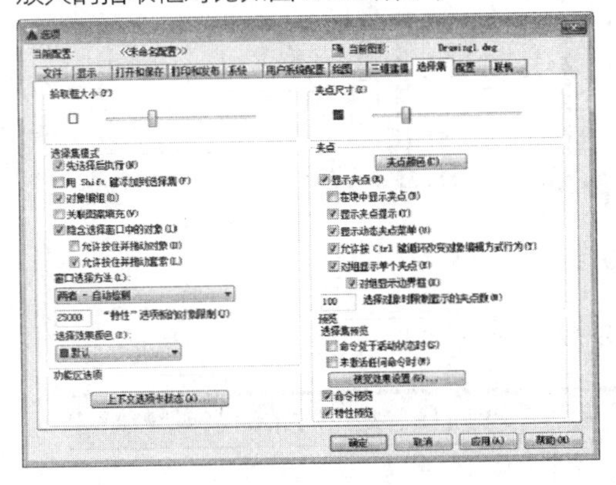

图 2-155 【选择集】选项卡

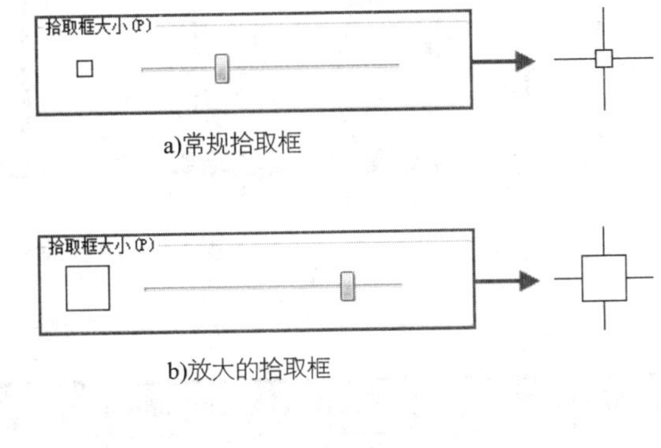

图 2-156 拾取框大小对比

专家提醒 2.6.8 节与本节所设置的十字光标是指用于选择对象的【选择拾取框】，只在选择对象的时候起作用；而 2.6.10 节中的靶框是指【捕捉靶框】，只有在捕捉对象的时候起作用。当没有执行命令或命令行提示选择对象时，十字光标中心的方框是选择拾取框；当命令行提示定位点时，十字光标中心显示的是捕捉靶框。AutoCAD 高版本默认不显示捕捉靶框，在提示定位点时，如输入一个 L 命令并按 Enter 键后，可以看到十字光标中心的小方框会消失。

2.6.13 设置夹点的大小和颜色

除了拾取框和捕捉靶框的大小可以调节之外，还可以通过滑块的形式来调节夹点的显示大小。

夹点（Grips）是指选中图形物体后所显示的特征点，如直线的特征点是两个端点和一个中点，圆形是四个象限点和圆心点等，如图 2-157 所示。

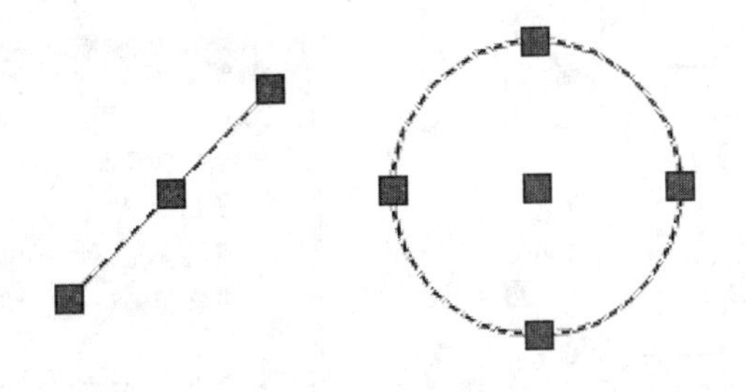

图 2-157 夹点

专家提醒 通常情况下夹点显示为蓝色，被称作“冷夹点”；如果在某对象上选中一个夹点，这个夹点将变成红色，称作“热夹点”。通过热夹点可以对图形进行编辑，详见本书第 4 章的 4.6 节。

早期版本中的夹点只是方形的，但在 AutoCAD 的高版本中又增加了一些其他形状的夹点，如多段线中点处夹点是长方形的，椭圆弧两端的夹点是三角形的加方形的小框，动态块不同参数和动作的夹点形式，有方形、三角形、圆形、箭头等形状，如图 2-158 所示。

夹点的种类繁多，其表达的含义及操作后的结果也不尽相同。夹点类型及使用方法见表 2-2。

1. 修改夹点大小

要调整夹点的大小，可在【选项】对话框的【选择集】选项卡中拖动【夹点尺寸】选项组中的滑块，夹点大小的对比如图 2-159 所示。

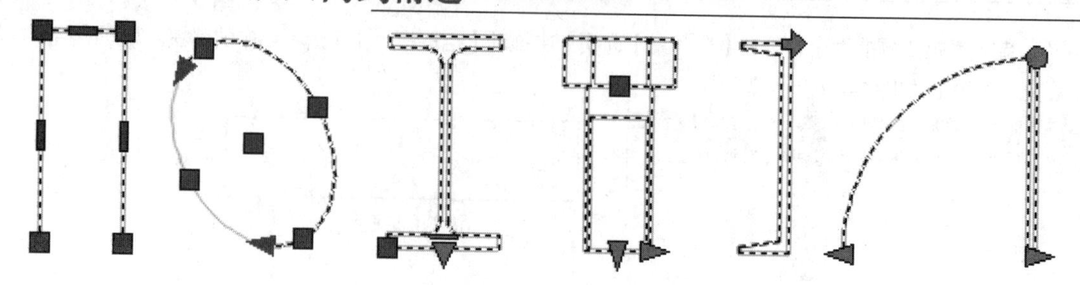

图 2-158　不同的夹点形状

表 2-2　夹点类型及使用方法

夹点类型	夹点形状	夹点移动或结果	参数：关联的动作
标准		平面内的任意方向	基点：无 点：移动、拉伸 极轴：移动、缩放、拉伸、极轴拉伸、阵列 XY：移动、缩放、拉伸、阵列
线性		按规定方向或沿某一条轴往返移动	线性：移动、缩放、拉伸、阵列
旋转		围绕某一条轴	旋转：旋转
翻转		切换到块几何图形的镜像	翻转：翻转
对齐		平面内的任意方向；如果在某个对象上移动，则使块参照与该对象对齐	对齐：无（隐含动作）
查寻		显示值列表	可见性：无（隐含动作） 查寻：查寻

2．修改夹点颜色

单击【选项】对话框的【选择集】选项卡【夹点】选项组中的【夹点颜色】按钮，打开如图 2-160 所示的【夹点颜色】对话框，在对话框中可设置 3 种状态下的夹点颜色和夹点的轮廓颜色。

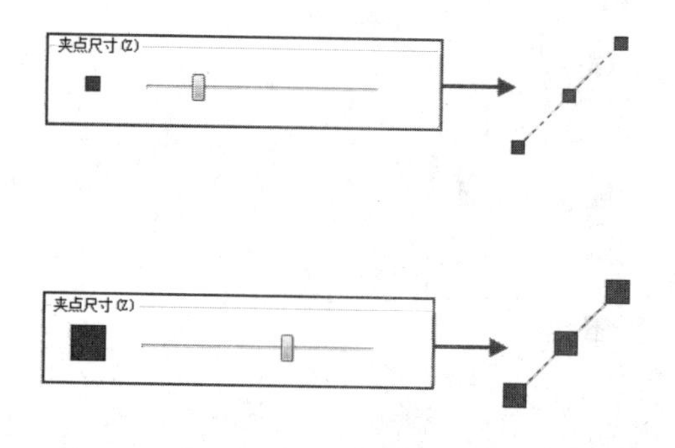

图 2-159　夹点大小对比

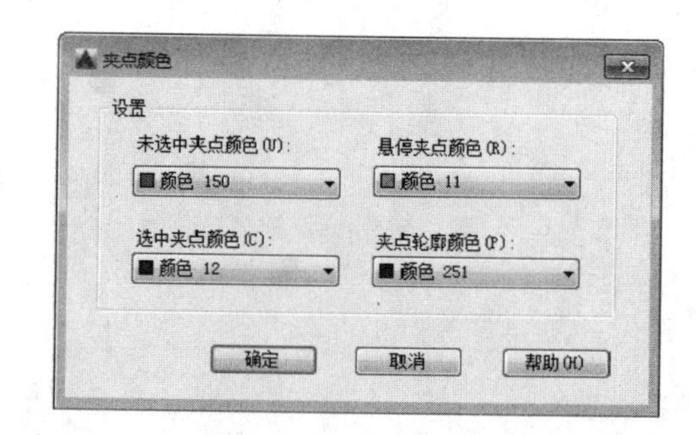

图 2-160　【夹点颜色】对话框

第3章

二维图形的绘制

任何复杂的图形都可以分解成多个基本的二维图形，二维图形包括点、直线、圆、多边形、圆弧和样条曲线等。AutoCAD 2022 提供了丰富的绘图功能，用户可以利用这些功能非常轻松地绘制各种图形。通过本章的学习，用户将会对 AutoCAD 平面图形的绘制方法有一个全面的了解和认识，并能熟练掌握常用的绘图命令。

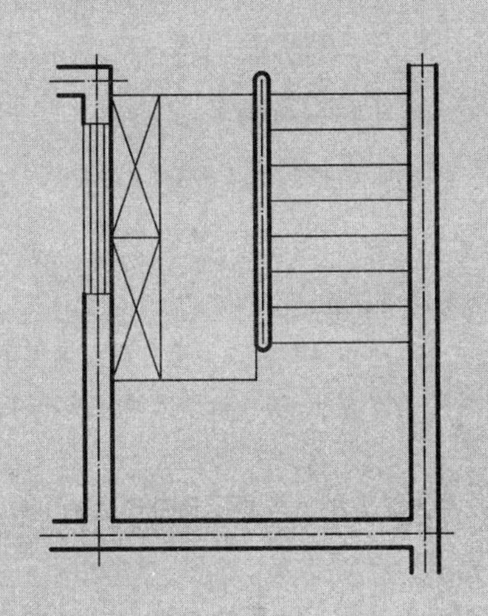

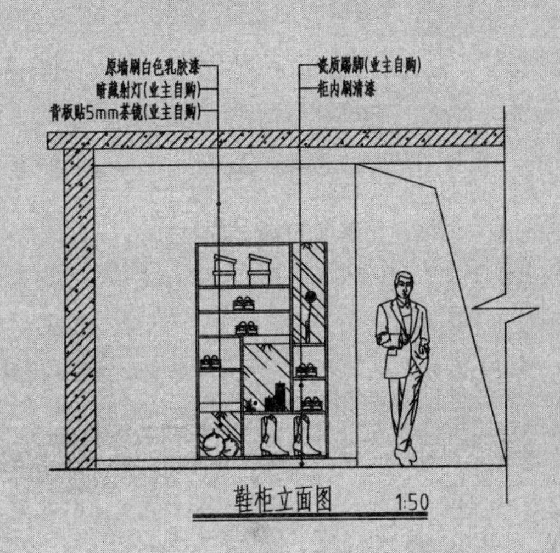

3.1 绘制点

点是所有图形中最基本的图形对象，可以用来作为捕捉和偏移对象的参考点。在 AutoCAD 2022 中，可以通过单点、多点、定数等分和定距等分 4 种方法创建点对象。

3.1.1 点样式

从理论上来讲，点是没有长度和大小的图形对象。在 AutoCAD 中，系统默认情况下绘制的点显示为一个小圆点，在屏幕中很难看清，可以使用【点样式】设置，调整点的外观形状以及点的尺寸大小，以便根据需要让点直观地显示在图形中。在绘制单点、多点、定数等分点或定距等分点之后，经常需要调整点的显示方式，以方便对象捕捉，绘制图形。

执行【点样式】命令的方法有以下几种。

- 功能区：单击【默认】选项卡【实用工具】面板中的【点样式】按钮 点样式...，如图 3-1 所示。
- 菜单栏：选择【格式】|【点样式】命令。
- 命令行：DDPTYPE。

执行该命令后，将弹出如图 3-2 所示的【点样式】对话框，可以在其中设置共计 20 种点的显示样式和大小。

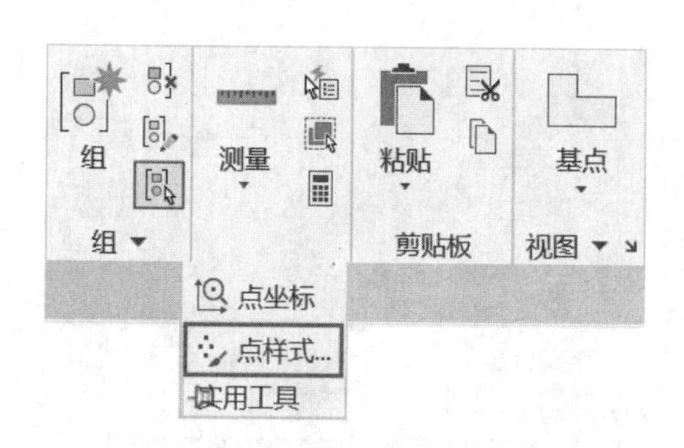

图 3-1 面板中的【点样式】按钮

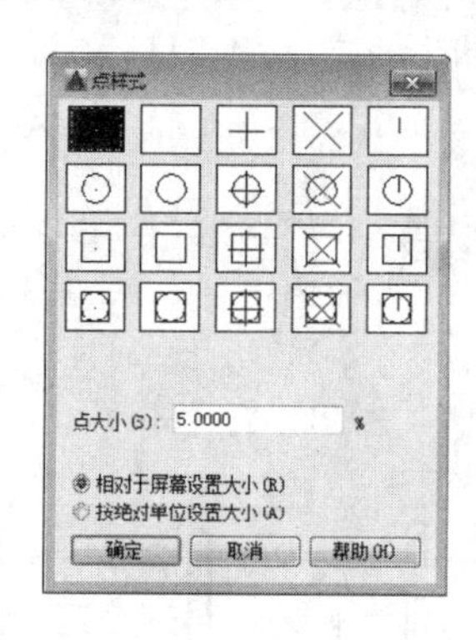

图 3-2 【点样式】对话框

【点样式】对话框中各选项的含义如下：

- 【点大小】文本框：用于设置点的显示大小，与下面的两个选项有关。
- 【相对于屏幕设置大小】单选按钮：用于按 AutoCAD 绘图屏幕尺寸的百分比设置点的显示大小。在进行视图缩放操作时，点的显示大小并不改变（在命令行输入【RE】命令即可重生成），始终保持与屏幕的相对比例，如图 3-3 所示。
- 【按绝对单位设置大小（A）】单选按钮：使用实际单位设置点的大小。与其他的图形元素（如直线、圆）相同，当进行视图缩放操作时，点的显示大小也会随之改变，但相对于环境不变，如图 3-4 所示。

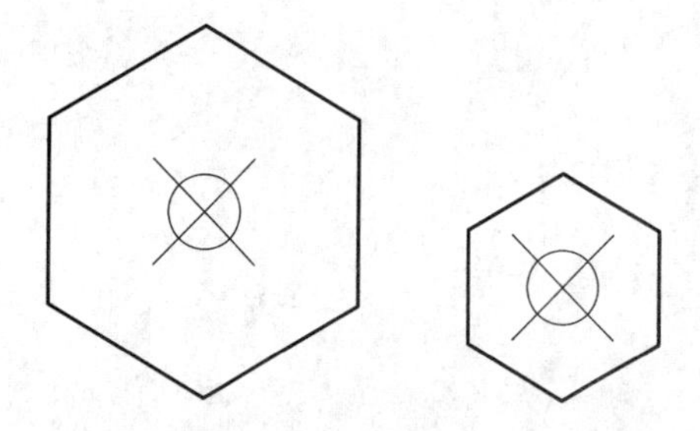

图 3-3 视图缩放时点大小相对于屏幕不变

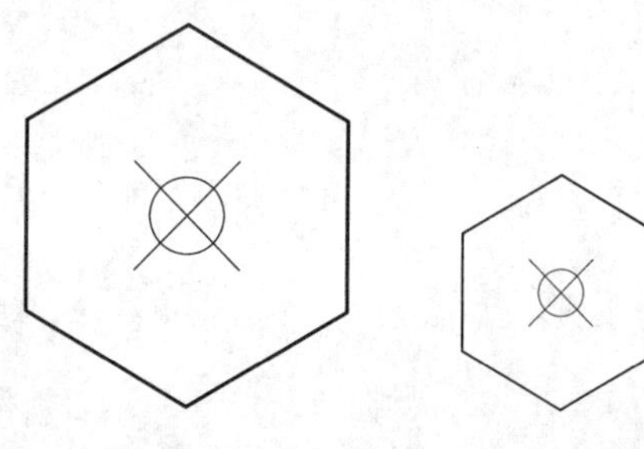

图 3-4 视图缩放时点大小相对于图形不变

【案例 3-1】： 设置点样式创建刻度

视频文件：视频\第 3 章\3-1.mp4

01 单击快速访问工具栏中的【打开】按钮，打开“第 3 章\3-1 设置点样式创建刻度.dwg”文件，素材图形中在各数值上已经创建好了点，但并没有设置点样式，如图 3-5 所示。

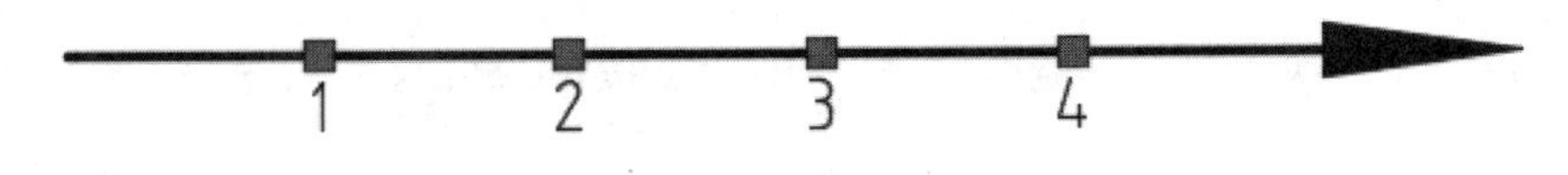

图 3-5 素材图形

02 在命令行中输入【DDPTYPE】，调用【点样式】命令，系统弹出【点样式】对话框，根据需要，在对话框中选择第一排最右侧的形状，然后点选【按绝对单位设置大小】单选按钮，在【点大小】文本框中输入 2，如图 3-6 所示。

03 单击【确定】按钮，关闭对话框，完成【点样式】的设置，创建刻度的结果如图 3-7 所示。

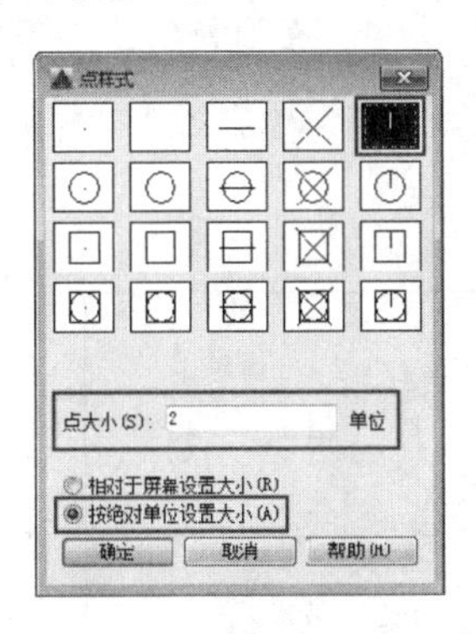

图 3-6 设置点样式

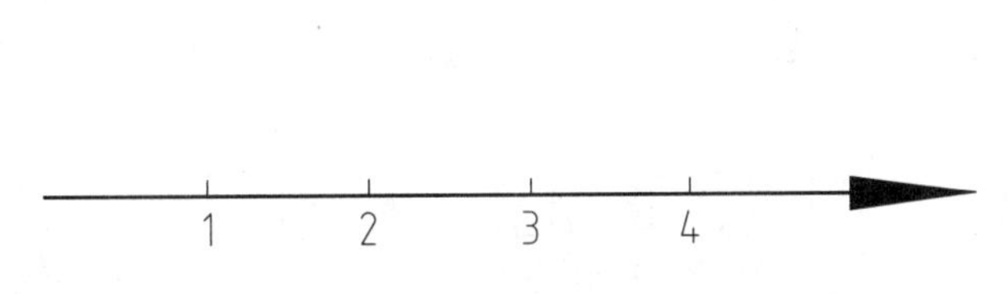

图 3-7 创建刻度

3.1.2 单点和多点

在 AutoCAD 2022 中，点的绘制通常使用【多点】命令来完成，【单点】命令已不太常用。

1. 单点

绘制单点就是执行一次命令只能绘制一个点，绘制完成后自动结束命令。执行【单点】命令有以下几种方法。

- 菜单栏：选择【绘图】|【点】|【单点】命令，如图 3-8 所示。
- 命令行：PONIT 或 PO。

设置好点样式之后，选择【绘图】|【点】|【单点】命令，根据命令行提示在绘图区任意位置单击，即可完成单点的绘制，结果如图 3-9 所示。命令行操作如下：

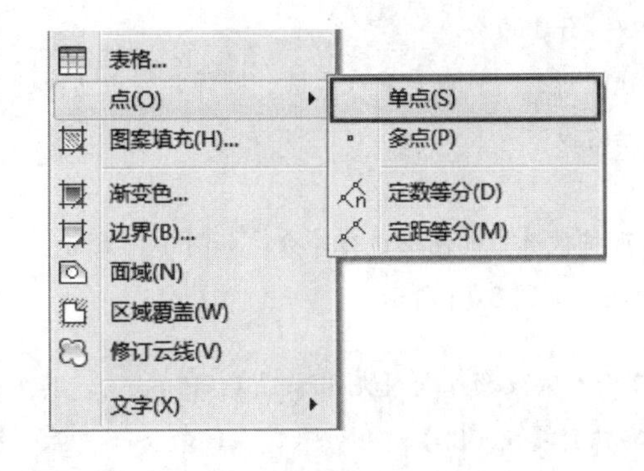

图 3-8 菜单栏中的【单点】命令

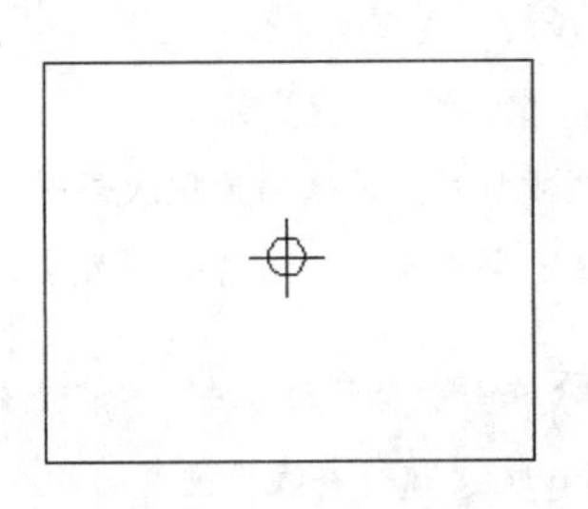

图 3-9 绘制单点

```
命令：_POINT
当前点模式：  PDMODE=33  PDSIZE=0.0000
指定点：                        //在任意位置单击放置点，放置完成后便自动结束【单点】命令
```

2. 多点

绘制多点是指执行一次命令后可以连续指定多个点，直到按Esc键结束命令。执行【多点】命令有以下几种方法。

➢ 功能区：单击【绘图】面板中的【多点】按钮∴，如图3-10所示。

➢ 菜单栏：选择【绘图】|【点】|【多点】命令。

设置好点样式之后，单击【绘图】面板中的【多点】按钮∴，根据命令行提示在绘图区任意6个位置单击，按Esc键退出，即可完成多点的绘制，结果如图3-11所示。命令行操作如下：

```
命令：_POINT
当前点模式：  PDMODE=33  PDSIZE=0.0000          //在任意位置单击放置点
指定点：*取消*                                   //按Esc键完成多点绘制
```

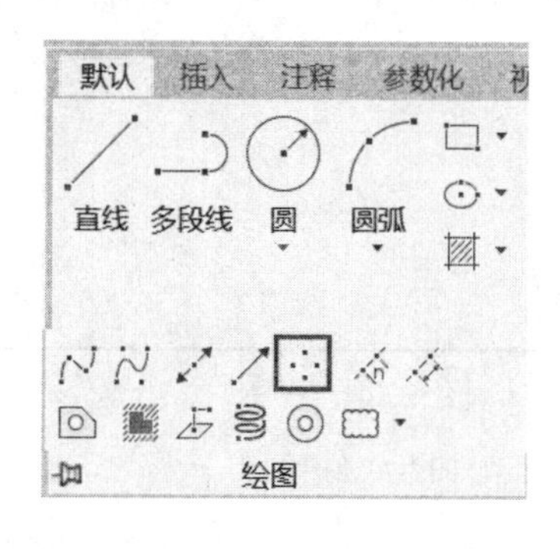

图3-10 【绘图】面板中的【多点】按钮

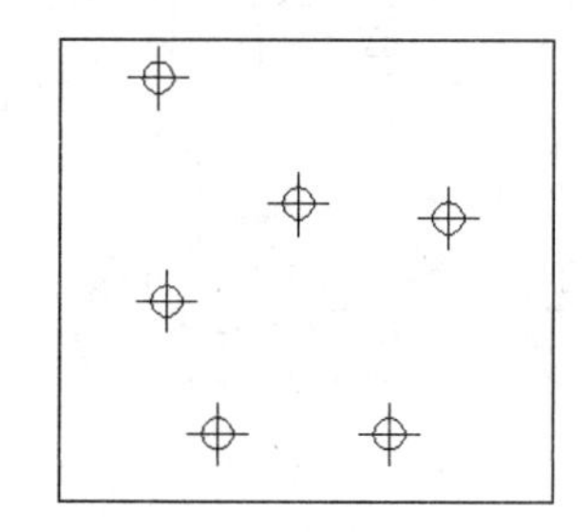

图3-11 绘制多点

3.1.3 定数等分

【定数等分】是将对象按指定的数量分为等长的多段，并在各等分位置生成点。执行【定数等分】命令的方法有以下几种。

➢ 功能区：单击【绘图】面板中的【定数等分】按钮，如图3-12所示。

➢ 菜单栏：选择【绘图】|【点】|【定数等分】命令。

➢ 命令行：DIVIDE或DIV。

执行命令后，命令行操作如下：

```
命令：_DIVIDE                  //执行【定数等分】命令
选择要定数等分的对象：          //选择要等分的对象，可以是直线、圆、圆弧、样条曲线、多段线
输入线段数目或 [块(B)]：        //输入要等分的段数
```

命令行中部分选项的含义如下：

➢ 输入线段数目：该选项为默认选项，输入数字即可将被选中的图形进行等分，如图3-13所示。

➢ 块（B）：该命令可以在等分点处生成用户指定的块，如图3-14所示。

操作技巧 在命令操作过程中，命令行有时会出现【输入线段数目或 [块(B)]:】这样的提示，其中的英文字母如【块（B）】是执行各选项命令的输入字符。如果要执行【块（B）】选项，只需在该命令行中输入【B】即可。

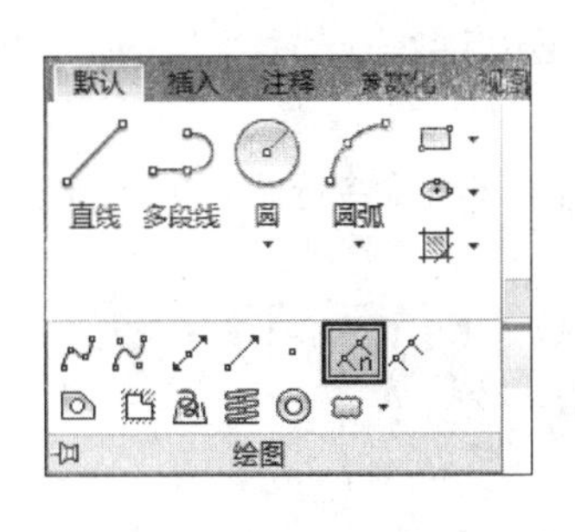

图 3-12 【定数等分】按钮

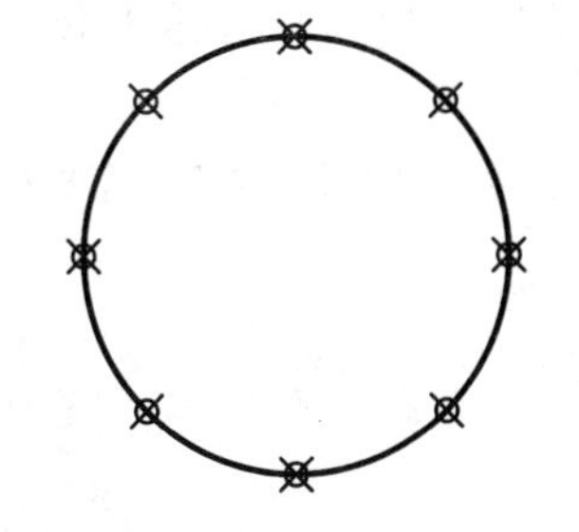

图 3-13 以点定数等分

图 3-14 在等分点处生成块

【案例 3-2】：通过【定数等分】绘制扇子图形

视频文件：视频\第 3 章\3-2.mp4

01 打开【第 3 章\3-2 定数等分.dwg】文件，素材图形如图 3-15 所示。

02 设置点样式。在命令行中输入【DDPTYPE】，调用【点样式】命令，系统弹出【点样式】对话框，根据需要选择需要的点样式，如图 3-16 所示。

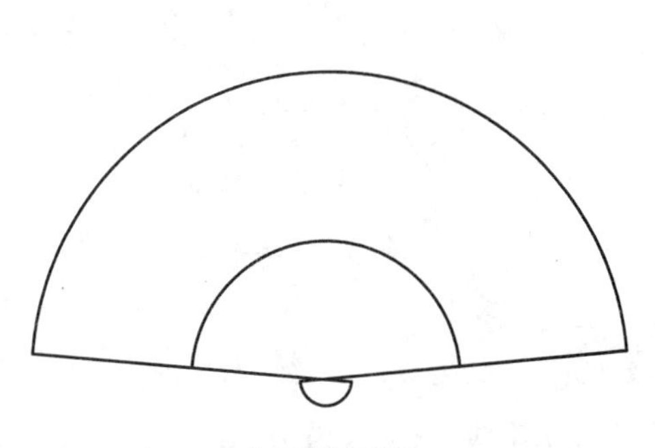

图 3-15 打开素材图形

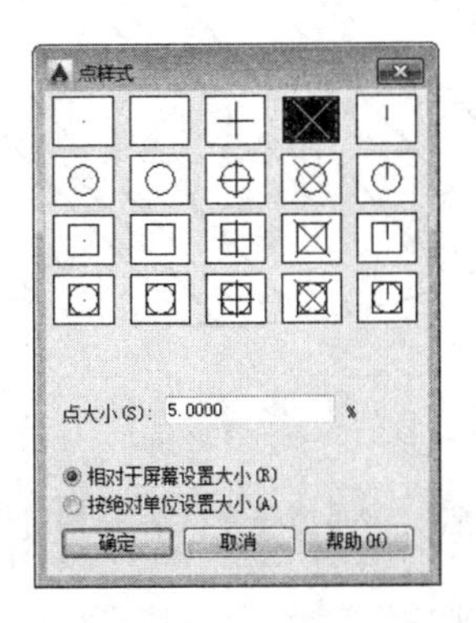

图 3-16 选择点样式

03 在命令行中输入【DIV】，调用【定数等分】命令，依次选择两条圆弧，设置线段数目为 20，按 Enter 键完成定数等分，结果如图 3-17 所示。

04 在【默认】选项卡中单击【绘图】面板中的【直线】按钮，绘制连接直线，再在命令行中输入【DDPTYPE】，调用【点样式】命令，将点样式设置为初始点样式，最终效果图 3-18 所示。

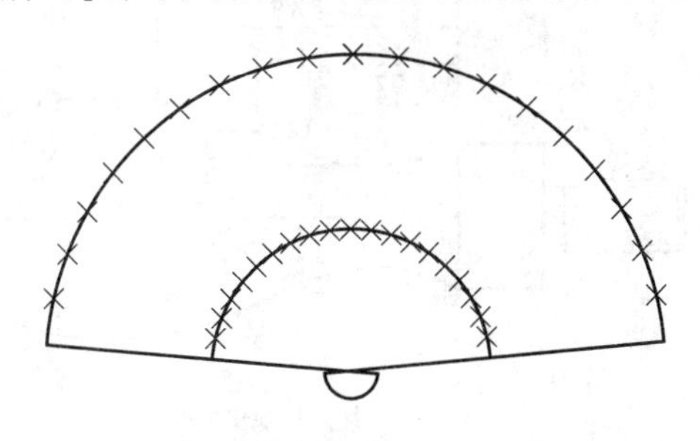

图 3-17 定数等分

图 3-18 完成效果

【案例 3-3】：通过【定数等分】布置家具

视频文件：视频\第 3 章\3-3.mp4

【定数等分】除了绘制点外，还可以通过指定【块】来对图形进行规则布置，类似于【阵列】命令，但在某些情况下较【阵列】命令更加灵活，尤其是在绘制室内布置图时。由于室内布置图中的家具，如沙发、椅子等都为图块，因此对这类图形可通过【定数等分】或【定距等分】来进行布置。

01 单击快速访问工具栏中的【打开】按钮，打开“第 3 章\3-3 通过定数等分布置家具.dwg”文件，素材文件如图 3-19 所示，其中已经创建好了名为“yizi”的块。

02 在【默认】选项卡中单击【绘图】面板中的【定数等分】按钮，根据命令行提示绘制图形。命令行操作如下：

```
命令: _DIVIDE                                  //调用【定数等分】命令
选择要定数等分的对象:                          //选择桌子边
输入线段数目或 [块(B)]: B↙                     //选择“B(块)”选项
输入要插入的块名: yizi↙                        //输入椅子图块的名称
是否对齐块和对象? [是(Y)/否(N)] <Y>: ↙         //单击 Enter 键
输入线段数目: 10↙                              //输入等分数为 10
```

03 创建定数等分图形，布置家具的结果如图 3-20 所示。

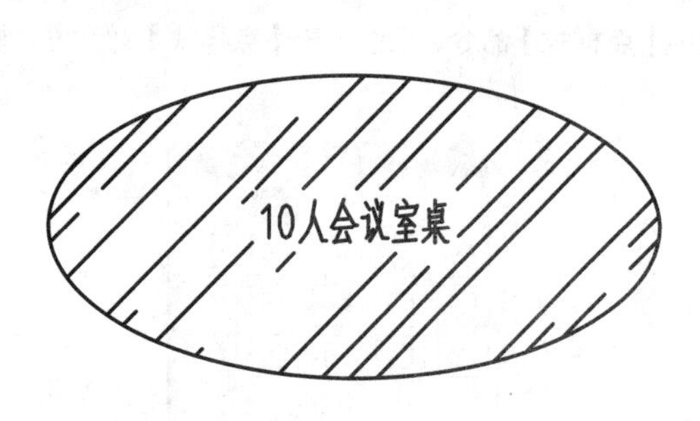

图 3-19　素材文件

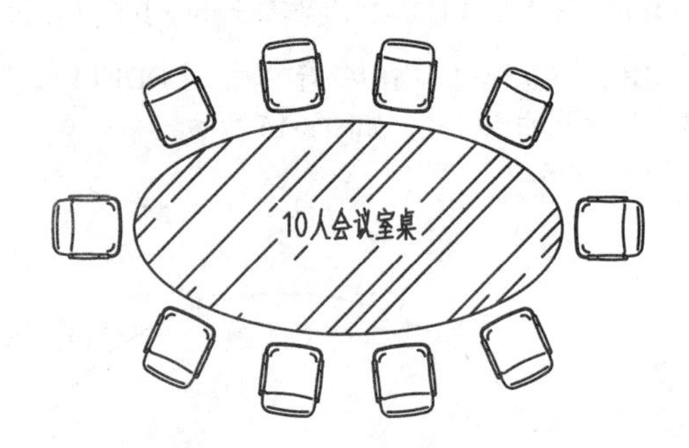

图 3-20　定数等分结果

【案例 3-4】：通过【定数等分】获取加工点　　视频文件：视频\第 3 章\3-4.mp4

在机械行业中经常会用到一些具有曲线外形的零件，如机床手柄，如图 3-21 所示。要加工这类零件，就需要获取曲线轮廓上的若干点来作为加工、检验尺寸的参考，如图 3-22 所示。此时就可以通过【定数等分】的方式来获取这些点。点的数量越多，轮廓越精细，但加工、质检时工作量就越大，因此推荐等分点数在 5~10 之间。

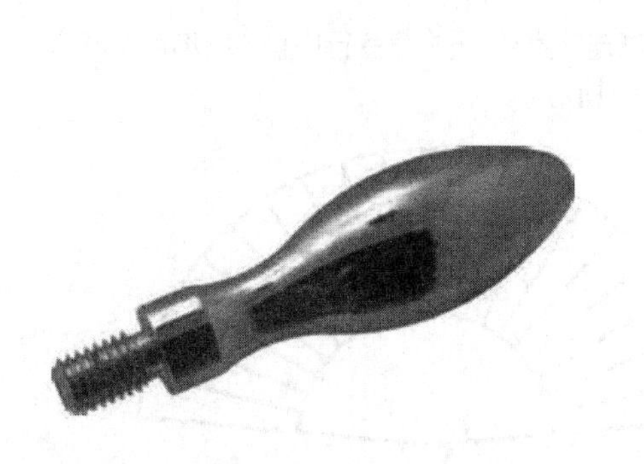

图 3-21　机床手柄

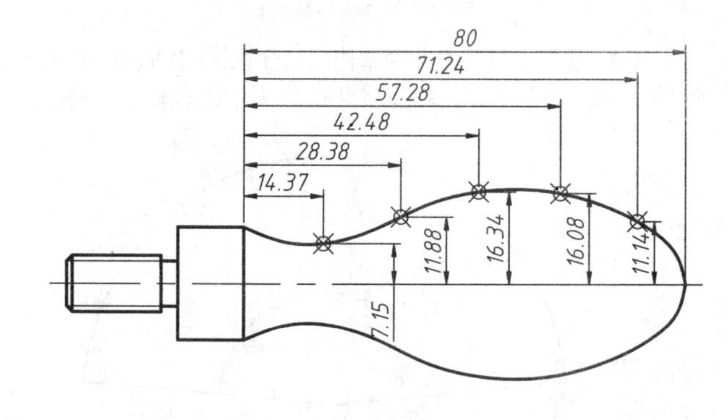

图 3-22　加工与测量的参考点

01 打开“第 3 章\3-4 通过定数等分获取加工点.dwg”文件，素材图形如图 3-23 所示，其中已经绘制好了一手柄零件图形。

02 定义坐标原点。要得到各加工点的准确坐标，就必须先定义坐标原点，即数据加工中的“对刀点”。在命令行中输入【UCS】，单击 Enter 键，可将 UCS 粘附于十字光标上，然后将其放置在手柄曲线的起端，如图 3-24 所示。

03 定数等分。单击 Enter 键放置 UCS，接着单击【绘图】面板中的【定数等分】按钮，选择上方的曲线（上、下两曲线对称，故选其中一条即可），输入项目数 6，按 Enter 键完成定数等分，如图 3-25 所示。

04 获取点坐标。在命令行中输入【LIST】，选择各等分点，然后单击 Enter 键，即可在命令行中得到点坐标，如图 3-26 所示。

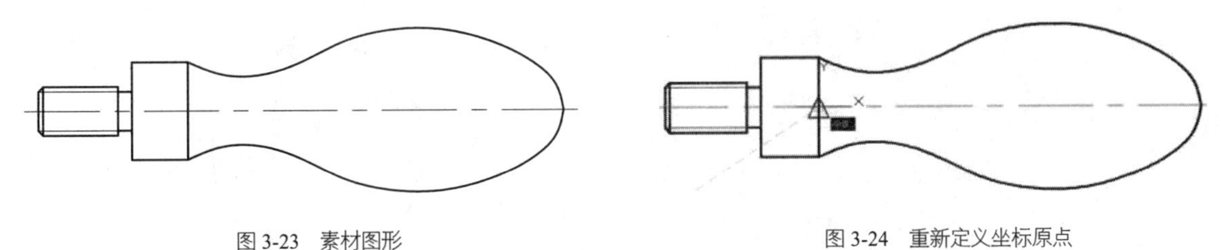

图 3-23　素材图形　　　　图 3-24　重新定义坐标原点

05 这些坐标值即为各等分点相对于新指定坐标原点的坐标，可用作加工或质检的参考。

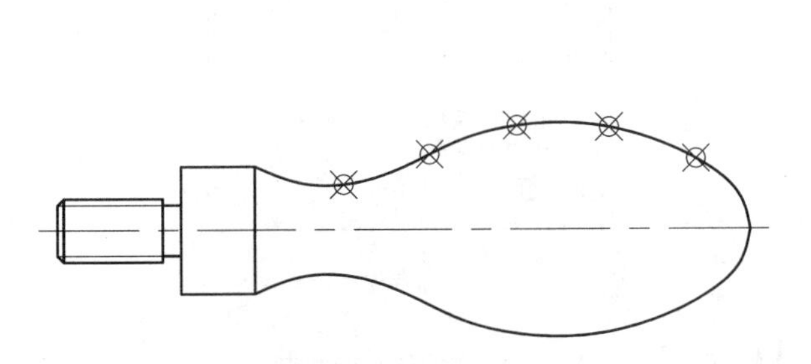

图 3-25　定数等分

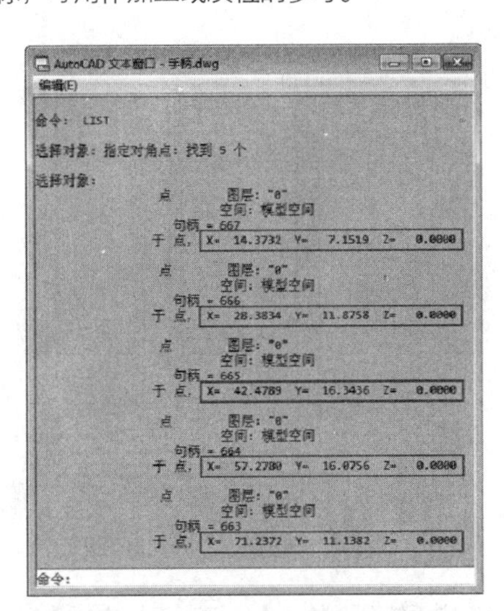

图 3-26　通过【LIST】命令获取点坐标

3.1.4　定距等分

【定距等分】是将对象分为长度为指定值的多段，并在各等分位置生成点。执行【定距等分】命令的方法有以下几种。

- 功能区：单击【绘图】面板中的【定距等分】按钮，如图 3-27 所示。
- 菜单栏：选择【绘图】|【点】|【定距等分】命令。
- 命令行：MEASURE 或 ME。

执行命令后，命令行操作如下：

```
命令: _MEASURE                     //执行【定距等分】命令
选择要定距等分的对象:               //选择要等分的对象，可以是直线、圆、圆弧、样条曲线、多段线
指定线段长度或 [块(B)]:             //输入要等分的单段长度
```

命令行中部分选项说明如下：

- "指定线段长度"：该选项为默认选项，输入的数字即为分段的长度，定距等分的结果如图 3-28 所示。
- "块（B）"：该命令可以在等分点处生成用户指定的块。

【案例 3-5】：通过【定距等分】绘制楼梯　　视频文件：视频\第 3 章\3-5.mp4

01 打开 "第 3 章\3-5 定距等分.dwg" 文件，素材图形如图 3-29 所示，其中已经绘制好了室内设计图的局部图形。

02 设置点样式。在命令行中输入【DDPTYPE】，调用【点样式】命令，系统弹出【点样式】对话框，根据需要选择需要的点样式，如图 3-30 所示。

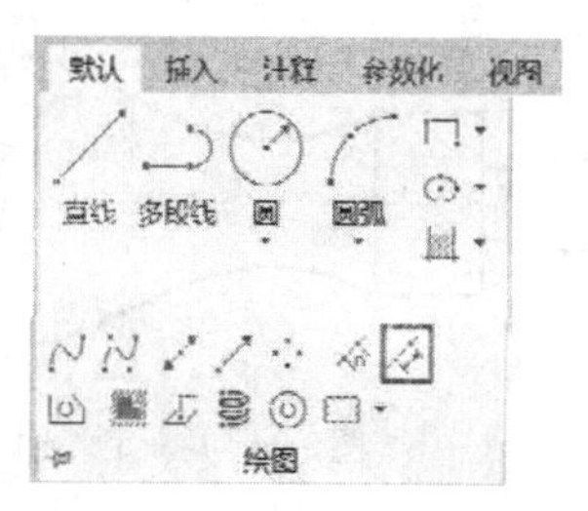

图 3-27 【定距等分】按钮

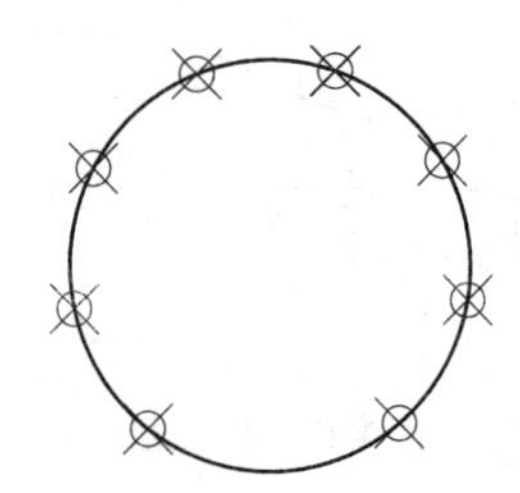

图 3-28 定距等分

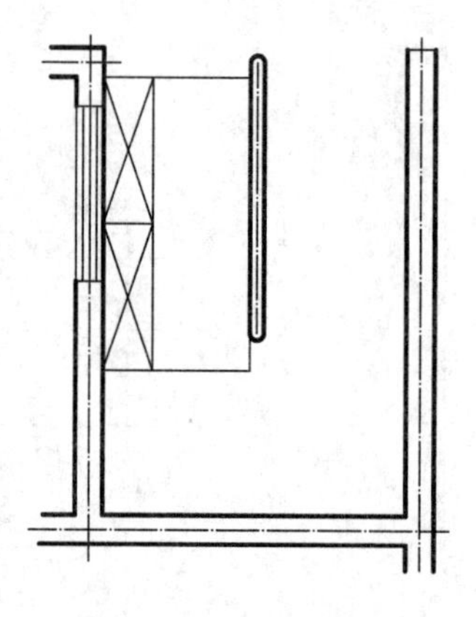

图 3-29 打开素材图形

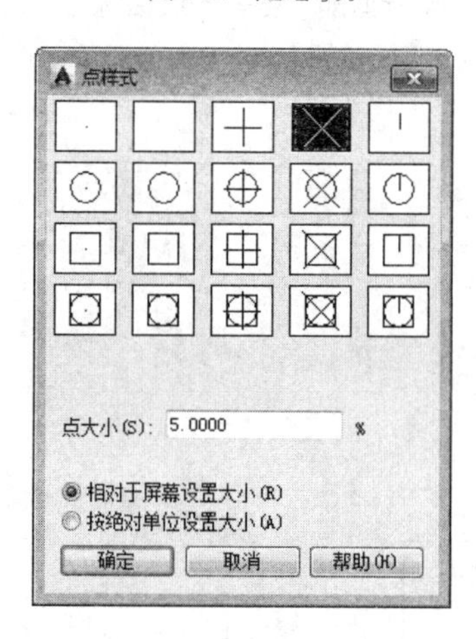

图 3-30 选择点样式

03 定距等分。单击【绘图】面板中的【定距等分】按钮，将楼梯口左侧的直线段按每段长 250mm 进行等分，结果如图 3-31 所示。命令行操作如下：

```
命令: _MEASURE                          //执行【定距等分】命令
选择要定距等分的对象:                    //选择直线
指定线段长度或 [块(B)]: 250             //输入要等分的距离
                                        //按 Esc 键退出
```

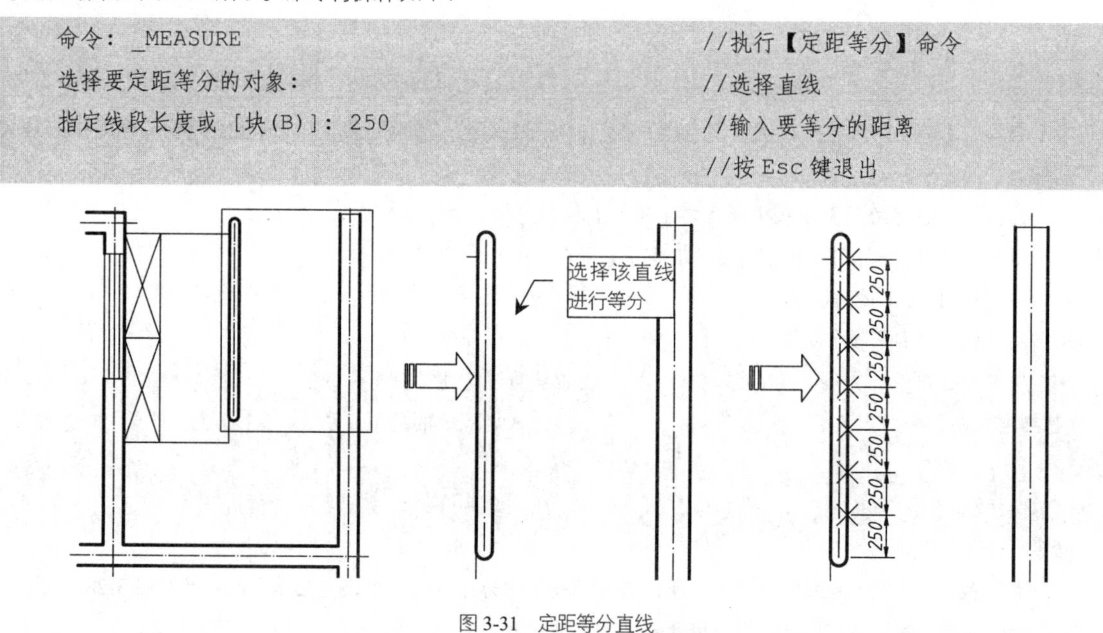

图 3-31 定距等分直线

04 在【默认】选项卡中单击【绘图】面板上的【直线】按钮，以各等分点为起点向右绘制直线，结果如图 3-32 所示。

05 将点样式重新设置为默认状态，即可完成楼梯的绘制，如图 3-33 所示。

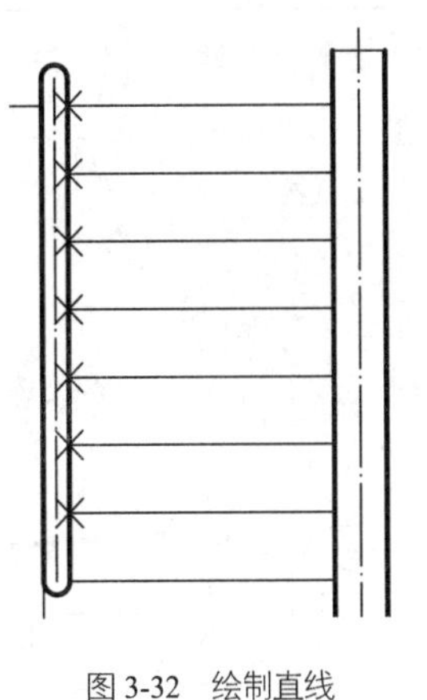

图 3-32　绘制直线

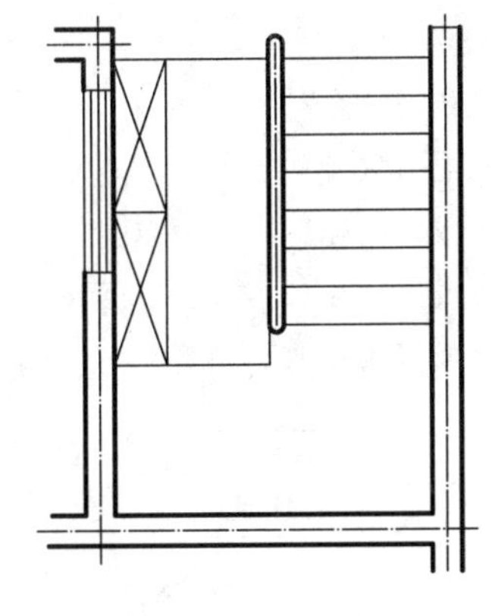

图 3-33　完成楼梯的绘制

3.2　绘制直线类图形

直线类图形是 AutoCAD 中最基本的图形对象。在 AutoCAD 中，根据用途的不同，可以将线分为直线、射线、构造线、多线和多线段。不同的直线对象具有不同的特性，下面进行详细讲解。

3.2.1　直线

直线是绘图中较为常用的图形对象，只要指定了起点和终点，就可绘制出一条直线。执行【直线】命令的方法有以下几种。

- 功能区：单击【绘图】面板中的【直线】按钮。
- 菜单栏：选择【绘图】|【直线】命令。
- 命令行：LINE 或 L。

执行命令后，命令行操作如下：

```
命令：_LINE                          //执行【直线】命令
指定第一个点：                        //输入直线段的起点，可用鼠标指定点或在命令行中输入点的坐标
指定下一点或 [放弃(U)]://输入直线段的端点。也可以用鼠标指定一定角度后，直接输入直线的长度
指定下一点或 [放弃(U)]：              //输入下一直线段的端点。输入“U”表示放弃之前的输入
指定下一点或 [闭合(C)/放弃(U)]：      //输入下一直线段的端点。输入“C”使图形闭合，或按Enter键结束命令
```

命令行中部分选项含义如下：

- 指定下一点：当命令行提示【指定下一点】时，可以指定多个端点，从而绘制出多条直线段。每一段直线都是一个独立的对象，可以进行单独的编辑操作，如图 3-34 所示。
- 闭合（C）：绘制两条以上直线段后，命令行会出现【闭合（C）】选项。此时如果输入【C】，则系统会自动连接直线命令的起点和最后一个端点，从而绘制出封闭的图形，如图 3-35 所示。
- 放弃（U）：命令行出现【放弃（U）】选项时，如果输入【U】，则会擦除最近一次绘制的直线段，如图 3-36 所示。

【案例 3-6】：使用【直线】绘制五角星　　视频文件：视频\第 3 章\3-6.mp4

01 打开 “第 3 章\3-3 使用直线绘制五角星.dwg”文件，素材图形如图 3-37 所示，其中已创建了 5 个顺序点。

02 单击【绘图】面板中的【直线】按钮，执行【直线】命令，依照命令行的提示，按顺序连接 5 个点，最终效果如图 3-38 所示，命令行操作如下：

```
命令：_line                                  //执行【直线】命令
```

```
指定第一个点：                              //移动至点 1，单击鼠标左键
指定下一点或 [放弃(U)]：                    //移动至点 2，单击鼠标左键
指定下一点或 [放弃(U)]：                    //移动至点 3，单击鼠标左键
指定下一点或 [闭合(C)/放弃(U)]：            //移动至点 4，单击鼠标左键
指定下一点或 [闭合(C)/放弃(U)]：            //移动至点 5，单击鼠标左键
指定下一点或 [闭合(C)/放弃(U)]：C↙          //输入【C】，闭合图形，结果如图 3-38 所示
```

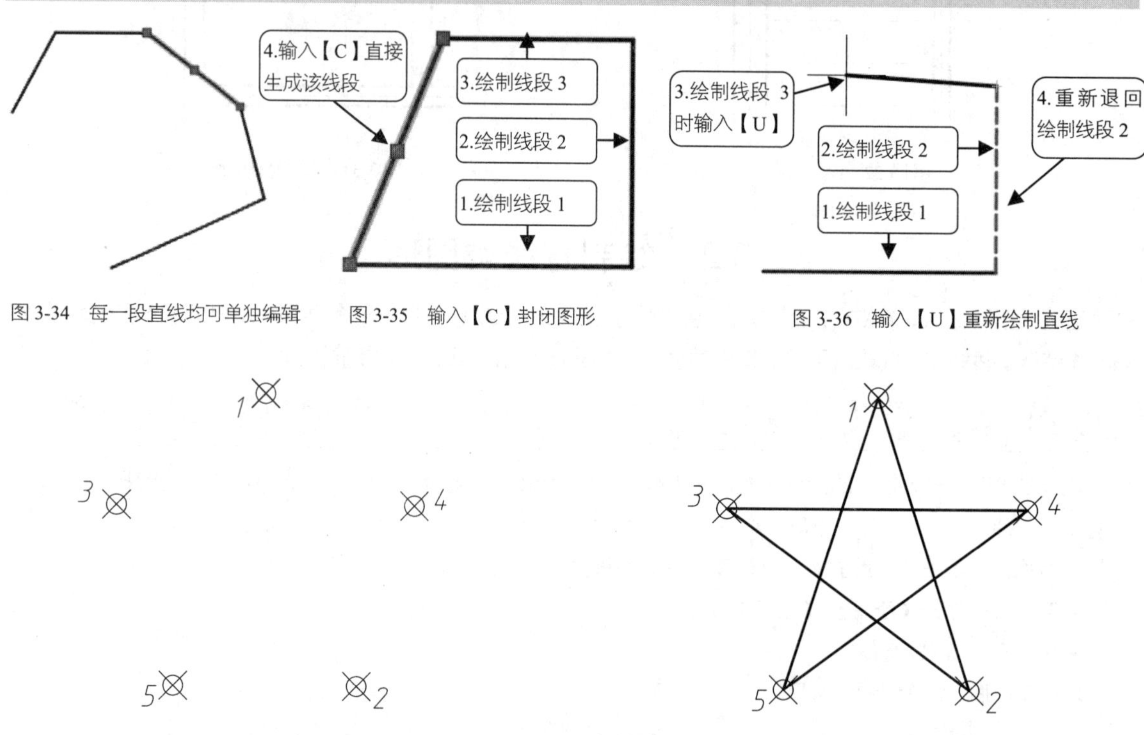

图 3-34 每一段直线均可单独编辑　图 3-35 输入【C】封闭图形　图 3-36 输入【U】重新绘制直线

图 3-37 素材图形　图 3-38 绘制的图形

3.2.2 射线

射线是一端固定而另一端无限延伸的直线，它只有起点和方向，没有终点。射线在 AutoCAD 中使用较少，通常用来作为辅助线，在机械制图中可以作为三视图的投影线使用。

执行【射线】命令的方法有以下几种。

- 功能区：单击【绘图】面板中的【射线】按钮，如图 3-39 所示。
- 菜单栏：选择【绘图】|【射线】命令。
- 命令行：RAY。

【案例 3-7】：绘制与水平方向成 30° 和 75° 夹角的射线　　视频文件：视频\第 3 章\3-7.mp4

01 新建空白文件，然后单击【绘图】面板中的【射线】按钮。

02 执行【射线】命令，按命令行提示，在绘图区的任意位置单击作为起点，然后在命令行中输入各通过点，结果如图 3-40 所示。命令行操作如下：

```
命令：_RAY                  //执行【射线】命令
指定起点：                  //输入射线的起点，可以用鼠标指定点或在命令行中输入点的坐标
指定通过点：<30↙            //输入【<30】表示通过点位于与水平方向夹角为 30° 的直线上
角度替代：30                //射线角度被锁定为 30°
```

```
指定通过点:                //在任意点单击即可绘制 30° 角度线
指定通过点: <75↙           //输入【<75】表示通过点位于与水平方向夹角为 75° 的直线上
角度替代: 75               //射线角度被锁定为 75°
指定通过点:                //在任意点单击即可绘制 75° 角度线
指定通过点:↙               //按 Enter 键结束命令
```

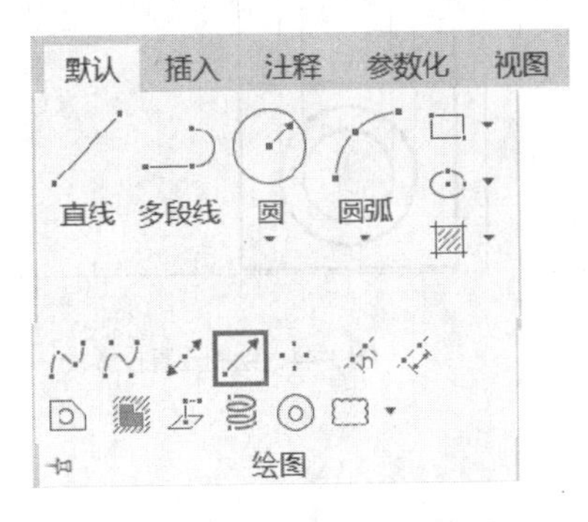

图 3-39 【绘图】面板中的【射线】按钮

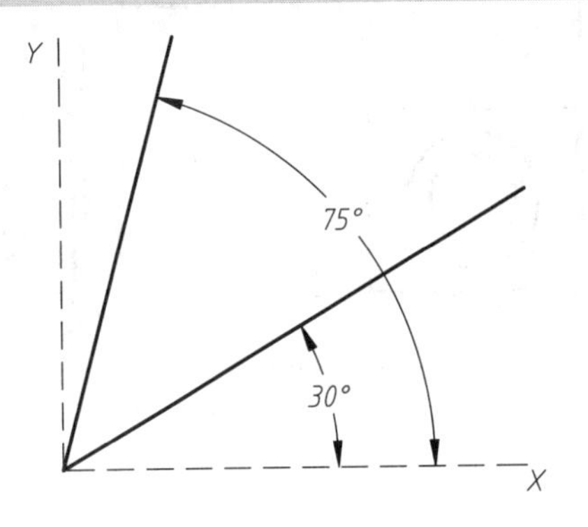

图 3-40 绘制 30° 和 75° 射线

操作技巧 调用【射线】命令时，在指定射线的起点后，可以根据“指定通过点”的提示指定多个通过点，绘制经过相同起点的多条射线，直到按 Esc 键或 Enter 键退出为止。

【案例 3-8】：根据投影规则绘制相贯线

视频文件：视频\第 3 章\3-8.mp4

两立体表面的交线称为相贯线。如图 3-41 所示，两个物体的表面（外表面或内表面）相交，均出现了相贯线。在画该类零件的三视图时，必然涉及绘制相贯线的投影问题。

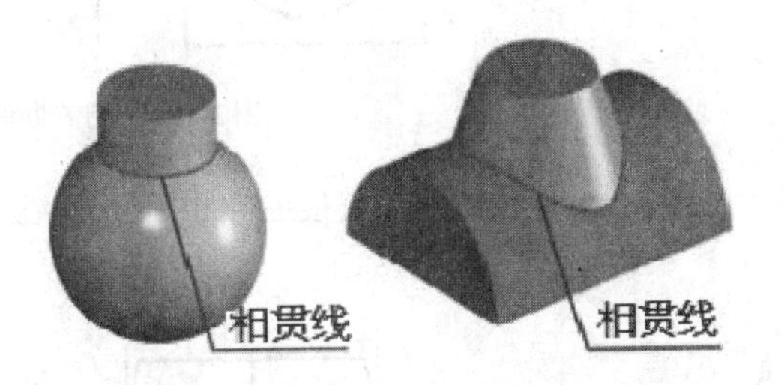

图 3-41 相贯线

01 打开 “第 3 章\3-8 根据投影规则绘制相贯线.dwg” 文件，素材图形如图 3-42 所示，其中已经绘制好了零件的左视图与俯视图。

02 绘制投影线。单击【绘图】面板中的【射线】按钮，以左视图中各端点与交点为起点向左绘制射线，如图 3-43 所示。

03 绘制投影线。按相同方法，以俯视图中各端点与交点为起点向上绘制射线，如图 3-44 所示。

04 绘制主视图轮廓。绘制主视图轮廓之前，先要分析俯视图与左视图中各特征点的投影关系（俯视图中的点，如点 1、2 等即相当于左视图中的点 1’、2’，下同），然后单击【绘图】面板中的【直线】按钮，连接各点的投影在主视图中的交点，即可绘制出主视图轮廓，如图 3-45 所示。

05 求一般交点。目前所得的图形还不足以绘制出完整的相贯线，因此需要另外找出两点，借以绘制出投影线来获取相贯线上的点（原则上 5 点才能确定一条曲线）。按 “长对正、宽相等、高平齐” 的原则，在俯视图和左视图上绘制如图 3-46 所示的两条辅助线，删除多余射线。

06 绘制投影线。以辅助线与图形的交点为起点，使用【射线】命令绘制投影线，如图 3-47 所示。

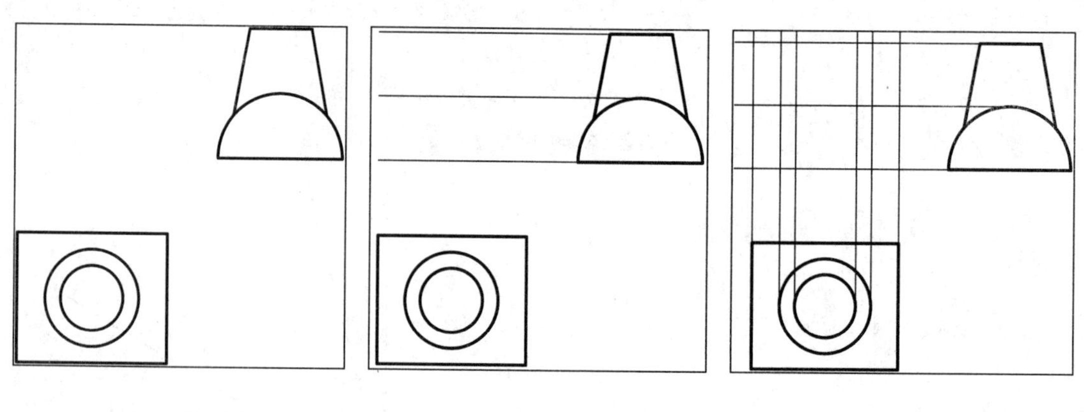

图 3-42　素材图形　　图 3-43　绘制水平投影线　　图 3-44　绘制竖直投影线

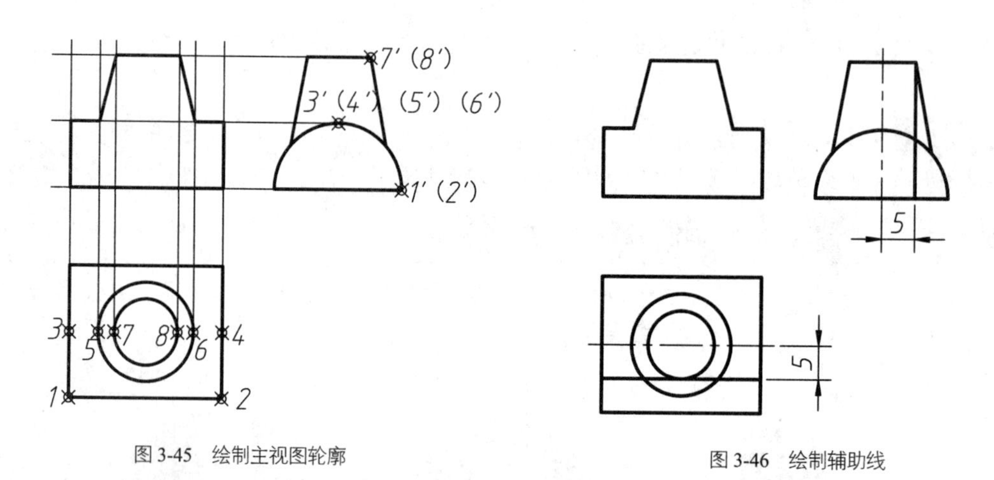

图 3-45　绘制主视图轮廓　　图 3-46　绘制辅助线

07 绘制相贯线。单击【绘图】面板中的【样条曲线】按钮，连接主视图中各投影线的交点，即可得到相贯线，如图 3-48 所示。

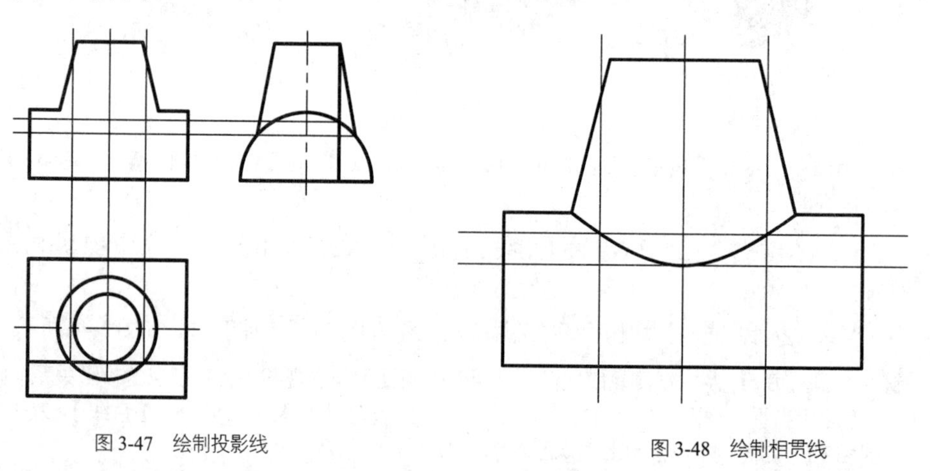

图 3-47　绘制投影线　　图 3-48　绘制相贯线

3.2.3　构造线

构造线是两端无限延伸的直线，没有起点和终点，主要用于绘制辅助线和修剪边界，在建筑设计中常用来作为辅助线，在机械设计中也可作为轴线使用。构造线只需指定两个点即可确定位置和方向。

执行【构造线】命令的方法有以下几种：

➢ 功能区：单击【绘图】面板中的【构造线】按钮。
➢ 菜单栏：选择【绘图】|【构造线】命令。
➢ 命令行：XLINE 或 XL。

执行命令后，命令行操作如下：

```
命令: _XLINE                                                  //执行【构造线】命令
指定点或 [水平(H)/垂直(V)/角度(A)/二等分(B)/偏移(O)]:          //输入第一个点
指定通过点:                                                   //输入第二个点
指定通过点:                  //继续输入点可以继续画线，按 Enter 键结束命令
```

命令行中部分选项的含义如下：

➢【水平（H）】、【垂直（V）】：选择【水平】或【垂直】选项，可以绘制水平和垂直的构造线，如图 3-49 所示。命令行操作如下：

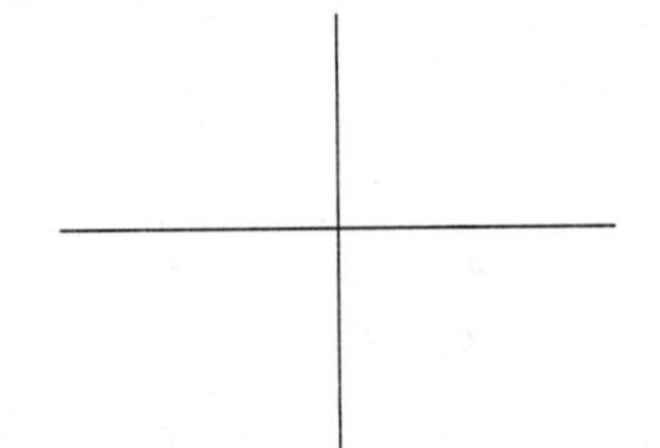

```
命令: _XLINE
指定点或 [水平(H)/垂直(V)/角度(A)/二等分(B)/偏移(O)]: H↙
                                    //输入【H】或【V】
指定通过点:                          //指定通过点，绘制水平或垂直构造线
```

图 3-49 绘制水平或垂直构造线

➢【角度（A）】：选择【角度】选项，可以绘制用户所输入角度的构造线，如图 3-50 所示。命令行操作如下：

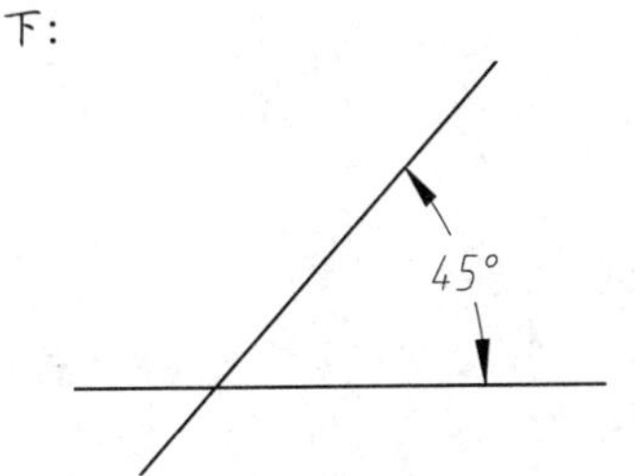


```
命令: _XLINE
指定点或 [水平(H)/垂直(V)/角度(A)/二等分(B)/偏移(O)]: A↙
                                        //输入【A】，选择“角度”选项
输入构造线的角度 (0) 或 [参照(R)]: 45↙    //输入构造线的角度
指定通过点:                              //指定通过点完成创建
```

图 3-50 绘制角度构造线

➢【二等分（B）】：选择【二等分】选项，可以绘制两条相交直线的角平分线，如图 3-51 所示。绘制角平分线时，使用捕捉功能依次拾取顶点 *O*、起点 *A* 和端点 *B* 即可（点 *A*、*B* 可为直线上除点 *O* 外的任意点）。命令行操作如下：

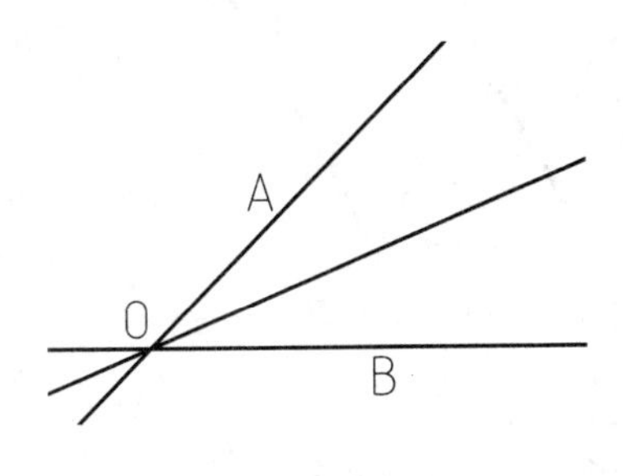


```
命令: _xline
指定点或 [水平(H)/垂直(V)/角度(A)/二等分(B)/偏移(O)]: B↙
                                        //输入【B】，选择“二等分”选项
指定角的顶点:                            //选择 O 点
指定角的起点:                            //选择 A 点
指定角的端点:                            //选择 B 点
```

图 3-51 绘制二等分构造线

➢ 【偏移（O）】：选择【偏移】选项，可以由已有直线偏移出平行线，如图 3-52 所示。该选项的功能类似于【偏移】命令。通过输入偏移距离和选择要偏移的直线可绘制与该直线平行的构造线。命令行操作如下：

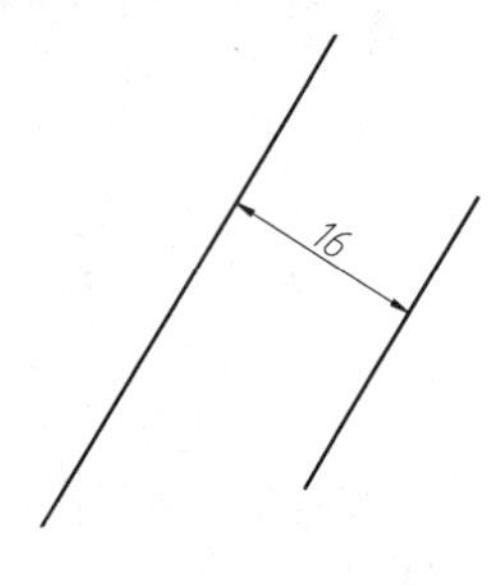


```
命令：_XLINE
指定点或 [水平(H)/垂直(V)/角度(A)/二等分(B)/偏移(O)]：O↙
                                                  //输入【O】，选择“偏移”选项
指定偏移距离或 [通过(T)] <10.0000>：16↙          //输入偏移距离
选择直线对象：                                    //选择偏移的对象
指定向哪侧偏移：                                  //指定偏移的方向
```

图 3-52　绘制偏移的构造线

【案例 3-9】：绘制水平和倾斜构造线　　视频文件：视频\第 3 章\3-9.mp4

01 新建空白文件，单击【绘图】面板中的【构造线】按钮，设置构造线间距为 20mm，分别绘制 3 条水平构造线和垂直构造线，如图 3-53 所示。命令行操作如下：

```
命令：_XLINE                                        //执行“构造线”命令
指定点或 [水平(H)/垂直(V)/角度(A)/二等分(B)/偏移(O)]：H↙ //输入【H】，表示绘制水平构造线
指定通过点：                              //在绘图区中适当的位置任意拾取一点
指定通过点：@0,20↙        //输入垂直方向上的相对坐标，确定第二条构造线要经过的点
指定通过点：@0,20↙        //输入垂直方向上的相对坐标，确定第三条构造线要经过的点
指定通过点：↙             //按 Enter 键结束命令
```

02 单击【绘图】面板中的【构造线】按钮，绘制与水平方向成 60° 角的构造线，如图 3-54 所示，命令行操作如下：

```
命令：_XLINE                                        //执行“构造线”命令
指定点或 [水平(H)/垂直(V)/角度(A)/二等分(B)/偏移(O)]：A↙ //输入【A】，表示绘制带角度的构造线
输入构造线的角度 (0.0) 或 [参照(R)]：60↙          //构造线与水平方向成 60° 角
指定通过点：↙                                      //在绘图区适当位置任意拾取一点
指定通过点：@20,0↙                                 //输入第二条构造线要经过的点
指定通过点：@20,0↙                                 //输入第三条构造线要经过的点
指定通过点：↙                                      //按 Enter 键结束命令
```

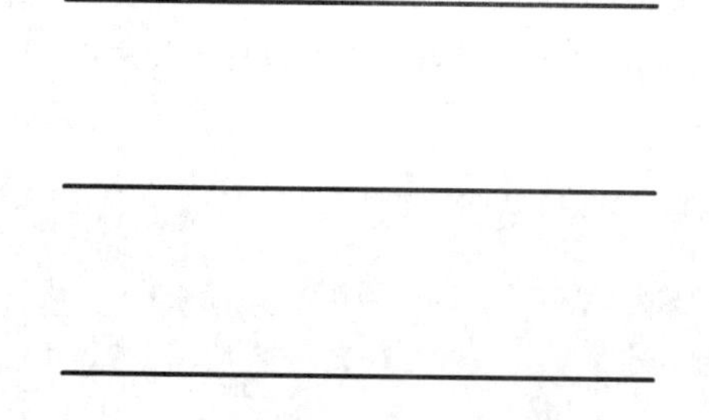

图 3-53　绘制水平构造线

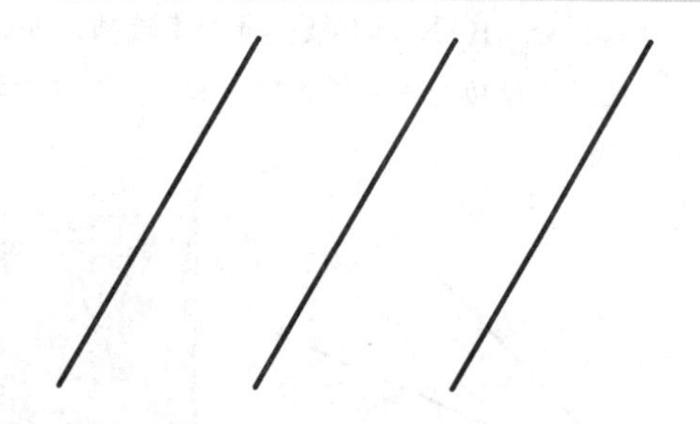

图 3-54　绘制 60° 角构造线

3.3　绘制圆、圆弧类图形

在 AutoCAD 中，圆、圆弧、椭圆、椭圆弧和圆环都属于圆类图形，其绘制方法相对于直线对象较复杂。下面分别对其进行讲解。

3.3.1 圆

圆是绘图中较为常用的图形对象，因此它的执行方式与功能选项也较为丰富。执行【圆】命令的方法有以下几种。

- 功能区：单击【绘图】面板中的【圆】按钮。
- 菜单栏：选择【绘图】|【圆】命令，然后在子菜单中选择一种绘圆方法。
- 命令行：CIRCLE 或 C。

执行命令后，命令行操作如下：

```
命令: _CIRCLE                                              //执行【圆】命令
指定圆的圆心或 [三点(3P)/两点(2P)/切点、切点、半径(T)]:      //选择圆的绘制方式
指定圆的半径或 [直径(D)]: 3↙                 //直接输入半径或用鼠标指定半径长度
```

在【绘图】面板【圆】的下拉列表中提供了6种绘制圆的命令，各命令的含义如下：

- 【圆心、半径（R）】：用圆心和半径方式绘制圆，如图3-55所示。该命令为默认的执行方式。命令行操作如下：

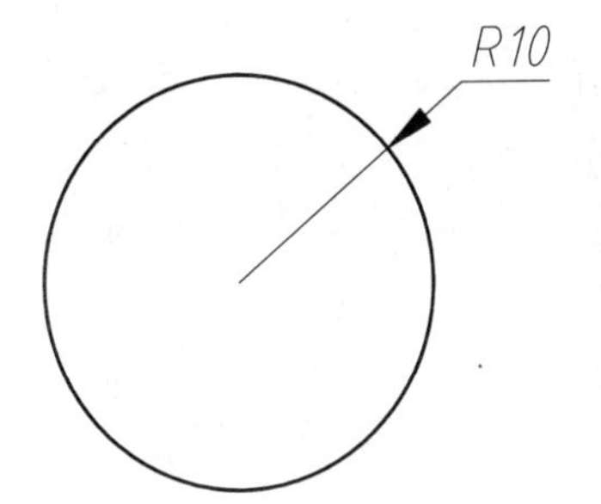


```
命令: C↙
CIRCLE 指定圆的圆心或[三点(3P)/两点(2P)/切点、切点、半径(T)]:
        //输入坐标或单击确定圆心
指定圆的半径或[直径(D)]: 10↙
        //输入半径值，也可以输入相对于圆心的相对坐标，确定圆周上一点
```

图3-55 【圆心、半径（R）】画圆

- 【圆心、直径（D）】：用圆心和直径方式绘制圆，如图3-56所示。命令行操作如下：

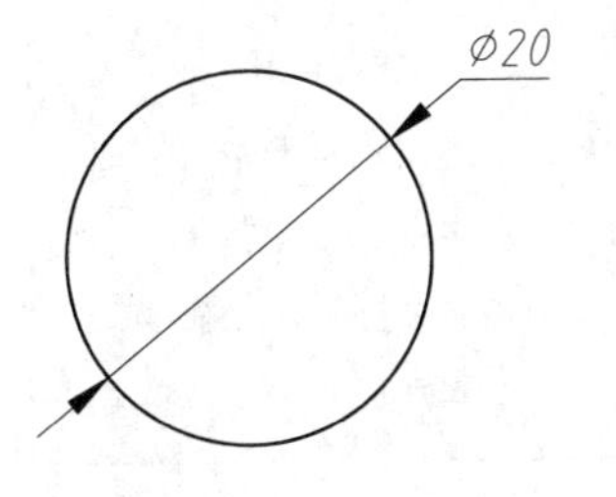


```
命令: C↙
CIRCLE 指定圆的圆心或[三点(3P)/两点(2P)/切点、切点、半径(T)]:
                                    //输入坐标或单击确定圆心
指定圆的半径或[直径(D)]<80.1736>: D↙            //选择直径选项
指定圆的直径<200.00>: 20↙                      //输入直径值
```

图3-56 以【圆心、直径（D）】画圆

- 【两点（2P）】：通过两点（2P）绘制圆，如图3-57所示。该命令实际上是以这两点的连线为直径，以两点连线的中点为圆心画圆。系统会提示指定圆直径的第一端点和第二端点。命令行操作如下：

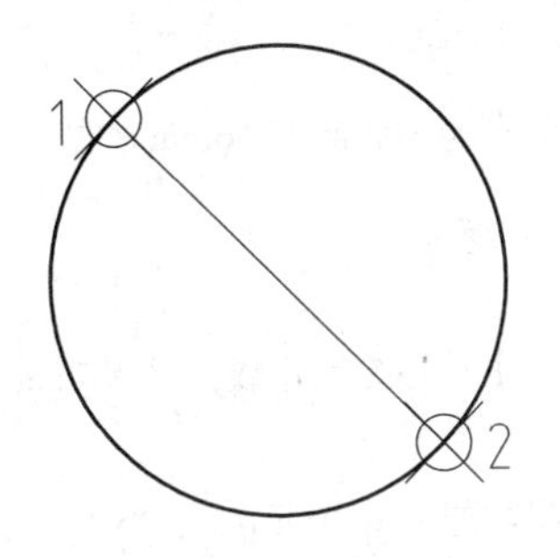


```
命令: C↙
CIRCLE 指定圆的圆心或[三点(3P)/两点(2P)/切点、切点、半径(T)]: 2P↙
                              //选择"两点"选项
指定圆直径的第一个端点:   //输入坐标或单击确定直径第一个端点 1
指定圆直径的第二个端点:   //单击确定直径第二个端点 2，或输入相对于第一个端点
                          的相对坐标
```

图3-57 以【两点（2P）】画圆

➢【三点（3P）】：通过三点（3P）绘制圆，如图 3-58 所示。该命令实际上是绘制这三点确定的三角形的唯一的外接圆。系统会提示指定圆上的第一点、第二点和第三点。命令行操作如下：

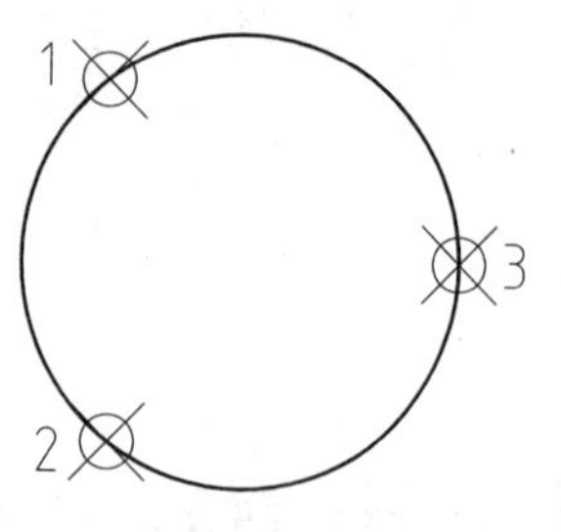

图 3-58 以【三点（3P）】画圆

```
命令：C↙
CIRCLE 指定圆的圆心或[三点(3P)/两点(2P)/切点、切点、半径(T)]：3P↙
                                   //选择"三点"选项
指定圆上的第一个点：                //单击确定第 1 点
指定圆上的第二个点：                //单击确定第 2 点
指定圆上的第三个点：                //单击确定第 3 点
```

➢【相切、相切、半径（T）】：如果已经存在两个图形对象，再确定圆的半径值，就可以绘制出与这两个对象相切的公切圆，如图 3-59 所示。系统会提示指定圆的第一切点和第二切点及圆的半径。命令行操作如下：

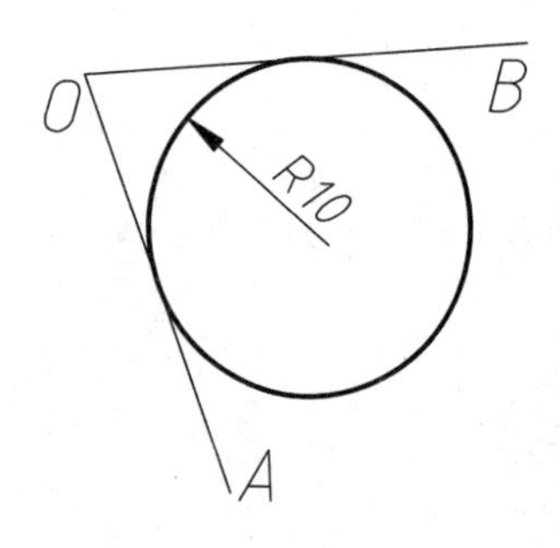

图 3-59 以【相切、相切、半径（T）】画圆

```
命令：_CIRCLE
指定圆的圆心或 [三点(3P)/两点(2P)/切点、切点、半径(T)]：T
                                   //选择"切点、切点、半径"选项
指定对象与圆的第一个切点：          //单击直线 OA 上任意一点
指定对象与圆的第二个切点：          //单击直线 OB 上任意一点
指定圆的半径：10                    //输入半径值
```

➢【相切、相切、相切（A）】：绘制与三个图形对象相切的公切圆。如图 3-60 所示。命令行操作如下：

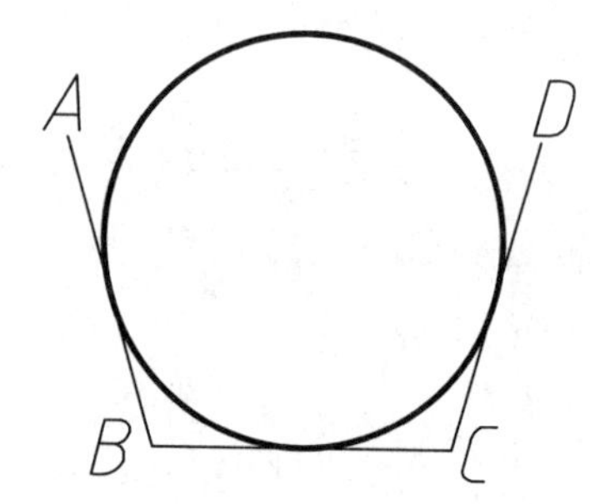

图 3-60 以【相切、相切、相切（A）】画圆

```
命令：_CIRCLE
指定圆的圆心或 [三点(3P)/两点(2P)/切点、切点、半径(T)]：_3P
                         //单击面板中的"相切、相切、相切"按钮
指定圆上的第一个点：_tan 到              //单击直线 AB 上任意一点
指定圆上的第二个点：_tan 到              //单击直线 BC 上任意一点
指定圆上的第三个点：_tan 到              //单击直线 CD 上任意一点
```

【案例 3-10】：绘制圆完善零件图

视频文件：视频\第 3 章\3-10.mp4

01 单击【绘图】面板中的【直线】按钮，绘制如图 3-61 所示的辅助线。

02 单击【绘图】面板中的【圆心，半径】按钮，绘制如图 3-62 所示半径分别为 10mm 和 16mm 的同心圆。

03 继续调用【圆】命令，绘制一个半径为 10mm 的圆，结果如图 3-63 所示。

04 单击【绘图】面板中的【直线】按钮，结合【对象捕捉】和【极轴追踪】功能绘制直线，结果如图 3-64 所示。

05 单击【修改】面板中的【修剪】按钮，修剪掉多余的线段和圆弧，结果如图 3-65 所示。

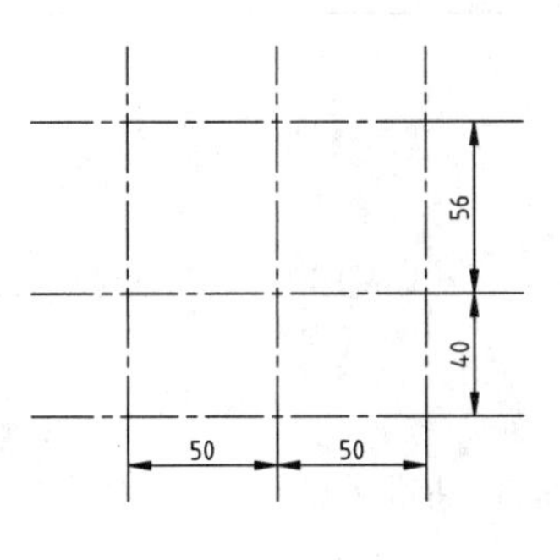

图 3-61　绘制辅助线

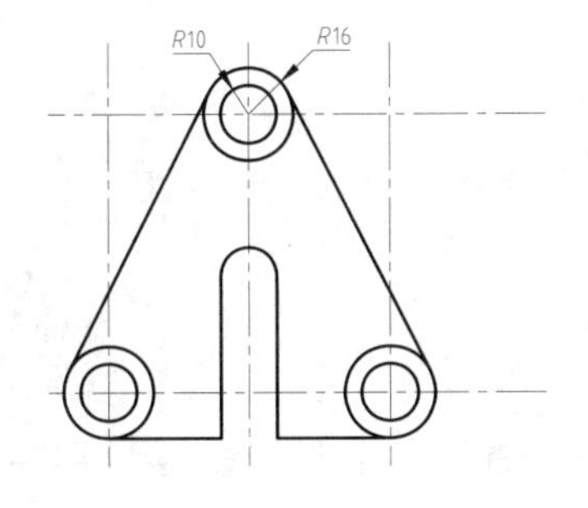

图 3-62　绘制同心圆

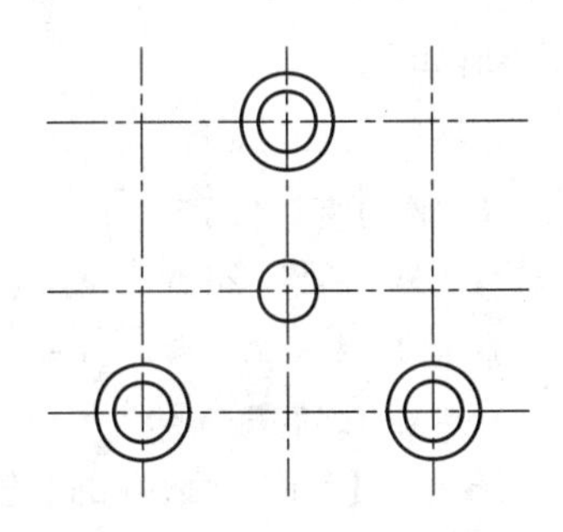
图 3-63　绘制圆

06 删除辅助线，三角垫片零件图绘制完成，结果如图 3-66 所示。

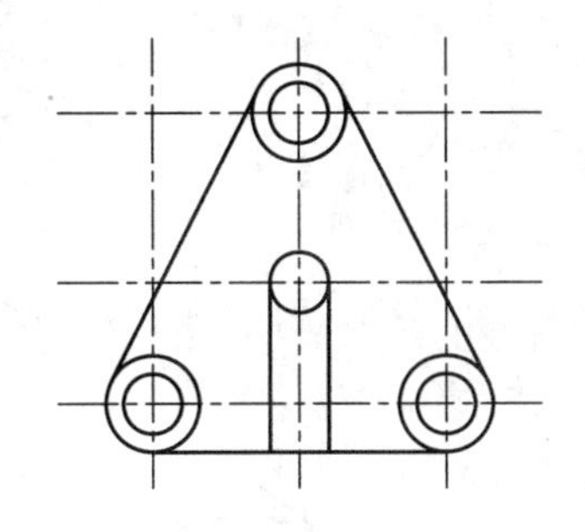
图 3-64　绘制直线

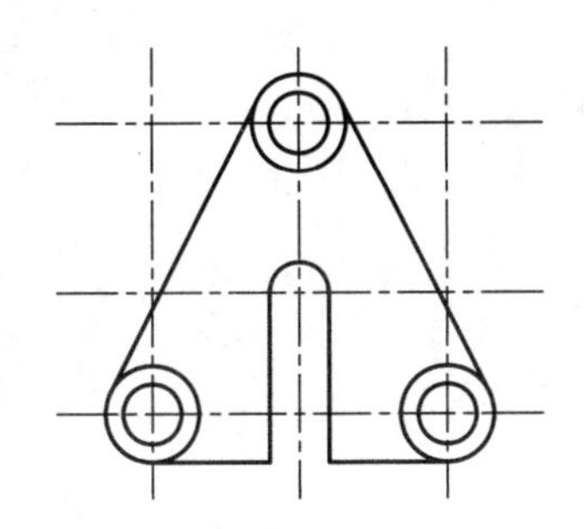
图 3-65　修剪多余的图线

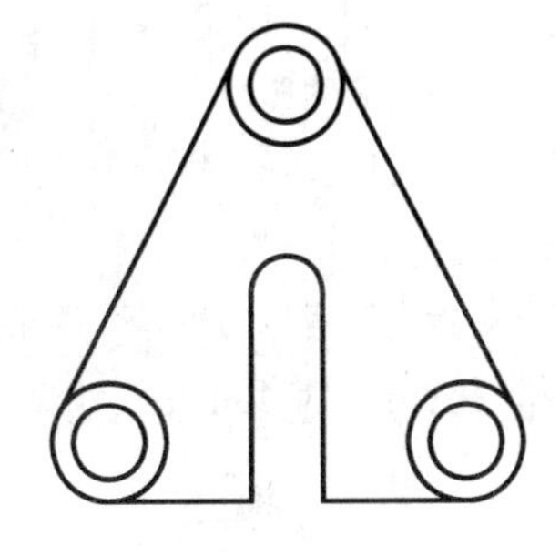
图 3-66　绘制完成三角垫片

【案例 3-11】： 绘制拼花图案

视频文件：视频\第 3 章\3-11.mp4

01 调用【新建】命令并按 Enter 键，新建空白文件。

02 单击【绘图】面板中的【多边形】按钮，绘制内接圆半径为 25mm 的正五边形，如图 3-67 所示。

03 单击【绘图】面板中的【圆心，半径】按钮，绘制内切于正五边形的圆，如图 3-68 所示。命令行操作如下：

```
命令：_CIRCLE↙                                                    //调用【圆】命令
指定圆的圆心或 [三点(3P)/两点(2P)/切点、切点、半径(T)]：3P↙        //选择【三点(3P)】选项
指定圆上的第一个点：                                              //利用【中点捕捉】拾取边长的中心
指定圆上的第二个点：                                              //利用【中点捕捉】拾取边长的中心
指定圆上的第三个点：                                              //利用【中点捕捉】拾取边长的中心
```

04 单击【绘图】面板中的【多边形】按钮，捕捉内切圆的圆心作为正四边形的中心，再利用“中点捕捉”捕捉中点 *A* 作为正四边形的顶点，绘制正四边形，如图 3-69 所示。

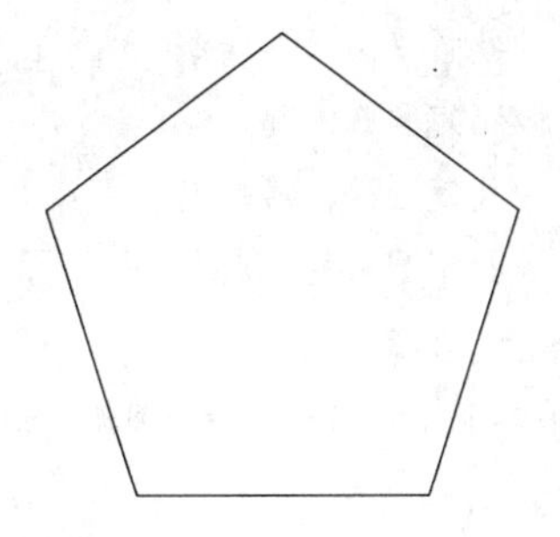
图 3-67　绘制正五边形

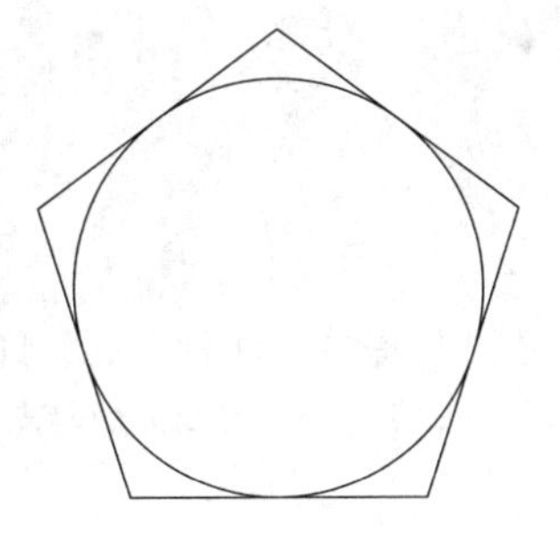
图 3-68　绘制内切圆

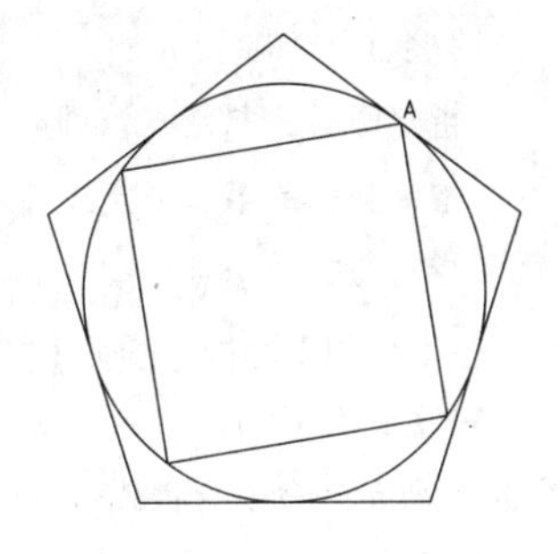

图 3-69　绘制正四边形

05 单击【绘图】面板中的【相切、相切、相切】按钮，绘制内切于正四边形的圆，如图 3-70 所示。命

令行操作如下：

```
命令：_CIRCLE                                          //调用【圆】命令
指定圆的圆心或 [三点(3P)/两点(2P)/切点、切点、半径(T)]：_3P
指定圆上的第一个点：_tan 到                              //选择正四边形的其中一条边
指定圆上的第二个点：_tan 到
指定圆上的第三个点：_tan 到
```

06 单击【绘图】面板中的【直线】按钮，绘制直线连接利用“中点捕捉”捕捉到的正四边形各边中点，结果如图 3-71 所示。

07 单击【绘图】面板中的【两点】按钮，绘制大圆与正四边形之间的小圆，结果如图 3-72 所示。命令行操作如下：

```
命令：_CIRCLE↙                                         //调用【圆】命令
指定圆的圆心或 [三点(3P)/两点(2P)/切点、切点、半径(T)]：2P↙ //选择“两点(2P)”选项
指定圆直径的第一个端点：                                  //利用【中点捕捉】捕捉正四边形其中一条边的中点
指定圆直径的第二个端点：                                  //利用【垂足捕捉】捕捉垂足点，按空格键重复命令，继续绘制其他小圆
```

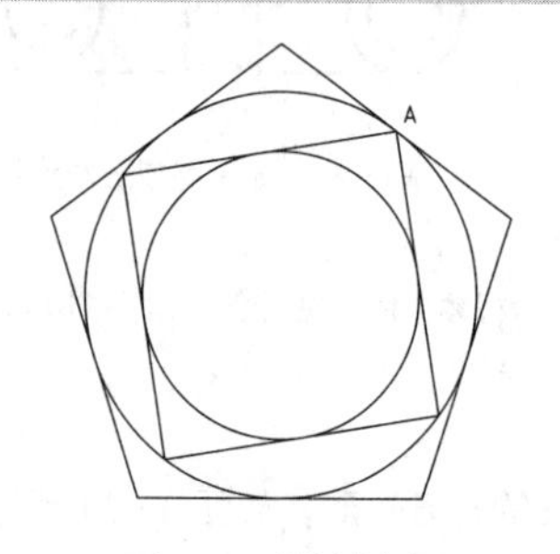

图 3-70　绘制内切圆

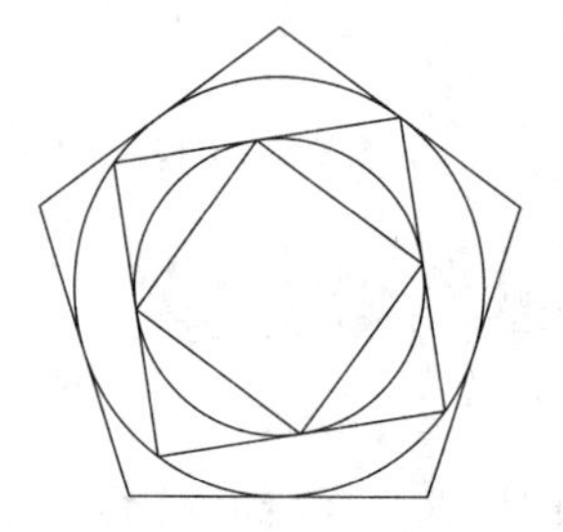

图 3-71　绘制直线

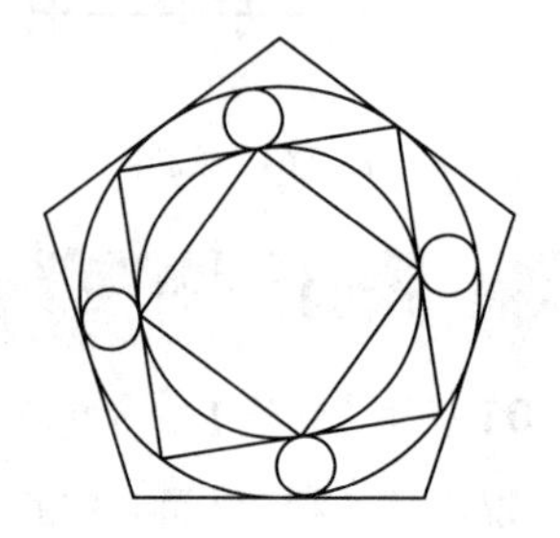

图 3-72　绘制小圆

3.3.2　圆弧

圆弧即圆的一部分，。在机械制图中，经常需要用圆弧来光滑连接已知的直线或曲线。执行【圆弧】命令的方法有以下几种。

- 功能区：单击【绘图】面板中的【圆弧】按钮。
- 菜单栏：选择【绘图】|【圆弧】命令。
- 命令行：ARC 或 A。

执行命令后，命令行操作如下：

```
命令：_ARC                                    //执行【圆弧】命令
指定圆弧的起点或 [圆心(C)]：                    //指定圆弧的起点
指定圆弧的第二个点或 [圆心(C)/端点(E)]：         //指定圆弧的第二点
指定圆弧的端点：                               //指定圆弧的端点
```

在【绘图】面板【圆弧】按钮的下拉列表中提供了 11 种绘制圆弧的命令。各命令的含义如下：

- 【三点（P）】：通过指定圆弧上的三点（即指定圆弧的起点、通过的第二个点和端点）绘制圆弧，如图 3-73 所示。命令行操作如下：

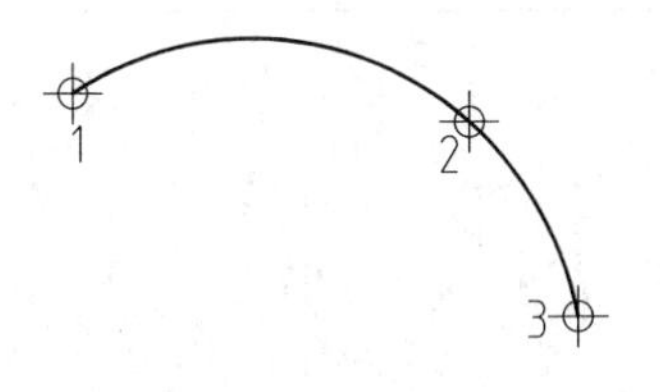


```
命令: _ARC
指定圆弧的起点或 [圆心(C)]:                          //指定圆弧的起点 1
指定圆弧的第二个点或 [圆心(C)/端点(E)]:               //指定通过的点 2
指定圆弧的端点:                                      //指定端点 3
```

图 3-73　以【三点（P）】画圆弧

➢ “起点、圆心、端点（S）”：通过指定圆弧的起点、圆心、端点绘制圆弧，如图 3-74 所示。命令行操作如下：

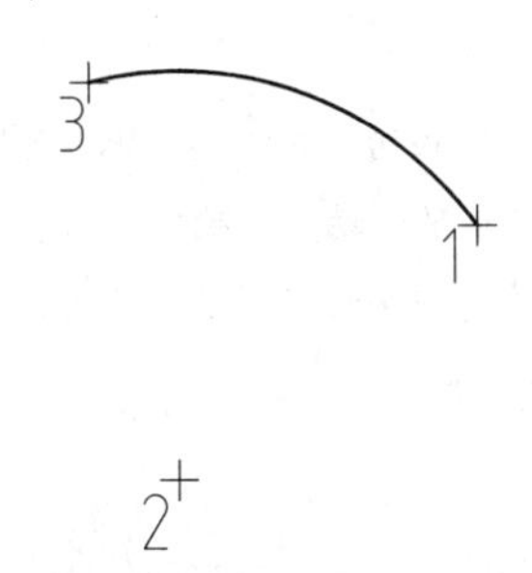


```
命令: _ARC
指定圆弧的起点或 [圆心(C)]:                              //指定圆弧的起点 1
指定圆弧的第二个点或 [圆心(C)/端点(E)]: _C               //系统自动选择
指定圆弧的圆心:                                          //指定圆弧的圆心 2
指定圆弧的端点(按住 Ctrl 键以切换方向)或 [角度(A)/弦长(L)]:
                                                         //指定圆弧的端点 3
```

图 3-74　以【起点、圆心、端点（S）】画圆弧

➢ “起点、圆心、角度（T）”：通过指定圆弧的起点、圆心、包含角度绘制圆弧，执行此命令时会出现“指定夹角”的提示，在输入角度数值时，如果当前环境设置逆时针方向为角度正方向，且输入正的角度值，则绘制的圆弧是从起点绕圆心沿逆时针方向绘制，反之则沿顺时针方向绘制，如图 3-75 所示。命令行操作如下：

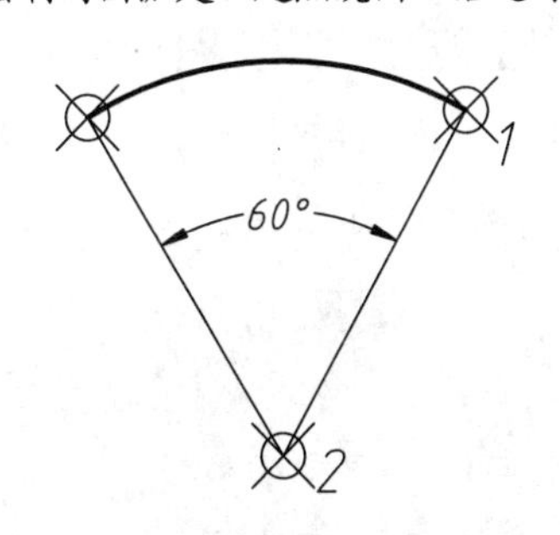


```
命令: _ARC
指定圆弧的起点或 [圆心(C)]:                         //指定圆弧的起点 1
指定圆弧的第二个点或 [圆心(C)/端点(E)]: _C//系统自动选择
指定圆弧的圆心:                                    //指定圆弧的圆心 2
指定圆弧的端点(按住 Ctrl 键以切换方向)或 [角度(A)/弦长(L)]: _A
                                                   //系统自动选择
指定夹角(按住 Ctrl 键以切换方向): 60               //输入圆弧夹角角度
```

图 3-75　以【起点、圆心、角度（T）】画圆弧

➢ “起点、圆心、长度（A）”：通过指定圆弧的起点、圆心、弦长绘制圆弧，如图 3-76 所示。另外，在命令行提示的“指定弦长”提示信息下，如果所输入的值为负，则该值的绝对值将作为对应整圆的空缺部分的圆弧的弧长。命令行操作如下：

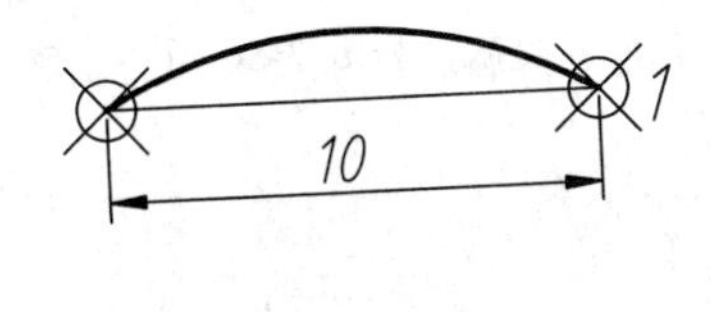


```
命令: _ARC
指定圆弧的起点或 [圆心(C)]:                          //指定圆弧的起点 1
指定圆弧的第二个点或 [圆心(C)/端点(E)]: _C//系统自动选择
指定圆弧的圆心:                                      //指定圆弧的圆心 2
指定圆弧的端点(按住 Ctrl 键以切换方向)或 [角度(A)/弦长(L)]: _L
                                                     //系统自动选择
指定弦长(按住 Ctrl 键以切换方向): 10                 //输入弦长
```

图 3-76　以【起点、圆心、长度（A）】画圆弧

➢ “起点、端点、角度（N）”：通过指定圆弧的起点、端点、夹角绘制圆弧，如图 3-77 所示。命令行操作如下：

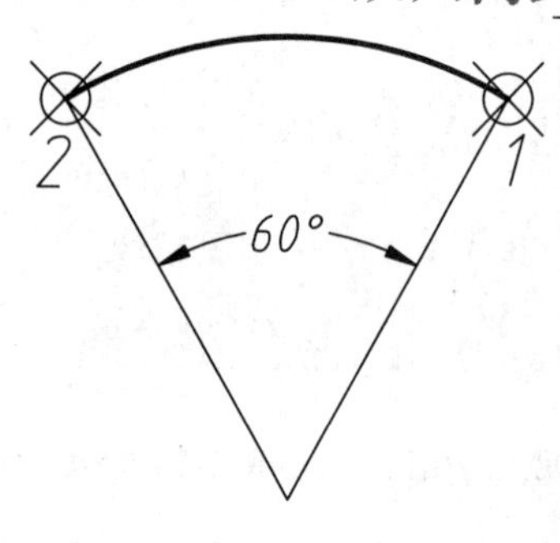


```
命令: _ARC
指定圆弧的起点或 [圆心(C)]:                          //指定圆弧的起点 1
指定圆弧的第二个点或 [圆心(C)/端点(E)]: _E//系统自动选择
指定圆弧的端点:                                       //指定圆弧的端点 2
指定圆弧的中心点(按住 Ctrl 键以切换方向)或[角度(A)/方向(D)/半径(R)]: _A
                                                      //系统自动选择
指定夹角(按住 Ctrl 键以切换方向): 60                  //输入圆弧夹角角度
```

图 3-77　以【起点、端点、角度（N）】画圆弧

➢ “起点、端点、方向（D）” ：通过指定圆弧的起点、端点和圆弧起点的相切方向绘制圆弧，如图 3-78 所示。命令执行过程中会出现“指定圆弧起点的相切方向”提示信息，此时可拖动鼠标动态地确定圆弧在起始点处的切线方向和水平方向的夹角。拖动鼠标时，AutoCAD 会在当前光标与圆弧起始点之间形成一条线，即圆弧在起始点处的切线。确定切线方向后，单击即可得到相应的圆弧。命令行操作如下：

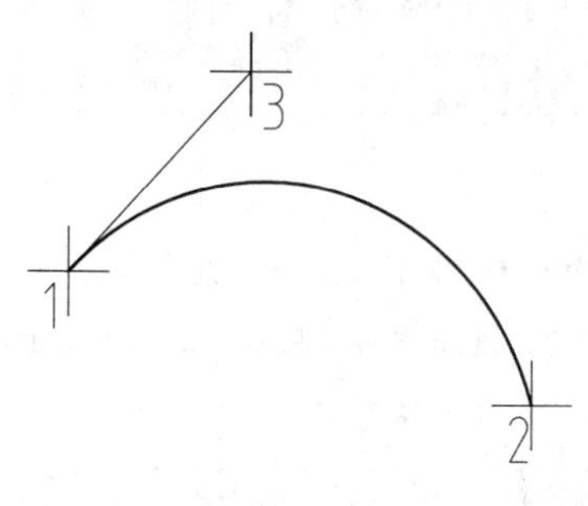


```
命令: _ARC
指定圆弧的起点或 [圆心(C)]:                               //指定圆弧的起点 1
指定圆弧的第二个点或 [圆心(C)/端点(E)]: _E                //系统自动选择
指定圆弧的端点:                                           //指定圆弧的端点 2
指定圆弧的中心点(按住 Ctrl 键以切换方向)或 [角度(A)/方向(D)/半径(R)]: _D
                                                          //系统自动选择
指定圆弧起点的相切方向(按住 Ctrl 键以切换方向):           //指定点 3 确定方向
```

图 3-78　以【起点、端点、方向（D）】画圆弧

➢ “起点、端点、半径（R）” ：通过指定圆弧的起点、端点和圆弧半径绘制圆弧，如图 3-79 所示。命令行操作如下：

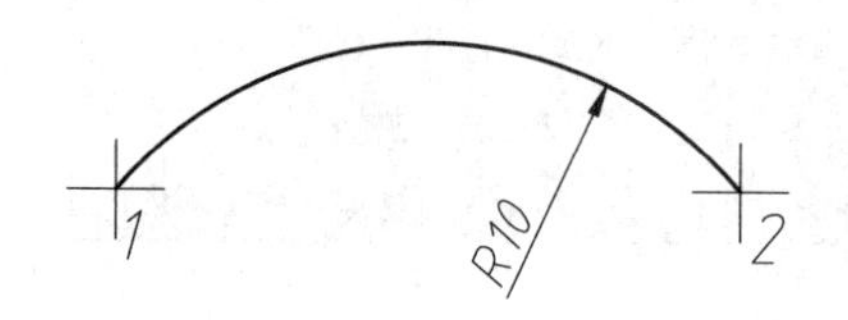


```
命令: _ARC
指定圆弧的起点或 [圆心(C)]:                           //指定圆弧的起点 1
指定圆弧的第二个点或 [圆心(C)/端点(E)]: _E//系统自动选择
指定圆弧的端点:                                       //指定圆弧的端点 2
指定圆弧的中心点(按住 Ctrl 键以切换方向)或 [角度(A)/方向(D)/半径(R)]: _R
                                                      //系统自动选择
指定圆弧的半径(按住 Ctrl 键以切换方向): 10   //输入圆弧的半径
```

图 3-79　以【起点、端点、半径（R）】画圆弧

➢ “圆心、起点、端点（C）” ：以圆弧的圆心、起点、端点方式绘制圆弧，如图 3-80 所示。命令行操作如下：

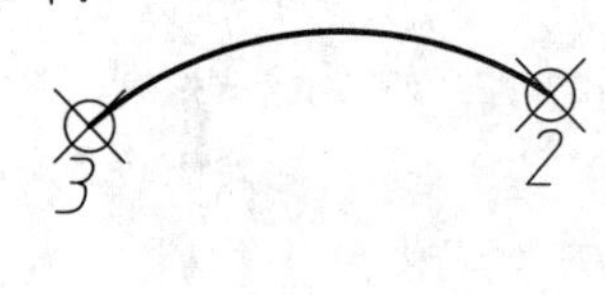


```
命令: _ARC
指定圆弧的起点或 [圆心(C)]: _c                          //系统自动选择
指定圆弧的圆心:                                         //指定圆弧的圆心 1
指定圆弧的起点:                                         //指定圆弧的起点 2
指定圆弧的端点(按住 Ctrl 键以切换方向)或 [角度(A)/弦长(L)]:
                                                        //指定圆弧的端点 3
```

图 3-80　以【圆心、起点、端点（C）】画圆弧

➢ “圆心、起点、角度（E）” ：以圆弧的圆心、起点、夹角方式绘制圆弧，如图 3-81 所示。命令行操

作如下：

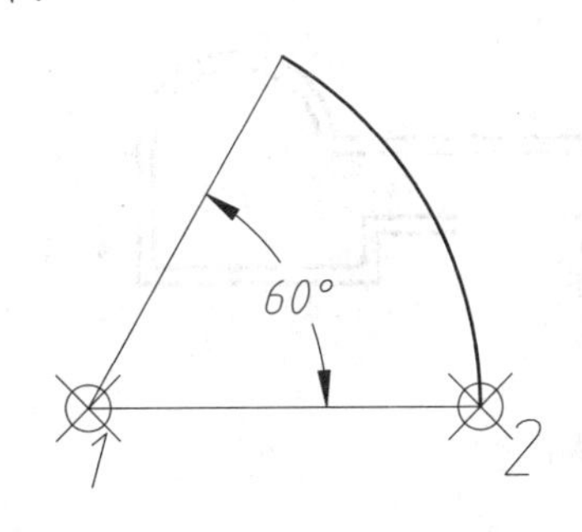


```
命令：_ARC
指定圆弧的起点或 [圆心(C)]：_C                          //系统自动选择
指定圆弧的圆心：                                         //指定圆弧的圆心 1
指定圆弧的起点：                                         //指定圆弧的起点 2
指定圆弧的端点(按住 Ctrl 键以切换方向)或 [角度(A)/弦长(L)]：_A
                                                          //系统自动选择
指定夹角(按住 Ctrl 键以切换方向)：60        //输入圆弧的夹角角度
```

图 3-81 以【圆心、起点、角度（E）】画圆弧

➢ “圆心、起点、长度（L）”：以圆弧的圆心、起点、弦长方式绘制圆弧，如图 3-82 所示。命令行操作如下：

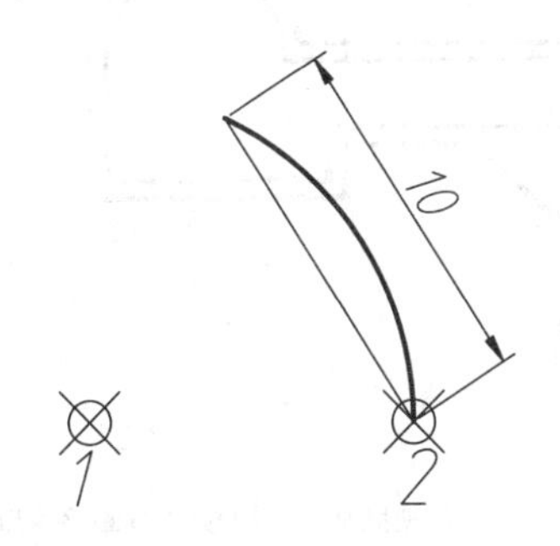


```
命令：_ARC
指定圆弧的起点或 [圆心(C)]：_c                          //系统自动选择
指定圆弧的圆心：                                         //指定圆弧的圆心 1
指定圆弧的起点：                                         //指定圆弧的起点 2
指定圆弧的端点(按住 Ctrl 键以切换方向)或 [角度(A)/弦长(L)]：_L
                                                          //系统自动选择
指定弦长(按住 Ctrl 键以切换方向)：10        //输入弦长
```

图 3-82 以【圆心、起点、长度（L）】画圆弧

➢ “连续（O）”：绘制其他直线与非封闭曲线后选择【绘图】|【圆弧】|【继续】命令，系统将自动以刚才绘制的对象的终点作为即将绘制的圆弧的起点。

【案例 3-12】：绘制圆弧完善景观图 视频文件：视频\第 3 章\3-12.mp4

01 单击快速访问工具栏中的【打开】按钮，打开“第 3 章\3-12 绘制圆弧完善景观图.dwg”文件，素材图形如图 3-83 所示。

图 3-83 素材图形

02 在【默认】选项卡中单击【绘图】面板中的【起点、端点、方向】按钮，使用【起点、端点、方向】的方式绘制圆弧，方向为垂直向上，结果如图 3-84 所示。

图 3-84 【起点、端点、方向】方式绘制圆弧

03 重复调用【圆弧】命令，使用【起点、圆心、端点】的方式绘制圆弧，结果如图 3-85 所示。

图 3-85 【起点、圆心、端点】方式绘制圆弧

04 在【默认】选项卡中单击【绘图】面板中的【三点】按钮，使用【三点】的方式绘制圆弧，结果如图 3-86 所示。

图 3-86 【三点】方式绘制圆弧

【案例 3-13】：绘制葫芦形体 视频文件：视频\第 3 章\3-13.mp4

在绘制圆弧时，有时绘制出来的结果和用户所设想的不一样，这是因为没有弄清楚圆弧的大小和方向。下面通过一个经典案例来进行说明。

01 打开文件"第 3 章\3-13 绘制葫芦形体.dwg"，素材图形如图 3-87 所示，其中已经绘制好了一条长度为 20mm 的线段。

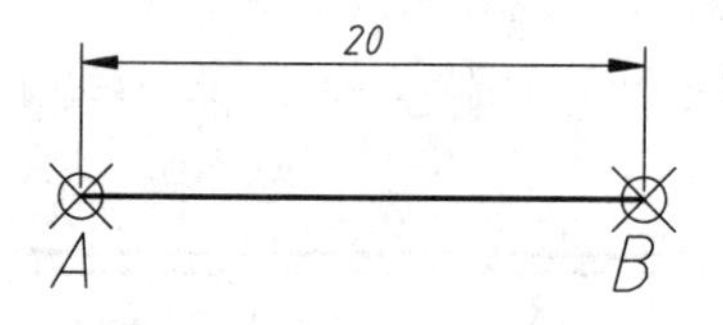

图 3-87 素材图形

02 绘制上圆弧。单击【绘图】面板中【圆弧】按钮的下拉箭头▼，在下拉列表中选择【起点、端点、半径】选项，接着选择直线的右端点 *B* 作为起点、左端点 *A* 作为终点，然后输入半径值-22，绘制上圆弧，结果如图 3-88 所示。

03 绘制下圆弧。按 Enter 或空格键，重复执行【起点、端点、半径】命令，接着选择直线的左端点 *A* 作为起点、右端点 *B* 作为端点，然后输入半径值-44，绘制下圆弧，结果如图 3-89 所示。

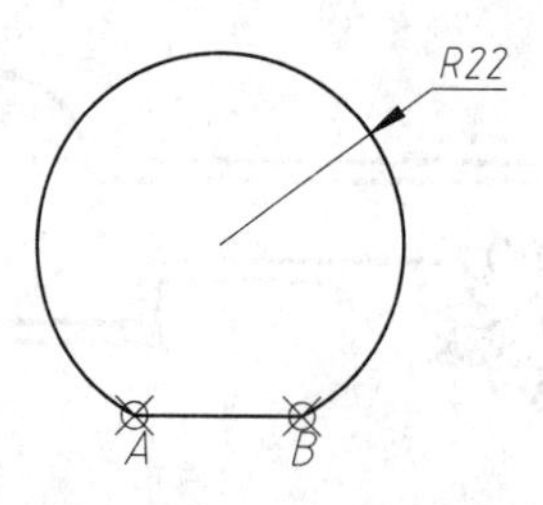

图 3-88 绘制上圆弧

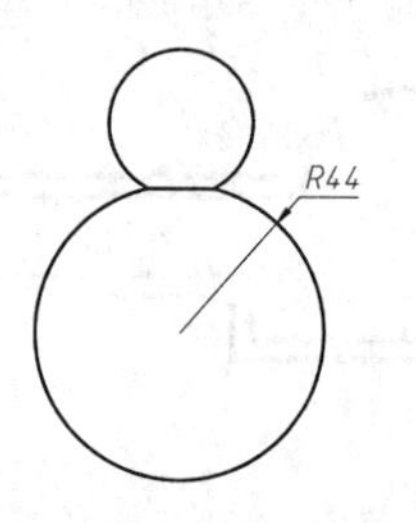

图 3-89 绘制下圆弧

【圆弧】是新手最容易用错的命令之一。由于圆弧的绘制方法及选项都很丰富，因此初学者在常用【圆弧】命令的时候常常感到困惑，如在上例绘制葫芦形体时，就会有以下两个问题：

➢ 为什么绘制上、下圆弧时，起点和端点是互相颠倒的？

➢ 为什么输入的半径值是负数？

如果弄懂了这两个问题，则可以理解大多数的圆弧命令。解释如下：

AutoCAD 中圆弧绘制的默认方向是逆时针方向，因此在绘制上圆弧时，如果以 *A* 点为起点、*B* 点为终点，则会绘制出如图 3-90 所示的圆弧（命令行虽然提示按 Ctrl 键反向，但实际还是会按原方向绘制）。圆弧的默认方向也可以自行修改。

根据几何学知识可知，在半径已知的情况下，弦长对应着两段圆弧：优弧（弧长较长的一段）和劣弧（弧长较短的一段）。而在 AutoCAD 中只有输入负值才能绘制出圆弧，如图 3-91 所示。

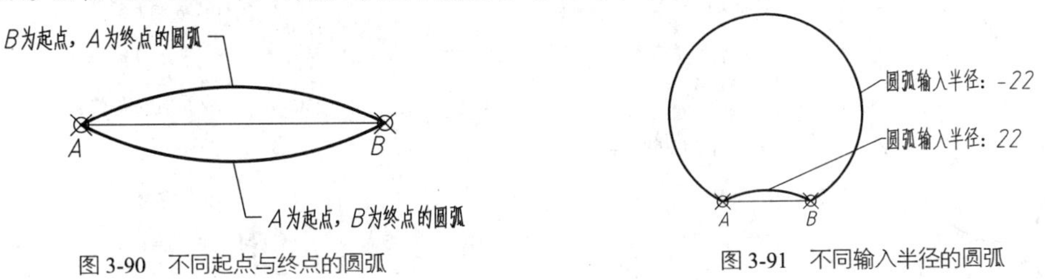

图 3-90　不同起点与终点的圆弧

图 3-91　不同输入半径的圆弧

3.3.3 椭圆

椭圆是到两定点（焦点）的距离之和为定值的所有点的集合。椭圆的形状由定义其长度和宽度的两条轴决定，较长的称为长轴，较短的称为短轴，如图 3-92 所示。在建筑绘图中，很多图形都是椭圆形的，如地面拼花、室内吊顶造型等，在机械制图中也一般用椭圆来绘制轴测图上的圆。

在 AutoCAD 2022 中启动【椭圆】命令有以下几种常用方法：

➢ 功能区：单击【绘图】面板中的【椭圆】按钮，即【圆心】或【轴，端点】按钮，如图 3-93 所示。

➢ 菜单栏：执行【绘图】|【椭圆】命令，如图 3-94 所示。

➢ 命令行：ELLIPSE 或 EL。

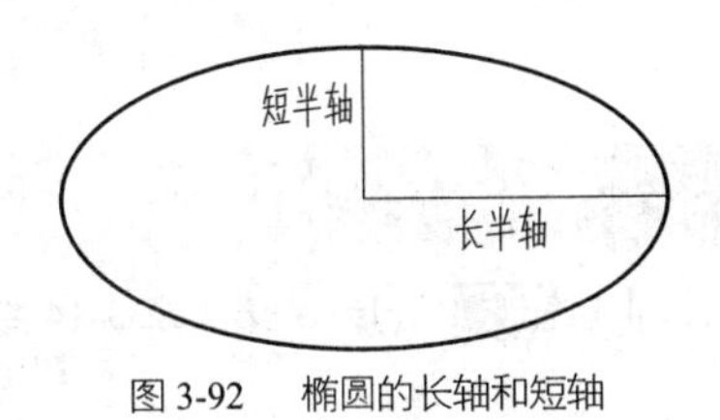

图 3-92　椭圆的长轴和短轴

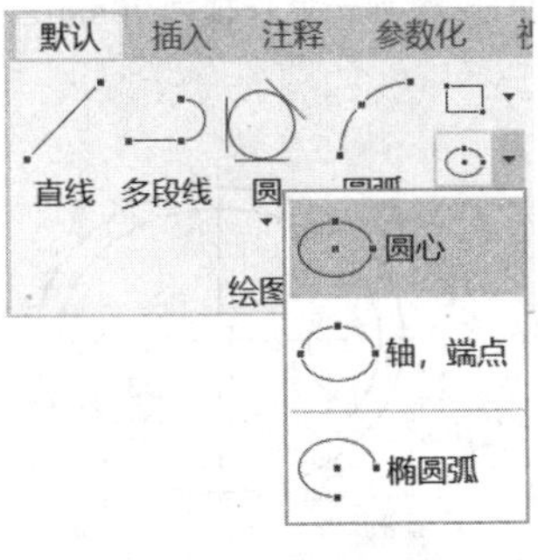

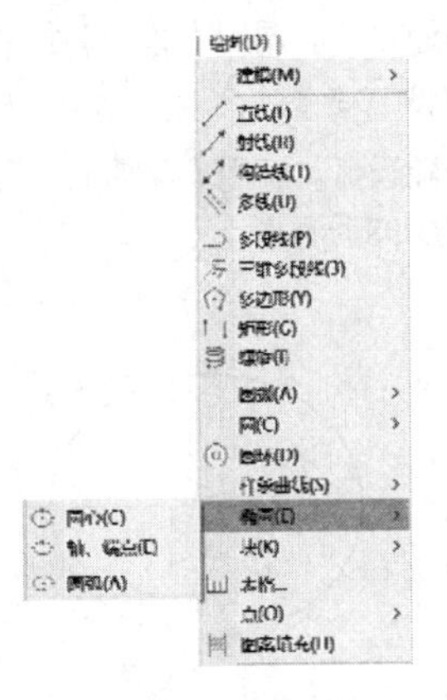

图 3-93　【绘图】面板中的【椭圆】按钮

图 3-94　【绘图】菜单【椭圆】命令

执行命令后，命令行操作如下：

```
命令：_ELLIPSE                                          //执行【椭圆】命令
指定椭圆的轴端点或 [圆弧(A)/中心点(C)]：_C              //系统自动选择绘制对象为椭圆
指定椭圆的中心点：                                      //在绘图区中指定椭圆的中心点
指定轴的端点：                                          //在绘图区中指定一点
指定另一条半轴长度或 [旋转(R)]：                        //在绘图区中指定一点或输入数值
```

在【绘图】面板【椭圆】按钮的下拉列表中有【圆心】和【轴，端点】两个选项，各选项的含义如下：

➢【圆心】：通过指定椭圆的中心点、一条轴的一个端点及另一条轴的半轴长度来绘制椭圆。即命令行中的“中心点（C）”选项，如图 3-95 所示。命令行操作如下：

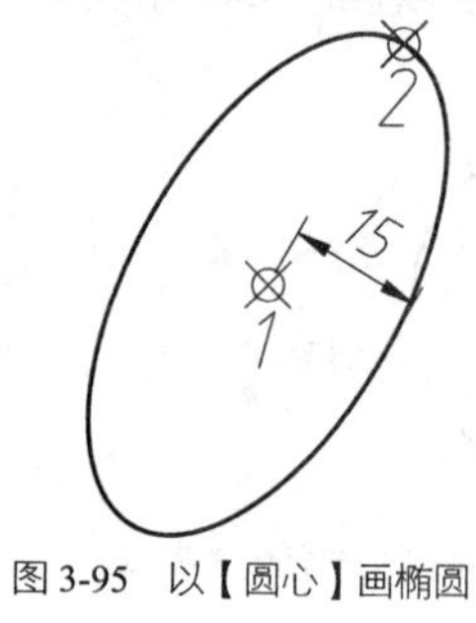

图 3-95 以【圆心】画椭圆

```
命令：_ELLIPSE                                //执行【椭圆】命令
指定椭圆的轴端点或 [圆弧(A)/中心点(C)]：_C
                                              //系统自动选择椭圆的绘制方法
指定椭圆的中心点：                            //指定中心点 1
指定轴的端点：                                //指定轴端点 2
指定另一条半轴长度或 [旋转(R)]：15↙           //输入另一半轴长度
```

➢【轴，端点】：通过指定椭圆一条轴的两个端点及另一条轴的半轴长度来绘制椭圆，即命令行中的“圆弧（A）”选项，如图 3-96 所示。命令行操作如下：

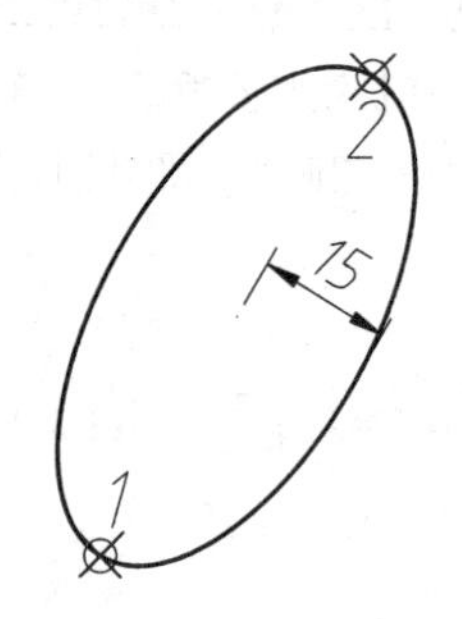


```
命令：_ELLIPSE                                //执行【椭圆】命令
指定椭圆的轴端点或 [圆弧(A)/中心点(C)]：      //指定点 1
指定轴的另一个端点：                          //指定点 2
指定另一条半轴长度或 [旋转(R)]：15↙           //输入另一半轴的长度
```

图 3-96 以【轴、端点】画椭圆

【案例 3-14】： 绘制台盆

视频文件：视频\第 3 章\3-14.mp4

01 单击快速访问工具栏中的【打开】按钮，打开“第 3 章\3-14 绘制台盆.dwg”文件，素材图形内已经绘制好了中心线。

02 绘制外轮廓。调用【椭圆】命令，捕捉中心线交点为中心，绘制一个长轴为 80mm、短轴为 65mm 的椭圆，如图 3-97 所示。

03 绘制椭圆弧。调用【椭圆弧】命令，捕捉中心线交点为中心，绘制一个长轴为 70mm、短轴为 56mm 的椭圆弧，如图 3-98 所示。

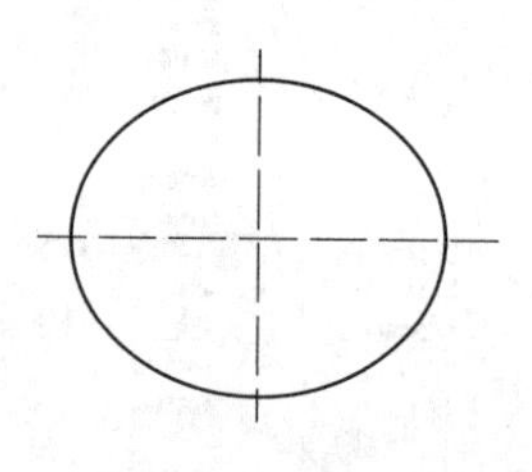

图 3-97 绘制椭圆

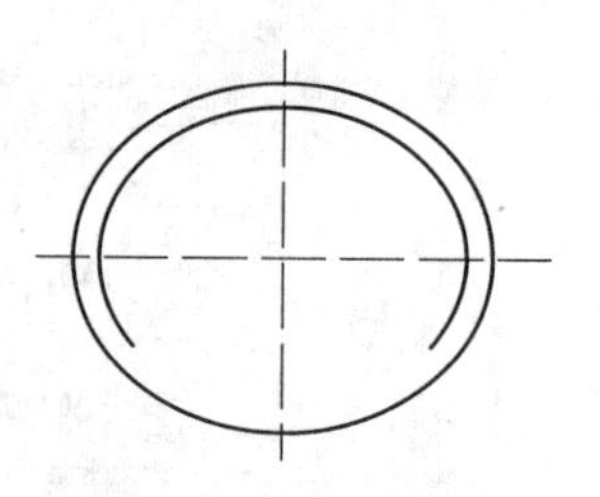

图 3-98 绘制椭圆弧

04 绘制圆弧。在【绘图】面板上单击【圆弧】按钮的下拉箭头，选择【起点、端点、半径】命令，以椭圆弧的两个端点为起点和终点，绘制一个半径为200mm的圆弧，如图3-99所示。

05 绘制水龙头安装孔。调用【圆】命令，绘制两个半径为5mm的圆孔，结果如图3-100所示。

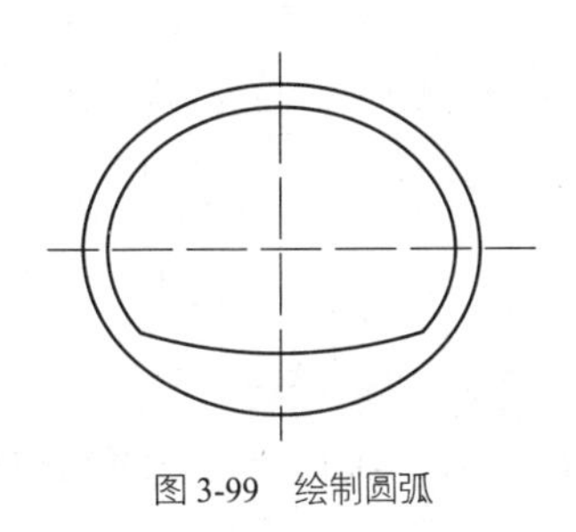

图3-99　绘制圆弧

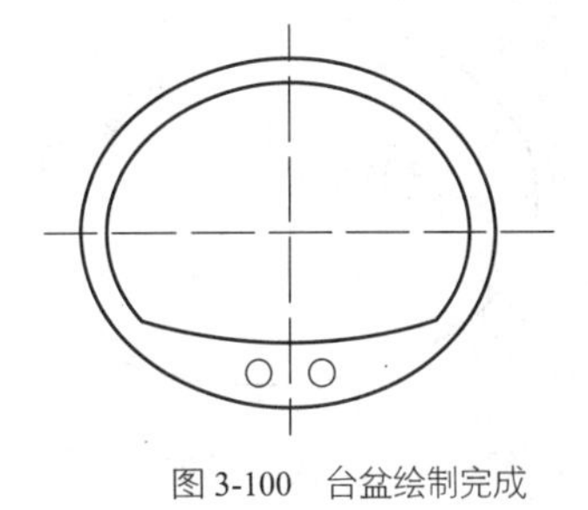

图3-100　台盆绘制完成

3.3.4 椭圆弧

椭圆弧是椭圆的一部分。绘制椭圆弧需要确定的参数有：椭圆弧所在椭圆的两条轴及椭圆弧的起点和终点的角度。执行【椭圆弧】命令的方法有以下两种：

➢ 面板：单击【绘图】面板中的【椭圆弧】按钮 。

➢ 菜单栏：选择【绘图】|【椭圆】|【椭圆弧】命令。

执行命令后，命令行操作如下：

```
命令: _ELLIPSE                                  //执行【椭圆弧】命令
指定椭圆的轴端点或 [圆弧(A)/中心点(C)]: _A         //系统自动选择绘制对象为椭圆弧
指定椭圆弧的轴端点或 [中心点(C)]:                  //在绘图区指定椭圆一轴的端点
指定轴的另一个端点:                               //在绘图区指定该轴的另一端点
指定另一条半轴长度或 [旋转(R)]:                    //在绘图区中指定一点或输入数值
指定起点角度或 [参数(P)]:                         //在绘图区中指定一点或输入椭圆弧的起始角度
指定端点角度或 [参数(P)/夹角(I)]:                  //在绘图区中指定一点或输入椭圆弧的终止角度
```

【椭圆弧】命令行中各选项的含义与【椭圆】的几乎相同，唯有在指定另一半轴长度后，会提示指定起点角度与端点角度来确定椭圆弧的大小。

➢ "角度（A）"：输入起点角度与端点角度来确定椭圆弧，角度以椭圆中较长的一条轴为基准来确定，如图3-101所示。命令行操作如下：

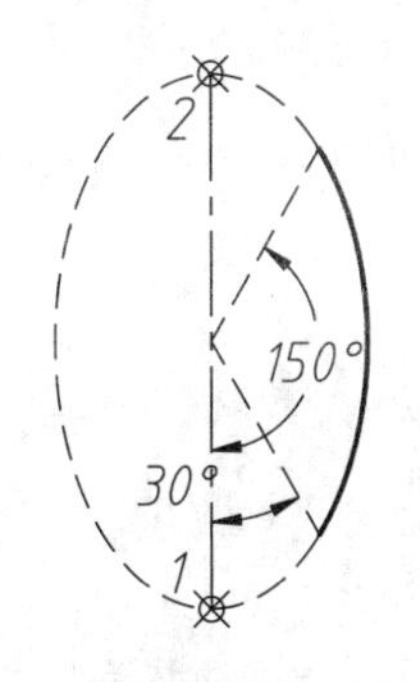


```
命令: _ELLIPSE                                  //执行【椭圆】命令
指定椭圆的轴端点或 [圆弧(A)/中心点(C)]: _A         //系统自动选择绘制对象为椭圆弧
指定椭圆弧的轴端点或 [中心点(C)]:                  //指定轴端点1
指定轴的另一个端点:                               //指定轴端点2
指定另一条半轴长度或 [旋转(R)]: 6↙                 //输入另一半轴长度
指定起点角度或 [参数(P)]: 30↙                     //输入起始角度
指定端点角度或 [参数(P)/夹角(I)]: 150↙             //输入终止角度
```

图3-101　以"角度（A）"绘制椭圆弧

➢ "参数（P）"：用参数化矢量方程式（$p(n)=c+a\times\cos(n)+b\times\sin(n)$，其中 n 是用户输入的参数;c 是椭圆弧的半焦距；a 和 b 分别是椭圆长轴与短轴的半轴长）定义椭圆弧的端点角度。使用"起点参数"选项可以从角度模式切换到参数模式。模式用于控制计算椭圆的方法。

➢ "夹角（I）"：指定椭圆弧的起点角度后，可选择选项，然后输入夹角角度来确定圆弧，如图3-102所示。

值得注意的是，89.4° 到 90.6° 之间的夹角值无效，因为此时椭圆将显示为一条直线，如图 3-103 所示。这些角度值的倍数将每隔 90° 产生一次镜像效果。

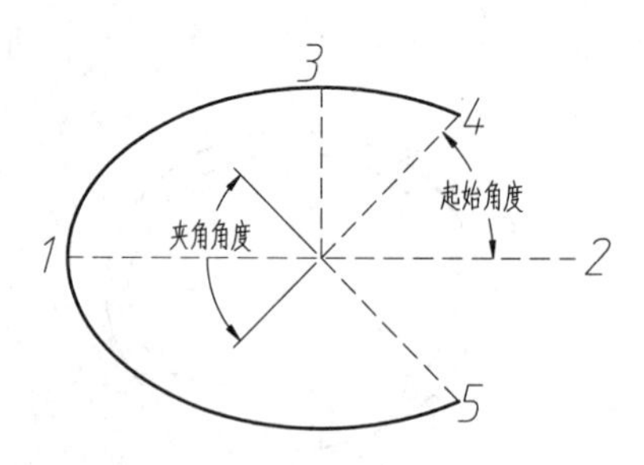

图 3-102　以“夹角（I）”绘制椭圆弧

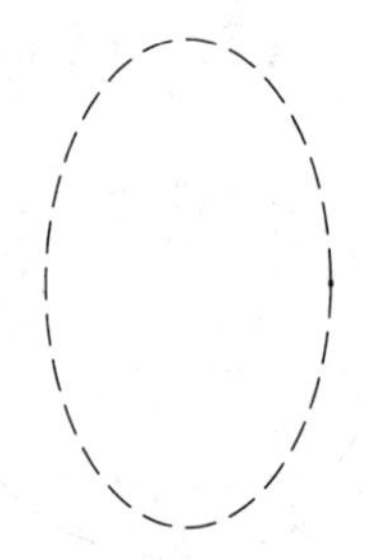

图 3-103　89.4° ~90.6° 之间的夹角不显示椭圆弧

操作技巧 椭圆弧的起始角度从长轴开始计算。

3.3.5　圆环

圆环是由同一圆心、不同直径的两个同心圆组成的。控制圆环的参数是圆心、内直径和外直径。圆环可分为“填充环”（两个圆形中间的面积填充，可用于绘制电路图中的各接点）和“实体填充圆”（圆环的内直径为 0，可用于绘制各种标识）。圆环的典型示例如图 3-104 所示。

a)填充环

b)实体填充圆

图 3-104　圆环示例

执行【圆环】命令的方法有以下 3 种。

- 功能区：在【默认】选项卡中单击【绘图】面板中的【圆环】按钮◎。
- 菜单栏：选择【绘图】|【圆环】命令。
- 命令行：DONUT 或 DO。

执行命令后，命令行操作如下：

```
命令：_DONUT                                  //执行【圆环】命令
指定圆环的内径 <0.5000>:10↙                   //指定圆环内径
指定圆环的外径 <1.0000>:20↙                   //指定圆环外径
指定圆环的中心点或 <退出>:              //在绘图区中指定一点放置圆环，放置位置为圆心
指定圆环的中心点或 <退出>: *取消*       //按 Esc 键退出圆环命令
```

在绘制圆环时，命令行会提示指定圆环的内径和外径，如果圆环的内径小于外径，且内径不为零，则如图 3-105 所示；若内径为 0，则圆环为一黑色实心圆，如图 3-106 所示；如果内径与外径相等，则显示为圆，如图 3-107 所示。

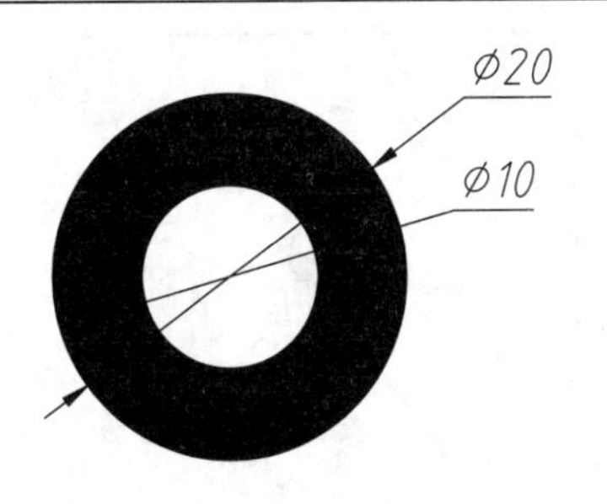

图 3-105 内、外径不相等的圆环

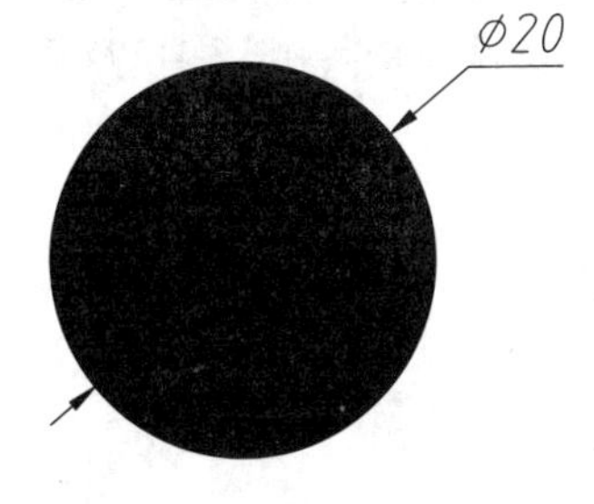

图 3-106 内径为 0 的圆环

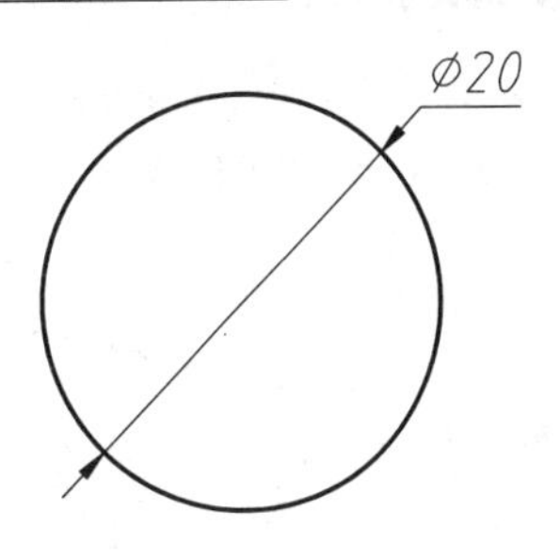

图 3-107 内径与外径相等的圆环

【案例 3-15】： 绘制圆环完善电路图

视频文件：视频\第 3 章\3-15.mp4

01 单击快速访问工具栏中的【打开】按钮，打开“第 3 章\3-15 绘制圆环完善电路图.dwg”文件，素材图形已经绘制了一电路图，如图 3-108 所示。

02 设置圆环参数。在【默认】选项卡中单击【绘图】面板中的【圆环】按钮，指定圆环的内径为 0，外径为 4，然后在各线交点处绘制圆环，结果如图 3-109 所示。命令行操作如下：

```
命令:DONUT↙                              //执行【圆环】命令
指定圆环的内径 <0.5000>: 0↙              //输入圆环的内径
指定圆环的外径 <1.0000>: 4↙              //输入圆环的外径
指定圆环的中心点或 <退出>:                //在交点处放置圆环
    ......
指定圆环的中心点或 <退出>:↙              //按 Enter 键结束放置
```

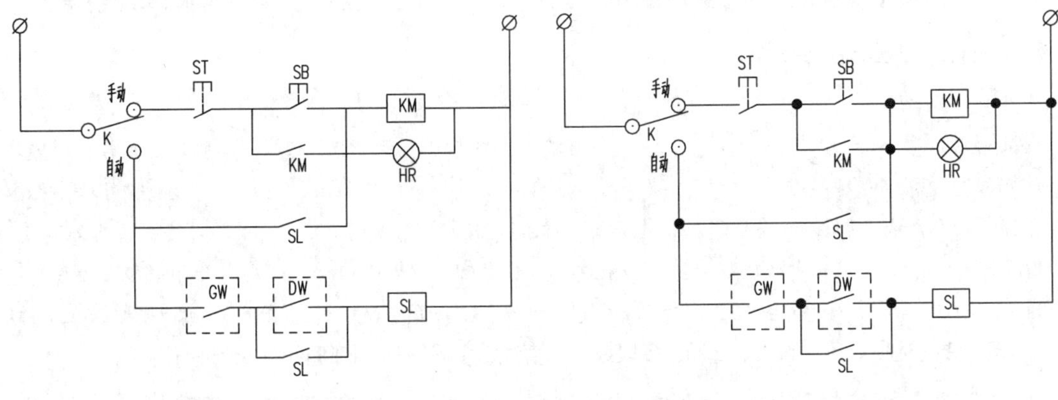

图 3-108 素材图形　　　图 3-109 在各线交点处绘制圆环

3.4 多段线

多段线又称为多义线，是 AutoCAD 中常用的一类复合图形对象。由多段线所构成的图形是一个整体，可以统一对其进行编辑修改。

3.4.1 多段线概述

使用【多段线】命令可以生成由若干条直线和圆弧首尾连接形成的复合线实体。所谓复合对象，是指图形的所有组成部分为一整体，单击时会选择整个图形，不能进行选择性编辑。直线与多段线的选择效果对比如图 3-110 所示。

调用【多段线】命令的方式如下：

➢ 功能区：单击【绘图】面板中的【多段线】按钮，如图 3-111 所示。

➢ 菜单栏：调用【绘图】|【多段线】命令，如图 3-112 所示。

➢ 命令行：PLINE 或 PL。

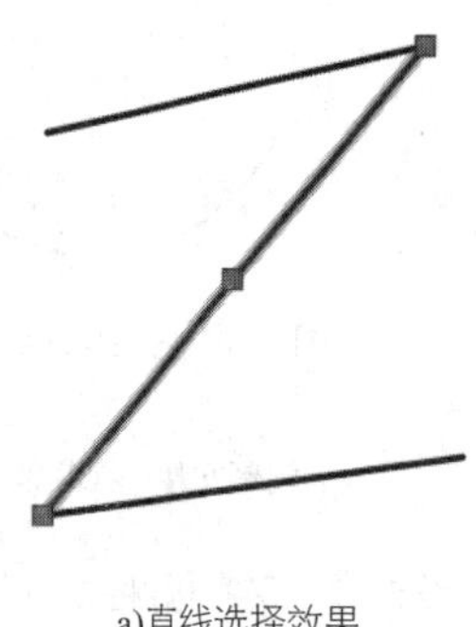

a)直线选择效果

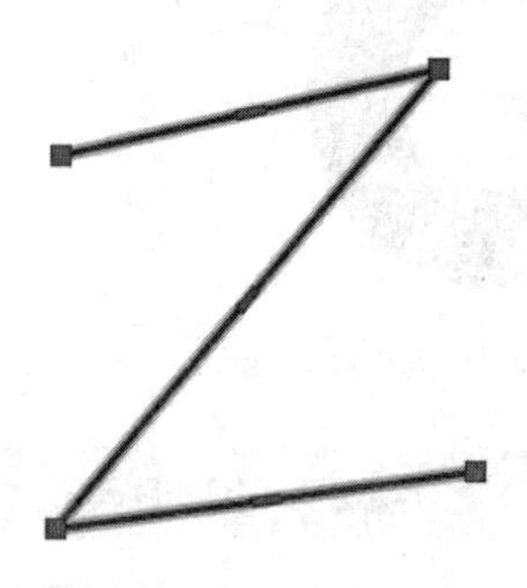

b)多段线选择效果

图 3-110 直线与多段线的选择效果对比

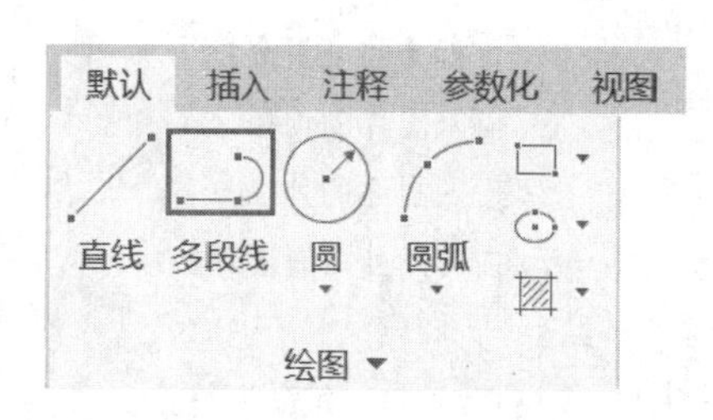

图 3-111 【绘图】面板中的【多段线】按钮

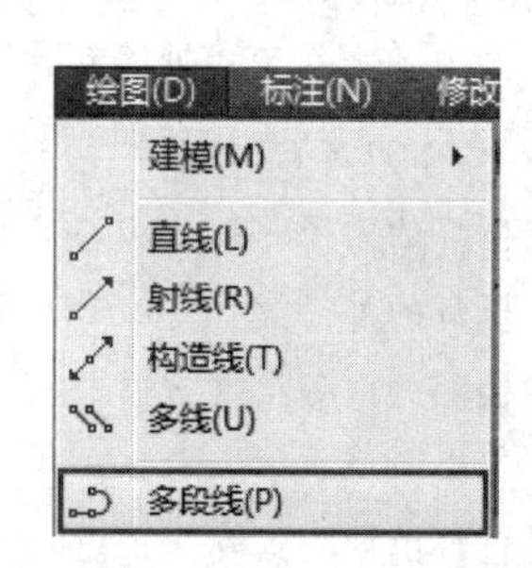

图 3-112 菜单栏中的【多段线】命令

执行命令后，命令行操作如下：

```
命令：_PLINE                                          //执行【多段线】命令
指定起点：                                //在绘图区中任意指定一点为起点，有临时的加号标记显示
当前线宽为 0.0000                                              //显示当前线宽
指定下一个点或 [圆弧(A)/半宽(H)/长度(L)/放弃(U)/宽度(W)]：          //指定多段线的端点
指定下一点或 [圆弧(A)/闭合(C)/半宽(H)/长度(L)/放弃(U)/宽度(W)]：      //指定下一段多段线的端点
指定下一点或 [圆弧(A)/闭合(C)/半宽(H)/长度(L)/放弃(U)/宽度(W)]：//指定下一端点或按Enter键结束
```

由于多段线的选项众多，因此下面通过多段线——直线、多段线——圆弧两个部分进行讲解。

3.4.2 多段线——直线

在执行【多段线】命令时，选择【直线（L）】选项（该选项是默认的选项）即可创建直线。若要开始绘制圆弧，可选择【圆弧（A）】选项。直线状态下的多段线的选项中，除【长度（L）】选项之外，其余均为通用选项。各选项的含义如下：

➢ **【闭合（C）】**：该选项的含义与【直线】命令中的相同，可连接第一条和最后一条线段，以创建闭合的多段线。

➢ **【半宽（H）】**：指定从宽线段的中心到一条边的宽度。选择该选项后，命令行提示用户分别输入起点与端点的半宽值，而起点半宽将成为默认的端点半宽，如图 3-113 所示。

➢ **【长度（L）】**：按照与上一线段相同的角度、方向创建指定长度的线段。如果上一线段是圆弧，将创建与该圆弧相切的新直线。

➢ **【宽度（W）】**：设置多段线起始与结束的宽度值。选择该选项后，命令行提示用户分别输入起点与端点的宽度值，而起点宽度将成为默认的端点宽度，如图 3-114 所示。

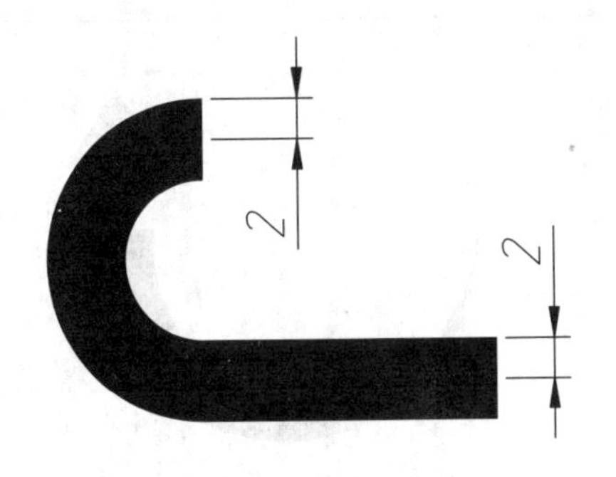

图 3-113　起点半宽成为端点半宽

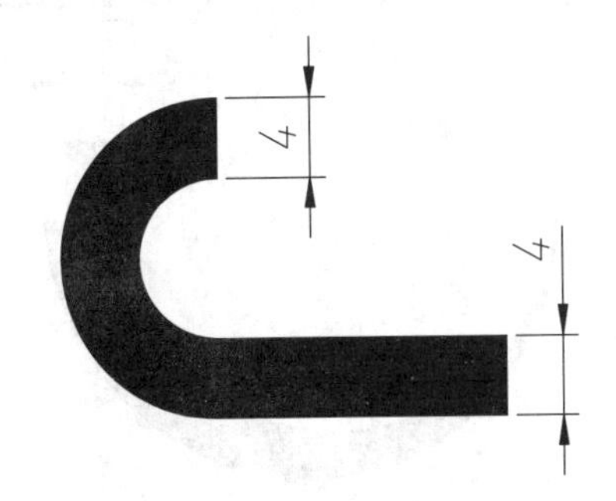

图 3-114　起点宽度成为端点宽度

为多段线指定宽度后，有以下两点需要注意：

➢ 带有宽度的多段线，其起点与端点仍位于线宽的中点，如图 3-115 所示。

➢ 一般情况下，带有宽度的多段线在转折角处会自动相连，如图 3-116 所示；但在直线与圆弧互不相切、有非常尖锐的角（小于 29°）或者使用点画线线型的情况下将不相连，如图 3-117 所示。

图 3-115　多段线的起点和端点位于线的中点　图 3-116　多段线在转折处自动相连　图 3-117　多段线在转折处不相连

【案例 3-16】：指定多段线宽度绘制图形

视频文件：视频\第 3 章\3-16.mp4

01 输入【PL】执行【多段线】命令，输入【W】设置线宽，起点线宽设置为 0，端点线宽设置为 10mm，如图 3-118 所示。

02 输入【A】选择圆弧选项，输入【A】设置角度为 180° 在右侧捕捉到水平线，输入距离 50mm，绘制圆弧，结果如图 3-119 所示。

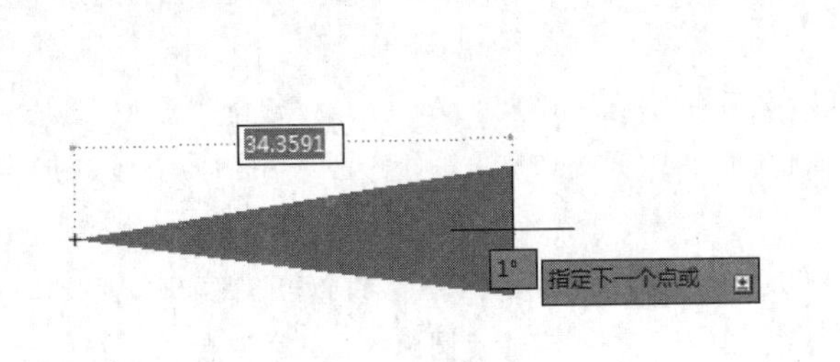

图 3-118　设置线宽

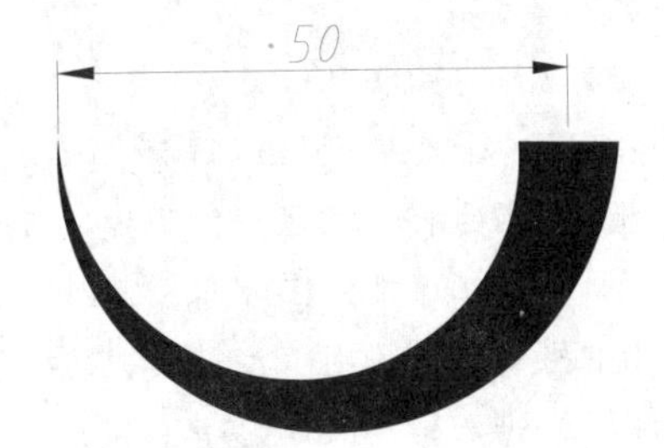

图 3-119 绘制圆弧

03 输入【W】设置起点、端点宽度均为 5mm，输入【L】设置长度为 8mm，绘制直线，结果如图 3-120 所示。

04 输入【W】设置起点宽度为 15mm，端点宽度为 0，输入【L】设置长度为 10mm，绘制三角形，结果如图 3-121 所示。

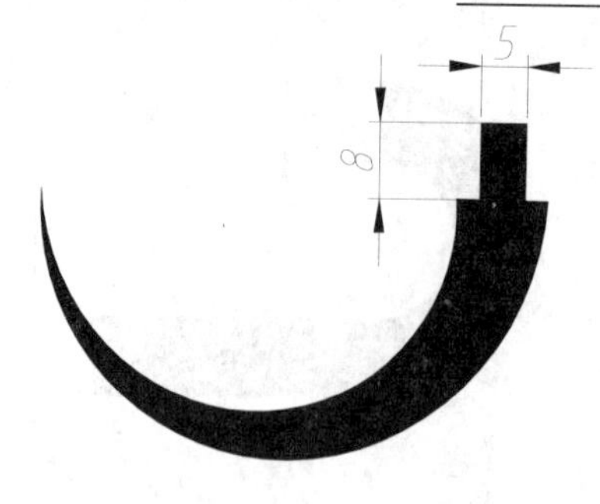

图 3-120　绘制直线

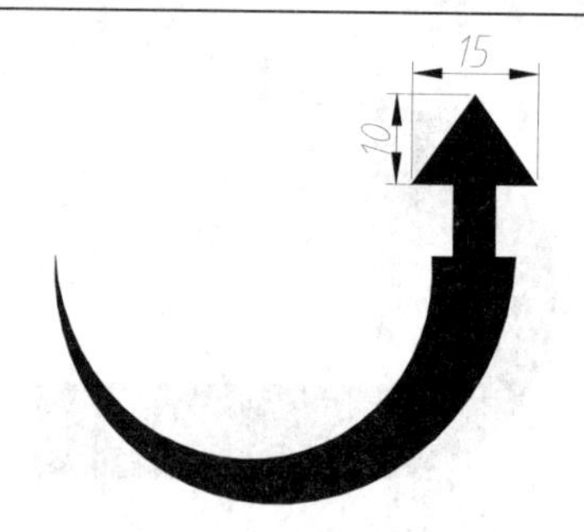

图 3-121　绘制三角形

操作技巧 在多段线绘制过程中，可能预览图形不会及时显示出带有宽度的转角效果，让用户误以为绘制出错。实际上只要单击 Enter 键完成多段线的绘制，便会自动为多段线添加转角处的平滑效果。

3.4.3　多段线——圆弧

在执行【多段线】命令时，选择【圆弧（A）】选项即可创建与上一线段（或圆弧）相切的圆弧段，如图 3-122 所示。若要重新绘制直线，可选择【直线（L）】选项。

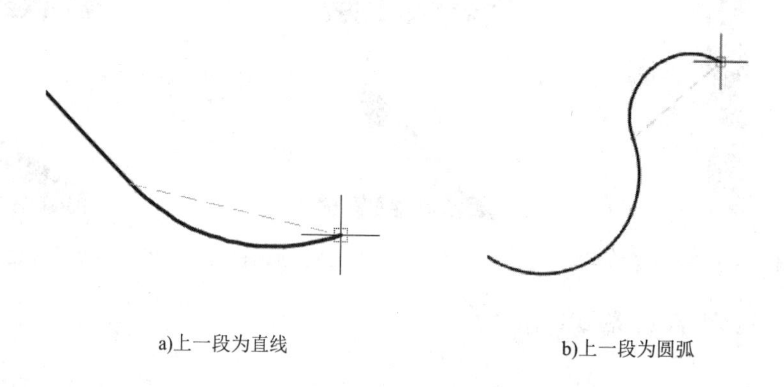

a)上一段为直线　　b)上一段为圆弧

图 3-122　创建相切的圆弧段

执行命令后，命令行操作如下：

```
命令: _PLINE                                              //执行【多段线】命令
指定起点:                                                 //在绘图区中任意指定一点为起点
当前线宽为 0.0000
指定下一个点或 [圆弧(A)/半宽(H)/长度(L)/放弃(U)/宽度(W)]: A↙      //选择"圆弧"选项
指定圆弧的端点(按住 Ctrl 键以切换方向)或[角度(A)/圆心(CE)/方向(D)/半宽(H)/直线(L)/半径(R)/第二个点(S)/放弃(U)/宽度(W)] :          //指定圆弧的一个端点
定圆弧的端点(按住 Ctrl 键以切换方向)或[角度(A)/圆心(CE)/闭合(CL)/方向(D)/半宽(H)/直线(L)/半径(R)/第二个点(S)/放弃(U)/宽度(W)]:        //指定圆弧的另一个端点
```

从上面的命令行操作过程可知，在执行【圆弧（A）】选项下的【多段线】命令时，会出现 9 个选项，部分选项含义如下：

➢【角度（A）】：指定圆弧从起点开始的包含角来绘制多段线圆弧，如图 3-123 所示。方法类似于“起点、端点、角度”画圆弧。输入正数将按逆时针方向创建圆弧，输入负数将按顺时针方向创建圆弧。

➢【圆心（CE）】：通过指定圆弧的圆心来绘制多段线圆弧，如图 3-124 所示。方法类似于【起点、圆心、端点】画圆弧。

➢【方向（D）】：通过指定圆弧的切线来绘制多段线圆弧，如图 3-125 所示。方法类似于【起点、端点、方向】画圆弧。

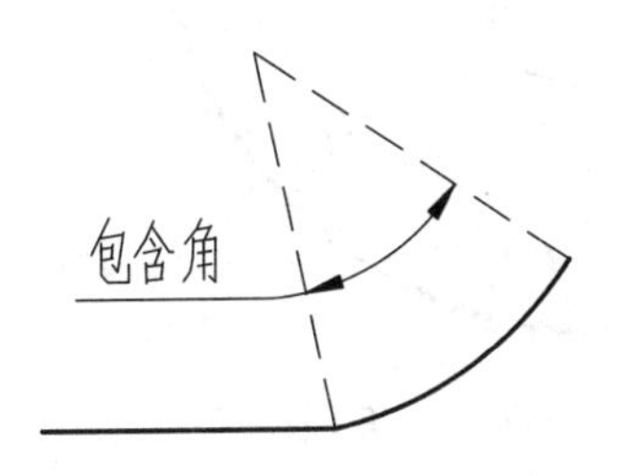

图 3-123 指定包含角绘制多段线圆弧

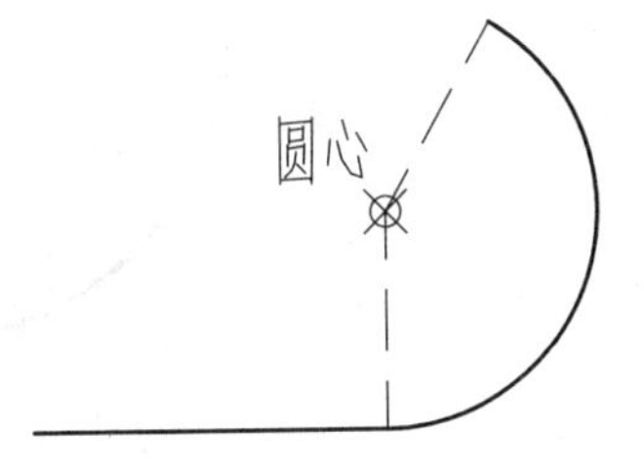

图 3-124 通过圆心绘制多段线圆弧

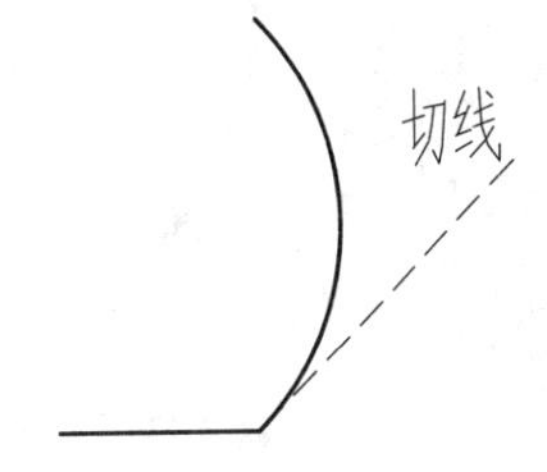

图 3-125 通过切线绘制多段线圆弧

- 【直线（L）】：从绘制圆弧切换到绘制直线。
- 【半径（R）】：通过指定圆弧的半径来绘制多段线圆弧，如图 3-126 所示。方法类似于【起点、端点、半径】画圆弧。
- 【第二个点（S）】：通过指定圆弧上的第二点和端点来绘制多段线圆弧，如图 3-127 所示。方法类似于【三点】画圆弧。

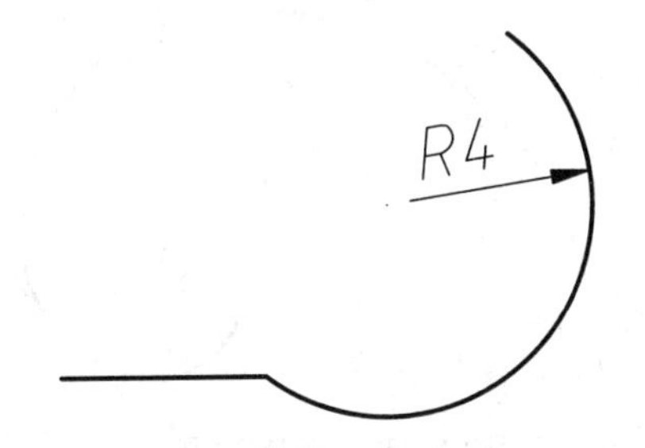

图 3-126 通过半径绘制多段线圆弧

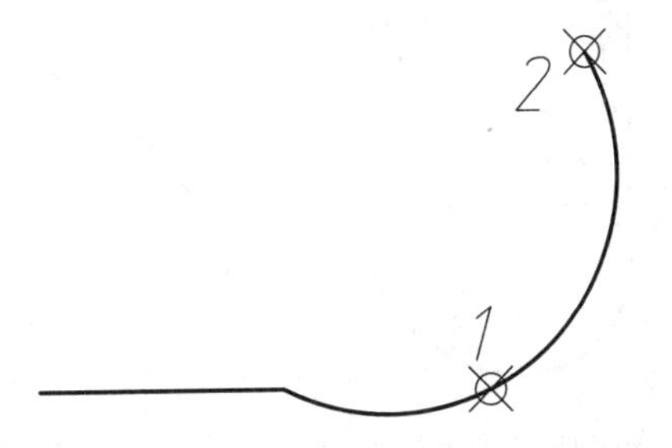

图 3-127 通过第二个点和端点绘制多段线圆弧

【案例 3-17】：通过【多段线】绘制斐波那契螺旋线

视频文件：视频\第 3 章\3-17.mp4

01 按下 Ctrl + N 快捷键，新建空白文档。

02 在【默认】选项卡中单击【绘图】面板上的【多段线】按钮，任意指定一点为起点。

03 创建第 1 段圆弧。在命令行中输入【A】，选择圆弧绘制，再输入【D，】选择通过方向来绘制圆弧。接着在正上方指定一点为圆弧切向方向，然后水平向右移动光标，绘制一段距离为 2mm 的圆弧，如图 3-128 所示。

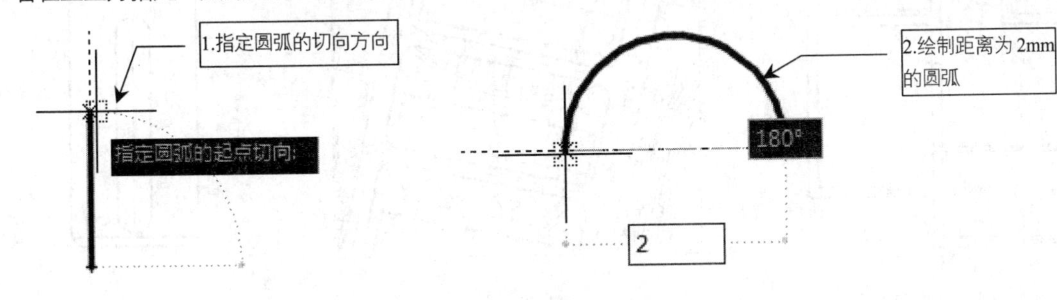

图 3-128 创建第 1 段圆弧

04 创建第 2 段圆弧。在命令行中输入【CE】，选择“圆心”方式绘制圆弧。指定第 1 段圆弧、也是多段线的起点（带有“+”标记）为圆心，绘制一段角度为 90° 的圆弧，如图 3-129 所示。

05 创建第 3 段圆弧。在命令行中输入【R】，选择“半径”方式绘制圆弧。根据斐波那契数列规律可知第 3 段圆弧半径为 4mm，然后指定角度为 90°，如图 3-130 所示。

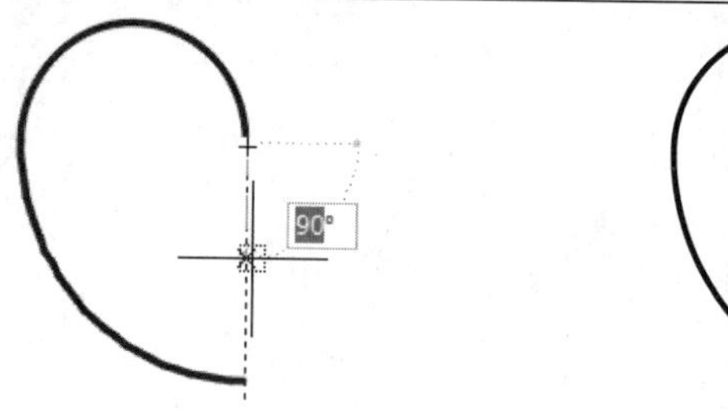

图 3-129　创建第 2 段圆弧

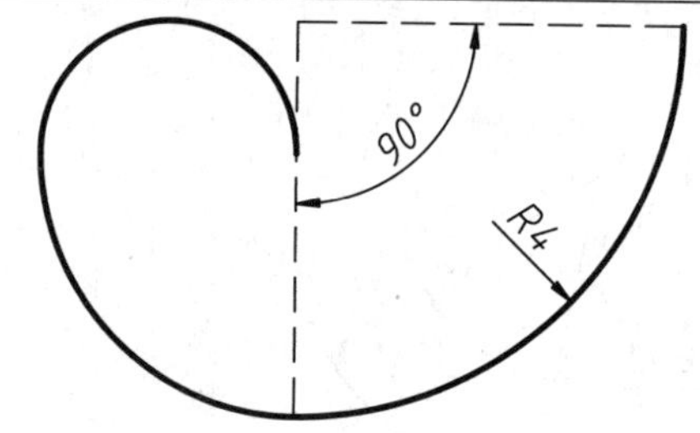

图 3-130　创建第 3 段圆弧

06 创建第 4 段圆弧。在命令行中输入【A】，选择“角度”方式绘制圆弧。输入夹角为 90°，然后指定半径为 6mm，结果如图 3-131 所示。

07 创建第 5 段圆弧。再次输入【R】，选择“半径”方式绘制圆弧。指定半径为 10mm，角度为 90°，绘制第 5 段圆弧，如图 3-132 所示。

08 按相同方法，绘制其余圆弧，即可得到斐波那契螺旋线，如图 3-133 所示。

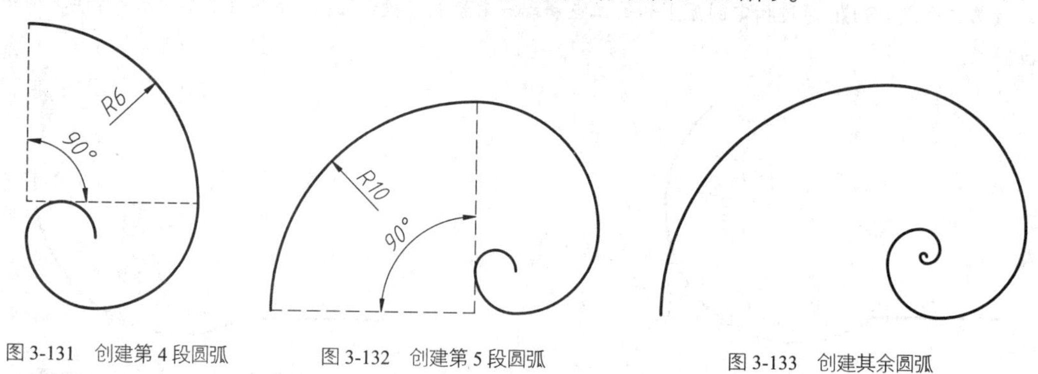

图 3-131　创建第 4 段圆弧　　图 3-132　创建第 5 段圆弧　　图 3-133　创建其余圆弧

3.5　多线

多线是一种由多条平行线组成的组合图形对象，它可以由 1~16 条平行直线组成。多线在实际工程设计中的应用非常广泛，如建筑平面图中的墙体、规划设计中的道路、机械设计中的键等，如图 3-134 所示。

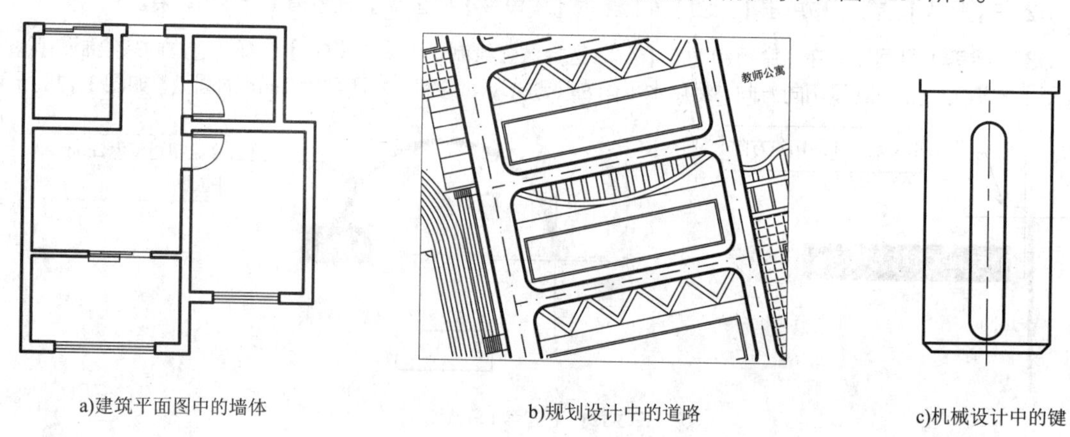

a)建筑平面图中的墙体　　b)规划设计中的道路　　c)机械设计中的键

图 3-134　多线应用

3.5.1　多线概述

使用【多线】命令可以快速生成大量平行直线。多线同多段线一样，也是复合对象，绘制的每一条多线都是一个完整的整体，不能对其进行偏移、延伸、修剪等编辑操作，只有将其分解为多条直线后才能编辑。

多线的操作步骤与多段线类似，稍有不同的是多线需要在绘制前设置好样式与其他参数，开始绘制后便不能再随意更改，而多段线在开始不需做任何设置，在绘制的过程中可以根据众多的选项随时进行调整。

3.5.2 设置多线样式

系统默认的STANDARD样式由两条平行线组成，并且平行线的间距是定值。如果要绘制不同规格和样式的多线（带封口或更多数量的平行线），就需要设置多线的样式。

执行【多线样式】命令的方法有以下几种。

➢ 菜单栏：选择【格式】|【多线样式】命令。

➢ 命令行：MLSTYLE。

使用上述方法打开【多线样式】对话框，如图3-135所示，在其中可以新建、修改或者加载多线样式单击其中的【新建】按钮，将打开【创建新的多线样式】对话框，可以定义新多线样式的名称（如平键），如图3-136所示。

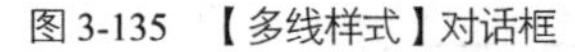

图3-135 【多线样式】对话框

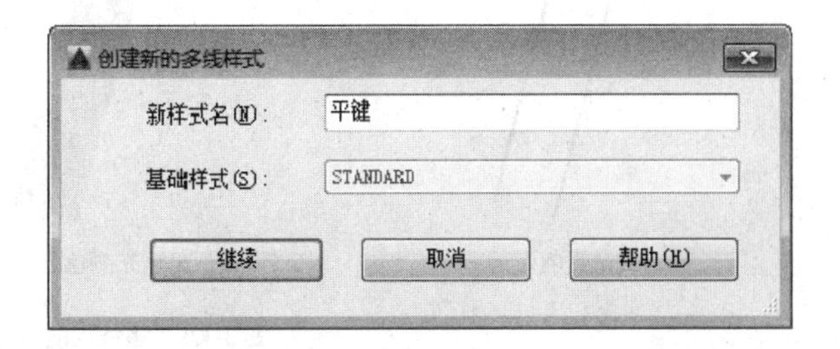

图3-136 【创建新的多线样式】对话框

单击【继续】按钮，将打开【新建多线样式】对话框，可以在其中设置多线的各种特性，如图3-137所示。

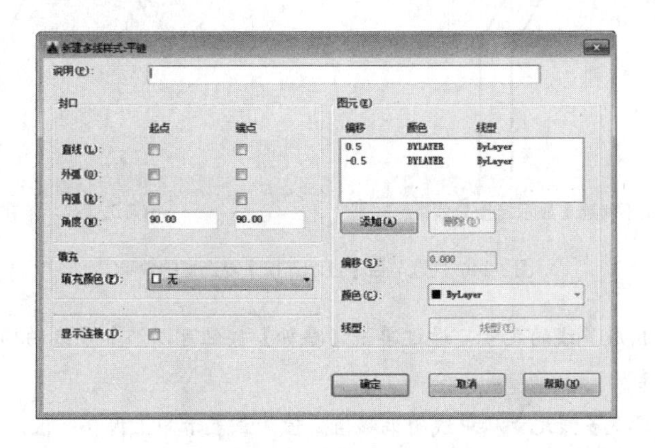

图3-137 【新建多线样式】对话框

【新建多线样式】对话框中各选项的含义如下：

➢ 【封口】选项组：设置多线的平行线段之间两端封口的样式。当取消勾选【封口】选项组中的复选框，绘制的多段线两端将呈打开状态。多线的各种封口形式如图3-138所示。

➢ 【填充颜色】下拉列表框：设置封闭的多线内的填充颜色。选择【无】选项，表示使用透明颜色填充，如图3-139所示。

➢ 【显示连接】复选框：显示或隐藏每条多线段顶点处的连接，如图3-140所示。

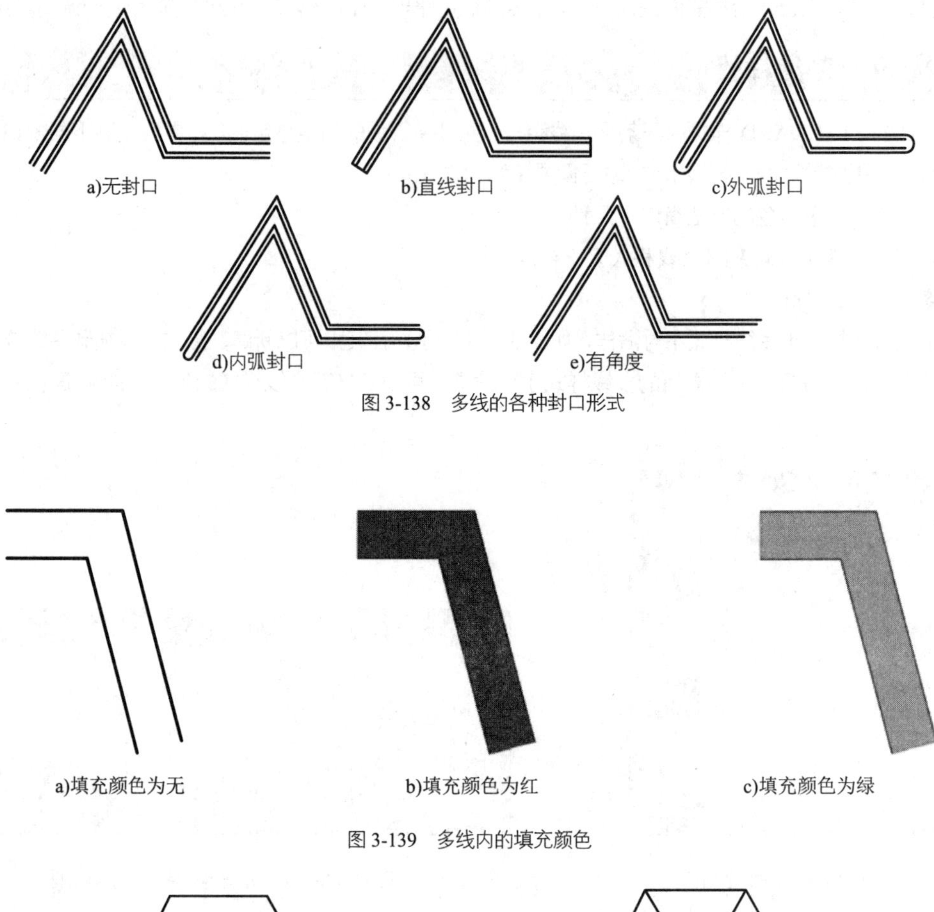

a)无封口　b)直线封口　c)外弧封口

d)内弧封口　e)有角度

图 3-138　多线的各种封口形式

a)填充颜色为无　b)填充颜色为红　c)填充颜色为绿

图 3-139　多线内的填充颜色

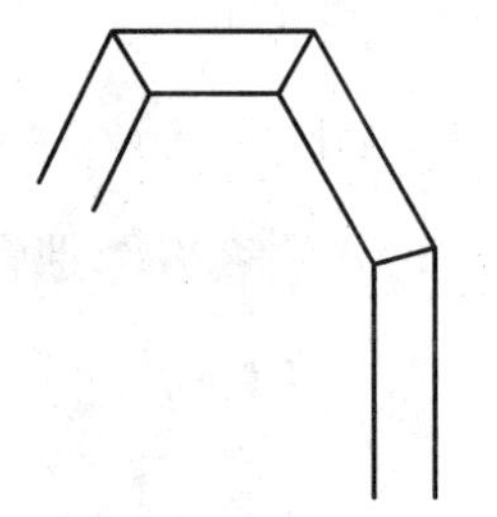

a)不勾选【显示连接】效果　b)勾选【显示连接】效果

图 3-140 勾选与否【显示连接】复选框的效果

➢【图元】选项组：构成多线的元素。通过单击【添加】按钮可以添加多线的构成元素，也可以通过单击【删除】按钮删除这些元素。

➢【偏移】文本框：设置多线元素从中线的偏移值。值为正表示向上偏移，值为负表示向下偏移。

➢【颜色】下拉列表框：设置组成多线元素的直线线条颜色。

➢【线型】下拉列表框：设置组成多线元素的直线线条线型。

【案例 3-18】：　创建墙体多线样式　　视频文件：视频\第 3 章\3-18.mp4

01 单击快速访问工具栏中的【新建】按钮，新建空白文件。

02 在命令行中输入【MLSTYLE】并按 Enter 键，系统弹出【多线样式】对话框，如图 3-141 所示。

03 单击【新建】按钮，系统弹出【创建新的多线样式】对话框，设置【新样式名】为【墙体】、【基础样式】为【STANDARD】，单击【确定】按钮，系统弹出【新建多线样式：墙体】对话框。

04 在【封口】选项组中勾选【直线】的两个复选框、在【图元】选项组中设置【偏移】为 120 与-120，如图 3-142 所示。单击【确定】按钮，系统返回【多线样式】对话框。

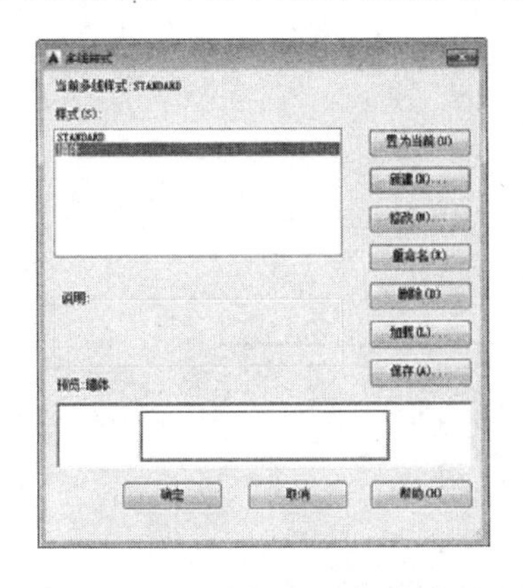

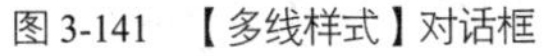

图 3-141 【多线样式】对话框

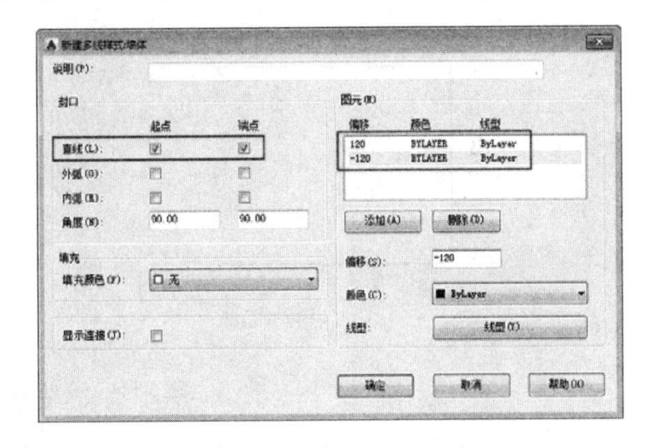

图 3-142 设置封口和偏移值

05 单击【置为当前】按钮，再单击【确定】按钮，关闭对话框，完成墙体多线样式的设置。单击快速访问工具栏中的【保存】按钮，保存文件。

3.5.3 绘制多线

在 AutoCAD 中执行【多线】命令的方法只有以下两种，读者也可以在功能区中添加【多线】面板按钮。

➢ 菜单栏：选择【绘图】|【多线】命令。

➢ 命令行：MLINE 或 ML。

执行命令后，命令行操作如下：

```
命令：_MLINE                                          //执行【多线】命令
当前设置：对正 = 上，比例 = 20.00，样式 = STANDARD     //显示当前的多线设置
指定起点或 [对正(J)/比例(S)/样式(ST)]：                //指定多线起点或修改多线设置
指定下一点：                                          //指定多线的端点
指定下一点或 [放弃(U)]：                               //指定下一段多线的端点
指定下一点或 [闭合(C)/放弃(U)]：              //指定下一段多线的端点或按 Enter 键结束
```

执行【多线】命令的过程中，命令行会出现【对正（J）】【比例（S）】【样式（ST）】3 种设置类型，分别介绍如下：

➢ 【对正（J）】：设置绘制多线时相对于输入点的偏移位置。该选项有【上】、【无】和【下】3 个选项，【上】表示多线顶端的线随着光标移动，【无】表示多线的中心线随着光标移动，【下】表示多线底端的线随着光标移动，如图 3-143 所示。

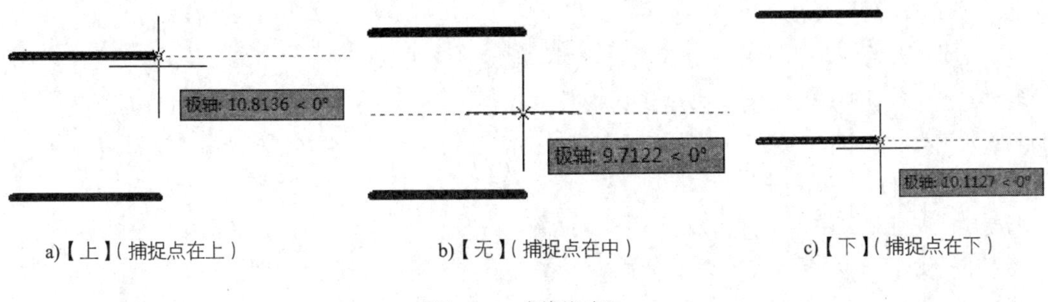

a)【上】（捕捉点在上）　b)【无】（捕捉点在中）　c)【下】（捕捉点在下）

图 3-143 多线的对正

➢ 【比例（S）】：设置多线样式中多线的宽度比例，可以快速定义多线的间隔宽度，如图 3-144 所示。

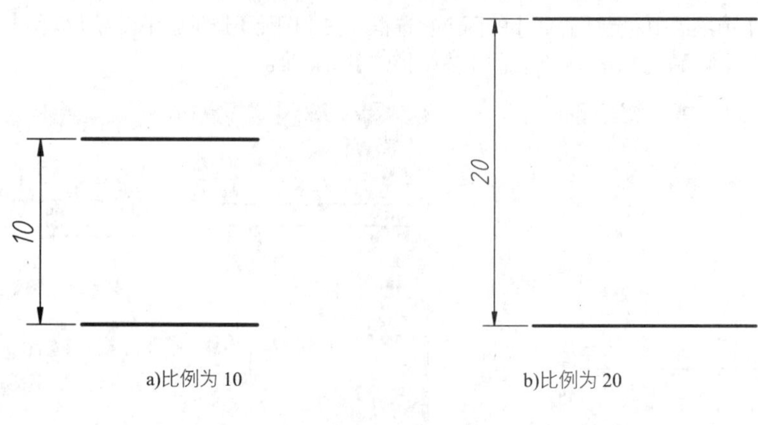

a)比例为 10　　b)比例为 20

图 3-144　多线的比例

➢【样式（ST）】：设置绘制多线时使用的样式。默认的多线样式为 STANDARD，选择该选项后，可以在提示信息“输入多线样式”或“？”后面输入已定义的样式名。输入“？”则会列出当前图形中所有的多线样式。

【案例 3-19】：　绘制墙体　　视频文件：视频\第 3 章\3-19.mp4

01 单击快速访问工具栏中的【打开】按钮，打开“第 3 章\3-19 绘制墙体.dwg”文件，素材图形如图 3-145 所示。

02 创建墙体多线样式。按【案例 3-18】的方法创建墙体多线样式，如图 3-146 所示。

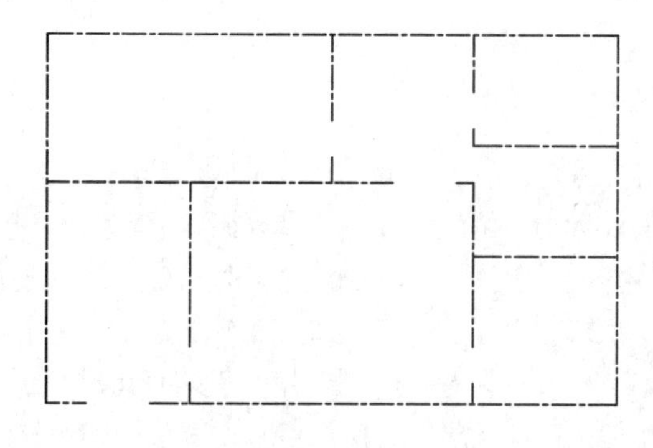

图 3-145　素材图形

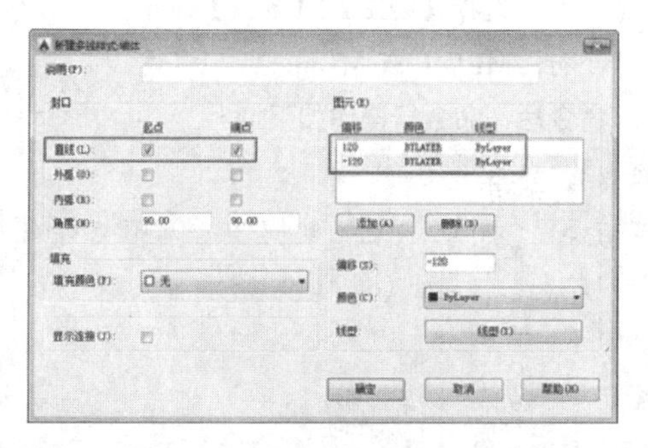

图 3-146　创建墙体多线样式

03 在命令行中输入【ML】，调用【多线】命令，绘制如图 3-147 所示的承重墙。命令行操作如下：

```
命令: _MLINE↙                                          //调用【多线】命令
当前设置: 对正 = 上, 比例 = 20.00, 样式 = 墙体
指定起点或 [对正(J)/比例(S)/样式(ST)]: S↙            //选择【比例(S)】选项
输入多线比例 <20.00>: 1↙                              //输入多线比例
当前设置: 对正 = 上, 比例 = 1.00, 样式 = 墙体
指定起点或 [对正(J)/比例(S)/样式(ST)]: J↙            //选择【对正(J)】选项
输入对正类型 [上(T)/无(Z)/下(B)] <上>: Z↙             //选择【无(Z)】选项
当前设置: 对正 = 无, 比例 = 1.00, 样式 = 墙体
指定起点或 [对正(J)/比例(S)/样式(ST)]:                 //沿着轴线绘制墙体
指定下一点:
指定下一点或 [放弃(U)]:
指定下一点或 [闭合(C)/放弃(U)]: ↙                     //按 Enter 键结束绘制
```

04 按空格键重复命令，设置比例为 0.5，绘制非承重墙。命令行操作如下：

```
命令: MLINE↙                                              //调用【多线】命令
当前设置: 对正 = 无, 比例 = 1.00, 样式 = 墙体
指定起点或 [对正(J)/比例(S)/样式(ST)]:  S↙                  //选择【比例(S)】选项
输入多线比例 <1.00>:  0.5↙                                  //输入多线比例
当前设置: 对正 = 无, 比例 = 0.50, 样式 = 墙体
指定起点或 [对正(J)/比例(S)/样式(ST)]:  J↙                  //选择【对正(J)】选项
输入对正类型 [上(T)/无(Z)/下(B)] <无>:  Z↙                  //选择【无(Z)】选项
当前设置: 对正 = 无, 比例 = 0.50, 样式 = 墙体
指定起点或 [对正(J)/比例(S)/样式(ST)]:
指定下一点:                                                 //沿着轴线绘制墙体
指定下一点或 [放弃(U)]: ↙                                   //按 Enter 键结束绘制
```

结果如图 3-148 所示。

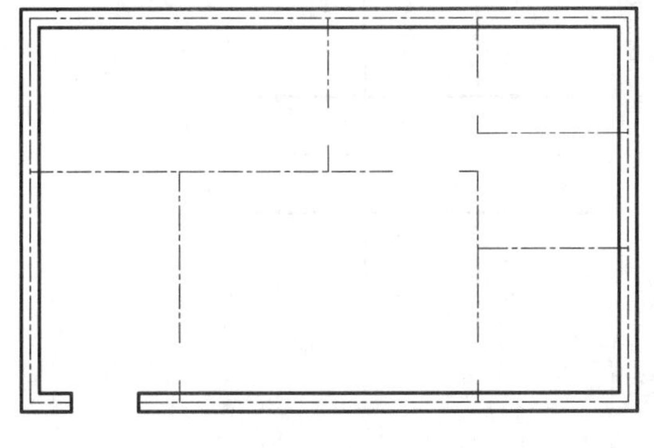

图 3-147　绘制承重墙

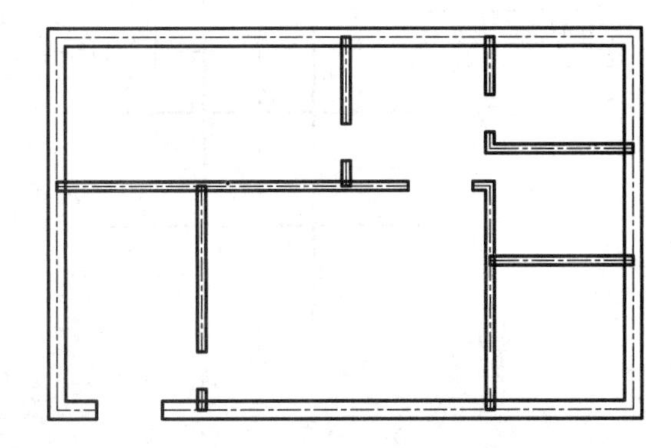

图 3-148　绘制非承重墙

3.5.4　编辑多线

之前介绍了多线是复合对象，只能将其分解为多条直线后才能编辑。但在 AutoCAD 中，也可以用【多线编辑工具】对话框对多线进行编辑。

打开【多线编辑工具】对话框的方法有以下 3 种。

- 菜单栏：执行【修改】|【对象】|【多线】命令，如图 3-149 所示。
- 命令行：MLEDIT。
- 快捷操作：双击绘制的多线图形。

执行上述任一命令后，系统自动弹出【多线编辑工具】对话框，如图 3-150 所示。根据图样单击选择一种适合的工具图标，即可使用该工具编辑多线。

【多线编辑工具】对话框中共有 4 列 12 种多线编辑工具，其中第 1 列为十字交叉编辑工具，第 2 列为 T 形交叉编辑工具，第 3 列为角点结合编辑工具，第 4 列为中断或接合编辑工具。具体介绍如下：

- 【十字闭合】：可在两条多线之间创建闭合的十字交点。选择该工具后，先选择第一条多线，作为打断的隐藏多线，再选择第二条多线，即前置的多线，结果如图 3-151 所示。
- 【十字打开】：在两条多线之间创建打开的十字交点。打断将插入第一条多线的所有元素和第二条多线的外部元素，结果如图 3-152 所示。
- 【十字合并】：在两条多线之间创建合并的十字交点。选择多线的次序并不重要，结果如图 3-153 所示。

操作技巧：对于双数多线来说，“十字打开”和“十字合并”的结果是一样的；但对于三线，中间线的结

果是不一样的，如图 3-154 所示。

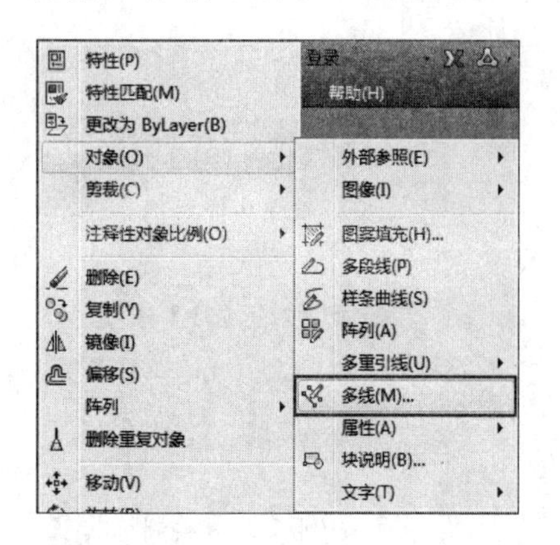

图 3-149　在菜单栏中调用【多线】编辑命令

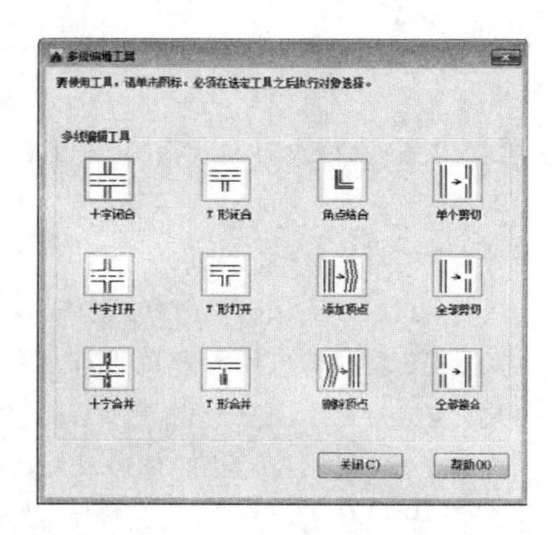

图 3-150　【多线编辑工具】对话框

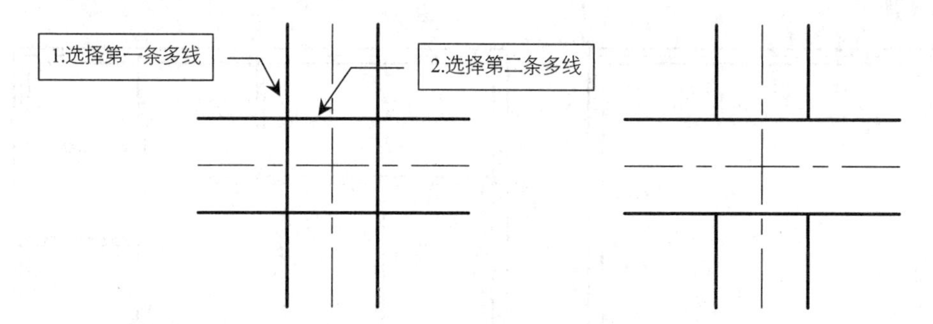

图 3-151　十字闭合

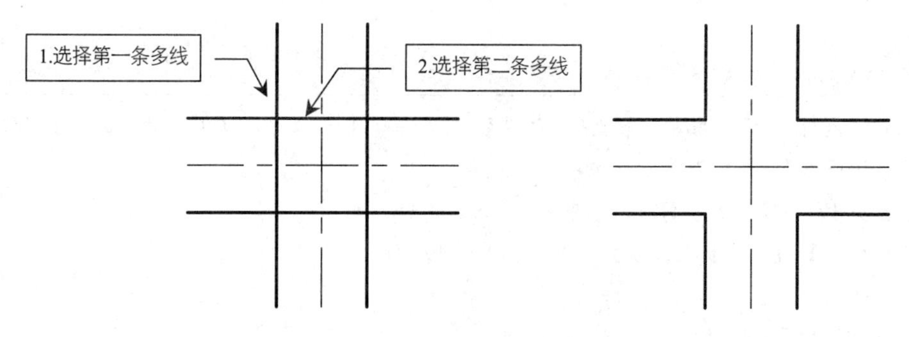

图 3-152　十字打开

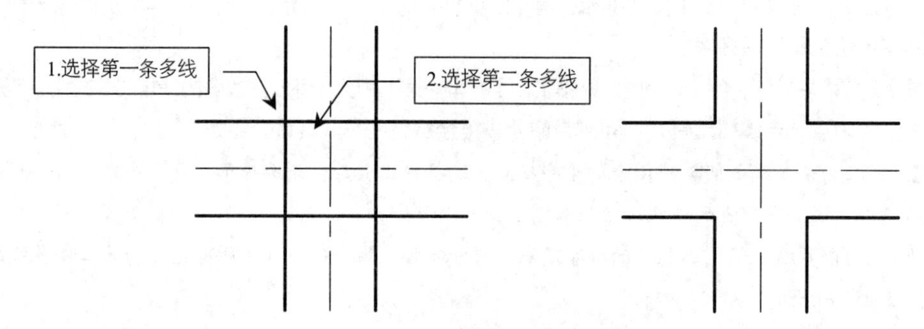

图 3-153　十字合并

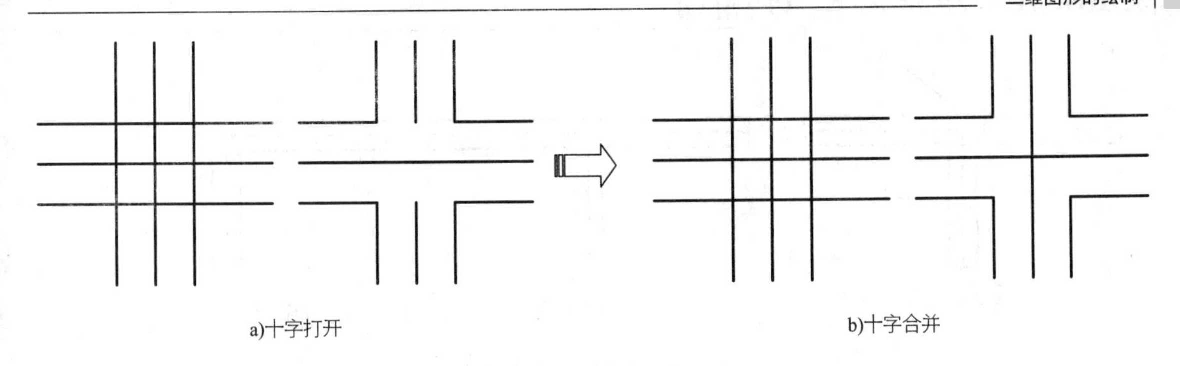

图 3-154　三线的编辑效果

➢【T 形闭合】: 在两条多线之间创建闭合的 T 形交点。将第一条多线修剪或延伸到与第二条多线的交点处，结果如图 3-155 所示。

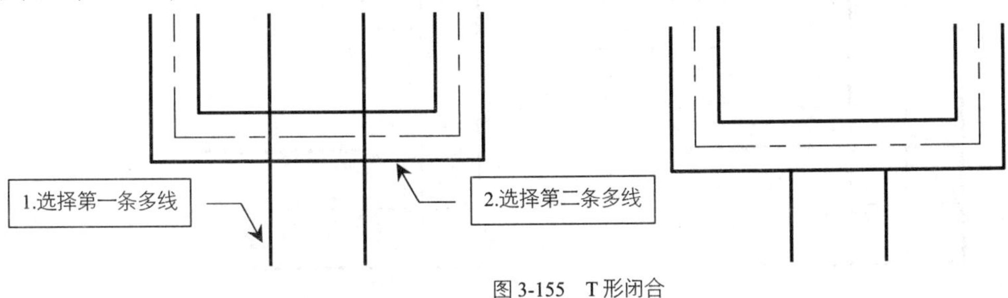

图 3-155　T 形闭合

➢【T 形打开】: 在两条多线之间创建打开的 T 形交点。将第一条多线修剪或延伸到与第二条多线的交点处，如图 3-156 所示。

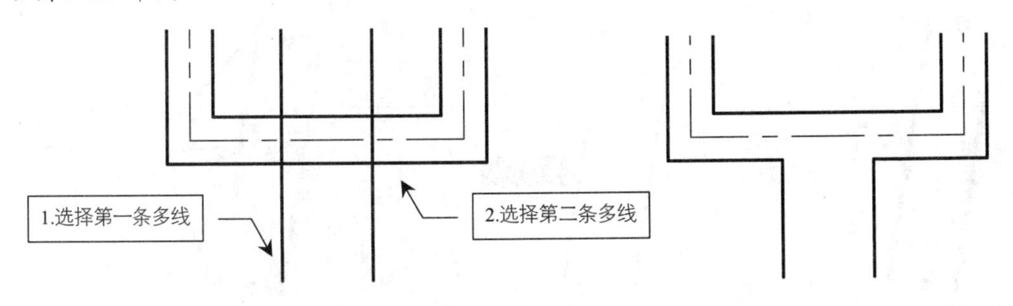

图 3-156　T 形打开

➢【T 形合并】: 在两条多线之间创建合并的 T 形交点。将第一条多线修剪或延伸到与第二条多线的交点处，结果如图 3-157 所示。

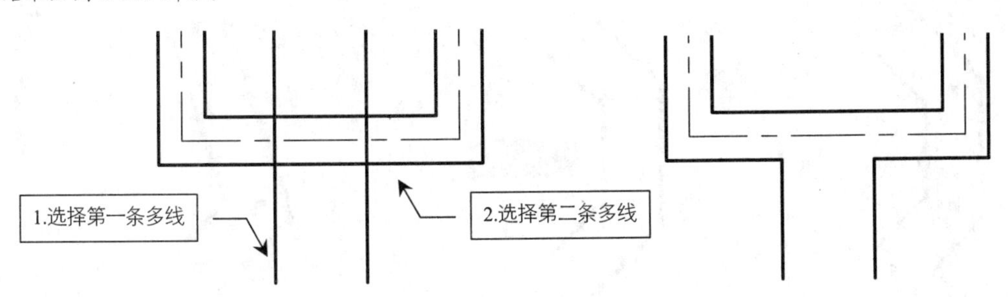

图 3-157　T 形合并

操作技巧　【T 形闭合】【T 形打开】和【T 形合并】的选择对象顺序应先选择 T 字的下半部分，再选择 T 字的上半部分，如图 3-158 所示。

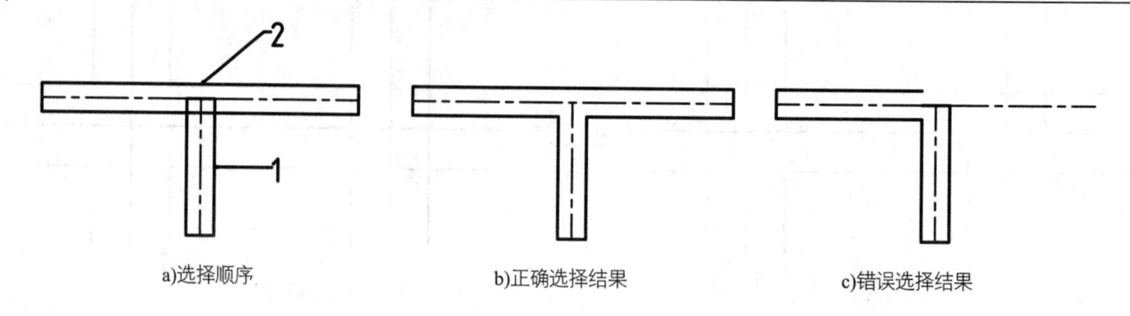

图 3-158 选择顺序不同的结果

➢【角点结合】：在多线之间创建角点结合。将多线修剪或延伸到它们的交点处，结果如图 3-159 所示。

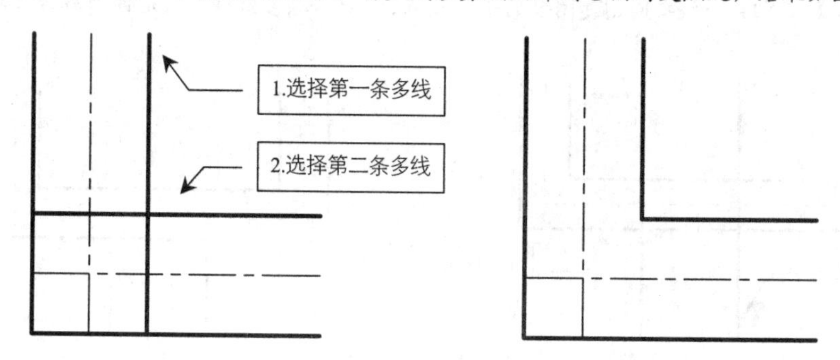

图 3-159 角点结合

➢【添加顶点】：向多线上添加一个顶点。新添加的顶点可以用于夹点编辑，结果如图 3-160 所示

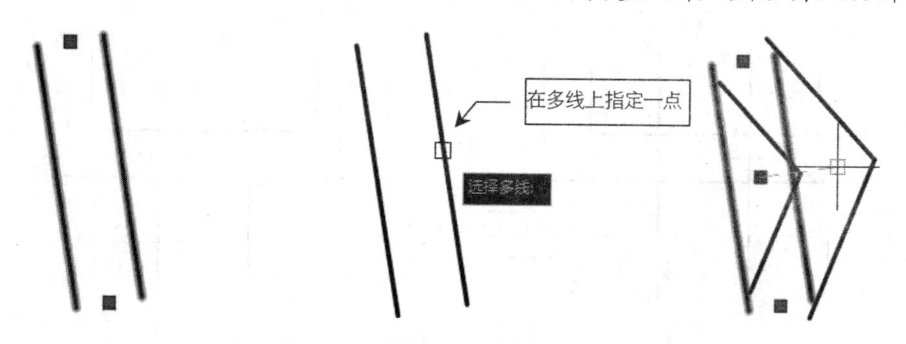

图 3-160 添加顶点

➢【删除顶点】：从多线上删除一个顶点，效果如图 3-161 所示。

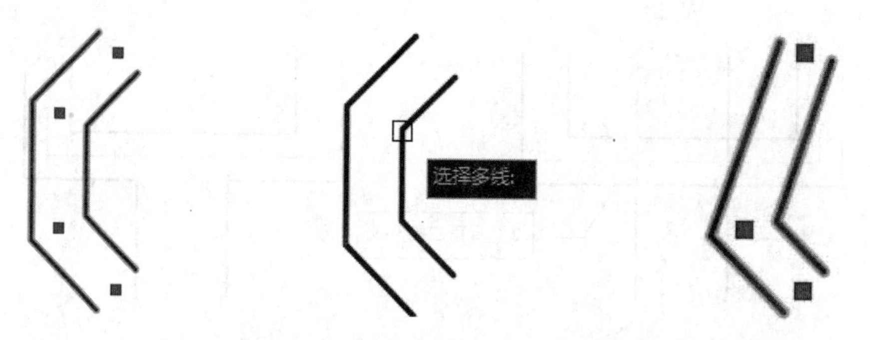

图 3-161 删除顶点

➢【单个剪切】：在选定的多线元素中创建可见打断，结果如图 3-162 所示。

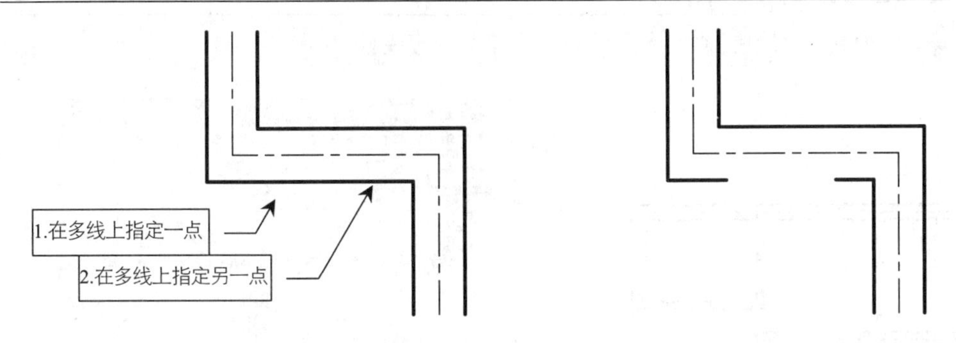

图 3-162 单个剪切

➢【全部剪切】：创建穿过整条多线的可见打断，结果如图 3-163 所示。

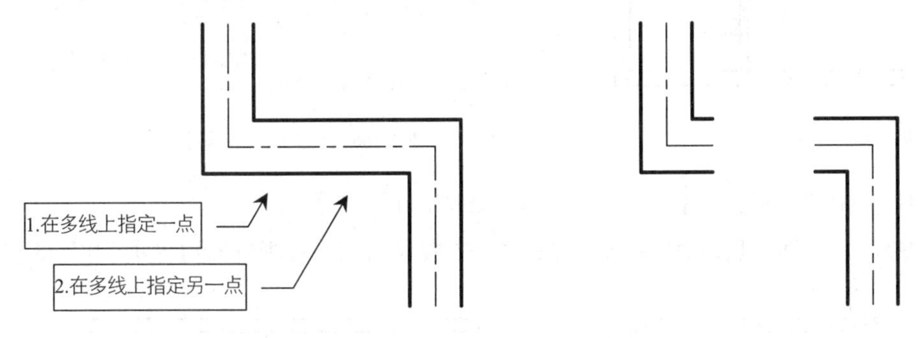

图 3-163 全部剪切

➢【全部接合】：将已被剪切的多线线段重新接合起来，如图 3-164 所示。

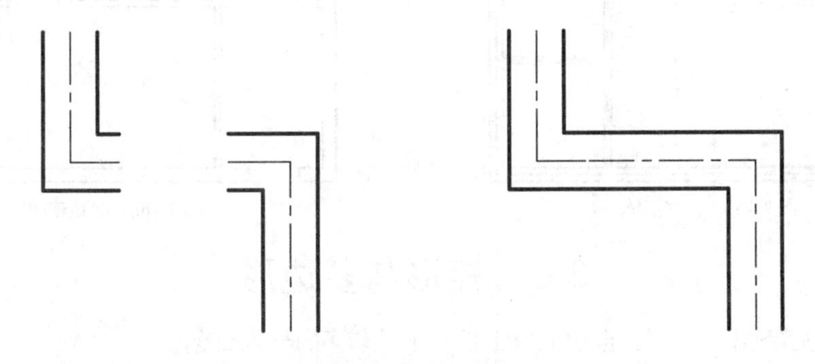

图 3-164 全部接合

【案例 3-20】：编辑墙体 视频文件：视频\第 3 章\3-20.mp4

【案例 3-19】中所绘制完成的墙体仍有瑕疵，需要通过多线编辑命令对其进行修改，从而得到最终完整的墙体图形。

01 单击快速访问工具栏中的【打开】按钮，打开“第 3 章\3-19 绘制墙体-OK.dwg”文件，素材图形如图 3-165 所示。

02 在命令行中输入【MLEDIT】，调用【多线编辑】命令，打开【多线编辑工具】对话框，如图 3-166 所示。

03 选择对话框中的【T 形合并】选项，系统自动返回到绘图区，根据命令行提示对墙体结合部进行编辑。命令行操作如下：

```
命令: MLEDIT↙                                  //调用【多线编辑】命令
选择第一条多线:                                //选择竖直墙体
选择第二条多线:                                //选择水平墙体
```

选择第一条多线 或 [放弃(U)]: ↙ //重复操作

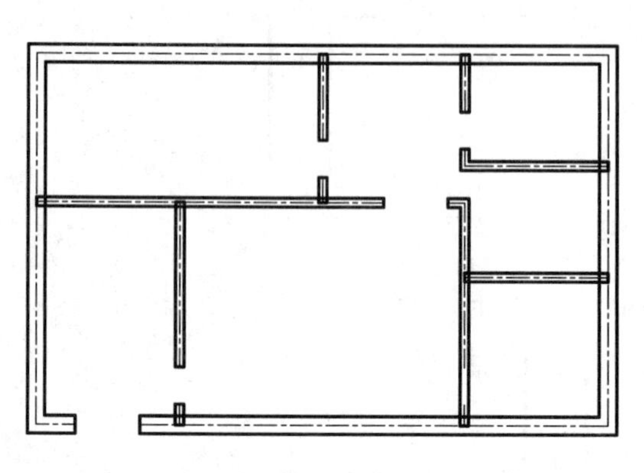

图 3-165 素材图形

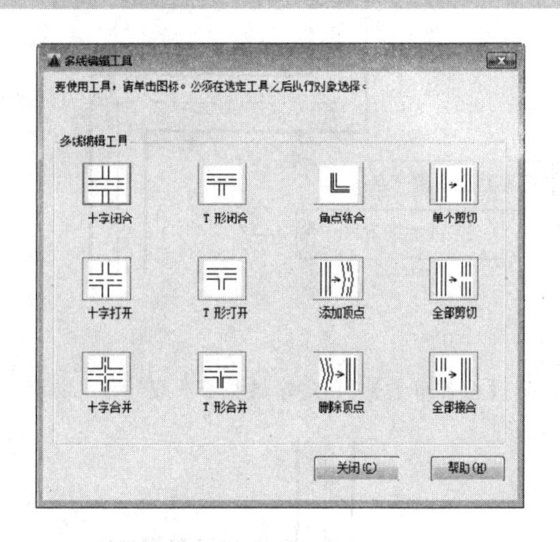

图 3-166 【多线编辑工具】对话框

04 重复上述操作，对所有墙体执行【T 形合并】命令，结果如图 3-167 所示。

05 在命令行中输入 LA，调用【图层特性管理器】命令，在弹出的【图层特性管理器】选项板中隐藏【轴线】图层，结果如图 3-168 所示。

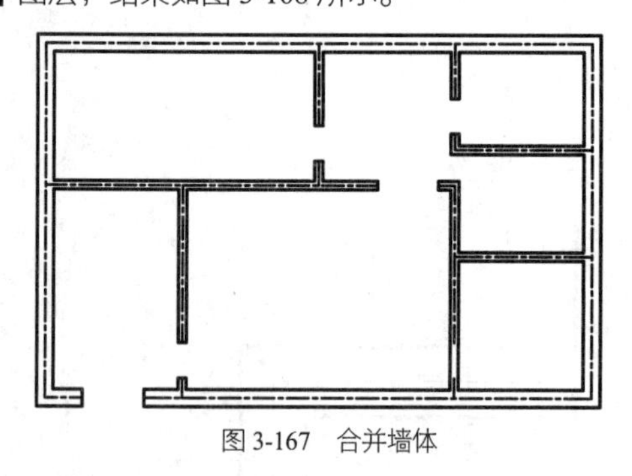

图 3-167 合并墙体

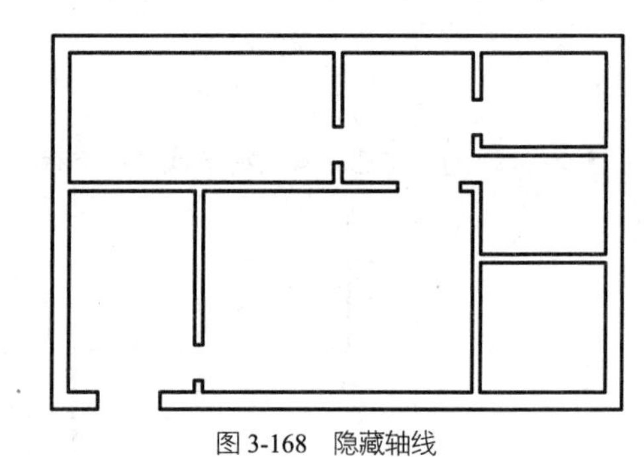

图 3-168 隐藏轴线

3.6 矩形与多边形

多边形图形包括矩形和多边形，也是在绘图过程中使用较多的一类图形。

3.6.1 矩形

矩形就是通常说的长方形，可通过输入矩形的任意两个对角位置来确定。在 AutoCAD 中绘制矩形可以为其设置倒角、圆角以及宽度和厚度值，如图 3-169 所示。

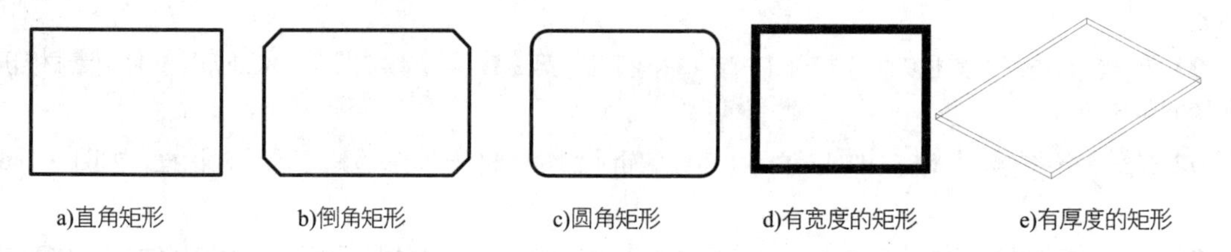

a)直角矩形 b)倒角矩形 c)圆角矩形 d)有宽度的矩形 e)有厚度的矩形

图 3-169 各种样式的矩形

调用【矩形】命令的方法如下：

- 功能区：在【默认】选项卡中单击【绘图】面板中的【矩形】按钮。
- 菜单栏：执行【绘图】|【矩形】命令。

➢ 命令行：RECTANG 或 REC。

执行该命令后，命令行操作如下：

```
命令：_RECTANG                                          //执行【矩形】命令
指定第一个角点或 [倒角(C)/标高(E)/圆角(F)/厚度(T)/宽度(W)]： //指定矩形的第一个角点
指定另一个角点或 [面积(A)/尺寸(D)/旋转(R)]：                 //指定矩形的对角点
```

在指定第一个角点时有5个选项，而指定第二个对角点时有3个选项。各选项含义如下：

➢ 【倒角（C）】：用来绘制倒角矩形。选择该选项后可指定矩形的倒角距离，如图3-170所示。设置该选项后，执行【矩形】命令时此值成为当前的默认值。若不需设置倒角，则要再次将其设置为0。命令行操作如下：

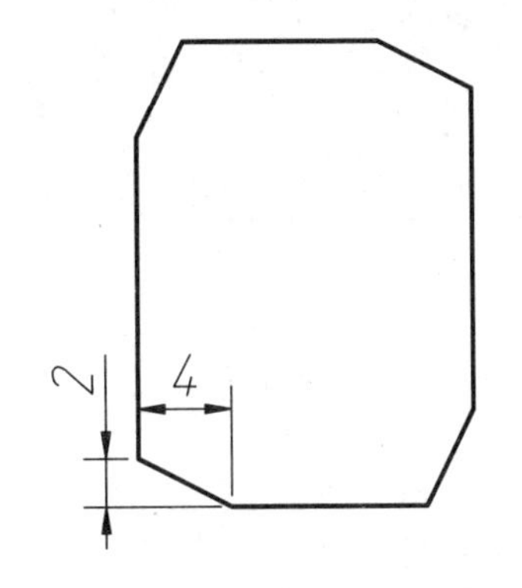


```
命令：_RECTANG
指定第一个角点或 [倒角(C)/标高(E)/圆角(F)/厚度(T)/宽度(W)]：C
                                        //选择“倒角”选项
指定矩形的第一个倒角距离 <0.0000>：2          //输入第一个倒角距离
指定矩形的第二个倒角距离 <2.0000>：4          //输入第二个倒角距离
指定第一个角点或 [倒角(C)/标高(E)/圆角(F)/厚度(T)/宽度(W)]：
                                             //指定第一个角点
指定另一个角点或 [面积(A)/尺寸(D)/旋转(R)]：//指定第二个角点
```

图3-170　以【 倒角（C）】画矩形

➢ 【标高（E）】：指定矩形的标高，即Z方向上的值。选择该选项后可在高为标高值的平面上绘制矩形，如图3-171所示。命令行操作如下：

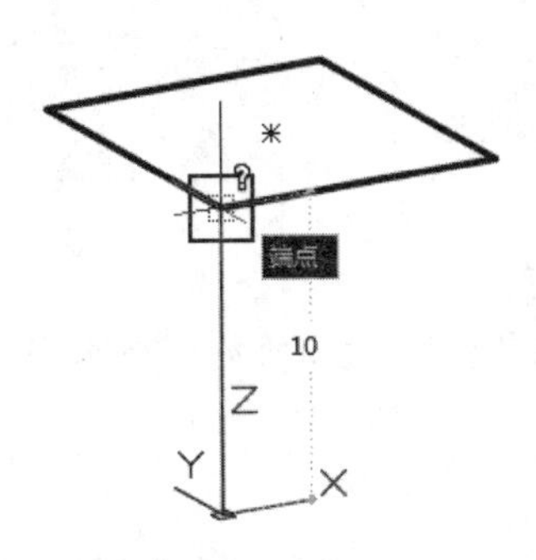


```
命令：_RECTANG
指定第一个角点或 [倒角(C)/标高(E)/圆角(F)/厚度(T)/宽度(W)]：E
                                        //选择“标高”选项
指定矩形的标高 <0.0000>：10                 //输入标高
指定第一个角点或 [倒角(C)/标高(E)/圆角(F)/厚度(T)/宽度(W)]：
                                        //指定第一个角点
指定另一个角点或 [面积(A)/尺寸(D)/旋转(R)]：//指定第二个角点
```

图3-171　【标高（E）】画矩形

➢ 【圆角（F）】：用来绘制圆角矩形。选择该选项后可指定矩形的圆角半径，绘制带圆角的矩形，如图3-172所示。命令行操作如下：

```
命令：_RECTANG
指定第一个角点或 [倒角(C)/标高(E)/圆角(F)/厚度(T)/宽度(W)]：F
                                        //选择“圆角”选项
指定矩形的圆角半径 <0.0000>：5              //输入圆角半径值
指定第一个角点或 [倒角(C)/标高(E)/圆角(F)/厚度(T)/宽度(W)]：
                                        //指定第一个角点
指定另一个角点或 [面积(A)/尺寸(D)/旋转(R)]：//指定第二个角点
```

图3-172　以【圆角（F）】画矩形

操作技巧 如果矩形的长度和宽度太小而无法使用当前设置创建矩形，则绘制出来的矩形将不进行圆角或倒角。

➢ 【厚度（T）】：用来绘制有厚度的矩形。该选项为要绘制的矩形指定 Z 轴上的厚度值，如图 3-173 所示。命令行操作如下：

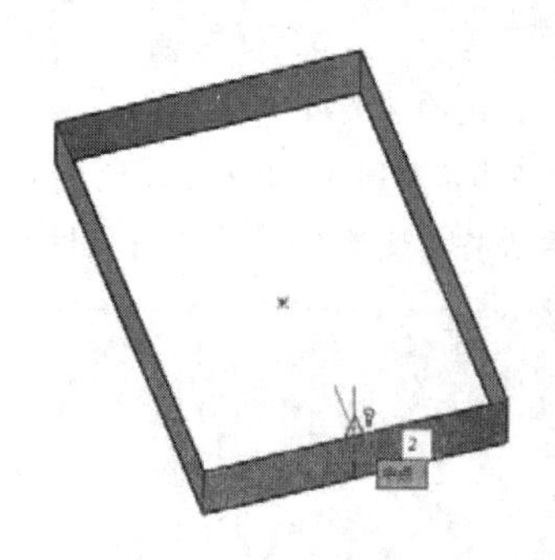


```
命令：_RECTANG
指定第一个角点或 [倒角(C)/标高(E)/圆角(F)/厚度(T)/宽度(W)]: T
                                        //选择“厚度”选项
指定矩形的厚度 <0.0000>: 2              //输入矩形厚度值
指定第一个角点或 [倒角(C)/标高(E)/圆角(F)/厚度(T)/宽度(W)]:
                                        //指定第一个角点
指定另一个角点或 [面积(A)/尺寸(D)/旋转(R)]: //指定第二个角点
```

图 3-173　以【厚度（T）】画矩形

➢ 【宽度（W）】：用来绘制有宽度的矩形，该选项为要绘制的矩形指定线的宽度，效果如图 3-174 所示。命令行操作如下：

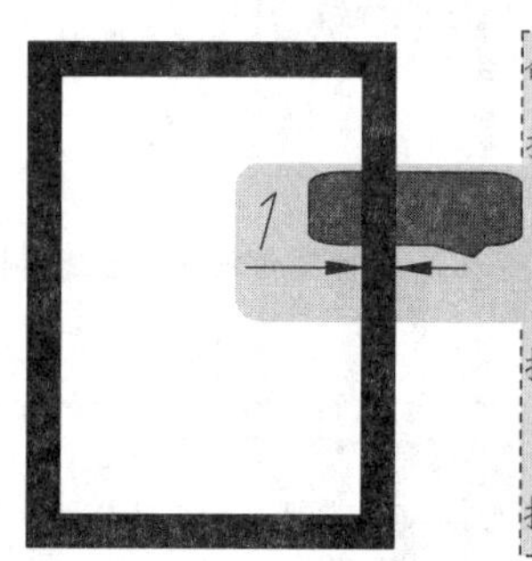


```
命令：_RECTANG
指定第一个角点或 [倒角(C)/标高(E)/圆角(F)/厚度(T)/宽度(W)]: W
指定第一个角点或 [倒角(C)/标高(E)/圆角(F)/厚度(T)/宽度(W)]:
                                        //指定第一个角点
指定另一个角点或 [面积(A)/尺寸(D)/旋转(R)]: //指定第二个角点
```

图 3-174　“宽度（W）”画矩形

➢ 【面积（A）】：该选项提供了另一种绘制矩形的方式，即通过确定矩形面积大小的方式绘制矩形。

➢ 【尺寸（D）】：该选项通过输入矩形的长和宽确定矩形的大小。

➢ 【旋转（R）】：选择该选项，可以指定绘制矩形的旋转角度。

【案例 3-21】：使用【矩形】命令绘制电视机

视频文件：视频\第 3 章\3-21.mp4

01 单击快速访问工具栏中的【打开】按钮，打开“第 3 章\3-21 使用矩形绘制电视机.dwg”文件，素材图形如图 3-175 所示。

02 在【默认】选项卡中单击【绘图】面板中的【矩形】按钮，绘制圆角作为矩形电视机屏幕，如图 3-176 所示。命令行操作如下：

```
命令：_RECTANG↙                                          //调用【矩形】命令
指定第一个角点或 [倒角(C)/标高(E)/圆角(F)/厚度(T)/宽度(W)]: F↙   //选择“圆角”选项
指定矩形的圆角半径 <30.0000>: ↙                          //按 Enter 键默认半径尺寸
指定第一个角点或 [倒角(C)/标高(E)/圆角(F)/厚度(T)/宽度(W)]:
                            //在绘图区适当的位置单击一点确定矩形的第一角点
指定另一个角点或 [面积(A)/尺寸(D)/旋转(R)]: D↙                 //选择“尺寸”选项
指定矩形的长度 <500.0000>: 550↙                            //指定矩形的长度
指定矩形的宽度 <500.0000>: 400↙                            //指定矩形的宽度
指定另一个角点或 [面积(A)/尺寸(D)/旋转(R)]:   //单击指定矩形的另一个角点，完成矩形的绘制
```

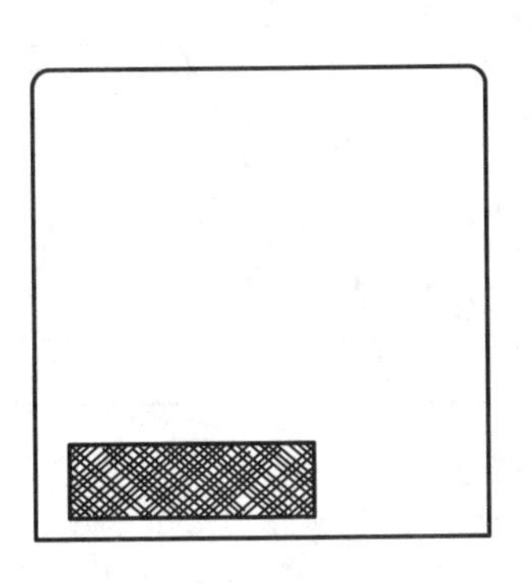

图 3-175　素材图形

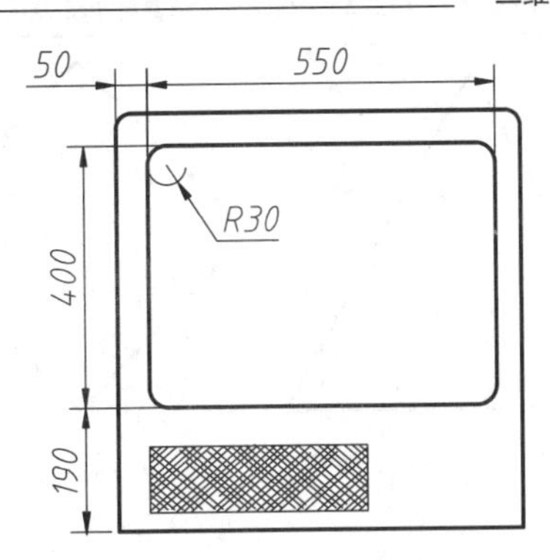

图 3-176　绘制圆角矩形

03 重复调用矩形命令，选择【倒角】选项，绘制倒角矩形按钮，如图 3-177 所示。命令行操作如下：

```
命令: _RECTANG↙                                        //调用【矩形】命令
当前矩形模式:  圆角=30.0000
指定第一个角点或 [倒角(C)/标高(E)/圆角(F)/厚度(T)/宽度(W)]: C ↙      //激活"倒角"选项
指定矩形的第一个倒角距离 <30.0000>: 10↙                 //指定第一个倒角距离 10mm
指定矩形的第二个倒角距离 <30.0000>: 10↙                 //指定第二个倒角距离 10mm
指定第一个角点或 [倒角(C)/标高(E)/圆角(F)/厚度(T)/宽度(W)]:
                              //在绘图区适当的位置单击一点指定矩形的第一角点
指定另一个角点或 [面积(A)/尺寸(D)/旋转(R)]: D↙           //激活"尺寸"选项
指定矩形的长度 <550.0000>: 100↙                         //输入矩形的长度 100mm
指定矩形的宽度 <400.0000>: 50↙                          //输入矩形的宽度 50mm
指定另一个角点或 [面积(A)/尺寸(D)/旋转(R)]:     //在绘图区单击一点指定矩形的另一个角点
```

04 重复调用【矩形】命令，在图中适当的位置绘制三个尺寸为 50mm×25mm 的倒角矩形按钮，结果如图 3-178 所示。

图 3-177　绘制倒角矩形按钮

图 3-178　绘制其他倒角矩形按钮

3.6.2　多边形

正多边形是由三条或三条以上长度相等的线段首尾相接形成的闭合图形，其边数值在 3～1024 之间。各种正多边形如图 3-179 所示。

启动【多边形】命令有以下 3 种方法：

➢ 功能区：在【默认】选项卡中单击【绘图】面板中的【多边形】按钮。

➢ 菜单栏：选择【绘图】|【多边形】命令。

➢ 命令行：POLYGON 或 POL。

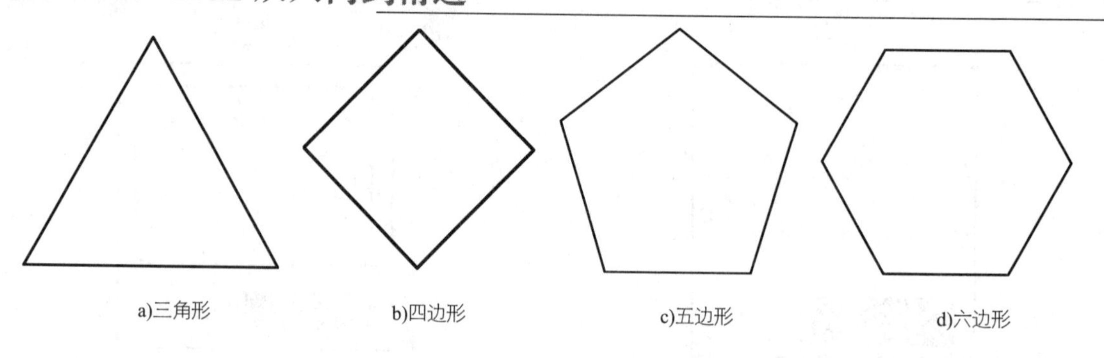

图 3-179　各种正多边形

执行【多边形】命令后，命令行操作如下：

```
命令：POLYGON↙                                        //执行【多边形】命令
输入侧面数 <4>:                                       //指定多边形的边数，默认状态为四边形
指定正多边形的中心点或 [边(E)]:       //确定正多边形的一条边来绘制正多边形，由边数和边长确定
输入选项 [内接于圆(I)/外切于圆(C)] <I>:                  //选择正多边形的创建方式
指定圆的半径:                         //指定创建正多边形时的内接于圆或外切于圆的半径
```

执行【多边形】命令时，在命令行中提供了 4 种绘制方法。各方法具体介绍如下：

➢【中心点】：为默认方式，通过指定正多边形中心点的方式来绘制正多边形，如图 3-180 所示。命令行操作如下：

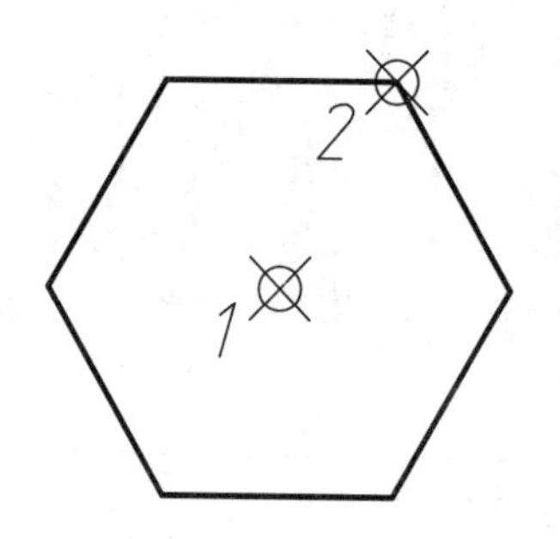


```
命令：_POLYGON
输入侧面数 <5>: 6↙                                //指定边数
指定正多边形的中心点或 [边(E)]:                    //指定中心点 1
输入选项 [内接于圆(I)/外切于圆(C)] <I>:            //选择多边形创建方式
指定圆的半径：100↙                                //输入圆半径或指定端点 2
```

图 3-180　以【中心点】绘制多边形

➢【边（E）】：通过指定多边形边的方式来绘制正多边形。该方式将通过边的数量和长度确定正多边形，如图 3-181 所示。选择该方式后不可指定“内接于圆”或“外切于圆”选项。命令行操作如下：

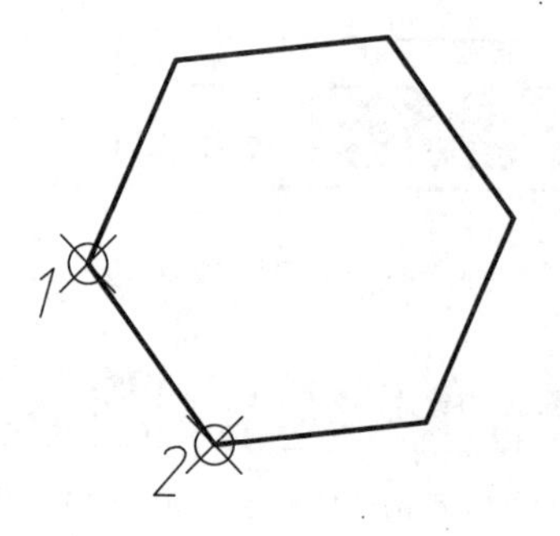


```
命令：_POLYGON
输入侧面数 <5>: 6↙                               //指定边数
指定正多边形的中心点或 [边(E)]: E↙               //选择“边”选项
指定边的第一个端点：                             //指定多边形某条边的端点 1
指定边的第一个端点：                             //指定多边形某条边的端点 2
```

图 3-181　以【边（E）】绘制多边形

➢【内接于圆（I）】：该选项表示以指定正多边形内接圆半径的方式来绘制正多边形，如图 3-182 所示。命令行操作如下：

➢【外切于圆（C）】：【外切于圆】表示以指定正多边形外切圆半径的方式来绘制正多边形，如图 3-183 所示。命令行操作如下：

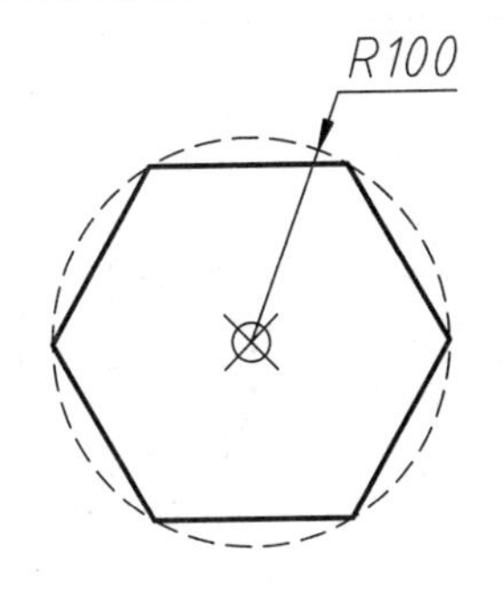


```
命令：_POLYGON
输入侧面数 <5>：6↙                                    //指定边数
指定正多边形的中心点或 [边(E)]：                      //指定中心点
输入选项 [内接于圆(I)/外切于圆(C)] <I>：              //选择“内接于圆”方式
指定圆的半径：100↙                                    //输入圆半径
```

图 3-182　以【内接于圆（I）】绘制多边形

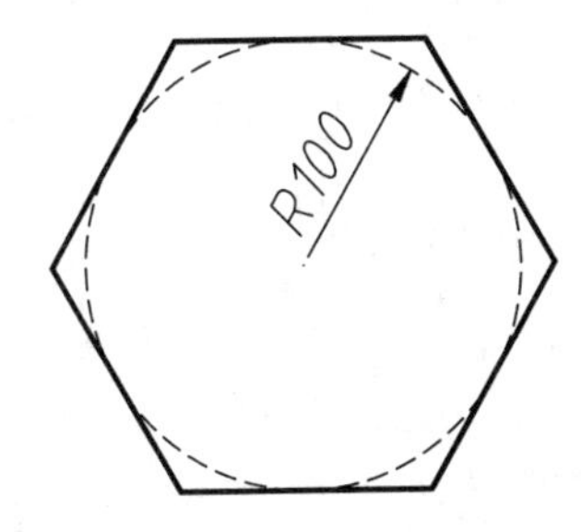


```
命令：_POLYGON
输入侧面数 <5>：6↙                                    //指定边数
指定正多边形的中心点或 [边(E)]：                      //指定中心点
输入选项 [内接于圆(I)/外切于圆(C)] <I>：  C↙          //选择“外切于圆”方式
指定圆的半径：100↙                                    //输入圆半径
```

图 3-183　以【外切于圆（C）】绘制多边形

【案例 3-22】：　绘制外六角扳手

视频文件：视频\第 3 章\3-22.mp4

01 打开“第 3 章\3-22 绘制外六角扳手.dwg”文件，素材图形中已经绘制好了中心线，如图 3-184 所示。

02 绘制正多边形。单击【绘图】面板中的【正多边形】按钮，设置外切圆的半径为 7mm，以中心线的交点为中心点绘制正六边形，结果如图 3-185 所示。命令行操作如下：

```
命令：_POLYGON
输入侧面数 <4>：6↙
指定正多边形的中心点或 [边(E)]：                 //指定中心线交点为中心点
输入选项 [内接于圆(I)/外切于圆(C)] <I>：C↙       //选择【外切于圆】方式
指定圆的半径：7↙
```

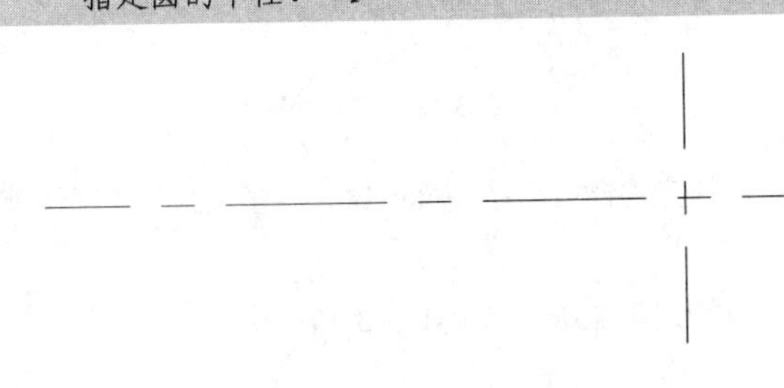

图 3-184　素材图形

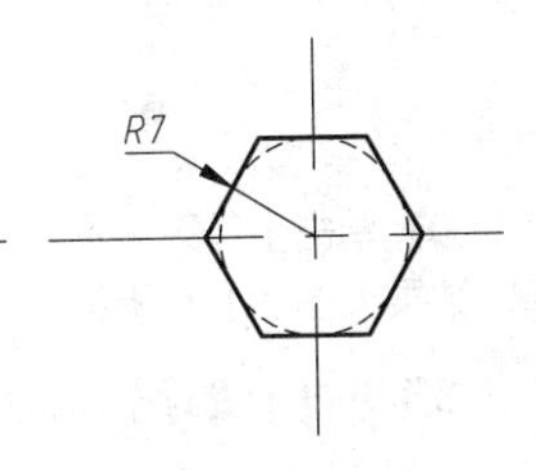

图 3-185　创建正六边形

03 单击【修改】面板中的【旋转】按钮，将正六边形旋转 90°，如图 3-186 所示。命令行操作如下：

```
命令：_ROTATE
UCS 当前的正角方向：ANGDIR=逆时针  ANGBASE=0
选择对象：找到 1 个
选择对象：↙                                       //选择正六边形
指定基点：                                         //指定中心线交点为基点
指定旋转角度，或 [复制(C)/参照(R)] <270>：  90↙    //输入旋转角度
```

04 单击【绘图】面板中的【圆】按钮，以中心线的交点为圆心，绘制半径为 11mm 的圆，如图 3-187

所示。

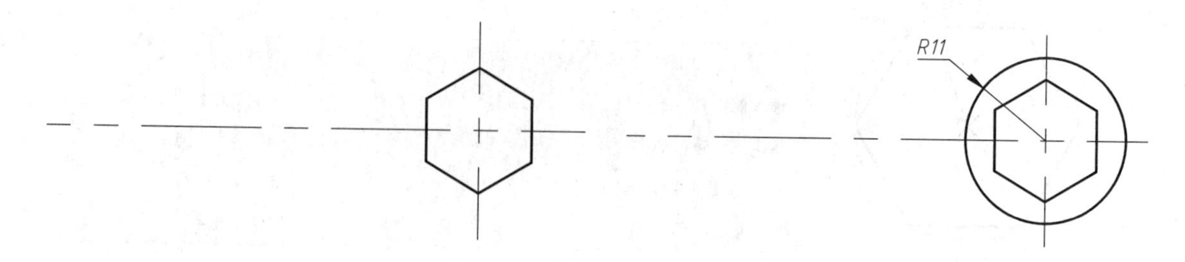

图 3-186　旋转图形　　　　图 3-187　绘制圆

05 绘制矩形。以中心线交点为起始对角点、相对坐标（@-60，12）为终端对角点，绘制一个矩形，如图 3-188 所示。命令行操作如下：

```
命令: _RECTANG
指定第一个角点或 [倒角(C)/标高(E)/圆角(F)/厚度(T)/宽度(W)]:          //选择中心线交点
指定另一个角点或 [面积(A)/尺寸(D)/旋转(R)]: @-60,12↙          //输入另一角点的相对坐标
```

06 单击【修改】面板中的【移动】按钮，将矩形向下移动 6mm，如图 3-189 所示。命令行操作如下：

```
命令: _MOVE
选择对象: 找到 1 个                                        //选择矩形
选择对象:↙                                                 //按 Enter 键结束选择
指定基点或 [位移(D)] <位移>:                               //任意指定一点为基点
指定第二个点或 <使用第一个点作为位移>: 6↙    //光标向下移动，引出追踪线确保垂直，输入长度 6
```

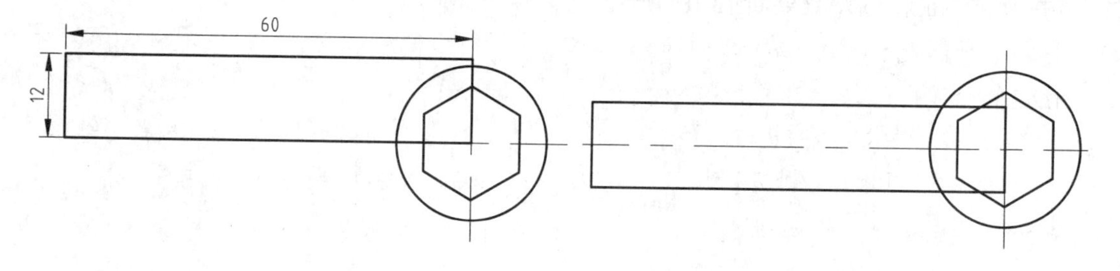

图 3-188　绘制矩形　　　　图 3-189　移动矩形

07 单击【修改】面板中的【修剪】按钮，启用命令后按空格键或者按 Enter 键，将多余线条全部修剪掉，结果如图 3-190 所示。

08 单击【修改】面板中的【圆角】按钮，对图形进行倒圆角操作，结果如图 3-191 所示。

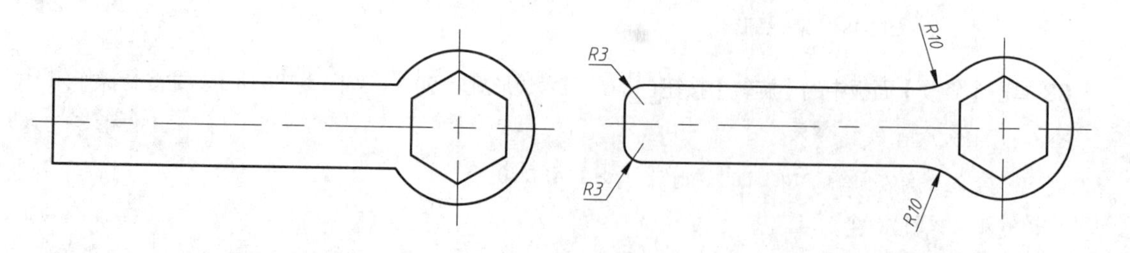

图 3-190　修剪图形　　　　图 3-191　倒圆角

3.7　样条曲线

样条曲线是经过或接近一系列给定点的平滑曲线，它能够自由编辑，以及控制曲线与点的拟合程度。在景观设计中，常用来绘制水体、流线型的园路及模纹等；在建筑制图中，常用来表示剖面符号等图形；在机械产品设计领域则常用来表示某些产品的轮廓线或剖切线。

3.7.1　绘制样条曲线

在 AutoCAD 2022 中，样条曲线可分为“拟合点样条曲线”和“控制点样条曲线”两种。“拟合点样条曲线”的拟合点与曲线重合，如图 3-192 所示；“控制点样条曲线”是通过曲线外的控制点控制曲线的形状，如图 3-193 所示。

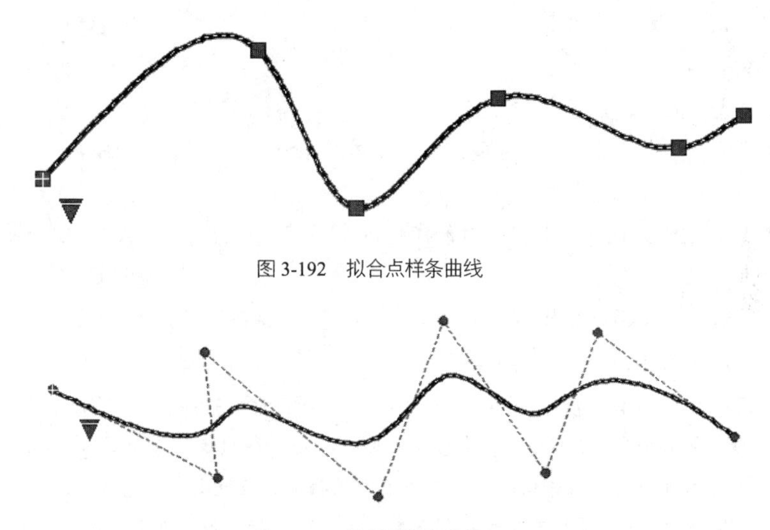

图 3-192　拟合点样条曲线

图 3-193　控制点样条曲线

调用【样条曲线】命令的方法如下：

➢ 功能区：单击【绘图】面板中的【样条曲线拟合】按钮或【样条曲线控制点】按钮，如图 3-194 所示。

➢ 菜单栏：选择【绘图】|【样条曲线】命令，然后在子菜单中选择【拟合点】或【控制点】命令，如图 3-195 所示。

➢ 命令行：SPLINE 或 SPL。

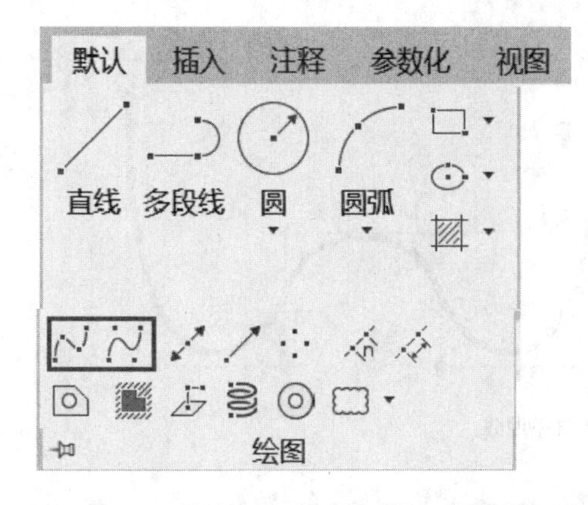

图 3-194 【绘图】面板中的【样条曲线】按钮

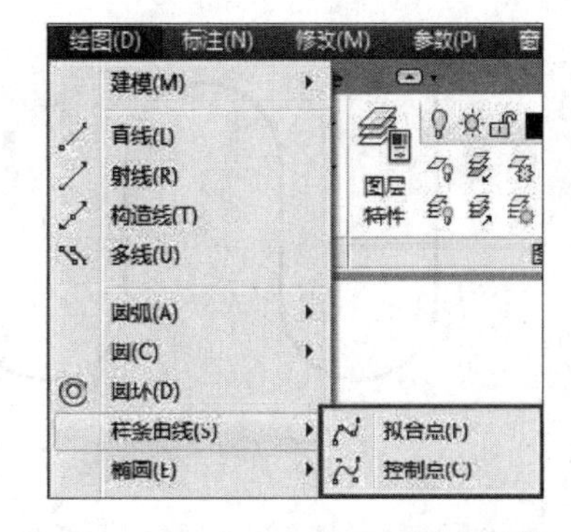

图 3-195　【样条曲线】的子菜单

执行【样条曲线拟合】命令时，命令行操作如下：

```
命令: _SPLINE                                              //执行【样条曲线拟合】命令
当前设置: 方式=拟合    节点=弦                              //显示当前样条曲线的设置
指定第一个点或 [方式(M)/节点(K)/对象(O)]: _M               //系统自动选择【方式】选项
输入样条曲线创建方式 [拟合(F)/控制点(CV)] <拟合>: _FIT      //系统自动选择"拟合"方式
当前设置: 方式=拟合    节点=弦                              //显示当前方式下的样条曲线设置
指定第一个点或 [方式(M)/节点(K)/对象(O)]:                  //指定样条曲线起点或选择创建方式
输入下一个点或 [起点切向(T)/公差(L)]:                       //指定样条曲线上的第 2 点
输入下一个点或 [端点相切(T)/公差(L)/放弃(U)/闭合(C)]:       //指定样条曲线上的第 3 点
                                                          //要创建样条曲线，最少需指定 3 个点
```

执行【样条曲线控制点】命令时，命令行操作如下：

```
命令: _SPLINE                                              //执行【样条曲线控制点】命令
当前设置: 方式=控制点    阶数=3                             //显示当前样条曲线的设置
指定第一个点或 [方式(M)/阶数(D)/对象(O)]: _M               //系统自动选择
输入样条曲线创建方式 [拟合(F)/控制点(CV)] <拟合>: _CV       //系统自动选择"控制点"方式
当前设置: 方式=控制点    阶数=3                             //显示当前方式下的样条曲线设置
指定第一个点或 [方式(M)/阶数(D)/对象(O)]:                  //指定样条曲线起点或选择创建方式
输入下一个点:                                              //指定样条曲线上的第 2 点
输入下一个点或 [闭合(C)/放弃(U)]:                          //指定样条曲线上的第 3 点
```

虽然在 AutoCAD 2022 中，绘制样条曲线有【样条曲线拟合】和【样条曲线控制点】两种方式，但是操作过程却基本一致，只有少数选项有区别（"节点"与"阶数"），因此命令行中各选项的含义统一介绍如下：

- 【拟合（F）】：即执行【样条曲线拟合】方式，通过指定样条曲线必须经过的拟合点来创建 3 阶（三次）B 样条曲线。在公差值大于 0 时，样条曲线必须在各个点的指定公差范围内。
- 【控制点（CV）】：即执行【样条曲线控制点】方式，通过指定控制点来创建样条曲线。使用此方法可创建 1 阶（线性）、2 阶（二次）、3 阶（三次）直到最高为 10 阶的样条曲线。通过移动控制点调整样条曲线的形状通常可以提供比移动拟合点更好的效果。
- 【节点（K）】：指定节点参数化。它是一种计算方法，用来确定样条曲线中连续拟合点之间的零部件曲线如何过渡。该选项下有【弦】【平方根】和【 统一】3 个子选项。
- 【阶数（D）】：设置生成的样条曲线的多项式阶数。使用此选项可以创建 1 阶（线性）、2 阶（二次）、3 阶（三次）直到最高 10 阶的样条曲线。
- 【对象（O）】：执行该选项后，选择二维或三维的、二次或三次的多段线，可将其转换成等效的样条曲线，如图 3-196 所示。

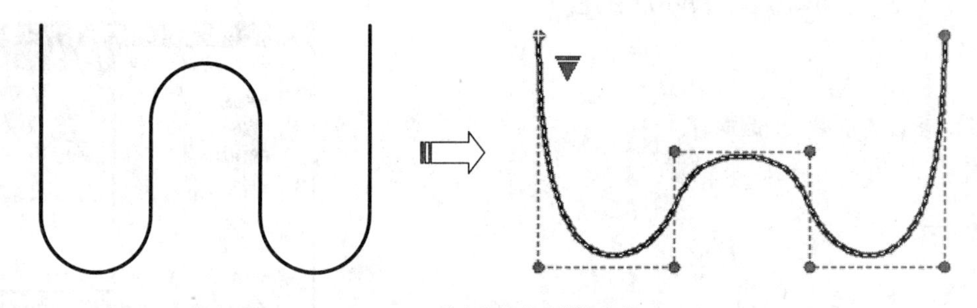

图 3-196　将多段线转为样条曲线

操作技巧 根据 DELOBJ 系统变量的设置，可设置保留或放弃原多段线。

【案例 3-23】：使用样条曲线绘制鱼池轮廓

视频文件：视频\第 3 章\3-23.mp4

01 打开“第 3 章\3-23 绘制鱼池轮廓.dwg”文件，素材图形如图 3-197 所示。

02 单击【默认】选项卡【绘图】面板中的【样条曲线拟合】按钮，绘制样条曲线。命令行操作如下：

```
命令: _SPLINE↙
当前设置: 方式=拟合    节点=弦
指定第一个点或 [方式(M)/节点(K)/对象(O)]: M↙                    //选择“方式”选项
输入样条曲线创建方式 [拟合(F)/控制点(CV)] <拟合>: F↙            //选择“拟合”选项
当前设置: 方式=拟合    节点=弦
指定第一个点或 [方式(M)/节点(K)/对象(O)]:                       //指定样条曲线的第一点
输入下一个点或 [起点切向(T)/公差(L)]:                           //指定样条曲线的第二个点
输入下一个点或 [端点相切(T)/公差(L)/放弃(U)]:                   //指定最后一点，按 Enter 键结束操作
```

03 绘制完成的鱼池轮廓样条曲线如图 3-198 所示。

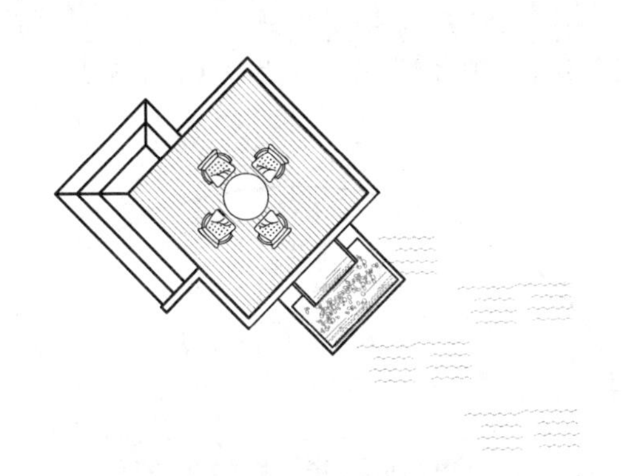

图 3-197　打开文件

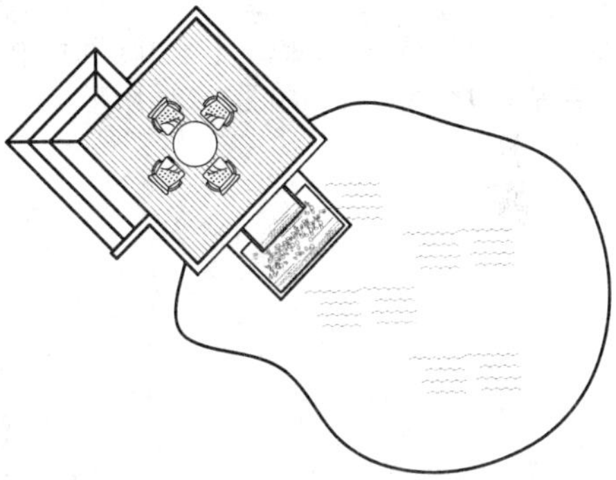

图 3-198　绘制的鱼池轮廓样条曲线

【案例 3-24】：使用样条曲线绘制函数曲线

视频文件：视频\第 3 章\3-24.mp4

01 打开“第 3 章\3-24 使用样条曲线绘制函数曲线.dwg”文件，素材图形内含有一个表格，表格中包含摆线的曲线方程和特征点坐标，如图 3-199 所示。

02 设置点样式。选择【格式】|【点样式】命令，在弹出的【点样式】对话框中选择点样式为☒，如图 3-200 所示。

摆线方程式: x=R×(t-sint),y=R×(1-cost)				
R	t	x=r×(t-sint)	y=r×(1-cost)	坐标 (x,y)
R=10	0	0	0	(0,0)
	$\frac{1}{4}\pi$	0.8	2.9	(0.8,2.9)
	$\frac{1}{2}\pi$	5.7	10	(5.7,10)
	$\frac{3}{4}\pi$	16.5	17.1	(16.5,17.1)
	π	31.4	20	(31.4,20)
	$\frac{5}{4}\pi$	46.3	17.1	(46.3,17.1)
	$\frac{3}{2}\pi$	57.1	10	(57.1,10)
	$\frac{7}{4}\pi$	62	2.9	(62,2.9)
	2π	62.8	0	(62.8,0)

图 3-199　素材图形

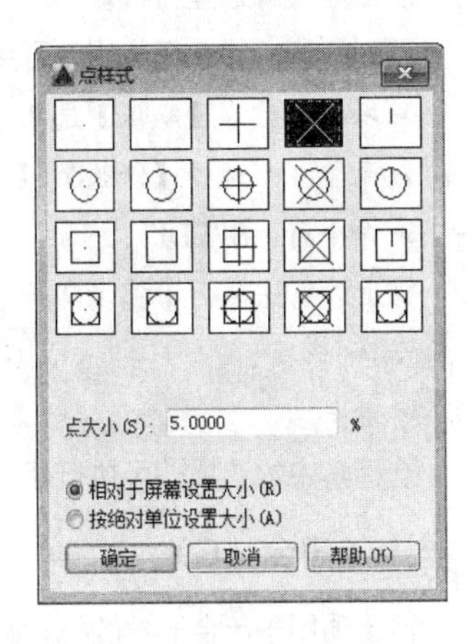

图 3-200　设置点样式

03 绘制各特征点。单击【绘图】面板中的【多点】按钮，然后在命令行中按表格中的“坐标”栏输入坐标值，绘制的 9 个特征点如图 3-201 所示。命令行操作如下：

```
命令：_POINT
当前点模式： PDMODE=3  PDSIZE=0.0000
指定点：0,0↙                              //输入第一个点的坐标
指定点：0.8, 2.9↙                         //输入第二个点的坐标
指定点：5.7, 10↙                          //输入第三个点的坐标
指定点：16.5, 17.1↙                       //输入第四个点的坐标
指定点：31.4, 20↙                         //输入第五个点的坐标
指定点：46.3, 17.1↙                       //输入第六个点的坐标
指定点：57.1, 10↙                         //输入第七个点的坐标
指定点：62, 2.9↙                          //输入第八个点的坐标
指定点：62.8, 0↙                          //输入第九个点的坐标
指定点：*取消*                             //按 Esc 键取消多点绘制
```

04 用样条曲线进行连接。单击【绘图】面板中的【样条曲线拟合】按钮，启用【样条曲线】命令，然后依次连接绘制的 9 个特征点，如图 3-202 所示。

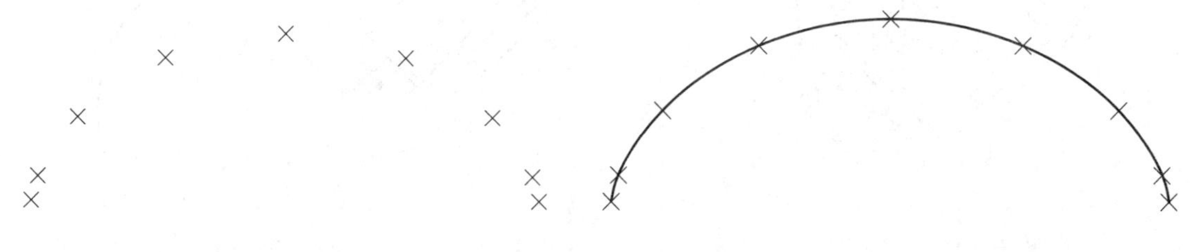

图 3-201　绘制的 9 个特征点　　　　图 3-202　用样条曲线连接特征点

知识链接　函数曲线上的各点坐标可以通过 Excel 表来计算得出，然后按上述方法即可绘制出各种曲线。

3.7.2 编辑样条曲线

与【多线】一样，AutoCAD 2022 也提供了专门编辑【样条曲线】的工具。由【SPLINE】命令绘制的样条曲线具有许多特征，如数据点的数量及位置、端点特征性及切线方向等，用【SPLINEDIT】(编辑样条曲线) 命令可以改变曲线的这些特征。

要对样条曲线进行编辑，可用以下 3 种方法：

- 功能区：在【默认】选项卡中单击【修改】面板中的【编辑样条曲线】按钮，如图 3-203 所示。
- 菜单栏：选择【修改】|【对象】|【样条曲线】命令，如图 3-204 所示。
- 命令行：SPEDIT。

按上述方法执行【编辑样条曲线】命令后，选择要编辑的样条曲线，在命令行中出现如下提示。

```
输入选项[闭合(C)/合并(J)/拟合数据(F)/编辑顶点(E)/转换为多线段(P)/反转(R)/放弃(U)/退出(X)]<退出>:
```

选择其中的选项即可执行相应的命令。命令行中各选项的含义说明如下：

1. 闭合（C）

该选项用于闭合开放的样条曲线。选择此选项后，命令将自动变为【打开(O)】，如果再执行【打开】命令又会切换回来，如图 3-205 所示。

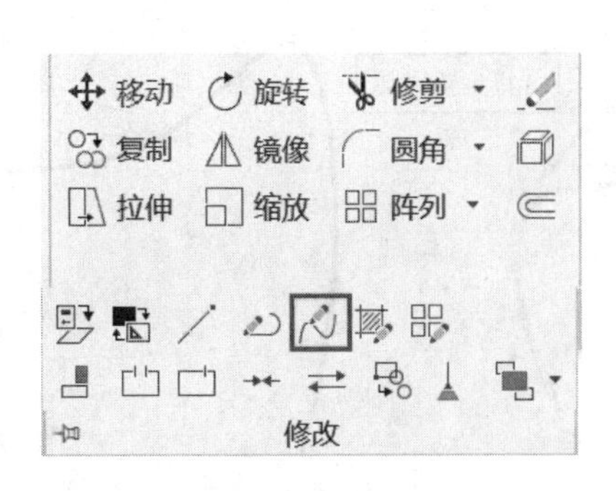

图 3-203 【修改】面板中的【编辑样条曲线】按钮

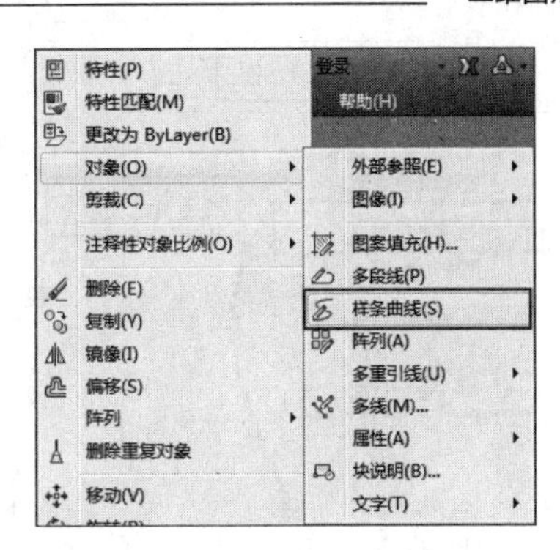

图 3-204 菜单栏中的【样条曲线】命令

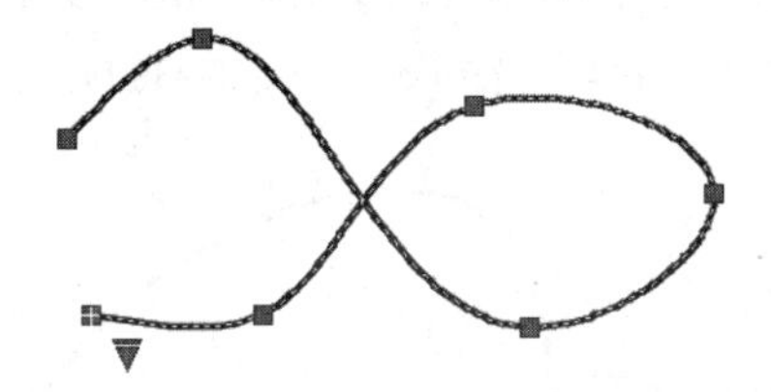

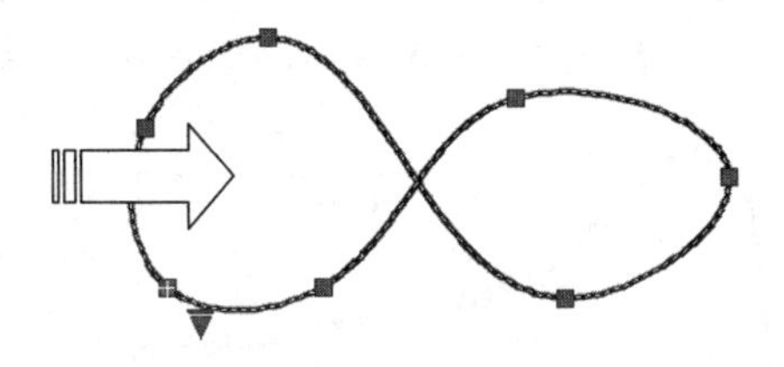

图 3-205 【闭合】的编辑效果

2. 合并（J）

该选项用于将选定的样条曲线与其他样条曲线、直线、多段线和圆弧在重合端点处合并，以形成一条较长的样条曲线。对象在连接点处使用扭折连接在一起，如图 3-206 所示。

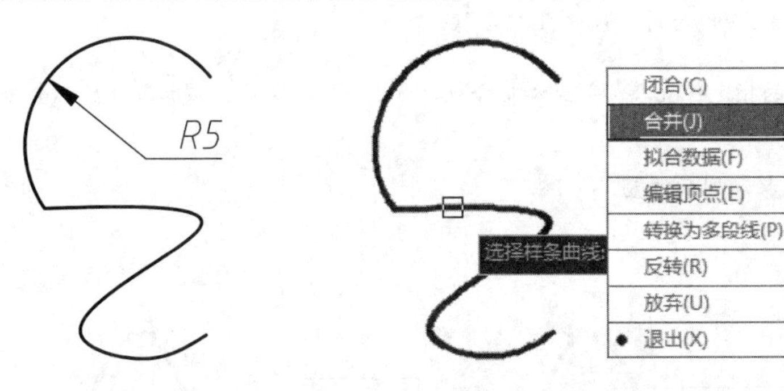

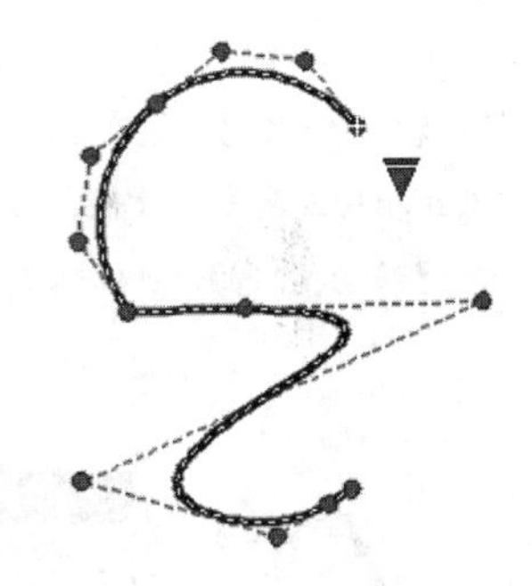

图 3-206 将其他图形合并至样条曲线

3. 拟合数据（F）

该选项用于编辑“拟合点样条曲线”的数据。拟合数据包括所有的拟合点、拟合公差及绘制样条曲线时与之相关联的切线。

选择该选项后，样条曲线上各控制点将会被激活，命令行提示如下：

```
输入拟合数据选项[添加(A)/闭合(C)/删除(D)/扭折(K)/移动(M)/清理(P)/切线(T)/公差(L)/退出(X)]<退出>:
```

其中的选项表示相应的各个拟合数据编辑工具。各选项的含义如下。

➢ 【添加（A）】：为样条曲线添加新的控制点，如图 3-207 所示。选择一个拟合点后，需指定要以下一个拟合点（将自动亮显）方向添加到样条曲线的新拟合点；如果在开放的样条曲线上选择了最后一个拟合点，则新拟合点将添加到样条曲线的端点；如果在开放的样条曲线上选择第一个拟合点，则可以选择将新拟合点添加到第一个点之前或之后。

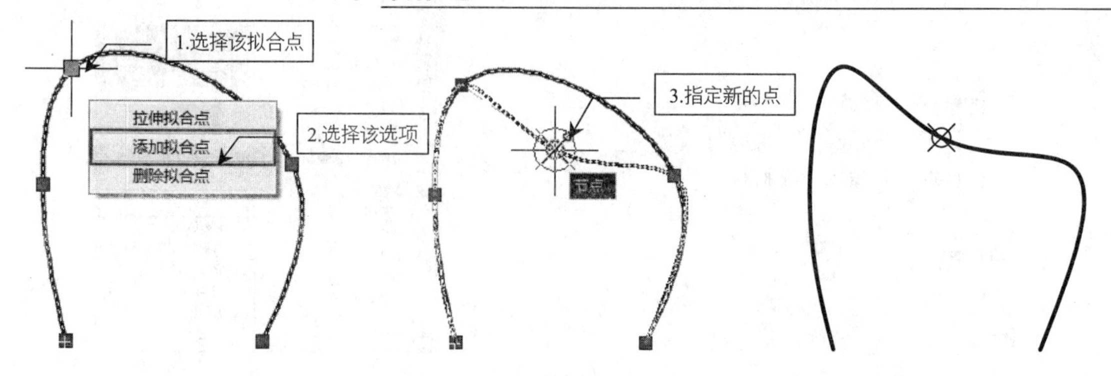

图 3-207　为样条曲线添加新的拟合点

➢【闭合（C）】：用于闭合开放的样条曲线，效果同之前介绍的【闭合（C）】，如图 3-205 所示。

➢【删除（D）】：用于删除样条曲线的拟合点并重新用其余点拟合样条曲线，如图 3-208 所示。

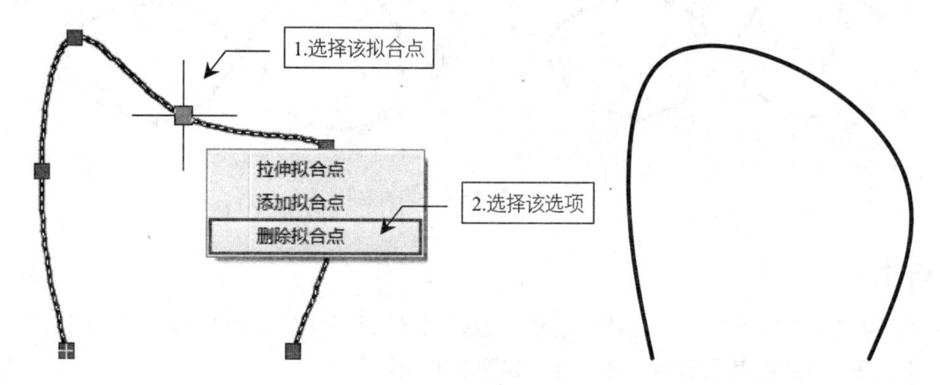

图 3-208　删除样条曲线上的拟合点

➢【扭折（K）】：凭空在样条曲线上的指定位置添加节点和拟合点，如图 3-209 所示。添加节点后不会保持在该点的相切或曲率连续性。

➢【移动（M）】：可以依次将拟合点移动到新位置。

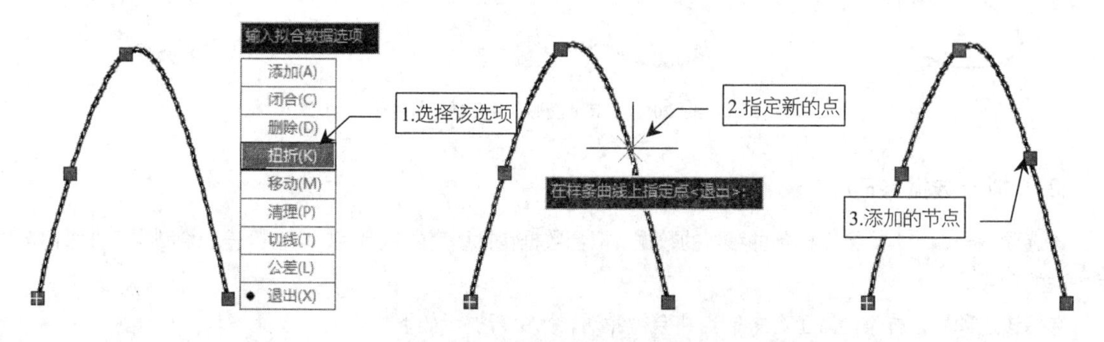

图 3-209　在样条曲线上添加节点

➢【清理（P）】：从图形数据库中删除样条曲线的拟合数据，将样条曲线从“拟合点”转换为“控制点”，如图 3-210 所示。

➢【切线（T）】：更改样条曲线的开始和结束切线，指定点以建立切线方向，如图 3-211 所示。可以使用对象捕捉，如垂直或平行。

➢【公差（L）】：重新设置拟合公差的值。

➢【退出（X）】：退出拟合数据编辑。

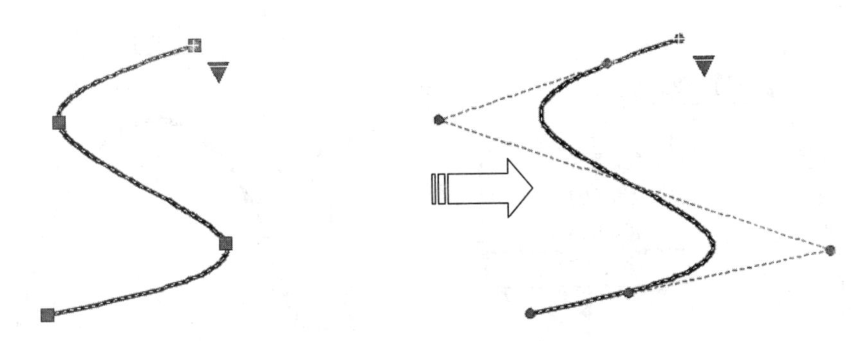

图 3-210　将样条曲线从“拟合点”转换为“控制点”

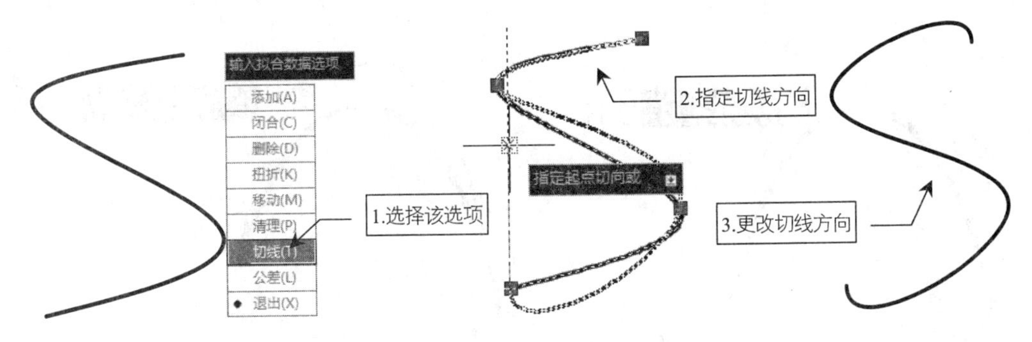

图 3-211　修改样条曲线的切线方向

4. 编辑顶点（E）

该选项用于精密调整“控制点样条曲线”的顶点。选取该选项后，命令行提示如下：

输入顶点编辑选项 [添加(A)/删除(D)/提高阶数(E)/移动(M)/权值(W)/退出(X)] <退出>:

其中的选项表示相应的编辑顶点的工具。各选项的含义如下：

- 【添加（A）】：在位于两个现有的控制点之间的指定点处添加一个新控制点，如图 3-212 所示。

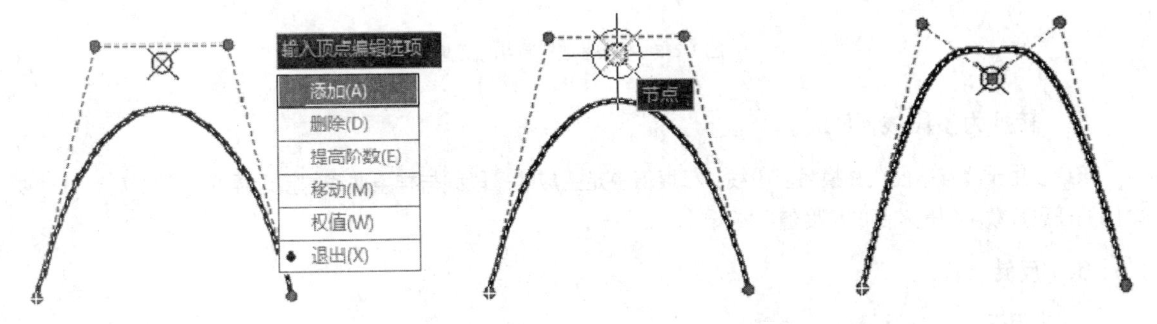

图 3-212　在样条曲线上添加新控制点

- 【删除（D）】：删除样条曲线上的顶点，如图 3-213 所示。
- 【提高阶数（E）】：增大样条曲线的多项式阶数（阶数加 1），阶数最高为 26，这将增加整个样条曲线的控制点的数量，如图 3-214 所示。
- 【移动（M）】：将样条曲线上的顶点移动到合适位置。
- 【权值（W）】：修改不同样条曲线控制点的权值，并根据指定控制点的新权值重新计算样条曲线。权值越大，样条曲线越接近控制点，如图 3-215 所示。

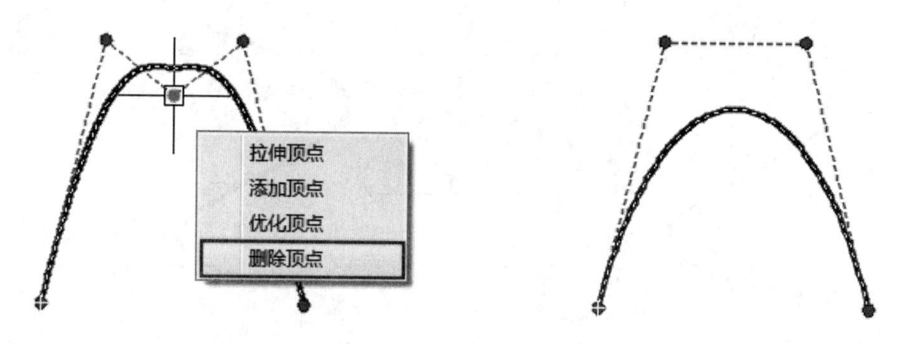

图 3-213 删除样条曲线上的顶点

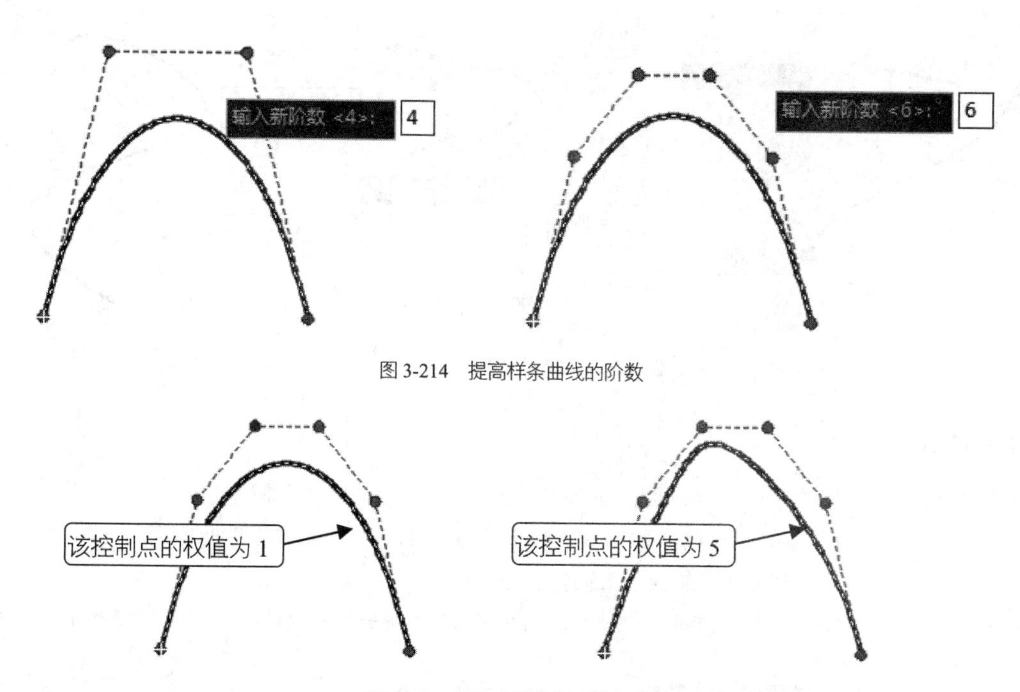

图 3-214 提高样条曲线的阶数

图 3-215 样条曲线控制点的权值

5. 转换为多段线（P）

该选项用于将样条曲线转换为多段线。精度值决定生成的多段线与样条曲线的接近程度，有效值为 0 ~ 99 之间的任意整数。但是较高的精度值会降低性能。

6. 反转（R）

该选项用于可以反转样条曲线的方向。

7. 放弃（U）

该选项用于还原操作，每选择一次将取消一次上一步的操作，可一直返回到编辑任务开始时的状态。

3.8 图案填充与渐变色填充

使用 AutoCAD 的图案填充和渐变色填充功能，可以方便地对图形进行填充，以区别不同形体的各个组成部分。

3.8.1 图案填充

在图案填充过程中，用户可以根据实际需要选择不同的填充样式，也可以对已填充的图案进行编辑。执行【图案填充】命令的方法有以下 3 种：

- 功能区：在【默认】选项卡中单击【绘图】面板中的【图案填充】按钮▨，如图 3-216 所示。
- 菜单栏：选择【绘图】|【图案填充】命令，如图 3-217 所示。
- 命令行：BHATCH 或 CH 或 H。

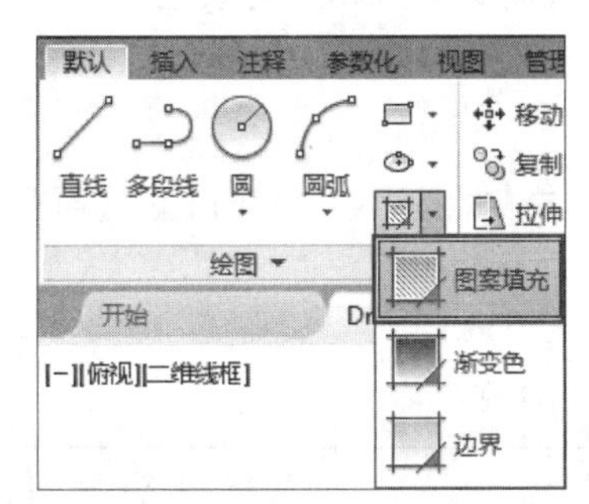

图 3-216 【绘图】面板中的【图案填充】按钮

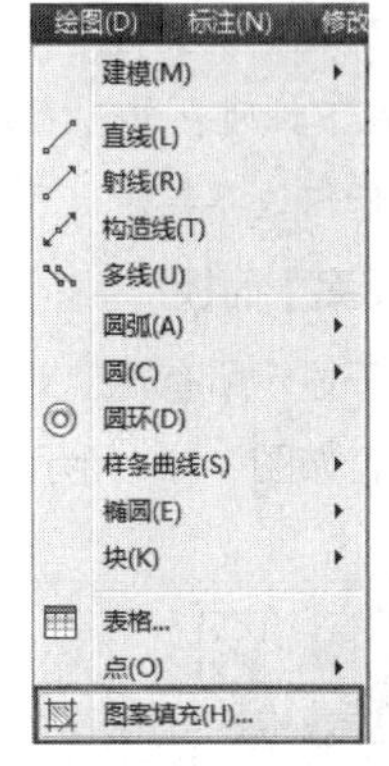

图 3-217 菜单栏中的【图案填充】命令

在 AutoCAD 中执行【图案填充】命令后，将显示【图案填充创建】选项卡，如图 3-218 所示。选择所选的填充图案，在要填充的区域中单击，可生成效果预览，然后在空白处单击或单击【关闭】面板上的【关闭图案填充创建】按钮即可创建图案填充。

图 3-218 【图案填充创建】选项卡

【图案填充创建】选项卡由【边界】【图案】【特性】【原点】【选项】和【关闭】6 个面板组成，分别介绍如下：

❑ 【边界】面板

图 3-219 所示为展开的【边界】面板（其中包含隐藏的选项）。其面板中各选项的含义如下：

- 【拾取点】：单击此按钮，然后在填充区域中单击一点，AutoCAD 将自动分析边界集，并从中确定包围该点的闭合边界。
- 【选择】：单击此按钮,然后根据封闭区域选择对象来确定填充边界。可通过选择封闭对象的方法确定填充边界（但并不自动检测内部对象），创建图案填充，如图 3-220 所示。

图 3-219 【边界】面板

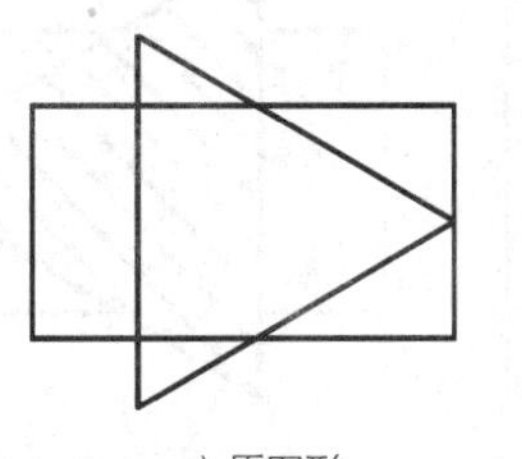
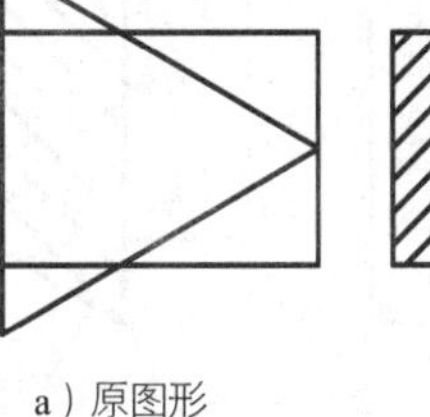

a）原图形

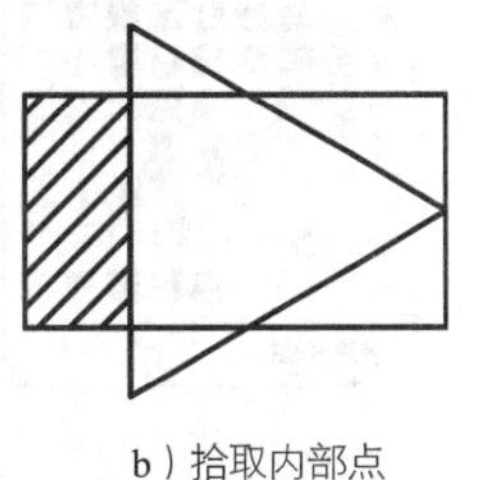

b）拾取内部点

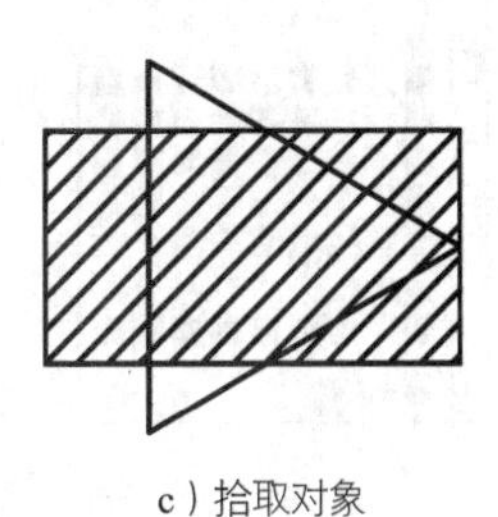

c）拾取对象

图 3-220 创建图案填充

➢【删除】：用于取消边界。边界即在一个大的封闭区域内存在的一个独立的小区域。

➢【重新创建】：编辑填充图案时，可利用此按钮生成与图案边界相同的多段线或面域。

➢【显示边界对象】：单击该按钮，AutoCAD 将显示当前的填充边界。使用显示的夹点可修改图案填充边界。

➢【保留边界对象】：用于创建图案填充时，创建多段线或面域作为图案填充的边缘，并将图案填充对象与其关联。单击下拉按钮▾，可打开下拉列表，其中包括【不保留边界】【保留边界：多段线】【保留边界：面域】3 个选项。

➢【选择新边界集】：用于指定对象的有限集（称为边界集），以便由图案填充的拾取点进行评估。单击下拉按钮▾，在下拉列表中选择【使用当前视口】选项，可根据当前视口中的所有对象定义边界集。选择此选项将放弃当前的任何边界集。

❑ 【图案】面板

该面板用于显示所有预定义和自定义图案的预览图案。单击右侧的按钮可展开【图案】面板，然后选择所需的填充图案，如图 3-221 所示。

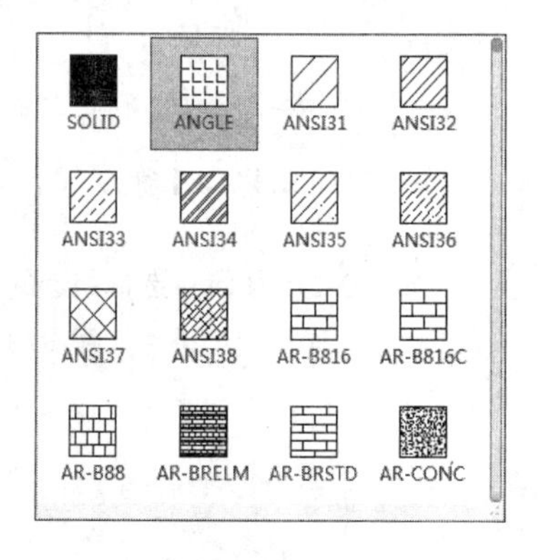

图 3-221 【图案】面板

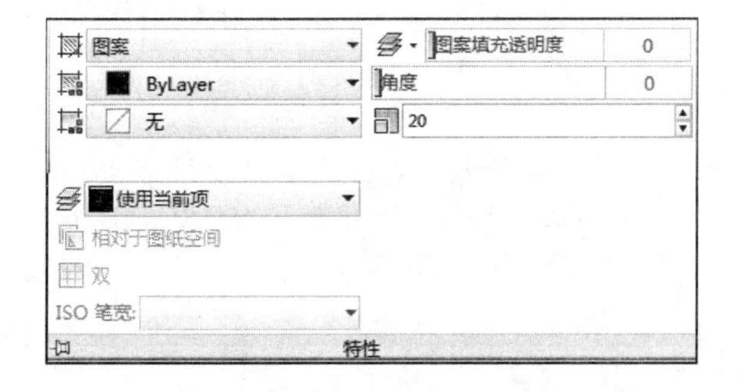

图 3-222 【特性】面板

❑ 【特性】面板

图 3-222 所示为展开的【特性】面板（其中包含隐藏的选项）。其中各选项的含义如下：

➢【图案】：单击下拉按钮▾，可打开下拉列表，其中包括【实体】【图案】【渐变色】【用户定义】4 个选项。若选择【图案】选项，则使用 AutoCAD 预定义的图案，这些图案保存在"acad.pat"和"acadiso.pat"文件中。若选择【用户定义】选项，则采用用户定制的图案，这些图案保存在".pat"类型文件中。

➢【颜色】（图案填充颜色）/（背景颜色）：可单击下拉按钮▾，在弹出的下拉列表中选择需要的图案填充颜色和背景颜色，默认状态下为无背景颜色，如图 3-223、图 3-224 所示。

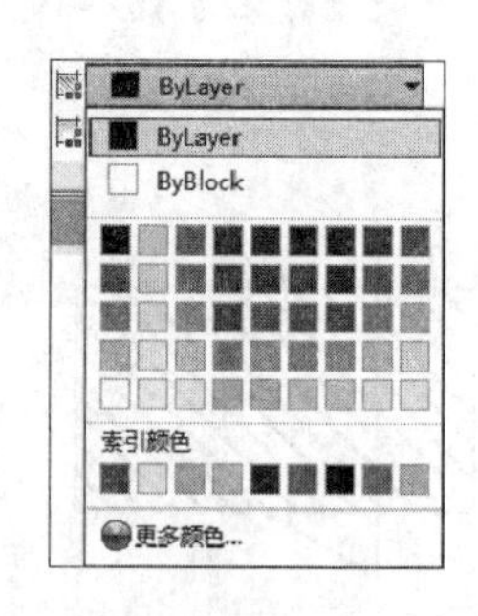

图 3-223 选择图案填充颜色

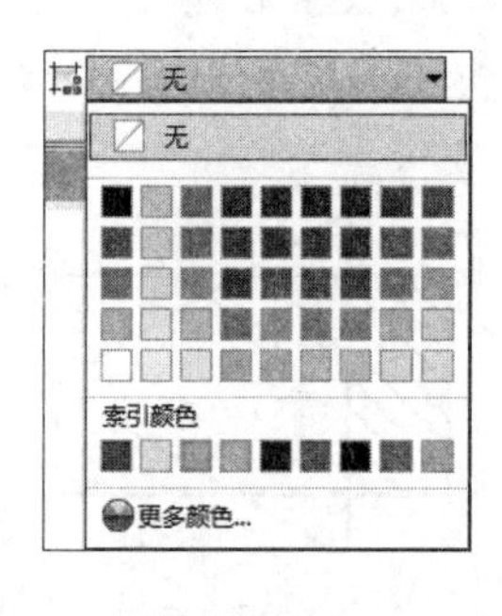

图 3-224 选择背景颜色

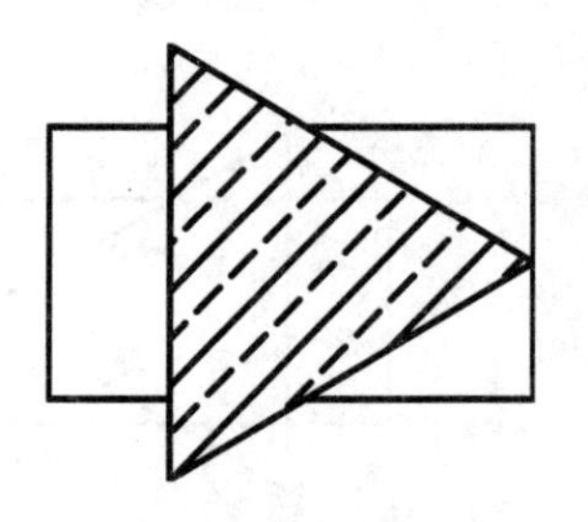

a）透明度为 0

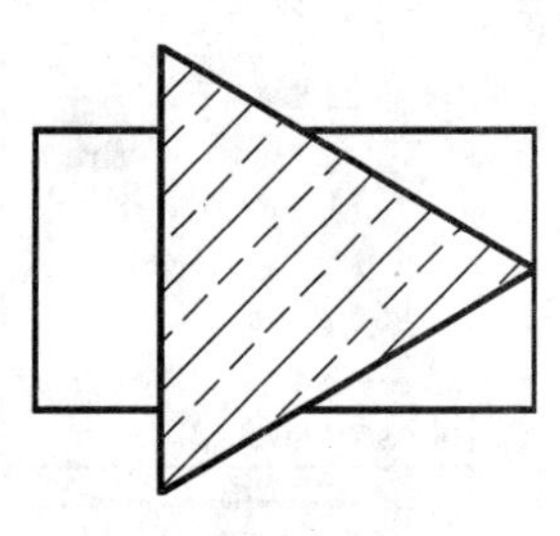

b）透明度为 50

图 3-225 设置图案填充的透明度

➢【图案填充透明度】图案填充透明度：通过拖动滑块，可以设置图案填充的透明度，如图 3-225 所示。设置了透明度之后，需要单击状态栏中的【显示/隐藏透明度】按钮，透明度才能显示出来。

➢【角度】角度 2：通过拖动滑块，可以设置图案填充的角度，如图 3-226 所示。

➢【比例】1：通过在文本框中输入比例值，可以设置图案填充的比例，如图 3-227 所示。

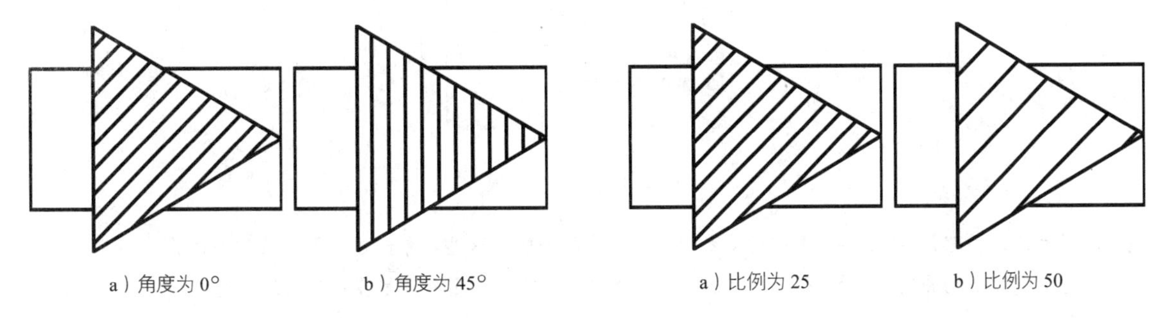

图 3-226　设置图案填充的角度

图 3-227　设置图案填充的比例

➢【图层】：在右方的下拉列表中可以指定图案填充所在的图层。

➢【相对于图纸空间】：适用于布局。用于设置相对于布局空间单位缩放图案。

➢【双】：只有在选择【用户定义】选项时才可用。用于将绘制两组相互成 90° 的直线填充图案，从而构成交叉线填充图案。

➢【ISO 笔宽】：设置基于选定笔宽缩放 ISO 预定义图案。只有图案设置为 ISO 图案的一种时才可用。

❑　【原点】面板

图 3-228 所示为展开的【原点】面板（其中包含隐藏的选项）。指定原点的位置有【左下】【右下】【左上】【右上】【中心】【使用当前原点】6 种方式。

➢【设定原点】：指定图案填充的原点，如图 3-229 所示。

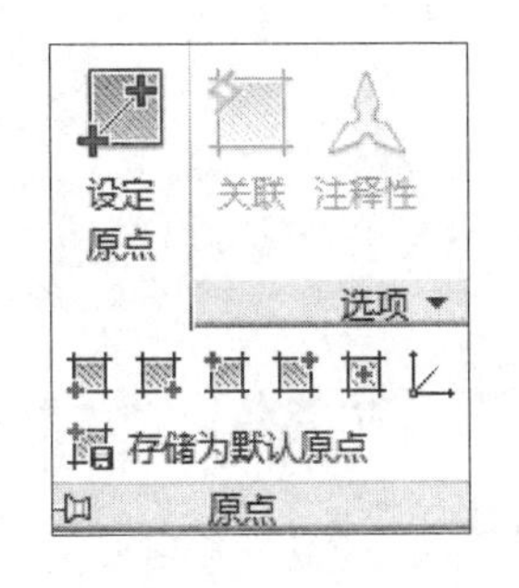

图 3-228　【原点】面板

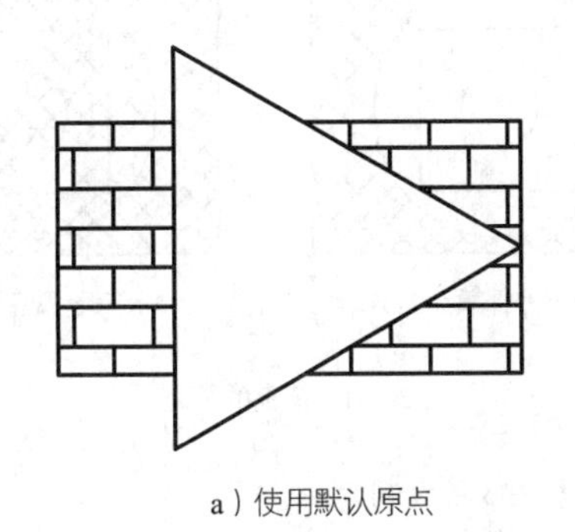
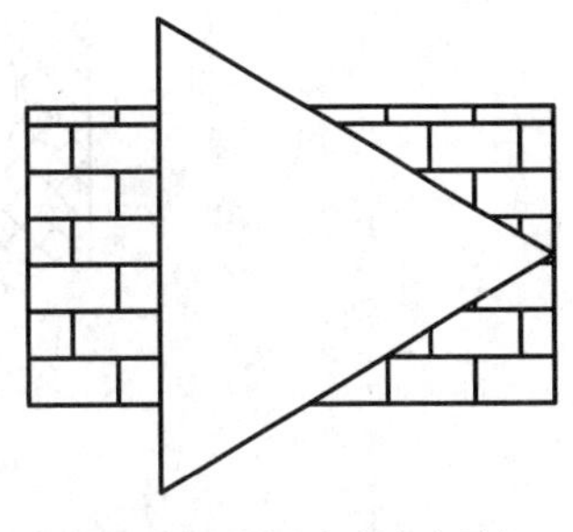

图 3-229　指定图案填充的原点

❑　【选项】面板

图 3-230 所示为展开的【选项】面板（其中包含隐藏的选项）。其中各选项的含义如下：

➢【关联】：控制当用户修改当前图案时是否自动更新图案填充。

➢【注释性】：指定图案填充为可注释特性。

➢【特性匹配】：使用选定图案填充对象的特性设置图案填充的特性，图案填充原点除外。单击下拉按钮，可打开下拉列表，其中包含【使用当前原点】和【使用原图案原点】两个选项。

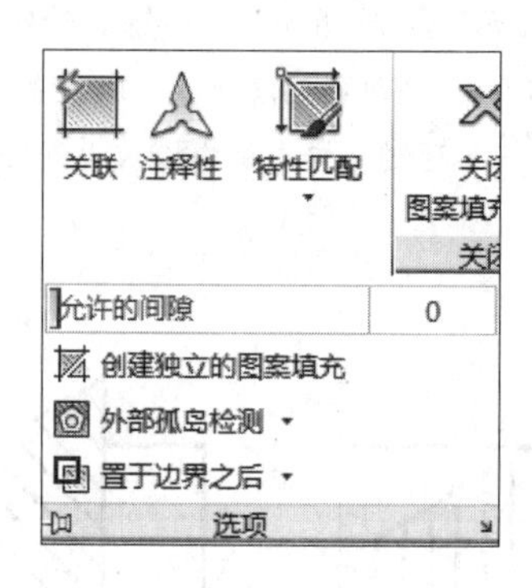

图 3-230 【选项】面板

➢【允许的间隙】：指定要在几何对象之间桥接最大的间隙。这些对象经过延伸后将闭合边界。

➢【创建独立的图案填充】：一次在多个闭合边界创建的填充图案是各自独立的。选择时，这些图案是单一对象。

➢【孤岛】：在闭合区域内的另一个闭合区域。单击下拉按钮，可打开下拉列表，其中包含【无孤岛检测】【普通孤岛检测】【外部孤岛检测】和【忽略孤岛检测】，相应的填充方式如图 3-231 所示。其中各选项的含义如下：

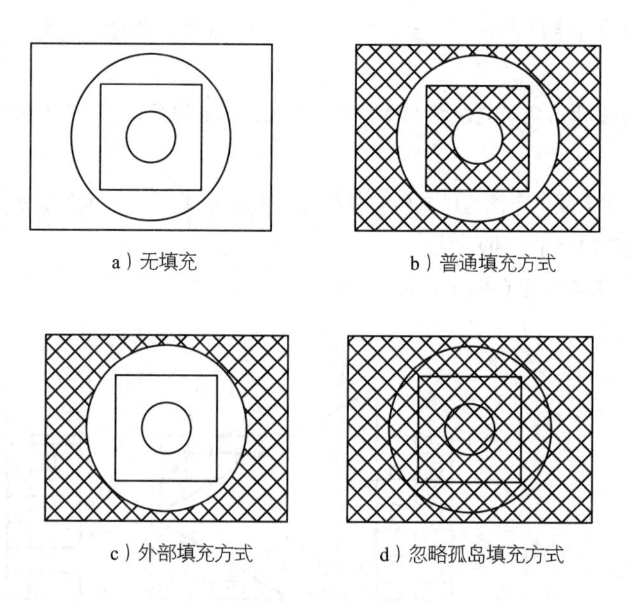

图 3-231 孤岛的填充方式

a) 无孤岛检测：关闭以使用传统孤岛检测方法。

b) 普通孤岛检测：从外部边界向内填充，即第一层填充，第二层不填充。

c) 外部孤岛检测：从外部边界向内填充，即只填充从最外边界向内第一边界之间的区域。

d) 忽略孤岛检测：忽略最外层边界包含的其他任何边界，从最外层边界向内填充全部图形。

➢【绘图次序】：指定图案填充的创建顺序。单击下拉按钮，可打开下拉列表，其中包含【不指定】【后置】【前置】【置于边界之后】【置于边界之前】。默认情况下，图案填充绘制次序是【置于边界之后】。

➢按钮：单击该按钮，打开【图案填充和渐变色】对话框，如图 3-232 所示。其中的选项与【图案填充创建】选项卡中的选项基本相同。

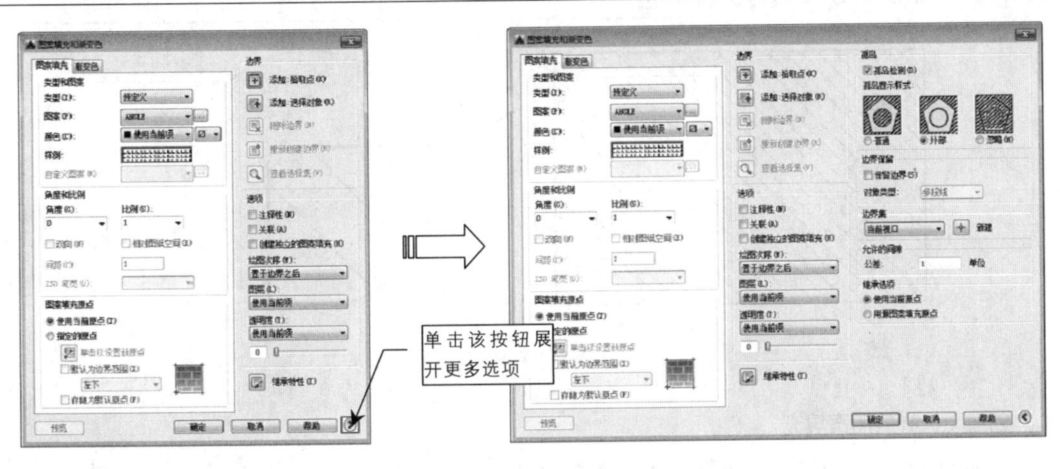

图 3-232 【图案填充和渐变色】对话框

❑ 【关闭】面板

单击【关闭】面板上的【关闭图案填充创建】按钮，可退出图案填充。也可按 Esc 键代替此按钮操作。

在弹出【图案填充创建】选项卡之后，再在命令行中输入【T】，即可进入设置界面，即打开【图案填充和渐变色】对话框。单击该对话框右下角的【更多选项】按钮，展开如图 3-232b 所示的对话框，其中显示出更多选项。该对话框中的选项与【图案填充创建】选项卡中的基本相同，不再赘述。

3.8.2 无法进行填充的解决方法

在使用 AutoCAD 的填充命令对图形进行填充时，有时会出现无法填充的情况。出现此情况的主要原因可大致分为三种，每种都有不同的解决方案，具体说明如下：

❑ 图案填充找不到范围

在使用【图案填充】命令时常常遇到找不到线段封闭范围的情况，尤其是文件本身比较大的时候。此时可以采用【Layiso】(图层隔离)命令让欲填充的范围线所在的图层【孤立】或【 冻结】，再用【图案填充】命令就可以快速找到所需的填充范围。

❑ 对象不封闭时进行填充

如果图形不封闭，会弹出如图 3-233 所示的“边界定义错误”对话框；而且在图样中会用红色圆圈标示出没有封闭的区域，如图 3-234 所示。

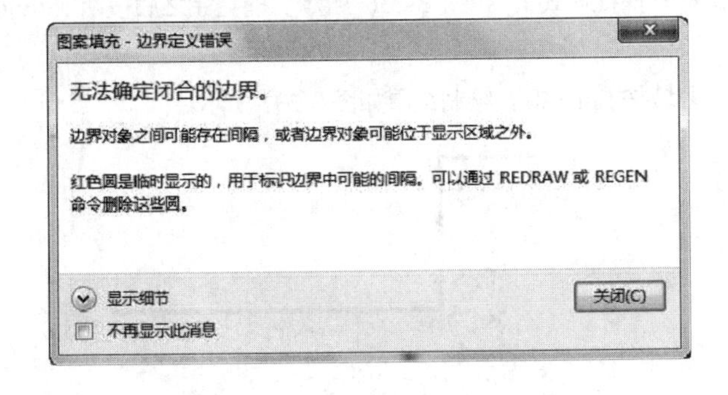

图 3-233 “边界定义错误”对话框

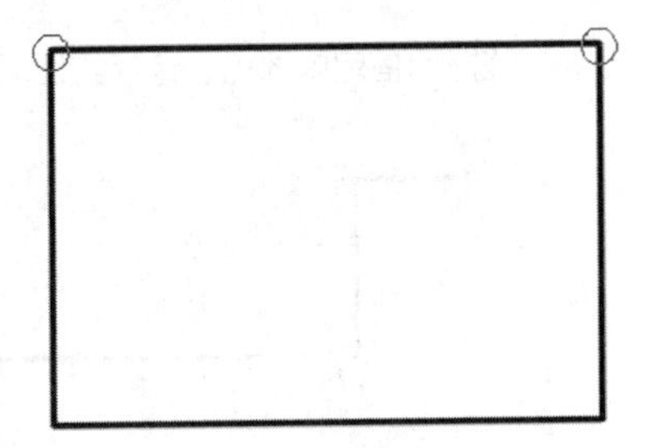

图 3-234 红色圆圈标识出未封闭区域

这时在命令行中输入【Hpgaptol】，即可输入一个新的数值，用以指定图案填充时可忽略的最小间隙，小于输入数值的间隙都不会影响填充效果，如图 3-235 所示。

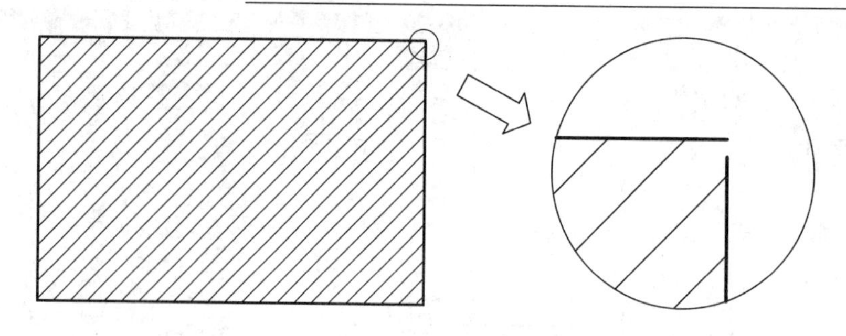

图 3-235　忽略微小间隙进行填充

❑ 创建无边界的图案填充

在 AutoCAD 中创建图案填充最常用的方法是选择一个封闭的图形或在一个封闭的图形区域中拾取一个点。创建图案填充时，通常都是在命令行输入【HATCH】或【H】快捷键，打开【图案填充创建】选项卡进行填充。

但是在【图案填充创建】选项卡中无法创建无边界图案填充，它要求填充区域必须是封闭的。有的用户会想到创建图案填充后删除边界线或隐藏边界线的显示来满足要求，显然这样做是可行的，不过还有一种更正规的方法，下面通过一个例子来进行说明。

【案例 3-25】：创建无边界的混凝土填充　　视频文件：视频\第 3 章\3-25.mp4

01 打开“第 3 章\3-25 创建无边界的混凝土填充.dwg”文件。

02 在命令行中输入【-HATCH】命令并按 Enter 键，命令行操作如下：

```
命令： -HATCH                                        //执行【图案填充】命令
当前填充图案： SOLID                                  //当前的填充图案
指定内部点或 [特性(P)/选择对象(S)/绘图边界(W)/删除边界(B)/高级(A)/绘图次序(DR)/原点(O)/注释性(AN)/图案填充颜色(CO)/图层(LA)/透明度(T)]： P↙     //选择【特性】选项
输入图案名称或 [?/实体(S)/用户定义(U)/渐变色(G)]： AR-CONC↙   //输入混凝土填充的名称
指定图案缩放比例 <1.0000>:10↙                         //输入填充的缩放比例
指定图案角度 <0>： 45↙                                //输入填充的角度
当前填充图案： AR-CONC
指定内部点或 [特性(P)/选择对象(S)/绘图边界(W)/删除边界(B)/高级(A)/绘图次序(DR)/原点(O)/注释性(AN)/图案填充颜色(CO)/图层(LA)/透明度(T)]： W↙     //选择【绘图边界】选项，手动绘制边界
```

03 在绘图区依次捕捉填充边界参考点（注意打开捕捉模式），如图 3-236 所示。捕捉完之后按两次 Enter 键。

04 系统提示指定内部点，选择绘图区的填充区域按 Enter 键，绘制结果如图 3-237 所示。

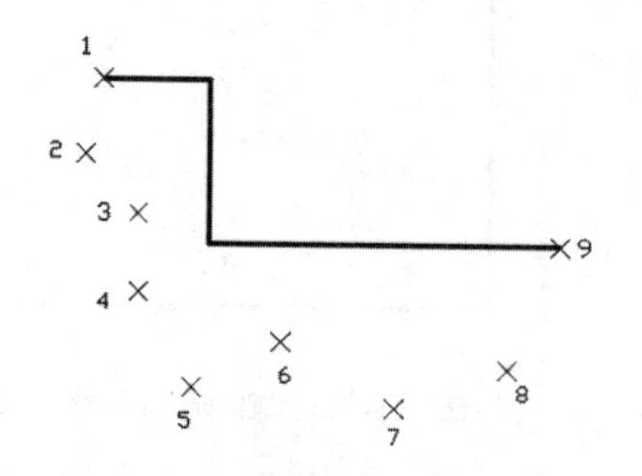

图 3-236　捕捉填充边界参考点

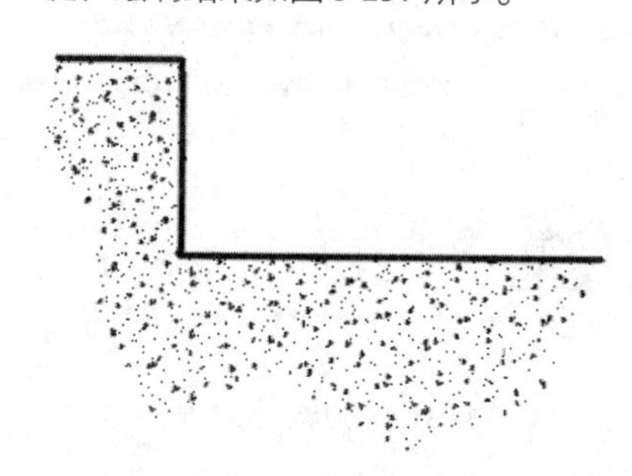

图 3-237　创建的图案填充

3.8.3 渐变色填充

在绘图过程中，有些图形在填充时需要用到一种或多种颜色。如绘制装潢、美工图纸等。在 AutoCAD 2022 中调用【渐变色】命令的方法有以下两种：

➤ 功能区：在【默认】选项卡中，单击【绘图】面板【渐变色】按钮，如图 3-238 所示。

➤ 菜单栏：执行【绘图】|【渐变色】命令，如图 3-239 所示。

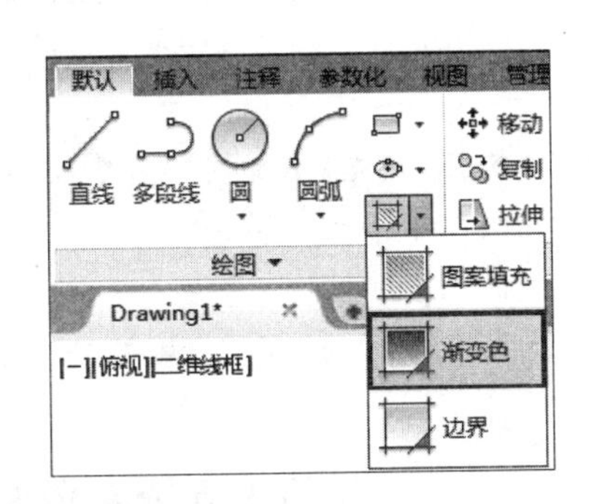

图 3-238 【绘图】面板中的【渐变色】按钮

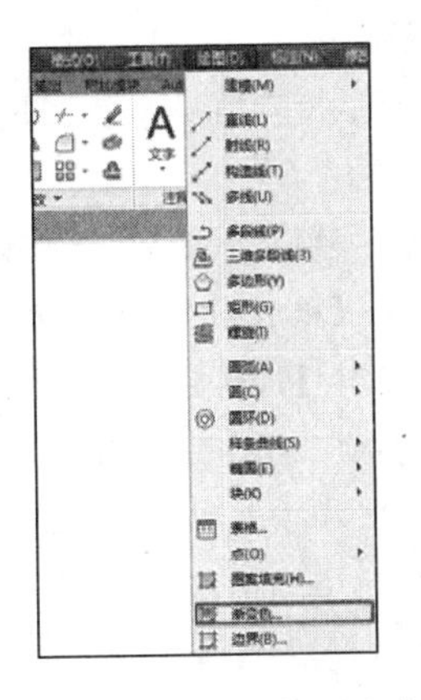

图 3-239 菜单栏中的【渐变色】命令

执行【渐变色】填充操作后，将弹出如图 3-240 所示的【图案填充创建】选项卡。该选项卡同样由【边界】、【图案】等 6 个面板组成，只是图案换成了渐变色，各面板的功能与之前介绍过的图案填充相似，在此不再重复介绍。

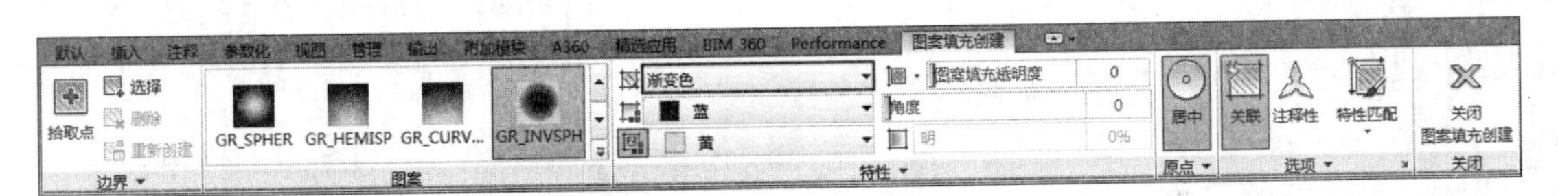

图 3-240 【图案填充创建】选项卡

如果在命令行提示“拾取内部点或 [选择对象(S)/放弃(U)/设置(T)]:”时，选择【设置（T）】选项，将打开如图 3-241 所示的【图案填充和渐变色】对话框，并自动切换到【渐变色】选项卡。

该对话框中常用选项的含义如下：

➤【单色】：指定的颜色将从高饱和度的单色平滑过渡到透明的填充方式。

➤【双色】：指定的两种颜色进行平滑过渡的填充方式，如图 3-242 所示。

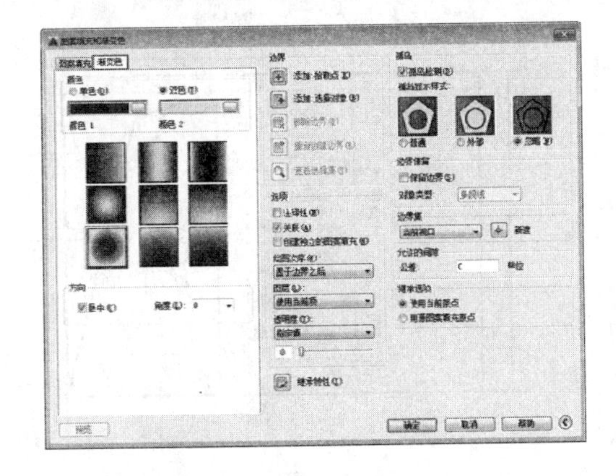

图 3-241 【渐变色】选项卡

图 3-242 渐变色填充效果

➢【颜色样本】：设定渐变填充的颜色。单击浏览按钮打开【选择颜色】对话框，从中可选择 AutoCAD 索引颜色（AIC）、真彩色或配色系统颜色。显示的默认颜色为图形的当前颜色。

➢【渐变样式】：在渐变区域有 9 种固定渐变填充的图案，这些图案包括径向渐变、线性渐变等。

➢【方向】选项组：在该选项组中可以设置渐变色的角度以及其是否居中。

3.8.4 编辑填充的图案

在为图形填充了图案后，如果对填充效果不满意，还可以通过【编辑图案填充】命令对其进行编辑。可编辑内容包括填充比例、旋转角度和填充图案等。AutoCAD 2022 增强了图案填充的编辑功能，可以同时选择并编辑多个图案填充对象。

执行【编辑图案填充】命令的方法有以下常用的几种。

➢ 功能区：在【默认】选项卡中单击【修改】面板中的【编辑图案填充】按钮，如图 3-243 所示。

➢ 菜单栏：选择【修改】|【对象】|【图案填充】命令，如图 3-244 所示。

➢ 命令行：HATCHEDIT 或 HE。

➢ 快捷操作 1：在要编辑的对象上单击鼠标右键，在弹出的快捷菜单中选择【图案填充编辑】命令。

➢ 快捷操作 2：在绘图区双击要编辑的图案填充对象。

图 3-243 【修改】面板中的【编辑图案填充】按钮

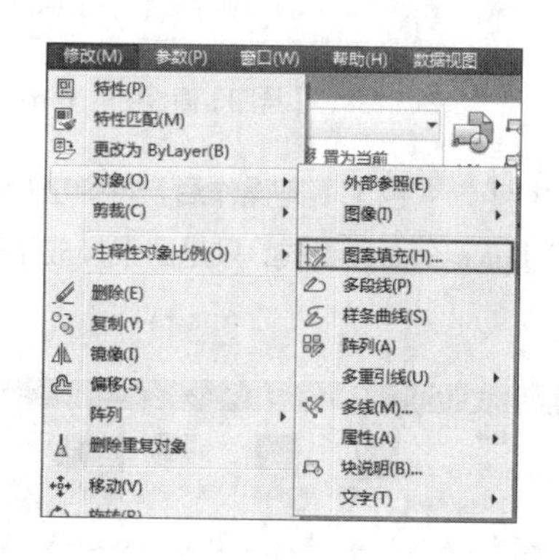

图 3-244 菜单栏中的【图案填充】命令

调用该命令后，选择图案填充对象，系统弹出【图案填充编辑】对话框，如图 3-245 所示。该对话框中的参数与【图案填充和渐变色】对话框中的参数相同，修改参数即可修改图案填充效果。

【案例 3-26】：填充室内鞋柜立面 视频文件：视频\第 3 章\3-26.mp4

01 打开“第 3 章\3-26 填充室内鞋柜立面.dwg”文件，素材图形如图 3-246 所示。

图 3-245 【图案填充编辑】对话框

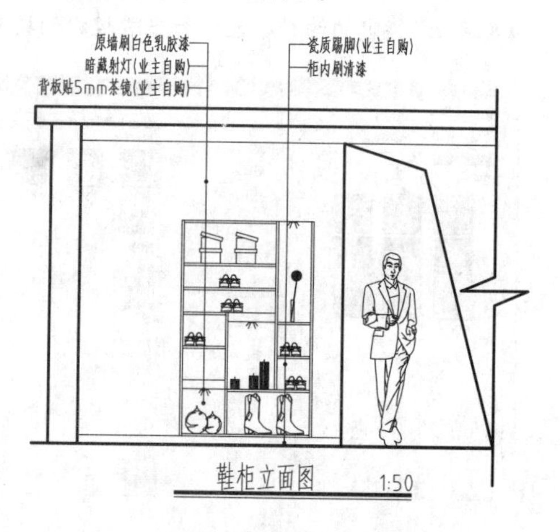

图 3-246 素材图形

02 填充墙体钢筋。在命令行中输入【H】(图案填充)命令并按Enter键，系统弹出【图案填充创建】选项卡，如图3-247所示。在【图案】面板中选择【ANSI31】，在【特性】面板中设置【填充图案颜色】为8、【填充图案比例】为20。设置完成后，拾取墙体为内部拾取点填充，按空格键退出，填充效果如图3-248所示。

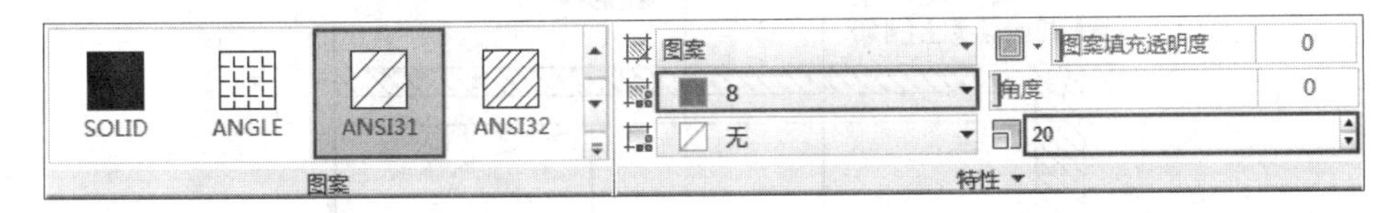

图3-247 【图案填充创建】选项卡

03 填充墙体混凝土。按空格键再次调用【图案填充】命令，选择【图案】为【AR-CON】、【填充图案颜色】为8、【填充图案比例】为1，填充效果如图3-249所示。

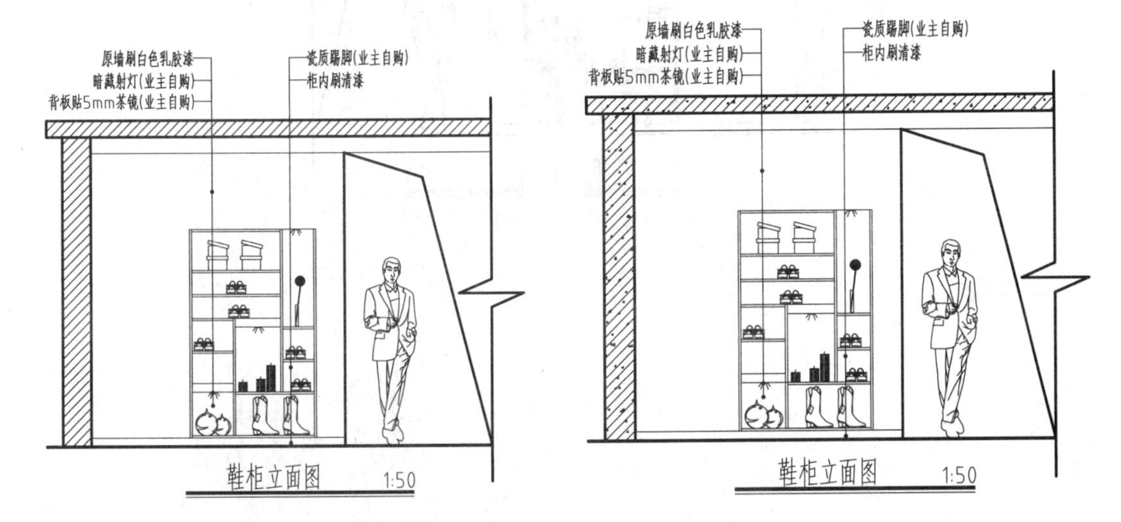

图3-248 填充墙体钢筋

图3-249 填充墙体混凝土

04 填充鞋柜背景墙面。按空格键再次调用【图案填充】命令，选择【图案】为【AR-SAND】、【填充图案颜色】为8、【填充图案比例】为3，填充效果如图3-250所示。

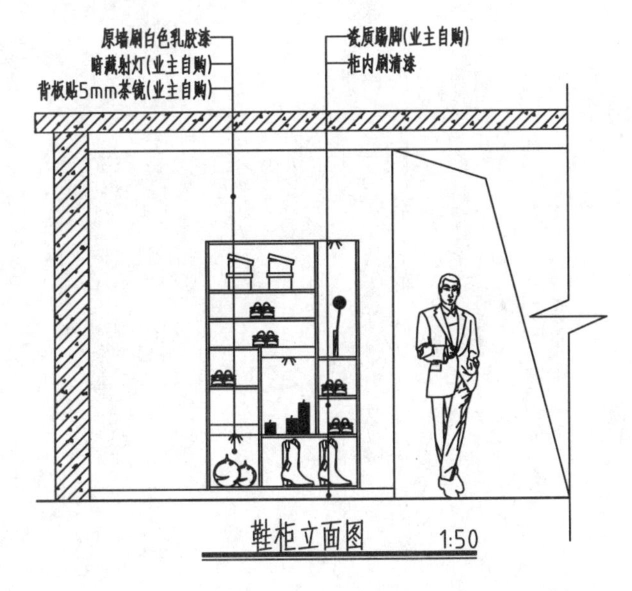

图3-250 鞋柜背景墙面

05 填充鞋柜玻璃。按空格键再次调用【图案填充】命令，选择【图案】为【AR-RROOF】、【填充图案颜色】为 8、【填充图案比例】为 10，填充效果如图 3-251 所示。

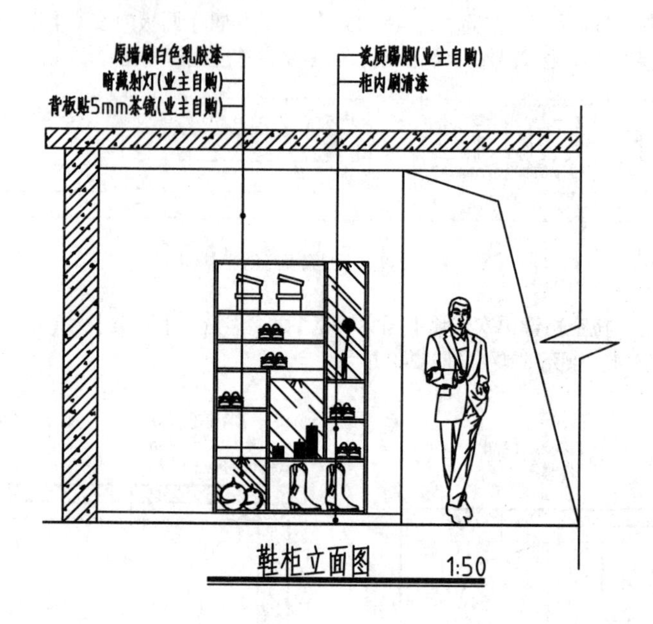

图 3-251　填充鞋柜玻璃

第4章

二维图形的编辑

前面章节介绍了各种图形对象的绘制方法，为了创建图形的更多细节特征以及提高绘图的效率，AutoCAD 提供了多种编辑命令，常用的有【移动】【复制】【修剪】【倒角】与【圆角】等。本章将讲解这些命令的使用方法，以进一步提高读者绘制复杂图形的能力。

利用这些编辑命令，能够方便地改变图形的大小、位置、方向、数量及形状，从而绘制出更为复杂的图形。AutoCAD 常用的编辑命令均集中在【默认】选项卡的【修改】面板中。

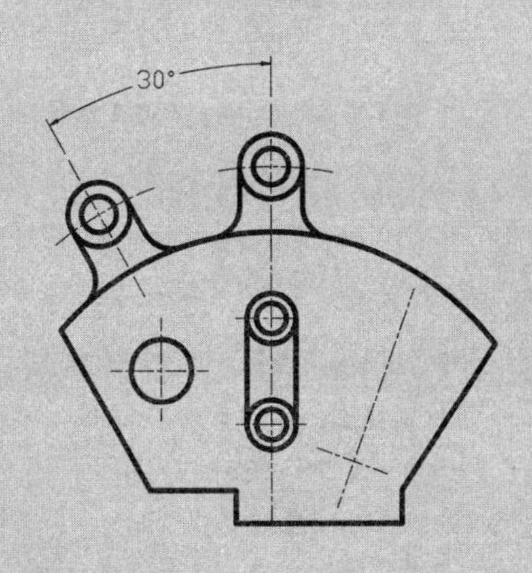

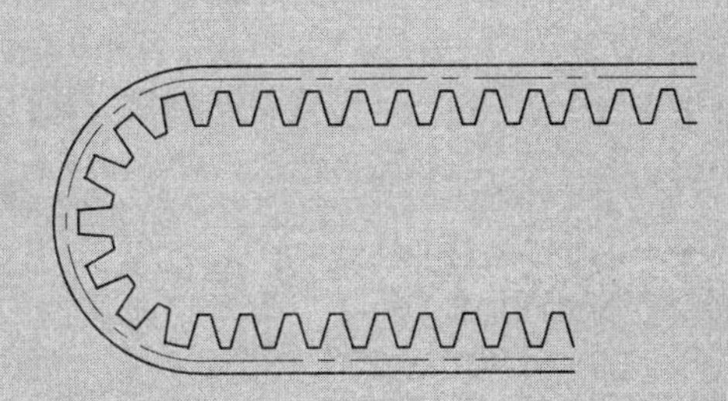

4.1 图形修剪类

使用 AutoCAD 绘图不可能一蹴而就，要想得到最终的完整图形，常常需要用到各种图形修剪命令剪切或删除多余的部分，因此图形修剪类命令是 AutoCAD 编辑命令中最为常用的一类。

4.1.1 修剪

使用【修剪】命令可将超出边界的多余部分修剪删除掉，与橡皮擦的功能相似。修剪操作可以修剪直线、圆、弧、多段线、样条曲线和射线等。在调用命令的过程中，需要设置的参数有“修剪边界”和“修剪对象”两类。要注意的是在选择修剪对象时光标所在的位置，即需要删除哪一部分就在哪部分上单击。

在 AutoCAD 2022 中调用【修剪】命令有以下几种常用方法。

- 功能区：单击【修改】面板中的【修剪】按钮，如图 4-1 所示。
- 菜单栏：执行【修改】|【修剪】命令，如图 4-2 所示。
- 命令行：TRIM 或 TR。

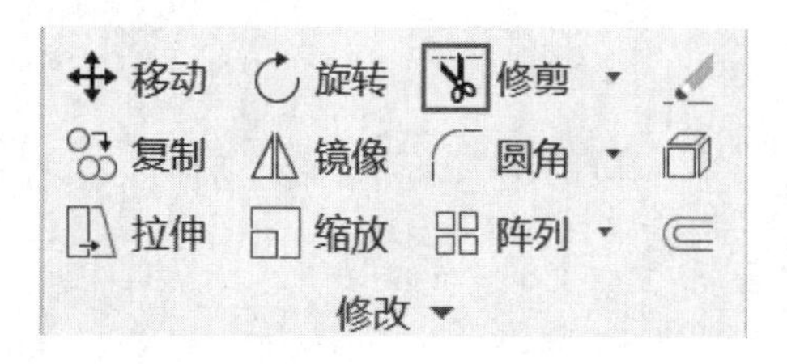

图 4-1 【修改】面板中的【修剪】按钮

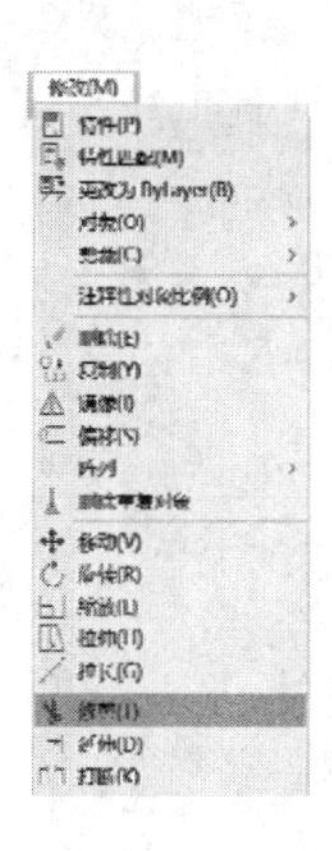

图 4-2 菜单栏中的【修剪】命令

执行上述任一命令后，需要选择作为剪切边的对象（可以是多个对象）。命令行操作如下：

```
当前设置:投影=UCS，边=无
选择边界的边...
选择对象或 <全部选择>:                          //在绘图区选择要作为边界的对象
选择对象:                                      //可以继续选择对象或按 Enter 键结束选择
选择要延伸的对象，或按住 Shift 键选择要延伸的对象，或[栏选(F)/窗交(C)/投影(P)/边(E)/放弃(U)]:                                        //选择要修剪的对象
```

执行【修剪】命令并选择修剪对象之后，在命令行中会出现一些选择类的选项。这些选项的含义如下：

- 【栏选（F）】：用栏选的方式选择要修剪的对象，如图 4-3 所示。

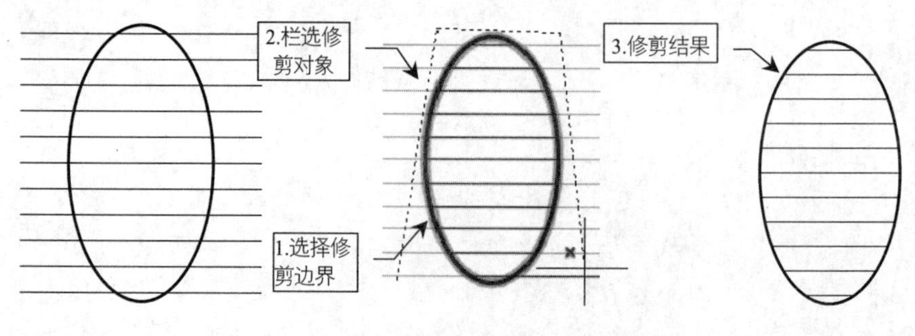

图 4-3 使用“栏选（F）”进行修剪

➢【窗交（C）】：用窗交方式选择要修剪的对象，如图 4-4 所示。

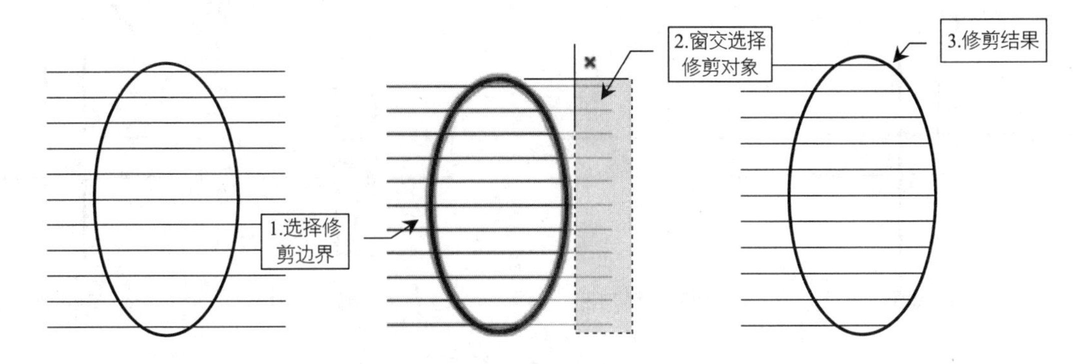

图 4-4　使用“窗交（C）”进行修剪

➢【投影（P）】：用以指定修剪对象时使用的投影方式，即选择进行修剪的空间。

➢【边（E）】：指定修剪对象时是否使用【延伸】模式。默认选项为【不延伸】模式，即修剪对象必须与修剪边界相交才能够修剪。如果选择【延伸】模式，则修剪对象与修剪边界的延伸线相交即可被修剪，如图 4-5 所示的圆弧使用【延伸】模式才能够被修剪。

➢【放弃（U）】：放弃上一次的修剪操作。

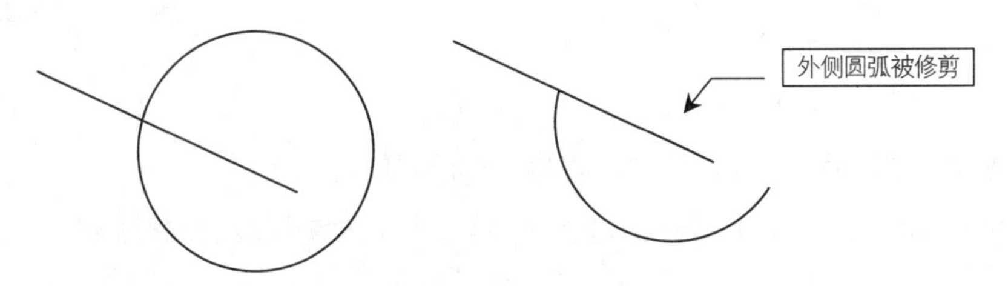

图 4-5　延伸模式修剪效果

剪切边也可以同时作为被剪边。默认情况下，选择要修剪的对象（即选择被剪边），系统将以剪切边为界，将被剪切对象上位于拾取点一侧的部分剪切掉。

利用修剪工具可以快速完成图形中多余线段的删除，如图 4-6 所示。

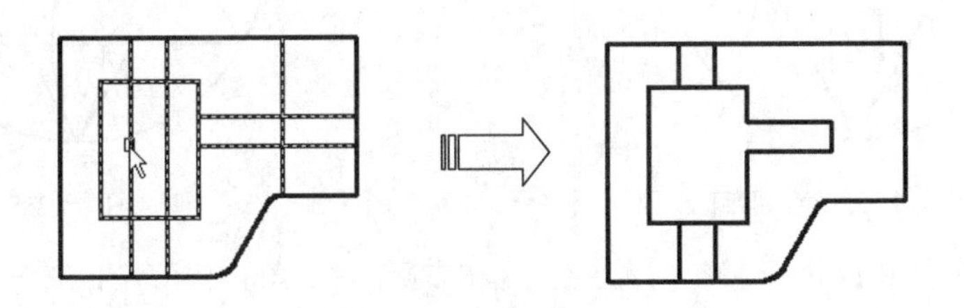

图 4-6　修剪对象

在修剪对象时，可以一次选择多个边界或修剪对象，从而实现快速修剪。例如，要将一个，如图 4-7a 所示的“井”字形路口打通，在选择修剪边界时可以使用【窗交】方式同时选择 4 条直线，如图 4-7b 所示；然后按 Enter 键确认，再将光标移动至要修剪的对象上，如图 4-7c 所示；单击即可完成一次修剪，依次在其他要修剪的对象上单击，即可得到最终的修剪结果，如图 4-7d 所示。

【案例 4-1】：修剪创建地板装饰

视频文件：视频\第 4 章\4-1.mp4

01 在命令行输入【C】(执行【圆】命令)，绘制一个半径为 35 的圆，接着输入【POL】(执行【正多边形】命令)，设置边数为 3，绘制内接于圆的正三角形，如图 4-8 所示。

02 在命令行输入【ARC】(执行【圆弧】命令)，依次选择点 1、点 2（圆心）和点 3，绘制圆弧，结果如图 4-9 所示。

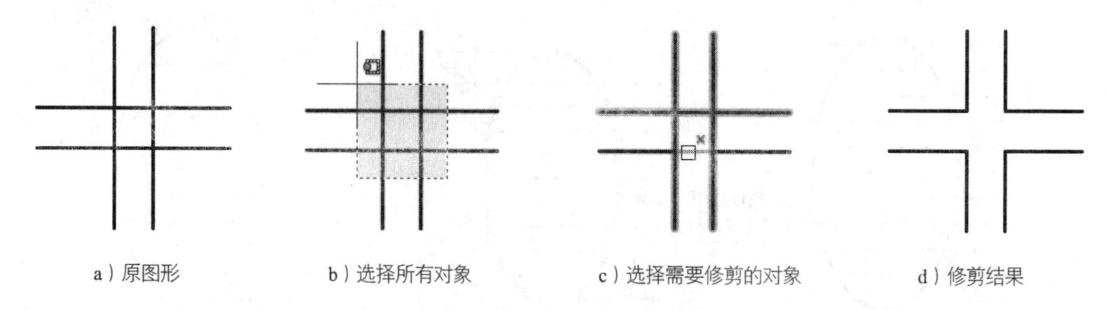

a）原图形　　b）选择所有对象　　c）选择需要修剪的对象　　d）修剪结果

图 4-7　一次修剪多个对象

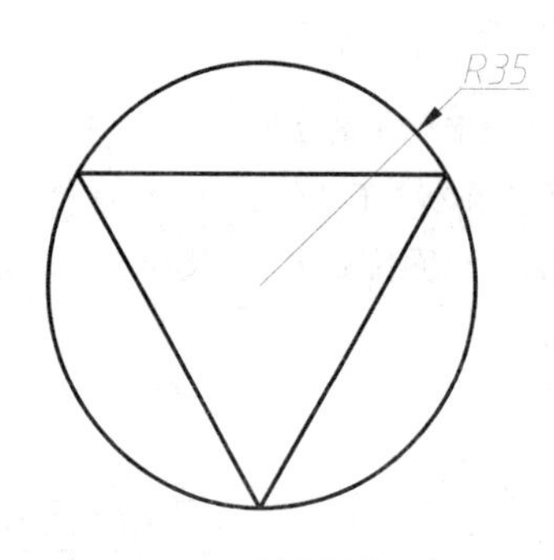

图 4-8　绘制圆和三角形

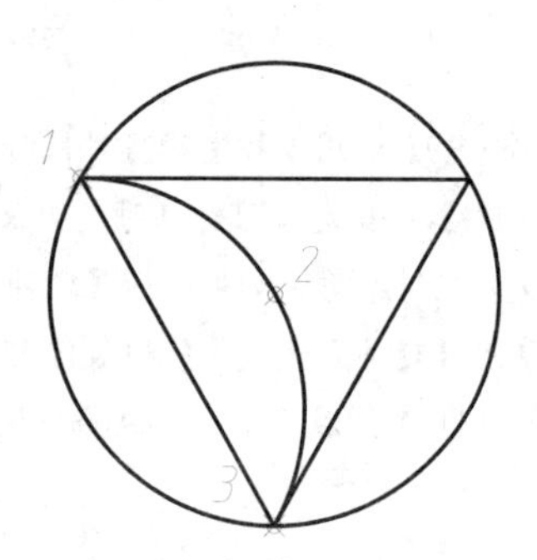

图 4-9　绘制连接圆弧

03 使用相同的方法继续绘制圆弧，结果如图 4-10 所示。

04 在命令行输入【POL】(执行【正多边形】命令)，设置边数为 3，绘制内接于圆的正三角形，结果如图 4-11 所示。

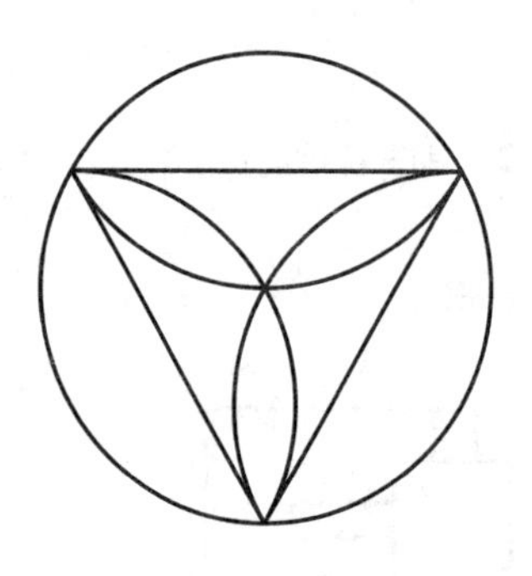

图 4-10　继续绘制圆弧

图 4-11　绘制三角形

05 在命令行输入【TR】(执行【修剪】命令)，单击右键，将三角形中多余的线段删除，结果如图 4-12 所示。

06 在命令行输入【ARC】(执行【圆弧】命令)，依次选择点 4、点 2（圆心）和点 5，绘制圆弧，结果如图 4-13 所示。

07 使用相同的方法继续绘制圆弧，结果如图 4-14 所示。

4.1.2　延伸

【延伸】命令可将没有和边界相交的部分延伸补齐。它和【修剪】命令是一组相对的命令。在调用命令的过程中，需要设置的参数有延伸边界和延伸对象两类。【延伸】命令的使用方法与【修剪】命令的使用方法相似。在使用【延伸】命令时，如果在按下 Shift 键的同时选择对象，则可以切换至【修剪】命令。

图 4-12　修剪图形

图 4-13 绘制圆弧

图 4-14　绘制结果

在 AutoCAD 2022 中，调用【延伸】命令有以下几种常用方法：

- 功能区：单击【修改】面板中的【延伸】按钮，如图 4-15 所示。
- 菜单栏：执行【修改】|【延伸】命令，如图 4-16 所示。
- 命令行：EXTEND 或 EX。

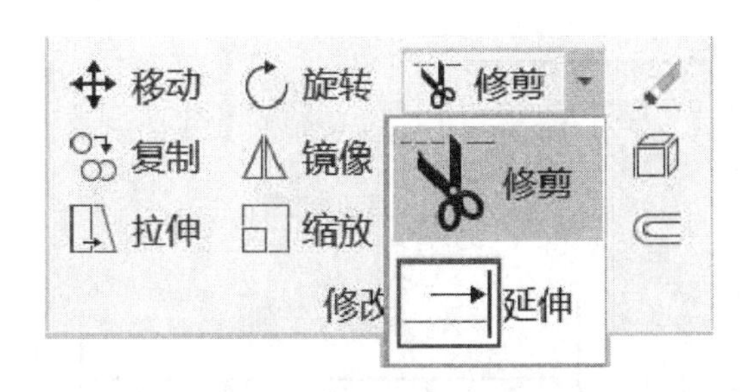

图 4-15　【修改】面板中的【延伸】按钮

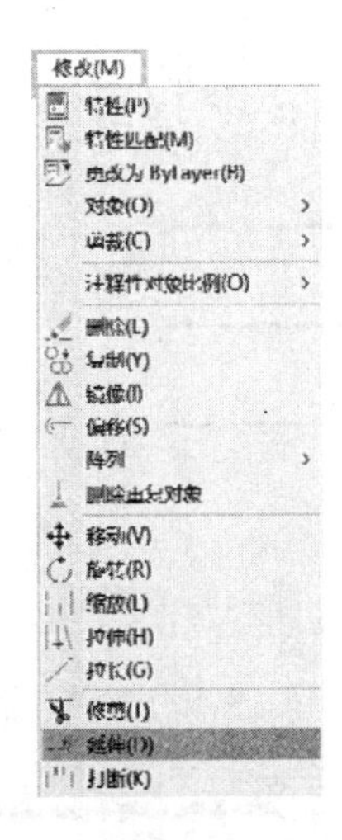

图 4-16　菜单栏中的【延伸】命令

执行【延伸】命令后，需要选择要延伸的对象（可以是多个对象）。命令行操作如下：

```
选择要延伸的对象，或按住 Shift 键选择要修剪的对象，或[栏选(F)/窗交(C)/投影(P)/边(E)/删除(R)/放弃(U)]:
```

选择延伸的对象时，需要注意延伸方向的选择。朝哪个边界延伸，则在靠近边界的那部分上单击。如图 4-17 所示，将直线 *AB* 延伸至边界直线 *M* 时，需要在 *A* 端单击直线，将直线 *AB* 延伸到边界 *N* 时，则在 *B* 端单击直线。

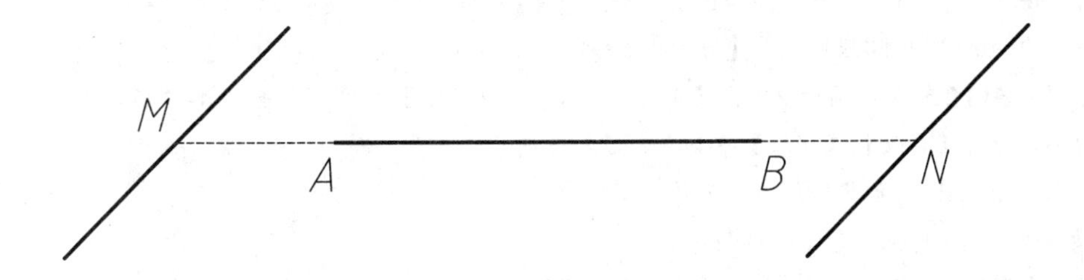

图 4-17　使用【延伸】命令延伸直线

【案例 4-2】：　使用延伸完善熔断器箱图形

视频文件：视频\第 4 章\4-2.mp4

01 打开“第 4 章\4-2 使用【延伸】完善熔断器箱图形.dwg”文件，素材图形如图 4-18 所示。

02 调用【延伸】命令，延伸水平直线。命令行操作如下：

```
命令:EX↙                                    //调用【延伸】命令
当前设置:投影=UCS，边=无
选择边界的边...
选择对象或 <全部选择>:                      //选择如图 4-19 所示的边作为延伸边界
找到 1 个
选择对象: ↙                                 //按 Enter 键结束选择
选择要延伸的对象，或按住 Shift 键选择要修剪的对象，或[栏选(F)/窗交(C)/投影(P)/边(E)/放
弃(U)]:                                     //选择如图 4-20 所示的直线
选择要延伸的对象，或按住 Shift 键选择要修剪的对象，或[栏选 (F)/窗交(C)/投影(P)/边(E)/放
弃(U)]:                                     //选择第二条要延伸的直线
选择要延伸的对象，或按住 Shift 键选择要修剪的对象，或[栏选(F)/窗交(C)/投影(P)/边(E)/放
弃(U)]:                                //使用同样的方法，延伸其他直线，如图 4-21 所示
```

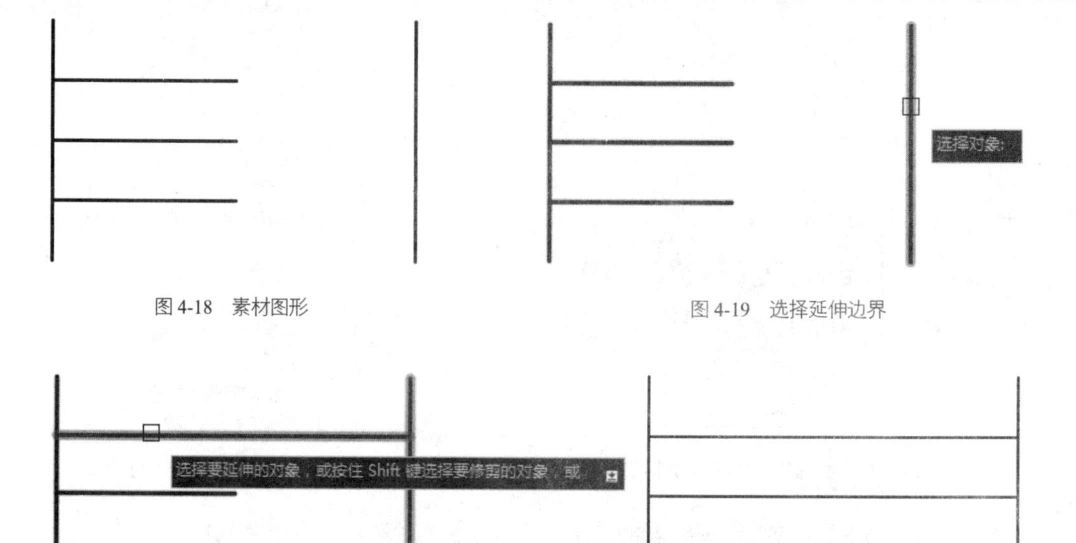

图 4-18 素材图形

图 4-19 选择延伸边界

图 4-20 选择需要延伸的直线

图 4-21 延伸结果

4.1.3 删除

使用【删除】命令可将多余的对象从图形中完全清除。【删除】命令是 AutoCAD 最常用的命令之一，使用也最为简单。在 AutoCAD 2022 中执行【删除】命令的方法有以下 4 种。

- 功能区：在【默认】选项卡中单击【修改】面板中的【删除】按钮，如图 4-22 所示。
- 菜单栏：选择【修改】|【删除】命令，如图 4-23 所示。
- 命令行：ERASE 或 E。
- 快捷操作：选中对象后直接按 Delete 键。

执行上述命令后，根据命令行的提示选择需要删除的图形对象，按 Enter 键即可将其删除，如图 4-24 所示。

在绘图时如果意外误删了对象，可以使用【UNDO】(撤销)命令或【OOPS】(恢复删除)命令将其恢复。

- 【UNDO】(撤销)：即放弃上一步操作。快捷键为 Ctrl+Z，对所有命令有效。

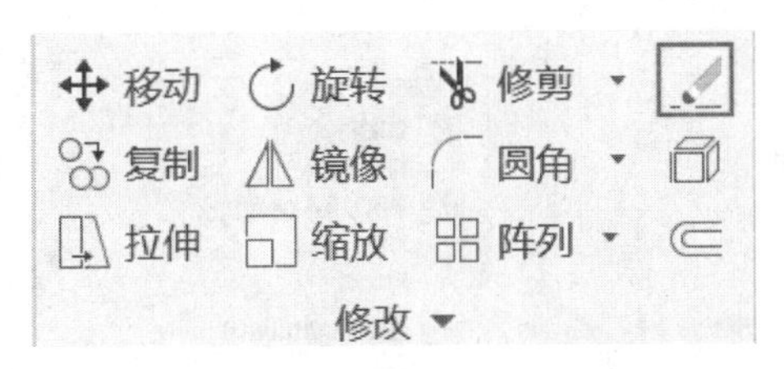

图 4-22 【修改】面板中的【删除】按钮

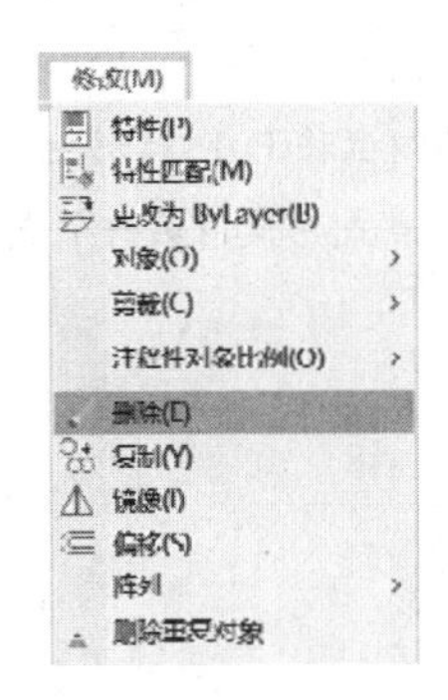

图 4-23 菜单栏中的【删除】命令

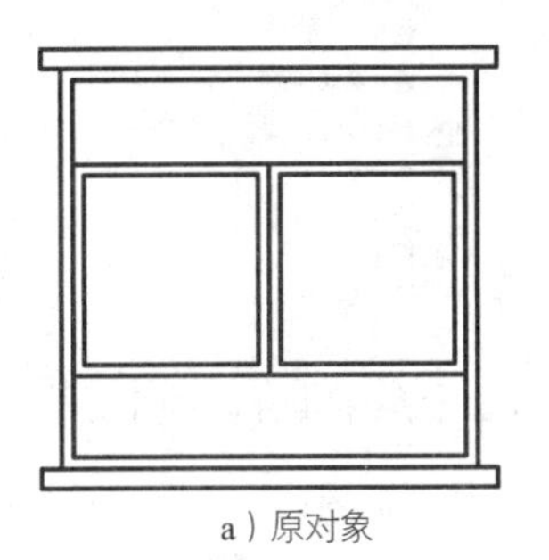

a）原对象

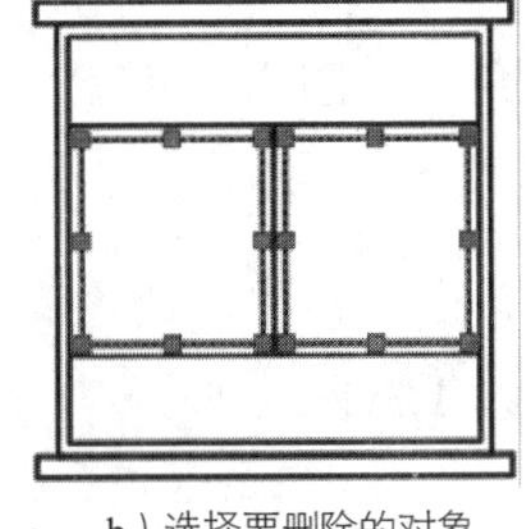

b）选择要删除的对象

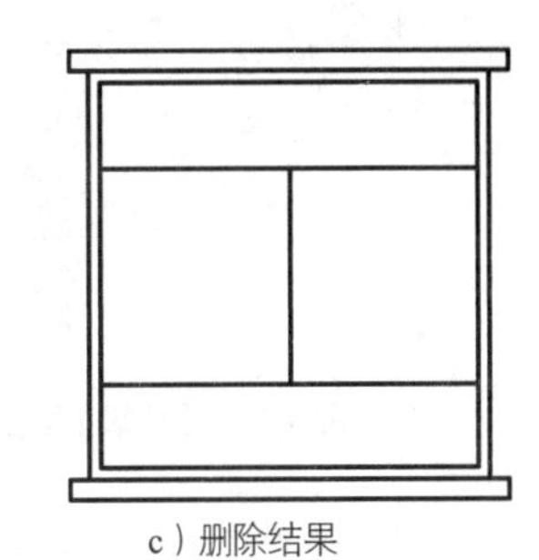

c）删除结果

图 4-24 删除图形

➢【OOPS】(恢复删除)：该命令可恢复由上一个【ERASE】(删除)命令删除的对象。该命令对【ERASE】命令有效。

此外，【删除】命令还有一些隐藏选项，在命令行提示“选择对象”时，除了用选择方法选择要删除的对象外，还可以输入特定字符，执行隐藏操作。隐藏选项如下：

➢ 输入“L”：删除绘制的上一个对象。

➢ 输入“P”：删除上一个选择集。

➢ 输入“All”：从图形中删除所有对象。

➢ 输入“？”：查看所有选择方法列表。

4.2 图形变化类

在绘图的过程中，会经常需要对某图元进行移动、旋转、缩放或拉伸等操作，这类操作称为图形变化类操作。本节将介绍 AutoCAD 图形变化类命令的用法。

4.2.1 移动

使用【移动】命令可将图形从一个位置平移到另一位置，移动过程中图形的大小、形状和倾斜角度均不改变。在调用命令的过程中，需要确定的参数有需要移动的对象、移动基点和第二点。

调用【移动】命令有以下几种方法：

➢ 功能区：单击【修改】面板中的【移动】按钮，如图 4-25 所示。

➢ 菜单栏：执行【修改】|【移动】命令，如图 4-26 所示。

➢ 命令行：MOVE 或 M。

调用【移动】命令后，根据命令行提示，在绘图区中拾取需要移动的对象后按右键确定，再拾取移动基点，然后指定第二个点（目标点）即可完成移动操作，如图 4-27 所示。命令行操作如下：

➢ 命令: _MOVE　　//执行【移动】命令

➢ 选择对象：找到 1 个 //选择要移动的对象

➢ 指定基点或 [位移(D)] <位移>: //选取移动的参考点

➢ 指定第二个点或 <使用第一个点作为位移>: //选取目标点，放置图形

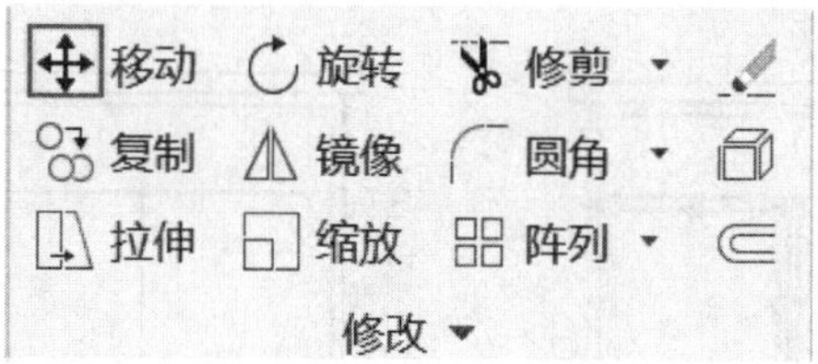

图 4-25 【修改】面板中的【移动】按钮

图 4-26 菜单栏中的【移动】命令

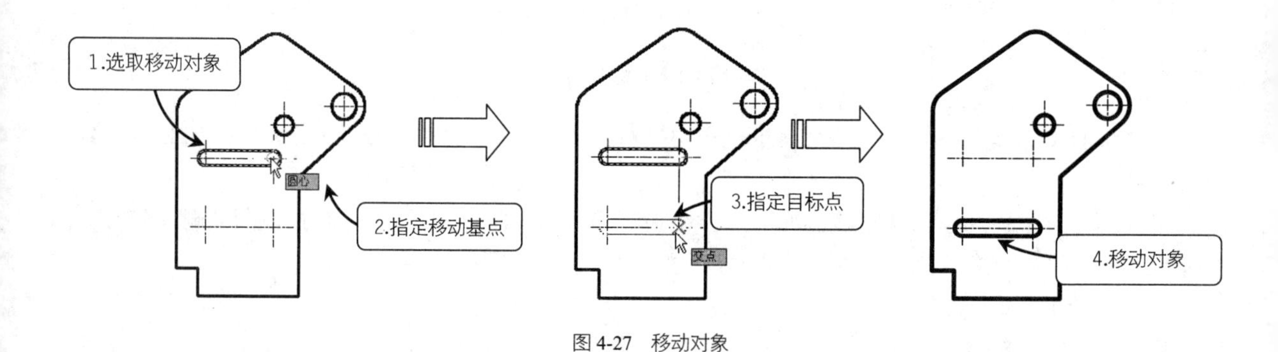

图 4-27 移动对象

执行【移动】命令时，命令行中只有一个选项【位移（D）】，该选项可以输入坐标以表示矢量。输入的坐标值将指定相对距离和方向，如图 4-28 所示为输入坐标（500，100）的移动结果。

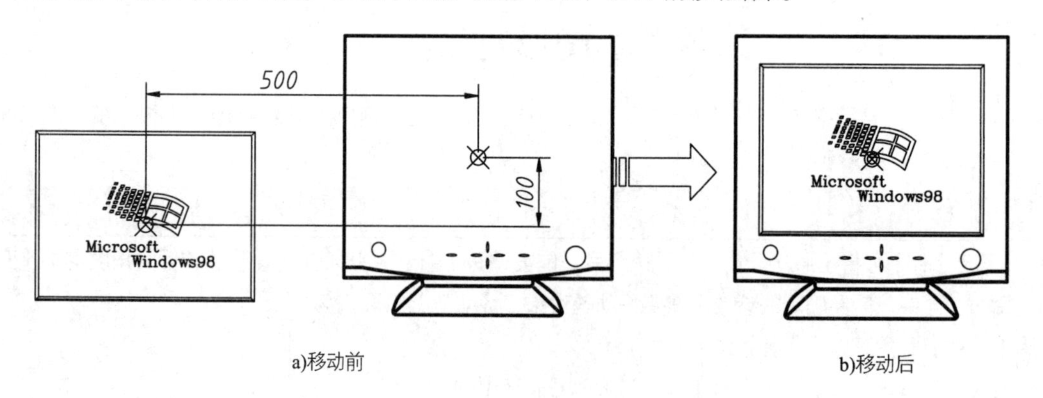

a)移动前 b)移动后

图 4-28 移动图形

【案例 4-3】：使用移动完善卫生间图形 视频文件：视频\第 4 章\4-3.mp4

01 单击快速访问工具栏中的【打开】按钮，打开“第 4 章\4-3 使用【移动】完善卫生间图形.dwg”文件，素材图形如图 4-29 所示。

02 在【默认】选项卡中单击【修改】面板中的【移动】按钮，选择浴缸，按空格键或 Enter 键确定。

03 选择浴缸的右上角作为移动基点，拖至卫生间的右上角，如图 4-30 所示。

04 重复调用【移动】命令，将坐便器移至卫生间上方靠墙的位置，结果如图 4-31 所示。

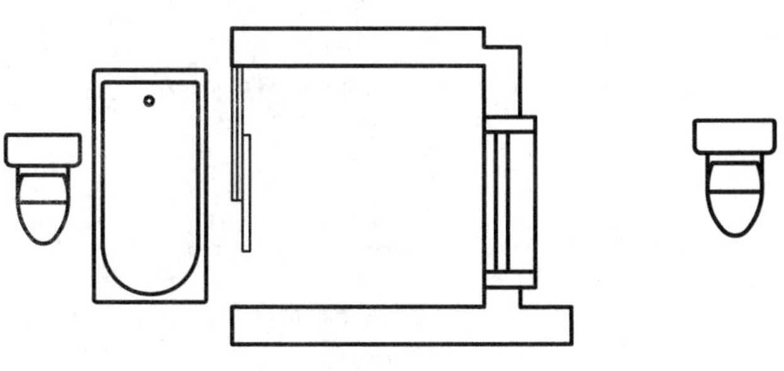

图 4-29 打开素材图形

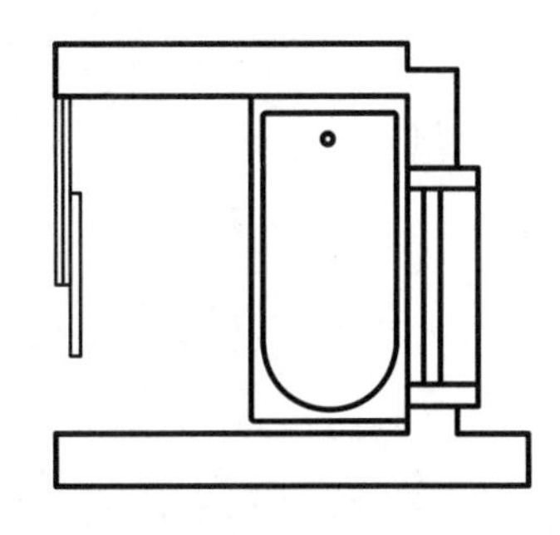

图 4-30 移动浴缸

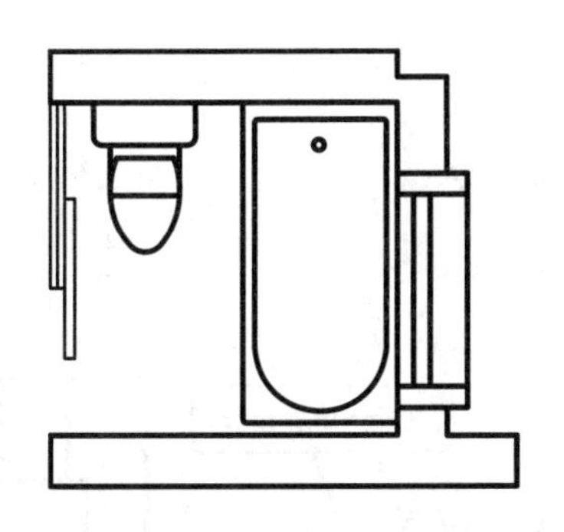

图 4-31 移动坐便器

4.2.2 旋转

使用【旋转】命令可将图形对象绕一个固定的点（基点）旋转一定的角度。在调用命令的过程中，需要确定的参数有【旋转对象】【旋转基点】和【旋转角度】。默认情况下，逆时针旋转的角度为正值，顺时针旋转的角度为负值。

在 AutoCAD 2022 中调用【旋转】命令有以下几种常用方法：

- 功能区：单击【修改】面板中的【旋转】按钮，如图 4-32 所示。
- 菜单栏：执行【修改】|【旋转】命令，如图 4-33 所示。
- 命令行：ROTATE 或 RO。

按上述方法执行【旋转】命令后，命令行操作如下：

```
命令： ROTATE                                        //执行【旋转】命令
UCS 当前的正角方向： ANGDIR=逆时针  ANGBASE=0          //当前的角度测量方式和基准
选择对象：找到 1 个                                    //选择要旋转的对象
指定基点：                                            //指定旋转的基点
指定旋转角度，或 [复制(C)/参照(R)] <0>:  45             //输入旋转的角度
```

在命令行提示【指定旋转角度】时，除了默认的旋转方法，还有【复制（C）】和【参照（R）】两种方式，分别介绍如下：

- 默认旋转：利用该方法旋转图形时，源对象将按指定的旋转中心和旋转角度旋转至新位置，不保留对象的原始副本。执行【旋转】命令后，选取旋转对象，然后指定旋转中心，根据命令行提示输入旋转角度，按 Enter 键即可完成旋转对象操作，如图 4-34 所示。

图 4-32 【修改】面板中的【旋转】按钮

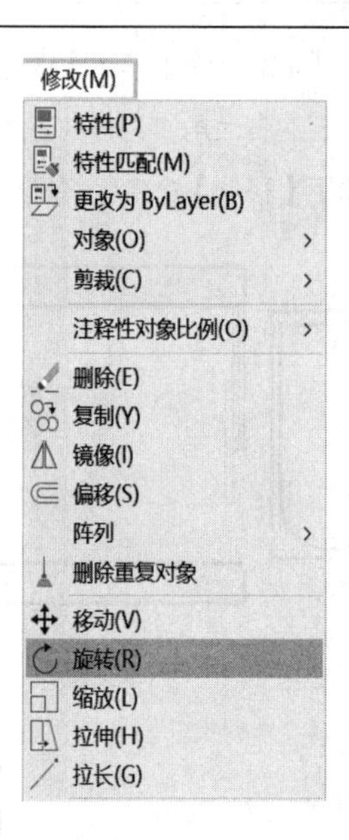

图 4-33 菜单栏中的【旋转】命令

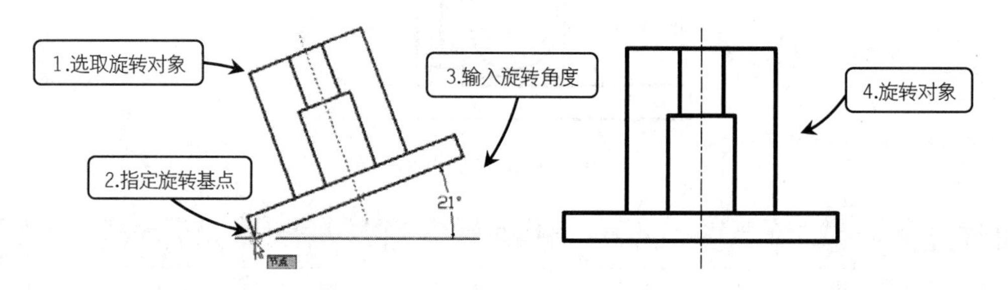

图 4-34 默认方式旋转对象

➢【复制（C）】：使用该旋转方法进行对象的旋转时，不仅将对象的放置方向调整一定的角度，还保留源对象。执行【旋转】命令后，选取旋转对象，然后指定旋转中心，选择【复制】选项，并指定旋转角度，按 Enter 键即可完成复制旋转对象操作，如图 4-35 所示。

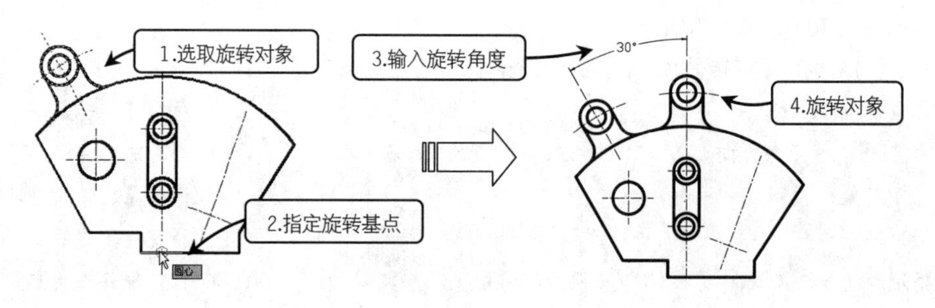

图 4-35 以【复制（C）】旋转对象

➢【参照（R）】：将对象从指定的角度旋转到新的绝对角度。该方法特别适用于旋转那些角度值为非整数或未知的对象。执行【旋转】命令后，选取旋转对象，然后指定旋转中心，选择【参照】选项，再指定参照第一点、参照第二点（这两点的连线与 X 轴的夹角即为参照角），接着移动鼠标即可指定新的旋转角度，如图 4-36 所示。

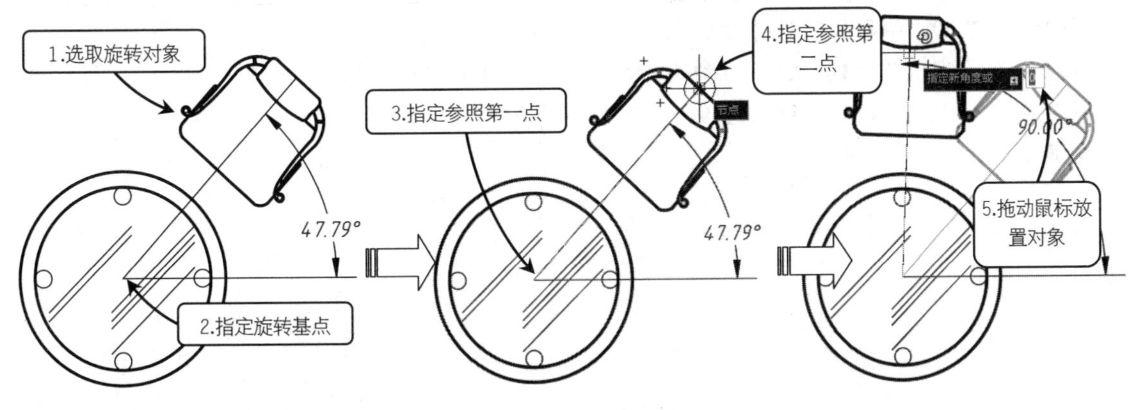

图 4-36　以【参照（R）】旋转对象

【案例 4-4】：　旋转至垂直特定对象　　　　视频文件：视频\第 4 章\4-4.mp4

01 打开“第 4 章\4-4 旋转至垂直特定对象.dwg”文件，素材图形如图 4-37 所示。其中已绘制好了两条直线：*AB*、*CD*。

02 通过观察素材图形可知，直线 *AB* 与水平方向的夹角未知，所以不能直接通过输入角度的方法将直线 *CD* 旋转为直线 *AB* 的垂线。这时可以先将直线 *CD* 旋转至与 *AB* 重合的位置，然后再旋转 90°，即可使得 *CD* 垂直于 *AB*。

03 在命令行输入【RO】(执行【旋转】命令)，选择直线 *CD* 为旋转对象，指定点 *C* 为基点，然后输入【R】(启用【参照】选项)，再分别指定 *C*、*D* 两点为参照对象，直线 *CD* 便会随光标位置进行旋转，将其调整到与直线 *AB* 重合的位置，如图 4-38 所示。

04 此时直线 *CD* 已经与直线 *AB* 重合，再次执行【旋转】命令，就可以通过输入角度值的方法将直线 *CD* 旋转至与直线 *AB* 成 90° 夹角的位置。

05 按 Enter 键重复执行【旋转】命令，仍然选择直线 *CD* 为旋转对象、点 *C* 为基点，然后输入角度值 90°，即可使得 *CD* 垂直于 *AB*，如图 4-39 所示。

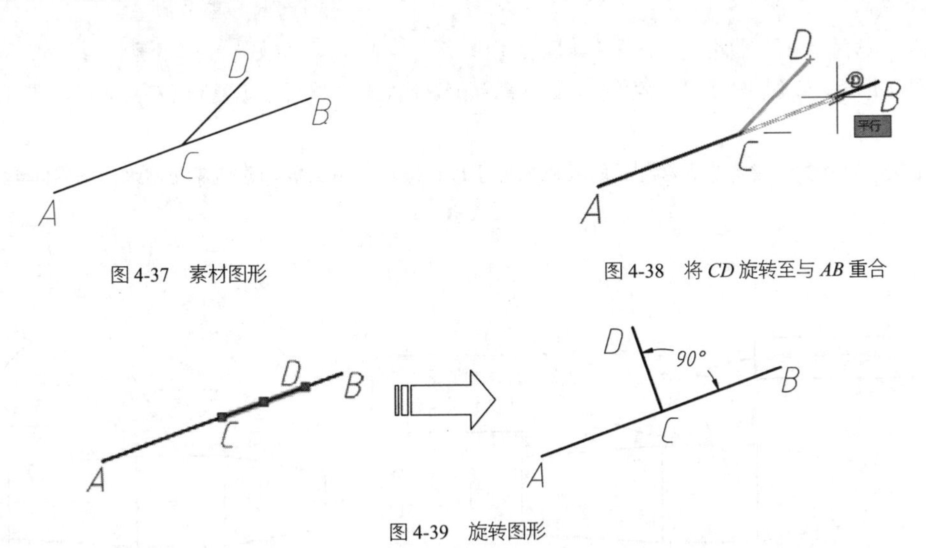

图 4-37　素材图形

图 4-38　将 *CD* 旋转至与 *AB* 重合

图 4-39　旋转图形

4.2.3　缩放

利用【缩放】命令可以将图形对象以指定的缩放基点为缩放参照，放大或缩小一定比例，创建与源对象成一定比例且形状相同的新图形对象。在命令执行过程中，需要确定的参数有【缩放对象】【基点】和【比例因子】。比例因子也就是缩小或放大的比例值，比例因子大于 1 时，缩放结果是使图形变大，反之则使图形变小。

在 AutoCAD 2022 中调用【缩放】命令有以下几种方法：

➢ 功能区：单击【修改】面板中的【缩放】按钮，如图 4-40 所示。
➢ 菜单栏：执行【修改】|【缩放】命令，如图 4-41 所示。
➢ 命令行：SCALE 或 SC。

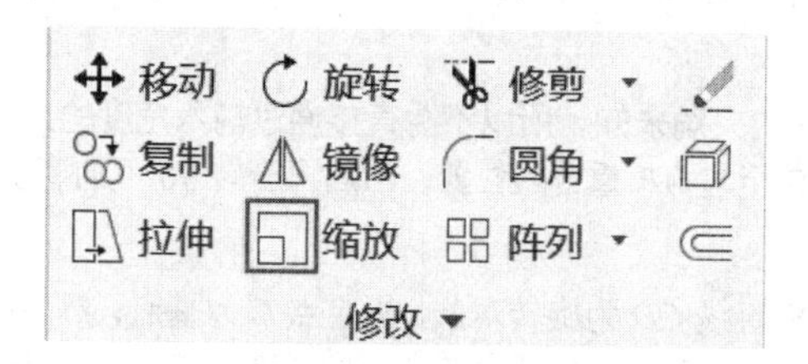

图 4-40 【修改】面板中的【缩放】按钮

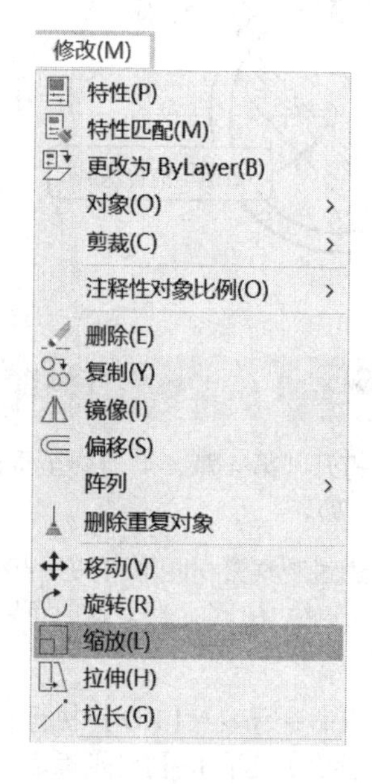

图 4-41 菜单栏中的【缩放】命令

以上述任一方式启用【缩放】命令后，命令行操作如下：

```
命令：SCALE                                    //执行【缩放】命令
选择对象：找到 1 个                             //选择要缩放的对象
指定基点：                                      //选取缩放的基点
指定比例因子或 [复制(C)/参照(R)]：2             //输入比例因子
```

【缩放】命令与【旋转】命令差不多，除了默认的操作之外，同样有【复制（C）】和【参照（R）】两种方式。

➢【默认缩放】：指定基点后直接输入比例因子进行缩放，不保留对象的原始副本，如图 4-42 所示。

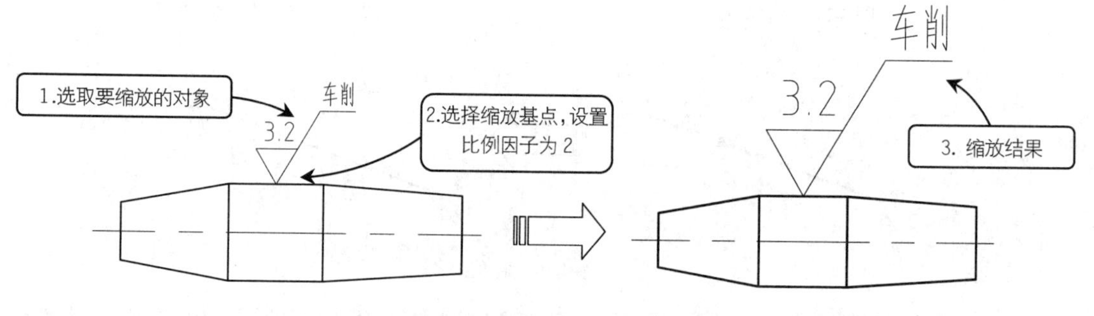

图 4-42 默认方式缩放图形

➢【复制（C）】：在命令行输入【C】，选择该选项进行缩放后可以在缩放时保留源图形，如图 4-43 所示。

➢【参照（R）】：如果选择该选项，则命令行会提示用户需要输入“参照长度”和“新长度”数值，由系统自动计算出两长度之间的比例数值，从而定义出图形的缩放因子，对图形进行缩放操作，如图 4-44 所示。

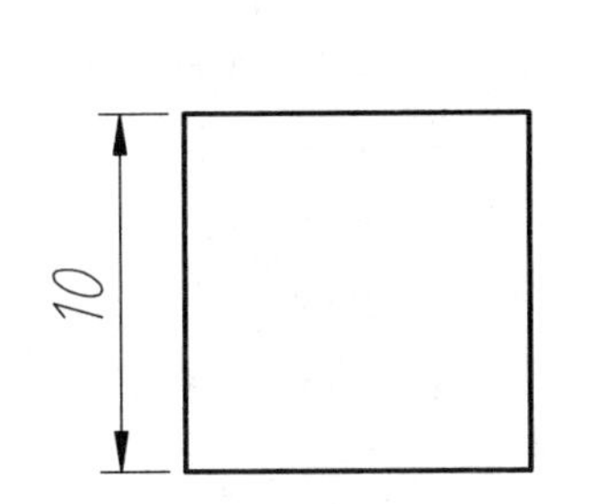

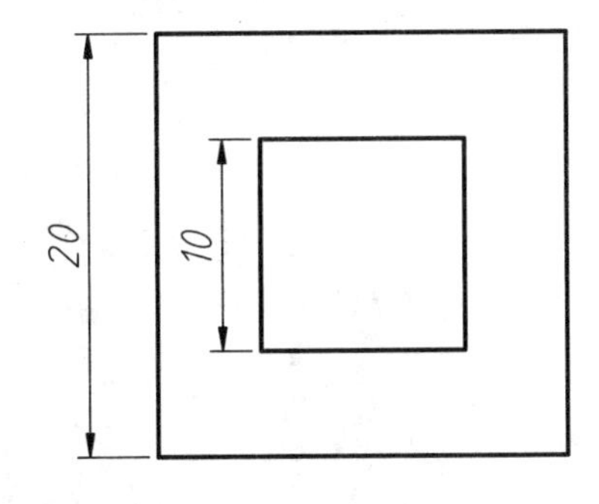

图 4-43　以【复制（C）】缩放图形

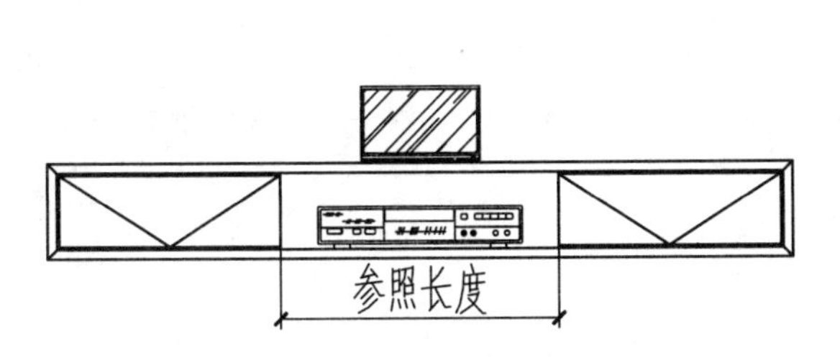

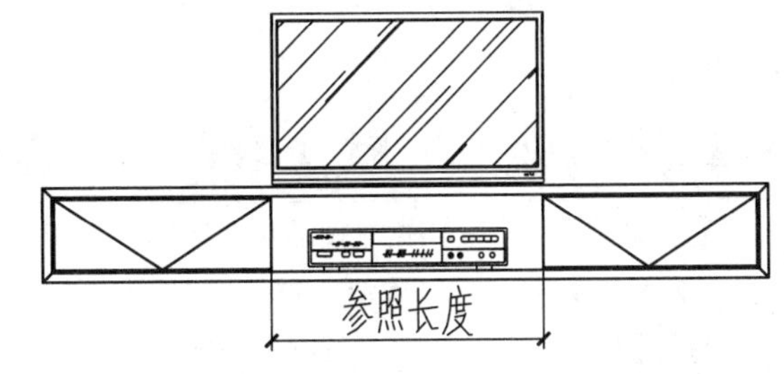

图 4-44　以【参照（R）】缩放图形

【案例 4-5】：使用参照缩放树形图　　视频文件：视频\第 4 章\4-5.mp4

在园林设计中经常会用到各种植物图形，如松树、竹林等，这些图形可以从网上下载，也可以自行绘制。在实际应用中，往往需要根据具体的设计要求来调整这些图形的大小，这时就可以使用【缩放】命令中的【参照（R）】功能来进行实时缩放，从而获得适当大小的图形。本案例便是将一任意高度的松树缩放至 5000mm 高度的大小。

01 打开“第 4 章\4-5 参照缩放树形图.dwg”文件，素材图形如图 4-45 所示，其中有一绘制好的树形图和一条长 5000mm 的垂直线。

02 在【默认】选项卡中单击【修改】面板中的【缩放】按钮，选择树形图，并指定树形图块的最下方中点为基点，如图 4-46 所示。

03 根据命令行提示，选择“参照（R）”选项，然后指定参照长度的测量起点，再指定测量终点（即指定原始的树高），接着输入新的参照长度（即最终的树高 5000mm），如图 4-47 所示，命令行操作如下：

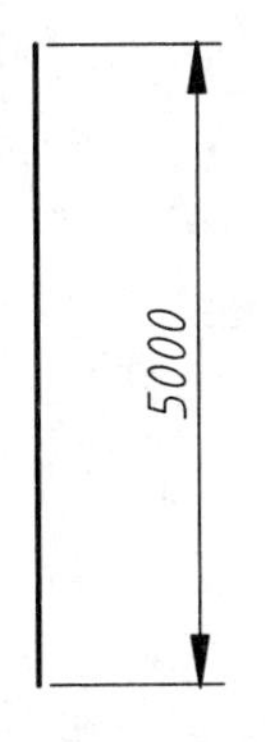

图 4-45　素材图形

图 4-46　指定基点

```
指定比例因子或 [复制(C)/参照(R)]: R              //选择“参照”选项
                                               //以树形图块最下方中点为参照长度的测量起点
指定参照长度 <2839.9865>: 指定第二点:            //以树梢处端点为参照长度的测量终点
指定新的长度或 [点(P)] <1.0000>: 5000           //输入新的参照长度
```

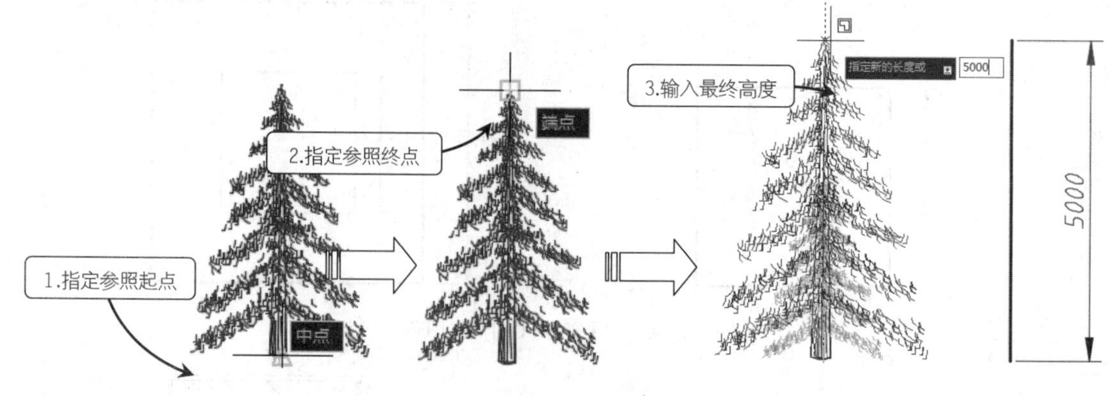

图 4-47　参照缩放

4.2.4　拉伸

【拉伸】命令可通过沿拉伸路径平移图形夹点的位置，使图形产生拉伸变形的效果。它可以对选择的对象按规定方向和角度进行拉伸或缩短，并且使对象的形状发生改变。

调用【拉伸】命令有以下几种常用方法：

➤ 功能区：单击【修改】面板中的【拉伸】按钮，如图 4-48 所示。

➤ 菜单栏：执行【修改】|【拉伸】命令，如图 4-49 所示。

➤ 命令行：STRETCH 或 S。

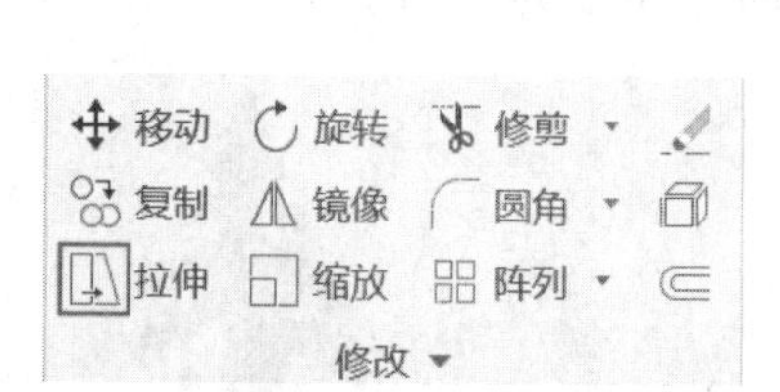

图 4-48　【修改】面板中的【拉伸】按钮

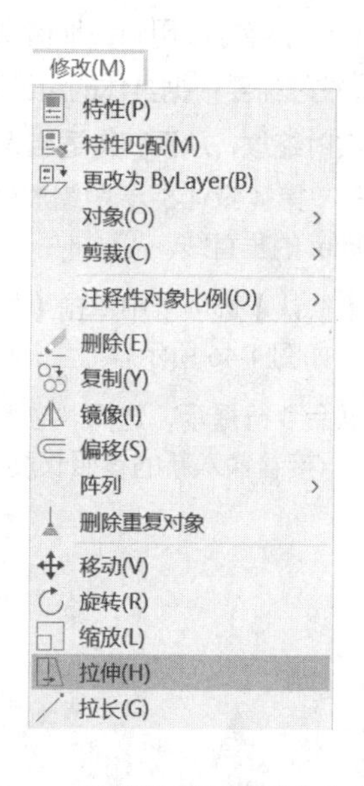

图 4-49　菜单栏中的【拉伸】命令

【拉伸】命令需要设置的主要参数有【拉伸对象】"【拉伸基点】和【拉伸位移】三项。拉伸对象如图 4-50 所示。命令行操作如下：

```
命令: _stretch                                    //执行【拉伸】命令
以交叉窗口或交叉多边形选择要拉伸的对象...
选择对象: 指定对角点: 找到 1 个
选择对象:                                         //以窗交、圈围等方式选择拉伸对象
指定基点或 [位移(D)] <位移>:                      //指定拉伸基点
指定第二个点或 <使用第一个点作为位移>:            //指定拉伸终点
```

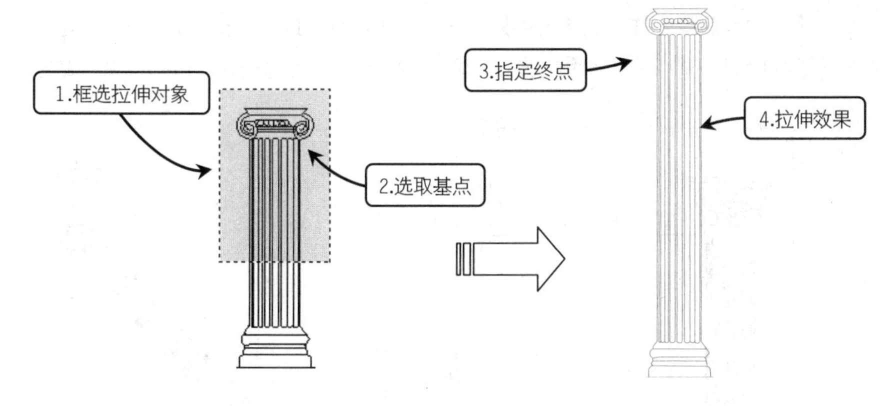

图 4-50　拉伸对象

拉伸遵循以下原则：

➢ 通过单击选择和窗口选择获得的拉伸对象将只被平移，不被拉伸。

➢ 通过框选获得的拉伸对象，如果所有夹点都落入选择框内，图形将发生平移，如图 4-51 所示；如果只有部分夹点落入选择框，图形将沿拉伸位移拉伸，如图 4-52 所示；如果没有夹点落入选择窗口，图形将保持不变，如图 4-53 所示。

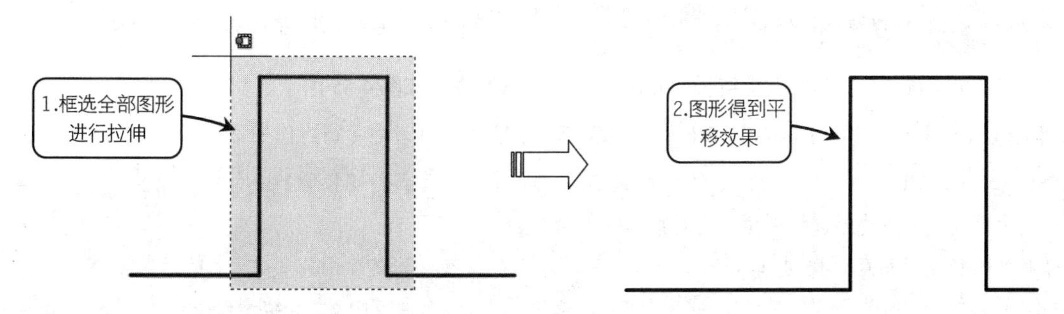

图 4-51　框选全部图形拉伸得到平移效果

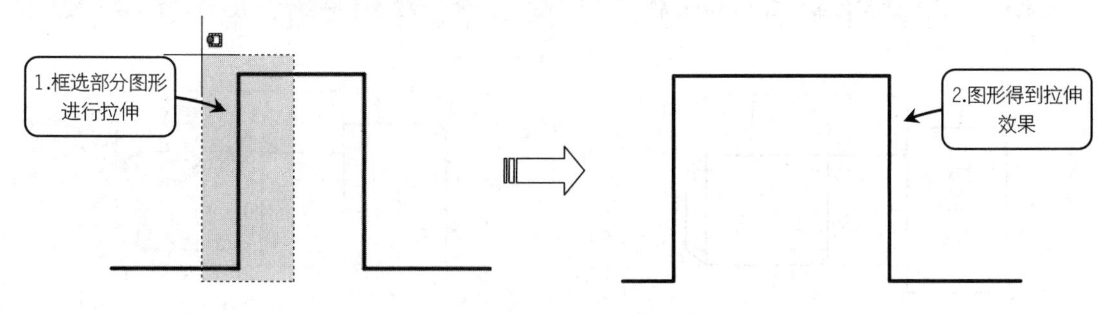

图 4-52　框选部分图形拉伸得到拉伸效果

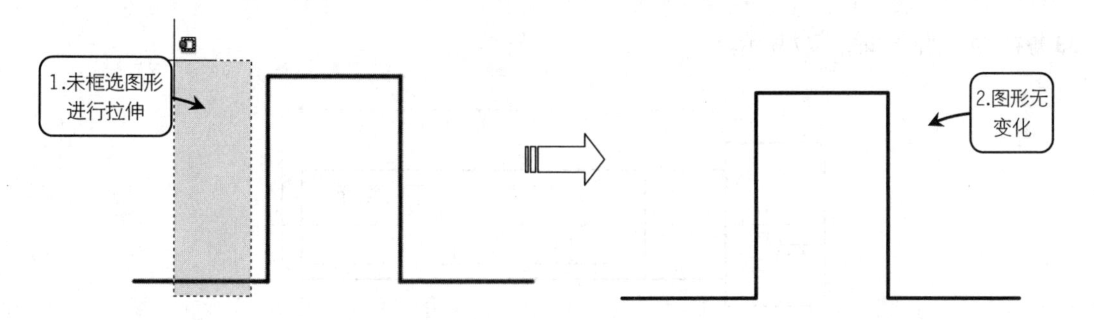

图 4-53　未框选图形拉伸无效果

【拉伸】命令与【移动】命令一样，命令行中只有一选项【位移（D）】。该选项可以输入坐标以表示矢量。输入的坐标值将指定拉伸相对于基点的距离和方向，如图 4-54 所示为输入坐标（1000，200）的拉伸效果。

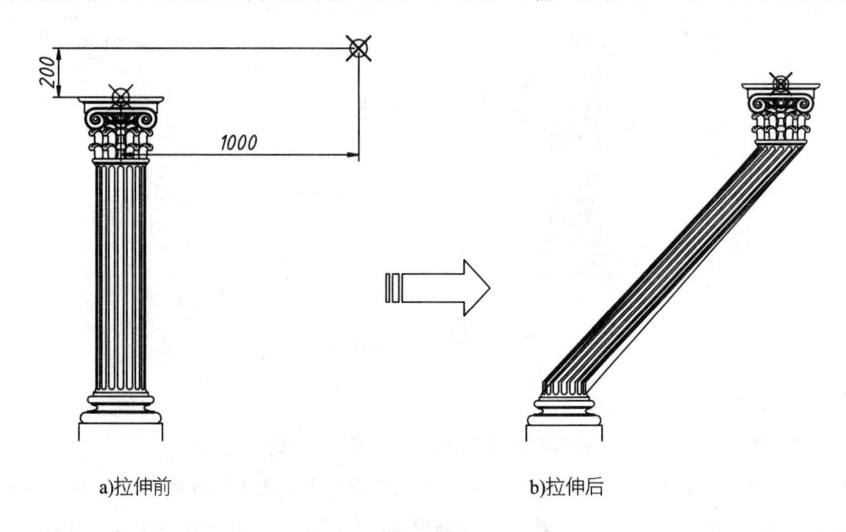

a)拉伸前　　b)拉伸后

图 4-54　位移拉伸效果

【案例 4-6】：　拉伸修改螺钉长度　　视频文件：视频\第 4 章\4-6.mp4

01 打开 “第 4 章\4-6 拉伸修改螺钉长度.dwg” 文件，素材图形如图 4-55 所示。

02 单击【修改】面板中的【拉伸】按钮，将螺钉长度拉伸至 50。命令行操作如下：

```
命令: _STRETCH                                    //执行【拉伸】命令
以交叉窗口或交叉多边形选择要拉伸的对象...
选择对象: 指定对角点: 找到 11 个                  //框选如图 4-56 所示的对象
选择对象:                                          //按 Enter 键结束选择
指定基点或 [位移(D)] <位移>:
指定第二个点或 <使用第一个点作为位移>: 25         //水平向右移动鼠标，输入拉伸距离
```

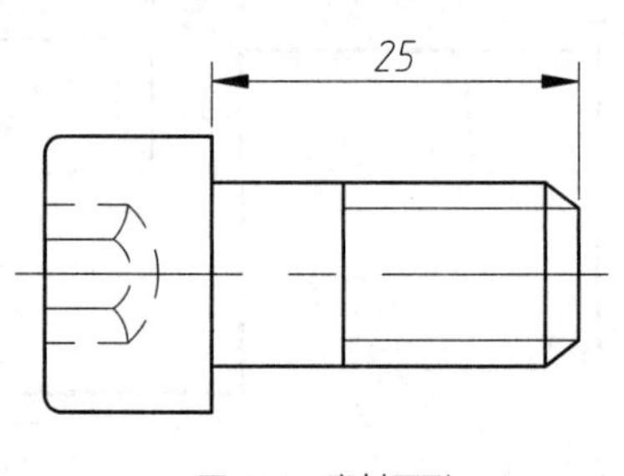

图 4-55　素材图形

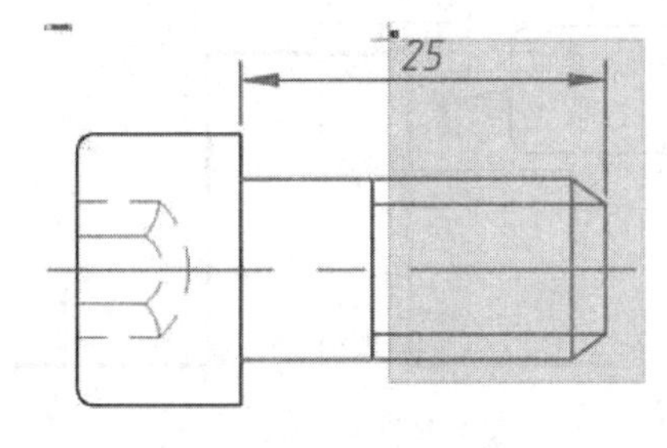

图 4-56　选择拉伸对象

03 螺钉的拉伸结果如图 4-57 所示。

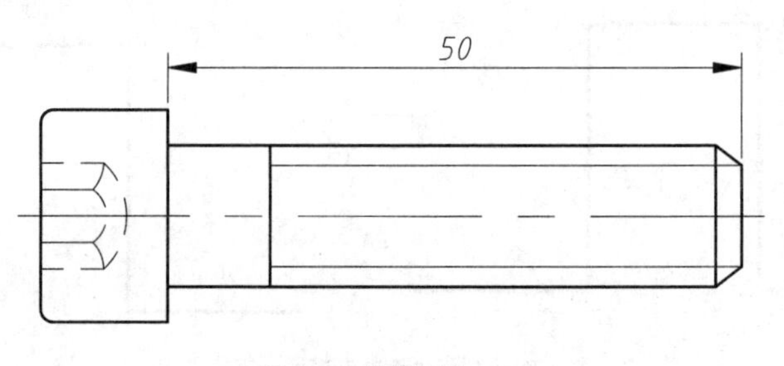

图 4-57　拉伸结果

4.2.5 拉长

拉长图形就是改变原图形的长度，可以把原图形变长，也可以将其缩短。用户可以通过指定一个长度增量、角度增量（对于圆弧）、总长度或者相对于原长的百分比增量来改变原图形的长度，也可以通过动态拖动的方式来直接改变原图形的长度。

调用【拉长】命令的方法如下：

➢ 功能区：单击【修改】面板中的【拉长】按钮，如图4-58所示。

➢ 菜单栏：执行【修改】|【拉长】命令，如图4-59所示。

➢ 命令行：LENGTHEN或LEN。

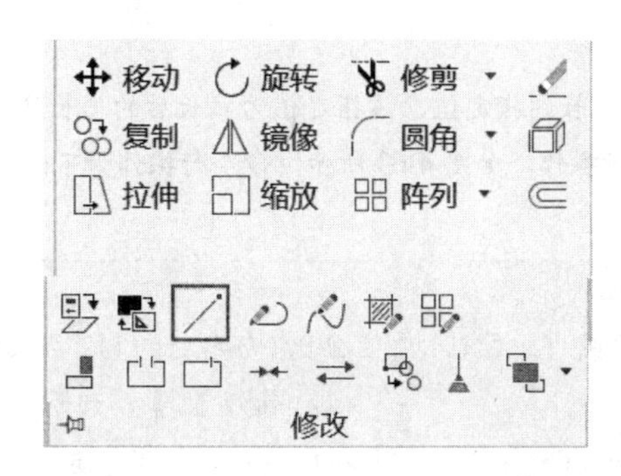

图4-58 【修改】面板中的【拉长】按钮

图4-59 菜单栏中的【拉长】命令

调用该命令后，命令行显示如下提示。

```
选择要测量的对象或 [增量(DE)/百分比(P)/总计(T)/动态(DY)] <总计(T)>:
```

只有选择了各选项确定了拉长方式后，才能对图形进行拉长，因此各操作需结合不同的选项进行说明。

a. 选项说明

命令行中各选项的含义如下：

➢【增量(DE)】：表示以增量方式修改对象的长度。可以直接输入长度增量来拉长直线或者圆弧，长度增量为正时拉长对象，为负时缩短对象，如图4-60所示；也可以输入【A】，通过指定圆弧的长度和角度增量来修改圆弧的长度，如图4-61所示。命令行操作如下：

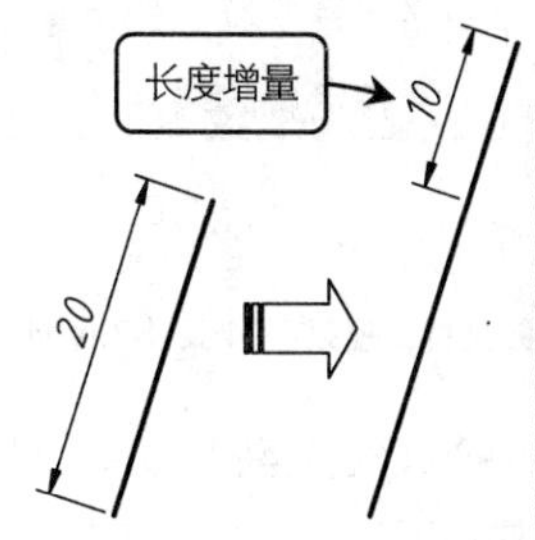


```
命令：_LENGTHEN
选择要测量的对象或 [增量(DE)/百分比(P)/总计(T)/动态(DY)]: DE
                              //输入【DE】，选择"增量"选项
输入长度增量或 [角度(A)] <0.0000>:10   //输入增量数值
选择要修改的对象或 [放弃(U)]:    //按Enter键完成操作
```

图4-60 长度增量效果

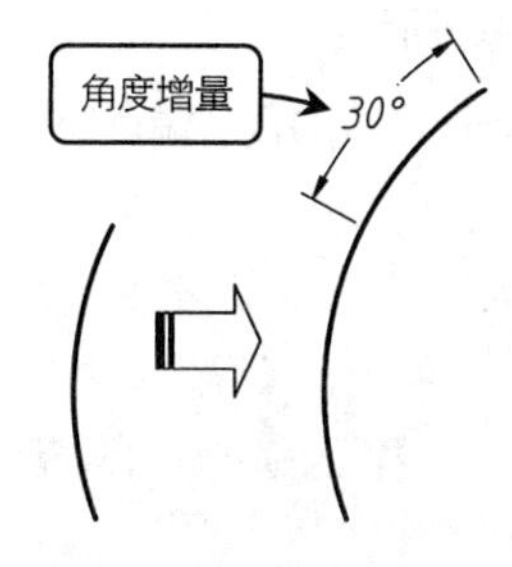


```
命令：_LENGTHEN
选择要测量的对象或 [增量(DE)/百分比(P)/总计(T)/动态(DY)]: DE
                              //输入【DE】，选择"增量"选项
输入长度增量或 [角度(A)] <0.0000>: A  //输入【A】执行角度方式
输入角度增量 <0>:30            //输入角度增量
选择要修改的对象或 [放弃(U)]:    //按Enter键完成操作
```

图4-61 角度增量效果

➢【百分数（P）】：通过输入百分比来改变对象的长度或圆心角大小，百分比的数值以原长度为参照。若输入 50，则表示将图形缩短至原长度的 50%，如图 4-62 所示。命令行操作如下：

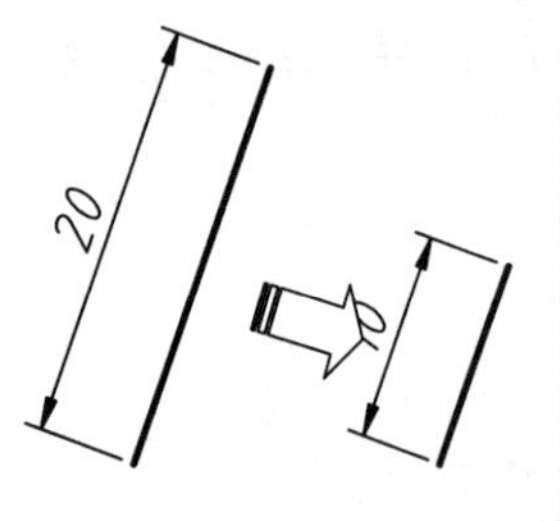


```
命令： _LENGTHEN
选择要测量的对象或 [增量(DE)/百分比(P)/总计(T)/动态(DY)]: P
                                          //输入【P】，选择“百分比”
 选项
输入长度百分数 <0.0000>:50          //输入百分比数值
```

图 4-62 “百分数（P）”增量效果

➢【全部（T）】：将对象从离选择点最近的端点拉长到指定值，该指定值为拉长后的总长度，因此该方法特别适合于对一些尺寸为非整数的线段（或圆弧）进行操作，如图 4-63 所示。命令行操作如下：

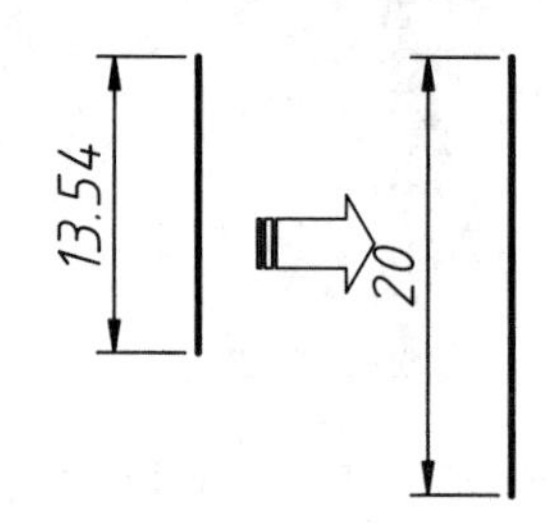


```
命令： _LENGTHEN
选择要测量的对象或 [增量(DE)/百分比(P)/总计(T)/动态(DY)]: T
                                   //输入【T】，选择“总计”选项
指定总长度或 [角度(A)] <0.0000>: 20    //输入总长数值
选择要修改的对象或 [放弃(U)]:   //按 Enter 键完成操作
```

图 4-63 “全部（T）”增量效果

➢【动态（DY）】：用动态模式拖动对象的一个端点来改变对象的长度或角度，如图 4-64 所示。命令行操作如下：

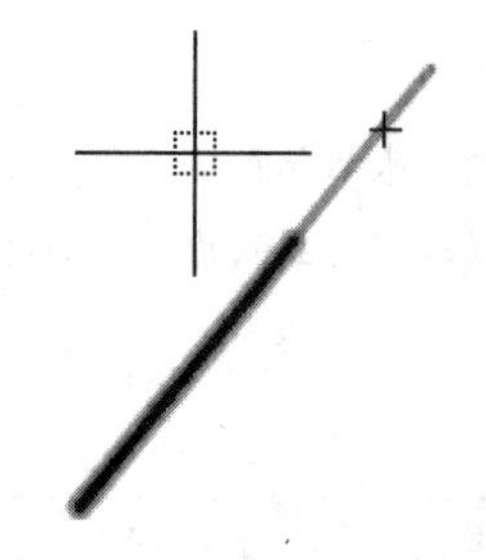

```
命令： _LENGTHEN
选择要测量的对象或 [增量(DE)/百分比(P)/总计(T)/动态(DY)]: DY
                                          //输入【DY】，选择“动态”
 选项
选择要修改的对象或 [放弃(U)]:            //选择要拉长的对象
指定新端点:                               //指定新的端点
```

图 4-64 “动态（DY）”增量效果

【案例 4-7】：使用拉长修改中心线　　**视频文件：视频\第 4 章\4-7.mp4**

有些图形（如圆、矩形）要绘制中心线，而在绘制中心线时，通常需要将中心线延长至图形外，且伸出长度相等。如果一根根去拉伸中心线，会略显麻烦，这时可以使用【拉长】命令来快速延伸中心线，使其符合设计规范。

01 打开“第 4 章\4-7 使用拉长修改中心线.dwg”文件，素材图形如图 4-65 所示。

02 单击【修改】面板中的【拉长】按钮，激活【拉长】命令，在两条中心线的各个端点处单击，向外拉长 3mm，命令行操作如下：

```
命令： _LENGTHEN
选择对象或 [增量(DE)/百分数(P)/全部(T)/动态(DY)]:DE↙        //选择【增量】选项
输入长度增量或 [角度(A)] <0.5000>: 3↙                      //输入每次拉长增量
选择要修改的对象或 [放弃(U)]:
```

```
选择要修改的对象或 [放弃(U)]:
选择要修改的对象或 [放弃(U)]:
选择要修改的对象或 [放弃(U)]:            //依次在两中心线 4 个端点附近单击，完成拉长
选择要修改的对象或 [放弃(U)]:↙           //按 Enter 键结束拉长命令
```

拉长结果如图 4-66 所示。

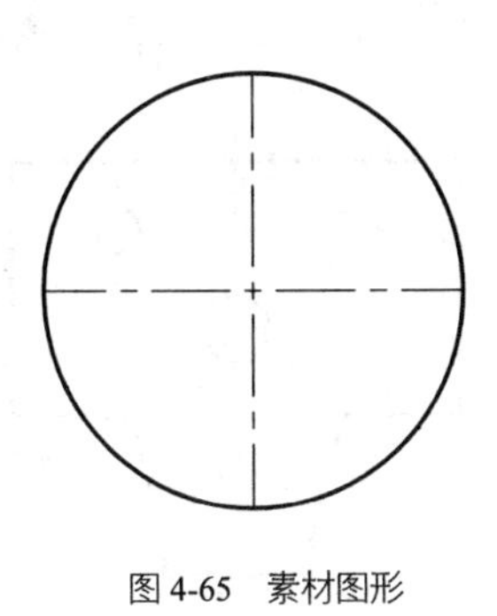

图 4-65　素材图形

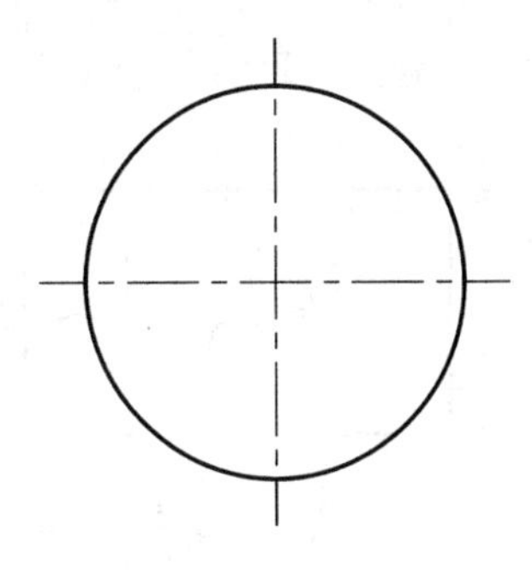

图 4-66　拉长结果

4.3　图形复制类

如果设计图中含有大量重复或相似的图形，可以使用图形复制类命令（如【复制】【偏移】【镜像】【阵列】等）进行快速绘制。

4.3.1　复制

使用【复制】命令可在不改变图形大小、方向的前提下，重新生成一个或多个与原对象一模一样的图形。在命令执行过程中，需要确定的参数有复制对象、基点和第二点，结合坐标、对象捕捉、栅格捕捉等其他工具，可以精确复制图形。

在 AutoCAD 2022 中调用【复制】命令有以下几种常用方法。

- 功能区：单击【修改】面板中的【复制】按钮，如图 4-67 所示。
- 菜单栏：执行【修改】|【复制】命令，如图 4-68 所示。
- 命令行：COPY 或 CO 或 CP。

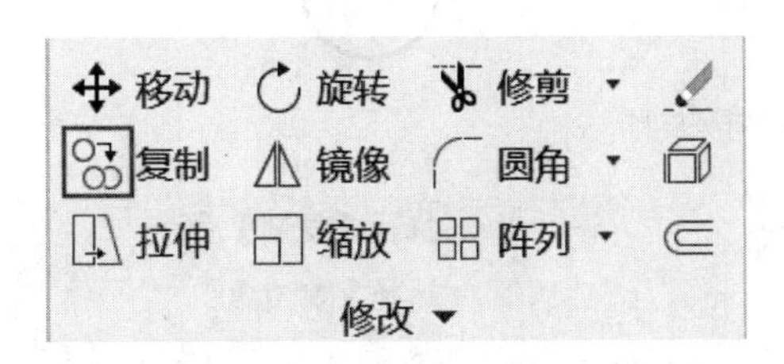

图 4-67　【修改】面板中的【复制】按钮

图 4-68　菜单栏中的【复制】命令

执行【复制】命令后，选取需要复制的对象，指定复制基点，然后拖动鼠标指定放置点即可完成复制操作，继续指定放置点，还可以复制多个图形对象，如图 4-69 所示。命令行操作如下：

```
命令: _COPY                                                    //执行【复制】命令
选择对象: 找到 1 个                                             //选择要复制的图形
当前设置:  复制模式 = 多个                                      //当前的复制设置
指定基点或 [位移(D)/模式(O)] <位移>:                           //指定复制的基点
指定第二个点或 [阵列(A)] <使用第一个点作为位移>:               //指定放置点 1
指定第二个点或 [阵列(A)/退出(E)/放弃(U)] <退出>:               //指定放置点 2
指定第二个点或 [阵列(A)/退出(E)/放弃(U)] <退出>:               //按 Enter 键完成操作
```

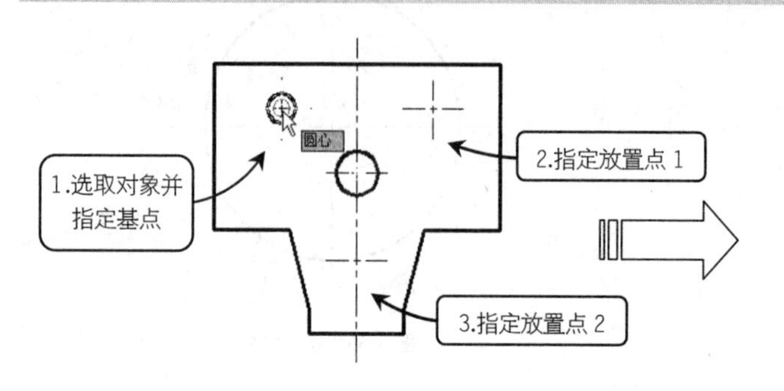

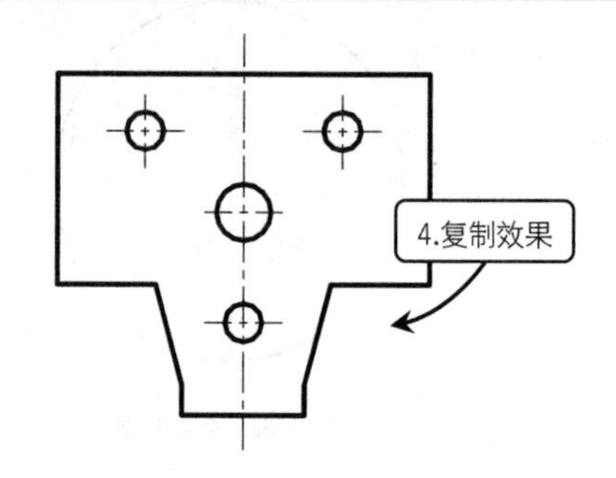

图 4-69　复制对象

执行【复制】命令时，命令行中出现的各选项的含义如下：

➢【位移（D）】：使用坐标指定相对距离和方向。指定的两点定义一个矢量，指示复制对象的放置点距离原位置有多远以及以哪个方向放置。该选项基本与【移动】和【拉伸】命令中的【位移（D）】选项一致，在此不再赘述。

➢【模式（O）】：该选项可控制【复制】命令是否自动重复。选择该选项后会有【单一（S）】、【多个（M）】两个选项。【单一（S）】可创建选择对象的单一副本，执行一次复制后便结束命令；而【多个（M）】则可以自动重复。

➢【阵列（A）】：选择该选项，可以以线性阵列的方式快速大量复制对象，如图 4-70 所示。命令行操作如下：

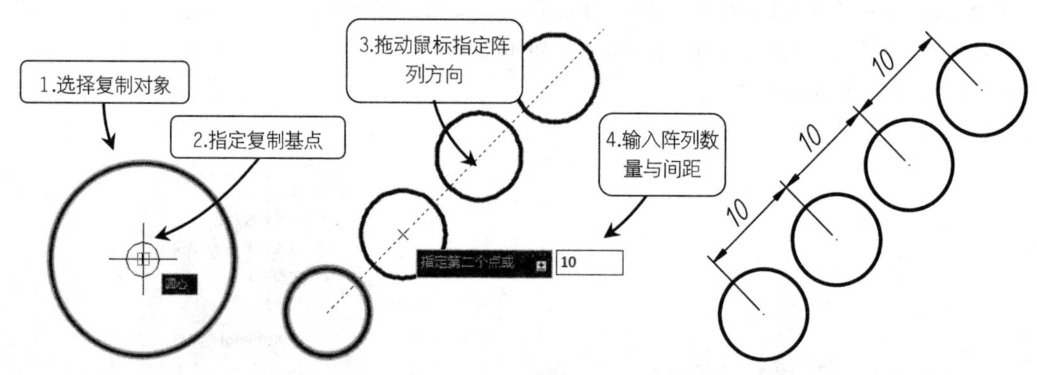

图 4-70　阵列复制

```
命令: _COPY                                                    //执行【复制】命令
选择对象: 找到 1 个                                             //选择复制对象
当前设置:  复制模式 = 多个
指定基点或 [位移(D)/模式(O)] <位移>:                           //指定复制基点
指定第二个点或 [阵列(A)] <使用第一个点作为位移>: A             //输入【A】，选择“阵列”选项
输入要进行阵列的项目数: 4                                       //输入阵列的项目数
```

```
指定第二个点或 [布满(F)]: 10                         //移动鼠标确定阵列间距
指定第二个点或 [阵列(A)/退出(E)/放弃(U)] <退出>:      //按 Enter 键完成操作
```

【案例 4-8】：使用复制补全螺纹孔　　视频文件：视频\第 4 章\4-8.mp4

01 打开 “第 4 章\4-8 使用复制补全螺纹孔.dwg” 文件，素材图形如图 4-71 所示。

02 单击【修改】面板中的【复制】按钮，复制螺纹孔到 A、B、C 点，结果如图 4-72 所示。命令行操作如下：

```
命令: _COPY                                               //执行【复制】命令
选择对象: 指定对角点: 找到 2 个                            //选择螺纹孔内、外圆弧
选择对象:                                                  //按 Enter 键结束选择
当前设置: 复制模式 = 多个
指定基点或 [位移(D)/模式(O)] <位移>:                       //选择螺纹孔的圆心作为基点
指定第二个点或 [阵列(A)] <使用第一个点作为位移>:           //选择 A 点
指定第二个点或 [阵列(A)/退出(E)/放弃(U)] <退出>:           //选择 B 点
指定第二个点或 [阵列(A)/退出(E)/放弃(U)] <退出>:           //选择 C 点
指定第二个点或 [阵列(A)/退出(E)/放弃(U)] <退出>:*取消*    //按 Esc 键退出复制
```

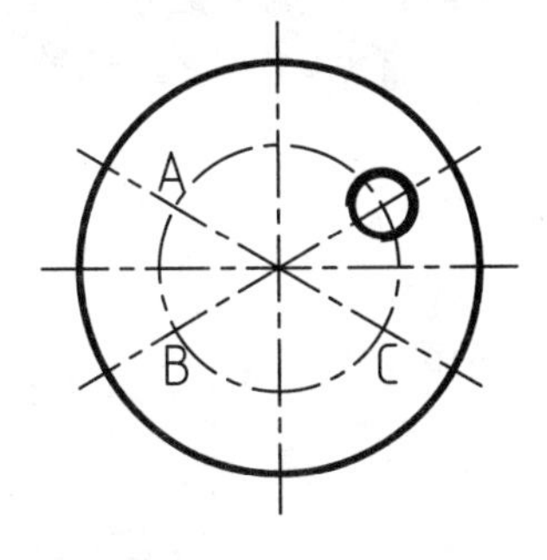

图 4-71　素材图形

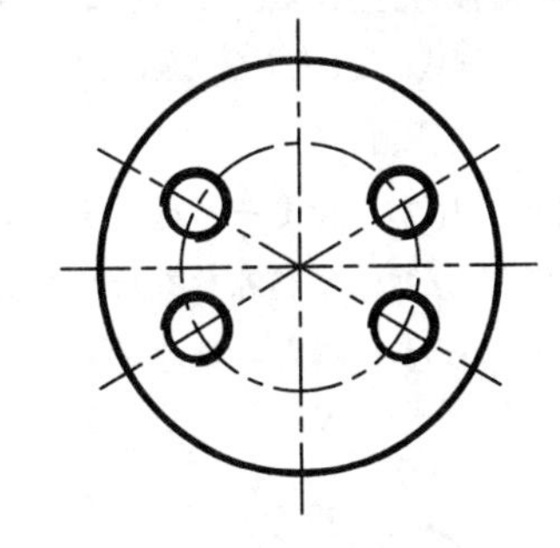

图 4-72　复制结果

4.3.2　偏移

使用【偏移】命令可以创建与源对象成一定距离的形状相同或相似的新图形对象。可以进行偏移的图形对象包括直线、曲线、多边形、圆、圆弧等，如图 4-73 所示。

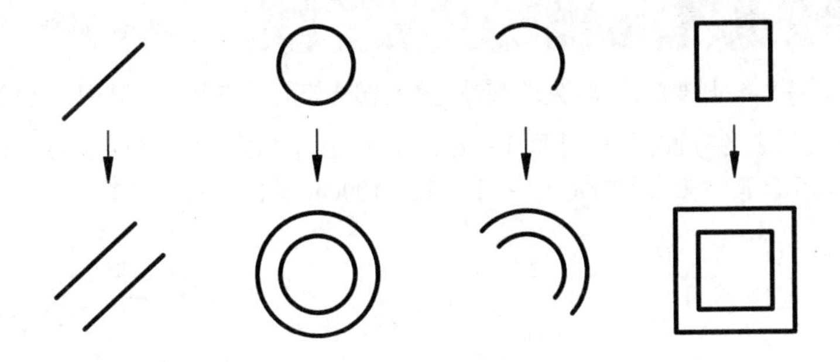

图 4-73　偏移图形示例

在 AutoCAD 2022 中调用【偏移】命令有以下几种常用方法：

- 功能区：单击【修改】面板中的【偏移】按钮，如图 4-74 所示。
- 菜单栏：执行【修改】|【偏移】命令，如图 4-75 所示。
- 命令行：OFFSET 或 O。

【偏移】命令需要输入的参数有 “源对象”“偏移距离” 和 “偏移方向”。只要在需要偏移的一侧的任意位置单击即可确定偏移方向，也可以指定偏移对象通过已知的点。执行【偏移】命令后，命令行操作如下：

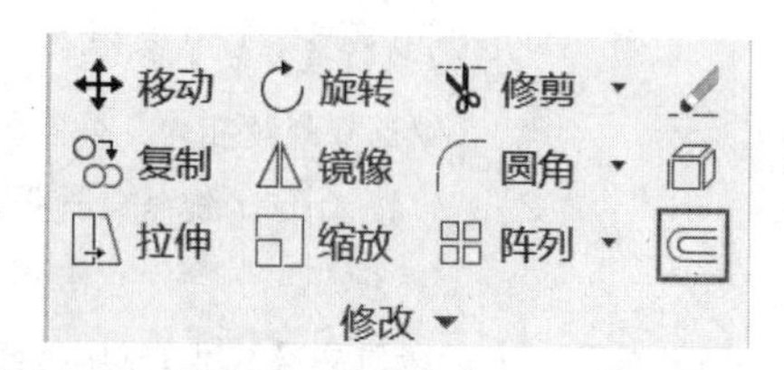

图 4-74 【修改】面板中的【偏移】按钮

图 4-75 菜单栏中的【偏移】命令

```
命令: _OFFSET                                              //调用【偏移】命令
指定偏移距离或 [通过(T)/删除(E)/图层(L)] <通过>:            //输入偏移距离
选择要偏移的对象，或 [退出(E)/放弃(U)] <退出>:              //选择偏移对象
指定通过点或 [退出(E)/多个(M)/放弃(U)] <退出>:              //输入偏移距离或指定目标点
```

命令行中各选项的含义如下：

- 【通过（T）】：指定一个通过点定义偏移的距离和方向，如图 4-76 所示。
- 【删除（E）】：偏移源对象后将其删除。
- 【图层（L）】：确定将偏移对象创建在当前图层上还是源对象所在的图层上。

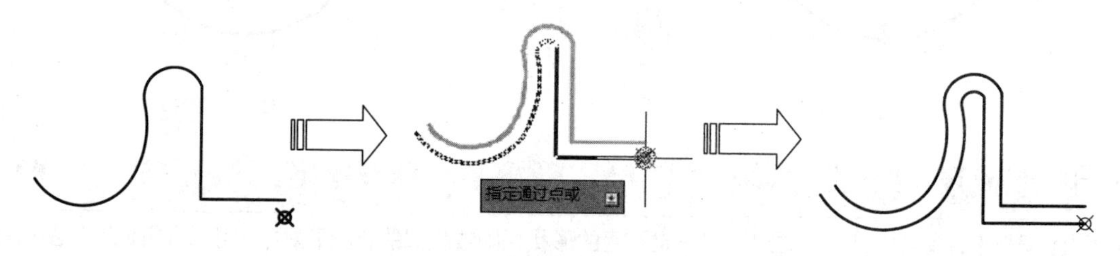

图 4-76 【通过（T）】偏移效果

【案例 4-9】：通过偏移绘制弹性挡圈

视频文件：视频\第 4 章\4-9.mp4

01 打开 “第 4 章\4-9 绘制弹性挡圈.dwg” 文件，素材图形如图 4-77 所示，其中已经绘制好了 3 条中心线。

02 绘制圆弧。单击【绘图】面板中的【圆】按钮，以上方的中心线交点为圆心，绘制半径为 *R*115mm、*R*129mm 的圆，再以下方的中心线交点为圆心，绘制半径 R100mm 的圆，结果如图 4-78 所示。

图 4-77 素材图形

图 4-78 绘制圆

03 修剪图形。单击【修改】面板中的【修剪】按钮，修剪左侧的圆弧，结果如图 4-79 所示。

04 偏移图形。单击【修改】面板中的【偏移】按钮，将垂直中心线向右依次偏移 5mm、42mm，结果如图 4-80 所示。

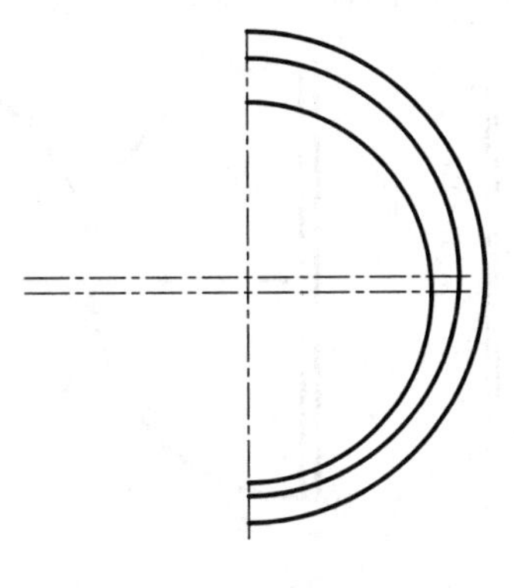

图 4-79　修剪图形

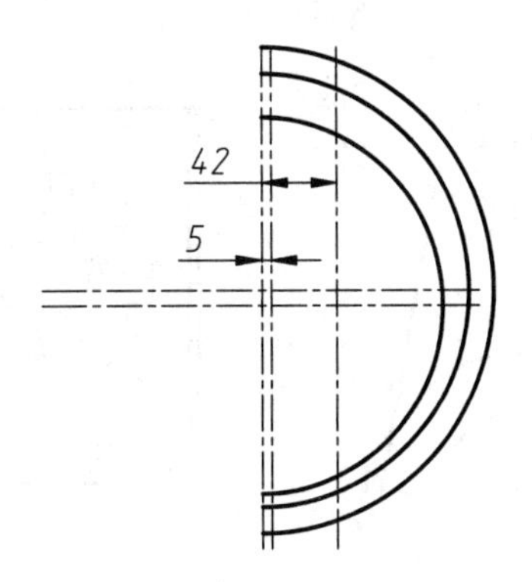

图 4-80　偏移垂直中心线

05 绘制直线。单击【绘图】面板中的【直线】按钮，绘制直线，然后删除辅助线，结果如图 4-81 所示。

06 偏移中心线。单击【修改】面板中的【偏移】按钮，将右侧的垂直中心线向右偏移 25mm，将下方的水平中心线向下偏移 108mm，如图 4-82 所示。

07 绘制圆。单击【绘图】面板中的【圆】按钮，以偏移生成的辅助中心线交点为圆心绘制直径为 10mm 的圆，结果如图 4-83 所示。

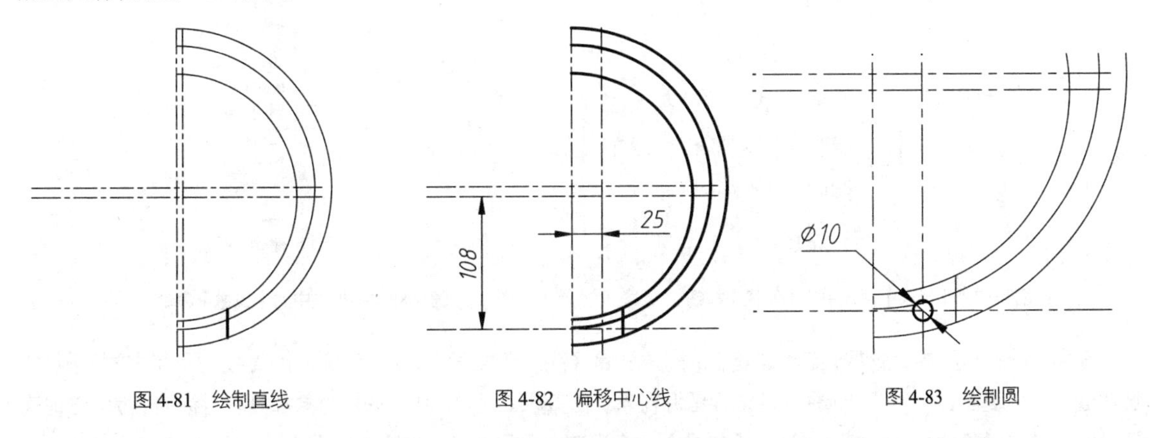

图 4-81　绘制直线　　图 4-82　偏移中心线　　图 4-83　绘制圆

08 修剪图形。单击【修改】面板中的【修剪】按钮，修剪图形，结果如图 4-84 所示。

09 镜像图形。单击【修改】面板中的【镜像】按钮，以垂直中心线作为镜像线，镜像图形，结果如图 4-85 所示。

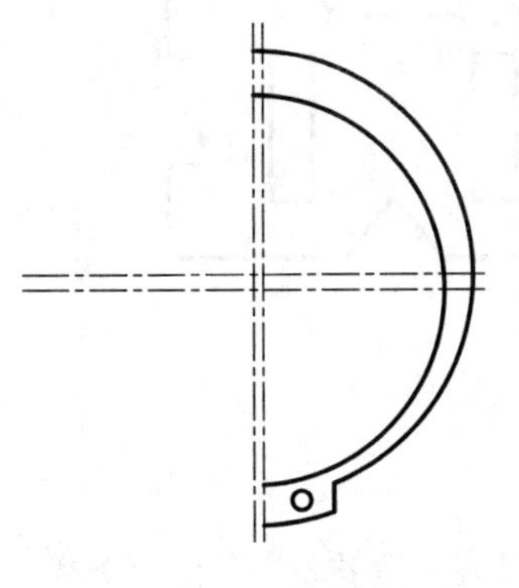

图 4-84　修剪图形

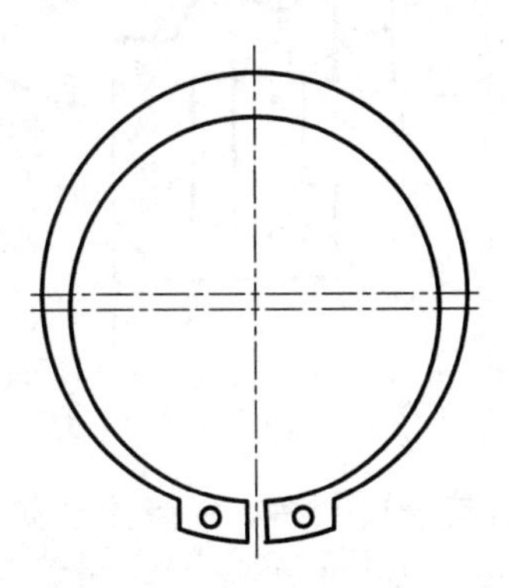

图 4-85　镜像图形

4.3.3 镜像

使用【镜像】命令可将图形绕指定轴（镜像线）镜像复制。镜像常用于绘制如图 4-86 所示的结构规则且有对称特点的图形。AutoCAD 2022 通过指定临时镜像线镜像对象，镜像时可选择删除或保留源对象。

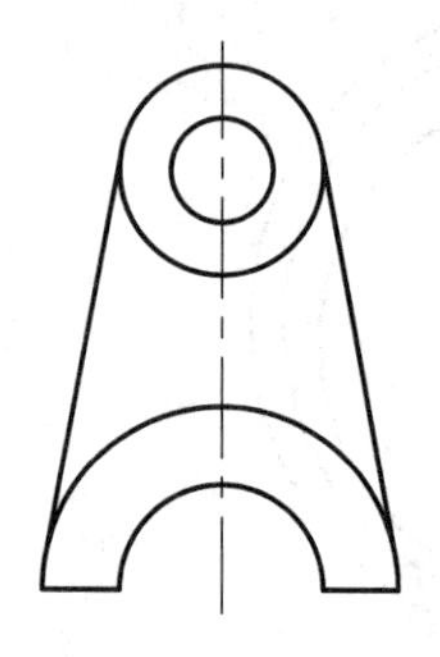
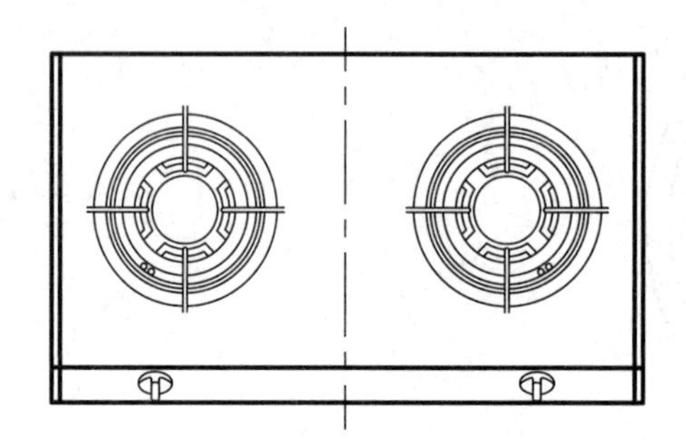
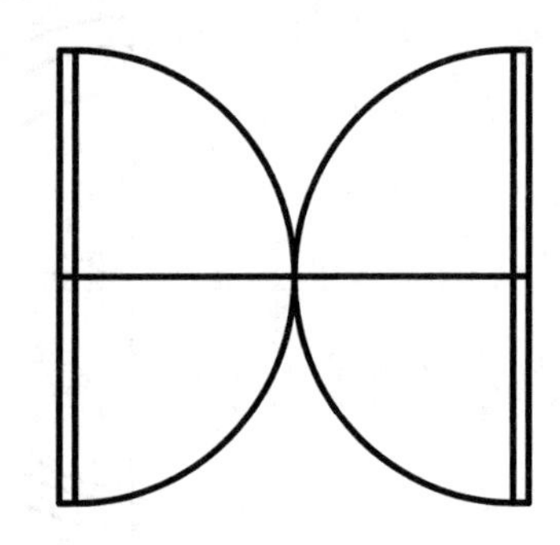

图 4-86　对称图形

在 AutoCAD 2022 中调用【镜像】命令的方法如下：

- 功能区：单击【修改】面板中的【镜像】按钮，如图 4-87 所示。
- 菜单栏：执行【修改】|【镜像】命令，如图 4-88 所示。
- 命令行：MIRROR 或 MI。

图 4-87　【修改】面板中的【镜像】按钮

图 4-88　菜单栏中的【镜像】命令

在命令执行过程中，需要确定镜像复制的对象和镜像线。镜像线可以是任意方向的直线，所选对象将根据镜像线进行对称复制，并且可以选择删除或保留源对象。在实际工程设计中，许多对象都具有对称的形状，这时需要绘制出这些对象的一半，就可以通过【镜像】命令迅速得到另一半，如图 4-89 所示。

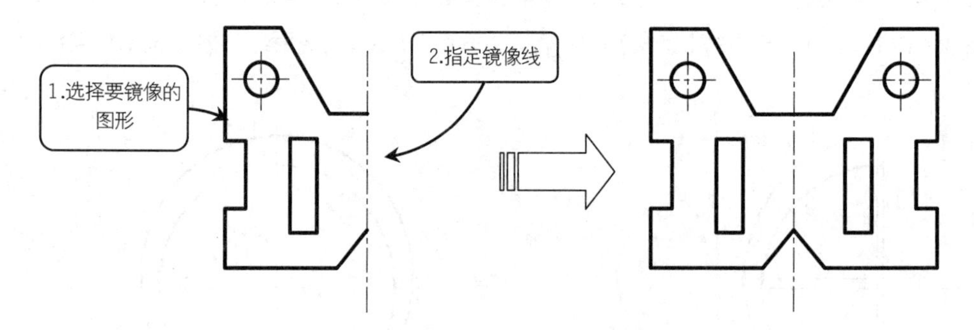

图 4-89　镜像图形

调用【镜像】命令后，命令行操作如下：

```
命令: _MIRROR                          //调用【镜像】命令
选择对象: 指定对角点: 找到 14 个          //选择镜像对象
```

```
指定镜像线的第一点:                          //指定镜像线第一点 A
指定镜像线的第二点:                          //指定镜像线第二点 B
要删除源对象吗? [是(Y)/否(N)] <N>: ↙        //选择是否删除源对象，或按 Enter 键结束命令
```

专家提醒 如果是以水平方向或者竖直方向镜像图形，可以使用【正交】功能快速指定镜像线。

【镜像】操作十分简单，命令行中的选项不多，只有在结束命令前需要选择是否删除源对象。如果选择“是”，则删除选择的镜像图形，效果如图 4-90 所示。

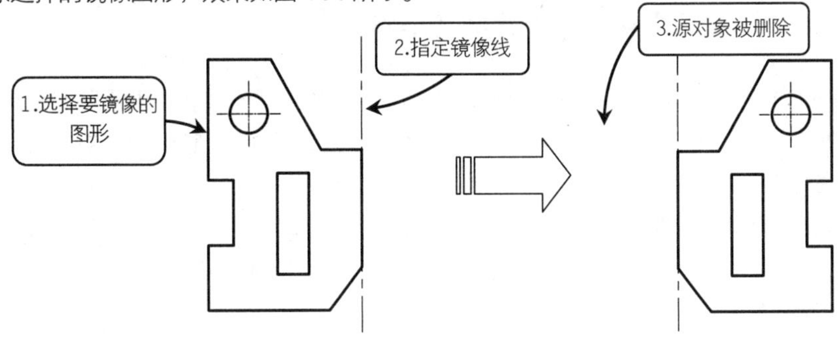

图 4-90　删除源对象的镜像

在 AutoCAD 中，除了能镜像图形对象外，还可以对文字进行镜像。文字的镜像可能会出现文字颠倒的现象，可以通过控制系统变量【MIRRTEXT】的值来控制文字对象的镜像方向。

在命令行中输入【MIRRTEXT】，设置【MIRRTEXT】变量值，不同变量值的镜像效果如图 4-91 所示。

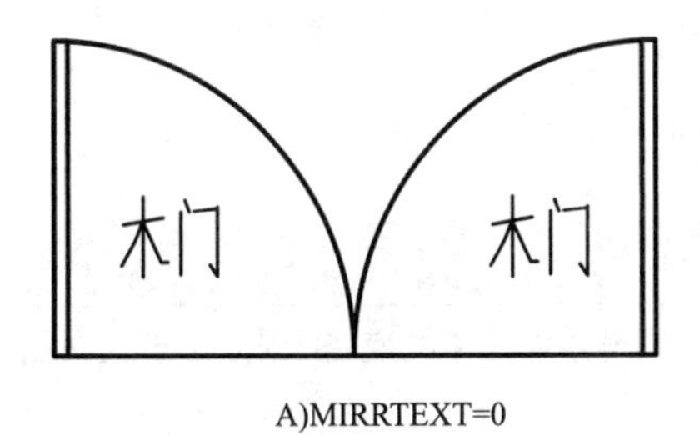

A)MIRRTEXT=0　　　　b)MIRRTEXT=1

图 4-91　不同 MIRRTEXT 变量值镜像效果

【案例 4-10】：使用【镜像】绘制对称零件　　　　视频文件：视频\第 4 章\4-10.mp4

01 打开“第 4 章\4-10 镜像绘制对称零件.dwg”文件，素材图形如图 4-92 所示。

02 镜像复制图形。单击【修改】面板中的【镜像】按钮，以水平中心线为镜像线，镜像复制图形，结果如图 4-93 所示。命令行操作如下：

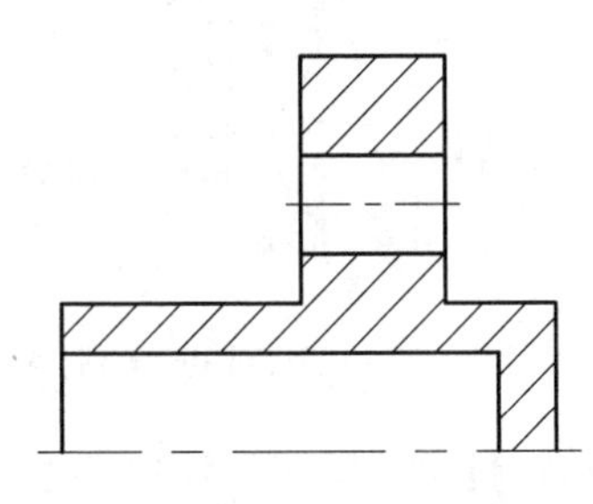

图 4-92　素材图形

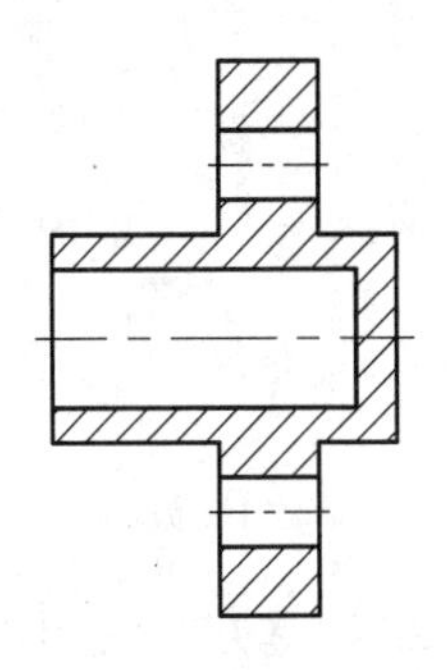

图 4-93　镜像复制图形

```
命令: _MIRROR                                  //执行【镜像】命令
选择对象: 指定对角点: 找到 19 个                //框选水平中心线以上所有图形
选择对象:↙                                     //按 Enter 键完成对象选择
指定镜像线的第一点:                             //选择水平中心线一个端点
指定镜像线的第二点:                             //选择水平中心线另一个端点
要删除源对象吗? [是(Y)/否(N)] <N>:N↙            //选择不删除源对象，按 Enter 键完成镜像
```

4.4 图形阵列类

使用复制、镜像和偏移等命令一次只能复制得到一个对象副本，如果想要按照一定规律大量复制图形，可以使用 AutoCAD 2022 提供的【阵列】命令。【阵列】是一个功能强大的多重复制命令，它可以一次将选择的对象复制多个并按指定的规律进行排列。

AutoCAD 2022 提供了矩形阵列、极轴（即环形）阵列、路径阵列 3 种阵列方式:，可以按照矩形、环形和路径的方式，以定义的距离、角度和路径复制出源对象的多个对象副本，如图 4-94 所示。

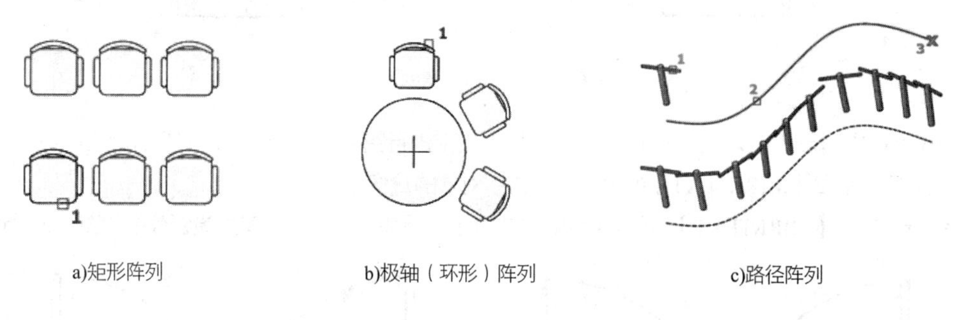

a)矩形阵列　　b)极轴（环形）阵列　　c)路径阵列

图 4-94　阵列的三种方式

4.4.1 矩形阵列

矩形阵列就是将阵列生成的图形以行列形式进行排列，如园林平面图中的道路绿化、建筑立面图的窗格、规律摆放的桌椅等。调用【阵列】命令的方法如下:

- 功能区: 在【默认】选项卡中，单击【修改】面板中的【矩形阵列】按钮，如图 4-95 所示。
- 菜单栏: 执行【修改】|【阵列】|【矩形阵列】命令，如图 4-96 所示。
- 命令行: ARRAYRECT。

图 4-95　【修改】面板中的【矩形阵列】按钮

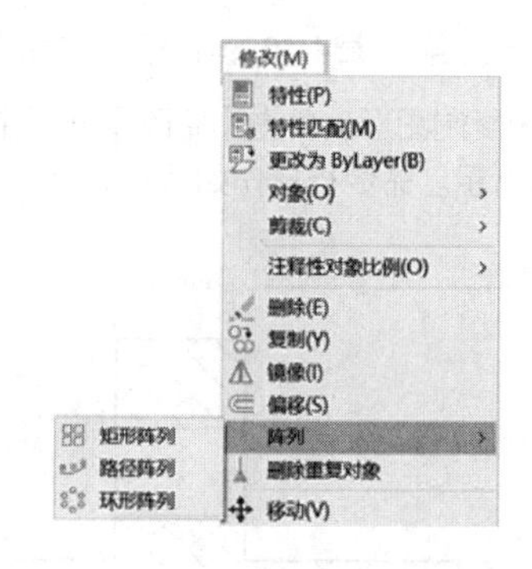

图 4-96　菜单栏中的【矩形阵列】命令

使用矩形阵列需要设置的参数有【源对象】【行数】【列数】【行距】【列距】。行和列的数目决定了需要复制的图形对象有多少个。

调用【矩形阵列】命令后，功能区显示出矩形方式下的【阵列创建】选项卡，如图 4-97 所示。命令行操作

如下：

```
命令：_ARRAYRECT                                    //调用【矩形阵列】命令
选择对象：找到 1 个                                  //选择要阵列的对象
类型 = 矩形  关联 = 是                               //显示当前的阵列设置
选择夹点以编辑阵列或 [关联(AS)/基点(B)/计数(COU)/间距(S)/列数(COL)/行数(R)/层数(L)/退
出(X)]：↙                                          //设置阵列参数，按 Enter 键退出
```

默认 插入 注释 参数化 视图 管理 输出 附加模块 协作 精选应用 阵列创建

矩形 | 列数：4 | 介于：24.0157 | 总计：72.0472 | 行数：3 | 介于：14.2052 | 总计：28.4103 | 级别：1 | 介于：1 | 总计：1 | 关联 | 基点 | 关闭阵列

类型 | 列 | 行 | 层级 | 特性 | 关闭

图 4-97 【阵列创建】选项卡

命令行中选项的含义如下：

➢【关联（AS）】：指定阵列中的对象是关联的还是独立的。选择“是”，则单个阵列对象中的所有阵列项目均关联，类似于块，更改源对象则所有项目都会更改，如图 4-98a 所示；选择“否”，则创建的阵列项目均作为独立对象，更改一个项目不影响其他项目，如图 4-98b 所示。图 4-97 所示的【阵列创建】选项卡中的【关联】按钮亮显则为“是”，反之为“否”。

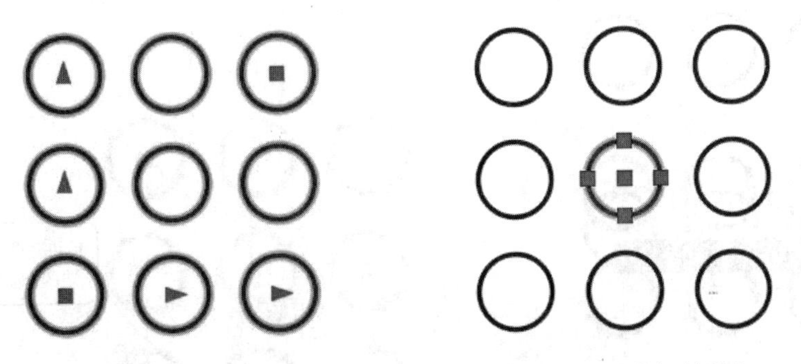

a)选择“是”—所有对象关联　　b)选择“否”—所有对象独立

图 4-98 阵列的关联效果

➢【基点（B）】：定义阵列基点和基点夹点的位置。基点位置默认为质心，如图 4-99 所示。该选项只有在启用“关联”时才有效，功能同【阵列创建】选项卡中的【基点】按钮。

a)默认为质心　　b)其他位置

图 4-99 不同的基点位置

➢【计数(COU)】：可更改行数和列数，并使用户在移动光标时可以动态观察阵列结果，如图 4-100 所示。

该选项的功能同【阵列创建】选项卡中的【列数】、【行数】文本框。

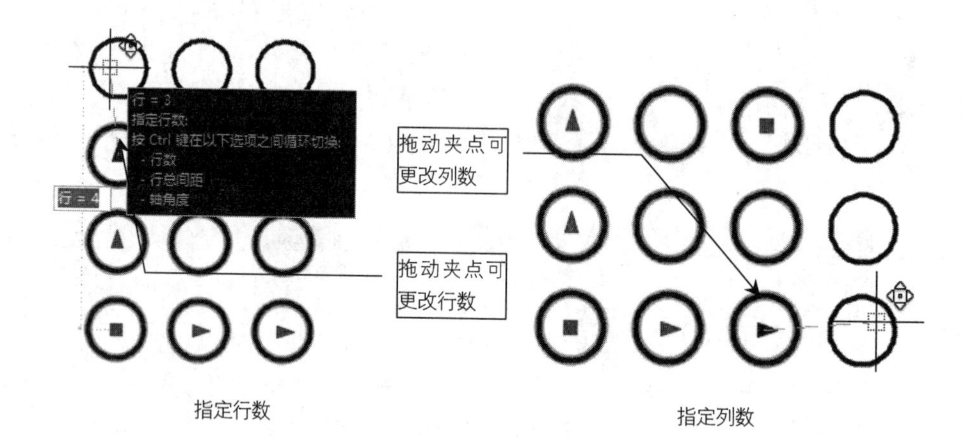

图 4-100　更改阵列的行数与列数

专家提醒 在矩形阵列的过程中，如果希望阵列的图形往相反的方向复制，在列数或行数前面加“-”符号即可，也可以向反方向拖动夹点。

➢【间距（S）】：更改行距和列距并使用户在移动光标时可以动态观察结果，如图 4-101 所示。该选项的功能同【阵列创建】选项卡中【行】和【列】面板中【介于】文本框。

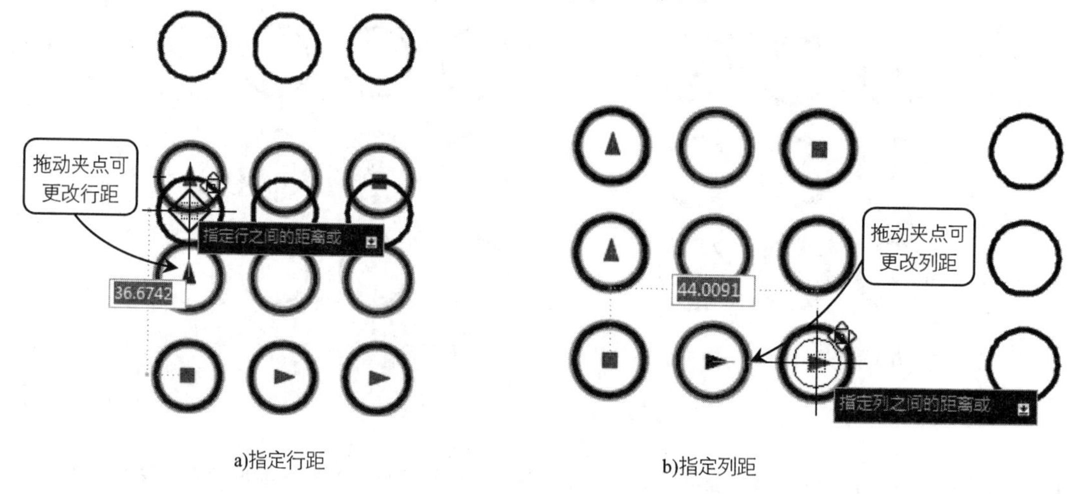

图 4-101　更改阵列的行距与列距

➢【列数（COL）】：依次编辑列数和列距，该选项的功能同【阵列创建】选项卡中的【列】面板。

➢【行数（R）】：依次指定阵列中的行数、行距以及行之间的增量标高。“增量标高”即相当于矩形阵列中的“标高”选项，指三维环境中 Z 方向上的增量，如图 4-102 所示为“增量标高”为 10mm 的效果。

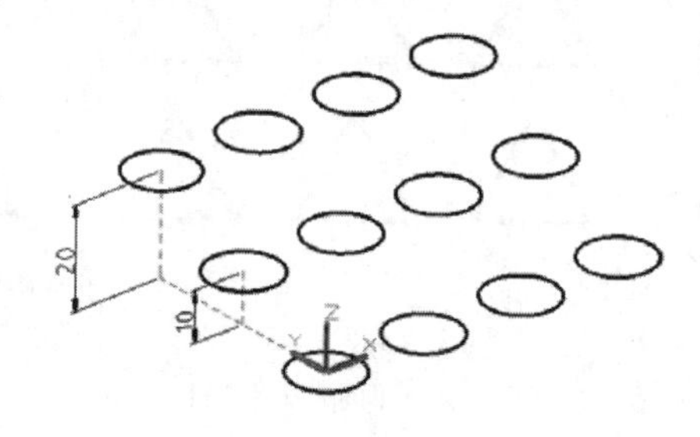

图 4-102　阵列的增量标高

➢【层数（L）】：指定三维阵列的层数和层间距。该选项的功能同【阵列创建】选项卡中的【层级】面板，二维情况下无需设置。

【案例 4-11】：　使用矩形阵列快速绘制行道路　　　　视频文件：视频\第 4 章\4-11.mp4

在园林设计中，可以灵活使用【阵列】命令来快速大量地布置各种植被和绿化图形。

01 单击快速访问工具栏中的【打开】按钮，打开“第 4 章\4-11 矩形阵列快速绘制行道路.dwg”文件，素材图形如图 4-103 所示。

02 在【默认】选项卡中单击【修改】面板中的【矩形阵列】按钮，选择树图形作为阵列对象，设置行、列间距为 6000mm，阵列结果如图 4-104 所示。

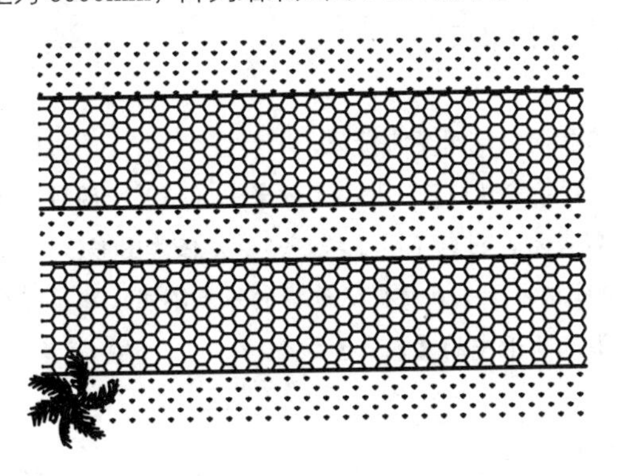

图 4-103　素材图形

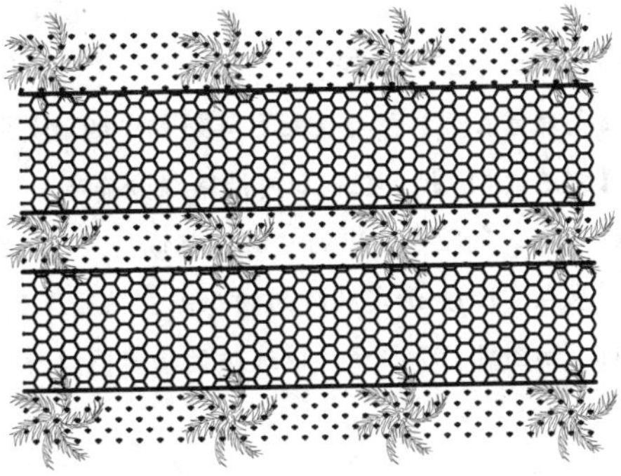

图 4-104　阵列结果

4.4.2　路径阵列

路径阵列可沿曲线（可以是直线、多段线、三维多段线、样条曲线、螺旋、圆弧、圆或椭圆）阵列复制图形，且通过设置不同的基点，可得到不同的阵列结果。在园林设计中，使用路径阵列可快速布置园路与街道旁的树木，或者草地中的汀步图形。

调用【路径阵列】命令的方法如下：

➢ 功能区：在【默认】选项卡中单击【修改】面板中的【路径阵列】按钮，如图 4-105 所示。

➢ 菜单栏：执行【修改】|【阵列】|【路径阵列】命令。

➢ 命令行：ARRAYPATH。

图 4-105　【修改】面板中的【路径阵列】按钮

路径阵列需要设置的参数有“阵列路径”“阵列对象”“阵列数量”“方向”等。调用【阵列】命令后，功能区显示出路径方式下的【阵列创建】选项卡，如图 4-106 所示。命令行操作如下：

```
命令：_ARRAYPATH                    //调用【路径阵列】命令
选择对象：找到 1 个                  //选择要阵列的对象
选择对象：
```

```
    类型 = 路径  关联 = 是                        //显示当前的阵列设置
    选择路径曲线:                                 //选取阵列路径
    选择夹点以编辑阵列或 [关联(AS)/方法(M)/基点(B)/切向(T)/项目(I)/行(R)/层(L)/对齐项目
(A)/Z 方向(Z)/退出(X)] <退出>: ↙                 //设置阵列参数，按 Enter 键退出
```

图 4-106 【阵列创建】选项卡

命令行中选项的含义如下：

➢【关联（AS）】：与【矩形阵列】中的“关联”选项相同，这里不再赘述。

➢【方法（M）】：控制如何沿路径分布项目，有“定数等分（D）”和“定距等分（M）”两种方式。效果与定数等分、定距等分中的“块”相似，只是阵列方法较灵活，对象不限于块，可以是任意图形。

➢【基点（B）】：定义阵列的基点。路径阵列中的项目相对于基点放置，选择的基点不同，路径阵列的效果也不同，如图 4-107 所示。该选项的功能同【阵列创建】选项卡中的【基点】按钮。

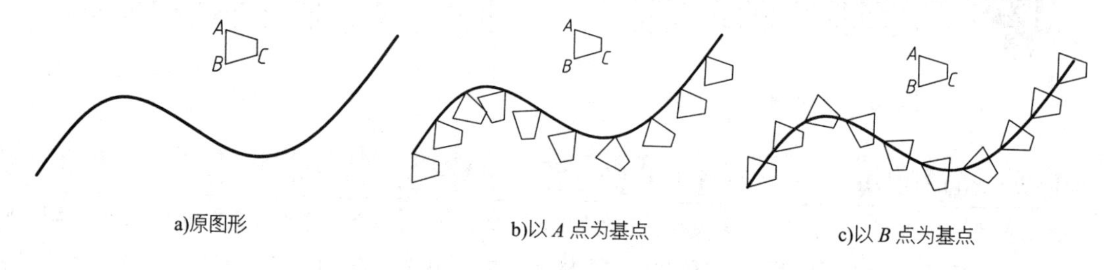

a)原图形　　b)以 *A* 点为基点　　c)以 *B* 点为基点

图 4-107 不同基点的路径阵列

➢【切向（T）】：指定阵列中的项目如何相对于路径的起始方向对齐。不同基点、切向的阵列效果如图 4-108 所示。该选项的功能同【阵列创建】选项卡中的【切线方向】按钮。

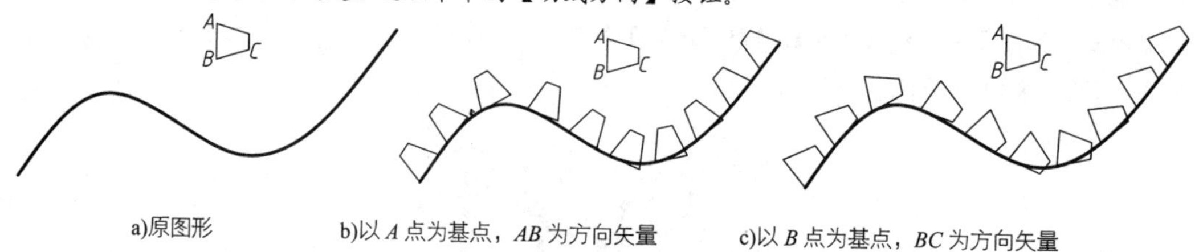

a)原图形　　b)以 *A* 点为基点，*AB* 为方向矢量　　c)以 *B* 点为基点，*BC* 为方向矢量

图 4-108 不同基点、切向的路径阵列

➢【项目（I）】：根据“方法”的设置，指定项目数（方法为定数等分）或项目之间的距离（方法为定距等分），如图 4-109 所示。该选项的功能同【阵列创建】选项卡中的【项目】面板。

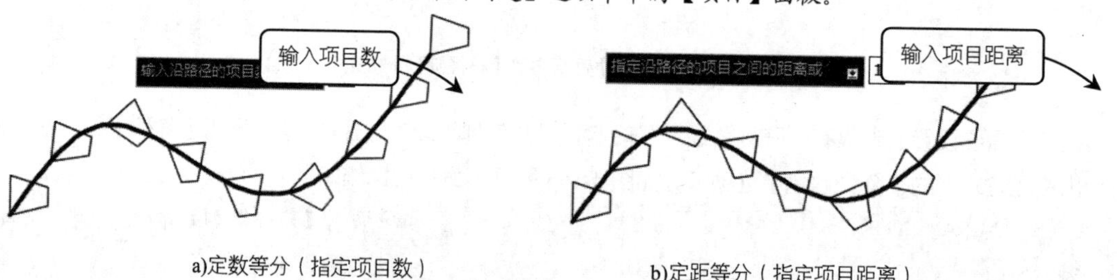

a)定数等分（指定项目数）　　b)定距等分（指定项目距离）

图 4-109 根据所选方法输入阵列的项目数

➢【行(R)】：指定路径阵列中的行数、行距以及行之间的增量标高，如图 4-110 所示。该选项的功能同【阵列创建】选项卡中的【行】面板。

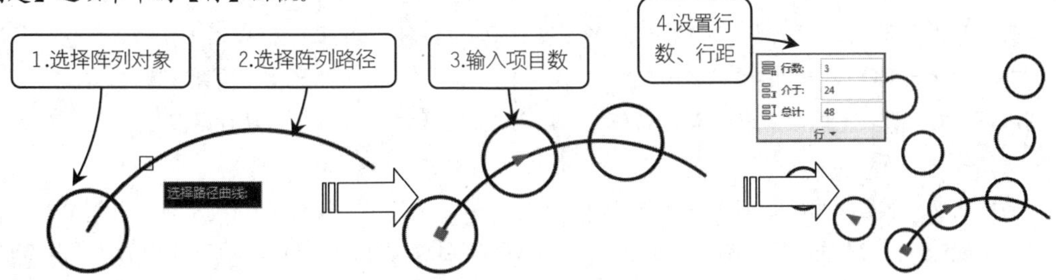

图 4-110　以【行】路径阵列

➢【层（L）】：指定三维阵列的层数和层间距，该选项的功能同【阵列创建】选项卡中的【层级】面板，二维情况下无需设置。

➢【对齐项目（A）】：指定是否对齐每个项目以与路径的方向相切，对齐相对于第一个项目的方向，开启和关闭【对齐项目】的阵列效果如图 4-111 所示。【阵列创建】选项卡中的【对齐项目】按钮亮显则开启，反之则关闭。

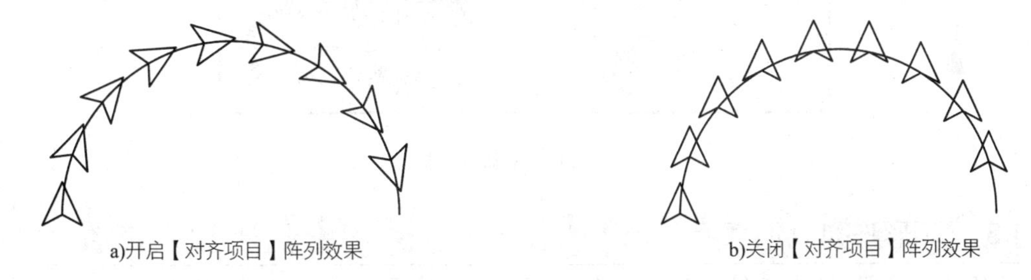

a)开启【对齐项目】阵列效果　　b)关闭【对齐项目】阵列效果

图 4-111　【对齐项目】阵列效果

➢【Z 方向（Z)】：控制是否保持项目的原始 Z 方向或沿三维路径自然倾斜项目。

【案例 4-12】：　使用【路径阵列】绘制园路汀步　　视频文件：视频\第 4 章\4-12.mp4

01 打开“第 4 章\4-12 路径阵列绘制园路汀步.dwg”文件，素材图形如图 4-112 所示。

图 4-112　素材图形

02 在【默认】选项卡中单击【修改】面板中的【路径阵列】按钮，选择阵列对象和阵列曲线进行阵列，命令行操作如下：

```
命令: _ARRAYPATH                      //执行【路径阵列】命令
选择对象: 找到 1 个                    //选择矩形汀步图形，按 Enter 键确认
```

```
类型 = 路径  关联 = 是
选择路径曲线:                                   //选择样条曲线作为阵列路径，按Enter确认
选择夹点以编辑阵列或 [关联(AS)/方法(M)/基点(B)/切向(T)/项目(I)/行(R)/层(L)/对齐项目(A)/Z 方向(Z)/退出(X)] <退出>: I↙          //选择“项目”选项
指定沿路径的项目之间的距离或 [表达式(E)] <126>: 700↙          //输入项目距离
最大项目数 = 16
指定项目数或 [填写完整路径(F)/表达式(E)] <16>:↙          //按Enter键确认阵列数量
选择夹点以编辑阵列或 [关联(AS)/方法(M)/基点(B)/切向(T)/项目(I)/行(R)/层(L)/对齐项目(A)/Z 方向(Z)/退出(X)] <退出>:↙          //按Enter键完成操作
```

03 路径阵列完成后，删除路径曲线，结果如图 4-113 所示。

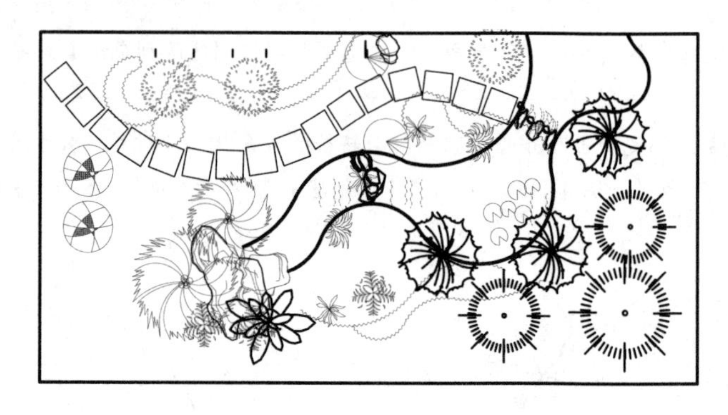

图 4-113 路径阵列结果

4.4.3 环形阵列

【环形阵列】即极轴阵列，它是以某一点为中心进行环形复制，阵列结果是使阵列对象沿中心点的四周均匀排列成环形。调用【环形阵列】命令的方法如下：

- 功能区：在【默认】选项卡中单击【修改】面板中的【环形阵列】按钮，如图 4-114 所示。
- 菜单栏：执行【修改】|【阵列】|【环形阵列】命令。
- 命令行：ARRAYPOLAR。

图 4-114 【修改】面板中的【环形阵列】按钮

【环形阵列】需要设置的参数有 “源对象”“项目总数”“中心点位置”和“填充角度”。填充角度是指全部项目排成的环形所占用的角度。例如，对于 360° 填充，所有项目将排满一圈，指定项目总数和填充角度阵列如图 4-115 所示；对于 120° 填充，所有项目只排满三分之一圈，指定项目总数和项目间的角度阵列如图 4-116 所示。

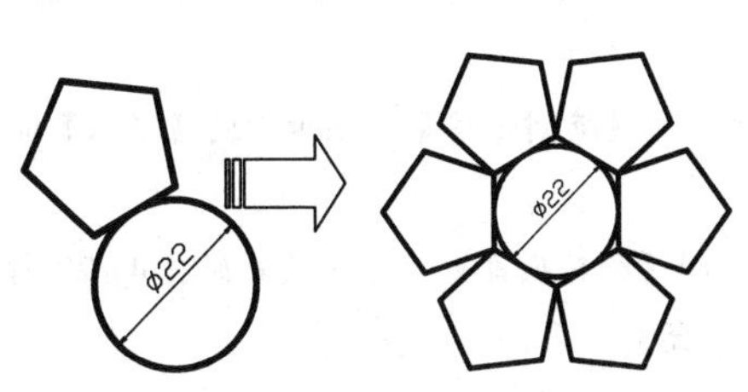

图4-115　指定项目总数和填充角度阵列

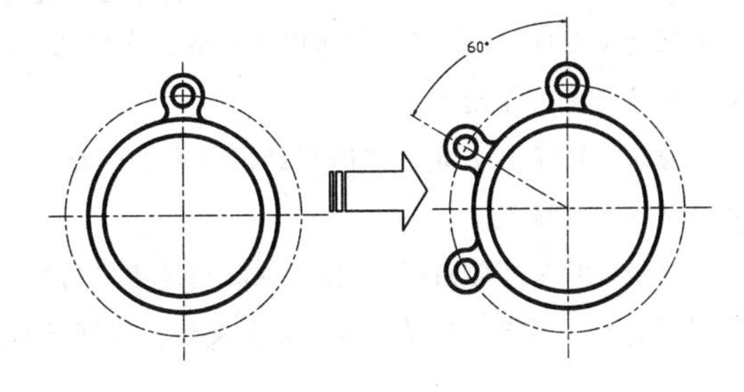

图4-116　指定项目总数和项目间的角度阵列

调用【阵列】命令后，功能区显示出环形方式下的【阵列创建】选项卡，如图4-117所示。命令行操作如下：

```
命令: _ARRAYPOLAR                                    //调用【环形阵列】命令
选择对象: 找到 1 个                                   //选择阵列对象
选择对象:
类型 = 极轴  关联 = 是                                //显示当前的阵列设置
指定阵列的中心点或 [基点(B)/旋转轴(A)]:                 //指定阵列中心点
选择夹点以编辑阵列或 [关联(AS)/基点(B)/项目(I)/项目间角度(A)/填充角度(F)/行(ROW)/层
(L)/旋转项目(ROT)/退出(X)] <退出>: ↙                   //设置阵列参数并按Enter键退出
```

类型	项目		行		层级		特性				关闭
极轴	项目数:	6	行数:	1	级别:	1	关联	基点	旋转项目	方向	关闭阵列
	介于:	60	介于:	189.419	介于:	1					
	填充:	360	总计:	189.419	总计:	1					

图4-117　【阵列创建】选项卡

命令行中选项的含义如下：

- 【关联（AS）】：与【矩形阵列】中的【关联】选项相同，这里不再赘述。
- 【基点（B）】：指定阵列的基点，默认为质心。该选项的功能同【阵列创建】选项卡中的【基点】按钮。
- 【项目（I）】：使用值或表达式指定阵列中的项目数，默认为360°填充下的项目数，如图4-118所示。
- 【项目间角度（A）】：使用值表示项目之间的角度，如图4-119所示。该选项的功能同【阵列创建】选项卡中的【项目】面板。

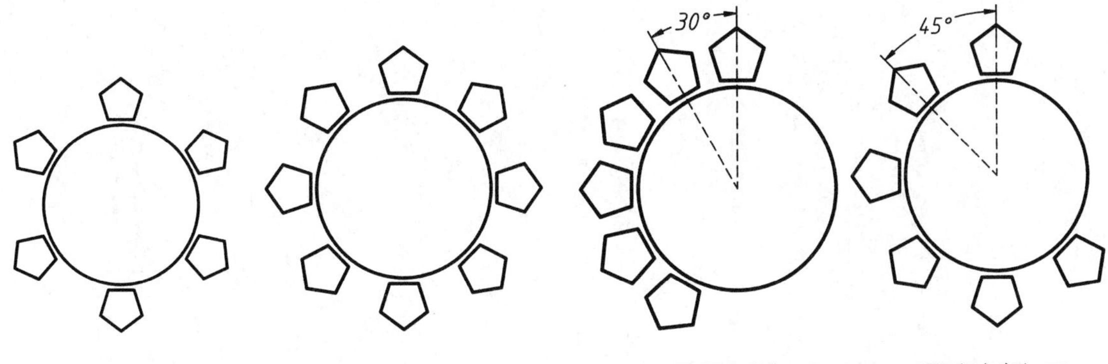

a)项目数为6　　b）项目数为8

图4-118　不同的项目数阵列效果

a)项目间角度为30°　　b)项目间角度为45°

图4-119　不同的项目间角度阵列效果

- 【填充角度（F）】：使用值或表达式指定阵列中第一个和最后一个项目之间的角度，即环形阵列的总角度。

➢【行（ROW）】：指定阵列中的行数、它们之间的距离以及行之间的增量标高，该选项的功能与【路径阵列】中的【行（R）】选项相同。

➢【层（L）】：指定三维阵列的层数和层间距。该选项的功能同【阵列创建】选项卡中的【层级】面板，二维情况下无需设置。

➢【旋转项目（ROT）】：控制在阵列是否旋转项，开启和关闭【旋转项目】的阵列效果如图 4-120 所示。【阵列创建】选项卡中的【旋转项目】按钮亮显则开启，反之则关闭。

a)开启【旋转项目】的阵列效果

b)关闭【旋转项目】的阵列效果

图 4-120 【旋转项目】效果

【案例 4-13】：使用环形阵列绘制树池 视频文件：视频\第 4 章\4-13.mp4

01 单击快速访问工具栏中的【打开】按钮，打开"第 4 章\4-13 环形阵列绘制树池.dwg"文件，素材图形如图 4-121 所示。

02 在【默认】选项卡中单击【修改】面板中的【环形阵列】按钮，启动环形阵列。

03 选择图形下侧的矩形作为阵列对象。命令行操作如下：

```
类型 = 极轴  关联 = 是
指定阵列的中心点或 [基点(B)/旋转轴(A)]:                //指定树池圆心作为阵列的中心点进行阵列
选择夹点以编辑阵列或 [关联(AS)/基点(B)/项目(I)/项目间角度(A)/填充角度(F)/行(ROW)/层(L)/旋转项目(ROT)/退出(X)] <退出>: I
输入阵列中的项目数或 [表达式(E)] <6>: 70
选择夹点以编辑阵列或 [关联(AS)/基点(B)/项目(I)/项目间角度(A)/填充角度(F)/行(ROW)/层(L)/旋转项目(ROT)/退出(X)] <退出>:
```

04 环形阵列结果如图 4-122 所示。

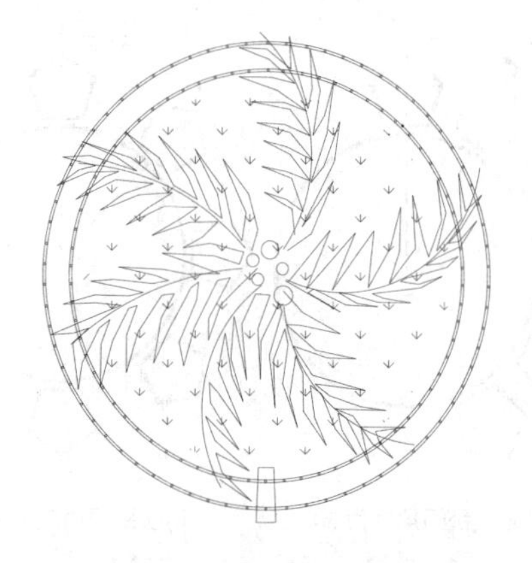

图 4-121 素材图形

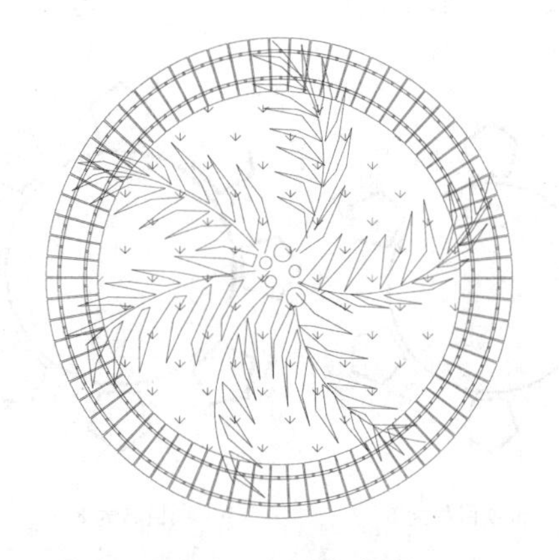

图 4-122 环形阵列结果

【案例 4-14】：使用阵列绘制同步带 视频文件：视频\第 4 章\4-14.mp4

01 打开“第 4 章\4-14 阵列绘制同步带.dwg”文件，素材图形如图 4-123 所示。

02 阵列同步带齿。单击【修改】面板中的【矩形阵列】按钮，选择单个齿作为阵列对象，设置列数为 12、行数为 1、距离为-18，进行阵列，结果如图 4-124 所示。

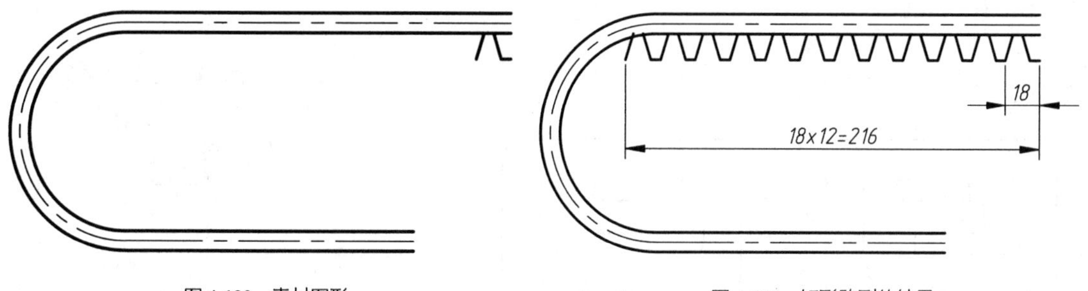

图 4-123　素材图形

图 4-124　矩形阵列的结果

03 分解阵列图形。单击【修改】面板中的【分解】按钮，将矩形阵列的齿分解，并删除左端多余的部分。

04 环形阵列。单击【修改】面板中的【环形阵列】按钮，选择最左侧的一个齿作为阵列对象，设置填充角度为 180°、项目数量为 8，进行阵列，结果如图 4-125 所示。

05 镜像齿条。单击【修改】面板中的【镜像】按钮，选择如图 4-126 所示的 8 个齿作为镜像对象，以通过圆心的水平线作为镜像线，镜像结果如图 4-127 所示。

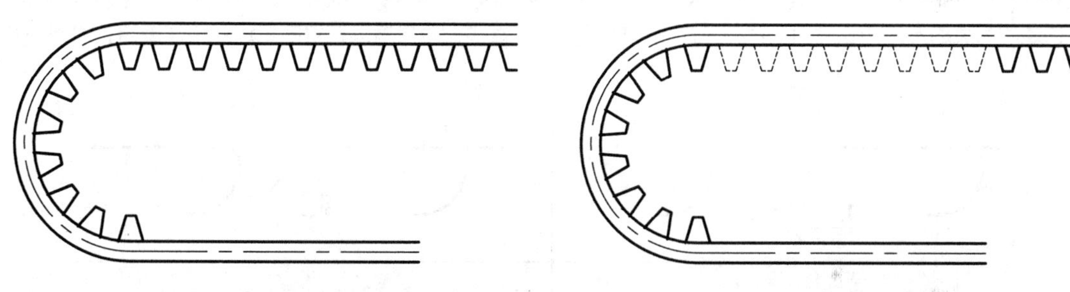

图 4-125　环形阵列后的结果

图 4-126　选择镜像对象

06 修剪图形。单击【修改】面板中的【修剪】按钮，修剪多余的图线，结果如图 4-128 所示。

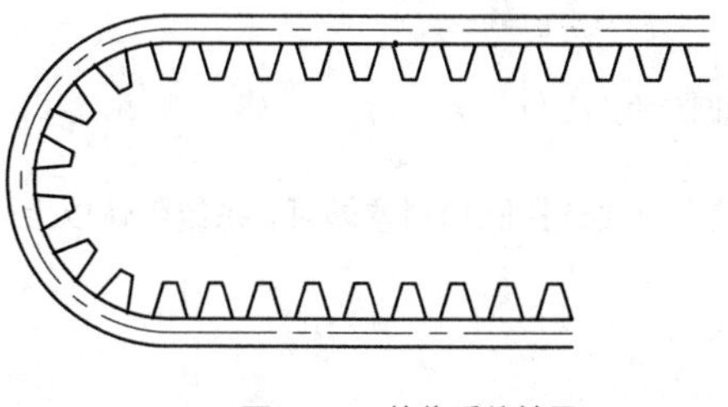

图 4-127　镜像后的结果

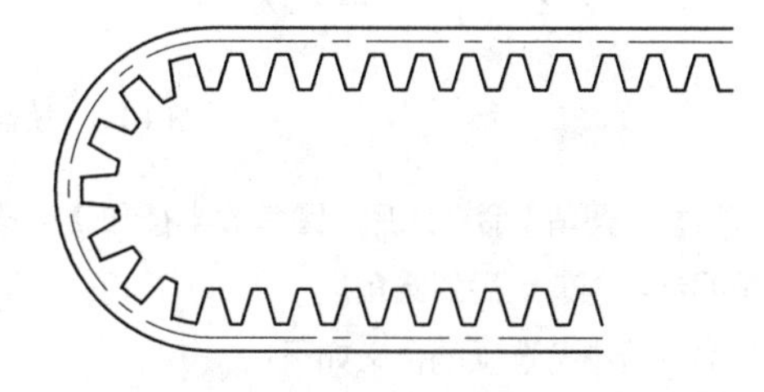

图 4-128　修剪后的结果

4.5　辅助绘图类

图形绘制完成后，有时还需要对细节部分做一定的处理，这些细节处理包括倒角、圆角、曲线及多段线的调整等，此外部分图形还需要分解或打断进行二次编辑，如矩形、多边形等。

4.5.1　圆角

利用【圆角】命令可以将两条相交的直线通过一个圆弧连接起来。圆角通常用来在机械加工中把工件的棱角切削成圆弧面，是倒钝、去毛刺的常用手段，因此多见于机械制图中，如图 4-129 所示。

在 AutoCAD 2022 中调用【圆角】命令有以下几种方法：

➢ 功能区：单击【修改】面板中的【圆角】按钮，如图 4-130 所示。

➢ 菜单栏：执行【修改】|【圆角】命令。

➢ 命令行：FILLET 或 F。

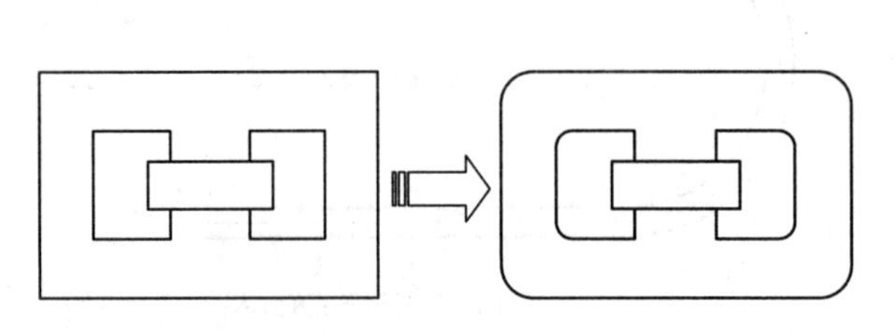

图 4-129　绘制圆角

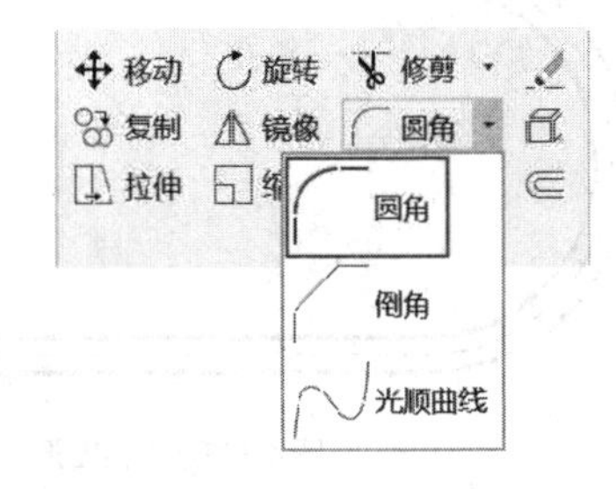

图 4-130　【修改】面板中的【圆角】按钮

执行【圆角】命令后，命令行显示如下：

```
命令: _FILLET                                                    //执行【圆角】命令
当前设置: 模式 = 修剪, 半径 = 3.0000                             //当前圆角设置
选择第一个对象或 [放弃(U)/多段线(P)/半径(R)/修剪(T)/多个(M)]://选择要圆角的第一个对象
选择第二个对象, 或按住 Shift 键选择对象以应用角点或 [半径(R)]: //选择要圆角的第二个对象
```

创建的圆弧的方向和长度由选择对象所拾取的点确定，始终在距离所选位置的最近处创建圆角，如图 4-131 所示。

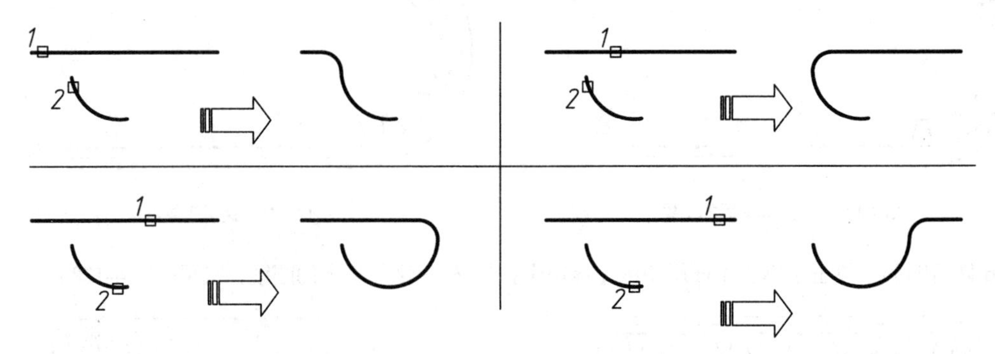

图 4-131　所选对象位置与所创建圆角的关系

重复【圆角】命令之后，圆角的半径和修剪选项无须重新设置，直接选择圆角对象即可，系统默认以上一次圆角的参数创建之后的圆角。

命令行中各选项的含义如下：

➢【放弃（U）】：放弃上一次的圆角操作。

➢【多段线（P）】：选择该选项将对多段线中每个顶点处的相交直线进行圆角，并且圆角后的圆弧线段将成为多段线的新线段（除非“修剪（T）”选项设置为“不修剪”），如图 4-132 所示。

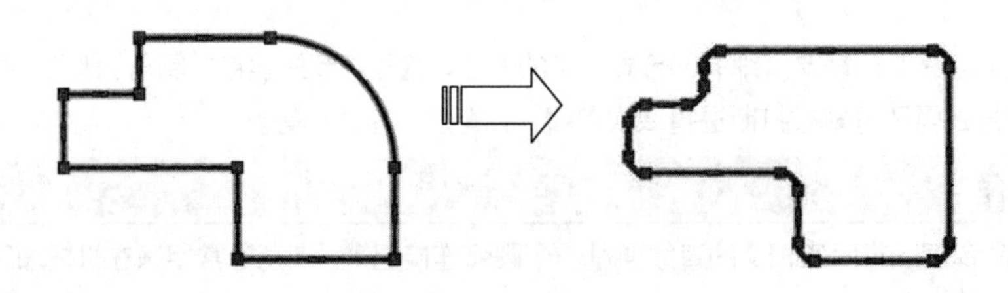

图 4-132　“多段线（P）”倒圆

➢【半径（R）】：选择该选项，可以设置圆角的半径，更改此值不会影响现有圆角。半径值为 0 可用于创建锐角，或还原已圆角的对象，为两条直线、射线、构造线、二维多段线创建半径为 0 的圆角会延伸或修剪对象以使其相交，如图 4-133 所示。

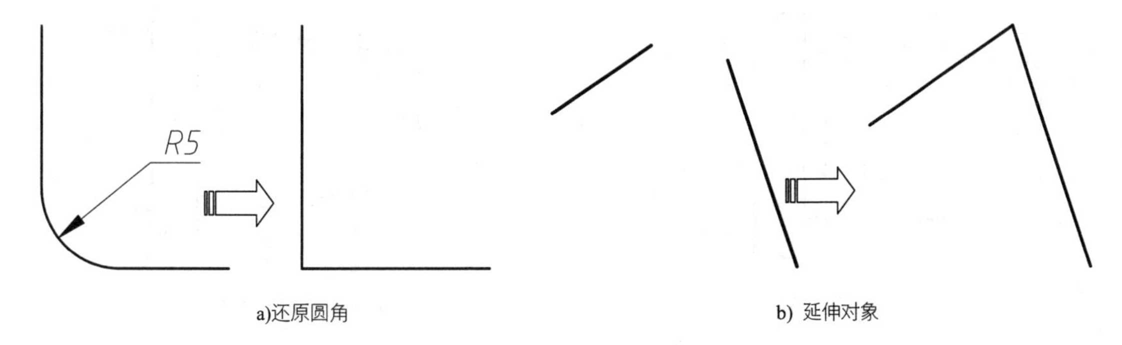

a)还原圆角　　b) 延伸对象

图 4-133　半径值为 0 的倒圆角作用

➢【修剪（T）】：设置是否修剪对象。圆角后修剪与不修剪的效果如图 4-134 所示。

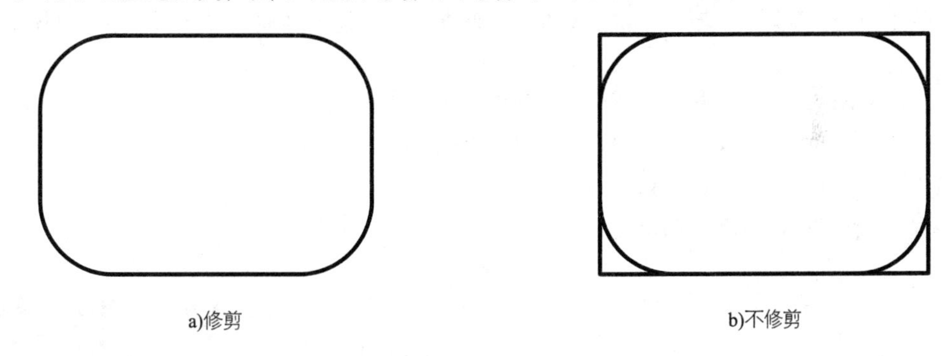

a)修剪　　b)不修剪

图 4-134　圆角后修剪与否的效果

➢【多个（M）】：选择该选项，可以在依次调用命令的情况下对多个对象进行圆角。

【案例 4-15】：　机械轴零件倒圆角　　视频文件：视频\第 4 章\4-15.mp4

01 打开“第 4 章\4-15 机械轴零件倒圆角.dwg”文件，素材图形如图 4-135 所示。

02 为了方便装配，轴零件左侧已设计成锥形，可对左侧进行倒圆，使其更为圆润（ ）此处的圆角半径可适当增大。单击【修改】面板中的【圆角】按钮，设置圆角半径为 3mm，对轴零件的左侧进行倒圆，结果如图 4-136 所示。

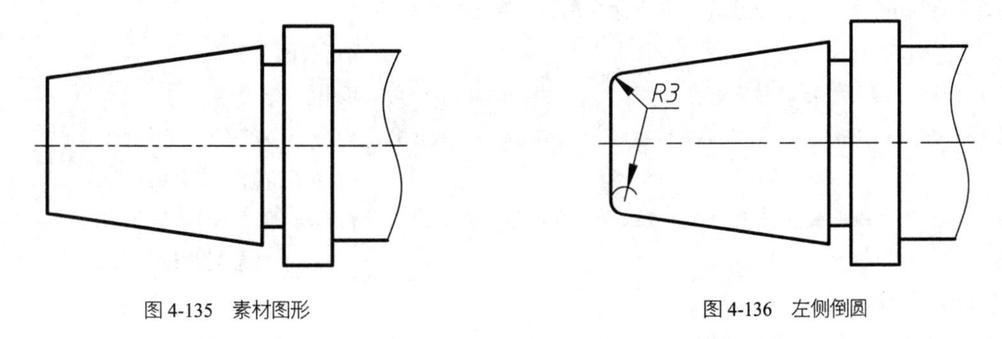

图 4-135　素材图形　　图 4-136　左侧倒圆

03 锥形段的右侧截面处较尖锐，也需进行倒圆处理。重复倒圆命令，设置圆角半径为 1mm，结果如图 4-137 所示。

04 退刀槽倒圆。为在加工时便于退刀，且在装配时能够与相邻零件靠紧，通常会在台肩处加工出退刀槽。该槽也是轴类零件的危险截面，如果轴失效发生断裂多半是断于该处，因此为了避免退刀槽处的截面变化太大，会在此处设计圆角，以防止应力集中。本例便是设置圆角半径为 1，在退刀槽两端对其进行倒圆处理，结果如图 4-138 所示。

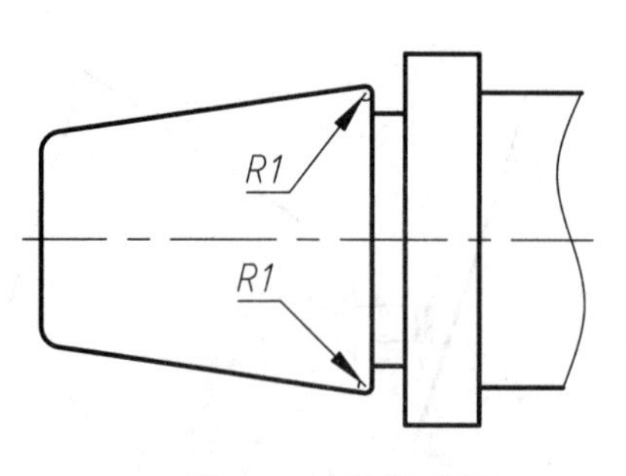

图 4-137　尖锐截面倒圆

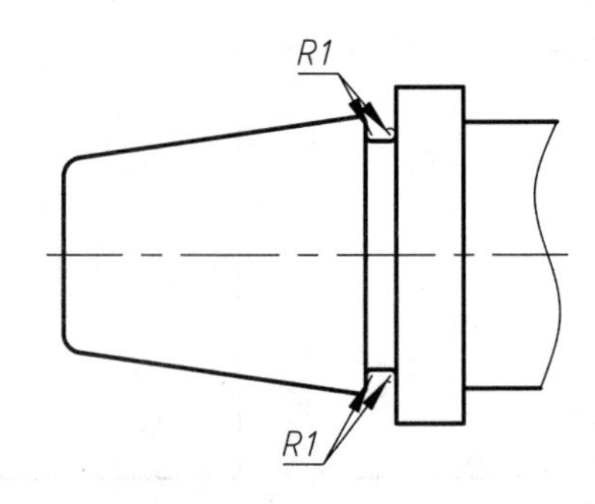

图 4-138　退刀槽倒圆

4.5.2　倒角

【倒角】命令用于将两条非平行直线或多段线以一斜线相连。该命令在机械、家具、室内等设计图中均有应用。默认情况下，需要选择进行倒角的两条相邻的直线，然后对这两条直线倒角，如图 4-139 所示为绘制倒角的图形。

在 AutoCAD 2022 中，调用【倒角】命令有以下几种方法：

➤ 功能区：单击【修改】面板中的【倒角】按钮，如图 4-140 所示。

➤ 菜单栏：执行【修改】|【倒角】命令。

➤ 命令行：CHAMFER 或 CHA。

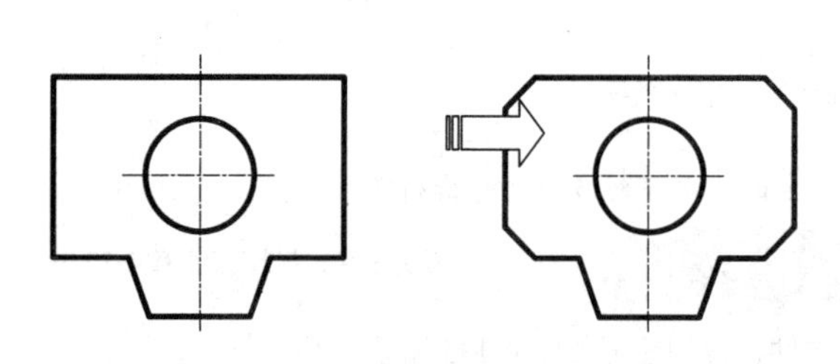

图 4-139　绘制倒角

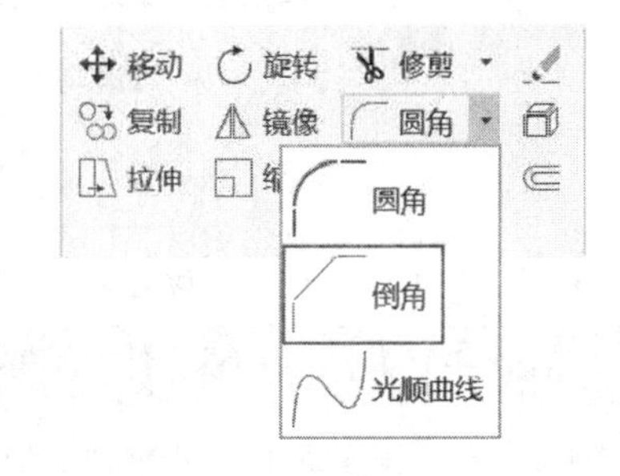

图 4-140　【修改】面板中的【倒角】按钮

【倒角】命令的使用分两个步骤，第一步，确定倒角的大小，可通过命令行里的【距离】选项来实现；第二步，选择需要倒角的两条边。调用【倒角】命令后，命令行操作如下：

```
命令: _CHAMFER                                    //调用【倒角】命令
("修剪"模式) 当前倒角距离 1 = 0.0000, 距离 2 = 0.0000
选择第一条直线或 [放弃(U)/多段线(P)/距离(D)/角度(A)/修剪(T)/方式(E)/多个(M)]:
                                                   //选择倒角的方式，或选择第一条倒角边
选择第二条直线，或按住 Shift 键选择直线以应用角点或 [距离(D)/角度(A)/方法(M)]:
                                                   //选择第二条倒角边
```

命令行中各选项的含义如下：

➤ 放弃（U）：放弃上一次的倒角操作。

➤ 多段线（P）：对整个多段线每个顶点处的相交直线进行倒角，并且倒角后的线段将成为多段线的新线段。如果多段线包含的线段过短以至于无法容纳倒角距离，则不对这些线段倒角，如图 4-141 所示（倒角距离为 3mm）。

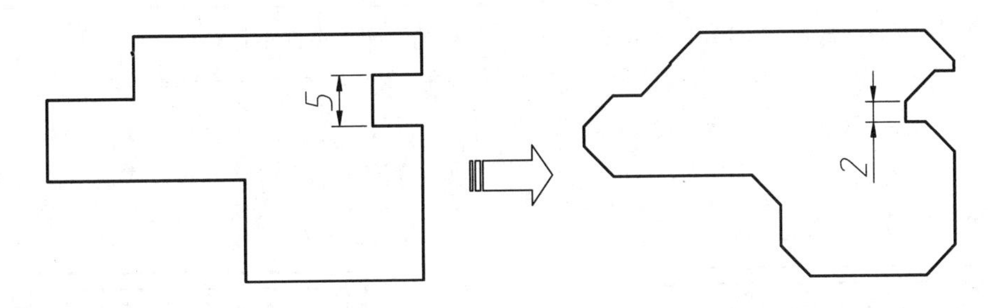

图 4-141 “多段线（P）”倒角

➢ 距离（D）：通过设置两个倒角边的倒角距离来进行倒角操作。第二个倒角距离默认与第一个倒角距离相同。如果将两个倒角距离均设定为零，将延伸或修剪两条直线，以使它们终止于同一点（同半径为 0 的倒圆角），如图 4-142 所示。

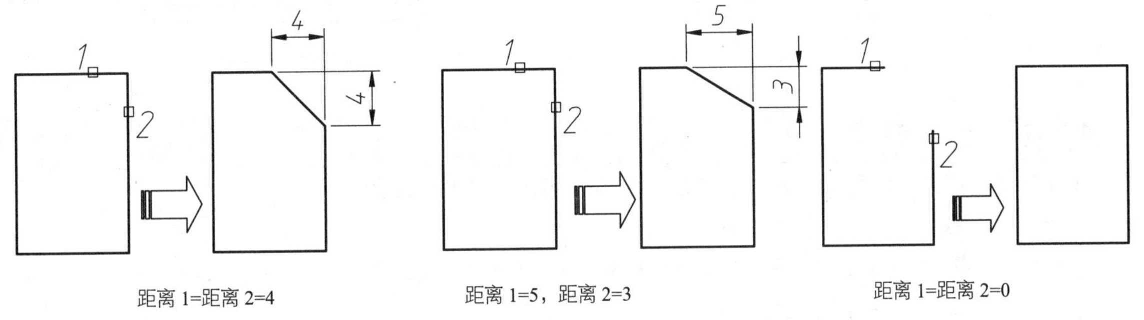

距离 1=距离 2=4　　距离 1=5，距离 2=3　　距离 1=距离 2=0

图 4-142 “距离（D）”不同的倒角

➢ “角度（A）”：用第一条线的倒角距离和第二条线的角度设定倒角距离，如图 4-143 所示。

➢ “修剪（T）”：设定是否对倒角进行修剪。不修剪的倒角效果如图 4-144 所示。

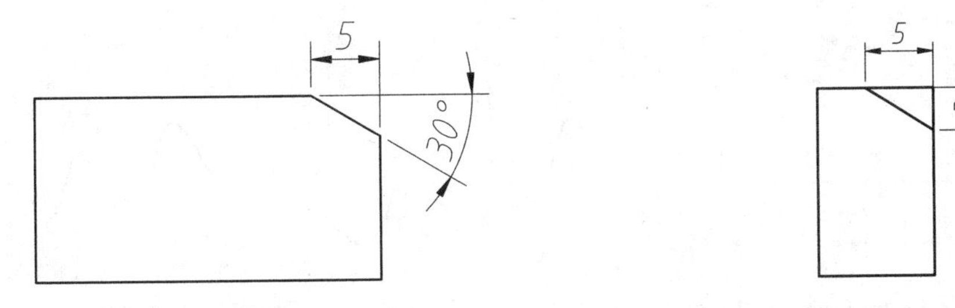

图 4-143 【角度】倒角方式　　图 4-144 不修剪的倒角效果

➢ “方式（E）”：选择倒角方式。与选择【距离(D)】或【角度(A)】的作用相同。

➢ “多个（M）”：选择该选项，可以对多组对象进行倒角。

【案例 4-16】：家具倒角处理　　视频文件：视频\第 4 章\4-16.mp4

01 按 Ctrl+O 快捷键，打开“第 4 章\4-16 家具倒斜角处理.dwg”文件，素材图形如图 4-145 所示。

02 单击【修改】工具栏中的【倒角】按钮，对图形外侧轮廓进行倒角。命令行操作如下：

```
命令：CHAMFER↙
(“修剪”模式) 当前倒角距离 1 = 0.0000，距离 2 = 0.0000
选择第一条直线或 [放弃(U)/多段线(P)/距离(D)/角度(A)/修剪(T)/方式(E)/多个(M)]:D↙
                                          //输入【D】，选择“距离”选项
指定第一个 倒角距离 <0.0000>: 55↙          //输入第一个倒角距离
```

```
指定第二个 倒角距离 <55.0000>:55↙                //输入第二个倒角距离
选择第一条直线或 [放弃(U)/多段线(P)/距离(D)/角度(A)/修剪(T)/方式(E)/多个(M)]:
选择第二条直线，或按住 Shift 键选择直线以应用角点或 [距离(D)/角度(A)/方法(M)]:
                                              //分别选择待倒角的线段，完成倒角操作，结果如
图 4-146 所示
```

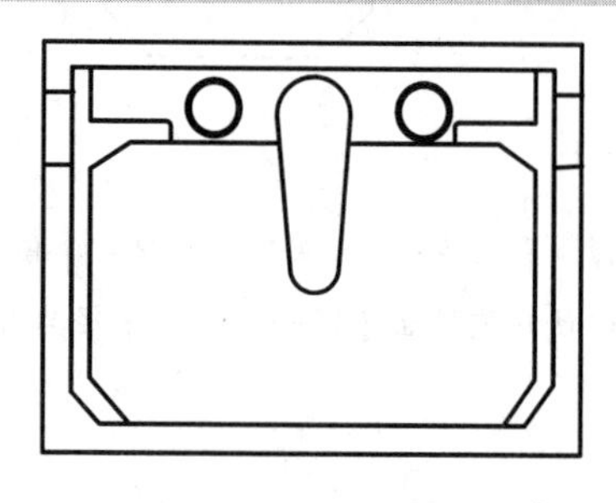

图 4-145　素材图形

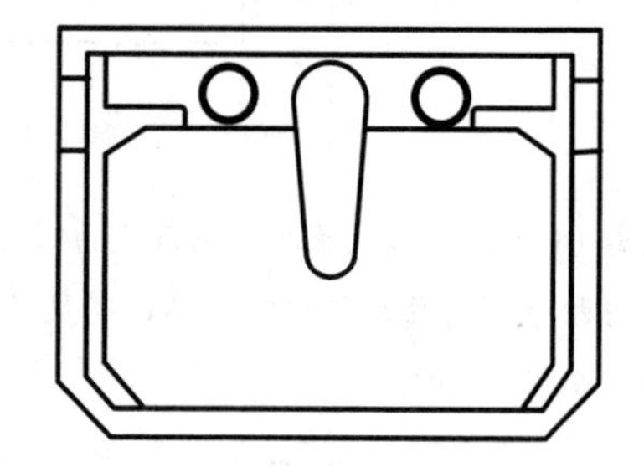

图 4-146　倒角结果

4.5.3　光顺曲线

【光顺曲线】是指在两条开放曲线的端点之间创建相切或平滑的样条曲线。

执行【光顺曲线】命令的方法有以下 3 种。

- 功能区：在【默认】选项卡中单击【修改】面板中的【光顺曲线】按钮，如图 4-147 所示。
- 菜单栏：选择【修改】|【光顺曲线】命令。
- 命令行：BLEND。

光顺曲线的操作方法与倒角类似，依次选择要光顺的两个对象即可，效果如图 4-148 所示。光顺曲线对象包括直线、圆弧、椭圆弧、螺旋线、开放的多段线和开放的样条曲线。

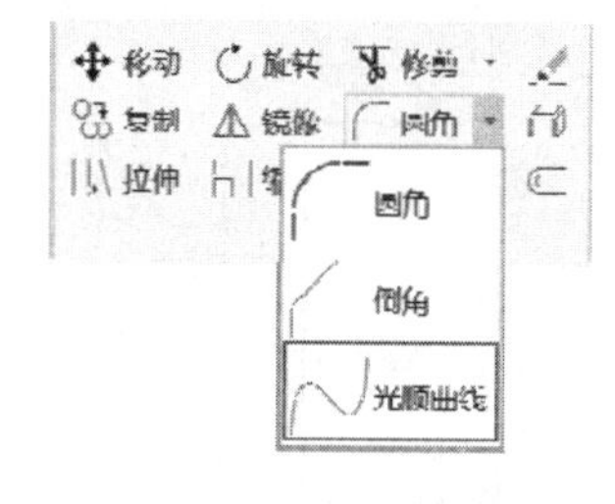

图 4-147　【修改】面板中的【光顺曲线】按钮

图 4-148　光顺曲线

执行【光顺曲线】命令后，命令行操作如下：

```
命令: _BLEND                                    //调用【光顺曲线】命令
连续性 = 相切
选择第一个对象或 [连续性(CON)]:                  //选择要光顺的对象
选择第二个点: CON↙                              //选择【连续性】选项
输入连续性 [相切(T)/平滑(S)] <相切>: S↙         //选择【平滑】选项
选择第二个点:                                    //单击第二点完成命令操作
```

各选项的含义如下：

- 连续性（CON）：设置连接曲线的过渡类型，有“相切”“平滑”两个选项。
- 相切（T）：创建一条 3 阶样条曲线，在选定对象的端点处具有相切连续性。
- 平滑（S）：创建一条 5 阶样条曲线，在选定对象的端点处具有曲率连续性。

4.5.4 编辑多段线

【编辑多段线】命令专用于编辑修改已存在的多段线，以及将直线或曲线转化为多段线。调用【多段线】命令的方式有以下几种。

- 功能区：单击【修改】面板中的【编辑多段线】按钮，如图 4-149 所示。
- 菜单栏：执行【修改】|【对象】|【多段线】命令，如图 4-150 所示。
- 命令行：PEDIT 或 PE。

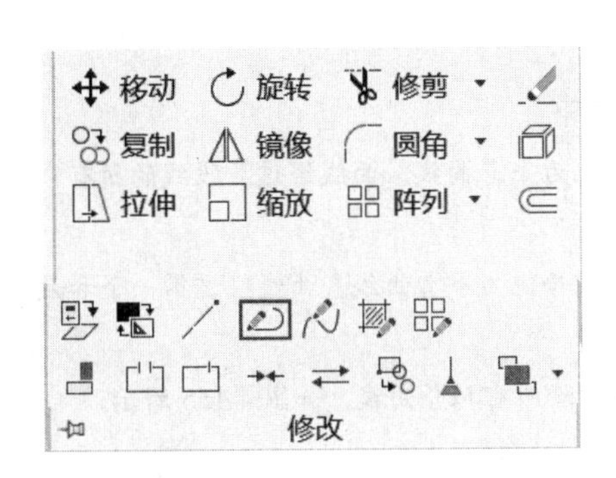

图 4-149 【修改】面板中的【编辑多段线】按钮

图 4-150 菜单栏中的【多段线】命令

启动命令后，选择需要编辑的多段线，然后在命令行中选择其中的选项即可对多段线进行编辑。

```
命令: PE ↙                                                    //启动命令
PEDIT 选择多段线或 [多条(M)]:                                  //选择一条或多条多段线
输入选项 [闭合(C)/合并(J)/宽度(W)/编辑顶点(E)/拟合(F)/样条曲线(S)/非曲线化(D)/线型生成(L)/
反转(R)/放弃(U)]:                                              //提示可选择的选项
```

下面介绍常用的选项用法。

❑ 合并(J)

"合并(J)"选项是 PEDIT 命令中最常用的一种编辑操作，可以将首尾相连的不同多段线合并成一个多段线。

更具实用意义的是，它能够将首尾相连的非多段线（如直线、圆弧等）连接起来，并转化成一条单独的多段线，如图 4-151 所示。这个功能在三维建模中经常用到，用以创建封闭的多段线，从而生成面域。

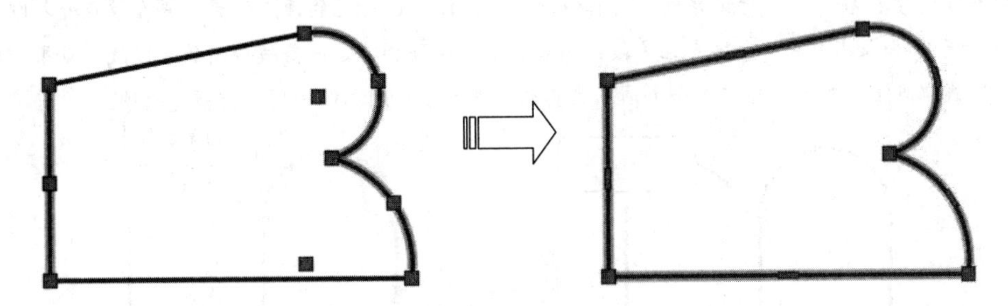

图 4-151 将非多段线合并为一条多段线

❑ 打开(O)/闭合(C)

对于首尾相连的闭合多段线，可以选择"打开(O)"选项，删除多段线的最后一段线段；对于非闭合的多段线，可以选择"闭合(C)"选项，连接多段线的起点和终点，形成闭合多段线，如图 4-152 所示。

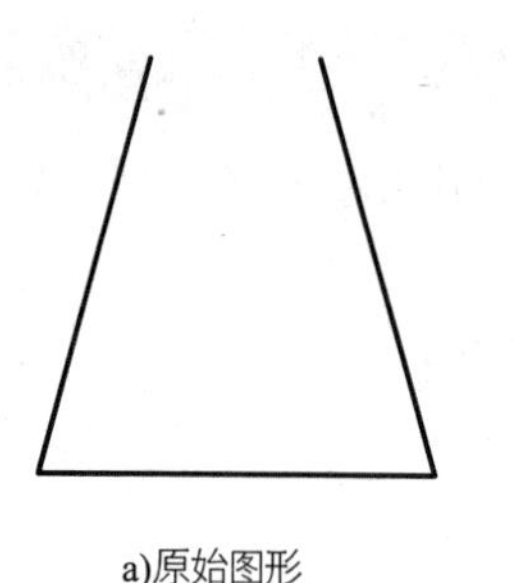
a)原始图形

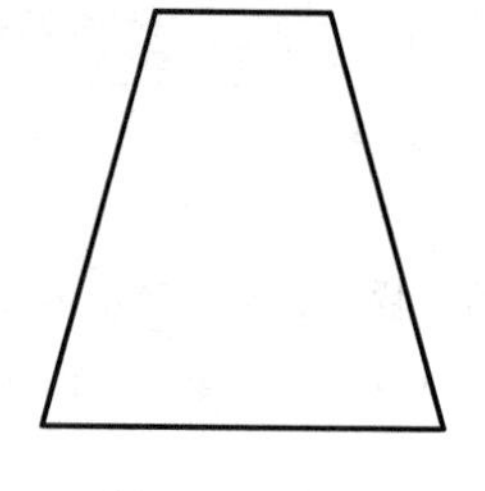
b)选择“闭合（C）”选项

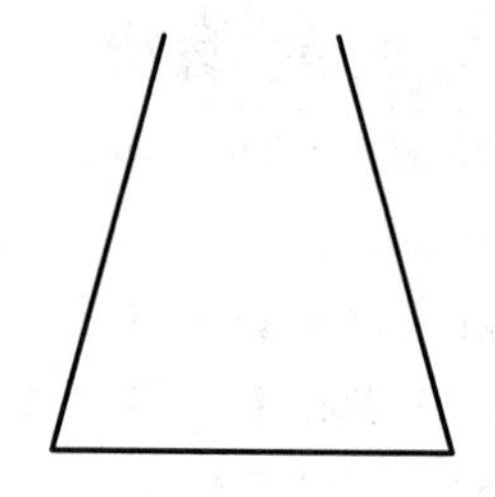
c)选择“打开（O）”选项

图 4-152　打开闭合多段线

❑ 拟合（F）

多段线和平滑曲线之间可以相互转换，相关操作的选项如下：

➢【拟合（F)】：用曲线拟合方式将已存在的多段线转化为平滑曲线。曲线经过多段线的所有顶点并成切线方向，如图 4-153 所示。

➢【样条曲线（S)】：用样条拟合方式将已存在的多段线转化为平滑曲线。曲线经过第一个和最后一个顶点，如图 4-154 所示。

➢【非曲线化（D)】：将平滑曲线还原成为多段线，并删除所有拟合曲线，如图 4-155 所示。

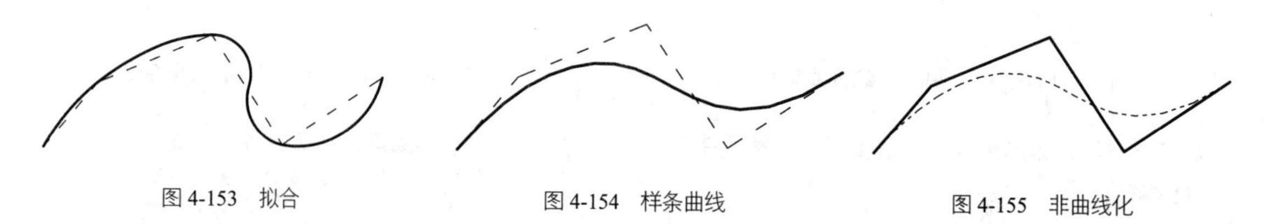
图 4-153　拟合　　图 4-154　样条曲线　　图 4-155　非曲线化

❑ 编辑顶点（E）

选择【编辑顶点（E）】选项，可以对多段线的顶点进行增加、删除、移动等操作，从而修改整个多段线的形状。选择该选项后，命令行进入顶点编辑模式。

输入顶点编辑选项 [下一个 (N) / 上一个 (P) / 打断 (B) / 插入 (I) / 移动 (M) / 重生成 (R) / 拉直 (S) / 切向 (T) / 宽度 (W) / 退出 (X)] <N>:

各选项的含义如下：

➢【下一个（N)】/【上一个（P)】：用于选择编辑顶点。选择相应的选项后，屏幕上的“×”形光标将移到下一顶点或上一顶点，以便选择并编辑其他选项。

➢【打断（B)】：将“×”标记移到任何其他顶点时，保存已标记的顶点位置，并在该点处打断多段线，如图 4-156 所示。如果指定的一个顶点在多段线的端点上，得到的将是一条被截断的多段线。如果指定的两个顶点都在多段线端点上，或者只指定了一个顶点且其也在端点上，则不能使用“打断”选项。

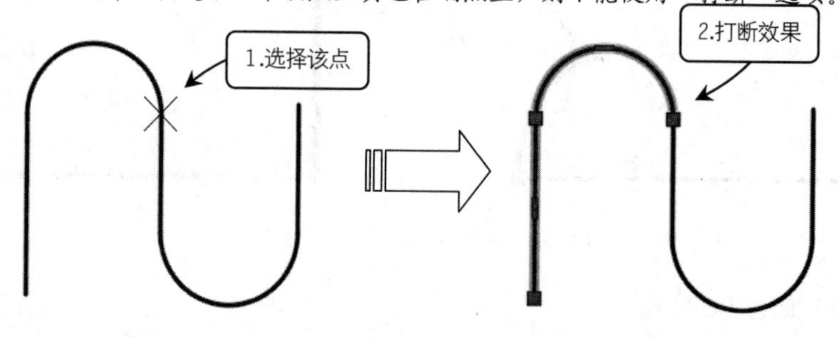

图 4-156　多段线的打断效果

➢【插入（I)】：在所选的编辑顶点后增加新顶点，从而增加多段线的线段数目，如图 4-157 所示。

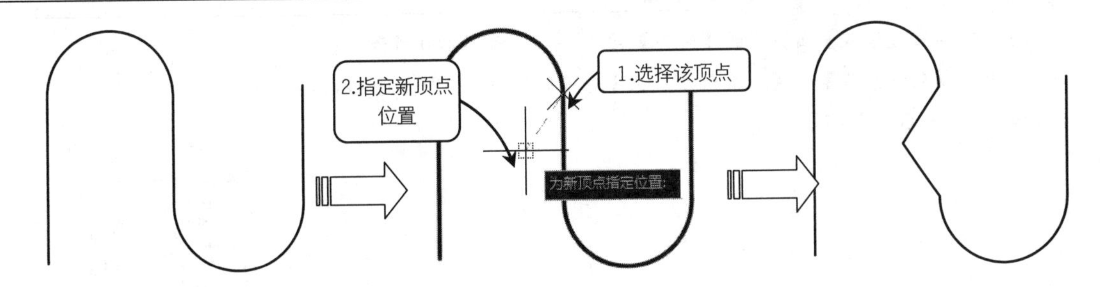

图 4-157　为多段线添加顶点

➢【移动（M）】：移动编辑顶点的位置，从而改变整个多段线形状，如图 4-158 所示。该选项不会改变多段线上圆弧与直线的关系，这是“移动”选项与夹点编辑拉伸最主要的区别。

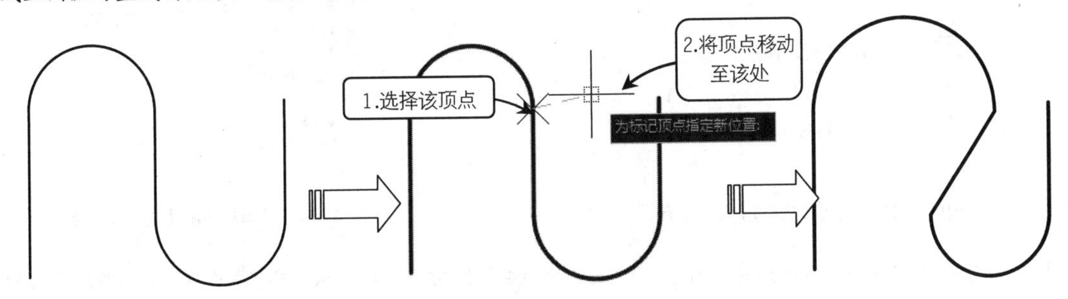

图 4-158　多段线移动顶点

➢【重生成（R）】：重画多段线。编辑多段线后刷新屏幕，显示编辑后的效果。

➢【拉直（S）】：删除顶点并拉直多段线。选择该选项后，以多段线端点为起点，通过“下一个”选项移动“×”标记，起点与该标记点之间的所有顶点将被删除从而拉直多段线，如图 4-159 所示。

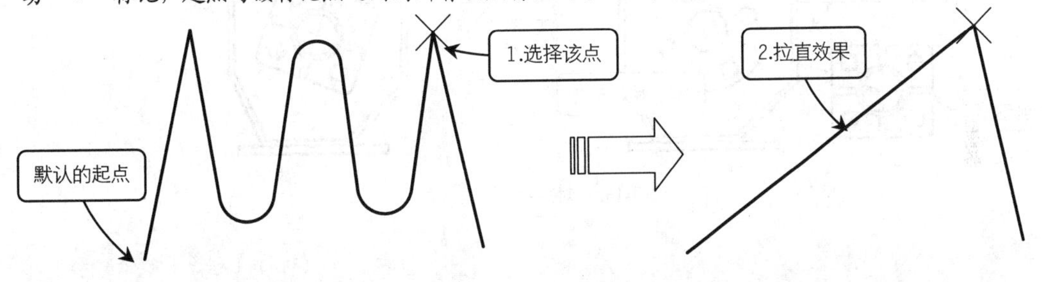

图 4-159　多段线的拉直效果

➢【切向（T）】：为编辑顶点增加一个切线方向。将多段线拟和成曲线时，该切线方向将会被用到。该选项对现有的多段线形状不会有影响。

➢【退出（X）】：退出顶点编辑模式。

❑　其他选项

➢【宽度（W）】：修改多段线线宽。这个选项只能使多段线各段具有统一的线宽值。如果要设置各段不同的线宽值或渐变线宽，可在顶点编辑模式下选择“宽度”编辑选项。

➢【线型生成（L）】：生成经过多段线顶点的连续图案线型。关闭此选项，将在每个顶点处以点画线开始和结束生成线型。“线型生成”不能用于带变宽线段的多段线。

4.5.5　对齐

【对齐】命令可以使当前的对象与其他对象对齐，既适用于二维对象，也适用于三维对象。在对齐二维对象时，可以指定一对或两对对齐点（源点和目标点），在对齐三维对象时则需要指定三对对齐点。

在 AutoCAD 2022 中调用【对齐】命令有以下几种常用方法：

➢ 功能区：单击【修改】面板中的【对齐】按钮，如图 4-160 所示。

➢ 菜单栏：执行【修改】|【三维操作】|【对齐】命令，如图 4-161 所示。

➢ 命令行：ALIGN 或 AL。

图 4-160 【修改】面板中的【对齐】按钮

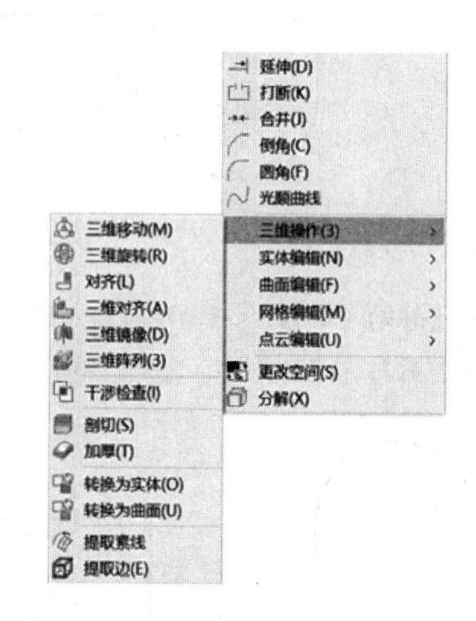

图 4-161 菜单栏中的【对齐】命令

执行上述任一命令后，根据命令行提示，依次选择源点和目标点，按 Enter 键结束操作，结果如图 4-162 所示。

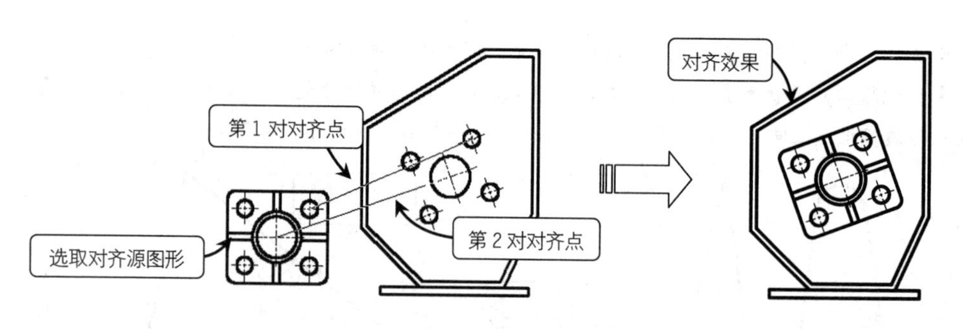

图 4-162 对齐对象

```
命令：_ALIGN                                    //执行【对齐】命令
选择对象：找到 1 个                              //选择要对齐的对象
指定第一个源点：                                 //指定源对象上的一点
指定第一个目标点：                               //指定目标对象上的对应点
指定第二个源点：                                 //指定源对象上的一点
指定第二个目标点：                               //指定目标对象上的对应点
指定第三个源点或 <继续>:↙                        //按 Enter 键完成选择
是否基于对齐点缩放对象？[是(Y)/否(N)] <否>: ↙    //按 Enter 键结束命令
```

执行【对齐】命令后，根据命令行提示选择要对齐的对象，然后按 Enter 键结束命令，即可完成对齐操作。在这个过程中，可以指定一对、两对或三对对齐点（一个源点和一个目标点合称为一对“对齐点”）来对齐选定对象。对齐点的对数不同，操作结果也不同，具体介绍如下：

❑ 一对对齐点（一个源点、一个目标点）

当只选择一对对齐点时，所选的对象将在二维或三维空间从源点 1 移动到目标点 2，类似于【移动】操作，如图 4-163 所示。

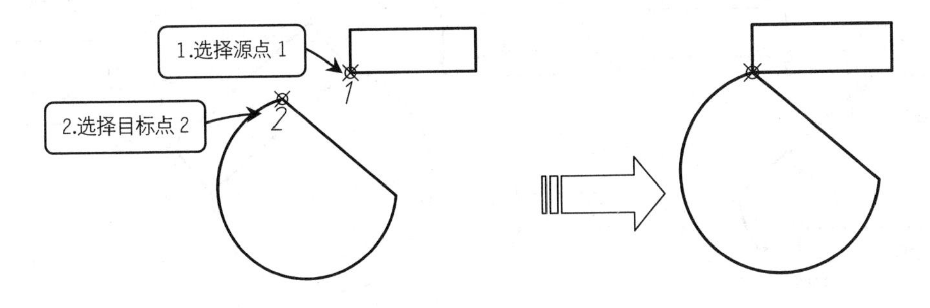

图 4-163　一对对齐点移动对象

该对齐方法的命令行操作如下：

```
命令: ALIGN                                //执行【对齐】命令
选择对象: 找到 1 个                         //选择图中的矩形
指定第一个源点:                             //选择点 1
指定第一个目标点:                           //选择点 2
指定第二个源点: ↙                           //按 Enter 键结束操作
```

- **两对对齐点（两个源点、两个目标点）**

当选择两对对齐点时，可以移动、旋转和缩放选定对象，以便与其他对象对齐。第一对源点和目标点定义对齐的基点（点 1、2），第二对对齐点定义旋转的角度（点 3、4），效果如图 4-164 所示。

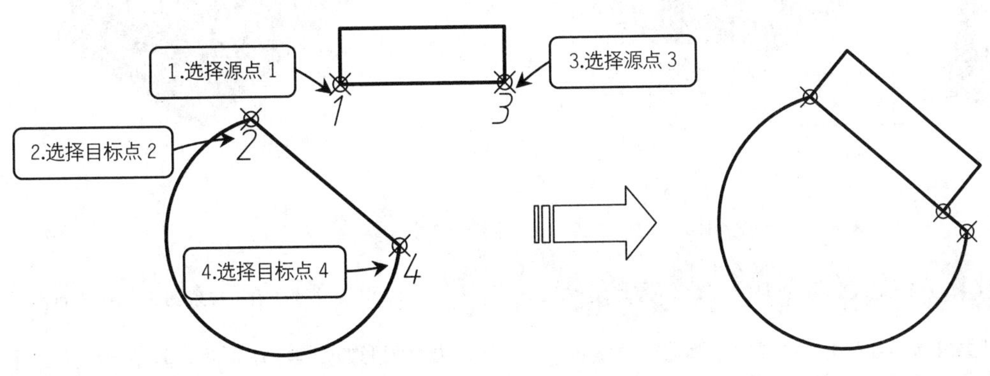

图 4-164　两对对齐点将对象移动并对齐

该对齐方法的命令行操作如下：

```
命令: ALIGN                                //执行【对齐】命令
选择对象: 找到 1 个                         //选择图中的矩形
指定第一个源点:                             //选择点 1
指定第一个目标点:                           //选择点 2
指定第二个源点:                             //选择点 3
指定第二个目标点:                           //选择点 4
指定第三个源点或 <继续>: ↙                  //按 Enter 键完成选择
是否基于对齐点缩放对象? [是(Y)/否(N)] <否>: ↙  //按 Enter 键结束操作
```

在输入了第二对对齐点后，系统会给出【缩放对象】的提示。如果选择“是（Y）”，则源对象将进行缩放，使得其上的源点 3 与目标点 4 重合，效果如图 4-165 所示；如果选择“否（N）”，则源对象大小保持不变，源点 3 落在目标点 2 和点 4 的连线上，如图 4-164 所示。

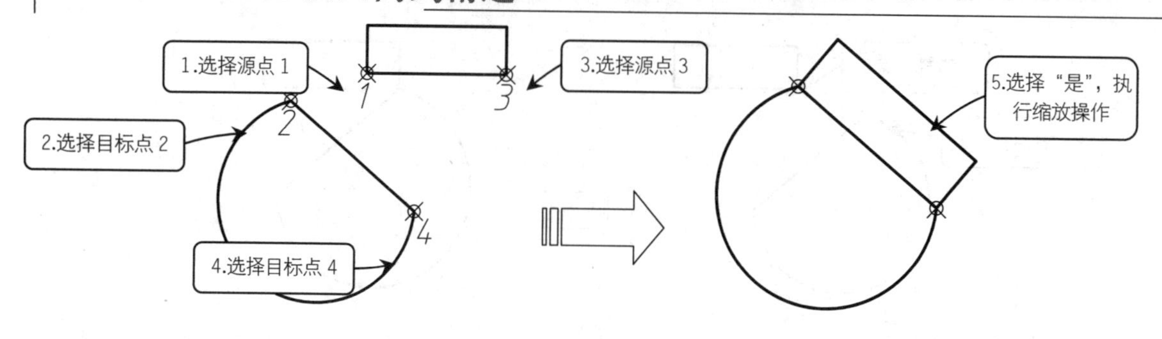

图 4-165　对齐时的缩放效果

❑　三对对齐点（三个源点、三个目标点）

对于二维图形来说，两对对齐点已可以满足绝大多数的使用需要，只有在三维空间中才会用得上三对对齐点。当选择三对对齐点时，选定的对象可在三维空间中进行移动和旋转，使之与其他对象对齐，如图 4-166 所示。

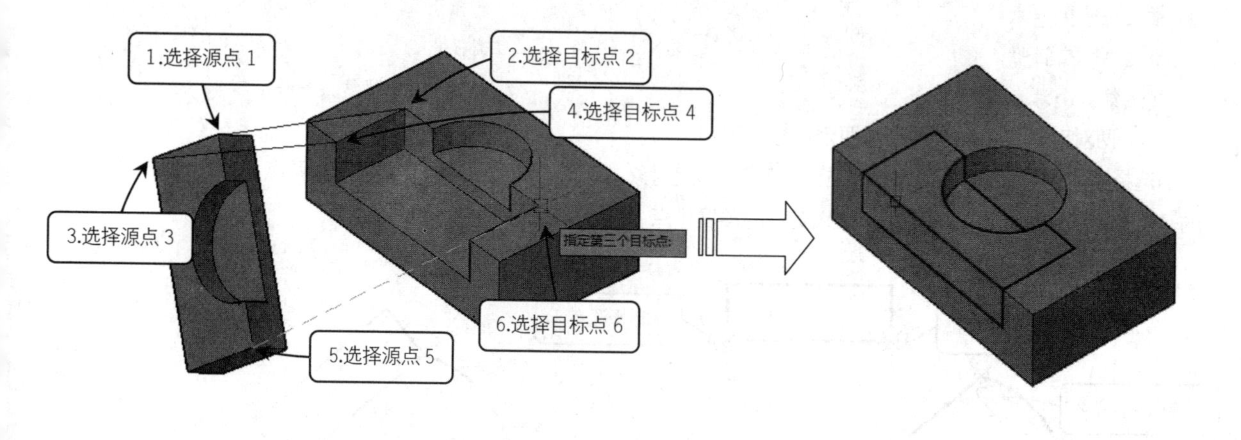

图 4-166　三对对齐点可在三维空间中对齐

【案例 4-17】：　使用【对齐】命令装配三通管　　视频文件：视频\第 4 章\4-17.mp4

01 打开"第 4 章\4-17 使用对齐命令装配三通管.dwg"文件，素材图形如图 4-167 所示，其中已经绘制好了三通管和装配管，但图形比例不一致。

02 单击【修改】面板中的【对齐】按钮，执行【对齐】命令，选择整个装配管图形，然后根据三通管和装配管的对齐方式，按图 4-168 所示选择对应的两对对齐点（点 1 对应点 2、点 3 对应点 4）。

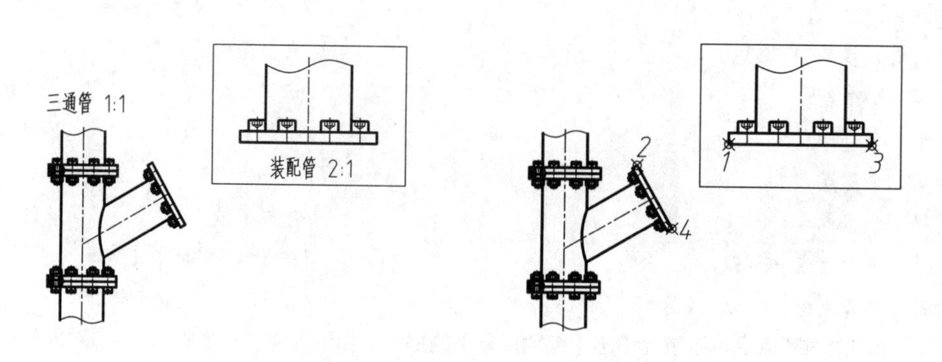

图 4-167　素材图形　　　图 4-168　选择对齐点

03 两对对齐点指定完毕后，按 Enter 键，命令行提示"是否基于对齐点缩放对象"，输入【Y】，选择"是"，再按 Enter 键，即可将装配管对齐至三通管中，效果如图 4-169 所示。

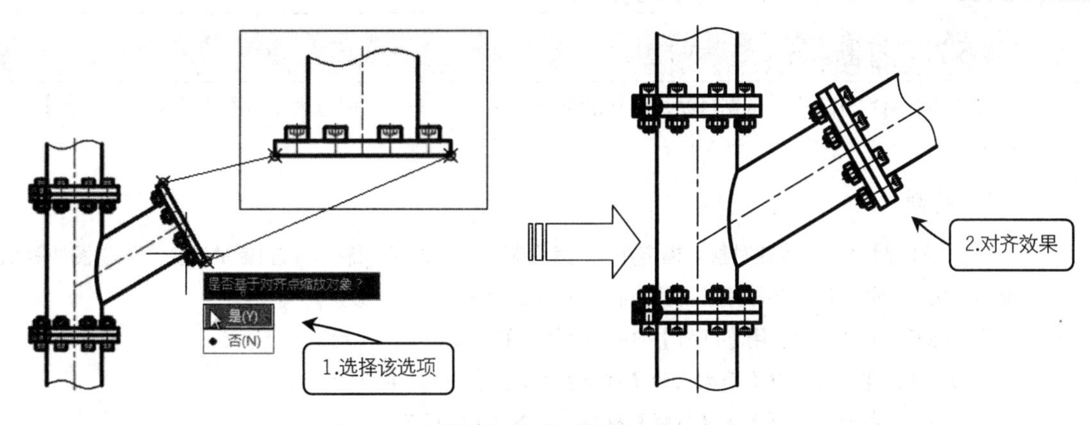

图 4-169　将装配管对齐至三通管中

4.5.6　分解

【分解】命令可将某些特殊的对象分解成多个独立的部分，以便于更具体的编辑。该命令主要用于将复合对象，如矩形、多段线、块、填充等，还原为一般的图形对象。分解后的对象的颜色、线型和线宽都可能发生改变。

在 AutoCAD 2022 中调用【分解】命令有以下几种方法。

- 功能区：单击【修改】面板中的【分解】按钮，如图 4-170 所示。
- 菜单栏：执行【修改】|【分解】命令，如图 4-171 所示。
- 命令行：EXPLODE 或 X。

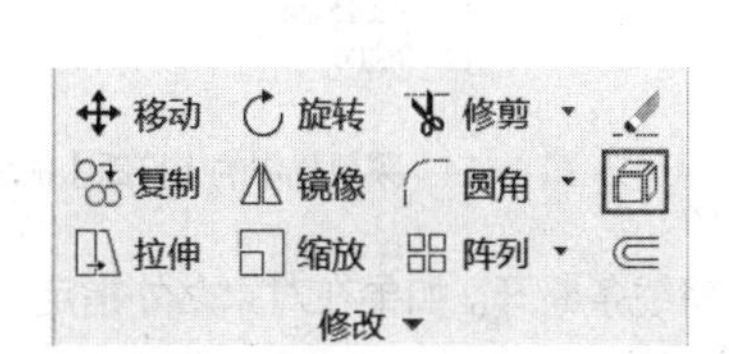

图 4-170　【修改】面板中的【分解】按钮

图 4-171　菜单栏中的【分解】命令

执行上述任一命令后，选择要分解的图形对象，按 Enter 键，即可完成分解操作，操作方法与【删除】命令相似。如图 4-172 所示的微波炉图块被分解后，可以单独选择其中的任一条边。

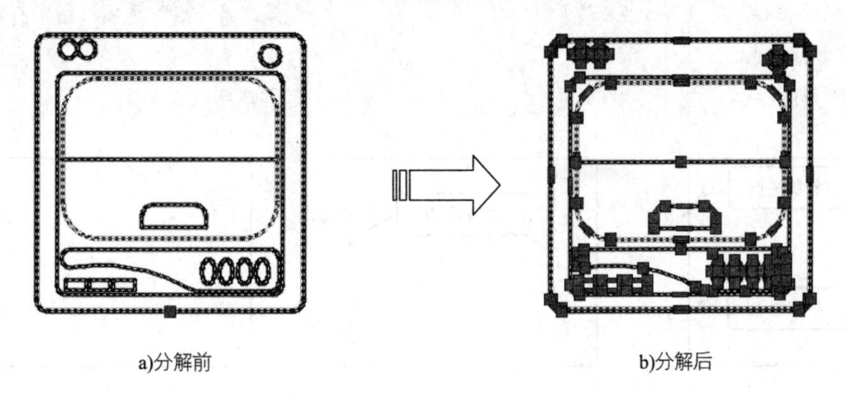

a)分解前　　b)分解后

图 4-172　分解微波炉图块

4.5.7 打断

在 AutoCAD 2022 中，根据打断点数量的不同，“打断”命令可以分为【打断】和【打断于点】两种，分别介绍如下：

1. 打断

执行【打断】命令可以在对象上指定两点，然后删除两点之间的部分。被打断的对象不能是图块等组合形体，只能是直线、圆弧、圆、多段线、椭圆、样条曲线、圆环等单独的线条。

在 AutoCAD 2022 中调用【打断】命令有以下几种方法。

- 功能区：单击【修改】面板上的【打断】按钮，如图 4-173 所示。
- 菜单栏：执行【修改】|【打断】命令，如图 4-174 所示。
- 命令行：BREAK 或 BR。

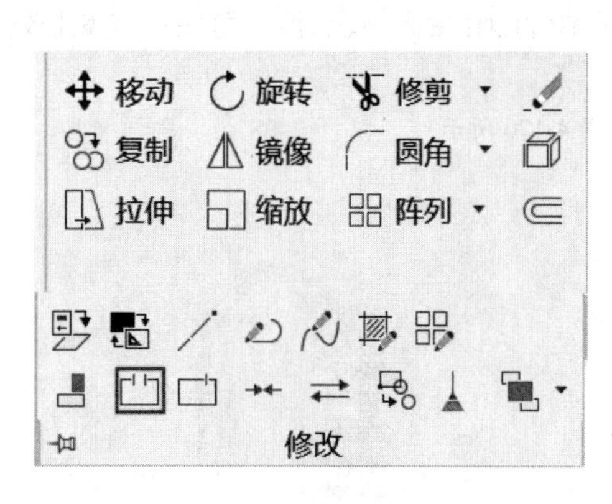

图 4-173 【修改】面板中的【打断】按钮

图 4-174 菜单栏中的【打断】命令

【打断】命令可以在选择的线条上创建两个打断点，从而将线条断开。如果在对象之外指定一点为第二个打断点，系统将以该点到被打断对象的垂直点作为第二个打断点，除去两点间的线段。如图 4-175 所示。对应的命令行操作如下：

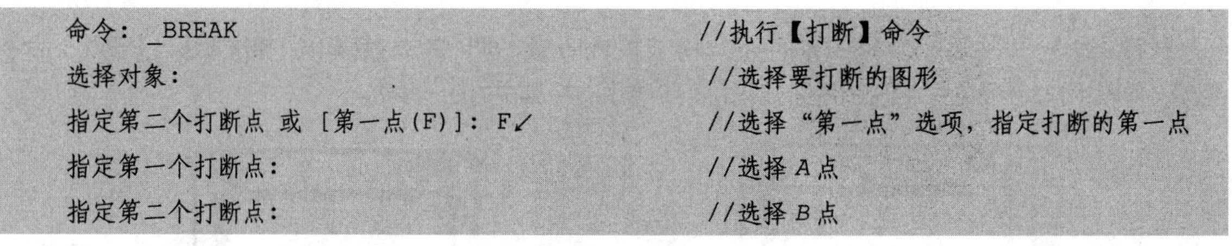

```
命令：_BREAK                                   //执行【打断】命令
选择对象：                                      //选择要打断的图形
指定第二个打断点 或 [第一点(F)]：F↙              //选择“第一点”选项，指定打断的第一点
指定第一个打断点：                              //选择 A 点
指定第二个打断点：                              //选择 B 点
```

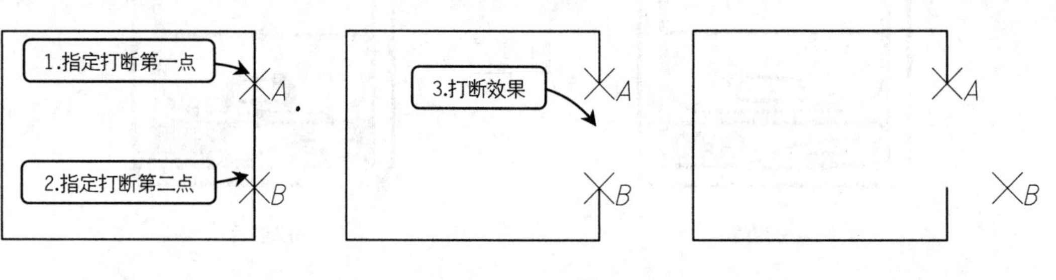

a)打断前　　b)打断图线　　c)第二点为对象之外的点

图 4-175 打断图形

默认情况下，系统会以选择对象时的拾取点作为第一个打断点，若此时直接在对象上选取另一点，即可去除两点之间的图形线段，但这样的打断效果往往不符合要求，因此需要在命令行中输入【F】，选择【第一点（F）】选项，通过指定第一点来获取准确的打断效果。

【案例 4-18】：使用【打断】命令创建注释空间 视频文件：视频\第 4 章\4-18.mp4

01 打开“第 4 章\4-18 使用打断创建注释空间.dwg”文件，素材图形如图 4-176 所示，为一街区局部图。

02 在【默认】选项卡中单击【修改】面板中的【打断】按钮，选择解放西路主干道上的第一条线进行打断，结果如图 4-177 所示。

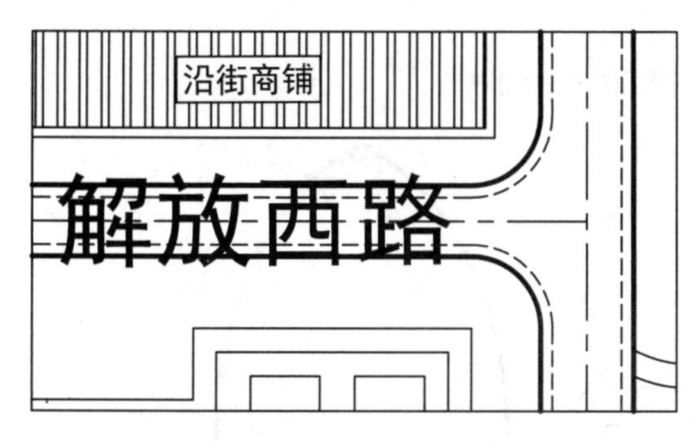

图 4-176 打开素材图形

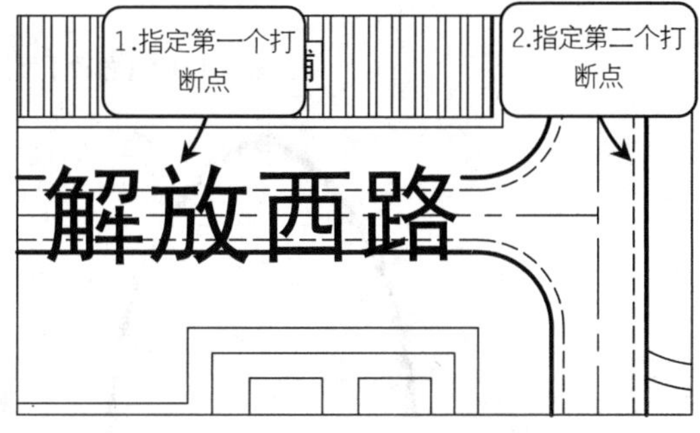

图 4-177 打断直线

03 按相同方法打断街道上的其他直线，结果如图 4-178 所示。

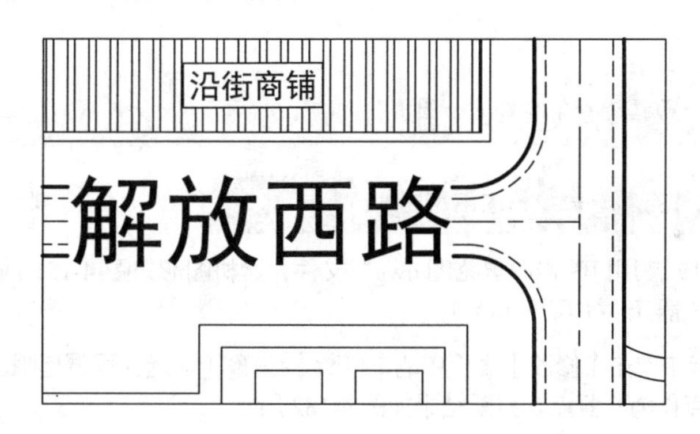

图 4-178 打断效果

2. 打断于点

【打断于点】是从【打断】命令派生出来的命令。【打断于点】是指通过指定一个打断点，将对象从该点处断开成两个对象。在 AutoCAD 2022 中，【打断于点】命令不能通过命令行输入和菜单栏调用，只有以下两种调用方法：

- 功能区：单击【修改】面板中的【打断于点】按钮，如图 4-179 所示。
- 工具栏：调出【修改】工具栏，单击其中的【打断于点】按钮。

【打断于点】命令在执行过程中，需要输入的参数只有“打断对象”和一个“打断点”。打断之后的对象外观无变化，没有间隙，但选择时可见已在打断点处分成两个对象，如图 4-180 所示。命令行操作如下：

```
命令：_BREAK                              //执行【打断于点】命令
选择对象：                                //选择要打断的图形
指定第二个打断点 或 [第一点(F)]：_F       //系统自动选择“第一点”选项
指定第一个打断点：                        //指定打断点
```

指定第二个打断点：@ //系统自动输入【@】结束命令

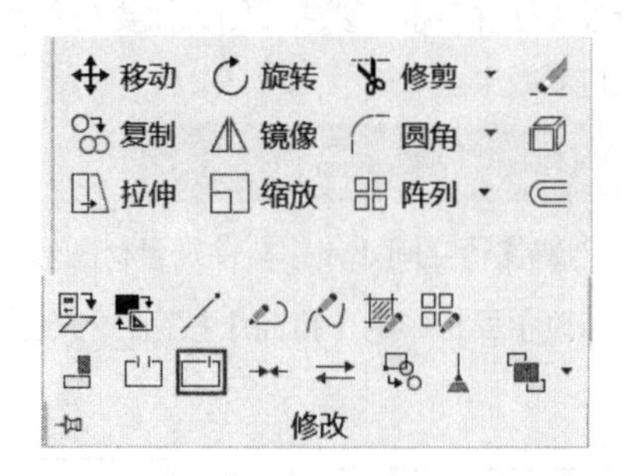

图 4-179 【修改】面板中的【打断于点】按钮

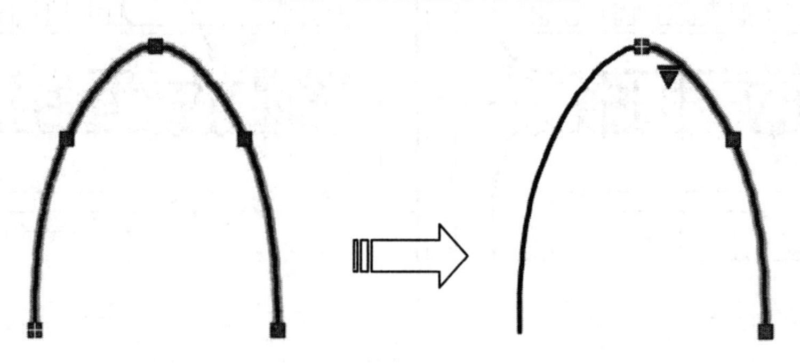

图 4-180 打断于点的图形

专家提醒 不能在一点打断闭合对象（如圆）。

【案例 4-19】：使用【打断】命令修改电路图 视频文件：视频\第 4 章\4-19.mp4

01 打开“第 4 章\4-19 使用打断修改电路图.dwg”文件，素材图形如图 4-181 所示，其中已绘制好了一简单电路图和一孤悬在外的电器元件（可调电阻）。

02 在【默认】选项卡中单击【修改】面板中的【打断】按钮，选择可调电阻左侧的线路作为打断对象，可调电阻的上、下两个端点作为打断点，打断结果如图 4-182 所示。

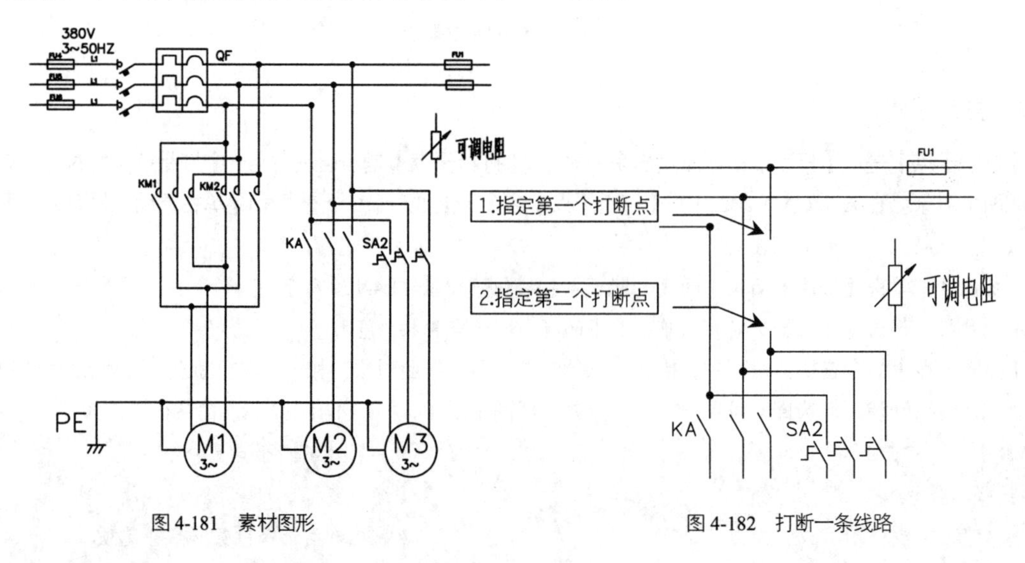

图 4-181 素材图形 图 4-182 打断一条线路

03 按相同方法打断其余的两条线路，结果如图 4-183 所示。

04 单击【修改】面板中的【复制】按钮，将可调电阻复制到打断的三条线路上，结果如图4-184所示。

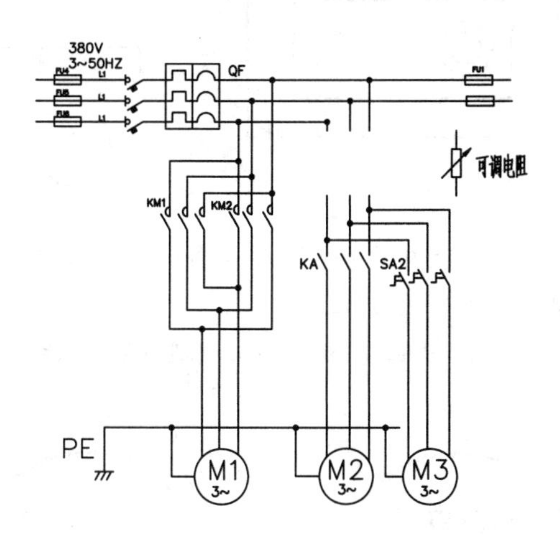

图4-183　打断其余线路

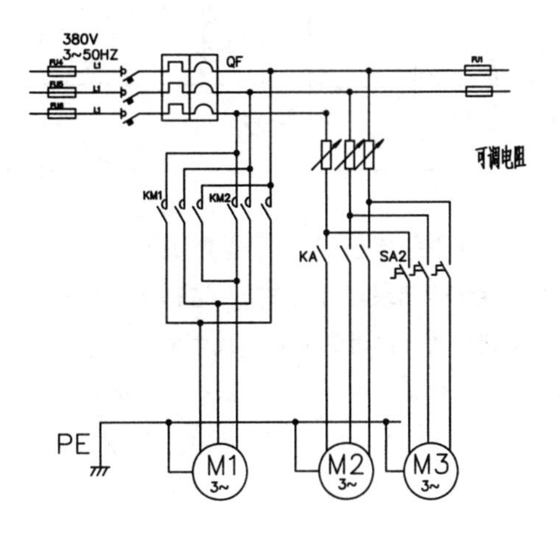

图4-184　复制可调电阻

4.5.8　合并

【合并】命令用于将独立的图形对象合并为一个整体。它可以将多个对象进行合并，对象包括直线、多段线、三维多段线、圆弧、椭圆弧、螺旋线和样条曲线等。

在AutoCAD 2022中调用【合并】命令有以下几种方法。

- 功能区：单击【修改】面板中的【合并】按钮，如图4-185所示。
- 菜单栏：执行【修改】|【合并】命令，如图4-186所示。
- 命令行：JOIN或J。

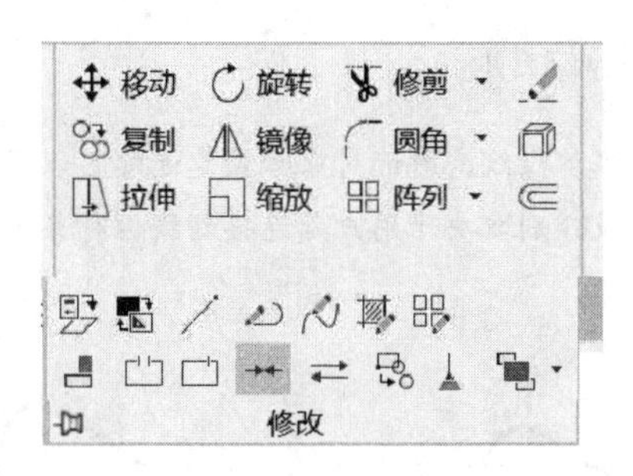

图4-185　【修改】面板中的【合并】按钮

图4-186　菜单栏中的【合并】命令

执行以上任一命令后，选择要合并的对象按Enter键退出，结果如图4-187所示。命令行操作如下：

```
命令:JOIN                                   //执行【合并】命令
选择源对象或要一次合并的多个对象: 找到 1 个      //选择源对象
选择要合并的对象: 找到 1 个, 总计 2 个          //选择要合并的对象
选择要合并的对象:                             //按Enter键完成操作
```

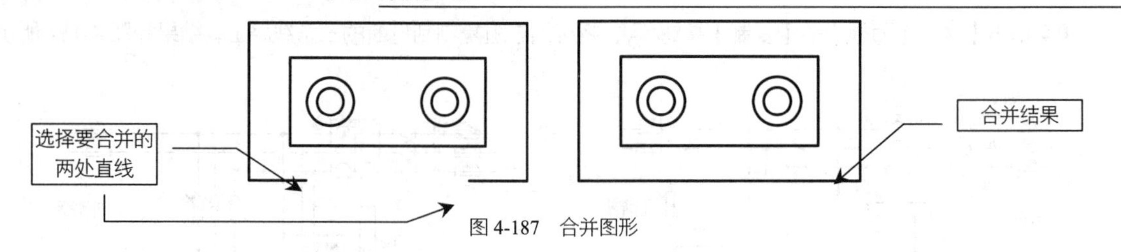

图 4-187　合并图形

【合并】命令产生的对象类型取决于所选定的对象类型、首先选定的对象类型以及对象是否共线（或共面）。因此合并操作的结果与所选对象及选择顺序有关。不同对象的合并效果介绍如下：

➢ 直线：两直线对象必须共线才能合并，它们之间可以有间隙，如图 4-188 所示。如果选择源对象为直线，再选择圆弧，合并之后将生成多段线，如图 4-189 所示。

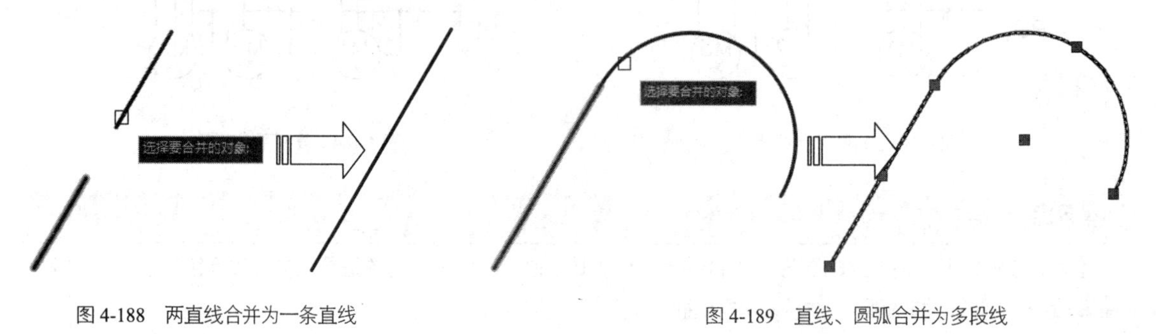

图 4-188　两直线合并为一条直线

图 4-189　直线、圆弧合并为多段线

➢ 多段线：直线、多段线和圆弧可以合并到源多段线。所有对象必须连续且共面，生成的对象是单条多段线，如图 4-190 所示。

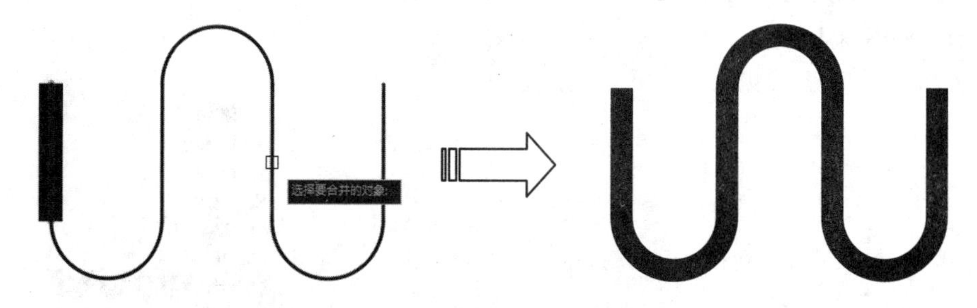

图 4-190　多段线与其他对象合并

➢ 三维多段线：所有线性或弯曲对象都可以合并到源三维多段线。所选对象必须是连续的，可以不共面。生成的对象是单条三维多段线或单条三维样条曲线，具体结果分别取决于用户是连接到线性对象还是弯曲的对象，如图 4-191 和图 4-192 所示。

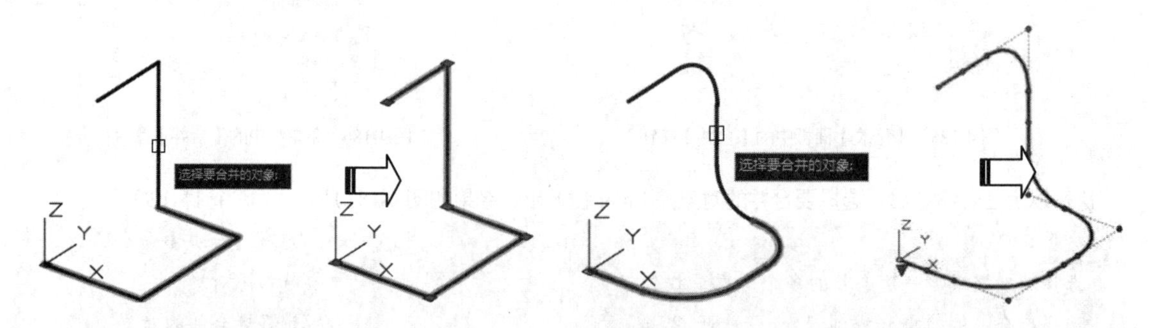

图 4-191　线性的三维多段线合并为单条三维多段线

图 4-192　弯曲的三维多段线合并为单条三维样条曲线

➢ 圆弧：只有圆弧可以合并到源圆弧。所有的圆弧对象必须同心、同半径，之间可以有间隙。合并圆弧时，源圆弧按逆时针方向进行合并，因此不同的选择顺序，所生成的圆弧也有优弧、劣弧之分，如图 4-193 和图 4-194 所示。如果两圆弧相邻，之间没有间隙，则合并时命令行会提示是否转换为圆，选择“是（Y）”，则生成一整圆，如图 4-195 所示；选择“否（N）”，则无效果。如果选择单独的一段圆弧，则可以在命令行提示中选择“闭合（L）”，来生成该圆弧的整圆，如图 4-196 所示。

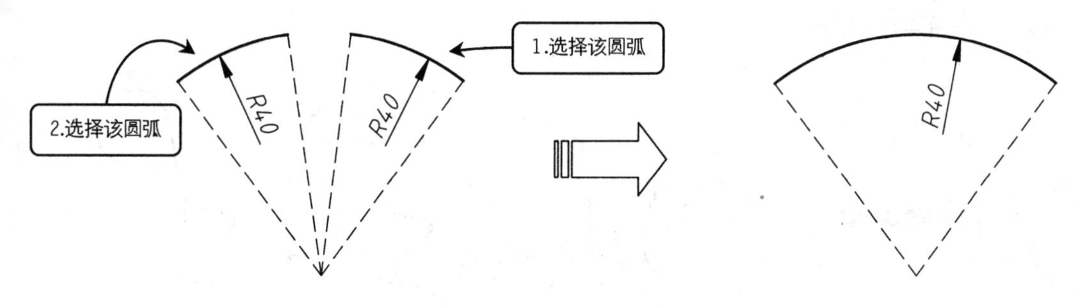

图 4-193　按逆时针顺序选择圆弧合并生成劣弧

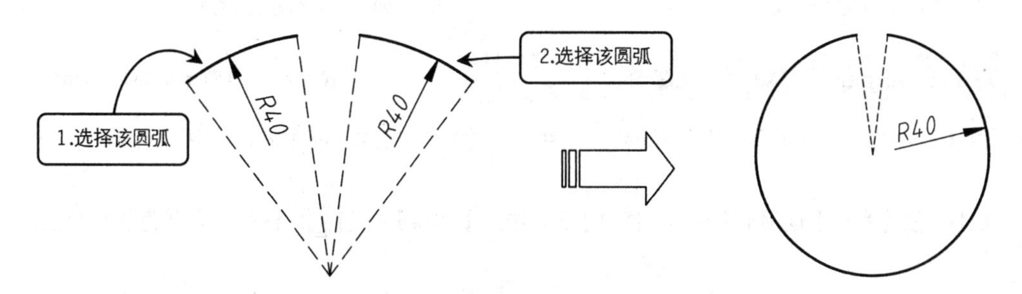

图 4-194　按顺时针顺序选择圆弧合并生成优弧

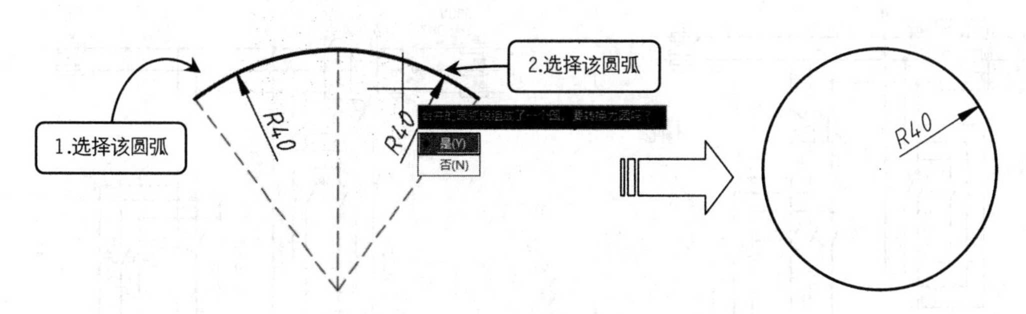

图 4-195　圆弧相邻时合并生成整圆

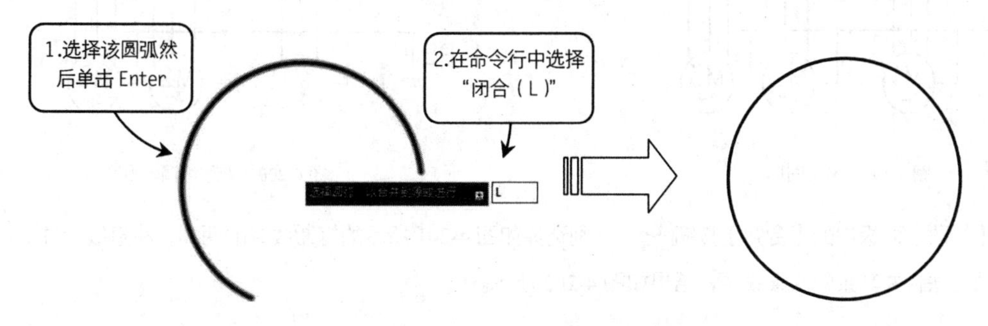

图 4-196　单段圆弧合并生成整圆

➢ 椭圆弧：仅椭圆弧可以合并到源椭圆弧。椭圆弧必须共面且具有相同的主轴和次轴，它们之间可以有间隙。从源椭圆弧按逆时针方向合并椭圆弧，操作方法基本与圆弧一致。

➢ 螺旋线：所有线性或弯曲对象可以合并到源螺旋线。要合并的对象必须是相连的，可以不共面，结果是单个样条曲线，如图 4-197 所示。

➢ 样条曲线：所有线性或弯曲对象可以合并到源样条曲线。要合并的对象必须是相连的，可以不共面，结果是单个样条曲线，如图 4-198 所示。

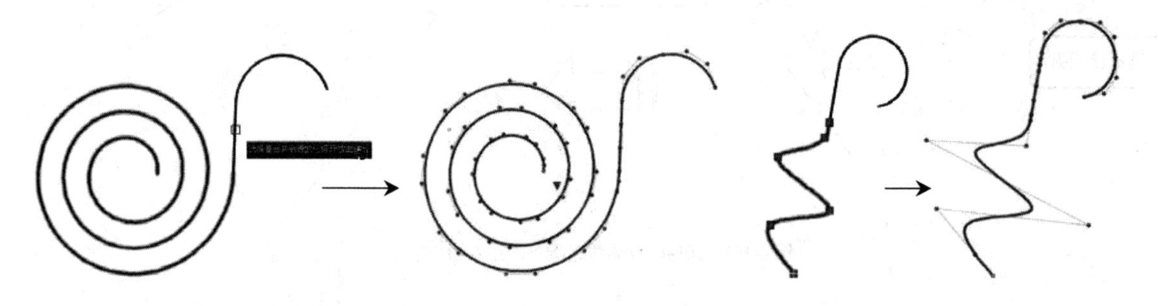

图 4-197　螺旋线的合并效果　　　图 4-198　样条曲线的合并效果

【案例 4-20】：使用【合并】命令修改电路图　　　视频文件：视频\第 4 章\4-20.mp4

01 打开“第 4 章\4-20 使用合并修改电路图.dwg”文件，素材图形如图 4-199 所示，其中已经绘制好了一完整电路图。

02 删除元器件。在【默认】选项卡中单击【修改】面板中的【删除】按钮，删除 3 个可调电阻，结果如图 4-200 所示。

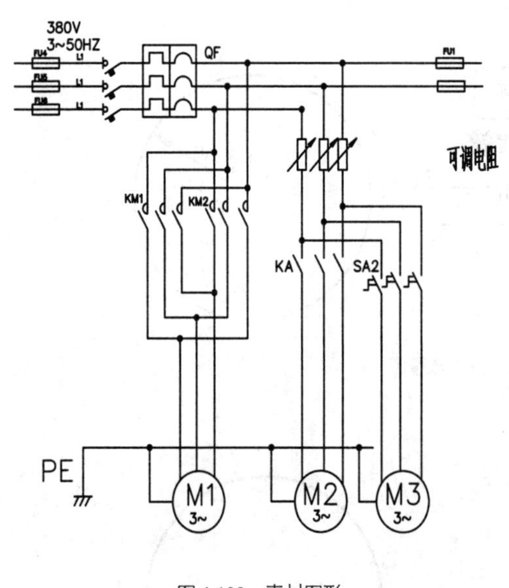

图 4-199　素材图形

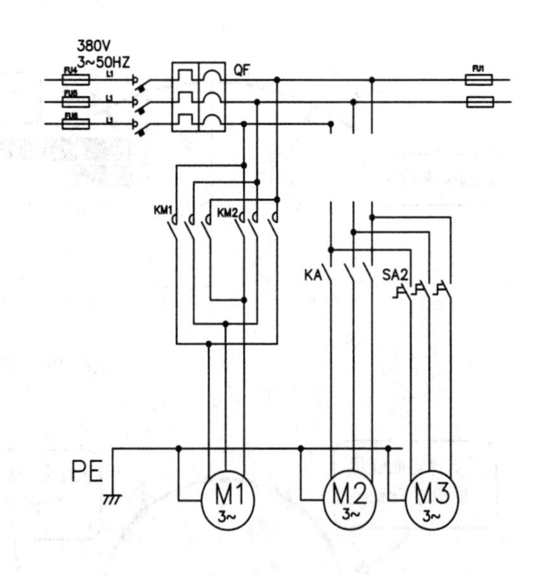

图 4-200　删除可调电阻

03 单击【修改】面板中的【合并】按钮，分别选择如图 4-201 所示的打断线路的两端，将直线合并。

04 按相同方法合并其余的两条线路，结果如图 4-202 所示。

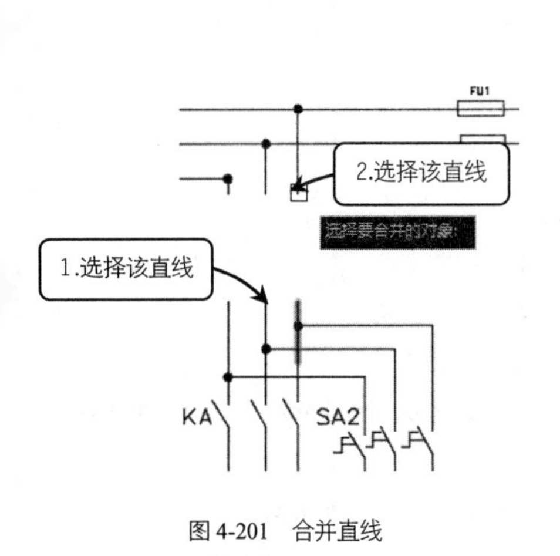

图 4-201　合并直线

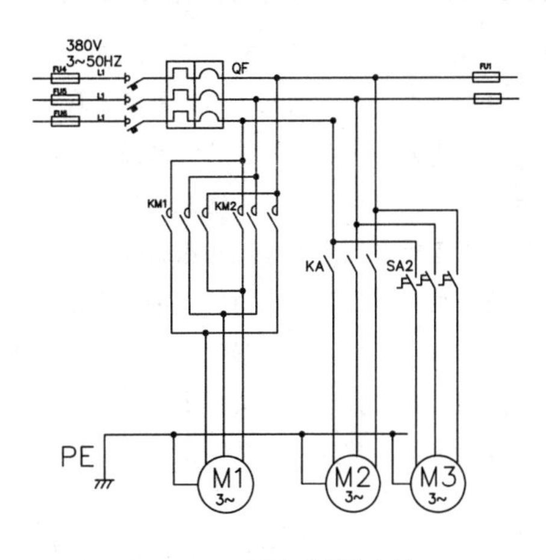

图 4-202　完成线路合并

4.5.9　绘图次序

如果当前工作文件中的图形元素很多，而且不同的图形相互重叠，则不利于操作。此时可以通过控制图形的显示层次来解决。例如，要选择某一个图形时，如果这个图形被其他的图形遮住而无法选择，通过调整图形次序，使要旋转的图形显示在最前面，即可便于选择，如图 4-203 所示。

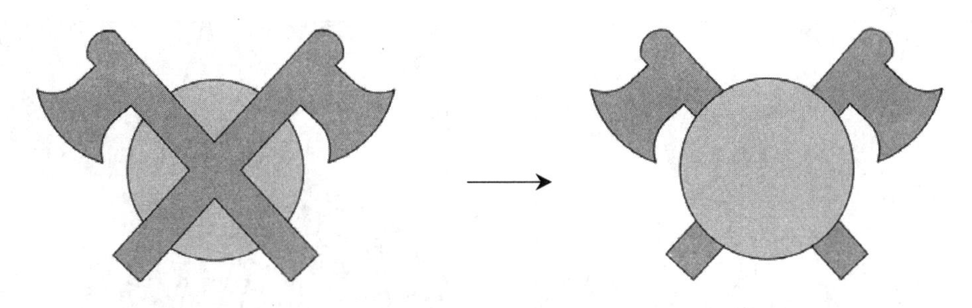

图 4-203　调整绘图次序

在 AutoCAD 2022 中调整图形叠放次序有如下几种方法。

➢ 功能区：在【修改】面板上的【绘图次序】下拉列表中单击所需的命令按钮，如图 4-204 所示。

➢ 菜单栏：在【工具】|【绘图次序】列表中选择相应的命令，如图 4-205 所示。

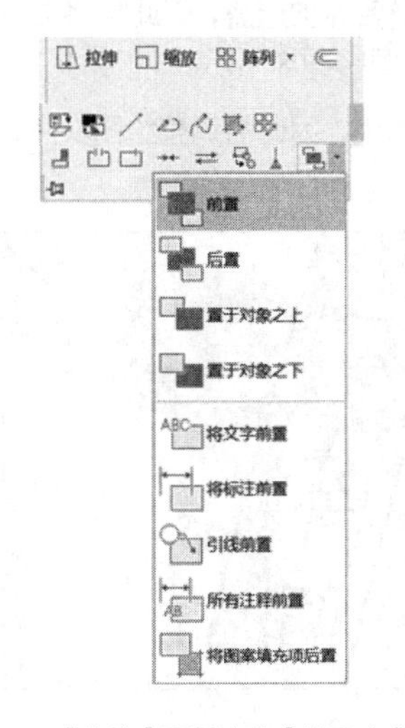

图 4-204　【修改】面板中的【绘图次序】下拉列表

图 4-205　菜单栏中的【绘图次序】命令列表

【绘图次序】列表中的各命令操作方式基本相同，而且十分简单，启用命令后直接选择要前置或后置的对象即可。【绘图次序】列表中的各命令的含义如下：

- 【前置】：强制使选择的对象显示在所有对象之前。
- 【后置】：强制使选择的对象显示在所有对象之后。
- 【置于对象之上】：使选择的对象显示在指定的参考对象之前。
- 【置于对象之下】：使选择的对象显示在指定的参考对象之后。
- 【将文字前置】：强制使文字对象显示在所有其他对象之前，单击即可生效。
- 【将标注前置】：强制使标注对象显示在所有其他对象之前，单击即可生效。
- 【引线前置】：强制使引线对象显示在所有其他对象之前，单击即可生效。
- 【所有注释前置】：强制使所有注释对象（标注、文字、引线等）显示在所有其他对象之前，单击即可生效。
- 【将图案填充项后置】：强制使图案填充项显示在所有其他对象之后，单击即可生效。

【案例 4-21】：　更改绘图次序修改图形　　　视频文件：视频\第 4 章\4-21.mp4

01 打开“第 4 章\4-21 更改绘图次序修改图形.dwg”文件，其中已经绘制好了一张市政规划的局部图，图中可见道路、文字等被河流所遮挡，如图 4-206 所示。

02 前置道路。选中道路的填充图案，以及道路上的各线条，接着单击【修改】面板中的【前置】按钮，结果如图 4-207 所示。

图 4-206　打开素材图形

图 4-207　前置道路

03 前置文字。此时道路图形已被置于河流之上，符合实际情况，但道路名称被遮盖，因此需将文字对象前置。单击【修改】面板中的【将文字前置】按钮，即可完成操作，结果如图 4-208 所示。

04 前置图形边框。上述操作后道路上下两端的图形边框被置于了道路之下，因此需调整绘图次序，将图形边框置于最高层，结果如图 4-209 所示。

图 4-208　将文字前置

图 4-209　前置图形边框

4.6 通过夹点编辑图形

夹点是指图形对象上的一些特征点，如端点、顶点、中点、中心点等。图形的位置和形状通常是由夹点的位置决定的。在 AutoCAD 中，夹点是一种集成的编辑模式，利用夹点可以编辑图形的大小、位置、方向以及对图形进行镜像复制操作等。

4.6.1 夹点模式概述

在夹点模式下，图形对象以虚线显示，图形上的特征点（如端点、圆心、象限点等）将显示为如图 4-210 所示的蓝色的小方框，这样的小方框称为夹点。

夹点有未激活和被激活两种状态。蓝色小方框显示的夹点处于未激活状态，单击某个未激活夹点，该夹点以红色小方框显示，即处于激活状态（称为热夹点）。以热夹点为基点，可以对图形对象进行拉伸、平移、复制、缩放和镜像等操作。同时按 Shift 键可以选择激活多个热夹点。

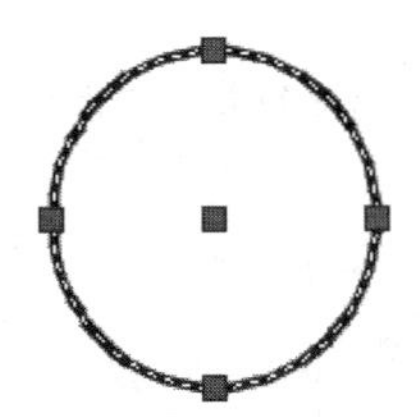
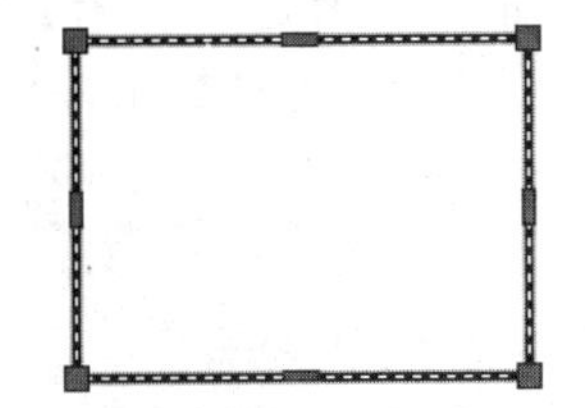
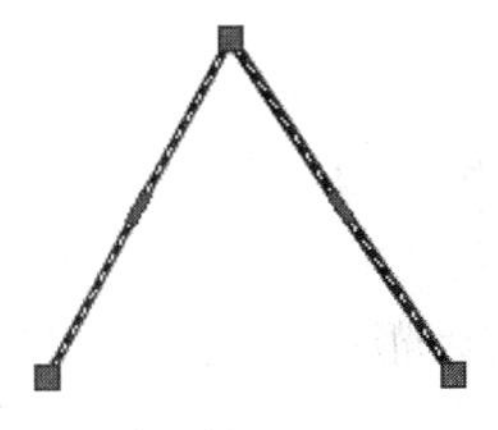

图 4-210 不同对象的夹点

4.6.2 利用夹点拉伸对象

如需利用夹点来拉伸图形，则操作方法如下：

➢ 快捷操作：在不执行任何命令的情况下选择对象，然后单击其中的一个夹点，系统则自动将其作为拉伸的基点，即进入“拉伸”编辑模式。通过移动夹点，可以将图形对象拉伸至新位置，如图 4-211 所示。夹点编辑中的【拉伸】与【STRETCH】（拉伸）命令相同。

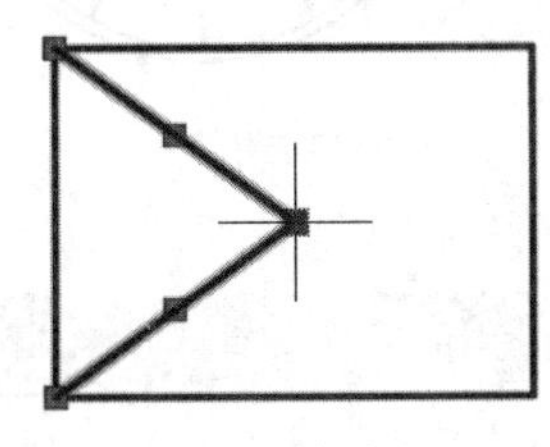

a）选择夹点

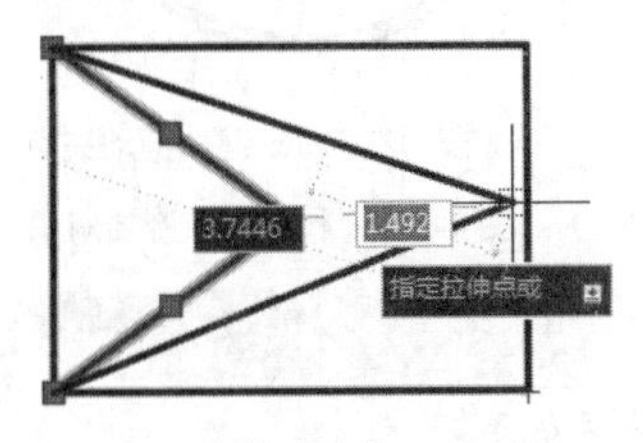

b）拖动夹点

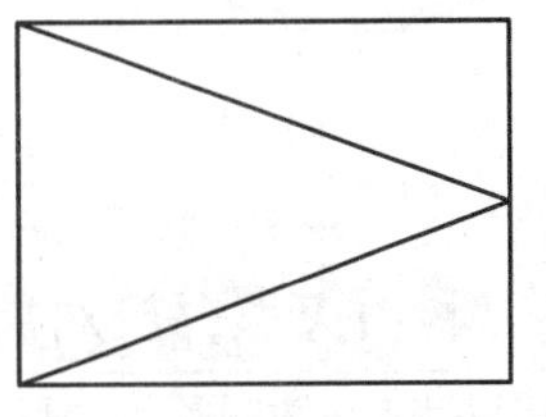

c）拉伸结果

图 4-211 利用夹点拉伸对象

专家提醒 对于某些夹点，拖动时只能移动而不能拉伸，如文字、块、直线中点、圆心、椭圆中心和点对象上的夹点。

4.6.3 利用夹点移动对象

如需利用夹点来移动图形，则操作方法如下：

➢ 快捷操作：选中一个夹点，按 Enter 键，即进入【移动】模式。

➢ 命令行：在夹点编辑模式下确定基点后，输入【MO】进入【移动】模式，选中的夹点即为基点。

通过夹点进入【移动】模式后，命令行操作如下：

```
** MOVE **
```

指定移动点或 [基点(B)/复制(C)/放弃(U)/退出(X)]:

使用夹点移动对象，可以将对象从当前位置移动到新位置，其操作同【MOVE】(移动)命令，如图4-212所示。

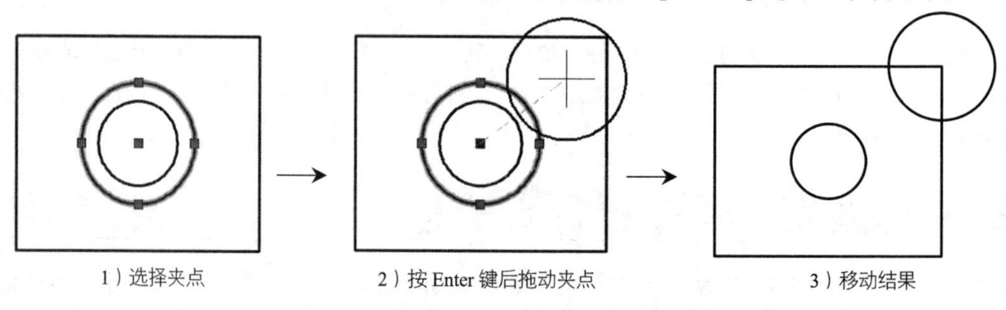

1) 选择夹点　　2) 按 Enter 键后拖动夹点　　3) 移动结果

图 4-212　利用夹点移动对象

4.6.4　利用夹点旋转对象

如需利用夹点来旋转图形，则操作方法如下:

➢ 快捷操作：选中一个夹点，按两次 Enter 键，即进入【旋转】模式。

➢ 命令行：在夹点编辑模式下确定基点后，输入【RO】(旋转)模式，选中的夹点即为基点。

通过夹点进入【移动】模式后，命令行操作如下:

** 旋转 **

指定旋转角度或 [基点(B)/复制(C)/放弃(U)/参照(R)/退出(X)]:

默认情况下，输入旋转角度值或通过拖动方式确定旋转角度后，即可将对象绕基点旋转指定的角度。也可以选择【参照】选项，以参照方式旋转对象，操作方法同【ROTATE】(旋转)命令。利用夹点旋转对象如图4-213所示。

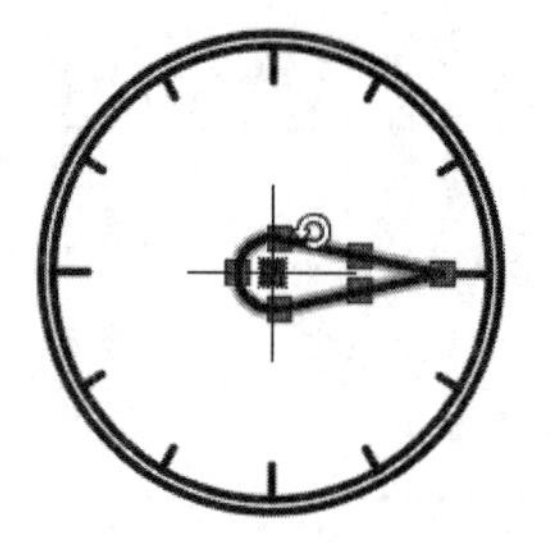

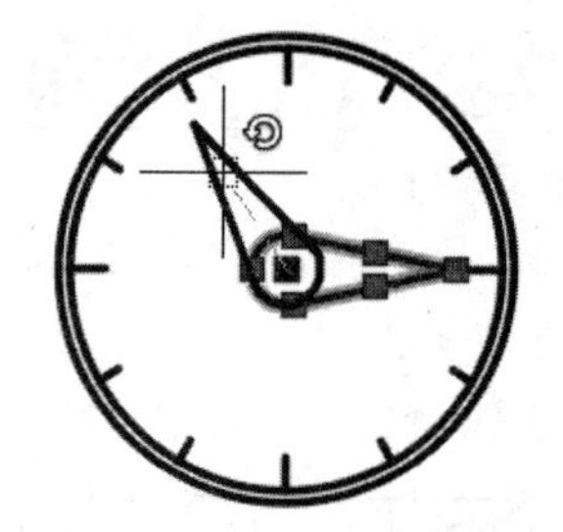

a) 选择夹点　　b) 按两次 Enter 键后拖动夹点　　c) 旋转结果

图 4-213　利用夹点旋转对象

4.6.5　利用夹点缩放对象

如需利用夹点来缩放图形，则操作方法如下:

➢ 快捷操作：选中一个夹点，按三次 Enter 键，即进入【缩放】模式。

➢ 命令行：选中的夹点即为缩放基点，输入【SC】进入【缩放】模式。

通过夹点进入【缩放】模式后，命令行操作如下:

** 比例缩放 **

指定比例因子或 [基点(B)/复制(C)/放弃(U)/参照(R)/退出(X)]:

默认情况下，当确定了缩放的比例因子后，AutoCAD 将相对于基点进行缩放对象操作。当比例因子大于 1 时放大对象；当比例因子大于 0 而小于 1 时缩小对象，操作同【SCALE】(缩放)命令。利用夹点缩放对象如图4-214所示。

4.6.6　利用夹点镜像对象

如需利用夹点来镜像图形，则操作方法如下:

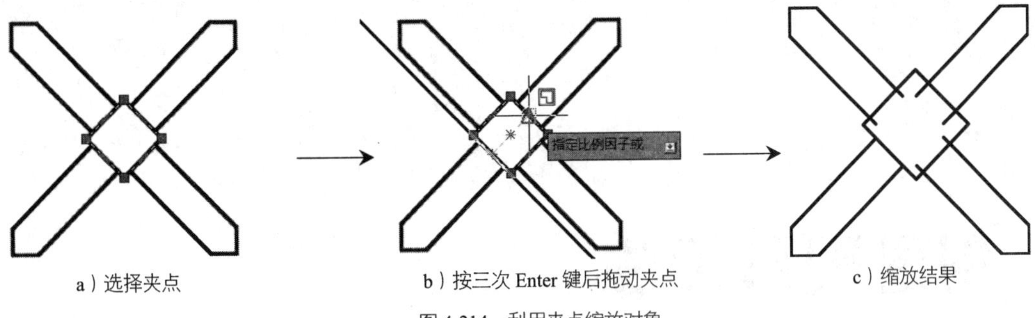

a）选择夹点　　b）按三次 Enter 键后拖动夹点　　c）缩放结果

图 4-214　利用夹点缩放对象

➢ 快捷操作：选中一个夹点，按四次 Enter 键，即进入【镜像】模式。

➢ 命令行：输入【MI】进入【镜像】模式，选中的夹点即为镜像线的第一点。

通过夹点进入【镜像】模式后，命令行操作如下：

```
** 镜像 **
指定第二点或 [基点(B)/复制(C)/放弃(U)/退出(X)]:
```

指定镜像线上的第二点后，AutoCAD 即以基点作为镜像线上的第一点，对对象进行镜像操作并删除源对象。利用夹点镜像对象如图 4-215 所示。

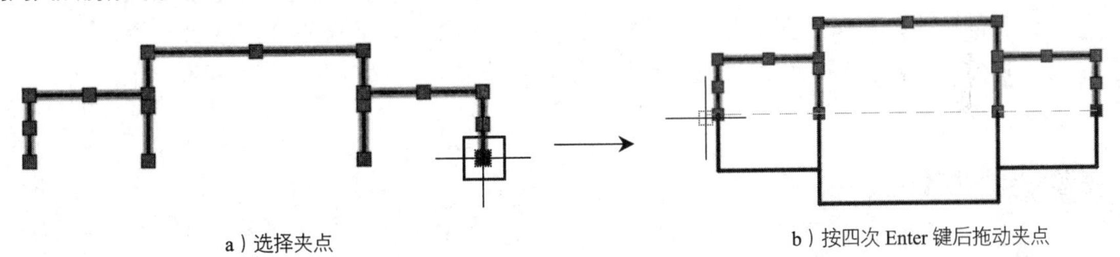

a）选择夹点　　b）按四次 Enter 键后拖动夹点

图 4-215　利用夹点镜像对象

4.6.7　利用夹点复制对象

如需利用夹点来复制图形，则操作方法如下：

➢ 命令行：选中夹点后进入【移动】模式，然后在命令行中输入【C】，选择“复制（C）”选项即可。命令行操作如下：

```
** MOVE **                                              //进入【移动】模式
指定移动点 或 [基点(B)/复制(C)/放弃(U)/退出(X)]:C↙      //选择“复制”选项
** MOVE (多个) **                                       //进入【复制】模式
指定移动点 或 [基点(B)/复制(C)/放弃(U)/退出(X)]: ↙      //指定放置点，按 Enter 键完成操作
```

使用夹点复制功能，选定中心夹点进行拖动时需按住 Ctrl 键，复制结果如图 4-216 所示。

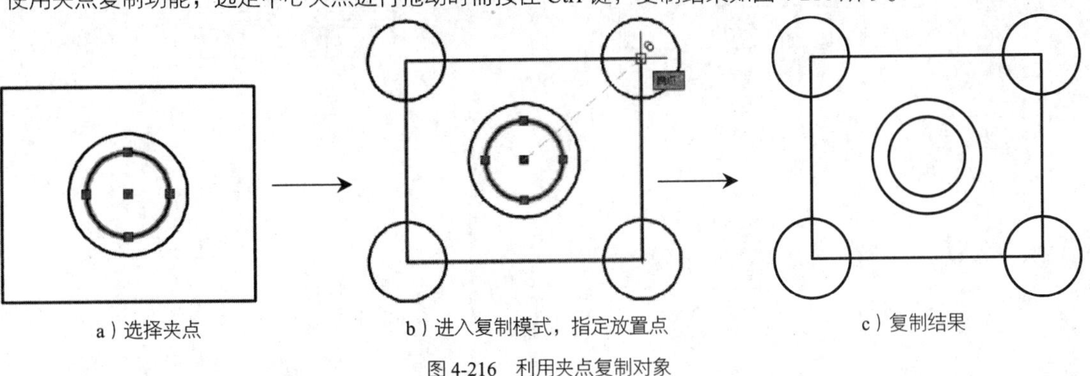

a）选择夹点　　b）进入复制模式，指定放置点　　c）复制结果

图 4-216　利用夹点复制对象

第5章

创建图形标注

本章导读

使用 AutoCAD 进行设计绘图时，首先要明确图形中的线条长度并不代表物体的真实尺寸。无论是零件加工还是建筑施工，所依据的都是标注的尺寸值，因而尺寸标注是绘图中非常重要的部分。

对于不同的对象，其定位所需的尺寸类型也不同。AutoCAD 2022 包含了一套完整的尺寸标注的命令，可以标注直径、半径、角度、直线及圆心位置等对象，还可以标注引线、形位公差等辅助说明。

学习效果

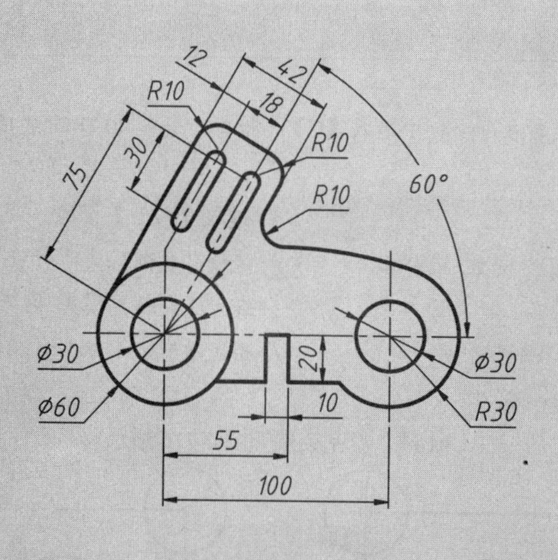

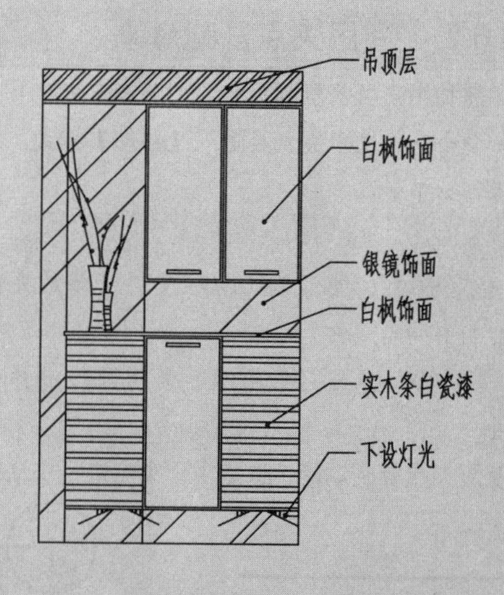

5.1 尺寸标注的组成与原则

尺寸标注在 AutoCAD 中是一个复合体，以块的形式存储在图形中。标注尺寸需要遵循一定的规则，以避免标注混乱或引起歧义。

一个完整的尺寸标注由标注文字、尺寸线、延伸线及标注符号等组成，如图 5-1 所示。AutoCAD 的尺寸标注命令和样式设置都是围绕着这 4 个要素进行的。

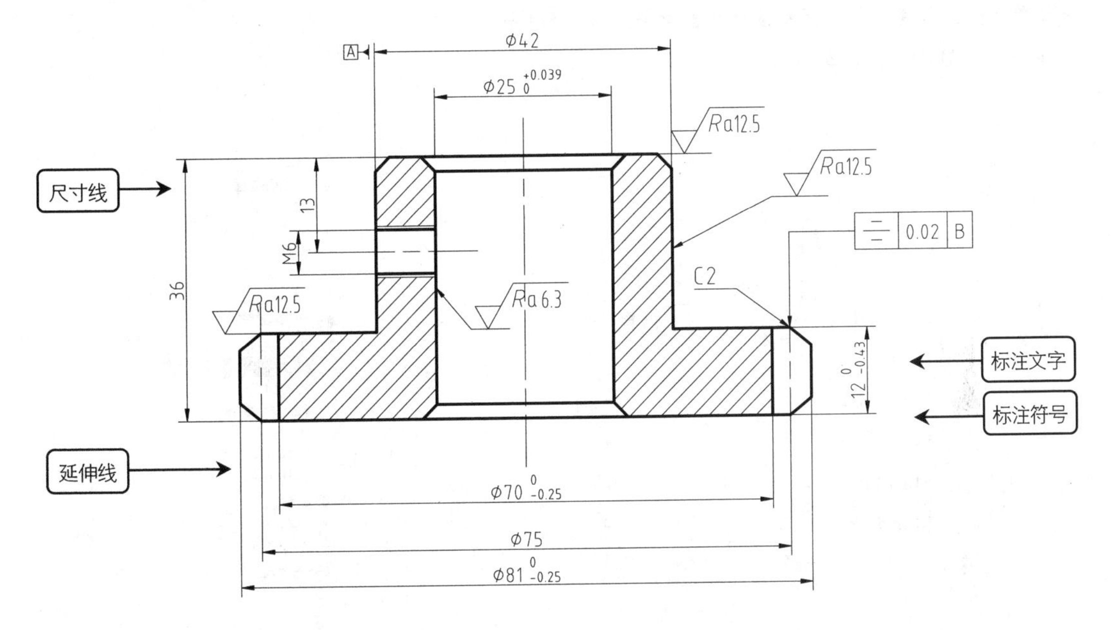

图 5-1 标注尺寸的组成

各组成部分的作用与含义如下：

➢ 延伸线：也称为投影线，用于标注尺寸的界限，由图样中的轮廓线、轴线或对称中心线引出。标注时，延伸线从所标注的对象上自动延伸出来，它的端点与所标注的对象接近但不相连。

➢ 尺寸线：用于表明标注的方向和范围。通常与所标注的对象平行，放在两延伸线之间，一般情况下为直线，但在标注角度时，尺寸线呈圆弧形。

➢ 标注文字：表明标注图形的实际尺寸，通常位于尺寸线上方或中断处。在进行尺寸标注时，AutoCAD 会自动生成所标注对象的尺寸数值，也可以对标注的文字进行修改、添加等编辑操作。

➢ 标注符号：标注符号显示在尺寸线的两端，用于指定标注的起始位置。AutoCAD 默认使用闭合的填充箭头作为标注符号。此外，AutoCAD 还提供了多种箭头符号，以满足不同行业的需要，如建筑标记、小斜线箭头、点和斜杠等。

5.2 尺寸标注样式

标注样式用来控制标注的外观，如箭头样式、文字位置和尺寸公差等。在同一个 AutoCAD 文档中，可以同时定义多个不同的命名样式。修改某个样式后，可以自动修改所有用该样式创建的对象。

绘制不同的工程图样，需要设置不同的尺寸标注样式。要系统地了解尺寸设计和制图的知识，请参阅国家或相关行业的规范和标准，以及其他的相关资料。

5.2.1 新建标注样式

同之前介绍过的【多线】命令一样，尺寸标注在 AutoCAD 中也需要指定特定的样式来进行下一步操作。但尺寸标注样式的内容更加丰富，涵盖了从箭头形状到尺寸线的消隐、伸出距离、文字对齐方式等诸多方面。因此可以通过在 AutoCAD 中设置不同的标注样式，可使尺寸标注用于不同的绘图环境，如机械标注、建筑标注等。

如果要新建标注样式，可以通过【标注样式管理器】对话框来完成。在 AutoCAD 2022 中打开【标注样式管理器】对话框有如下几种常用方法：

- 功能区：在【默认】选项卡中单击【注释】面板中的【标注样式】按钮，如图 5-2 所示。
- 菜单栏：执行【格式】|【标注样式】命令，如图 5-3 所示。
- 命令行：DIMSTYLE 或 D。

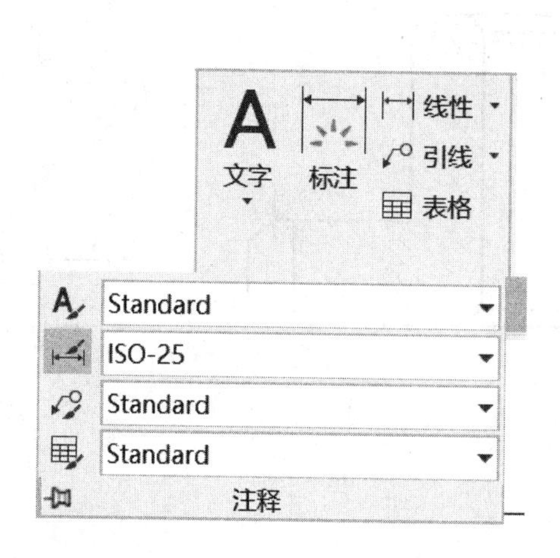

图 5-2 【注释】面板中的【标注样式】按钮

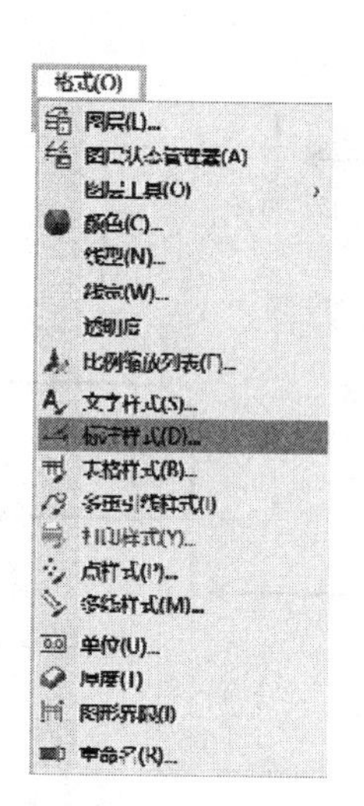

图 5-3 菜单栏中的【标注样式】命令

执行上述任一命令后，系统弹出【标注样式管理器】对话框，如图 5-4 所示。

单击【新建】按钮，系统弹出如图 5-5 所示的【创建新标注样式】对话框。在【新样式名】文本框中输入新样式的名称，然后单击【继续】按钮，即可打开【新建标注样式】对话框创建新的标注样式。

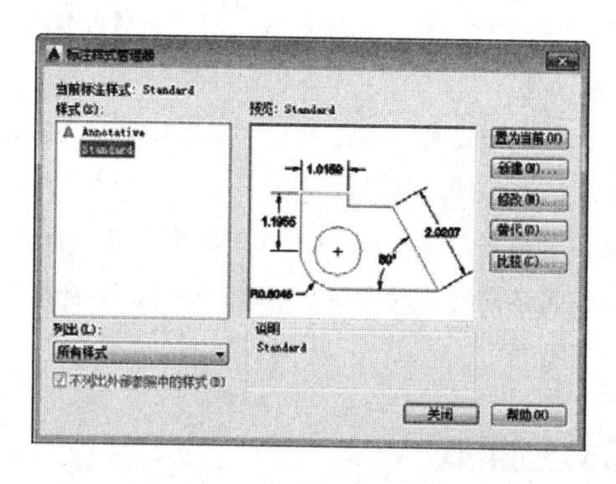

图 5-4 【标注样式管理器】对话框

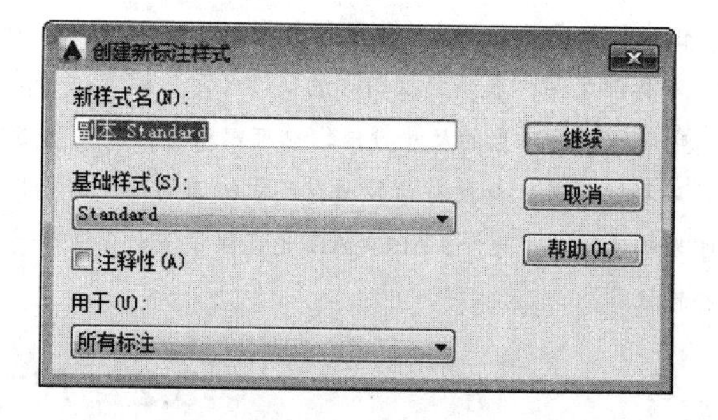

图 5-5 【创建新标注样式】对话框

5.2.2 设置标注样式

在【新建标注样式】对话框中可以设置尺寸标注的各种特性。该对话框中有【线】【符号和箭头】【文字】【调整】【主单位】【换算单位】和【公差】7 个选项卡，如图 5-6 所示，每一个选项卡对应一种特性的设置，分别介绍如下：

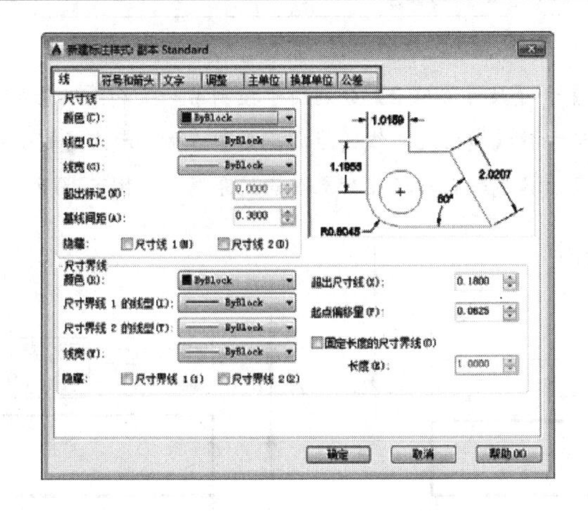

图 5-6 【新建标注样式】对话框

1. 【线】选项卡

选择【新建标注样式】对话框中的【线】选项卡，如图 5-6 所示，可见【线】选项卡中包含【尺寸线】和【尺寸界线】两个选项组，可以设置尺寸线、尺寸界线的格式和特性。

❑ 【尺寸线】选项组

➢【颜色】：用于设置尺寸线的颜色。一般保持默认值【ByBlock】（随块）即可，也可以使用变量 DIMCLRD 设置。

➢【线型】：用于设置尺寸线的线型。一般保持默认值【ByBlock】（随块）即可。

➢【线宽】：用于设置尺寸线的线宽。一般保持默认值【ByBlock】（随块）即可，也可以使用变量 DIMLWD 设置。

➢【超出标记】：用于设置尺寸线超出量。若尺寸线两端是箭头，则此选项无效；若在【符号和箭头】选项卡中设置了箭头的形式是【倾斜】和【建筑标记】，可以设置尺寸线超出尺寸界线外的距离，如图 5-7 所示为【超出标记】为 5mm。

➢【基线间距】：用于设置基线标注中尺寸线之间的间距。

➢【隐藏】：【尺寸线 1】和【尺寸线 2】分别用于控制第一条和第二条尺寸线的可见性，如图 5-8 所示为隐藏尺寸线 1。

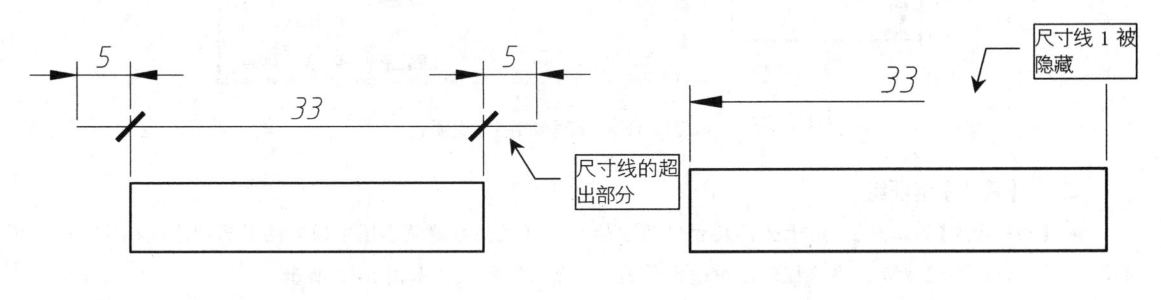

图 5-7 【超出标记】为 5mm

图 5-8 隐藏尺寸线 1

❑ 【尺寸界线】选项组

➢【颜色】：用于设置延伸线的颜色，一般保持默认值【ByBlock】（随块）即可。也可以使用变量 DIMCLRD 设置。

➢【尺寸界线 1 的线型】和【尺寸界线 2 的线型】：分别用于设置尺寸界线 1 和尺寸界线 2 的线型。一般保持默认值【ByBlock】（随块）即可。

➢【线宽】：用于设置延伸线的宽度，一般保持默认值【ByBlock】（随块）即可，也可以使用变量 DIMLWD

设置。

➢【隐藏】:【尺寸界线 1】和【尺寸界线 2】分别用于控制第一条和第二条尺寸界线的可见性。

➢【超出尺寸线】: 控制尺寸界线超出尺寸线的距离，如图 5-9 所示为【超出尺寸线】为 5mm。

➢【起点偏移量】: 控制尺寸界线起点与标注对象端点的距离，如图 5-10 所示为【起点偏移量】为 3mm。

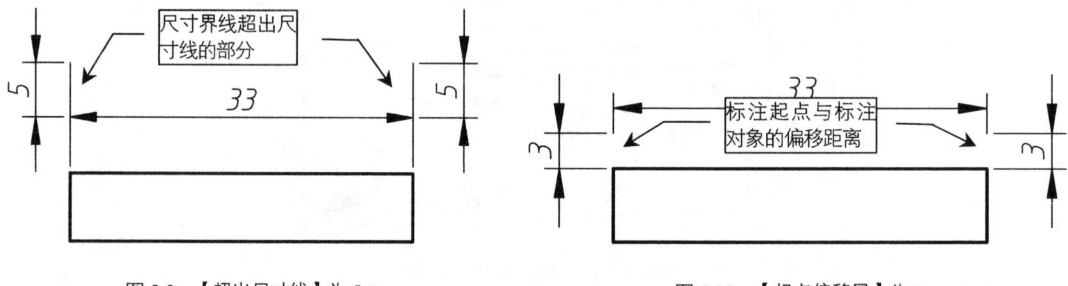

图 5-9 【超出尺寸线】为 5mm

图 5-10 【起点偏移量】为 3mm

设计点拨 在机械制图中，为了区分尺寸标注和被标注对象，用户应使尺寸界线与标注对象不接触，因此尺寸界线的【起点偏移量】一般设置为 2～3mm。

2. 【符号和箭头】选项卡

【符号和箭头】选项卡包含【箭头】【圆心标记】【折断标注】【弧长符号】【半径折弯标注】和【线性折弯标注】6 个选项组，如图 5-11 所示。

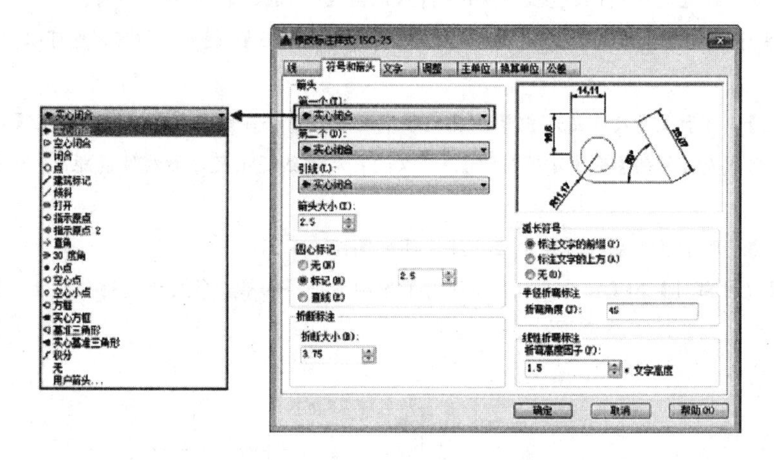

图 5-11 【符号和箭头】选项卡

❑ 【箭头】选项组

➢【第一个】【第二个】: 用于选择尺寸线两端的箭头样式。在建筑绘图中通常设置为“建筑标注”或“倾斜”样式，如图 5-12 所示；在机械制图中通常设置为“箭头”样式，如图 5-13 所示。

➢【引线】: 用于设置快速引线标注（命令：LE）中的箭头样式，如图 5-14 所示。

➢【箭头大小】: 用于设置箭头的大小。

专家提醒 Auto CAD 中提供了 19 种箭头，如果选择了第一个箭头的样式，则第二个箭头会自动选择和第一个箭头相同的样式。也可以在第二个箭头下拉列表中选择不同的样式。

❑ 【圆心标记】选项组

圆心标记是一种特殊的标注类型，在使用【圆心标记】命令时，可以在圆弧中心生成一个标注符号，【圆心标记】选项组用于设置圆心标记的样式。各选项的含义如下：

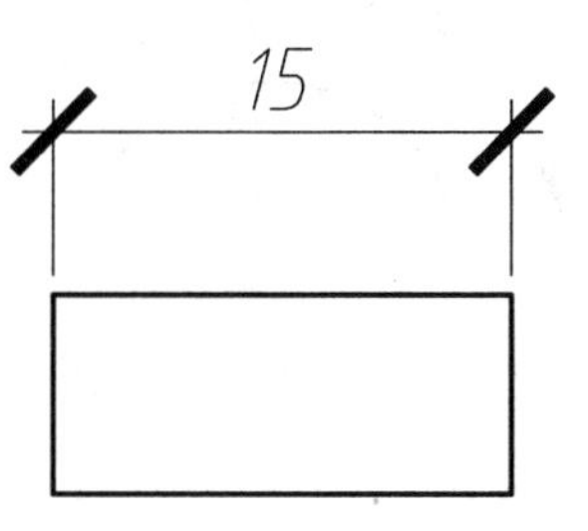

图5-12　建筑标注

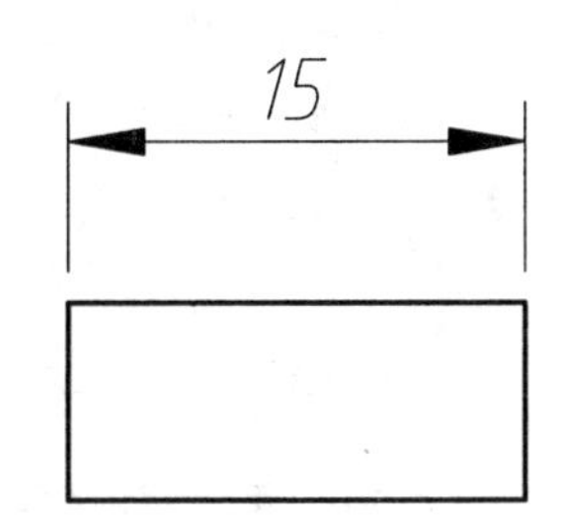

图5-13　机械标注

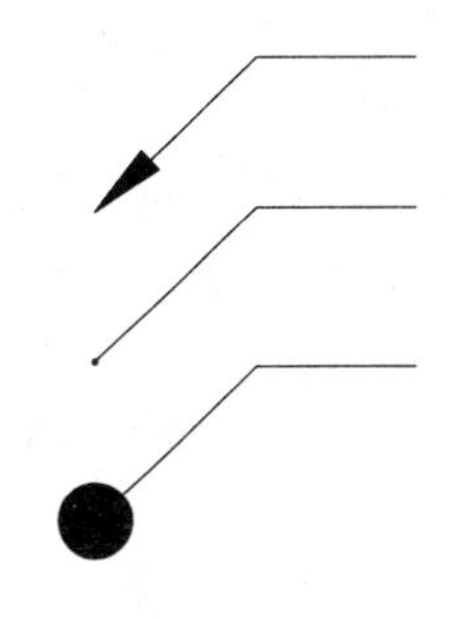

图5-14　引线样式

- 【无】：使用【圆心标记】命令时无圆心标记，如图5-15所示。
- 【标记】：创建圆心标记。在圆心位置将会出现小十字形，如图5-16所示。
- 【直线】：创建中心线。在使用【圆心标记】命令时，十字形线将会延伸到圆或圆弧外边，如图5-17所示。

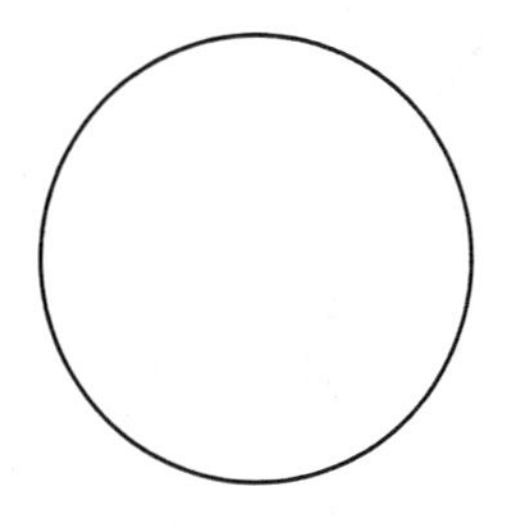

图5-15　圆心标记为【无】

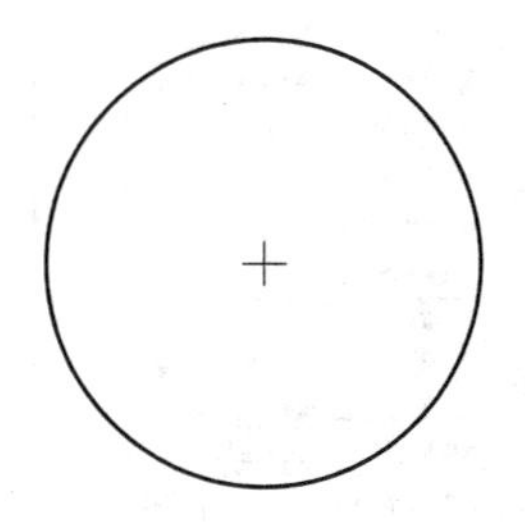

图5-16　圆心标记为【标记】

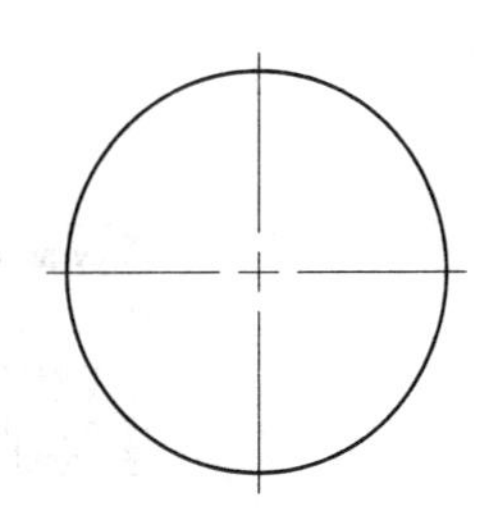

图5-17　圆心标记为【直线】

专家提醒 可以取消选中【调整】选项卡中的【在尺寸界线之间绘制尺寸线】复选框，这样就能在标注直径或半径尺寸时同时创建圆心标记，如图5-18所示。

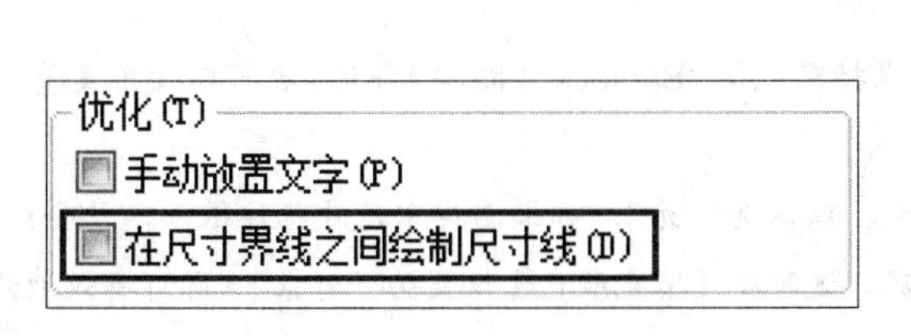

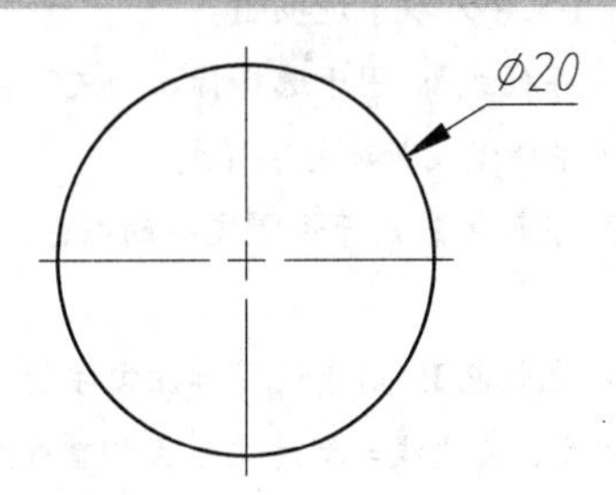

图5-18　标注时同时创建尺寸与圆心标记

- 【折断标注】选项组

在【折断大小】文本框中可以设置在执行【DIMBREAK】（标注打断）命令时标注线的打断长度。

- 【弧长符号】选项组

在该选项组中可以设置弧长符号的显示位置，包括【标注文字的前缀】【标注文字的上方】和【无】3种方式，如图5-19所示。

- 【半径折弯标注】选项组

在【折弯角度】文本框中可以确定折弯半径标注中尺寸线的横向角度，其值不能大于90°。

- 【线性折弯标注】选项组

在【折弯高度因子】文本框中可以设置折弯标注打断时折弯线的高度。

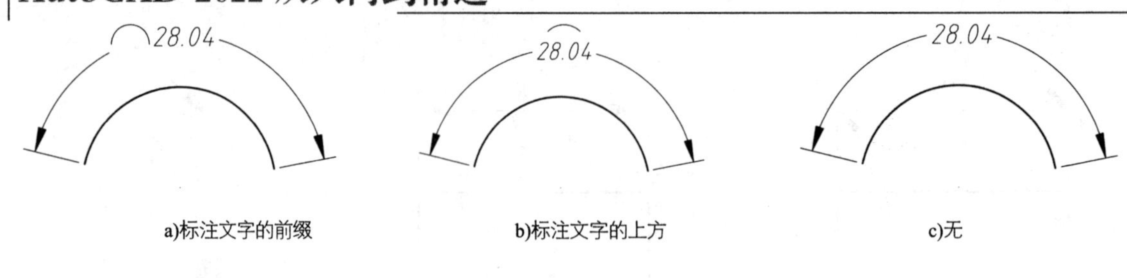

a)标注文字的前缀　　b)标注文字的上方　　c)无

图 5-19　弧长标注的类型

3. 【文字】选项卡

【文字】选项卡包含【文字外观】【文字位置】和【文字对齐】3 个选项组，如图 5-20 所示。

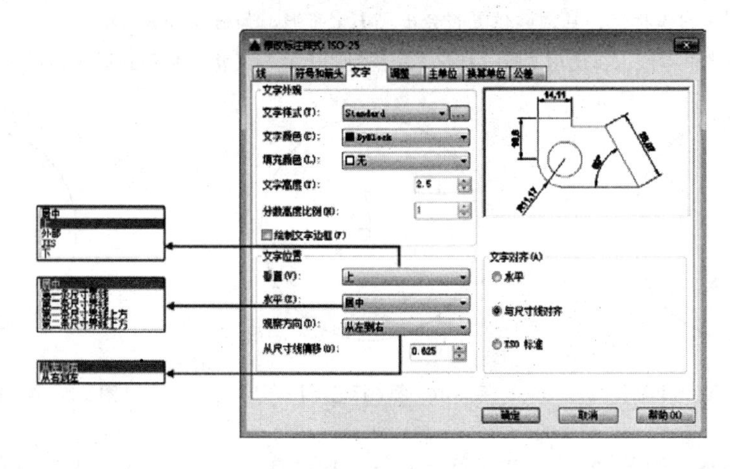

图 5-20　【文字】选项卡

❑ 【文字外观】选项组

➢【文字样式】：用于选择标注的文字样式。也可以单击其后的[...]按钮，在系统弹出的【文字样式】对话框中选择文字样式或新建文字样式。

➢【文字颜色】：用于设置文字的颜色。一般保持默认值 “Byblock”（随块）即可。也可以使用变量 DIMCLRT 设置。

➢【填充颜色】：用于设置标注文字的背景色。默认为 “无”，如果图样中尺寸标注很多，就会出现图形轮廓线、中心线、尺寸线与标注文字互相重叠的情况，这时将【填充颜色】设置为 “背景”，即可有效地改善图形，如图 5-21 所示。

➢【文字高度】：设置文字的高度。也可以使用变量 DIMCTXT 设置。

➢【分数高度比例】：设置标注文字的分数相对于其他标注文字的比例，AutoCAD 将该比例值与标注文字高度的乘积作为分数的高度。

➢【绘制文字边框】：设置是否给标注文字加边框。

❑ 【文字位置】选项组

➢【垂直】：用于设置标注文字相对于尺寸线在垂直方向上的位置。【垂直】下拉列表中有【置中】【上】【外部】和【JIS】等选项。选择【置中】选项可以把标注文字放在尺寸线中间，选择【上】选项将把标注文字放在尺寸线的上方，选择【外部】选项可以把标注文字放在远离第一定义点的尺寸线一侧，选择 JIS 选项则按 JIS 规则（日本工业标准）放置标注文字，各种效果如图 5-22 所示。

➢【水平】：用于设置标注文字相对于尺寸线和延伸线在水平方向上的位置。其中水平放置位置有【居中】【第一条尺寸界线】【第二条尺寸界线】【第一条尺寸界线上方】【第二条尺寸界线上方】，如图 5-23 所示。

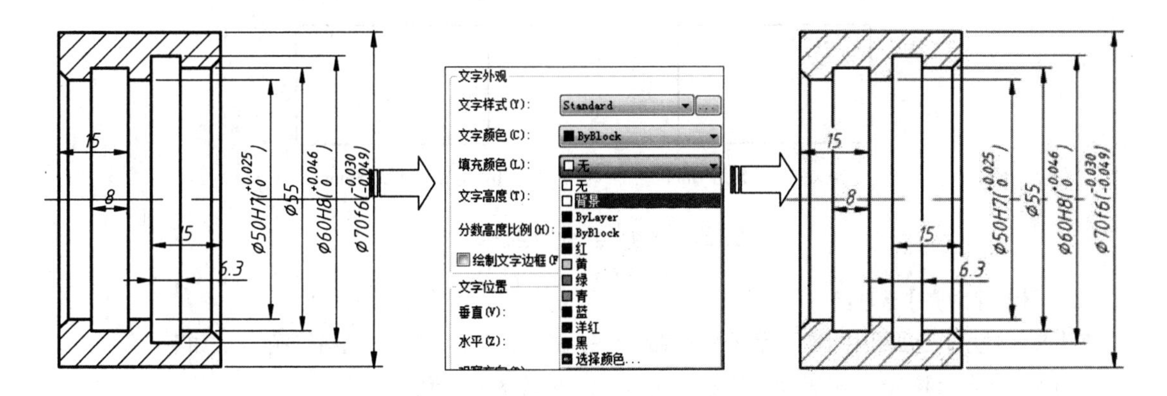

图5-21 【填充颜色】为“背景”效果

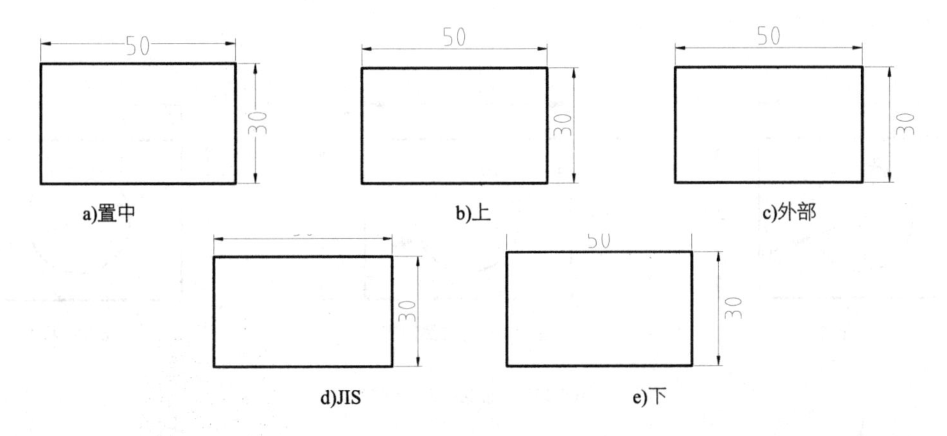

图5-22 文字在垂直方向上的位置

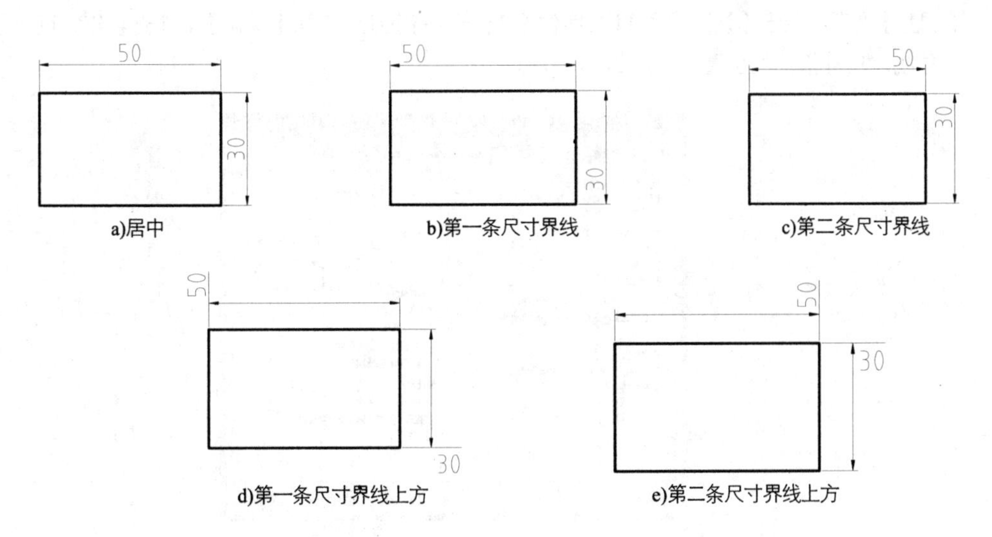

图5-23 文字在水平方向上的位置

➢ 【从尺寸线偏移】：设置标注文字与尺寸线之间的距离，如图5-24所示。

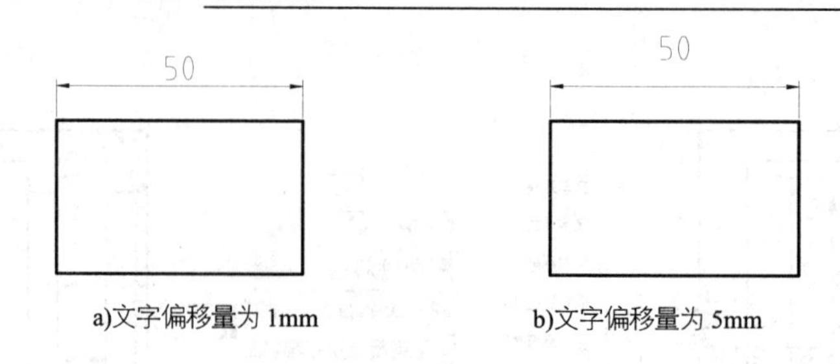

图 5-24　标注文字与尺寸线之间的距离

❑　【文字对齐】选项组

在【文字对齐】选项组中可以设置标注文字的对齐方式，如图 5-25 所示。各选项的含义如下：

➢【水平】单选按钮：无论尺寸线的方向如何，文字始终水平放置。

➢【与尺寸线对齐】单选按钮：文字的方向与尺寸线平行。

➢【ISO 标准】单选按钮：按照 ISO 标准对齐文字。当文字在尺寸界线内时，文字与尺寸线对齐；当文字在尺寸界线外时，文字水平排列。

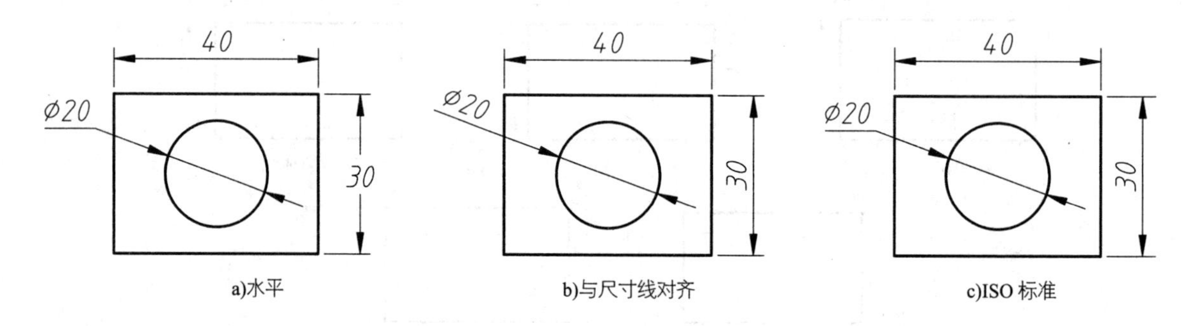

图 5-25　标注文字对齐方式

4.【调整】选项卡

【调整】选项卡包含【调整选项】【文字位置】【标注特征比例】和【优化】4 个选项组，可以设置标注文字、尺寸线、尺寸箭头的位置，如图 5-26 所示。

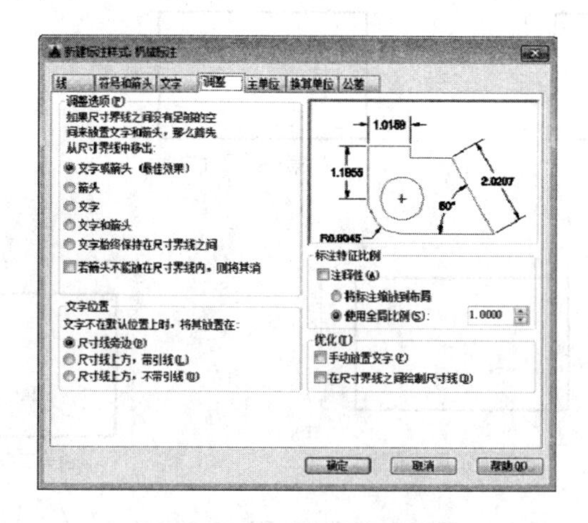

图 5-26　【调整】选项卡

❑　【调整选项】选项组

在【调整选项】选项组中，可以设置当尺寸界线之间没有足够的空间同时放置标注文字和箭头时，应从尺寸界线之间移出的对象，如图 5-27 所示。各选项的含义如下：

➢【文字或箭头(最佳效果)】单选按钮：表示由系统选择一种最佳方式来安排尺寸文字和尺寸线箭头的位置。

➢【箭头】单选按钮：表示将尺寸线箭头放在尺寸界线外侧。

➢【文字】单选按钮：表示将标注文字放在尺寸界线外侧。

➢【文字和箭头】单选按钮：表示将标注文字和尺寸线箭头都放在尺寸界线外侧。

➢【文字始终保持在尺寸界线之间】单选按钮：表示标注文字始终放在尺寸界线之间。

➢【若箭头不能放在尺寸界线内，则将其消除】单选按钮：表示当尺寸界线之间不能放置箭头时，不显示标注箭头。

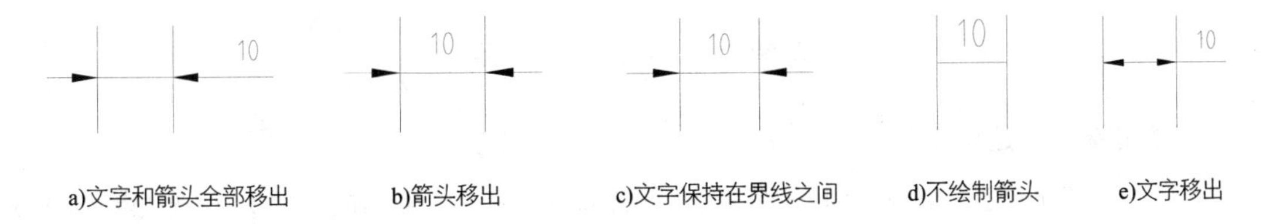

图 5-27　文字和箭头调整

❑　【文字位置】选项组

在【文字位置】选项组中，可以设置当标注文字不在默认位置时应放置的位置，如图 5-28 所示。各选项的含义如下：

➢【尺寸线旁边】单选按钮：表示当标注文字在尺寸界线外部时，将文字放置在尺寸线旁边。

➢【尺寸线上方，带引线】单选按钮：表示当标注文字在尺寸界线外部时，将文字放置在尺寸线上方并加一条引线相连。

➢【尺寸线上方，不带引线】单选按钮：表示当标注文字在尺寸界线外部时，将文字放置在尺寸线上方，不加引线。

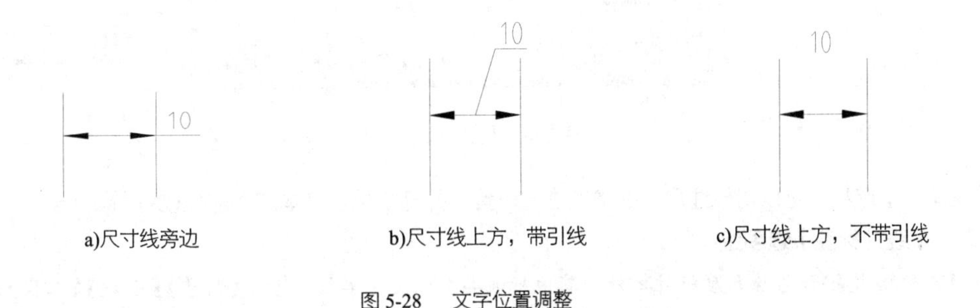

图 5-28　文字位置调整

❑　【标注特征比例】选项组

在【标注特征比例】选项组中，可以设置标注尺寸的特征比例以便通过设置全局比例来调整标注尺寸的大小。各选项的含义如下：

➢【注释性】复选框：选择该复选框，可以将标注定义成可注释性对象。

➢【将标注缩放到布局】单选按钮：选中该单选按钮，可以根据当前模型空间视口与图纸之间的缩放关系设置比例。

➢【使用全局比例】单选按钮：选择该单选按钮，可以对全部尺寸标注设置缩放比例，该比例不改变尺寸的测量值，如图 5-29 所示。

❑　【优化】选项组

在【优化】选项组中，可以对标注文字和尺寸线进行细微调整。该选项区域包括以下两个复选框。

➢【手动放置文字】：表示忽略所有水平对正设置，并将文字手动放置在“尺寸线位置”的相应位置。

➢【在尺寸界线之间绘制尺寸线】：表示在标注对象时，始终在尺寸界线间绘制尺寸线。

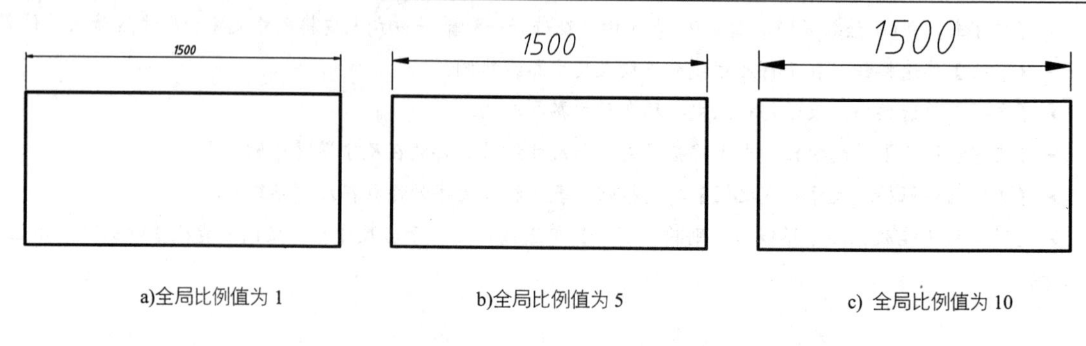

a)全局比例值为 1　　b)全局比例值为 5　　c) 全局比例值为 10

图 5-29　设置标注尺寸全局比例值

5. 【主单位】选项卡

【主单位】选项卡包含【线性标注】【测量单位比例】【消零】【角度标注】和【消零】5 个选项组，如图 5-30 所示。

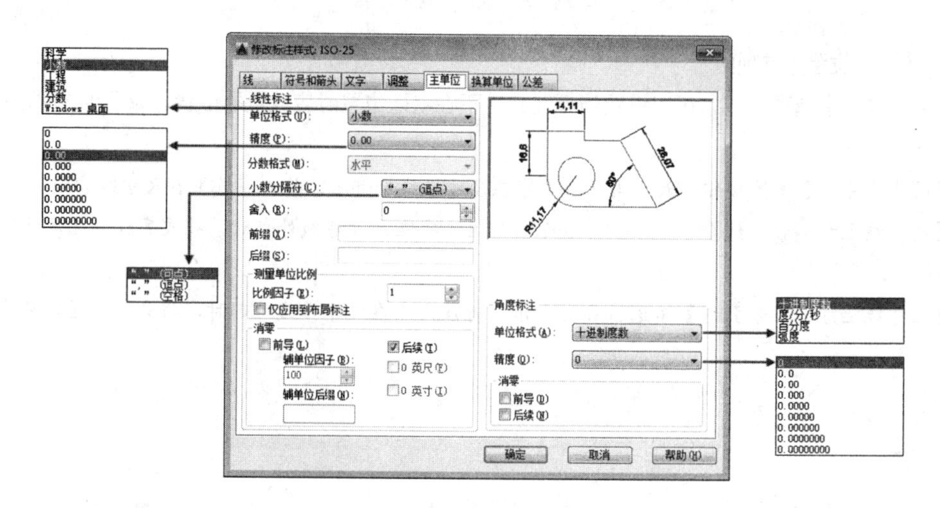

图 5-30　【主单位】选项卡

【主单位】选项卡可以对标注尺寸的精度进行设置，并能给标注文本加入前缀或者后缀等。

❑　【线性标注】选项组

➢【单位格式】：设置除角度标注之外的其他标注类型的尺寸单位，包括【科学】【小数】【工程】【建筑】【分数】等选项。

➢【精度】：设置除角度标注之外的其他标注的尺寸精度。

➢【分数格式】：当单位格式是分数时，可以设置分数的格式，包括【水平】【对角】和【非堆叠】3 种方式。

➢【小数分隔符】：设置小数的分隔符，包括【逗点】【句点】和【空格】3 种方式。

➢【舍入】：用于设置除角度标注外的尺寸测量值的舍入值。

➢【前缀】和【后缀】：设置标注文字的前缀和后缀。在相应的文本框中输入字符即可。

❑　【测量单位比例】选项组

使用【比例因子】文本框可以设置测量尺寸的缩放比例，AutoCAD 的实际标注值为测量值与该比例的积。选中【仅应用到布局标注】复选框，可以设置该比例关系仅用于布局。

❑　【消零】选项组

该选项组中包括【前导】和【后续】两个复选框，可以设置是否消除角度尺寸的前导和后续零，如图 5-31 所示。

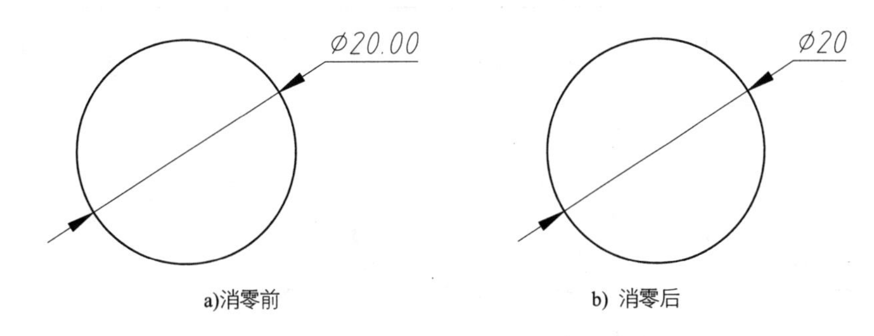

图 5-31 【后续】消零示例

❑ 【角度标注】选项组

- 【单位格式】：在此下拉列表框的选项中可选择设置标注角度时的单位。
- 【精度】：在此下拉列表框的选项中可选择设置标注角度的尺寸精度。

6. 【换算单位】选项卡

【换算单位】选项卡包含【换算单位】【消零】和【位置】3 个选项组，如图 5-32 所示。

换算单位即改变标注的单位，通常用于公制单位与英制单位的互换。

选中【显示换算单位】复选框后，对话框的其他选项才可用，可以在【换算单位】选项组中设置换算单位的【单位格式】【精度】【换算单位倍数】【舍入精度】【前缀】及【后缀】等，方法与设置主单位的方法相同，在此不一一讲解。

7. 【公差】选项卡

【公差】选项卡包含【公差格式】【公差对齐】【消零】【换算单位公差】和【消零】5 个选项组，如图 5-33 所示。

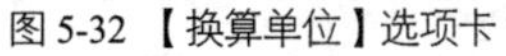
图 5-32 【换算单位】选项卡

图 5-33 【公差】选项卡

在【公差】选项卡中可以设置公差的标注格式。其中常用选项的含义如下：

- 【方式】：在此下拉列表框中有表示标注公差的几种方式，如图 5-34 所示。
- 【上偏差】和【下偏差】：设置尺寸上极限偏差和下极限偏差值。
- 【高度比例】：确定公差文字的高度比例因子。确定后，AutoCAD 将该比例因子与尺寸文字高度之积作为公差文字的高度。
- 【垂直位置】：控制公差文字相对于尺寸文字的位置，包括【上】【中】和【下】3 种方式。
- 【换算单位公差】：当标注换算单位时，可以设置换算单位精度和是否消零。

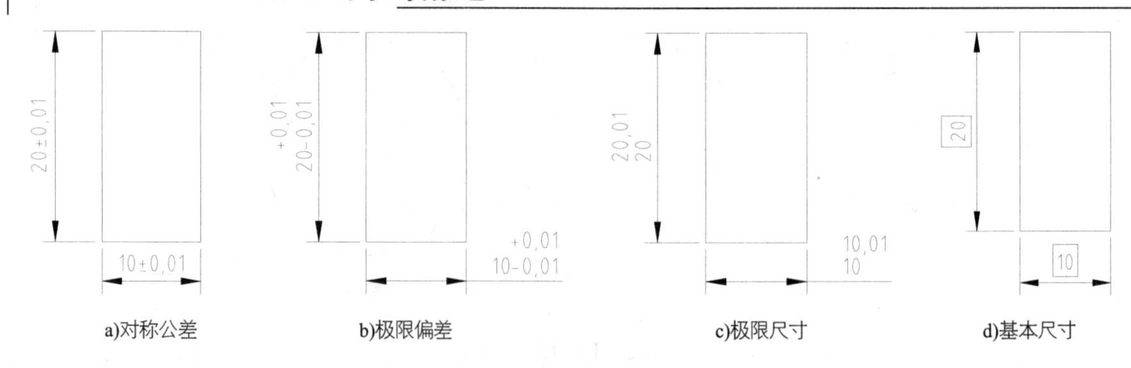

a)对称公差　b)极限偏差　c)极限尺寸　d)基本尺寸

图 5-34　公差的表示方式

【案例 5-1】：　创建建筑制图标注样式　　视频文件：视频\第 5 章\5-1.mp4

建筑标注样式可按 GB/T 50001—2017《房屋建筑制图统一标准》来进行设置。需要注意的是，建筑制图中的线性标注箭头为斜线的建筑标记，而半径、直径、角度标注则为实心箭头，因此在新建建筑标注样式时要注意分开设置。

01 新建空白文档，单击【注释】面板中的【标注样式】按钮，打开【标注样式管理器】对话框，如图 5-35 所示。

02 设置通用参数。单击【标注样式管理器】对话框中的【新建】按钮，打开【创建新标注样式】对话框，在其中输入【新样式名】为【建筑标注】，如图 5-36 所示。

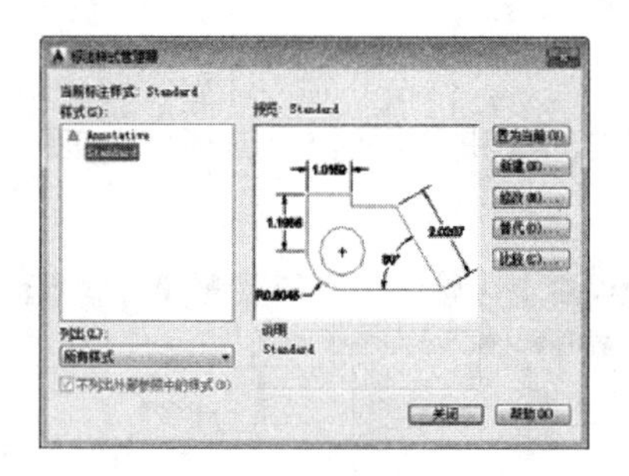

图 5-35　【标注样式管理器】对话框

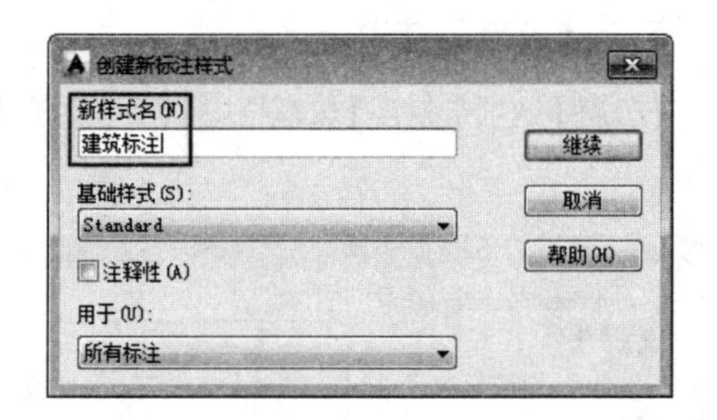

图 5-36　【创建新标注样式】对话框

03 单击【创建新标注样式】对话框中的【继续】按钮，打开【新建标注样式：建筑标注】对话框，选择【线】选项卡，设置【基线间距】为 7、【超出尺寸线】为 2、【起点偏移量】为 3，如图 5-37 所示。

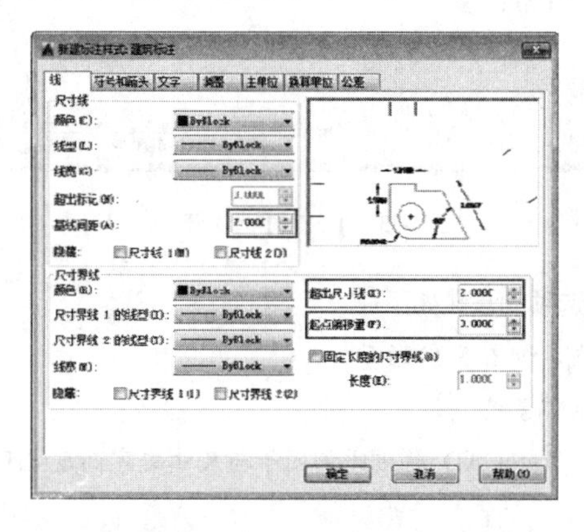

图 5-37　设置【线】选项卡中的参数

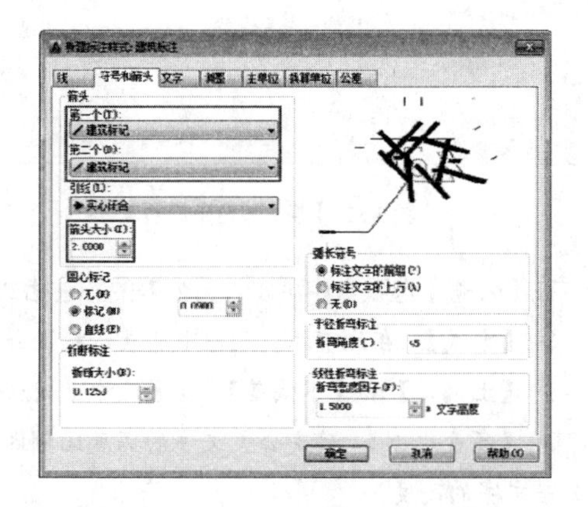

图 5-38　设置【符号和箭头】选项卡中的参数

04 选择【符号和箭头】选项卡，在【箭头】选项组的【第一个】【第二个】下拉列表中选择【建筑标记】，在【引线】下拉列表中采用默认设置，设置【箭头大小】为2，如图5-38所示。

05 选择【文字】选项卡，设置【文字高度】为3.5mm，然后在【垂直】下拉列表中选择【上】，在【文字对齐】中选择【与尺寸线对齐】，如图5-39所示。

06 选择【调整】选项卡，因为建筑图往往尺寸都非常大，因此设置【使用全局比例】为100，如图5-40所示。

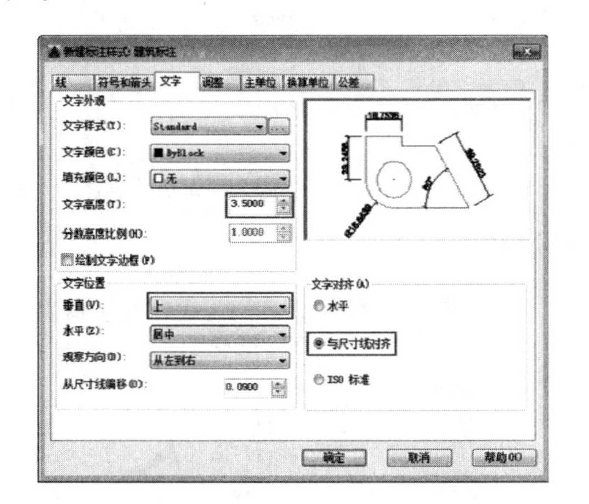

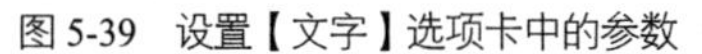

图5-39 设置【文字】选项卡中的参数

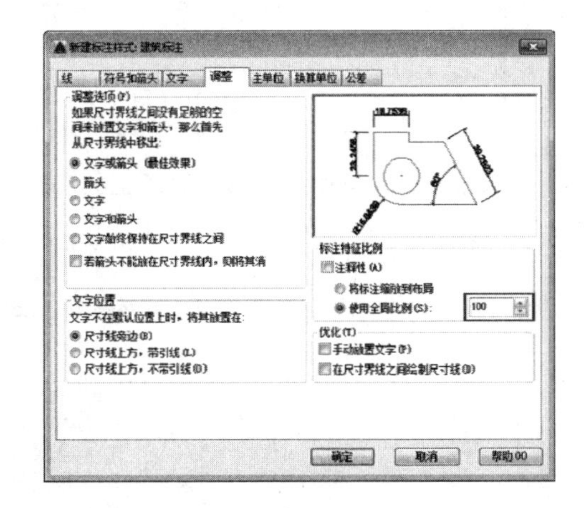

图5-40 设置【调整】选项卡中的参数

07 其余选项卡中的参数采用默认设置，单击【确定】按钮，返回【标注样式管理器】对话框。以上为建筑标注的常规设置，接着再针对性地设置半径、直径、角度等标注样式。

08 设置半径标注样式。在【标注样式管理器】对话框中选择创建好的【建筑标注】，然后单击【新建】按钮，打开【创建新标注样式】对话框，输入【新样式名】为【半径】，在【用于】下拉列表中选择【半径标注】选项，如图5-41所示。

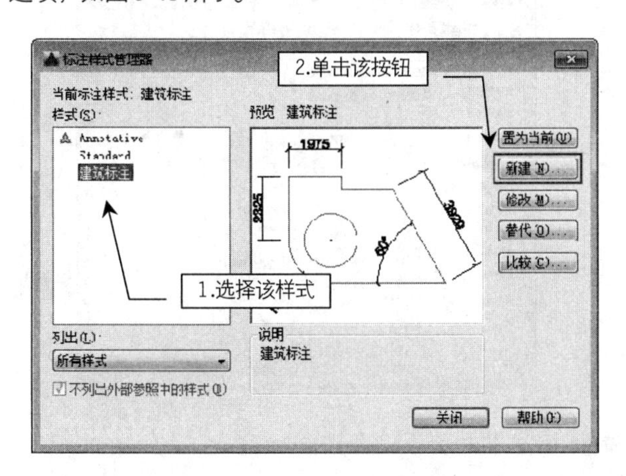

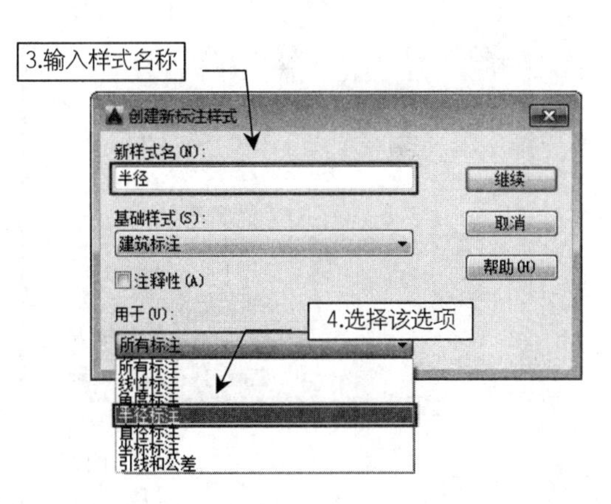

图5-41 创建半径标注

09 单击【继续】按钮，打开【新建标注样式：建筑标注：半径】对话框，设置其中【箭头】的【第二个】为【实心闭合】、【文字对齐】方式为【ISO标准】，其余选项卡中的参数不变，如图5-42所示。

10 单击【确定】按钮，返回【标注样式管理器】对话框，可在左侧的【样式】列表框中发现在【建筑标注】下多出了一个【半径】，如图5-43所示。

11 设置直径标注样式。按相同方法，设置用于直径标注的样式，如图5-44所示。

12 设置角度标注样式。按相同方法，设置用于角度标注的样式，如图5-45所示。

13 设置完成后的建筑标注样式可在【标注样式管理器】中预览，如图5-46所示。典型的建筑标注样式实例如图5-47所示。

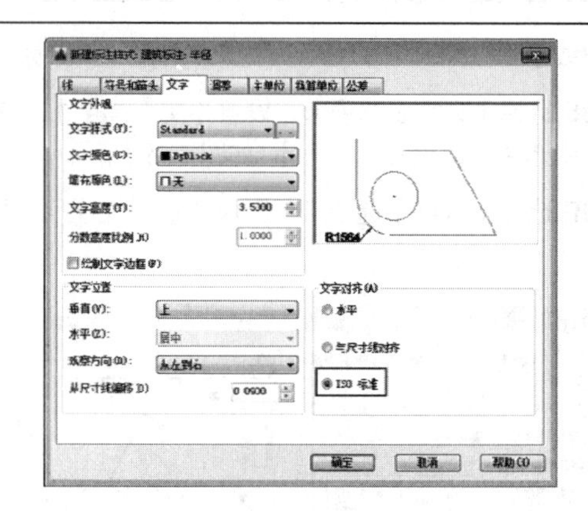

图 5-42　设置半径标注的样式

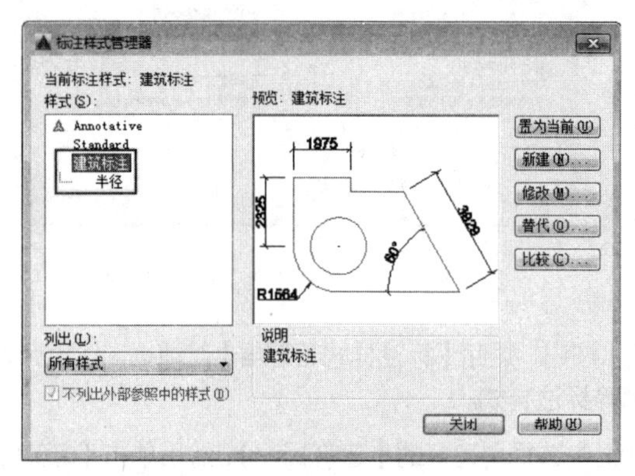

图 5-43　新创建的半径标注

图 5-44　设置直径标注的样式

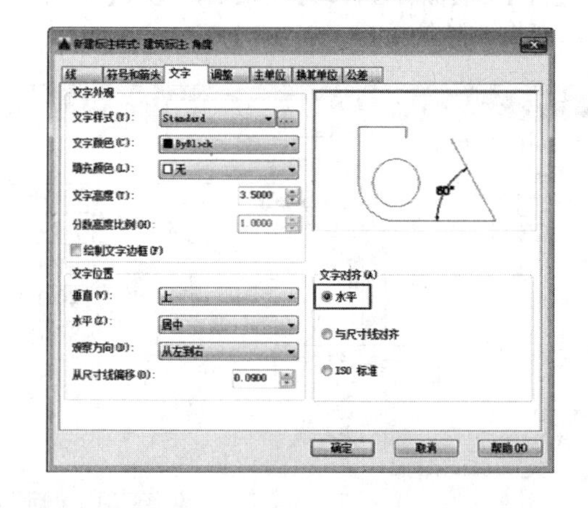

图 5-45　设置角度标注的样式

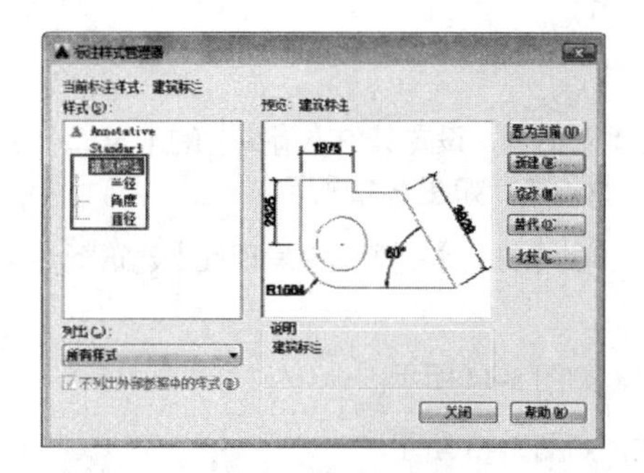

图 5-46　预览建筑标注样式

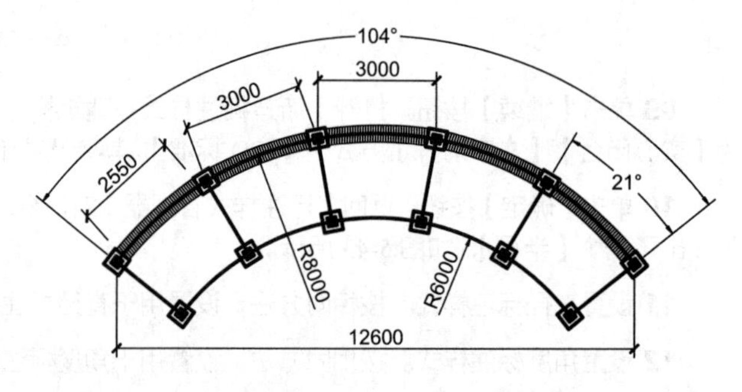

图 5-47　建筑标注样式实例

【案例 5-2】： 创建公制-英制的换算样式

视频文件：视频\第 5 章\5-2.mp4

01 打开"第 5 章\5-2 创建公制-英制的换算样式.dwg"文件，素材图形如图 5-48 所示，其中已绘制好一个法兰零件图形。

02 单击【注释】面板中的【标注样式】按钮，选择当前使用的【ISO-25】标注样式，单击【修改】按钮，如图 5-49 所示。

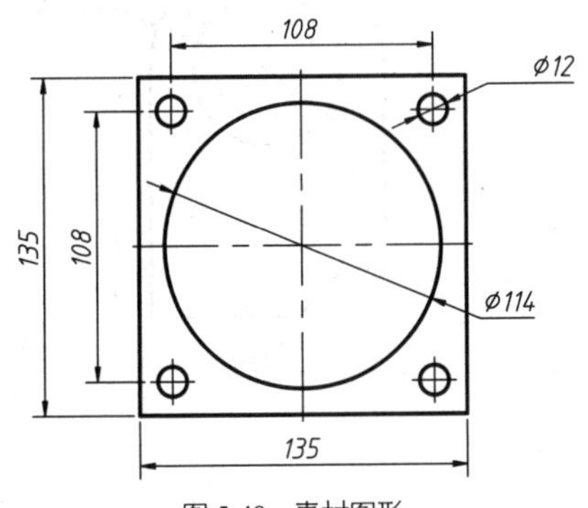

图 5-48 素材图形

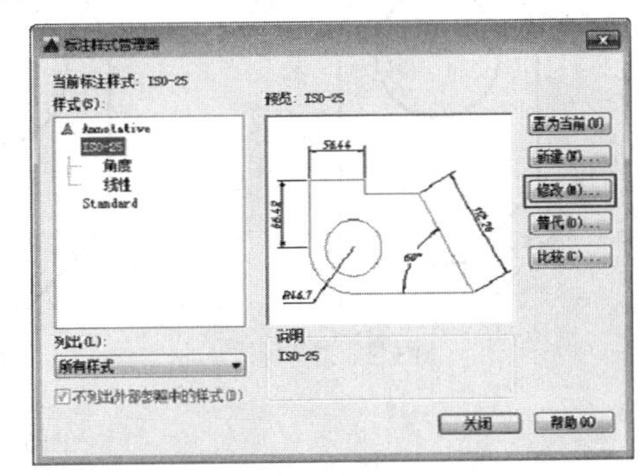

图 5-49 【标注样式管理器】对话框

03 打开【修改标注样式：ISO-25】对话框，选择其中的【换算单位】选项卡，勾选【显示换算单位】复选框，然后在【换算单位倍数】文本框中输入 0.0393701（即毫米换算至英寸的比例值），再在【位置】选项组中选择换算尺寸的放置位置，如图 5-50 所示。

04 单击【确定】按钮，返回绘图区，可见在原标注区域的指定位置处添加了带括号的数值，该值即为英制尺寸，如图 5-51 所示。

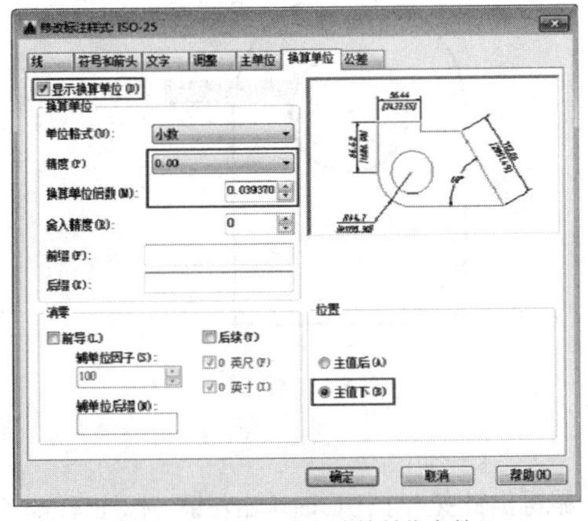

图 5-50 设置换算单位参数

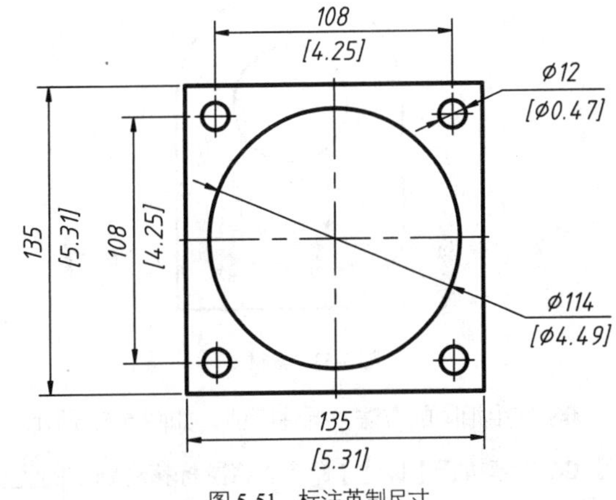

图 5-51 标注英制尺寸

5.3 标注的创建

为了更方便、快捷地标注图样中的各个方向和形式的尺寸，AutoCAD 2022 提供了智能标注、线性标注、径向标注、角度标注和多重引线标注等多种标注类型。掌握这些标注方法可以为各种图形添加尺寸标注，使其成为生产制造或施工的依据。

5.3.1 智能标注

使用【智能标注】命令可以根据选定的对象类型自动创建相应的标注，如选择一条线段则创建线性标注，选择一段圆弧则创建半径标注。【智能标注】命令可以看作是【快速标注】命令的加强版。

执行【智能标注】命令有以下几种方式：

- 功能区：在【默认】选项卡中单击【注释】面板中的【标注】按钮。
- 命令行：DIM。

使用上面任一种方式启动【智能标注】命令，将鼠标置于相应的图形对象上，就会自动创建相应的标注，如图 5-52 所示。如果需要，可以使用命令行选项更改标注类型。命令行操作如下：

选择对象或指定第一个尺寸界线原点或 [角度(A)/基线(B)/连续(C)/坐标(O)/对齐(G)/分发(D)/图层(L)/放弃(U)]:

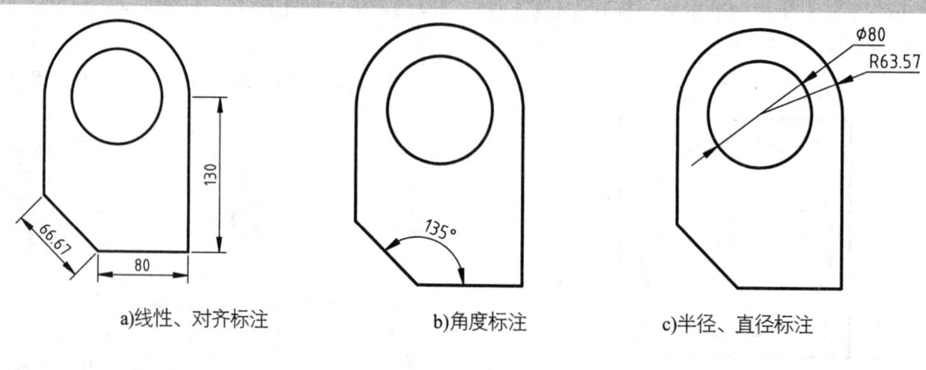

a)线性、对齐标注　　b)角度标注　　c)半径、直径标注

图 5-52　智能标注

【案例 5-3】：使用智能标注注释图形　　视频文件：视频\第 5 章\5-3.mp4

01 打开“第 5 章\5-3 使用智能标注注释图形.dwg”文件，素材图形如图 5-53 所示。

02 单击【注释】面板中的【标注】按钮，将鼠标移动到圆形上，鼠标指针变为小矩形时单击左键，对圆形进行标注，如图 5-54 所示。

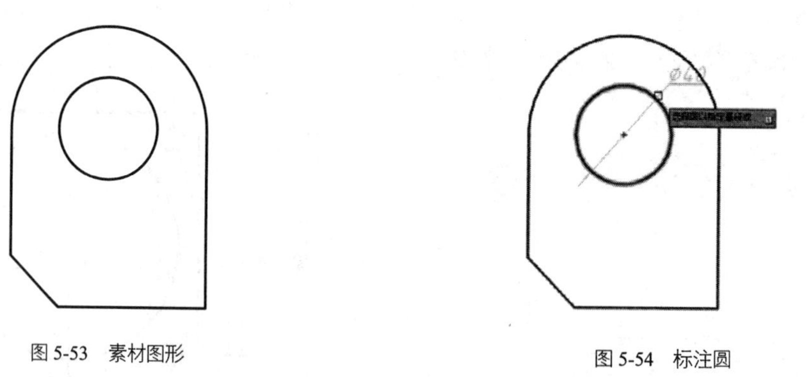

图 5-53　素材图形　　图 5-54　标注圆

03 使用相同的方法，标注圆弧，如图 5-55 所示。

04 继续执行【标注】命令，将鼠标移动到右侧竖直线上，鼠标指针变为小矩形时单击左键，标注直线。使用同样的方法，标注下端直线，结果如图 5-56 所示。

05 仍然使用相同的方法，先选择下端水平线，再选择斜线，标注夹角角度，结果如图 5-57 所示。

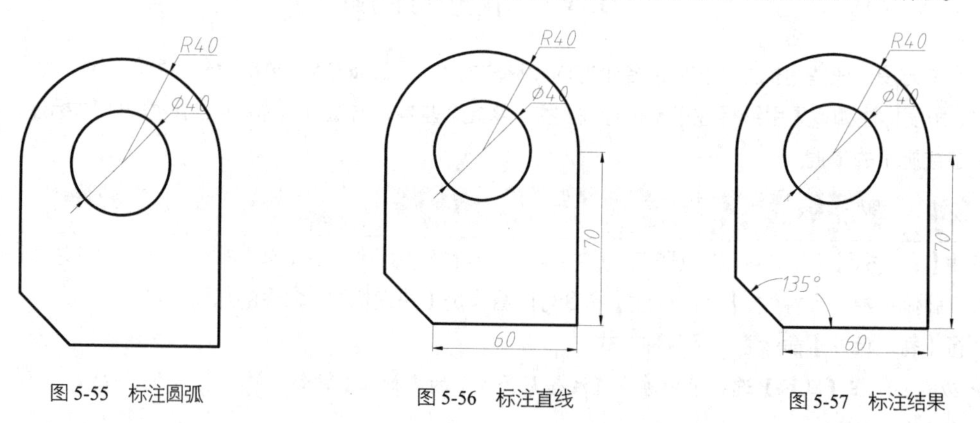

图 5-55　标注圆弧　　图 5-56　标注直线　　图 5-57　标注结果

5.3.2 线性标注

【线性】标注命令仅可用于标注任意两点之间的水平或竖直方向的距离。执行【线性】标注命令的方法有以下几种。

- 功能区：在【默认】选项卡中单击【注释】面板中的【线性】按钮⊢⊣，如图 5-58 所示。
- 菜单栏：选择【标注】|【线性】命令，如图 5-59 所示。
- 命令行：DIMLINEAR 或 DLI。

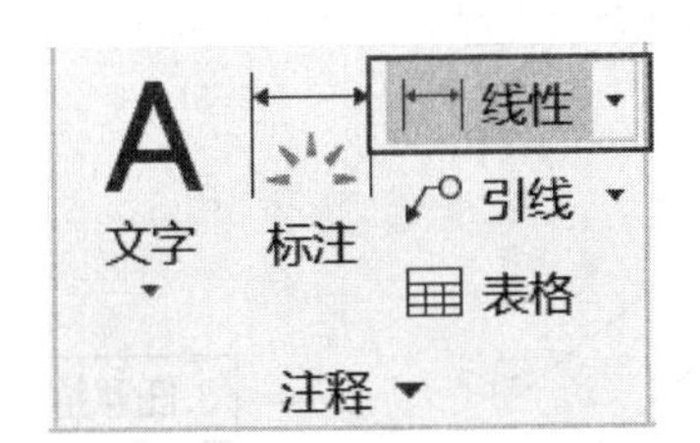

图 5-58 【注释】面板中的【线性】按钮

图 5-59 菜单栏中的【线性】命令

执行【线性】标注命令后，依次指定要测量的两点，即可得到线性标注尺寸。命令行操作如下：

```
命令: _DIMLINEAR                          //执行【线性】标注命令
指定第一个尺寸界线原点或 <选择对象>:          //指定测量的起点
指定第二条尺寸界线原点:                      //指定测量的终点
指定尺寸线位置或                            //放置标注尺寸，结束操作
```

【案例 5-4】：标注零件图的线性尺寸　　视频文件：视频\第 5 章\5-4.mp4

01 打开“第 5 章\5-4 标注零件图的线性尺寸.dwg”文件，素材图形如图 5-60 所示。

02 单击【注释】面板中的【线性】按钮⊢⊣，对水平直线进行标注，结果如图 5-61 所示。

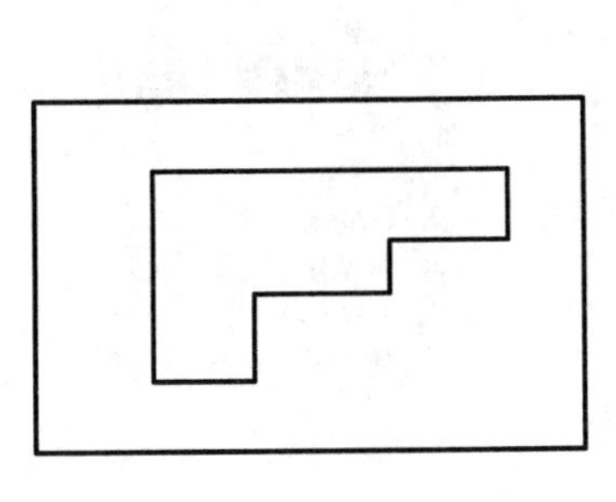

图 5-60 素材图形

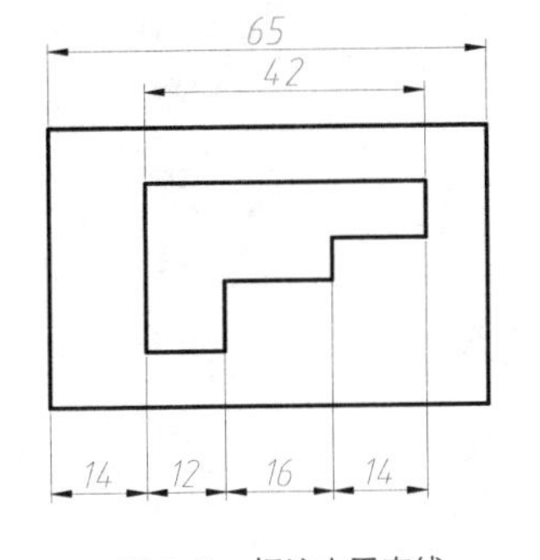

图 5-61 标注水平直线

03 使用相同的方法，对竖直线进行标注，结果如图 5-62 所示。

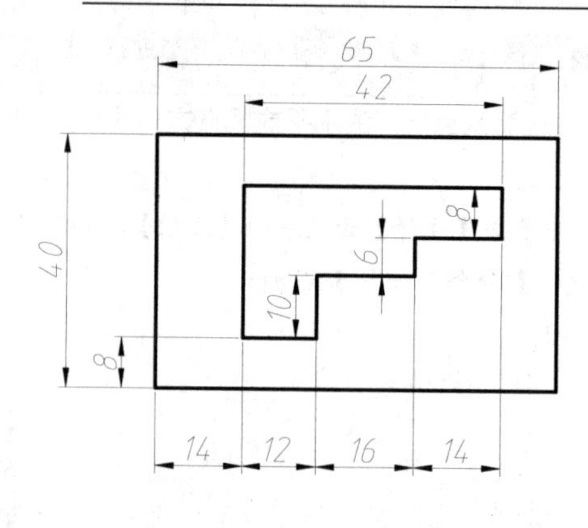

图 5-62　标注竖直线

5.3.3　对齐标注

在对直线段进行标注时，如果该直线的倾斜角度未知，那么使用线性标注的方法将无法得到准确的测量结果，这时可以使用对齐标注的方法完成如图 5-63 所示的标注。

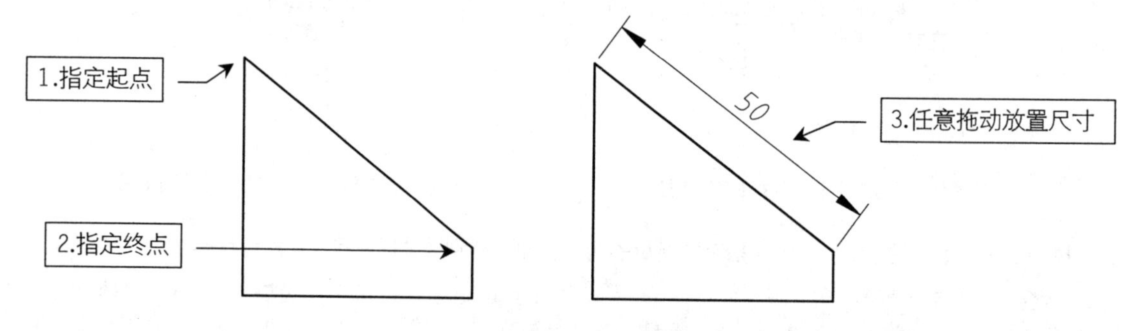

图 5-63　对齐标注

在 AutoCAD 中调用【对齐】命令有如下几种常用方法：

- 功能区：在【默认】选项卡中单击【注释】面板中的【对齐】按钮，如图 5-64 所示。
- 菜单栏：执行【标注】|【对齐】命令，如图 5-65 所示。
- 命令行：DIMALIGNED 或 DAL。

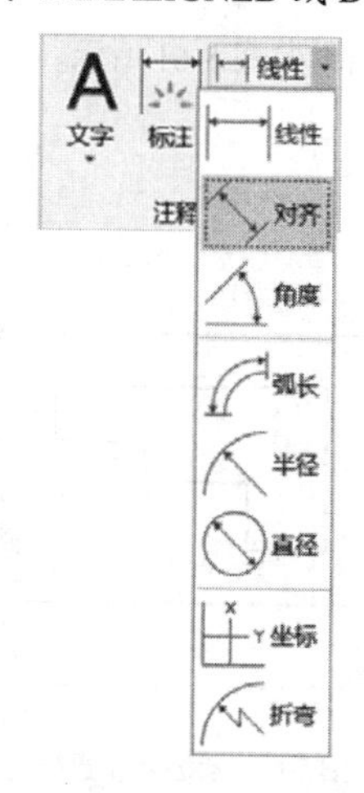

图 5-64　【注释】面板中的【对齐】按钮

图 5-65　菜单栏中的【对齐】命令

【对齐】命令的使用方法与【线性】命令相同，指定两目标点后就可以创建尺寸标注，命令行操作如下：

```
命令：_DIMALIGNED
```

```
指定第一个尺寸界线原点或 <选择对象>:                //指定测量的起点
指定第二条尺寸界线原点:                             //指定测量的终点
指定尺寸线位置或                                    //放置标注尺寸，结束操作
[多行文字(M)/文字(T)/角度(A)]:
标注文字 = 50
```

【案例 5-5】： 标注零件图的对齐尺寸 视频文件：视频\第 5 章\5-5.mp4

01 打开"第 5 章\5-5 标注零件图的对齐尺寸.dwg"文件，素材图形如图 5-66 所示。

02 利用【线性】命令和【角度】命令对图形进行标注，结果如图 5-67 所示。

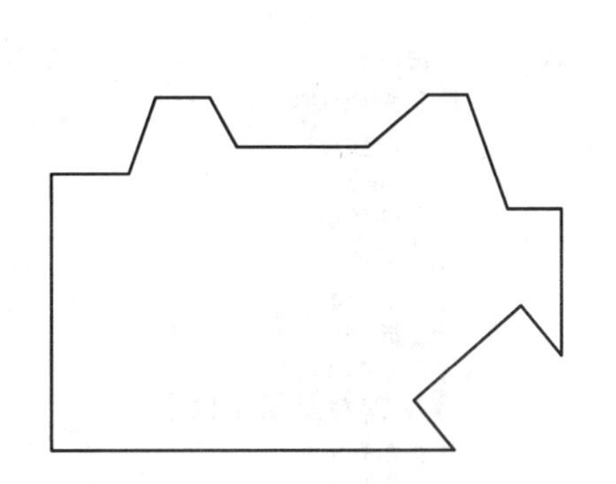

图 5-66 打开文件

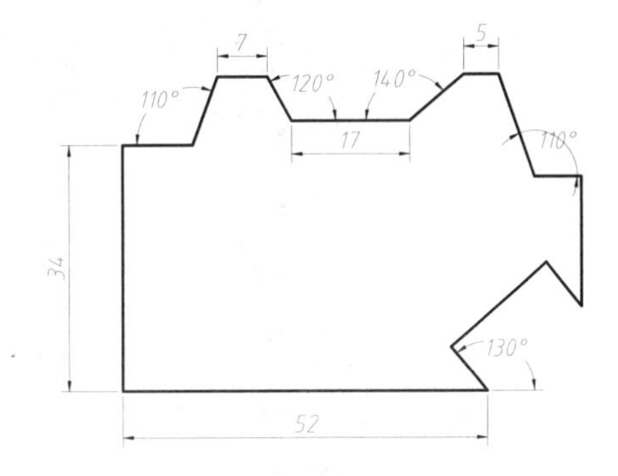

图 5-67 标注图形

03 单击【注释】面板中的【对齐】按钮，对斜线进行标注，结果如图 5-68 所示。

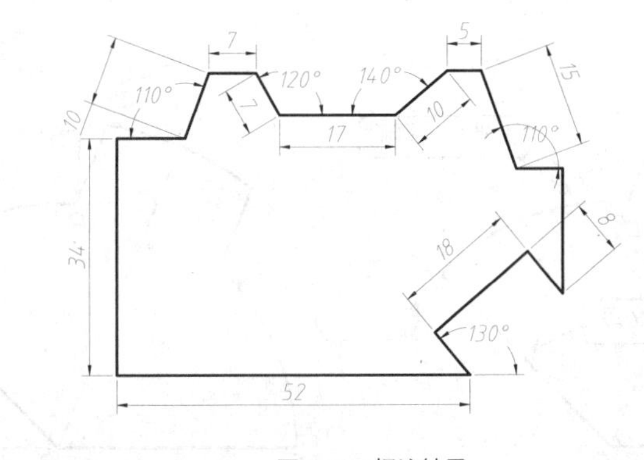

图 5-68 标注结果

5.3.4 角度标注

利用【角度】标注命令不仅可以标注两条成一定角度的直线或 3 个点之间的夹角，如果选择圆弧，还可以标注圆弧的圆心角。在 AutoCAD 中调用【角度】命令有如下几种方法：

- 功能区：在【默认】选项卡中单击【注释】面板中的【角度】按钮，如图 5-69 所示。
- 菜单栏：执行【标注】|【角度】命令，如图 5-70 所示。
- 命令行：DIMANGULAR 或 DAN。
- 通过以上任意一种方法执行该命令后，选择图形上要标注角度尺寸的对象，即可进行标注。操作示例如图 5-71 所示，命令行操作过程如下：
- 命令: _DIMANGULAR
- 选择圆弧、圆、直线或 <指定顶点>: //选择直线 *CO*
- 选择第二条直线: //选择直线 *AO*
- 指定标注弧线位置或 [多行文字(M)/文字(T)/角度(A)/象限点(Q)]:

- //在锐角处放置圆弧线，结束命令
- 标注文字 ＝45　　//按 Enter 键，重复【角度】命令
- 命令: _dimangular　　//执行【角度】标注命令
- 选择圆弧、圆、直线或 <指定顶点>:　　//选择圆弧 *AB*
- 指定标注弧线位置或 [多行文字(M)/文字(T)/角度(A)/象限点(Q)]:
- //在合适位置放置圆弧线，结束命令
- 标注文字 ＝50

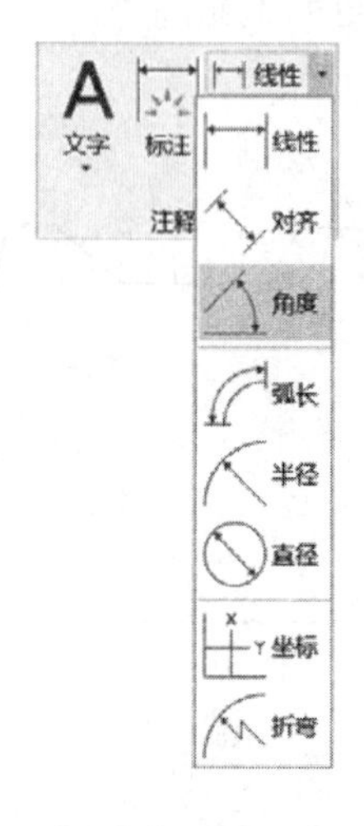

图 5-69　【注释】面板中的【角度】按钮

图 5-70　菜单栏中的【角度】命令

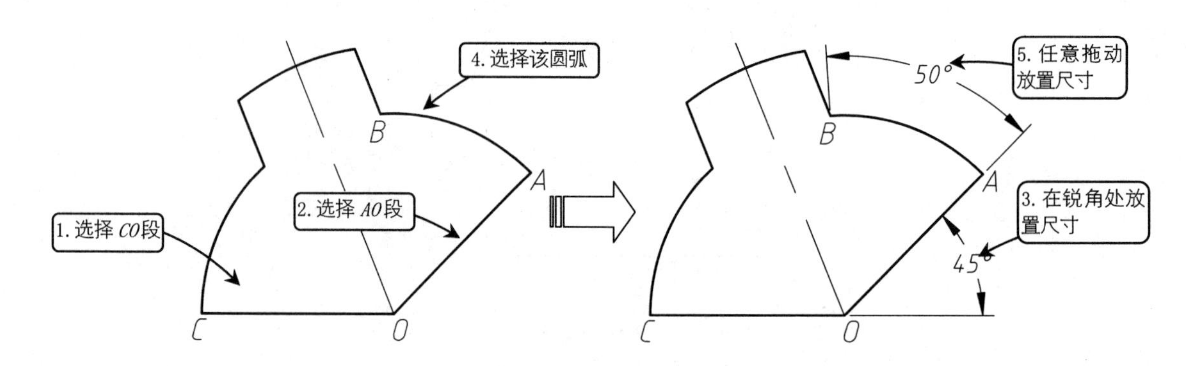

图 5-71　角度标注

【案例 5-6】： 标注楼梯角度尺寸　　视频文件：视频\第 5 章\5-6.mp4

01 打开“第 5 章\5-6 标注楼梯角度尺寸.dwg”文件，素材图形如图 5-72 所示。

02 在【注释】选项卡中单击【标注】面板上的【角度】按钮，执行【角度】命令。

03 分别选择楼梯倾角的两条边线进行标注，结果如图 5-73 所示。命令行操作如下：

```
命令: _DIMANGULAR                                    //调用【角度标注】命令
选择圆弧、圆、直线或 <指定顶点>:                      //选择直线 L1
选择第二条直线:                                      //选择直线 L2
指定标注弧线位置或 [多行文字(M)/文字(T)/角度(A)/象限点(Q)]:   //指定尺寸线位置
```

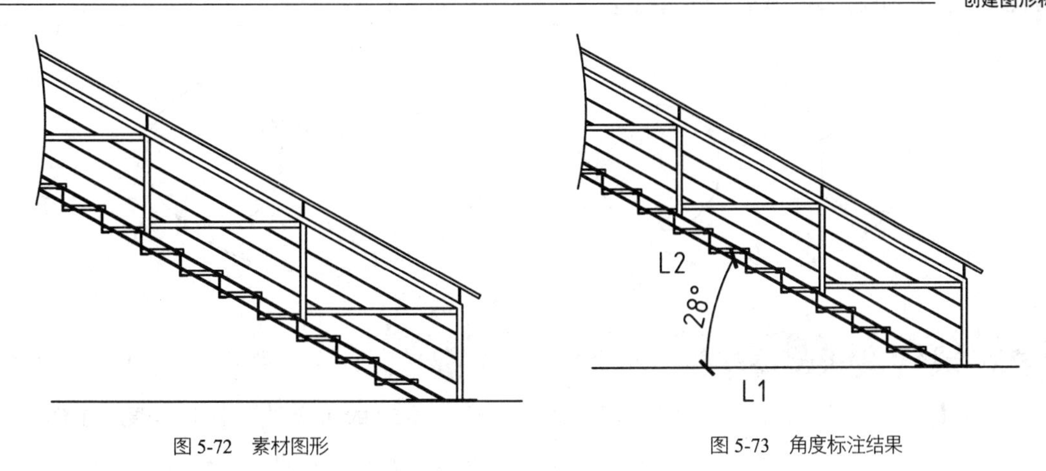

图 5-72　素材图形　　　　图 5-73　角度标注结果

5.3.5　半径标注

半径标注可以快速标注圆或圆弧的半径，系统自动在标注值前添加半径符号“R”。执行【半径】命令的方法有以下几种。

- 功能区：在【默认】选项卡中单击【注释】面板中的【半径】按钮，如图 5-74 所示。
- 菜单栏：执行【标注】|【半径】命令，如图 5-75 所示。
- 命令行：DIMRADIUS 或 DRA。

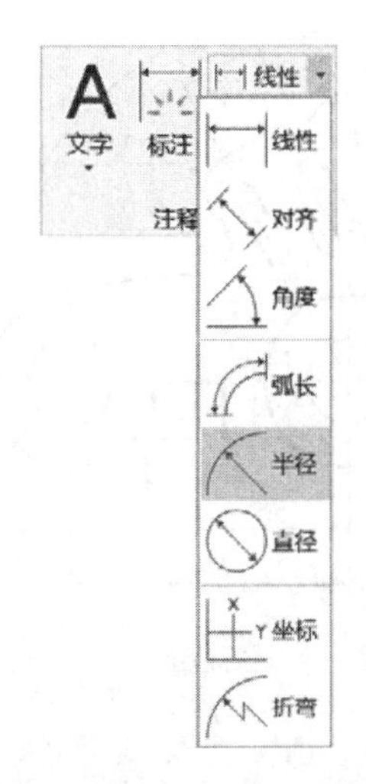

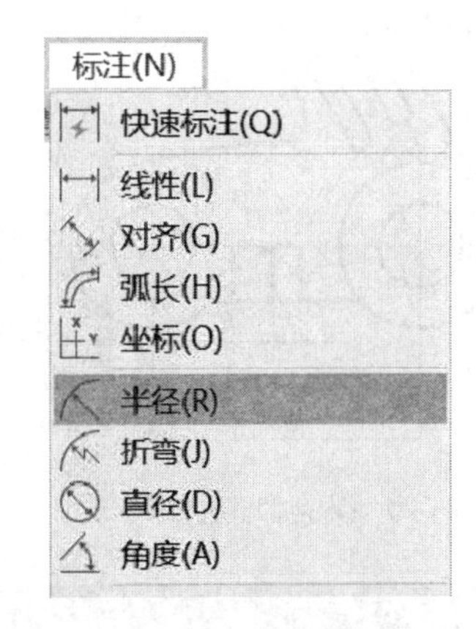

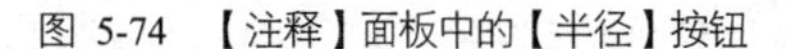

图 5-74　【注释】面板中的【半径】按钮　　　　图 5-75　菜单栏中的【半径】命令

执行上述任一命令后，命令行提示选择需要标注的对象，单击圆或圆弧即可生成半径标注，然后拖动鼠标指针在适当的位置放置尺寸线。该标注方法的操作示例如图 5-76 所示，命令行操作如下：

```
命令：_DIMRADIUS                                  //执行【半径】标注命令
选择圆弧或圆：                                     //单击选择圆弧 A
标注文字 = 150
指定尺寸线位置或 [多行文字(M)/文字(T)/角度(A)]：  //在圆弧内侧合适位置放置尺寸线，结束命令
```

按 Enter 键重复【半径】命令，按此方法即可标注圆弧 *B* 的半径。

【半径标注】命令行中各选项的含义与前面所介绍的相同，在此不重复介绍。

在系统默认情况下，系统自动加注半径符号“R”，但在命令行中选择【多行文字】和【文字】选项重新确定尺寸文字时，只有给输入的尺寸文字加前缀，才能使标注的半径尺寸有半径符号“R”，否则没有该符号。

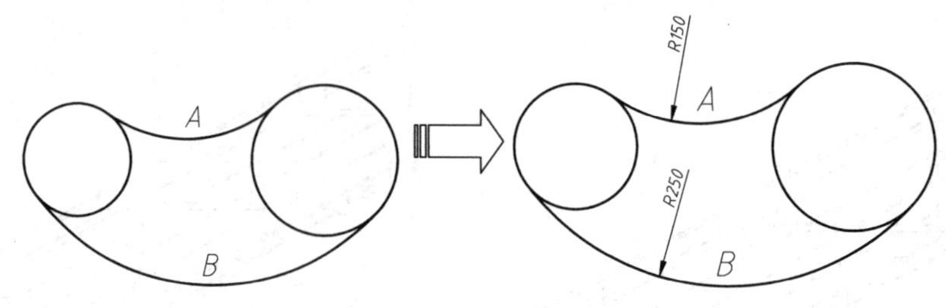

图 5-76　半径标注

【案例 5-7】：　标注零件图的半径尺寸　　视频文件：视频\第 5 章\5-7.mp4

01 单击【快速访问】工具栏中的【打开】按钮，打开“第 5 章\5-6 标注零件图的角度尺寸-OK.dwg”文件。

02 单击【注释】面板中的【半径】按钮，选择右下侧的圆弧为标注对象，标注半径如图 5-77 所示。命令行操作如下：

```
命令: _DIMRADIUS
选择圆弧或圆:                                          //选择右侧圆弧
标注文字 = 30
指定尺寸线位置或 [多行文字(M)/文字(T)/角度(A)]:          //在合适位置放置尺寸线，结束命令
```

03 用同样的方法标注其他不为整圆的圆弧以及倒圆角，效果如图 5-78 所示。

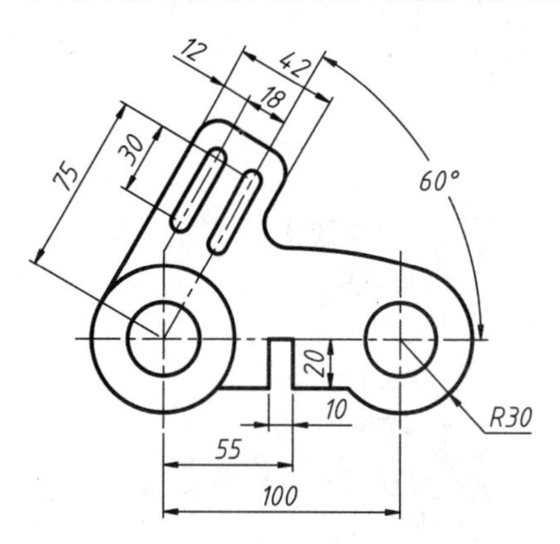

图 5-77　标注右侧圆弧半径

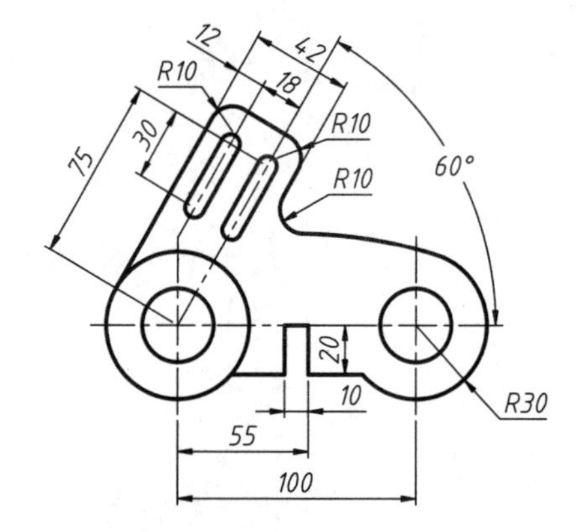

图 5-78　半径标注结果

5.3.6　直径标注

直径标注可以标注圆或圆弧的直径大小，系统自动在标注值前添加直径符号“Ø”。执行【直径】命令的方法有以下几种。

- 功能区：在【默认】选项卡中单击【注释】面板中的【直径】按钮，如图 5-79 所示。
- 菜单栏：执行【标注】|【直径】命令，如图 5-80 所示。
- 命令行：DIMDIAMETER 或 DDI。
- 直径标注的方法与半径标注的方法相同，执行【直径】命令之后，选择要标注的圆弧或圆，然后指定尺寸线的位置即可，如图 5-81 所示。命令行操作如下：
- 命令: _DIMDIAMETER　　//执行【直径】命令
- 选择圆弧或圆:　　//单击选择圆
- 标注文字 =160
- 指定尺寸线位置或 [多行文字(M)/文字(T)/角度(A)]:　　//在适当位置放置尺寸线，结束命令

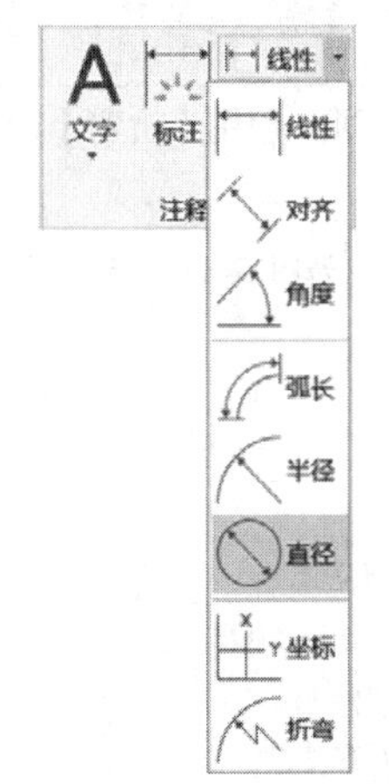

图 5-79 【注释】面板中的【直径】按钮

图 5-80 菜单栏中的【直径】命令

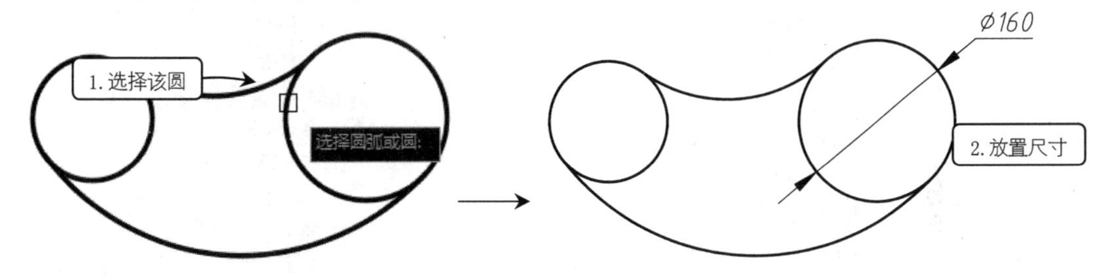

图 5-81 直径标注

【案例 5-8】： 标注零件图的直径尺寸

视频文件：视频\第 5 章\5-8.mp4

01 单击【快速访问】工具栏中的【打开】按钮，打开“第 5 章\5-7 标注零件图的半径尺寸-OK.dwg”文件，素材图形如图 5-78 所示。

02 单击【注释】面板中的【直径】按钮，选择右侧的圆为对象，标注直径，结果如图 5-82 所示。命令行操作如下：

```
命令: _DIMDIAMETER
选择圆弧或圆:                                          //选择右侧圆
标注文字 = 30
指定尺寸线位置或 [多行文字(M)/文字(T)/角度(A)]:          //在合适位置放置尺寸线，结束命令
```

03 用同样的方法标注其他圆的直径，结果如图 5-83 所示。

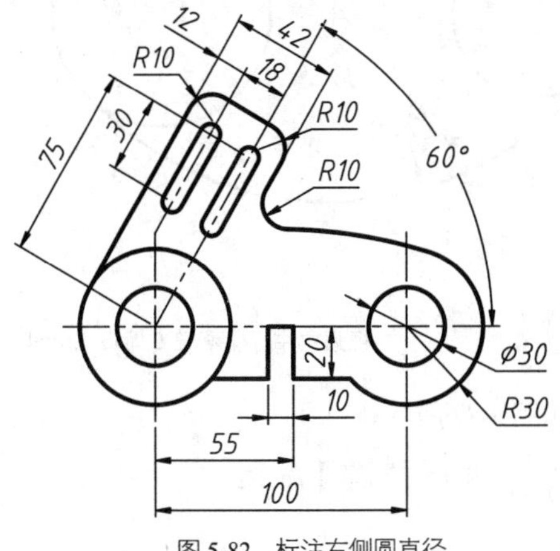

图 5-82 标注右侧圆直径

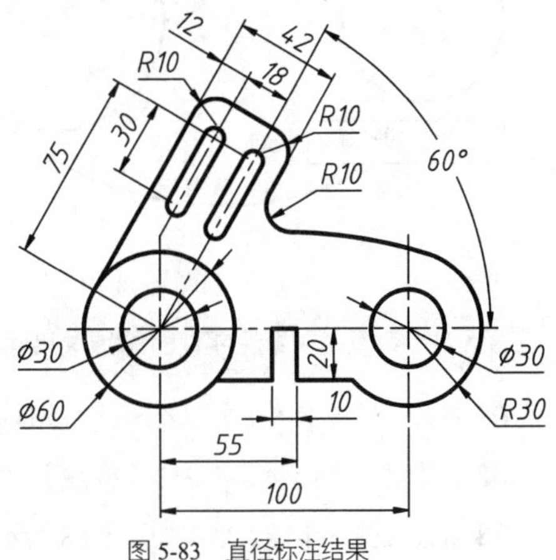

图 5-83 直径标注结果

5.3.7 折弯标注

当圆弧半径相对于图形尺寸较大时，半径标注的尺寸线将显得过长，这时可以使用【折弯】标注。

执行【折弯标注】命令的方法有以下几种：

- 功能区：在【默认】选项卡中单击【注释】面板中的【折弯】按钮，如图 5-84 所示。
- 菜单栏：选择【标注】|【折弯】命令，如图 5-85 所示。
- 命令行：DIMJOGGED。

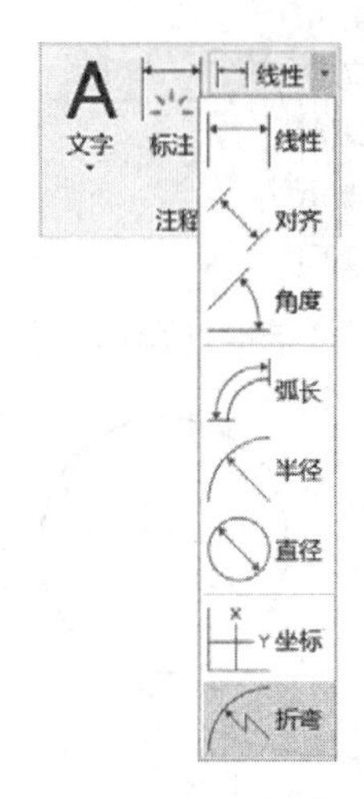

图 5-84 【注释】面板中的【折弯】按钮

标注(N)
快速标注(Q)
线性(L)
对齐(G)
弧长(H)
坐标(O)
半径(R)
折弯(J)
直径(D)
角度(A)
基线(B)
连续(C)

图 5-85 菜单栏中的【折弯】命令

【折弯】命令与【半径】命令的使用方法基本相同，但需要指定一个位置代替圆或圆弧的圆心，如图 5-86 所示。命令行操作如下：

```
命令: _DIMJOGGED                                    //执行【折弯】命令
选择圆弧或圆:                                       //单击选择圆弧
指定图示中心位置:                                   //指定 A 点
标注文字 = 250
指定尺寸线位置或 [多行文字(M)/文字(T)/角度(A)]:
指定折弯位置:                                       //指定折弯位置，结束命令
```

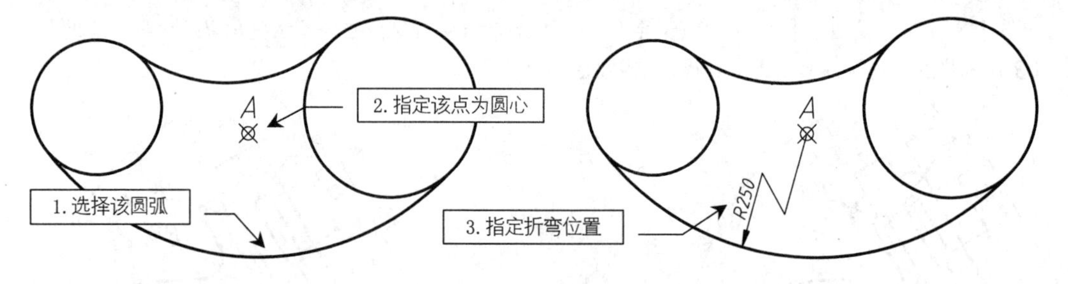

图 5-86 折弯标注

【案例 5-9】：标注零件图的折弯尺寸 视频文件：视频\第 5 章\5-9.mp4

01 打开“第 5 章\5-9 折弯标注尺寸.dwg”文件，素材图形如图 5-87 所示。

02 在【注释】选项卡中单击【标注】面板上的【折弯】按钮，执行【折弯】命令。

03 标注圆弧的半径，结果如图 5-88 所示。命令行操作如下：

```
命令: _DIMJOGGED                                    //调用【折弯】命令
```

```
选择圆弧或圆:                                    //选择圆弧 S1
指定图示中心位置:                                 //指定图示圆心位置，即标注的端点
标注文字 = 150
指定尺寸线位置或 [多行文字(M)/文字(T)/角度(A)]:      //指定尺寸线位置
指定折弯位置:                                    //指定折弯位置，完成标注
```

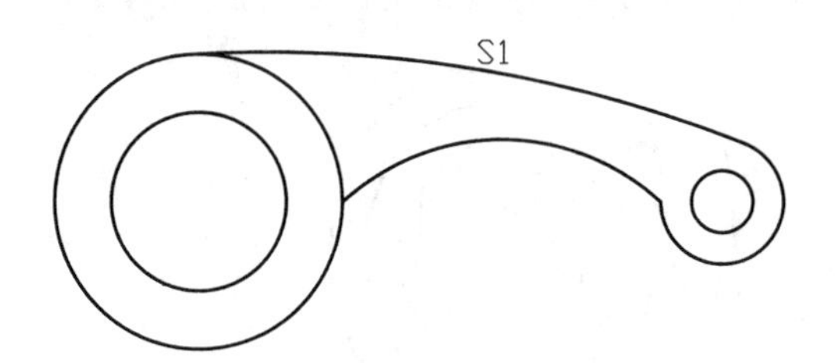

图 5-87　素材图形

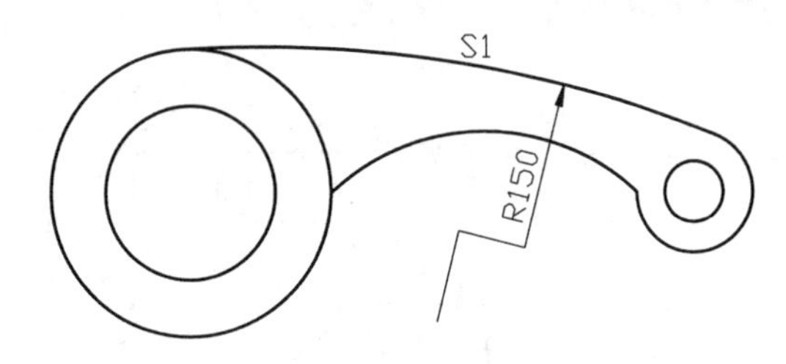

图 5-88　折弯标注圆弧的半径

操作技巧 如果直接对 *R*150 的圆弧进行半径标注。由于圆心的位置太远，会出现过长的尺寸线，如图 5-89 所示。

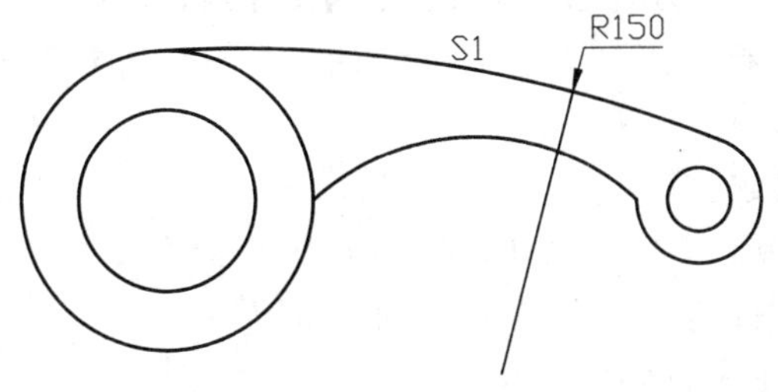

图 5-89　直接标注半径

5.3.8　弧长标注

弧长标注用于标注圆弧、椭圆弧或者其他弧线的长度。在 AutoCAD 中调用【弧长】命令有如下几种常用方法。

- 功能区：在【默认】选项卡中单击【注释】面板中的【弧长】按钮，如图 5-90 所示。
- 菜单栏：执行【标注】|【弧长】命令，如图 5-91 所示。
- 命令行：DIMARC。

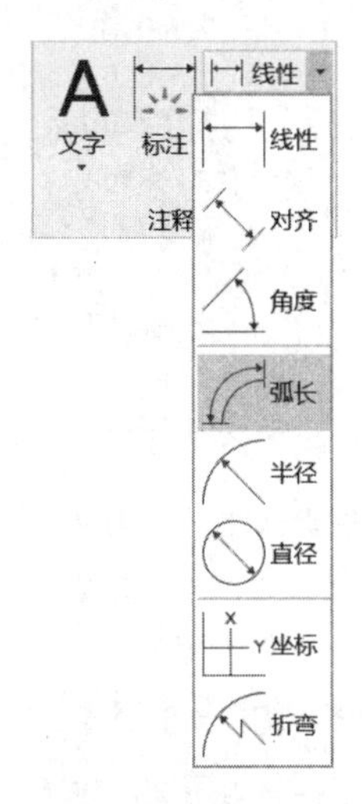

图 5-90　【注释】面板中的【弧长】按钮

图 5-91　菜单栏中的【弧长】命令

弧长标注的操作与半径、直径标注相同，直接选择要标注的圆弧即可。弧长标注如图 5-92 所示。命令行的操作过程如下：

```
命令： _DIMARC                                         //执行【弧长】命令
选择弧线段或多段线圆弧段：                              //单击选择要标注的圆弧
指定弧长标注位置或 [多行文字(M)/文字(T)/角度(A)/部分(P)/引线(L)]：
标注文字 = 67                                          //在适当的位置放置标注
```

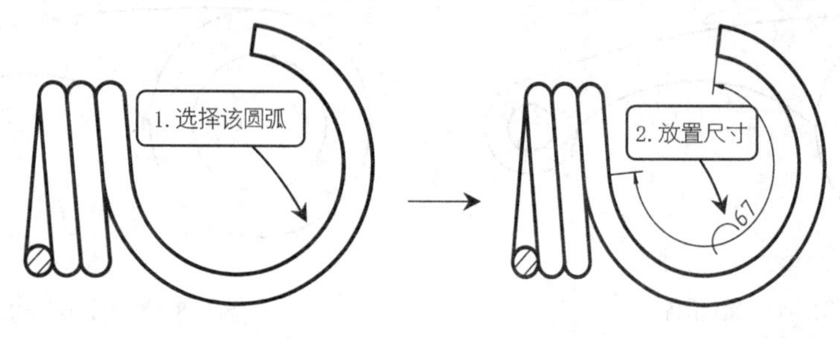

图 5-92　弧长标注

5.3.9　连续标注

连续标注是以指定的尺寸界线（必须是【线性】【坐标】或【角度】标注界线）为基线进行标注，但连续标注所指定的基线仅作为与该尺寸标注相邻的连续标注尺寸的基线，依此类推，下一个尺寸标注都以前一个标注与其相邻的尺寸界线为基线进行标注。

在 AutoCAD 2022 中调用【连续】命令有如下几种常用方法：

➢ 功能区：在【注释】选项卡中单击【标注】面板中的【连续】按钮，如图 5-93 所示。
➢ 菜单栏：执行【标注】|【连续】命令，如图 5-94 所示。
➢ 命令行：DIMCONTINUE 或 DCO。

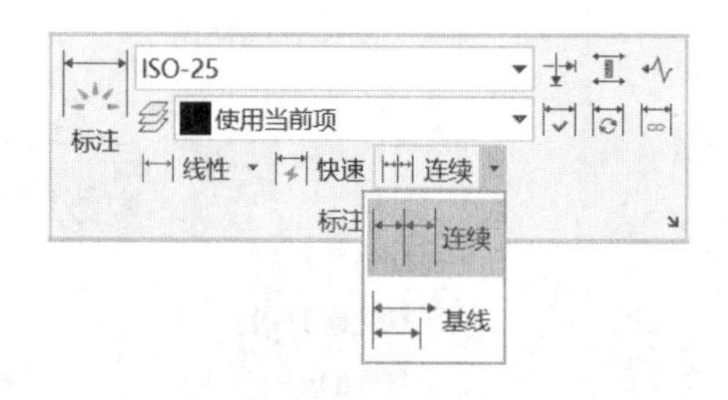

图 5-93　【标注】面板上的【连续】按钮

图 5-94　菜单栏中的【连续】命令

标注连续尺寸前，必须存在一个尺寸界线起点。进行连续标注时，系统默认将上一个尺寸界线终点作为连续标注的起点，提示用户选择第二条延伸线起点，重复指定第二条延伸线起点，即可创建连续标注。连续标注在进行建筑墙体标注时极为方便，如图 5-95 所示。命令行操作如下：

```
命令： _DIMCONTINUE                                   //执行【连续】命令
选择连续标注：                                        //选择作为基准的标注
指定第二个尺寸界线原点或 [选择(S)/放弃(U)] <选择>：   //指定标注的下一点，系统自动放置尺寸
```

```
标注文字 = 2400
指定第二个尺寸界线原点或 [选择(S)/放弃(U)] <选择>:    //指定标注的下一点，系统自动放置尺寸
标注文字 = 1400
指定第二个尺寸界线原点或 [选择(S)/放弃(U)] <选择>:    //指定标注的下一点，系统自动放置尺寸
标注文字 = 1600
指定第二个尺寸界线原点或 [选择(S)/放弃(U)] <选择>:    //指定标注的下一点，系统自动放置尺寸
标注文字 = 820
指定第二个尺寸界线原点或 [选择(S)/放弃(U)] <选择>:↙   //按 Enter 键完成标注
选择连续标注: *取消*                                   //按 Enter 键结束命令
```

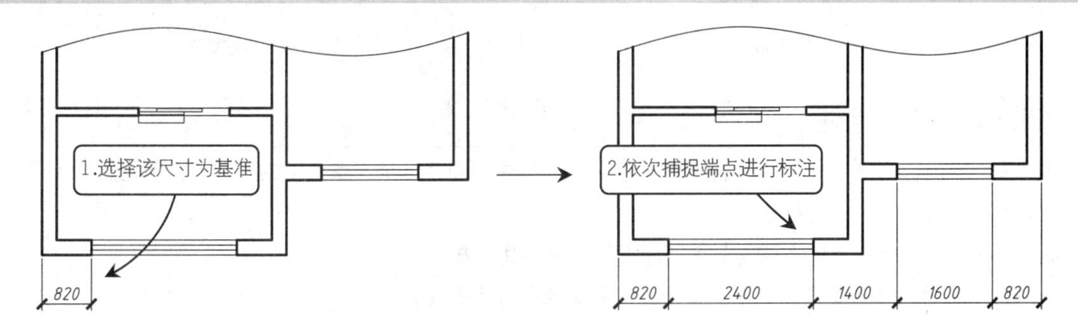

图 5-95　连续标注示例

【案例 5-10】：　连续标注墙体轴线尺寸

视频文件：视频\第 5 章\5-10.mp4

01 按 Ctrl+O 组合键，打开“第 5 章\5-10 连续标注墙体轴线尺寸.dwg”文件，素材图形如图 5-96 所示。

02 标注第一个竖直尺寸。在命令行中输入【DLI】，执行【线性】命令，为轴线添加第一个尺寸标注，如图 5-97 所示。

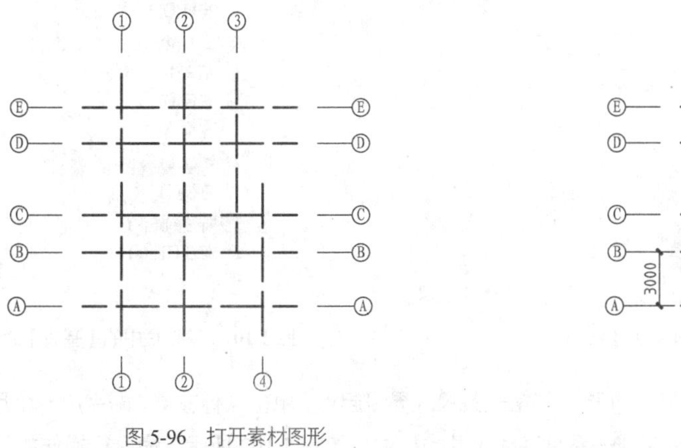

图 5-96　打开素材图形

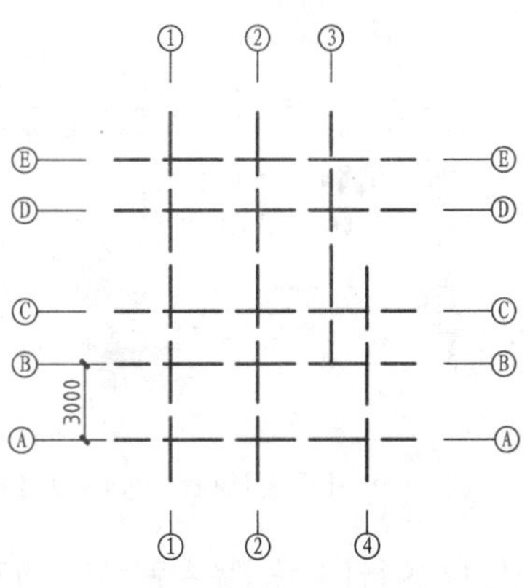

图 5-97　线性标注

03 在【注释】选项卡中单击【标注】面板中的【连续】按钮，执行【连续】命令。命令行操作如下：

```
命令: DCO↙                                            //调用【连续】标注命令
选择连续标注:                                         //选择标注
指定第二条尺寸界线原点或 [放弃(U)/选择(S)] <选择>:    //指定第二条尺寸界线原点
标注文字 = 2100
指定第二条尺寸界线原点或 [放弃(U)/选择(S)] <选择>:
标注文字 = 4000                     /按 Esc 键退出绘制，完成连续标注的结果如图 5-98 所示
```

04 用上述相同的方法继续标注轴线，结果如图 5-99 所示。

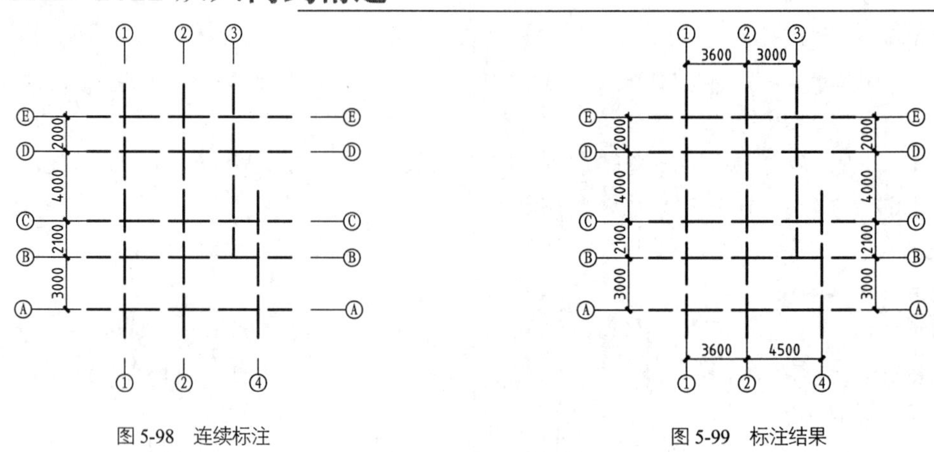

图 5-98　连续标注　　　　图 5-99　标注结果

5.3.10　基线标注

基线标注用于以同一尺寸界线为基准的一系列尺寸标注，即将从某一点引出的尺寸界线作为第一条尺寸界线，依次进行多个对象的尺寸标注。

在 AutoCAD 2022 中调用【基线】命令有如下几种常用方法。

- 功能区：在【注释】选项卡中单击【标注】面板中的【基线】按钮，如图 5-100 所示。
- 菜单栏：执行【标注】|【基线】命令，如图 5-101 所示。
- 命令行：DIMBASELINE 或 DBA。

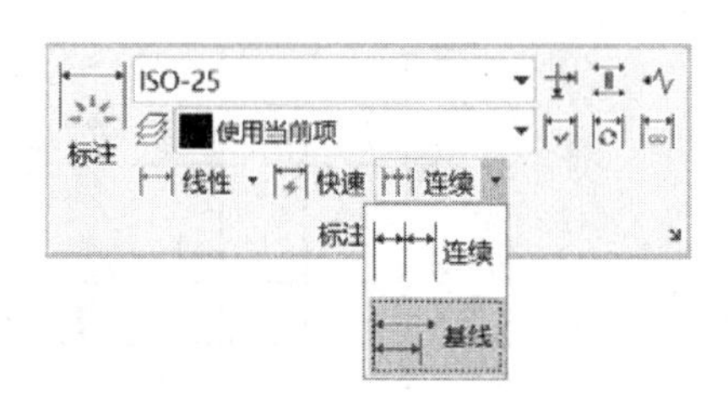

图 5-100　【标注】面板上的【基线】按钮

图 5-101　菜单栏中的【基线】命令

按上述方式执行【基线】命令后，将鼠标移动到第一条尺寸界线起点，单击鼠标左键，即完成一个尺寸标注。重复拾取第二个尺寸界线的终点即可以完成一系列基线尺寸的标注，如图 5-102 所示，命令行操作如下：

```
命令: _DIMBASELINE                                    //执行【基线】命令
选择基准标注:                                          //选择作为基准的标注
指定第二个尺寸界线原点或 [选择(S)/放弃(U)] <选择>:     //指定标注的下一点，系统自动放置尺寸
标注文字 = 20
指定第二个尺寸界线原点或 [选择(S)/放弃(U)] <选择>:     //指定标注的下一点，系统自动放置尺寸
标注文字 = 30
指定第二个尺寸界线原点或 [选择(S)/放弃(U)] <选择>:↙   //按 Enter 键完成标注
选择基准标注: ↙                                        //按 Enter 键结束命令
```

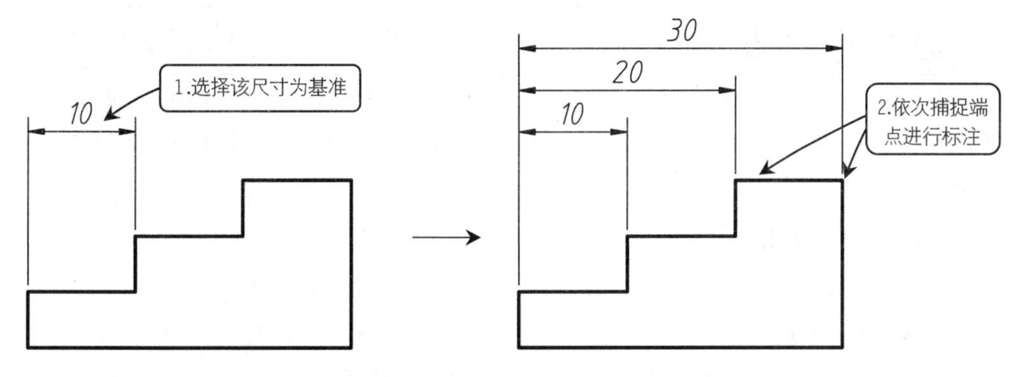

图 5-102　基线标注示例

【案例 5-11】：　基线标注密封沟槽尺寸　　视频文件：视频\第 5 章\5-11.mp4

01 打开“第 5 章\5-11 基线标注密封沟槽尺寸.dwg”文件，素材图形如图 5-103 所示，其中已绘制好一个活塞的半边剖面图。

02 标注第一个水平尺寸。单击【注释】面板中的【线性】按钮，在活塞上端创建第一个水平标注尺寸，如图 5-104 所示。

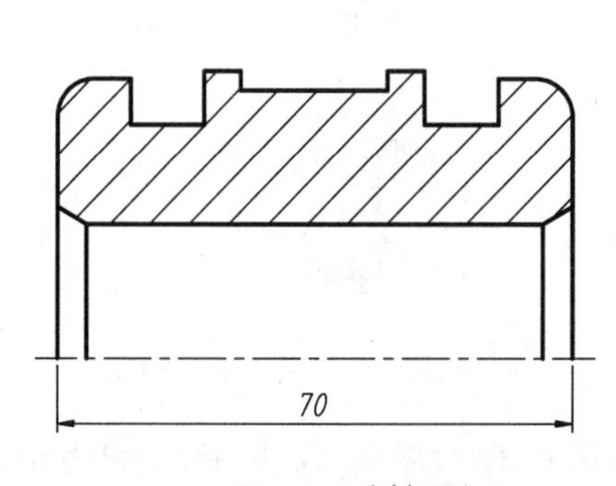

图 5-103　素材图形

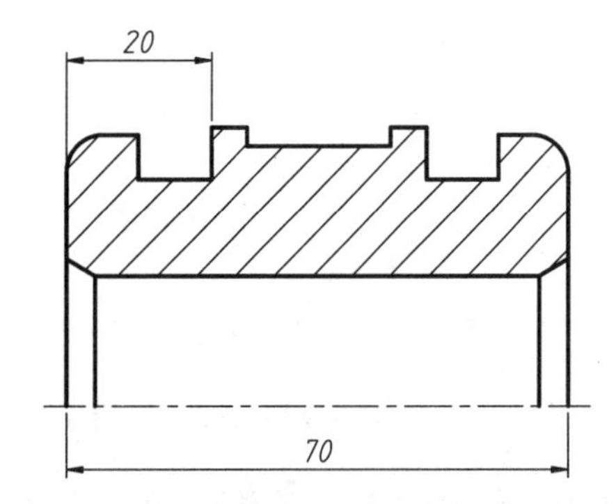

图 5-104　创建第一个水平标注尺寸

设计点拨 如果图形为对称结构，在绘制剖面图时可以选择只绘制半边图形，如图 5-103 所示。

03 标注沟槽定位尺寸。切换至【注释】选项卡，单击【标注】面板中的【基线】按钮，系统自动以刚创建的标注为基准，接着依次选择活塞图上各沟槽的右侧端点，作为定位尺寸，标注结果如图 5-105 所示。

04 补充沟槽定型尺寸。退出【基线】命令，切换到【默认】选项卡，再次执行【线性】标注，依次将各沟槽的定型尺寸补齐，结果如图 5-106 所示。

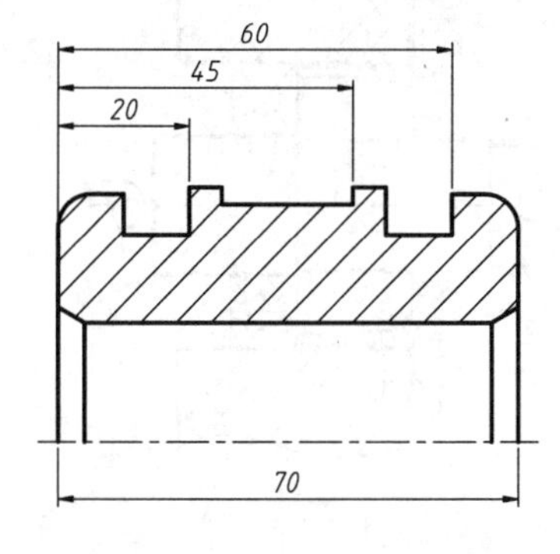

图 5-105　基线标注定位尺寸

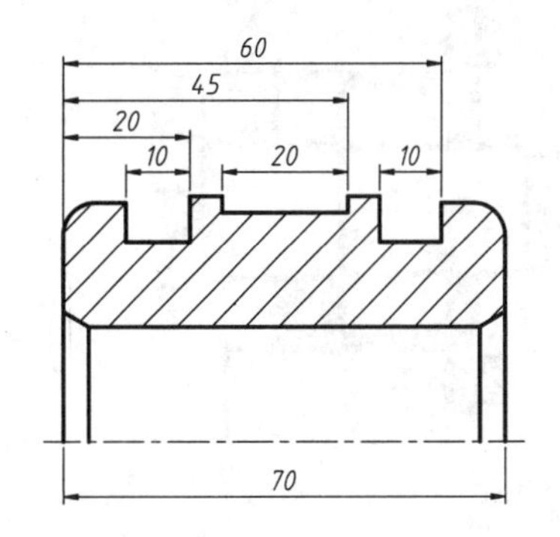

图 5-106　补齐沟槽的定型尺寸

5.3.11 多重引线标注

使用【多重引线】工具添加和管理所需的引出线，不仅能够快速地标注装配图的零件号和引出公差，而且能够更清楚地标识制图的标准、说明等内容。此外，还可以通过修改多重引线样式对引线的格式、类型以及内容进行编辑。

1. 创建多重引线标注

在 AutoCAD 2022 中启用【多重引线】命令有如下几种常用方法：

- 功能区：在【默认】选项卡中单击【注释】面板上的【引线】按钮，如图 5-107 所示。
- 菜单栏：执行【标注】|【多重引线】命令，如图 5-108 所示。
- 命令行：MLEADER 或 MLD。

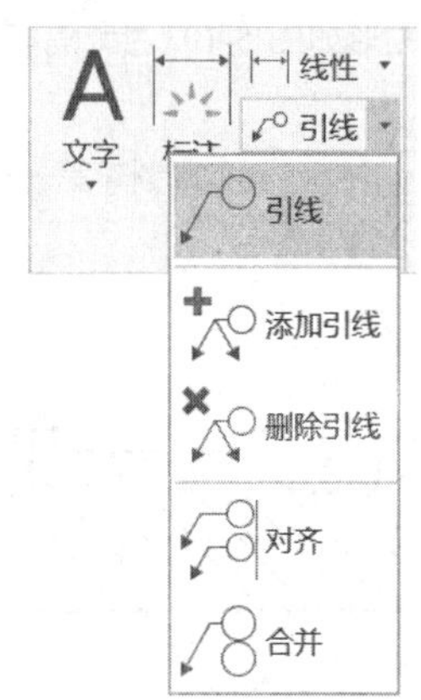
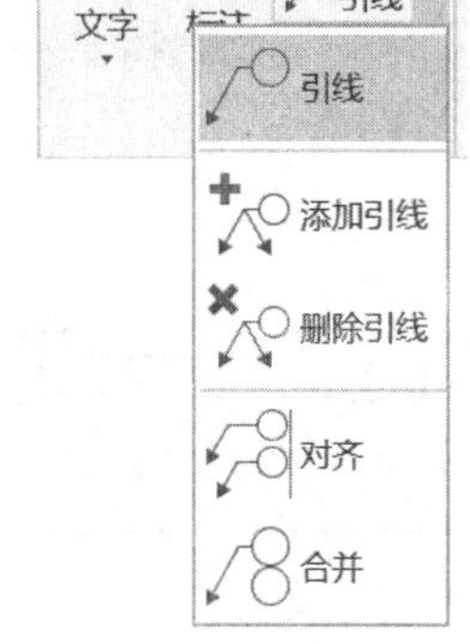

图 5-107 【注释】面板上的【引线】按钮

图 5-108 菜单栏中的【多重引线】命令

执行上述任一命令后，在图形中单击确定引线箭头位置，然后在打开的文字输入窗口中输入注释内容即可，如图 5-109 所示。命令行操作如下：

```
命令：_MLEADER                                              //执行【多重引线】命令
指定引线箭头的位置或 [引线基线优先(L)/内容优先(C)/选项(O)] <选项>:     //指定引线箭头位置
指定引线基线的位置:                    //指定基线位置，并输入注释文字，在空白处单击即可结束命令
```

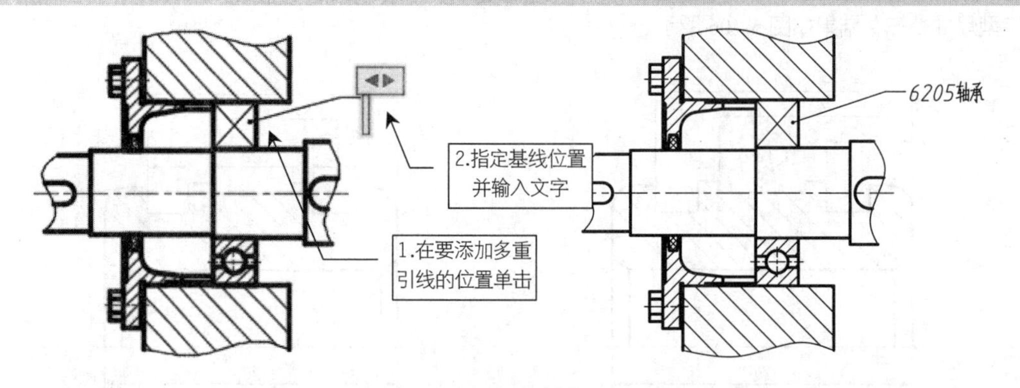

图 5-109 多重引线标注

命令行中各选项的含义如下：

➢ “引线基线优先（L）”：选择该选项，可以设置多重引线的创建顺序为先创建基线位置（即文字输入的位置），再指定箭头位置，如图 5-110 所示。

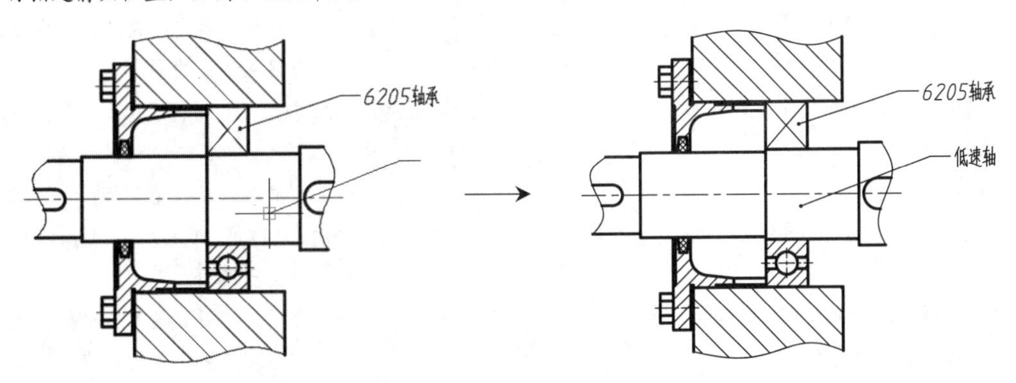

图 5-110　用“引线基线优先（L）”标注多重引线

➢ “引线箭头优先（H）”：即默认先指定箭头、再指定基线位置的方式。

➢ “内容优先（C）”：选择该选项，可以先创建标注文字，再指定引线箭头来进行标注，如图 5-111 所示。该方式下的基线位置可以自动调整，随鼠标移动方向而定。

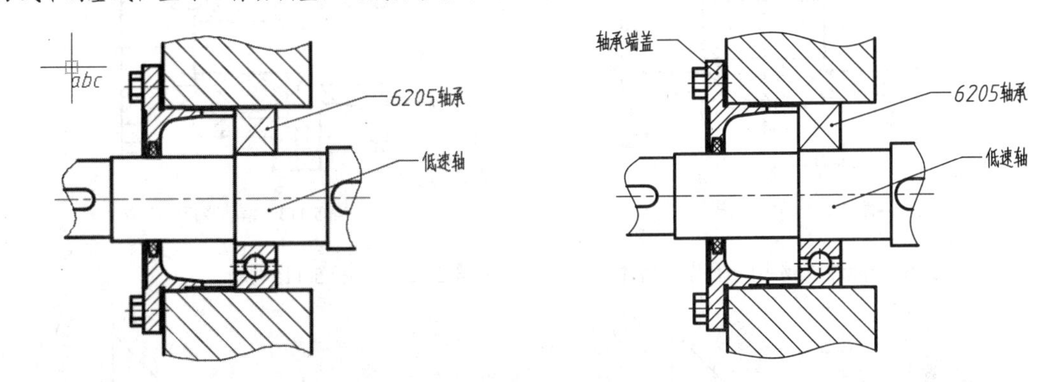

图 5-111　用“内容优先（C）”标注多重引线

【案例 5-12】：　多重引线标注机械装配图

视频文件：视频\第 5 章\5-12.mp4

在机械装配图中，有时会因为零部件过多而采用分类编号的方法（如螺钉类、螺母类、加工件类），不同类型的编号在外观上自然也不能一样（如外围带圈、带方块），因此就需要灵活使用【多重引线】命令中的“块（B）”选项来进行标注。此外，还需要指定多重引线的角度，让引线在装配图中达到工整、整齐的效果。

01 打开“第 5 章\5-12 多重引线标注装配图.dwg”文件，其中已绘制好球阀的装配图和名称为“1”的属性图块，如图 5-112 所示。

02 绘制辅助线。单击【修改】面板中的【偏移】按钮，将图形中的竖直中心线向右偏移 50mm，如图 5-113 所示，用作多重引线的对齐线。

03 在【默认】选项卡中单击【注释】面板上的【引线】按钮，执行【多重引线】命令，并选择命令行中的“选项（O）”命令，设置内容类型为“块”，指定块“1”；然后选择“第一个角度（F）”选项，设置角度为 60°，再设置“第二个角度（S）”为 180°，在手柄处添加引线标注，如图 5-114 所示，命令行操作如下：

```
命令：_MLEADER
指定引线箭头的位置或 [引线基线优先(L)/内容优先(C)/选项(O)] <选项>:
输入选项 [引线类型(L)/引线基线(A)/内容类型(C)/最大节点数(M)/第一个角度(F)/第二个角度(S)/退出选项(X)] <
退出选项>: C                                                    //选择“内容类型”选项
选择内容类型 [块(B)/多行文字(M)/无(N)] <多行文字>: B              //选择“块”选项
```

```
输入块名称 <1>: 1                                                    //输入要调用的块名称
输入选项 [引线类型(L)/引线基线(A)/内容类型(C)/最大节点数(M)/第一个角度(F)/第二个角度(S)/退出选项(X)] <内容类型>: F
                                                                    //选择“第一个角度”选项
输入第一个角度约束 <0>: 60                                           //输入引线的角度
输入选项 [引线类型(L)/引线基线(A)/内容类型(C)/最大节点数(M)/第一个角度(F)/第二个角度(S)/退出选项(X)] <第一个角度>: S
                                                                    //选择“第二个角度”选项
输入第二个角度约束 <0>: 180                                          //输入基线的角度
输入选项 [引线类型(L)/引线基线(A)/内容类型(C)/最大节点数(M)/第一个角度(F)/第二个角度(S)/退出选项(X)] <第二个角度>: X
                                                                    //退出选项
指定引线箭头的位置或 [引线基线优先(L)/内容优先(C)/选项(O)] <选项>: //在手柄处单击放置引线箭头
指定引线基线的位置:                                                  //在辅助线上单击放置，结束命令
```

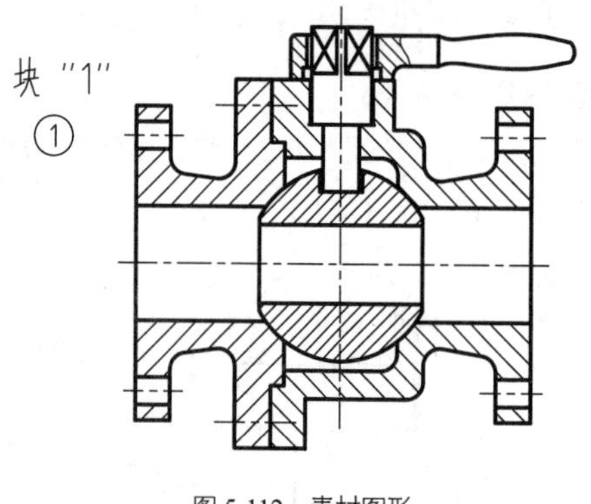

图 5-112　素材图形

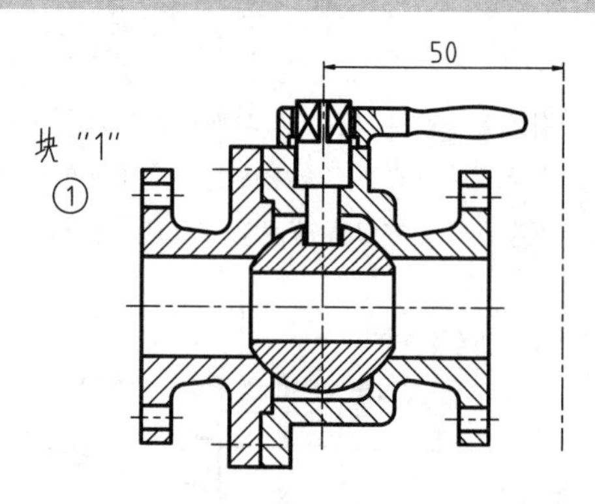

图 5-113　偏移竖直中心线

04 按相同方法，标注球阀中的阀芯和阀体，分别标注序号 2、3，如图 5-115 所示。

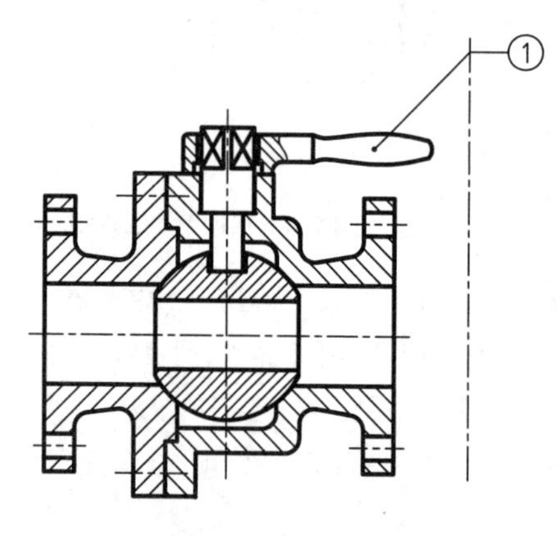

图 5-114　添加第一个多重引线标注

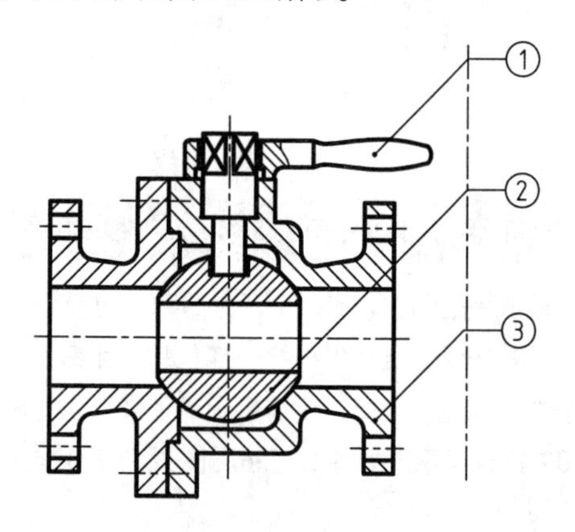

图 5-115　添加其他多重引线标注

2. 设置多重引线样式

与标注一样，多重引线也可以设置“多重引线样式”来指定引线的默认效果，如箭头、引线、文字等特征。创建不同样式的多重引线，可以使其适用于不同的使用环境。

在 AutoCAD 2022 中打开【多重引线样式管理器】有如下几种常用方法。

➢ 功能区：在【默认】选项卡中单击【注释】面板中的【多重引线样式】按钮，如图 5-116 所示。

➢ 菜单栏：执行【格式】|【多重引线样式】命令，如图 5-117 所示。

➢ 命令行：MLEADERSTYLE 或 MLS。

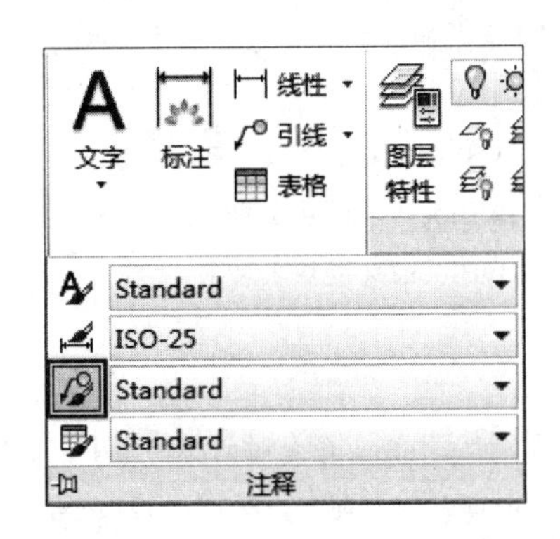

图 5-116 【注释】面板中的【多重引线样式】按钮

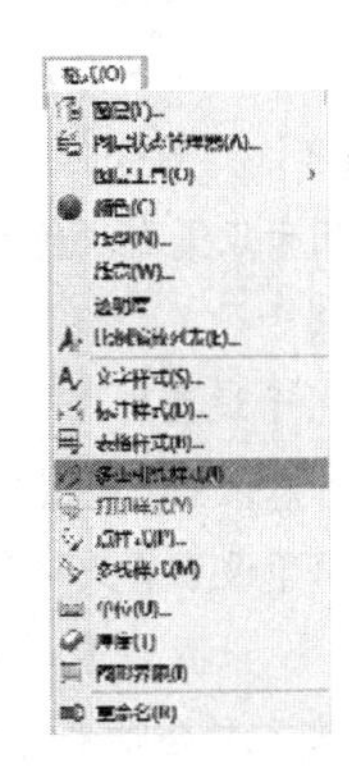

图 5-117 菜单栏中的【多重引线样式】命令

使用以上任意方法，系统均将打开【多重引线样式管理器】对话框，如图 5-118 所示。

该对话框和【标注样式管理器】对话框的功能相似。在该对话框中可以设置多重引线的格式和内容。单击【新建】按钮，系统弹出【创建新多重引线样式】对话框，如图 5-119 所示。在【新样式名】文本框中输入新样式的名称，单击【继续】按钮，可打开【修改多重引线样式】对话框。

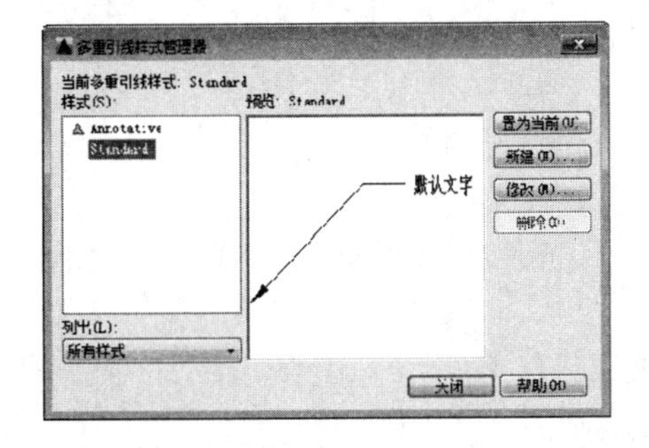

图 5-118 【多重引线样式管理器】对话框

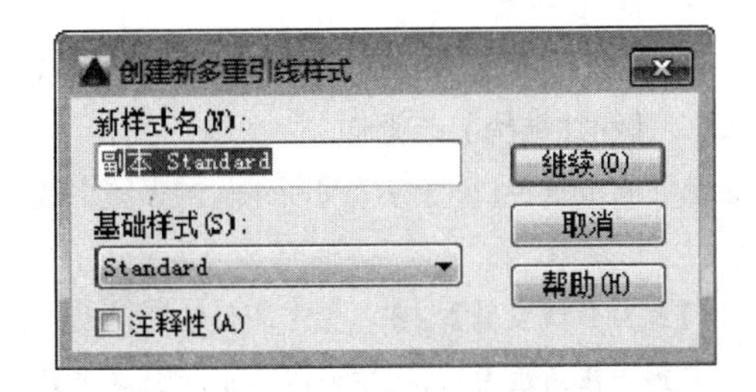

图 5-119 【创建新多重引线样式】对话框

【修改多重引线样式】对话框中如图 5-120 所示，在其中可以设置多重引线标注的各种特性。该对话框中有【引线格式】【引线结构】和【内容】3 个选项卡。每一个选项卡对应一种特性的设置，分别介绍如下：

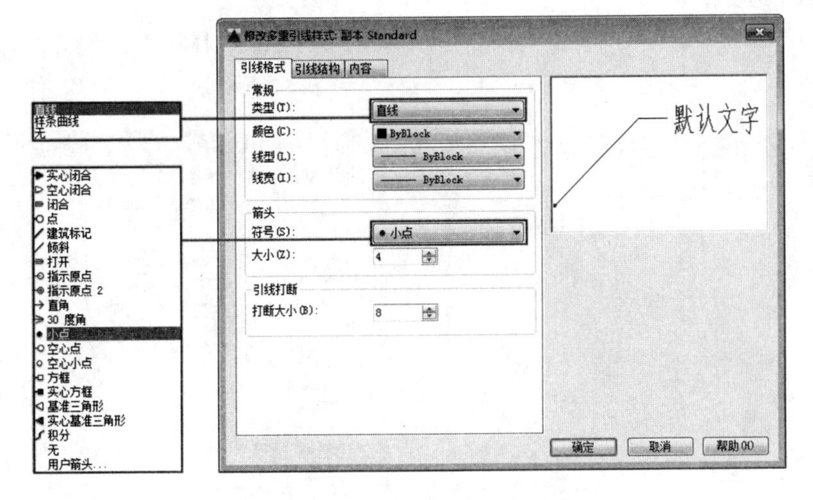

图 5-120 【修改多重引线样式】对话框

❑ 【引线格式】选项卡

该选项卡如图 5-120 所示，可用来设置多重引线的线型、颜色和类型。各选项的含义如下：

➢【类型】：用于设置多重引线的类型，包含【直线】【样条曲线】和【无】三种，该选项的功能同前面介绍过的“引线类型（L）”命令行选项。

➢【颜色】：用于设置引线的颜色，一般采用默认值“ByBlock”（随块）即可。

➢【线型】：用于设置引线的线型，一般采用默认值“ByBlock”（随块）即可。

➢【线宽】：用于设置引线的线宽，一般采用默认值“ByBlock”（随块）即可。

➢【符号】：可以设置多重引线的箭头符号，共19种。

➢【大小】：用于设置箭头的大小。

➢【打断大小】：设置多重引线在用于【DIMBREAK】（标注打断）命令时的打断大小。该值只有在对多重引线使用【标注打断】命令时才能观察到效果，值越大，则打断的距离越大，如图5-121所示。

知识链接 有关【DIMBREAK】（标注打断）命令的知识请见本章“5.3.1 标注打断”。

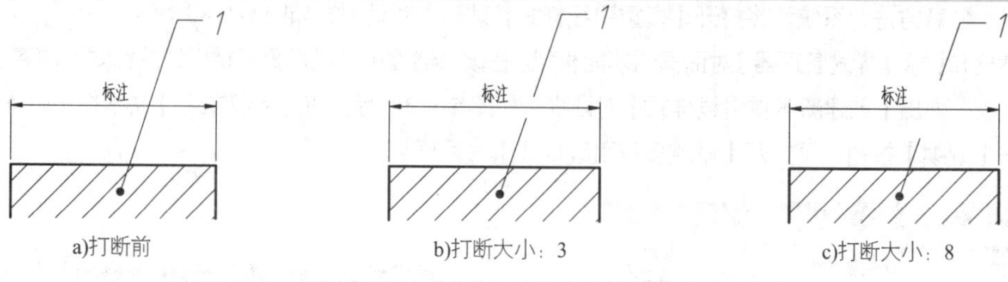

a)打断前　　b)打断大小：3　　c)打断大小：8

图5-121 不同【打断大小】值在执行【标注打断】命令后的效果

❑ 【引线结构】选项卡

该选项卡如图5-122所示，可用来设置多重引线的折点数、引线角度以及基线长度等。各选项具体的含义如下：

➢【最大引线点数】：可以指定新引线的最大点数或线段数。

➢【第一段角度】：该选项可以约束新引线中的第一个点的角度。

➢【第二段角度】：该选项可以约束新引线中的第二个点的角度。

➢【自动包含基线】：确定【多重引线】命令中是否含有水平基线。

➢【设置基线距离】：确定【多重引线】中基线的固定长度。只有勾选【自动包含基线】复选框后才可使用。

❑ 【内容】选项卡

【内容】选项卡如图5-123所示。在该选项卡中，可以对多重引线的注释内容进行设置，如文字样式、文字对齐等。

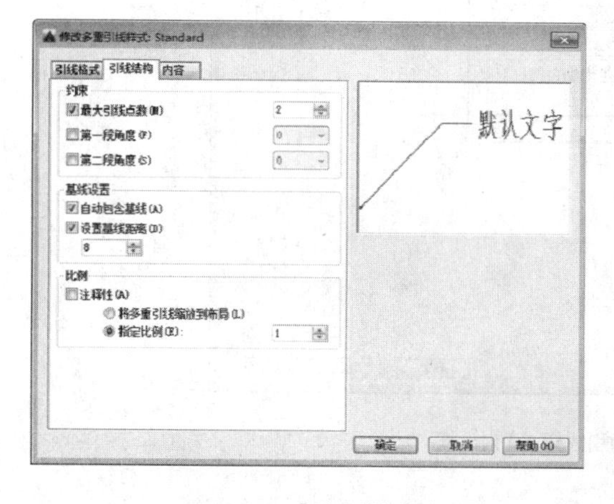

图5-122 【引线结构】选项卡

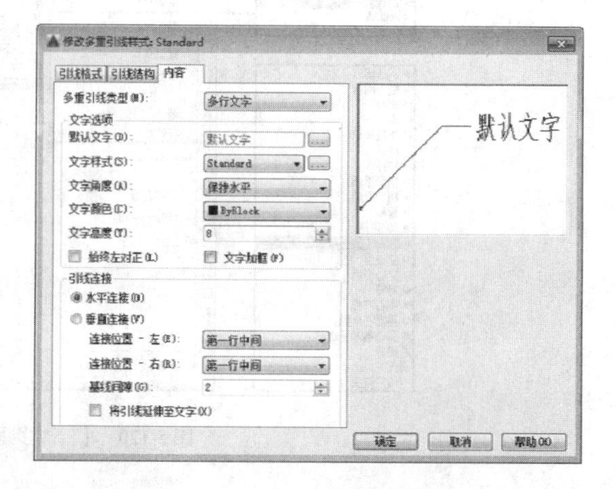

图5-123 【内容】选项卡

➢【多重引线类型】：在下拉列表中可以选择多重引线的内容类型，有【多行文字】【块】和【无】三个选项。该选项的功能同前面介绍过的【内容类型（C）】命令行选项。

➢【文字样式】：用于选择标注的文字样式。也可以单击其后的按钮...，在弹出的【文字样式】对话框中选择文字样式或新建文字样式。

➢【文字角度】：指定标注文字的旋转角度，有【保持水平】【按插入】【始终正向读取】三个选项。【保持水平】为默认选项，无论引线如何变化，文字始终保持水平位置，如图5-124所示；【按插入】则根据引线方向自动调整文字角度，使文字对齐至引线，如图5-125所示；【始终正向读取】同样可以让文字对齐至引线，但对齐时会根据引线方向自动调整文字方向，使其一直保持从右往左的正向读取方向，如图5-126所示。

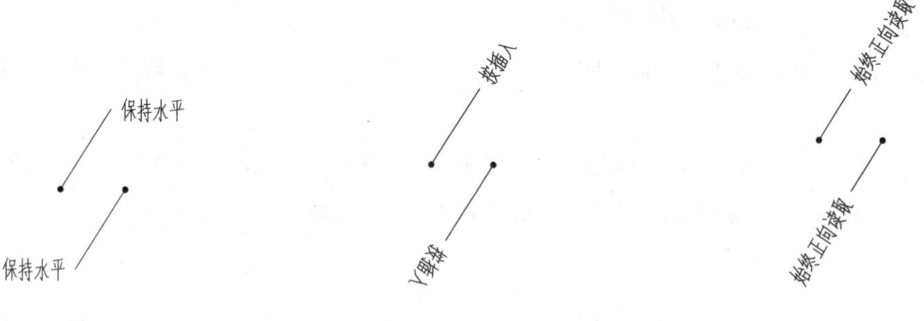

图5-124 【保持水平】效果　　图5-125 【按插入】效果　　图5-126 【始终正向读取】效果

专家提醒 【文字角度】只有在取消选择【自动包含基线】复选框后才会生效。

➢【文字颜色】：用于设置文字的颜色，一般采用默认值“ByBlock”（随块）即可。

➢【文字高度】：设置文字的高度。

➢【始终左对正】：始终指定文字内容左对齐。

➢【文字加框】：为文字内容添加边框，如图5-127所示。边框始终从基线的末端开始，与文本之间的间距就相当于基线到文本的距离，因此通过修改【基线间隙】文本框中的值，可以控制文字和边框之间的距离。

图5-127 【文字加框】效果对比

➢【引线连接-水平连接】：将引线插入到文字内容的左侧或右侧，如图5-128所示。【水平连接】包括文字和引线之间的基线，为默认设置。

➢【引线连接-垂直连接】：将引线插入到文字内容的顶部或底部，如图5-129所示。【垂直连接】不包括文字和引线之间的基线。

图5-128 【水平连接】引线　　图5-129 【垂直连接】引线

专家提醒 【垂直连接】选项下不含基线效果。

➢【连接位置】：该选项控制基线连接到文字的方式，根据【引线连接】的不同有不同的选项。如果选择的是【水平连接】，则【连接位置】有左、右之分，每个下拉列表中都有9个位置选项可选，如图5-130所示；

如果选择的是【垂直连接】，则【连接位置】有上、下之分，每个下拉列表中只有 2 个位置可选，如图 5-131 所示。

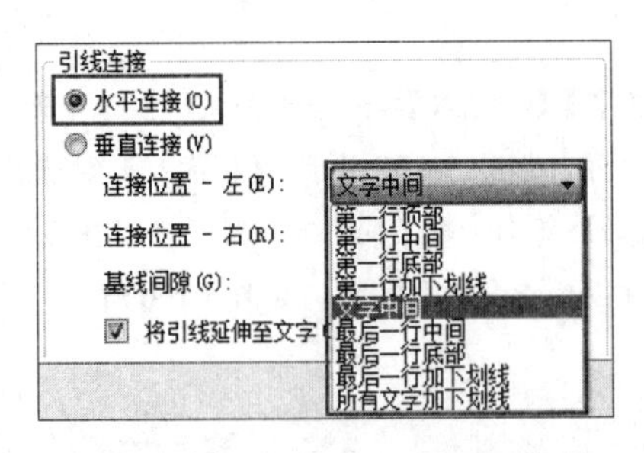

图 5-130 【水平连接】中的引线连接位置

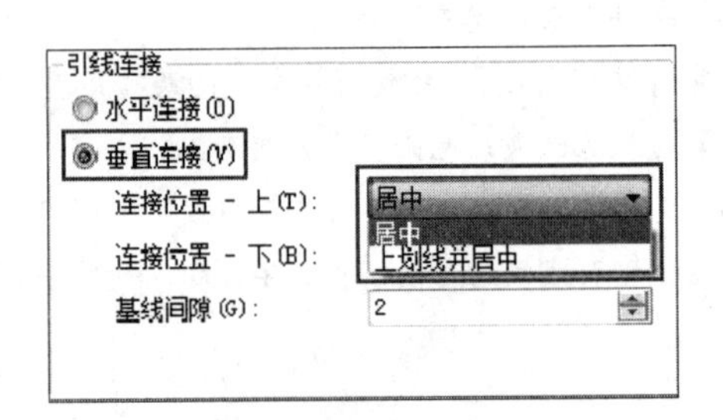

图 5-131 【垂直连接】中的引线连接位置

专家提醒 【水平连接】下的 9 种引线连接位置如图 5-132 所示；【垂直连接】下的 2 种引线连接位置如图 5-133 所示。通过指定合适的位置，可以创建出适用于不同行业的多重引线，

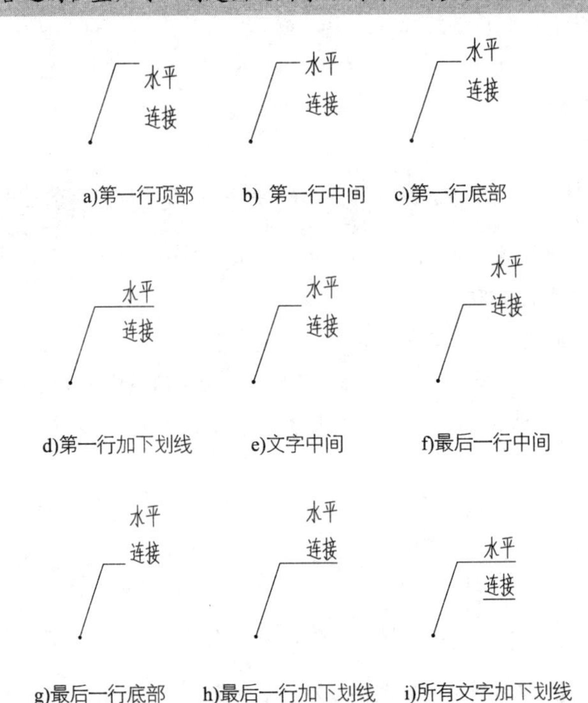

a)第一行顶部 b) 第一行中间 c)第一行底部

d)第一行加下划线 e)文字中间 f)最后一行中间

g)最后一行底部 h)最后一行加下划线 i)所有文字加下划线

图 5-132 【水平连接】中的 9 种引线连接位置

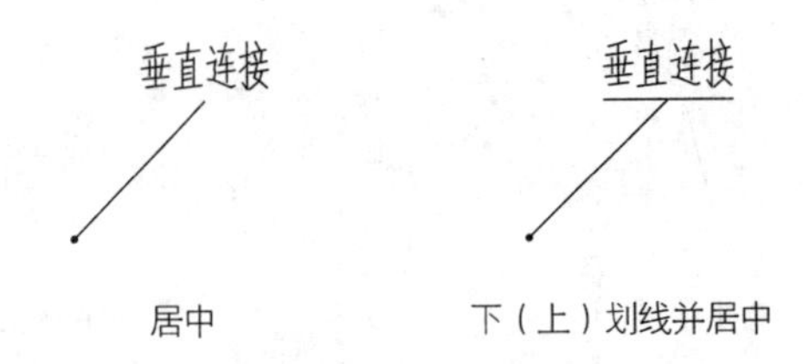

居中 下（上）划线并居中

图 5-133 【垂直连接】中的 2 种引线连接位置

➢ 【基线间隙】：在该文本框中可以指定基线和文本内容之间的距离，不同的【基线间隙】对比如图 5-134 所示。

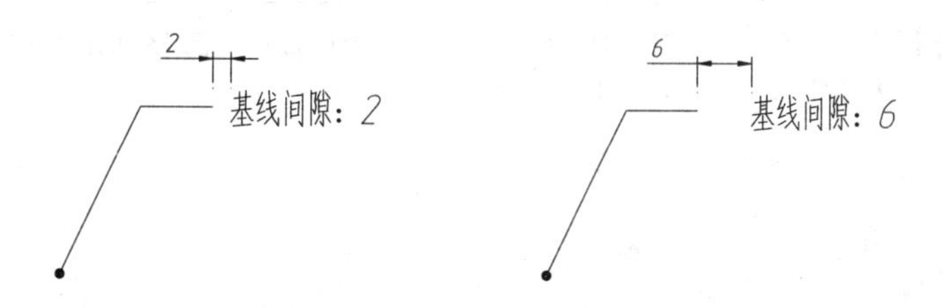

图 5-134　不同的【基线间隙】对比

【案例 5-13】：多重引线标注立面图标高

视频文件：视频\第 5 章\5-13.mp4

01 打开“第 5 章\5-13 多重引线样式标注标高.dwg”文件，素材图形如图 5-135 所示，其中已绘制好楼层的立面图和一名称为“标高”的属性图块。

02 创建引线样式。在【默认】选项卡中单击【注释】面板中的【多重引线样式】按钮，打开【多重引线样式管理器】对话框，单击【新建】按钮，新建一名称为“标高引线”的样式，如图 5-136 所示。

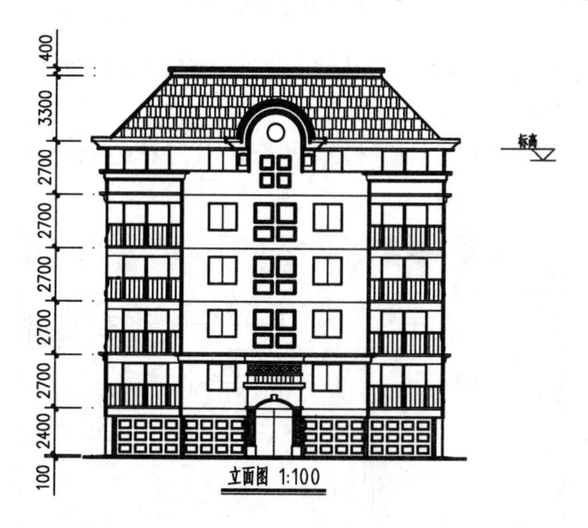

图 5-135　素材图形

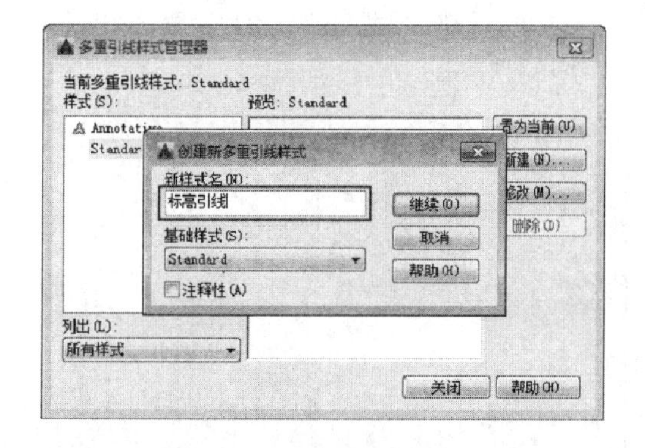

图 5-136　新建“标高引线”样式

03 设置引线参数。单击【继续】按钮，打开【修改多重引线样式：标高引线】对话框，在【引线格式】选项卡中设置箭头【符号】为【无】，如图 5-137 所示，在【引线结构】选项卡中取消【自动包含基线】复选框的勾选，如图 5-138 所示。

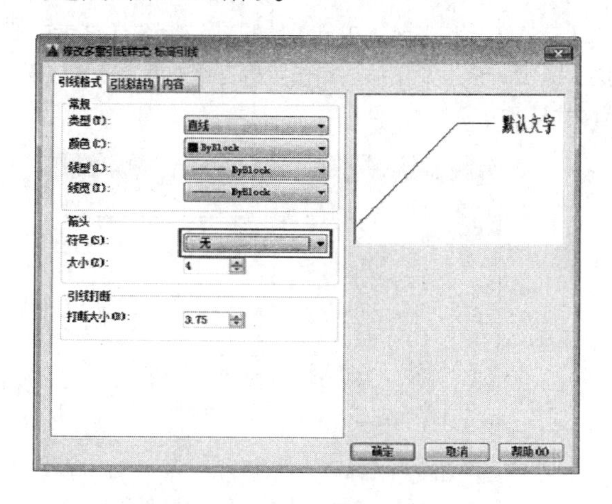

图 5-137　设置箭头【符号】为【无】

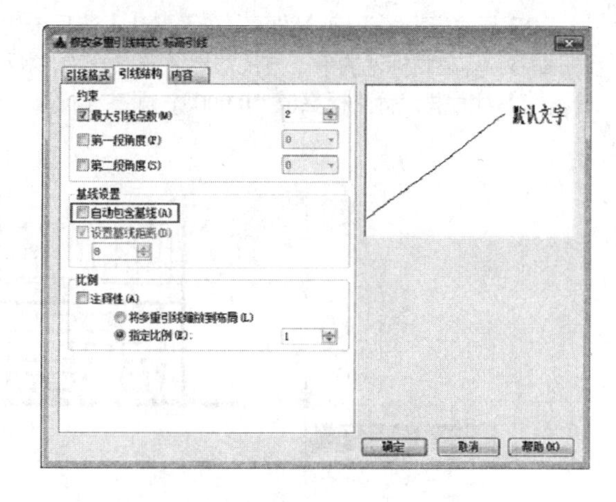

图 5-138　取消【自动包含基线】复选框的勾选

04 设置引线内容。切换至【内容】选项卡，在【多重引线类型】下拉列表中选择【块】，然后在【源块】下拉列表中选择【用户块】（即用户自己所创建的图块），如图 5-139 所示。

05 系统自动打开【选择自定义内容块】对话框，在下拉列表中提供了图形中所有的图块，在其中选择素材图形中已创建好的【标高】图块即可，如图 5-140 所示。

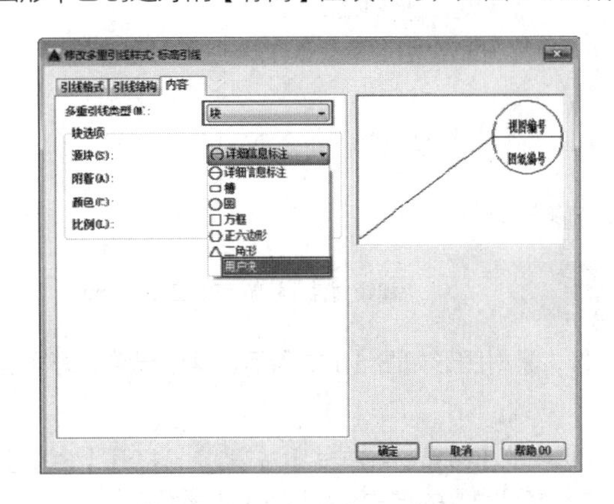

图 5-139　设置多重引线类型

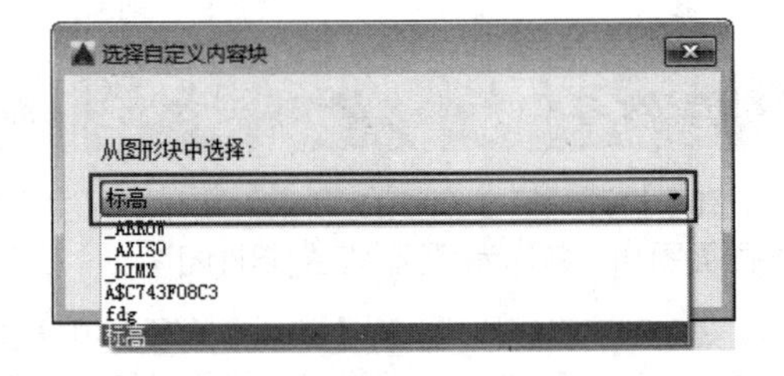

图 5-140　选择【标高】图块

06 选择完毕后自动返回【修改多重引线样式：标高引线】对话框，在【内容】选项卡的【附着】下拉列表中选择【插入点】选项，完成所有引线参数的设置，如图 5-141 所示。

07 单击【确定】按钮完成引线设置，返回【多重引线样式管理器】对话框，将【标高引线】样式置为当前，如图 5-142 所示。

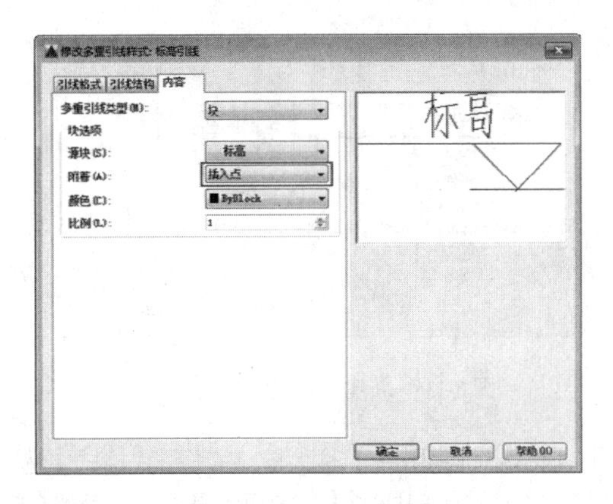

图 5-141　设置多重引线的附着点

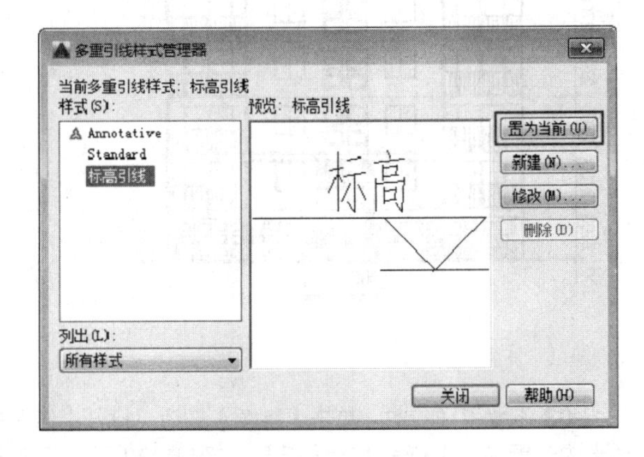

图 5-142　将【标高引线】样式置为当前

08 标注标高。返回绘图区，在【默认】选项卡中单击【注释】面板上的【引线】按钮，执行【多重引线】命令，从左侧标注的最下方尺寸界线端点开始，水平向左引出第一条引线，然后单击鼠标左键放置，打开【编辑属性】对话框，输入标高值“0.000”，即基准标高，如图 5-143 所示。

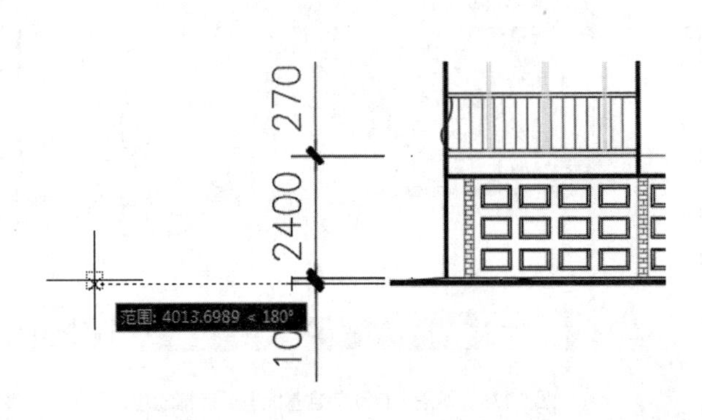

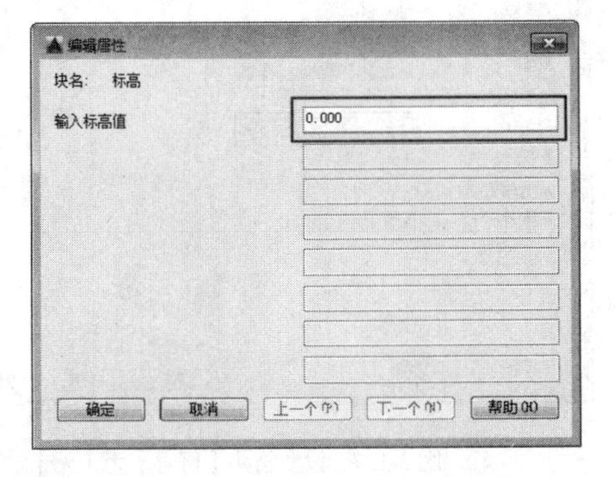

图 5-143　设置基准标高

09 标注结果如图 5-144 所示。接着按相同方法，对其余位置进行标注，即可快速创建该立面图的所有标高，结果如图 5-145 所示。

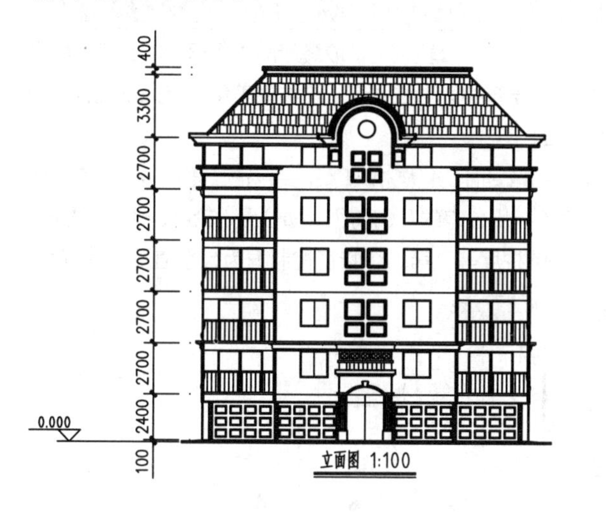

图 5-144　标注基准标高

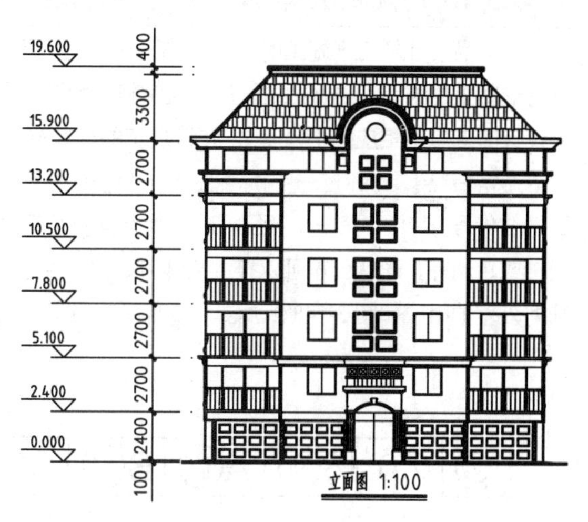

图 5-145　标注其余标高

5.3.12　快速引线标注

【快速引线】命令是 AutoCAD 常用的引线标注命令，相较于【多重引线】来说，【快速引线】是一种形式较为自由的引线标注，其结构组成如图 5-146 所示，其中转折次数可以设置，注释内容也可设置为其他类型。

【快速引线】命令只能在命令行中输入【QLEADER】或【LE】来执行。在命令行中输入【QLEADER】或【LE】，然后按 Enter 键，命令行操作如下：

```
命令：LE                                         //执行【快速引线】命令
QLEADER
指定第一个引线点或 [设置(S)] <设置>:             //指定引线箭头位置
指定下一点:                                       //指定转折点位置
指定下一点:                                       //指定要放置内容的位置
指定文字宽度 <0>:↙                               //输入文本宽度或保持默认
输入注释文字的第一行 <多行文字(M)>: 快速引线↙    //输入文本内容
输入注释文字的下一行: ↙                          //指定下一行内容或按 Enter 键完成操作
```

在命令行中输入【S】，系统弹出如图 5-147 所示的【引线设置】对话框，，可以在其中对引线的注释、引线和箭头、附着等参数进行设置。

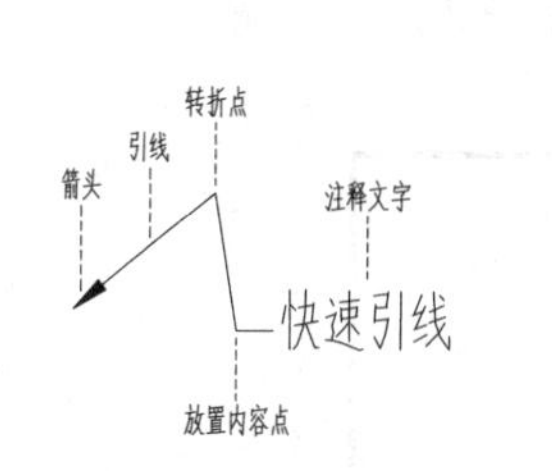

图 5-146　快速引线标注的结构

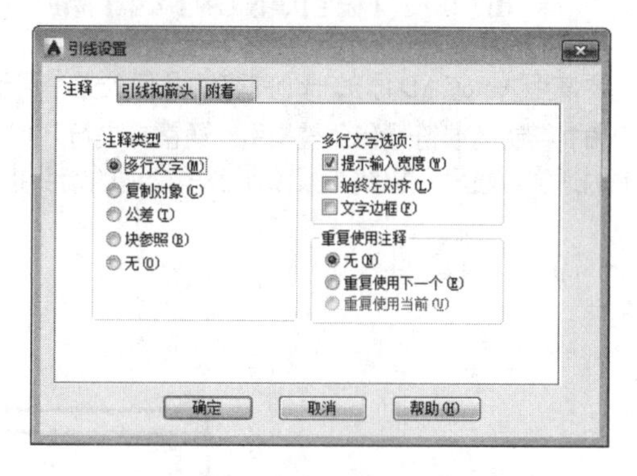

图 5-147　【引线设置】对话框

5.3.13 几何公差标注

在产品设计及工程施工时很难做到分毫无差，因此必须考虑几何公差标注。最终产品不仅有尺寸误差，而且还有形状上的误差和位置上的误差，通常将形状误差和位置误差统称为形位误差。这类误差影响产品的功能，因此设计时应规定相应的【公差】，并按规定的标准符号标注在图样上。

通常情况下，几何公差的标注主要由公差框格和指引线组成，而公差框格内又主要包括公差代号、公差值以及基准代号。其中，第一个特征控制框为几何特征符号，表示应用公差的几何特征，如位置、轮廓、形状、方向、同轴或跳动等，形状公差可以控制直线度、平行度、圆度和圆柱度等；第二个特征控制框为公差值及相关符号。几何公差的组成如图 5-148 所示。下面简单介绍几何公差的标注方法。

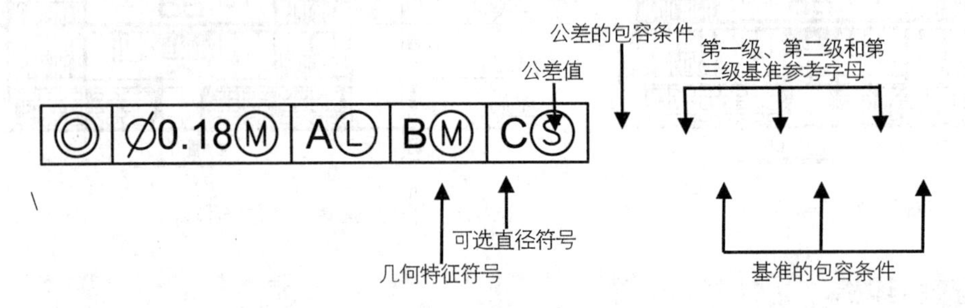

图 5-148 几何公差的组成

在 AutoCAD 中启用【几何公差】命令有如下几种常用方法。

- 功能区：在【注释】选项卡中单击【标注】面板中的【公差】按钮，如图 5-149 所示。
- 菜单栏：执行【标注】|【公差】命令，如图 5-150 所示。
- 命令行： TOLERANCE 或 TOL。

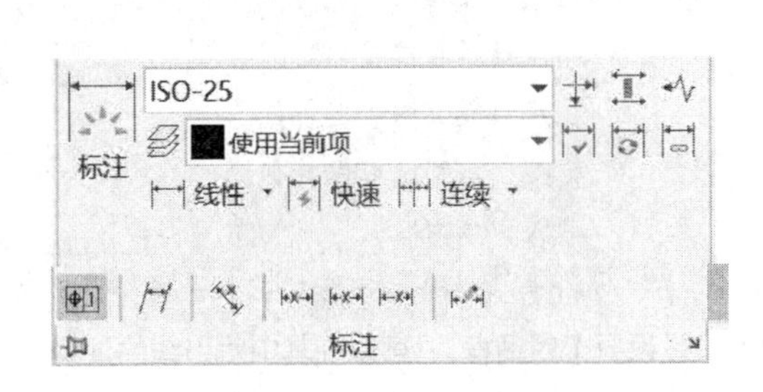

图 5-149 【标注】面板上的【公差】按钮

图 5-150 菜单栏中的【公差】命令

要使用 AutoCAD 添加一个完整的几何公差，可遵循以下 4 步：

01 绘制基准符号和公差指引。通常在进行几何公差标注之前指定公差的基准位置，绘制基准符号，并在图形上的适当位置利用引线工具绘制公差标注的箭头指引线，如图 5-151 所示。

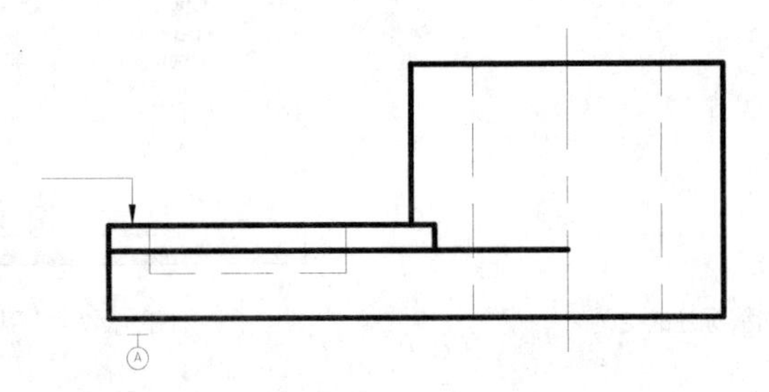

图 5-151 绘制公差基准代号和箭头指引线

02 指定几何公差符号。通过前面介绍的方法执行【公差】命令后，系统弹出【几何公差】对话框，如图5-152所示。选择对话框中的【符号】色块，系统弹出【特征符号】对话框，选择公差符号，即可完成公差符号的指定，如图5-153所示。

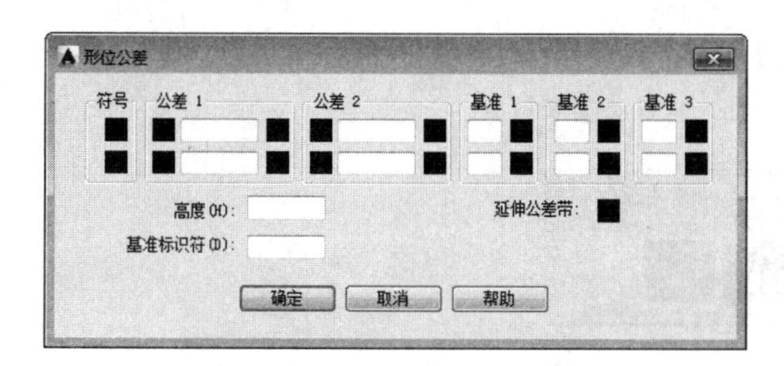

图5-152 【几何公差】对话框

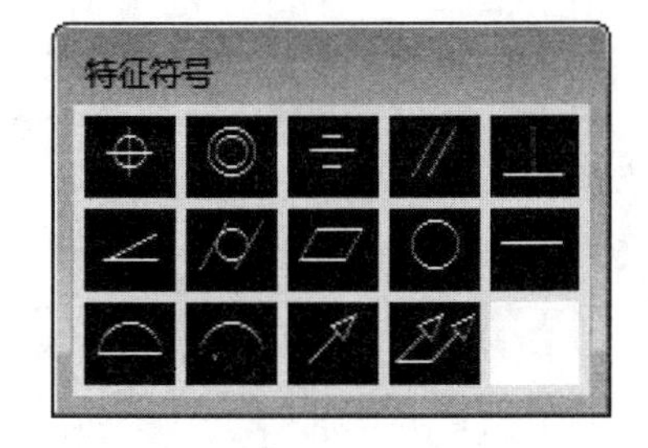

图5-153 【特征符号】对话框

03 指定公差值和包容条件。在【公差1】区域中的文本框中直接输入公差值，并选择后侧的色块，弹出【附加符号】对话框，选择所需的包容符号即可完成指定。

04 指定基准并放置公差框格。在【基准1】区域中的文本框中直接输入该公差基准符号【A】，然后单击【确定】按钮，并在图中所绘制的箭头指引处放置公差框格即可完成公差标注，如图5-154所示。

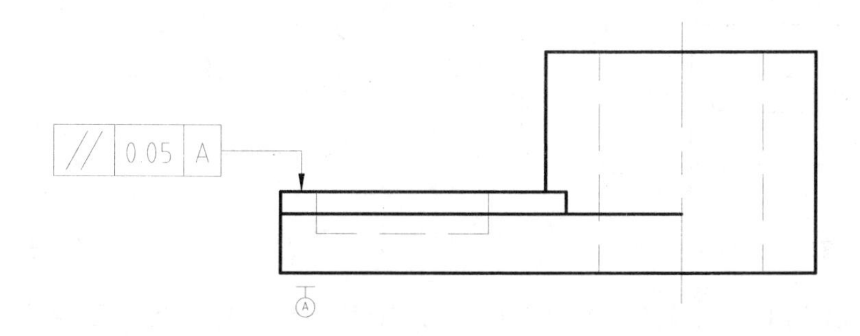

图5-154 标注几何公差

通过【几何公差】对话框，可添加特征控制框里的各个符号及公差值等。各个区域的含义如下：

➢【符号】区域：单击“■”框，系统弹出【特征符号】对话框（见图5-153），在该对话框中可选择公差符号。再次单击“■”框，可清空已填入的符号。公差公差符号的特征和类型见表5-1。

表5-1 公差符号的特征和类型

符号	特征	类型	符号	特征	类型
⌖	位置	位置	▱	平面度	形状
◎	同轴（同心）度	位置	○	圆度	形状
⌯	对称度	位置	—	直线度	形状
//	平行度	方向	⌓	面轮廓度	轮廓
⊥	垂直度	方向	⌒	线轮廓度	轮廓
∠	倾斜度	方向	↗	圆跳动	跳动
⌭	圆柱度	形状	⌰	全跳动	跳动

➢【公差1】和【公差2】区域：每个公差区域包含3个框。第一个为“■”框，单击可插入特征符号；第二个为文本框，可输入公差值；第三个为“■”框，单击后弹出【附加符号】对话框（见图5-155），用来插入公差的包容条件，其中符号Ⓜ代表材料的中等情况，Ⓛ代表材料的最大状况，Ⓢ代表材料的最小状况。

➤【基准 1】【基准 2】和【基准 3】区域：这 3 个区域用来添加基准参照。3 个区域分别对应第一级、第二级和第三级基准参照。

➤【高度】文本框：输入特征控制框中的投影公差零值。

➤【基准标识符】文本框：输入参照字母组成的基准标识符。

➤【延伸公差带】选项：在延伸公差带值的后面插入延伸公差带符号。

图 5-155 【附加符号】对话框

【案例 5-14】：标注轴的几何公差　　视频文件：视频\第 5 章\5-14.mp4

01 打开 “第 5 章\5-14 标注轴的几何公差.dwg” 文件，素材图形如图 5-156 所示。

02 单击【绘图】面板中的【矩形】【直线】按钮，绘制基准符号，并添加文字，如图 5-157 所示。

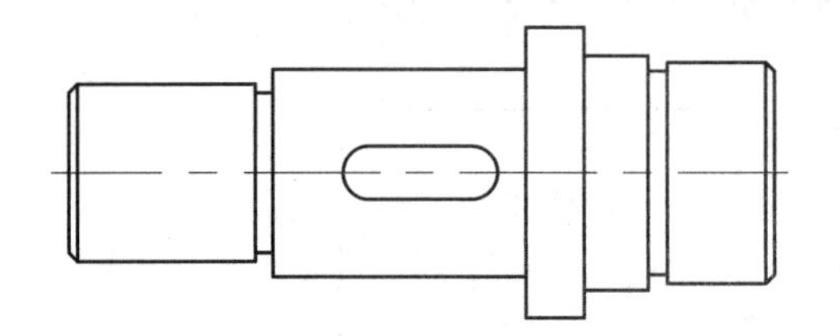

图 5-156 打开素材图形

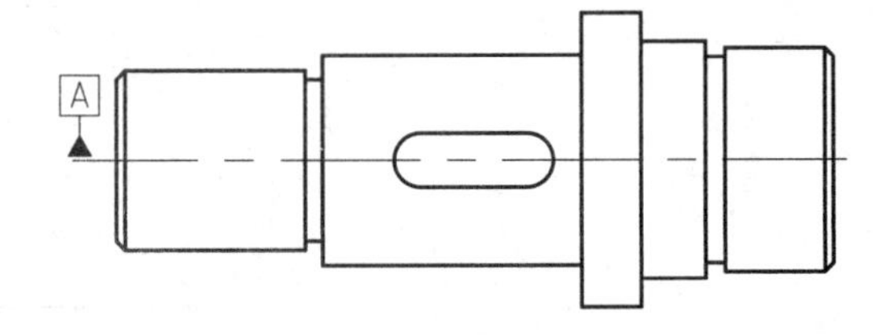

图 5-157 绘制基准符号

03 选择【标注】|【公差】命令，弹出【几何公差】对话框，选择公差类型为【同轴度】，然后输入公差值【Ø0.03】和公差基准【A】，如图 5-158 所示。

04 单击【确定】按钮，在要标注的位置附近单击，插入该几何公差，如图 5-159 所示。

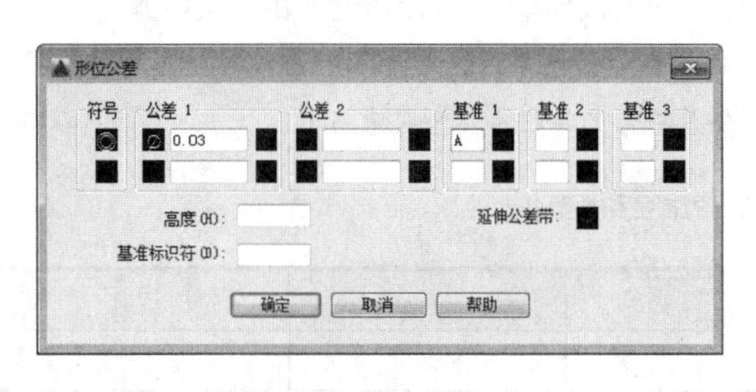

图 5-158 设置公差参数

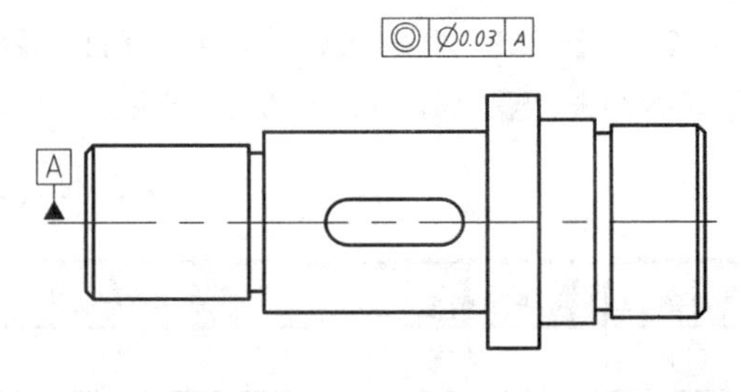

图 5-159 插入几何公差

05 单击【注释】面板中的【多重引线】按钮，绘制多重引线指向公差位置，如图 5-160 所示。

06 使用【快速引线】命令快速绘制几何公差。在命令行中输入【LE】并按 Enter 键，利用快速引线标注几何公差，命令行操作如下：

```
命令：LE↙                                   //调用【快速引线】命令
QLEADER
指定第一个引线点或 [设置(S)] <设置>:        //选择【设置】选项，弹出【引线设置】对话框，设置【注释类型】为【公差】，如图 5-161 所示，单击【确定】按钮，继续执行以下命令行操作
指定第一个引线点或 [设置(S)] <设置>:        //在要标注公差的位置单击，指定引线箭头位置
指定下一点:                                  //指定引线转折点
```

指定下一点:　　　　　　　　　　//指定引线端点

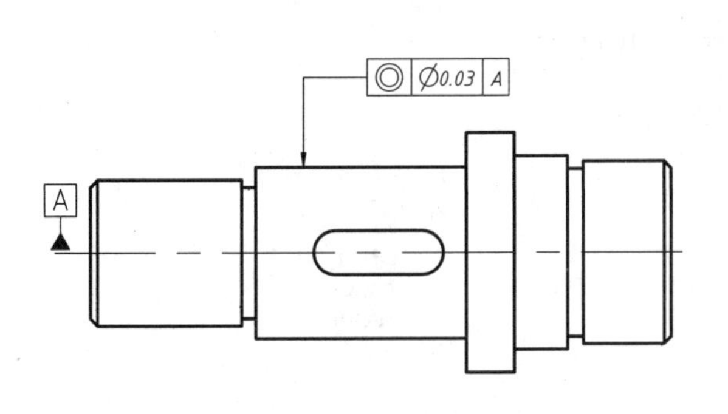

图 5-160　添加多重引线

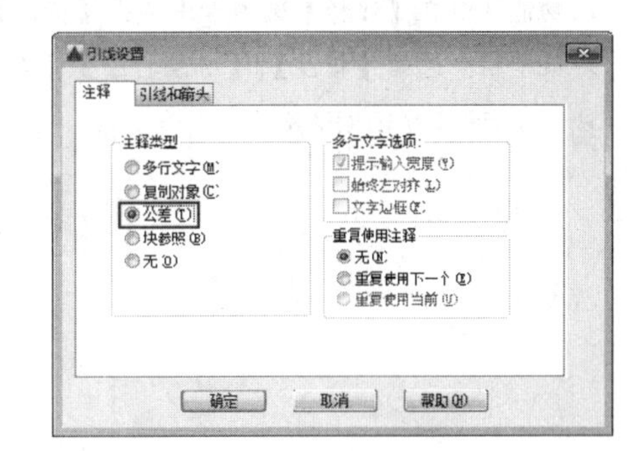

图 5-161　【引线设置】对话框

07 在需要标注几何公差的地方定义引线，如图 5-162 所示。定义之后，弹出【几何公差】对话框，设置公差参数如图 5-163 所示。

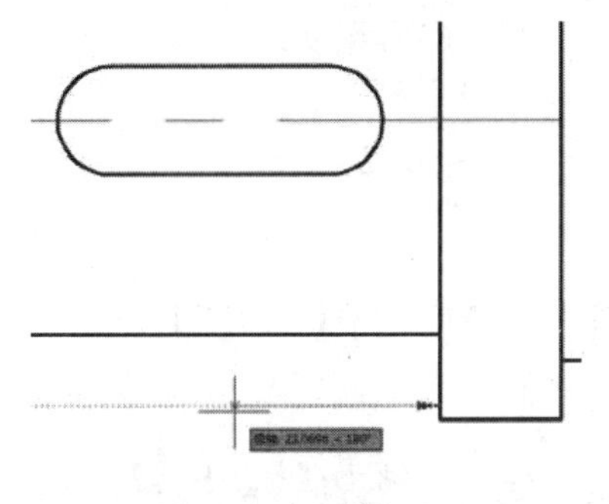

图 5-162　定义引线

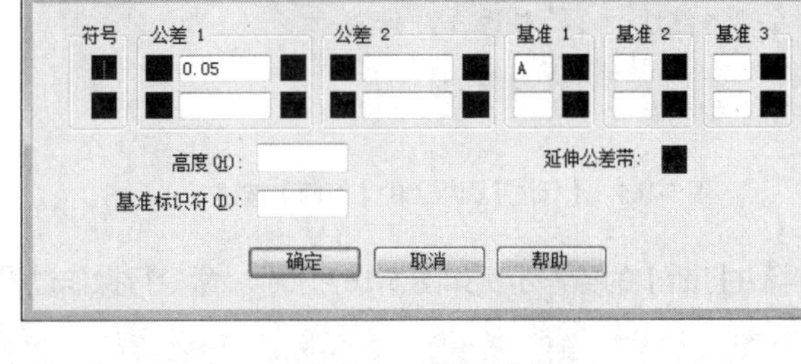

图 5-163　设置公差参数

08 单击【确定】按钮，创建的几何公差标注如图 5-164 所示。

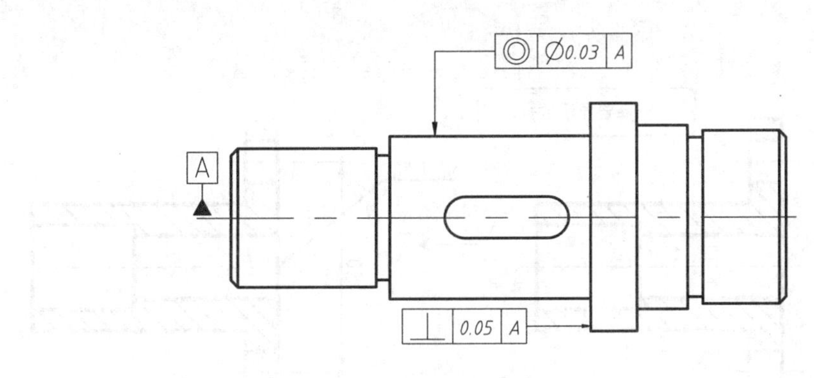

图 5-164　标注的几何公差

5.4　标注的编辑

在创建尺寸标注后，如未能达到预期的效果，还可以对尺寸标注进行编辑，如修改尺寸标注文字的内容、编辑标注文字的位置、更新标注和关联标注等，而不必删除所标注的尺寸对象再重新进行标注。

5.4.1　标注打断

在图样内容丰富、标注繁多的情况下，标注线过于密集就会影响图样的观察效果，甚至让用户混淆尺寸，引起疏漏，造成损失。为了使图样尺寸标注结构清晰，可使用【标注打断】命令在标注线交叉的位置将其打断。

执行【标注打断】命令的方法有以下几种。

➢ 功能区：在【注释】选项卡中单击【标注】面板中的【打断】按钮，如图 5-165 所示。

➢ 菜单栏：选择【标注】|【标注打断】命令，如图 5-166 所示。

➢ 命令行：DIMBREAK。

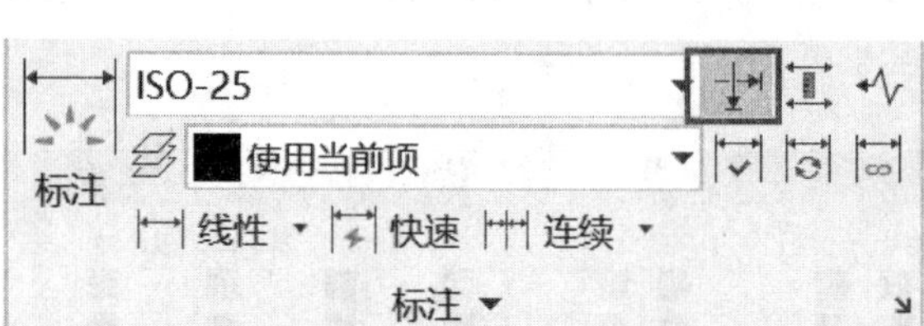

图 5-165 【标注】面板上的【打断】按钮

图 5-166 菜单栏中的【标注打断】命令

【标注打断】的操作示例如图 5-167 所示。命令行操作过程如下：

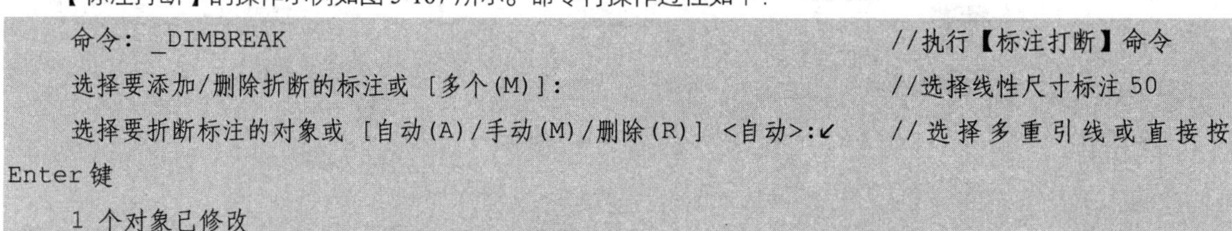

```
命令：_DIMBREAK                                           //执行【标注打断】命令
选择要添加/删除折断的标注或 [多个(M)]:                        //选择线性尺寸标注 50
选择要折断标注的对象或 [自动(A)/手动(M)/删除(R)] <自动>:↙      //选择多重引线或直接按 Enter 键
1 个对象已修改
```

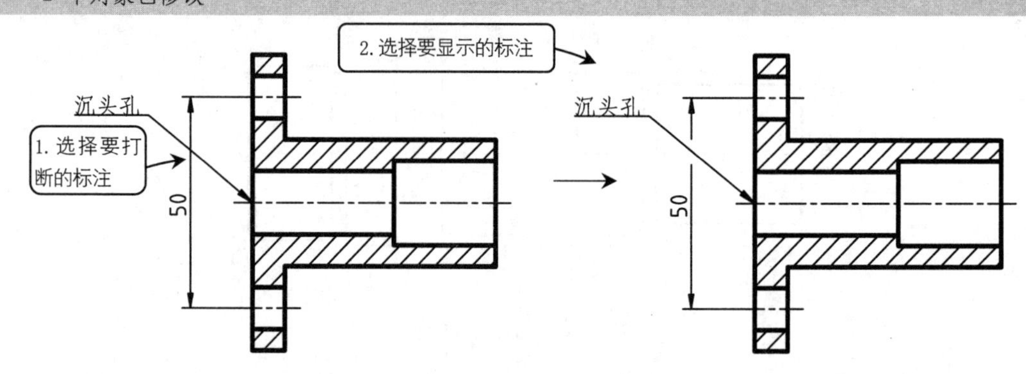

图 5-167 【标注打断】操作示例

命令行中各选项的含义如下：

➢ 【多个（M)】：指定要向其中添加折断或要从中删除折断的多个标注。

➢ 【自动（A)】：此选项是默认选项，用于在标注相交位置自动生成打断。普通标注的打断距离为【修改标注样式】对话框【箭头和符号】选项卡【折断大小】文本框中的值，多重引线的打断距离则通过【修改多重引线样式】对话框【引线格式】选项卡【打断大小】文本框中的值来控制。

➢ 【手动（M)】：选择此选项，需要用户先指定两个打断点，然后将两点之间的标注线打断。

➢ 【删除（R）】：选择此选项可以删除已创建的打断。

【案例 5-15】：打断标注优化图形

视频文件：视频\第 5 章\5-15.mp4

如果图形中孔系繁多，结构复杂，图形的定位尺寸、定形尺寸就会相当丰富，而且互相交叉，对观察图形有一定影响。此外，如果打印机像素不高，而且这类图形打印出来之后就可能模糊成一团，让加工人员无从下手。本例将通过对一定位块的标注进行优化，来让读者进一步理解【标注打断】命令的操作。

01 打开“第 5 章\5-15 打断标注优化图形.dwg”文件，素材图形如图 5-168 所示，可以看到其中的标注相互交叉，有些尺寸被遮挡。

02 在【注释】选项卡中单击【标注】面板中的【打断】按钮，然后在命令行中输入【M】，即选择“多个（M）”选项，接着选择最上方的尺寸“40”，连按两次 Enter 键，完成打断标注的选取，结果如图 5-169 所示。命令行操作如下：

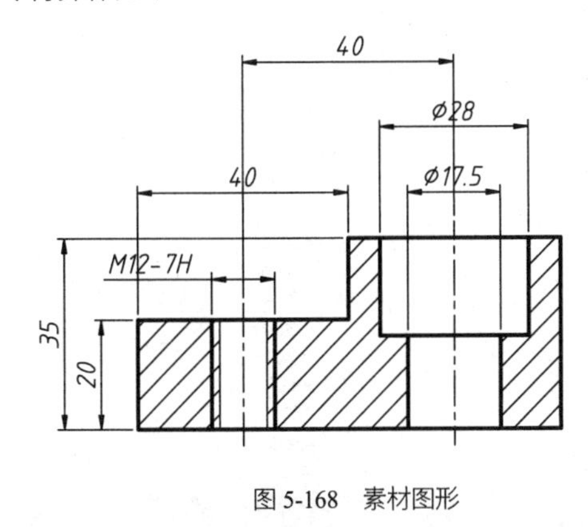

图 5-168　素材图形

图 5-169　打断尺寸标注 40

```
命令：_DIMBREAK
选择要添加/删除折断的标注或 [多个(M)]：M↙          //选择“多个”选项
选择标注：找到 1 个                                  //选择最上方的尺寸 40 为要打断的尺寸
选择标注：↙                                          //按 Enter 键完成选择
选择要折断标注的对象或 [自动(A)/删除(R)] <自动>:↙     //按 Enter 键完成要显示的标注选择，即所有其他标注
1 个对象已修改
```

03 使用相同的方法，打断其余要显示的尺寸，最终结果如图 5-170 所示。

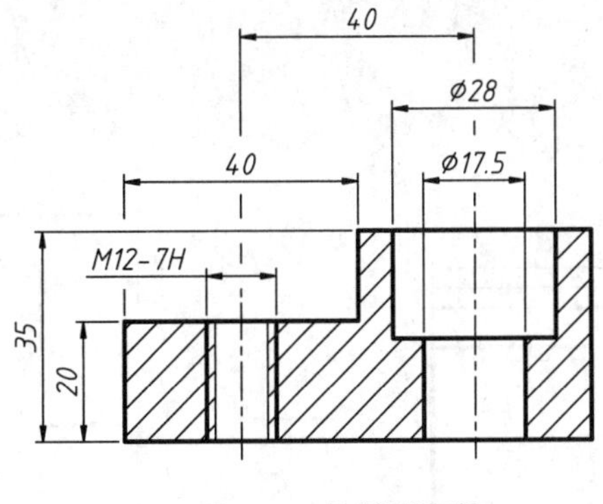

图 5-170　完成标注打断

5.4.2　调整标注间距

在 AutoCAD 中进行基线标注时，如果没有设置合适的基线间距，可能会使尺寸线之间的间距过大或过小，如图 5-171 所示。利用【调整间距】命令，可调整互相平行的线性尺寸或角度尺寸之间的距离。

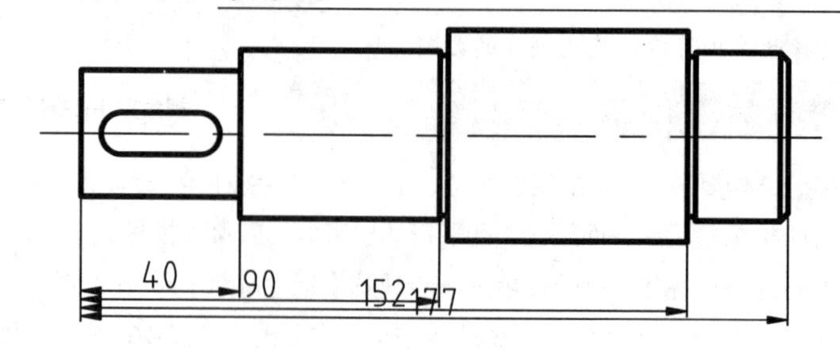

图 5-171　标注间距过小

执行【调整间距】命令的方式有以下几种。

- 功能区：在【注释】选项卡中单击【标注】面板中的【调整间距】按钮，如图 5-172 所示。
- 菜单栏：选择【标注】|【标注间距】命令，如图 5-173 所示。
- 命令行：DIMSPACE。

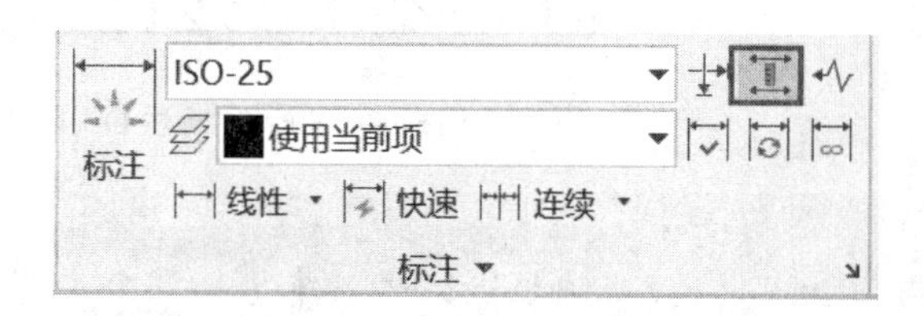

图 5-172　【标注】面板上的【调整间距】按钮

图 5-173　菜单栏中的【标注间距】命令

【调整间距】命令的操作示例如图 5-174 所示，命令行操作如下：

```
命令: _DIMSPACE                                  //执行【调整间距】命令
选择基准标注:                                     //选择尺寸 29
选择要产生间距的标注:找到 1 个                     //选择尺寸 49
选择要产生间距的标注:找到 1 个, 总计 2 个           //选择尺寸 69
选择要产生间距的标注:↙                            //按 Enter 键, 结束选择
输入值或 [自动(A)] <自动>: 10↙                     //输入间距值
```

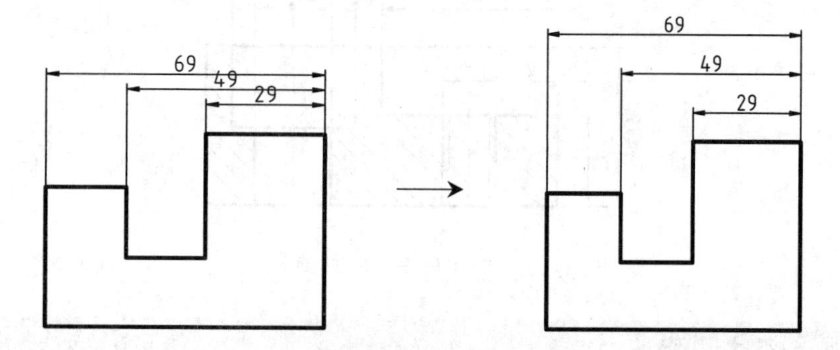

图 5-174　调整标注间距

【调整间距】命令可以通过“输入值”和“自动（A）”这两种方式来创建间距。两种方式的含义如下：

➢【输入值】：为默认选项，输入将选定的标注间隔开的间距值。如果输入的值为 0，则可以将多个标注对齐在同一水平线上，如图 5-175 所示。

➢【自动（A）】：根据所选择的基准标注的标注样式中指定的文字高度自动计算间距，所得的间距值是标注文字高度的 2 倍，如图 5-176 所示。

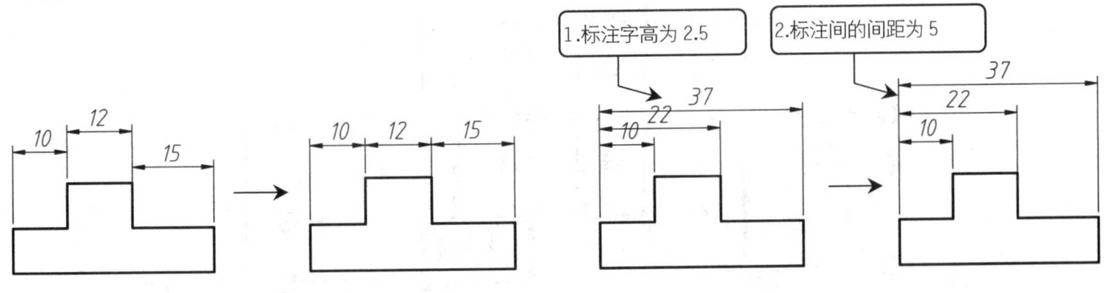

图 5-175　输入间距值为 0 的效果　　图 5-176　“自动（A）”根据字高自动调整间距

【案例 5-16】：调整间距优化图形

视频文件：视频\第 5 章\5-16.mp4

01 打开“第 5 章\5-16 调整间距优化图形.dwg”文件，素材图形如图 5-177 所示，可以看到图形中的各尺寸出现了移位，并且不工整。

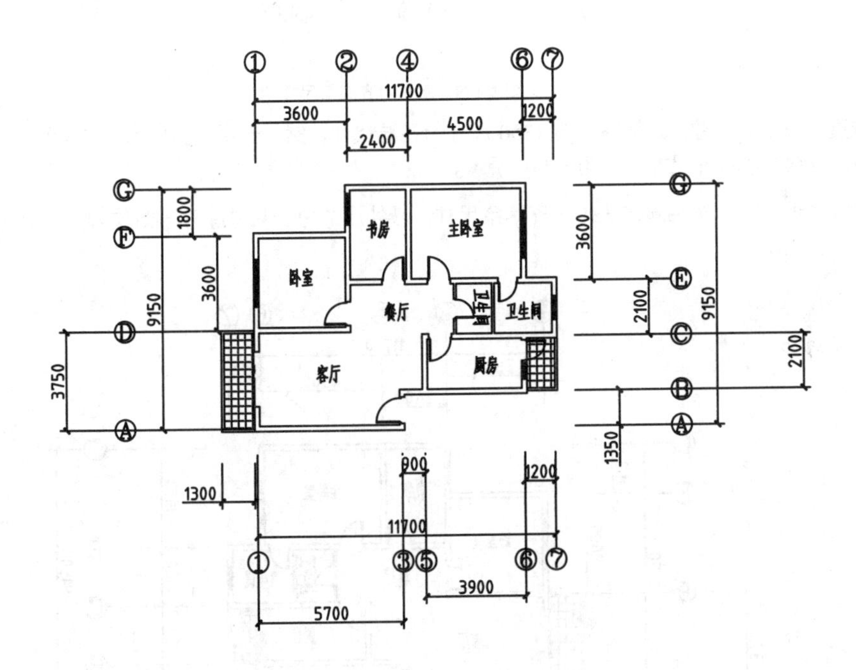

图 5-177　素材图形

02 水平对齐底部尺寸。在【注释】选项卡中单击【标注】面板中的【调整间距】按钮，选择左下方的阳台尺寸 1300 作为基准尺寸，然后依次选择右方的尺寸 5700、900、3900、1200 作为要产生间距的标注，输入间距值为 0，则所选尺寸都统一与尺寸 1300 水平对齐，如图 5-178 所示。命令行操作如下：

```
命令：_DIMSPACE
选择基准标注：/                              //选择尺寸 1300
选择要产生间距的标注:找到 1 个                 //选择尺寸 5700
选择要产生间距的标注:找到 1 个，总计 2 个       //选择尺寸 900
选择要产生间距的标注:找到 1 个，总计 3 个       //选择尺寸 3900
```

```
选择要产生间距的标注:找到 1 个, 总计 4 个                    //选择尺寸 1200
选择要产生间距的标注:                                        //按 Enter 键, 结束选择
输入值或 [自动(A)] <自动>: 0                                 //输入间距值 0, 得到水平排列
```

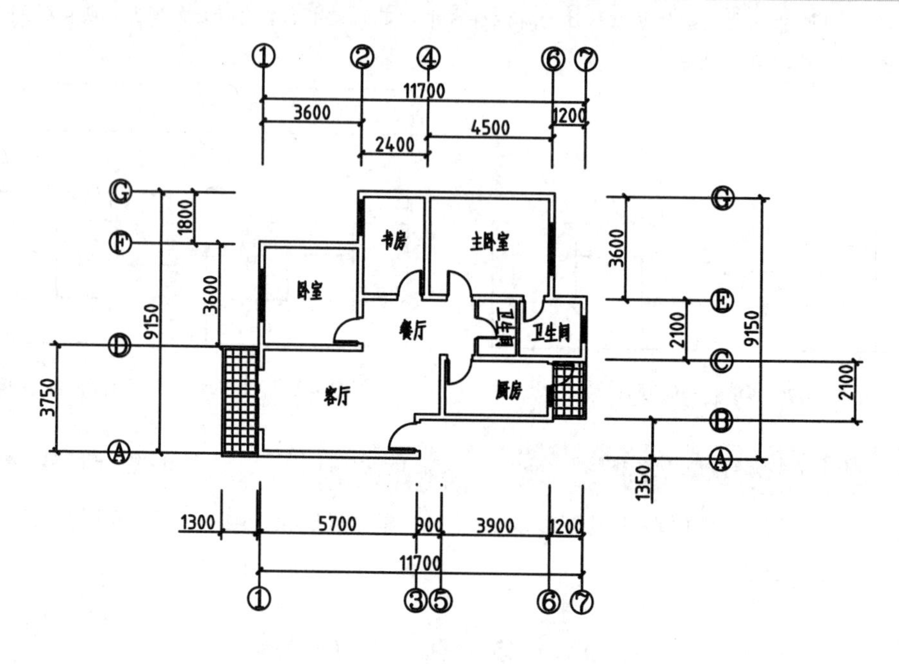

图 5-178　水平对齐底部尺寸

03 垂直对齐右侧尺寸。选择右下方 1350 尺寸为基准尺寸，然后选择上方的尺寸 2100、2100、3600，输入间距值为 0，得到垂直对齐尺寸，如图 5-179 所示。

04 对齐其他尺寸。按相同方法，对齐其余尺寸，最外层的总长尺寸除外，效果如图 5-180 所示。

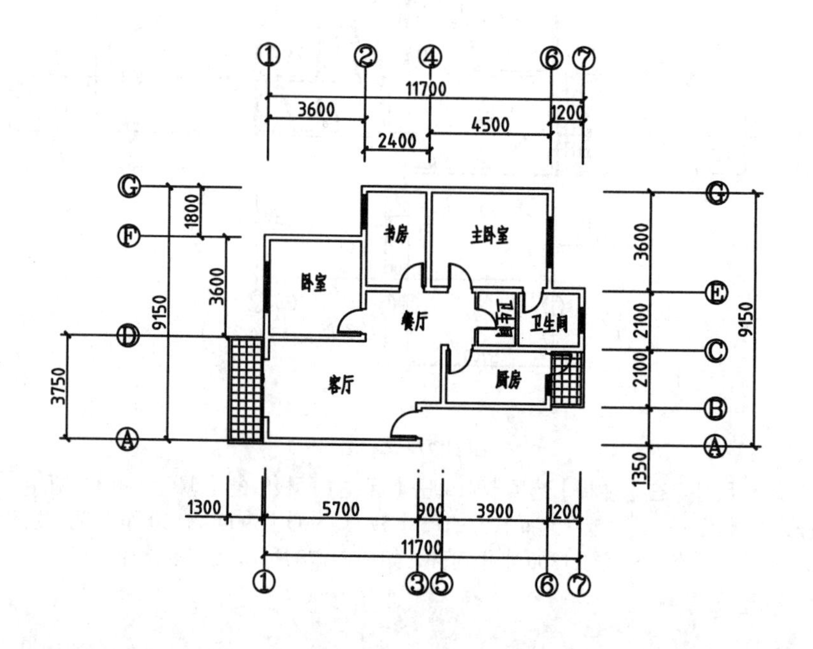

图 5-179　垂直对齐右侧尺寸

05 调整外层间距。再次执行【调整间距】命令，仍选择左下方的阳台尺寸 1300 作为基准尺寸，然后选择下方的总长尺寸 11700 为要调整间距的尺寸，输入间距值为 1300，结果如图 5-181 所示。

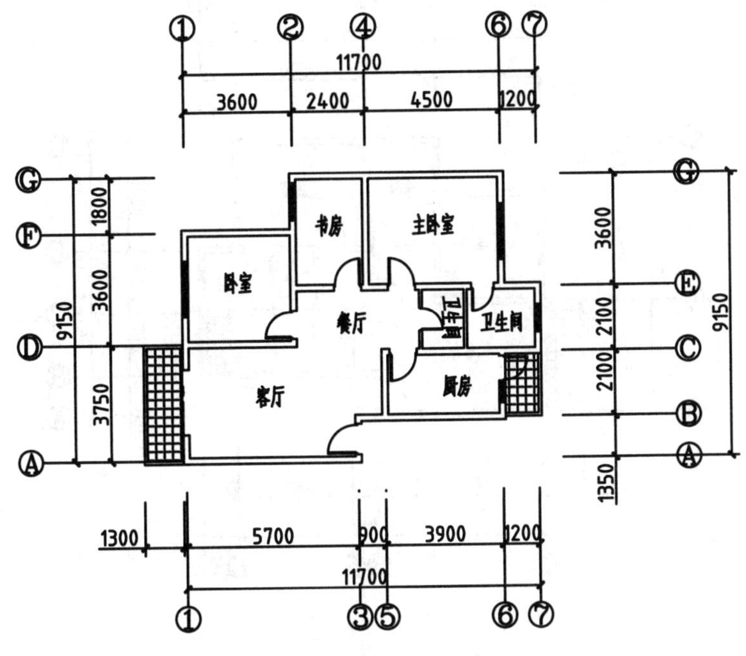

图 5-180　对齐其余尺寸

06 按相同方法，调整所有的外层总长尺寸，结果如图 5-182 所示。

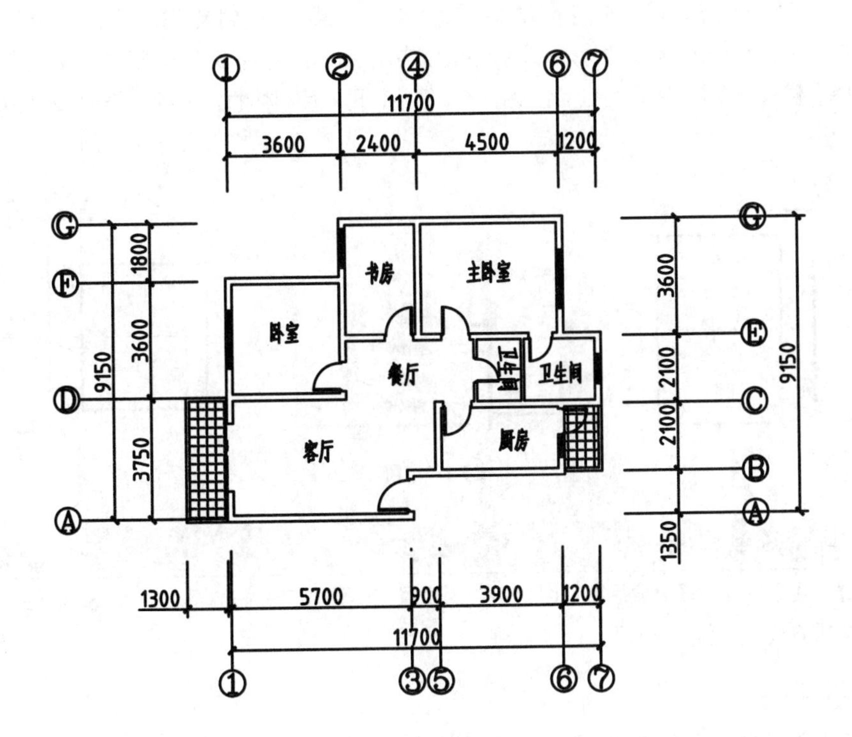

图 5-181　调整下方总长尺寸

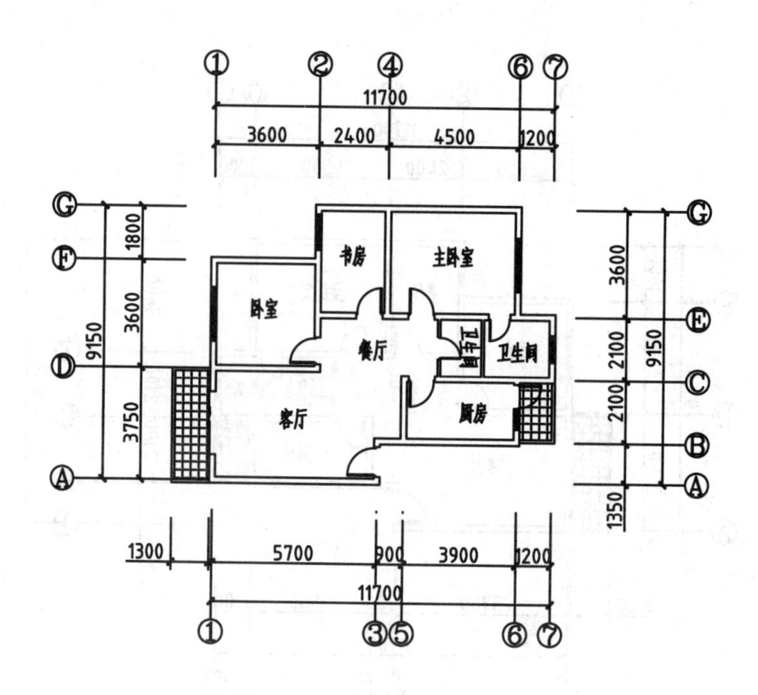

图 5-182 调整其余总长尺寸

5.4.3 翻转箭头

当尺寸界线内的空间狭窄时，可使用【翻转箭头】命令将尺寸箭头翻转到尺寸界线之外，使尺寸标注更清晰。具体操作步骤是：选中需要翻转箭头的标注后，标注会以夹点形式显示，将鼠标移到尺寸界线夹点上，在弹出的快捷菜单中选择【翻转箭头】命令即可翻转该侧的一个箭头，再使用同样的方法翻转另一端的箭头，如图 5-183 所示。

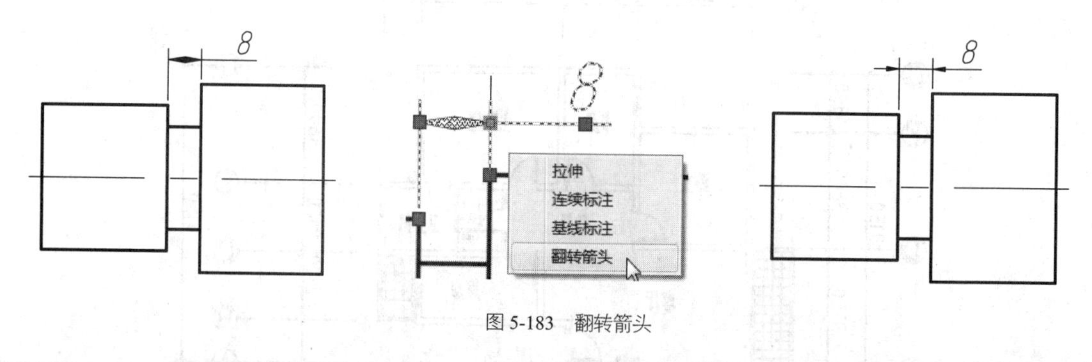

图 5-183 翻转箭头

5.4.4 编辑多重引线

使用【多重引线】命令注释对象后，可以对引线的位置和注释内容进行编辑。在 AutoCAD 2022 中提供了 4 种多重引线的编辑方法，分别介绍如下：

1. 添加引线

【添加引线】命令可以将引线添加至现有的多重引线对象，从而创建一对多的引线效果。该命令的执行方式如下：

- 功能区 1：在【默认】选项卡中单击【注释】面板中的【添加引线】按钮，如图 5-184 所示。
- 功能区 2：在【注释】选项卡中单击【引线】面板中的【添加引线】按钮，如图 5-185 所示。

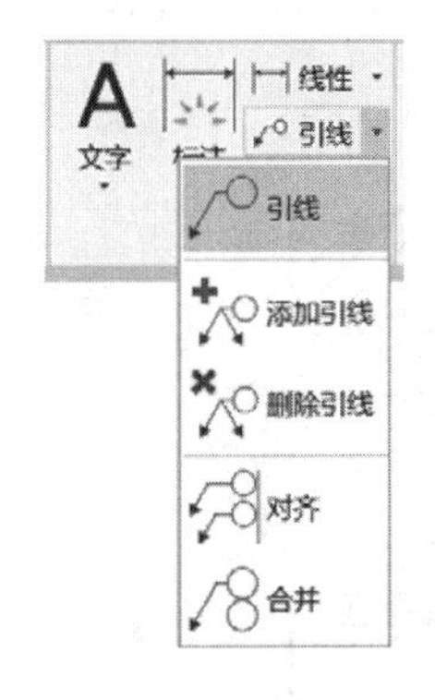

图 5-184 【注释】面板上的【添加引线】按钮

图 5-185 【引线】面板上的【添加引线】按钮

单击【添加引线】按钮执行命令后，直接选择要添加引线的多重引线，然后指定新引线的箭头位置，即可添加新的引线，如图 5-186 所示，命令行操作如下：

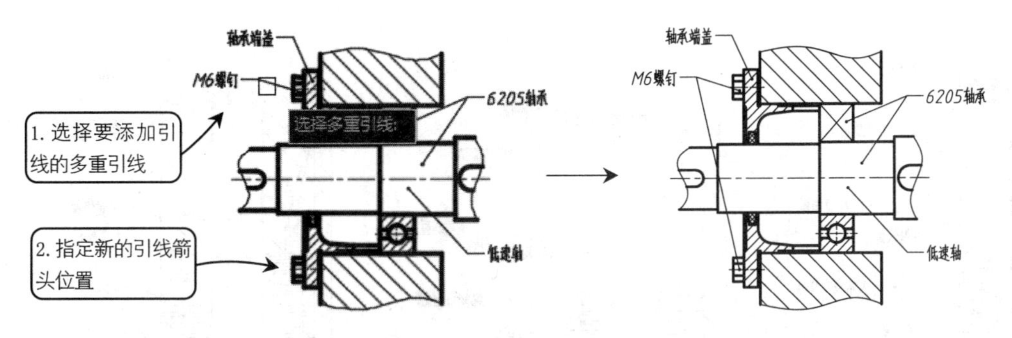

图 5-186 添加引线操作示例

```
选择多重引线:                                //选择要添加引线的多重引线
找到 1 个
指定引线箭头位置或 [删除引线(R)]:             //指定新的引线箭头位置，按Enter键结束命令
```

2. 删除引线

【删除引线】命令可以将引线从现有的多重引线对象中删除，即将【添加引线】命令所创建的引线删除。该命令的执行方式有以下几种。

- 功能区 1：在【默认】选项卡中单击【注释】面板中的【删除引线】按钮，如图 5-184 所示。
- 功能区 2：在【注释】选项卡中单击【引线】面板中的【删除引线】按钮，如图 5-185 所示。

单击【删除引线】按钮执行命令后，直接选择要删除引线的多重引线即可，如图 5-187 所示。命令行操作如下：

```
选择多重引线:                                //选择要删除引线的多重引线
找到 1 个
指定要删除的引线或 [添加引线(A)]: ↙          //按Enter键结束命令
```

3. 对齐引线

【对齐引线】命令可以将选定的多重引线对齐，并按一定的间距进行排列。该命令的执行方式有以下几种。

- 功能区 1：在【默认】选项卡中单击【注释】面板中的【对齐】按钮，如图 5-184 所示。
- 功能区 2：在【注释】选项卡中单击【引线】面板中的【对齐】按钮，如图 5-185 所示。
- 命令行：MLEADERALIGN。

单击【对齐】按钮执行命令后，选择所有要进行对齐的多重引线，然后按 Enter 键确认，接着根据提示指定一多重引线，则其余多重引线均对齐至该多重引线，如图 5-188 所示。命令行操作如下：

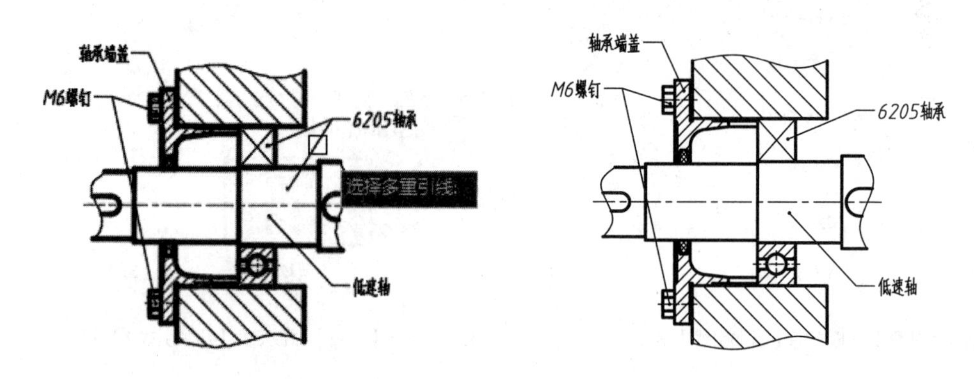

图 5-187　删除引线

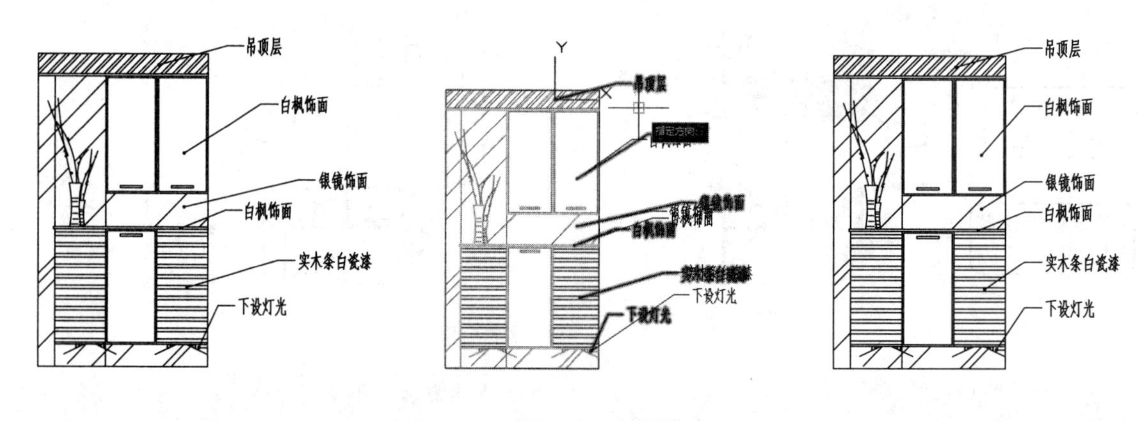

图 5-188　对齐引线

```
命令: _MLEADERALIGN                          //执行【对齐引线】命令
选择多重引线: 指定对角点: 找到 6 个            //选择所有要进行对齐的多重引线
选择多重引线: ↙                               //按 Enter 键完成选择
当前模式: 使用当前间距                         //显示当前的对齐设置
选择要对齐到的多重引线或 [选项(O)]:            //选择作为对齐基准的多重引线
指定方向:                    //移动鼠标指定对齐方向，单击鼠标左键结束命令
```

4. 合并引线

【合并引线】命令可以将包含“块”的多重引线组织成一行或一列，并使用单引线显示结果。这种显示方式多见于机械行业中的装配图。在装配图中，有时会遇到若干个零部件成组出现的情况，如 1 个螺栓配有 2 个弹性垫圈和 1 个螺母，如果每个零件都用一条多重引线来表示，会使图样非常凌乱。此时一组紧固件以及装配关系清楚的零件组可采用公共指引线来表示，如图 5-189 所示。

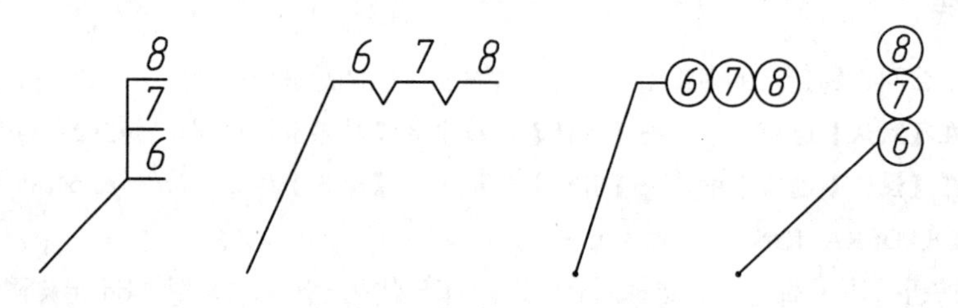

图 5-189　采用公共指引线表示零件组

该命令的执行方式有以下几种。

➢ 功能区 1：在【默认】选项卡中单击【注释】面板中的【合并】按钮，如图 5-184 所示。

➢ 功能区 2：在【注释】选项卡中单击【引线】面板中的【合并】按钮，如图 5-185 所示。

➢ 命令行：MLEADERCOLLECT。

单击【合并】按钮执行命令后，选择所有要合并的多重引线，然后按 Enter 键确认，接着根据提示选择多重引线的排列方式，单击鼠标左键放置多重引线，如图 5-190 所示。命令行操作如下：

```
命令：_MLEADERCOLLECT                                        //执行【合并引线】命令
选择多重引线：指定对角点：找到 3 个                          //选择所有要进行合并的多重引线
选择多重引线：↙                                              //按 Enter 键完成选择
指定收集的多重引线位置或 [垂直(V)/水平(H)/缠绕(W)] <水平>：//选择引线排列方式，或单击鼠标左键结束命令
```

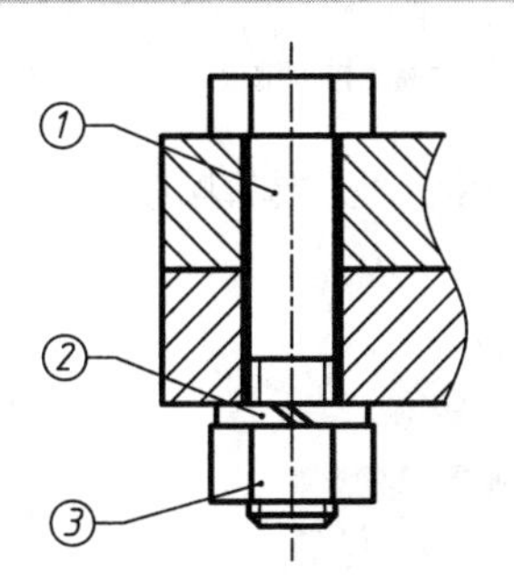

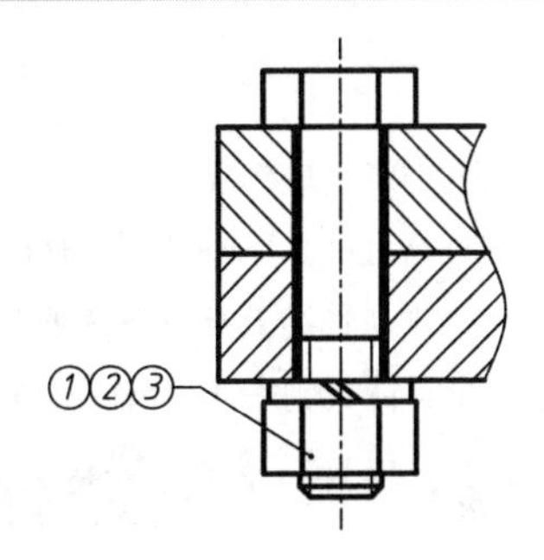

图 5-190 合并引线

专家提醒 执行【合并】命令的多重引线，其注释的内容必须是“块”。如果是多行文字，则无法操作。

命令行中提供了 3 种多重引线合并的方式，分别介绍如下：

➢ “垂直（V）”：将多重引线集合放置在一列或多列中，如图 5-191 所示。

➢ “水平（H）”：将多重引线集合放置在一行或多行中，如图 5-192 所示。该选项为默认选项。

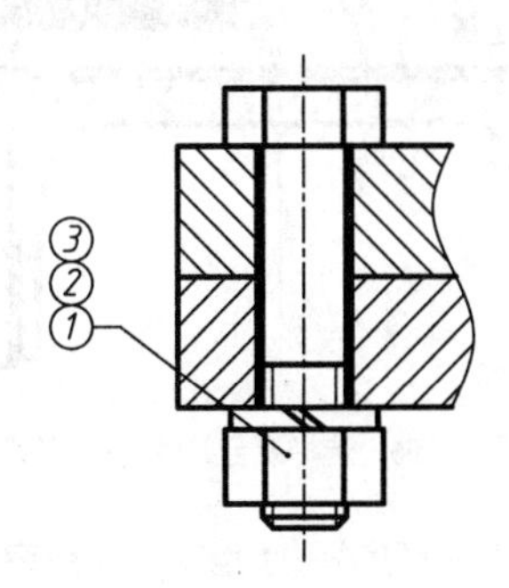

图 5-191 以“垂直（V）”方式合并多重引线

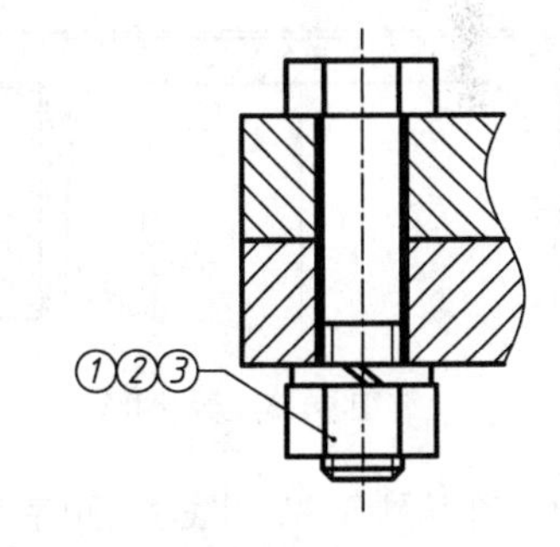

图 5-192 以“水平（H）”方式合并多重引线

➢ “缠绕（W）”：指定缠绕的多重引线集合的宽度。选择该选项后，可以指定“缠绕宽度”和“数目”，可以指定序号的列数，不同列数量的合并效果如图 5-193 所示。

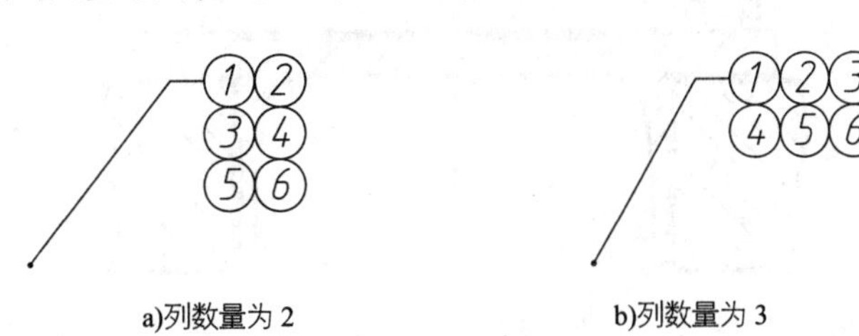

a)列数量为 2　　b)列数量为 3

图 5-193 不同列数量的合并效果

对多重引线执行【合并】命令时，最终的引线序号应按顺序依次排列，而不能出现数字颠倒、错位的情况。错位现象的出现是由于用户在操作时没有按顺序选择多重引线所致，因此无论是单独点选、还是一次性框选都需要考虑选择引线的先后顺序，不同的引线选择顺序的排列结果如图 5-194 所示。

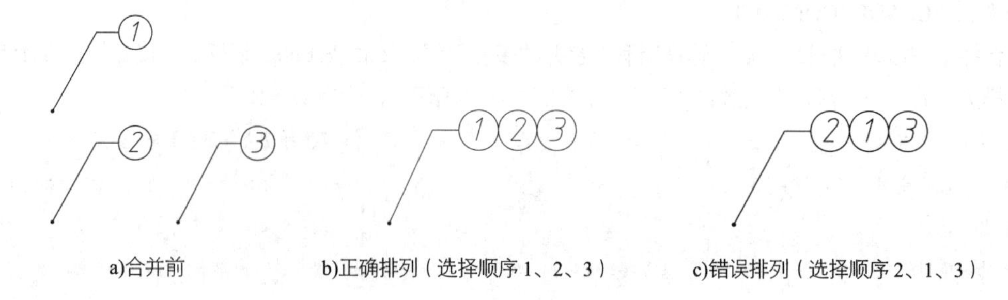

图 5-194　不同的引线选择顺序的排列结果

除了序号排列结果，最终合并引线的水平基线和箭头所指点也与选择顺序有关，具体总结如下：

- 水平基线即所选的第一个多重引线的基线。
- 箭头所指点即所选的最后一个多重引线的箭头所指点。

下面通过一个具体实例来详解选择顺序对于合并引线的影响。

【案例 5-17】：合并引线调整序列号

视频文件：视频\第 5 章\5-17.mp4

01 打开 “第 5 章\5-17 合并引线调整序列号.dwg” 文件，素材图形如图 5-195 所示。该图为装配图的一部分，其中已经创建了 3 个多重引线标注（序号 21、22、23）。

02 在【默认】选项卡中单击【注释】面板中的【合并】按钮，选择序号 21 为第一个多重引线，然后选择序号 22，最后选择序号 23，如图 5-196 所示。

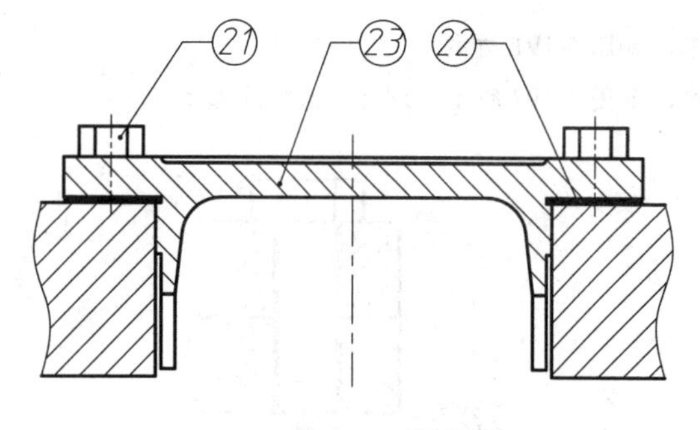

图 5-195　素材图形

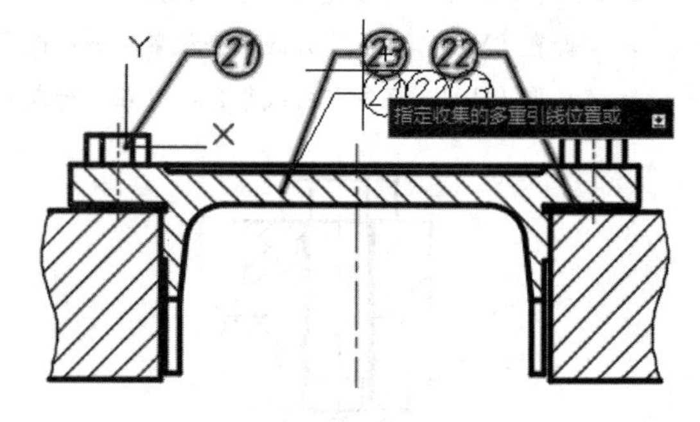

图 5-196　选择要合并的多重引线

03 此时可预览到合并后引线序号顺序为 21、22、23，且引线箭头点与原序号 23 相同。在任意点单击，即可结束命令，合并引线的结果如图 5-197 所示。

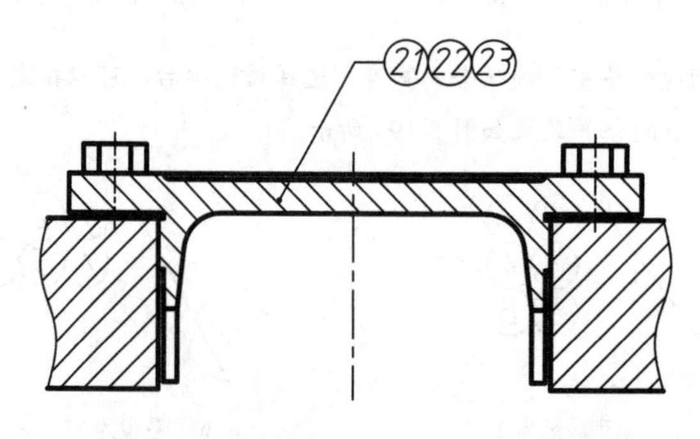

图 5-197　合并引线

第2篇 精通篇

第6章 创建文字和表格

文字和表格是图样中重要的组成部分，用于注释和说明图形难以表达的特征，如机械图样中的技术要求、材料明细栏，建筑图样中的安装施工说明、图样目录表等。本章将介绍 AutoCAD 中文字、表格的设置和创建方法。

学习效果

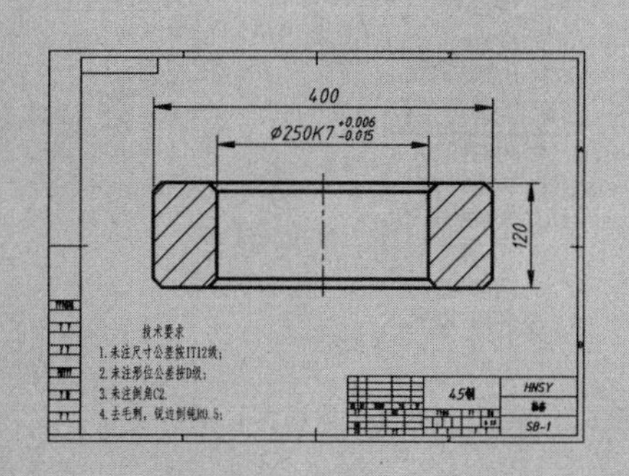

低速传动轴			比例	材料	数量	图号
设计			公司名称			
审核						

6.1 创建文字

文字注释是绘图过程中很重要的内容。在进行各种设计时，不仅要绘制图形，还需要在图形中标注一些注释性的文字，这样可以对不便于表达的图形设计加以说明，使设计表达更加清晰。

6.1.1 文字样式的创建与其他操作

文字样式是对文字特性的一种描述。与【标注样式】一样，文字内容也可以设置【文字样式】来定义文字的外观，包括字体、高度、宽度比例、倾斜角度以及排列方式等，

1. 新建文字样式

要创建文字样式，首先要打开【文字样式】对话框。该对话框不仅显示了当前图形文件中已经创建的所有文字样式，并显示了当前文字样式及其有关设置、外观预览。在该对话框中不但可以新建并设置文字样式，还可以修改或删除已有的文字样式。

调用【文字样式】有如下几种常用方法：

- 功能区：在【默认】选项卡中单击【注释】面板上的【文字样式】按钮，如图 6-1 所示。
- 菜单栏：选择【格式】|【文字样式】命令，如图 6-2 所示。
- 命令行：STYLE 或 ST。

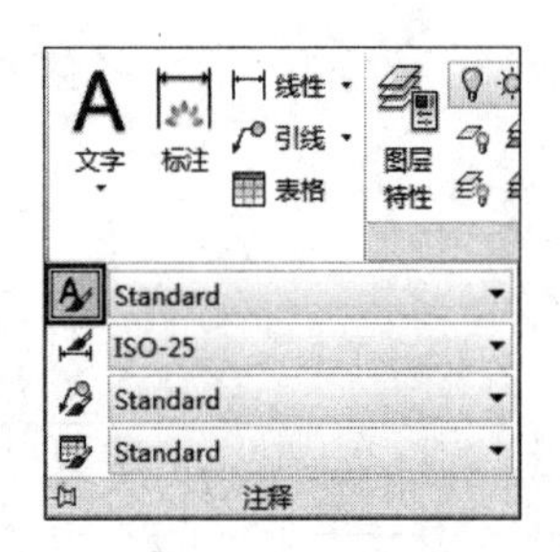

图 6-1 【注释】面板中的【文字样式】按钮

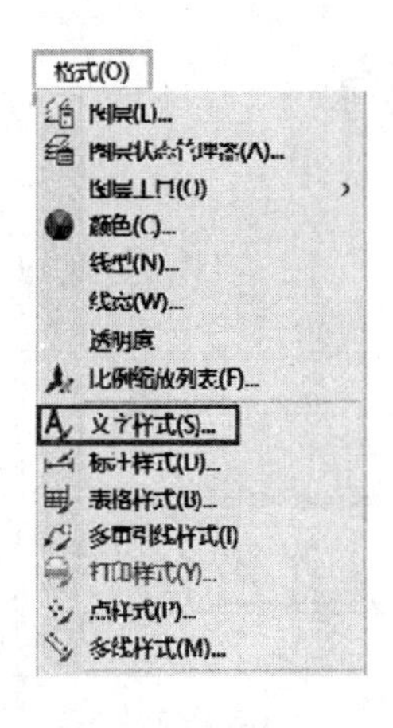

图 6-2 菜单栏中的【文字样式】命令

执行该命令后，系统弹出如图 6-3 所示的【文字样式】对话框，可以在其中指定字体、高度等参数，新建或修改当前文字样式。

图 6-3 【文字样式】对话框

【文字样式】对话框中各选项的含义如下：

➢【样式】列表框：列出了当前可以使用的文字样式。默认文字样式为Standard（标准）。

➢【字体名】下拉列表：在该下拉列表中可以选择不同的字体，如宋体、黑体和楷体等，如图6-4所示。

➢【使用大字体】复选框：用于指定亚洲语言的大字体文件。只有扩展名为.SHX的字体文件才可以创建大字体。

➢【字体样式】下拉列表：在该下拉列表中可以选择其他字体样式。

➢【置为当前】按钮：单击该按钮，可以将选择的文字样式设置成当前的文字样式。

➢【新建】按钮：单击该按钮，系统弹出【新建文字样式】对话框，如图6-5所示。在【样式名】文本框中输入新建样式的名称，单击【确定】按钮，新建文字样式将显示在【样式】列表框中。

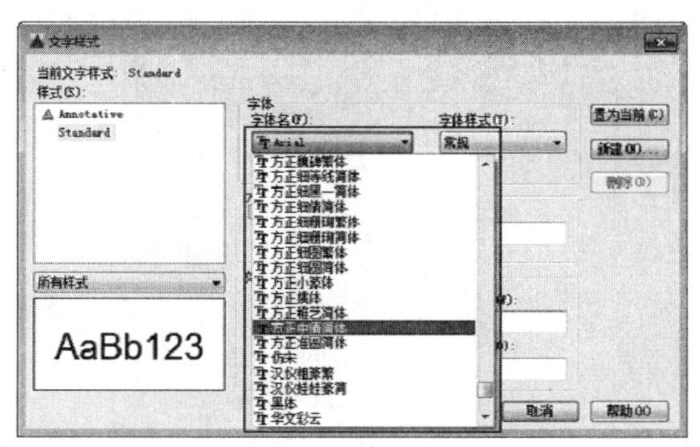

图6-4 【字体名】下拉列表

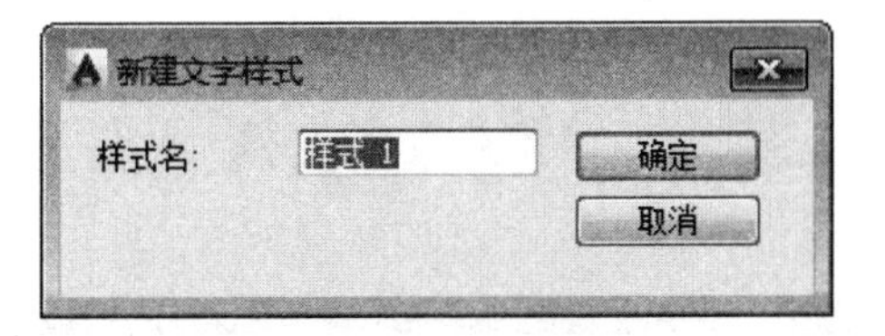

图6-5 【新建文字样式】对话框

➢【颠倒】复选框：勾选【颠倒】复选框之后，文字方向将翻转，如图6-6所示。

➢【反向】复选框：勾选【反向】复选框，文字的排列顺序将与开始时相反，如图6-7所示。

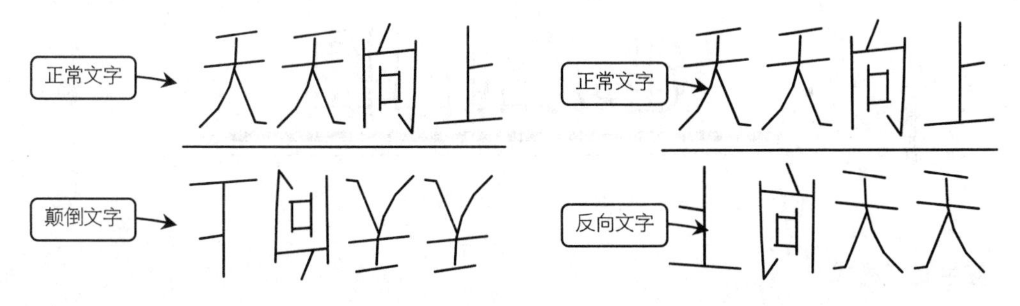

图6-6 颠倒文字效果

图6-7 反向文字效果

➢【高度】文本框：该参数可以控制文字的高度，即控制文字的大小。

➢【宽度因子】文本框：该参数控制文字的宽度，正常情况下宽度因子为1，如果增大该值，那么文字将会变宽，图6-8所示为宽度因子变为2时的效果。

➢【倾斜角度】文本框：该参数控制文字的倾斜角度，正常情况下为0°。图6-9所示为文字倾斜角度变为45°后的效果。要注意的是，只能输入-85°～85°之间的角度值，超过这个区间的角度值无效。

【案例 6-1】：将“???”还原为正常文字 视频文件：视频\第6章\6-1.mp4

01 打开“第6章\6-1 将“???”还原为正常文字.dwg”文件，素材图形如图6-10所示。可以看到所创建的文字显示为问号，内容不明。

02 选择显示为问号的文字，单击鼠标右键，在弹出的快捷菜单中选择【特性】命令，系统弹出【特性】选项板。在【特性】选项板【文字】下拉列表中可以设置文字的【内容】【样式】【高度】等特性，并且能够修改。将文字【样式】修改为【宋体】样式，如图6-11所示。

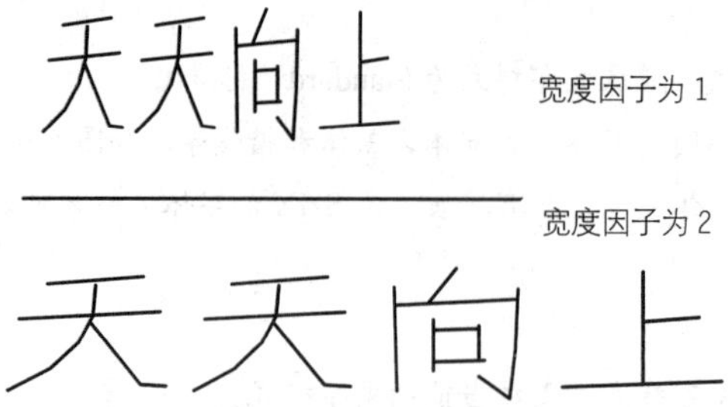

天天向上 宽度因子为 1

宽度因子为 2 天天向上

图 6-8 调整宽度因子

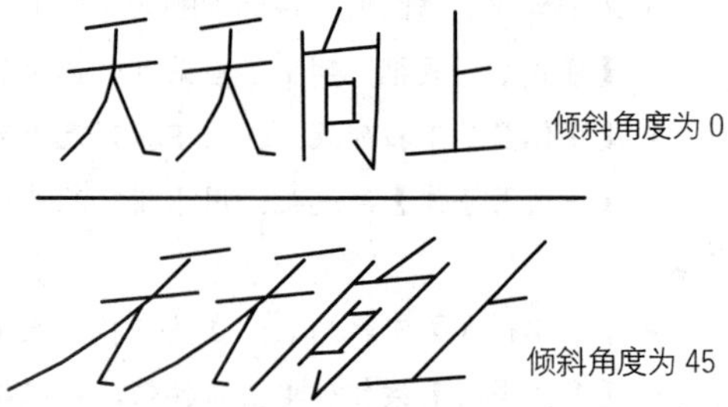

天天向上 倾斜角度为 0

天天向上 倾斜角度为 45

图 6-9 调整倾斜角度

?????

图 6-10 素材图形

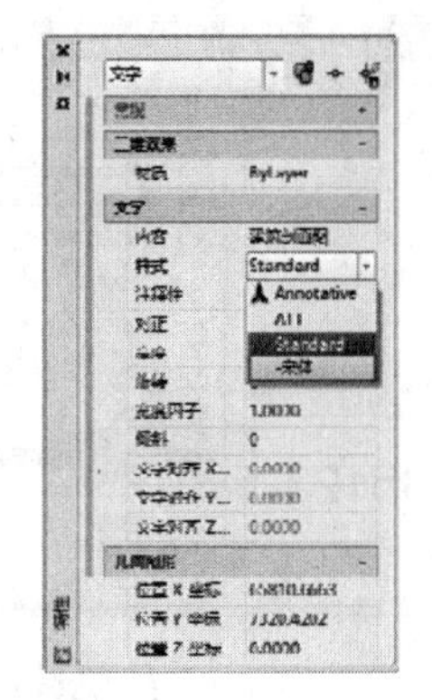

图 6-11 修改文字样式

03 文字得到正确显示，如图 6-12 所示。

建筑剖面图

图 6-12 正常显示的文字

2. 应用文字样式

在创建的多种文字样式中，只能有一种文字样式作为当前的文字样式，系统默认按照当前的文字样式创建文字。因此要应用某种文字样式，首先应将其设置为当前文字样式。

设置当前文字样式的方法有以下两种。

➢ 在【文字样式】对话框的【样式】列表框中选择要置为当前的文字样式，单击【置为当前】按钮，如图 6-13 所示。

➢ 在【注释】面板的【文字样式控制】下拉列表框中选择要置为当前的文字样式，如图 6-14 所示。

3. 重命名文字样式

如果在命名文字样式时出现错误，需对其进行修改，重命名文字样式的方法有以下两种：

➢ 在命令行输入 RENAME（或 REN）并按 Enter 键，打开【重命名】对话框。在【命名对象】列表框中选择【文字样式】，然后在【项数】列表框中选择【标注】，在【重命名为】文本框中输入新的名称，如“园林景观标注”，然后单击【重命名为】按钮，再单击【确定】按钮关闭对话框，如图 6-15 所示。

➢ 在【文字样式】对话框的【样式】列表框中选择要重命名的样式名，并单击鼠标右键，在弹出的快捷菜单中选择【重命名】命令，如图 6-16 所示。但采用这种方式不能重命名 Standard 文字样式。

图 6-13 【文字样式】对话框

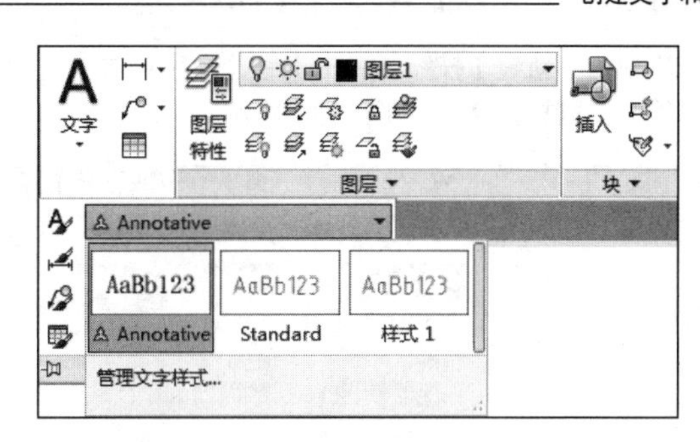

图 6-14 在【注释】面板中设置当前文字样式

图 6-15 【重命名】对话框

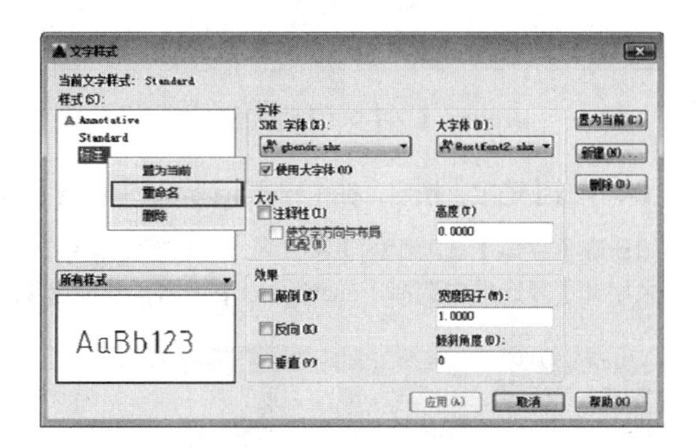

图 6-16 【文字样式】对话框

4. 删除文字样式

文字样式会占用一定的系统存储空间，可以删除一些不需要的文字样式来释放存储空间。删除文字样式的方法只有一种，即在【文字样式】对话框的【样式】列表框中选择要删除的样式名，并单击鼠标右键，在弹出的快捷菜单中选择【删除】命令，或单击对话框中的【删除】按钮，如图 6-17 所示。

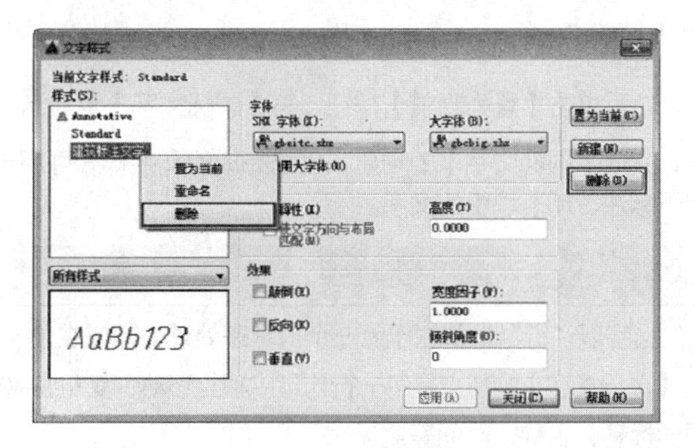

图 6-17 删除文字样式

专家提醒 当前的文字样式不能被删除。如果要删除当前文字样式，可以先将别的文字样式置为当前，然后再进行删除。

【案例 6-2】：创建国标文字样式

视频文件：视频\第 6 章\6-2.mp4

01 单击快速访问工具栏中的【新建】按钮，新建图形文件。

02 在【默认】选项卡中单击【注释】面板中的【文字样式】按钮，系统弹出【文字样式】对话框，如图 6-18 所示。

03 单击【新建】按钮，弹出【新建文字样式】对话框，系统默认新建【样式 1】样式名，在【样式名】文本框中输入“国标文字”，如图 6-19 所示。

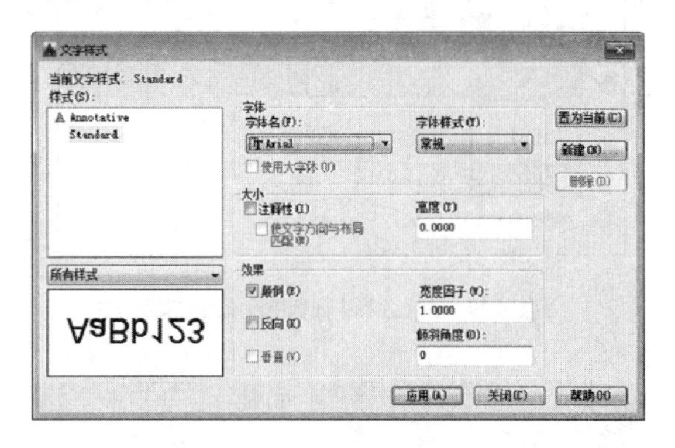

图 6-18 【文字样式】对话框

图 6-19 【新建文字样式】对话框

04 单击【确定】按钮，在【样式】列表框中新增【国标文字】文字样式，如图 6-20 所示。

05 在【字体】选项组的【字体名】下拉列表框中选择【gbenor.shx】字体，勾选【使用大字体】复选框，在【大字体】复选框中选择【gbcbig.shx】字体，其他选项采用默认，如图 6-21 所示。

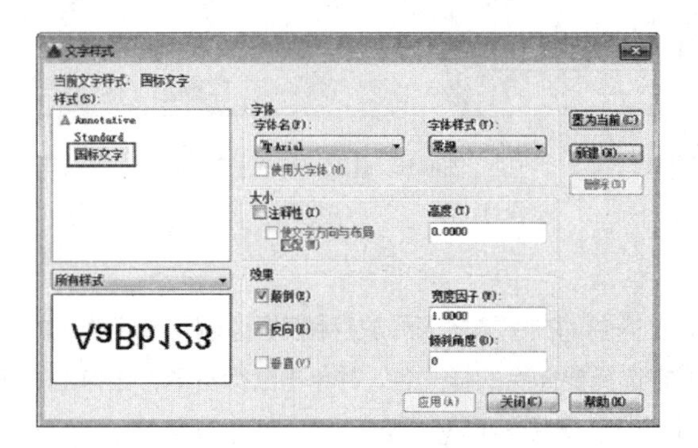

图 6-20 新建文字样式

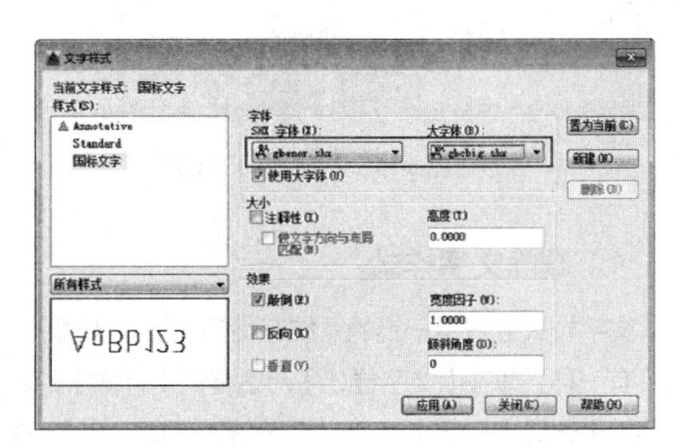

图 6-21 更改字体设置

06 单击【应用】按钮，然后单击【置为当前】按钮，将【国标文字】置为当前样式。

07 单击【关闭】按钮，完成【国标文字】的创建。创建完成的文字样式可用于【多行文字】【单行文字】等文字创建命令，也可以用于标注、动态块中的文字。

6.1.2 创建单行文字

【单行文字】是将输入的文字以“行”为单位作为一个对象来处理。即使在单行文字中输入若干行文字，但每一行文字仍是单独的对象。【单行文字】的特点是每一行均可以独立移动、复制或编辑，因此可以用来创建内容比较简短的文字对象，如图形标签、名称、时间等。

在 AutoCAD 2022 中启动【单行文字】命令的方法有以下几种。

- 功能区：在【默认】选项卡中单击【注释】面板上的【单行文字】按钮 A，如图 6-22 所示。
- 菜单栏：执行【绘图】|【文字】|【单行文字】命令，如图 6-23 所示。
- 命令行：DT 或 TEXT 或 DTEXT。

调用【单行文字】命令后，就可以根据命令行的提示输入文字，命令行操作如下：

```
命令: _DTEXT                                        //执行【单行文字】命令
当前文字样式: "Standard"  文字高度: 2.5000  注释性: 否  //显示当前文字样式
指定文字的起点或 [对正(J)/样式(S)]:                  //在绘图区域适当位置任意拾取一点
指定高度 <2.5000>: 3.5↙                              //指定文字高度
```

指定文字的旋转角度 <0>:↙ //指定文字旋转角度，一般默认为 0

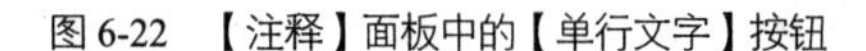

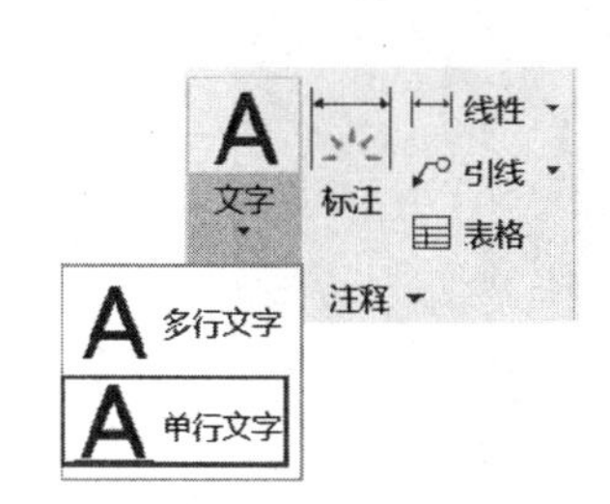

图 6-22 【注释】面板中的【单行文字】按钮

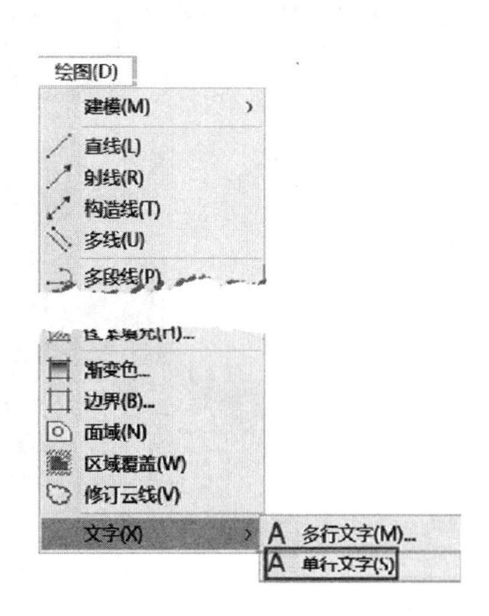

图 6-23 菜单栏中的【单行文字】命令

在调用命令的过程中，需要输入的参数有文字起点、文字高度（此提示只有在当前文字样式的字高为 0 时才显示）、文字旋转角度和文字内容。文字起点用于指定文字的插入位置，是文字对象的左下角点。文字旋转角度指文字相对于水平位置的倾斜角度。

设置完成后，绘图区域将出现一个带光标的矩形框，在其中输入相关文字即可，如图 6-24 所示。

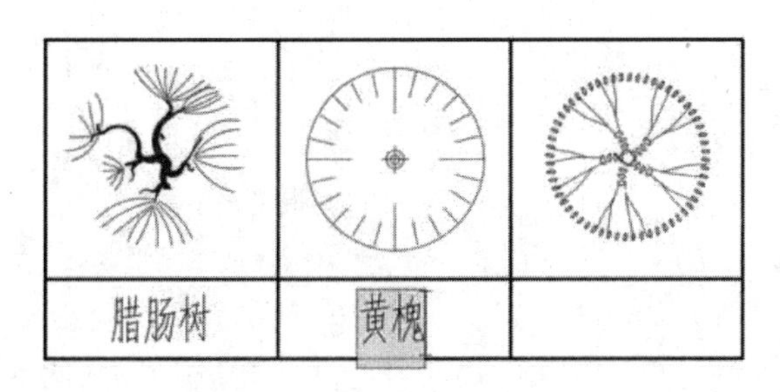

图 6-24 输入单行文字

在输入单行文字时，按 Enter 键不会结束文字的输入，而是换行，且行与行之间互相独立。在空白处单击左键则会新建一行单行文字。只有按 Ctrl+Enter 组合键才能结束单行文字的输入。

【单行文字】命令行中各选项的含义如下：

- “指定文字的起点”：默认情况下，所指定的起点位置即文字行基线的起点位置。在指定起点位置后，继续输入文字的旋转角度即可进行文字的输入。在输入完成后，按两次 Enter 键或将鼠标移至图样的其他任意位置并单击，然后按 Esc 键即可结束单行文字的输入。
- “对正（J）”：该选项可以设置文字的对正方式。共有 15 种方式，各对正方式如图 6-25 所示。

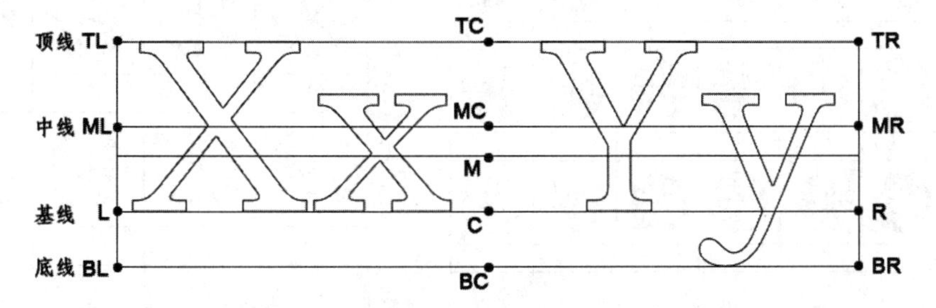

图 6-25 对正方式示意图

➢ “样式（S）”：选择该选项可以在命令行中直接输入文字样式的名称。也可以输入“？”，打开【AutoCAD 文本窗口】对话框，在该对话框中显示了当前图形中已有的文字样式和其他信息，如图 6-26 所示。

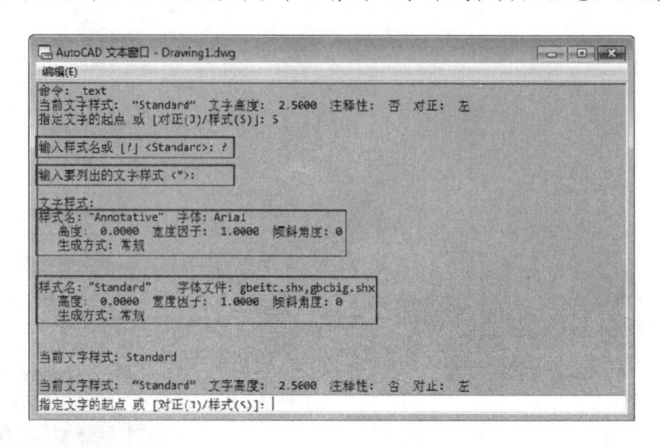

图 6-26 【AutoCAD 文本窗口】对话框

【案例 6-3】：使用单行文字注释图形

视频文件：视频\第 6 章\6-3.mp4

01 打开“第 6 章\6-3 使用单行文字注释图形.dwg”文件，素材图形如图 6-27 所示，其中已绘制好了植物平面图例，。

02 在【默认】选项卡中单击【注释】面板【文字】下拉列表中的【单行文字】按钮 A，然后根据命令行提示输入文字“桃花心木”，创建第一个单行文字，如图 6-28 所示。命令行操作如下：

```
命令: DTEXT↙
当前文字样式:  “Standard”  文字高度:  2.5000  注释性:  否
指定文字的起点或 [对正(J)/样式(S)]:
指定高度 <2.5000>: 600↙                    //指定文字高度
指定文字的旋转角度 <0>:↙                    //指定文字角度。按 Ctrl+Enter 组合键结束命令
命令: _TEXT
当前文字样式:  “Standard”  文字高度:  2.5000  注释性:  否  对正:  左
指定文字的起点 或 [对正(J)/样式(S)]: J↙      //选择“对正”选项
输入选项 [左(L)/居中(C)/右(R)/对齐(A)/中间(M)/布满(F)/左上(TL)/中上(TC)/右上(TR)/左中(ML)/正中(MC)/右中(MR)/左下(BL)/中下(BC)/右下(BR)]: TL↙          //选择“左上”对齐方式
指定文字的左上点:                            //选择表格的左上角点
指定高度 <2.5000>: 600↙                      //输入文字高度为 600
指定文字的旋转角度 <0>:↙                      //文字旋转角度为 0
                                              //输入文字“桃花心木”
```

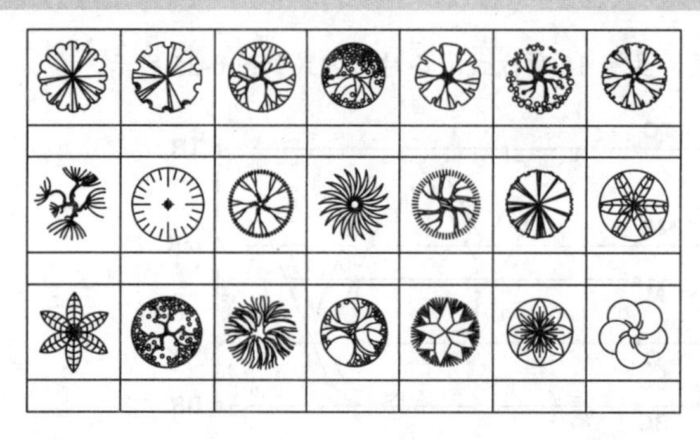

图 6-27 素材图形

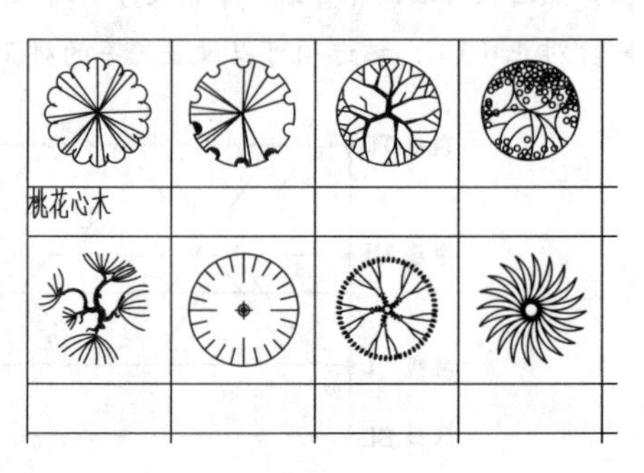

图 6-28 创建第一个单行文字

03 输入完成后，可以不退出命令，直接在右边的框格中单击鼠标，同样会出现文字输入框，输入单行文字："麻楝"，创建第二个单行文字，如图 6-29 所示。

04 按相同方法，在各个框格中输入植物名称，创建其余单行文字，结果如图 6-30 所示。

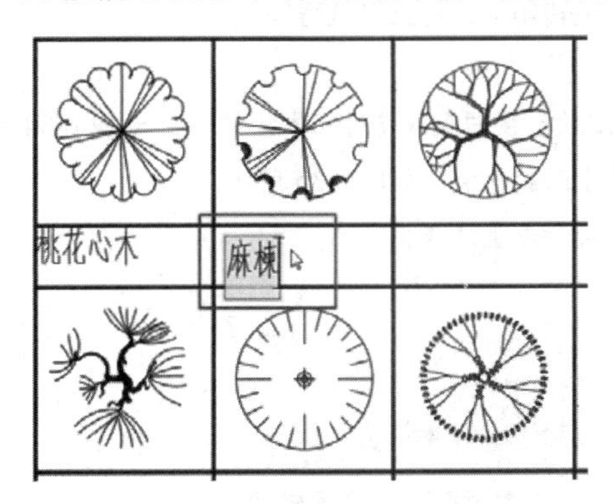

图 6-29　创建第二个单行文字

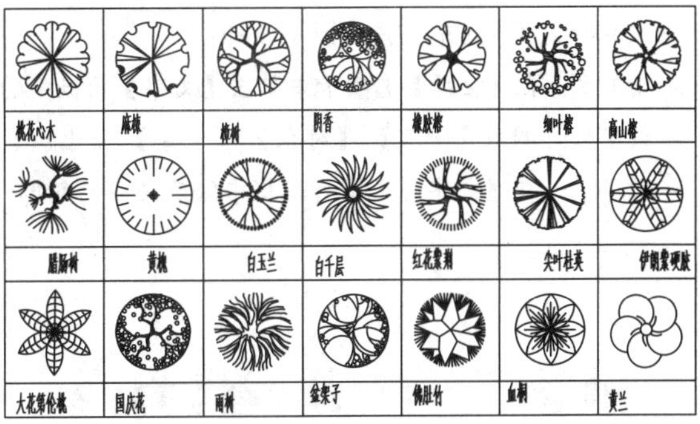

图 6-30　创建其余单行文字

05 使用【移动】命令或通过夹点拖拽，将所有单行文字对齐，结果如图 6-31 所示。

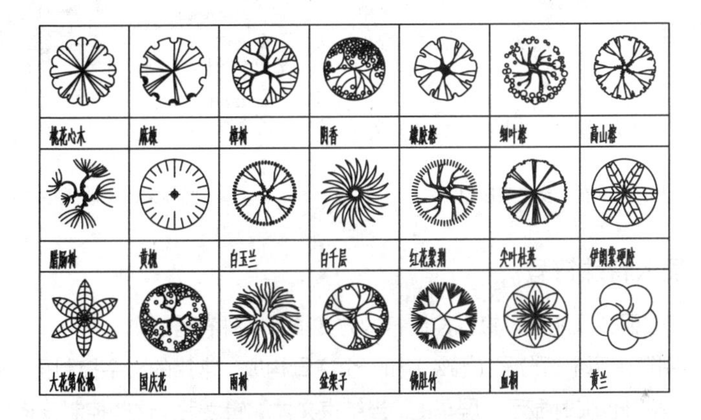

图 6-31　对齐所有单行文字

6.1.3　单行文字的编辑与其他操作

同 Word、Excel 等办公软件一样，在 AutoCAD 中也可以对文字进行编辑和修改。本节将介绍如何在 AutoCAD 中对【单行文字】的文字特性和内容进行编辑与修改。

1. 修改文字内容

修改文字内容的方法如下：

➢ 菜单栏：调用【修改】|【对象】|【文字】|【编辑】命令。

➢ 命令行：DDEDIT 或 ED。

➢ 快捷操作：直接在要修改的文字上双击。

执行以上任意一种操作后，文字将变成可输入状态，如图 6-32 所示。此时可以编辑文字内容，然后按 Enter 键退出，如图 6-33 所示。

某小区景观设计总平面图

图 6-32　可输入状态

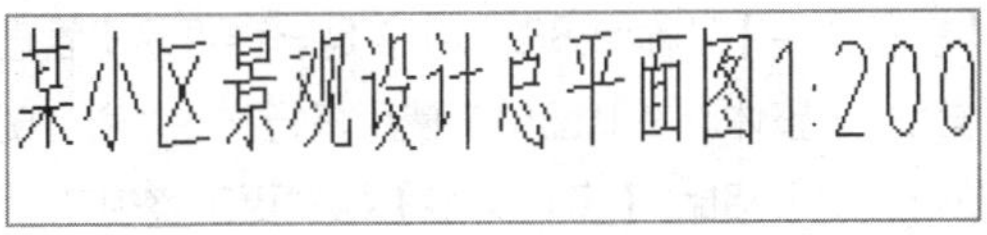

某小区景观设计总平面图1:200

图 6-33　编辑文字内容

2．修改文字特性

在标注的文字出现错输、漏输及多输入的情况时，可以运用上面的方法修改文字的内容。但是这些方法仅能修改文字的内容，而很多时候还需要修改文字的高度、大小、旋转角度、对正样式等特性。

修改单行文字特性的方法有以下 3 种：

- 功能区：在【注释】选项卡中单击【文字】面板中的【缩放】按钮或【对正】按钮，如图 6-34 所示。
- 菜单栏：调用【修改】|【对象】|【文字】|【比例】/【对正】命令，如图 6-35 所示。
- 对话框：在【文字样式】对话框中修改文字的颠倒、反向和垂直效果。

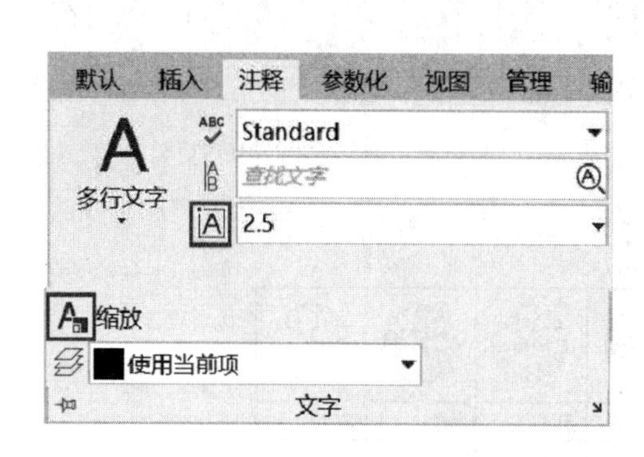

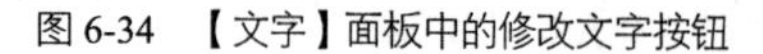
图 6-34 【文字】面板中的修改文字按钮

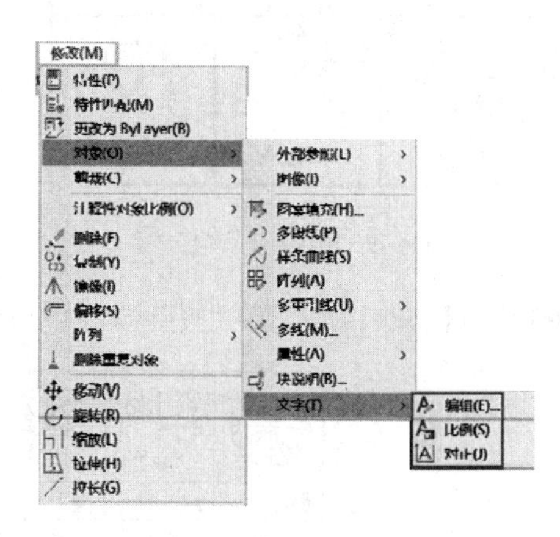

图 6-35 修改文字的菜单命令

3．单行文字中插入特殊符号

单行文字的可编辑性较弱，只能通过输入控制符的方式插入特殊符号。

AutoCAD 的文字控制符由两个百分号（%%）和一个字母构成，常用的文字控制符见表 6-1。在文本编辑状态输入控制符时，这些控制符也临时显示在屏幕上。当结束文本编辑之后，这些控制符将从屏幕上消失，转换成相应的特殊符号。例如，在 AutoCAD 的控制符中，%%O 和%%U 分别是上划线与下划线的开关，第一次出现此符号时可打开上划线或下划线开关；第二次出现此符号时则会关闭上划线或下划线开关。

表 6-1 AutoCAD 文字控制符

特殊符号	功 能
%%O	打开或关闭文字上划线
%%U	打开或关闭文字下划线
%%D	标注角度（°）符号
%%P	标注正负公差（±）符号
%%C	标注直径（Ø）符号

6.1.4 创建多行文字

【多行文字】又称为段落文字，是一种更易于管理的文字对象，可以由两行以上的文字组成，而且各行文字都是作为一个整体。在制图中常使用多行文字功能创建较为复杂的文字说明，如图样的工程说明或技术要求等。与【单行文字】相比，【多行文字】格式更工整规范，可以对文字进行更为复杂的编辑，如为文字添加下划线、设置文字段落对齐方式，为段落添加编号和项目符号等。

可以通过如下 3 种方法创建多行文字。

➢ 功能区：在【默认】选项卡中单击【注释】面板上的【多行文字】按钮A，如图6-36所示。
➢ 菜单栏：选择【绘图】|【文字】|【多行文字】命令，如图6-37所示。
➢ 命令行：T或MT或MTEXT。

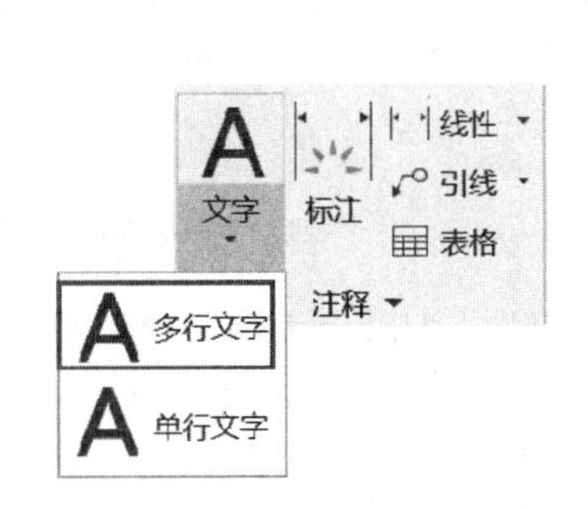

图6-36 【注释】面板中的【多行文字】按钮

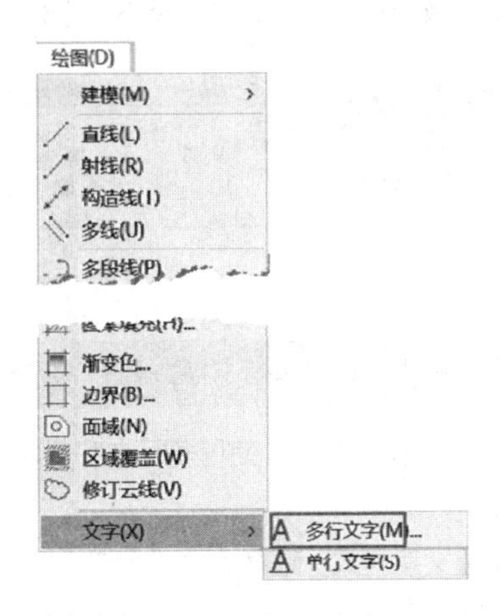

图6-37 菜单栏中的【多行文字】命令

调用该命令后，命令行操作如下：

```
命令：MTEXT
当前文字样式："景观设计文字样式"  文字高度：600  注释性：否
指定第一角点：                                    //指定多行文字框的第一个角点
指定对角点或［高度(H)/对正(J)/行距(L)/旋转(R)/样式(S)/宽度(W)/栏(C)］：
                                                  //指定多行文字框的对角点
```

在指定了输入文字的对角点之后，弹出如图6-38所示的【文字编辑器】选项卡和编辑框，用户可以在编辑框中输入文字。

图6-38 【文字编辑器】选项卡和编辑框

【多行文字编辑器】由【多行文字编辑框】和【文字编辑器】选项卡组成，它们的作用说明如下：

➢ 【多行文字编辑框】：包含了制表位和缩进，可以十分快捷地对所输入的文字进行调整。各部分功能如图6-39所示。

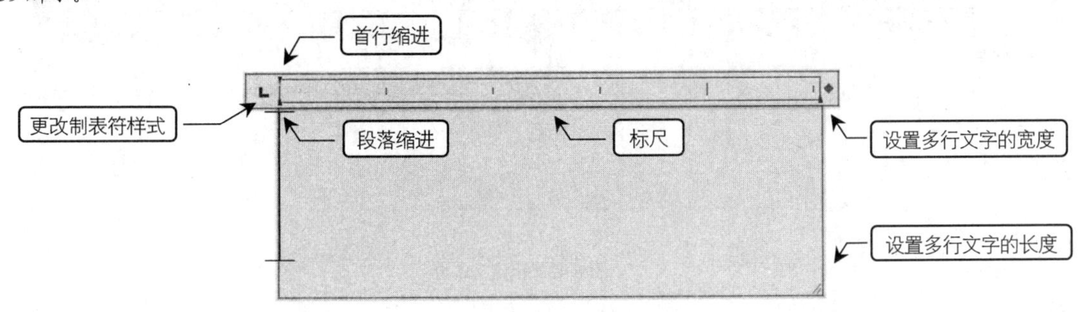

图6-39 【多行文字编辑框】功能

➢【文字编辑器】选项卡：包含【样式】面板、【格式】面板、【段落】面板、【插入】面板、【拼写检查】面板、【工具】面板、【选项】面板和【关闭】面板，如图 6-40 所示。在多行文字编辑框中选中的文字，通过【文字编辑器】选项卡可以修改文字的大小、字体、颜色等，完成在一般文字编辑中常用的一些操作。

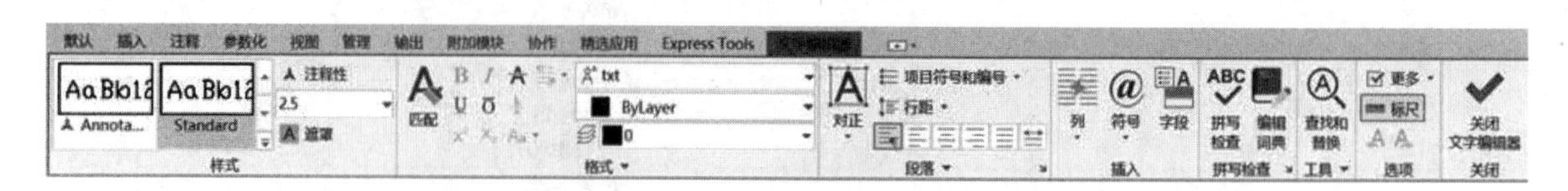

图 6-40 【文字编辑器】选项卡

【案例 6-4】：使用多行文字创建技术要求　　视频文件：视频\第 6 章\6-4.mp4

01 打开“第 6 章\6-4 使用多行文字创建技术要求.dwg”素材文件，其中已绘制好了一零件图，如图 6-41 所示。

02 设置文字样式。选择【格式】□【文字样式】命令，新建名称为“文字”的文字样式。

03 在【文字样式】对话框中设置【字体名】为【仿宋】、【字体样式】为【常规】、【高度】为 3.5mm、【宽度因子】为 0.7，并将该字体设置为当前，如图 6-42 所示。

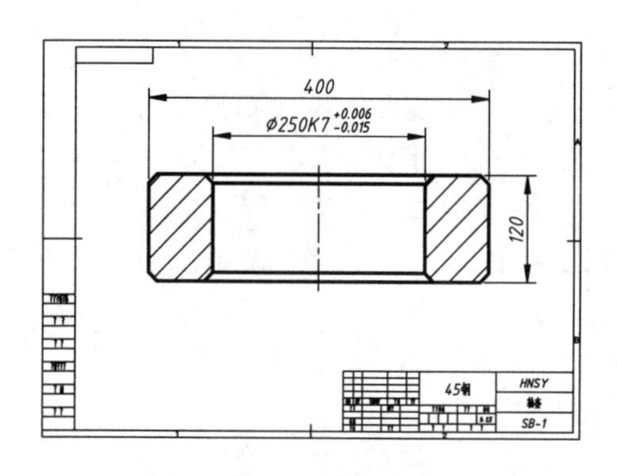

图 6-41 素材图形

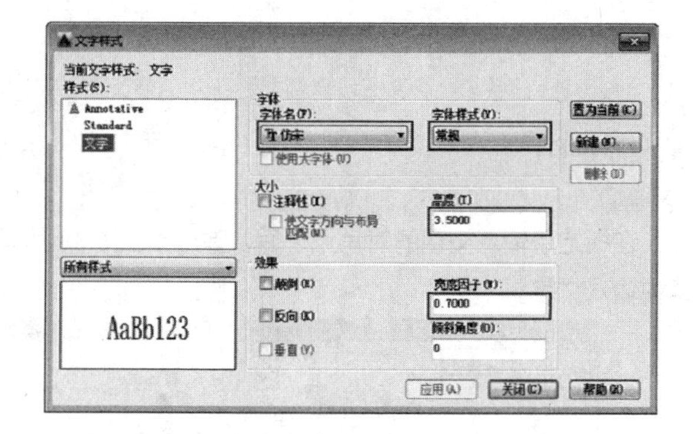

图 6-42 设置文字样式

04 在命令行中输入【T】并按 Enter 键，根据命令行提示在图形左下角指定一个矩形范围作为文本框，如图 6-43 所示。

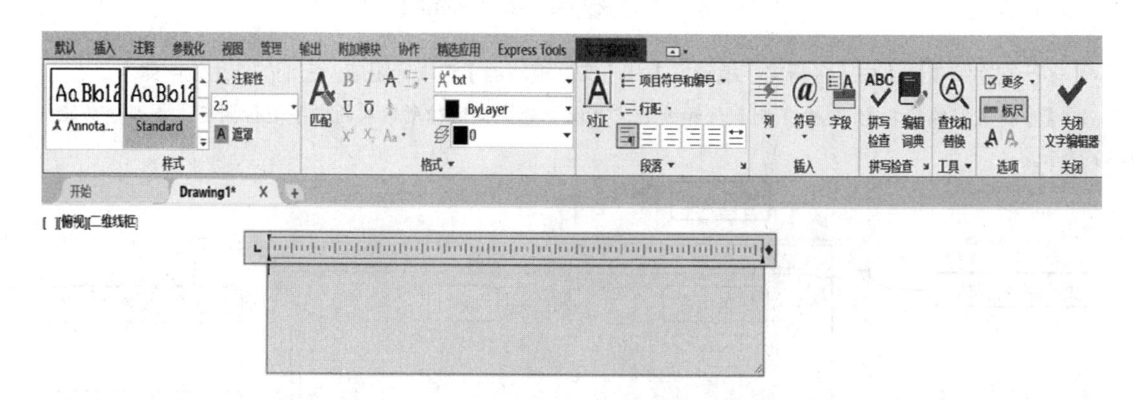

图 6-43 指定文本框

05 在【文字编辑器】选项卡中设置字高为 12.5mm，在文本框中输入如图 6-44 所示的多行文字，输入一行之后，按 Enter 键换行。在文本框外任意位置单击，结束输入，结果如图 6-45 所示。

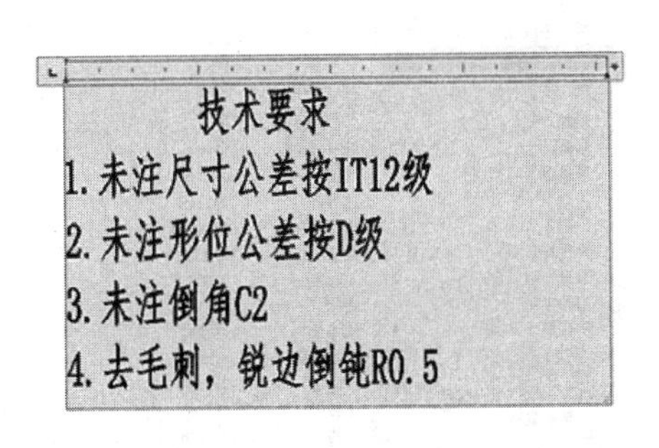

图 6-44 输入多行文字

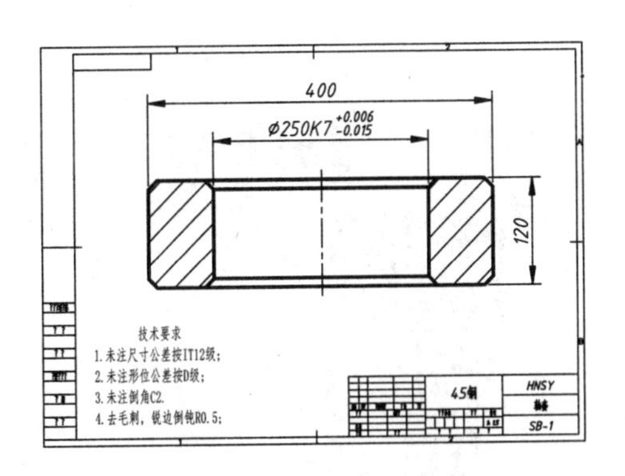

图 6-45 创建的技术要求

6.1.5 添加多行文字背景

有时为了使文字更清晰地显示在复杂的图形中，用户可以为文字添加不透明的背景。

双击要添加背景的多行文字，打开【文字编辑器】选项卡，单击【样式】面板上的【遮罩】按钮 A，系统弹出【背景遮罩】对话框，如图 6-46 所示。

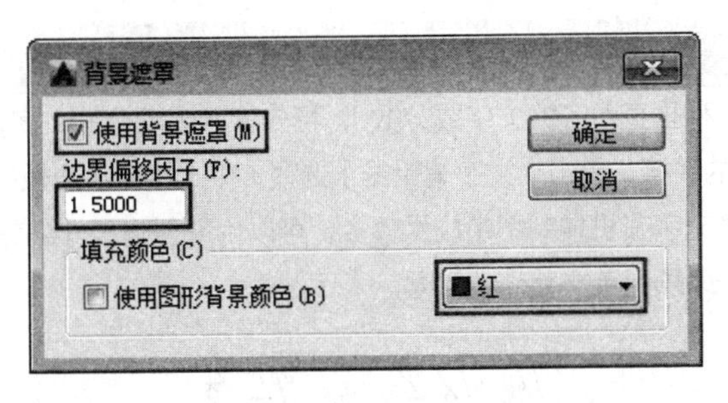

图 6-46 【背景遮罩】对话框

勾选其中的【使用背景遮盖】复选框，再设置填充背景的大小和颜色，效果如图 6-47 所示。

技术要求
1.未注倒角为C2。
2.未注圆角半径为R3。
3.正火处理160-220HBS。

图 6-47 多行文字背景效果

6.1.6 多行文字中插入特殊符号

与单行文字相比，在多行文字中插入特殊字符的方式更灵活。除了使用控制符的方法外，还有以下两种途径。

➢ 在【文字编辑器】选项卡中单击【插入】面板上的【符号】按钮，在弹出的下拉列表中选择所需的符号，如图 6-48 所示。

➢ 在编辑状态下右击，在弹出的快捷菜单中选择【符号】命令，如图 6-49 所示，其子菜单中包含了常用的各种特殊符号。

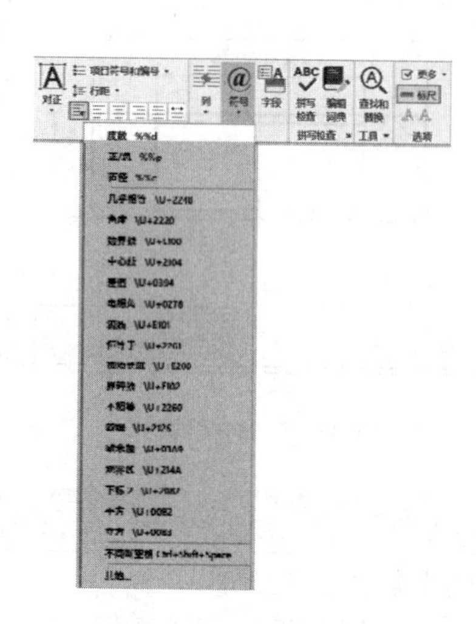

图 6-48　在【符号】下拉列表中选择符号

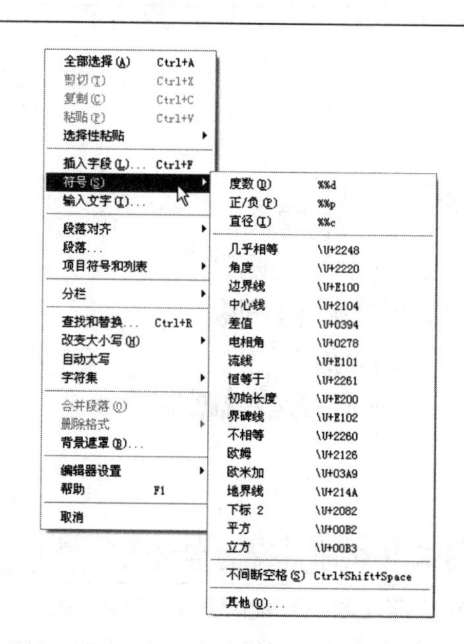

图 6-49　在快捷菜单中选择【符号】命令

6.1.7　创建堆叠文字

如果要创建堆叠文字（一种垂直对齐的文字或分数），可先输入要堆叠的文字，然后在文字间使用“/”“#”或“^”分隔，再选中要堆叠的字符，单击【文字编辑器】选项卡中【格式】面板中的【堆叠】按钮，则文字即可按照要求自动堆叠。堆叠文字在机械制图中应用较多，可以用来创建尺寸公差、分数等，如图 6-50 所示。需要注意的是，这些分隔符号必须是英文状态的符号。

14 1/2 → $14\,\frac{1}{2}$

14 1^2 → $14\,{}^{1}_{2}$

14 1#2 → $14\,{}^{1}\!/\!_{2}$

图 6-50　文字堆叠效果

【案例 6-5】：　编辑文字创建尺寸公差　　视频文件：视频\第 6 章\6-5.mp4

01 打开“第 6 章\6-5 编辑文字创建尺寸公差.dwg”文件，素材图形如图 6-51 所示，其中已经标注了所需的尺寸。

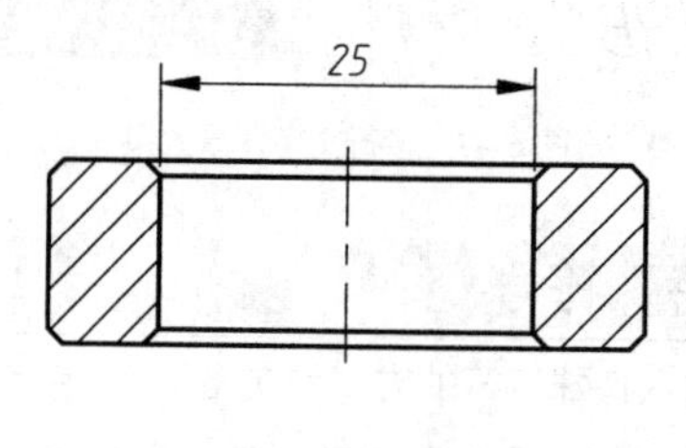

图 6-51　素材图形

02 添加直径符号。双击尺寸 25，打开【文字编辑器】选项卡，然后将光标移动至 25 之前，输入“%%C”，为其添加直径符号，如图 6-52 所示。

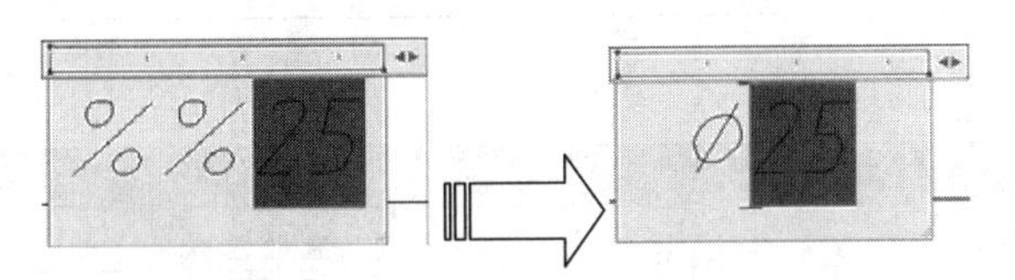

图 6-52　添加直径符号

03 输入公差文字。再将光标移动至 25 的后方，依次输入“K7 +0.006^-0.015”，如图 6-53 所示。

图 6-53 输入公差文字

04 创建尺寸公差。按住鼠标左键，向后拖移，选中“+0.006^-0.015”文字，然后单击【文字编辑器】选项卡中【格式】面板中的【堆叠】按钮，即可创建尺寸公差，如图 6-54 所示。

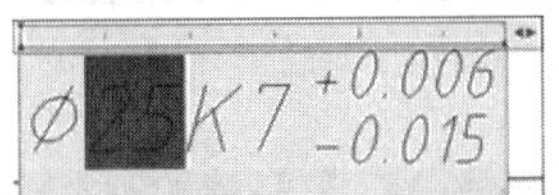

图 6-54 创建尺寸公差

6.1.8　文字的查找与替换

在一些图形文件中含有大量的文字注释，有时需要查找某个词语并将其替换，这时可以使用【查找】命令定位至特定的词语并进行替换。

执行【查找】命令的方法有以下几种。

- 功能区：在【注释】选项卡【文字】面板上的【查找】文本框中输入要查找的文字，如图 6-55 所示。
- 菜单栏：选择【编辑】|【查找】命令，如图 6-56 所示。
- 命令行：FIND。

图 6-55　【文字】面板中的【查找】文本框

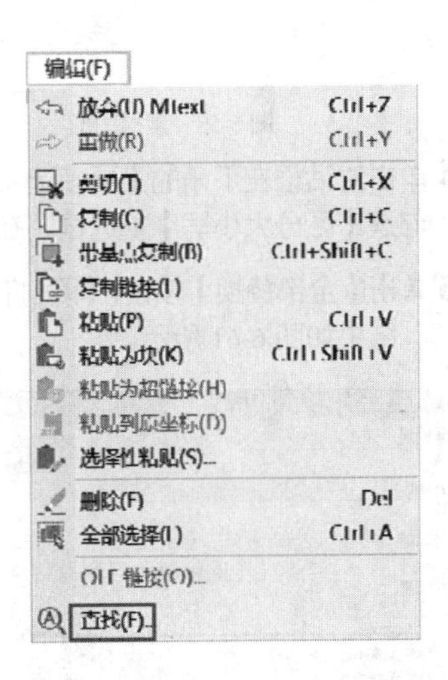

图 6-56　菜单栏中的【查找】命令

执行以上任一操作之后，弹出如图 6-57 所示的【查找和替换】对话框，在【查找内容】文本框中输入要查找的文字，然后在【替换为】文本框中输入要替换的文字，单击【完成】按钮即可完成操作。该对话框的操作与 Word 等其他文本编辑软件相同。

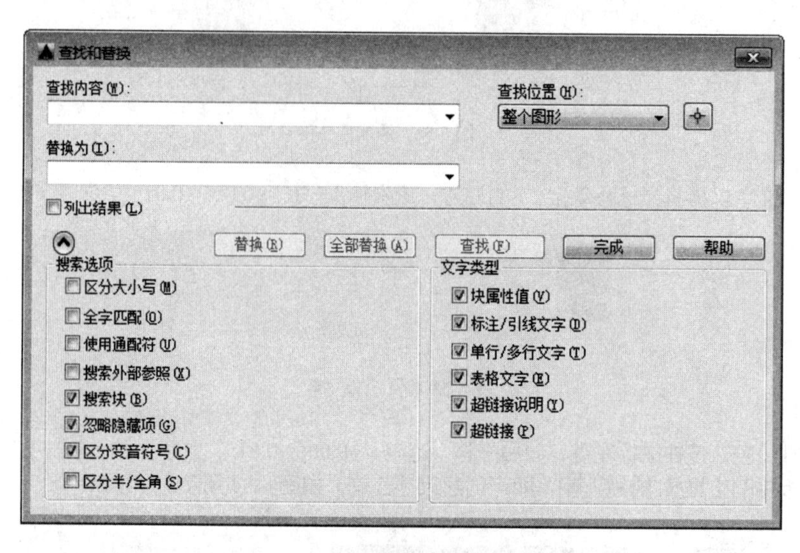

图 6-57 【查找和替换】对话框

【案例 6-6】：替换技术要求中的文字

视频文件：视频\第 6 章\6-6.mp4

01 打开“第 6 章\6-6 替换技术要求中的文字.dwg”文件，素材图形如图 6-58 所示。

02 在命令行输入【FIND】并 Enter 键，打开【查找和替换】对话框。在【查找内容】文本框中输入“实施”，在【替换为】文本框中输入“施工”。

03 在【查找位置】下拉列表框中选择【整个图形】选项，也可以单击该下拉列表框右侧的【选择对象】按钮，选择一个图形区域作为查找范围，如图 6-59 所示。

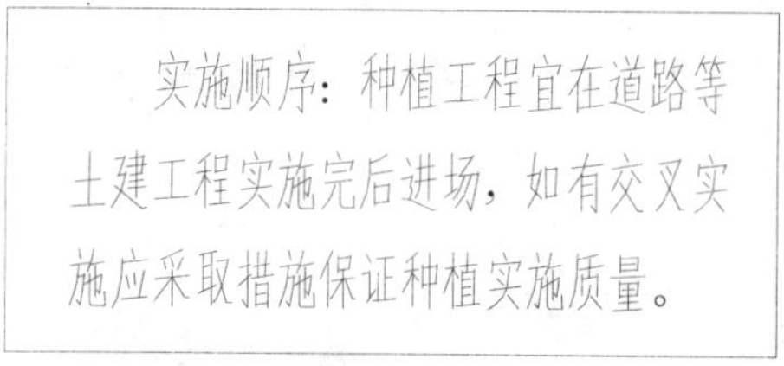

实施顺序：种植工程宜在道路等土建工程实施完后进场，如有交叉实施应采取措施保证种植实施质量。

图 6-58 素材图形

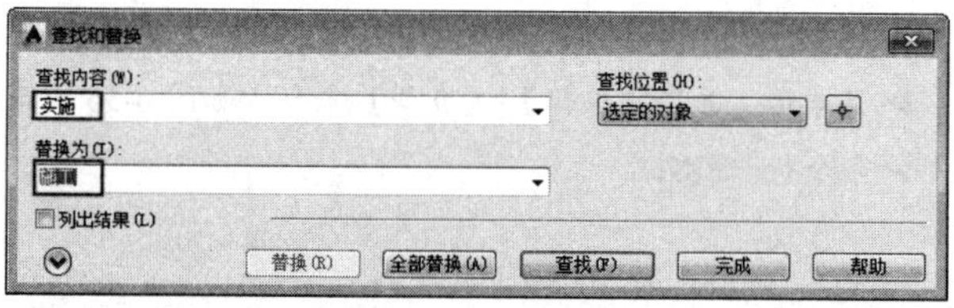

图 6-59 “查找和替换”对话框

04 单击对话框左下角的【更多选项】按钮，展开折叠的对话框，如图 6-60 所示。在【搜索选项】选项组中取消勾选【区分大小写】复选框，在【文字类型】选项组中取消勾选【块属性值】复选框。

05 单击【全部替换】按钮，即可将当前文字中所有符合查找条件的字符全部替换。单击“确定”按钮，关闭对话框，结果如图 6-61 所示。

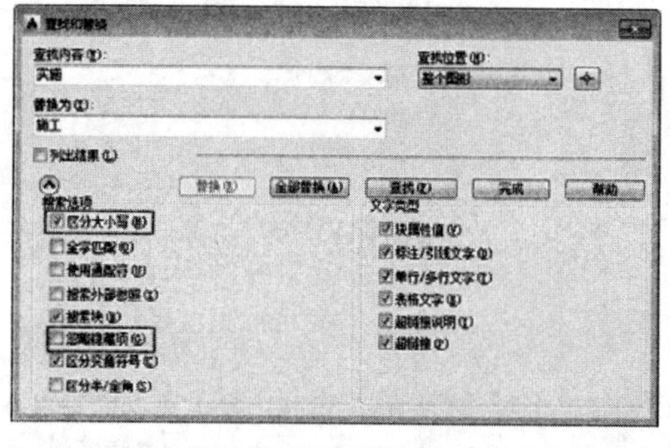

图 6-60 设置【搜索选项】和【文字类型】

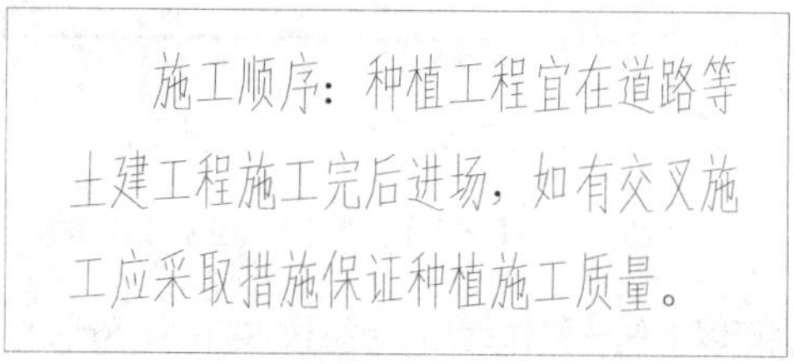

施工顺序：种植工程宜在道路等土建工程施工完后进场，如有交叉施工应采取措施保证种植施工质量。

图 6-61 替换结果

6.2 创建表格

表格在各类制图中的应用非常普遍，主要用来展示与图形相关的标准、数据信息、材料和装配信息等内容。不同类型的图形（如机械图形、工程图形、电子线路图形等），对应的制图标准也不相同，这就需要设置符合产品设计要求的表格样式，并利用表格功能快速、清晰、醒目地反映设计思想及创意。使用 AutoCAD 的表格功能，能够自动地创建和编辑表格，其操作方法与 Word、Excel 相似。

6.2.1 表格样式的创建

与文字类似，AutoCAD 中的表格也有一定样式，包括表格内文字的字体、颜色、高度以及表格的行高、行距等。在插入表格之前，应先创建所需的表格样式。创建表格样式的方法有以下几种。

- 功能区：在【默认】选项卡中单击【注释】面板上的【表格样式】按钮，如图 6-62 所示。
- 菜单栏：选择【格式】|【表格样式】命令，如图 6-63 所示。
- 命令行：TABLESTYLE 或 TS。

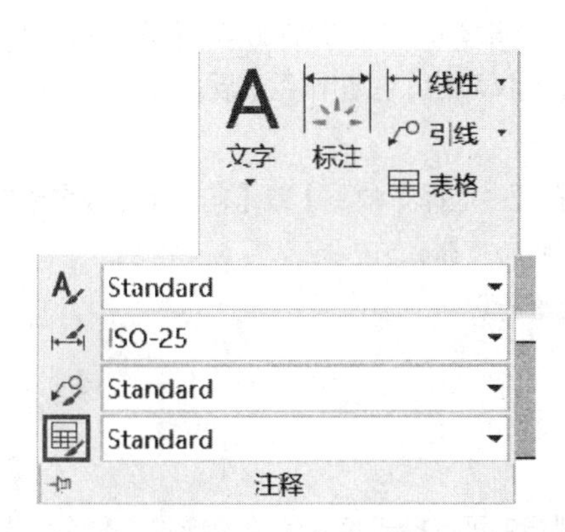

图 6-62 【注释】面板中的【表格样式】按钮

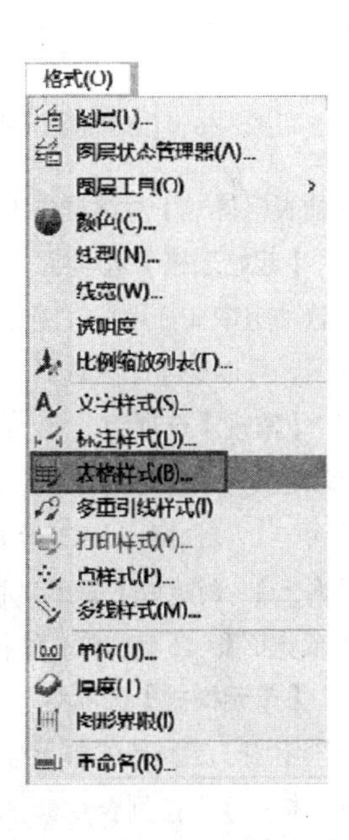

图 6-63 菜单栏中的【表格样式】命令

执行上述任一命令后，系统弹出【表格样式】对话框，如图 6-64 所示。在该对话框中可执行将表格样式置为当前、修改、删除或新建操作。单击【新建】按钮，系统弹出【创建新的表格样式】对话框，如图 6-65 所示。

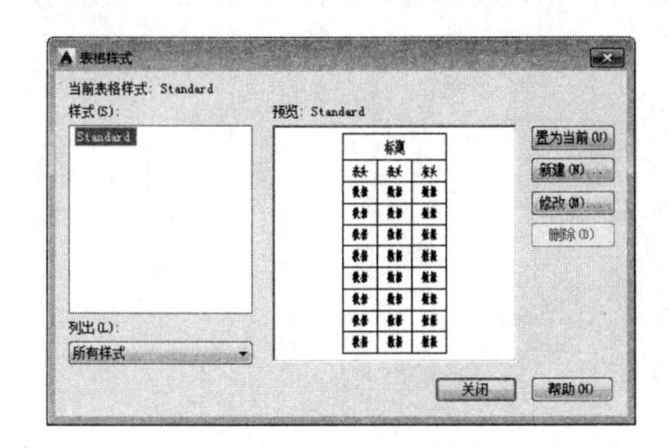

图 6-64 【表格样式】对话框

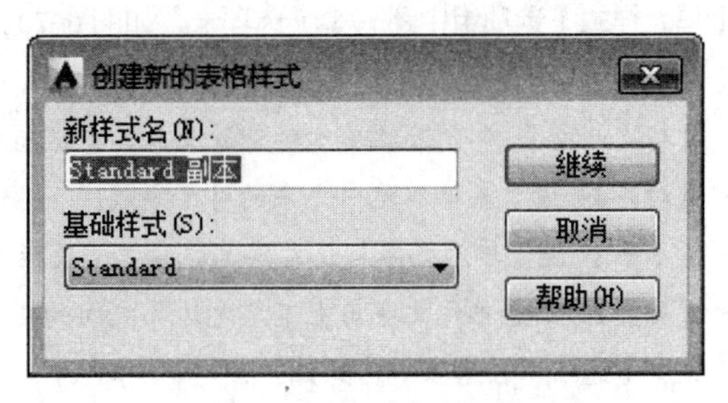

图 6-65 【创建新的表格样式】对话框

在【新样式名】文本框中输入表格样式名称，在【基础样式】下拉列表框中选择一个表格样式作为新的表格样式默认设置，单击【继续】按钮，系统弹出如图 6-66 所示的【新建表格样式】对话框，在其中可以对表格样式进行具体设置。

单击【新建表格样式】对话框中的【管理单元样式】按钮，弹出如图 6-67 所示【管理单元样式】对话框，在该对话框里可以对单元样式进行新建、删除和重命名等操作。

图 6-66 【新建表格样式】对话框

图 6-67 【管理单元样式】对话框

【新建表格样式】对话框由【起始表格】【常规】【单元样式】和【单元样式预览】4 个选项组组成：

- 【起始表格】选项组

在该选项组中允许用户在图形中制定一个表格作为样例来设置此表格样式的格式。单击【选择表格】按钮，进入绘图区，可以在绘图区选择表格。【删除表格】按钮与【选择表格】按钮作用相反。

- 【常规】选项组

该选项组用于更改表格方向。可通过【表格方向】下拉列表框中选择【向下】或【向上】来设置表格方向。

- 【向下】：创建由上而下读取的表格，标题行和列都在表格的顶部。
- 【向上】：创建由下而上读取的表格，标题行和列都在表格的底部。
- 【预览框】：显示当前表格样式设置效果的样例。

- 【单元样式】选项组

该选项组用于定义新的单元样式或修改现有单元样式。

【单元样式】下拉列表 数据 ：在该下拉列表中可选择表格中的单元样式。系统默认提供了【数据】【标题】和【表头】三种单元样式，用户如需要创建新的单元样式，可以单击右侧第一个【创建新单元样式】按钮，打开如图 6-68 所示的【创建新单元样式】对话框。在对话框中输入新的单元样式名，单击【继续】按钮可创建新的单元样式。

如果单击右侧【管理单元样式】按钮，则弹出如图 6-69 所示的【管理单元样式】对话框，在该对话框里可以对单元样式进行新建、删除和重命名。

【单元样式】选项组中还有 3 个选项卡，如图 6-70 所示。

【常规】选项卡各选项的含义如下：

- 【填充颜色】：制定表格单元的背景颜色，默认值为【无】。
- 【对齐】：设置表格单元中文字的对齐方式。
- 【水平】：设置单元文字与左右单元边界之间的距离。
- 【垂直】：设置单元文字与上下单元边界之间的距离。

【文字】选项卡各选项的含义如下：

- 【文字样式】：选择文字样式，单击按钮 ... ，打开【文字样式】对话框，在其中可以创建新的文字样式。
- 【文字角度】：设置文字倾斜角度。逆时针为正，顺时针为负。

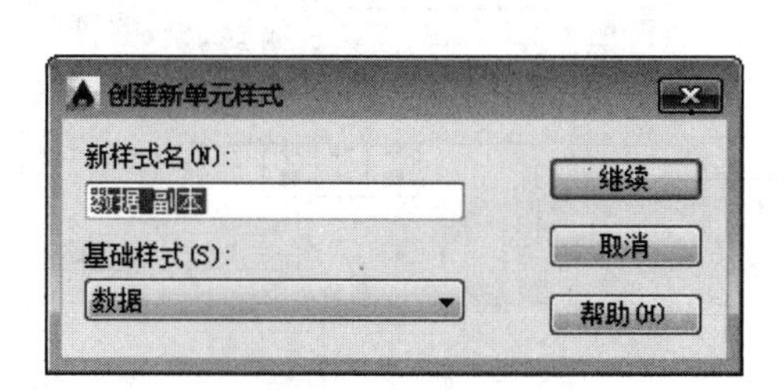

图 6-68 【创建新单元样式】对话框

图 6-69 【管理单元样式】对话框

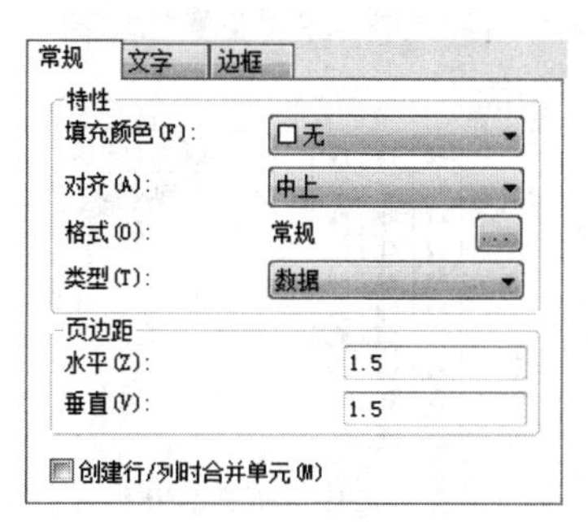

a)【常规】选项卡

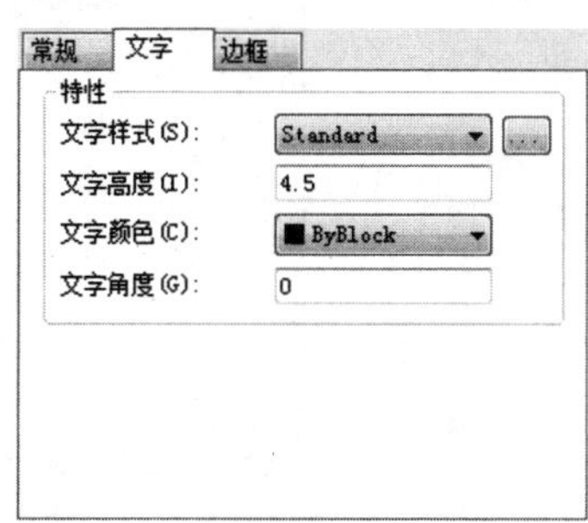

b)【文字】选项卡

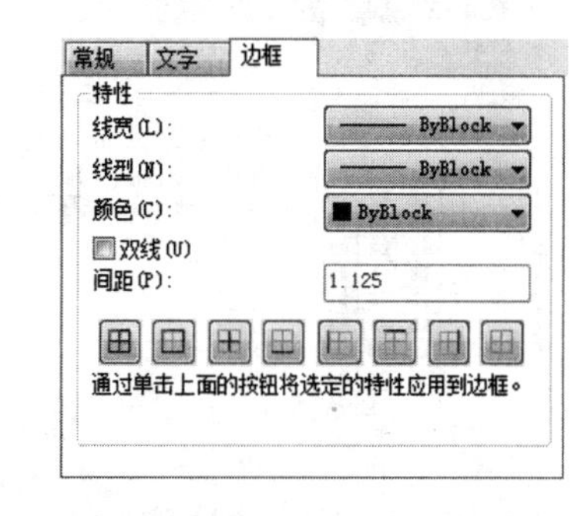

c)【边框】选项卡

图 6-70 【单元样式】选项组中的 3 个选项卡

【边框】选项卡各选项的含义如下:

- 【线宽】: 指定表格单元的边界线宽。
- 【颜色】: 指定表格单元的边界颜色。
- 按钮: 将边界特性设置应用于所有单元格。
- 按钮: 将边界特性设置应用于单元的外部边界。
- 按钮: 将边界特性设置应用于单元的内部边界。
- 按钮: 将边界特性设置应用于单元的底、左、上及下边界。
- 按钮: 隐藏单元格的边界。

【案例 6-7】: 创建【标题栏】表格样式

视频文件: 视频\第 6 章\6-7.mp4

01 打开 "第 6 章\6-7 创建标题栏表格样式.dwg" 文件, 素材图形如图 6-71 所示, 其中已经绘制好了一零件图。

02 选择【格式】|【表格样式】命令, 系统弹出【表格样式】对话框, 单击【新建】按钮, 系统弹出【创建新的表格样式】对话框, 在【新样式名】文本框中输入 "标题栏", 如图 6-72 所示。

03 设置表格样式。单击【继续】按钮, 系统弹出【新建表格样式: 标题栏】对话框, 在【表格方向】下拉列表中选择【向上】, 然后选择【文字】选项卡, 在【文字样式】下拉列表中选择【表格文字】选项, 并设置【文字高度】为 4, 如图 6-73 所示。

04 单击【确定】按钮, 返回【表格样式】对话框, 选择新创建的 "标题栏" 样式, 然后单击【置为当前】按钮, 如图 6-74 所示。单击【关闭】按钮, 完成表格样式的创建。

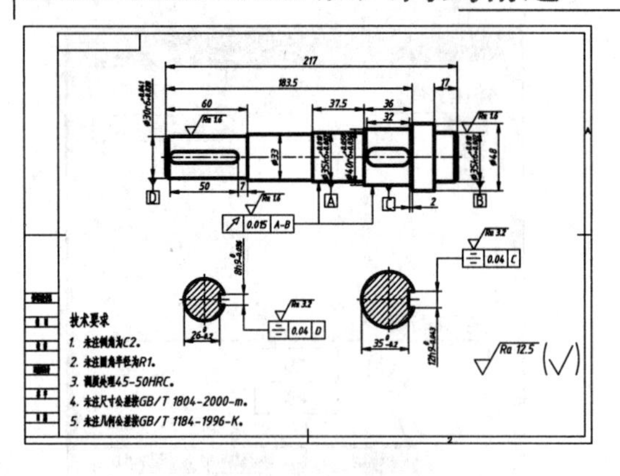

图 6-71　素材图形

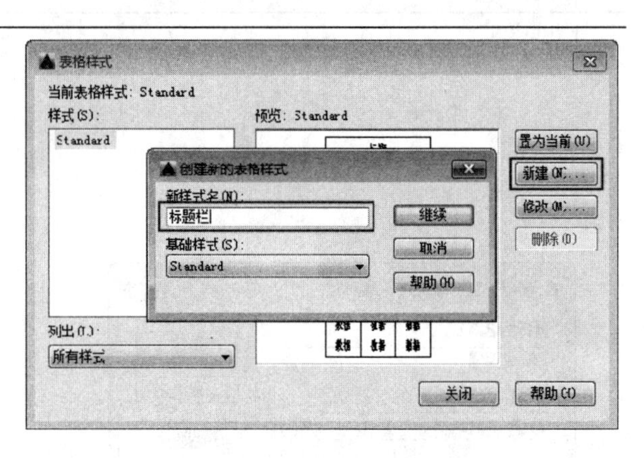

图 6-72　输入表格样式名

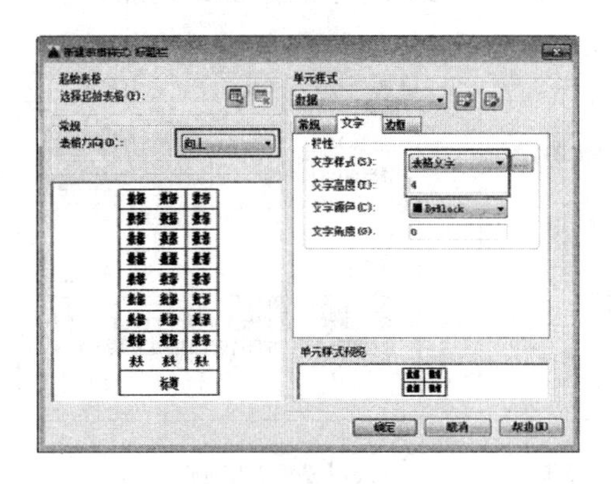

图 6-73　设置文字样式

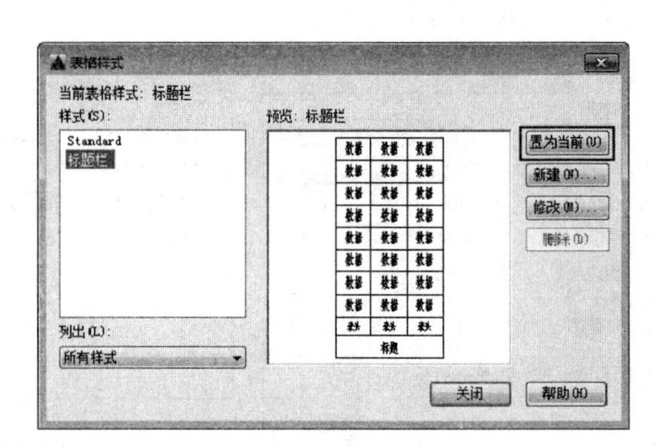

图 6-74　将“标题栏”样式置为当前

6.2.2　插入表格

表格是在行和列中包含数据的对象，在设置表格样式后便可以从表格样式创建表格对象，还可以将表格链接至 Microsoft Excel 电子表格中的数据。

在 AutoCAD 2022 中插入表格有以下几种常用方法。

- 功能区：在【默认】选项卡中单击【注释】面板中的【表格】按钮，如图 6-75 所示。
- 菜单栏：执行【绘图】|【表格】命令，如图 6-76 所示。
- 命令行：TABLE 或 TB。

通过以上任意一种方法执行该命令后，系统弹出【插入表格】对话框，如图 6-77 所示。

设置好列数和列宽、行数和行高后，单击【确定】按钮，并在绘图区指定插入点，即可在当前位置按照表格设置插入一个表格，然后在此表格中添加相应的文本信息即可完成表格的创建。

【插入表格】对话框中包含 5 个，说明如下：

- 【表格样式】选项组：在该选项组中，不仅可以从下拉列表框中选择表格样式，还可以单击右侧的按钮后创建新表格样式。
- 【插入选项】选项组：该选项组中包含 3 个单选按钮，选中【从空表格开始】单选按钮可以创建一个空的表格；而选中【自数据链接】单选按钮可以从外部导入数据来创建表格，如 Excel；若选中【自图形中的对象数据（数据提取）】单选按钮则可以从可输出到表格或外部的图形中提取数据来创建表格。
- 【插入方式】选项组：该选项组中包含两个单选按钮，选中【指定插入点】单选按钮可以在绘图窗口中的某点插入固定大小的表格，选中【指定窗口】单选按钮可以在绘图窗口中通过指定表格两对角点的方式来创建任意大小的表格。

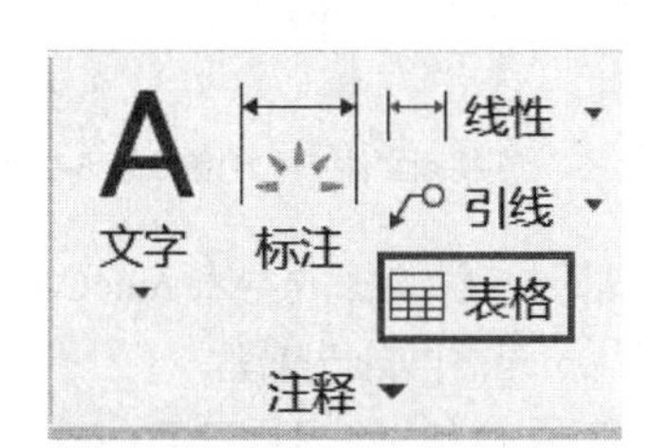

图 6-75 【注释】面板中的【表格】按钮

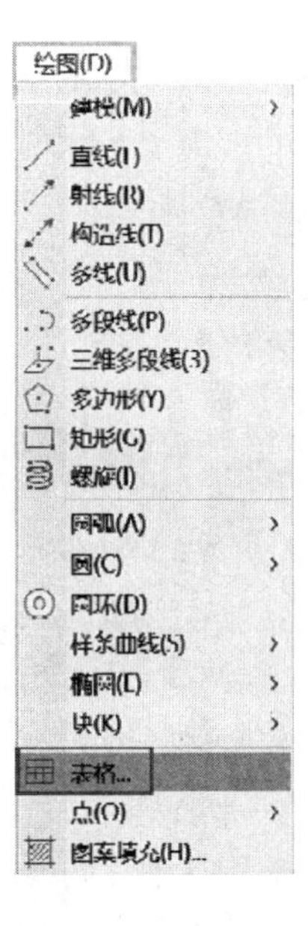

图 6-76 菜单栏中的【表格】命令

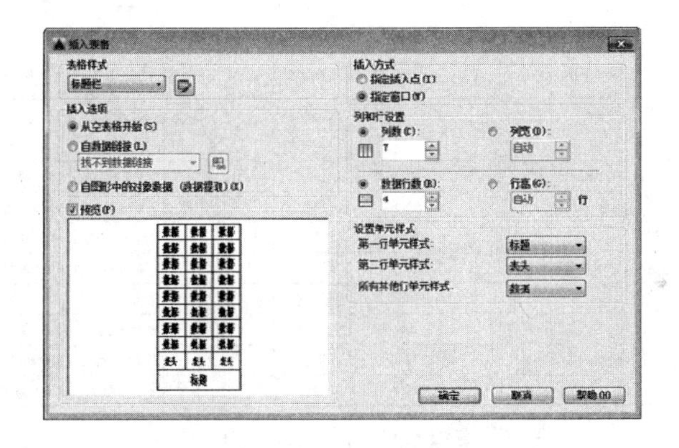

图 6-77 【插入表格】对话框

➢【列和行设置】选项组：在此选项组中，可以通过改变【列数】【列宽】【数据行数】和【行高】文本框中的数值来调整表格的外观大小。

➢【设置单元样式】选项组：在此选项组中可以设置【第一行单元样式】【第二行单元样式】和【所有其他单元样式】选项。默认情况下，系统均以【从空表格开始】方式插入表格。

【案例 6-8】：通过表格创建标题栏

视频文件：视频\第 6 章\6-8.mp4

01 打开“第 6 章\6-8 创建表格标题栏.dwg”文件，其中已经绘制好了一零件图。

02 在命令行输入【TB】并按 Enter 键，系统弹出【插入表格】对话框。选择插入方式为【指定窗口】，然后设置【列数】为 7、【数据行数】为 2，设置所有行的单元样式均为【数据】，如图 6-78 所示。

03 单击【插入表格】对话框中的【确定】按钮，然后在绘图区单击确定表格左下角点，向上拖动鼠标，在适当的位置单击确定表格右下角点，插入的表格如图 6-79 所示。

专家提醒 在设置行数时需要注意对话框中输入的是【数据行数】，这里的数据行数应减去标题与表头的数值，即“最终行数=输入行数+2”。

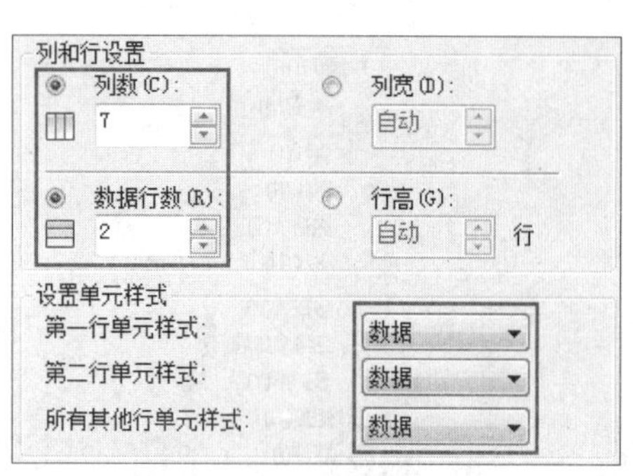

图 6-78　设置表格参数

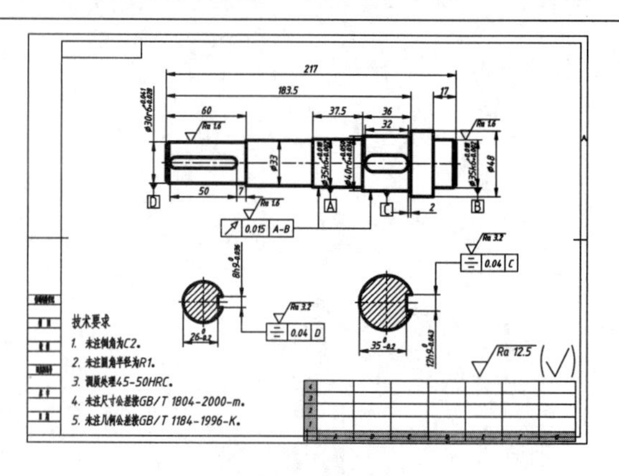

图 6-79　插入表格

【案例 6-9】：　通过 Excel 生成 AutoCAD 表格　　　　视频文件：视频\第 6 章\6-9.mp4

如果要统计的数据过多，如电气设施的统计表，可以使用 Excel 进行处理，然后再导入 AutoCAD 中作为表格。此外，在一般公司中，这类表格数据都是由其他部门制作，设计人员无需再自行整理。

01 打开“第 6 章\6-9 电气设备设施览表.xls”文件，素材图形如图 6-80 所示，其中已用 Excel 创建了一个电气设备设施的统计表格。

电　气　设　备　设　施　一　览　表

统计：姜程笑　　统计日期：2012年3月22日　　审核：罗武　　审核日期：2012年3月22日　　编号：10

序号	名　称	规格型号		重量/原值（吨/万元）	制造/投用（时间）	主体材质	操作条件	安装地点／使用部门	生产制造单位	备注
1	吸氨泵、碳化泵、浓氨泵（TH01）	MNS	1		2010、04/2010、08	敷铝锌板	交流控制（AC380V/220V）	碳化配电室/	上海德力西开关有限公司	
2	离心机1#-3#主机、辅机控制（TH02）	MNS	1		2010、04/2010、08	敷铝锌板	交流控制（AC380V/220V）	碳化配电室/	上海德力西开关有限公司	
3	防爆控制箱	XBK-B24D24G	1		2010、07	铸铁	交流控制（AC220V）	碳化值班室内/	新黎明防爆电器有限公司	
4	防爆照明(动力）配电箱	CBP51-7KXXG	1		2010、11	铸铁	交流控制（AC380V）	碳化二楼/	长城电器集团有限公司	
5	防爆动力(电磁）启动箱	BXG	1		2010、07	铸铁	交流控制（AC380V）	碳化值班室内/	新黎明防爆电器有限公司	
6	防爆照明(动力）配电箱	CBP51-7KXXG	1		2010、11	铸铁	交流控制（AC380V）	碳化一楼/	长城电器集团有限公司	
7	碳化循环水控制柜		1		2010、11	普通钢板	交流控制（AC380V）	碳化配电室内/	自配控制柜	
8	碳化深水泵控制柜		1		2011、04	普通钢板	交流控制（AC380V）	碳化配电室内/	自配控制柜	
9	防爆控制箱	XBK-B12D12G	1		2010、07	铸铁	交流控制（AC380V）	碳化二楼/	新黎明防爆电器有限公司	
10	防爆控制箱	XBK-B30D30G	1		2010、07	铸铁	交流控制（AC380V）	碳化二楼/	新黎明防爆电器有限公司	

图 6-80　素材图形

02 将表格主体（即 3~13 行、A~K 列）复制到剪贴板。

03 然后打开 AutoCAD，新建一空白文档，再选择【编辑】菜单中的【选择性粘贴】命令，打开【选择性粘贴】对话框，选择其中的“AutoCAD 图元”选项，如图 6-81 所示。

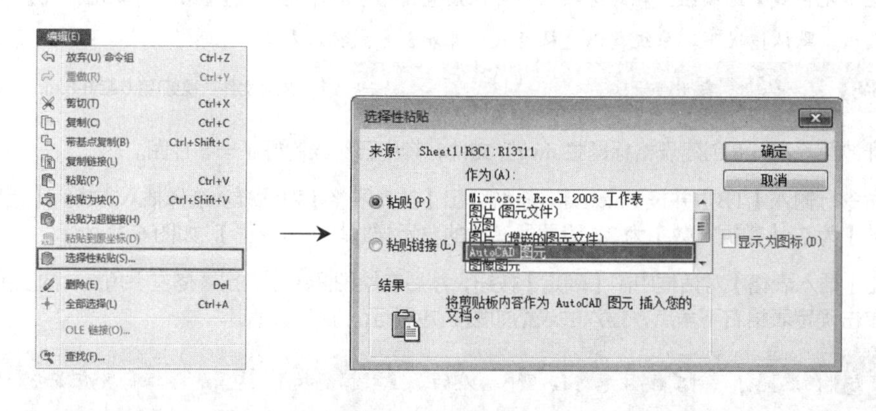

图 6-81　选择性粘贴

04 单击【确定】按钮，表格即可转化成 AutoCAD 中的表格，如图 6-82 所示。在此表格中可以编辑其中的文字，非常方便。

序号	名　称	规格型号		重量/原值（吨/万元）	制造/投用（时间）	主体材质	操作条件	安装地点/使用部门	生产制造单位	备注
1.0000	吸氨泵、碳化泵、浓氨泵（TH01）	MNS	1.0000		2010、04/2010、08	敷铝锌板	交流控制（AC380V/220V）	碳化配电室/	上海德力西开关有限公司	
2.0000	离心机1#-3#主机、辅机控制（TH02）	MNS	1.0000		2010、04/2010、08	敷铝锌板	交流控制（AC380V/220V）	碳化配电室/	上海德力西开关有限公司	
3.0000	防爆控制箱	XBK-B24D24G	1.0000		2010、07	铸铁	交流控制（AC220V）	碳化值班室内/	新黎明防爆电器有限公司	
4.0000	防爆照明(动力）配电箱	CBP51-7KXXG	1.0000		2010、11	铸铁	交流控制（AC380V）	碳化二楼/	长城电器集团有限公司	
5.0000	防爆动力(电磁）启动箱	BXG	1.0000		2010、07	铸铁	交流控制（AC380V）	碳化值班室内/	新黎明防爆电器有限公司	
6.0000	防爆照明(动力）配电箱	CBP51-7KXXG	1.0000		2010、11	铸铁	交流控制（AC380V）	碳化一楼/	长城电器集团有限公司	
7.0000	碳化循环水控制柜		1.0000		2010、11	普通钢板	交流控制（AC380V）	碳化配电室内/	自配控制柜	
8.0000	碳化深水泵控制柜		1.0000		2011、04	普通钢板	交流控制（AC380V）	碳化配电室内/	自配控制柜	
9.0000	防爆控制箱	XBK-B12D12G	1.0000		2010、07	铸铁	交流控制（AC380V）	碳化二楼/	新黎明防爆电器有限公司	
10.0000	防爆控制箱	XBK-B30D30G	1.0000		2010、07	铸铁	交流控制（AC380V）	碳化二楼/	新黎明防爆电器有限公司	

图 6-82　转化为 AutoCAD 中的表格

6.2.3　编辑表格

创建完成的表格不仅可根据需要对表格整体或表格单元进行拉伸、合并或添加等编辑操作，而且可以对表格的表指示器进行编辑，其中包括编辑表格形状和添加表格颜色等。

1．编辑整个表格

选中整个表格，单击鼠标右键，弹出如图 6-83 所示的快捷菜单，调用其中的命令可以对表格进行剪切、复制、删除、移动、缩放和旋转等编辑操作，还可以均匀调整表格的行、列大小，删除所有特性替代。当选择【输出】命令时，还可以打开【输出数据】对话框，以.csv 格式输出表格中的数据。

当选中表格后，也可以通过拖动夹点来编辑表格。各夹点的含义如图 6-84 所示。

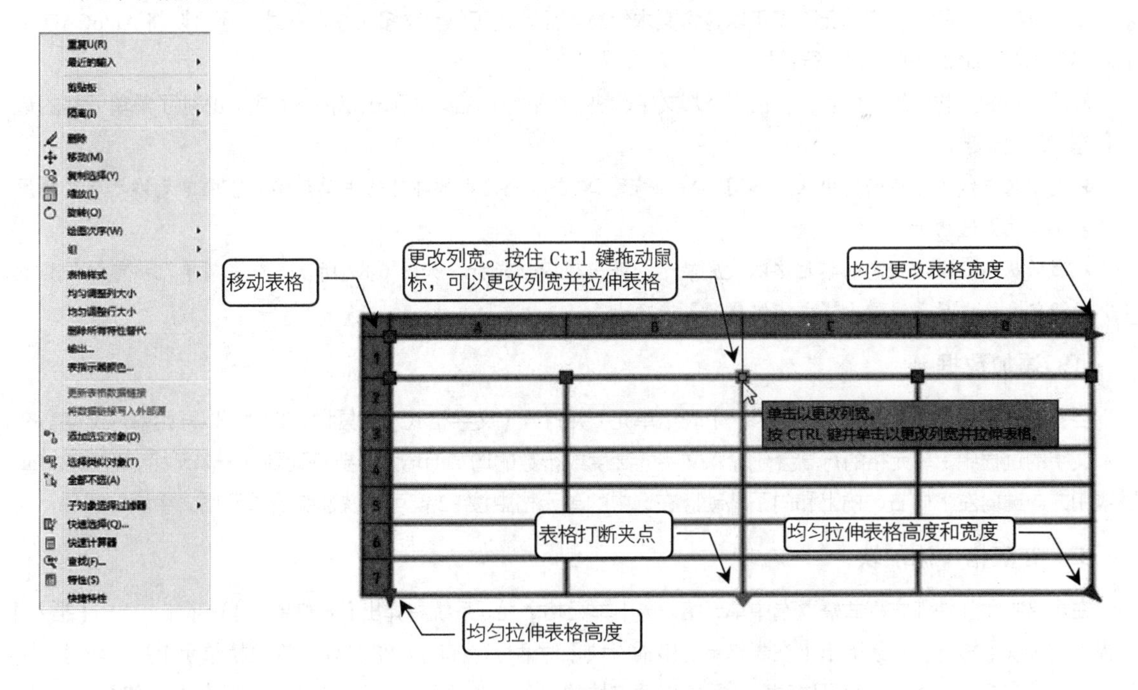

图 6-83　快捷菜单　　　　图 6-84　各夹点的含义

2．编辑表格单元

当选中表格单元时，其右键快捷菜单如图 6-85 所示。当选中表格单元格后，在表格单元格周围将出现夹点，通过拖动这些夹点可以编辑单元格。各夹点的含义如图 6-86 所示。如果要选择多个单元格，可以按住鼠标左键并在与选择的单元格上拖动，也可以按住 Shift 键并在欲选择的单元格内按鼠标左键，同时选中这两个单元格以及它们之间的所有单元。

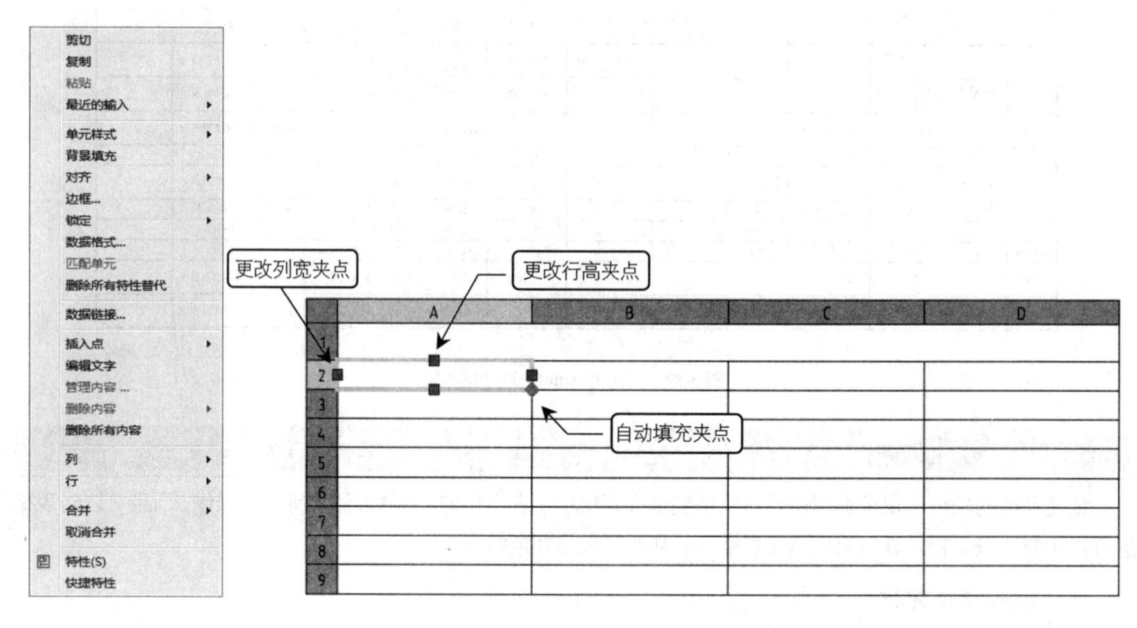

图 6-85　快捷菜单

图 6-86　各夹点的命令

6.2.4　添加表格内容

在 AutoCAD 2022 中，表格的主要作用就是清晰、完整、系统地表现图样中的数据。表格中的数据都是通过表格单元进行添加的。表格单元不仅可以包含文本信息，而且还可以包含多个块。此外，还可以将 AutoCAD 中的表格数据与 Excel 中的数据进行链接。

确定表格的结构之后，可以在表格中添加文字、块、公式等内容。添加表格内容之前，必须了解单元格的选中状态和激活状态。

➢ 选中状态：单元格的选中状态如图 6-86 所示。单击单元格内部即可选中单元格。选中单元格之后系统弹出【表格单元】选项卡。

➢ 激活状态：激活状态的单元格以灰底显示，并出现闪动光标，如图 6-87 所示。双击某单元格可以将其激活。激活单元格之后系统弹出【文字编辑器】选项卡。

1. 添加数据

当创建表格后，系统会自动亮显第一个表格单元，并打开【文字格式】工具栏，此时可以开始输入文字。在输入文字的过程中，单元格的行高会随输入文字的高度或行数的增加而增加。要移动到下一单元格，可以按 Tab 键或用方向键向左、向右、向上和向下移动。在选中的单元格中按 F2 键可以快速编辑单元格文字。

2. 在表格中添加块

在表格中添加块和方程式需要选中单元格。选中单元格之后，系统将弹出【表格单元】选项卡，单击【插入】面板上的【块】按钮，系统弹出【在表格单元中插入块】对话框，如图 6-88 所示。在表格单元中插入块时，块可以自动适应单元的大小，也可以调整单元格以适应块的大小，并且可以将多个块插入到同一个表格单元中。

3. 在表格中添加方程式

在表格中添加方程式可以将某单元格的值定义为其他单元格的组合运算值。选中单元格之后，在弹出的【表格单元】选项卡中单击【插入】面板上的【公式】下拉按钮，打开如图 6-89 所示的选项，选择【方程式】选项，将激活单元格，进入文字编辑模式，输入与单元格标号相关的方程式，如图 6-90 所示。该方程式的运算结果如图 6-91 所示。如果修改方程式所引用的单元格，运算结果也随之改变。

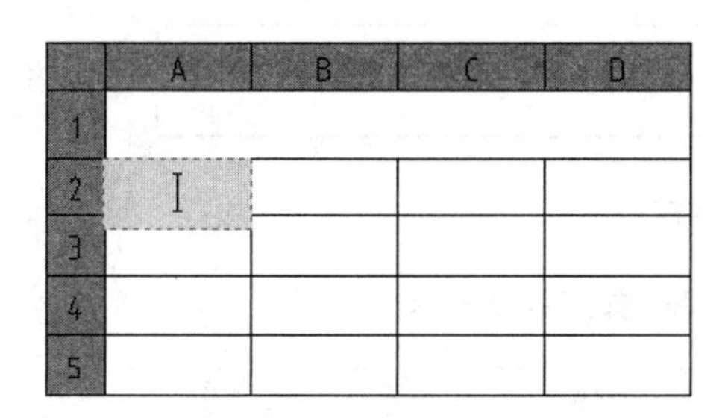

图 6-87　激活状态的单元格

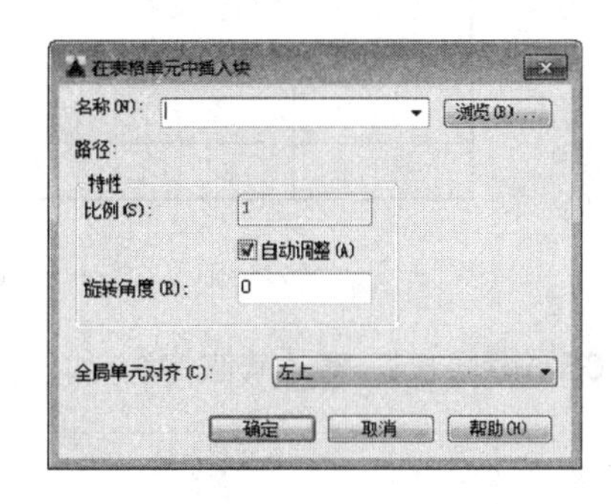

图 6-88　【在表格单元中插入块】对话框

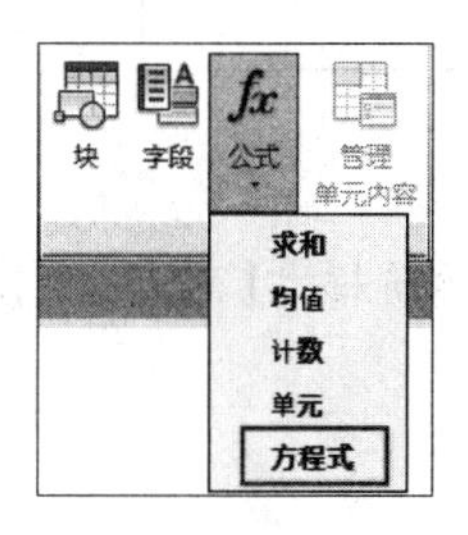

图 6-89　【公式】下拉列表中的选项

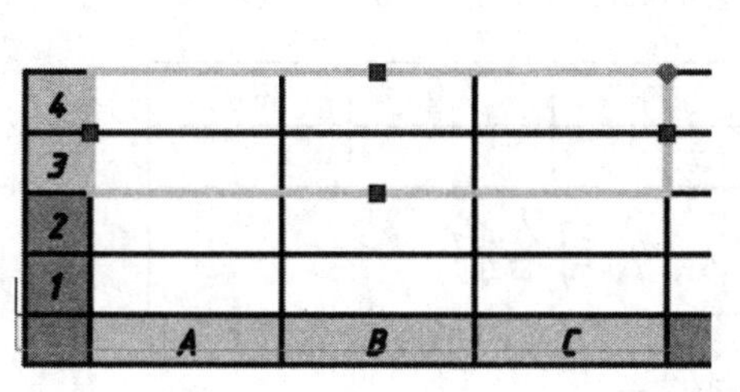

图 6-90　输入方程式

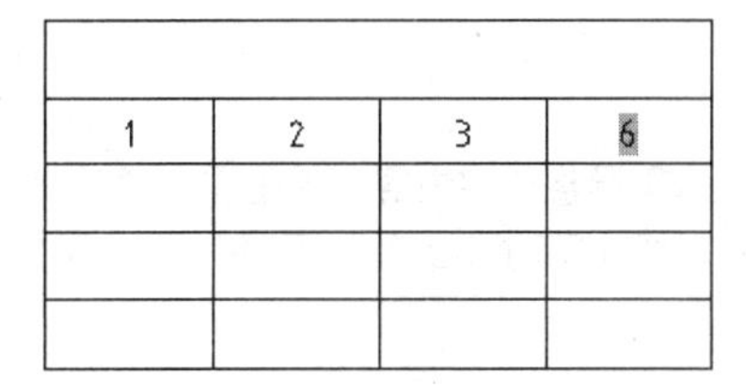

图 6-91　运算结果

【案例 6-10】：填写标题栏表格　　视频文件：视频\第 6 章\6-10.mp4

01 打开“第 6 章\6-8 通过表格创建标题栏-OK.dwg”文件，如图 6-79 所示，其中已经绘制了零件图形和标题栏。

02 编辑标题栏。框选标题栏左上角的 6 个单元格，然后单击【表格单元】选项卡中【合并】面板上的【合并全部】按钮，合并选中的 6 个单元格，结果如图 6-92 所示。

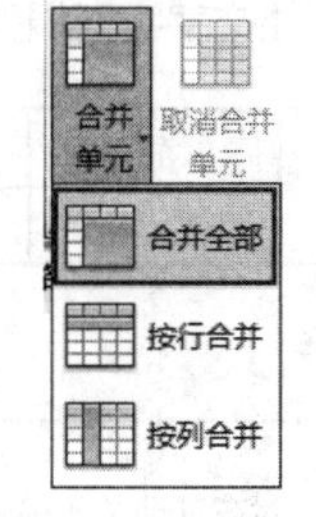

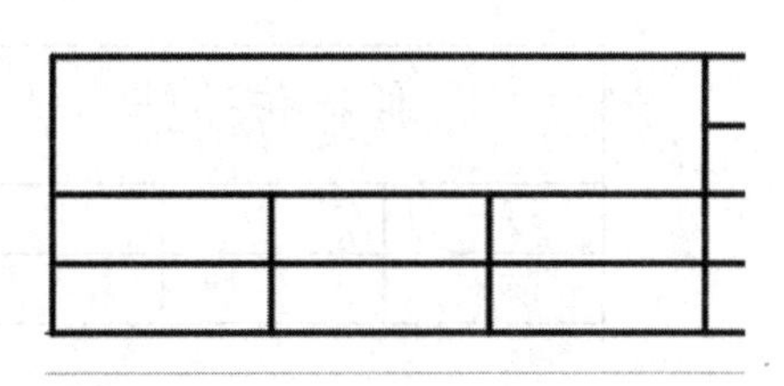

图 6-92　合并单元格

03 合并其余单元格。使用相同的方法合并其余的单元格，结果如图 6-93 所示。

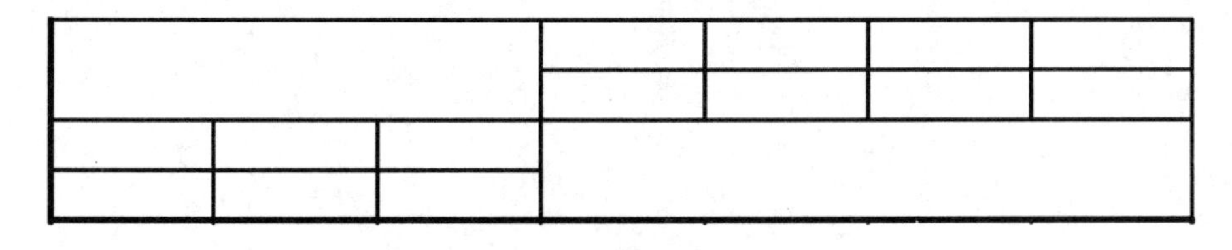

图 6-93　合并其余单元格

04 输入文字。双击左上角合并之后的大单元格，输入图形的名称“低速传动轴”，如图 6-94 所示。此时输入的文字，其样式为“标题栏”表格样式中所设置的样式。

低速传动轴						

图 6-94 输入单元格文字

05 按相同方法，输入其他文字，如“设计” “审核”等，如图 6-95 所示。

低速传动轴			比例	材料	数量	图号
设计			公司名称			
审核						

图 6-95 在其他单元格中输入文字

06 调整文字内容。单击左上角的大单元格，在【表格单元】选项卡中选择【单元样式】面板中的【正中】选项，将文字对齐至单元格的中心，如图 6-96 所示。

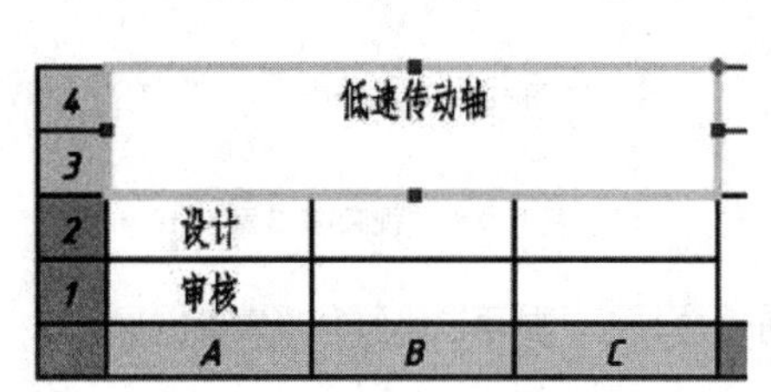

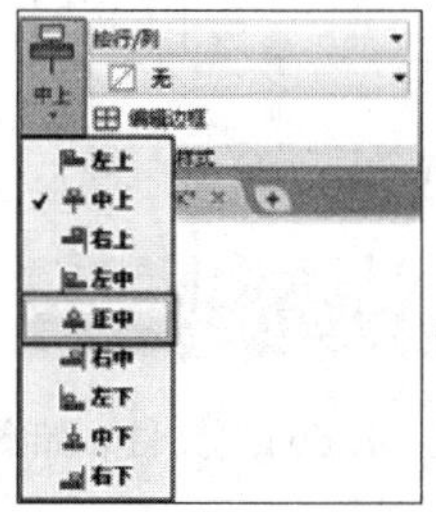

低速传动轴		
设计		
审核		

图 6-96 将文字对齐至单元格的中心

07 按相同的方法，对齐所有单元格内容（也可以直接选中表格，再选择【正中】选项，即将表格中所有单元格中的文字对齐方式统一为【正中】），再将两处文字字高调整为 8mm，结果如图 6-97 所示。

低速传动轴			比例	材料	数量	图号
设计			公司名称			
审核						

图 6-97 对齐其他单元格中的文字

第7章

图层与图形特性

本章导读

图层是 AutoCAD 提供给用户组织图形的强有力工具。AutoCAD 的图形对象必须绘制在某个图层上，它可以是默认的图层，也可以是用户自己创建的图层。根据图形的特性，如颜色、线宽、线型等，可以非常方便地区分不同的对象。此外，AutoCAD 还提供了大量的图层管理功能（打开/关闭、冻结/解冻、加锁/解锁等），这些功能可以使用户非常方便地管理图层。

学习效果

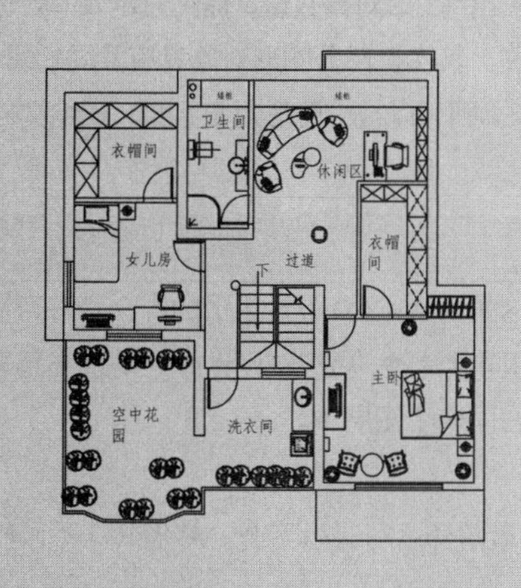

7.1 图层概述

本节介绍了图层的基本概念和分类原则。

7.1.1 图层的基本概念

AutoCAD 图层相当于传统图纸中使用的重叠图纸。每个图层就如同一张透明的图纸，整个 AutoCAD 文档就是由若干张透明图纸上下叠加的结果，如图 7-1 所示。用户可以根据图形对象不同的特征、类别或用途，将其分别绘制在不同的图层中。同一个图层中的图形对象一般具有相同的外观属性，如线宽、颜色、线型等。

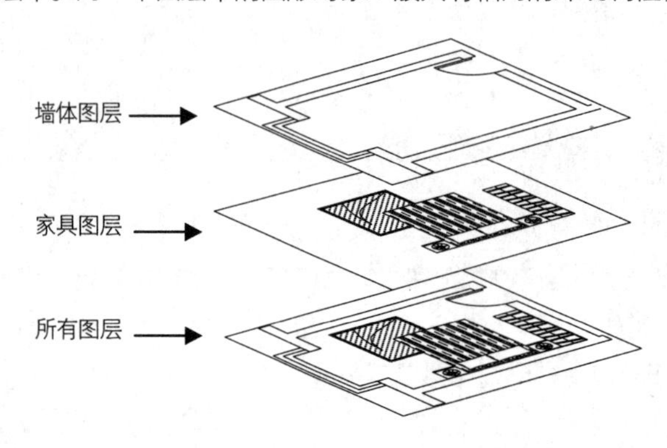

图 7-1　AutoCAD 图层

按图层绘制图形对象有很多好处。首先，图层结构有利于设计人员对 AutoCAD 图样的绘制、阅读和修改，分工不同的设计人员可以将不同类型的图形对象绘制在各自的图层中，最后将全部图形对象叠加在一起生成一个完整的图样；在阅读图样时，可以暂时隐藏不必要的图层，以减少屏幕上的图形对象数量，提高显示效率，也有利于看图；在修改图样时，可以锁定或冻结其他图层，以防误删、误改。其次，部分图形对象具有共同的属性，如果逐个记录这些属性，将会造成重复记录。而按照图层绘制图形对象，则可以减少图形对象冗余，压缩文件数量，提高系统处理效率。

7.1.2 图层分类原则

按照图层绘制图形对象，将图形对象分类绘制在不同的图层中，这是 AutoCAD 设计人员的一个良好习惯。在新建文档时，首先应该在绘图前大致设计好文档的图层结构。多人协同设计时，更应该设计好一个统一而又规范的图层结构，以便数据交换和共享。切忌将所有的图形对象全部放在同一个图层中。

图层可以按照以下的原则分类：

➢ 按照图形对象的使用性质分图层。例如，在建筑设计中，可以将墙体、门窗、家具、绿化分在不同的图层。

➢ 按照外观属性分图层。具有不同线型或线宽的实体应当分属不同的图层，这是一个很重要的原则。例如，在机械设计中，粗实线（外轮廓线）、虚线（隐藏线）和点画线（中心线）应分属三个不同的图层，这样也方便打印控制。

➢ 按照模型和非模型分图层。AutoCAD 制图的过程实际上是建模的过程。图形对象是模型的一部分，而文字标注、尺寸标注、图框、图例符号等并不属于模型本身，是设计人员为了便于设计文件的阅读而人为添加的说明性内容。所以模型和非模型应当分属不同的图层。

7.2 图层的创建与设置

图层的新建、设置等操作通常在【图层特性管理器】选项板中进行。此外，用户也可以使用【图层】面板或

【图层】工具栏快速管理图层。在【图层特性管理器】选项板中可以控制图层的颜色、线型、线宽、透明度、是否打印等。

7.2.1 新建并命名图层

在使用 AutoCAD 进行绘图工作前，用户宜先根据自身行业要求创建好相应的图层。AutoCAD 的图层创建和设置都在【图层特性管理器】选项板中进行。

打开【图层特性管理器】选项板有以下几种方法。

➢ 功能区：在【默认】选项卡中单击【图层】面板中的【图层特性】按钮，如图 7-2 所示。

➢ 菜单栏：选择【格式】|【图层】命令，如图 7-3 所示。

➢ 命令行：LAYER 或 LA。

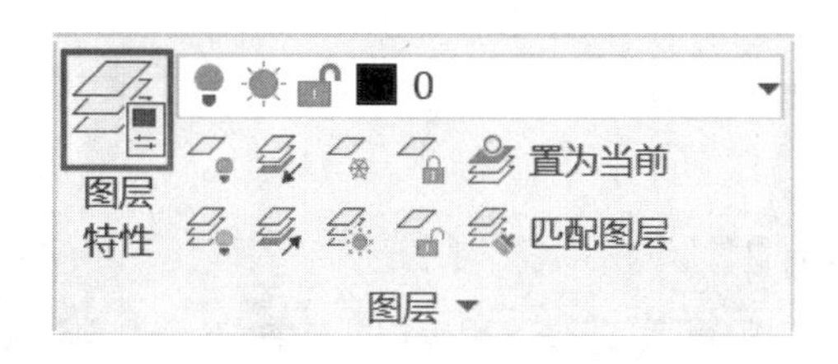

图 7-2 【图层】面板中的【图层特性】按钮

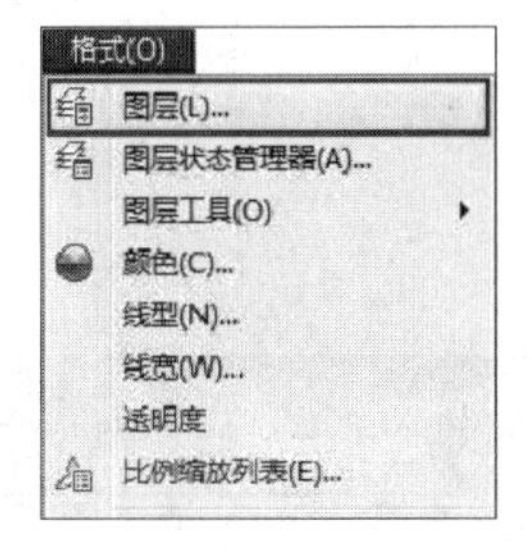

图 7-3 菜单栏中的【图层】命令

执行上述任一命令后，弹出如图 7-4 所示的【图层特性管理器】选项板，单击上方的【新建】按钮，即可新建一个图层项目。默认情况下，创建的图层会依次以“图层 1”“图层 2”等进行命名，用户也可以自行输入易辨别的名称，如“轮廓线”“中心线”等。输入图层名称之后，即可依次设置该图层相应的颜色、线型、线宽等特性，如图 7-5 所示为将粗实线图层设置为当前图层，设置颜色为红色、线型为实线，线宽为 0.3mm。设置为当前的图层项目前会出现✔符号。

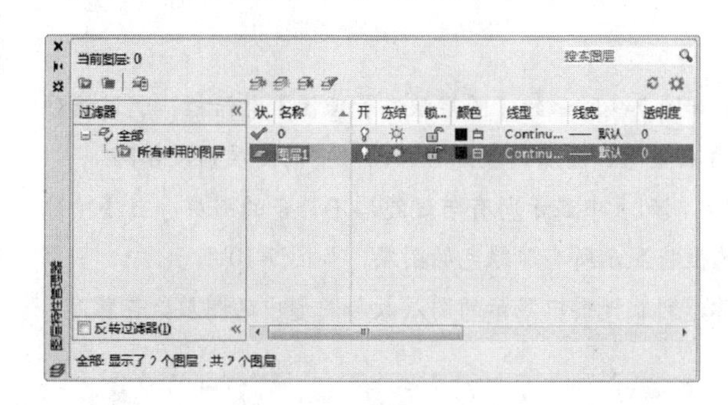

图 7-4 【图层特性管理器】选项板

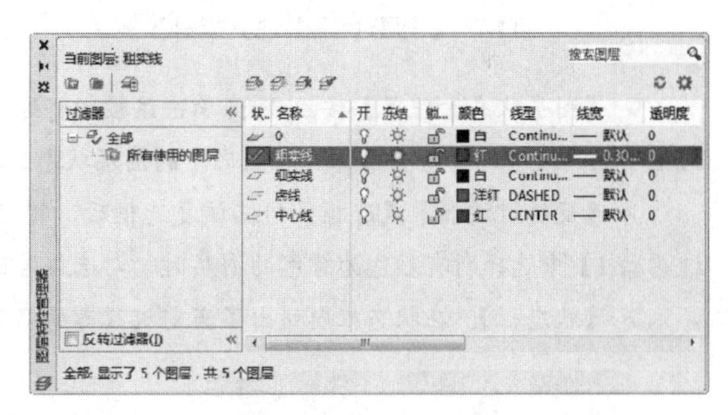

图 7-5 设置当前图层

专家提醒 图层的名称最多可以包含 255 个字符并且中间可以含有空格，图层名区分大小写字母。图层名不能包含的符号有<、>、^、“、”、;、？、*、|、,、=、’等，如果用户在命名图层时提示失败，可检查是否含有了这些非法字符。

【图层特性管理器】选项板主要分为【图层树状区】与【图层设置区】两部分，如图 7-6 所示。

❑ 图层树状区

图层树状区用于显示图形中图层和过滤器的层次结构列表，其中【全部】用于显示图形中所有的图层，而【所有使用的图层】过滤器则为只读过滤器，过滤器按字母顺序进行显示。

【图层树状区】各选项及功能按钮的作用如下：

➢ 【新建特性过滤器】按钮：单击该按钮将弹出如图 7-7 所示的【图层过滤器特性】对话框，此时可以根据图层的若干特性（如颜色、线宽）创建特性过滤器。

➢【新建组过滤器】按钮：单击该按钮可创建组过滤器，如图 7-8 所示。在组过滤器内可包含多个特性过滤器。

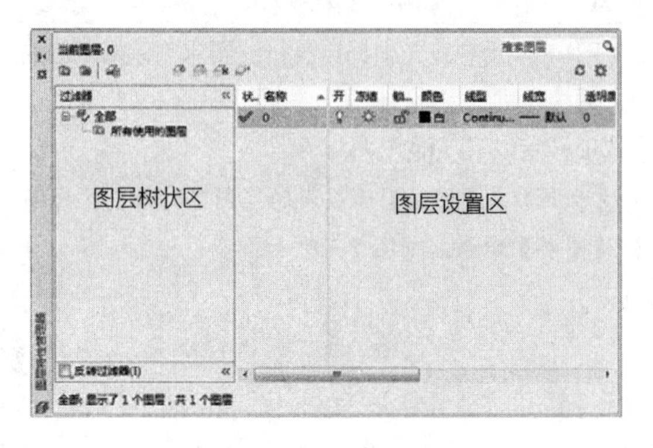

图 7-6　图层特性管理器的组成

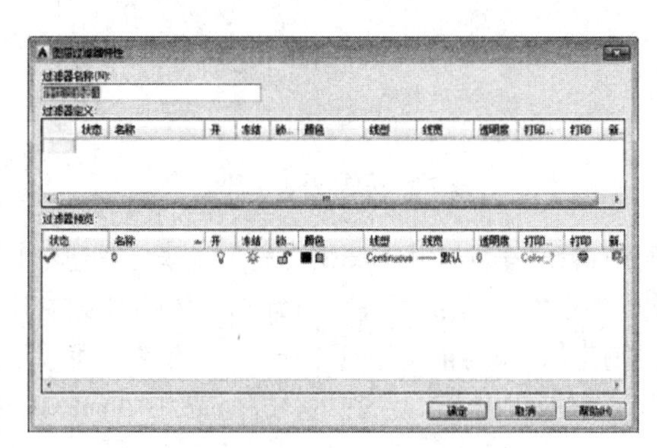

图 7-7　【图层过滤器特性】对话框

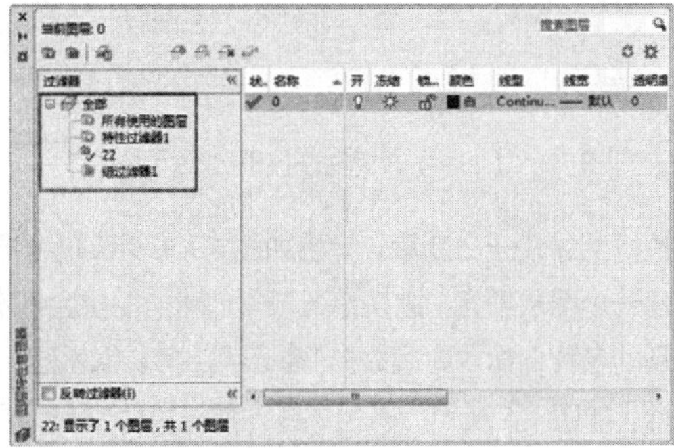

图 7-8　创建组过滤器

➢【图层状态管理器】按钮：单击该按钮将弹出如图 7-9 所示的【图层状态管理器】对话框，通过该对话框中的列表可以查看当前保存在图形中的图层状态、存在空间、图层列表是否与图形中的图层列表相同。

➢【反转过滤器】复选框：勾选该复选框后，将在右侧列表中显示所有与过滤器不符合的图层，当【特性过滤器 1】中选择所有颜色为绿色的图层时，勾选该复选框将显示所有非绿色的图层，如图 7-10 所示。

➢【状态栏】：在状态栏内列出了当前过滤器的名称、列表视图中显示的图层数与图形中的图层数等信息。

图 7-9　【图层状态管理器】对话框

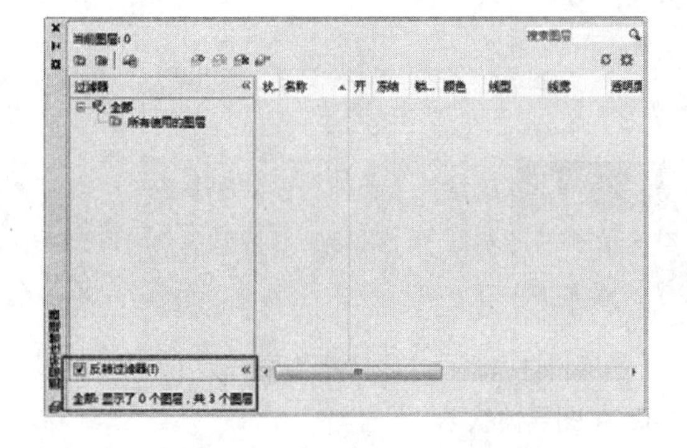

图 7-10　【反转过滤器】复选框

❑　图层设置区

图层设置区具有搜索、创建、删除图层等功能，并能显示图层具体的特性与说明。【图层设置区】各选项及功能按钮的作用如下：

➢【搜索图层】文本框：通过在该文本框内输入搜索关键字符，可以按名称快速搜索至相关的图层列表。

➢【新建图层】按钮：单击该按钮可以在列表中新建一个图层。

➢【在所有视口中都被冻结的新图层视口】按钮：单击该按钮可以创建一个新图层，但在所有现有的布局视口中会将其冻结。

➢【删除图层】按钮：单击该按钮将删除当前选中的图层。

➢【置为当前】按钮：单击该按钮可以将当前选中的图层置为当前图层，用户所绘制的图形将存放在该图层上。

➢【刷新】按钮：单击该按钮可以刷新图层列表中的内容。

➢【设置】按钮：单击该按钮将打开如图 7-11 所示的【图层设置】对话框在该对话框中可以调整【新图层通知】【隔离图层设置】以及【对话框设置】等内容。

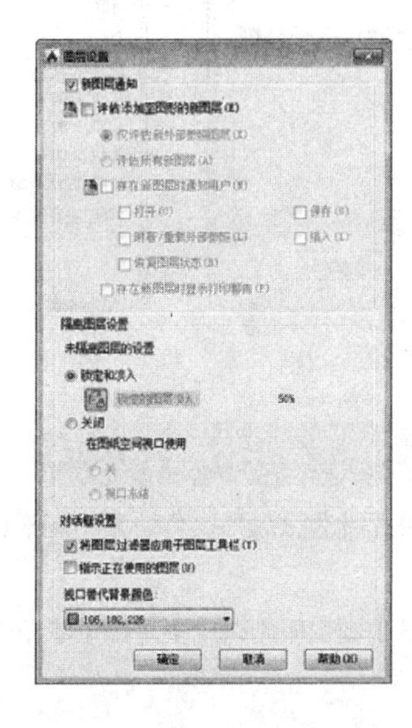

图 7-11 【图层设置】对话框

7.2.2 设置图层颜色

为了区分不同的对象，通常为不同的图层设置不同的颜色。设置图层颜色之后，该图层上的所有对象均显示为该颜色（修改了对象特性的图形除外）。

打开【图层特性管理器】选项板，单击某一图层相应的【颜色】，如图 7-12 所示，弹出如图 7-13 所示的【选择颜色】对话框，在调色板中选择一种颜色，单击【确定】按钮，即完成颜色设置。

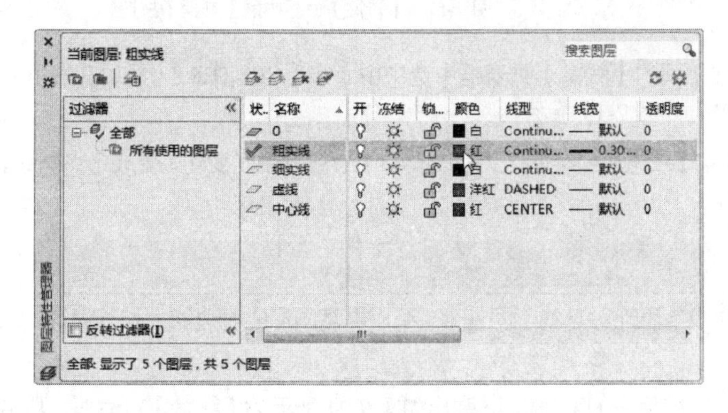

图 7-12 单击图层对应的【颜色】

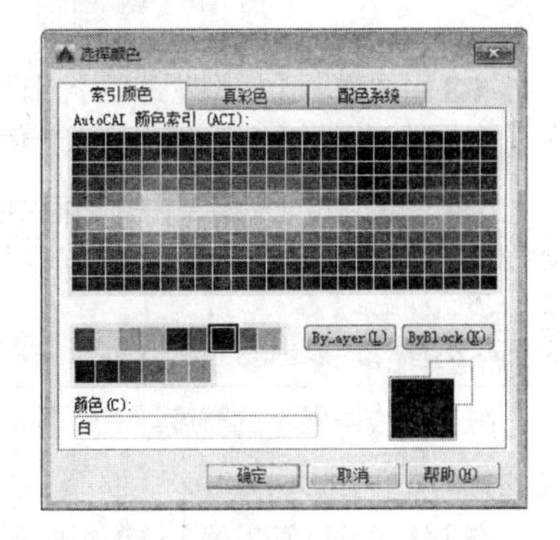

图 7-13 【选择颜色】对话框

7.2.3 设置图层线型

线型是指图形基本元素中线条的组成和显示方式，如实线、中心线、点画线、虚线等。通过线型的区别，可以直观判断图形对象的类别。在 AutoCAD 中默认的线型是实线（Continuous），其他的线型需要加载才能使用。

在【图层特性管理器】选项板中单击某一图层相应的【线型】，弹出【选择线型】对话框，如图 7-14 所示。在默认状态下，【选择线型】对话框中只有【Continuous】一种线型。如果要使用其他线型，必须将其添加到【选择线型】对话框中。单击【加载】按钮，弹出如图 7-15 所示的【加载或重载线型】对话框，从中选择要使用的线型，单击【确定】按钮，即可完成线型加载。

图 7-14 【选择线型】对话框

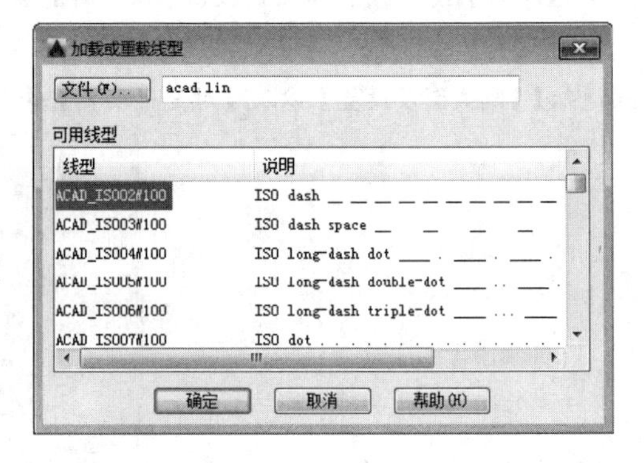

图 7-15 【加载或重载线型】对话框

【案例 7-1】：调整中心线线型比例　　视频文件：视频\第 7 章\7-1.mp4

01 打开“第 7 章\7-1 调整中心线线型比例.dwg”文件，素材图形如图 7-16 所示，其中图形的中心线为实线。

02 在【默认】选项卡中单击【特性】面板中【线型】下拉列表中的【其他】按钮，如图 7-17 所示。

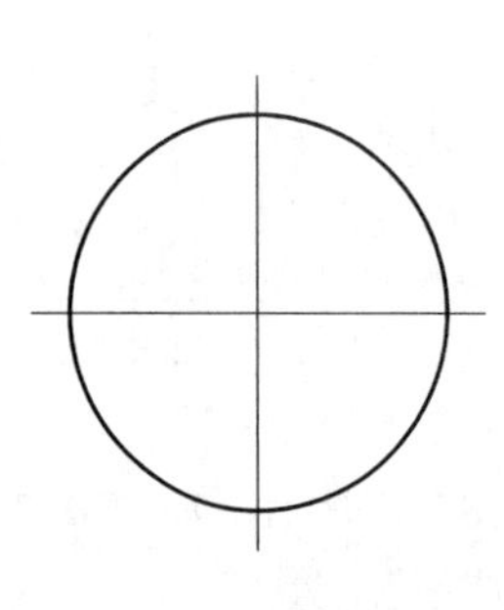

图 7-16 素材图形

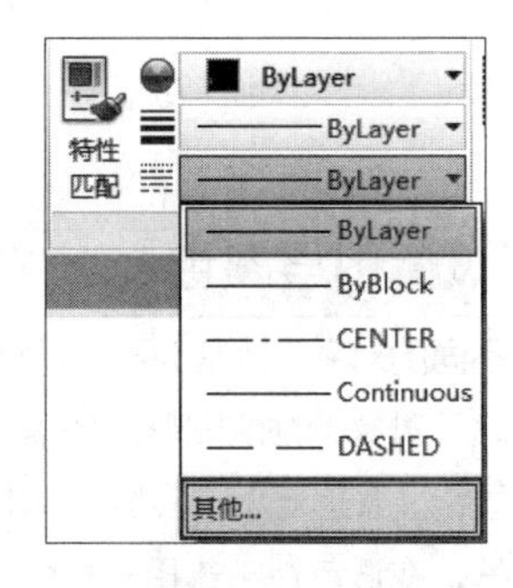

图 7-17 【特性】面板中的【其他】按钮

03 系统弹出【线型管理器】对话框，在中间的【线型】列表框中选中中心线【CENTER】，然后在右下方的【全局比例因子】文本框中输入新值为 0.25，如图 7-18 所示。

04 设置完成之后，单击对话框中的【确定】按钮返回绘图区，可以看到中心线发生了变化，变成了点画线，如图 7-19 所示。

7.2.4 设置图层线宽

线宽即线条显示的宽度。使用不同宽度的线条表现对象的不同部分，可以提高图形的表达能力和可读性，线宽变化如图 7-20 所示。

在【图层特性管理器】选项板中单击某一图层相应的【线宽】，弹出如图 7-21 所示的【线宽】对话框，从中选择所需的线宽即可。

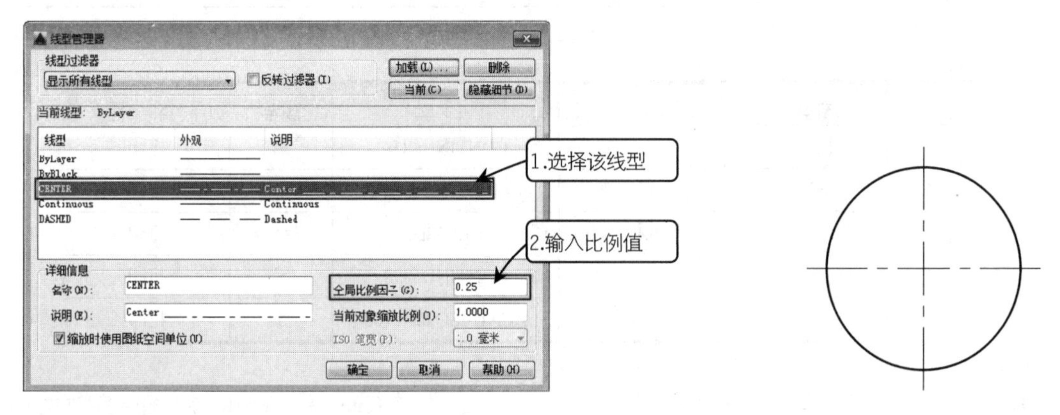

图 7-18 【线型管理器】对话框　　图 7-19 修改线型后的图形

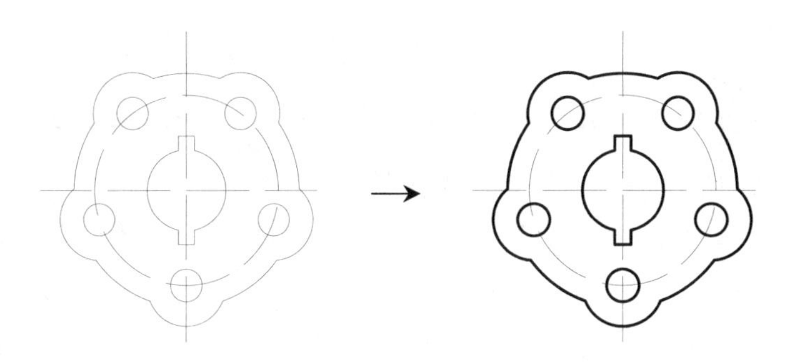

图 7-20 线宽变化

如果需要自定义线宽，可在命令行中输入【LWEIGHT】或【LW】并按 Enter 键，在弹出的如图 7-22 所示的【线宽设置】对话框中调整线宽比例，即可使图形中的线宽显示得更宽或更窄。

机械、建筑制图中通常采用粗、细两种线宽，在 AutoCAD 中常设置粗细线比例为 2∶1。AutoCAD 中粗细线比例共有 0.25∶0.13、0.35∶0.18、0.5∶0.25、0.7∶0.35、1∶0.5、1.4∶0.7、2/1（单位均为 mm）7 种组合，同一图纸只允许采用一种组合。其它行业制图请查阅相关标准。

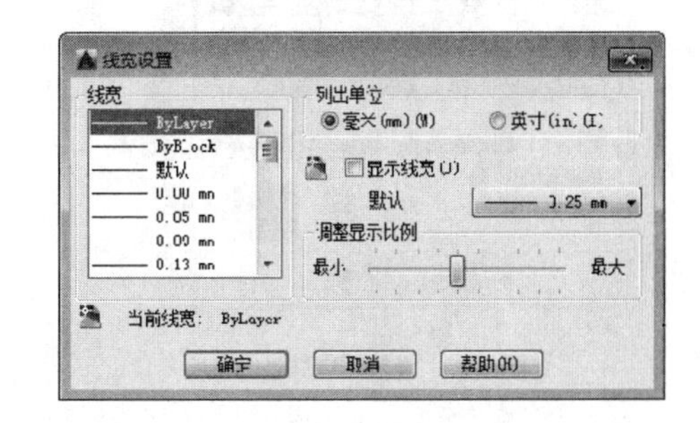

图 7-21 【线宽】对话框　　图 7-22 【线宽设置】对话框

【案例 7-2】：创建绘图基本图层

视频文件：视频\第 7 章\7-2.mp4

本案例介绍了绘图基本图层的创建，包括建立【粗实线】【中心线】【细实线】【标注与注释】和【细虚线】层，这些图层的主要特性见表 7-1。

01 在【默认】选项卡中单击【图层】面板中的【图层特性】按钮。系统弹出【图层特性管理器】选项板，单击【新建】按钮，新建图层，系统默认新建图层的名称【图层 1】，如图 7-23 所示。

表 7-1 图层的主要特性

序号	图层名	线宽/mm	线 型	颜色	打印属性
1	粗实线	0.3	CONTINUOUS	黑	打印
2	细实线	0.15	CONTINUOUS	红	打印
3	中心线	0.15	CENTER	红	打印
4	标注与注释	0.15	CONTINUOUS	绿	打印
5	细虚线	0.15	ACAD-ISO 02W100	5	打印

02 此时文本框呈可编辑状态，在其中输入文字“中心线”并按 Enter 键，完成中心线图层名称的创建，如图 7-24 所示。

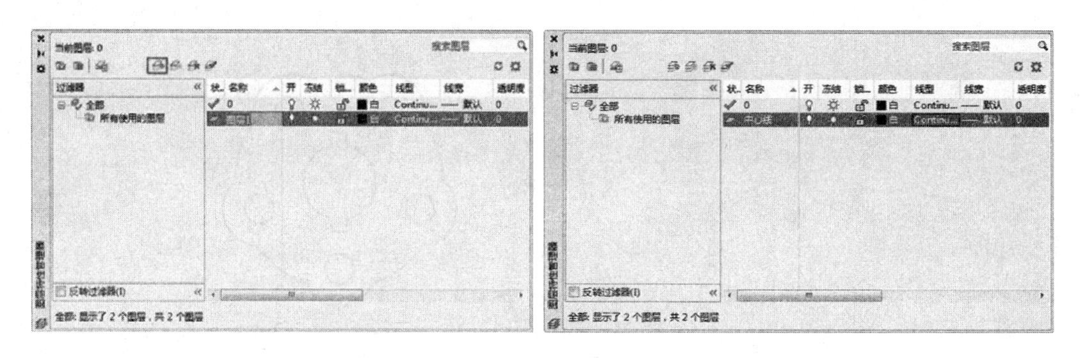

图 7-23 【图层特性管理器】选项板

图 7-24 重命名图层

03 单击【颜色】属性项，在弹出的【选择颜色】对话框中选择【红色】，如图 7-25 所示。单击【确定】按钮，返回【图层特性管理器】选项板。

04 单击【线型】属性项，弹出【选择线型】对话框，如图 7-26 所示。

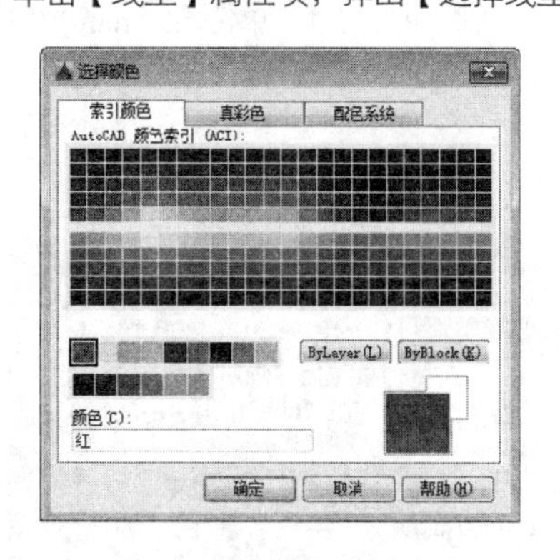

图 7-25 设置图层颜色

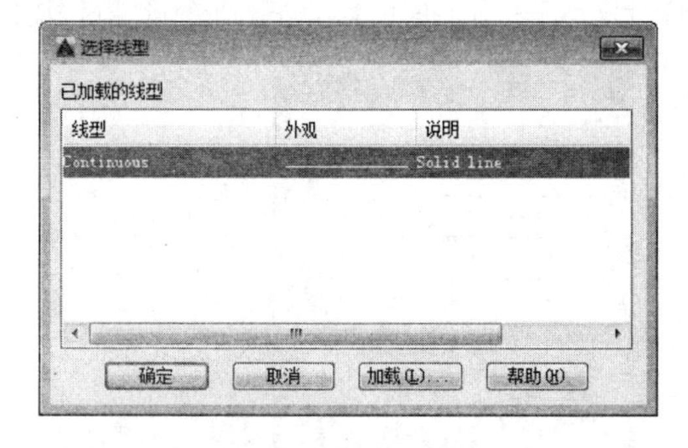

图 7-26 【选择线型】对话框

05 在对话框中单击【加载】按钮，在弹出的【加载或重载线型】对话框中选择【CENTER】线型，如图 7-27 所示。单击【确定】按钮，返回【选择线型】对话框，可以看到已经加载了【CENTER】线型。选择【CENTER】线型，如图 7-28 所示。

06 单击【确定】按钮，返回【图层特性管理器】选项板。单击【线宽】属性项，在弹出的【线宽】对话框中选择线宽为 0.15mm，如图 7-29 所示。

07 单击【确定】按钮，返回【图层特性管理器】选项板。设置的中心线图层如图 7-30 所示。

08 重复上述步骤，分别创建【粗实线】图层、【细实线】图层、【标注与注释】图层和【细虚线】图层，为各图层选择适当的颜色、线型和线宽，结果如图 7-31 所示。

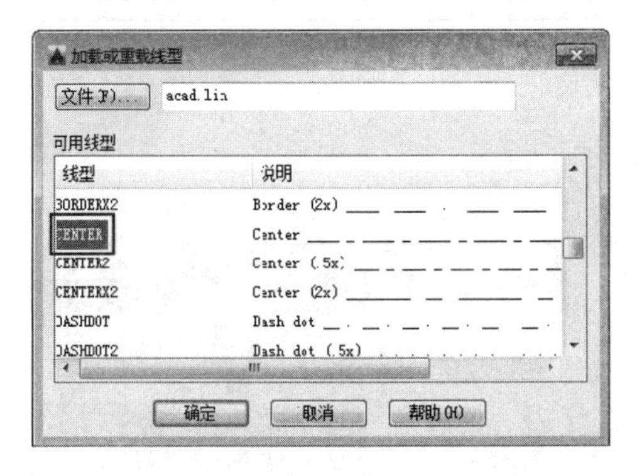

图 7-27 【加载或重载线型】对话框

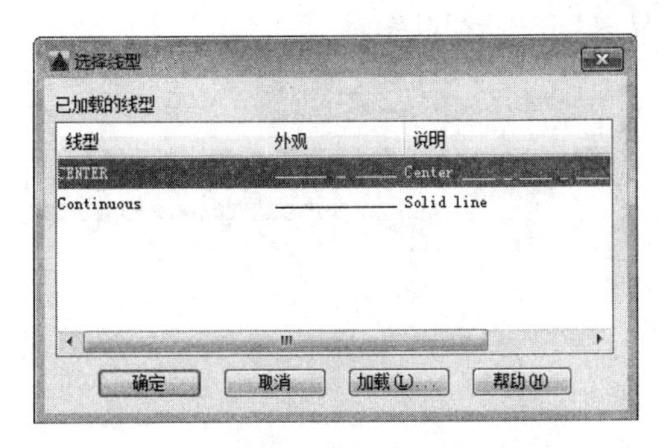

图 7-28 选择线型

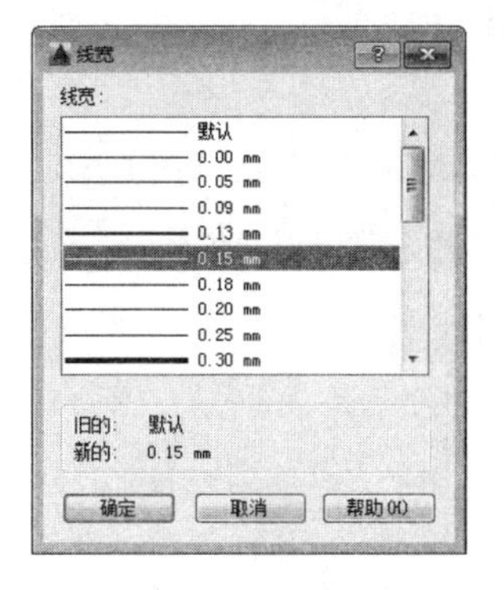

图 7-29 选择线宽

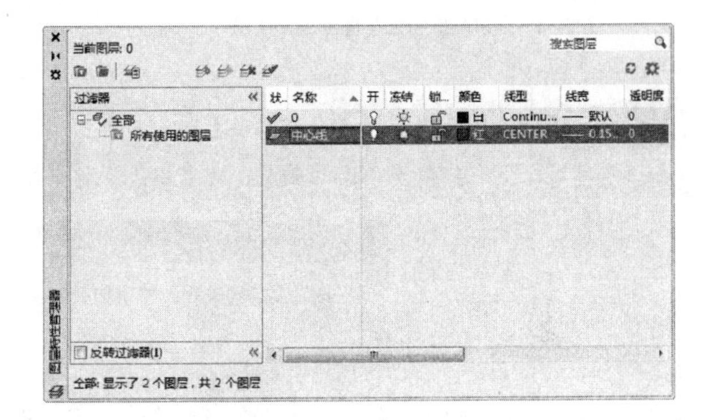

图 7-30 设置的中心线图层

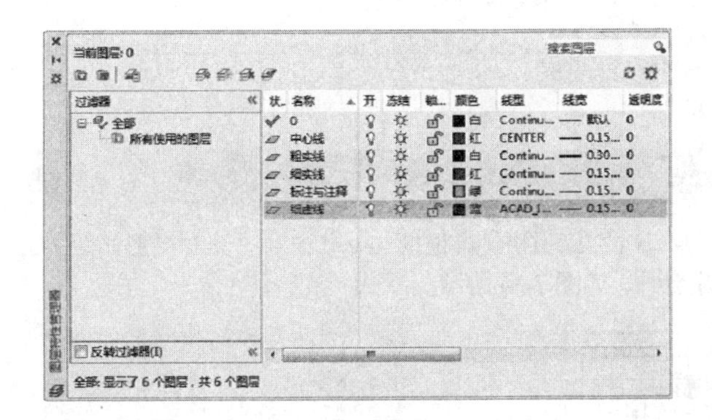

图 7-31 图层设置结果

7.3 图层的其他操作

在 AutoCAD 中还可以对图层进行隐藏、冻结以及锁定等其他操作，这样在使用 AutoCAD 绘制复杂的图形对象时可以有效地降低误操作，提高绘图效率。

7.3.1 打开与关闭图层

在绘图的过程中可以将暂时不用的图层关闭，被关闭的图层中的图形对象将不可见，并且不能被选择、编辑、修改以及打印。在 AutoCAD 中关闭图层的常用方法有以下几种。

➢ 选项板：在【图层特性管理器】选项板中选中要关闭的图层，单击按钮即可关闭该图层，图层被关闭后该按钮将显示为，表明该图层已经被关闭，如图 7-32 所示。

➢ 功能区：在【默认】选项卡中打开【图层】面板中如图 7-33 所示的【图层控制】下拉列表，单击目标图层💡按钮即可关闭图层。

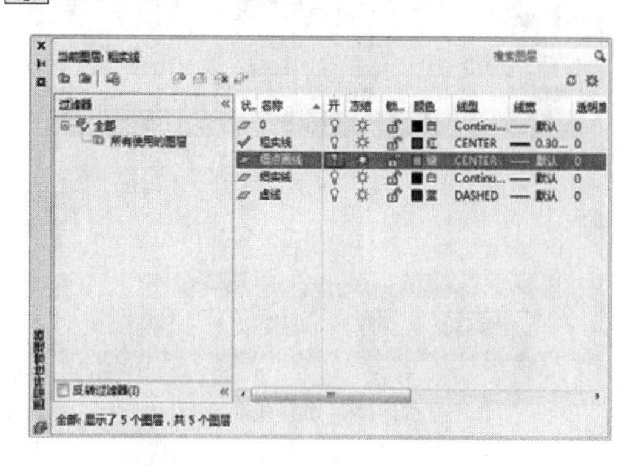

图 7-32　通过图层特性管理器关闭图层

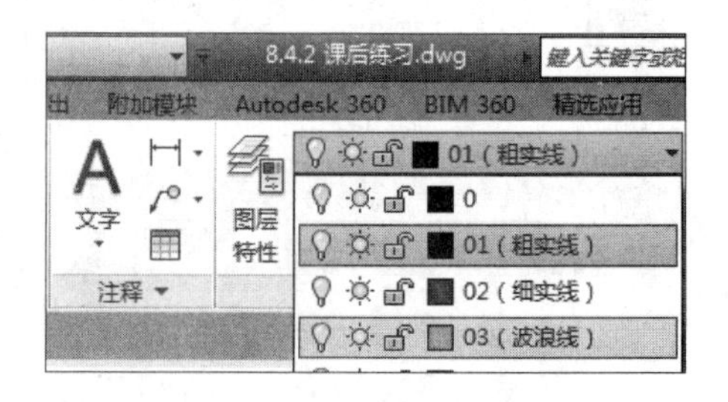

图 7-33　【图层控制】下拉列表

专家提醒 当关闭的图层为【当前图层】时，将弹出如图 7-34 所示的确认对话框，此时单击【关闭当前图层】选项即可。如果要恢复关闭的图层，重复以上操作，单击目标图层的💡按钮即可打开图层。

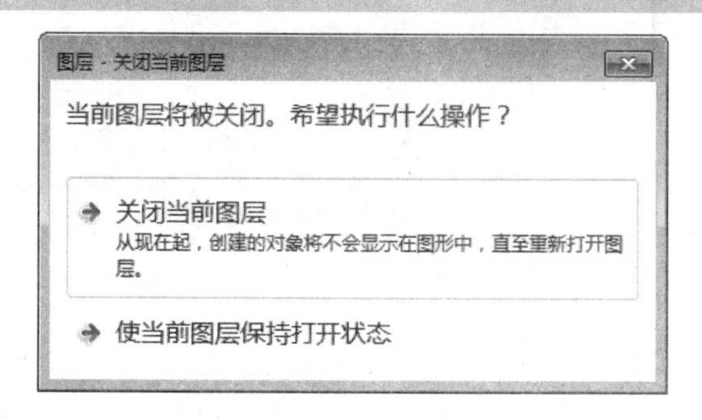

图 7-34　确认对话框

【案例 7-3】：　通过关闭图层控制图形

视频文件：视频\第 7 章\7-3.mp4

01 打开 “第 7 章\7-3 通过关闭图层控制图形.dwg” 文件，素材图形如图 7-35 所示，其中已经绘制好了一室内平面图，且图层效果全开，如图 7-36 所示。

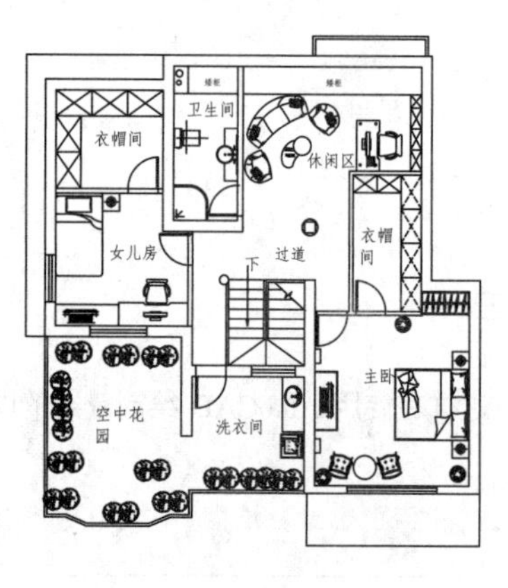

图 7-35　素材图形

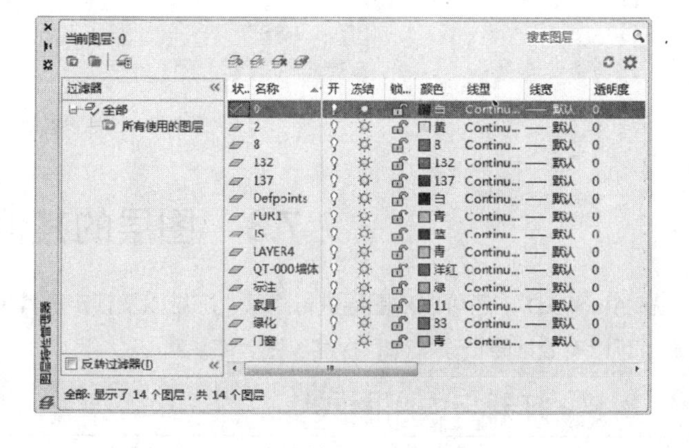

图 7-36　素材图形中的图层设置

02 设置图层显示。在【默认】选项卡中单击【图层】面板中的【图层特性】按钮，打开【图层特性管理器】选项板，找到【家具】图层，选中该图层前的打开/关闭图层按钮💡，单击此按钮，此时按钮变成💡，即可关闭【家具】图层。再按此方法关闭其他图层，只保留【QT-000 墙体】和【门窗】图层开启，如图 7-37 所示。

03 关闭【图层特性管理器】选项板，此时图形仅包含墙体和门窗图层，效果如图 7-38 所示。

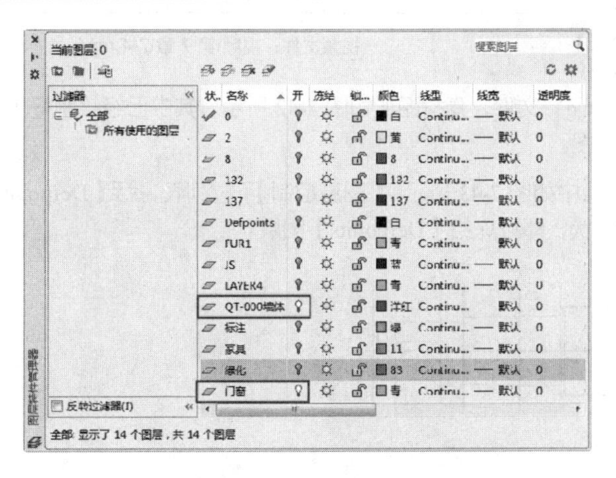

图 7-37　关闭除墙体和门窗之外的所有图层

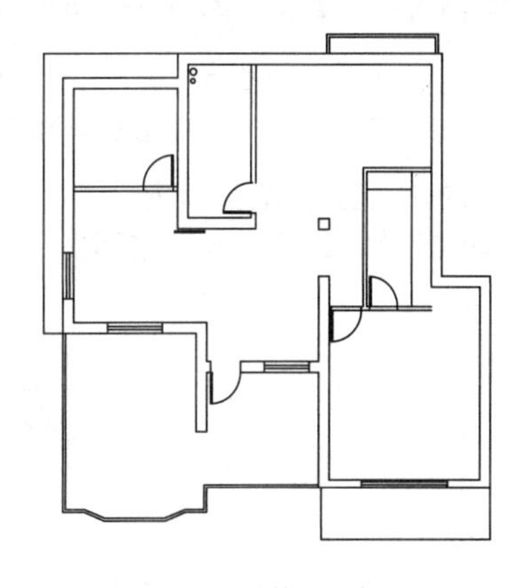

图 7-38　墙体和门窗图层

7.3.2　冻结与解冻图层

将长期不需要显示的图层冻结，可以提高系统运行速度，减少图形刷新的时间，因为这些图层将不会被加载到内存中。AutoCAD 不会在被冻结的图层上显示、打印或重生成对象。

在 AutoCAD 中冻结图层的常用方法有以下几种。

➢ 选项板：在【图层特性管理器】选项板中单击要冻结图层的【冻结】按钮，即可冻结该图层，图层冻结后将显示为，如图 7-39 所示。

➢ 功能区：在【默认】选项卡中打开【图层】面板中的【图层控制】下拉列表，单击目标图层按钮，如图 7-40 所示。

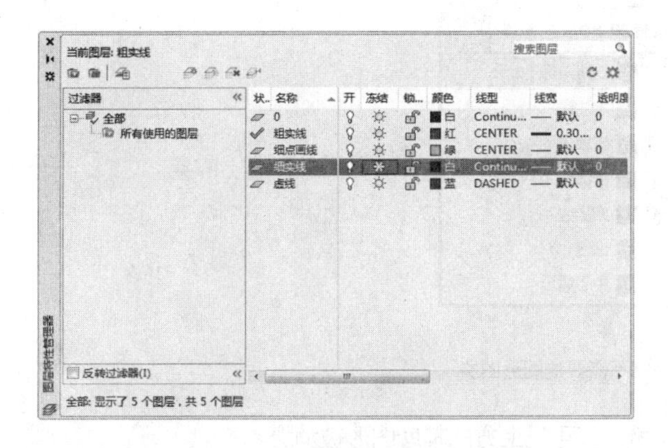

图 7-39　通过【图层特性管理器】冻结图层

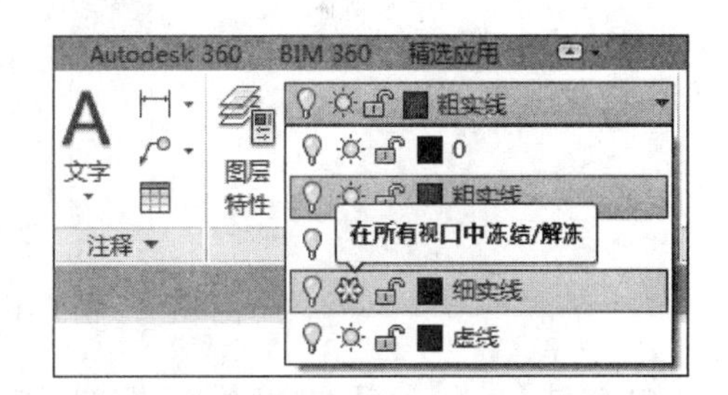

图 7-40　通过功能面板图标冻结图层

专家提醒 当要冻结的图层为【当前图层】时，将弹出如图 7-41 所示的提示对话框，提示无法冻结当前图层，此时需要将其他图层设置为【当前图层】才能冻结该图层。如果要恢复冻结的图层，重复以上操作，单击目标图层前的【解冻】图标即可解冻图层。

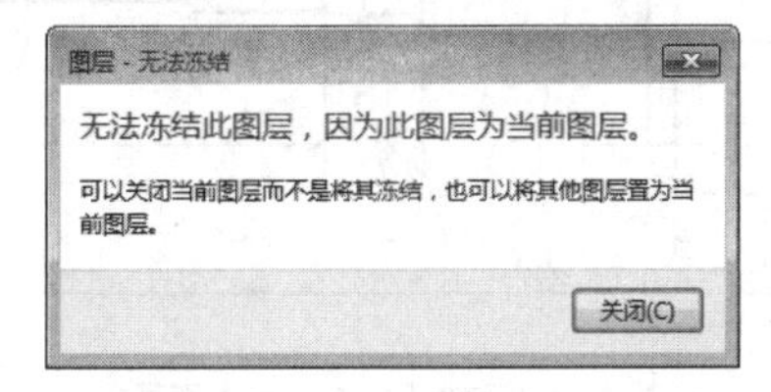

图 7-41　提示对话框

【案例 7-4】： 通过冻结图层控制图形 视频文件：视频\第 7 章\7-4.mp4

01 打开 “第 7 章\7-4 通过冻结图层控制图形.dwg” 文件，素材图形如图 7-42 所示，其中已经绘制好了一完整图形，但在图形上方还遗留有绘制过程中的辅助图。

02 冻结图层。在【默认】选项卡中打开【图层】面板中如图 7-43 所示的【图层控制】下拉列表，找到【Defpoints】层，单击该图层的【冻结】按钮，按钮变成形状，即可冻结【Defpoints】图层。

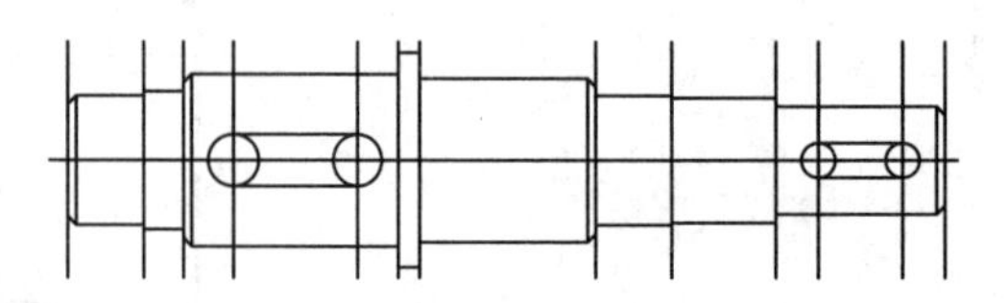

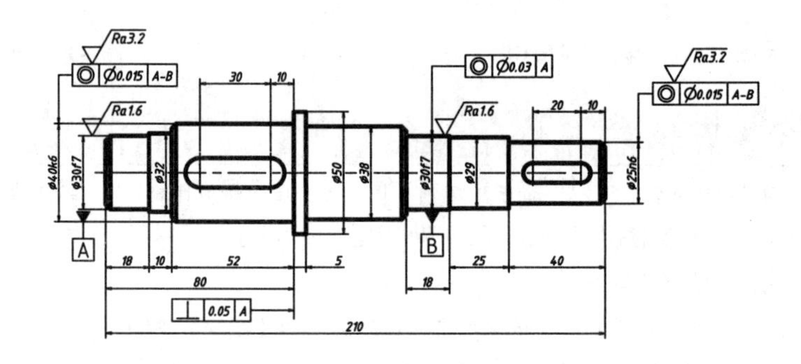

图 7-42 素材图形

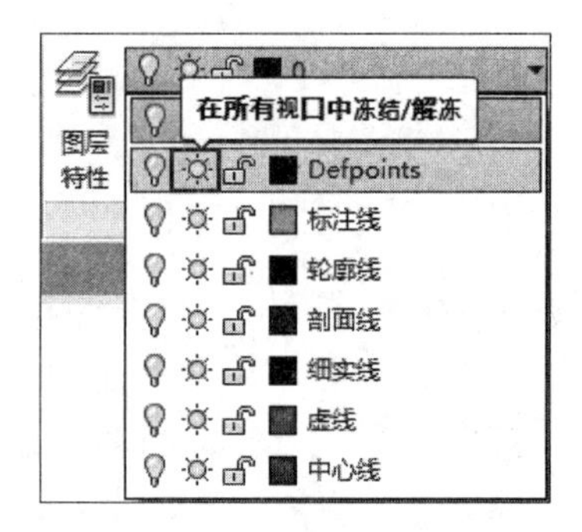

图 7-43 冻结不需要的图形图层

03 冻结【Defpoints】图层之后的图形如图 7-44 所示，可见上方的辅助图形被消隐。

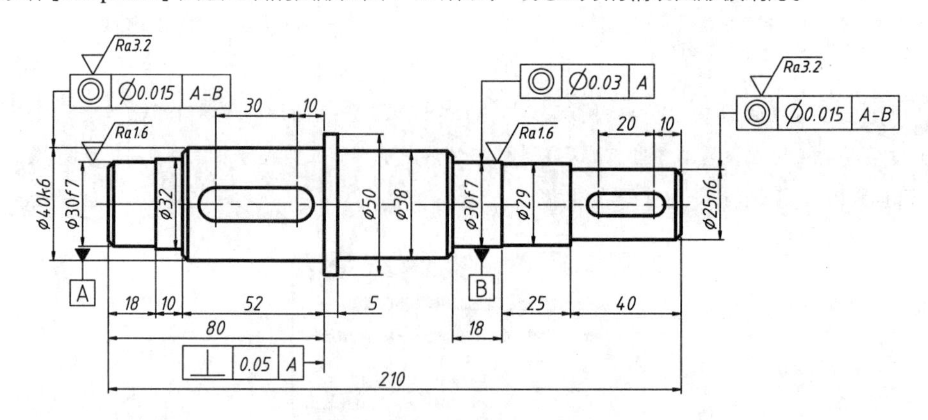

图 7-44 冻结【Defpoints】图层

图层的【冻结】和【关闭】都能使得该图层上的对象全部被隐藏，看似效果一致，实则不同。被【关闭】的图层不能显示，不能编辑，不能打印，但仍然存在于图形当中，图形刷新时仍会计算该图层上的对象，可以近似理解为被“忽视”；而被【冻结】的图层除了不能显示，不能编辑，不能打印之外，还不会被认为属于图形，图形刷新时也不会再计算该层上的对象，可以理解为被“无视”。

图层【冻结】和【关闭】的一个典型区别就是视图刷新时的处理差别，以【案例 7-4】为例，如果选择关闭【Defpoints】图层，则双击鼠标中键进行【范围】缩放时的效果如图 7-45 所示，辅助图虽然已经隐藏，但图形上方仍保留它的位置；反之【冻结】则如图 7-46 所示，相当于删除了辅助图。

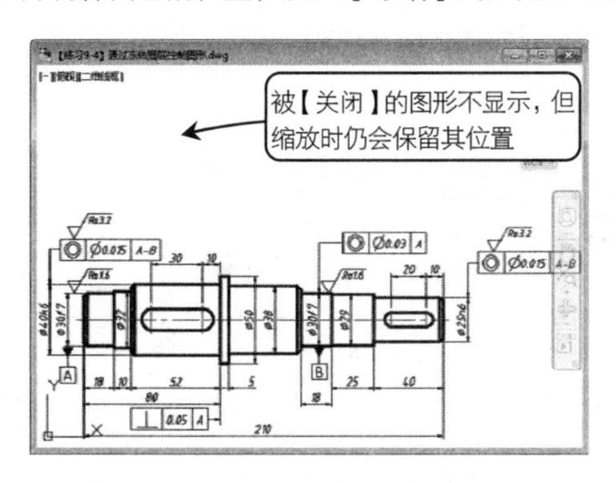

图 7-45 【关闭】图层时的视图缩放效果

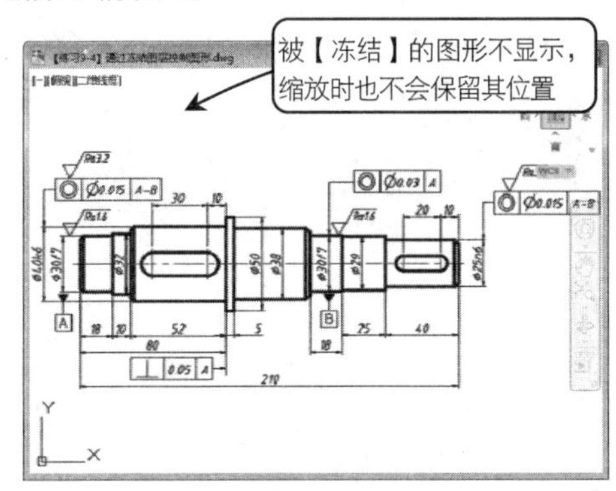

图 7-46 【冻结】图层时的视图缩放效果

7.3.3 锁定与解锁图层

如果某个图层上的对象只需要显示，不需要选择和编辑，那么可以锁定该图层。被锁定图层上的对象仍然可见，但会淡化显示，而且可以被选择、标注和测量，但不能被编辑、修改和删除，另外还可以在该图层上添加新的图形对象。因此，使用 AutoCAD 绘图时，可以将中心线、辅助线等所在的图层锁定。

锁定图层的常用方法有以下几种。

➢ 选项板：在【图层特性管理器】选项板中单击【锁定】按钮，即可锁定该图层，图层锁定后的图标将显示为，如图 7-47 所示。

➢ 功能区：在【默认】选项卡中打开【图层】面板中的【图层控制】下拉列表，单击目标图层的按钮即可锁定该图层，如图 7-48 所示。

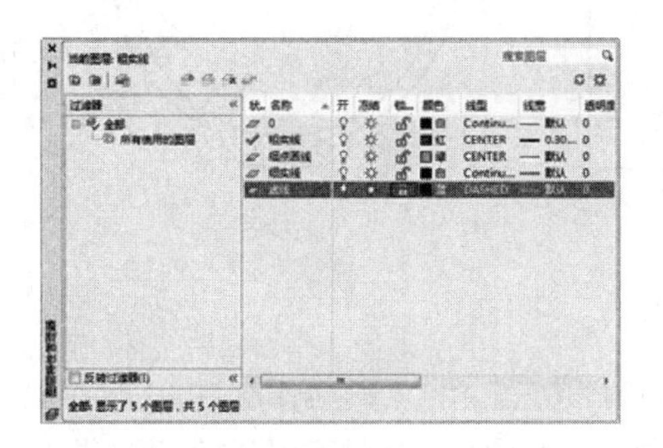

图 7-47 通过【图层特性管理器】锁定图层

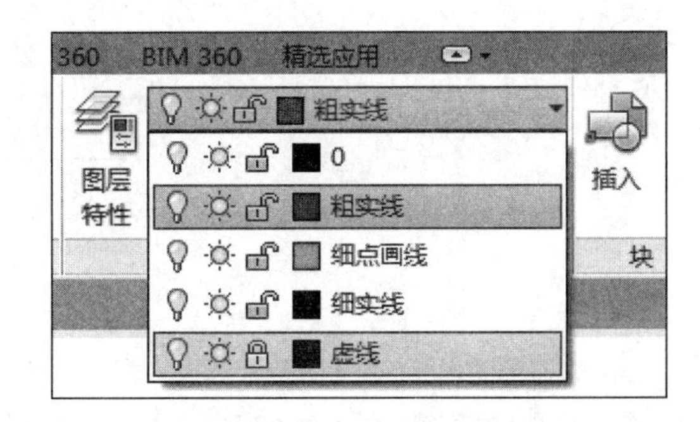

图 7-48 通过功能面板图标锁定图层

专家提醒 如果要解除图层锁定，重复以上的操作，单击按钮，即可解锁已经锁定的图层。

7.3.4 设置当前图层

当前图层是当前工作状态下的图层。设定某一图层为当前图层之后，接下来所绘制的对象都位于该图层中。如果要在其他图层中绘图，就需要更改当前图层。

在 AutoCAD 中设置当前图层有以下几种常用方法。

➢ 选项板：在【图层特性管理器】选项板中选择目标图层，单击【置为当前】按钮，如图 7-49 所示。被置为当前的图层在项目前会出现✔符号。

➢ 功能区 1：在【默认】选项卡中打开【图层】面板中的【图层控制】下拉列表，在其中选择需要的图层，即可将其设置为当前图层，如图 7-50 所示。

➢ 功能区 2：在【默认】选项卡中单击【图层】面板中的【置为当前】按钮置为当前，即可将所选图形对象的图层置为当前，如图 7-51 所示。

➢ 命令行：在命令行中输入 CLAYER 命令，然后输入图层名称，即可将该图层置为当前。

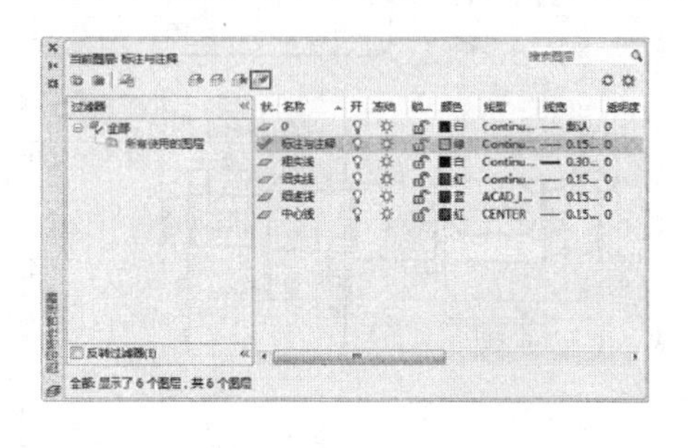

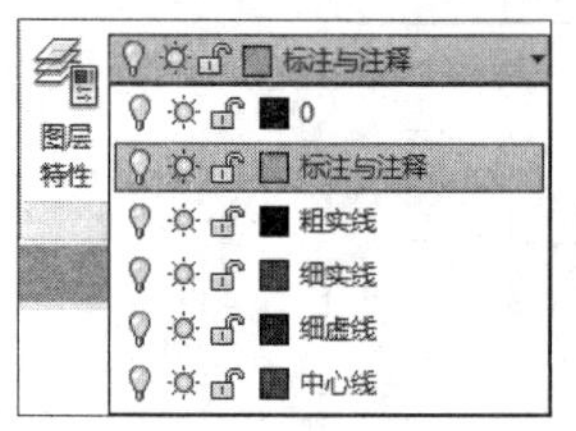

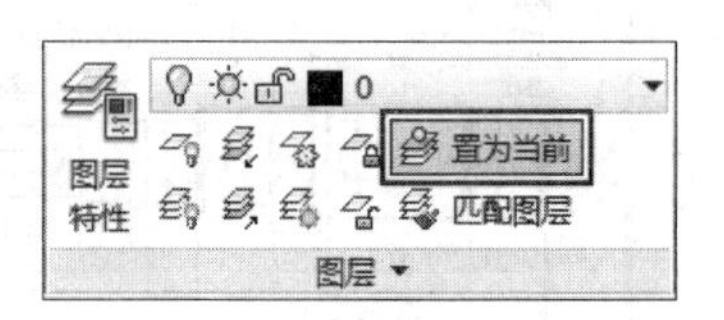

图 7-49 【图层特性管理器】中的【置为当前】按钮　　图 7-50 【图层控制】下拉列表　　图 7-51 【置为当前】按钮

7.3.5 转换图形所在图层

在 AutoCAD 中还可以十分灵活地进行图层转换，即将某一图层内的图形转换至另一图层，同时使其颜色、线型、线宽等特性发生改变。

如果某图形对象需要转换图层，可以先选择该图形对象，然后打开【图层】面板中的【图层控制】下拉列表，选择要转换的目标图层即可，如图 7-52 所示。

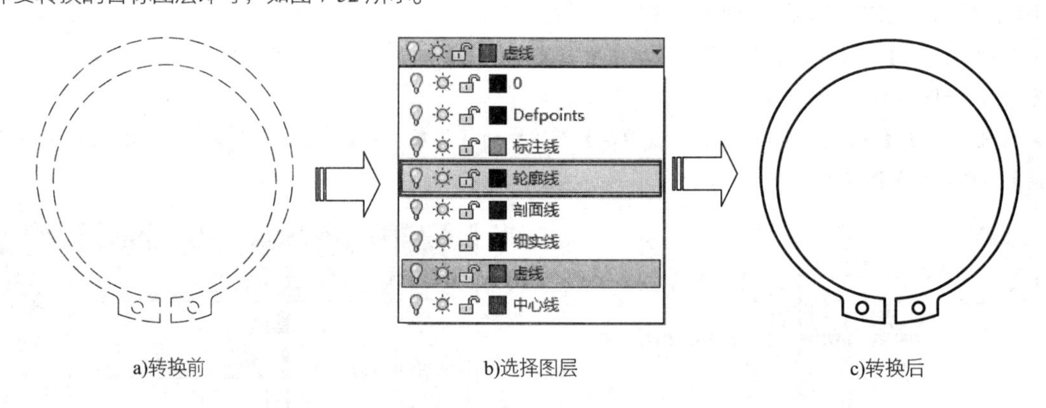

a)转换前　　b)选择图层　　c)转换后

图 7-52 图层转换

绘制复杂的图形时，由于图形元素的性质不同，用户常需要将某个图层上的对象转换到其他图层上，同时使其颜色、线型、线宽等特性发生改变。除了之前所介绍的方法之外，在 AutoCAD 中转换图层还有以下方法：

1. 通过【图层控制】列表转换图层

选择图形对象后，在【图层控制】下拉列表中选择所需图层。操作结束后，下拉列表框自动关闭，被选中的图形对象转移至刚选择的图层上。

2. 通过【图层】面板中的命令转换图层

在【图层】面板中有以下命令可以用于转换图层：

➢ 【匹配图层】按钮匹配图层：先选择要转换图层的对象，然后单击 Enter 键确认，再选择目标图层，即可将原对象匹配至目标图层。

➢【更改为当前图层】按钮：选择图形对象后单击该按钮，即可将该对象图层转换为当前图层。

【案例 7-5】：切换图形至 Defpoint 图层 视频文件：视频\第 7 章\7-5.mp4

01 打开“第 7 章\7-5 切换图形至 Defpoint 层.dwg”文件，素材图形如图 7-53 所示，其中已经绘制好了一完整图形，在图形上方还遗留有绘制过程中的辅助图。

02 选择要切换图层的对象。框选上方的辅助图，如图 7-54 所示。

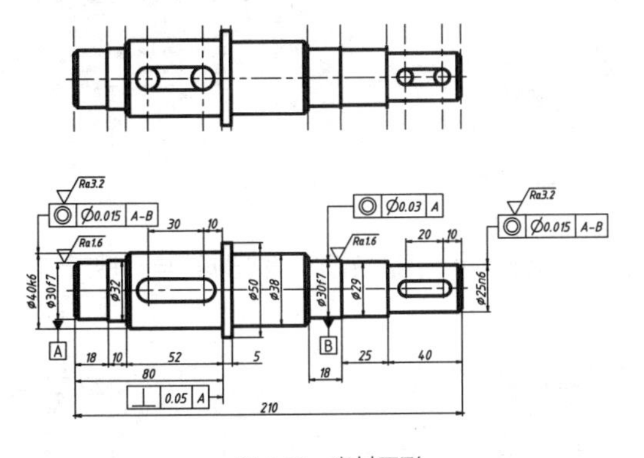

图 7-53 素材图形

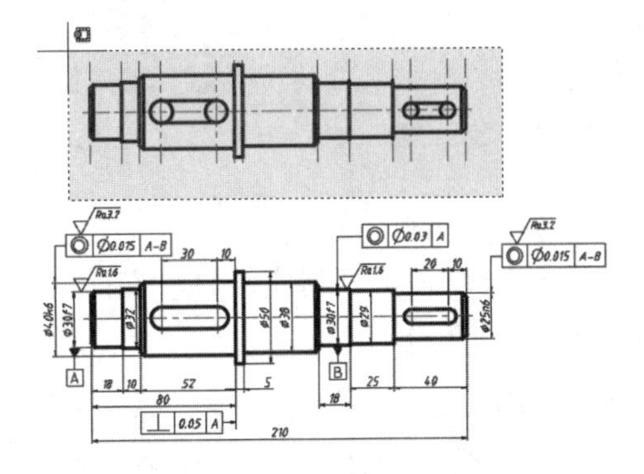

图 7-54 选择对象

03 切换图层。在【默认】选项卡中打开【图层】面板中的【图层控制】下拉列表，选择【Defpoints】图层并单击，如图 7-55 所示。

04 此时图形对象由其他图层转换为【Defpoints】图层，如图 7-56 所示。再延用【案例 7-4】的操作，即可完成辅助图的冻结。

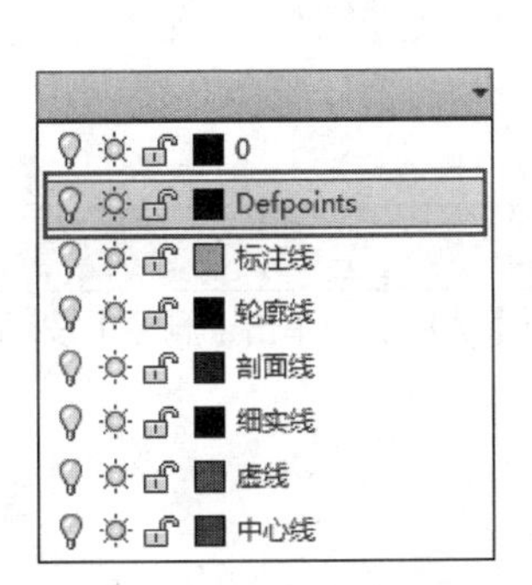

图 7-55 【图层控制】下拉列表

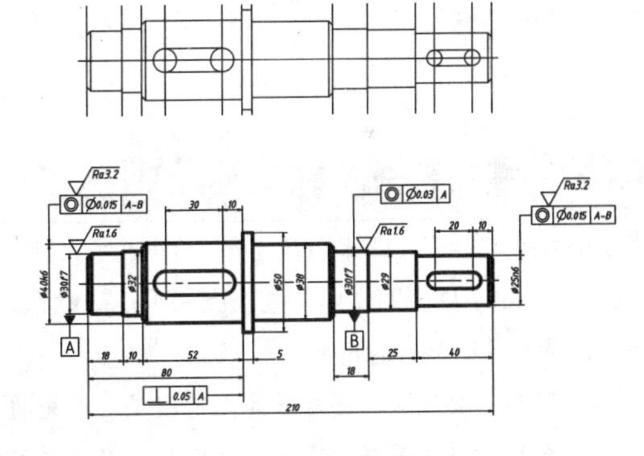

图 7-56 转换图层

7.3.6 排序图层、按名称搜索图层

有时即便对图层进行了过滤，得到的图层结果还是很多，这时如果想要快速定位至某个图层就需要应用到图层排序与搜索。

1. 排序图层

在【图层特性管理器】选项板中可以对图层进行排序，以便寻找所需的图层。在【图形特性管理器】选项板中单击列表框顶部的【名称】标题，图层将以字母的顺序排列，如果再次单击，排列的顺序将倒过来，如图 7-57 所示。

2. 按名称搜索图层

对于复杂且图层多的设计图纸而言，逐一搜索某一图层很浪费时间，此时可以通过输入图层名称来快速地搜索图层，以提高工作效率。

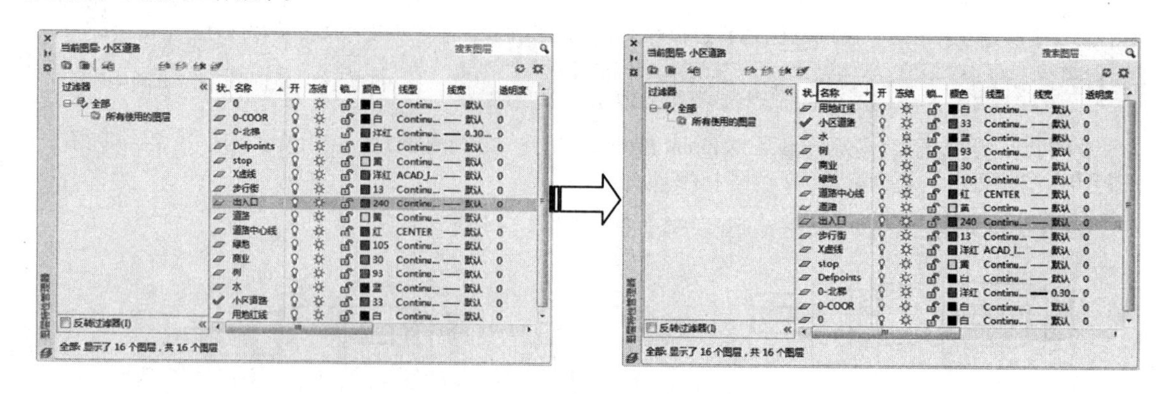

图 7-57　排序图层

打开【图层特性管理器】选项板，在右上角【搜索图层】文本框中输入图层名称，系统即可自动搜索到该图层，如图 7-58 所示。

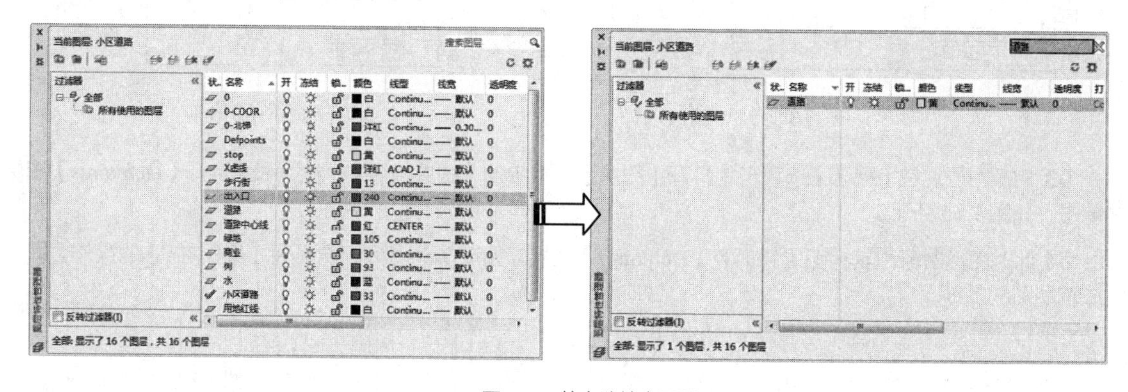

图 7-58　按名称搜索图层

7.3.7　删除多余图层

在图层创建过程中，如果新建了多余的图层，可以在【图层特性管理器】选项板中单击【删除】按钮将其删除。但 AutoCAD 规定了以下 4 类图层不能被删除：

- 0 图层和 Defpoints 图层。
- 当前图层。要删除的图层若为当前图层，要先将其转换为其他图层。
- 包含图形对象的图层。要删除该图层，必须先删除该图层中所有的图形对象。
- 依赖外部参照的图层。要删除该图层，必须先删除外部参照。

如果图形中图层太多且杂不易管理，在将不使用的图层进行删除时，会被系统提示无法删除，如图 7-59 所示。

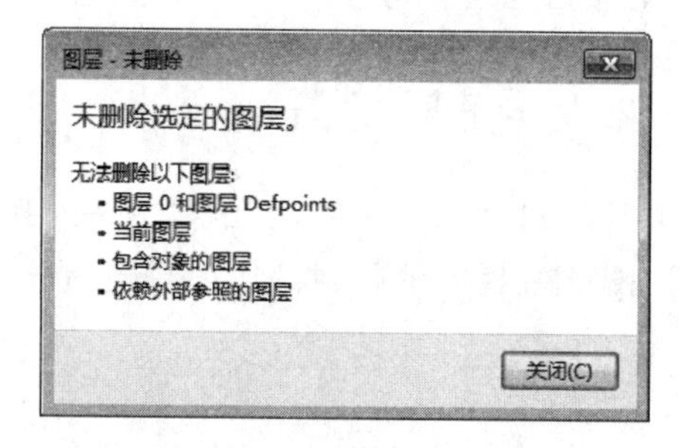

图 7-59 【图层-未删除】对话框

不仅如此，局部打开的图形中的图层也被视为已参照并且不能删除。对于 0 图层和 Defpoints 图层（均为系统自己建立）无法删除，用户应该把图形绘制在别的图层；对于当前图层无法删除，可以更改当前图层再进行删除操作；对于包含图形对象或依赖外部参照的图层进行移动操作比较困难，用户可以使用“图层转换”或“图层合并”的方式删除。

1. 图层转换的方法

图层转换是将当前图形中的图层映射到指定图形或标准文件中的其他图层名和图层特性，然后使用这些贴图对其进行转换。下面介绍其操作步骤。

单击功能区【管理】选项卡【CAD 标准】面板中的【图层转换器】按钮，系统弹出【图层转换器】对话框，如图 7-60 所示。

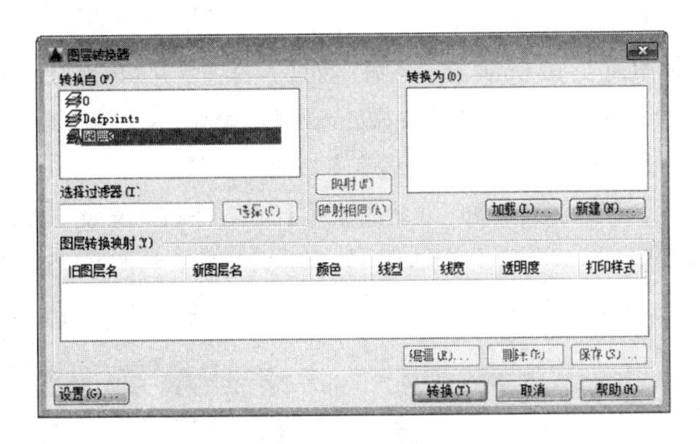

图 7-60 【图层转换器】对话框

单击【转换为】选项列表框下方的【新建】按钮，系统弹出【新图层】对话框，如图 7-61 所示。在【名称】文本框中输入现有的图层名称或新的图层名称，并设置线型、线宽、颜色等属性，单击【确定】按钮。

单击【设置】按钮，弹出如图 7-62 所示的【设置】对话框。在此对话框中可以设置转换后图层的属性状态和转换时的请求，设置完成后单击【确定】按钮。

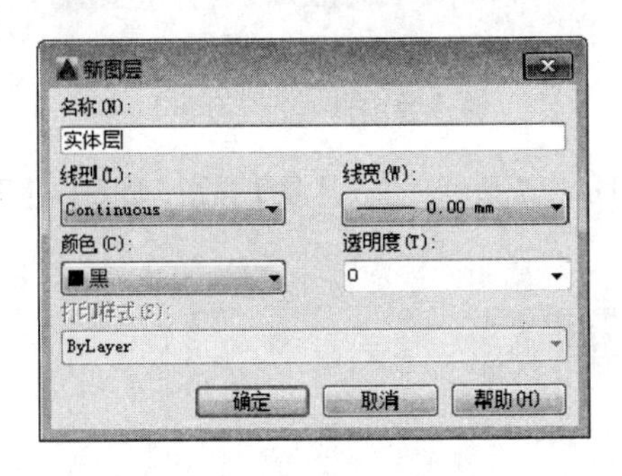

图 7-61 【新图层】对话框

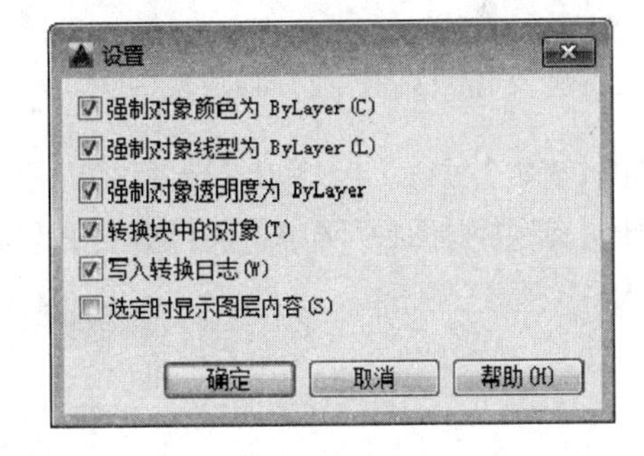

图 7-62 【设置】对话框

在【图层转换器】对话框【转换自】选项列表中选择需要转换的图层名称，在【转换为】选项列表中选择需要转换到的图层。这时激活【映射】按钮，单击此按钮，在【图层转换映射】列表中将显示图层转换映射列表，如图 7-63 所示。

映射完成后单击【转换】按钮，系统弹出如图 7-64 所示的【图层转换器-未保存更改】对话框，选择【仅转换】选项。这时打开【图层特性管理器】选项板，会发现选择的【转换自】图层不见了，这是由于转换后图层被系统自动删除。如果选择的【转换自】图层是 0 图层和 Defpoints 图层，将不会被删除。

2. 图层合并的方法

可以通过合并图层来减少图形中的图层数。将所合并图层上的对象移动到目标图层，并从图形中清理原始图层，以这种方法可以删除顽固图层。下面介绍其操作步骤。

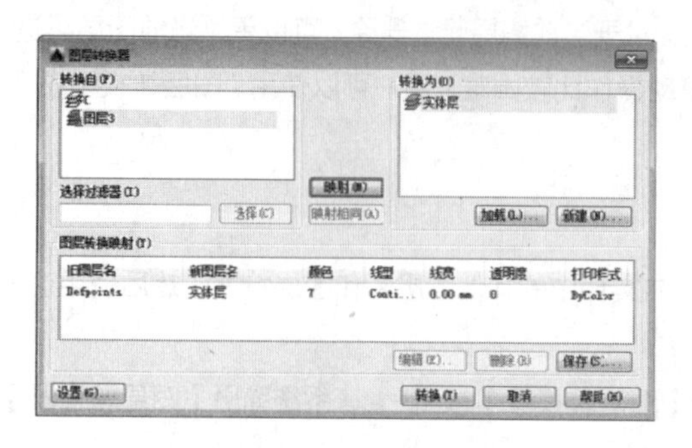

图 7-63 【图层转换器】对话框

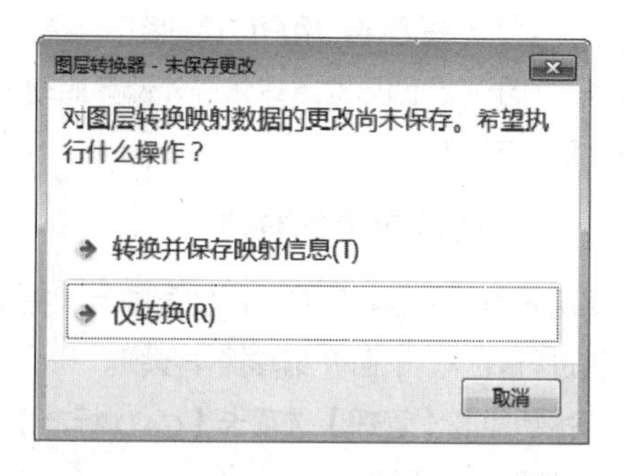

图 7-64 【图层转换器-未保存更改】对话框

在命令行中输入【LAYMRG】并按 Enter 键，系统提示【选择要合并的图层上的对象或［命名 (N)］】。可以用鼠标在绘图区框选图形对象，也可以输入【N】并按 Enter 键。输入【N】并按 Enter 键后弹出【合并图层】对话框，选择要合并的图层，如图 7-65 所示。单击【确定】按钮。

如果需继续选择合并对象，可以框选绘图区对象或输入【N】并按 Enter 键；如果选择完毕，按 Enter 键即可。命令行提示【选择目标图层上的对象或［名称(N)］】。可以用鼠标在绘图区框选图形对象，也可以输入【N】并按 Enter 键。输入【N】并按 Enter 键后弹出【合并图层】对话框，要合并到的图层，如图 7-66 所示。

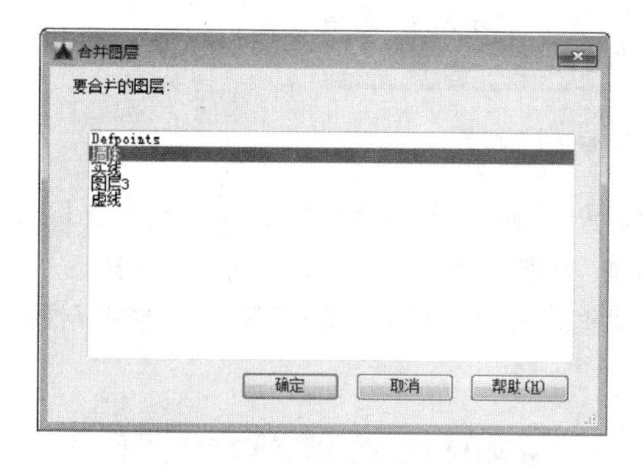

图 7-65 选择要合并的图层

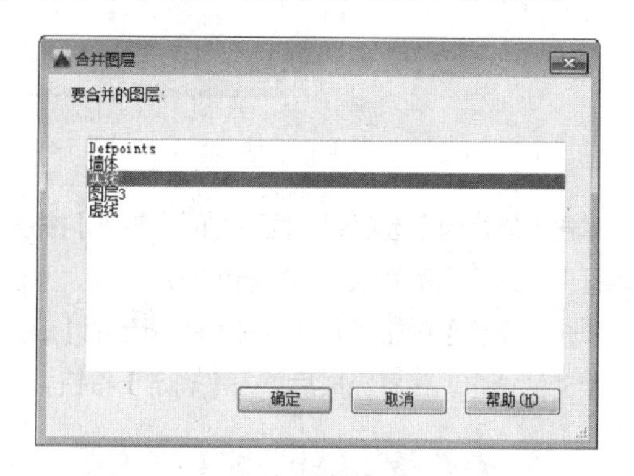

图 7-66 选择合并到的图层

单击【确定】按钮，系统弹出【合并到图层】对话框，如图 7-67 所示。单击【是】按钮，即可以【图层特性管理器】选项板的图层列表中删除【墙体】图层。

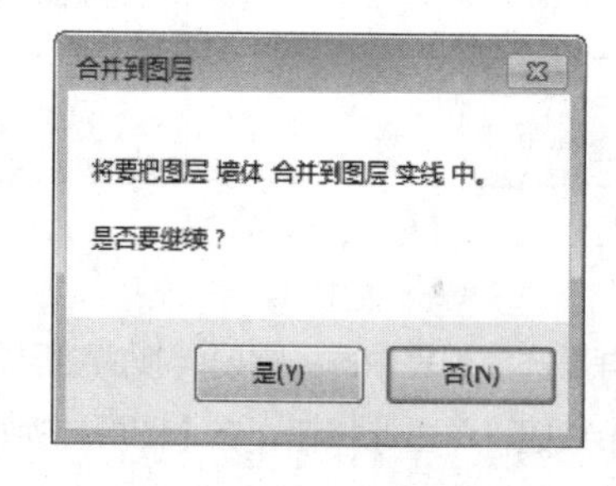

图 7-67 【合并到图层】对话框

7.3.8 清理图层和线型

由于图层和线型的定义都要存储在图形数据库中，所以它们会增加图形的大小。因此，清除图形中不再使用的图层和线型就非常必要。当然，也可以删除多余的图层，但有时很难确定哪个图层中没有对象。而使用【清理】（PURGE）命令就可以删除图形中不再使用的内容，包括图层和线型。

调用【清理】命令的方法如下：

➢ 应用程序菜单按钮：在应用程序菜单按钮中选择【图形实用工具】，然后再选择【清理】选项，如图 7-68 所示。

➢ 命令行：PURGE。

执行上述命令后会打开如图 7-69 所示的【清理】对话框。在对话框的顶部可以选择查看能清理的对象或不能清理的对象。不能清理的对象可以帮助用户分析对象不能被清理的原因。

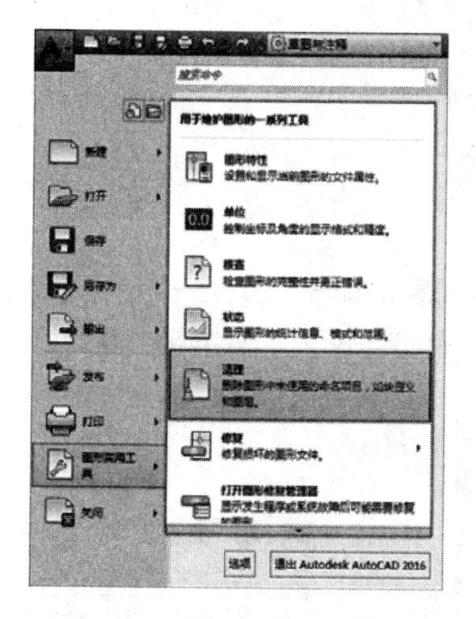

图 7-68　在应用程序菜单按钮中选择【清理】

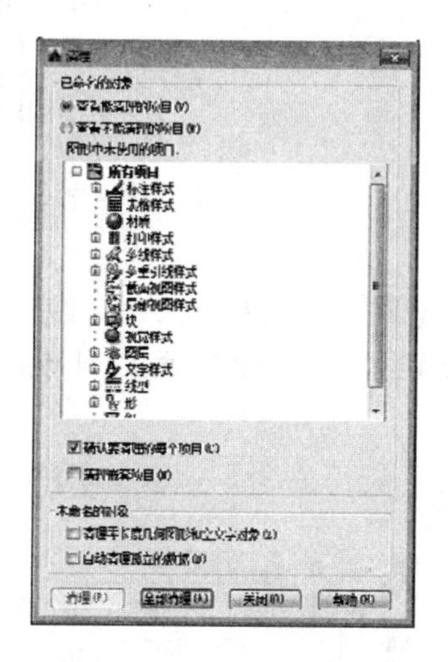

图 7-69　【清理】对话框

要开始进行清理操作，可选择【查看能清理的项目】选项。每种对象类型前的“+”号表示它包含可清理的对象。要清理个别项目，只需选择该选项，然后单击【清理】按钮即可；也可以单击【全部清理】按钮对所有项目进行清理。清理的过程中将会弹出如图 7-70 所示的对话框，提示用户是否确定清理该项目。

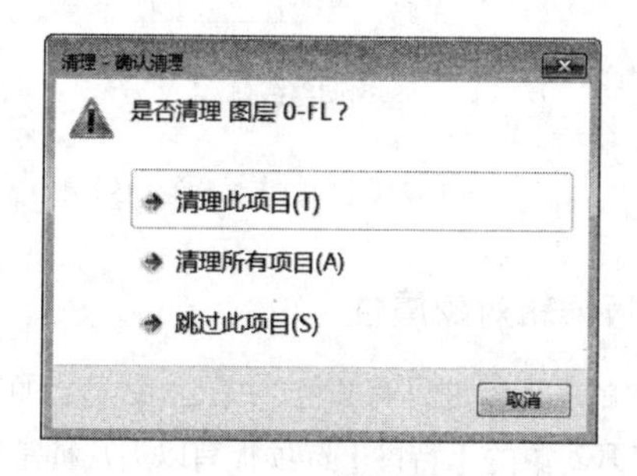

图 7-70　【清理-确认清理】对话框

7.4　图形特性设置

在确实需要的情况下，可以通过【特性】面板或工具栏为所选择的图形对象单独设置特性，绘制出既属于当前图层又具有不同于当前图层特性的图形对象。

专家提醒　频繁设置对象特性，会使图层的共同特性减少，不利于图层组织。

7.4.1　查看并修改图形特性

一般情况下，图形对象的显示特性都是【随图层】(ByLayer)，表示图形对象的属性与其所在的图层特性相同；若选择【随块】（ByBlock）选项，则对象从它所在的块中继承颜色和线型。

1. 通过【特性】面板编辑对象属性

【默认】选项卡中的【特性】面板如图 7-71 所示。该面板含有多个选项下列列表框，分别用于控制对象的不同特性。选择一个对象，然后在对应选项下列列表框中选择要修改为的特性，即可修改对象的特性。

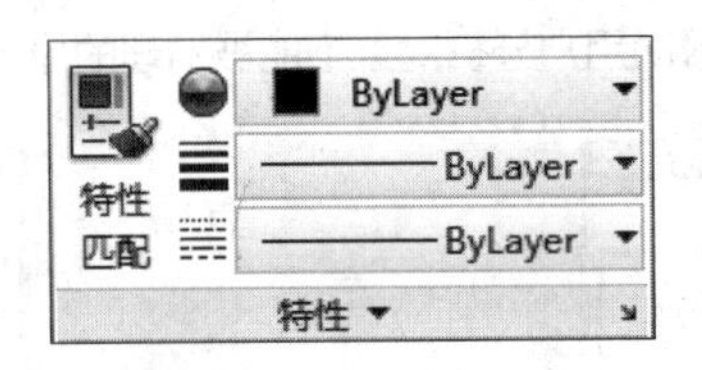

图 7-71 【特性】面板

默认设置下，对象颜色、线宽、线型 3 个特性为 ByLayer（随图层），即与所在图层一致，这种情况下绘制的对象将使用当前图层的特性。通过 3 种特性下拉列表框（见图 7-72）中的选项可以修改当前绘图的特性。

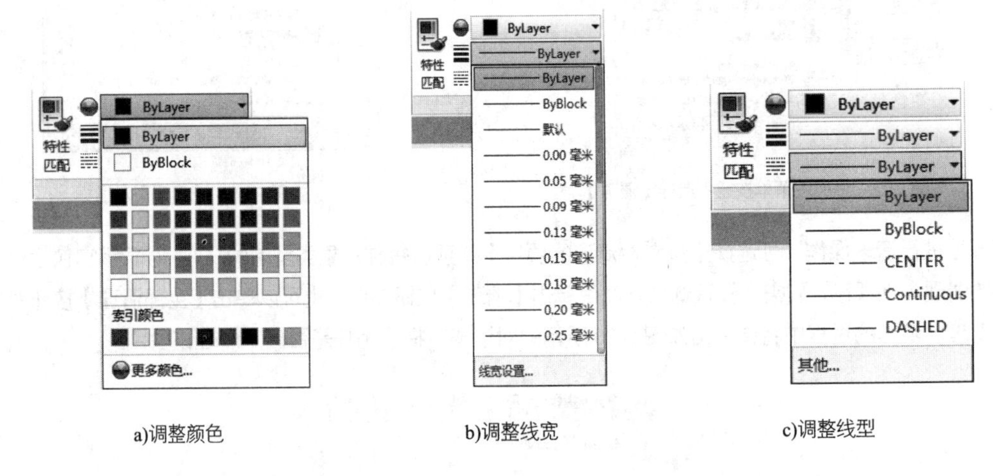

a)调整颜色　b)调整线宽　c)调整线型

图 7-72 【特性】面板选项列表

2. 通过【特性】选项板编辑对象属性

在【特性】面板中能查看和修改的图形特性只有颜色、线型和线宽，而在【特性】选项板中则能查看并修改更多的对象特性。在 AutoCAD 中打开对象的【特性】选项板有以下几种常用方法。

- 功能区：选择要查看特性的对象，然后单击【标准】面板中的【特性】按钮。
- 菜单栏：选择要查看特性的对象，然后选择【修改】|【特性】命令；也可先执行菜单命令，再选择对象。
- 命令行：选择要查看特性的对象，然后在命令行中输入【PROPERTIES】或【PR】或【CH】并按 Enter 键。
- 快捷键：选择要查看特性的对象，然后按 Ctrl+1 组合键。

如果只选择了单个图形，进行以上任意一种操作将打开如图 7-73 所示的该对象的【特性】选项板，在其中可以所显示的图形信息进行修改。

从选项板中可以看到，其中不但列出了颜色、线宽、线型、打印样式、透明度等图形常规属性，还包含了【三维效果】以及【几何图形】两个属性列表框。在这两个列表框中可以查看和修改对象的材质效果以及几何属性。

如果同时选择了多个对象，弹出的【特性】选项板将显示这些对象的共同属性，在不同特性的项目上显示“*多种*”，如图 7-74 所示。在【特性】选项板中包含了选项列表框和文本框等，选择相应的选项或输入参数，即可修改对象的特性。

7.4.2　匹配图形属性

特性匹配的功能如同 Office 软件中的“格式刷”一样，可以把一个图形对象（源对象）的特性完全“继承”给另外一个（或一组）图形对象（目标对象），使这些图形对象的部分或全部特性和源对象相同。

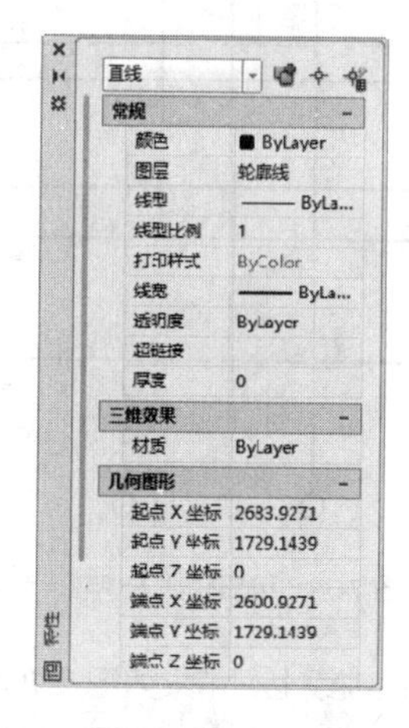

图 7-73　单个图形的【特性】选项板

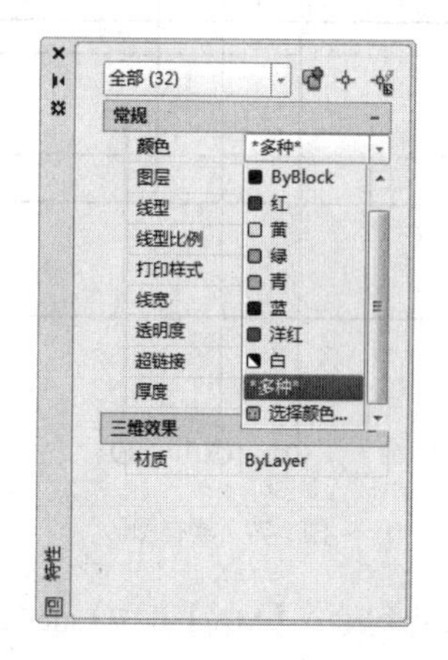

图 7-74　多个图形的【特性】选项板

在 AutoCAD 中执行【特性匹配】命令有以下两种常用方法：

- 菜单栏：执行【修改】|【特性匹配】命令。
- 功能区：单击【默认】选项卡内【特性】面板中的【特性匹配】按钮，如图 7-75 所示。
- 命令行：MATCHPROP 或 MA。

【特性匹配】命令在执行过程中需要选择两类对象：源对象和目标对象。操作完成后，目标对象的部分或全部特性和源对象相同。命令行操作如下：

```
命令：MA↙                              //调用【特性匹配】命令
MATCHPROP
选择源对象：                            //单击选择源对象
当前活动设置：颜色 图层 线型 线型比例 线宽 透明度 厚度 打印样式 标注 文字 图案填充 多段线 视口 表格材质 阴影显示 多重引线
选择目标对象或 [设置(S)]：              //光标变成格式刷形状，选择目标对象，可以立即修改其属性
选择目标对象或 [设置(S)]：↙             //选择目标对象完毕后单击 Enter 键结束命令
```

通常，源对象可供匹配的特性很多，选择“设置”选项，将弹出如图 7-76 所示的【特性设置】对话框。在该对话框中，可以设置哪些特性允许匹配，哪些特性不允许匹配。

图 7-75　【特性】面板中的【特性匹配】按钮

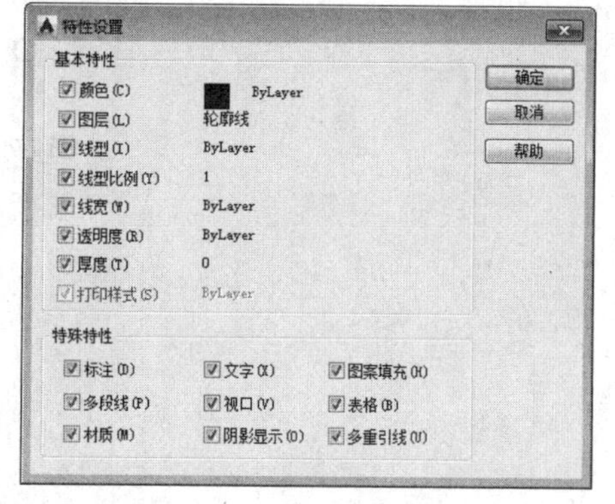

图 7-76　【特性设置】对话框

【案例 7-6】：特性匹配图层

视频文件：视频\第 7 章\7-6.mp4

01 打开“第 7 章\7-6 特性匹配图层.dwg”文件，素材图形如图 7-77 所示。

02 选择轴线 E，编辑其特性，将线型比例设置为 200，如图 7-78 所示。

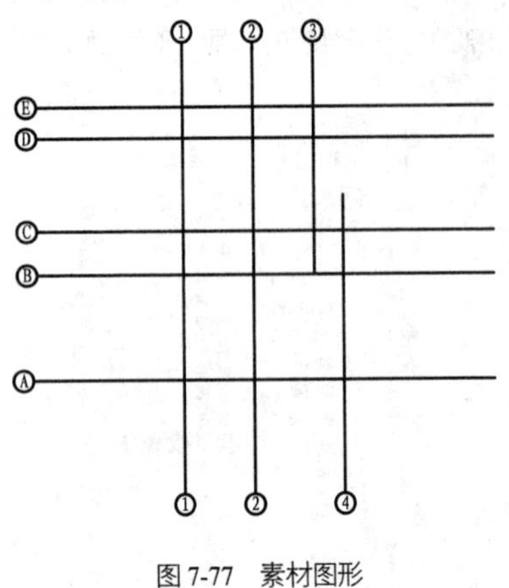

图 7-77　素材图形

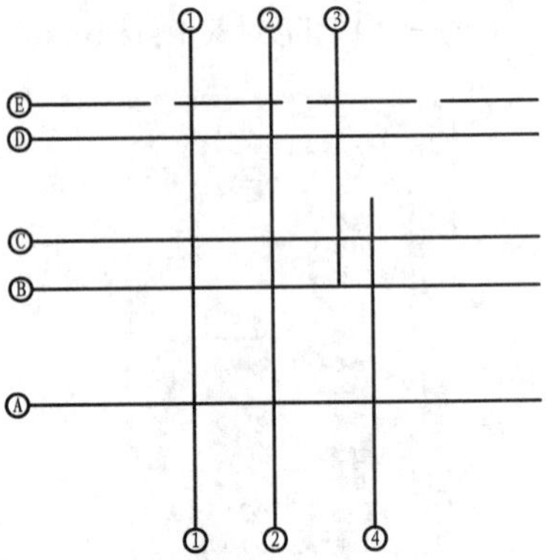

图 7-78　编辑轴线 E 特性

03 在命令行输入【MA】并按 Enter 键，将轴线 E 的特性应用到其他轴线上，结果如图 7-79 所示。命令行操作如下：

```
命令：MA↙                                   //调用【特性匹配】命令
MATCHPROP
选择源对象：                                 //单击选择轴线 E 作为源对象
当前活动设置： 颜色 图层 线型 线型比例 线宽 透明度 厚度 打印样式 标注 文字 图案填充 多段线
视口 表格 材质 阴影显示 多重引线
选择目标对象或 [设置(S)]：                   //依次单击其他 8 条轴线，完成特性匹配
```

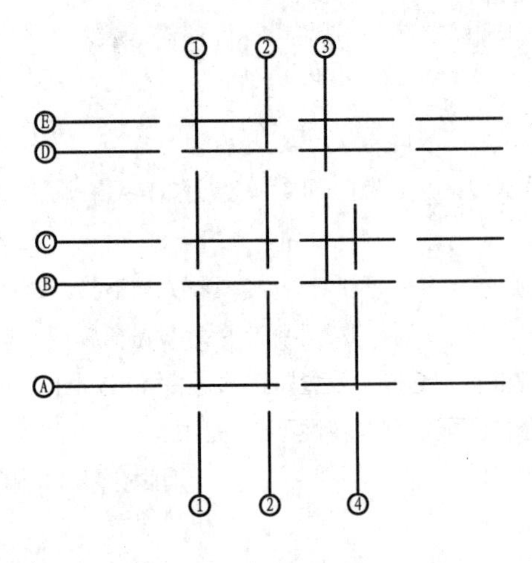

图 7-79　完成特性匹配

第8章

图块与外部参照

在实际制图中，常常需要用到同样的图形，如机械设计中的表面粗糙度符号，室内设计中的门、窗、家具、电器等，如果每次都重新绘制，不但浪费了大量的时间，同时也降低了工作效率。因此，AutoCAD 提供了图块的功能。用户可以将一些经常使用的图形对象定义为图块，当需要用到这些图形时，将相应的图块按合适的比例插入到指定的位置即可。

在设计过程中，会反复调用图形文件、样式、图块、标注、线型等内容，为了提高 AutoCAD 系统的效率，AutoCAD 提供了设计中心这一资源管理工具来对这些资源分门别类地管理。

学习效果

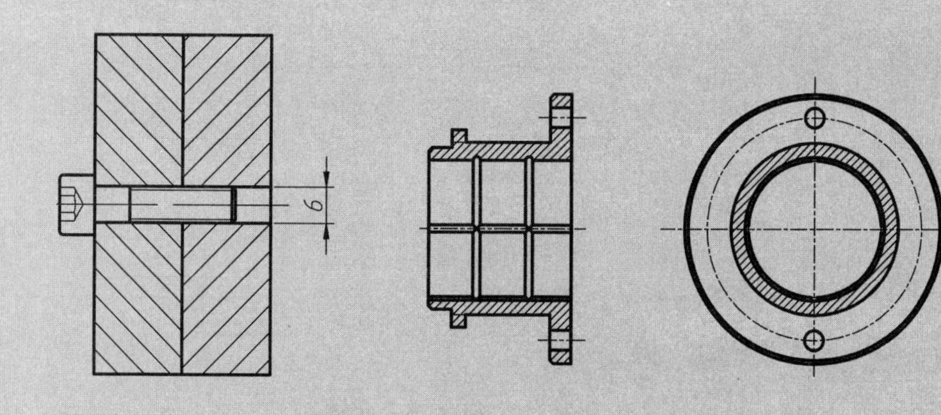

8.1 图块

图块是由多个对象组成并具有块名的集合。通过建立图块，用户可以将多个对象作为一个整体来操作。

在用 AutoCAD 绘图时，使用图块可以提高绘图效率，节省存储空间，同时还便于修改和重新定义图块。图块的特点具体解释如下：

➢ 提高绘图效率。使用 AutoCAD 进行绘图的过程中，经常需绘制一些重复出现的图形，如建筑工程图中的门和窗等，如果把这些图形做成图块并以文件的形式保存在计算机中，当需要调用时再将其插入到图形文件中，就可以避免大量的重复工作，从而提高工作效率。

➢ 节省存储空间。使用 AutoCAD 绘图时要保存图形中的每一个相关信息，如对象的图层、线型和颜色等。这些信息将占用大量的存储空间，如果把相同的图形先定义成一个块，在用到时再插入所需的位置，即可节省大量的存储空间。

➢ 为图块添加属性。AutoCAD 允许为图块创建具有文字信息的属性并可以在插入图块时指定是否显示这些属性。

8.1.1 内部图块

内部图块是存储在图形文件内部的图块，只能在存储文件中使用，而不能在其他图形文件中使用。调用【创建块】命令的方法如下：

➢ 菜单栏：执行【绘图】|【块】|【创建】命令。

➢ 命令行：BLOCK/B。

➢ 功能区：在【默认】选项卡中单击【块】面板中的【创建块】按钮。

执行上述任一命令后，系统弹出【块定义】对话框，如图 8-1 所示。在对话框中设置好块名称、块对象、块基点这 3 个主要要素即可创建图块。

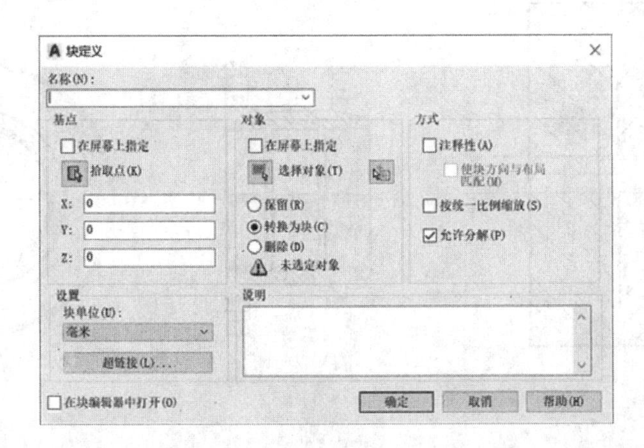

图 8-1 【块定义】对话框

【块定义】对话框中常用选项的功能如下：

➢ 【名称】文本框：用于输入或选择块的名称。

➢ 【拾取点】按钮：单击该按钮，系统切换到绘图窗口中拾取基点。

➢ 【选择对象】按钮：单击该按钮，系统切换到绘图窗口中拾取创建块的对象。

➢ 【保留】单选按钮：勾选该按钮，创建块后保留源对象不变。

➢ 【转换为块】单选按钮：勾选该按钮，创建块后将源对象转换为块。

➢ 【删除】单选按钮：勾选该按钮，创建块后删除源对象。

➤ 【允许分解】复选框：勾选该选项，允许块被分解。

创建图块之前需要有源图形对象，才能使用 AutoCAD 创建为块。可以定义一个或多个图形对象为图块。

【案例 8-1】：创建电视内部图块

视频文件：视频\第 8 章\8-1.mp4

01 单击快速访问工具栏中的【新建】按钮，新建空白文件。

02 在【常用】选项卡中单击【绘图】面板中的【矩形】按钮，绘制长 800mm、宽 600mm 的矩形。

03 在命令行中输入【O】并按 Enter 键，将矩形向内偏移 50mm，结果如图 8-2 所示。

04 在【常用】选项卡中单击【修改】面板中的【拉伸】按钮，以窗交方式选择外矩形的底边作为拉伸对象，向下拉伸 100mm，结果如图 8-3 所示。

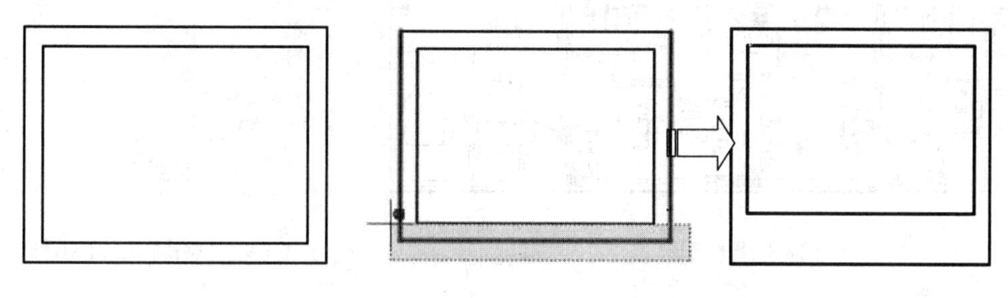

图 8-2　绘制及偏移矩形　　　　图 8-3　拉伸矩形底边

05 在矩形内绘制几个圆作为电视机按钮，结果如图 8-4 所示。

06 在【常用】选项卡中单击【块】面板中的【创建块】按钮，系统弹出【块定义】对话框，在【名称】文本框中输入"电视"，如图 8-5 所示。

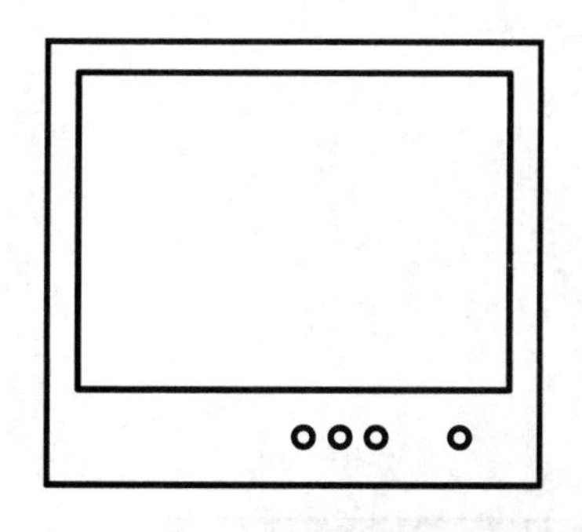

图 8-4　绘制圆

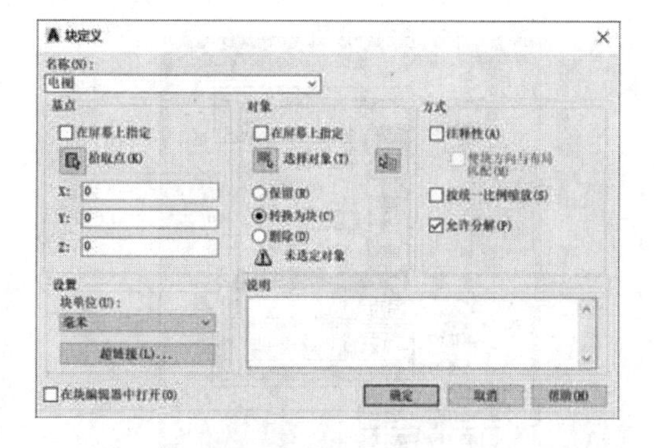

图 8-5　【块定义】对话框

07 在【对象】选项组中单击【选择对象】按钮，在绘图区选择整个图形，按空格键返回对话框。

08 在【基点】选项组中单击【拾取点】按钮，在绘图区指定图形中心点作为块的基点，如图 8-6 所示。

09 单击【确定】按钮，完成电视图块的创建，此时图形成为一个整体，如图 8-7 所示。

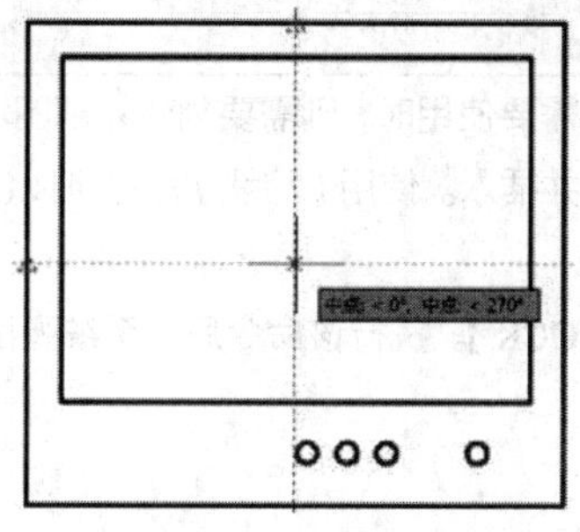

图 8-6　选择基点

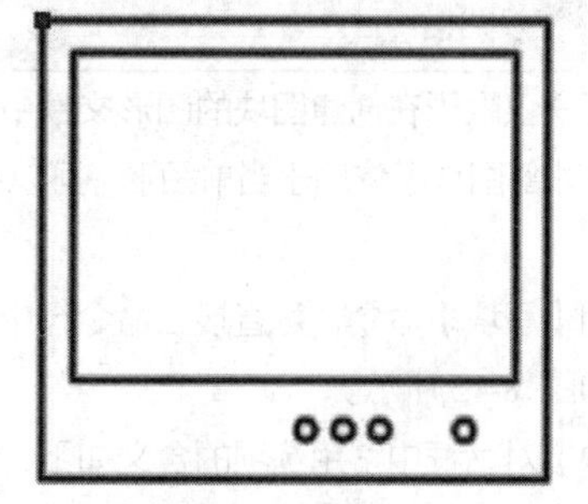

图 8-7　电视图块

【案例 8-2】： 统计平面图中的电脑数量　　视频文件：视频\第 8 章\8-2.mp4

01 打开“第 8 章\8-2 统计平面图中的电脑数量.dwg”文件，素材图形如图 8-8 所示。

02 查找块对象的名称。在需要统计的计算机图块上双击，系统弹出【编辑块定义】对话框，在块列表中显示出图块名称“普通办公电脑”，如图 8-9 所示。

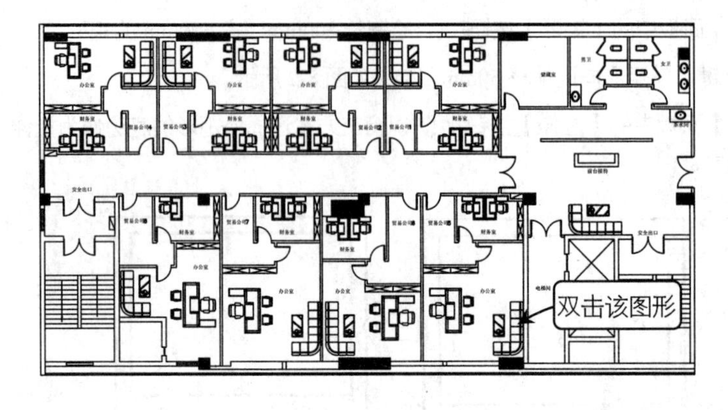

图 8-8　素材图形

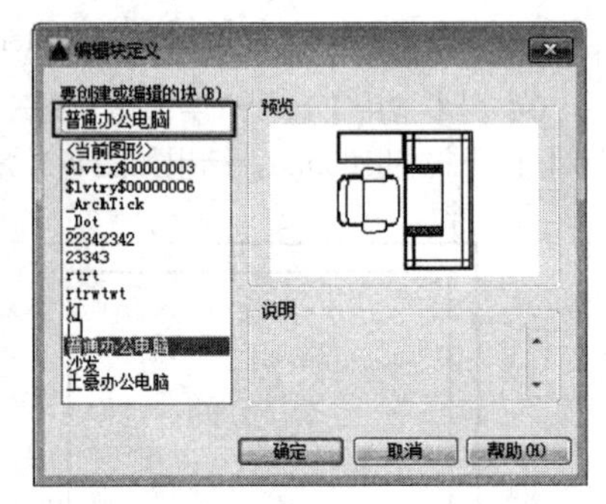

图 8-9　【编辑块定义】对话框

03 在命令行中输入【QSELECT】并按 Enter 键，弹出【快速选择】对话框，在【应用到】下拉列表中选择【整个图形】选项，在【对象类型】下拉列表中选择【块参照】选项，在【特性】列表框中选择【名称】选项，再在【值】下拉列表中选择“普通办公电脑”选项，指定【运算符】选项为【=等于】，如图 8-10 所示。

04 设置完成后单击对话框中的【确定】按钮，在文本信息栏里即可显示找到的对象数量，即 15 台普通办公电脑，如图 8-11 所示。

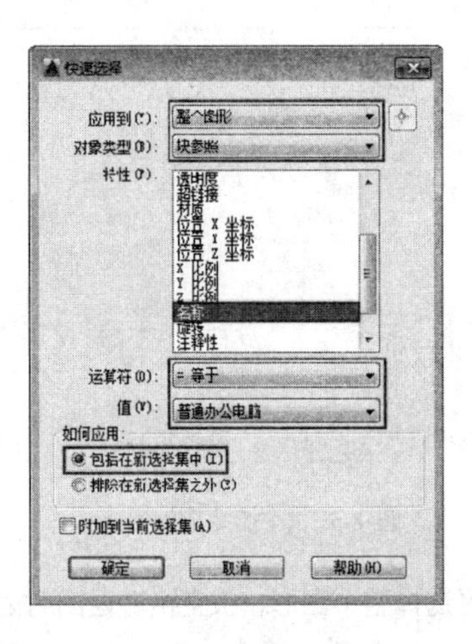

图 8-10　【快速选择】对话框

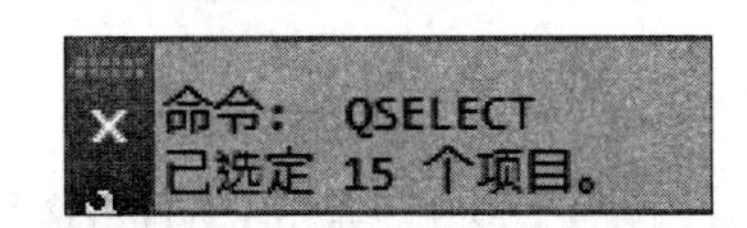

图 8-11　显示找到的对象数量

8.1.2　外部图块

内部图块仅限于在创建图块的图形文件中使用，当其他文件中也需要使用时，则需要创建外部图块，也就是永久图块。外部图块不依赖于当前图形，可以在任意图形文件中调用并插入。使用【写块】命令可以创建外部图块。

要调用【写块】命令，可直接在命令行中输入【WB】或【WBLOCK】。执行该命令后，系统弹出【写块】对话框，如图 8-12 所示。

【写块】对话框中常用选项的含义如下：

➢ 【块】：将已定义好的图块保存。可以在下拉列表中选择已有的内部图块，如果当前文件中没有定义的图块，该单选按钮不可用。

➢【整个图形】：将当前工作区中的全部图形保存为外部图块。

➢【对象】：选择图形对象定义为外部图块。该项为默认选项，一般情况下选择此项即可。

➢【拾取点】按钮：单击该按钮，系统切换到绘图窗口中拾取基点

➢【选择对象】按钮：单击该按钮，系统切换到绘图窗口中拾取创建图块的对象。

➢【保留】单选按钮：勾选该按钮，创建图块后保留源对象不变。

➢【从图形中删除】：勾选该按钮，将选定对象另存为文件后从当前图形中删除。

➢【目标】：用于设置图块的保存路径和图块名。单击该选项组【文件名和路径】文本框右边的按钮，可以在打开的对话框中选择保存路径。

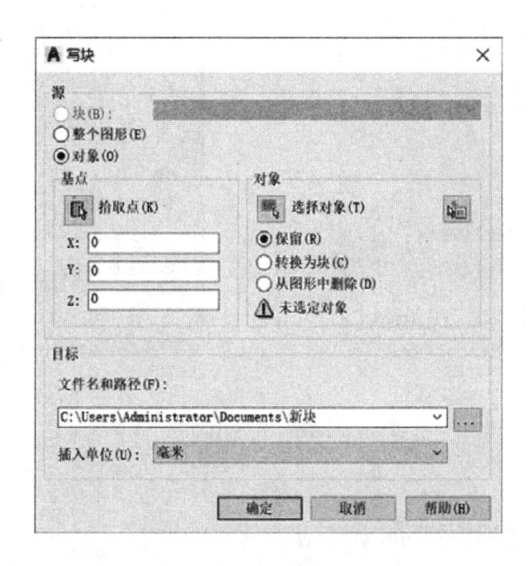

图 8-12 【写块】对话框

【案例 8-3】： 创建电视外部图块

视频文件：视频\第 8 章\8-3.mp4

本例创建好的电视机图块不仅存在于“第 8 章\8-3 创建电视内部图块-OK.dwg”文件中，还存在于所指定的路径（桌面）上。

01 单击快速访问工具栏中的【打开】按钮，打开“第 8 章\8-3 创建电视外部图块.dwg”文件，素材图形如图 8-13 所示。

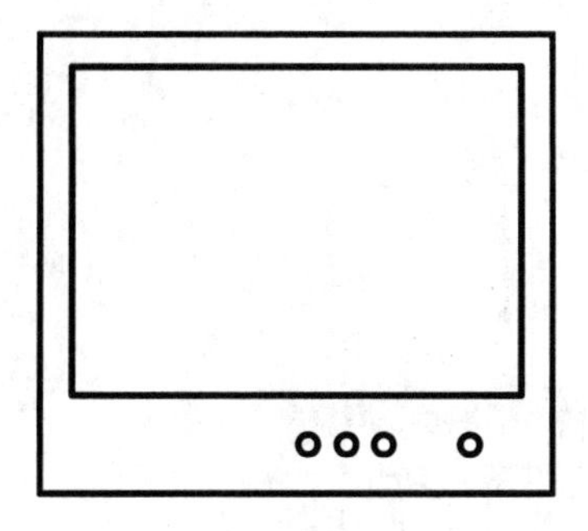

图 8-13 素材图形

02 在命令行中输入【WBLOCK】，打开【写块】对话框，在【源】选项组中选择【块】单选按钮，然后在其右侧的下拉列表框中选择【电视】图块，如图 8-14 所示。

03 指定保存路径。在【目标】选项组中单击【文件和路径】文本框右侧的按钮，选择保存路径（将图块保存于桌面上），如图 8-15 所示。

04 单击【确定】按钮，完成外部图块的创建。

8.1.3 属性块

图块包含的信息可以分为两类：图形信息和非图形信息。块属性是图块的非图形信息，如办公室工程的办公桌图块中每个办公桌的编号、使用者等属性。块属性必须和图块结合在一起使用，在图样上显示为图块的标签或说明，单独的属性没有意义。

图 8-14 选择【电视】图块

图 8-15 选择保存路径

1. 创建块属性

在 AutoCAD 中创建块属性的操作主要有以下三步：

01 定义块属性。

02 在定义图块时附加块属性。

03 在插入图块时输入属性值。

定义块属性必须在定义图块之前进行。定义块属性命令的启动方式有以下几种：

- 功能区：单击【插入】选项卡【块定义】面板中的【定义属性】按钮，如图 8-16 所示。
- 菜单栏：选择【绘图】|【块】|【定义属性】命令，如图 8-17 所示。
- 命令行：ATTDEF 或 ATT。

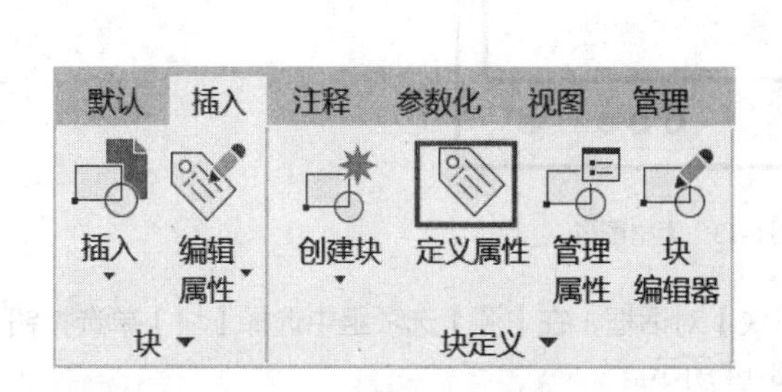

图 8-16 【定义属性】按钮

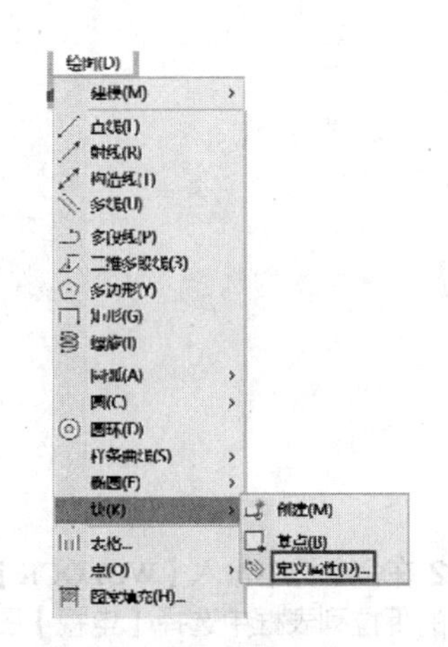

图 8-17 【定义属性】命令

执行上述任一命令后，系统弹出如图 8-18 所示的【属性定义】对话框，分别填写【标记】【提示】与【默认】

文本框，再设置好文字位置与对齐等属性，单击【确定】按钮，即可创建一块属性。

【属性定义】对话框中常用选项的含义如下：

- 【属性】：用于设置属性数据，包含【标记】【提示】与【默认】三个文本框。
- 【插入点】：该选项组用于指定图块属性的位置。
- 【文字设置】：该选项组用于设置属性文字的对正、样式、高度和旋转。

2. 修改属性定义

直接双击块属性，系统弹出【增强属性编辑器】对话框。在【属性】选项卡的列表中选择要修改的文字属性，然后在下面的【值】文本框中输入块中定义的标记和值属性，如图 8-19 所示。

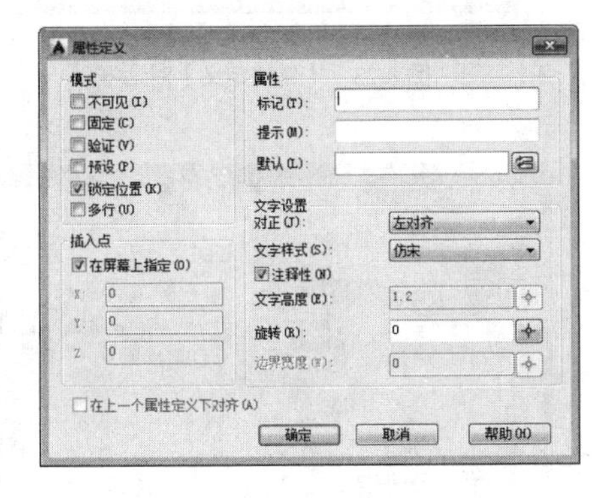

图 8-18 【属性定义】对话框

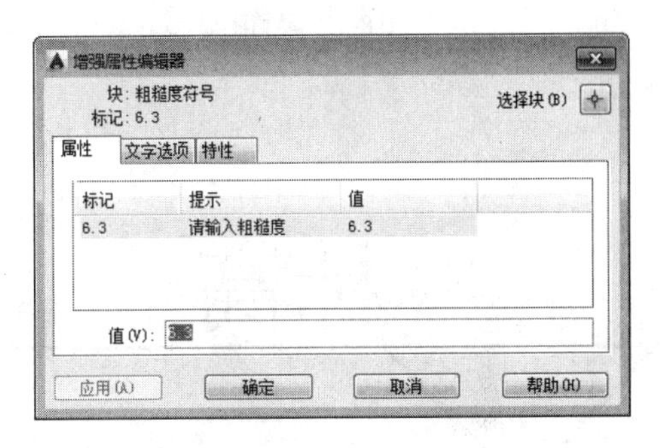

图 8-19 【增强属性编辑器】对话框

【增强属性编辑器】对话框中各选项卡的功能如下：

- 属性：显示块中每个属性的标记、提示和值。在列表框中选择某一属性后，在【值】文本框中将显示出该属性对应的属性值，此时可以对属性值进行修改。
- 文字选项：用于修改属性文字的格式。该选项卡如图 8-20 所示。
- 特性：用于修改属性文字的图层、线型、颜色、线宽及打印样式等。该选项卡如图 8-21 所示。

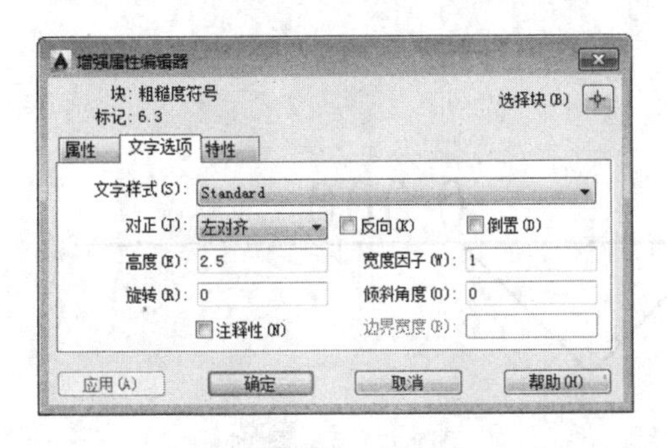

图 8-20 【文字选项】选项卡

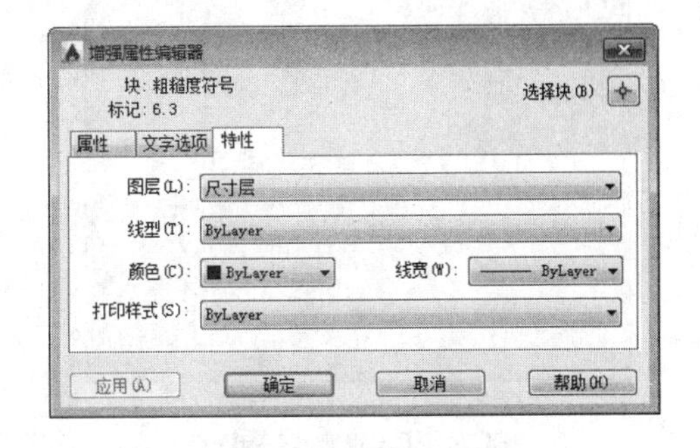

图 8-21 【特性】选项卡

下面通过一个典型例子来说明属性块的作用与含义。

【案例 8-4】：创建标高属性块　　视频文件：视频\第 8 章\8-4.mp4

01 打开“第 8 章\8-4 创建标高属性块.dwg”文件，素材图形如图 8-22 所示。

02 在【默认】选项卡中单击【块】面板上的【定义属性】按钮，系统弹出【属性定义】对话框，定义属性参数如图 8-23 所示。

03 单击【确定】按钮，在素材图形中水平线上的适当位置插入属性定义，如图 8-24 所示。

04 在【默认】选项卡中单击【块】面板上的【创建】按钮，系统弹出【块定义】对话框，如图 8-25 所示。在【名称】下拉列表框中输入“标高”；单击【拾取点】按钮，拾取三角形的下角点作为基点；单击【选择对象】

按钮，选择符号图形和属性定义。

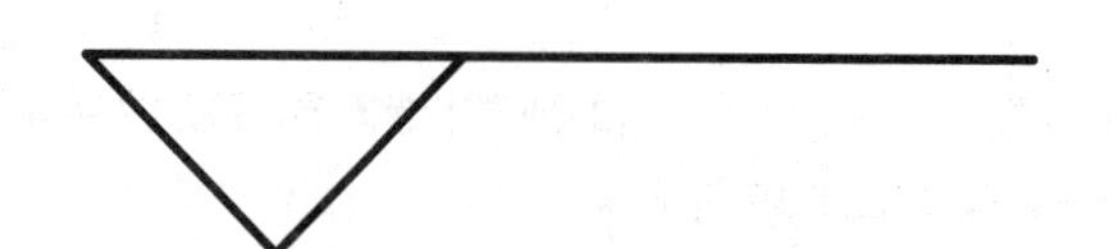

图 8-22　素材图形

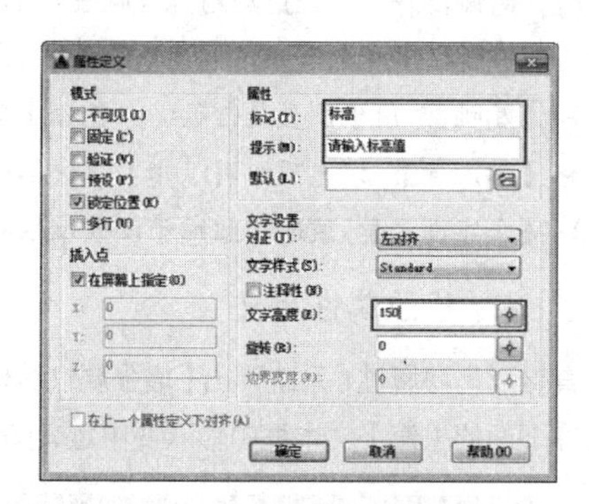

图 8-23　【属性定义】对话框

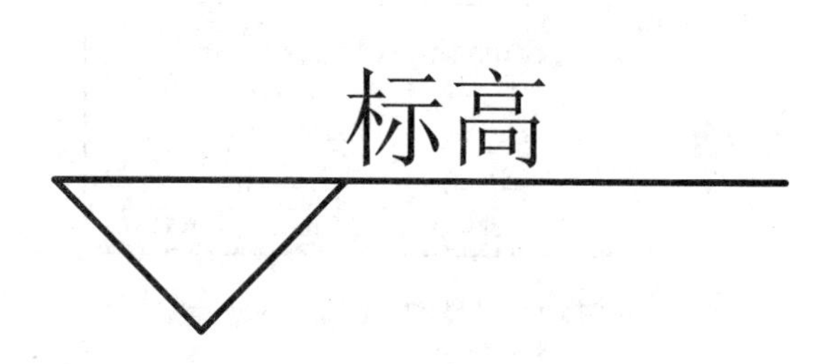

图 8-24　插入属性定义

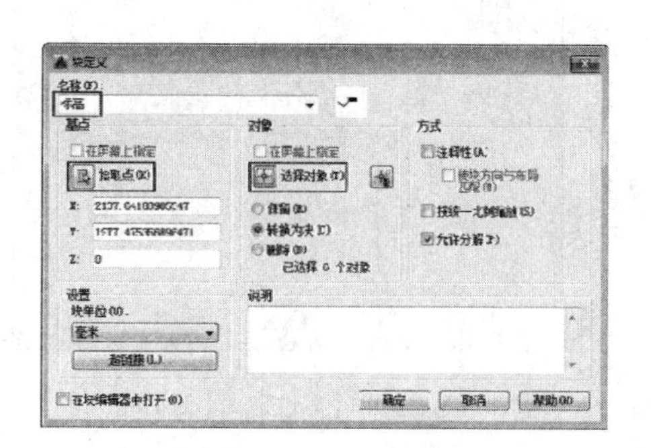

图 8-25　【块定义】对话框

05 单击【确定】按钮，系统弹出【编辑属性】对话框，更改属性值为 0.000，如图 8-26 所示。

06 单击【确定】按钮，完成标高属性块创建，结果如图 8-27 所示。

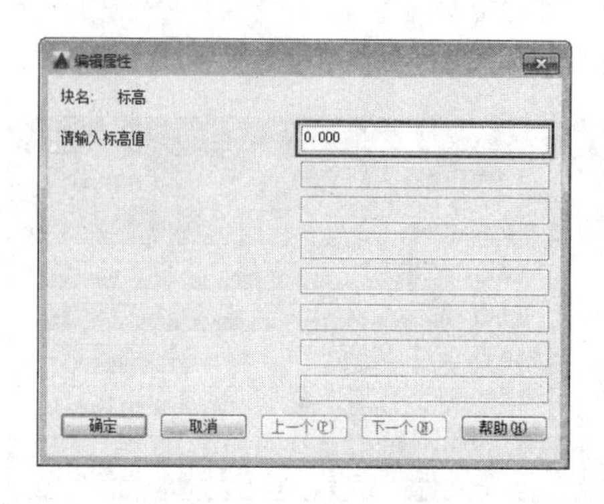

图 8-26　【编辑属性】对话框

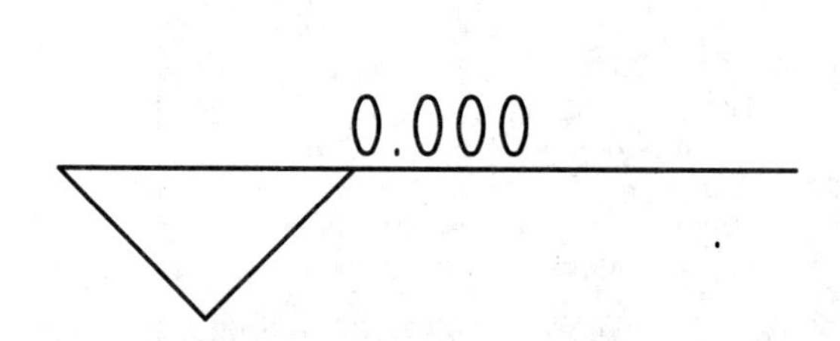

图 8-27　标高属性块

8.1.4　动态图块

在 AutoCAD 中可以为普通图块添加动作，将其转换为动态图块，动态图块可以直接通过移动动态夹点来调整图块大小、角度，避免了频繁地进行参数输入或命令调用（如缩放、旋转、镜像命令等），使图块的操作变得更加轻松。

创建动态图块的步骤有两步：一是往图块中添加参数，二是为添加的参数添加动作。动态图块的创建需要使用【块编辑器】。块编辑器是一个专门的编写区域，用于添加能够使图块成为动态图块的元素。

调用【块编辑器】命令的方法如下：

➢ 菜单栏：执行【工具】|【块编辑器】命令。

➢ 命令行：BEDIT/BE。

➢ 功能区：在【插入】选项卡中单击【块】面板中的【块编辑器】按钮。

【案例 8-5】： 创建沙发动态图块

视频文件：视频\第 8 章\8-5.mp4

01 单击快速访问工具栏中的【打开】按钮，打开“第 8 章\8-5 创建沙发动态图块.dwg”文件。

02 在命令行中输入【BEDIT】，系统弹出【编辑块定义】对话框，选择对话框中的【沙发】图块，如图 8-28 所示。

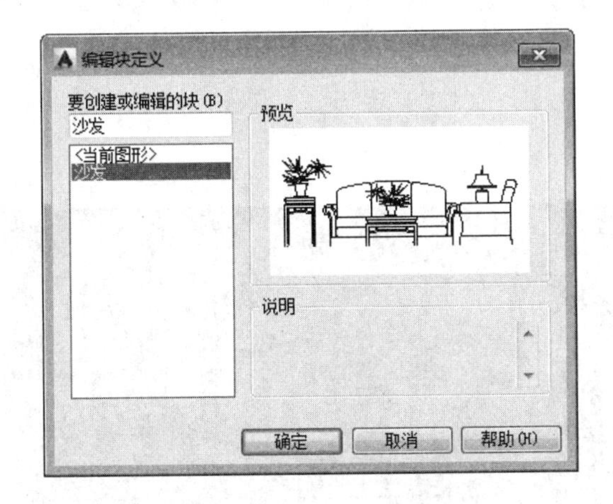

图 8-28 【编辑块定义】对话框

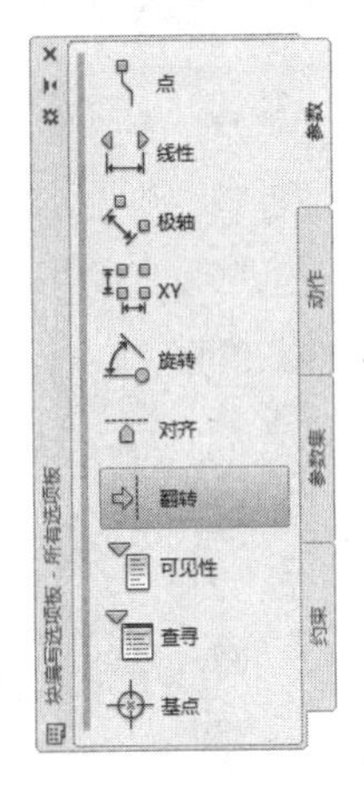

图 8-29 块编写选项板

03 单击【确定】按钮，打开【块编辑器】面板，此时绘图窗口变为浅灰色。

04 为图块添加线性参数。在【块编写选项板】右侧选择【参数】选项卡，再单击【翻转】按钮，如图 8-29 所示，为块添加翻转参数。命令行操作如下：

```
命令：_BParameter
指定投影线的基点或 [名称(N)/标签(L)/说明(D)/选项板(P)]：//在如图 8-30 所示的位置指定基点
指定投影线的端点：                                        //在如图 8-31 所示的位置指定端点
指定标签位置：                                            //在如图 8-32 所示的位置指定标签位置
```

图 8-30 指定基点

图 8-31 指定投影线端点

05 添加翻转参数的结果如图 8-33 所示。

图 8-32 指定标签位置

图 8-33 添加翻转参数的结果

06 为线性参数添加动作。在【块编写选项板】右侧选择【动作】选项卡，单击【翻转】按钮，如图 8-34 所示，根据提示为线性参数添加翻转动作。命令行操作如下：

```
命令: _BActionTool 翻转
选择参数:                              //如图 8-35 所示，选择【翻转状态 1】
指定动作的选择集:                      //如图 8-36 所示，选择全部图形
选择对象: 指定对角点: 找到 388 个
```

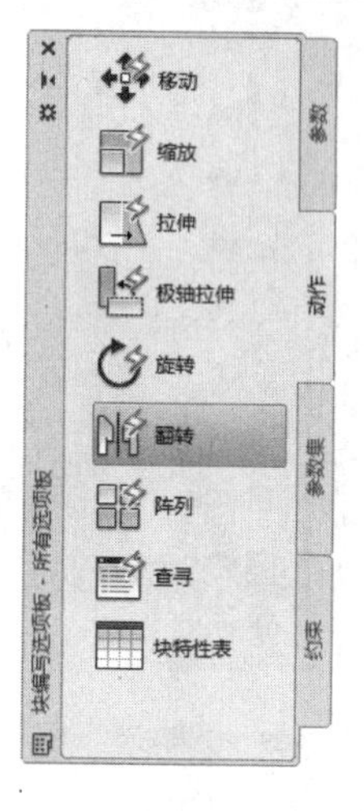

图 8-34 【动作】选项卡

图 8-35 选择【翻转状态 1】

07 在【块编辑器】选项卡中单击【保存块】按钮，如图 8-37 所示，保存创建的动作图块。单击【关闭块编辑器】按钮，关闭块编辑器，完成动态图块的创建，并返回到绘图窗口。

图 8-36 选择全部图形

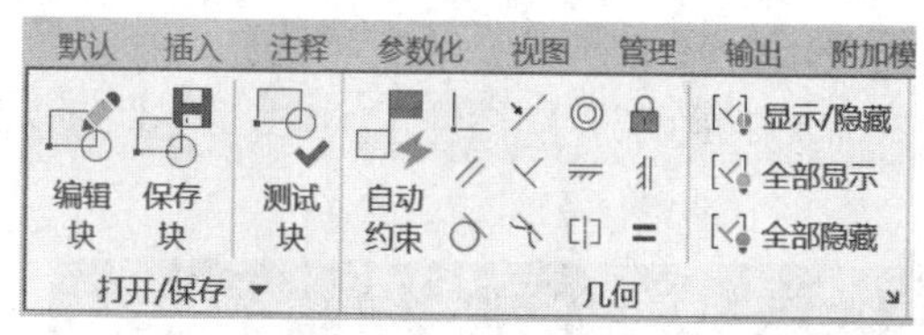

图 8-37 【保存块】按钮

08 为图块添加翻转动作的效果如图 8-38 所示

a)翻转前

b)翻转后

图 8-38 添加翻转动作的效果

8.1.5 插入块

块定义完成后，就可以插入与块定义关联的块实例了。启动【插入块】命令的方式有以下几种。

➢ 功能区：单击【插入】选项卡【块】面板中的【插入】按钮，如图 8-39 所示。

➢ 菜单栏：执行【插入】|【块选项板】命令，如图 8-40 所示。

➢ 命令行：INSERT 或 I。

图 8-39 【插入】按钮

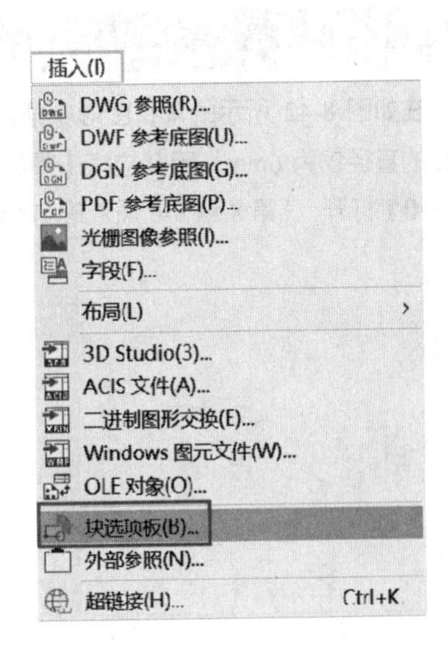

图 8-40 【块选项板】命令

执行上述任一命令后，系统弹出如图 8-41 所示的【块】选项板，在其中选择要插入的图块再返回绘图区指定基点即可。该选项板中常用选项的含义如下：

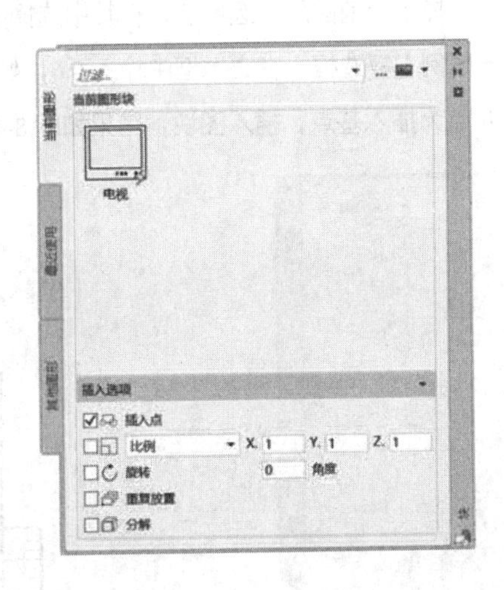

图 8-41 【块】选项板

➢ 【当前图形】选项卡：选择当前图形中创建或使用的图块。

➢ 【最近使用】选项卡：选择最近创建或使用的图块。这些图块可能来自各种图形。

➢ 【其他图形】选项卡：使用【浏览】按钮访问其他图形文件，以选择需要插入的图块。

➢ 【名称】下拉列表框：用于选择块或图形名称。单击其后的【浏览】按钮，系统弹出【打开图形文件】对话框，可以在其中选择保存的图块和外部图形。

➢ 【插入点】复选框：设置图块的插入点位置。

➢ 【比例】复选框：用于设置图块的缩放比例。可以在下拉列表中选择【比例】选项，分别为 *X*、*Y*、*Z* 方向设置不同的缩放比例，也可以选择【统一比例】选项，为 *X*、*Y*、*Z* 方向设置相同的缩放比例。

➢ 【旋转】复选框：用于设置图块的旋转角度。可直接在【角度】文本框中输入角度值，也可以在【旋转（R）】选项指定旋转角度。

➢ 【重复放置】复选框：连续插入多个图块。

➢ 【分解】复选框：可以将插入的图块分解成基本对象。

【案例 8-6】： 插入螺钉图块 视频文件：视频\第 8 章\8-6.mp4

在如图 8-42 所示的素材图形中插入定义好的【螺钉】图块。因为定义的【螺钉】图块公称直径为 10mm，通孔的直径仅为 6mm，因此应将【螺钉】图块缩小至原来的 0.6 倍。

01 打开 “第 8 章\8-6 插入螺钉图块.dwg” 文件，素材图形如图 8-42 所示，其中已经绘制好了一通孔。

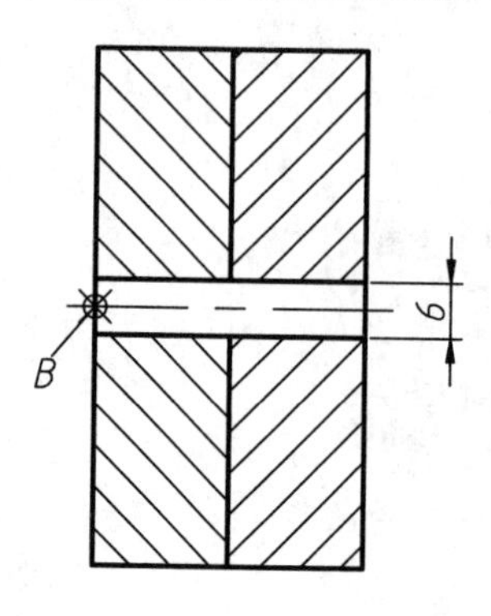

图 8-42 素材图形

02 调用【I】(插入)命令，系统弹出【块】选项板。

03 选择需要插入的内部图块。选择【当前图形】选项卡，在其中选择【螺钉】图块。

04 确定缩放比例。勾选【统一比例】复选框，在文本框中输入 0.6，如图 8-43 所示。

05 确定插入基点位置。捕捉 B 点为插入基点，插入图块，结果如图 8-44 所示。

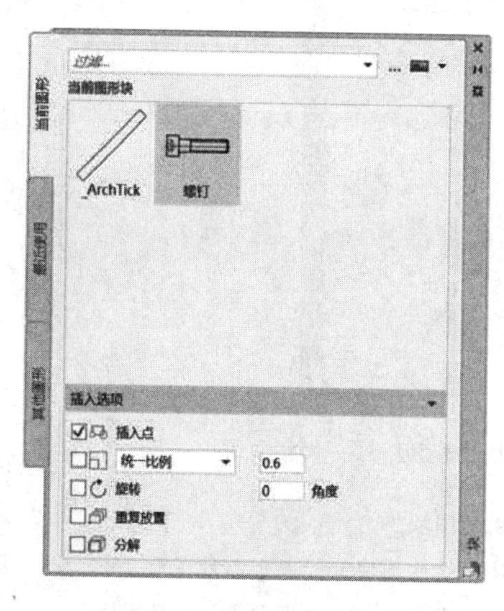

图 8-43 设置【插入】参数

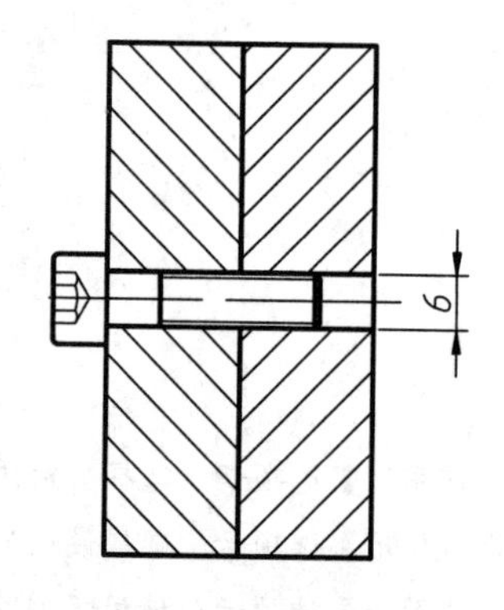

图 8-44 插入图块

8.2 编辑块

图块在创建完成后还可随时对其进行编辑，如重命名图块、分解图块、删除图块和重定义图块等。

8.1.1 设置插入基点

在创建图块时，可以为图块设置插入基点，这样就可以直接捕捉插入基点进行插入。但是如果创建的图块事先没有指定插入基点，则插入时系统将按照默认的插入点（即该图的坐标原点）插入图块，这样往往会给绘图带来不便。此时可以使用【基点】命令为图形文件制定新的插入原点。

调用【基点】命令的方法如下：

➢ 菜单栏：执行【绘图】|【块】|【基点】命令。

➢ 命令行：在命令行中输入 BASE。

➢ 功能区：在【默认】选项卡中单击【块】面板中的【设置基点】按钮。

执行该命令后，可以根据命令行提示输入基点坐标或用鼠标直接在绘图窗口中指定基点。

8.1.2 重命名图块

创建图块后，对其进行重命名的方法有多种。如果是外部图块文件，可直接在保存目录中对该图块文件进行重命名；如果是内部图块，可使用重命名命令（RENAME/REN）来更改图块的名称。

调用【重命名图块】命令的方法如下：

➢ 命令行： RENAME/REN。

➢ 菜单栏：执行【格式】|【重命名】命令。

【案例 8-7】： 重命名图块 视频文件：视频\第 8 章\8-7.mp4

如果已经定义好了图块，但觉得图块的名称不合适，便可以通过该方法来重新定义。

01 单击快速访问工具栏中的【打开】按钮，打开“第 8 章\8-7 重命名图块.dwg”文件。

02 在命令行中输入【REN】（重命名图块）命令，系统弹出【重命名】对话框，如图 8-45 所示。

03 在对话框左侧的【命名对象】列表框中选择【块】选项，在右侧的【项数】列表框中选择【中式吊灯】图块，在【旧名称】文本框中显示出该图块的旧名称，如图 8-46 所示。

04 在【重命名为】按钮后面的文本框中输入新名称【吊灯】，如图 8-47 所示。

05 单击【重命名为】按钮，完成重命名图块。

图 8-45 【重命名】对话框

图 8-46 选择需重命名图块

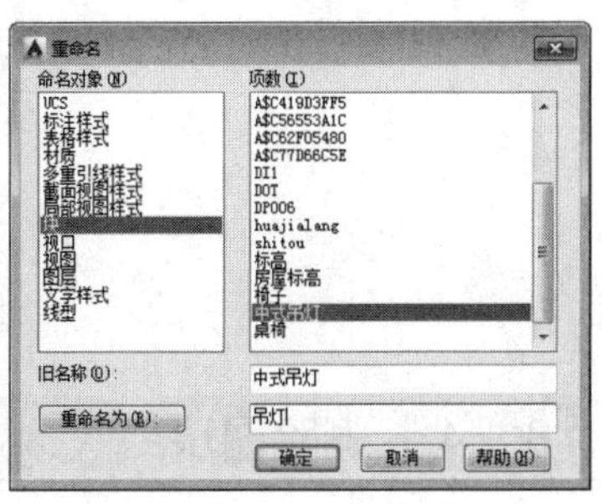

图 8-47 输入【吊灯】

8.1.3 分解图块

由于插入的图块是一个整体，在需要对图块进行编辑时，必须先将其分解。调用【分解图块】命令的方法如下：

➢ 菜单栏：执行【修改】|【分解】命令。

➢ 工具栏：单击【修改】工具栏中的【分解】按钮。

➢ 命令行： EXPLODE/X。

➢ 功能区：在【默认】选项卡中单击【修改】面板中的【分解】按钮。

分解图块的操作非常简单，执行【分解】命令后，选择要分解的图块，再按 Enter 键即可。图块被分解后，它的各个组成元素将变为单独的对象，此时便可以对各个组成元素进行编辑。

【案例 8-8】： 分解图块　　视频文件：视频\第 8 章\8-8.mp4

01 单击快速访问工具栏中的【打开】按钮，打开“第 8 章\8-8 分解图块.dwg”文件，素材图形如图 8-48 所示。

02 框选整个图形，图块的夹点显示如图 8-49 所示。

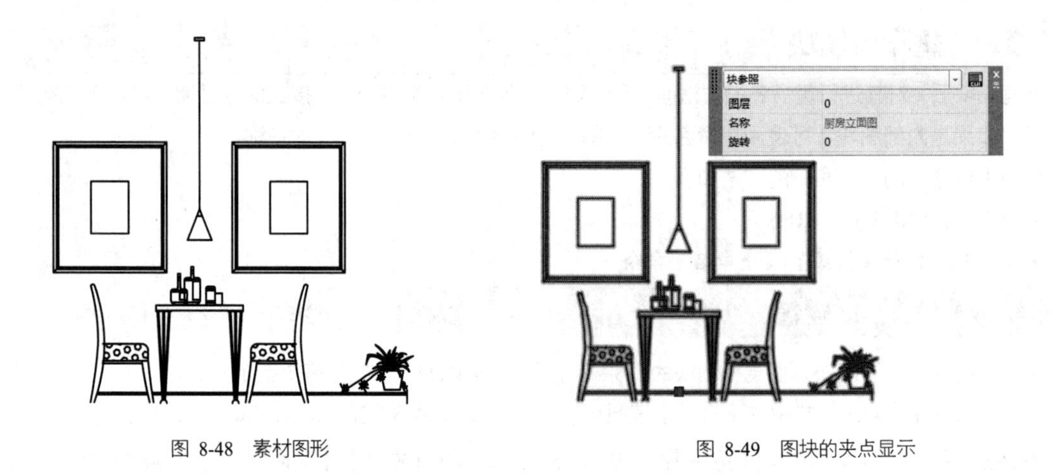

图 8-48　素材图形　　图 8-49　图块的夹点显示

03 在命令行中输入【X】(分解)命令，按 Enter 键确定，图块分解后的效果如图 8-50 所示。

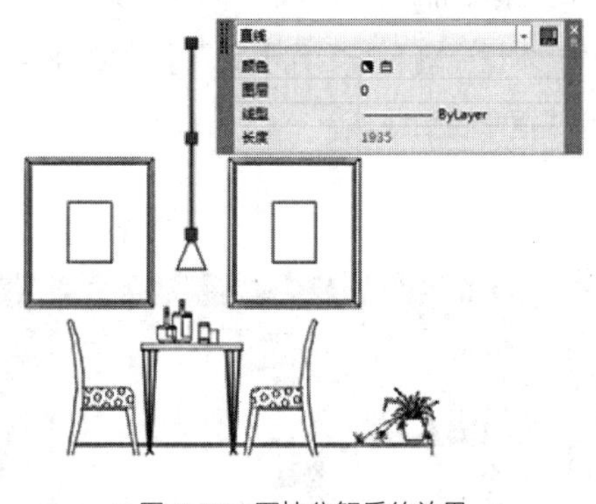

图 8-50　图块分解后的效果

8.1.4　删除图块

如果图块是外部图块文件，可直接在计算机中删除；如果图块是内部图块，可使用以下删除方法删除。

- 应用程序：单击【应用程序】按钮，在弹出的菜单中选择【图形实用工具】中的【清理】命令。
- 命令行：PURGE/PU。

【案例 8-9】： 删除图块　　视频文件：视频\第 8 章\8-9.mp4

01 单击快速访问工具栏中的【打开】按钮，打开“第 8 章\8-9 删除图块.dwg”文件。

02 在命令行中输入【PU】(清理)命令，系统弹出【清理】对话框，如图 8-51 所示。

03 单击【可清除项目】按钮，在【命名项目未使用】列表框中双击【块】选项，展开当前图形文件中的所有内部图块。

04 选择要删除的【DP006】图块，如图 8-52 所示，然后单击【清理选中的项目】按钮，即可将其删除，如图 8-53 所示。

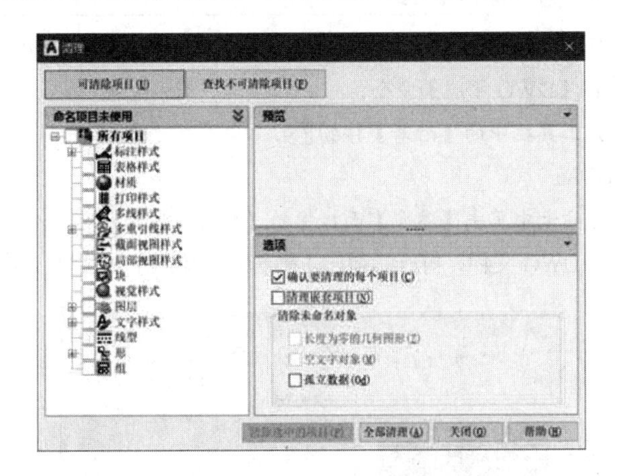

图 8-51 【清理】对话框

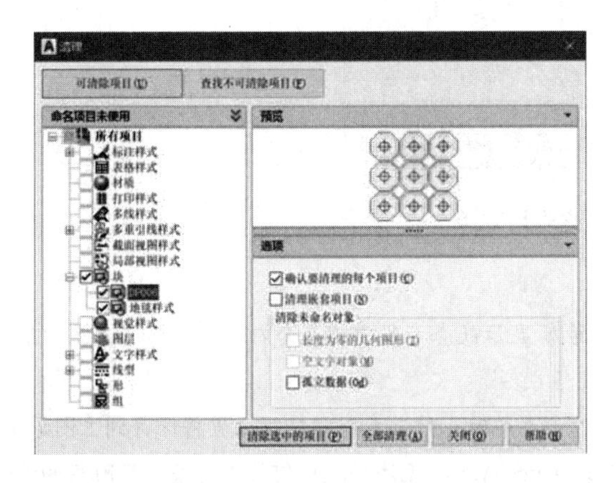

图 8-52 选择要删除的图块

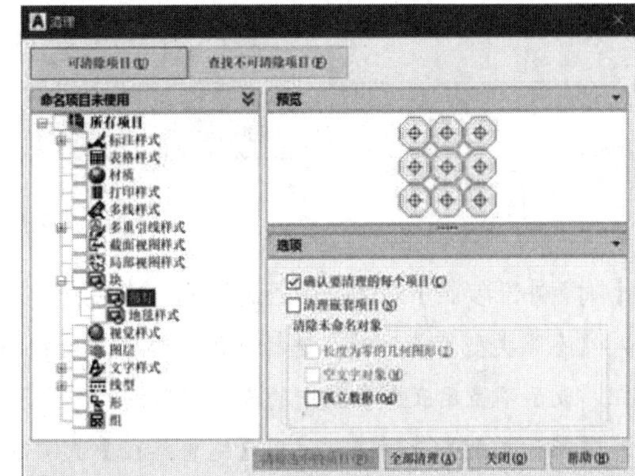

图 8-53 删除图块

8.3 外部参照

AutoCAD 将外部参照作为一种图块类型定义，它也可以提高绘图效率。但外部参照与图块有一些重要的区别，即将图形作为图块插入时，它存储在目标图形中，不随原始图形的改变而改变；将图形作为外部参照时，会将该参照图形链接到当前图形，对参照图形所做的任何修改都会显示在当前图形中。一个图形可以作为外部参照同时附着插入到多个图形中，同样也可以将多个图形作为外部参照附着到单个图形中。

8.3.1 了解外部参照

当前图形记录了外部参照的位置和名称，因而在使用时能很容易地参照，但外部参照并不是当前图形的一部分。和图块一样，用户同样可以捕捉外部参照中的对象，从而使用它作为图形处理的参照。此外，还可以改变外部参照图层的可见性设置。

使用外部参照要注意以下几点。

- 确保显示的是参照图形的最新版本。打开图形时，将自动重载每个参照图形，因而反映的是参照图形文件的最新状态。
- 请勿在图形中使用参照图形中已存在的图层名、标注样式、文字样式和其他命名元素。
- 当工程完成并准备归档时，应将附着的参照图形和当前图形永久合并（绑定）到一起。

8.3.2 附着外部参照

用户可以将其他文件的图形作为参照图形附着到当前图形中，这样可以通过在图形中参照其他用户的图形来协调各用户之间的工作，查看当前图形是否与其他图形相匹配。下面介绍 4 种附着外部参照的方法。

➢ 菜单栏：执行【插入】|【DWG 参照】命令。

➢ 工具栏：单击【插入】工具栏中的【附着】按钮。

➢ 命令行： XATTACH/XA。

➢ 功能区：在【插入】选项卡中单击【参照】面板中的【附着】按钮。

执行附着命令，选择一个 DWG 文件，打开后弹出【附着外部参照】对话框，如图 8-54 所示。

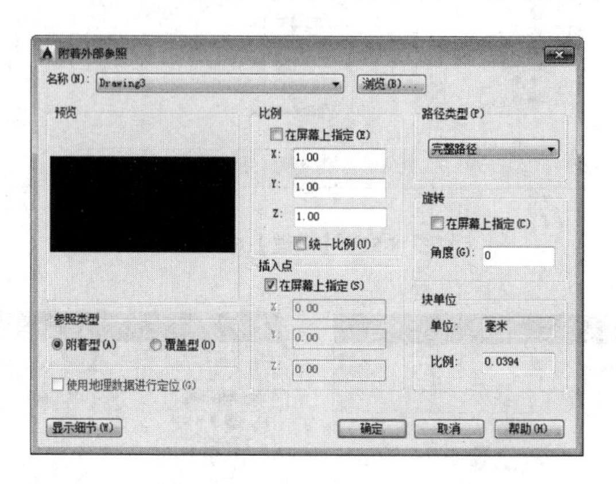

图 8-54 【附着外部参照】对话框

【附着外部参照】对话框中各选项的含义如下：

➢ 【参照类型】选项组：选择【附着型】单选按钮，表示显示嵌套参照中的嵌套内容；选择【覆盖型】单选按钮，表示不显示嵌套参照中的嵌套内容。

➢ 【路径类型】选项组：使用【完整路径】选项附着外部参照时，外部参照的精确位置将保存到主图形中，此选项的精确度最高，但灵活性最小，如果移动工程文件，AutoCAD 将无法融入任何使用完整路径附着的外部参照；使用【相对路径】选项附着外部参照时，将保存外部参照相对于主图形的位置，此选项的灵活性最大，如果移动工程文件夹，AutoCAD 仍可以融入使用相对路径附着的外部参照，只要此外部参照相对主图形的位置未发生变化；使用【无路径】选项附着外部参照时，AutoCAD 首先在主图形中的文件夹中查找外部参照，当外部参照文件与主图形位于同一个文件夹中时，此选项非常有用。

【案例 8-1】： 附着外部参照

视频文件：视频\第 8 章\8-10.mp4

外部参照图形非常适合用作参照插入。据统计，如果要参照某一现成的 dwg 文件来进行绘制，绝大多数设计师都会打开该 dwg 文件，然后使用 Ctrl+C、Ctrl+V 组合键直接将图形复制黏贴到新创建的图样上。这种方法方便、快捷，但缺点是新建的图样与原来的 dwg 文件没有关联性，如果参照的 dwg 文件有所更改，则新建的图样不会随之改变。而如果采用外部参照的方式插入参照用的 dwg 文件，则可以实时更新。

01 单击快速访问工具栏中的【打开】按钮，打开“第 8 章\8-10【附着】外部参照.dwg”文件，素材图形如图 8-55 所示。

02 在【插入】选项卡中单击【参照】面板中的【附着】按钮，系统弹出【选择参照文件】对话框。在【文件类型】下拉列表中选择“图形（*.dwg）”，并找到“参照素材.dwg”文件，如图 8-56 所示。

03 单击【打开】按钮，系统弹出如图 8-57 所示的【附着外部参照】对话框，所有选项均采用默认设置。

04 单击【确定】按钮，在绘图区域指定端点，并调整其位置，即可附着外部参照，如图 8-58 所示。

05 插入的参照图形为该零件的右视图，此时可以结合现有图形与参照图形绘制零件的其他视图，或者进行标注。

06 可以先按 Ctrl+S 组合键进行保存，然后退出该文件；接着打开同文件夹内的“参照素材.dwg”文件，并删除其中的 4 个小孔，如图 8-59 所示，再按 Ctrl+S 组合键进行保存，然后退出。

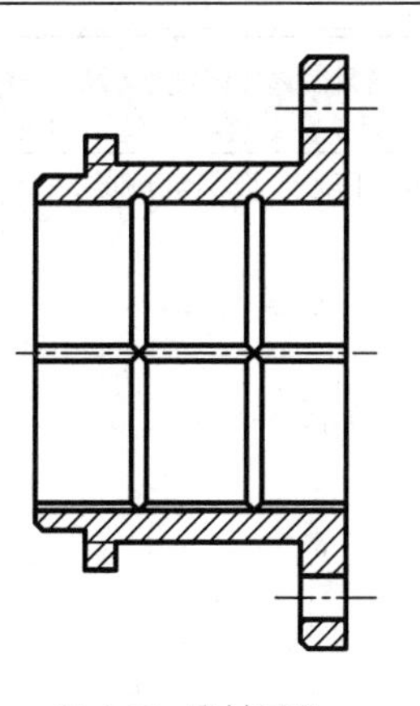

图 8-55　素材图形

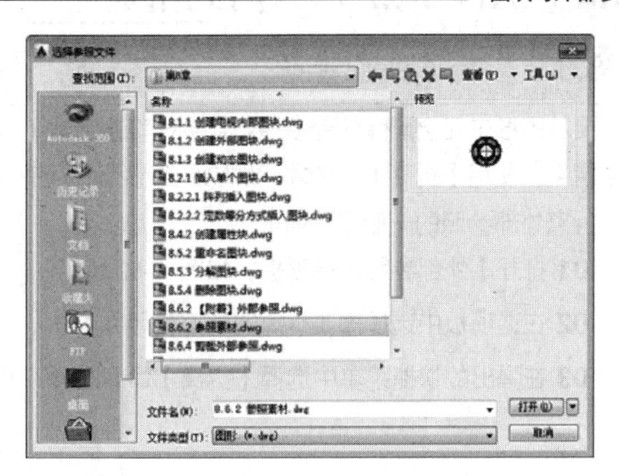

图 8-56　【选择参照文件】对话框

图 8-57　【附着外部参照】对话框

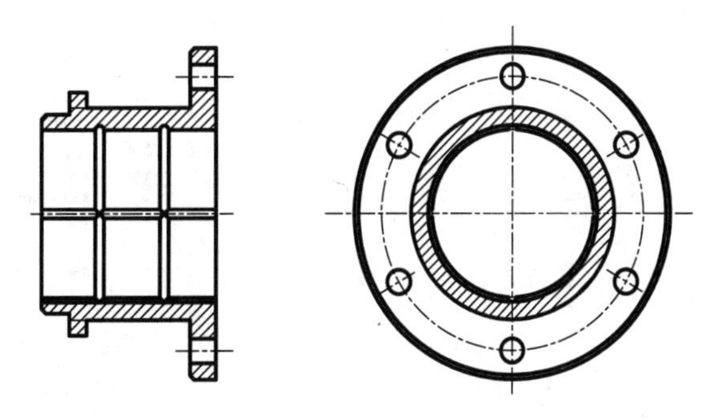

图 8-58　附着外部参照

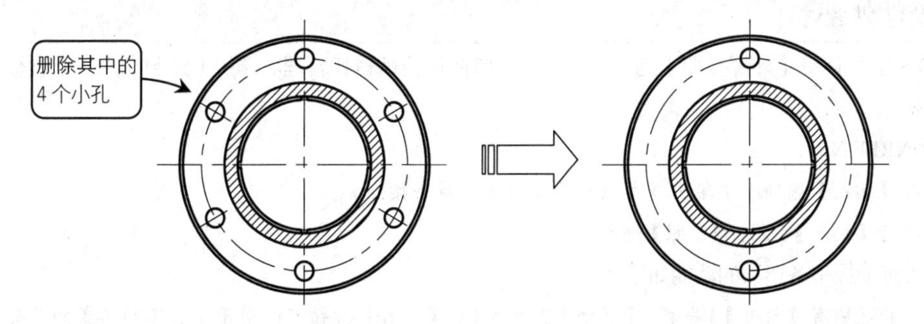

图 8-59　对参照文件进行修改

07 此时再重新打开“8-10【附着】外部参照.dwg”文件，则会出现如图 8-60 所示的提示，单击“重载 参照素材”链接，则图形变为如图 8-61 所示，可以看到参照的图形得到了实时更新。这样可以保证设计的准确性。

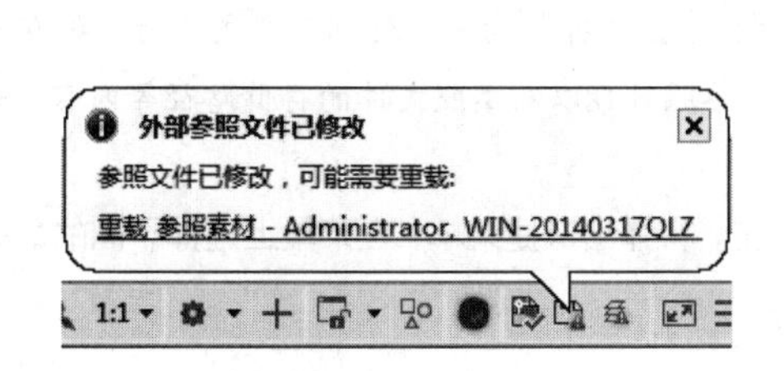

图 8-60　参照提示

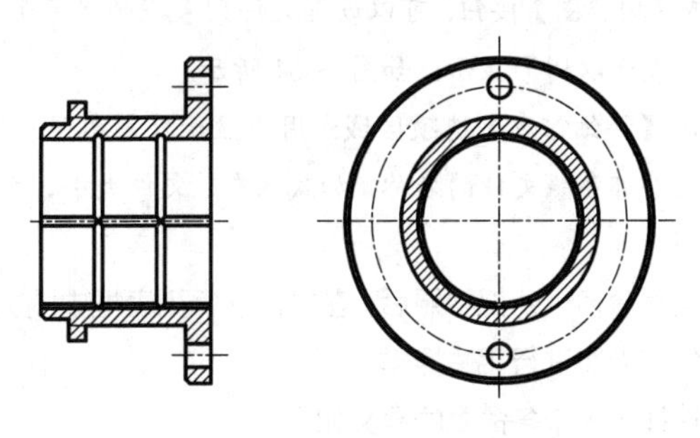

图 8-61　更新参照对象后的附着效果

8.3.3 拆离外部参照

要从图形中完全删除外部参照，需要对其进行拆离而不是删除，这是因为删除外部参照不会删除与其关联的图层定义，使用【拆离】命令才能删除外部参照和所有关联信息。

拆离外部参照的一般步骤如下：

01 打开【外部参照】选项板，如图 8-62 所示。

02 在选项板中选择需要拆离的外部参照并右击。

03 在弹出的快捷菜单中选择【拆离】命令，即可拆离选定的外部参照。

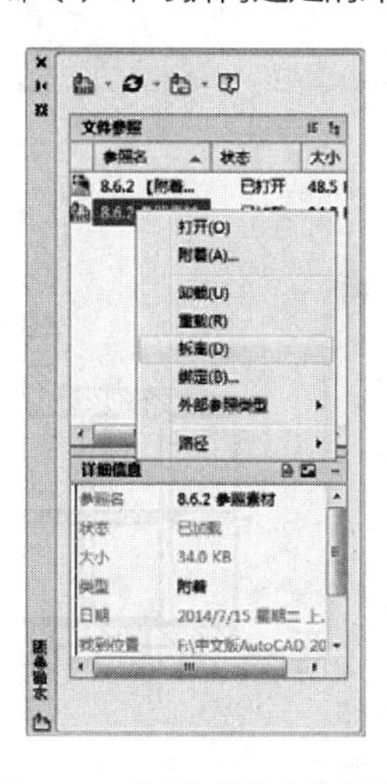

图 8-62 【外部参照】选项板

8.3.4 管理外部参照

在 AutoCAD 中，可以在【外部参照】选项板中对外部参照进行编辑和管理。调用【外部参照】选项板的方法如下：

➢ 命令行：XREF/XR。

➢ 功能区：在【插入】选项卡中单击【参照】面板右下角箭头按钮。

➢ 菜单栏：执行【插入】|【外部参照】命令。

【外部参照】选项板中各选项的功能如下：

➢ 按钮区域：此区域有【附着】【刷新】【帮助】3 个按钮，【附着】按钮可以用于添加不同格式的外部参照文件；【刷新】按钮可以用于刷新当前选项板中的显示；【帮助】按钮可以打开系统的帮助页面，快速了解相关的知识。

➢ 【文件参照】列表框：此列表框中显示了当前图形中各个外部参照文件的名称。单击其右上方的【列表图】或【树状图】按钮，可以设置文件列表框的显示形式。【列表图】表示以列表形式显示，如图 8-63 所示；【树状图】表示以树形显示，如图 8-64 所示。

➢ 【详细信息】选项区域：用于显示外部参照文件的各种信息。选择任意一个外部参照文件后，将在此处显示该外部参照文件的名称、加载状态、文件大小、参照类型、参照日期以及参照文件的存储路径等内容，如图 8-65 所示。

当附着多个外部参照后，在文件参照列表框中的文件上右击，将弹出快捷菜单，在菜单上选择不同的命令可以对外部参照进行相关操作。

快捷菜单中各命令的含义如下：

➢ 【打开】：单击该按钮，可在新建窗口中打开选定的外部参照对其进行进行编辑。在【外部参照】选项板关闭后，将显示新建窗口。

➢【附着】：单击该按钮，可打开【选择参照文件】对话框。在该对话框中可以选择需要插入到当前图形中的外部参照文件。

➢【卸载】：单击该按钮，可从当前图形中移走不需要的外部参照文件。但移走后仍保留该文件的路径，当希望再次参照该文件时，单击选项板中的【重载】按钮即可。

➢【重载】：单击该按钮，可在不退出当前图形的情况下更新外部参照文件。

➢【拆离】：单击该按钮，可从当前图形中移去不再需要的外部参照文件。

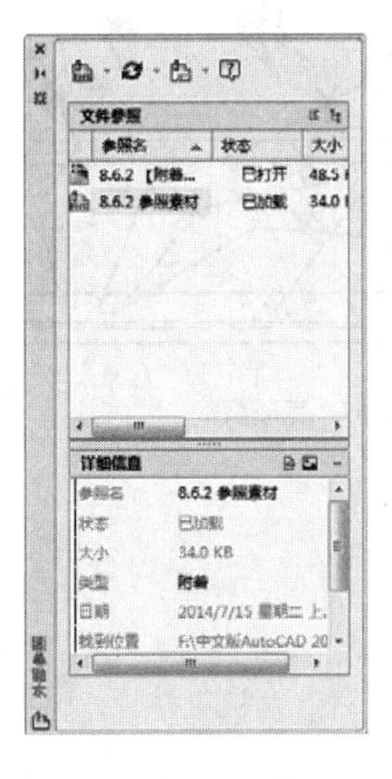

图 8-63 【列表图】形式

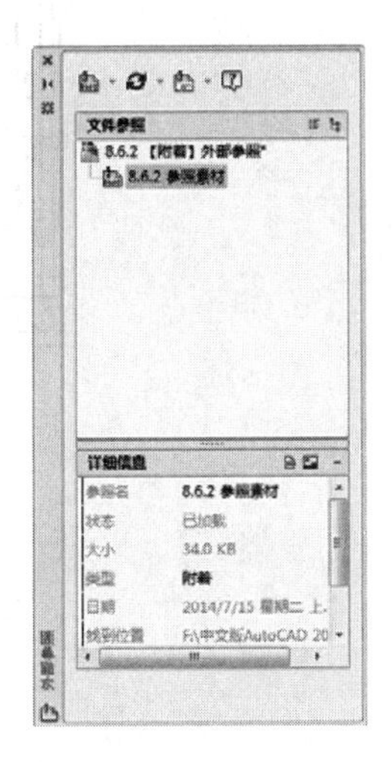

图 8-64 【树状图】形式

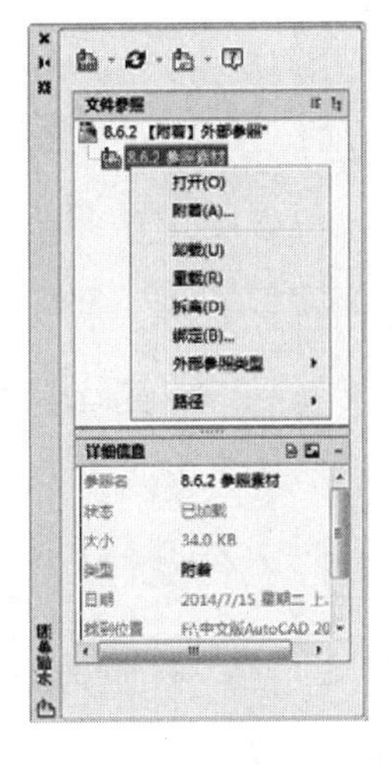

图 8-65 参照文件详细信息

8.3.5 剪裁外部参照

剪裁外部参照可以去除多余的参照部分，而无需更改原参照图形。剪裁外部参照的方法如下：

➢ 菜单栏：执行【修改】|【剪裁】|【外部参照】命令。

➢ 命令行：CLIP。

➢ 功能区：在【插入】选项卡中单击【参照】面板中的【剪裁】按钮。

【案例 8-2】：剪裁外部参照 视频文件：视频\第 8 章\8-11.mp4

01 单击快速访问工具栏中的【打开】按钮，打开“第 8 章\8-11 剪裁外部参照.dwg”文件，素材图形如图 8-66 所示。

02 在【插入】选项板中单击【参照】面板中的【剪裁】按钮，根据命令行的提示修剪参照，如图 8-67 所示。命令行操作如下：

```
命令：_XCLIP↙                                              //调用【剪裁】命令
选择对象：找到 1 个                                         //选择外部参照
选择对象：
输入剪裁选项
[开(ON)/关(OFF)/剪裁深度(C)/删除(D)/生成多段线(P)/新建边界(N)] <新建边界>：ON↙
                                                          //选择【开(ON)】选项
输入剪裁选项[开(ON)/关(OFF)/剪裁深度(C)/删除(D)/生成多段线(P)/新建边界(N)] <新建边界>：N↙
                                                          //选择【新建边界(N)】选项
外部模式 - 边界外的对象将被隐藏。
指定剪裁边界或选择反向选项：
[选择多段线(S)/多边形(P)/矩形(R)/反向剪裁(I)] <矩形>：p↙       //选择【多边形(P)】选项
指定第一点：                               //拾取如图 8-66 中的 A、B、C、D 点，指定剪裁边界
```

```
指定下一点或 [放弃(U)]:
指定下一点或 [放弃(U)]: ↙                              //按 Enter 键完成剪裁
```

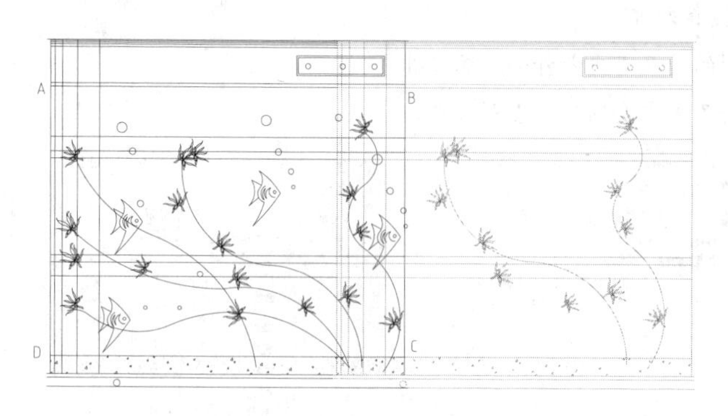

图 8-66　素材图形

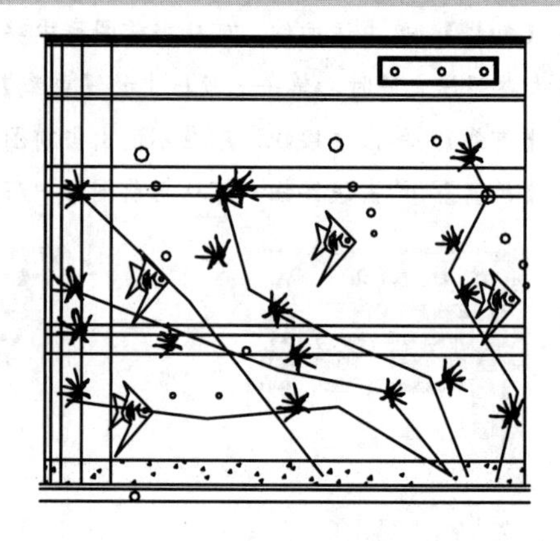

图 8-67　完成剪裁

第 9 章

打印出图和输出

当完成所有的设计和制图工作之后，即可将图形文件通过绘图仪或打印机输出为图样。本章将主要讲述 AutoCAD 出图过程中涉及的一些问题，包括模型空间与图样空间的转换，以及打印样式、页面设置等。

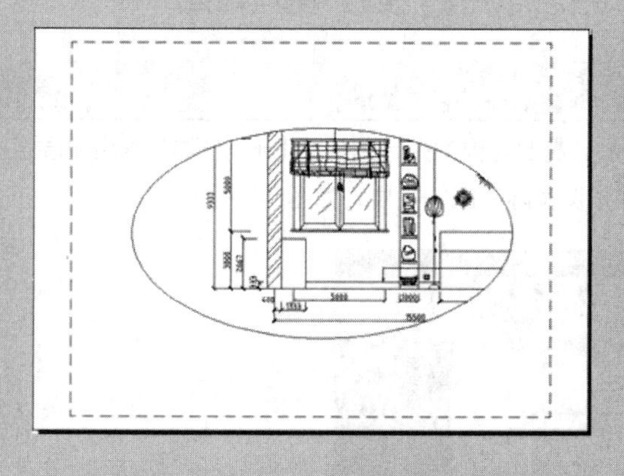

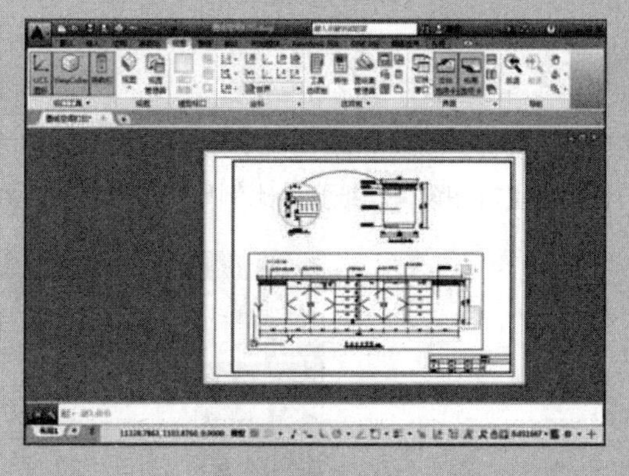

9.1 模型空间与布局空间

模型空间和布局空间是 AutoCAD 的两个功能不同的工作空间，单击绘图区下面的标签，可以在模型空间和布局空间之间切换。一个打开的文件中只有一个模型空间和两个默认的布局空间，用户也可创建更多的布局空间。

9.1.1 模型空间

当打开或新建一个图形文件时，系统将默认进入模型空间，如图 9-1 所示。模型空间是一个无限大的绘图区域，可以在其中创建二维或三维图形，以及进行必要的尺寸标注和文字说明。

模型空间对应的窗口称为模型窗口，在模型窗口中，十字光标在整个绘图区域都处于激活状态，并且可以创建多个不重复的平铺视口，以展示图形的不同视口，如在绘制机械图形时，可以创建多个视口，以从不同的角度观察图形，如图 9-2 所示。在一个视口中对图形做出修改后，其他视口也会随之更新。

图 9-1 模型空间

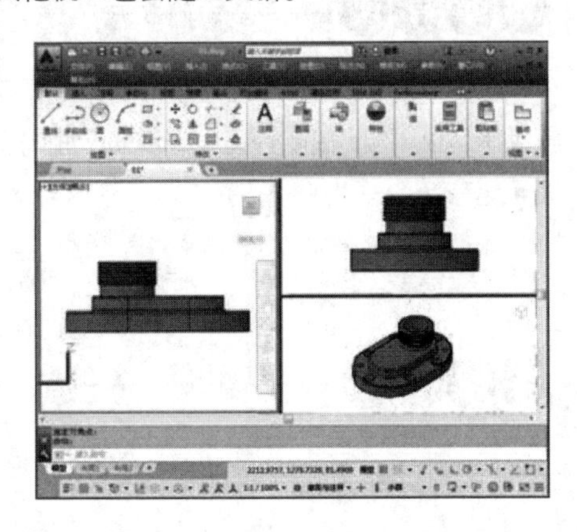

图 9-2 模型空间的视口

9.1.2 布局空间

布局空间又称为图纸空间，主要用于出图。模型建立后，需要将模型打印到纸面上形成图样，使用布局空间可以方便地设置打印设备、纸张、比例尺、图样布局，并预览实际出图的效果，如图 9-3 所示。

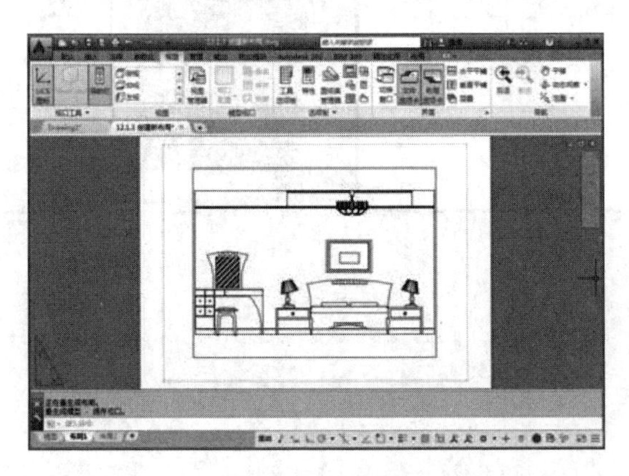

图 9-3 布局空间

布局空间对应的窗口称为布局窗口。可以在同一个 AutoCAD 文档中创建多个不同的布局图。单击绘图区左下角的布局标签，可以从模型窗口切换到各个布局窗口。当需要将多个视图放在同一张图样上输出时，布局可以很方便地控制图形的位置，输出比例等。

9.1.3 空间管理

右击绘图区下方的【模型】或【布局】标签，在弹出的快捷菜单中选择相应的命令，可以对布局进行删除、新建、重命名、移动、复制、页面设置等操作，如图 9-4 所示。

1. 空间的切换

在模型中绘制完图样后，若需要进行布局打印，可单击绘图区左下角的【布局】标签（即【布局 1】和【布局 2】）进入布局空间，对图样打印输出的布局效果进行设置。设置完毕后，单击【模型】标签即可返回到模型空间，如图 9-5 所示。

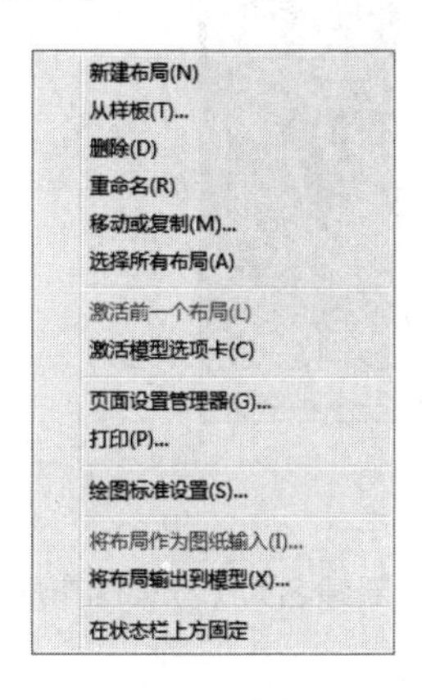

图 9-4 【布局】快捷菜单

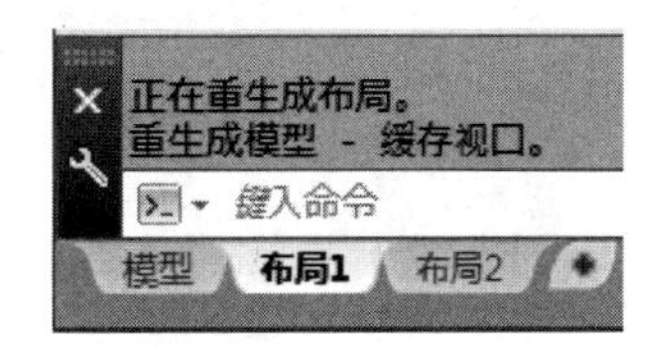

图 9-5 空间切换

2. 创建新布局

布局是一种图纸空间环境，它模拟显示图纸页面，提供直观的打印设置，主要用来控制图形的输出。布局中所显示的图形与图纸页面上打印出来的图形完全一样。

调用【创建布局】命令的方法如下：

- 菜单栏：执行【工具】|【向导】|【创建布局】命令，如图 9-6 所示。
- 命令行：LAYOUT。
- 功能区：在【布局】选项卡中单击【布局】面板中的【新建】按钮，如图 9-7 所示
- 快捷方式：右击绘图区下方的【模型】或【布局】标签，在弹出的快捷菜单中选择【创建布局】命令。

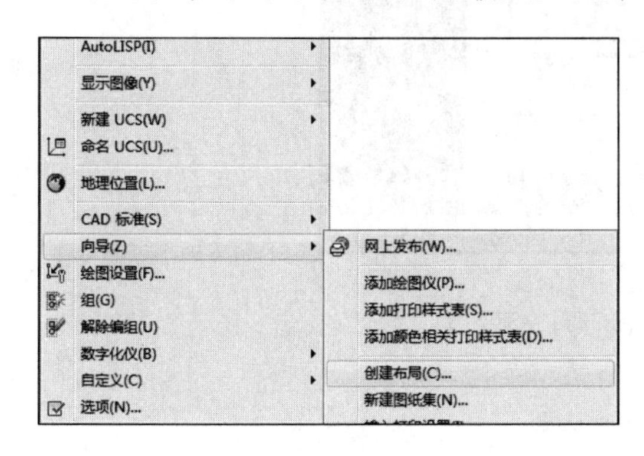

图 9-6 菜单栏中的【创建布局】命令

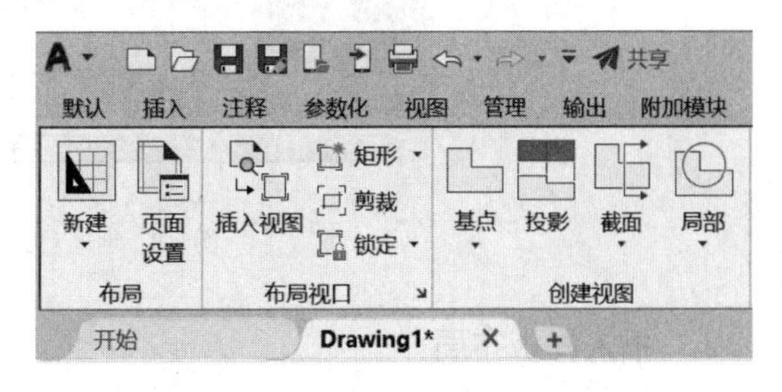

图 9-7 【布局】面板中的【新建】按钮

创建布局的操作过程与新建文件相差无几，同样可以通过功能区中的选项卡来完成。下面便通过一个具体案例来进行说明。

【案例 9-1】：创建新布局

视频文件：视频\第 9 章\9-1.mp4

创建布局并重命名为合适的名称，可以起到快速浏览文件的作用，也能快速定位至需要打印的图纸，如立面图、平面图等。

01 单击快速访问工具栏中的【打开】按钮，打开“第 9 章\9-1 创建新布局.dwg”文件，素材图形如图 9-8 所示，即【布局 1】显示界面。

图 9-8 素材图形

02 在【布局】选项卡中单击【布局】面板中的【新建】按钮，新建名为【立面图布局】的布局，命令行提示如下：

```
命令：_LAYOUT↙
输入布局选项 [复制(C)/删除(D)/新建(N)/样板(T)/重命名(R)/另存为(SA)/设置(S)/?] <设置>: _N
输入新布局名 <布局 3>: 立面图布局
```

03 完成布局的创建后，单击【立面图布局】标签，切换至【立面图布局】空间，如图 9-9 所示。

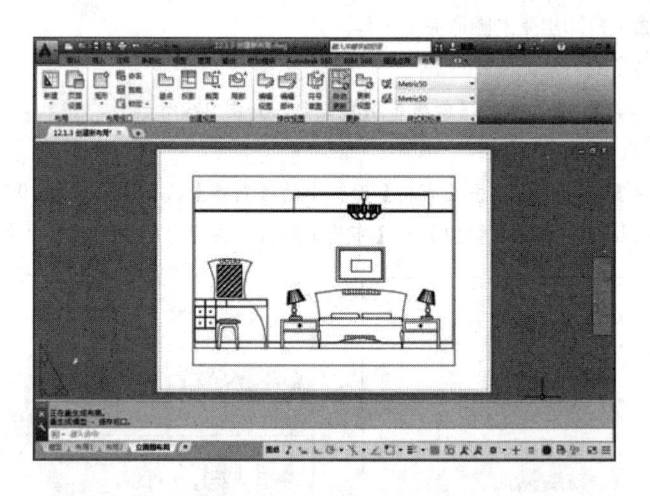

图 9-9 创建【立面图布局】空间

3. 插入样板布局

在 AutoCAD 中提供了多种样板布局供用户使用。其创建方法如下：

- 菜单栏：执行【插入】|【布局】|【来自样板的布局】命令，如图 9-10 所示。
- 功能区：在【布局】选项卡中单击【布局】面板中的【从样板】按钮，如图 9-11 所示。
- 快捷方式：右击绘图区左下方的【布局】标签，在弹出的快捷菜单中选择【来自样板的布局】命令。

执行上述命令后，系将弹出【从文件选择样板】对话框，可以在其中选择需要的样板创建布局。

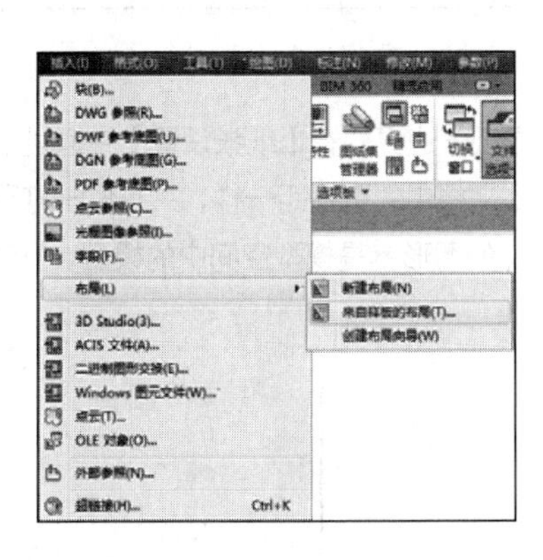

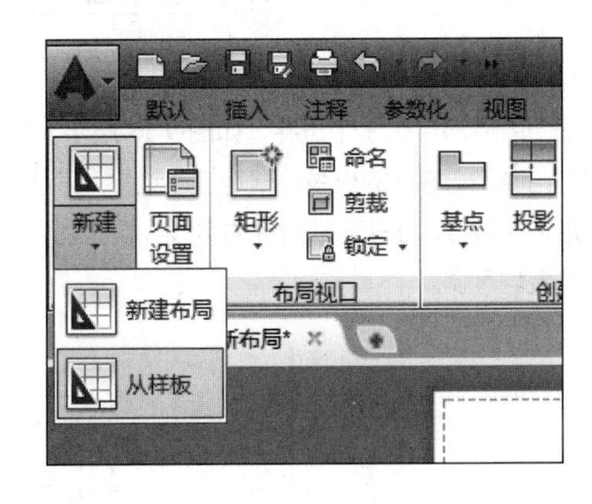

图 9-10　菜单栏中的调用【来自样板的布局】命令

图 9-11　【布局】面板中的【从样板】按钮

【案例 9-2】： 插入样板布局

视频文件：视频\第 9 章\9-2.mp4

如果需要将图样发送至国外的客户，可以尽量采用 AutoCAD 中自带的英制或公制模板。

01 单击快速访问工具栏中的【新建】按钮，新建空白文件。

02 在【布局】选项卡中单击【布局】面板中的【从样板】按钮，系统弹出【从文件选择样板】对话框，如图 9-12 所示。

03 选择【Tutorial-iArch.dwt】样板，单击【打开】按钮，系统弹出【插入布局】对话框，如图 9-13 所示，选择布局名称后单击【确定】按钮。

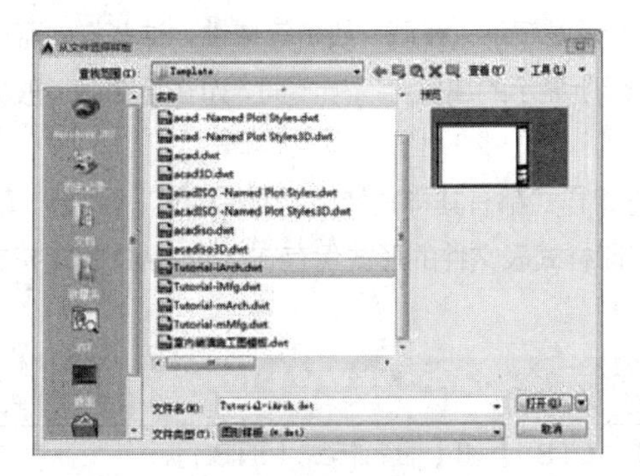

图 9-12　【从文件选择样板】对话框

图 9-13　【插入布局】对话框

04 完成样板布局的插入后，切换至新创建的【D-Size Layout】布局空间，如图 9-14 所示。

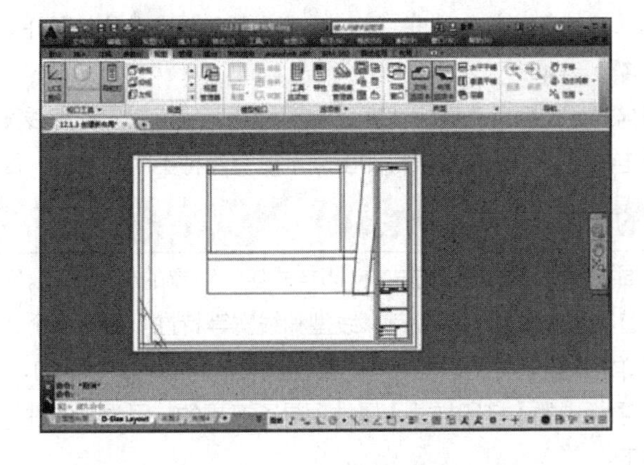

图 9-14　新创建的【D-Size Layout】布局空间

4. 布局的组成

布局图中通常存在 3 个边界，如图 9-15 所示。最外侧的线框是纸张边界，在【纸张设置】中通过纸张类型和打印方向确定。中间的虚线线框是打印边界，其作用就好像 Word 文档中的页边距一样，只有位于打印边界内部的图形才会被打印出来。最内侧的实线线框为视口边界，边界内部的图形就是模型空间中的模型，视口边界的大小和位置均可调。

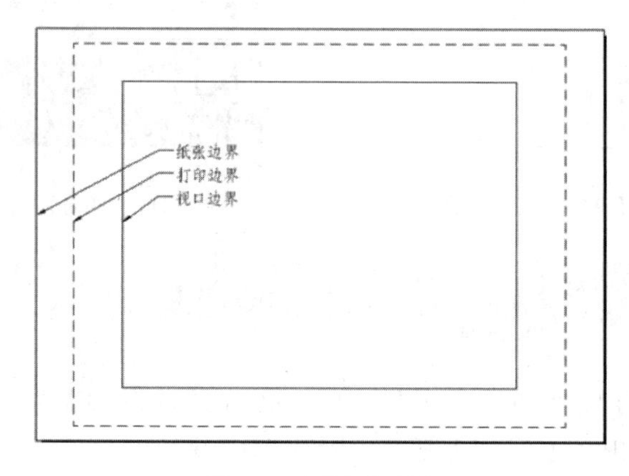

图 9-15 布局图的边界

9.2 打印样式

在图形绘制过程中，AutoCAD 可以为单个的图形对象设置颜色、线型、线宽等属性，这些样式可以在屏幕上直接显示出来。在出图时，打印出来的图样和绘图时图形所显示的属性会有所不同，如在绘图时一般会使用各种颜色的线型，但打印时仅以黑白色打印。

打印样式的作用就是在打印时修改图形外观。每种打印样式都有其样式特性，包括端点、连接、填充图案，以及抖动、灰度等打印效果。打印样式特性的定义都以打印样式表文件的形式保存在 AutoCAD 的支持文件搜索路径下。

9.2.1 打印样式的类型

AutoCAD 中有两种类型的打印样式：【颜色相关样式（CTB）】和【命名样式（STB）】。

➢ 颜色相关打印样式以对象的颜色为基础，共有 255 种颜色相关打印样式。在颜色相关打印样式模式下，通过调整与对象颜色对应的打印样式可以控制所有具有同种颜色的对象的打印方式。颜色相关打印样式表文件的扩展名为“.ctb”。

➢ 命名打印样式可以独立于对象的颜色使用，可以给对象指定任意一种打印样式，不管对象的颜色是什么。命名打印样式表文件的扩展名为“.stb”。

简而言之，“.ctb”打印样式根据颜色来确定线宽，同一种颜色只能对应一种线宽；而“.stb”打印样式则是根据对象的特性或名称来指定线宽，同一种颜色打印出来可以有两种不同的线宽，因为它们的对象可能不一样。

9.2.2 打印样式的设置

使用打印样式可以多方面控制对象的打印方式。打印样式属于对象的一种特性，它用于修改打印图形的外观。用户可以设置打印样式来代替其他对象原有的颜色、线型和线宽等特性。在同一个 AutoCAD 图形文件中，不允许同时使用两种不同的打印样式类型，但允许使用同一类型的多个打印样式。例如，在当前文档使用命名打印样式时，【图层特性管理器】选项板中的【打印样式】属性项是不可用的，因为该属性只能用于设置颜色打印样式。

设置打印样式的方法如下：

➢ 菜单栏：执行【文件】|【打印样式管理器】命令。

➢ 命令行：STYLESMANAGER。

执行上述任一命令后，系统自动弹出如图 9-16 所示的对话框，所有 CTB 和 STB 打印样式表文件都保存在这个对话框中。

双击【添加打印样式表向导】图标，可以根据对话框提示逐步创建新的打印样式表文件。将打印样式附加到相应的布局图，就可以按照打印样式的定义进行打印了。

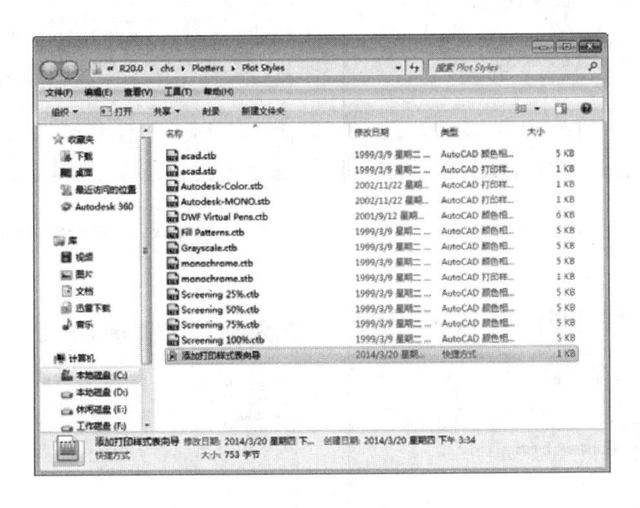

图 9-16 【打印样式管理器】对话框

在系统盘的 AutoCAD 存储目录下，可以打开如图 9-16 所示的【Plot Styles】文件夹，其中便存放着 AutoCAD 自带的 10 种打印样式（.ctb）。各打印样式含义的说明如下：

➢ acad.ctb：默认的打印样式表，所有打印设置均为初始值。

➢ Fill Patterns.ctb：设置前 9 种颜色使用前 9 个填充图案，所有其他颜色使用对象的填充图案。

➢ Grayscale.ctb：打印时将所有颜色转换为灰度。

➢ monochrome.ctb：打印时将所有颜色打印为黑色。

➢ Screening 100%.ctb：打印时对所有颜色使用 100% 墨水。

➢ Screening 75%.ctb：打印时对所有颜色使用 75% 墨水。

➢ Screening 50%.ctb：打印时对所有颜色使用 50% 墨水。

➢ Screening 25%.ctb：打印时对所有颜色使用 25% 墨水。

【案例 9-3】：添加颜色打印样式

视频文件：视频\第 9 章\9-3.mp4

使用颜色打印样式可以通过图形的颜色设置不同的打印宽度、颜色、线型等打印外观。

01 单击快速访问工具栏中的【新建】按钮，新建空白文件。

02 执行【文件】|【打印样式管理器】命令，系统自动弹出【打印样式管理器】对话框，双击【添加打印样式表向导】图标，系统弹出【添加打印样式表】对话框，如图 9-17 所示。单击【下一步】按钮，系统转换成【添加打印样式表-开始】对话框，如图 9-18 所示。

03 选择【创建新打印样式表】单选按钮，单击【下一步】按钮，系统打开【添加打印样式表-选择打印样式表】对话框，如图 9-19 所示。选择【颜色相关打印样式表】单选按钮，单击【下一步】按钮，系统转换成【添加打印样式表-文件名】对话框，如图 9-20 所示，新建一个名为【打印线宽】的颜色打印样式表文件。

04，单击【下一步】按钮，打开【添加打印样式表-完成】对话框，再单击【打印样式表编辑器】按钮，如图 9-21 所示，打开【打印样式表编辑器】对话框。

05 在【打印样式】列表框中选择【颜色 1】，在【表格视图】选项卡中【特性】选项组的【颜色】下拉列表框中选择黑色，在【线宽】下拉列表框中选择【0.3000 毫米】，如图 9-22 所示。

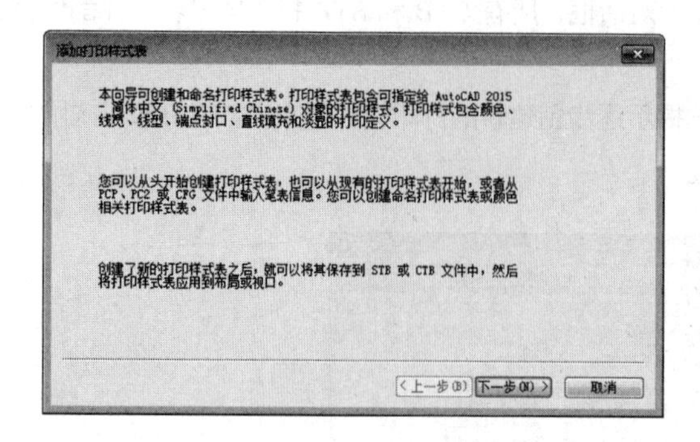

图 9-17 【添加打印样式表】对话框

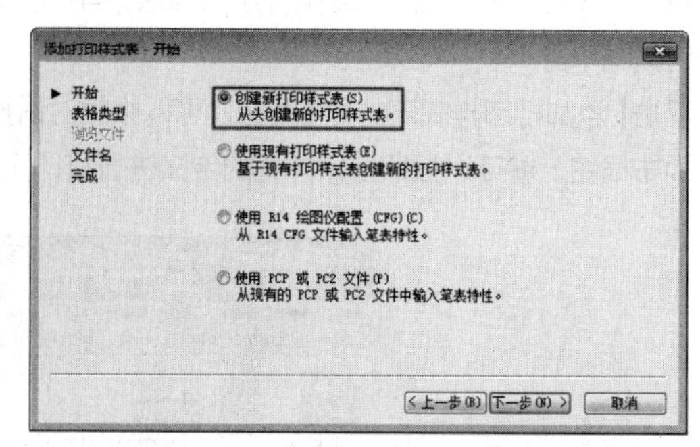

图 9-18 【添加打印样式表-开始】对话框

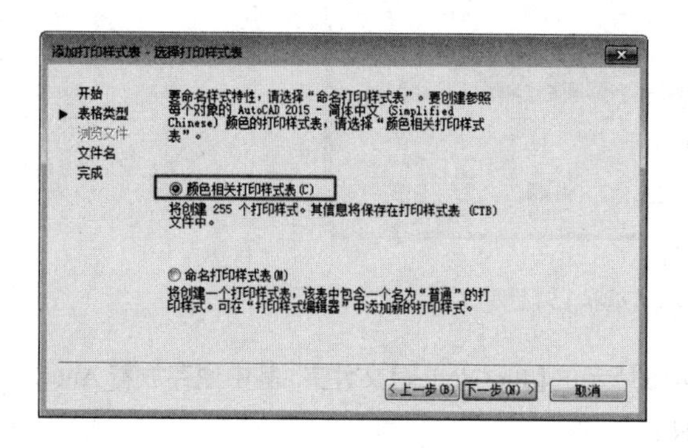

图 9-19 【添加打印样式表-选择打印样式】

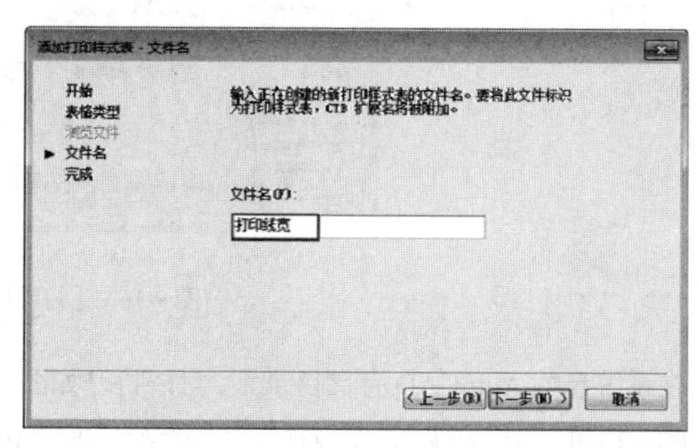

图 9-20 【添加打印样式表—文件名】对话框

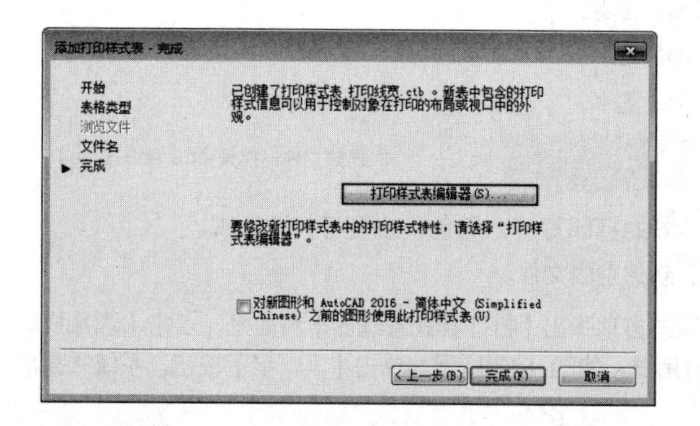

图 9-21 【添加打印样式表-完成】对话框

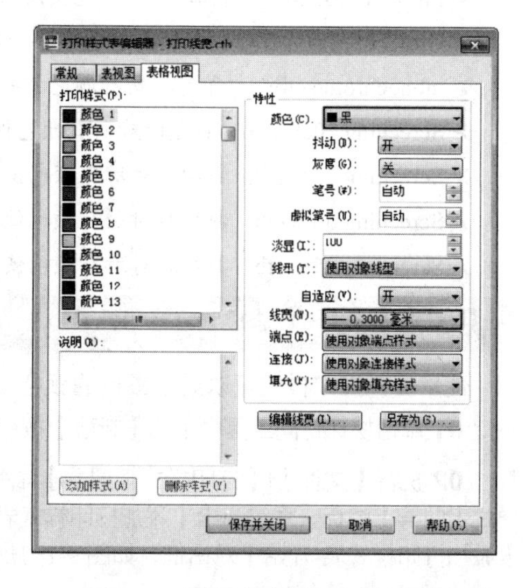

图 9-22 【打印样式表编辑器】对话框

操作技巧 黑白打印机常用灰度区分不同的颜色，使得图样比较模糊。可以在【打印样式表编辑器】对话框的【颜色】下拉列表框中将所有颜色的打印样式设置为“黑色”，以得到清晰的出图效果。

06 单击【保存并关闭】按钮，即可使所有用【颜色 1】的图形打印时都以线宽 0.3mm 来出图。设置完成后，再执行【文件】|【打印样式管理器】，打开【打印样式管理器】对话框，可以看到【打印线宽.ctb】出现在该对话框中，如图 9-23 所示。

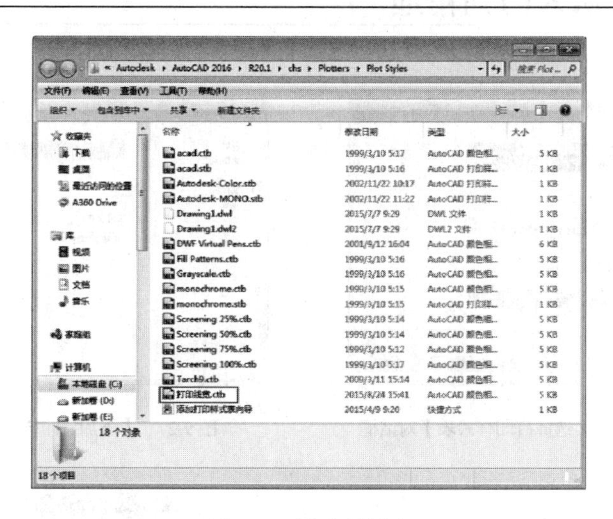

图 9-23　添加打印样式

【案例 9-4】：添加命名打印样式

视频文件：视频\第 9 章\9-4.mp4

采用“.stb”打印样式类型，为不同的图层设置不同的命名打印样式。

01 单击快速访问工具栏中的【新建】按钮，新建空白文件。

02 执行【文件】|【打印样式管理器】命令，单击系统弹出的对话框中的【添加打印样式表向导】图标，系统弹出【添加打印样式表】对话框，如图 9-24 所示。

03 单击【下一步】按钮，打开【添加打印样式表-开始】对话框，选择【创建新打印样式表】单选按钮，如图 9-25 所示。

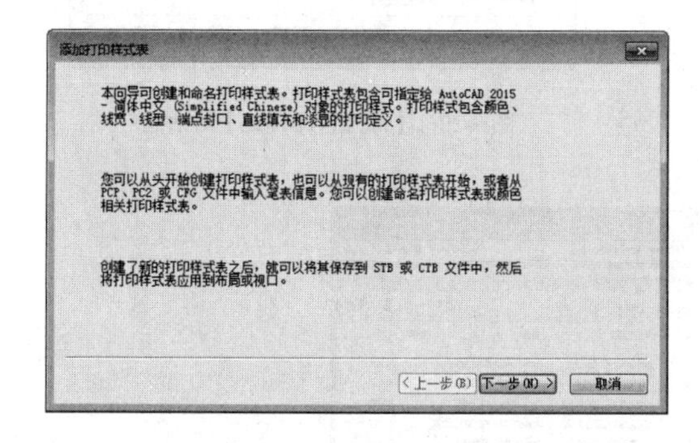

图 9-24　【添加打印样式表】对话框

图 9-25　【添加打印样式表-开始】对话框

04 单击【下一步】按钮，打开【添加打印样式表-选择打印样式表】对话框，选择【命名打印样式表】单选按钮，如图 9-26 所示。

05 单击【下一步】按钮，系统打开【添加打印样式表-文件名】对话框，如图 9-27 所示，新建一个名为【机械零件图】的命名打印样式表文件。

06 单击【下一步】按钮，打开【添加打印样式表-完成】对话框，再单击【打印样式表编辑器】按钮，如图 9-28 所示。

07 打开【打印样式表编辑器-机械零件图.stb】对话框，在【表格视图】选项卡中单击【添加样式】按钮，添加一个名为【粗实线】的打印样式，设置【颜色】为黑色、【线宽】为 0.3mm。用同样的方法添加一个名为【细实线】的打印样式，设置【颜色】为黑色、【线宽】为 0.1mm、【淡显】为 30，如图 9-29 所示。设置完成后，单击【保存并关闭】按钮退出对话框。

设置完成后，再执行【文件】|【打印样式管理器】命令，打开【打印样式管理器】对话框，可以看到【机械零件图.stb】出现在该对话框中，如图 9-30 所示。

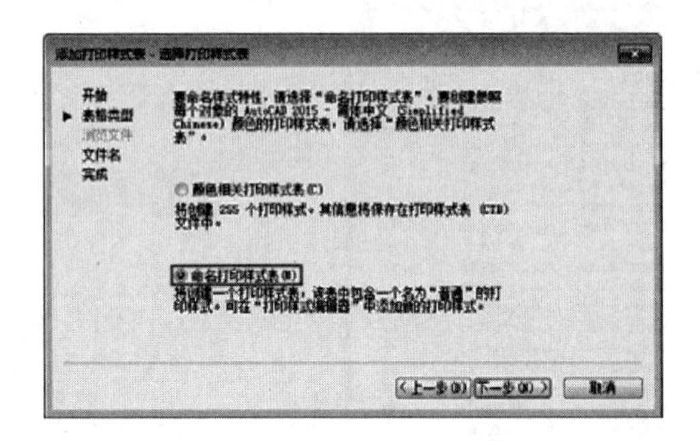

图 9-26 【添加打印样式表-选择打印样式表】对话框

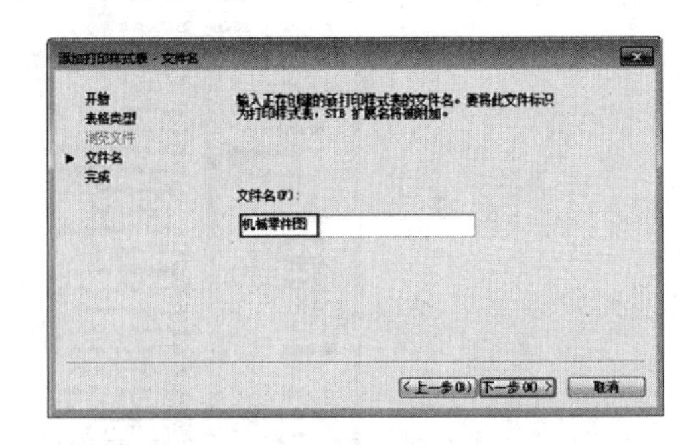

图 9-27 【添加打印样式表-文件名】对话框

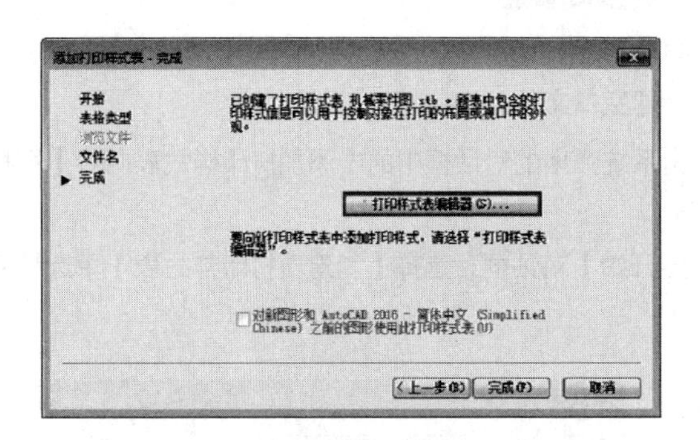

图 9-28 【打印样式表编辑器】对话框

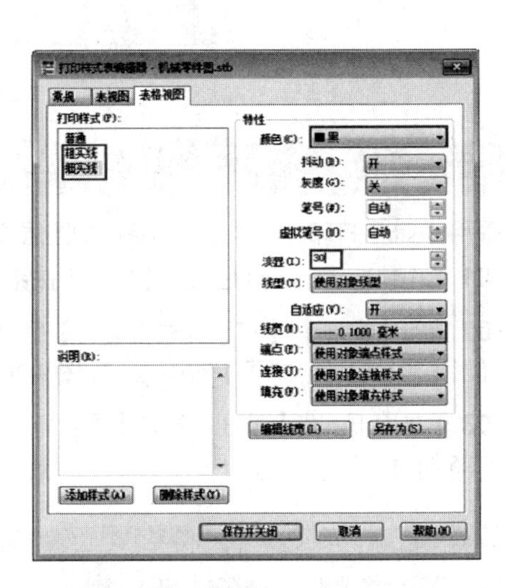

图 9-29 【添加打印样式】对话框

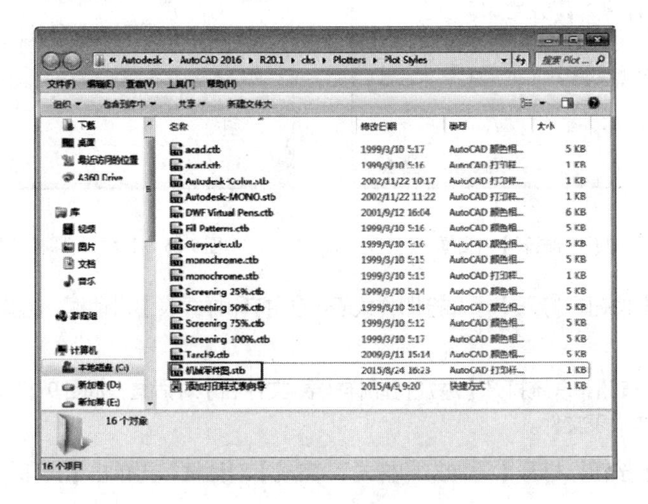

图 9-30 添加打印样式

9.3 布局图样

在正式出图之前，需要在布局窗口中创建好布局图，并对绘图设备、打印样式、纸张、比例尺和视口等进行设置。布局图显示的效果就是图样打印的实际效果。

9.3.1 创建布局

打开一个新的 AutoCAD 图形文件时，就已经存在了两个布局，即【布局 1】和【布局 2】。在【布局】标签上右击，弹出快捷菜单。在弹出的快捷菜单中选择【新建布局】命令，通过该方法，可以新建更多的布局图。

调用【创建布局】命令的方法如下：

- 菜单栏：执行【插入】|【布局】|【新建布局】命令。
- 功能区：在【布局】选项卡中单击【布局】面板中的【新建】按钮。
- 命令行： LAYOUT。
- 快捷方式：右击【布局】选项卡标签，在弹出的快捷菜单中选择【新建布局】命令。

上述介绍的方法所创建的布局都与系统自带的【布局 1】与【布局 2】相同，如果要创建新的布局格式，只能通过布局向导来创建。

9.3.2 调整布局

创建好一个新的布局图后，接下来的工作就是对布局图中的图形位置和大小进行调整和布置。

1. 调整视口

视口的大小和位置是可以调整的。视口边界实际上是在图样空间中自动创建的一个矩形图形对象，单击视口边界，将在 4 个角点上出现夹点，拉伸夹点即可调整视口，如图 9-31 所示。

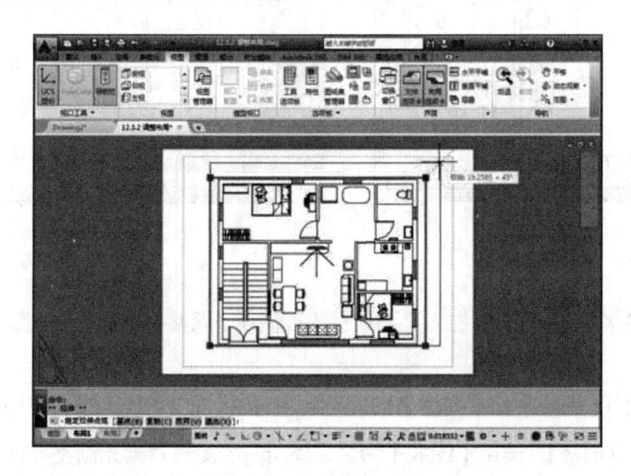

图 9-31 拉伸夹点调整视口

如果出图时只需要一个视口，通常可以调整视口边界，使其充满整个打印边界。

2. 设置图形比例

设置图形比例是出图过程中很重要的一个步骤。该比例反映了图上距离和实际距离的换算关系。

AutoCAD 制图和传统纸面制图在图形比例设置这一步骤上有很大的不同。传统制图的图形比例从一开始就已经确定，并且绘制的是经过比例换算后的图形。而在 AutoCAD 建模过程中，在模型空间中始终按照 1:1 的实际尺寸绘图，只有在出图时才按照图形比例将模型缩小到布局图上进行出图。

需要查看当前布局图的图形比例时，首先应在视口内部双击，使当前视口内的图形处于激活状态，然后单击图形区下方的【图纸】和【模型】切换开关，将视口切换到模型空间状态，再打开【视口】工具栏，在该工具栏右边文本框中显示的数值就是图纸空间相对于模型空间的图形比例，同时也是出图时的最终比例。

3. 在图纸空间中增加图形对象

如果需要在出图时添加一些不属于模型本身的内容，如制图说明、图例符号、图框、标题栏、会签栏等，可以在布局空间状态下添加这些对象，这些对象只会添加到布局图中，而不会添加到模型空间中。

【案例 9-5】：调整布局 视频文件：视频\第 9 章\9-5.mp4

有时绘制好了图形，但切换至布局空间时显示的效果并不理想，这时就需要对布局进行调整，使视图符合打印的要求。

08 单击快速访问工具栏中的【打开】按钮，打开“第 9 章\9-5 调整布局.dwg”文件，素材图形如图 9-32 所示。

09 在【布局】选项卡中单击【布局】面板中的【新建】按钮，新建名为【标准层平面图】布局，命令行提示如下：

```
输入布局选项 [复制(C)/删除(D)/新建(N)/样板(T)/重命名(R)/另存为(SA)/设置(S)/?] <设置>:
_N↙
输入新布局名 <布局 3>:标准层平面图↙
```

10 创建完毕后，切换至【标准层平面图】布局空间，效果如图 9-33 所示。

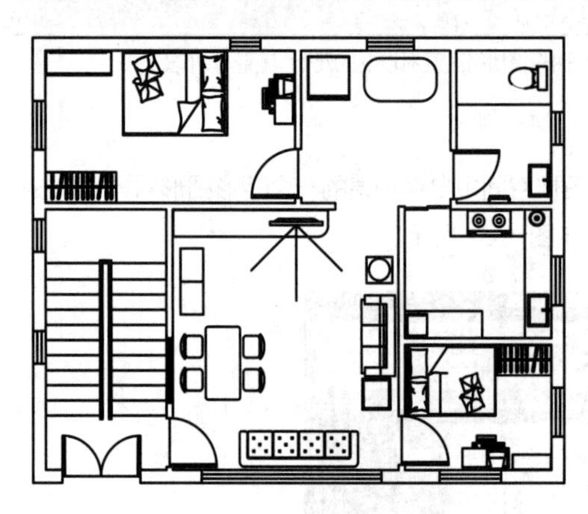

图 9-32 素材图形

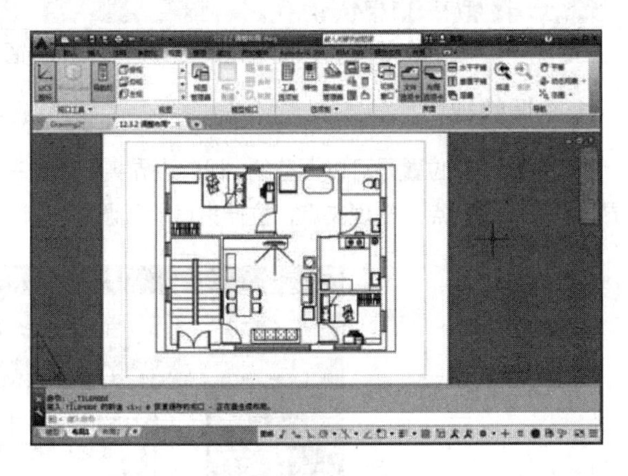

图 9-33 切换布局空间

11 单击图纸空间中的视口边界，将在 4 个角点上出现夹点，调整视口边界到充满整个打印边界，如图 9-34 所示。

12 单击绘图区下方的【图纸】和【模型】切换开关，将视口切换为模型空间状态。

13 在命令行输入【ZOOM】，调用【缩放】命令，使所有的图形对象充满整个视口，并调整图形到适当位置，如图 9-35 所示。

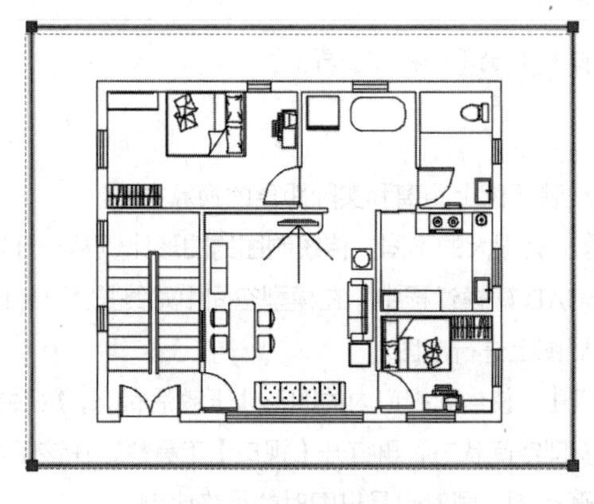

图 9-34 调整视口边界

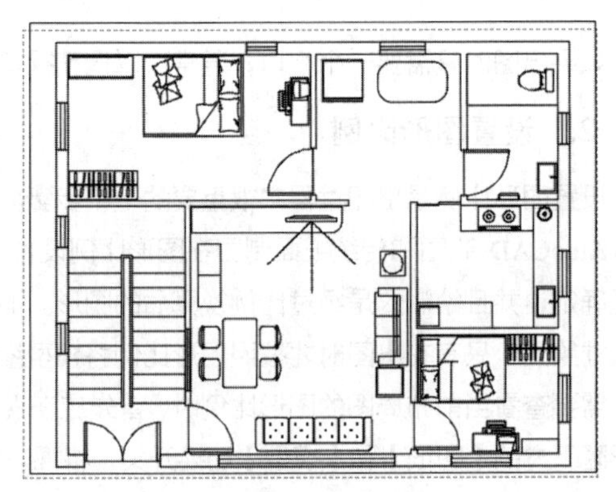

图 9-35 缩放图形

14 完成布局的调整后，绘图区右边显示的就是当前的图形比例。

9.4 视口

视口是在布局空间中构造布局图时涉及的一个概念。布局空间相当于一张空白的纸，在其上布置图形时，先要在纸上开一扇窗，让里面的图形能够显示出来，视口的作用就相当于这扇窗。可以将视口视为布局空间的图形对象，并对其进行移动和调整，这样就可以在一个布局内进行不同视图的放置、绘制、编辑和打印。视口可以相互重叠或分离。

9.4.1 删除视口

打开布局空间时，系统就已经自动创建了一个视口，所以能够查看其中的图形。

在布局中选择视口的边界，如图 9-36 所示，按 Delete 键即可删除视口。删除视口后，该视口中的图像将不可见，如图 9-37 所示。

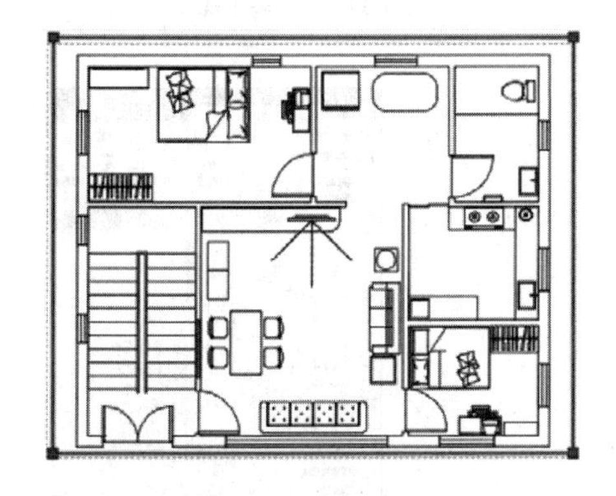

图 9-36 选中视口边界

图 9-37 删除视口

9.4.2 新建视口

系统默认的视口往往不能满足布局的要求，尤其是在进行多视口布局时，这时需要手动创建新视口，并对其进行调整和编辑。

新建视口的方法如下：

- 功能区：在【输出】选项卡中单击【布局视口】面板中的按钮，可创建相应的视口。
- 菜单栏：执行【视图】|【视口】命令。
- 命令行：VPORTS。

1. 创建标准视口

执行上述命令中的【新建视口】子命令后，将打开【视口】对话框，如图 9-38 所示，在【新建视口】选项卡的【标准视口】列表中选择要创建的视口类型，在右边的【预览】窗口中可以进行预览。可以创建单个视口，也可以创建多个视口，如图 9-39 所示。还可以选择多个视口的摆放位置。

调用多个视口的方法如下：

- 功能区：在【布局】选项卡中单击【布局视口】面板中的按钮，如图 9-40 所示。
- 菜单栏：执行【视图】|【视口】命令，如图 9-41 所示。
- 命令行：VPORTS。

2. 创建特殊形状的视口

执行上述命令中的【多边形视口】命令，可以创建多边形视口，如图 9-42 所示。甚至还可以在布局图样中手动绘制特殊的封闭对象边界，如多边形、圆、样条曲线或椭圆等，然后使用【对象】命令，将其转换为视口，如图 9-43 所示。

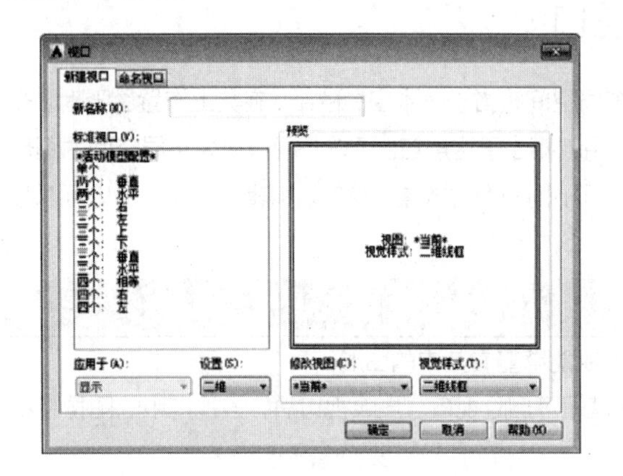

图 9-38 【视口】对话框

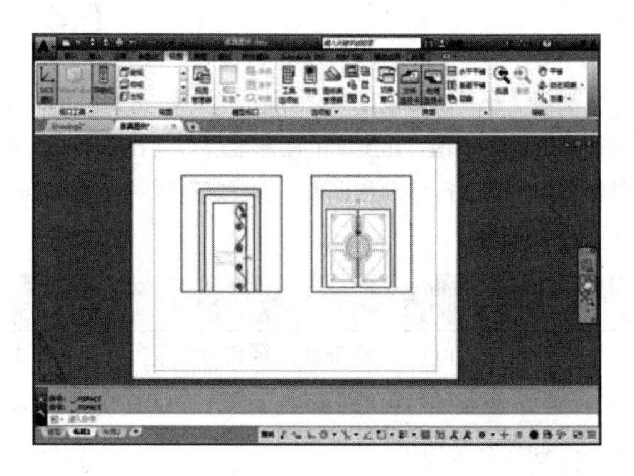

图 9-39 创建多个视口

图 9-40 【布局视口】中的按钮

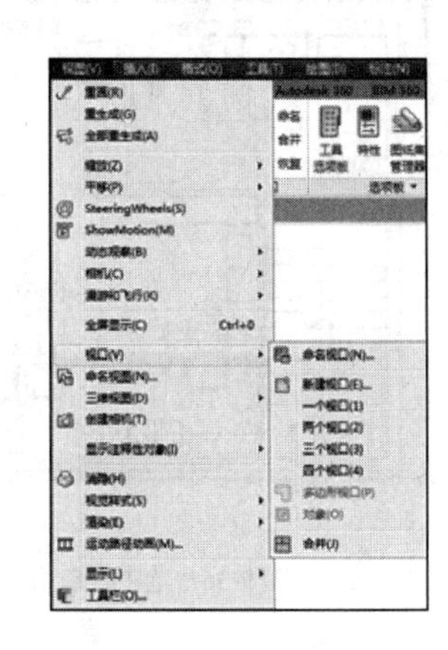

图 9-41 菜单栏中的【视口】命令

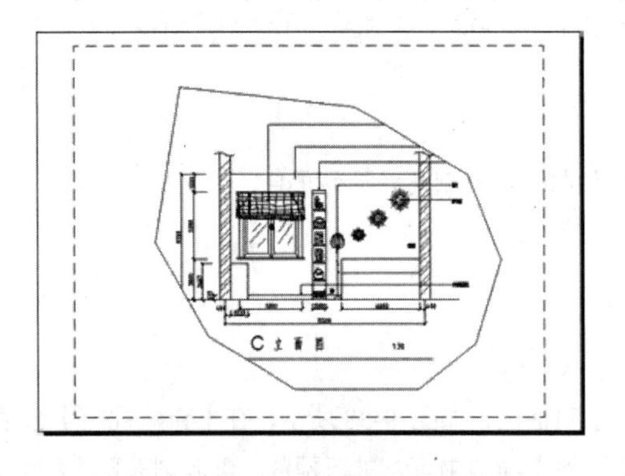

图 9-42 创建多边形视口

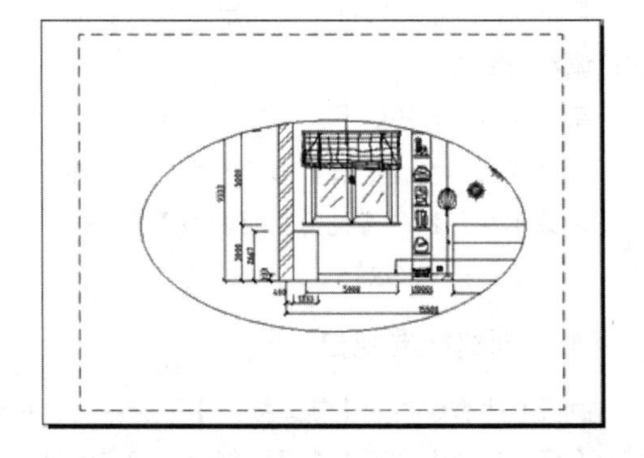

图 9-43 将封闭对象转换为视口

【案例 9-6】：创建正五边形视口

视频文件：视频\第 9 章\9-6.mp4

01 单击快速访问工具栏中的【打开】按钮，打开“第 9 章\9-6 创建正五边形视口.dwg”文件，素材图形如图 9-44 所示。

02 切换至【布局 1】空间，选取默认的矩形浮动视口，按 Delete 键删除，此时图像将不可见，如图 9-45 所示。

03 在【默认】选项卡中单击【绘图】面板中的【正多边形】按钮，绘制内接于圆、内接圆半径为 90mm 的正五边形，如图 9-46 所示。

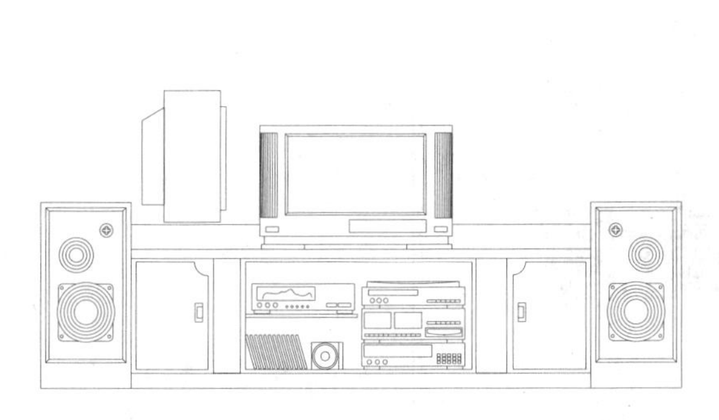

图 9-44　素材文件

图 9-45　删除视口

04 在【布局】选项卡中单击【布局视口】面板中的【对象】按钮，选择正五边形，将正五边形转换为视口，结果如图 9-47 所示。

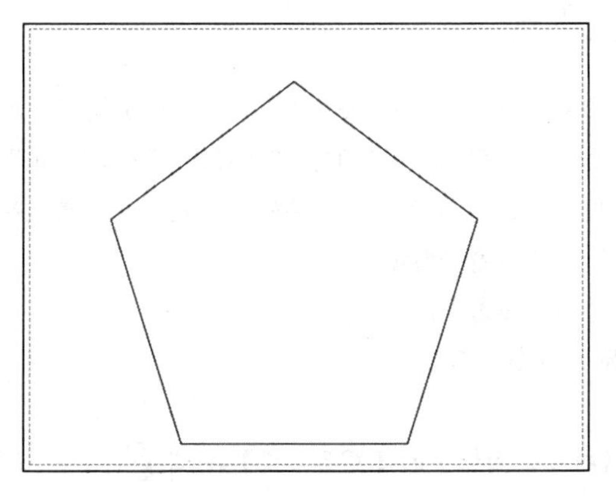

图 9-46　绘制正五边形

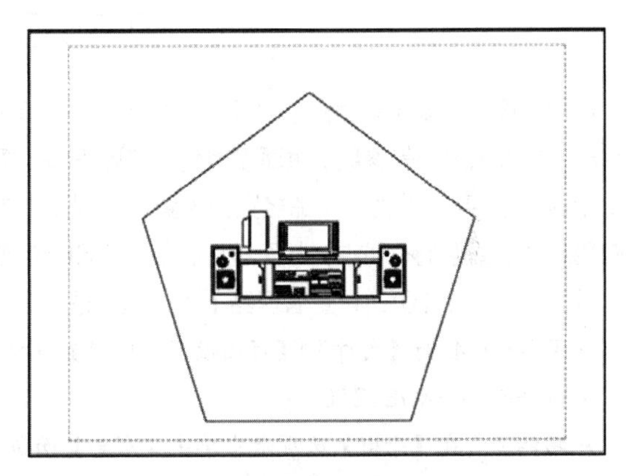

图 9-47　转换视口

05 单击绘图区下方的【模型】和【图纸】切换开关图纸，切换为模型空间，对图形进行缩放，结果如图 9-48 所示。

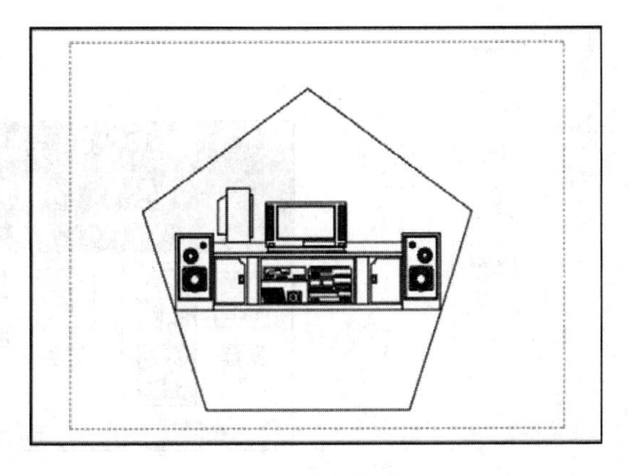

图 9-48　缩放图形

9.4.3　调整视口

视口创建后，为了使其满足需要，还需要对视口的大小和位置进行调整，相对于布局空间，视口和一般的图形对象没什么区别，每个视口均被绘制在当前图层上，且采用当前图层的颜色和线型。因此可使用通常的图形编辑方法来编辑视口。例如，可以通过拉伸和移动夹点来调整视口的边界，如图 9-49 所示。

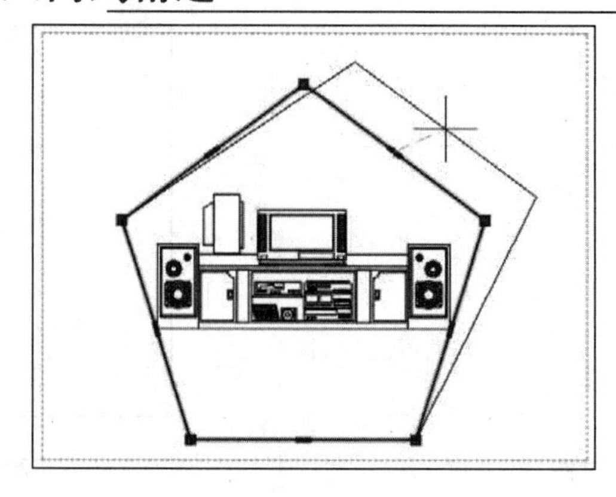

图 9-49　通过夹点调整视口

9.5　页面设置

页面设置是出图准备过程中的最后一个步骤。打印的图形在进行布局之前，先要对布局的页面进行设置，以确定出图的纸张大小等参数。页面设置包括打印设备、图纸尺寸、打印区域、打印方向等参数的设置。页面设置可以命名保存，可以将同一个命名页面设置应用到多个布局图中，也可以从其他图形中输入命名页面设置，并将其应用到当前图形的布局中，从而避免在每次打印前都要进行打印设置的麻烦。

页面设置可在【页面设置管理器】对话框中进行。调用【页面设置】命令的方法如下：

➢ 菜单栏：执行【文件】|【页面设置管理器】命令，如图 9-50 所示。

➢ 命令行：PAGESETUP。

➢ 功能区：在【输出】选项卡中单击【布局】面板或【打印】面板中的【页面设置】按钮，如图 9-51 所示。

➢ 快捷方式：右击绘图区下方的【模型】或【布局】标签，在弹出的快捷菜单中选择【页面设置管理器】命令。

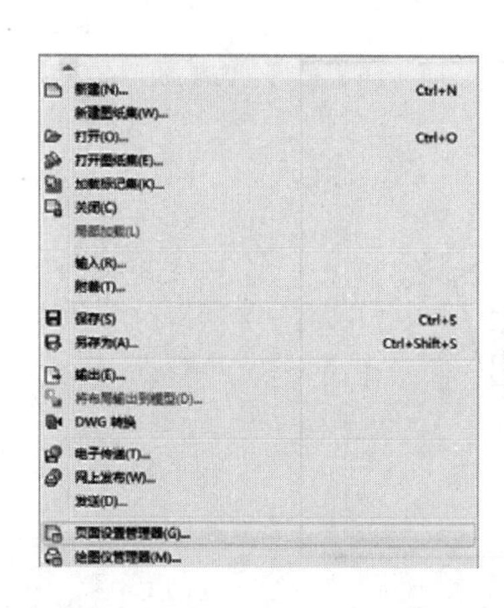

图 9-50　菜单栏中的【页面设置管理器】命令

图 9-51　【页面设置】按钮

执行上述命令后，将打开如图 9-52 所示的【页面设置管理器】对话框，其中显示了已存在的所有页面设置的列表。通过右击页面设置，或单击右边的工具按钮，可以对页面设置进行新建、修改、删除、重命名和当前页面设置等操作。

单击对话框中的【新建】按钮，或选中某页面设置后单击【修改】按钮，都将打开如图 9-53 所示的【页面设置】对话框。在该对话框中可以进行打印设备、图纸尺寸、打印区域和打印比例等选项的设置。

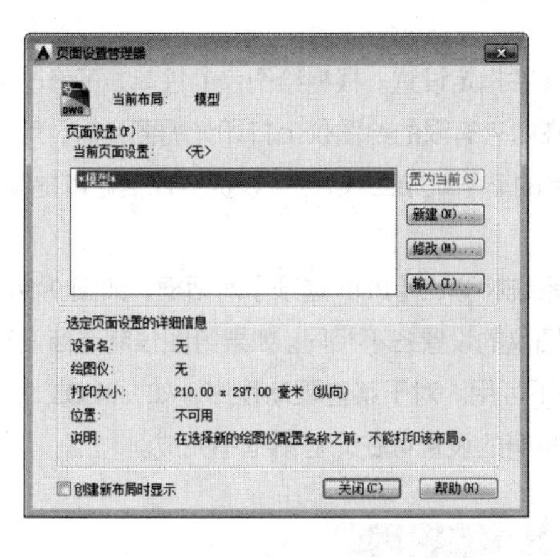

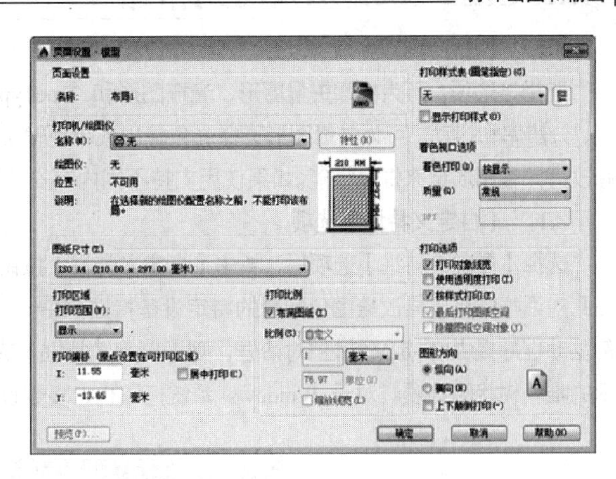

图 9-52 【页面设置管理器】对话框

图 9-53 【页面设置】对话框

9.5.1 指定打印设备

【打印机/绘图仪】选项组用于设置出图的绘图仪或打印机。如果打印设备已经与计算机或网络系统正确连接，并且驱动程序也已经正常安装，那么在【名称】下拉列表框中就会显示该打印设备的名称。

AutoCAD 将打印介质和打印设备的相关信息存储在扩展名为*.pc3 的打印配置文件中（这些信息包括绘图仪配置设置指定端口信息、光栅图形和矢量图形的质量、图样尺寸以及取决于绘图仪类型的自定义特性），这样使得打印设备配置可以用于其他 AutoCAD 文档，能够实现共享，避免了反复设置。

单击功能区【输出】选项卡【打印】面板中的【打印】按钮，系统弹出【打印-模型】对话框，如图 9-54 所示。在【打印机 / 绘图仪】选项组的【名称】下拉列表中选择要设置的设备名称，单击右边的【特性】按钮 特性(R)... ，系统弹出【绘图仪配置编辑器】对话框，如图 9-55 所示。

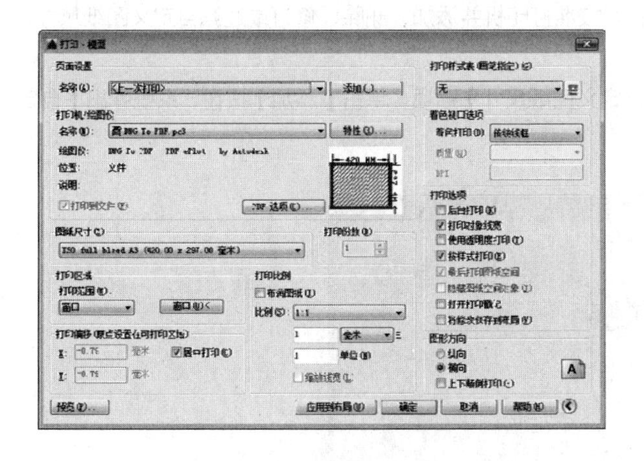

图 9-54 【打印-模型】对话框

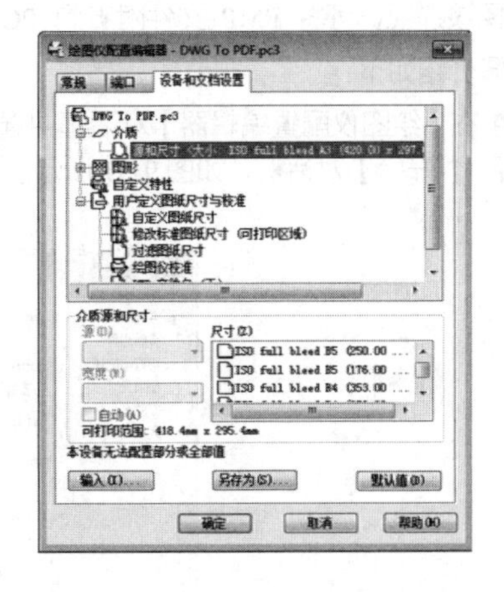

图 9-55 【绘图仪配置编辑器】对话框

切换到【设备和文档设置】选项卡，选择其中的选项，可对其进行更改。在这里，如果更改了设置，所做更改将出现在该设置名称旁边的尖括号 (< >) 中，修改过的选项图标上还会显示一个复选标记。

该选项卡中有【介质】【图形】【自定义特性】和【用户定义图纸尺寸与校准】4 个选项，除【自定义特性】选项外，其余选项均有子选项。

❑ 【介质】选项

在选择此选项后，可在【尺寸】选项列表中指定纸张来源、大小、类型和目标。有效的设置取决于配置的绘图仪支持的功能。对于 Windows 系统打印机，必须使用“自定义特性”选项配置介质设置。

❑ 【图形】选项

选择该选项，可为打印矢量图形、光栅图形和 TrueType 文字指定设置。根据绘图仪的性能，可修改颜色深度、分辨率和抖动。可为矢量图形选择彩色输出或单色输出。在内存有限的绘图仪上打印光栅图像时，可以通过修改打印输出质量来提高性能。如果使用支持不同内存安装总量的非系统绘图仪，则可以提供此信息以提高性能。

❑ 【自定义特性】选项

选择【自定义特性】选项后，单击【自定义特性】按钮，系统将弹出【PDF 选项】对话框，如图 9-56 所示。在此对话框中可以修改绘图仪配置的特定设备特性。每一种绘图仪的设置各不相同。如果绘图仪制造商没有为设备驱动程序提供“自定义特性”对话框，则【自定义特性】选项不可用。对于某些驱动程序，如 ePLOT，这是显示的唯一树状图选项。对于 Windows 系统打印机，多数设备特有的设置可在此对话框中完成。

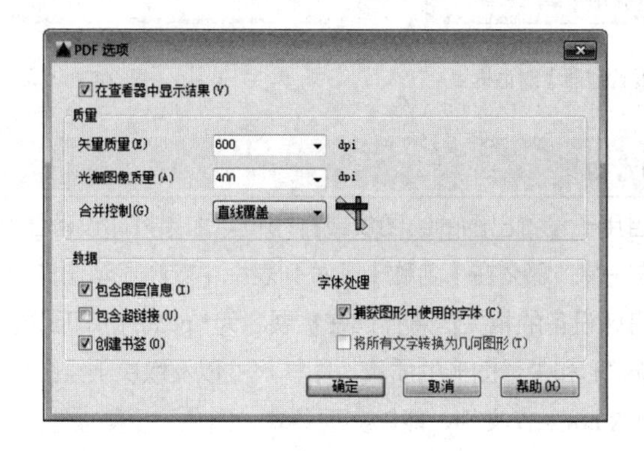

图 9-56 【PDF 选项】对话框

❑ 【用户定义图纸尺寸与校准】选项

选择该选项，可将 PMP 文件附着到 PC3 文件，校准打印机并添加、删除、修订或过滤自定义图纸尺寸，具体步骤介绍如下：

01 在【绘图仪配置编辑器】对话框中选择【自定义图纸尺寸】选项，单击【添加】按钮，系统弹出【自定义图纸尺寸-开始】对话框，如图 9-57 所示。

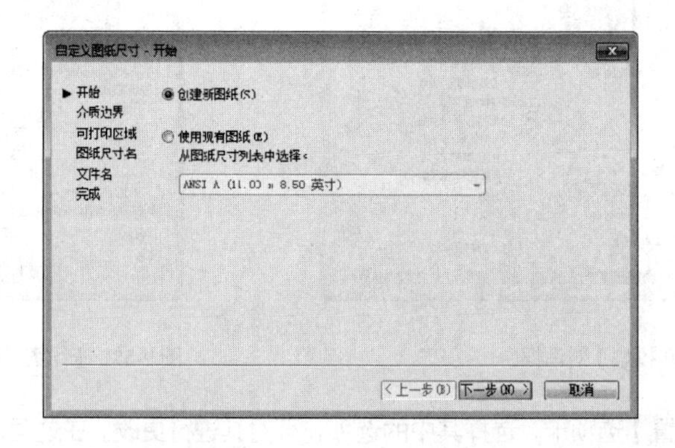

图 9-57 【自定义图纸尺寸-开始】对话框

02 在对话框中选择【创建新图纸】单选按钮，或者选择现有的图纸进行自定义，单击【下一步】按钮，系统跳转到【自定义图纸尺寸-介质边界】对话框，如图 9-58 所示。在文本框中输入介质边界的宽度和高度值（这里可以设置非标准 A0、A1、A2 等规格的图框，有些图形需要加长打印也可在此设置），并确定单位名称为毫米。

03 单击【下一步】按钮，系统跳转到【自定义图纸尺寸-可打印区域】对话框，如图 9-59 所示。在对话框中可以设置图纸边界与打印边界的距离，即设置非打印区域。大多数驱动程序以图纸边界的指定距离来计算可打印区域。

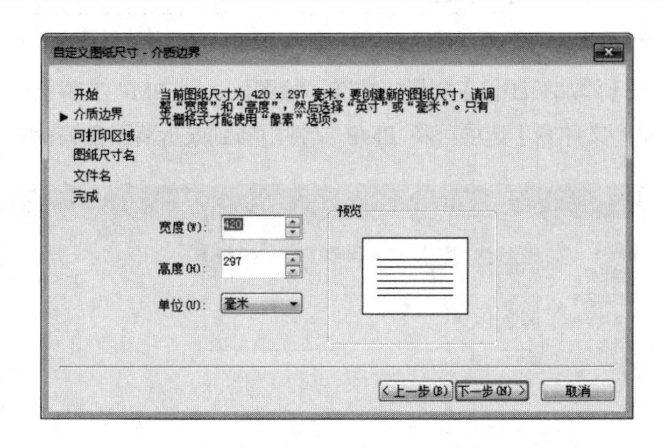

图 9-58 【自定义图纸尺寸-介质边界】对话框

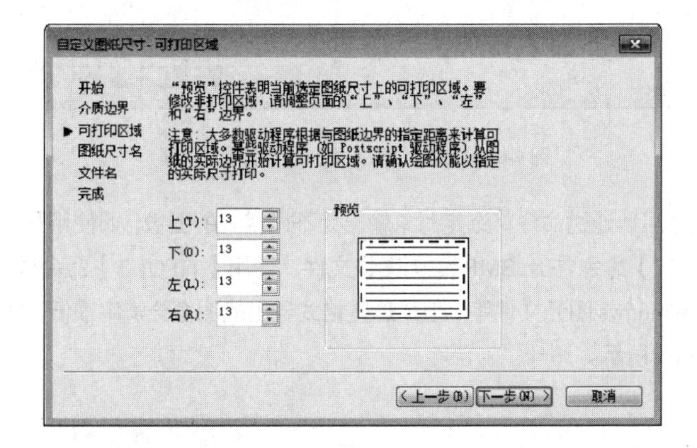

图 9-59 【自定义图纸尺寸-可打印区域】对话框

04 单击【下一步】按钮，系统跳转到【自定义图纸尺寸-图纸尺寸名】对话框，如图 9-60 所示。在文本框中输入图纸尺寸名称。

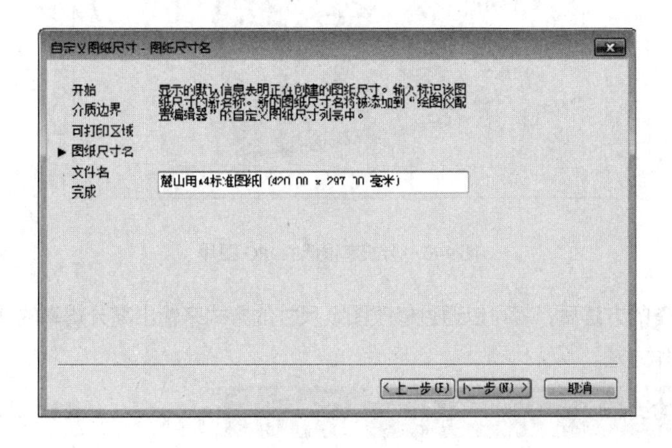

图 9-60 【自定义图纸尺寸-图纸尺寸名】对话框

05 单击【下一步】按钮，系统跳转到【自定义图纸尺寸-文件名】对话框，如图 9-61 所示。在文本框中输入文件名称。PMP 文件可以跟随 PC3 文件。输入完成后单击【下一步】按钮，再单击【完成】按钮，即可完成整个自定义图纸尺寸的设置。

在【绘图仪配置编辑器】对话框中可修改标准图纸尺寸，还可以访问【绘图仪校准】和【自定义图纸尺寸】向导，方法与自定义图纸尺寸方法类似。如果正在使用的绘图仪已校准过，则绘图仪型号参数 (PMP) 文件中包含校准信息。如果 PMP 文件还未附着到正在编辑的 PC3 文件中，那么必须创建关联才能够使用 PMP 文件。如果创建当前 PC3 文件时在【添加绘图仪】向导中校准了绘图仪，则 PMP 文件已附着。使用【用户定义的图纸尺寸和校准】下面的【PMP 文件名】选项可将 PMP 文件附着到或拆离正在编辑的 PC3 文件。

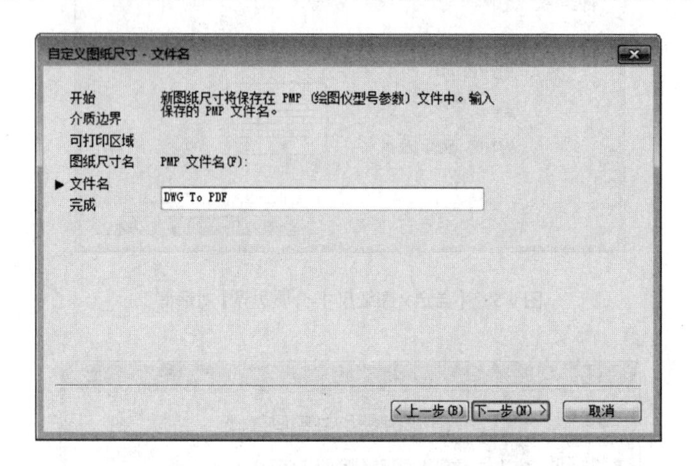

图 9-61 【自定义图纸尺寸-文件名】对话框

除此之外，dwg 图纸还可以通过命令将选定对象输出为不同格式的图像，如使用【JPGOUT】命令导出 JPEG 图像文件，使用【BMPOUT】命令导出 BMP 位图图像文件，使用【TIFOUT】命令导出 TIF 图像文件，使用【WMFOUT】命令导出 Windows 图元文件等。但是这些格式导出的图像分辨率很低，如果图形比较大，则无法满足印刷的要求，如图 9-62 所示。

图 9-62 分辨率很低的 JPG 图片

学习了指定打印设备的方法后，就可以通过修改图纸尺寸的方式来输出高分辨率的 JPG 图片。下面通过一个例子来介绍具体的操作方法。

【案例 9-7】：输出高分辨率的 JPG 图片

视频文件：视频\第 9 章\9-7.mp4

01 打开“第 9 章\9-7 输出高分辨率的 JPG 图片.dwg”文件，素材图形如图 9-63 所示，其中已绘制好了某公共绿地平面图。

02 按 Ctrl+P 组合键，弹出【打印-模型】对话框，然后在【名称】下拉列表框中选择所需的打印机。本例要输出 JPG 图片，可选择【PublishToWeb JPG.pc3】打印机，如图 9-64 所示。

03 单击【名称】下拉列表右边的【特性】按钮 特性(R)... ，系统弹出【绘图仪配置编辑器】对话框，选择【用户定义图纸尺寸与校准】选项中的【自定义图纸尺寸】，然后单击右下方的【添加】按钮，如图 9-65 所示。

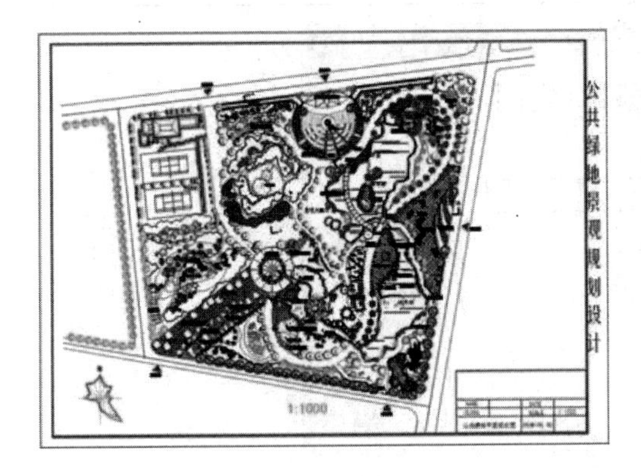

图 9-63　素材图形

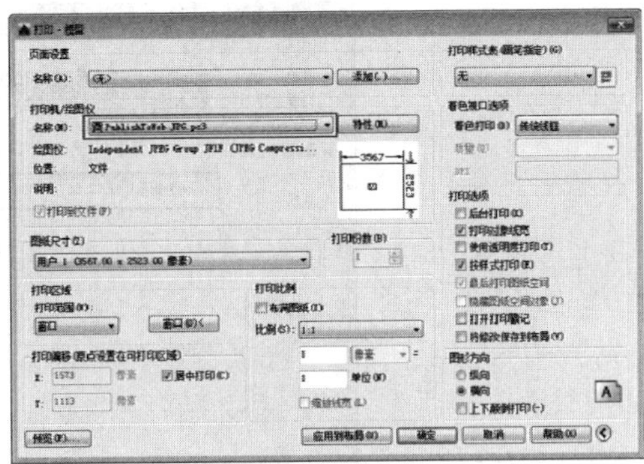

图 9-64　选择打印机

04 系统弹出【自定义图纸尺寸-开始】对话框，选择【创建新图纸】单选按钮，然后单击【下一步】按钮，如图 9-66 所示。

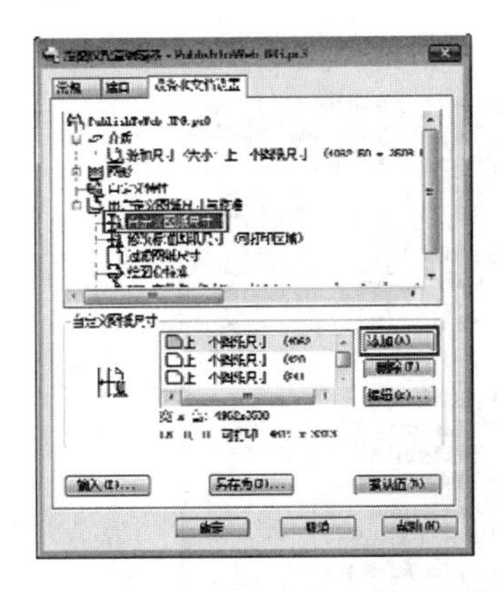

图 9-65　【绘图仪配置编辑器】对话框

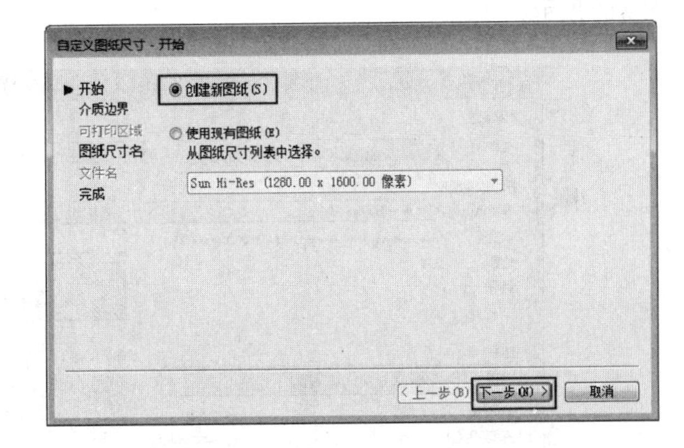

图 9-66　【自定义图纸尺寸-开始】对话框

05 调整分辨率。系统跳转到【自定义图纸尺寸-介质边界】对话框，这里会显示当前图形的分辨率，可以对其进行调整。本例修改分辨率如图 9-67 所示。

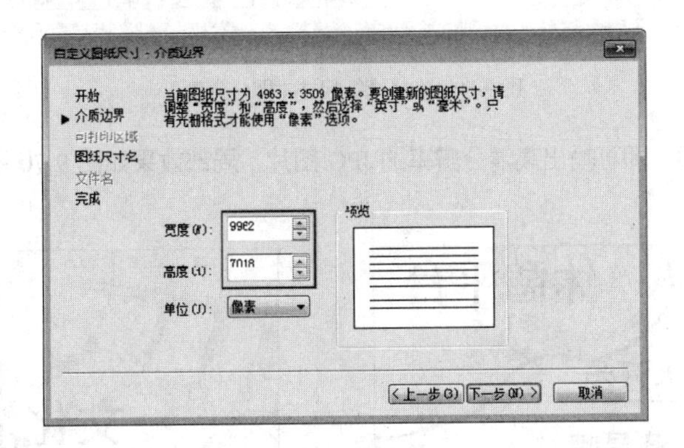

图 9-67　调整分辨率

操作技巧 设置分辨率时，要注意图形的长宽比与原图一致。如果所输入的分辨率与原图长、宽不成比例，则会失真。

06 单击【下一步】按钮，系统跳转到【自定义图纸尺寸-图纸尺寸名】对话框，在文本框中输入图纸尺寸名称，如图 9-68 所示。

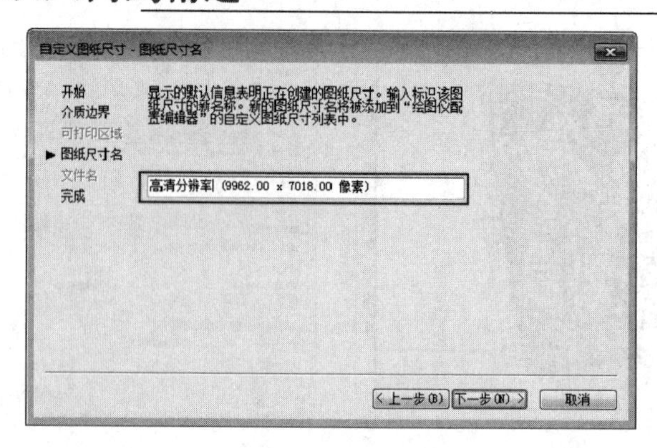

图 9-68 【自定义图纸尺寸-图纸尺寸名】对话框

07 单击【下一步】按钮，再单击【完成】按钮，完成高清分辨率的设置。返回【绘图仪配置编辑器】对话框后单击【确定】按钮，打开【打印-模型】对话框，在【图纸尺寸】下拉列表中选择刚才创建好的【高清分辨率】，如图 9-69 所示。

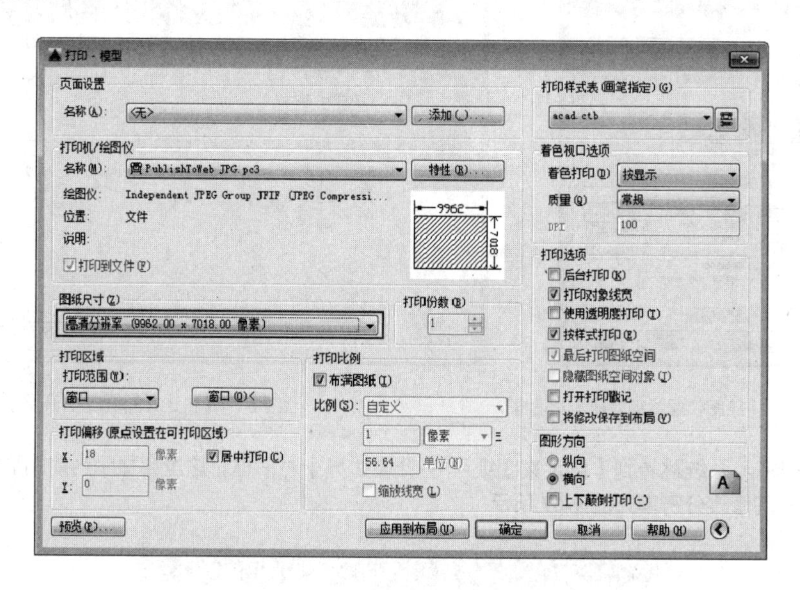

图 9-69 选择图纸尺寸（即分辨率）

08 单击【确定】按钮，即可输出高清分辨率的 JPG 图片，局部效果如图 9-70 所示（也可打开素材中的效果文件进行观察）。

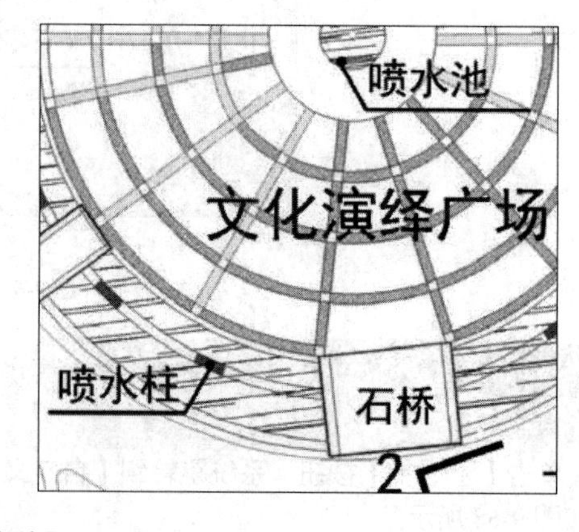

图 9-70 局部效果

【案例 9-8】：输出供 PS 用的 EPS 文件

视频文件：视频\第 9 章\9-8.mp4

通过添加打印设备，可以让 AutoCAD 输出 EPS 文件，然后再通过 PS、CorelDRAW 进行二次设计，即可得到极具表现效果的设计图（彩平图），如图 9-71 和图 9-72 所示。

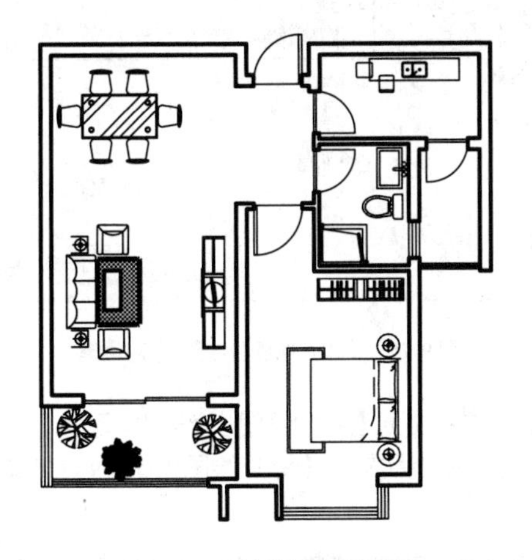

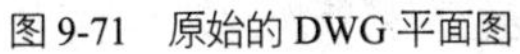

图 9-71　原始的 DWG 平面图

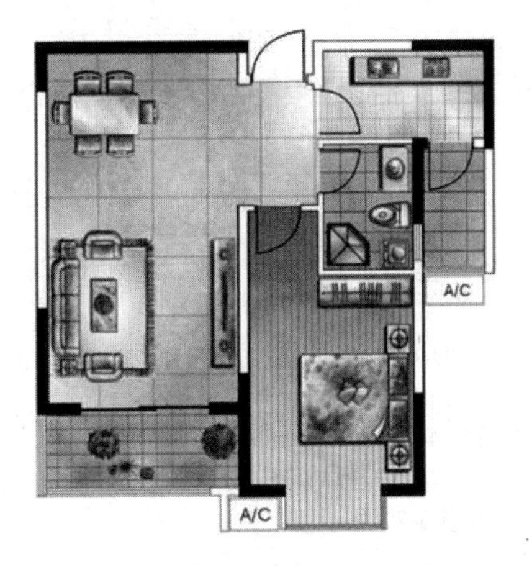

图 9-72　经过 Photoshop 修缮后的彩平图

01 打开“第 9 章\9-8 输出供 PS 用的 EPS 文件.dwg”，其中已绘制好了一简单的室内平面图。

02 单击功能区【输出】选项卡【打印】面板中的【绘图仪管理器】按钮，系统打开【Plotters】文件夹，如图 9-73 所示。

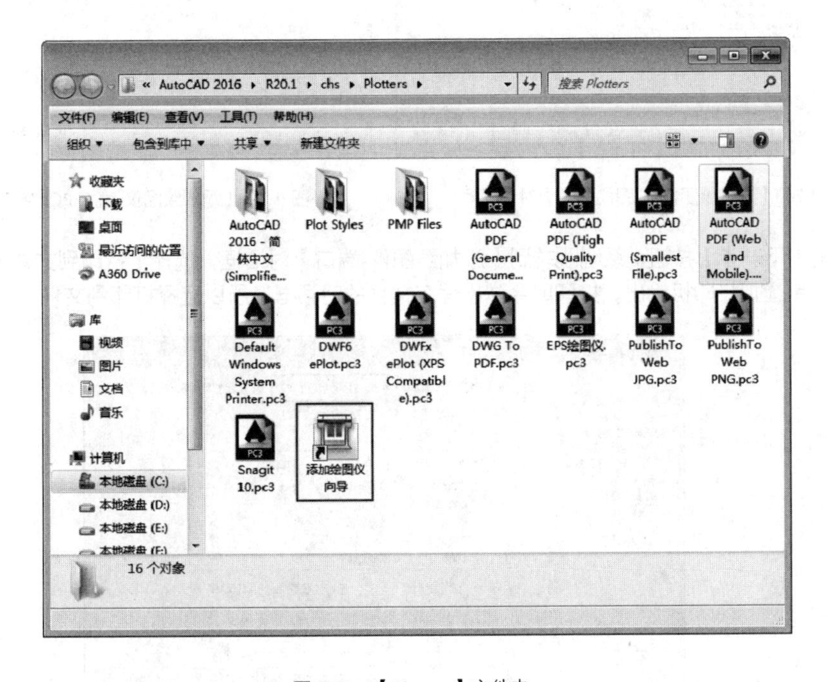

图 9-73　【Plotters】文件夹

03 双击文件夹窗口中的【添加绘图仪向导】快捷方式，打开如图 9-74 所示的【添加绘图仪-简介】对话框，其中显示【本向导可配置现有的 Windows 绘图仪或新的非 Windows 系统绘图仪】。配置信息将保存在 PC3 文件中。PC3 文件将添加为绘图仪图标，该图标可以从 Autodesk 绘图仪管理器中选择。在【Plotters】文件夹窗口中以“.pc3”为扩展名的文件都是绘图仪文件。

04 单击【添加绘图仪-简介】对话框中的【下一步】按钮，系统跳转到【添加绘图仪-开始】对话框，如图 9-75 所示。

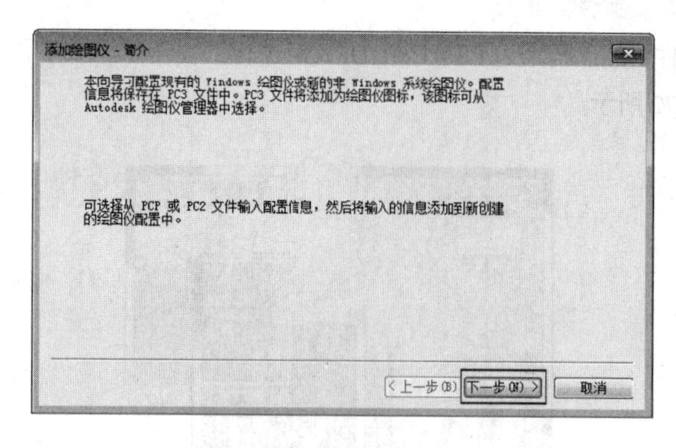

图 9-74 【添加绘图仪-简介】对话框

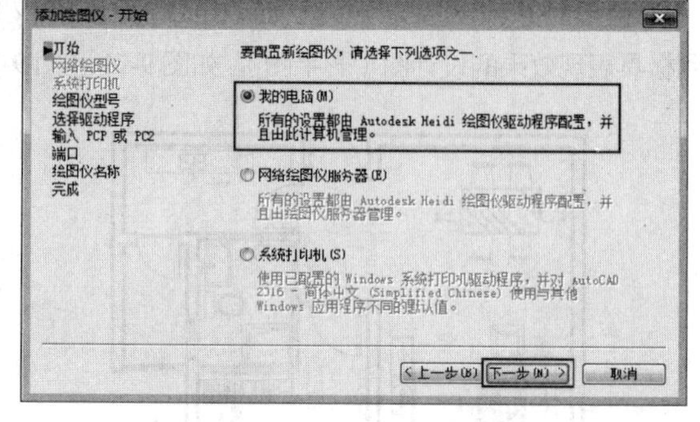

图 9-75 【添加绘图仪-开始】对话框

05 选择默认的选项【我的电脑】，单击【下一步】按钮，系统跳转到【添加绘图仪-绘图仪型号】对话框，如图 9-76 所示。选择默认的生产商及型号，单击【下一步】按钮，系统跳转到【添加绘图仪-输入 PCP 或 PC2】对话框，如图 9-77 所示。

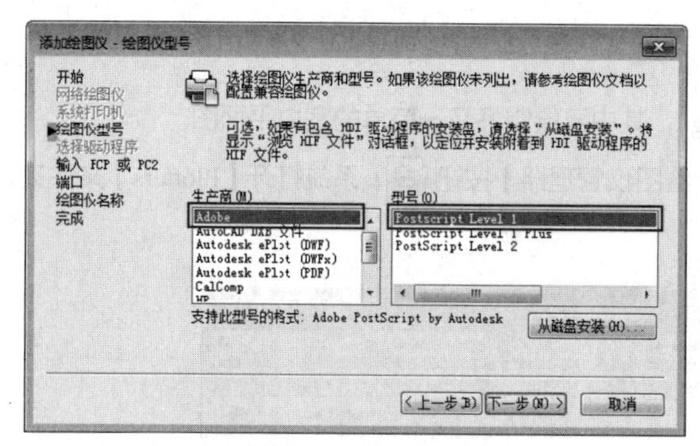

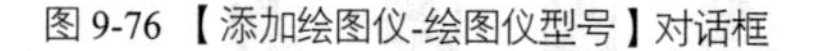

图 9-76 【添加绘图仪-绘图仪型号】对话框

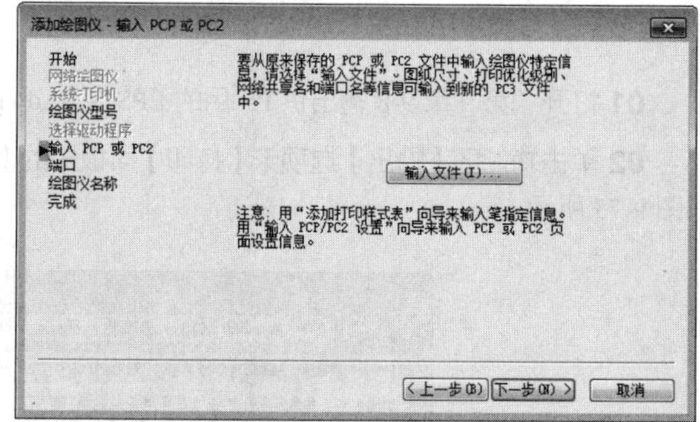

图 9-77 【添加绘图仪-输入 PCP 或 PC2】对话框

06 单击【下一步】按钮，系统跳转到【添加绘图仪-端口】对话框，选择【打印到文件】选项，如图 9-78 所示。因为是用虚拟打印机输出，打印时会弹出保存文件的对话框，所以选择打印到文件。

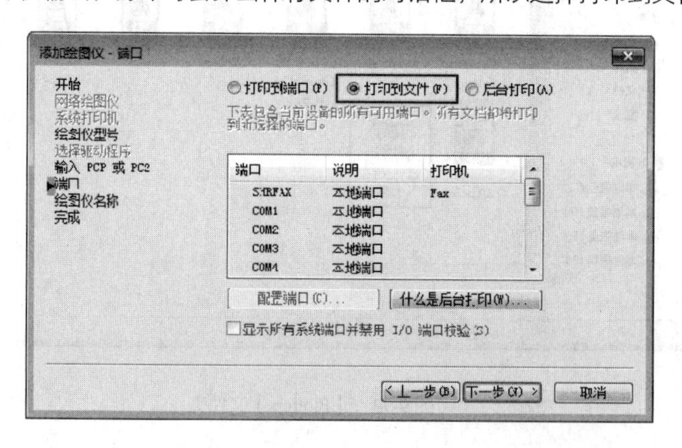

图 9-78 【添加绘图仪-端口】对话框

07 单击【添加绘图仪-端口】对话框中的【下一步】按钮，系统跳转到【添加绘图仪-绘图仪名称】对话框，如图 9-79 所示。在【绘图仪名称】文本框中输入名称“EPS”。

08 单击【添加绘图仪-绘图仪名称】对话框中【下一步】按钮，系统跳转到【添加绘图仪-完成】对话框，单击【完成】按钮，完成 EPS 绘图仪的添加，如图 9-80 所示。

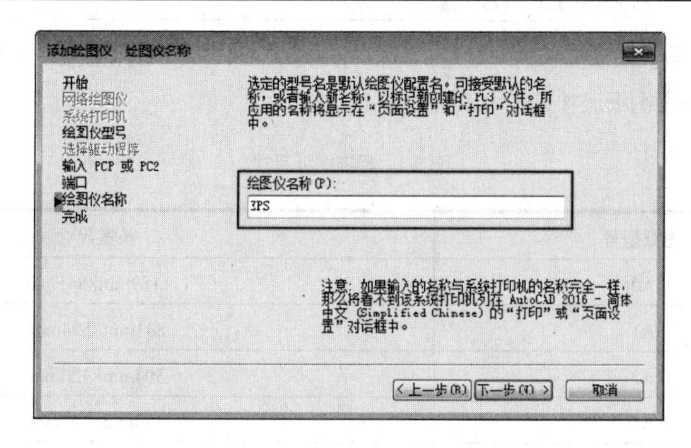

图 9-79 【添加绘图仪-绘图仪名称】对话框

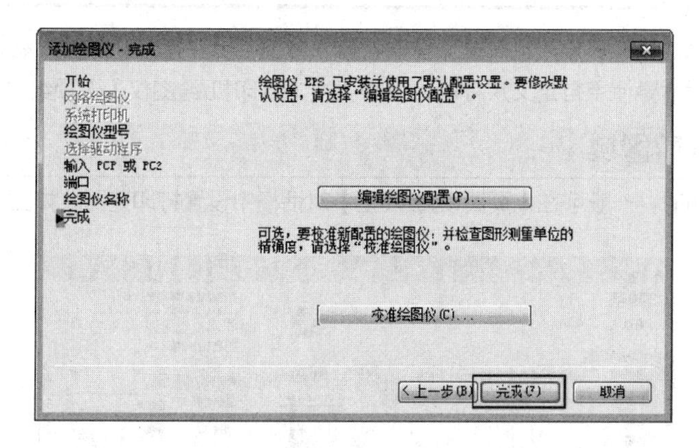

图 9-80 【添加绘图仪-完成】对话框

09 单击功能区【输出】选项卡【打印】面板中的【打印】按钮，系统弹出【打印-模型】对话框，在【打印机／绘图仪】下拉列表中选择【EPS.pc3】选项，即刚创建的绘图仪，如图 9-81 所示。单击【确定】按钮，即可创建 EPS 文件。

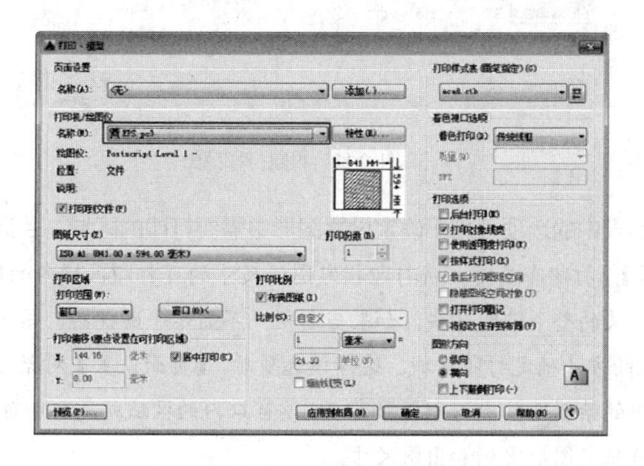

图 9-81 【添加绘图仪-完成】对话框

10 以后通过此绘图仪输出的文件便是 EPS 类型的文件，用户可以使用 AI（Adobe Illustrator）、CDR（CorelDraw）、PS（PhotoShop）等图像处理软件打开。置入的 EPS 文件是智能矢量图像，可自由缩放，能打印出高品质的图形图像，最高能表示 32 位图形图像。

9.5.2 设定图纸尺寸

可以在【图纸尺寸】下拉列表框中选择打印出图时的纸张类型，控制出图比例。

工程制图的图纸有一定的规范尺寸，一般采用英制 A 系列图纸尺寸，包括 A0、A1、A2 等标准型号，以及

A0+、A1+等加长图纸型号。图纸加长的规定是：可以将边延长 1/4 或 1/4 的整数倍，最多可以延长至原尺寸的两倍，短边不可延长。标准图纸尺寸见表 9-1。

表 9-1　标准图纸尺寸

图纸型号	长宽尺寸
A0	1189mm×841mm
A1	841mm×594mm
A2	594mm×420mm
A3	420mm×297mm
A4	297mm×210mm

新建图纸尺寸的步骤为首先在打印机配置文件中新建一个或若干个自定义尺寸，然后保存为新的打印机配置 pc3 文件。这样，以后需要使用自定义尺寸时，只需要在【打印机/绘图仪】选项组中选择该配置文件即可。

9.5.3　设置打印区域

在使用模型空间打印时，一般可在【页面设置-模型】对话框中设置打印范围，如图 9-82 所示。

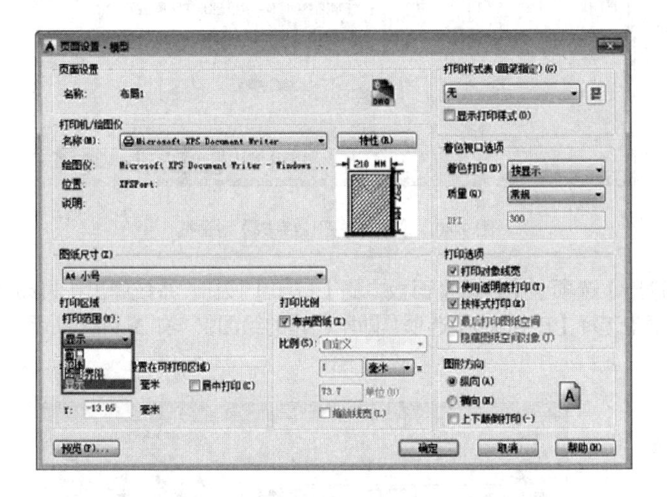

图 9-82　设置打印范围

【打印范围】下拉列表中的选项可用于确定设置图形中需要打印的区域。各选项的含义如下：

➢【布局/图形界限】：打印布局时，将打印指定图纸尺寸的可打印区域内的所有内容。从“模型”布局打印时，将打印栅格界限定义的整个绘图区域。如果当前视口不显示平面视图，该选项与“范围”选项效果相同。

➢【窗口】：用窗选的方法确定打印区域。选择该选项后，【页面设置】对话框暂时消失，系统返回绘图区，可以用鼠标在模型窗口中的绘图区拉出一个矩形窗口，该窗口内的区域就是打印范围。使用该选项确定打印范围简单方便，但是不能精确确定图形比例和出图尺寸。

➢【范围】：打印模型空间中包含所有图形对象的范围。

➢【显示】：打印模型窗口当前视图状态下显示的所有图形对象。可以通过【ZOOM】命令调整视图状态，从而调整打印范围。

在使用布局空间打印图形时，可单击【打印】面板中的【预览】按钮，预览当前的打印效果，如图 9-83 所示。图签有时会出现不能完全打印的情况，这是因为图签大小超出了图纸可打印区域的缘故。此时可以通过【绘图仪配置编辑器】对话框中的【修改标准图纸尺寸　（可打印区域）】选项重新设置图纸的可打印区域来解决。图 9-84 中的虚线框表示了图纸的可打印区域。

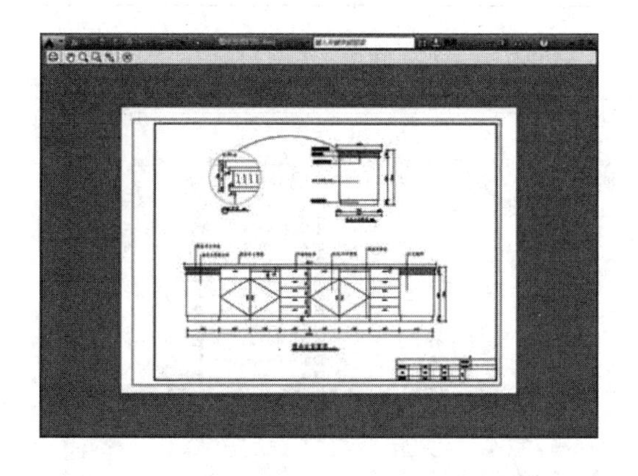

图 9-83　打印预览

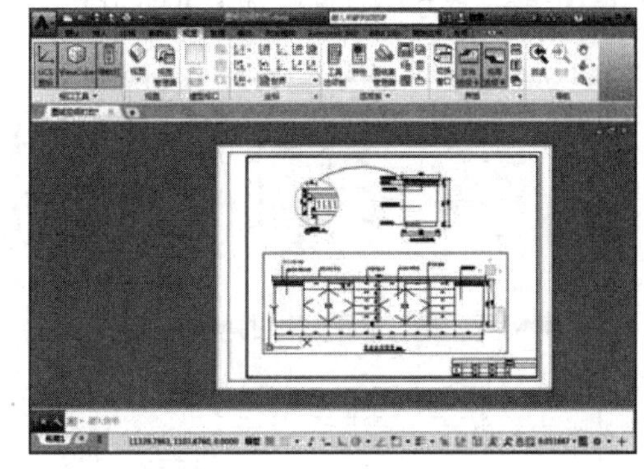

图 9-84　可打印区域

单击【打印】面板中的【绘图仪管理器】按钮，系统弹出【Plotters】文件夹，如图 9-85 所示。双击所设置的打印设备，系统弹出如图 9-86 所示的【绘图仪配置编辑器】对话框（也可以在【打印】对话框中选择打印设备后，再单击右边的【特性】按钮，打开【绘图仪配置编辑器】对话框），在其中单击选择【修改标准图纸尺寸（可打印区域）】选项，可重新设置图纸的可打印区域。

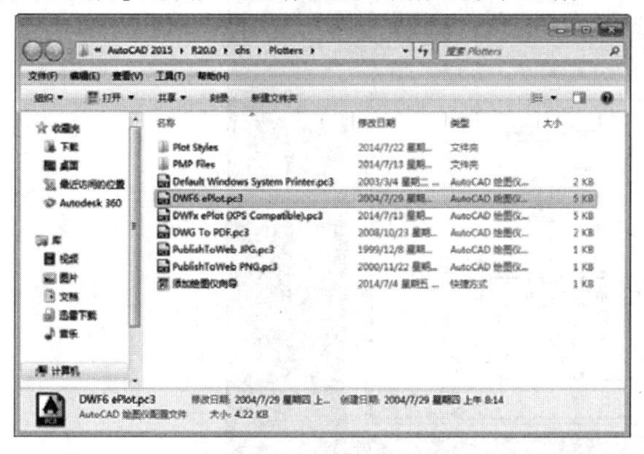

图 9-85　【Plotters】文件夹

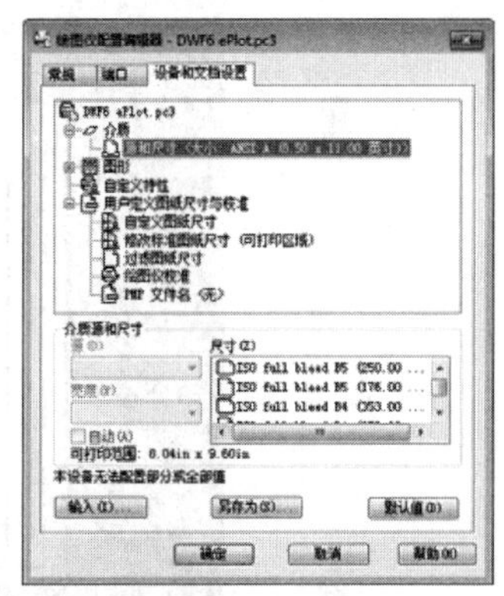

图 9-86　【绘图仪配置编辑器】对话框

在【修改标准图纸尺寸】栏中选择当前使用的图纸类型（即在【页面设置】对话框中的【图纸尺寸】下拉列表中选择的图纸类型）。如图 9-87 所示为光标所在的位置（不同打印机有不同的显示）。

单击【修改】按钮，弹出如图 9-88 所示的【自定义图纸尺寸】对话框，分别设置上、下、左、右页边距（使打印范围略大于图框即可），两次单击【下一步】按钮，再单击【完成】按钮，返回【绘图仪配置编辑器】对话框，单击【确定】按钮关闭对话框。

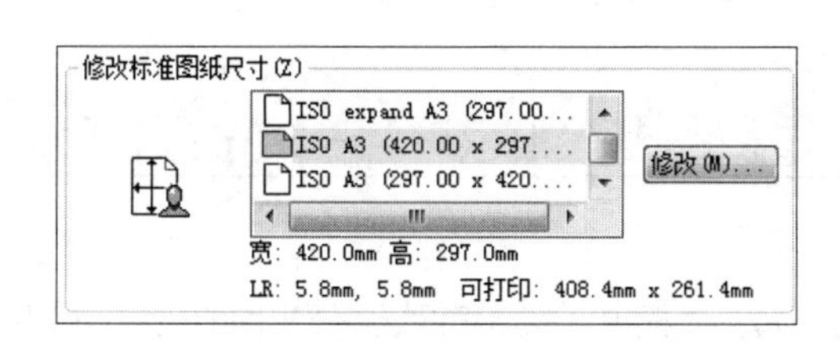

图 9-87　选择图纸类型

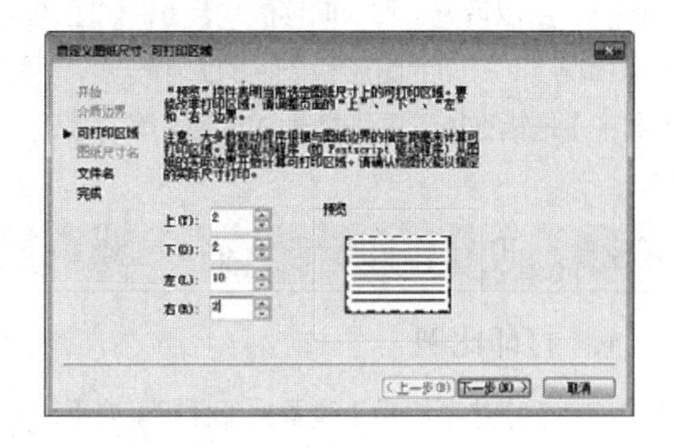

图 9-88　【自定义图纸尺寸】对话框

修改图纸可打印区域之后，布局效果如图 9-89 所示（虚线内表示可打印区域）。

在命令行中输入【LAYER】，调用【图层特性管理器】命令，系统弹出【图层特性管理器】选项板，将视口边框所在图层设置为不可打印，如图 9-90 所示。

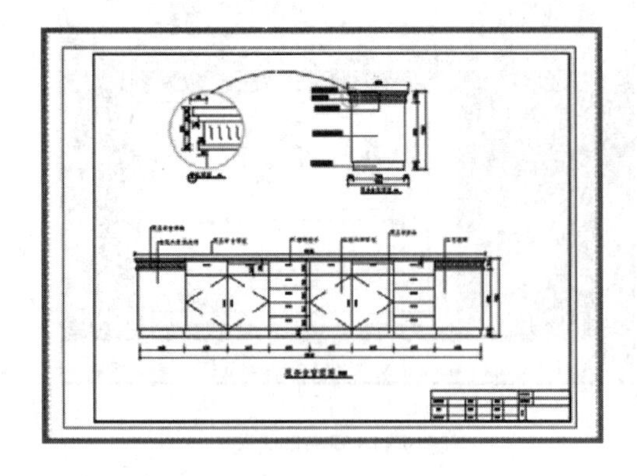

图 9-89　布局效果

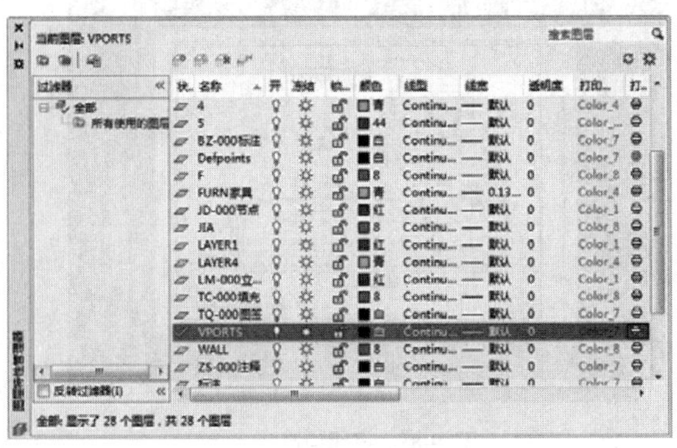

图 9-90　设置视口边框图层属性

再次预览打印效果如图 9-91 所示，此时图形已可以正确打印。

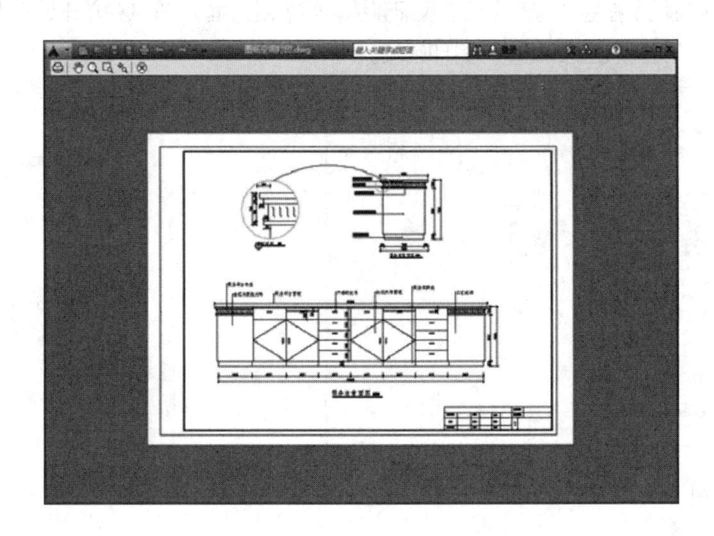

图 9-91　修改页边距后的打印效果

9.5.4　设置打印偏移

【打印偏移】选项组用于指定打印区域偏离图样左下角的 x 方向和 y 方向偏移值。一般情况下，要求出图充满整个图样，所以设置 x 和 y 偏移值均为 0，如图 9-92 所示。

通常情况下，打印的图形和纸张的大小一致，不需要修改设置。选中【居中打印】复选框，则图形居中打印。这个【居中】是指在所选图纸型号 A1、A2 等的基础上居中，也就是 4 个方向上各留空白，而不只是卷筒纸的横向居中。

9.5.5　设置打印比例

1. 打印比例

【打印比例】选项组用于设置出图比例。在【比例】下拉列表框中可以精确设置需要出图的比例。如果选择【自定义】选项，则可以在下方的文本框中设置与图形单位等价的英寸数来创建自定义比例尺。

如果对出图比例和打印尺寸没有要求，可以直接选中【布满图纸】复选框，这样 AutoCAD 会将打印区域自动缩放到充满整个图纸。

【缩放线宽】复选框用于设置线宽值是否按打印比例缩放。通常要求直接按照线宽值打印，而不按打印比例缩放。

在 AutoCAD 中，有两种方法控制打印出图比例。

- 在打印设置或页面设置的【打印比例】选项组中设置比例，如图 9-93 所示。
- 在图纸空间中使用视口控制比例，然后按照 1∶1 打印。

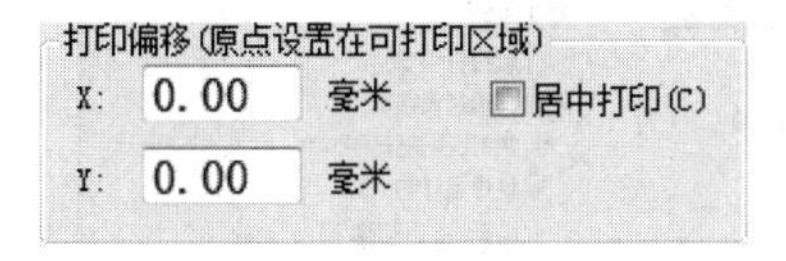

图 9-92 设置【打印偏移】选项

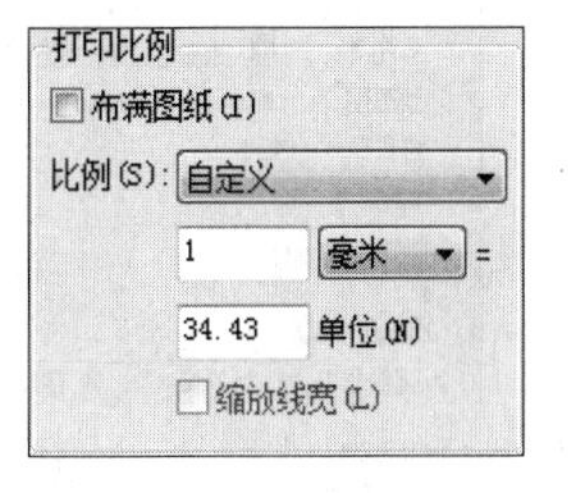

图 9-93 设置【打印比例】选项

2. 图形方向

工程制图多需要使用大幅的卷筒纸打印，在使用卷筒纸打印时，关于打印方向需要考虑两个方面的问题：图纸阅读时的图纸方向是横宽还是竖长、图形与卷筒纸的方向关系是顺着出纸方向还是垂直于出纸方向。

在 AutoCAD 中分别使用图纸尺寸和图形方向来控制最后出图的方向。在【图形方向】选项组中可以看到小示意图，其中白框表示设置图纸尺寸时选择的图纸尺寸是横宽还是竖长，字母 A 表示图形在图纸上的方向。

9.5.6 指定打印样式表

【打印样式表】下拉列表框用于选择已存在的打印样式。可以非常方便地用设置好的打印样式替代图形对象原有属性，并体现到出图格式中。

9.5.7 设置打印方向

在【图形方向】选项组中可选择纵向或横向打印，如果选中【上下颠倒打印】复选框，则可以在图样中上下颠倒地打印图形。

9.6 打印

在完成上述的所有设置工作后，就可以开始打印出图了。

调用【打印】命令的方法如下：

- 功能区：在【输出】选项卡中单击【打印】面板中的【打印】按钮。
- 菜单栏：执行【文件】|【打印】命令。
- 命令行：PLOT。
- 快捷操作：Ctrl+P 组合键。

在 AutoCAD 中，打印分为两种形式：模型打印和布局打印。

9.6.1 模型打印

在模型空间中，执行【打印】命令后，系统弹出【打印】对话框，如图 9-94 所示。该对话框与【页面设置】对话框相似，可以进行出图前的最后设置。

下面通过具体的实例来讲解模型空间打印的具体步骤。

【案例 9-9】： 打印地面平面图 视频文件：视频\第 9 章\9-9.mp4

本例介绍了直接从模型空间进行打印的方法。首先设置打印参数，然后再进行打印，是基于统一规范的考虑。

读者可以用此方法调整自己常用的打印设置，也可以直接从步骤 07 开始进行快速打印。

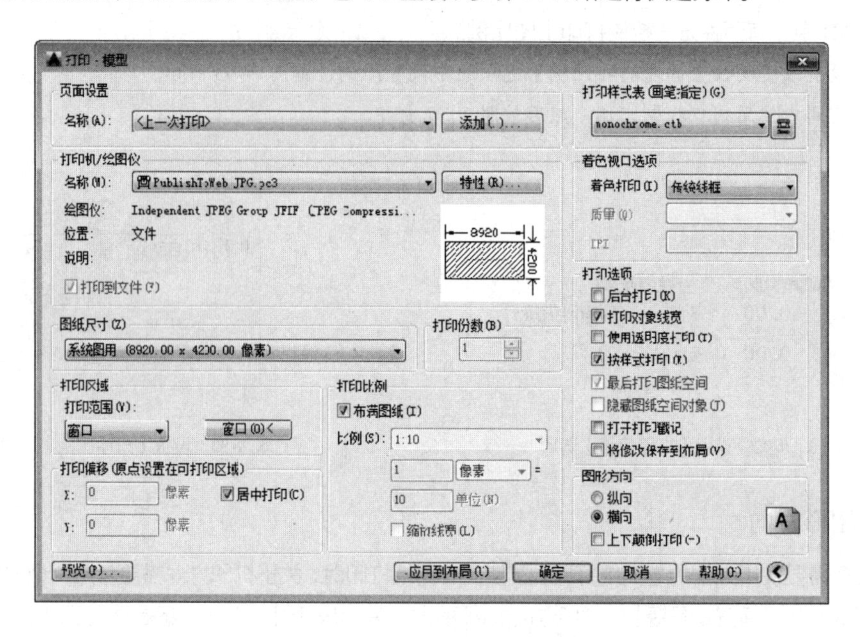

图 9-94 【打印】对话框（模型空间）

01 单击快速访问工具栏中的【打开】按钮，打开“第 9 章\9-9 打印地面平面图.dwg”文件，素材图形如图 9-95 所示。

02 单击【应用程序】按钮，在弹出的菜单中选择【打印】|【管理绘图仪】命令，系统弹出【Plotters】文件夹，如图 9-96 所示。

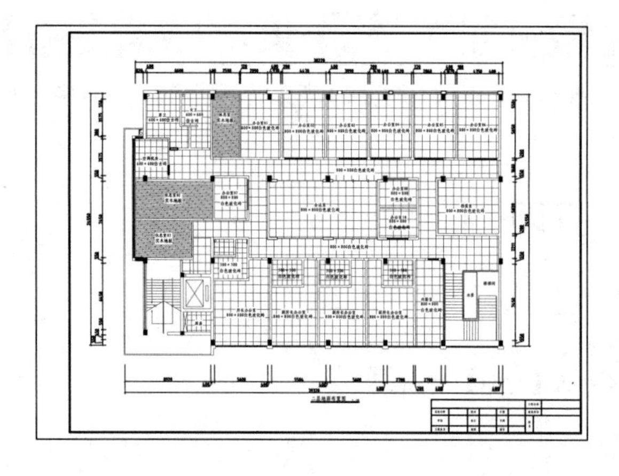

图 9-95 素材图形

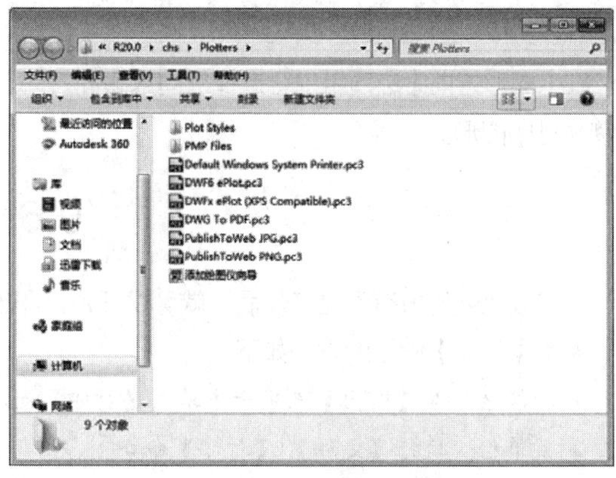

图 9-96 【Plotters】文件夹

03 双击【DWF6 ePlot.pc3】图标，系统弹出【绘图仪配置编辑器 DWF6 ePlot.pc3】对话框。在对话框中打开【设备和文档设置】选项卡。选择【修改标准图纸尺寸（可打印区域）】选项，如图 9-97 所示。

04 在【修改标准图纸尺寸】选项组中选择图纸尺寸为【ISO A2（594.00×420.00）】，如图 9-98 所示。

05 单击【修改】按钮 修改(M)... ，系统弹出【自定义图纸尺寸 - 可打印区域】对话框，设置参数如图 9-99 所示。

06 单击【下一步】按钮，系统弹出【自定义图纸尺寸 - 完成】对话框，如图 9-100 所示。在对话框中单击【完成】按钮，返回【绘图仪配置编辑器 - DWF6 ePlot.pc3】对话框，单击【确定】按钮，完成参数设置。

07 单击【应用程序】按钮，在弹出的菜单中选择【打印】|【页面设置】命令，系统弹出【页面设置管理器】对话框，如图 9-101 所示。

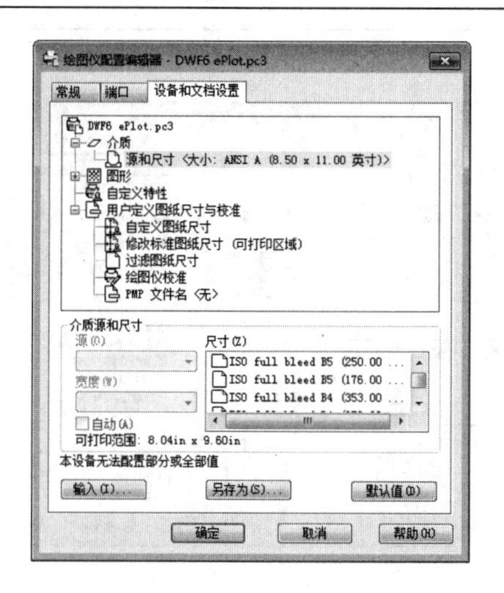

图 9-97　选择【修改标准图纸尺寸（可打印区域）】选项

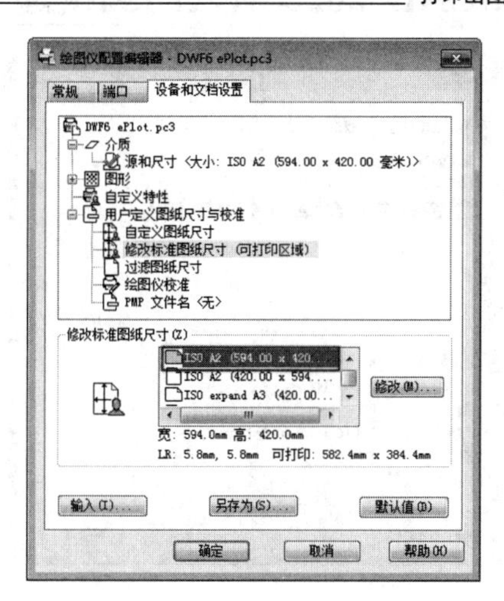

图 9-98　选择图纸尺寸

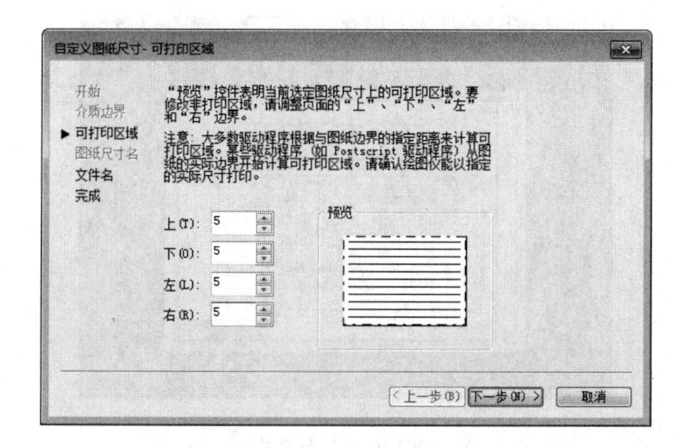

图 9-99　设置图纸可打印区域参数

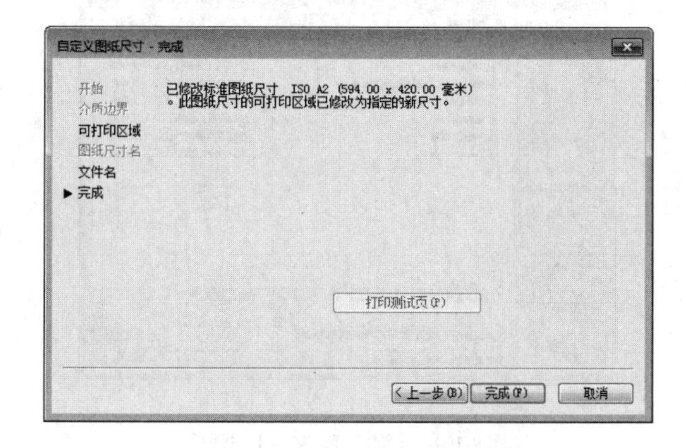

图 9-100　【自定义图纸尺寸 - 完成】对话框

08 可以看到【当前布局】为【模型】，单击【修改】按钮，系统弹出【页面设置 - 模型】对话框，设置参数如图 9-102 所示。其中【打印范围】选择【窗口】，即框选整个素材图形。

09 单击【预览】按钮，效果如图 9-103 所示。

10 如果预览效果满意，则单击鼠标右键，在弹出的快捷菜单中选择【打印】选项，系统弹出【浏览打印文件】对话框，如图 9-104 所示，在其中设置保存路径，单击【保存】按钮保存文件，完成模型打印的操作。

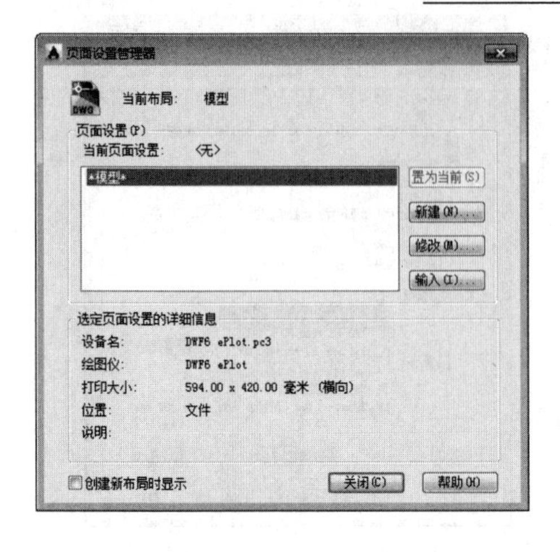

图 9-101 【页面设置管理器】对话框

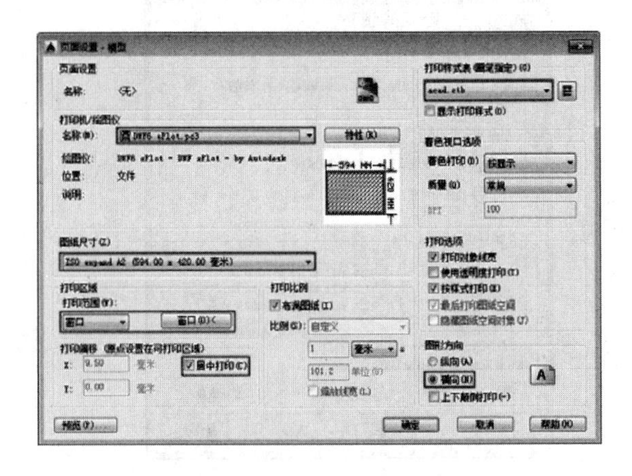

图 9-102 选择图纸尺寸

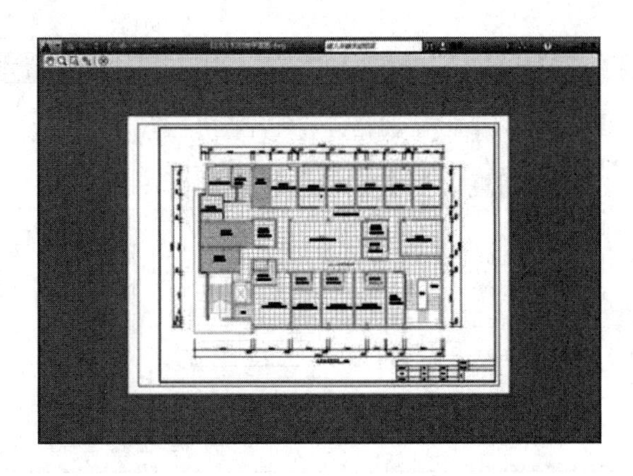

图 9-103 预览效果

图 9-104 【浏览打印文件】对话框

9.6.2 布局打印

在布局空间中，执行【打印】命令后，系统弹出【打印】对话框，如图 9-105 所示。可以在【页面设置】选项组中的【名称】下拉列表中直接选中已经定义好的页面设置，这样就不必再重复设置对话框中的其他选项了。

布局打印又分为单比例打印和多比例打印。当一张图纸上多个图形的比例相同时，可以使用单比例打印直接在模型空间内插入图框进行打印。而多比例打印可以对不同的图形指定不同的比例来进行打印输出。

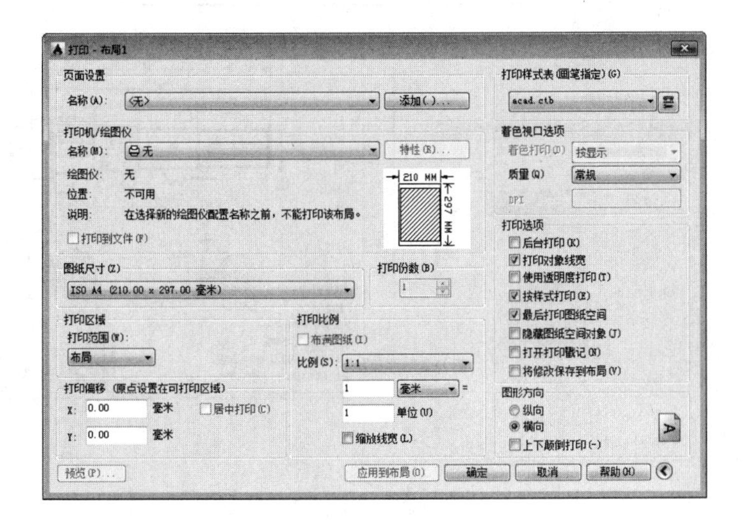

图 9-105 【打印】对话框（布局空间）

下面通过两个实例来讲解单比例打印和多比例打印的过程。

【案例 9-10】： 单比例打印

视频文件：视频\第 9 章\9-10.mp4

单比例打印通常用于打印简单的图形，机械图纸多用此种方法打印。通过本实例的操作，可熟悉布局空间的创建、多视口的创建、视口的调整、打印比例的设置、图形的打印等。

01 单击快速访问工具栏中的【打开】按钮，打开 “第 9 章\9-10 单比例打印.dwg” 文件，素材图形如图 9-106 所示。

02 按 Ctrl+P 组合键，弹出【打印】对话框，在【名称】下拉列表中选择所需的打印机。本例选择【DWG To PDF.pc3】打印机，该打印机可以打印 PDF 格式的图形。

03 设置图纸尺寸。在【图纸尺寸】下拉列表中选择【 IS0 full bleed A3（420.00 × 297.00 毫米）】选项，如图 9-107 所示。

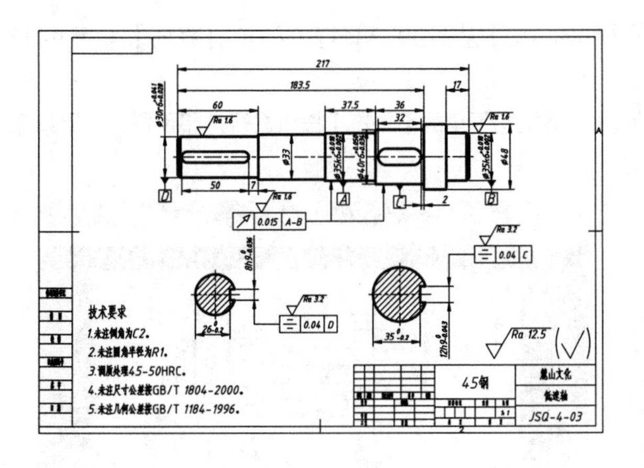

图 9-106 素材图形

图 9-107 设置图纸尺寸

04 设置打印区域。在【打印范围】下拉列表中选择【窗口】选项，单击【窗口】按钮，系统自动返回绘图区，在其中框选要打印的区域，如图 9-108 所示。

05 设置打印偏移。返回【打印】对话框之后，勾选【打印偏移】选项组中的【居中打印】选项，如图 9-109 所示。

06 设置打印比例。取消勾选【打印比例】选项组中的【布满图纸】选项，然后在【比例】下拉列表中选择 1:1 选项，如图 9-110 所示。

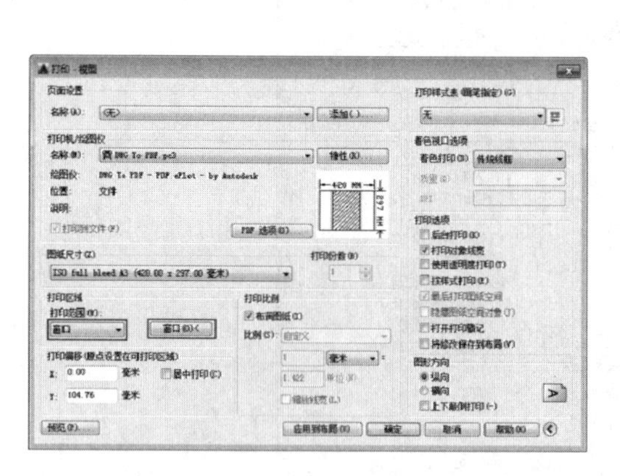

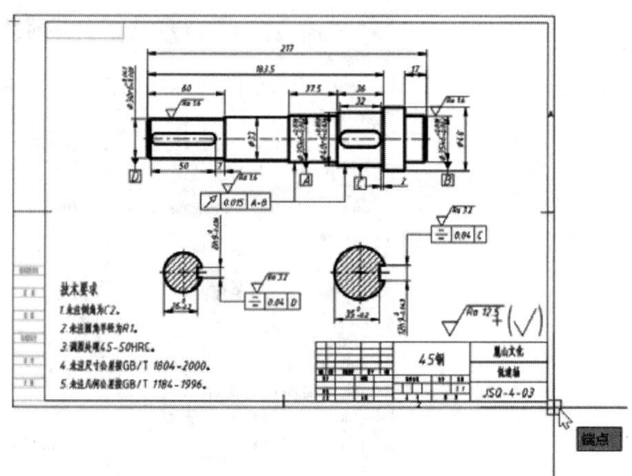

图 9-108　设置打印区域

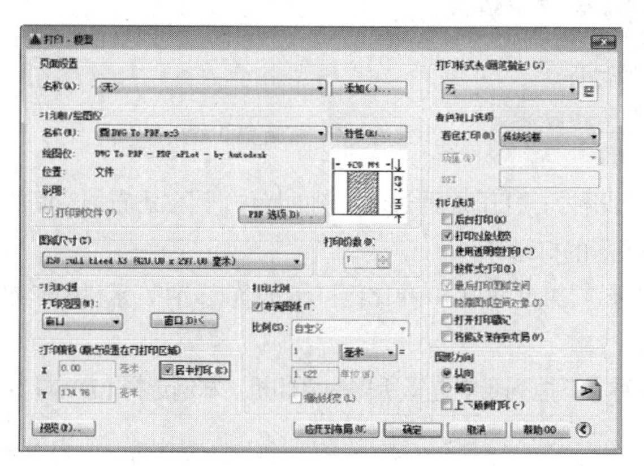

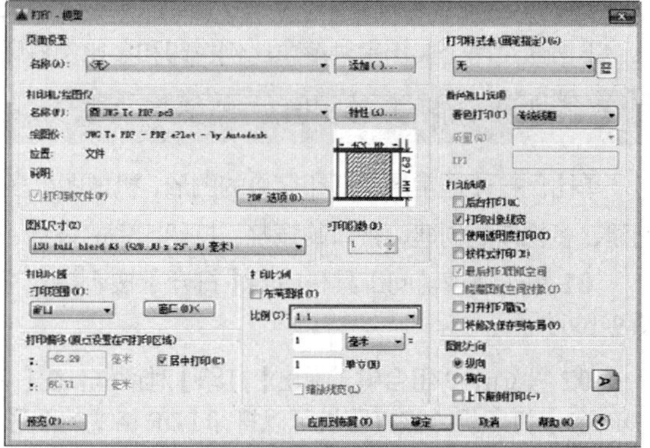

图 9-109　设置打印偏移

图 9-110　设置打印比例

07 设置图形方向。本例图框为横向放置，因此在【图形方向】选项组中选择打印方向为【横向】，如图 9-111 所示。

08 打印预览。所有参数设置完成后，单击【打印】对话框左下角的【预览】按钮进行打印预览，效果如图 9-112 所示。

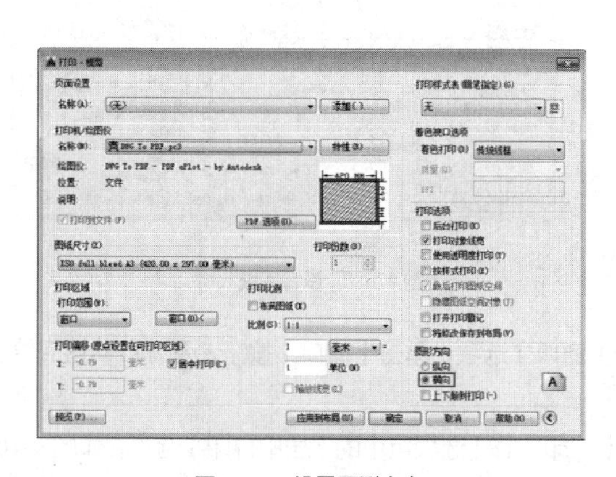

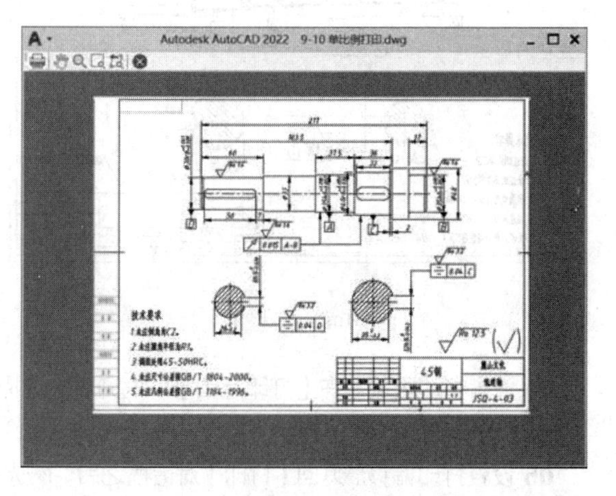

图 9-111　设置图形方向

图 9-112　打印预览

09 打印图形。如果图形显示无误，便可以在预览窗口中单击鼠标右键，在弹出的快捷菜单中选择【打印】

命令，进行输出打印。

【案例 9-11】： 多比例打印

视频文件：视频\第 9 章\9-11.mp4

通过本实例的操作，可熟悉布局空间的创建、多视口的创建、视口的调整、打印比例的设置、图形的打印等。

01 单击快速访问工具栏中的【打开】按钮，打开“第 9 章\9-11 多比例打印.dwg”文件，素材图形如图 9-113 所示。

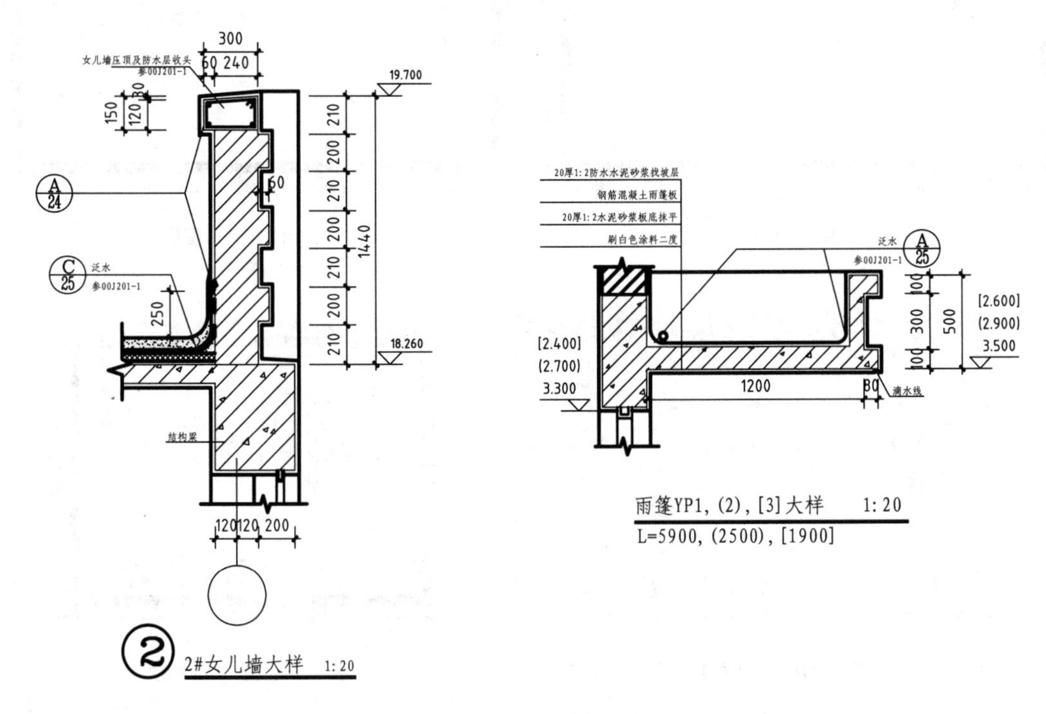

图 9-113 素材图形

02 切换【模型】空间至【布局 1】空间，如图 9-114 所示。

03 选中【布局 1】中的视口，按 Delete 键删除，如图 9-115 所示。

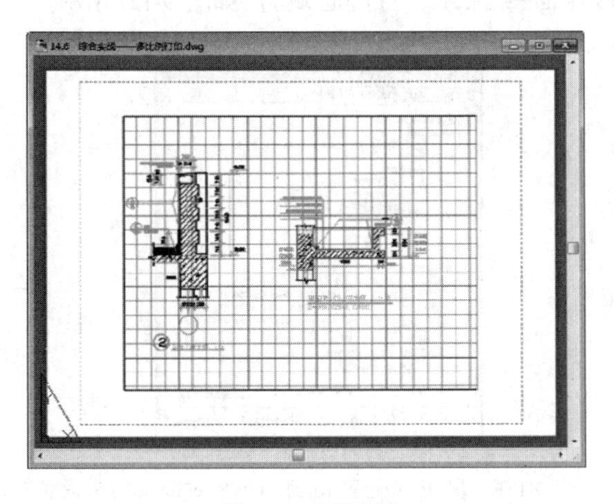

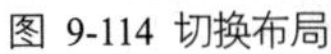

图 9-114 切换布局

图 9-115 删除视口

04 在【布局】选项卡中单击【布局视口】面板中的【矩形】按钮，在【布局 1】中创建两个视口，如图 9-116 所示。

05 双击进入视口，对图形进行缩放，调整至适当大小，如图 9-117 所示。

06 调用【I】(插入)命令，插入 A3 图框，并调整图框和视口的大小和位置，如图 9-118 和图 9-119 所示。

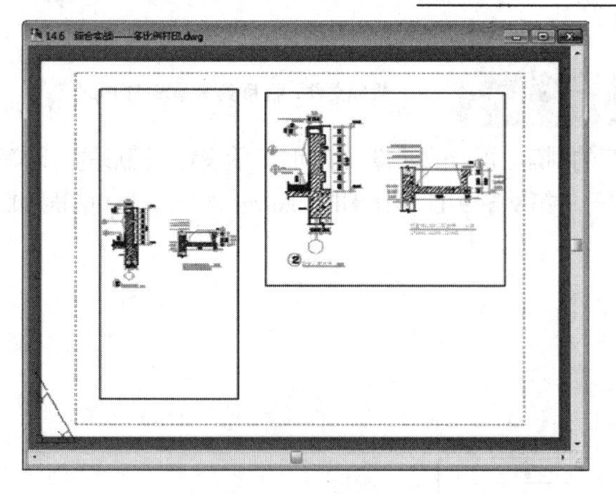

图 9-116　创建视口

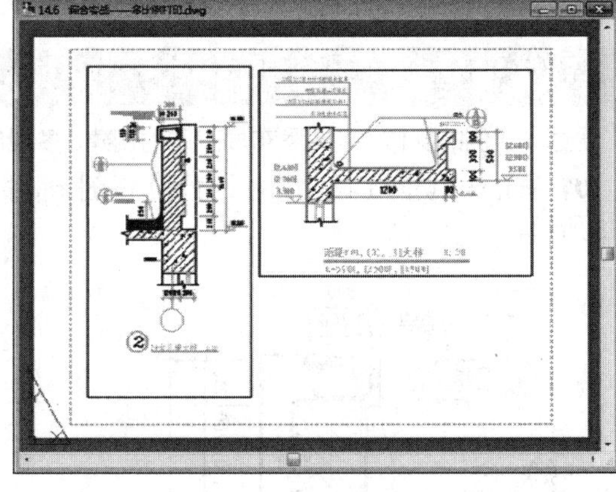

图 9-117　缩放图形

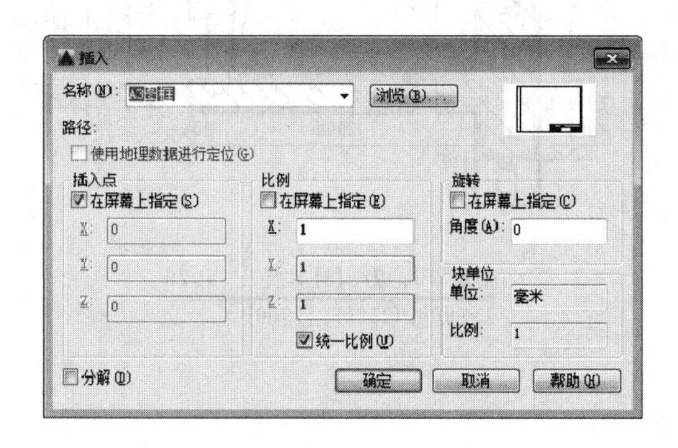

图 9-118　【插入】对话框

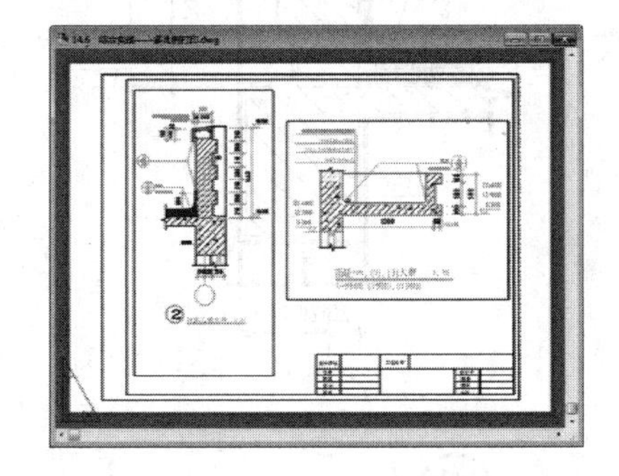

图 9-119　插入 A3 图框

07 单击【应用程序】按钮，在弹出的菜单中选择【打印】|【管理绘图仪】命令，系统弹出【Plotters】文件夹，如图 9-120 所示。

08 双击对话框中的【DWF6 ePlot.pc3】图标，系统弹出【绘图仪配置编辑器 - DWF6 ePlot.pc3】对话框。在对话框中选择【设备和文档设置】选项卡，单击【修改标准图纸尺寸（可打印区域）】，如图 9-121 所示。

图 9-120　【Plotters】文件夹

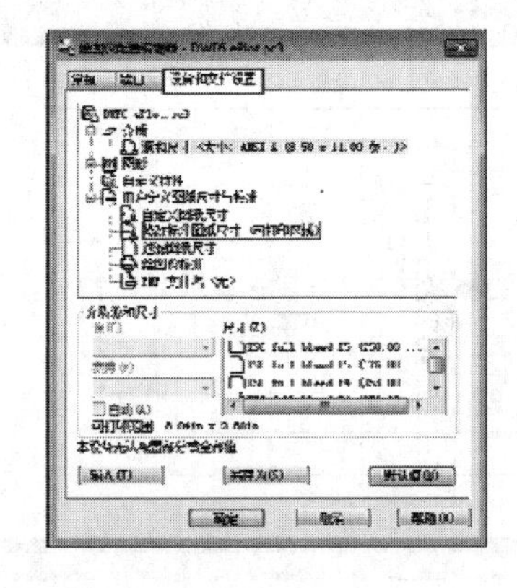

图 9-121　【绘图仪配置编辑器 - DWF6 ePlot.pc3】对话框

09 在【修改标准图纸尺寸】选项组中选择图纸尺寸为【ISO A3（420.00×297.00）】，如图 9-122 所示。

10 单击【修改】按钮 修改(M)... ，系统弹出【自定义图纸尺寸 - 可打印区域】对话框，设置参数如图 9-123 所示。

11 单击【下一步】按钮，系统弹出如图 9-124 所示的【自定义图纸尺寸 - 完成】对话框，单击【完成】按钮，返回【绘图仪配置编辑器 - DWF6 ePlot.pc3】对话框，再单击【确定】按钮，完成参数设置。

图 9-122　选择图纸尺寸

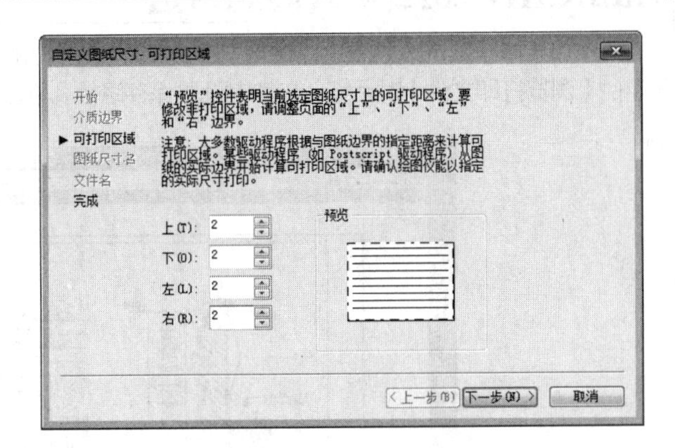

图 9-123　【自定义图纸尺寸 - 可打印区域】对话框

12 单击【应用程序】按钮▲，在弹出的菜单中选择【打印】|【页面设置】命令，系统弹出【页面设置管理器】对话框，如图 9-125 所示。

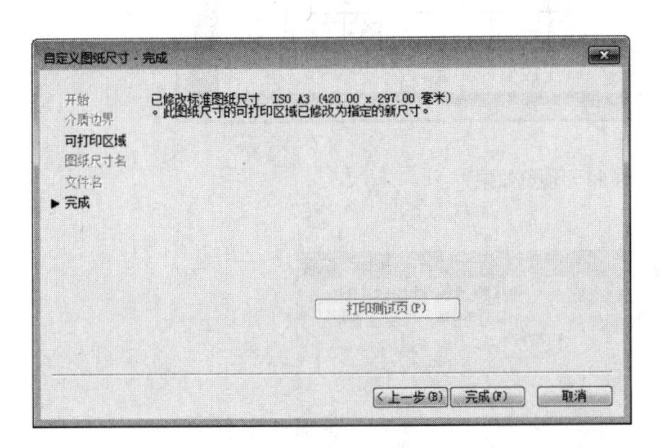

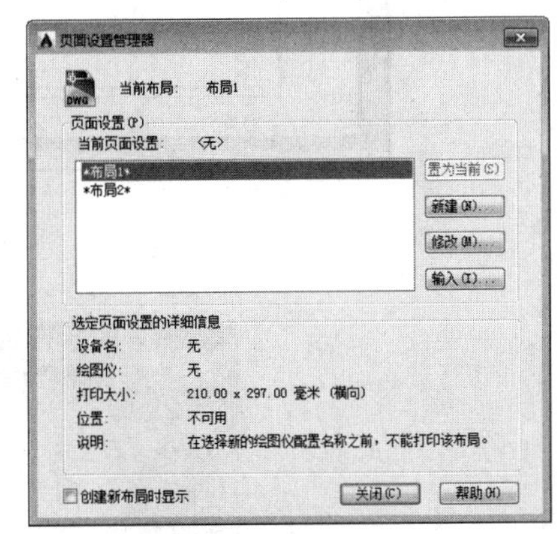

图 9-124　【自定义图纸尺寸 - 完成】对话框

图 9-125　【页面设置管理器】对话框

13 可以看到当前布局为【布局 1】。单击【修改】按钮，系统弹出【页面设置布局 1】对话框，设置参数如图 9-126 所示。

14 在命令行中输入【LA】(图层特性管理器)命令，新建【视口】图层，并设置为不打印，如图 9-127 所示，再将视口边框转变成该图层。

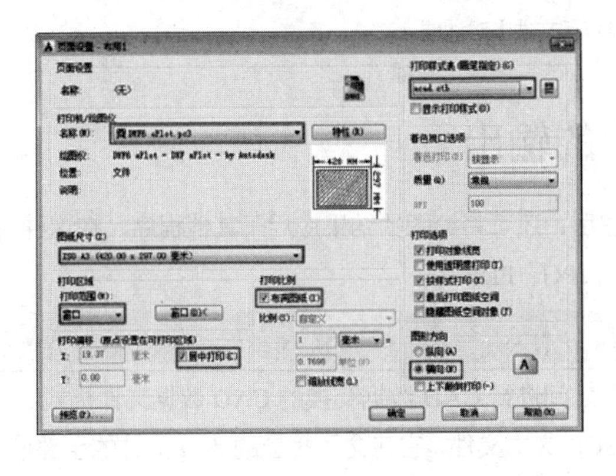

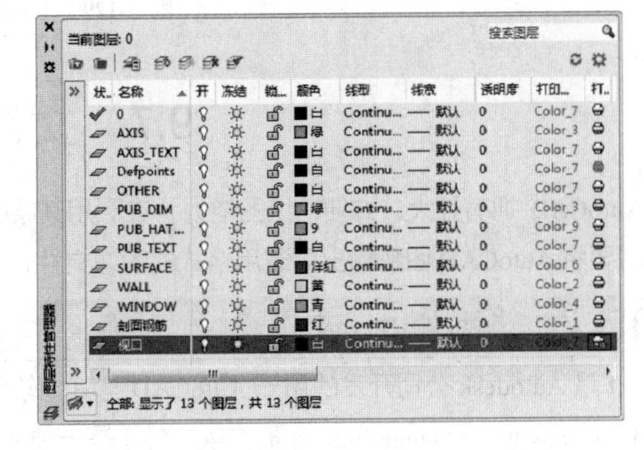

图 9-126　【页面设置布局 1】对话框

图 9-127　新建【视口】图层

15 单击快速访问工具栏中的【打印】按钮，系统弹出【打印 - 布局 1】对话框，单击【预览】按钮，打印预览效果如图 9-128 所示。

16 如果打印预览效果满意，则单击鼠标右键，在弹出的快捷菜单中选择【打印】命令，系统弹出如图 9-129 所示的【浏览打印文件】对话框，在其中设置保存路径，单击【保存】按钮，打印图形，完成多比例打印的操作。

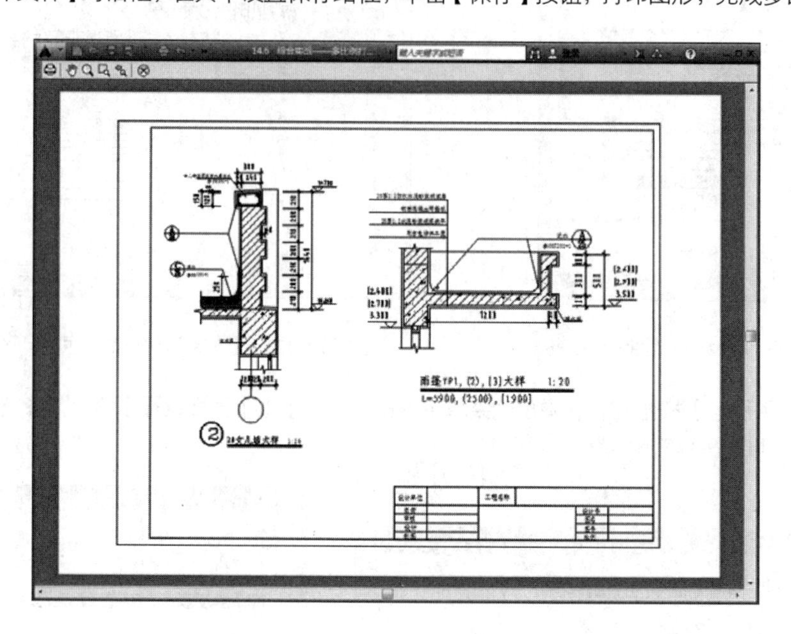

图 9-128 打印预览效果

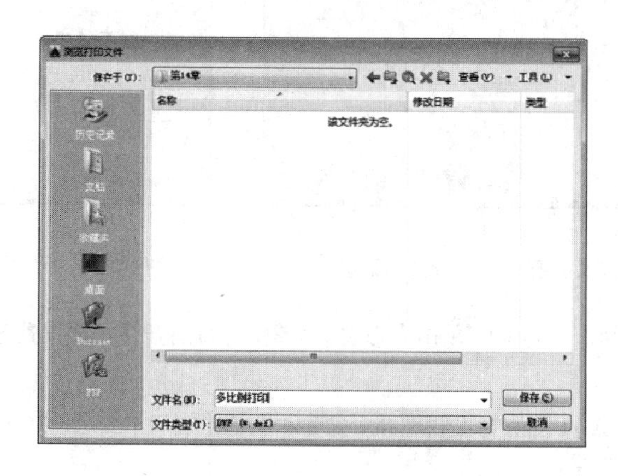

图 9-129 【浏览打印文件】对话框

9.7 文件的输出

AutoCAD 拥有强大、方便的绘图能力，在利用其绘图后，还可将绘图的结果应用于其他程序，在这种情况下，需要将 AutoCAD 图形输出为通用格式的图像文件，如 JPG、PDF 等。

9.7.1 输出为 dxf 文件

dxf 是 Autodesk 公司开发的用于 AutoCAD 与其他软件之间进行 CAD 数据交换的 CAD 数据文件格式。

dxf（drawing exchange file，图形交换文件）是一种 ASCII 文本文件，它包含了相应的 dwg 文件的全部信息。Dxf 文件不是 ASCII 码形式，可读性差，虽然用它形成图形速度快，但不同类型的计算机（如 PC 及其兼容机、CPU 总线不同的 SUN 工作站）即使使用同一版本的文件，其 dwg 文件也是不可交换的。为了克服这一缺点，AutoCAD 提供了 dxf 文件，其内部为 ASCII 码，这样不同类型的计算机也可通过交换 dxf 文件来达到交换图形的目的。dxf 文件可读性好，用户可方便地对它进行修改、编程，达到从外部图形进行编辑、修改的目的。

【案例 9-12】： 输出 dxf 文件在其他建模软件中打开　　视频文件：视频\第 9 章\9-12.mp4

将 AutoCAD 图形输出为.dxf 文件后，可以导入至其他的建模软件（如 UG、Creo、草图大师等）中打开。dxf 文件适用于 AutoCAD 的二维草图输出。

01 打开要输出 dxf 的文件“第 9 章\9-12 输出 dxf 文件.dwg”，素材图形如图 9-130 所示。

02 单击快速访问工具栏【另存为】按钮，或按 Ctrl+Shift+S 组合键，打开【图形另存为】对话框，选择输出路径，输入新的文件名为【9-12】，在【文件类型】下拉列表中选择【AutoCAD2018DXF（*.dxf）】选项，如图 9-131 所示。

03 在其他软件（UG）中导入生成的【9-12.dxf】文件（具体方法可参见各软件有关资料），结果如图 9-132 所示。

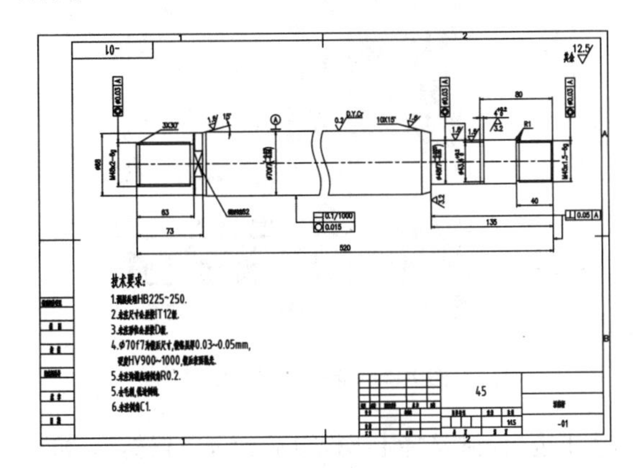

图 9-130　素材图形

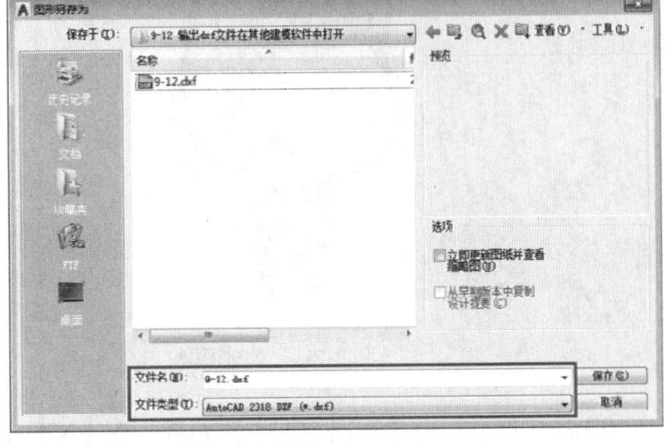

图 9-131　【图形另存为】对话框

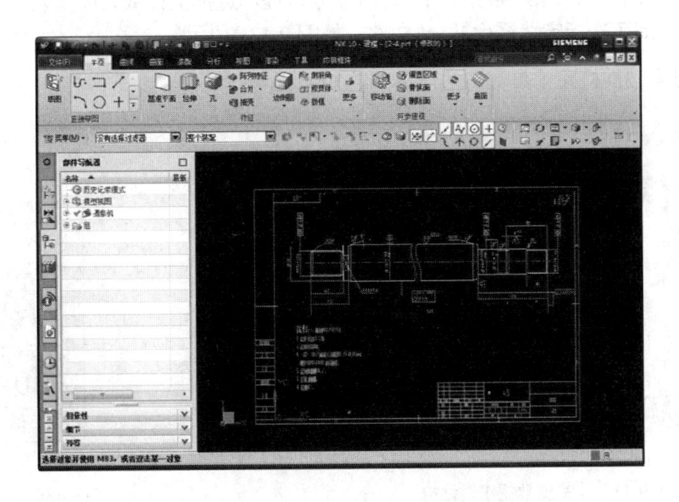

图 9-132　在其他软件（UG）中导入的 dxf 文件

9.7.2　输出为 stl 文件

stl 文件是一种平板印刷文件，可以将实体数据以三角形网格面形式保存，一般用来转换 AutoCAD 的三维模型，生成的模型通常用于以下方面。

➢ 可视化设计概念，识别设计问题。

➢ 创建产品实体模型、建筑模型和地形模型，测试外形、拟合和功能。

➢ 为真空成型法创建主文件。

【案例 9-13】： 输出 stl 文件并用于 3D 打印　　视频文件：视频\第 9 章\9-13.mp4

除了专业的三维建模软件，AutoCAD 2022 所提供的三维建模功能也可以帮助用户创建出自己想要的模型，并通过输出 stl 文件来进行 3D 打印。

01 打开文件“第 9 章\9-13 输出 stl 文件并用于 3D 打印.dwg”，其中已经创建好了一个三维素材模型，如图 9-133 所示。

02 单击【应用程序】按钮，在弹出的菜单中选择【输出】选项，在右侧的输出菜单中选择【其他格式】命令，如图 9-134 所示。

图 9-133　素材模型

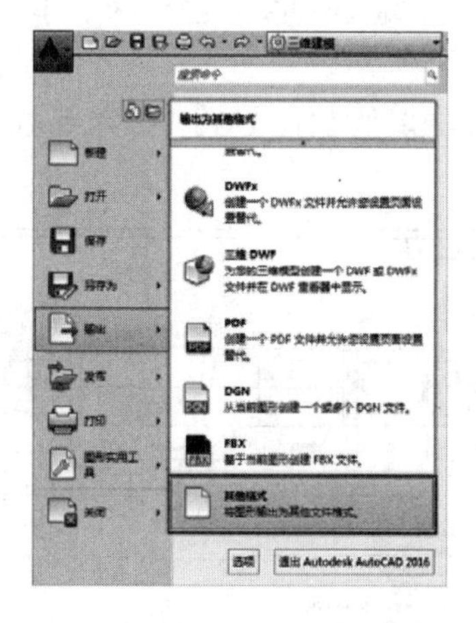

图 9-134　选择【其他格式】命令

03 系统自动打开【输出数据】对话框，在【文件类型】下拉列表中选择【平板印刷（*.stl）】选项，如图 9-135 所示。

04 单击【保存】按钮，系统返回绘图界面，此时命令行提示选择实体或无间隙网络，将整个模型选中，然后按 Enter 键完成选择，即可在指定路径生成 stl 文件，如图 9-136 所示。

05 该 stl 文件可支持 3D 打印（具体方法可参阅 3D 打印的有关资料）。

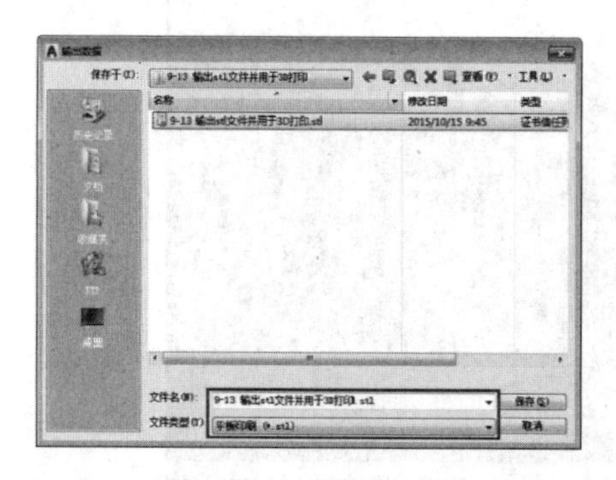

图 9-135 【输出数据】对话框

图 9-136　生成 stl 文件

9.7.3　输出为 PDF 文件

PDF（Portable Document Format，便携式文档格式）是用于与应用程序、操作系统、硬件无关的方式进行文件交换所发展出的文件格式。PDF 文件以 PostScript 语言图像模型为基础，无论使用哪种打印机都可保证精确的颜色和准确的打印效果，即 PDF 会忠实地再现原稿的每一个字符、颜色以及图像。

PDF 这种文件格式与操作系统无关，也就是说，PDF 文件不管是在 Windows、Unix 还是在苹果公司的 Mac OS 操作系统中都是通用的，这一特点使它成为在 Internet 上进行电子文档发行和数字化信息传播的理想文档格式，越来越多的电子图书、产品说明、公司文告、网络资料、电子邮件开始使用 PDF 格式文件。

【案例 9-14】：输出 PDF 文件供客户快速查阅　　视频文件：视频\第 9 章\9-14.mp4

对于 AutoCAD 用户来说，掌握 PDF 文件的输出尤为重要。因为有些客户并非从事设计专业，在他们的计算机中不会装有 AutoCAD 或者简易的 DWF Viewer，这样在进行设计图交流时就会很麻烦，如直接通过截图的方式交流时截图的分辨率太低，打印成高分辨率的 JPEG 图形不容易添加批注等信息。这时就可以将 dwg 图形输出为 PDF 文件，因为 PDF 文件既能高清地还原 AutoCAD 图纸信息，又能添加批注，更重要的是 PDF 普及度高，任何平台、任何系统都能有效打开。

01 打开文件“第 9 章\9-14 输出 PDF 文件供客户快速查阅.dwg”，素材图形如图 9-137 所示，其中已经绘制好了一张完整图纸。

02 单击【应用程序】按钮▲，在弹出的快捷菜单中选择【输出】选项，在右侧的输出菜单中选择【PDF】命令，如图 9-138 所示。

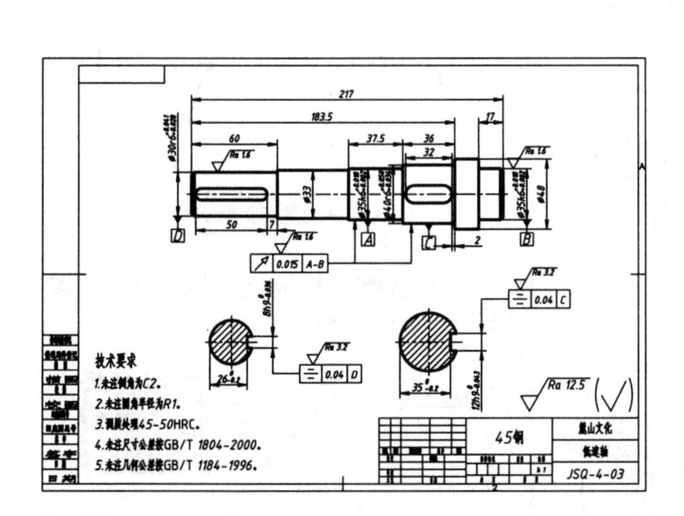

图 9-137　素材图形

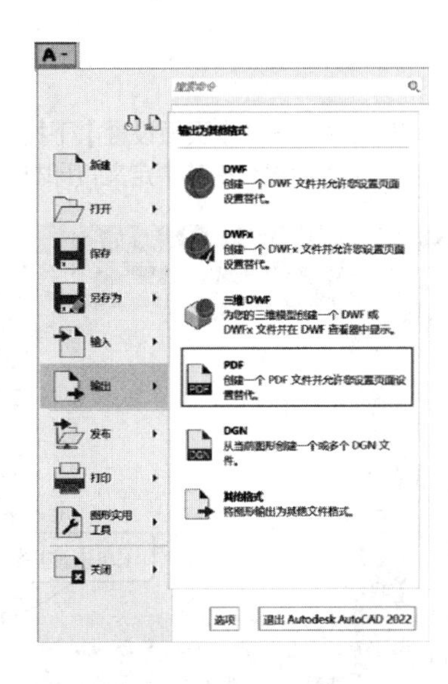

图 9-138 选择【PDF】命令

03 系统自动打开【另存为 PDF】对话框，在对话框中指定输出路径、文件名，然后在【PDF 预设】下拉列表框中选择【AutoCAD PDF（High Quality Print）】，即“高品质打印”（读者也可以自行选择其他要输出 PDF 的品质），如图 9-139 所示。

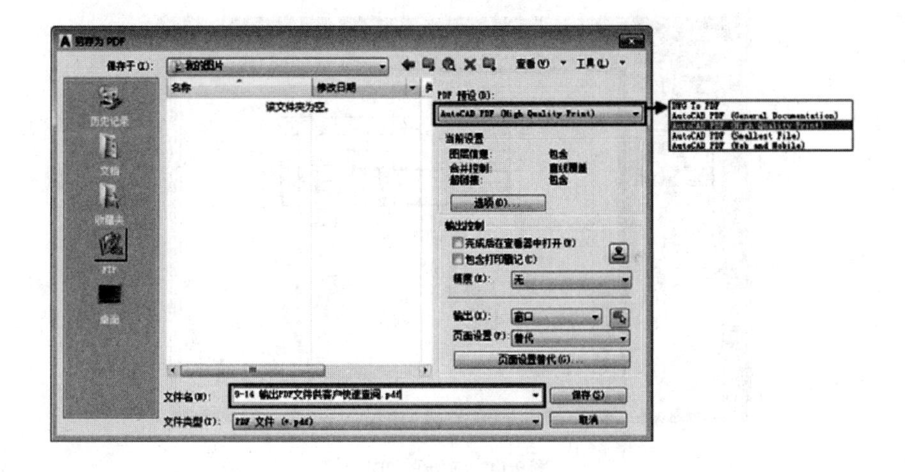

图 9-139　【另存为 PDF】对话框

04 在对话框的【输出】下拉列表中选择【窗口】，系统返回绘图界面，然后选择素材图形的对角点，如图 9-140 所示。

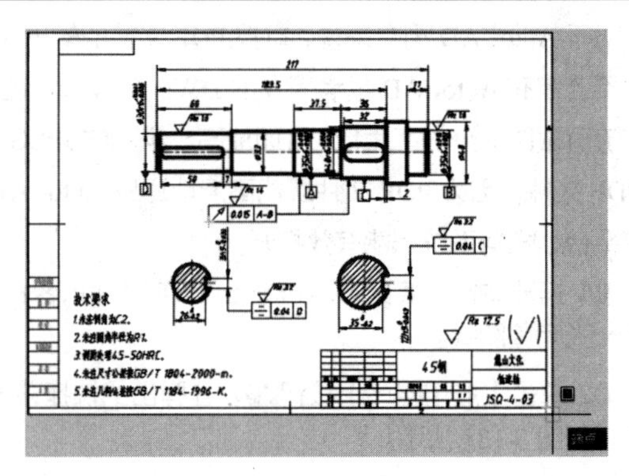

图 9-140　定义输出窗口

05 在对话框的【页面设置】下拉列表中选择【替代】，再单击下方的【页面设置替代】按钮，打开【页面设置替代】对话框，在其中定义打印样式和图纸尺寸如图 9-141 所示。

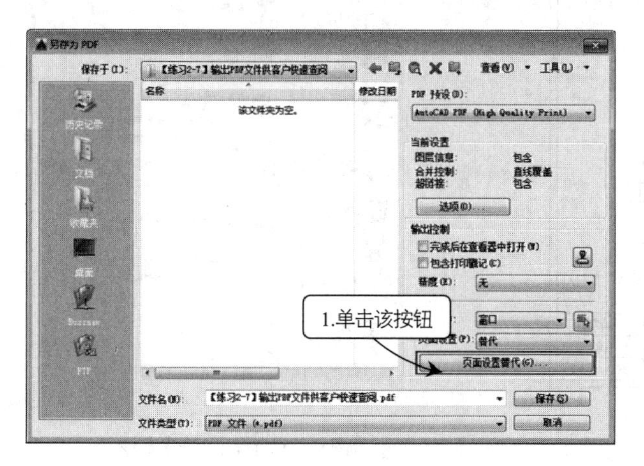

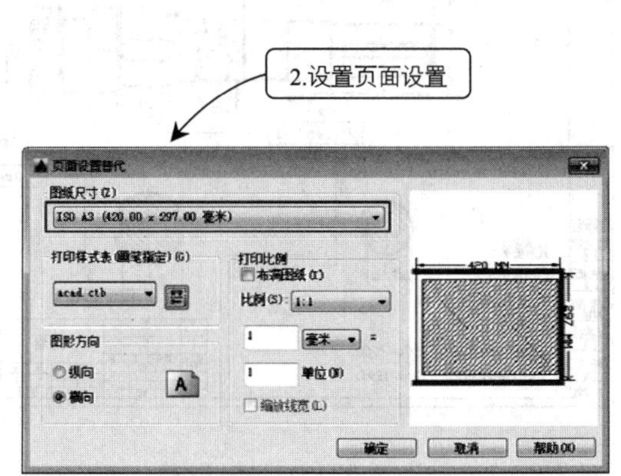

图 9-141　定义打印样式和图纸尺寸

06 单击【确定】按钮，返回【另存为 PDF】对话框，再单击【保存】按钮，即可输出 PDF，如图 9-142 所示。

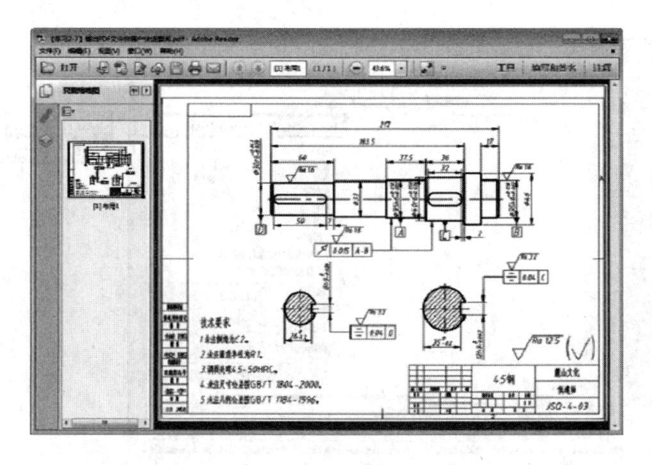

图 9-142　输出的 PDF

9.7.4　图纸的批量输出与打印

图纸的【批量输出】或【批量打印】很多时候都只能通过安装 AutoCAD 的插件来完成，但这些插件很不稳定，使用效果也差强人意。

其实在 AutoCAD 中，可以通过【发布】功能来实现批量打印或批量输出，最终的输出格式可以是电子版文档，如 PDF、DWF，也可以是纸质文件。下面通过一个具体案例来进行说明。

【案例 9-15】：批量输出 PDF 文件

视频文件：视频\第 9 章\9-15.mp4

01 打开素材文件“第 9 章\9-15 批量输出 PDF 文件.dwg”，素材图形如图 9-143 所示，其中已经绘制好了 4 张图纸。

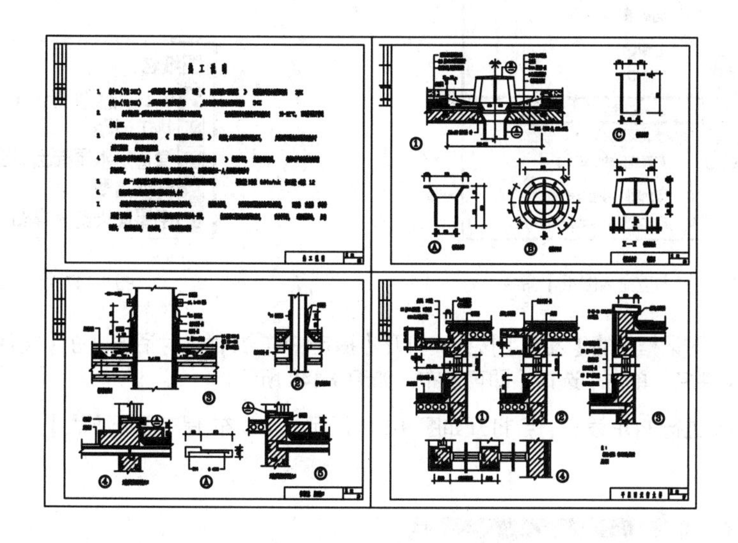

图 9-143　素材图形

02 在状态栏中可以看到已经创建好了相应的 4 个布局，如图 9-144 所示，每一个布局对应一张图纸，并控制该图纸的打印。

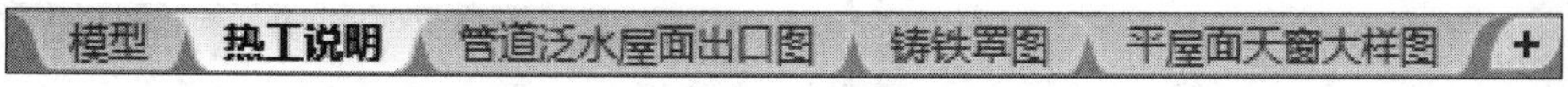

模型
热工说明
管道泛水屋面出口图
铸铁罩图
平屋面天窗大样图
+

图 9-144　创建好的布局

操作技巧：如需打印新的图纸，读者可以自行新建布局，然后分别将各布局中的视口对准至要打印的部分。

03 单击【应用程序】按钮，在弹出的菜单中选择【发布】命令，打开【发布】对话框，在【发布为】下拉列表中选择【PDF】选项，在【发布选项】中定义发布位置，如图 9-145 所示。

发布
发布选项信息
发布控制

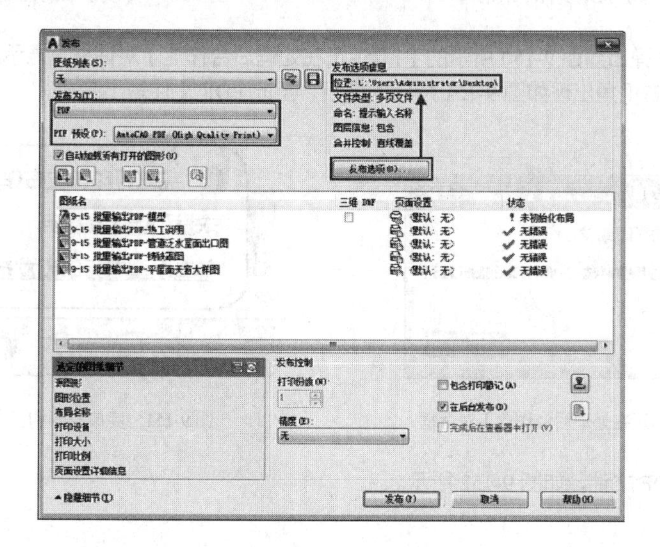

图 9-145　【发布】对话框

04 在【图纸名】列表栏中可以查看到要发布为 DWF 的文件，用鼠标右键单击其中的任一文件，在弹出的快捷菜单中选择【重命名图纸】命令，如图 9-146 所示，为图形输入合适的名称，结果如图 9-147 所示。

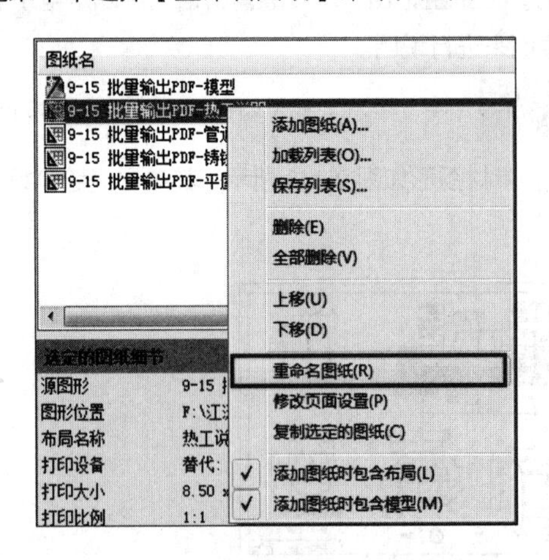

图 9-146 选择【重命名图纸】命令

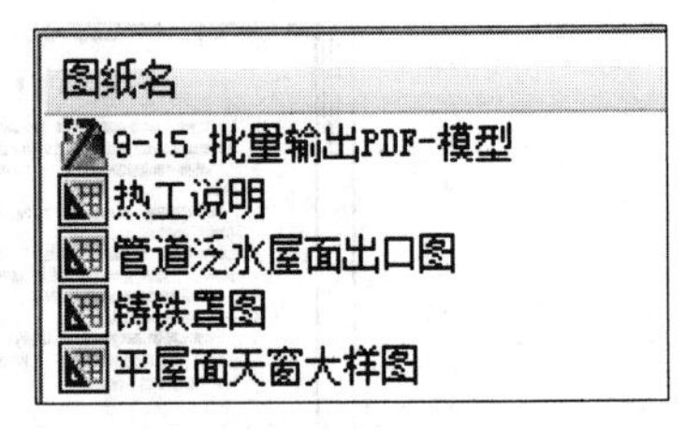

图 9-147 重命名结果

05 单击【发布】对话框中的【发布】按钮，打开【指定 PDF 文件】对话框，在【文件名】文本框中输入发布后 PDF 文件的文件名，单击【选择】即可发布，如图 9-148 所示。

06 如果是第一次进行 PDF 发布，会打开如图 9-149 所示的【发布-保存图纸列表】对话框，单击【否】按钮即可。

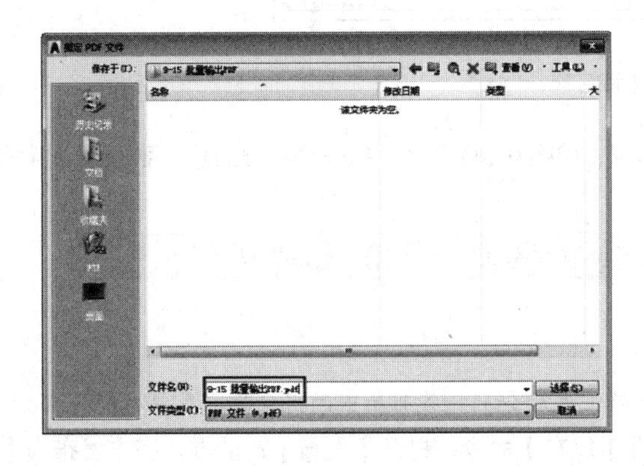

图 9-148 【指定 PDF 文件】对话框

图 9-149 【发布-保存图纸列表】对话框

07 此时 AutoCAD 弹出如图 9-150 所示的【打印-正在处理后台作业】对话框，显示正在处理打印和发布作业输出完成后在状态栏右下角出现如图 9-151 所示的提示，至此 PDF 文件输出完成。

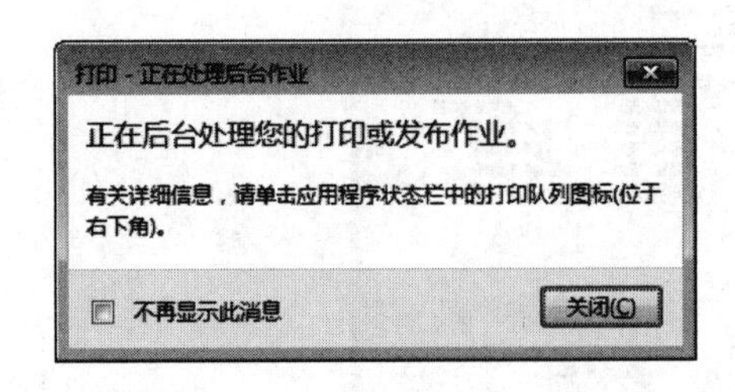

图 9-150 【打印-正在处理后台作业】对话框

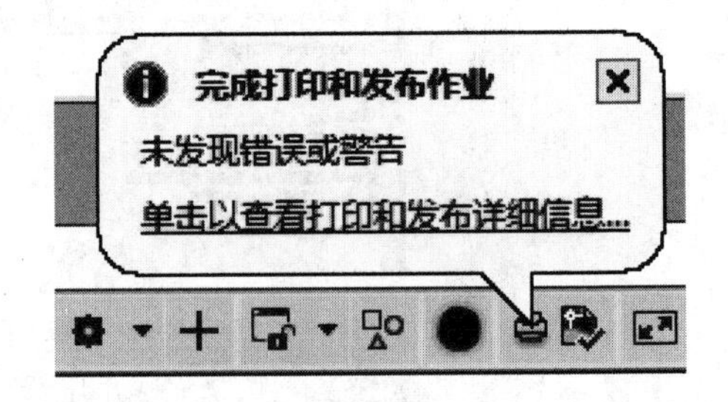

图 9-151 完成打印和发布作业的提示

08 打开输出的 PDF 文件，如图 9-152 所示。

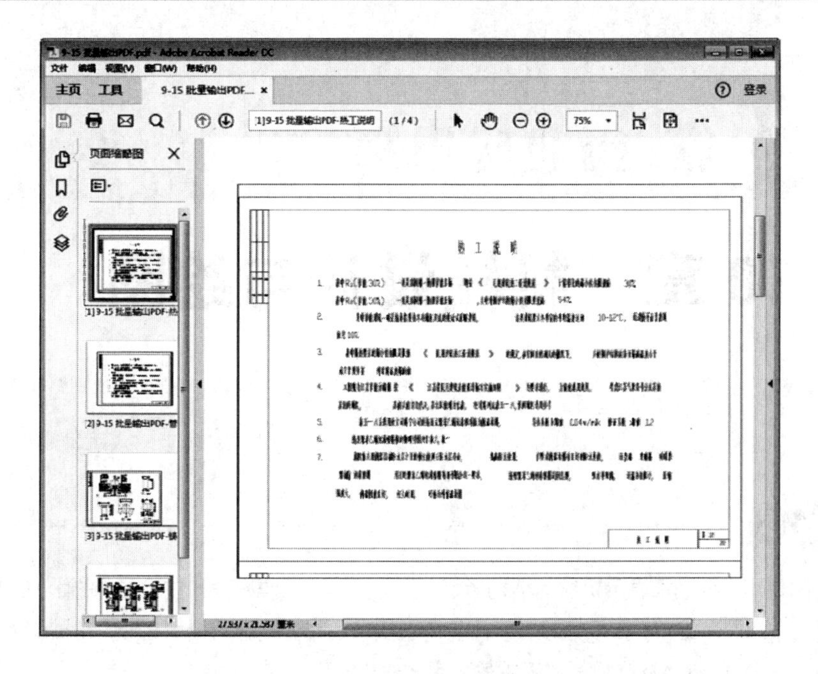

图 9-152　输出的 PDF 文件

第 3 篇 行业应用篇

第 10 章 机械设计与绘图

本章导读

机械制图是用图样确切表示机械的结构形状、尺寸大小、工作原理和技术要求的学科。图样由图形、符号、文字和数字组成，是表达设计意图、制造要求及交流经验的技术文件，常被称为工程界的语言。本章将讲解 AutoCAD 在机械制图中的应用方法与技巧。

学习效果

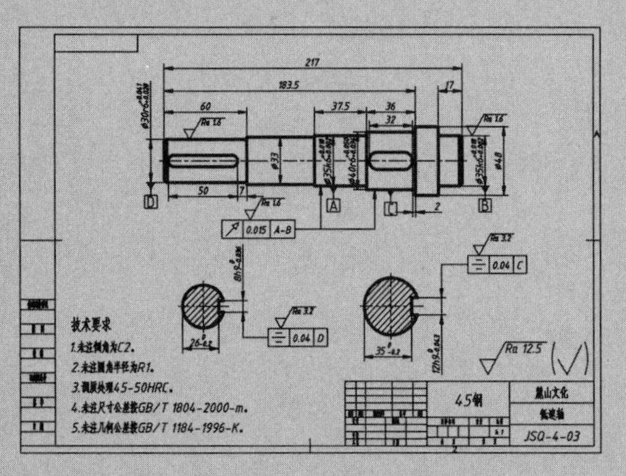

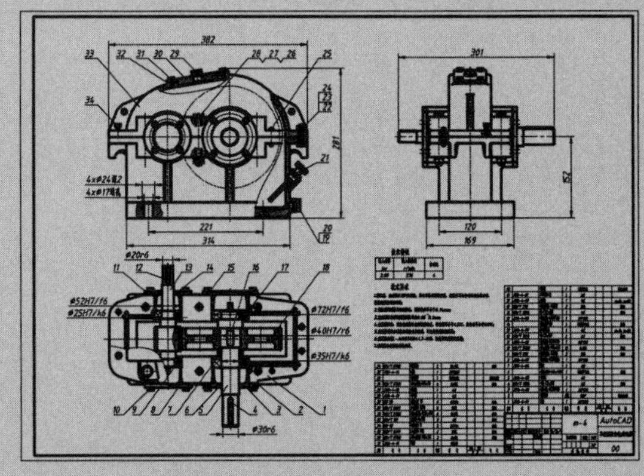

10.1 机械设计概述

机械设计（Machine design）是根据使用要求对机械的工作原理、结构、运动方式、力和能量的传递方式、各个零件的材料和形状尺寸、润滑方法等进行构思，分析和计算并将其转化为具体的描述以作为制造依据的工作过程。而其中“具体的描述”便是本章所讲的机械制图。

10.1.1 机械制图的标准

图样被称为工程界的语言。既然作为一种语言，就必须要对它进行统一、规范。对于机械图样的图形画法、尺寸标注等，国家标准中都做了明确的规定，在绘制机械图样的过程中，应了解和遵循这些绘图标准和规范。

- GB/T 14690—1993《技术制图 比例》。
- GB/T 14691—1993《技术制图 字体》。
- GB/T 14665—2012《机械工程 CAD 制图规则》。
- GB/T 4458.1—2002《机械制图 图样画法 视图》。
- GB/T 16675.1—2012《技术制图 简化表示法 第 1 部分：图样画法》。

1. 图形比例标准

比例是指机械制图中图形与实物相应要素的尺寸之比。例如，比例为 1∶1 表示实物与图样相应的尺寸相等；比例大于 1 则实物的大小比图样的大小要小，称为放大比例；比例小于 1 则实物的大小比图样的大小要大，称为缩小比例。

表 10-1 为国家标准 GB/T 14690—1993《技术制图 比例》中规定的制图比例种类和系列。

表 10-1 制图比例的种类和系列

比例种类	比例	
	优先选取的比例	允许选取的比例
原值比例	1:1	1:1
放大比例	5:1 2:1 $5\times10^n:1$ $2\times10^n:1$ $1\times10^n:1$	4:1 2.5:1 $4\times10^n:1$ $2.5\times10^n:1$
缩小比例	1:2 1:5 1:10 $1:2\times10^n$ $1:5\times10^n$ $1:1\times10^n$	1:1.5 1:2.5 1:3 1:4 1:6 $1:1.5\times10^n$ $1:2.5\times10^n$ $1:3\times10^n$ $1:4\times10^n$ $1:6\times10^n$

机械制图中常用的 3 种比例为 2:1、1:1 和 1:2。比例的标注符号应以“:”表示，标注方法如 1:1、1:100 等。比例一般应标注在标题栏的比例栏内，局部视图或者剖视图也需要在视图名称的下方或者右侧标注比例，如图 10-1 所示。

1 B A-A

1:10 1:2 5:1

图 10-1 比例的另行标注

2．字体标准

文字是机械制图中必不可少的要素，因此国家标准对字体也做了相应的规定，详见 GB/T 14691—1993《技术制图 字体》。对机械图样中书写的汉字、字母、数字的字体及号（字高）的规定如下：

➢ 图样中书写的字体必须做到：字体端正、笔画清楚、排列整齐、间隔均匀。汉字应写成长仿宋体，并应采用国家正式公布推行的简化字。

➢ 字体的高度(单位为 mm)分为 20、14、10、7、5、3.5、2.5 共 7 种，字体的宽度约等于字体高度的 2/3。

➢ 斜体字字头向右倾斜，与水平线约成 75° 角。

➢ 用作指数、分数、极限偏差、注脚等的数字及字母一般采用小一号字体。

3．图线标准

在 GB/T 14665—2012《机械工程 CAD 制图规则》中对机械图形中使用的各种图层的名称、线型、线宽及在图形中的格式都做了相关规定，见表 10-2。

表 10-2 图线的形式和作用

图线名称	图线	线宽	用于绘制的图形
粗实线（轮廓线）	▬▬▬	*b*	可见轮廓线
细实线	———	约 *b*/3	剖面线、尺寸线、尺寸界线、引出线、弯折线、牙底线、齿根线、辅助线、过渡线等
细点画线	—·——·—	约 *b*/3	中心线、轴线、齿轮节线等
虚线	— — —	约 *b*/3	不可见轮廓线、不可见过渡线
波浪线	∼∼	约 *b*/3	断裂处的边界线、剖视和视图的分界线
粗点画线	▬·▬·▬	*b*	有特殊要求的线或者表示表面的线
双点画线	—··——··—	约 *b*/3	相邻辅助零件的轮廓线、极限位置的轮廓线、假想投影轮廓线

专家提醒 线宽栏中的“*b*”代表基本线宽，可以自行设定。推荐值 *b*=2.0mm、1.4mm、1.0mm、0.7mm、0.5mm 或 0.35mm。同一图样中，应采用相同的 *b* 值。

4．尺寸标注标准

在 GB/T 4458.4—2003《机械制图 尺寸注法》中对尺寸标注的基本规则、尺寸线、尺寸界线、标注尺寸的符号、简化标注以及尺寸的公差与配合标注等都有详细的规定。这些规定大致总结如下：

❑ 尺寸线和尺寸界限

➢ 尺寸线和尺寸界线均以细实线画出。

➢ 线性尺寸的尺寸线应平行于表示其长度或距离的线段。

➢ 图形的轮廓线、中心线或它们的延长线可以用作尺寸界线，但是不能用作尺寸线，如图 10-2 所示。

➢ 尺寸界线一般应与尺寸线垂直。当尺寸界线过于贴近轮廓线时，允许将其倾斜画出，在光滑过渡处需用细实线将其轮廓线延长，从其交点引出尺寸界线。

❑ 尺寸线终端的规定

尺寸线终端有箭头或者细斜线、点等多种形式。机械制图中使用的是箭头，如图 10-3 所示。箭头适用于各类图形的标注，箭头尖端与尺寸界线接触，不得超出或者离开。

❑ 尺寸数字的规定

线型尺寸的数字一般标注在尺寸线的上方或者尺寸线中断处。同一图样内尺寸数字的字号大小应一致，位置不够可引出标注。当尺寸线呈竖直方向时，尺寸数字在尺寸的左侧，字头朝左，其余方向时，字头需朝上，如图 10-4 所示。尺寸数字不可被任何线通过。当尺寸数字不可避免被另一条图线通过时，必须把图线断开，如图 10-5 所示的中心线就是为了避免干扰 4×Φ7 的尺寸在左侧断开。

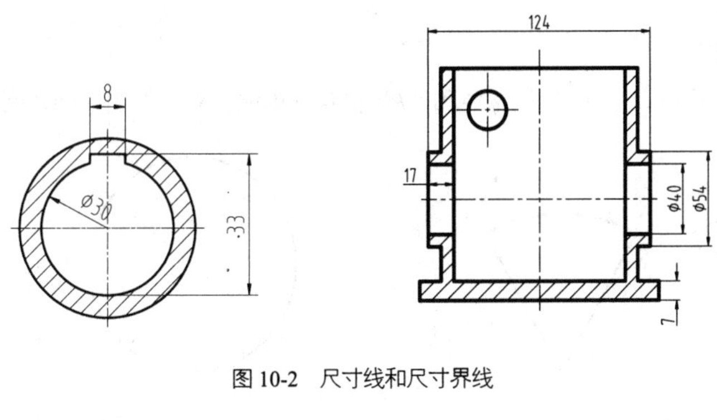

图 10-2　尺寸线和尺寸界线

图 10-3　机械标注的尺寸线终端形式

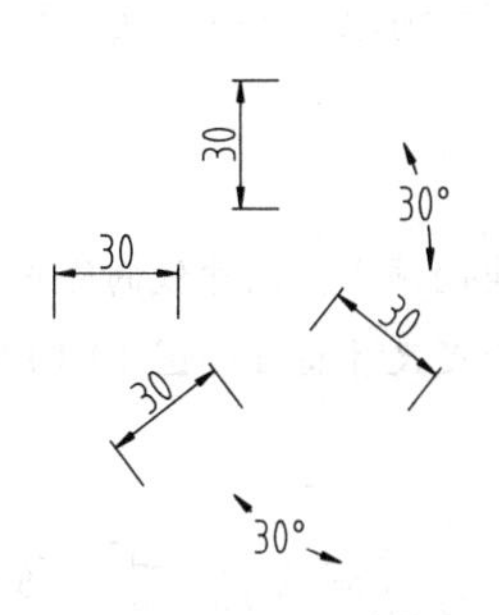

图 10-4　尺寸数字的标注

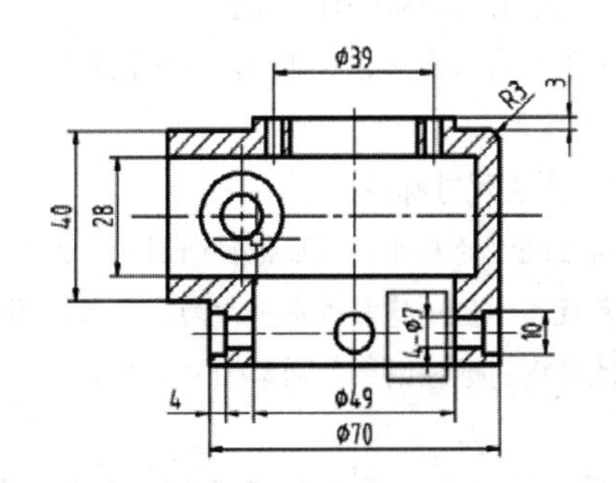

图 10-5　尺寸数字被图线通过时的标注

尺寸数字前的符号用来区分不同类型的尺寸，常见前缀符号的含义见表 10-3。

表 10-3　尺寸标注常见前缀符号的含义

φ	*R*	*S*	*t*	□	±	×	<	-
直径	半径	球面	零件厚度	正方形	正负偏差	参数分隔符	斜度	连字符

❑　直径及半径尺寸的标注

直径尺寸的数字前应加前缀“*φ*”，半径尺寸的数字前应加前缀“*R*”，其尺寸线应通过圆弧的圆心。当圆弧的半径过大时，可以使用如图 10-6 所示的两种圆弧标注方法。

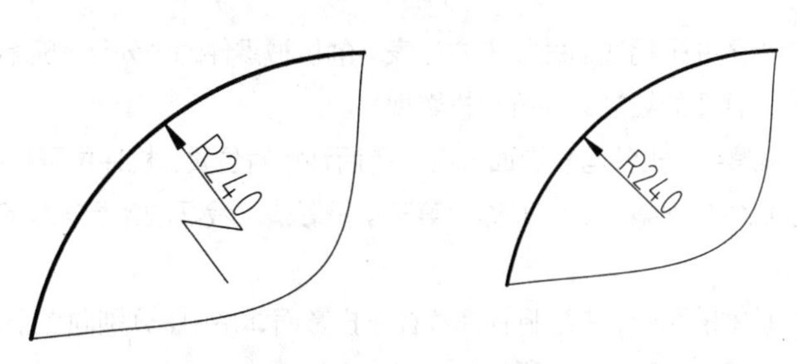

图 10-6　圆弧半径过大的标注方法

❑ 弦长及弧长尺寸的标注

➢ 弦长和弧长的尺寸界线应平行于该弦或者弧的垂直平分线，当弧度较大时可沿径向引出尺寸界线。

➢ 弦长的尺寸线为直线，弧长的尺寸线为圆弧，在弧长的尺寸线上方须用细实线画出“⌒”弧度符号，如图 10-7 所示。

❑ 球面尺寸的标注

标注球面的直径和半径时，应在符号“φ”和“R”前再加前缀“S”，如图 10-8 所示。

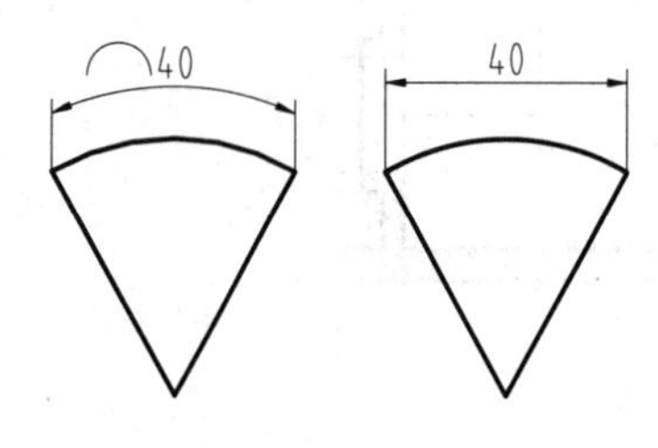

图 10-7　弧长和弦长的标注

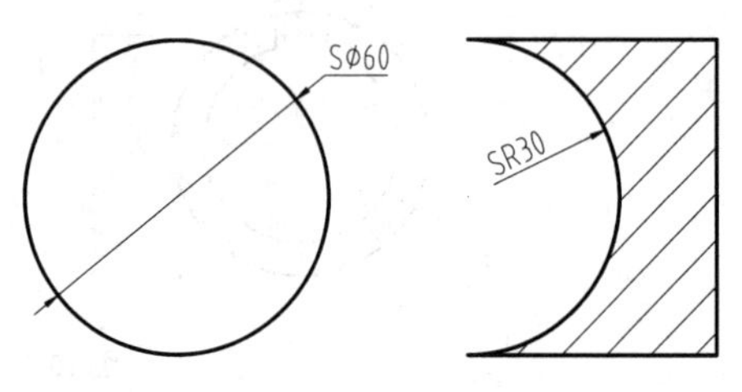

图 10-8　球面标注方法

❑ 正方形结构尺寸的标注

对于正截面为正方形的结构，可在正方形边长尺寸之前加前缀“□”或以“边长×边长”的形式进行标注，如图 10-9 所示。

❑ 角度尺寸标注

➢ 角度尺寸的尺寸界线应沿径向引出，尺寸线为圆弧，圆心是该角的顶点，尺寸线的终端为箭头。

➢ 角度尺寸值一律写成水平方向，一般注写在尺寸线的中断处，角度尺寸标注如图 10-10 所示。

其他结构的标注请参考国家相关标准。

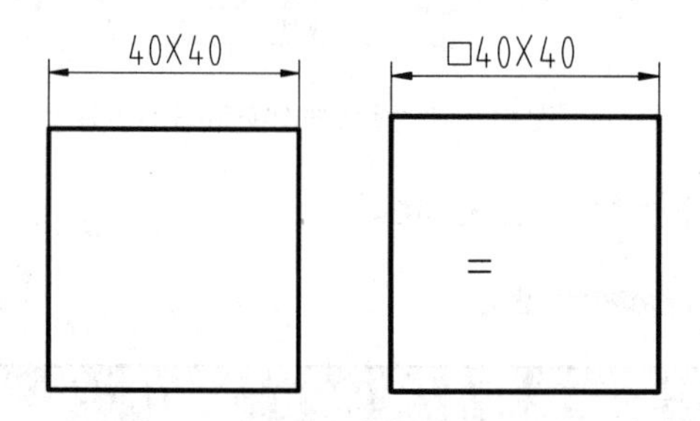

图 10-9　正方形的标注方法

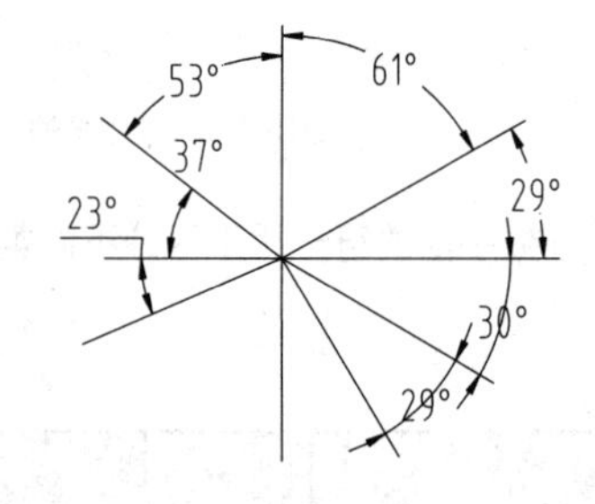

图 10-10　角度尺寸的标注

10.1.2　机械制图的表达方法

机械制图的目的是表达零件的尺寸结构，因此通常通过三视图外加剖视图、断面图、放大图等辅助视图的方法进行表达。本节将介绍这类视图的表达方法。

1．视图及投影方法

机械工程图样是用一组视图并采用适当的投影方法表示的机械零件的内外结构形状。视图是按正投影法即机件向投影面投影得到的图形，视图的绘制必须符合投影规律。

机件向投影面投影时，观察者、机件与投影面三者间有两种相对位置：机件位于投影面和观察者之间时称为第一角投影法；投影面位于机件与观察者之间时称为第三角投影法。我国国家标准规定采用第一角投影法。

❑ 基本视图

三视图是机械图样中最基本的图形，它是将物体放在三投影面体系中，分别向 3 个投影面做投射所得到的图形，即主视图、俯视图、左视图，如图 10-11 所示。

将三投影面体系展开在一个平面内，三视图之间满足“三等”关系，即“主俯视图长对正、主左视图高平齐、俯左视图宽相等”，如图 10-12 所示。“三等”关系这个重要的特性是绘图和读图的依据。

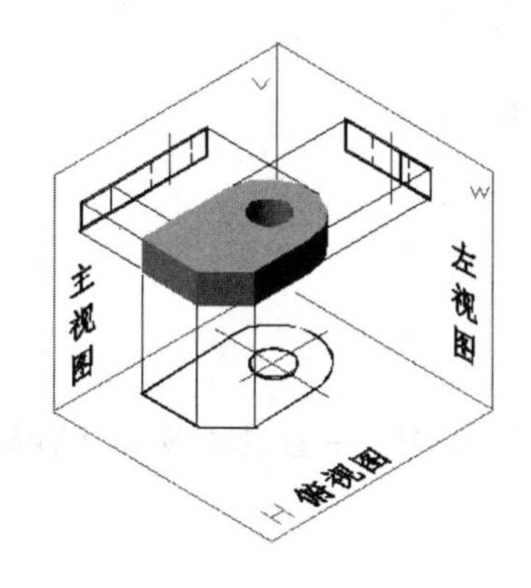

图 10-11　三视图形成原理示意图

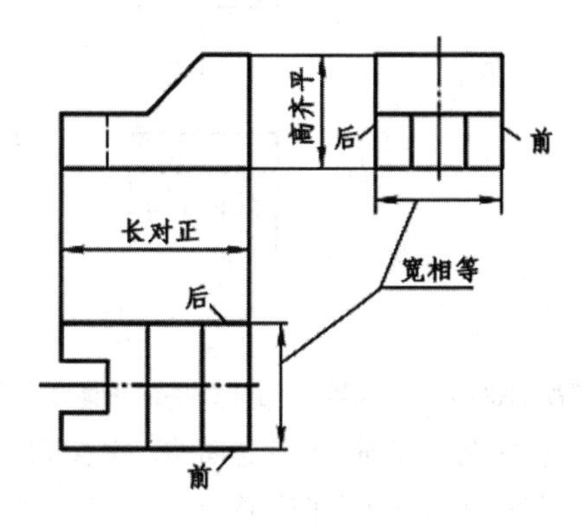

图 10-12　三视图之间的投影规律

当机件的结构十分复杂时，使用三视图来表达机件就十分困难。国家标准规定，在原有的三个投影面上增加三个投影面，使得整个六个投影面形成一个正六面体，它们分别是：右视图、主视图、左视图、后视图、仰视图、俯视图，如图 10-13 所示。

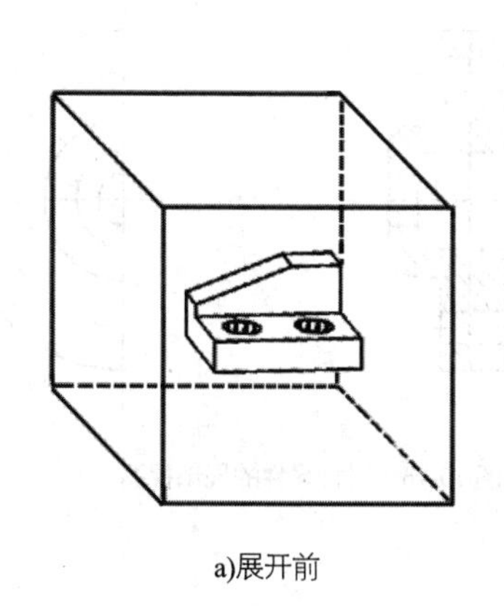

a)展开前

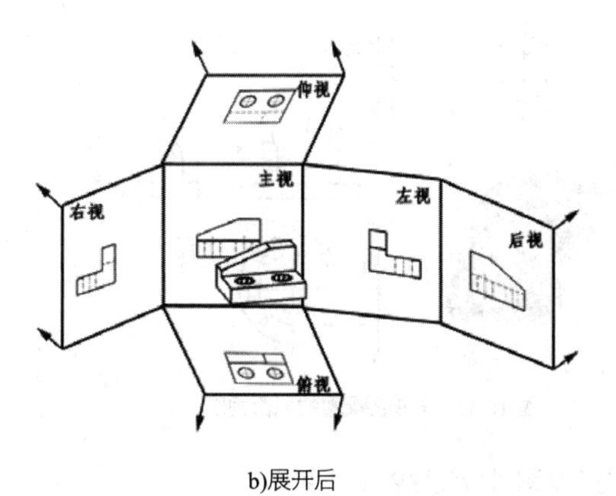

b)展开后

图 10-13　六个投影面及展开示意图

- 主视图：由前向后投影的是主视图。
- 俯视图：由上向下投影的是俯视图。
- 左视图：由左向右投影的是左视图。
- 右视图：由右向左投影的是右视图。
- 仰视图：由下向上投影的是仰视图。
- 后视图：由后向前投影的是后视图。

各视图展开后都要遵循“长对正、高平齐、宽相等”的投影原则。

❑ 向视图

有时为了便于合理地布置基本视图，可以采用向视图。

向视图是可自由配置的视图，它的标注方法为，在向视图的上方注写“*X*”（*X* 为大写的英文字母，如“*A*”“*B*”“*C*”等），并在相应视图的附近用箭头指明投影方向，注写相同的字母，如图 10-14 所示。

❑ 局部视图

当采用一定数量的基本视图后，机件上仍有部分结构形状尚未表达清楚，而又没有必要再画出完整的其他的基本视图时，可采用局部视图来表达。

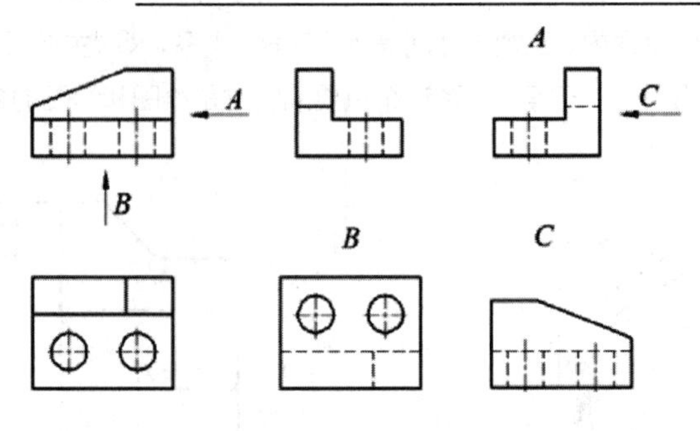

图 10-14　向视图

局部视图是将机件的某一部分向基本投影面投影得到的视图。局部视图是不完整的基本视图，利用局部视图可以减少基本视图的数量，使表达简洁，重点突出。

局部视图一般用于下面两种情况：

➢ 用于表达机件的局部形状。如图 10-15 所示，画局部视图时，一般可按向视图（指定某个方向对机件进行投影）的配置形式配置。当局部视图按基本视图的配置形式配置时，可省略标注。

➢ 用于节省绘图时间和图幅。对称的零件视图可只画一半或四分之一，并在对称中心线画出两条与其垂直的平行细直线，如图 10-16 所示。

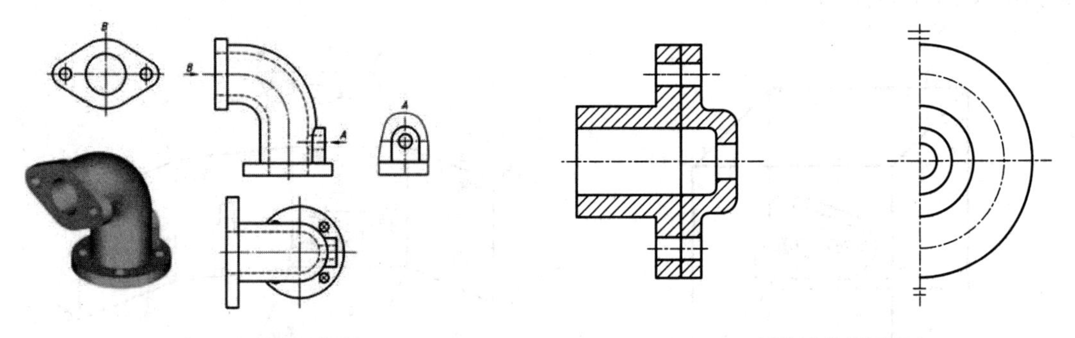

图 10-15　向视图配置的局部视图

图 10-16　对称零件的局部视图

画局部视图时应注意以下几点。

➢ 在相应的视图上用带字母的箭头指明所表示的投影部位和投影方向，并在局部视图上方用相同的字母标明“*X*”。

➢ 局部视图尽量画在有关视图的附近，并直接保持投影联系。也可以画在图样内的其他地方。当表示投影方向的箭头标在不同的视图上时，同一部位的局部视图的图形方向可能不同。

➢ 局部视图的范围用波浪线表示。所表示的图形结构完整且外轮廓线又封闭时，则波浪线可省略。

❑　斜视图

将机件向不平行于任何基本投影面的投影面进行投影，所得到的视图称为斜视图。斜视图适用于表达机件上的斜表面的实形。如图 10-17 所示为一个弯板形机件，它的倾斜部分在俯视图和左视图上的投影都不是实形。此时就可以另外加一个平行于该倾斜部分的投影面，在该投影面上则可以画出倾斜部分的实形投影，如 “*A*”向所示。

斜视图的标注方法与局部视图相似，并且应尽可能配置在与基本视图直接保持投影联系的位置，也可以平移到图样内的适当地方。为了画图方便，也可以旋转。此时应在该斜视图上方画出旋转符号，表示该斜视图名称的大写拉丁字母靠近旋转符号的箭头端，如图 10-17 所示。也允许将旋转角度标注在字母之后。旋转符号为带有箭头的半圆，半圆的线宽等于字体笔画的宽度，半圆的半径等于字体高度，箭头表示旋转方向。

画斜视图时增设的投影面只垂直于一个基本投影面，因此机件上原来平行于基本投影面的一些结构在斜视图中最好以波浪线为界而省略不画，以避免出现失真的投影。

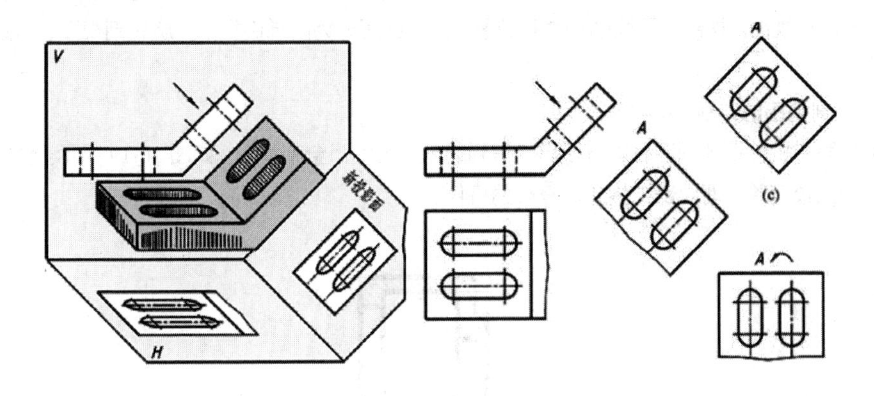

图 10-17　斜视图

2. 剖视图

在机械绘图中，三视图可基本表达机件外形，对于简单的内部结构可用虚线表示，但当零件的内部结构较复杂时，视图的虚线也将增多，要清晰地表达机件内部形状和结构则必须采用剖视图的画法。

❑　剖视图的概念

用剖切平面剖开机件，将处在观察者和剖切平面之间的部分移去，而将其与机件接触的部分向投影面投射所得的图形称为剖视图，简称剖视，如图 10-18 所示。

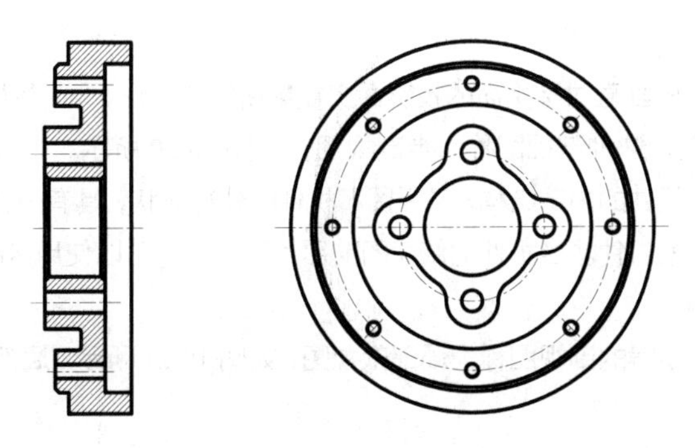

图 10-18　剖视图

剖视图将机件剖开，使得内部原来不可见的孔、槽变为可见，虚线变成了可见线，由此解决了内部虚线过多的问题。

❑　剖视图的画法

剖视图的画法应遵循以下原则。

➢ 画剖视图时要选择适当的剖切位置，使剖切平面尽量通过较多的内部结构(孔、槽等)的轴线或对称平面，并平行于选定的投影面。

➢ 内外轮廓要完整。机件剖开后，处在剖切平面之后的所有可见轮廓线都应完整画出，不得遗漏。

➢ 要画剖面符号。在剖视图中，凡是被剖切的部分应画上剖面符号。金属材料的剖面符号应画成与水平方向成 45° 角的互相平行、间隔均匀的细实线，同一机件各个视图的剖面符号应相同。当图形主要轮廓与水平方向成 45° 角或接近 45° 角时，该图剖面线应画成与水平方向 30° 角或 60° 角，其倾斜方向仍应与其他视图的剖面线一致。

❑　剖视图的分类

为了用较少的图形完整清晰地表达机械结构，就必须使每个图形能较多地表达机件的形状。在同一个视图中将普通视图与剖视图结合使用，能够最大限度地表达更多的结构。按剖切范围的大小，剖视图可分为全剖视图、半剖视图、局部剖视图。按剖切平面的种类和数量，剖视图可分为阶梯剖视图、旋转剖视图、斜剖视图和复合剖视图。

a. 全剖视图的绘制

用剖切平面将机件全部剖开后进行投影所得到的剖视图称为全剖视图，如图 10-19 所示。全剖视图一般用于表达外部形状比较简单，而内部结构比较复杂的机件。

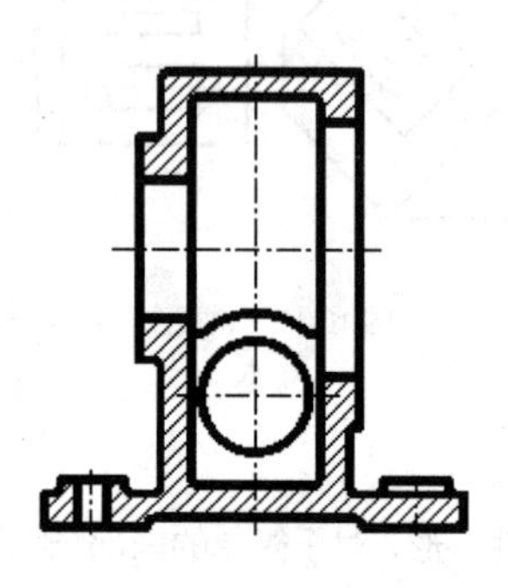

图 10-19　全剖视图

专家提醒：当剖切平面通过机件对称平面，且全剖视图按投影关系配置，中间又无其他视图隔开时，可以省略剖切符号标注，否则必须按规定方法标注。

b. 半剖视图的绘制

当物体具有对称平面时，向垂直对称平面的投影面上投影所得的图形，可以以对称中心线为界，一半画成剖视图，另一半画成普通视图，这种剖视图称为半剖视图，如图 10-20 所示。

半剖视图既充分地表达了机件的内部结构，又保留了机件的外部形状，具有内外兼顾的特点。但半剖视图只适用于表达对称的或基本对称的机件。当机件的俯视图前后对称时，也可以使用半剖视图表示。

c. 局部剖视图的绘制

用剖切平面局部剖开机件所得的剖视图称为局部剖视图，如图 10-21 所示。局部剖视图一般使用波浪线或双折线分界来表示剖切的范围。

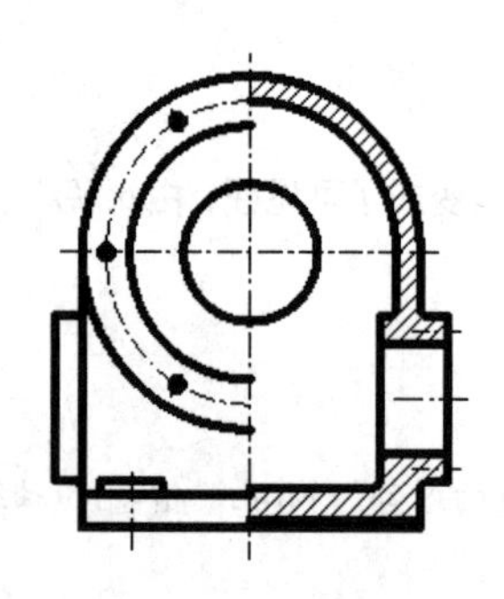

图 10-20　半剖视图

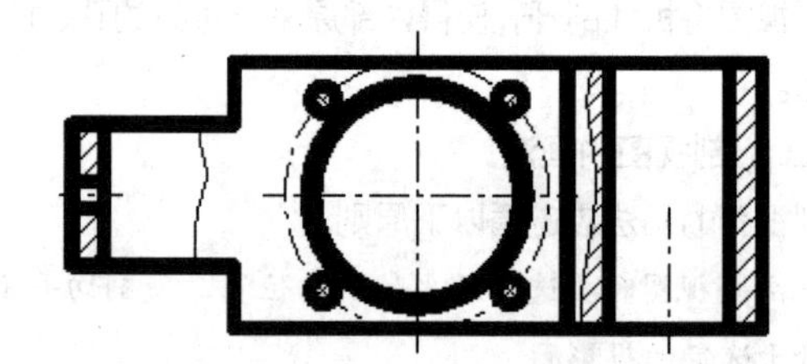

图 10-21　局部剖视图

局部剖视图是一种比较灵活的表达方法，剖切范围可根据实际需要决定，但使用时要考虑到看图方便，剖切不要过于零碎。它常用于下列两种情况。

- 机件只有局部内部结构要表达，而又不便或不宜采用全部剖视图时。
- 不对称机件需要同时表达其内、外形状时，宜采用局部剖视图。

3. 断面图

假想用剖切平面将机件在某处切断，只画出切断面形状的投影并画上规定的剖面符号的图形称为断面图。断面一般用于表达机件的某部分的断面形状，如轴、孔、槽等结构。

专家提醒：注意区分断面图与剖视图，断面图仅画出机件断面的图形，而剖视图则要画出剖切平面以后所有部分的投影。

为了得到断面结构的实体图形，剖切平面一般应垂直于机件的轴线或该处的轮廓线。断面图分为移出断面图和重合断面图。

❑ 移出断面图

移出断面图的轮廓线用粗实线绘制，画在视图的外面，尽量放置在剖切位置的延长线上，一般情况下只需画出断面的形状，但是当剖切平面通过回转曲面形成的孔或凹槽时，此孔或凹槽按剖视图画，或当断面为不闭合图形时，要将图形画成闭合的图形。

完整的剖面标记由3部分组成。粗短线表示剖切位置，箭头表示投影方向，拉丁字母表示断面图名称。当移出断面图放置在剖切位置的延长线上时，可省略字母；当图形对称(向左或向右投影得到的图形完全相同)时，可省略箭头；当移出断面图配置在剖切位置的延长线上且图形对称时，可不加任何标记，如图10-22所示。

专家提醒：移出断面图也可以画在视图的中断处，此时若剖面图形对称，可不加任何标记；若剖面图形不对称，要标注剖切位置和投影方向。

❑ 重合断面图

剖切后将断面图形重叠在视图上，这样得到的剖面图称为重合断面图。

重合断面图的轮廓线要用细实线绘制，而且当断面图的轮廓线和视图的轮廓线重合时，视图的轮廓线应连续画出，不应间断。当重合断面图形不对称时，要标注投影方向和断面位置标记，如图10-23所示。

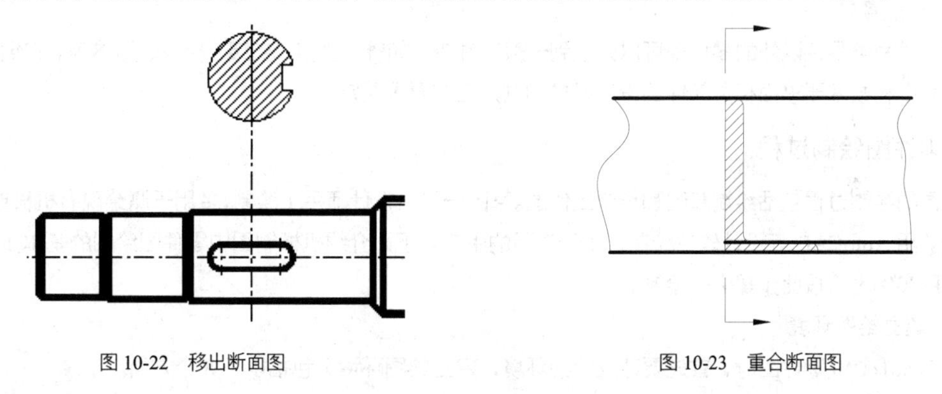

图10-22　移出断面图　　　　图10-23　重合断面图

4．放大图

当物体某些细小结构在视图上表示不清楚或不便标注尺寸时，可以用大于原图形的绘图比例在图样上其他位置绘制该部分图形，这种图形称为局部放大图，如图10-24所示。

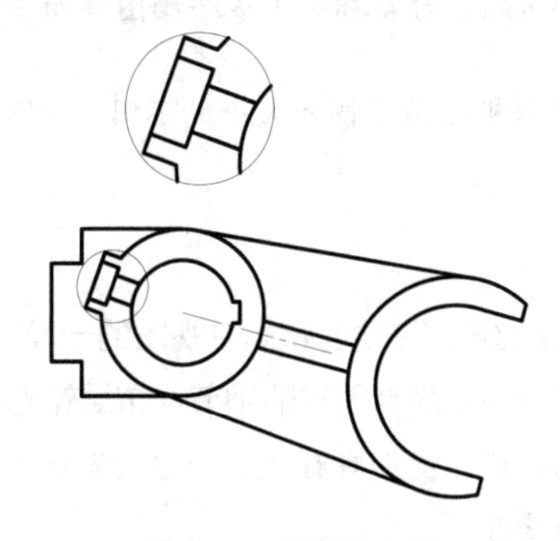

图10-24　局部放大图

局部放大图可以画成视图、剖视图或断面图，它与被放大部分的表达形式无关。画图时，在原图上用细实线圆圈出被放大部分，尽量将局部放大图配置在被放大图样部分附近，在放大图上方注明放大图的比例。若图中有多处要做局部放大时，还要用罗马数字作为放大图的编号。

10.2 机械设计图的内容

机械设计是一项复杂的工作，设计的内容和形式也有很多种，但无论是其中的哪一种，机械设计体现在图样上的结果都只有两个，即零件图和装配图。

10.2.1 零件图

零件图是制造和检验零件的主要依据，是设计部门提交给生产部门的重要技术文件，也是进行技术交流的重要资料。零件图不仅仅是把零件的内、外结构形状和大小表达清楚，还需要对零件的材料、加工、检验、测量提出必要的技术要求。

1. 零件图的类型

零件是部件中的组成部分。一个零件的机构与其在部件中的作用密不可分。零件按其在部件中所起的作用以及结构是否标准化，大致可以分为以下 3 类。

❑ 标准件

常用的有螺纹连接件（如螺栓、螺钉、螺母），以及轴承等。这类零件的结构已经标准化，国家制图标准已规定了标准件的规定画法和标注方法。

❑ 传动件

常用的有齿轮、蜗轮、蜗杆、带轮、丝杠等。这类零件的主要结构已经标准化，并且有规定画法。

❑ 一般零件

除了上述两类零件以外的零件都可以归纳到一般零件中，如轴、盘盖、支架、壳体、箱体等。它们的结构形状、尺寸大小和技术要求由相关部件的设计要求和制造工艺要求而定。

2. 零件图绘制过程

零件图的绘制过程包括绘制草图和绘制工作图。草图一般由设计师手工绘制，多用于测绘现有机械或零部件；工作图一般用 AutoCAD 等设计软件绘制，用于实际的生产。下面介绍机械制图中零件图绘制的基本步骤，本章中的零件图实例也将按此步骤进行绘制。

❑ 建立绘图环境

在绘制 AutoCAD 零件图时，首先要建立绘图环境，建立绘图环境又包括以下 3 个方面。

➢ 设定工作区域，一般是根据主视图的大小来进行设置。

➢ 在机械制图中，根据图形需要，不同含义的图形元素应放在不同的图层中，所以在绘制图形之前先必须设定图层。

➢ 使用绘图辅助工具，即打开极轴追踪、对象捕捉等多个绘图辅助工具按钮。

专家提醒：为了提高绘图效率，可以根据图纸幅面大小的不同，分别建立若干个样板图，以作为绘图的模板。

❑ 布局主视图

建立好绘图环境之后，就需要对主视图进行布局。布局主视图的一般方法是：先画出主视图的布局线，形成图样的大致轮廓，然后再以布局线为基准图元绘制图样的细节。布局轮廓时一般要画出的线条有以下几种。

➢ 图形元素的定位线，如重要孔的轴线、图形对称线、一些端面线等。

➢ 零件的上、下轮廓线及左、右轮廓线。

❑ 绘制主视图局部细节

在建立了几何轮廓后，就可考虑利用已有的线条来绘制图样的细节。作图时，可先把整个图形划分为几个部分，然后逐一绘制完成。在绘图过程中一般使用 OFFSET（偏移）和 TRIM（剪切）命令来完成图样细节。

❑ 布局其他视图

主视图绘制完成后，接下来要画左视图及俯视图。右视图及俯视图的绘制过程与主视图类似，首先形成这两个视图的主要布局线，然后画出图形细节。

❑ 修饰图样

图形绘制完成后，常常要对一些图元的外观及属性进行调整，主要包括以下内容。

➢ 修改线条长度。

➢ 修改对象所在图层。

➢ 修改线型。

❑ 标注零件尺寸

图形绘制完成后要对零件进行标注，一般是先切换到标注层，然后对零件进行标注。若有技术要求等文字说明，应当写在规定处。

❑ 校核和审核

一张合格的能直接用于加工生产的图样，不论是尺寸还是加工工艺都要经过反复修正审核，换言之，一般只有经过审核批准的图样才能用于加工生产。

10.2.2 装配图

在机械制图中，装配图是用来表达部件或机器的工作原理、零件之间的安装关系与相互位置的图样，包含装配、检验、安装时所需要的尺寸数据和技术要求，是指定装配工艺流程及进行装配、检验、安装、维修的技术依据，是生产中的重要技术文件。在产品或部件的设计过程中，一般是先设计画出装配图，然后再根据装配图进行零件设计，画出零件图。

在装配过程中要根据装配图把零件装配成部件或者机器，通过装配图可以了解部件的性能、工作原理和使用方法。装配图是设计者的设计思想的反映，是指导装配、维修、使用机器以及进行技术交流的重要技术资料。使用者也经常用装配图来了解产品或部件的工作原理及构造。

1. 装配图表达的方法

零件的各种表达方法同样适用于装配图，即在装配图中也可以使用各种视图、剖视图、断面图等表达方法，但是零件图和装配图表达的侧重点不同，零件图需把各部分形状完全表达清楚，而装配图主要表达部件的装配关系、工作原理、零件间的装配关系及主要零件的结构形状等。因此，根据装配图的特点和表达要求，国家标准对装配图提出了一些规定画法和特殊的表达方法。

❑ 装配图规定的画法

➢ 两相邻零件的接触面和配合面只画一条轮廓线，不接触面和非配合面应画两条轮廓线，如图 10-25 所示。此外，如果相邻两线的距离太近，可以不按比例放大并画出。

➢ 两相邻零件剖面线方向相反，或方向相同、间隔不等，同一零件在各视图上的剖面线方向和间隔必须保持一致，以示区别，如图 10-26 所示。

➢ 在图样中，如果剖面的厚度小于 2mm，断面可以涂黑，对于玻璃等不宜涂黑的材料可不画剖面符号。

➢ 当剖切位置通过螺钉、螺母、垫圈等连接件以及轴、手柄、连杆、球、键等实心零件的轴线时，绘图时均按不剖处理，如果需要表明零件的键槽、销孔等结构，可用局部剖视图表示，如图 10-27 所示。

❑ 装配图的特殊画法

➢ 沿结合面剖切和拆卸画法。在装配图的某一视图中，为表达一些重要零件的内、外部形状，可假想拆去一个或者几个零件后绘制该视图，有时为了更清楚地表达重要的内部结构，可采用沿零件结合面剖切绘制视图，如图 10-28 所示。

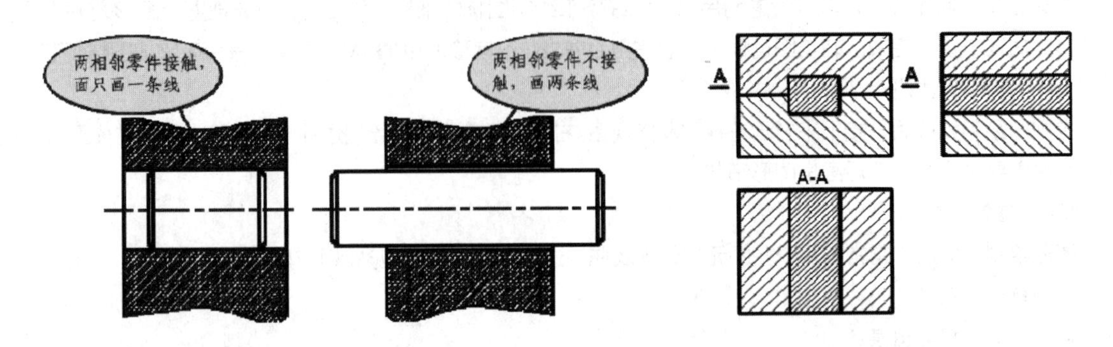

图 10-25　两相邻零件的画法　　图 10-26　剖面线的画法

➢ 假想画法。当需要表达与本零件有装配关系但又不属于本部件的其他相邻零部件时，可用假想画法，将其他相邻零部件使用双点画线画出。在装配图中，需要表达某零部件的运动范围和极限位置，可用假想画法，用双点画线画出该零件的极限位置轮廓，如图 10-29 所示。

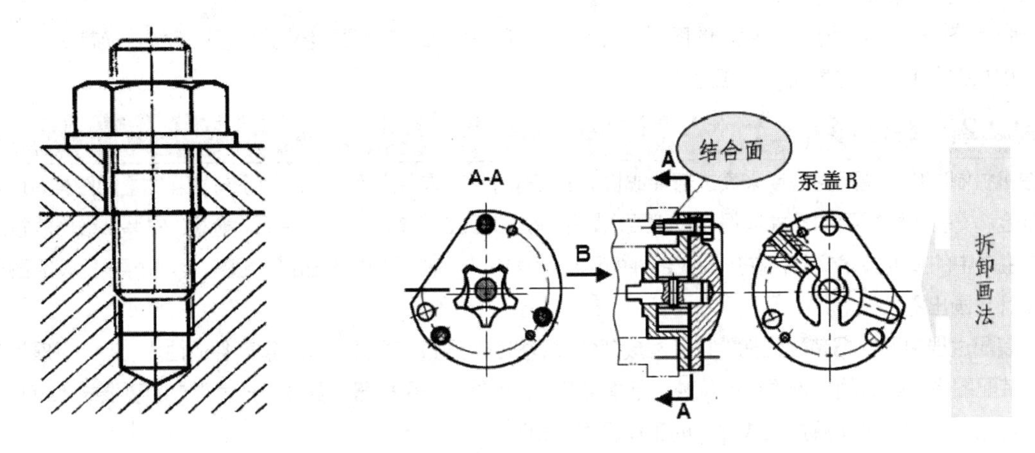

图 10-27　螺钉、螺母的剖视表示法　　图 10-28　拆卸及沿结合面剖切画法

➢ 夸大画法。在绘图过程中，遇到薄片零件、细丝零件、微小间隙等情况，在无法按照实际的尺寸绘制，或者即使绘制出也不能明显地表达零件或间隙的结构时，可采用夸大画法。

➢ 单件画法。在绘制装配图过程中，当某个重要的零件形状没有表达清楚会对装配的理解产生重要影响时，可以采用单件画法，单独绘制该零件的某一视图。

➢ 简化画法。在绘图过程中，下列情况可采用简化画法：①装配图中，零件的工艺结构（如倒角、倒圆、退刀槽等）允许省略不画；②装配图中，螺栓头允许采用简化画法，如遇到螺纹紧固件等相同的零件组时，在不影响理解的前提下，允许只画出一处，其余可用细点画线表示其中心位置即可；③在绘制装配剖视图时，一般一半采用规定画法，一半采用简化画法；④在装配图中，如果剖切平面通过的组件为标准化产品（如油杯、油标、管接头等），可按不剖绘制。简化画法如图 10-30 所示。

➢ 展开画法。主要用来表达某些重叠的装配关系或零件动力的传动顺序，如在多级传动减速机中，为了表达齿轮的传动顺序和装配关系，假想将空间轴系按其传动顺序展开在一个平面上，然后绘制出剖视图。

2. 装配结构的合理性

为了保证机器或部件的装配质量，满足性能要求，并给加工制造和装拆带来方便，在设计过程中必须考虑装配结构的合理性。下面介绍几种常见的装配结构的合理性。

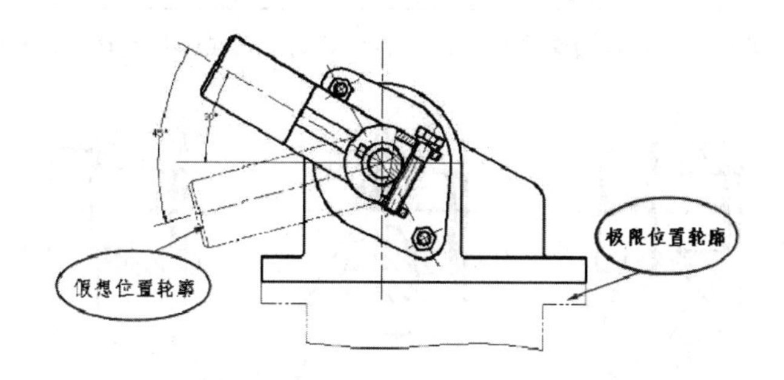

图 10-29　假想画法

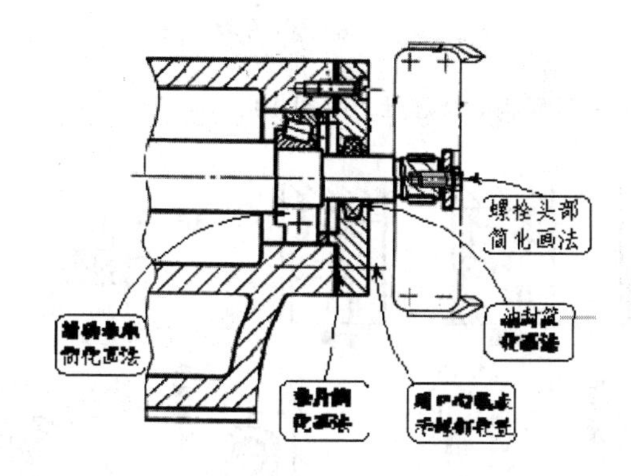

图 10-30　简化画法

➢ 两零件接触时，在同一方向上只有一对接触面，如图 10-31 所示。

➢ 圆锥面接触应有足够的长度，且锥体顶部与锥形槽底部须留有间隙，如图 10-32 所示。

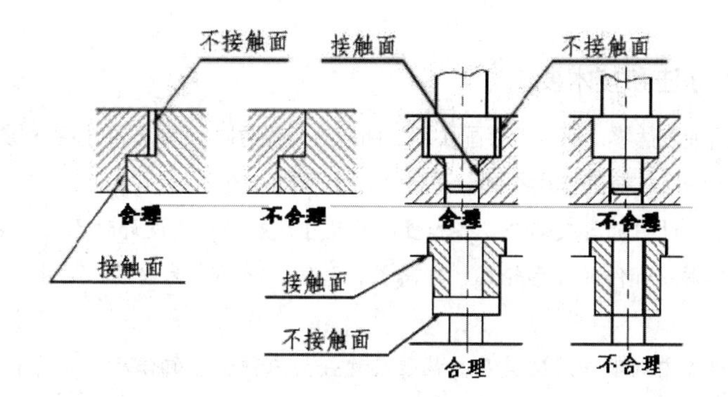

图 10-31　接触面的合理性

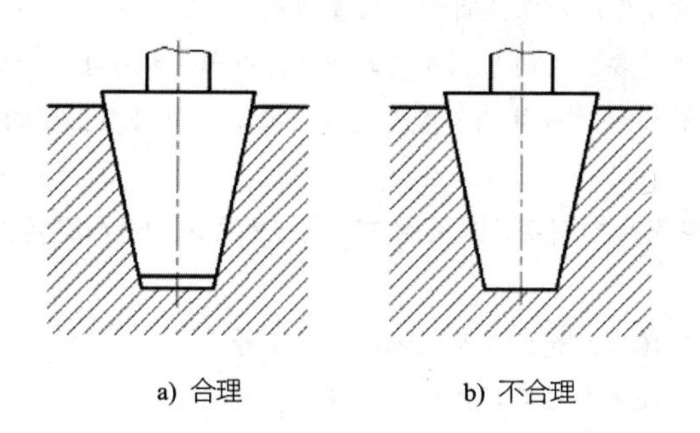

a) 合理　　b) 不合理

图 10-32　圆锥面接触的合理性

➢ 当孔与轴配合时，若轴肩与孔端面需要接触，则加工成倒角或在轴肩处切槽，如图 10-33 所示。

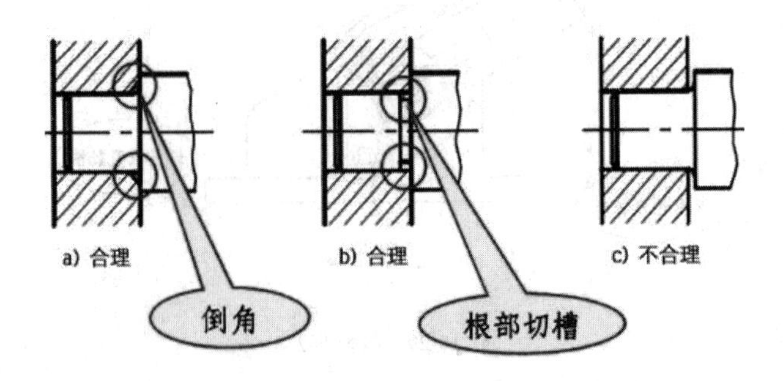

图 10-33 轴孔配合的合理性

➢ 必须考虑到装拆的方便和装拆结构的合理性，如图 10-34 所示。

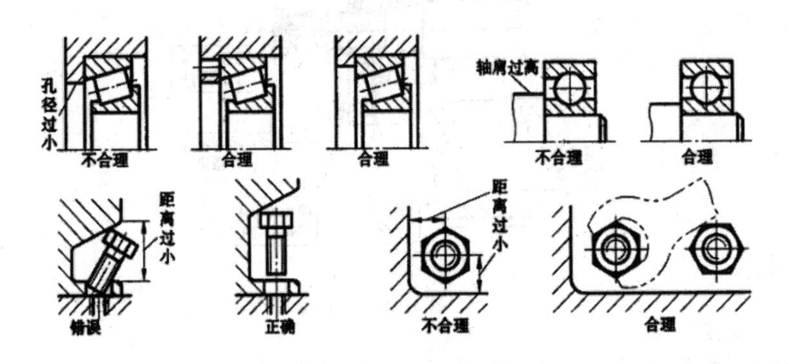

图 10-34 装拆结构的合理性

3. 装配图的尺寸标注和技术要求

由于装配图主要是用来表达零、部件的装配关系，所以在装配图中不需要注出每个零件的全部尺寸，而只需注出一些必要的尺寸。这些尺寸按其作用不同，可分为以下 5 类。

➢ 规格（性能）尺寸：说明机器或部件规格和性能的尺寸。规格尺寸设计时已经确定，是机器设计的依据。

➢ 外形尺寸：表达机器或部件的外形轮廓，即总长、总宽、总高，为安装、运输、包装时所占空间提供参考。

➢ 装配尺寸：表示机器内部零件装配关系，装配尺寸分为三种：①配合尺寸，用来表示两个零件之间的配合性质的尺寸；②零件间的连接尺寸，如连接用的螺栓、螺钉、销等的定位尺寸；③零件间重要的相对位置尺寸，用来表示装配和拆画零件时，需要保证的零件间相对位置的尺寸。

➢ 安装尺寸：表达机器或部件安装在地基上或与其他机器或部件相连接时所需要的尺寸。

➢ 其他重要尺寸：指在设计中经过计算确定或选定的尺寸，不包含在上述四种尺寸之中，在拆画零件时不能改变。

在装配图中，不能用图形来表达的信息可以采用文字在技术要求中进行必要的说明。装配图中的技术要求一般可以从以下几个方面来考虑：

➢ 装配要求：指装配后必须保证的精度以及装配时的要求等。

➢ 检验要求：指装配过程中及装配后必须保证其精度的各种检验方法。

➢ 使用要求：指对装配体的基本性能、维护、保养、使用时的要求。

技术要求一般编写在明细栏的上方或图纸下部的空白处，如果内容很多，也可另外编写成技术文件作为图纸的附件。

4．装配图的零、部件序号和明细栏

在绘制好装配图后，为了方便阅读图样，做好生产准备工作和图样管理，对装配图中每种零部件都必须标注序号，并填写明细栏。

❑ 零、部件序号

在机械制图中，零、部件序号的标注形式有多种，序号的排列也需要遵循一定的原则。

- 装配图中所有零、部件都必须编写序号，且相同零部件只有一个序号，同一装配图中，尺寸规格完全相同的零部件应编写相同的序号。
- 零、部件的序号应与明细栏中的序号一致，且在同一个装配图中标注序号的形式一致。
- 指引线不能相交，通过剖面区域时不能与剖面线平行，必要时允许曲折一次。
- 对于一组紧固件或装配关系清楚的组件，可用公共指引线将序号注在视图外，且按水平或垂直方向排列整齐，并按顺时针或逆时针顺序排列，如图 10-35 所示。
- 序号的标注形式主要有三种：①编号时，指引线从所指零件可见轮廓内引出，在末端画一个小圆或画一短横线，在小圆内或短线上编写零件的序号，字体高度比尺寸数字大一号或两号，如图 10-36 所示；②直接在指引线附近编写序号，序号字体高度比尺寸字体大两号；③当指引线从很薄的零件或涂黑的断面引出时，可画箭头指向该零件的可见轮廓。

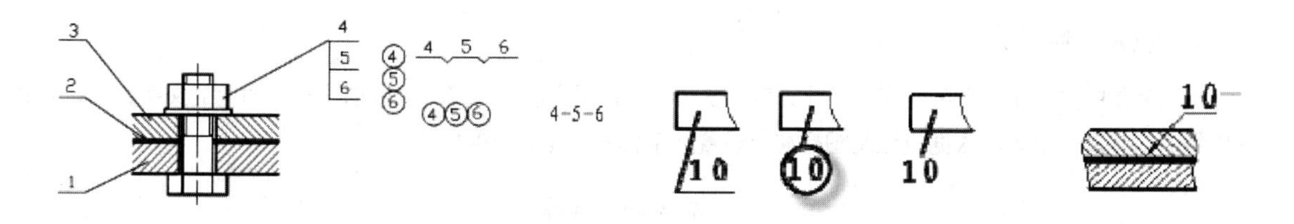

图 10-35 指引线的标注　　　　图 10-36 序号的标注形式

❑ 明细栏

明细栏是机器或部件中全部零件的详细目录，内容包括零件的序号、代号、名称、材料、数量以及备注等项目。明细栏的内容和格式国家标准没有做统一规定，但是在填写时应遵循以下原则：

- 明细栏画在标题栏的上方，零件序号由下往上填写，地方不够时可沿标题栏左面继续排。
- 对于标准件，要填写相应的国标代号。
- 常用件的重要参数应填写在备注栏内，如齿轮的齿数、模数等。
- 备注栏内还可以填写热处理和表面处理等内容。

10.3 创建机械绘图样板

事先设置好绘图环境，可以使用户在绘制机械图样时更加方便、灵活、快捷。绘图环境的设置包括绘图区域界限及单位的设置、图层的设置、文字和标注样式的设置等。用户可以先创建一个空白文件，然后设置好相关参数，再将其保存为模板文件，以便再绘制机械图样时直接调用。

1．绘图区的设置

01 启动 AutoCAD 2022 软件，选择【文件】|【保存】命令，将该文件保存为“第 10 章\机械制图样板.dwg”文件。

02 选择【格式】|【单位】命令，打开【图形单位】对话框，设置【长度】类型为【小数】、【精度】为 0.00，【角度】类型为【十进制度数】、【精度】为 0，如图 10-37 所示。

2．规划图层

机械制图中的主要图线元素有轮廓线、标注线、中心线、剖面线、细实线、虚线等，因此在绘制图样之前需要先创建如图 10-38 所示的图层。

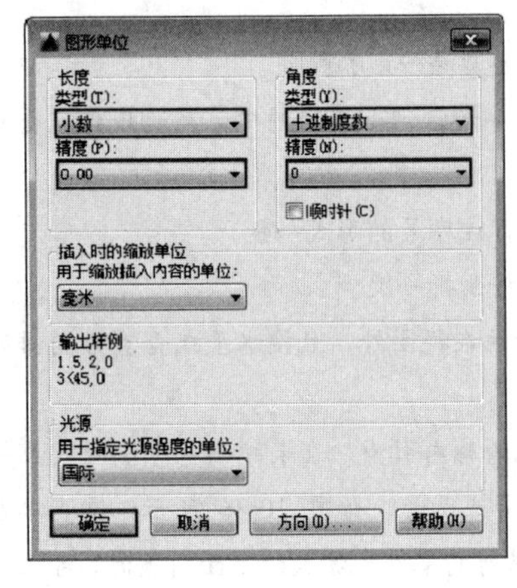

图 10-37 设置图形单位

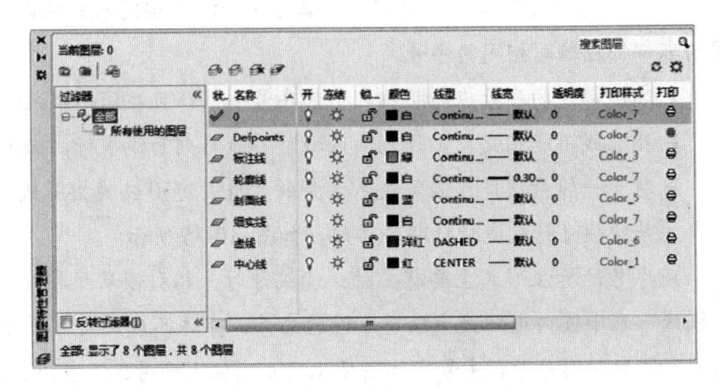

图 10-38 创建机械制图用图层

3．设置文字样式

机械制图中的文字有图名文字、尺寸文字、技术要求说明文字等。可以直接创建一种通用的文字样式，然后在应用时对其进行修改。根据机械制图标准，设置文字样式，见表 10-4。

表 10-4 文字样式

<table>
<tr><th>文字样式名</th><th>打印到图纸上的文字高度/mm</th><th>图形文字高度（文字样式高度）/mm</th><th>宽度因子</th><th>字体及大字体</th></tr>
<tr><td>机械设计文字样式</td><td>3.5</td><td>3.5</td><td rowspan="3">0.7</td><td>gbeitc.shx，gbcbig.shx</td></tr>
<tr><td>图名</td><td>5</td><td>5</td><td>gbeitc.shx，gbcbig.shx</td></tr>
<tr><td>技术要求</td><td>5</td><td>5</td><td>仿宋</td></tr>
</table>

01 选择【格式】|【文字样式】命令，打开【文字样式】对话框，单击【新建】按钮，打开【新建文字样式】对话框，定义【样式名】为“机械设计文字样式”，如图 10-39 所示。

02 在【字体】下拉列表中选择字体“gbeitc.shx”，勾选【使用大字体】复选框，并在【大字体】下拉列表中选择字体“gbcbig.shx”，在【高度】文本框中输入 3.5，在【宽度因子】文本框中输入 0.7，单击【应用】按钮，完成该文字样式的设置，如图 10-40 所示。

03 按相同方法，参照表 10-4 创建“图名”和“技术要求”文字样式。

4．设置标注样式

01 选择【格式】|【标注样式】命令，打开【标注样式管理器】对话框，如图 10-41 所示。

02 单击【新建】按钮，系统弹出【创建新标注样式】对话框，在【新样式名】文本框中输入“机械图标注样式”，如图 10-42 所示。

03 单击【继续】按钮，弹出【新建标注样式：机械图标注样式】对话框，切换到【线】选项卡，设置【基线间距】为 8，设置【超出尺寸线】为 2.5，设置【起点偏移量】为 2，如图 10-43 所示。

04 切换到【符号和箭头】选项卡，设置【引线】为【无】，设置【箭头大小】为 2.5，设置【圆心标记】为 2.5，设置【弧长符号】为【标注文字的上方】，设置【半径折弯角度】为 90，如图 10-44 所示。

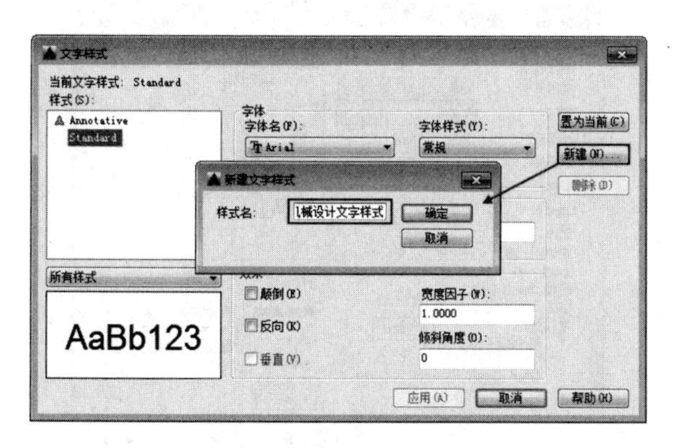

图 10-39 新建"机械设计文字样式"

图 10-40 设置"机械设计文字样式"

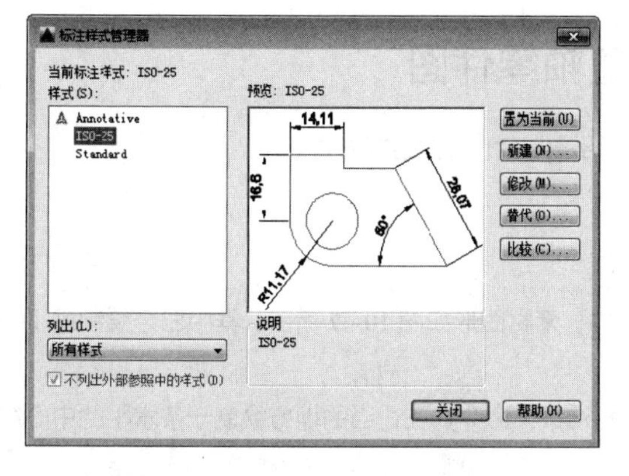

图 10-41 【标注样式管理器】对话框

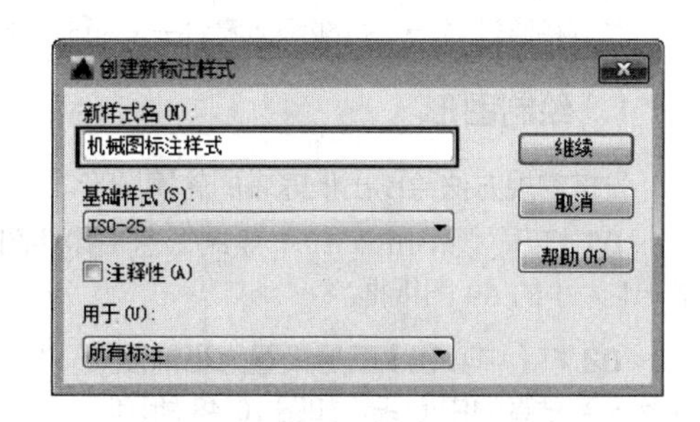

图 10-42 【创建新标注样式】对话框

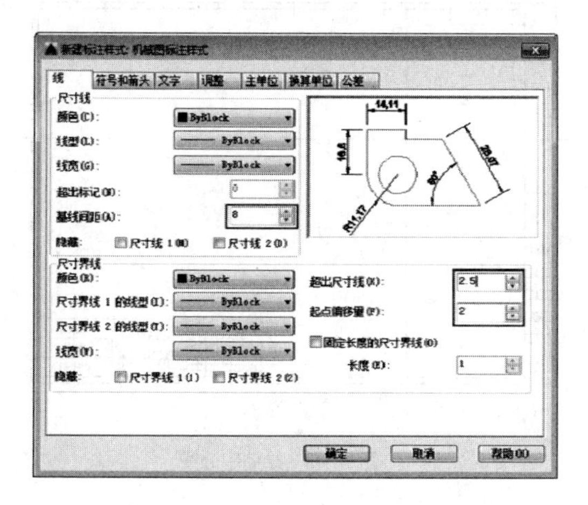

图 10-43 【线】选项卡

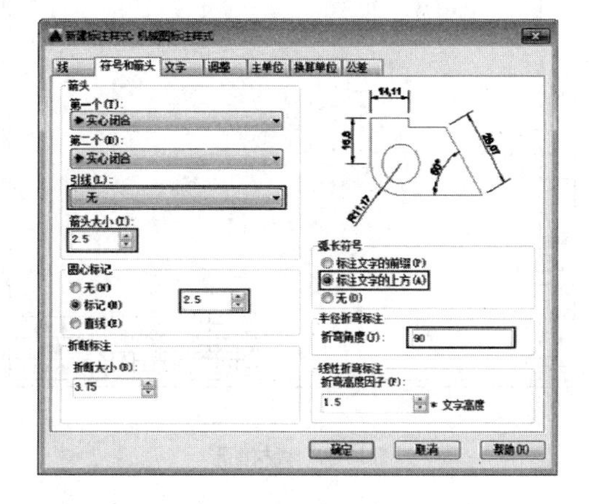

图 10-44 【符号和箭头】选项卡

05 切换到【文字】选项卡，单击【文字样式】下拉列表框后面的[...]按钮，设置字体为【gbenor.shx】，设置【文字高度】为 2.5，设置【文字对齐】为【ISO 标准】，如图 10-45 所示。

06 切换到【主单位】选项卡，设置【线性标注】中的【精度】为 0.00，设置【角度标注】中的【精度】为 0.0，【消零】都设置为【后续】，如图 10-46 所示。然后单击【确定】按钮，返回【标注样式管理器】对话框，单击【置为当前】按钮，再单击【关闭】按钮，创建完成。

07 保存为样板文件。选择【文件】|【另存为】命令，打开【图形另存为】对话框，保存为"第 10 章\

机械制图样板.dwt”文件。

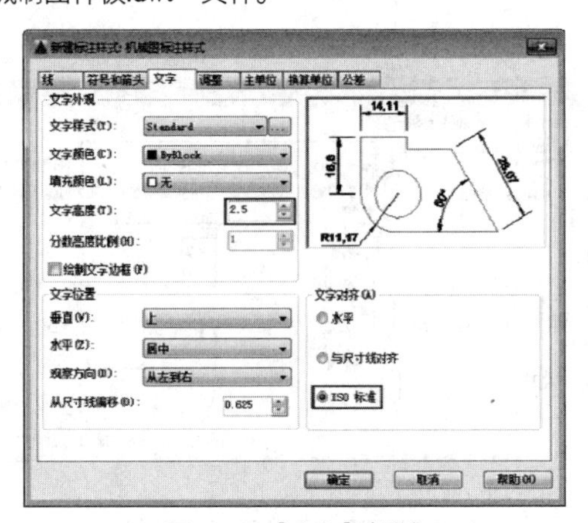

图 10-45 【文字】选项卡

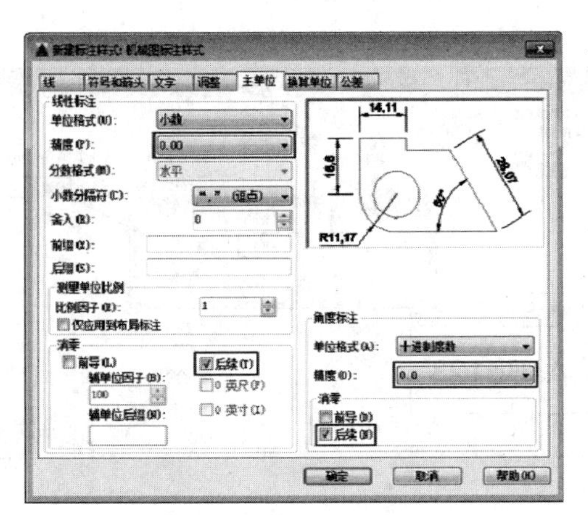

图 10-46 【主单位】选项卡

10.4 绘制低速轴零件图

本节将通过对一个机械经典零件——低速轴的绘制来介绍零件图的具体绘制方法。

1. 绘制图形

先按常规方法绘制出低速轴的轮廓图形。

01 打开 “第 10 章\10.4 绘制低速轴零件图.dwg” 文件，素材图形如图 10-47 所示，其中已经绘制好了一张 1:1 大小的 A4 图纸框。

02 将【中心线】图层设置为当前图层，执行【XL】(构造线)命令，在适当的地方绘制一条水平的中心线以及一条垂直的中心线，如图 10-48 所示。

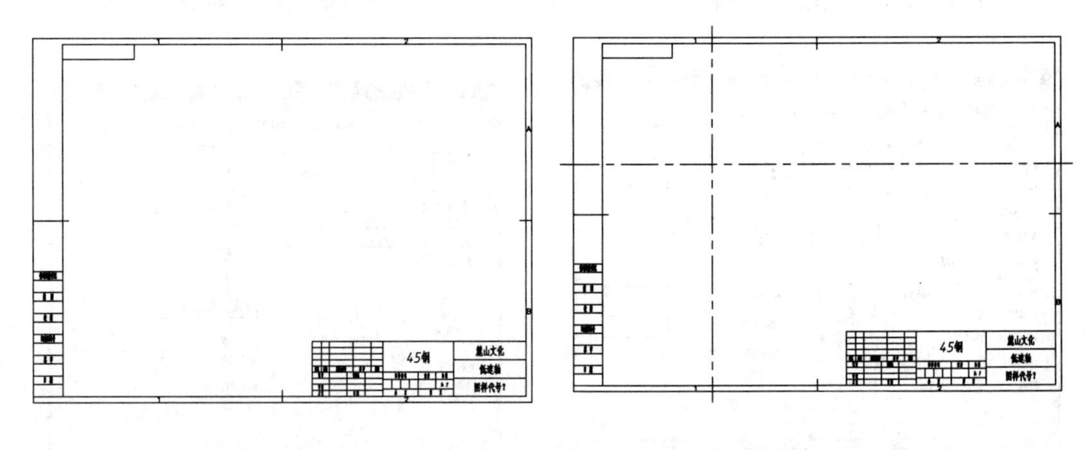

图 10-47 素材图形

图 10-48 绘制中心线

03 使用快捷键 O 激活【偏移】命令，对垂直的中心线进行多重偏移，结果如图 10-49 所示。

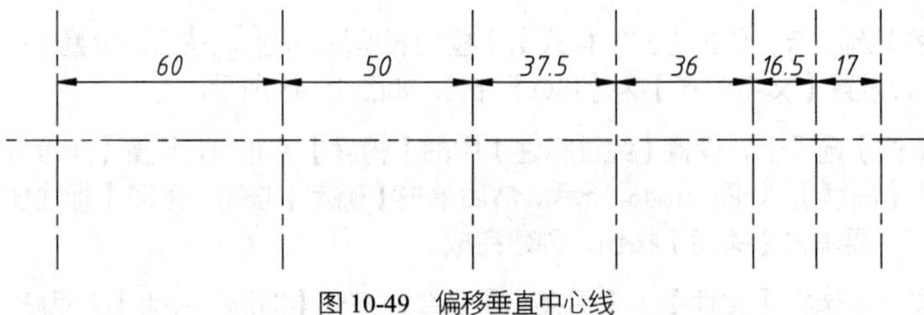

图 10-49 偏移垂直中心线

04 同样，使用【O】(偏移）命令，对水平的中心线进行多重偏移，结果如图 10-50 所示。

图 10-50　偏移水平中心线

05 切换到【轮廓线】图层，执行【L】(直线）命令，绘制直线，再执【TR】(修剪)、【E】(删除）命令，修剪多余的图线，完成轴体半边轮廓的绘制，结果如图 10-51 所示。

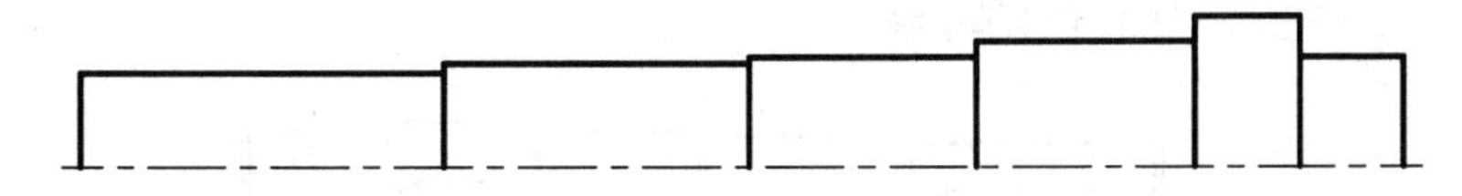

图 10-51　绘制轴体的半边轮廓

06 单击【修改】面板中的【倒角】按钮，执行【CHA】(倒角）命令，设置倒角尺寸为 *C*2，对轮廓线进行倒角，然后使用【L】(直线）命令，配合捕捉与追踪功能，绘制倒角的连接线，结果如图 10-52 所示。

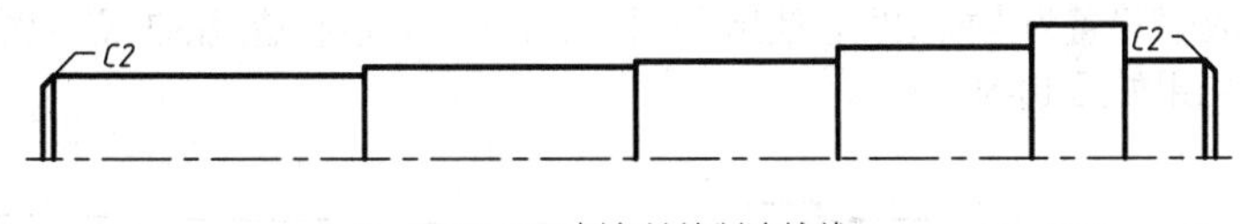

图 10-52　倒角并绘制连接线

07 使用快捷键 MI 激活【镜像】命令，对轮廓线进行镜像复制，结果如图 10-53 所示。

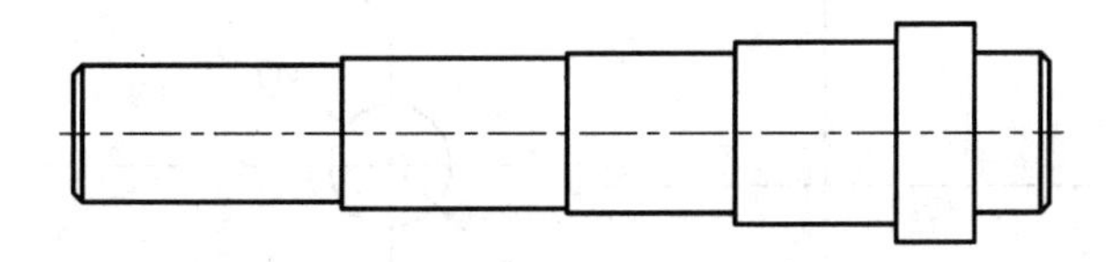

图 10-53　镜像图形

08 使用快捷键 O 激活【偏移】命令，创建如图 10-54 所示的垂直辅助线。

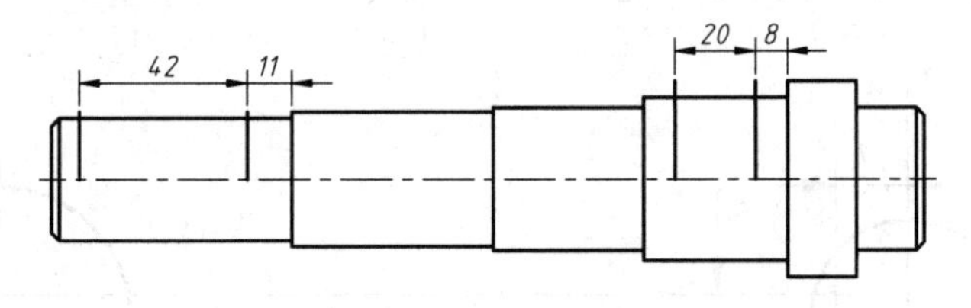

图 10-54　创建垂直辅助线

09 将【轮廓线】图层设置为当前图层，使用【C】(圆）命令，以刚偏移的垂直辅助线与水平中心线的交点为圆心，绘制直径为 12mm 和 8mm 的圆，如图 10-55 所示。

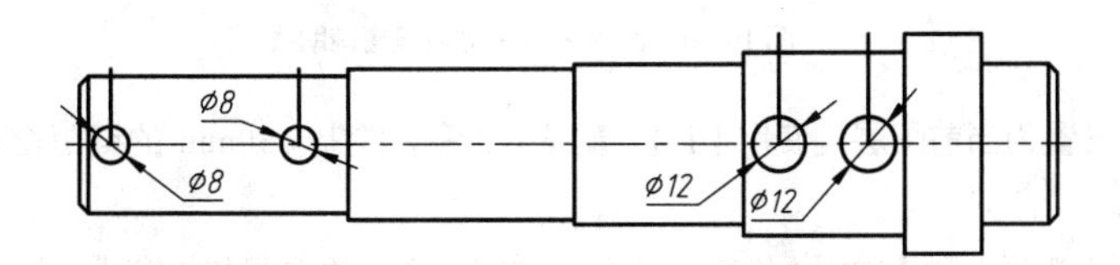

图 10-55　绘制圆

10 使用【L】(直线)命令，配合捕捉切点功能，绘制键槽轮廓，如图 10-56 所示。

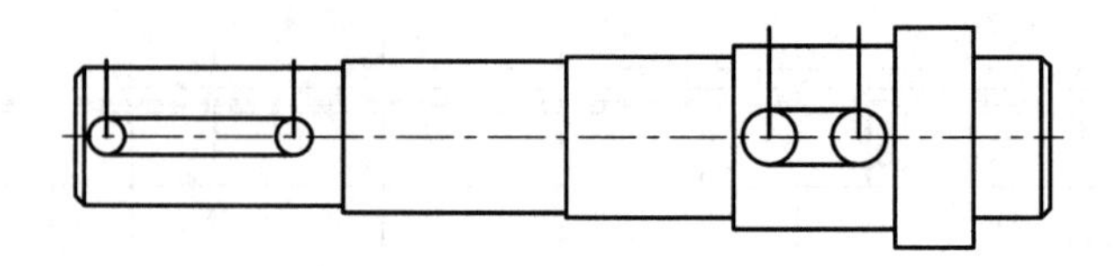

图 10-56　绘制键槽轮廓

11 使用【TR】(修剪)命令，对键槽轮廓进行修剪，并删除多余的辅助线，结果如图 10-57 所示。

12 将【中心线】图层设置为当前图层，使用快捷键 XL 激活【构造线】命令，绘制如图 10-58 所示的水平和垂直构造线，作为移出断面图的定位辅助线。

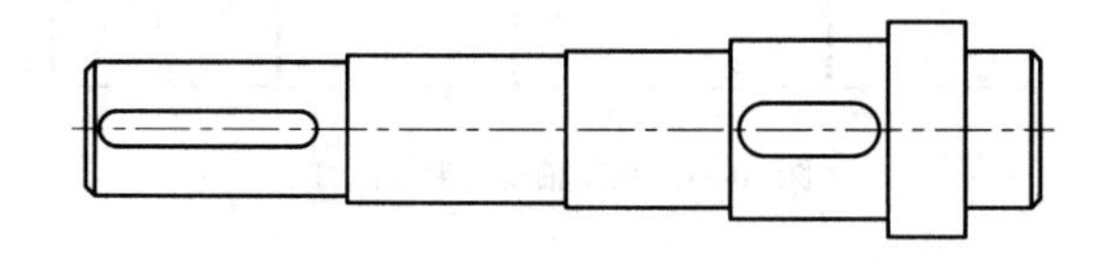

图 10-57　删除多余图形

13 将【轮廓线】图层设置为当前图层，使用【C】(圆)命令，以构造线的交点为圆心，分别绘制直径为 30mm 和 40mm 的圆，结果如图 10-59 所示。

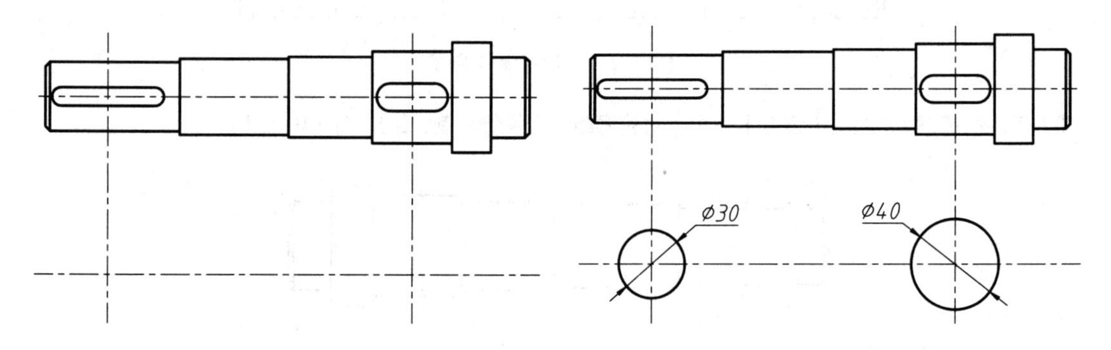

图 10-58　绘制构造线　　图 10-59　绘制直径为 30mm 和 40mm 的圆

14 单击【修改】面板中的【偏移】按钮，对 φ30mm 圆的水平和垂直中心线进行偏移，得到键槽辅助线，结果如图 10-60 所示。

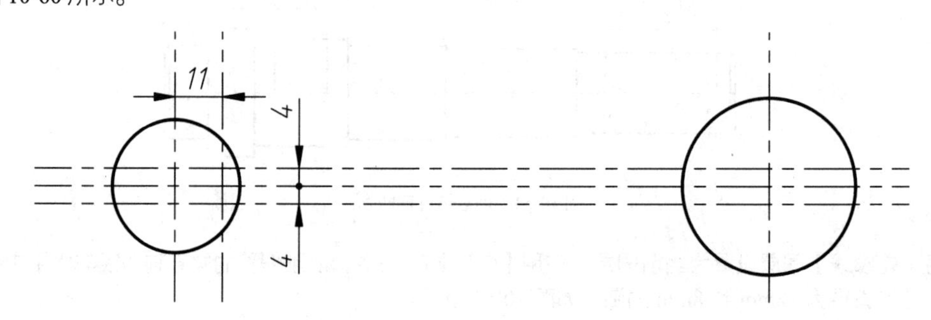

图 10-60　偏移中心线得到键槽辅助线

15 将【轮廓线】设置为当前图层，使用【L】(直线)命令，绘制 φ30mm 的键槽轮廓线，结果如图 10-61 所示。

16 综合使用【E】(删除)和【TR】(修剪)命令，删掉多余的构造线和轮廓线，生成 φ30mm 的键槽断面图，如图 10-62 所示。

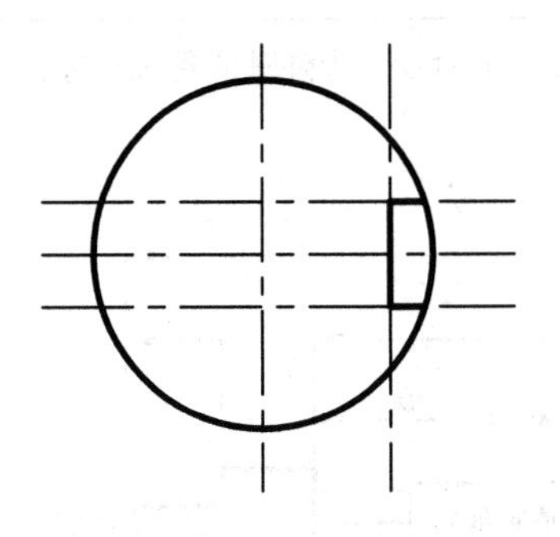

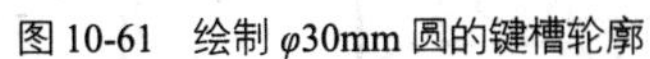

图 10-61 绘制 φ30mm 圆的键槽轮廓

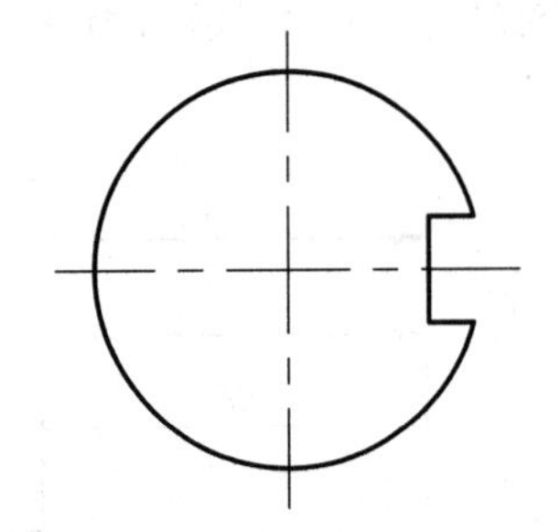

图 10-62 生成 φ30mm 的键槽断面图

17 按相同方法，绘制 φ40mm 的键槽断面图，如图 10-63 所示。

18 将【剖面线】图层设置为当前图层，单击【绘图】面板中的【图案填充】按钮，设置填充比例为 1、角度为 0，为断面图填充【ANSI31】图案，结果如图 10-64 所示。

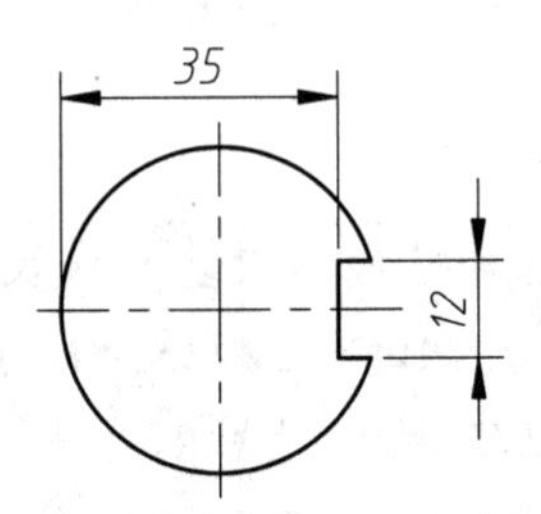

图 10-63 绘制 φ40mm 的键槽断面图

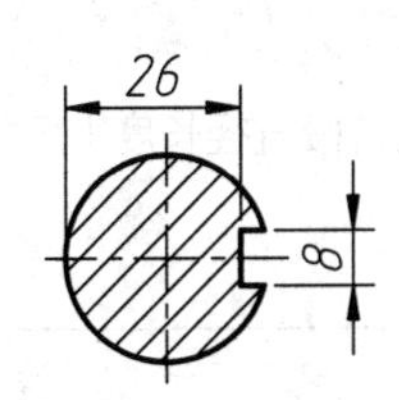

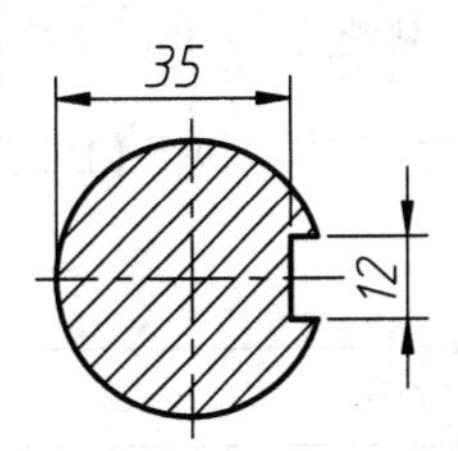

图 10-64 填充断面图

19 绘制好的低速轴轮廓图形如图 10-65 所示。

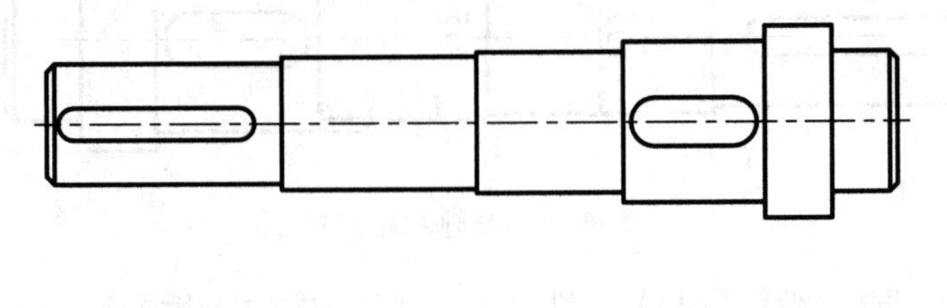

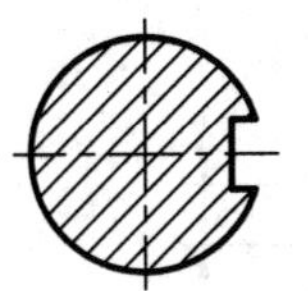

图 10-65 低速轴轮廓图形

2. 标注尺寸

图形绘制完毕后，即可对其进行标注，包括尺寸、几何公差、表面粗糙度等，以及填写相关的技术要求。

01 标注轴向尺寸。切换到【标注线】图层，执行【DLI】(线性)命令，标注轴的各段尺寸，如图 10-66 所示。

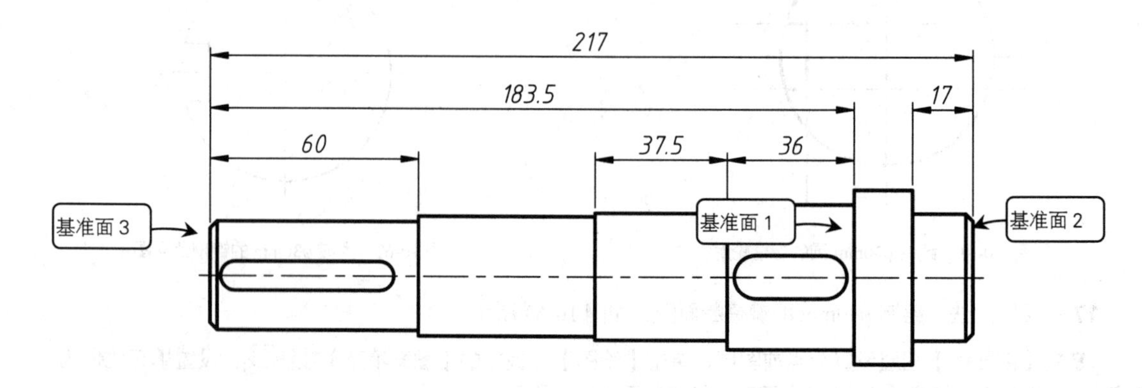

图 10-66 标注轴的轴向尺寸

专家提醒 标注轴的轴向尺寸时，应根据设计及工艺要求确定尺寸基准，通常有轴孔配合端面基准面及轴端基准面。应使尺寸标注反映加工工艺要求，同时满足装配尺寸链的精度要求，不允许出现封闭的尺寸链。如图 10-66 所示，基准面 1 是齿轮与轴的定位面，为主要基准，轴段长度 36mm、183.5 mm 都是以基准面 1 作为基准尺寸；基准面 2 为辅助基准面，最右端的轴段长度 17 mm 由轴承安装要求所确定；基准面 3 同基准面 2，轴段长度 60 mm 由联轴器安装要求所确定。未标明长度的轴段，其加工误差不影响装配精度，因而取为闭环，加工误差可积累至该轴段上，以保证主要尺寸的加工误差。

02 标注径向尺寸。同样，执行【DLI】(线性)命令，标注轴的各段直径长度(尺寸文字前注意添加“φ”)，如图 10-67 所示。

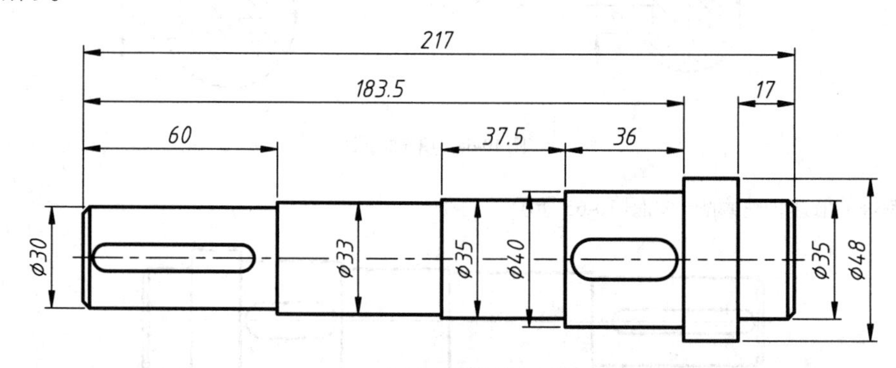

图 10-67 标注轴的径向尺寸

03 标注键槽尺寸。同样，使用【DLI】(线性)命令，标注键槽的移出断面图，如图 10-68 所示。

图 10-68 标注键槽的移出断面图

3．添加尺寸公差

经过分析，可知低速轴的精度尺寸主要集中在各径向尺寸上，与其他零部件的配合有关。

01 添加轴段 1 的精度。轴段 1 上需安装 HL3 型弹性柱销联轴器，尺寸精度可按对应的配合公差选取，此处由于轴径较小，因此可选用 r6 精度。首先查得 φ30mm 对应的 r6 公差为+0.028~+0.041，再双击 φ30mm 标注，然后在该文字后输入公差文字，如图 10-69 所示。

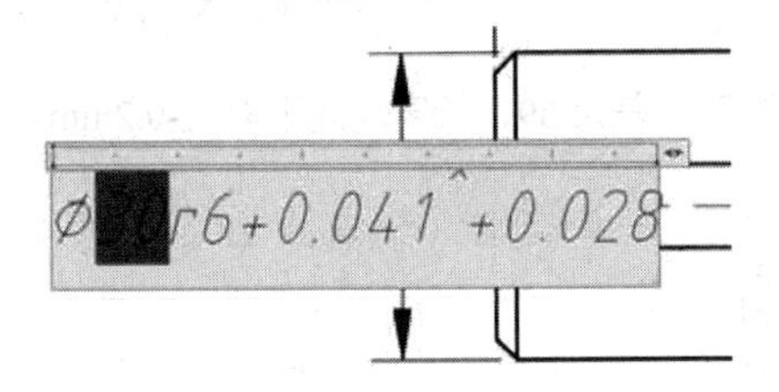

图 10-69　输入轴段 1 的尺寸公差

02 创建轴段 1 的尺寸公差。按住鼠标左键，向后拖拽，选中“+0.041^+0.028”文字，然后单击【文字编辑器】选项卡【格式】面板中的【堆叠】按钮，即可创建尺寸公差，如图 10-70 所示。

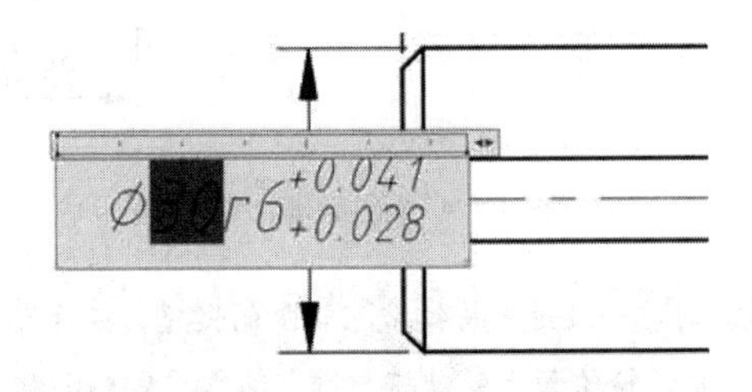

图 10-70　创建轴段 1 的尺寸公差

03 添加轴段 2 的精度。轴段 2 上需要安装端盖，以及一些防尘的密封件（如毡圈），总的来说精度要求不高，因此可以不添加精度。

04 添加轴段 3 的精度。轴段 3 上需安装 6207 深沟球轴承，因此该段的径向尺寸公差可按该轴承推荐的安装参数进行取值，即 k6。首先查得 φ35mm 对应的 k6 公差为+0.018~+0.002，再按相同标注方法标注即可，如图 10-71 所示。

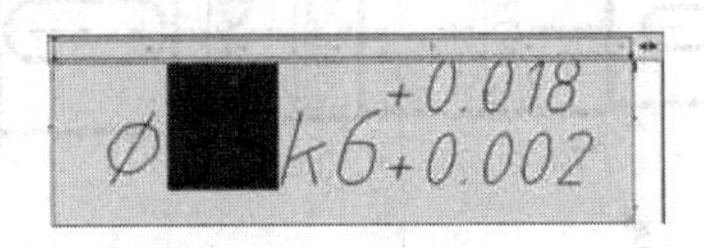

图 10-71　标注轴段 3 的尺寸公差

05 添加轴段 4 的精度。轴段 4 上需安装大齿轮，而轴、齿轮的推荐配合为 H7/r6，因此该段的径向尺寸公差即 r6，然后查得 Φ40mm 对应的 r6 公差为+0.050~+0.034，再按与轴段 1 相同的标注方法进行标注，如图 10-72 所示。

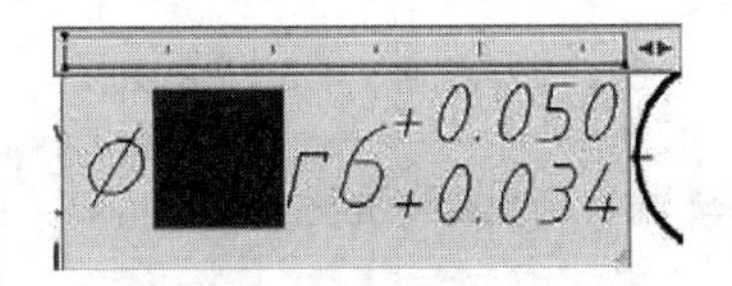

图 10-72　标注轴段 4 的尺寸公差

06 添加轴段 5 的精度。轴段 5 为闭环，无尺寸，无需添加精度。

07 添加轴段 6 的精度。轴段 6 的精度同轴段 3，按轴段 3 进行添加即可，如图 10-73 所示。

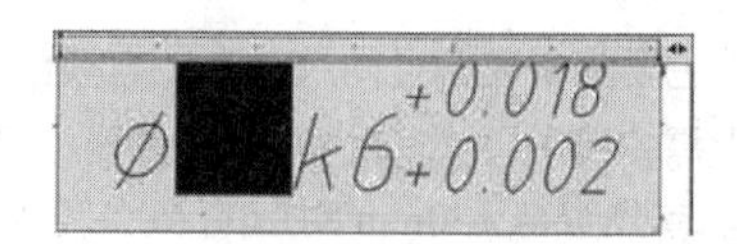

图 10-73　标注轴段 6 的尺寸公差

08 添加键槽公差。取键槽的宽度公差为 h9，长度均向下取值-0.2mm，标注结果如图 10-74 所示。

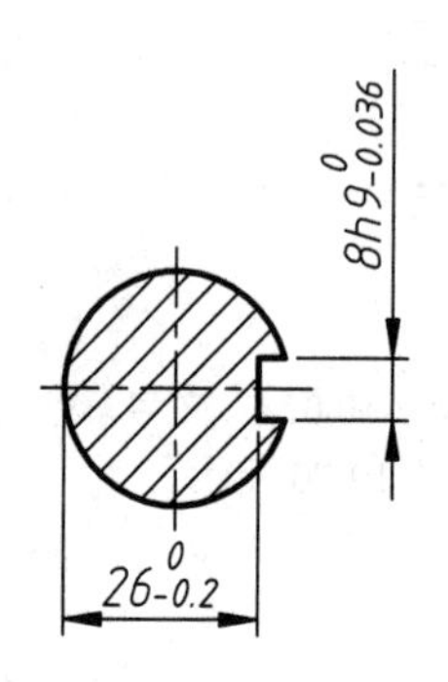

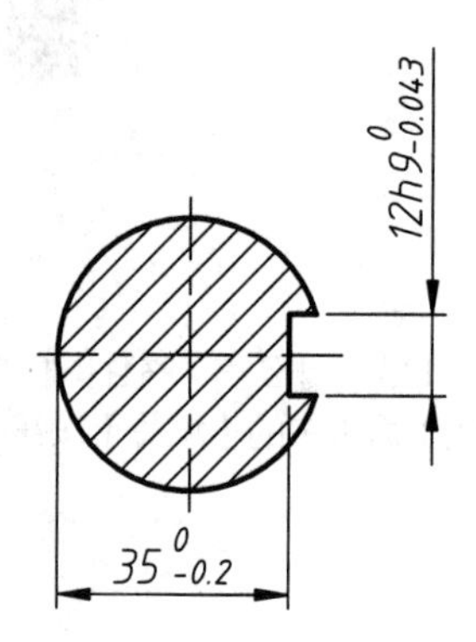

图 10-74　标注键槽的尺寸公差

专家提醒　由于在装配减速器时，一般是先将键敲入轴上的键槽，然后再将齿轮安装在轴上，因此轴上的键槽需要稍紧密，所以取负公差；而齿轮轮毂上的键槽与键之间需要做轴向移动，移动的距离要超过键本身的长度，因此间隙应大一点，易于装配。

09 标注尺寸精度后的图形如图 10-75 所示。

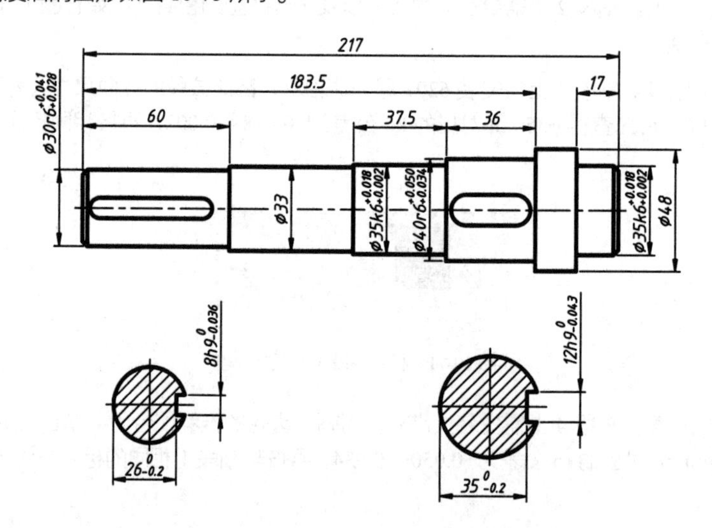

图 10-75　标注尺寸精度后的图形

专家提醒　不添加精度的尺寸均按 GB/T 1804—2000、GB/T 1184—1996 中的规定处理，需在技术要求中说明。

4．标注几何公差

01 创建基准符号。切换至【细实线】图层，在图形的空白区域绘制一基准符号，如图 10-76 所示。

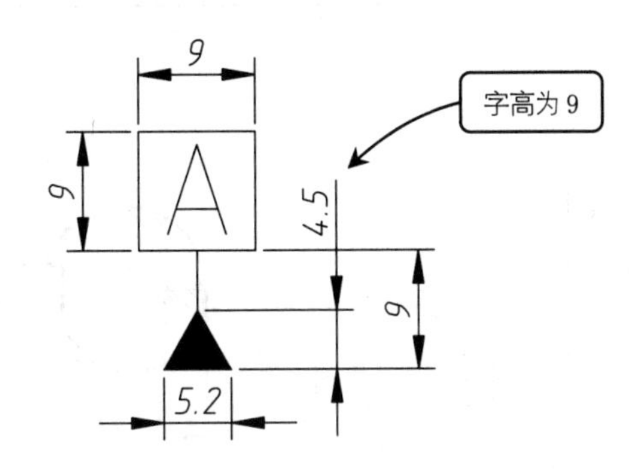

图 10-76 绘制基准符号

专家提醒 基准符号也可以事先制作成块，然后进行调用，届时只需输入比例即可调整大小。

02 放置基准符号。分别以各重要的轴段为基准，即在 φ35mm 轴段、φ40mm 轴段、φ30mm 轴段上放置基准符号，如图 10-77 所示。

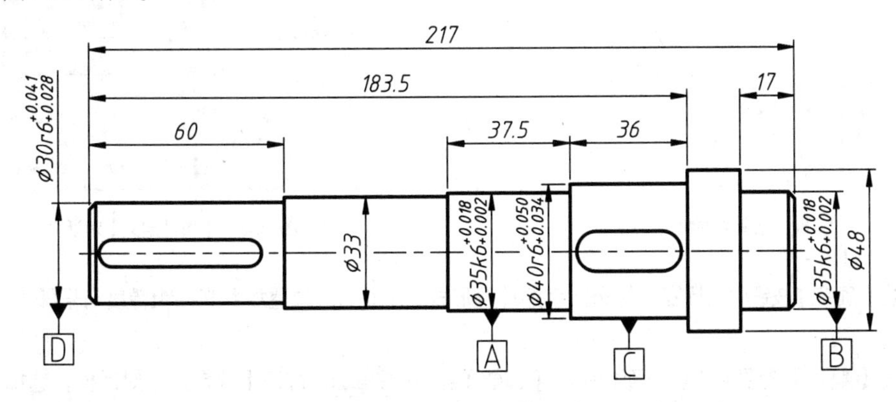

图 10-77 放置基准符号

03 添加轴上的几何公差。轴上的几何公差主要为轴承段、齿轮段的圆跳动，具体标注如图 10-78 所示。

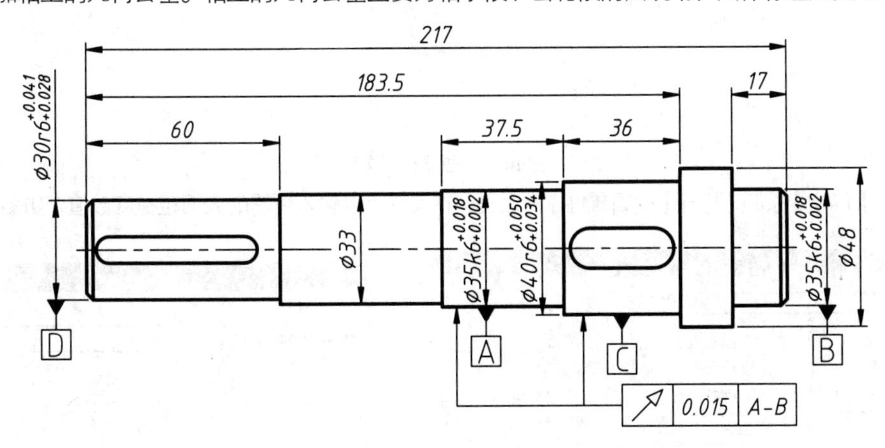

图 10-78 标注轴上的圆跳动公差

04 添加键槽上的几何公差。键槽上主要为相对于轴线的对称度，具体标注如图 10-79 所示。

5. 标注表面粗糙度

01 切换至【细实线】图层，在图形的空白区域绘制表面粗糙度符号，如图 10-80 所示。

02 单击【默认】选项卡【块】面板中的【定义属性】按钮，打开“属性定义”对话框，按图 10-81 所示进行设置。

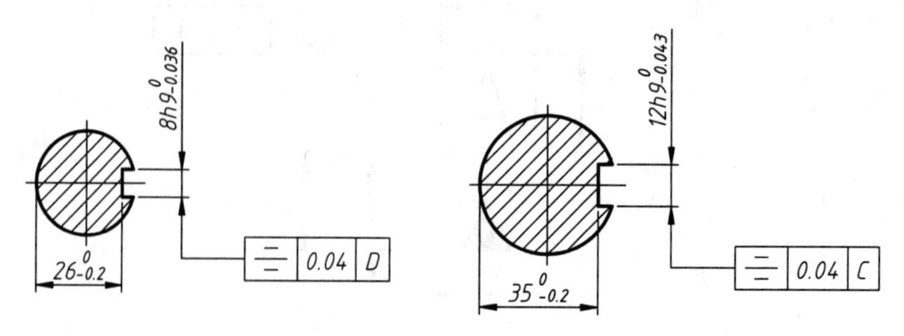

图 10-79　标注键槽上的对称度公差

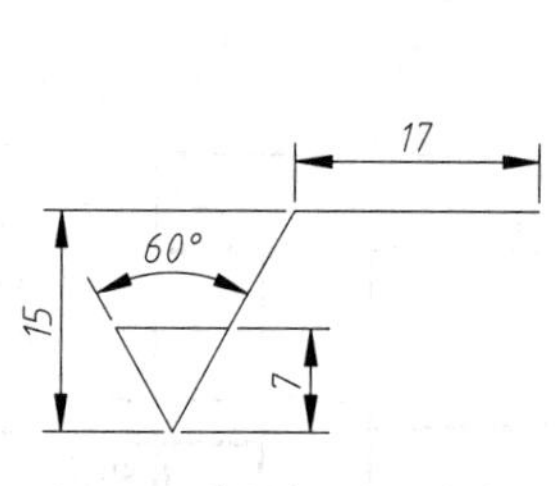

图 10-80　绘制表面粗糙度符号

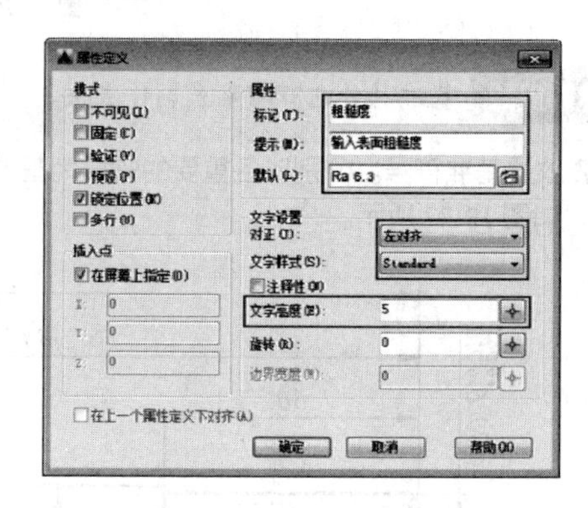

图 10-81　【属性定义】对话框

03 单击【确定】按钮，光标变为标记文字的放置形式，在适当的位置放置表面粗糙度符号即可，如图 10-82 所示。

04 单击【默认】选项卡【块】面板中的【创建】按钮，打开【块定义】对话框，选择表面粗糙度符号最下方的端点为基点，然后选择整个表面粗糙度符号（包含上步放置的标记文字）作为对象，在【名称】文本框中输入“粗糙度”，如图 10-83 所示。

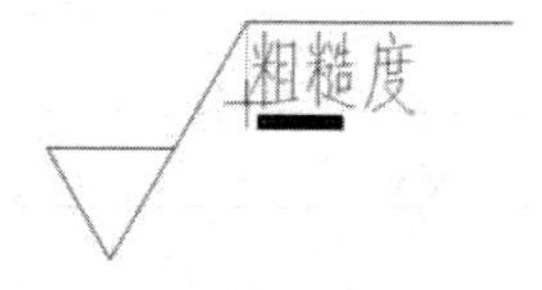

图 10-82　放置标记文字

05 单击【确定】按钮，打开【编辑属性】对话框，在其中可以输入所需的表面粗糙度数值，如图 10-84 所示。

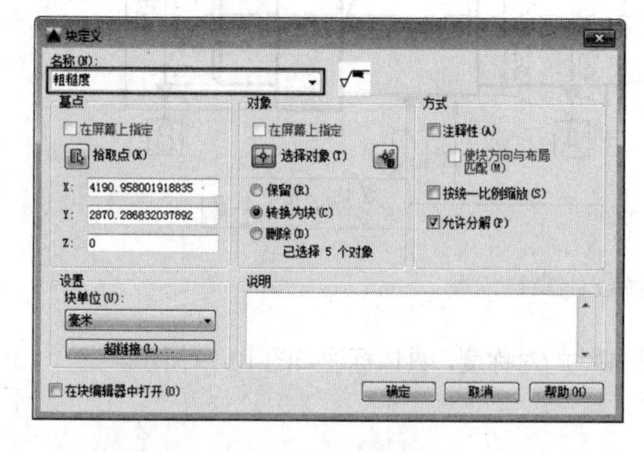

图 10-83　【块定义】对话框

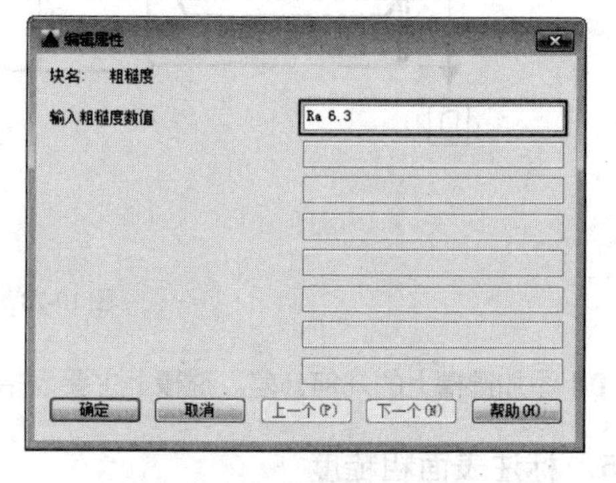

图 10-84　【编辑属性】对话框

06 在【编辑属性】对话框中单击【确定】按钮，完成属性定义。调用【I】命令，打开【块】选项板，选择“粗糙度”块，在图形的适当位置放置即可。放置之后系统自动打开【编辑属性】对话框，如图 10-85 所示。

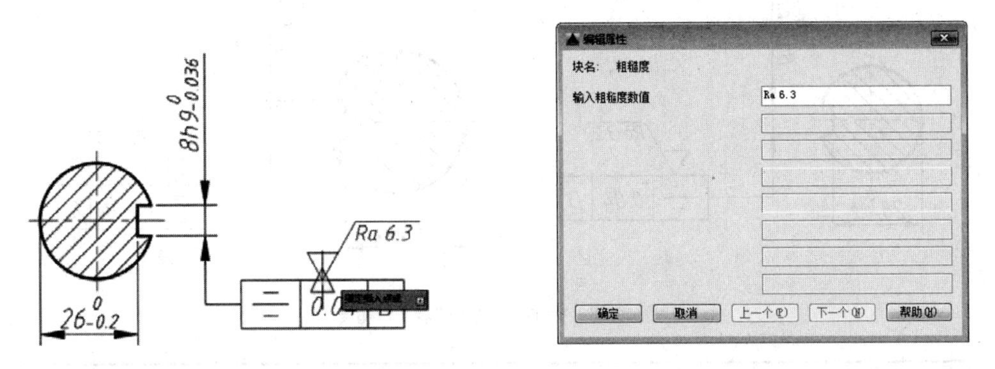

图 10-85　放置粗糙度

07 在对应的文本框中输入所需的数值“*Ra* 3.2”，然后单击【确定】按钮，即可标注表面粗糙度，如图 10-86 所示。

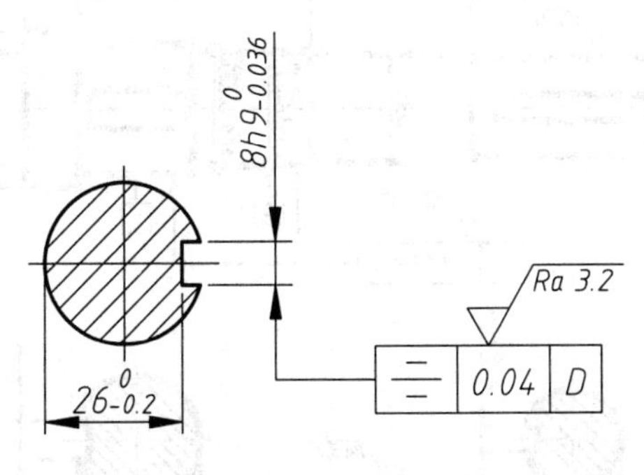

图 10-86　标注表面粗糙度

08 按相同的方法，标注轴上的表面粗糙度。轴上需特定标注的表面粗糙度主要是 Φ35mm 轴段、Φ40mm 轴段、Φ30mm 轴段等需要配合的部分，具体标注如图 10-87 所示。

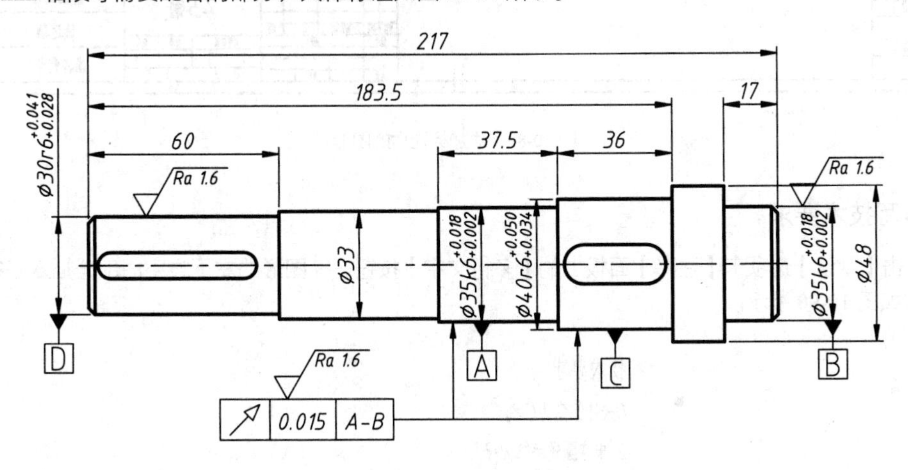

图 10-87　标注轴上的表面粗糙度

09 标注断面图上的表面粗糙度。键槽部分表面粗糙度可按相应键的安装要求进行标注，本例中的标注如图 10-88 所示。

10 继续标注其余表面粗糙度，然后对图形中的一些细节进行修正，再将图形移动至 A4 图框中的合适位置，如图 10-89 所示。

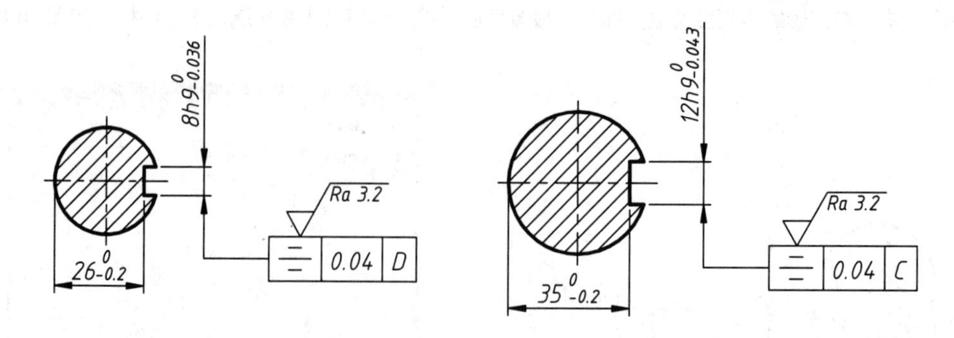

图 10-88　标注断面图上的表面粗糙度

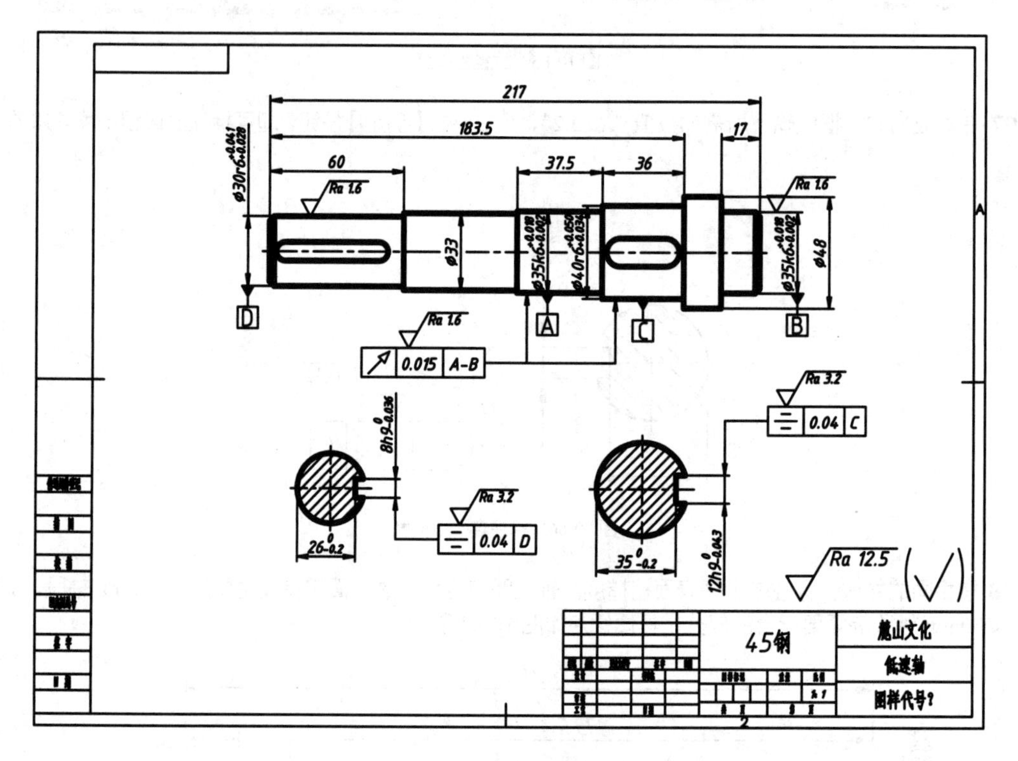

图 10-89　添加标注后的图形

6．填写技术要求

01 单击【默认】选项卡【注释】面板上的【多行文字】按钮，在图形的左下方空白部分插入多行文字，输入技术要求如图 10-90 所示。

技术要求

1.未注倒角为C2。

2.未注圆角半径为R1。

3.调质处理45-50HRC。

4.未注尺寸公差按GB/T 1804-2000-m。

5.未注几何公差按GB/T 1184-1996-K。

图 10-90　填写技术要求

02 低速轴零件图绘制完成，结果如图 10-91 所示。

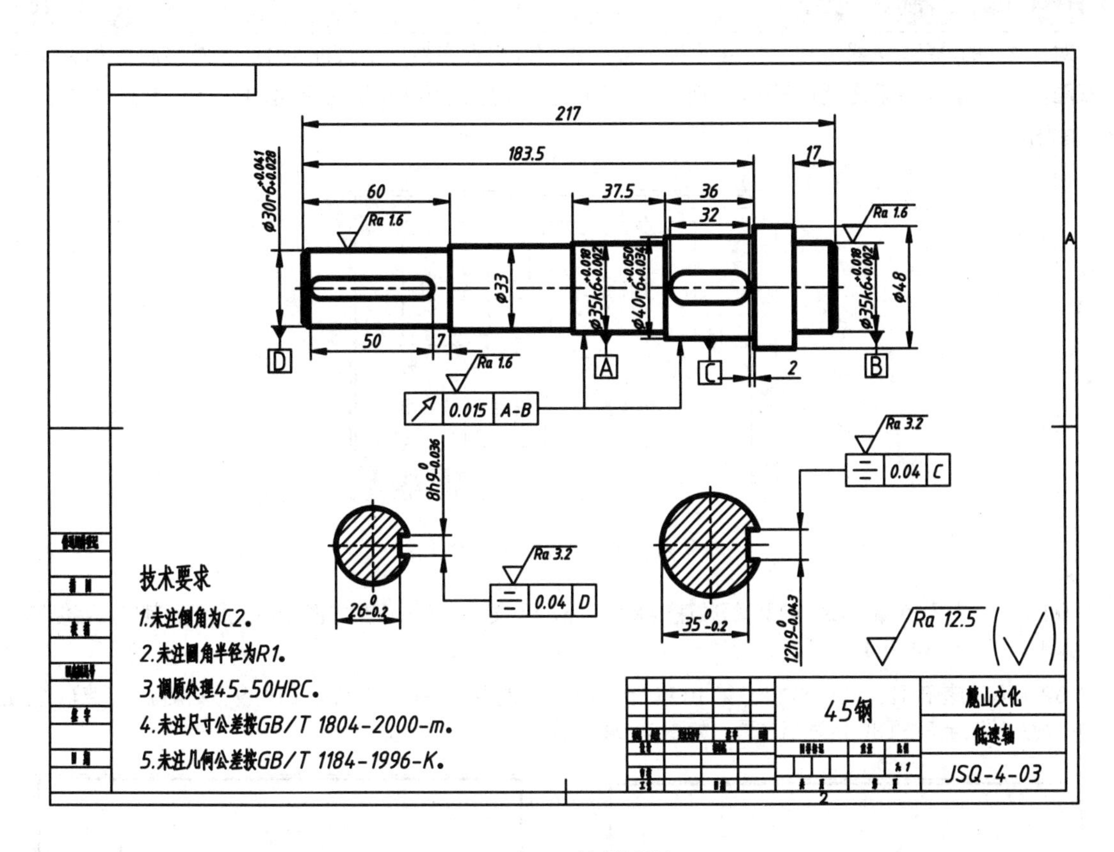

图 10-91　低速轴零件图

10.5　绘制单级减速器装配图

要设计单级减速器，首先要设计轴系部件，然后通过轴的结构尺寸确定轴承的位置。传动零件、轴和轴承是减速器的主要零件，其他零件的结构和尺寸随这些零件而定。绘制装配图时，要先画主要零件，后画次要零件；由箱内零件画起，逐步向外画；先由中心线绘制大致轮廓线，结构细节可先不画；以一个视图为主，绘制过程中兼顾其他视图。

10.5.1　绘图分析

可按表 10-5 中的数值估算减速器的视图范围，视图布置可参考图 10-92。

表 10-5　视图范围估算表

减速器名称	*A*	*B*	*C*
一级圆柱齿轮减速器	3*a*	2*a*	2*a*
二级圆柱齿轮减速器	4*a*	2*a*	2*a*
圆锥-圆柱齿轮减速器	4*a*	2*a*	2*a*
一级蜗杆减速器	2*a*	3a	2*a*

专家提醒　*a* 为传动中心距，对于二级传动来说，*a* 为低速级的中心距。

10.5.2 绘制俯视图

对于本例的单级减速器来说，其主要零件是齿轮传动副，因此在绘制装配图的时候，宜先绘制表达传动副的俯视图，再根据投影关系绘制主视图与左视图。在绘制时可以直接使用绘制过的素材，以复制、粘贴的方式绘制该装配图。

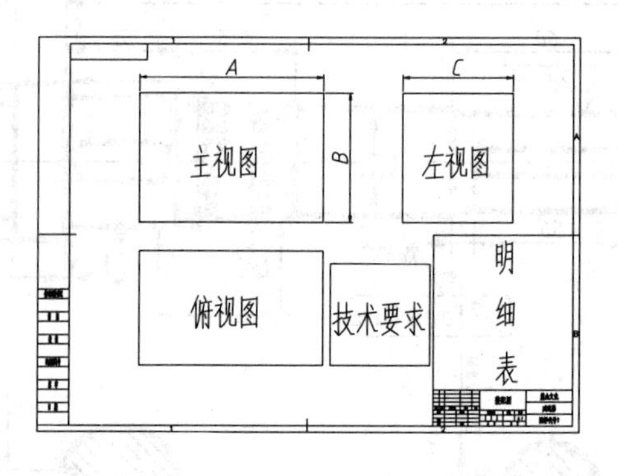

图 10-92　视图布置参考图

01 打开 “第 10 章\10.5 绘制单级减速器装配图.dwg” 文件，素材图形如图 10-93 所示，其中已经绘制好了一张 1:1 大小的 A0 图框。

02 导入箱座俯视图。打开文件 “第 10 章\箱座.dwg”，使用 Ctrl+C（复制）、Ctrl+V（粘贴）组合键，将箱座的俯视图粘贴至装配图中的适当位置，如图 10-94 所示。

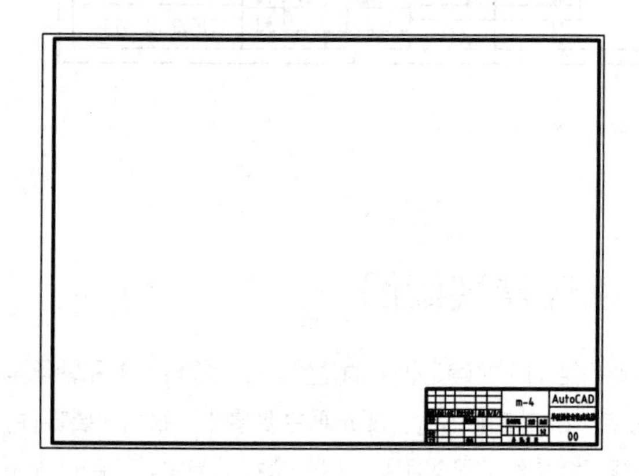

图 10-93　素材图形

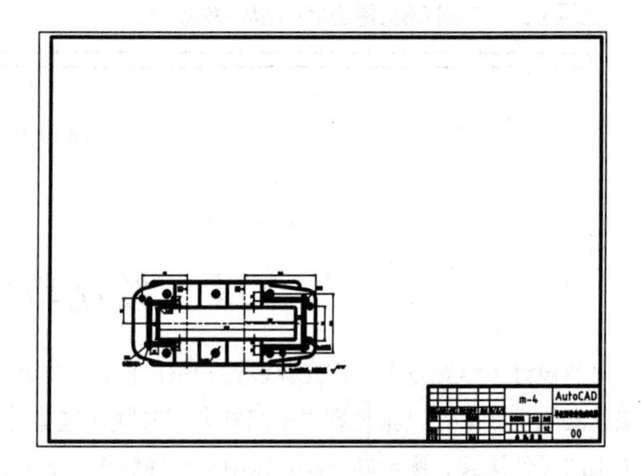

图 10-94　导入箱座俯视图

03 使用【E】(删除)、【TR】(修剪) 等编辑命令，将箱座俯视图中的尺寸标注全部删除，只保留轮廓图形与中心线，如图 10-95 所示。

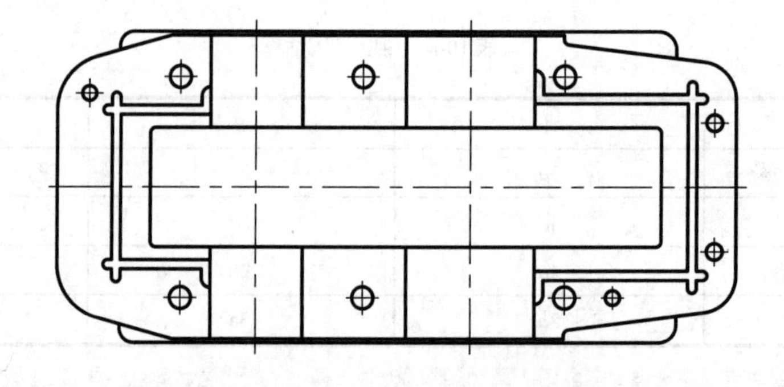

图 10-95　删除尺寸标注

04 导入轴承端盖。打开 “第 10 章\轴承端盖.dwg” 文件，使用 Ctrl+C（复制）、Ctrl+V（粘贴）组合键，将该轴承端盖的俯视图粘贴至绘图区，然后移动至相应的轴承安装孔处，执行【TR】（修剪）命令删减被遮挡的线条，结果如图 10-96 所示。

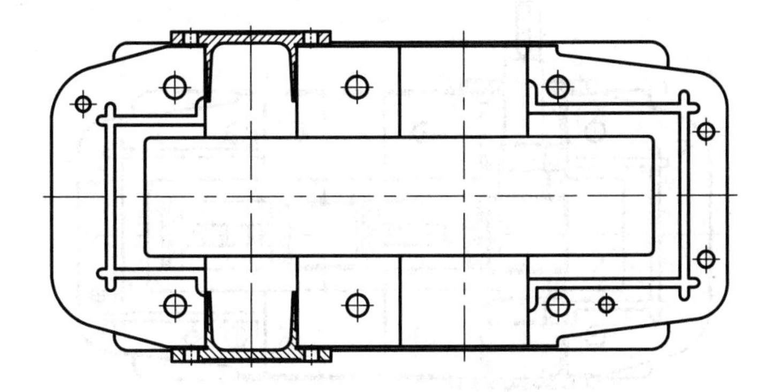

图 10-96　导入轴承端盖

05 导入 6205 轴承。打开“第 10 章\轴承.dwg”文件，按相同方法将其中的 6205 轴承图形粘贴至绘图区，然后移动至俯视图上相应的轴承安装孔处，结果如图 10-97 所示。

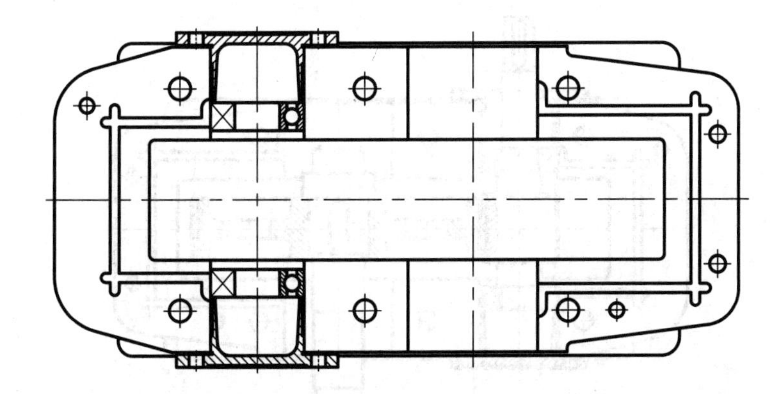

图 10-97　导入 6205 轴承

06 导入齿轮轴。打开“第 10 章\齿轮轴.dwg”文件，同样使用 Ctrl+C（复制）、Ctrl+V（粘贴）组合键，将齿轮轴零件粘贴至相应位置，按中心线进行对齐，并靠紧轴肩，接着使用【TR】（修剪）、【E】（删除）命令删除多余图形，结果如图 10-98 所示。

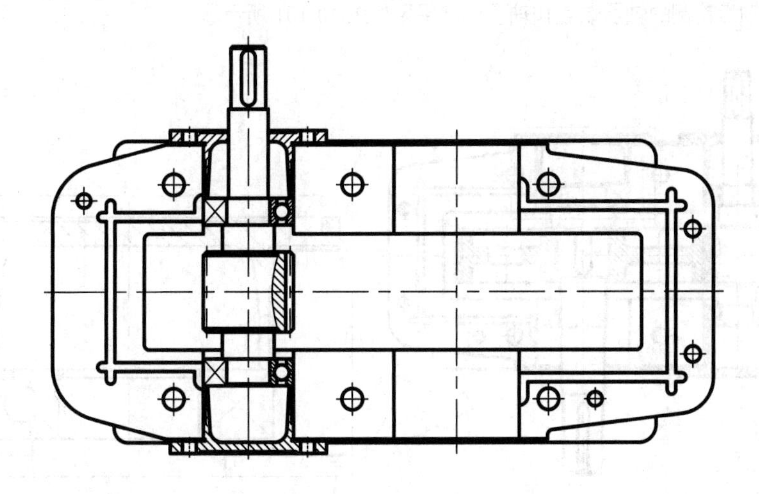

图 10-98　导入齿轮轴

07 导入大齿轮。齿轮轴导入之后，接着导入大齿轮。打开“第 10 章\大齿轮.dwg”文件，按相同方法将其中的大齿轮插入至绘图区，再根据齿轮的啮合特征对齐，结果如图 10-99 所示。

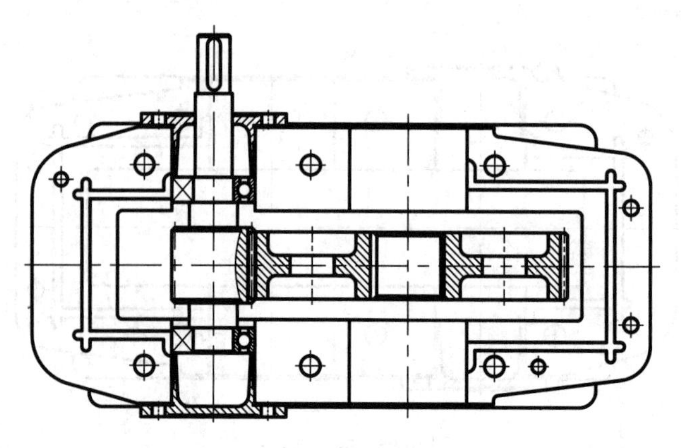

图 10-99　导入大齿轮

08 导入低速轴。打开“第 10 章\10.4 绘制低速轴零件图-OK.dwg”文件，将低速轴导入至绘图区，然后执行【M】(移动)命令，以大齿轮上的键槽进行对齐，再修剪被遮挡的线条，结果如图 10-100 所示。

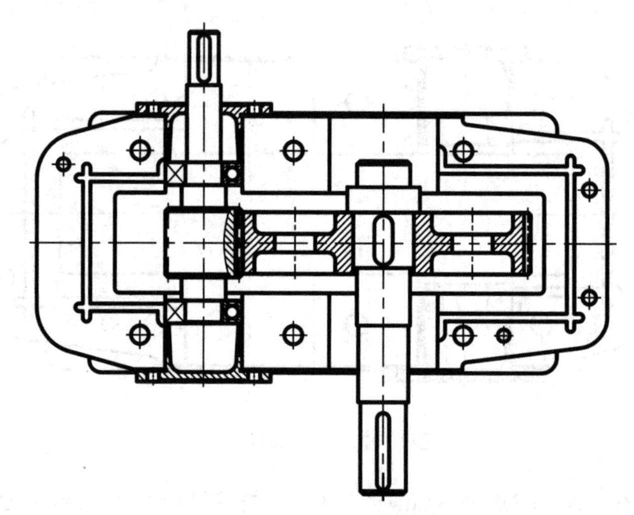

图 10-100　导入低速轴

09 插入低速轴齿轮侧轴承端盖与轴承。打开“第 10 章\轴承端盖.dwg”和“第 10 章\轴承.dwg”文件，按相同方法插入低速轴齿轮侧的轴承端盖和轴承，结果果如图 10-101 所示。

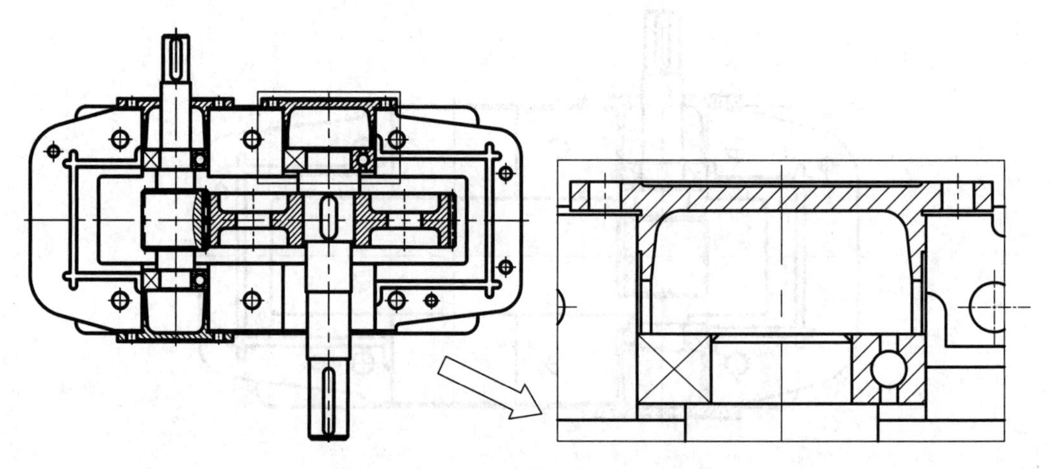

图 10-101　插入低速轴齿轮侧轴承端盖与轴承

10 插入低速轴输出侧轴承端盖与轴承。该侧由于定位轴段较长，仅靠轴承端盖无法压紧轴承，所以要在轴上添加一隔套（隔套图形见“第 10 章\隔套.dwg”文件）进行固定。插入后的结果如图 10-102 所示。

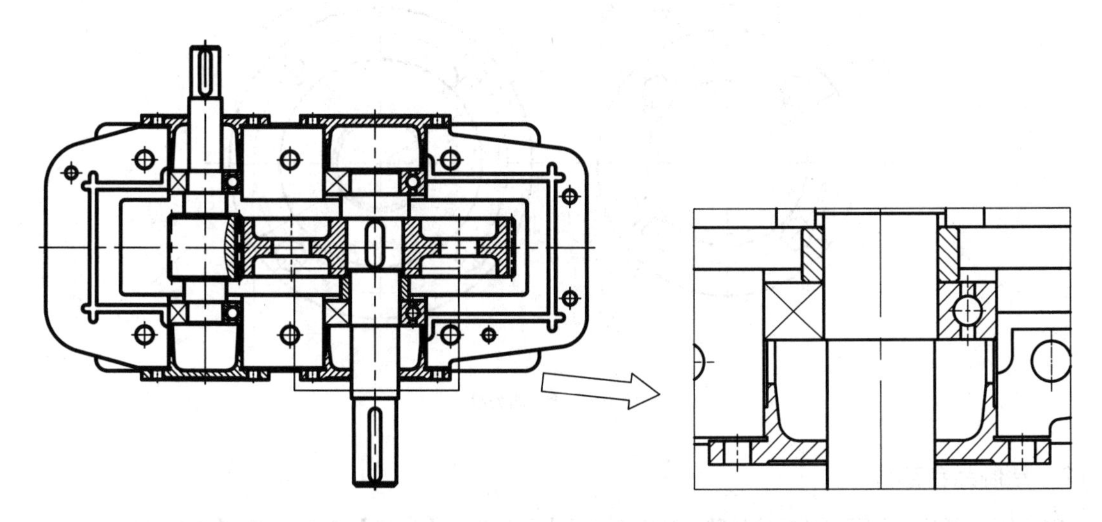

图 10-102　插入低速轴输出侧轴承端盖

10.5.3　绘制主视图

俯视图先绘制到此，接着利用现有的俯视图，通过投影的方法来绘制主视图的大致图形。

1．绘制端盖部分

01 切换到【虚线】图层，执行【L】(直线）命令，从俯视图中向主视图绘制投影线，在俯视图上方绘制一条水平直线，从俯视图中向主视图绘制投影线，在中心线的交点处绘制表示大小齿轮轮廓的 ø48 和 ø192 圆，结果如图 10-103 所示。

02 切换到【轮廓线】图层，执行【C】(圆）命令，按投影关系，在主视图中绘制端盖与轴的轮廓，如图 10-104 所示。

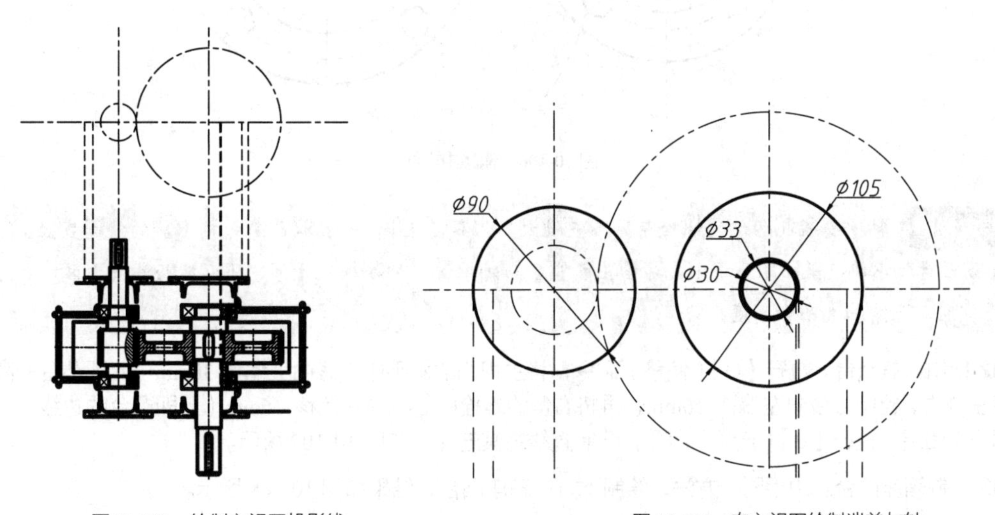

图 10-103　绘制主视图投影线　　　　图 10-104　在主视图绘制端盖与轴

03 绘制端盖螺栓。选用的螺栓为外六角螺栓，查 GB/T5783—2016 可得其外形形状。首先切换到【中心线】图层，绘制出螺栓的布置圆，再切换回【轮廓线】图层，执行相关命令绘制螺栓，结果如图 10-105 所示。

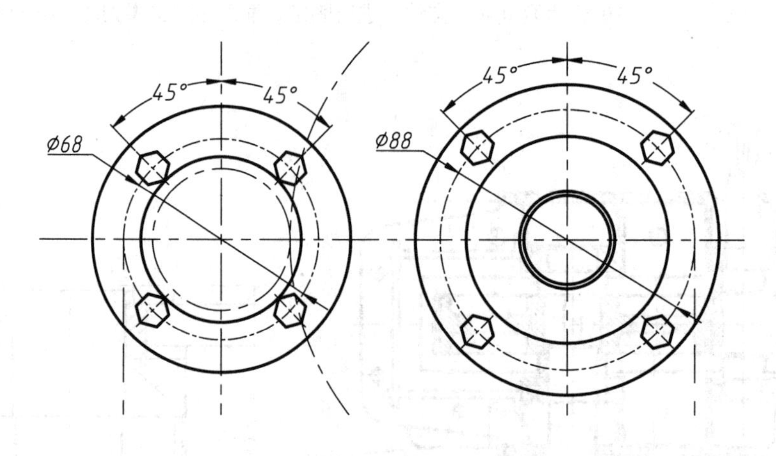

图 10-105 绘制端盖螺栓

2. 绘制凸台部分

01 确定轴承安装孔两侧的螺栓位置。单击【修改】面板中的【偏移】按钮，执行【O】(偏移)命令，将主视图中左侧的垂直中心线向左偏移 43mm，向右偏移 60mm，再将右侧的中心线向右偏移 53mm，作为凸台连接螺栓的位置，如图 10-106 所示。

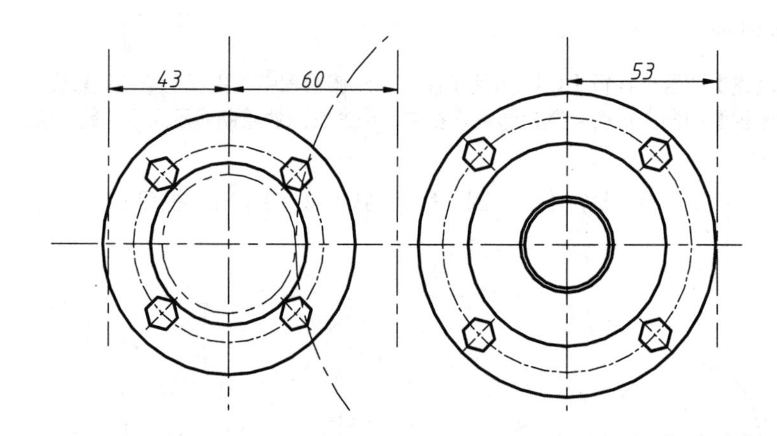

图 10-106 偏移中心线

专家提醒 轴承安装孔两侧的螺栓距离不宜过大，也不宜过小，一般取凸缘式轴承盖的外圆直径。距离过大，不设凸台轴承刚度差；距离过小，螺栓孔可能会与轴承端盖的螺栓孔干涉，还可能与油槽干涉，且为了保证扳手空间，还需加大凸台高度。

02 绘制箱盖凸台。执行【O】(偏移)命令，将主视图的水平中心线向上偏移 38mm（此即凸台的高度）；然后将左侧的螺栓中心线向左偏移 16mm，再将右侧的螺栓中心线向右偏移 16mm（此即凸台的边线）；切换到【轮廓线】图层，执行【L】(直线)命令，绘制直线将其连接，如图 10-107 所示。

03 绘制箱座凸台。用相同的方法，绘制下方的箱座凸台，结果如图 10-108 所示。

04 绘制凸台的连接凸缘。为了保证箱盖与箱座的连接刚度，要在凸台上增加一凸缘，且凸缘应该较箱体的壁厚略厚（约为 1.5 倍壁厚）。执行【O】(偏移)命令，将水平中心线向上、下各偏移 12mm，然后绘制该凸缘，如图 10-109 所示。

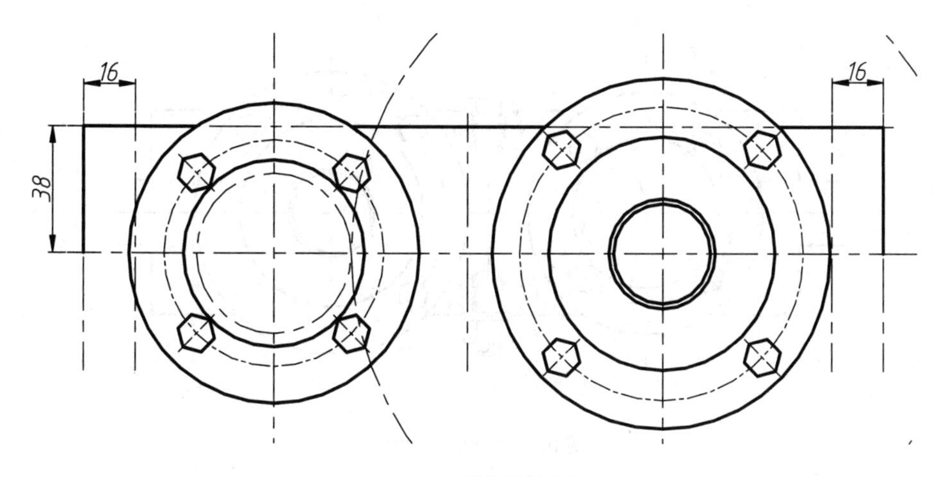

图 10-107 绘制箱盖凸台

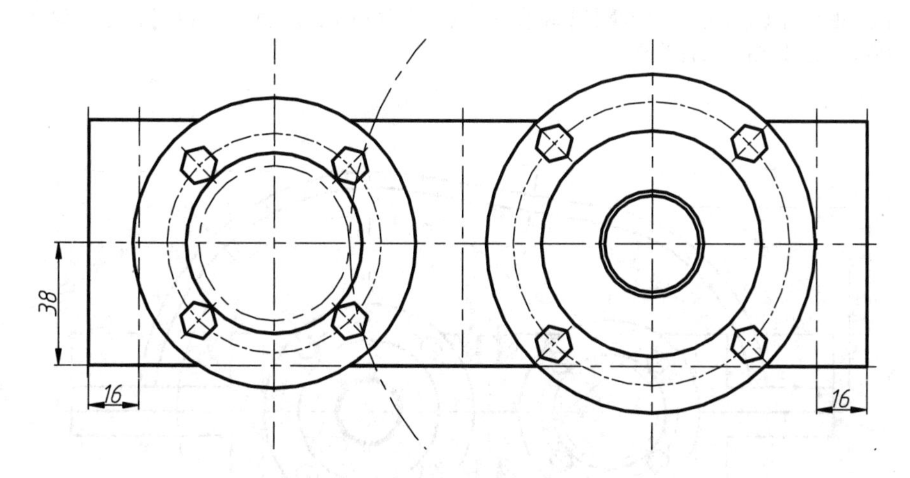

图 10-108 绘制箱座凸台

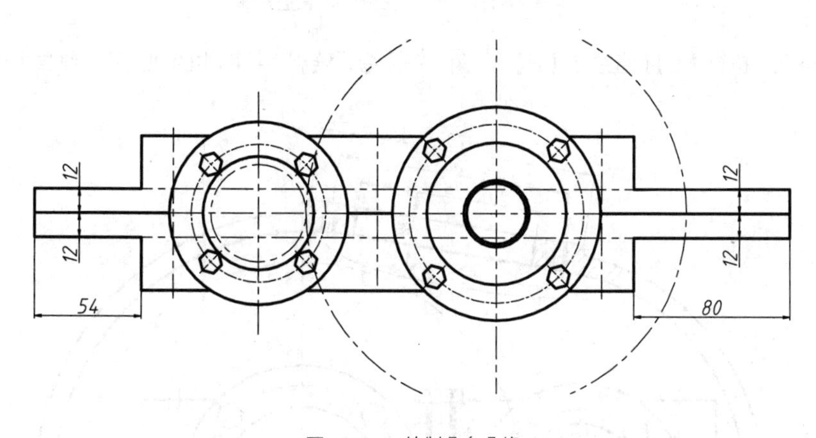

图 10-109 绘制凸台凸缘

05 绘制连接螺栓。为了节省空间，在此只需绘制其中一个连接螺栓（M10×90）的剖视图，其余用中心线表示即可，结果如图 10-110 所示。

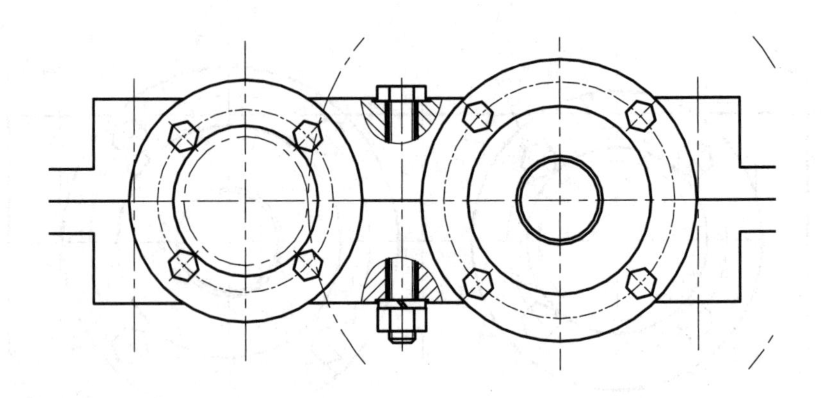

图 10-110　绘制连接螺栓

3．绘制观察孔与吊环

01 绘制主视图中的箱盖轮廓。切换到【轮廓线】图层，执行【L】(直线)、【C】(圆)等命令，绘制主视图中的箱盖轮廓，结果如图 10-111 所示。

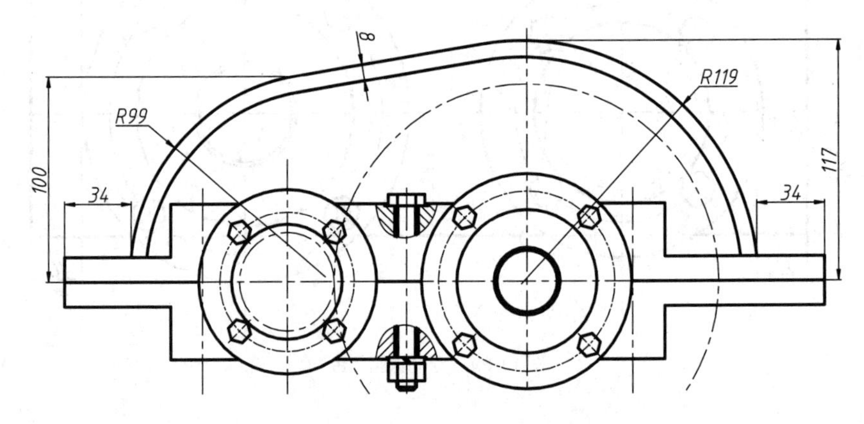

图 10-111　绘制主视图中的箱盖轮廓

02 绘制观察孔。执行【L】(直线)、【F】(圆角)等命令，绘制主视图中的观察孔，结果如图 10-112 所示。

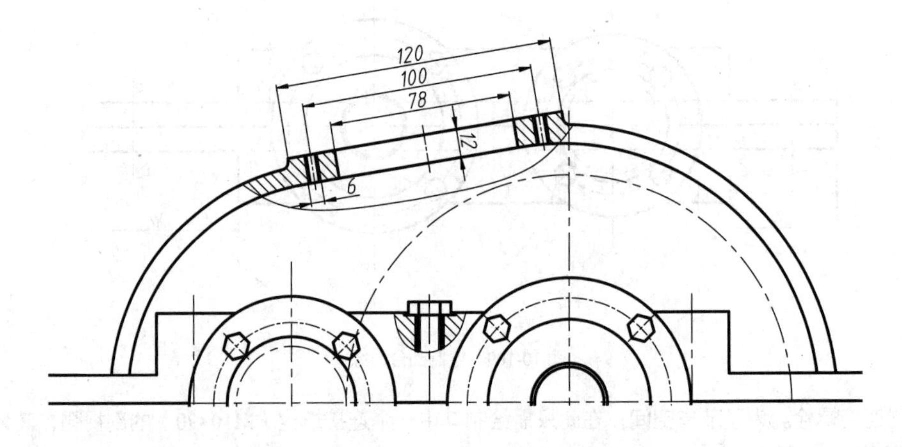

图 10-112　绘制主视图中的观察孔

03 绘制箱盖吊环。执行【L】(直线)、【C】(圆)等命令，绘制箱盖上的吊环，结果如图 10-113 所示。

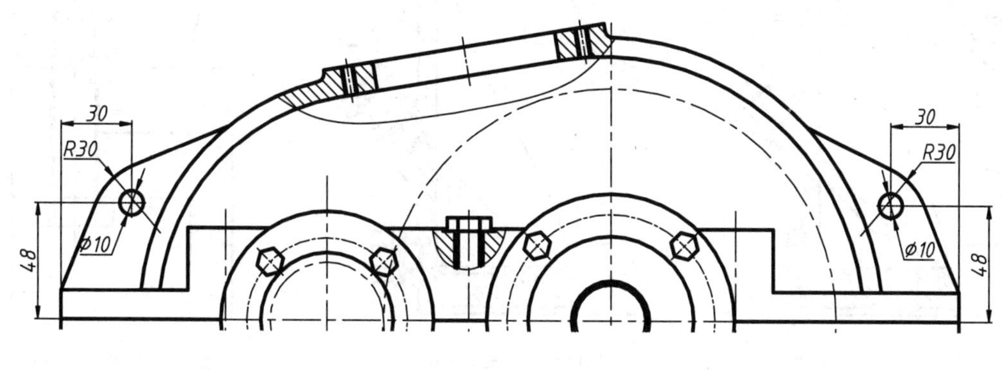

图 10-113 绘制箱盖吊环

4. 绘制箱座部分

01 打开“第 10 章\箱座.dwg”文件，使用 Ctrl+C（复制）、Ctrl+V（粘贴）组合键，将箱座的主视图粘贴至装配图中的适当位置，再使用【M】(移动)、【TR】(修剪)命令进行修改，完成主视图轮廓的绘制，结果如图 10-114 所示。

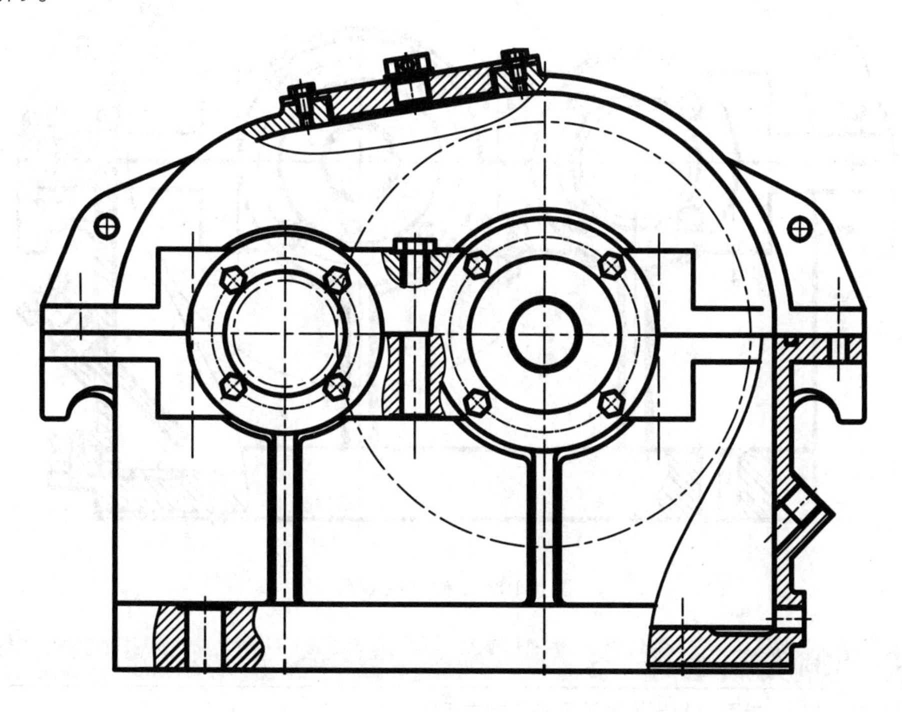

图 10-114 绘制完成主视图轮廓

02 插入油标。打开素材文件“第 10 章\油标.dwg”，复制油标图形并放置在箱座的油标孔处，结果如图 10-115 所示。

03 插入油塞。用相同的方法，复制油塞图形并放置在箱座的放油孔处，结果如图 10-116 所示。

04 绘制箱座右侧的连接螺栓。箱座右侧的连接螺栓为 M8x35 的外六角螺栓，查 GB/T5782-2016 可得其形状。按之前所介绍的方法对其进行绘制，结果如图 10-117 所示。

05 补全主视图。调用相应命令，绘制主视图中的其他图形，如起盖螺钉、圆柱销等，再补上剖面线，绘制完成的主视图如图 10-118 所示。

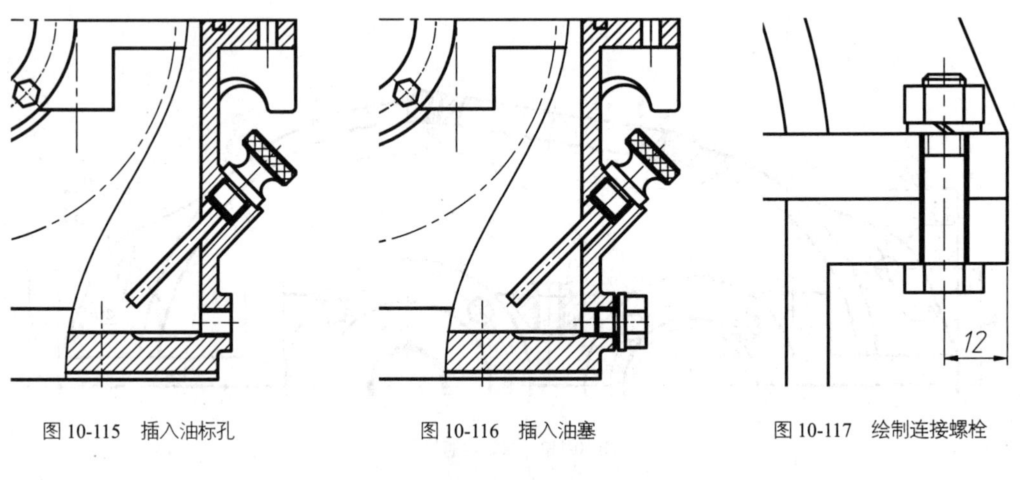

图 10-115　插入油标孔　　图 10-116　插入油塞　　图 10-117　绘制连接螺栓

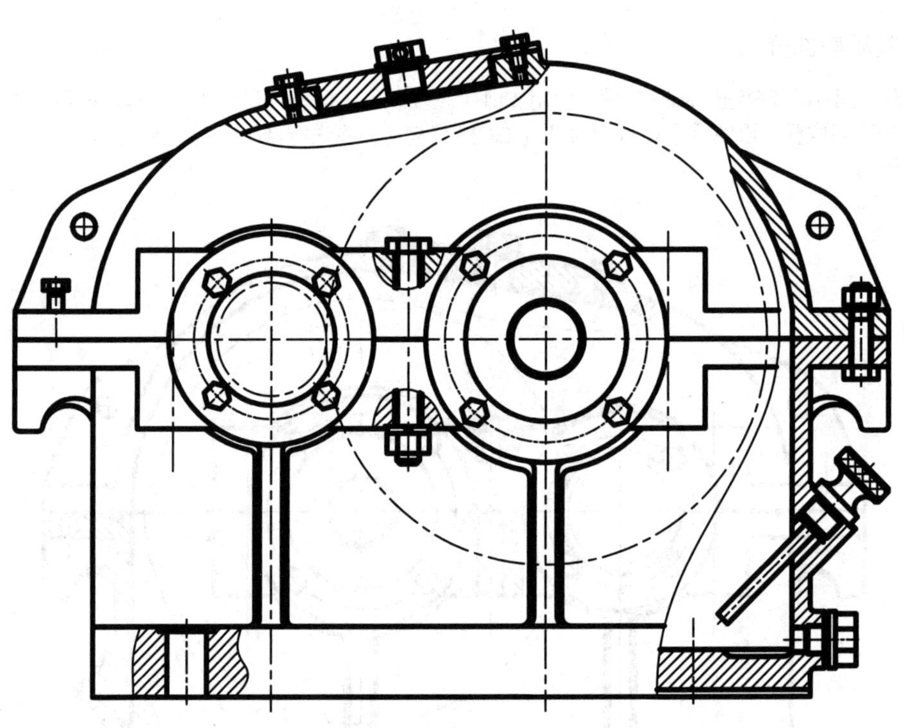

图 10-118　绘制完成主视图

10.5.4　绘制左视图

主视图绘制完成后，就可以利用投影关系来绘制左视图。

1．绘制左视图外形轮廓

01 将【中心线】图层设置为当前图层，执行【L】(直线)命令，在图纸的左视图位置绘制的、中心线，中心线长度任意。

02 切换到【虚线】图层，执行【L】(直线)命令，从主视图中向左视图绘制投影线，如图 10-119 所示。

03 执行【O】(偏移)命令，将左视图的垂直中心线向左右对称偏移 40.5mm、60.5 mm、80 mm、82 mm、84.5 mm，如图 10-120 所示。

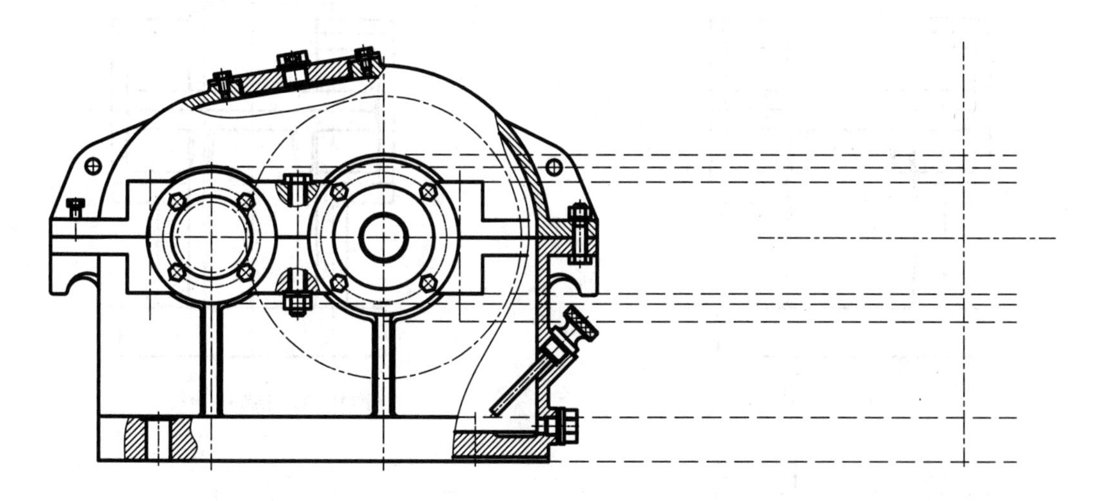

图 10-119 绘制左视图的投影线

04 修剪左视图。切换到【轮廓线】图层，执行【L】(直线)命令，绘制左视图的轮廓，再执行【TR】(修剪)命令，修剪多余的辅助线，结果如图 10-121 所示。

05 绘制凸台与吊环。切换到【轮廓线】图层，执行 L【直线】、C【圆】等绘图命令，绘制左视图中的凸台与吊钩轮廓，然后执行【TR】(修剪)命令，删除多余的线段，结果如图 10-122 所示。

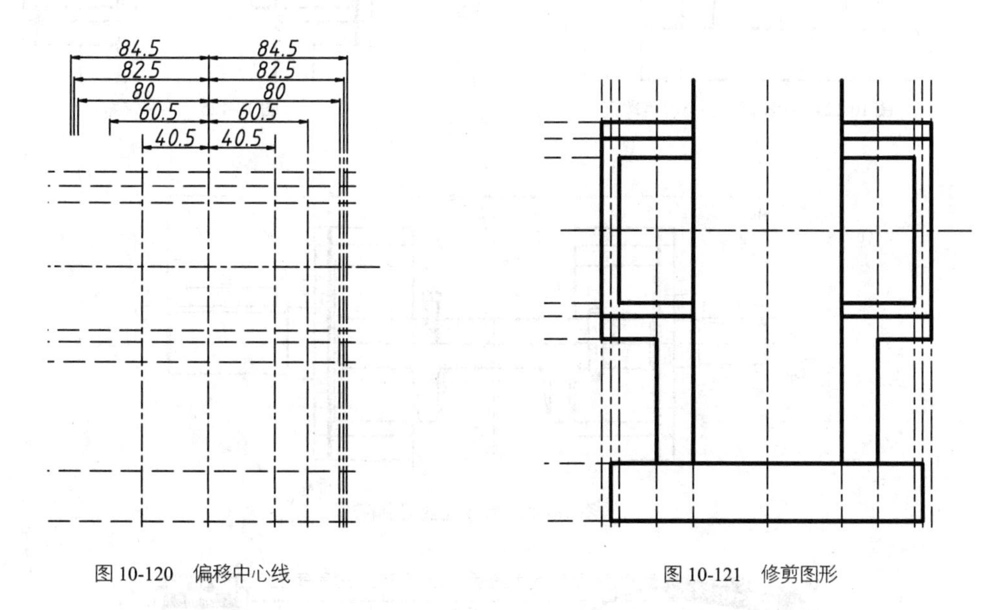

图 10-120 偏移中心线

图 10-121 修剪图形

06 绘制定位销和起盖螺钉中心线。执行【O】(偏移)命令，将左视图的垂直中心线向左、右分别偏移 51mm 号 31mm，作为定位销和起盖螺钉的中心线，如图 10-123 所示。

07 绘制定位销与起盖螺钉。执【L】(直线)、【C】(圆)等命令，在左视图中绘制定位销(6×35，GB/T 117-2000)与起盖螺钉(M6×15，GB/T5783—2016)，结果如图 10-124 所示。

08 绘制端盖。执行【L】(直线)命令，绘制轴承端盖在左视图中的可见部分，结果如图 10-125 所示。

09 绘制左视图中的轴。执行【L】(直线)命令，绘制高速轴与低速轴在左视图中的可见部分，伸出长度参考俯视图，结果如图 10-126 所示。

10 补全左视图。按投影关系，绘制左视图上方的观察孔以及封顶、螺钉等，结果如图 10-127 所示。

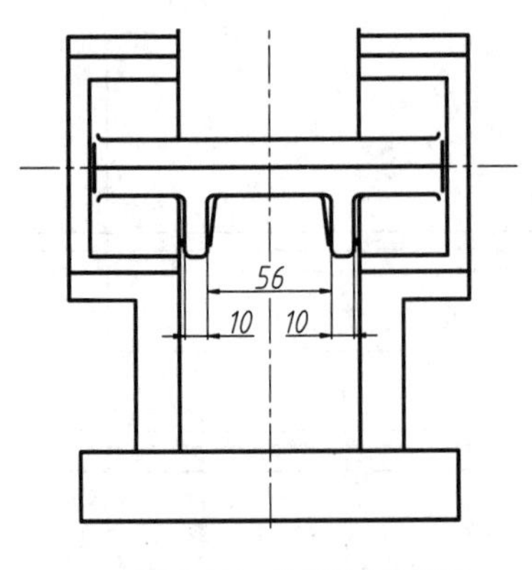

图 10-122　绘制凸台与吊钩

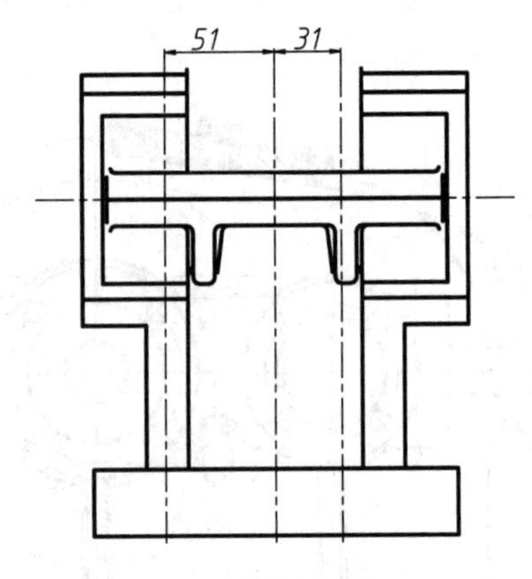

图 10-123　绘制中心线

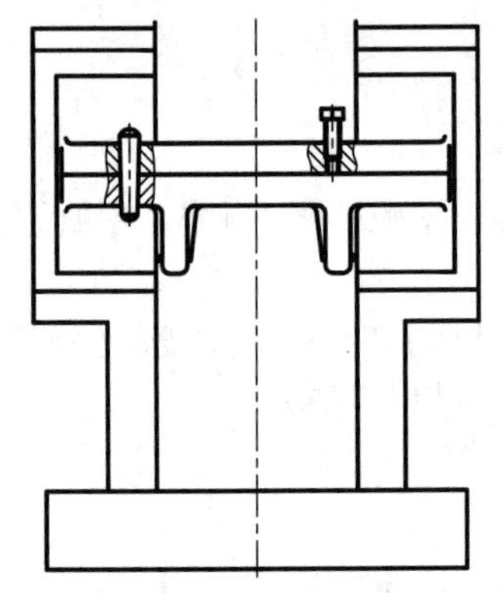

图 10-124　绘制定位销与起盖螺钉

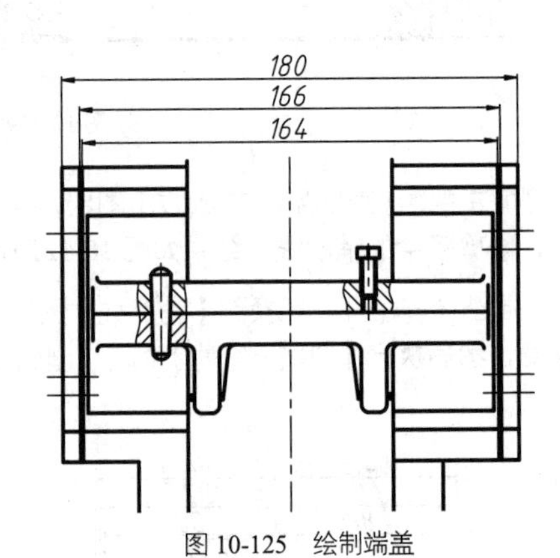

图 10-125　绘制端盖

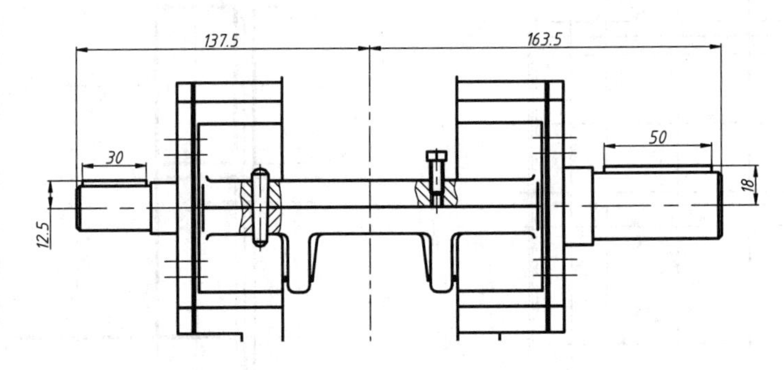

图 10-126　绘制左视图中的轴

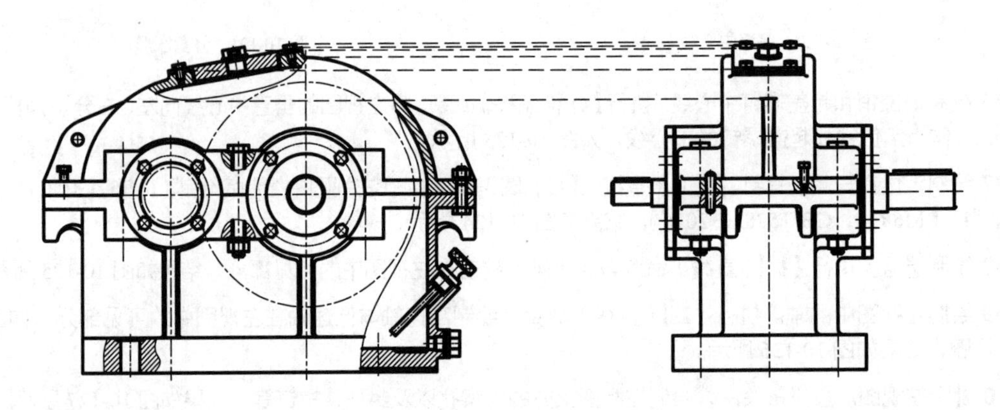

图 10-127　补全左视图

2．补全俯视图

01 补全俯视图。主视图、左视图的图形都已经绘制完毕，这时就可以根据投影关系，完整地补全俯视图，结果如图 10-128 所示。

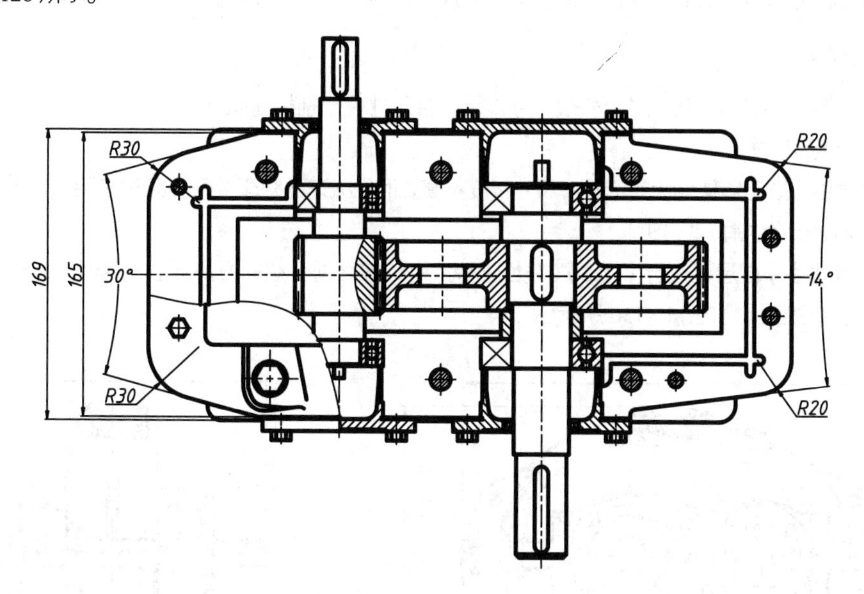

图 10-128　补全俯视图

02 至此装配图的三视图全部绘制完成，结果如图 10-129 所示。

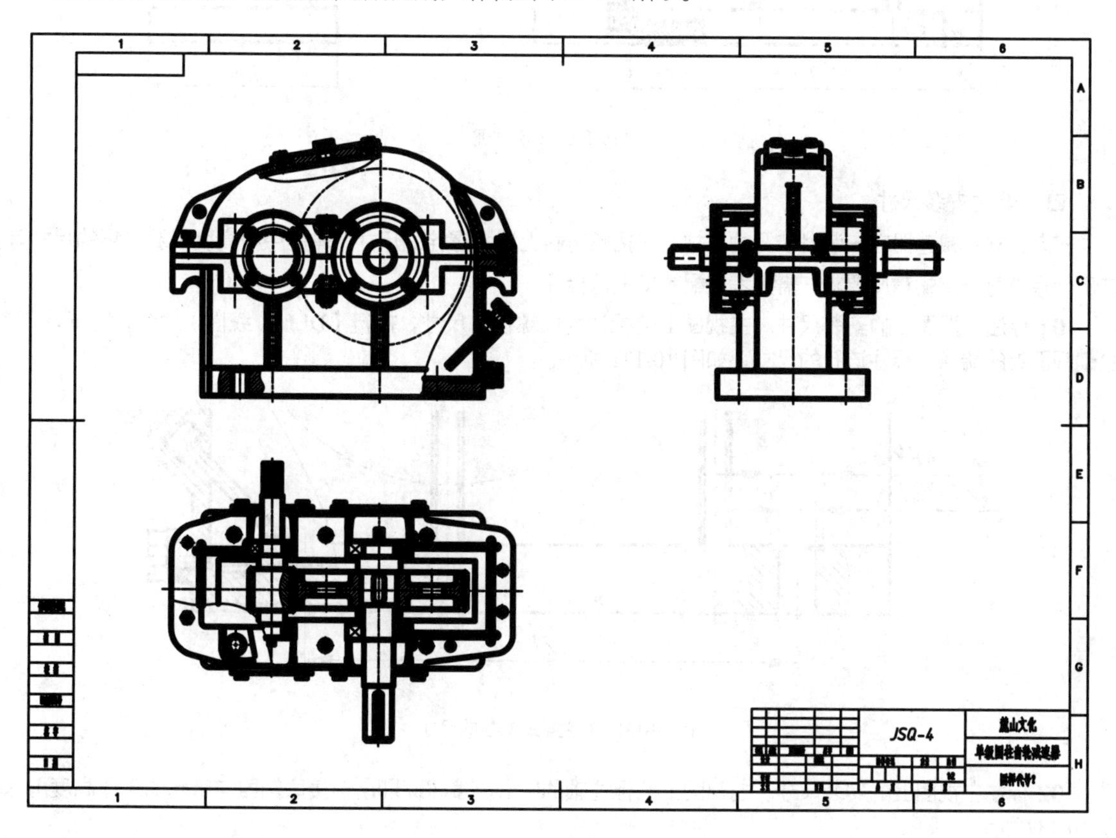

图 10-129　装配图的三视图

10.5.5 标注装配图

图形创建完毕后，即可对其进行标注。装配图中的标注包括添加序列号、填写明细栏，以及标注一些必要的尺寸，如重要的配合尺寸、总长、总高、总宽等外形尺寸，以及安装尺寸等。

1．标注尺寸

要标注的存储主要包括外形尺寸、安装尺寸以及配合尺寸，分别标注如下：

❑ 标注外形尺寸

由于减速器的上、下箱体均为铸造件，尺寸精度不高，而且减速器对于外形也无过多要求，因此减速器的外形尺寸只需注明大致的总体尺寸即可。

切换到【标注线】图层，执行【DLI】(线性)等命令，按之前介绍的方法标注减速器的外形尺寸（主要集中在主视图与左视图上），如图 10-130 所示。

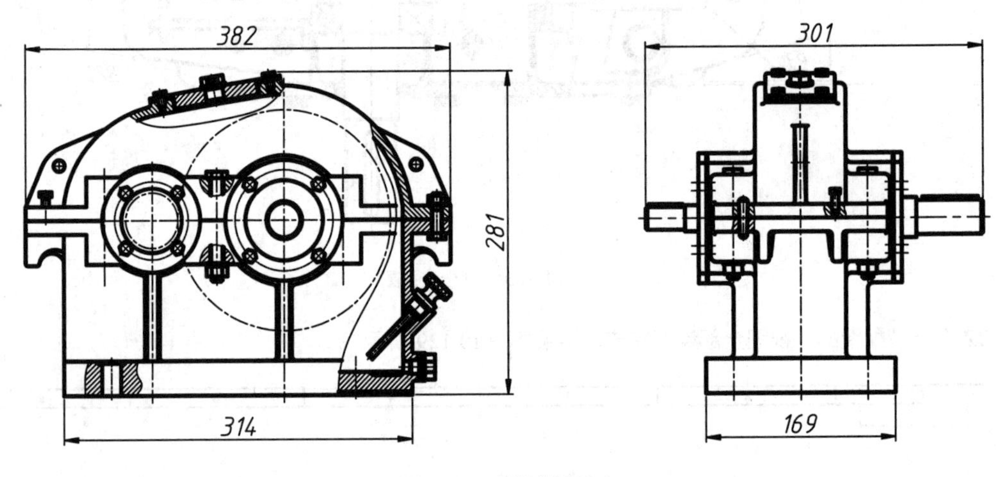

图 10-130 标注外形尺寸

❑ 标注安装尺寸

安装尺寸即减速器在安装时涉及的尺寸，包括减速器上地脚螺栓的尺寸、轴的中心高度以及吊环的尺寸等。这部分尺寸有一定的精度要求，需参考装配精度进行标注。

01 标注主视图上的安装尺寸。主视图上需标注地脚螺栓的尺寸，执行【DLI】(线性)命令，选择地脚螺栓剖视图处的端点，标注该孔的尺寸，如图 10-131 所示。

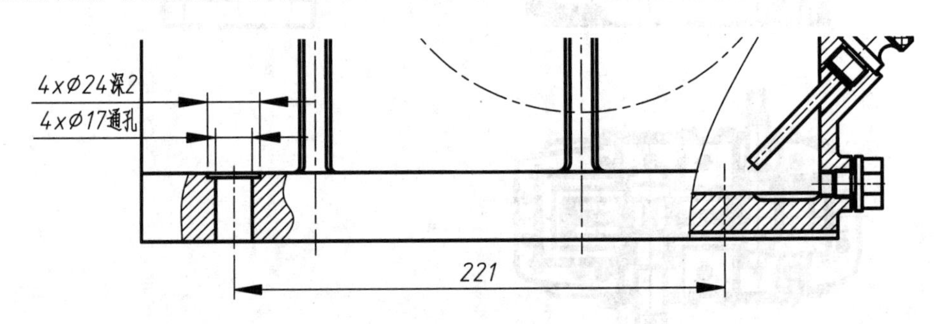

图 10-131 标注地脚螺栓的尺寸

02 标注左视图上的安装尺寸。左视图上需标注轴的中心高度（此即所连接联轴器与带轮的工作高度），如图 10-132 所示。

03 标注俯视图上的安装尺寸。俯视图中需标注高速轴和低速轴的末端尺寸，即与联轴器、带轮等的连接尺寸，如图 10-133 所示。

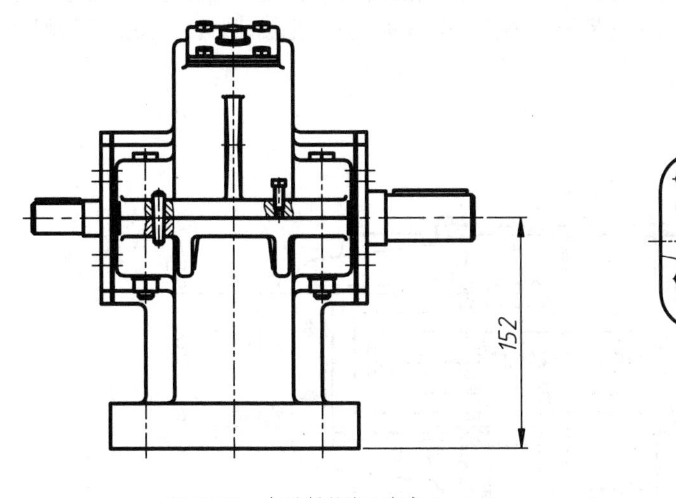

图 10-132　标注轴的中心高度

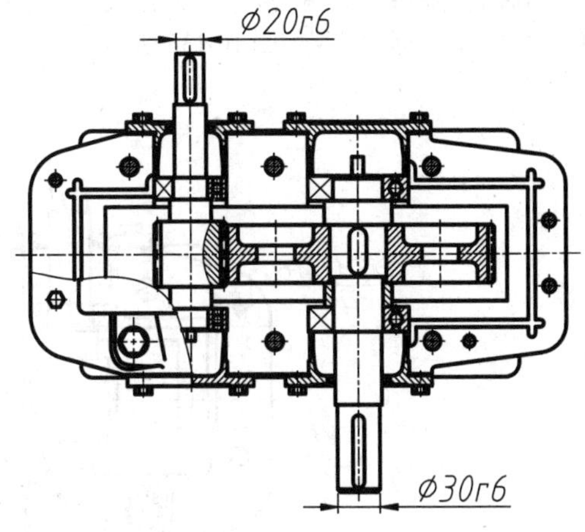

图 10-133　标注轴的末端尺寸

❑　标注配合尺寸

配合尺寸即零件在装配时需保证的配合精度，对于减速器来说，是指轴与齿轮、轴承，轴承与箱体之间的配合尺寸。

01 标注轴与齿轮的配合尺寸。执行【DLI】(线性)命令，在俯视图中选择低速轴与大齿轮的配合段，标注尺寸并输入配合精度，如图 10-134 所示。

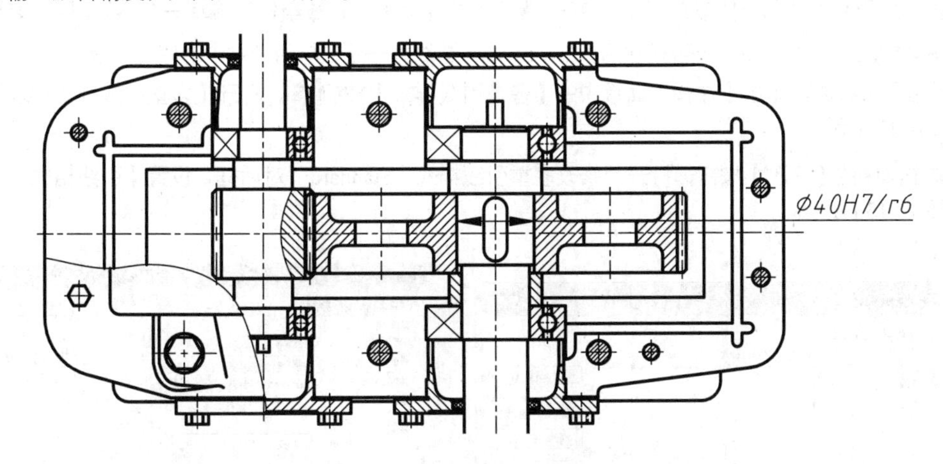

图 10-134　标注轴与齿轮的配合尺寸

02 标注轴与轴承的配合尺寸。高速轴、低速轴与轴承的配合关系均为 H7/k6，标注结果如图 10-135 所示。

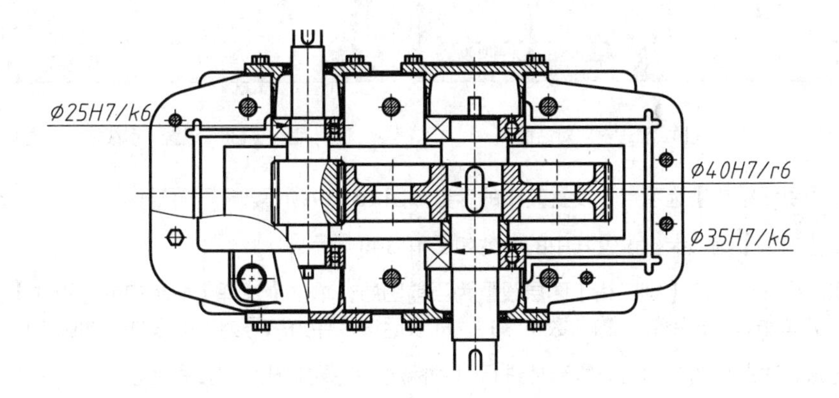

图 10-135　标注轴与轴承的配合尺寸

03 标注轴承与轴承安装孔的配合尺寸。为了安装方便，轴承一般与轴承安装孔取间隙配合，因此可取配合关系为 H7/f6，标注结果如图 10-136 所示。

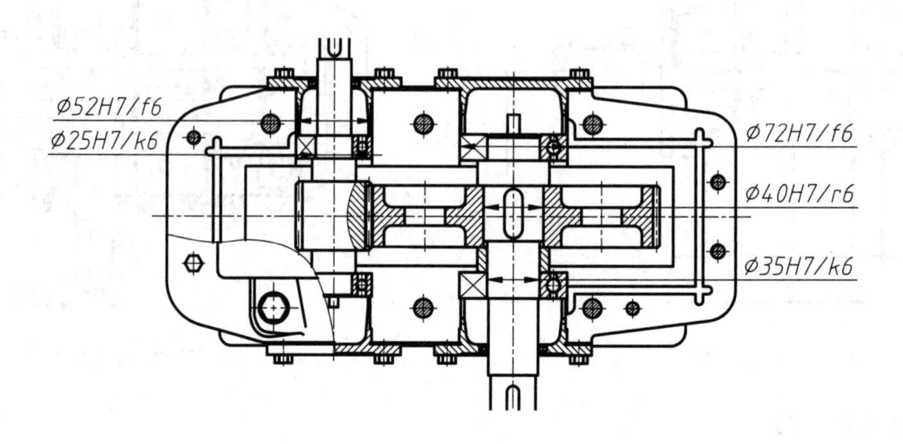

图 10-136　标注轴承与轴承安装孔的配合尺寸

2．添加序列号

装配图中的所有零件和组件都必须编写序号。装配图中相同的零件或组件只编写一个序号，同一装配图中相同的零件编写相同的序号，而且一般只注明一次。另外，零件序号还应与明细栏中的序号一致。

01 设置引线样式。单击【注释】面板中的【多重引线样式】按钮，打开【多重引线样式管理器】对话框，如图 10-137 所示。

02 单击其中的【修改】按钮，打开“修改多重引线样式：Standard”对话框，设置【引线格式】选项卡中的参数如图 10-138 所示。

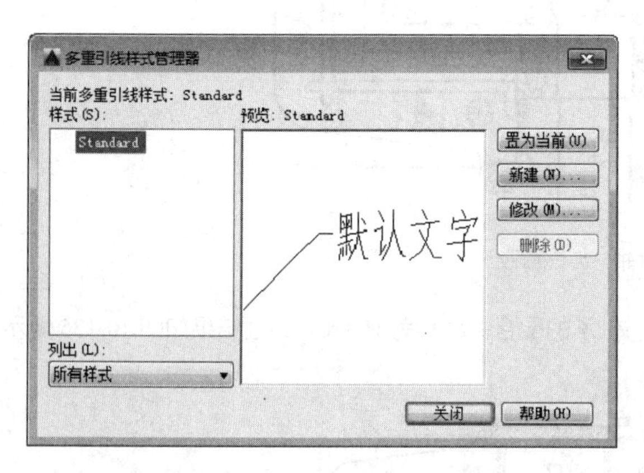

图 10-137　“多重引线样式管理器”对话框

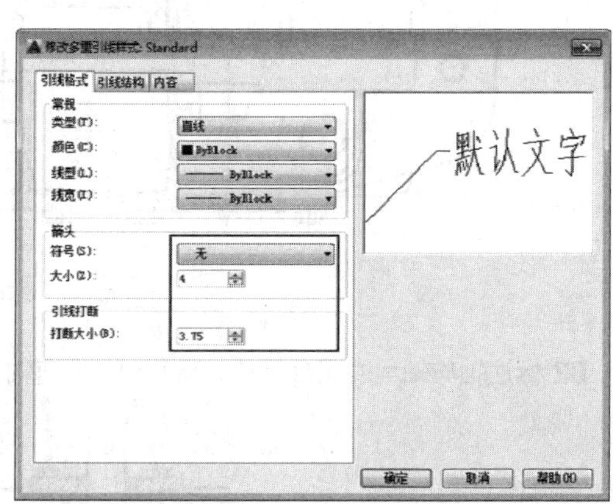

图 10-138　设置“引线格式”选项卡

03 切换至【引线结构】选项卡，设置其中的参数如图 10-139 所示。

04 切换至【内容】选项卡，设置其中的参数如图 10-140 所示。

05 标注第一个序号。将【细实线】图层设置为当前图层，单击【注释】面板中的【引线】按钮，然后在俯视图的箱座处单击，引出引线，输入数字“1”，即表明该零件为序号为 1 的零件，如图 10-141 所示。

06 按此方法，对装配图中的所有零部件进行引线标注，结果如图 10-142 所示。

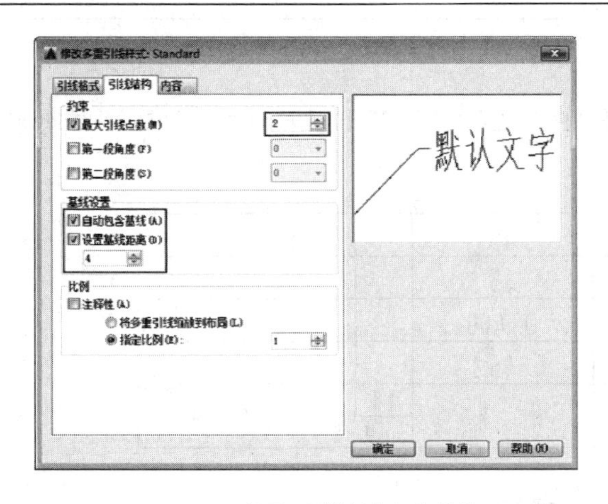

图 10-139　设置“引线结构”选项卡

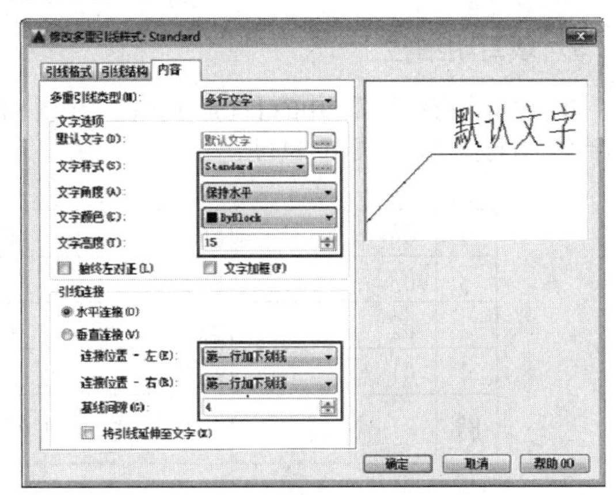

图 10-140　设置“内容”选项卡

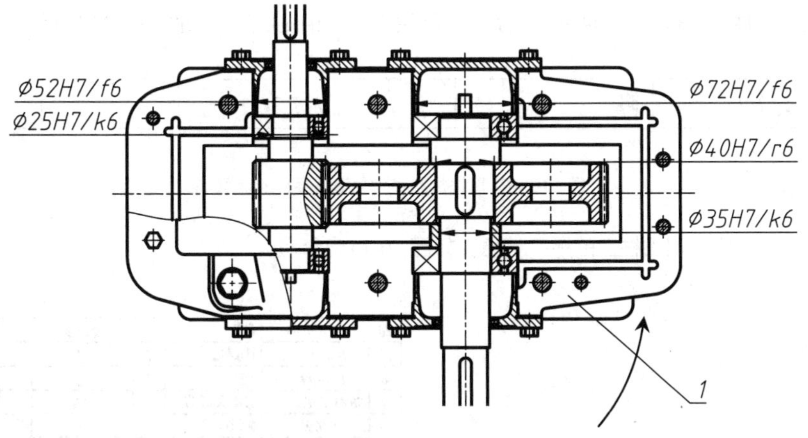

图 10-141　标注第一个序号

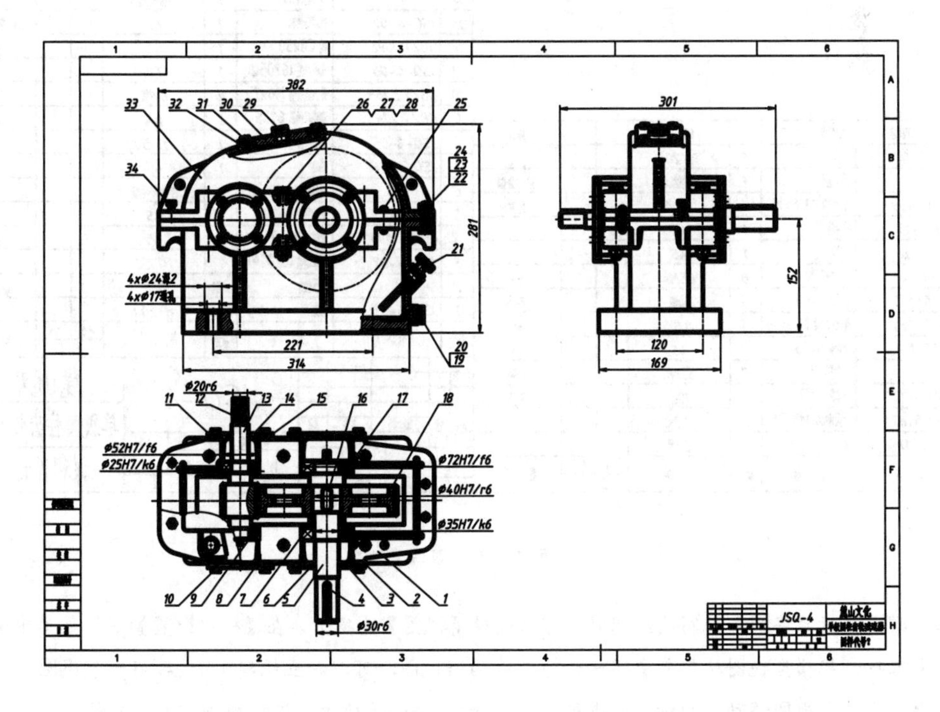

图 10-142　标注所有的序号

3．填写明细栏

01 单击【绘图】面板中的【矩形】按钮，绘制装配图标题栏，也可以打开 “第 10 章\装配图明细表.dwg” 文件直接进行复制，如图 10-143 所示。

4	-04	缸筒	1	45			
3	-03	连接法兰	2	45			
2	-02	缸头	1	QT400			
1	-01	活塞杆	1	45			
序号	代　号	名　称	数量	材　料	单件	总计	备　注
					重　量		

图 10-143　标题栏

02 将该标题栏缩放至适合 A0 图纸的大小，然后按上述步骤添加的序列号顺序填写相应明细栏中的信息。如序列号 1 对应的零件为 “箱座”，便在序号 1 的明细栏中填写相应信息，如图 10-144 所示。

1	JSQ-4-01	箱座	1	HT200			

图 10-144　按添加的序列号填写相应的信息

03 按相同方法，填写明细栏上的所有信息，如图 10-145 所示。

20		封油圈	1	耐油橡胶			装配自制
19	JSQ-4-10	M12油口塞	1	45			
18	JSQ-4-09	大齿轮	1	45			m=2，z=96
17	GB/T 276	深沟球轴承 6207	2	成品			外购
16	GB/T 1096	键 C12x32	1	45			外购
15	JSQ-4-08	轴承端盖 (6207闷)	1	HT150			
14		封油毡圈 (小)	1	半粗羊毛毡			外购
13	JSQ-4-07	高速齿轮轴	1	45			m=2，z=24
12	GB/T 1096	键 C8x30	1	45			外购
11	JSQ-4-06	轴承端盖 (6205透)	1	HT150			
10	GB/T 5783	外六角螺栓 M6x25	16	8.8级			外购
9	GB/T 276	深沟球轴承 6205	2	成品			外购
8	JSQ-4-05	轴承端盖 (6205闷)	1	HT150			
7	JSQ-4-04	隔套	1	45			
6		封油毡圈φ45xφ33	1	半粗羊毛毡			外购
5	JSQ-4-03	低速轴	1	45			
4	GB/T 1096	平键 C8x50	1	45			外购
3	JSQ-4-02	轴承端盖 (6207透)	1	HT150			
2		调整垫片	2组	08F			装配自制
1	JSQ-4-01	箱座	1	HT200			
序号	代　号	名　称	数量	材　料	单件	总计	备　注
					重　量		

34	GB/T 5782	起盖螺钉	1	10.9级			外购
33	JSQ-4-14	箱盖	1	HT200			
32		视孔垫片	1	软钢纸板			装配自制
31	GB/T 5783	外六角螺钉 M6x10	4	8.8级			外购
30	JSQ-4-13	视孔盖	1	45			
29	JSQ-4-12	通气器	1	45			
28	GB 93	弹性垫圈 10	6	65Mn			外购
27	GB/T 6170	六角螺母 M10	6	10级			外购
26	GB/T 5782	外六角螺栓 M10x90	6	8.8级			外购
25	GB/T 117	圆锥销 8x35	2	45			外购
24	GB 93	弹性垫圈 8	2	65Mn			外购
23	GB/T 6170	六角螺母 M8	2	10级			外购
22	GB/T 5782	外六角螺栓 M8x35	2	8.8级			外购
21	JSQ-4-11	油标	1	组合件			
序号	代　号	名　称	数量	材　料	单件	总计	备　注
					重　量		

JSQ-4

麓山文化

单级圆柱齿轮减速器

课程设计-4

1:2

图 10-145　填写明细栏

专家提醒　在对照序列号填写明细栏时，可以选择【视图】选项卡，在【视口配置】下拉菜单中选择【两个：水平】选项，将模型视图从屏幕中间一分为二（两个视图都可以独立编辑），然后将一个视图移动至模型的序列号上，另一个视图移动至明细栏处进行填写，如图 10-146 所示。这种填写方式十分便捷。

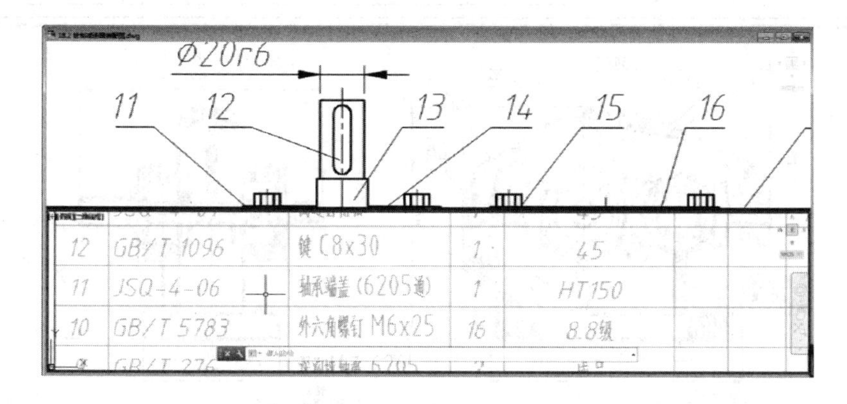

图 10-146　多视图对照填写明细栏

4．添加技术要求

在单级减速器的装配图中，除了常规的技术要求外，还要有技术特性，即减速器的主要参数，如输入功率、传动比等，类似于齿轮零件图中的技术参数表。

01 填写技术特性。绘制一简易表格，尺寸大小任意，然后在其中输入如图 10-147 所示的文字。

技术特性

输入功率 kw	输入轴转速 r/min	传动比
2.09	376	4

图 10-147　输入技术特性

02 单击【默认】选项卡【注释】面板上的【多行文字】按钮，在标题栏上方的空白处插入多行文字，输入如图 10-148 所示的技术要求。

技术要求

1.装配前，滚动轴承用汽油清洗，其他零件用煤油清洗，箱体内不允许有任何杂物存在，箱体内壁涂耐磨油漆。

2.齿轮副的测隙用铅丝检验，测隙值应不小于0.14mm。

3.滚动轴承的轴向调整间隙均为0.05~0.1mm。

4.齿轮装配后，用涂色法检验齿面接触斑点，沿齿高不小于45%，沿齿长不小于60%；

5.减速器剖面分面涂密封胶或水玻璃，不允许使用任何填料。

6.减速器内装L-AN15(GB443-89)，油量应达到规定高度。

7.减速器外表面涂绿色油漆。

图 10-148　输入技术要求

03 减速器的装配图绘制完成，最终的效果如图 10-149 所示。

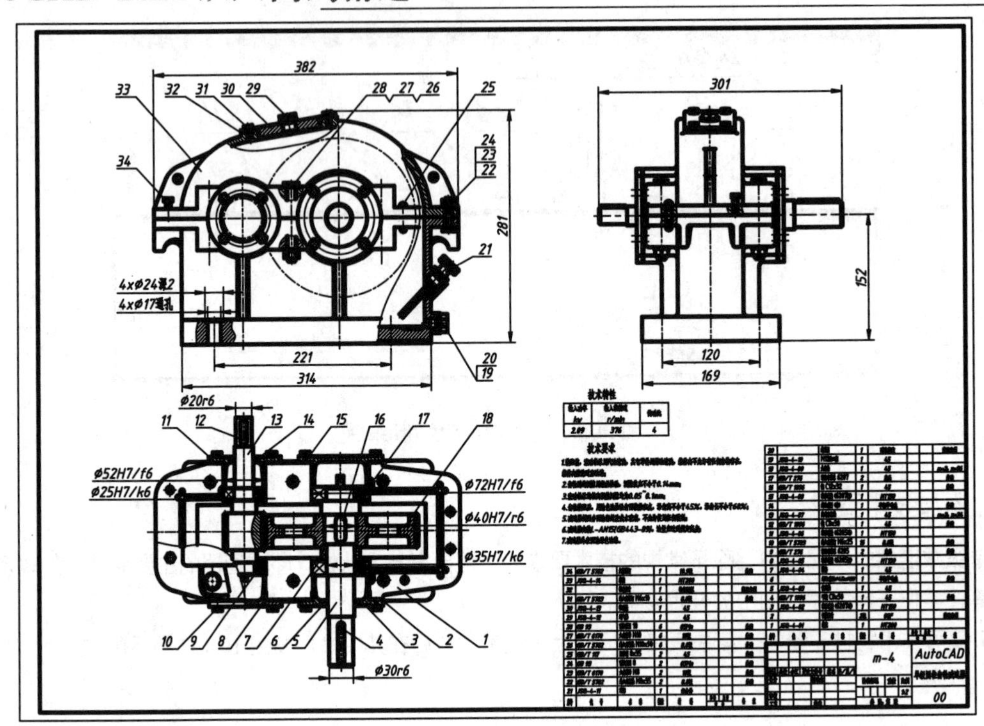

图 10-149　单级减速器装配图

第11章

建筑设计与绘图

本章导读

建筑设计的进程通常可以分为 4 个阶段，即准备阶段、方案阶段、施工图阶段和实施阶段。本章主要讲解了建筑设计的概念及建筑制图的内容，并综合运用之前所学到的知识绘制了建筑施工图，其中包含了绘制建筑平面图、立面图以及剖面图的过程和方法。通过本章的学习，读者能够了解建筑设计的相关理论知识，并掌握建筑制图的流程和实际操作

学习效果

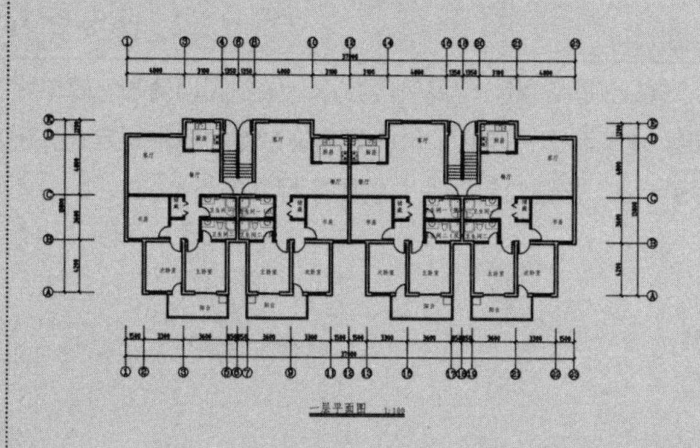

一层平面图 1:100

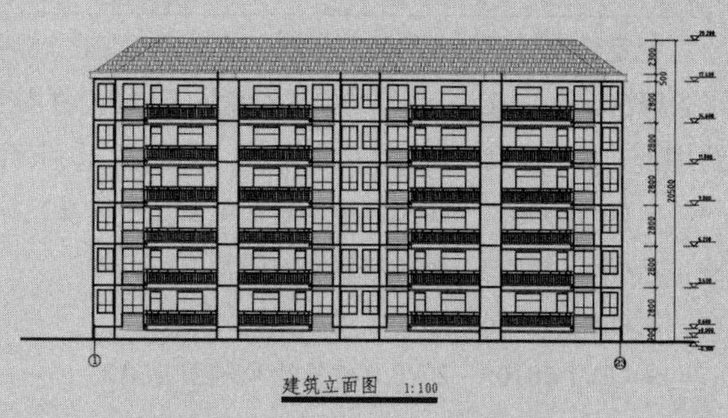

建筑立面图 1:100

11.1 建筑设计概述

建筑设计（Architectural Design）是指建筑物在建造之前，设计者按照建设任务，把施工过程和使用过程中所存在的或可能发生的问题，事先做好通盘的设想，拟定好解决这些问题的办法、方案，用图样和文件表达出来，如图 11-1 所示。建筑设计作为备料、施工组织工作和各工种在制作、建造工作中互相配合协作的共同依据，便于整个工程得以在预定的投资限额范围内，按照周密考虑的预定方案，统一步调，顺利进行，并使建成的建筑物充分满足使用者和社会所期望的各种要求。建筑设计图与实际效果图如图 11-1 所示。

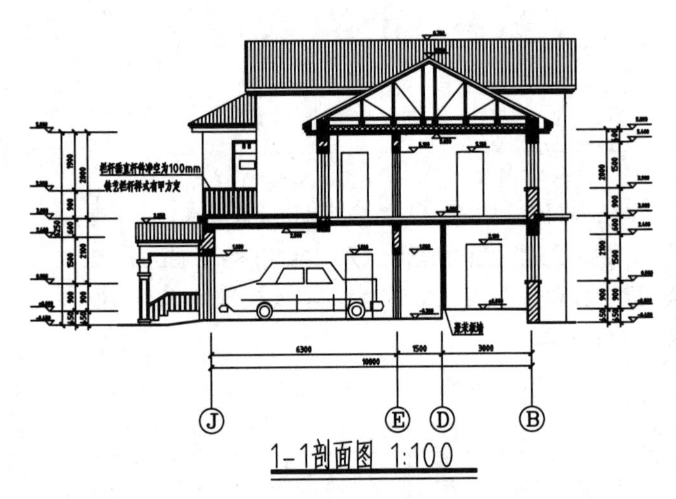

图 11-1　建筑设计图与实际效果图

11.1.1 建筑制图的有关标准

制定建筑制图标准的目的是统一房屋建筑制图规则，保证制图质量，提高制图效率，做到图面清晰、简单明了，符合设置、施工、存档的要求，满足工程建设的需要。建筑制图标准除了是房屋建筑制图的基本规定外，还适用于总图、建筑、结构、给水排水、暖通空调、电气等专业。与建筑制图有关的国家标准如下：

- GB/T 50001—2017《房屋建筑制图统一标准》
- GB/T 50103—2010《总图制图标准》
- GB/T 50104—2010《建筑制图标准》
- GB/T 50105—2010《建筑结构制图标准》
- GB/T 50106—2010《建筑给水排水制图标准》
- GB/T 50114—2010《暖通空调制图标准》

1．图形比例标准

- 建筑图样的比例应为图形与实物相对应的线性尺寸之比，比例的大小是指其比值的大小，如 1:50 大于 1:100。
- 建筑制图的比例宜写在图名的右侧，如图 11-2 所示。比例的字高宜比图名小一号，但字的基准线应取平。

一层平面图　　1:100

图 11-2　建筑制图的比例标注

➢ 建筑制图所用的比例应根据图形的种类和被描述对象的复杂程度而定，具体可参考表 11-1。

表 11-1　建筑制图的比例的种类与系列

图纸类型	常用比例	可用比例
平、立、剖面图	1:100、1:200、1:300	1:3、1:4、1:6、1:15、1:25、1:30、1:40、1:60、1:80、1:250、1:400、1:600
总平面图	1:500、1:1000、1:2000	
大样图	1:1、1:5、1:10、1:20、1:50	

2．字体标准

图样上所需书写的文字、数字或符号等均应笔画清晰、字体端正、排列整齐，标点符号应清楚正确。

➢ 文字的字高应从如下系列中选用：3.5、5、7、10、14、20（单位：mm）。如需书写更大的字，其高度应按 $\sqrt{2}$ 的比值递增。

➢ 图样及说明中的汉字宜采用长仿宋体，宽度与高度的关系应符合表 11-2 的规定。大标题、图册封面、地形图等的汉字也可书写成其他字体，但应易于辨认。

表 11-2　建筑制图的字宽与字高　　　　（单位：mm）

字高	3.5	5	7	10	14	20
字宽	2.5	3.5	5	7	10	14

➢ 分数、百分数和比例数的注写应采用阿拉伯数字和数学符号，如四分之三、百分之二十五、一比二十应分别写成“3/4”“25%”“1:20”。

➢ 当注写的数字小于 1 时，必须写出个位的“0”，小数点应采用圆点，齐基准线书写，如 0.01。

3．图线标准

建筑制图应根据图形的复杂程度与比例大小，先选定基本线宽 b，再按 4:2:1 的比例确定其余线宽，最后根据表 11-3 确定合适的图线。

表 11-3　图线的形式和作用

图线名称	图线	线宽	用于绘制的图形
粗实线	▬▬▬▬	b	主要可见轮廓线
细实线	————	$0.5b$	剖面线、尺寸线、可见轮廓线
虚线	— — —	$0.5b$	不可见轮廓线、图例线
单点画线	— · — · —	$0.25b$	中心线、轴线
波浪线	∿∿	$0.25b$	断开界线
双点画线	— ·· — ·· —	$0.25b$	假想轮廓线

4．尺寸标注

在图样上除了画出建筑物及其各部分的形状之外，还必须准确、详细及清晰地标注尺寸，以确定大小，作为施工的依据。

国家标准规定，工程图上的标注尺寸除了标高和总平面图以米(m)为单位外，其余的尺寸一般以毫米(mm)为单位，图上的尺寸数字都不再注写单位。如果使用其他的单位，必须有相应的注明。图样上的尺寸应以所标注的尺寸数字为准，不得从图上直接量取。图 11-3 所示为建筑制图的尺寸标注。

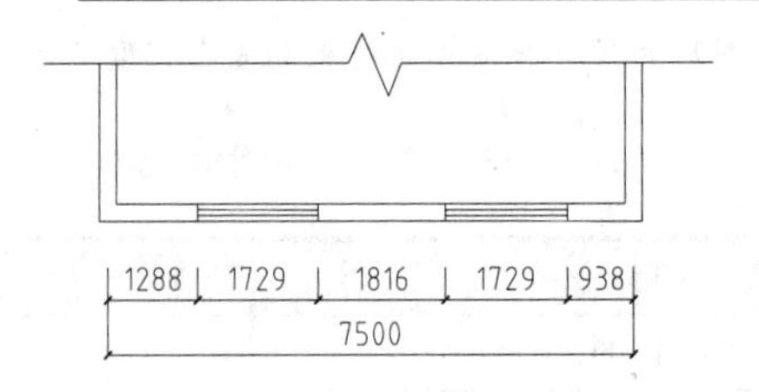

图 11-3　建筑制图的尺寸标注

11.1.2　建筑制图的符号

在进行各种建筑和室内装饰设计时，图中的相关信息为了更清楚明确地表明，将以不同的符号来表示。

1．定位轴线

定位轴线是用来确定建筑物主要结构及构件位置的尺寸基准线。在施工时，承重墙、柱、大梁或屋架等主要承重构件都应画出轴线以确定其位置。对于非承重的隔断墙及其他次要承重构件等，一般不画轴线，只需注明它们与附近轴线的相关尺寸以确定其位置。

➢ 定位轴线应用细点画线绘制。定位轴线一般应编号，编号应注写在轴线端部的圆内。圆应用细实线绘制，直径为 8 ~ 10mm。定位轴线圆的圆心应在定位轴线端部的延长线上或延长线的折线上。

➢ 平面图上定位轴线的编号宜标注在图样的下方或左侧。横向编号应用阿拉伯数字从左至右顺序编写，竖向编号应用大写拉丁字母从下至上顺序编写，如图 11-4 所示。

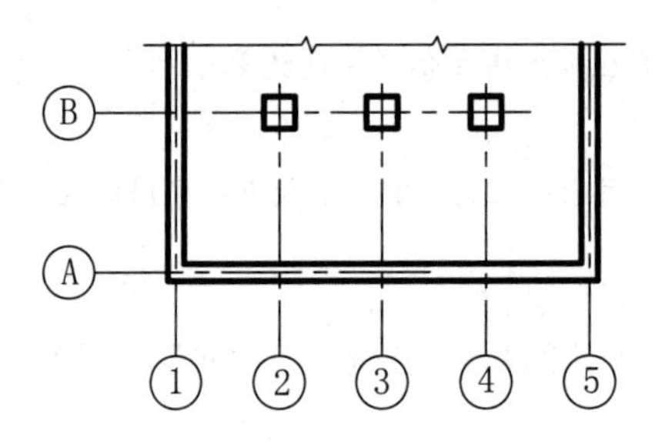

图 11-4　定位轴线及编号

➢ 拉丁字母的 I、O、Z 不得用作轴线编号。如字母数量不够使用，可增用双字母或单字母加数字注脚，如 AA、BA…YA 或 A1、B1…Y1。

➢ 组合较复杂的平面图中定位轴线也可采用分区编号，如图 11-5 所示。编号的注写形式应为“分区号-该分区编号”，分区号采用阿拉伯数字或大写拉丁字母表示。

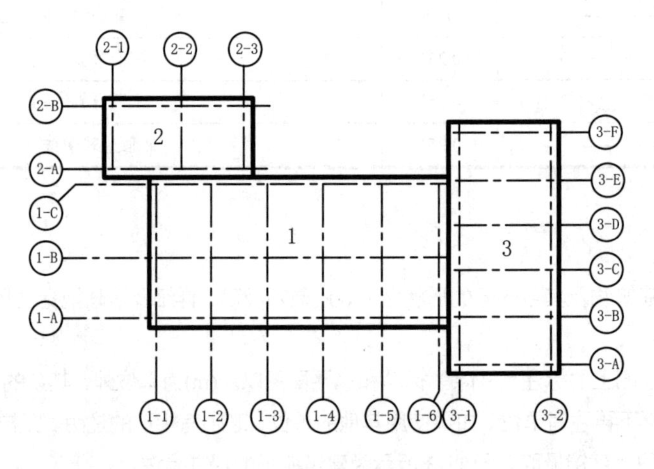

图 11-5　分区定位轴线及编号

➢ 附加定位轴线的编号应以分数形式表示。两根轴线间的附加轴线应以分母表示前一轴线的编号，分子表示附加轴线的编号，编号宜用阿拉伯数字顺序编写，如图 11-6 所示。1 号轴线或 A 号轴线之前的附加轴线的分母应以 01 或 0A 表示，如图 11-7 所示。

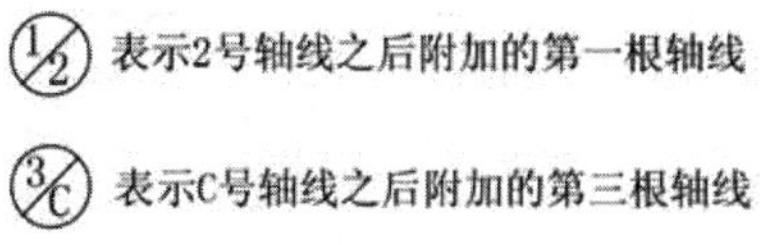

(1/2) 表示2号轴线之后附加的第一根轴线

(3/C) 表示C号轴线之后附加的第三根轴线

图 11-6　在轴线之后附加的轴线

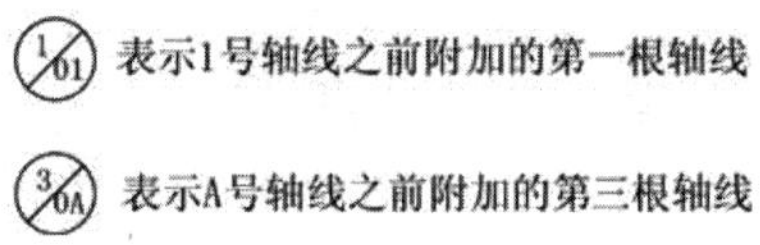

(1/01) 表示1号轴线之前附加的第一根轴线

(3/0A) 表示A号轴线之前附加的第三根轴线

图 11-7　在 1 号或 A 号轴线之前附加的轴线

➢ 通用详图中的定位轴线应只画圆，不注写轴线编号。

➢ 圆形平面图中定位轴线的编号，其径向轴线宜用阿拉伯数字表示，从左下角开始按逆时针顺序编写；其圆周轴线宜用大写拉丁字母表示，从外向内顺序编写，如图 11-8 所示。折线形平面图中的定位轴线如图 11-9 所示。

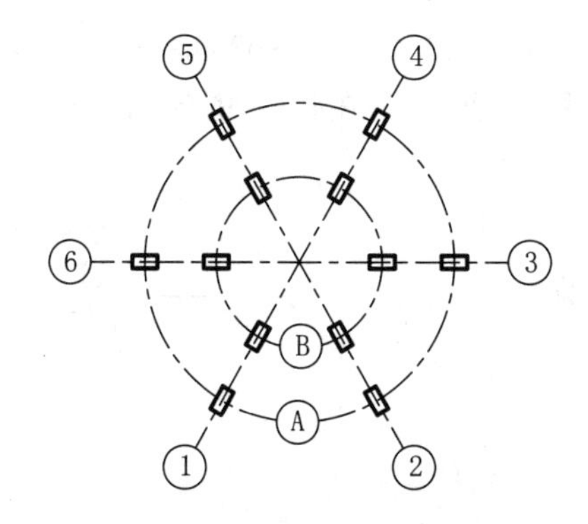

图 11-8　圆形平面图定位轴线及编号

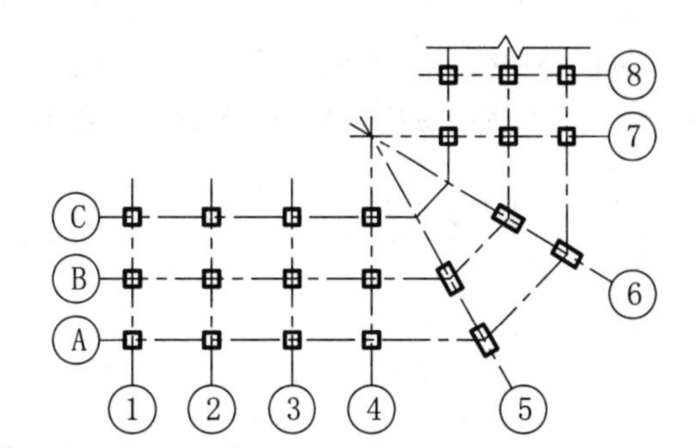

图 11-9　折线形平面图定位轴线及编号

2．剖面剖切符号

在对剖面图进行识读的时候，为了方便，需要用剖切符号把所画剖面图的剖切位置和剖视方向在投影图（即平面图）上表示出来。同时，还要为每一个剖面图标注编号，以免产生混乱。

在绘制剖面剖切符号的时候需要注意以下几点：

➢ 剖切位置线（即剖切平面）的积聚投影用来表示剖切平面的剖切位置。但是规定要用两段长为 6～8mm 的粗实线来表示，且不宜与图面上的图线互相接触，如图 11-10 中的 1—1 所示。

➢ 剖切后的剖视方向用垂直于剖切位置线的短粗实线(长度为 4～6mm)表示，如画在剖切位置线的左面即表示向左边的投影，如图 11-10 所示。

➢ 剖切符号的编号要用阿拉伯数字来表示，按顺序由左至右、由下至上连续编排，并标注在剖视方向线的端部。如果剖切位置线必须转折，如阶梯剖面，而在转折处又易与其他图线混淆，则应在转角的外侧加注与该符号相同的编号，如图 11-10 中的 2—2 所示。

3．断面剖切符号

断面的剖切符号仅用剖切位置线来表示，应以粗实线绘制，长度宜为 6～10mm。

断面剖切符号的编号宜采用阿拉伯数字，按照顺序连续编排，并注写在剖切位置线的一侧，编号所在的一侧应为该断面的剖视方向，如图 11-11 所示。

设计点拨 剖面图或断面图如与被剖切图样不在同一张图内，可在剖切位置线的另一侧注明其所在图纸的编号，也可以在图上集中说明。

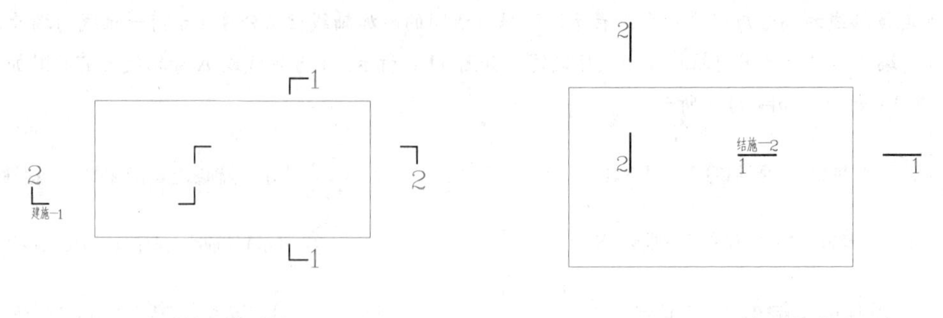

图 11-10　剖面剖切符号

图 11-11　断面剖切符号

4．引出线

为了使文字说明、材料标注、索引符号标注等不影响图样的清晰，应采用引出线的形式来绘制。

❑　引出线及文字说明

引出线应以细实线绘制，宜采用水平方向的直线，或与水平方向成 30°、45°、60°、90° 角的直线，或经上述角度再折为水平线。文字说明宜注写在水平线的上方，如图 11-12a 所示；也可注写在水平线的端部，如图 11-12b 所示。索引详图的引出线应与水平直径相接，如图 11-12c 所示。

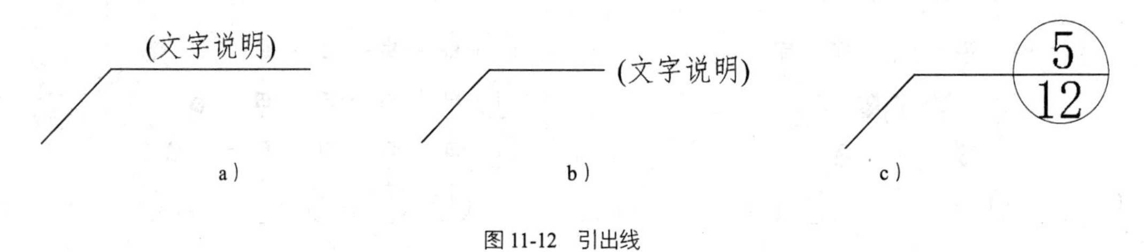

图 11-12　引出线

❑　共同引出线

同时引出的几个相同部分的引出线宜相互平行，也可画成集中于一点的放射线，如图 11-13 所示。

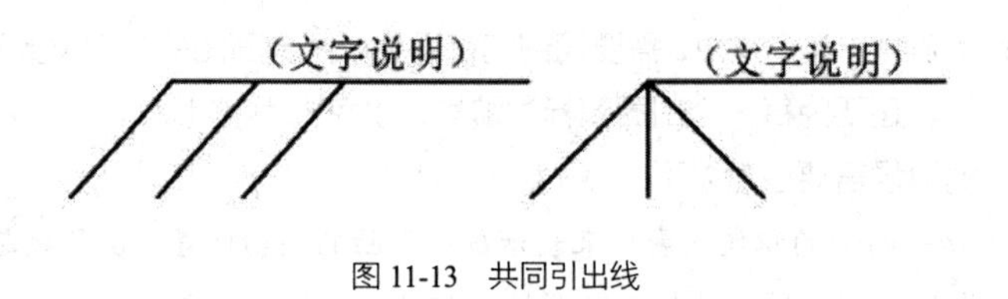

图 11-13　共同引出线

❑　多层引出线

多层构造或多个部位共用引出线应通过被引出的各层或各部位，并用圆点示意对应位置。文字说明宜注写在水平线上方，或注写在水平线的端部，说明的顺序应由上至下，并与被说明的层次对应一致；若层次为横向排序，则由上至下的说明顺序应与由左至右的层次对应一致，如图 11-14 所示。

5．索引符号与详图符号

索引符号根据用途的不同可以分为立面索引符号、剖切索引符号、详图索引符号等。以下是国家标准中对索引符号的使用规定。

➢ 由于房屋建筑室内装饰装修制图在使用索引符号时有的圆内注字较多，故本条规定索引符号中圆的直径为 8～10mm。

➢ 由于在立面图索引符号中需表示出具体的方向，故索引符号需要附三角形箭头表示。

➢ 当立面图、剖面图的图样较少时，对应的索引符号可以仅标注图样编号，不注明索引图所在页次。

➢ 立面图索引符号采用三角形箭头转动、数字、字母保持垂直方向不变的形式，即遵循 GB/T 50104—2010《建筑制图标准》中内视索引符号的规定。

➢ 剖切符号采用三角形箭头与数字、字母同方向转动的形式，即遵循 GB/T 50001—2010《房屋建筑制图统一标准》中剖视的剖切符号的规定。

➢ 表示建筑立面在平面图上的位置及立面图所在的图纸编号应在平面图上使用立面索引符号，如图 11-15 所示。

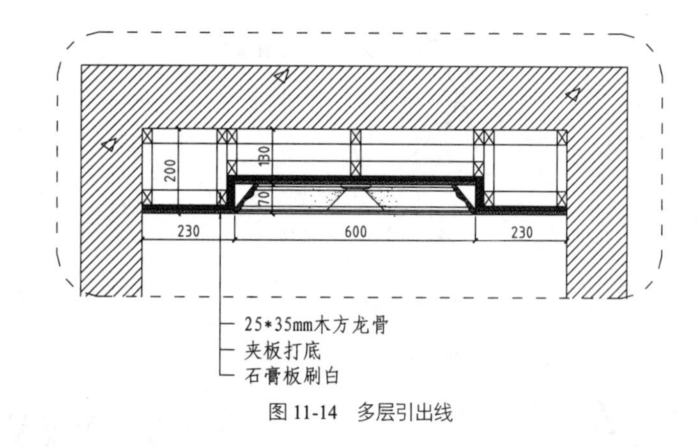

图 11-14 多层引出线

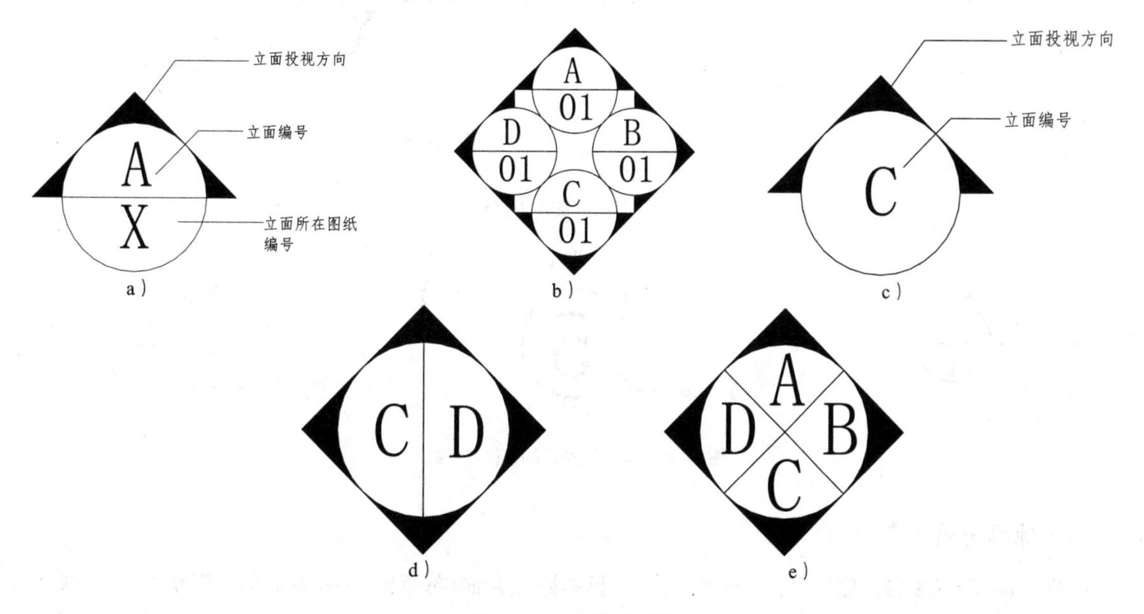

图 11-15 立面索引符号

➢ 表示剖切面在界面上的位置或图样所在图样编号应在被索引的界面或图样上使用剖切索引符号，如图 11-16 所示。

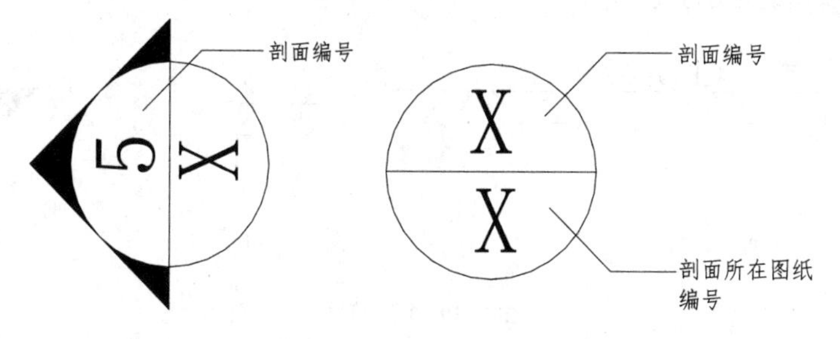

图 11-16 剖切索引符号

➢ 表示局部放大图样在原图上的位置及本图样所在的页码应在被索引图样上使用详图索引符号，如图 11-17 所示。

设计点拨：在 AutoCAD 的索引符号中，其圆的直径为 ø12mm(在 A0、A1、A2 图纸)或 ø10mm(在 A3、A4 图纸)，其字高为 5mm(在 A0、A1、A2 图纸)或 4mm(在 A3、A4 图纸)。在绘制的详图下方，用一粗实线绘制直径为 Ø14mm 的圆来表示详图符号，用以说明详图的位置和编号，如图 11-18 所示。

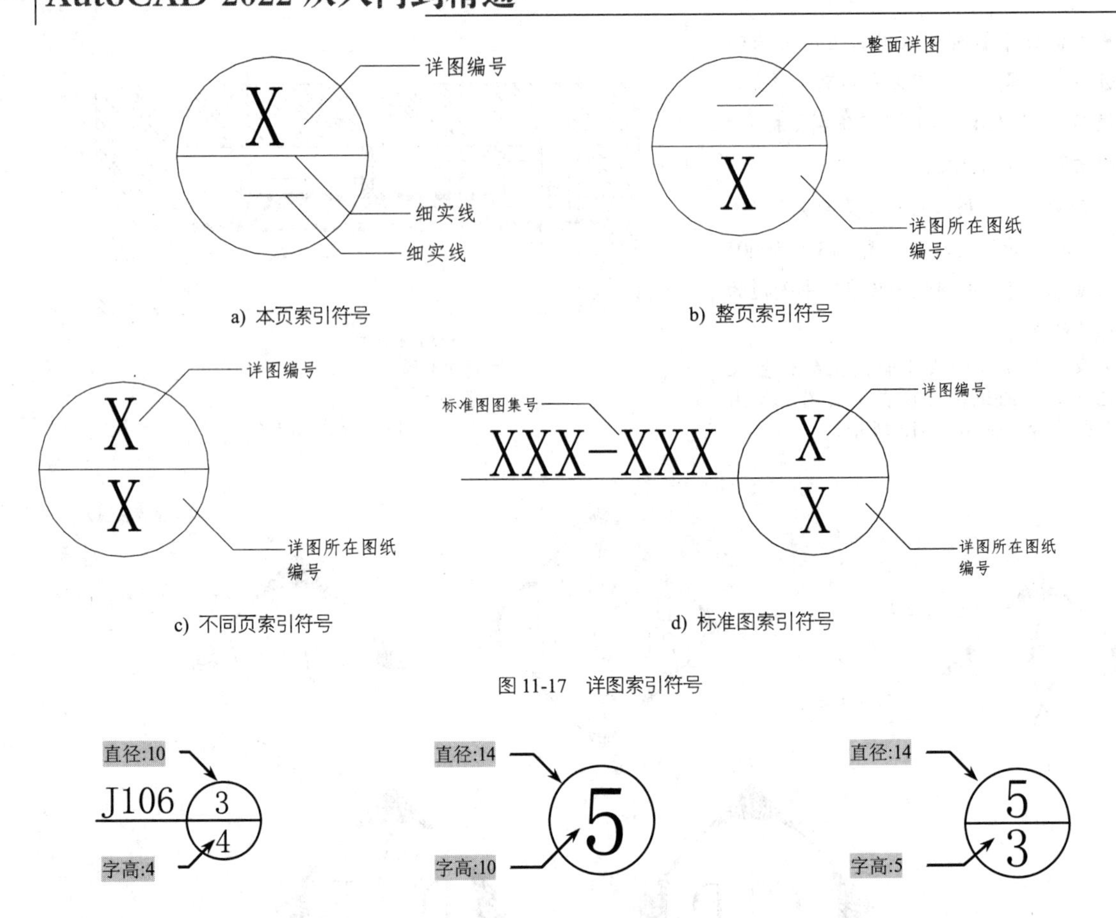

图 11-17　详图索引符号

图 11-18　索引符号圆的直径与字高

6．标高符号

标高是表示建筑物各部位高度的一种尺寸形式。标高符号用细实线画出，短横线是需注高度的界线，长横线之上或之下注出标高数字，如图 11-19a 所示。总平面图上的标高符号宜用涂黑的三角形表示（见图 11-19d），标高数字可注明在黑三角形的右上方，也可注写在黑三角形的上方或右侧。不论哪种形式的标高符号，均为等腰直角三角形，高 3mm。图 11-19b、c 所示的标高符号用以标注其他部位的标高，其中短横线为需要标注高度的界限，标高数字注写在长横线的上方或下方。

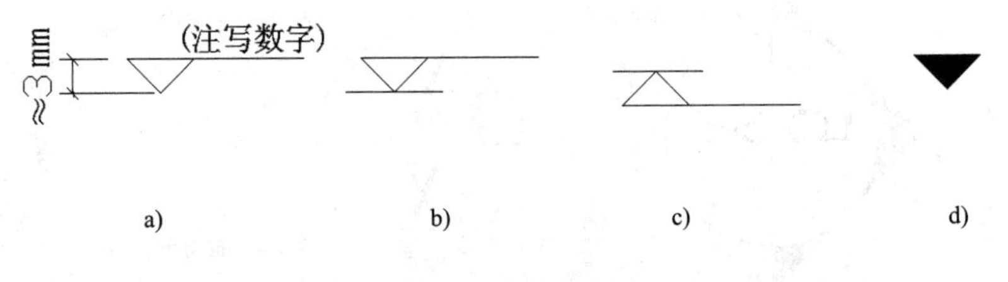

图 11-19　标高符号

标高数字以米（m）为单位，注写到小数点后第三位（在总平面图中可注写到小数点后第二位）。零点标高应注写成“±0.000”，正数标高不注“+”，负数标高应注“-”，如 3.000、-0.600。图 11-20 所示为标高注写的几种格式。

设计点拨 在 AutoCAD 建筑图样的设计标高中，其标高的数字字高为 6.5mm（A0、A1、A2 图纸）或 2mm（A3、A4 图纸）。

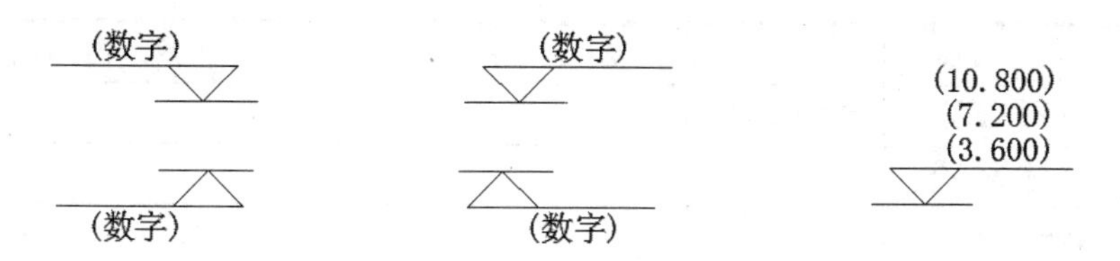

图 11-20 标高数字注写格式

标高有“绝对标高”和“相对标高”两种。

➢ 绝对标高：我国把青岛附近黄海的平均海平面定为绝对标高的零点，其他各地标高都以它作为基准。如在总平面图中的室外整平标高即为绝对标高。

➢ 相对标高：在建筑物的施工图上要注明的标高可用相对标高来标注，以便直接得出各部分的高差。除总平面图外，一般都采用相对标高，即把底层室内主要的地坪标高定为相对标高的零点（标注为“±0.000”），而在建筑工程图的总说明中说明相对标高和绝对标高的关系，再根据当地附近的水准点（绝对标高）测定拟建工程的底层地面标高。

11.1.3 建筑制图的图例

建筑物或构筑物需要按比例绘制在图样上，当一些建筑物的细部节点无法按照真实形状绘制时，可用示意性的符号来表示。国家标准规定了一些示意性符号，即图例。凡是国家标准规定的图例均应严格遵守，按照标准画法绘制在图形中。如果图形中有个别新型材料还未纳入国家标准，设计人员要在图样的空白处画出并写明符号代表的含义，以方便对照阅读。

1. 一般规定

国家标准只规定了常用建筑材料的图例画法，对其尺度比例不做具体规定。使用图例时，应根据图样大小而定，并应注意下列事项。

➢ 图例线应间隔均匀，疏密适度，做到图例正确，表示清楚。

➢ 不同品种的同类材料使用同一图例时，应在图上附加必要的说明。

➢ 两个相邻的涂黑图例(如混凝土构件、金属件)间应留有空隙，其宽度不得小于 0.7mm，如图 11-21 所示。

图 11-21 相邻涂黑图例的画法

下列情况可不加图例，但应加文字说明。

➢ 一张图纸内的图样只用一种图例时。

➢ 图形较小无法画出建筑材料图例时。

当选用国家标准中未包括的建筑材料时，可自编图例，但不得与本标准所列的图例重复。绘制时，应在适当位置画出该材料图例，并加以说明。

2. 常用建筑材料图例

常用建筑材料应按表 11-4 中的图例画法绘制。

表 11-4　常用建筑材料图例

名　称	图　例	备　注
自然土壤		包括各种自然土壤
夯实土壤		
砂、灰土		靠近轮廓线绘较密的点
砂砾石、碎砖三合土		
石材		
毛石		
普通砖		包括实心砖、多孔砖、砌块等砌体。断面较窄不易绘出图例线时，可涂红
耐火砖		包括耐酸砖等砌体
空心砖		指非承重砖砌体
饰面砖		包括铺地砖、马赛克、人造大理石等
焦渣、矿渣		包括与水泥、石灰等混合而成的材料
混凝土		1)本图例指能承重的混凝土及钢筋混凝土 2)包括各种强度等级、骨料、添加剂的混凝土 3)在剖面图上画出钢筋时，不画图例线 4)断面图形小、不易画出图例线时，可涂黑
钢筋混凝土		
多孔材料		包括水泥珍珠岩、沥青珍珠岩、泡沫混凝土、非承重加气混凝土、软木、蛭石制品等
纤维材料		包括矿棉、岩棉、玻璃棉、麻丝、木丝板、纤维板等
泡沫塑料材料		包括聚苯乙烯、聚乙烯、聚氨酯等多孔聚合物类材料
木材		.上图为横断面，分别为木砖、垫木或木龙骨； 下图为纵断面
胶合板		应注明为×层胶合板
石膏板		包括圆孔、方孔石膏板，防水石膏板等
金属		(1)包括各种金属 (2)图形小时，可涂黑
网状材料		(1)包括金属、塑料网状材料 (2)应注明具体材料名称

（续）

液体		应注明具体液体名称
玻璃		包括平板玻璃、磨砂玻璃、夹丝玻璃、钢化玻璃、中空玻璃、加层玻璃、镀膜玻璃等
橡胶		
塑料		包括各种软、硬塑料及有机玻璃等
防水材料		构造层次多或比例大时，采用上面图例
粉刷		本图例采用较稀的点

11.2 建筑设计图的内容

建筑设计图通常称为建筑施工图（简称建施图），主要用来表示建筑物的规划位置、外部造型、内部各房间的布置、内外装修、构造及施工要求等。

建筑施工图包括建施图首页（施工图首页）、总平面图、各层平面图、立面图、剖面图及详图6大类图样。

11.2.1 建施图首页

建施图首页内含工程名称、实际说明、图样目录、经济技术指标、门窗统计表以及本套建筑施工图所选用标准图集名称列表等。

图样目录一般包括整套图样的目录，应有建筑施工图目录、结构施工图目录、给水排水施工图目录、采暖通风施工图目录和建筑电气施工图目录。

建筑图样应按专业顺序编排，一般顺序为图纸目录、总图、建筑图、结构图、给水排水图、暖通空调图、电气图等。

11.2.2 建筑总平面图

将新建工程周围一定范围内的新建、拟建、原有和拆除的建筑物、构筑物连同其周围的地形、地物状况用水平投影的方法和相应的图例所画出的图样，即为总平面图，如图11-22所示。

建筑总平面图主要表示新建房屋的位置、朝向、与原有建筑物的关系，以及周围道路、绿化、给水排水、供电条件等方面的情况，作为新建房屋施工定位、土方施工、设备管网平面布置，安排在施工时进入现场的材料构件、配件堆放场地、构件预制的场地以及运输道路的依据。

图11-23所示为某住宅小区建筑总平面图。

图11-22 建筑总平面图

图11-23 建筑总平面图

11.2.3 建筑平面图

建筑平面图简称平面图，是假想用一水平的剖切面沿门窗洞位置将房屋剖切后，对剖切面以下部分所画的水平投影图，如图 11-24 所示。它反映了房屋的平面形状、大小和布置，墙、柱的位置、尺寸和材料，门窗的类型和位置等，如图 11-25 所示。

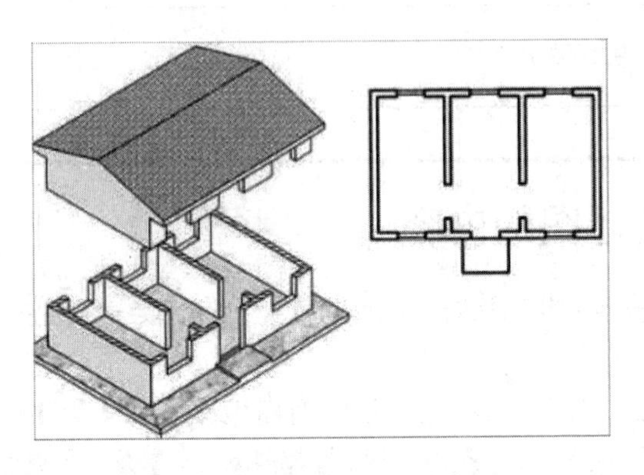

图 11-24 建筑平面图示意

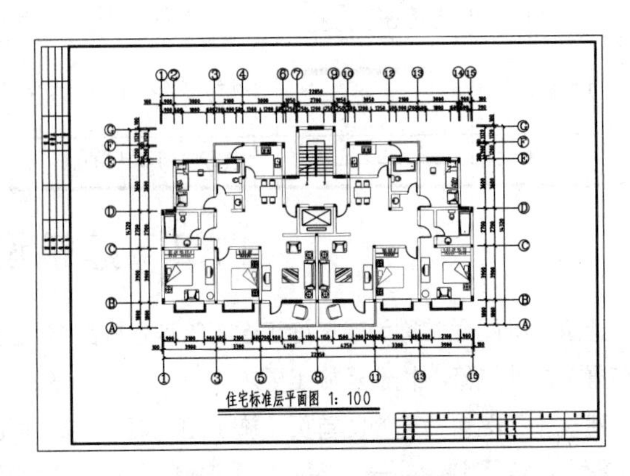

图 11-25 建筑平面图

依据剖切位置的不同，建筑平面图又可分为如下几类。

1. 底层平面图

底层平面图又称首层平面图或一层平面图。底层平面图是将剖切平面的剖切位置放在建筑物的一层地面与从一楼通向二楼的休息平台（及一楼到二楼的第一个梯段）之间，尽量通过该层所有的门窗洞，剖切之后进行投影而得到的，如图 11-26 所示。

2. 标准层平面图

对于多层建筑，如果建筑内部平面布置每层都有差异，则应该每层都绘制一个平面图，以本身的楼层数命名。但在实际的建筑设计过程中，多层建筑往往存在相同或相近平面布置形式的楼层，因此在绘制建筑平面图时，可将相同或相近的楼层共用一幅平面图表示，将其称为标准层平面图。

3. 顶层平面图

顶层平面图是位于建筑物最上面一层的平面图，具有与其他层相同的功用，它也可以用相应的楼层数来命名。

4. 屋顶平面图

屋顶平面图是指从屋顶上方向下所画的俯视图，主要用来描述屋顶的平面布置，如图 11-27 所示。

5. 地下室平面图

地下室平面图是指对于有地下室的建筑物在地下室的平面布置情况。

建筑平面图绘制的具体内容基本相同，主要包括如下几个方面。

- 建筑物平面的形状及总长、总宽等尺寸。
- 建筑平面房间组合和各房间的开间、进深等尺寸。
- 墙、柱、门窗的尺寸、位置、材料及开启方向。
- 走廊、楼梯、电梯等交通联系部分的位置、尺寸和方向。
- 阳台、雨篷、台阶、散水和雨水管等附属设施的位置、尺寸和材料等。

➢ 未剖切到的门窗洞口等（一般用虚线表示）。

➢ 楼层、楼梯的标高，定位轴线的尺寸和细部尺寸等。

➢ 屋面的形状、坡面形式、屋面做法、排水坡度、雨水口位置、电梯间、水箱间等的构造和尺寸等。

➢ 建筑说明、具体做法、详图索引、图名、绘图比例等详细信息。

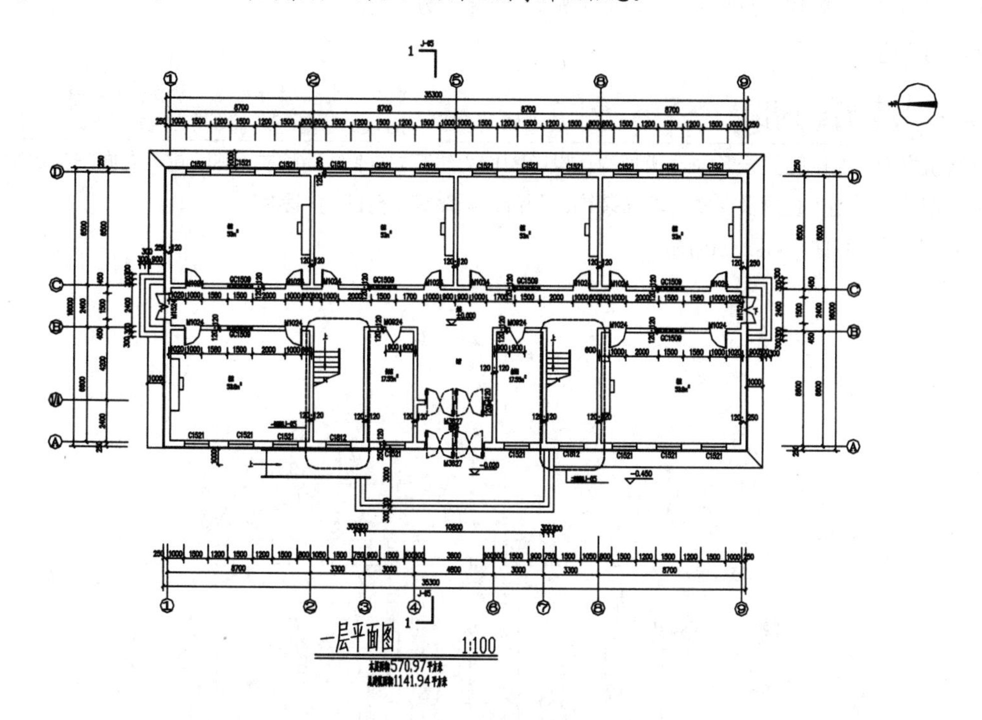

图 11-26 底层平面图

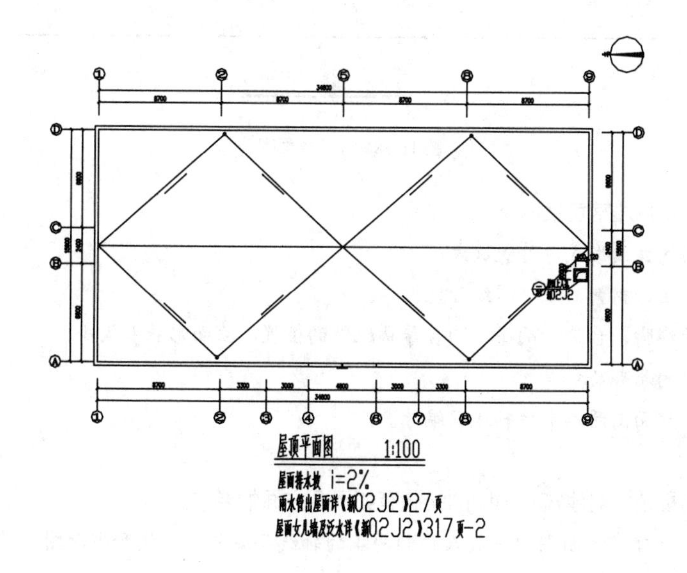

图 11-27 屋顶平面图

绘制建筑平面图的一般步骤如下。

01 设置绘图环境。根据所绘建筑长宽尺寸，相应调整绘图区域、精度、角度单位和建立相应的图层。根据建筑平面图表示内容的不同，一般需要建立轴线、墙体、柱子、门窗、楼梯、阳台、标注和其他 8 个图层。

02 绘制定位轴线。在【轴线】图层上用点画线将轴线绘制出来，形成轴网。

03 绘制各种建筑构配件，包括墙体、柱子、门窗、阳台、楼梯等。

04 绘制建筑细部内容和布置室内家具。

05 绘制室外周边环境（底层平面图）。

06 标注尺寸、标高符号、索引符号和相关文字注释。

07 添加图框、图名和比例等内容，调整图幅比例和各部分位置。

08 打印输出。

11.2.4 建筑立面图

在与建筑立面平行的铅直投影面上所画的正投影图称为建筑立面图，简称立面图。建筑立面图主要用来表达建筑物的外部造型、门窗位置及形式、墙面装饰、阳台、雨篷等部分的材料和做法。

图 11-28 所示为某住宅楼正立面图。

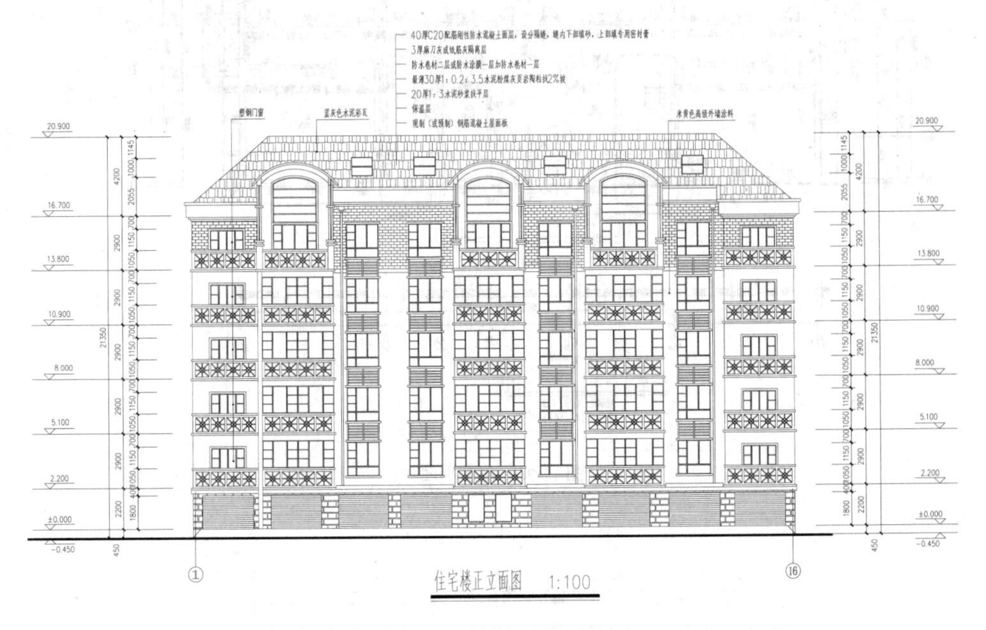

图 11-28 建筑立面图

建筑立面图的主要内容通常包括以下几个部分：

➢ 建筑物某侧立面的立面形式、外貌及大小。

➢ 外墙面上装修做法、材料、装饰图线、色调等。

➢ 门窗及各种墙面线脚、台阶、雨篷、阳台等构配件的位置、立面形状及大小。

➢ 标高及必须标注的局部尺寸。

➢ 详图索引符号，立面图两端定位轴线及编号。

➢ 图名和比例。

根据国家标准制图规范，对建筑立面图的绘制有如下几方面的要求。

➢ 定位轴线方面，在建筑立面图中一般只绘制两端的轴线及编号，以便和平面图对照，确定立面图的投影方向。

➢ 尺寸标注方面，在建筑立面图中高度方向的尺寸主要使用标高的形式标注，主要包括建筑物室内外地坪、各楼层地面、窗台、门窗顶部、檐口、屋脊、阳台底部、女儿墙、雨篷、台阶等处的标高尺寸。在所标注处画一条水平引出线，标高符号一般画在图形外，符号大小一致，整齐排列在同一铅垂线上。必要时为使尺寸标注更清晰，可标注在图内，如楼梯间的窗台面标高。应注意，不同的地方采用不同的标高符号。

➢ 详图索引符号方面，一般在屋顶平面图附近有檐口、女儿墙和雨水口等构造详图，凡是需要绘制详图的地方都要标注详图符号。

➢ 建筑材料和颜色标注方面，在建筑立面图上，外墙表面分隔线应表示清楚。应用文字说明各部分所用面材料及色彩。外墙的色彩和材质决定建筑立面的效果，因此一定要进行标注。

➢ 图线方面，在建筑立面图中，为了加强立面图的表达效果，使建筑物的轮廓突出，通常采用不同的线型来表达不同的对象。屋脊线和外墙最外轮廓线一般采用粗实线（b），室外地坪采用加粗实线（$1.4b$），所有凹凸部位（如建筑物的转折、立面上的阳台、雨篷、门窗洞、室外台阶、窗台等）用中实线（$0.5b$），其他部分的图形（如门窗、雨水管等）、定位轴线、尺寸线、图例线、标高和索引符号、详图材料做法引出线等采用细实线（$0.25b$）绘制。

➢ 图例方面，在建筑立面图上的门、窗等内容都采用图例来绘制。在建筑物立面图上，相同的门窗、阳台、外檐装修、构造做法等可在局部重点表示，绘出其完整图形，其余部分只画轮廓线。

➢ 比例方面，国家标准《建筑制图标准》（GB/T 50104－2010）规定：立面图宜采用 1:50、1:100、1:150、1:200 和 1:300 等比例绘制。在绘制建筑物立面图时，应根据建筑物的大小采用不同的比例，通常采用 1:100 的比例绘制。

11.2.5 建筑剖面图

假想用一个或一个以上垂直于外墙轴线的铅垂剖切平面剖切建筑，得到的图形称为建筑剖面图，简称剖面图。它反映了建筑内部的空间高度、室内立面布置、结构和构造等情况。

图 11-29 所示为某建筑剖面图。

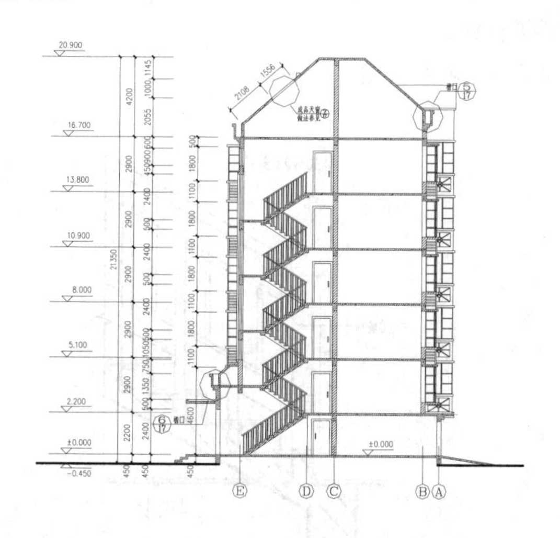

图 11-29 建筑剖面图

建筑剖面图主要表达的内容如下。

➢ 表示被剖切到的建筑物各部位，包括各楼层地面、内外墙、屋顶、楼梯、阳台等构造的做法。

➢ 表示建筑物主要承重构件的位置及相互关系，包括各层的梁、板、柱及墙体的连接关系等。

➢ 一些没有被剖切到的但在剖切图中可以看到的建筑物构配件，包括室内的窗户、楼梯、栏杆及扶手等。

➢ 表示屋顶的形式和排水坡度。

➢ 建筑物的内、外部尺寸和标高。

➢ 详细的索引符号和必要的文字注释。

➢ 剖面图的比例与平面图、立面图的比例一致。为了图示清楚，也可用较大的比例进行绘制。

➢ 标注图名、轴线及轴线编号，从图名和轴线编号可知剖面图的剖切位置和剖视方向。

绘制建筑剖面图，有如下几个方面的要求。

➢ 在比例方面，国家标准《建筑制图标准》（GB/T 50104—2010）规定，剖面图宜采用 1:50、1:100、1:150、1:200 和 1:300 等比例进行绘制。在绘制建筑物剖面图时，应根据建筑物的大小采用不同的比例。一般采用 1:100

的比例，这样绘制起来比较方便。

➢ 在定位轴线方面，建筑剖面图中除了需要绘制两端轴线及其编号外，还要与平面图的轴线对照，在被剖切到的墙体处绘制轴线及编号。

➢ 在图线方面，建筑剖面图中凡是被剖切到的建筑构件的轮廓线一般采用粗实线（*b*）或中实线（0.5*b*）来表示，没有被剖切到的可见构配件采用细实线（0.25*b*）来表示。绘制较简单的图样时，可采用两种线宽的线宽组，其线宽比宜为 *b*: 0.25*b*。被剖切到的构件一般应表示出该构件的材质。

➢ 在尺寸标注方面，应标注建筑物外部、内部的尺寸和标注。外部尺寸一般应标注出室外地坪、窗台等处的标高和尺寸，应与立面图相一致，若建筑物两侧对称时，可只在一边标注。内部尺寸应标注出底层地面、各层楼面与楼梯平台面的标高，室内其他部分（如门窗和设备等）应标注出其位置和大小的尺寸，楼梯一般另有详图。

➢ 在图例方面，门窗都采用图例来绘制。具体的门窗等尺寸可查看有关建筑标准。

➢ 在详图索引符号方面，一般在屋顶平面图附近有檐口、女儿墙和雨水口等构造详图，凡是需要绘制详图的地方都要标注详图符号。

➢ 在材料说明方面，建筑物的楼地面、屋面等用多层材料构成，一般应在剖面图中加以说明。

11.2.6 建筑详图

建筑详图主要包括屋顶详图、楼梯详图、卫生间详图及一切非标准设计或构件的详图，主要用来表达建筑物的细部构造、节点连接形式，以及构建、配件的形状大小、材料、做法等。详图要用较大比例绘制（如 1:20 等），尺寸标注要准确齐全，文字说明要详细。

图 11-30 所示为某建筑楼梯踏步和栏杆详图。

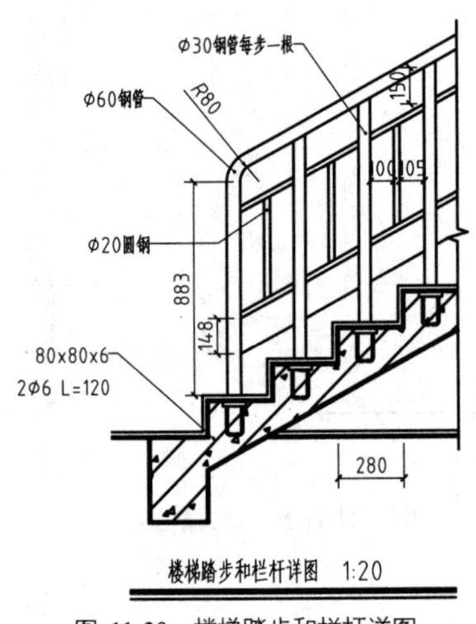

图 11-30 楼梯踏步和栏杆详图

11.3 创建建筑制图样板

视频文件：DVD\视频\第 11 章\11.3.MP4

事先设置好绘图环境，可以使用户在绘制各类建筑图时更加方便、灵活、快捷。绘图环境的设置包括绘图区域界限及单位的设置、图层的设置、文字和标注样式的设置等。用户可以先创建一个空白文件，然后设置相关参数，再将其保存为模板文件，以便绘制建筑类图样时直接调用。

1. 设置绘图环境

01 单击快速访问工具栏中的【新建】按钮，新建图形文件。

02 调用【UN】命令，系统打开【图形单位】对话框，设置单位如图 11-31 所示。

03 单击【图层】面板中的【图层特性管理器】按钮，打开【图层特性管理器】选项板，设置图层如图 11-32 所示。

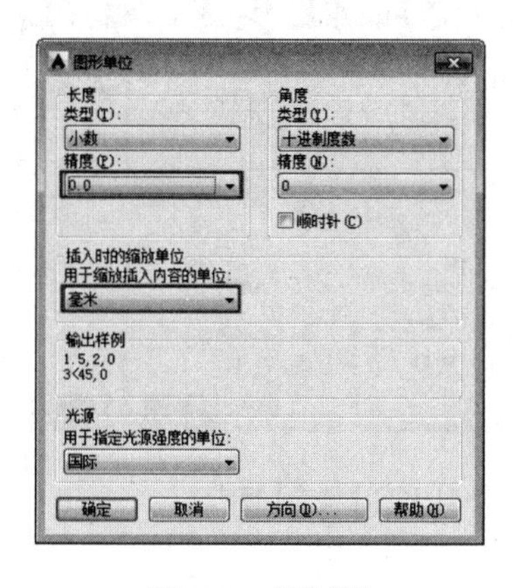

图 11-31　设置单位

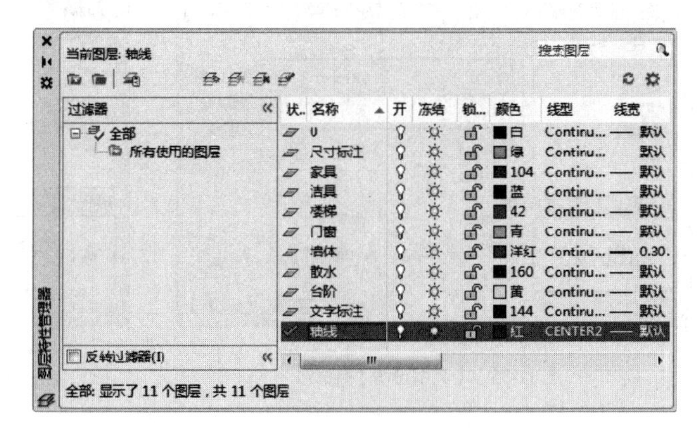

图 11-32　设置图层

04 调用【LIMITS】(图形界限)命令，设置图形界限。命令行操作如下：

```
命令: LIMITS                                        //调用【图形界限】命令
重新设置模型空间界限:
指定左下角点或 [开(ON)/关(OFF)] <0.0,0.0>:           //按 Enter 键确定
指定右上角点 <420.0,297.0>: 29700,21000             //指定界限按 Enter 键确定
```

2. 设置文字样式

01 单击【注释】面板中的【文字样式】按钮，打开【文字样式】对话框，如图 11-33 所示。

02 单击【新建】按钮，新建【标注】文字样式，如图 11-34 所示。

图 11-33　【文字样式】对话框

图 11-34　新建文字样式

03 使用相同方法，新建图 11-35 所示的【文字说明】样式及图 11-36 所示的【轴号】样式。

3. 设置标注样式

01 单击【注释】面板中的【标注样式】按钮，系统打开【标注样式管理器】对话框，如图 11-37 所示。

02 单击【新建】按钮，弹出如图 11-38 所示的【创建新标注样式】对话框，在【新样式名】文本框中输入【建筑标注】。

03 单击【创建新标注样式】对话框中的【继续】按钮，弹出【新建标注样式】对话框。在【线】选项卡中设置【超出尺寸线】为 200、【起点偏移量】为 100，其他保持默认值不变，如图 11-39 所示。

04 在【符号和箭头】选项卡中设置【箭头】为【建筑标记】、【箭头大小】为 200，如图 11-40 所示。

05 在【文字】选项卡中设置【文字样式】为【标注】、【文字高度】为 300、【从尺寸线偏移】为 100、【垂

直】为【上】、【文字对齐】为【与尺寸线对齐】，如图 11-41 所示。

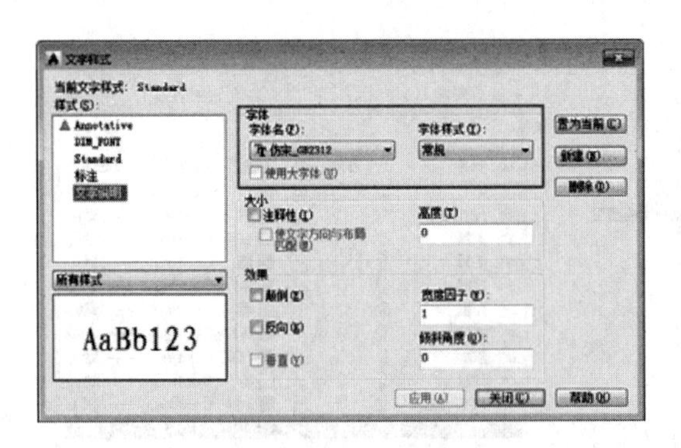

图 11-35 【文字说明】样式

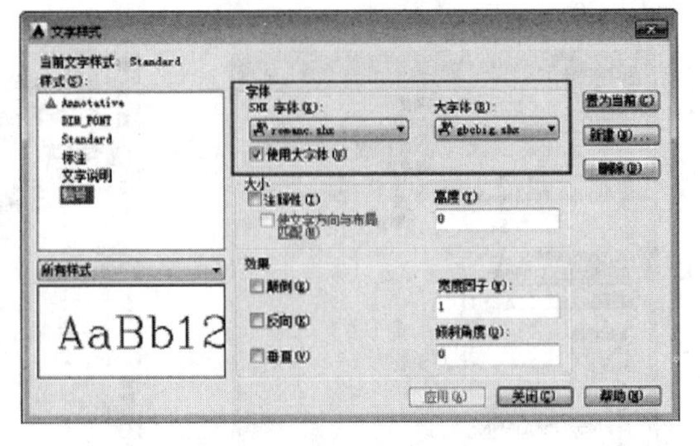

图 11-36 【轴号】样式

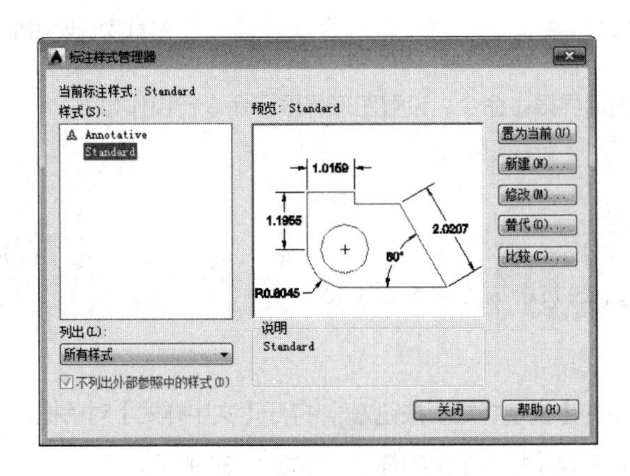

图 11-37 【标注样式管理器】对话框

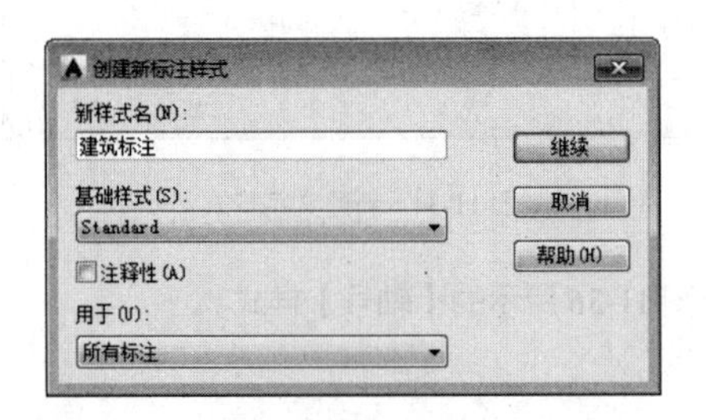

图 11-38 【创建新标注样式】对话框

图 11-39 设置【线】选项卡

06 在【调整】选项卡中设置【文字设置】为【尺寸线上方，带引线】，其他保持默认不变，如图 11-42 所示。

07 在【主单位】选项卡中设置【精度】为 0、【小数分隔符】为【句点】，如图 11-43 所示。

08 单击【确定】按钮，返回到【样式管理器】对话框，单击【置为当前】按钮，然后单击【关闭】按钮，完成新样式的创建，如图 11-44 所示。

09 保存为样板文件。选择【文件】|【另存为】命令，打开【图形另存为】对话框，保存为“第 11 章\建筑制图样板.dwt”文件。

图 11-40 设置【符号和箭头】选项卡

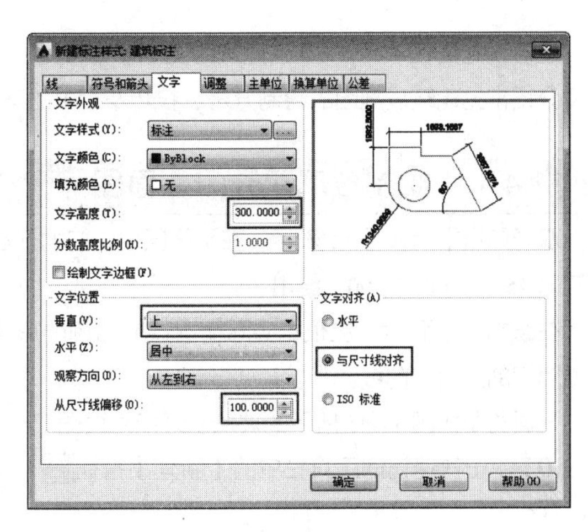

图 11-41 设置【文字】选项卡

图 11-42 设置【调整】选项卡

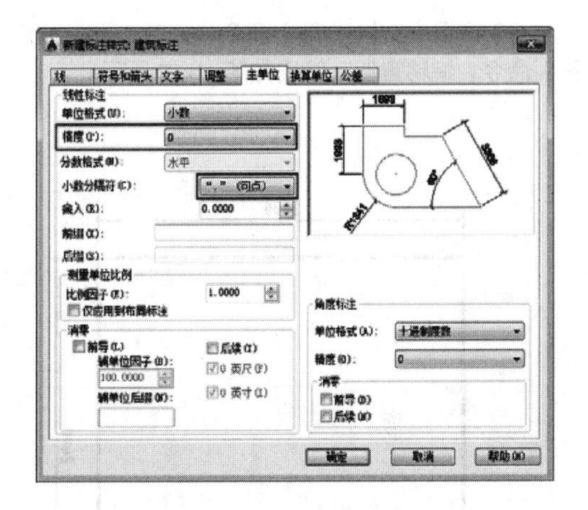

图 11-43 设置【主单位】选项卡

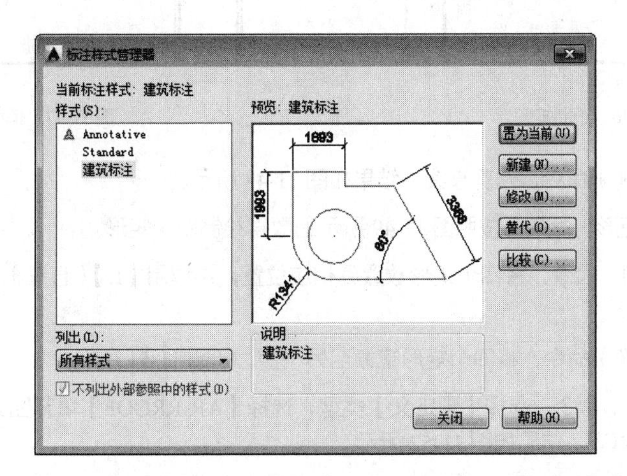

图 11-44 完成新样式创建

11.4 绘制常用建筑设施图

建筑设施图在 AutoCAD 的建筑绘图中非常常见，如门窗、坐便器、浴缸、楼梯、地板砖和栏杆等图形。本节将介绍常见建筑设施图的绘制方法、技巧及相关的理论知识。

11.4.1 绘制玻璃双开门立面图

双开门通常用代号 M 表示。在平面图中，门的开启方向线宜以 45°、60° 或 90° 绘出。

在绘制门立面时，应根据实际情况绘制出门的形式，也可表明门的开启方向线。

下面绘制如图 11-45 所示的玻璃双开门立面图。

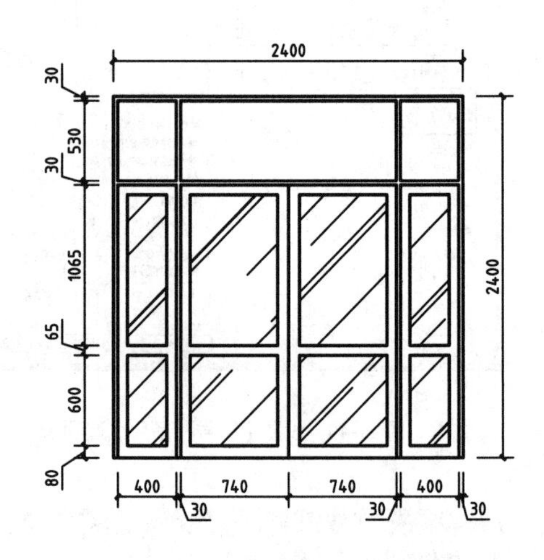

图 11-45 玻璃双开门

01 单击快速访问工具栏中的【新建】按钮，新建图形文件。

02 调用【REC】(矩形)命令，绘制 2400mm×2400mm 的矩形，如图 11-46 所示。

03 调用【X】(分解)命令，分解矩形，调用【O】(偏移)命令，偏移直线，结果如图 11-47 所示。

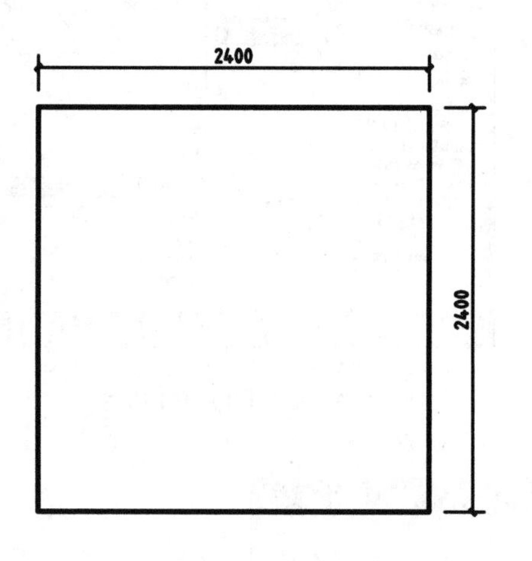

图 11-46 绘制矩形

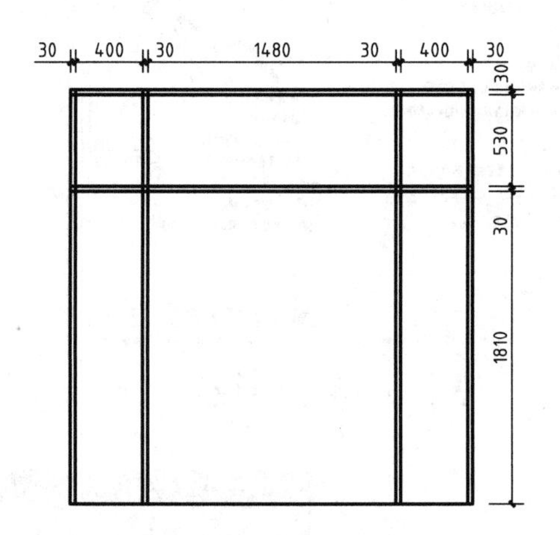

图 11-47 偏移直线

04 调用【TR】(修剪)命令，修剪直线，结果如图 11-48 所示。

05 调用【REC】(矩形)命令，按照图 11-49 所示的数据绘制四个矩形。

06 调用【M】(移动)命令，将四个矩形放置到相应位置，再调用【L】(直线)命令，绘制中心线，如图 11-50 所示。

07 调用【MI】(镜像)命令，将四个矩形镜像至另一侧，如图 11-51 所示。

08 调用【H】(填充)命令，选择【预定义】类型，选择【AR-RROOF】填充图案，角度设置为 45°，比例设置为 500，进行图案填充，结果如图 11-52 所示。

设计点拨 门是建筑物中不可缺少的部分。主要用于交通和疏散，同时也起采光和通风作用。门的尺寸、位置、开启方式和立面形式应根据人流疏散、安全防火、家具设备的搬运安装以及建筑艺术等方面的要求综合确定。

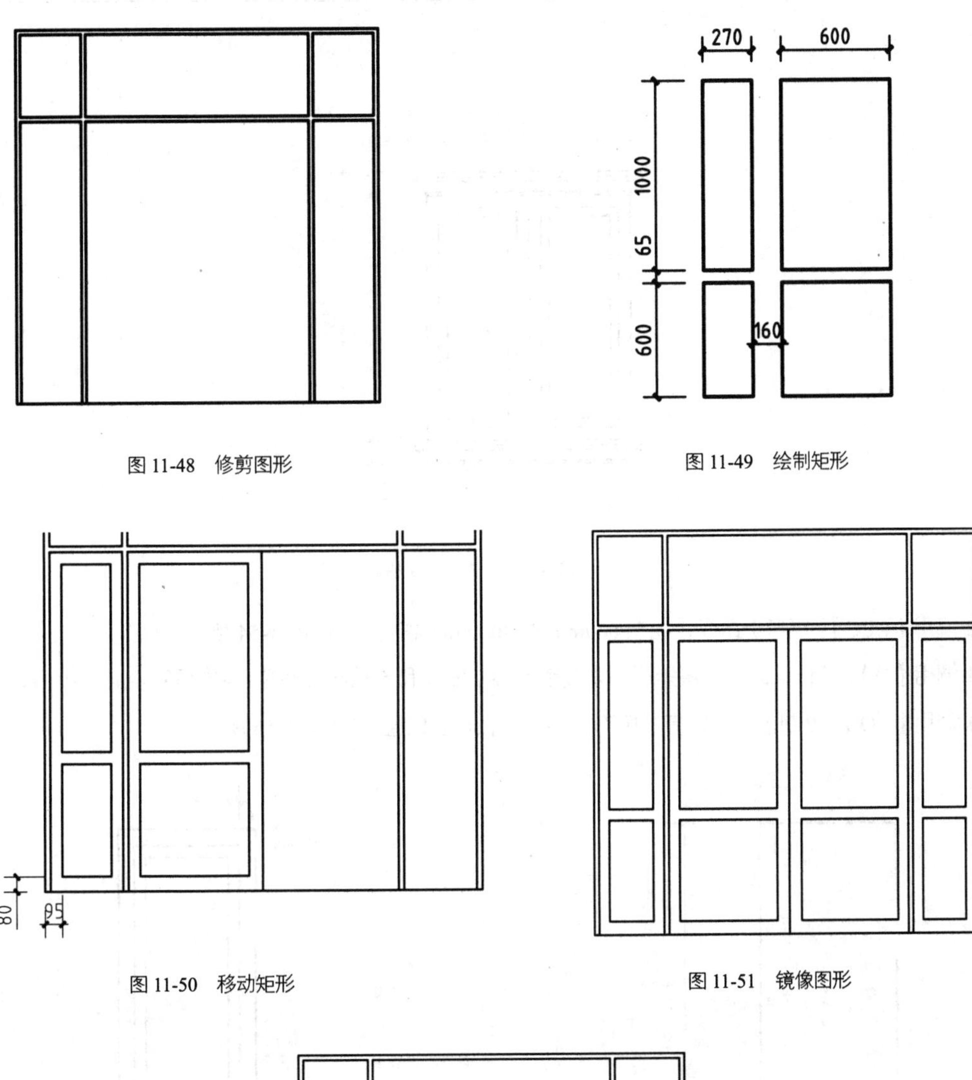

图 11-48 修剪图形

图 11-49 绘制矩形

图 11-50 移动矩形

图 11-51 镜像图形

图 11-52 填充图案

11.4.2 绘制欧式窗立面图

窗立面图是建筑立面图中不可或缺的部分，一般以代号 C 表示。

下面绘制如图 11-53 所示的欧式窗立面图。

01 单击快速访问工具栏中的【新建】按钮，新建图形文件。

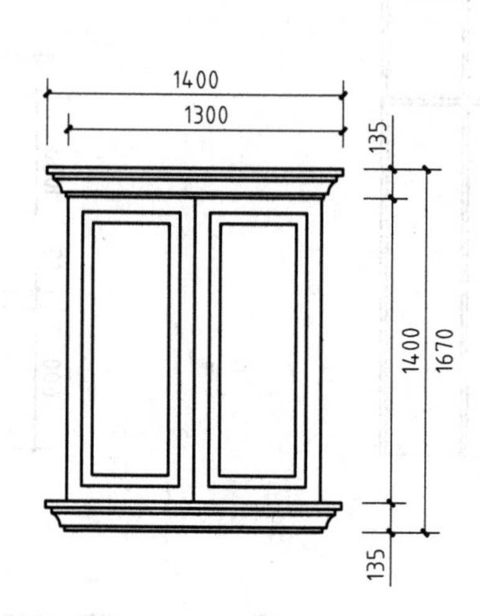

图 11-53　欧式窗立面图

02 调用【REC】(矩形)命令，绘制 600mm×1400mm 的矩形，如图 11-54 所示。

03 调用【O】(偏移)命令，将矩形向内连续偏移 70mm 和 50mm，如图 11-55 所示。

04 调用【CO】(复制)命令，复制图形，并放置在相应位置，如图 11-56 所示。

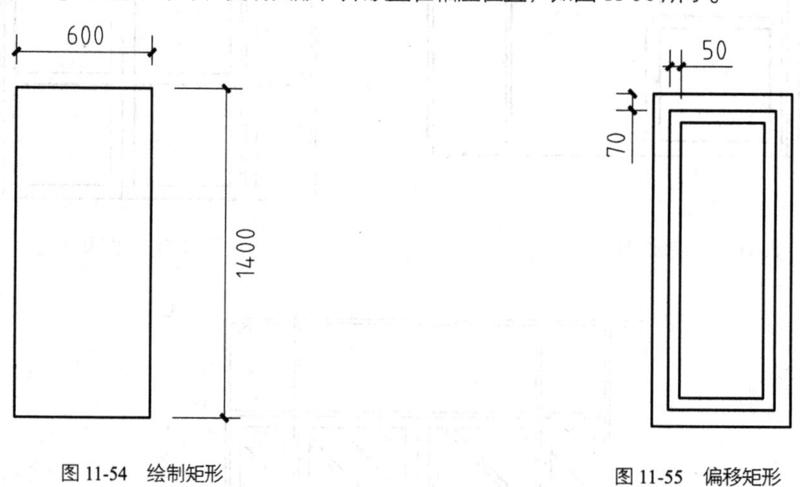

图 11-54　绘制矩形

图 11-55　偏移矩形

05 调用【REC】(矩形)命令，绘制 1400mm×135mm 的矩形，如图 11-57 所示。

图 11-56　复制矩形

图 11-57　绘制矩形

06 调用【X】(分解)命令，分解矩形，再调用【O】(偏移)命令，偏移直线，结果如图 11-58 所示。

07 调用【TR】(修剪)命令，修剪图形，结果如图 11-59 所示。

08 调用【ARC】(圆弧)命令，绘制半径为 70mm 的弧形，并删除多余图线，结果如图 11-60 所示。

09 调用【CO】(复制)命令，将刚绘制完成的图形移动复制到窗图形上下两侧，结果如图 11-61 所示。

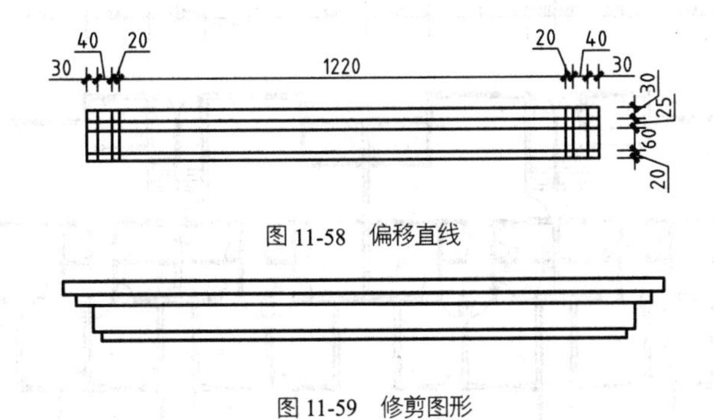

图 11-58　偏移直线

图 11-59　修剪图形

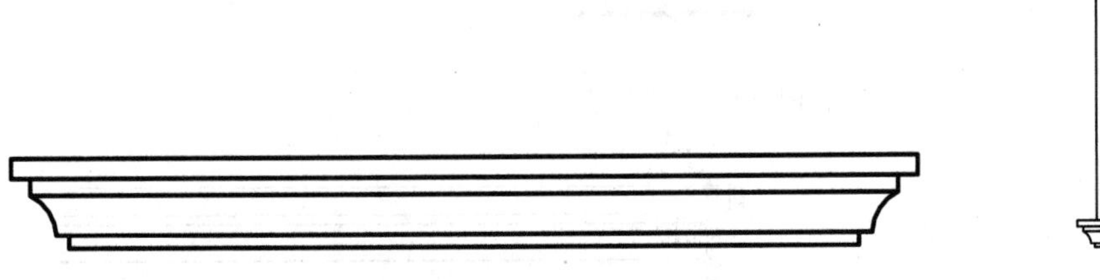

图 11-60　绘制弧形

图 11-61　移动图形

设计点拨 现代窗户由窗框、玻璃和活动构件(铰链、执手、滑轮等)三部分组成。窗框负责支撑窗体的主结构，材料可以是木材、金属、陶瓷或塑料，透明部分依附在窗框上，材料可以是纸、布、丝绸或玻璃。活动构件主要以金属材料为主，在人手触及的地方也可能包裹塑料等隔热材料。

11.5　绘制居民楼设计图

供家庭居住使用的建筑称为住宅。住宅的设计不仅要注重套型内部平面空间关系的组合和硬件设施的完善，还要全面考虑住宅的光环境、声环境、热环境和空气质量环境等综合条件及其设备的配置，以获得一个高舒适度的居住环境。住宅楼按楼层高度分为低层住宅（1~3 层）、多层住宅（4~6 层）、中高层住宅（7~9）和高层住宅（10 层以上）。

11.5.1　绘制住宅楼一层平面图

一层平面图用于表示第一层房间的布置、建筑入口、门厅、楼梯、门窗及尺寸等，如图 11-62 所示。

1. 绘制定位轴线

01 单击快速访问工具栏中的【新建】按钮，新建图形文件。

02 将【轴线】图层置为当前图层。调用【L】(直线)命令，绘制长 20770mm 的水平直线、长 16100mm 的垂直直线，并调用【M】(移动)命令，分别将其向上、向下移动 1150mm，如图 11-63 所示。

03 调用【O】(偏移)命令，偏移生成水平轴线网，如图 11-64 所示。

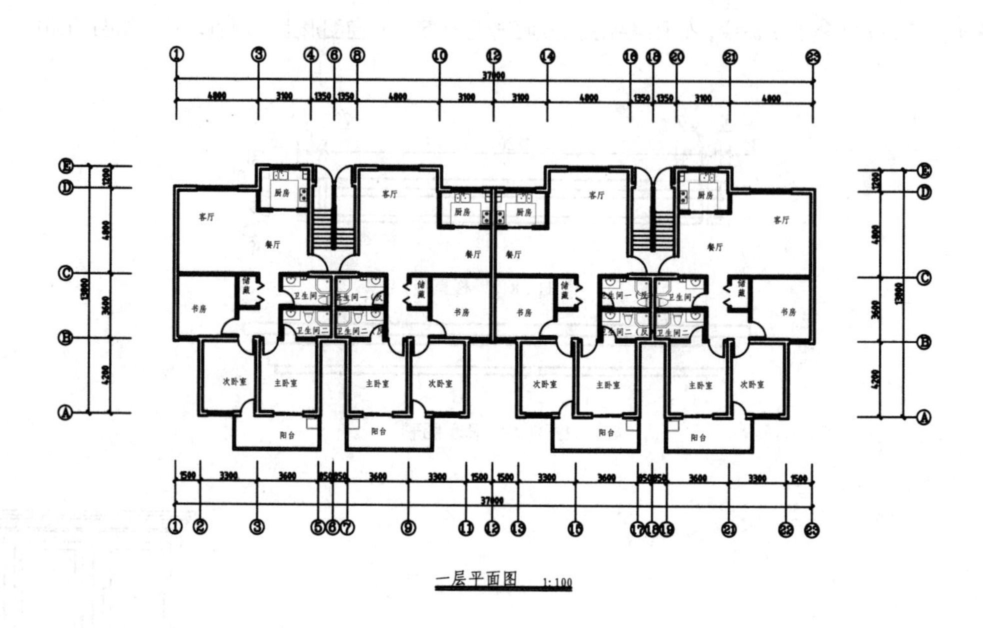

图 11-62　一层平面图

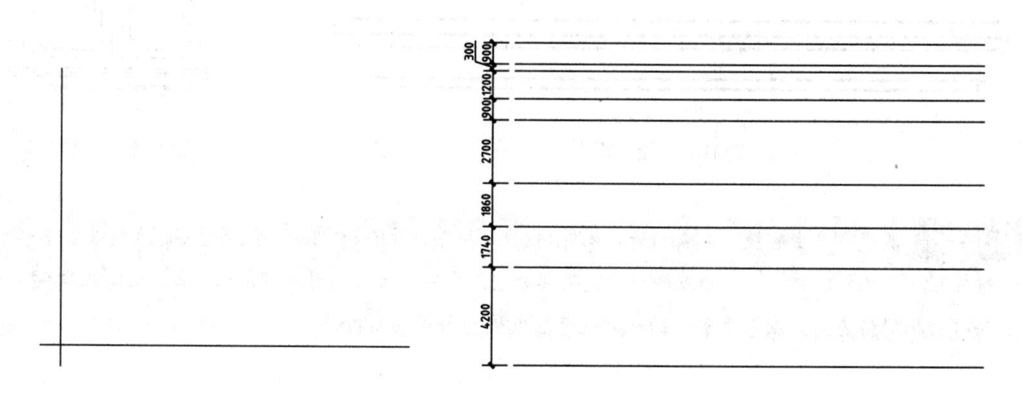

图 11-63　绘制轴线　　　　　　　　　　　　　　图 11-64　偏移生成水平轴线网

04 继续调用【O】(偏移)命令，偏移生成垂直轴线网，如图 11-65 所示。

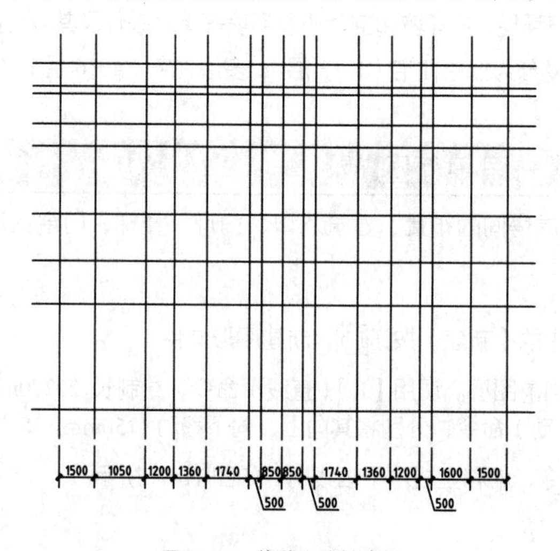

图 11-65　偏移生成轴线网

2．绘制墙体及门窗

01 在菜单栏中选择【格式】|【多线样式】命令，打开如图 11-66 所示的【多线样式】对话框，单击【新建】按钮，新建【墙体】多线样式，打开【新建多线样式：墙体】对话框，设置多线样式如图 11-67 所示。

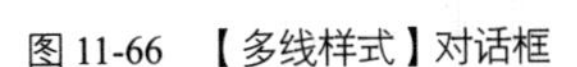

图 11-66　【多线样式】对话框

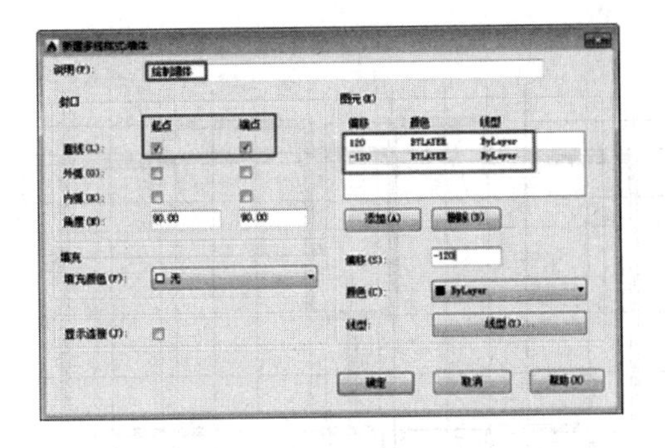

图 11-67　【新建多线样式：墙体】对话框

02 使用相同的方法，创建【墙体 2】多线样式，如图 11-68 所示。

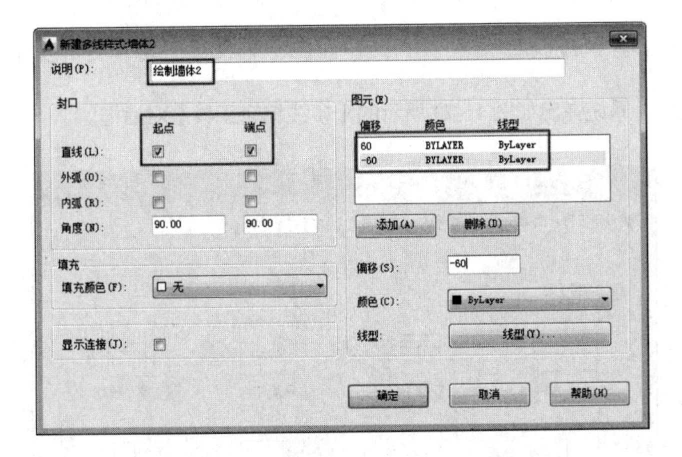

图 11-68　【新建多线样式：墙体 2】对话框

03 使用相同的方法，创建【窗】多线样式，如图 11-69 所示。将【墙体】多线样式置为当前，单击【确定】按钮退出，设置完成的多线样式如图 11-70 所示。

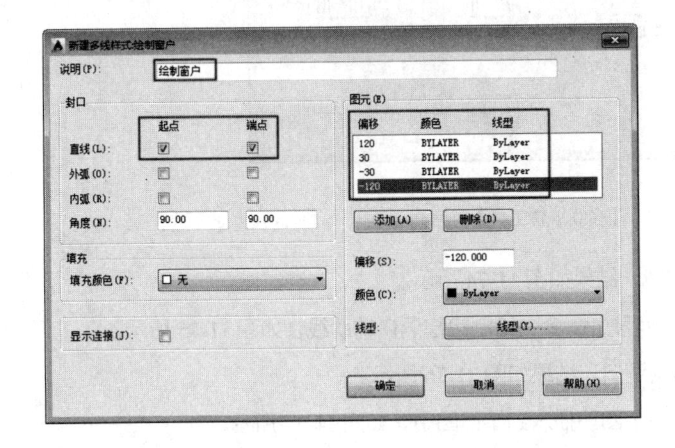

图 11-69　【新建多线样式：绘制窗户】对话框

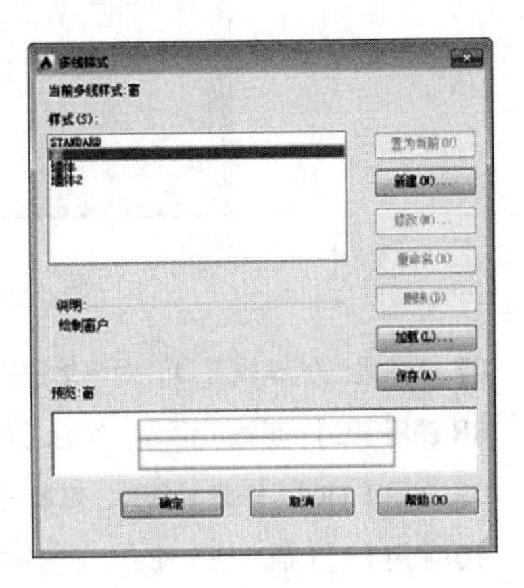

图 11-70　设置完成多线样式

04 将【墙体】图层置为当前图层。调用【ML】(多线)命令，根据命令行提示，设置对正为无、比例为 1，绘制 240mm 的墙体，如图 11-71 所示。

05 将【墙体 2】图层置为当前图层，调用【ML】(多线)命令，根据命令行提示，设置对正为无、比例为 1，绘制 120mm 的墙体，如图 11-72 所示。

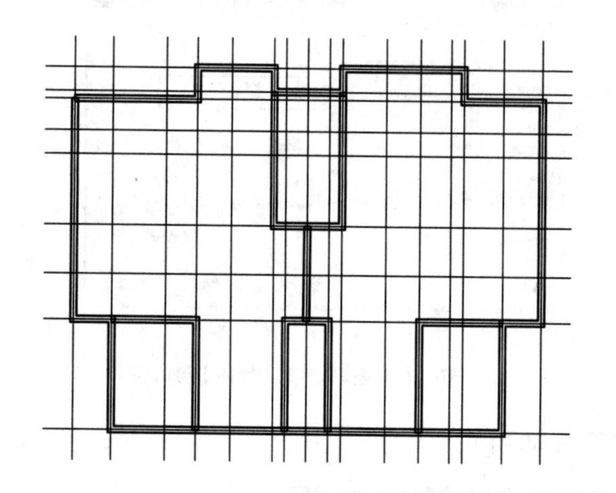

图 11-71　绘制 240mm 墙体

图 11-72　绘制 120mm 墙体

06 双击多线连接处，系统弹出如图 11-73 所示的【多线编辑工具】对话框。

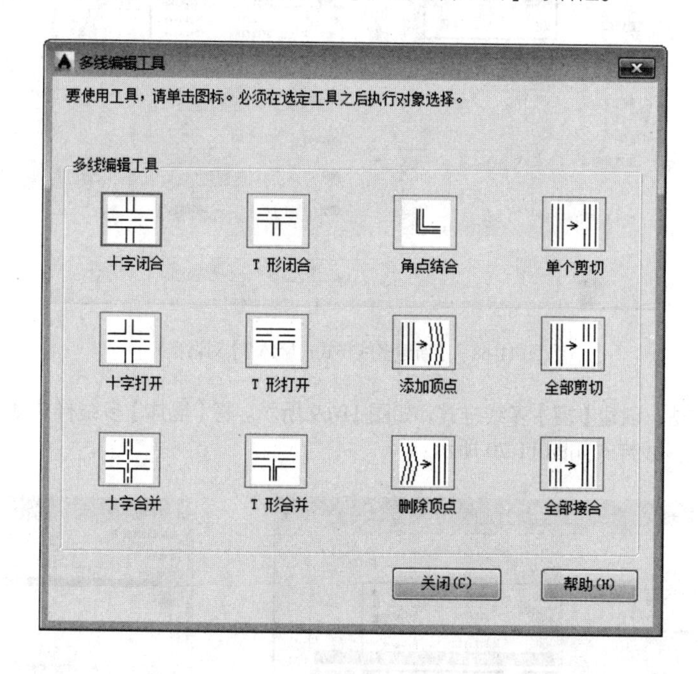

图 11-73　【多线编辑工具】对话框

07 选择适当的编辑工具，对墙体进行编辑，结果如图 11-74 所示。

08 调用【L】(直线)命令，结合【O】(偏移)命令，绘制门窗洞口辅助线，如图 11-75 所示。

09 调用【TR】(修剪)命令，修剪出门窗洞口，结果如图 11-76 所示。

10 调用【I】(插入块)命令，将各种【门】图块插入到平面图中，如图 11-77 所示。

11 将【窗】图层置为当前图层，调用【ML】(多线)命令，绘制窗户，如图 11-78 所示。

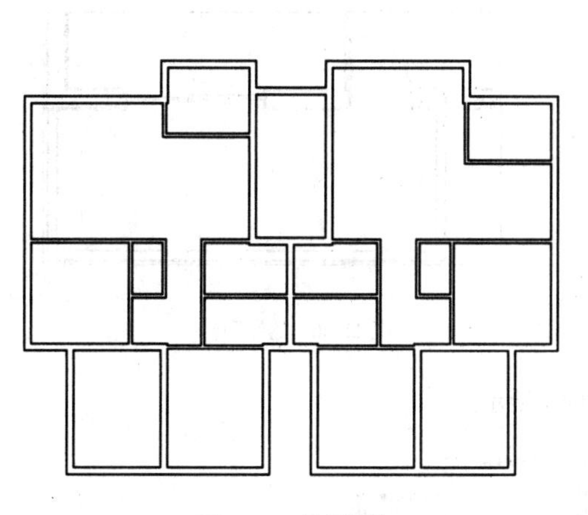

图 11-74　编辑墙体

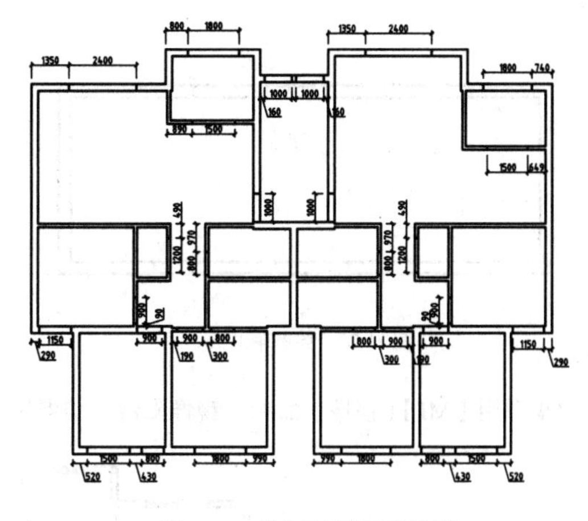

图 11-75　绘制门窗洞口辅助线

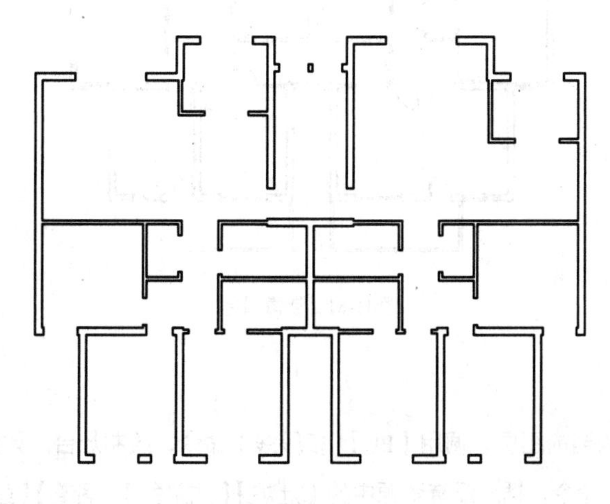

图 11-76　修剪

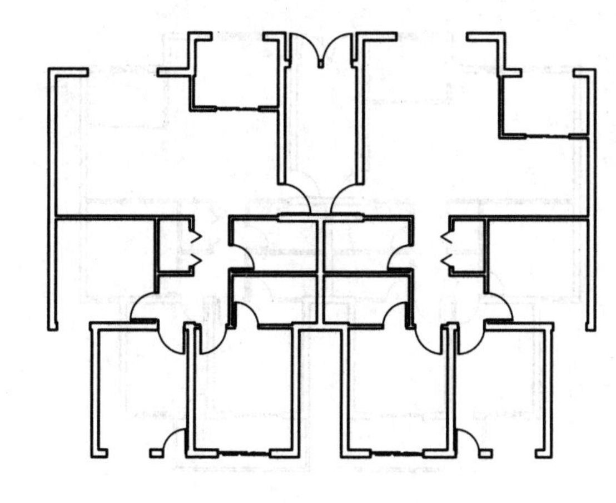

图 11-77　插入【门图块

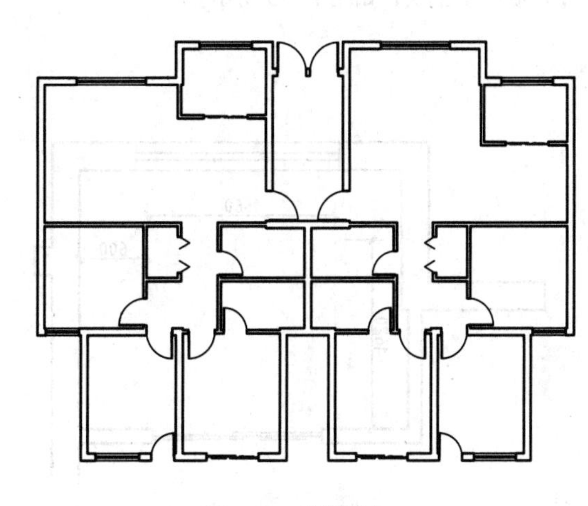

图 11-78　绘制窗户

12 调用【REC】(矩形)命令，绘制 5120mm×1900mm 的矩形，再调用【O】(偏移)命令，将矩形向内偏移 120mm，如图 11-79 所示。

13 调用【X】(分解)命令，分解矩形，再利用夹点编辑延长线段，并将其放置在适当位置，完成阳台的绘制，如图 11-80 所示。

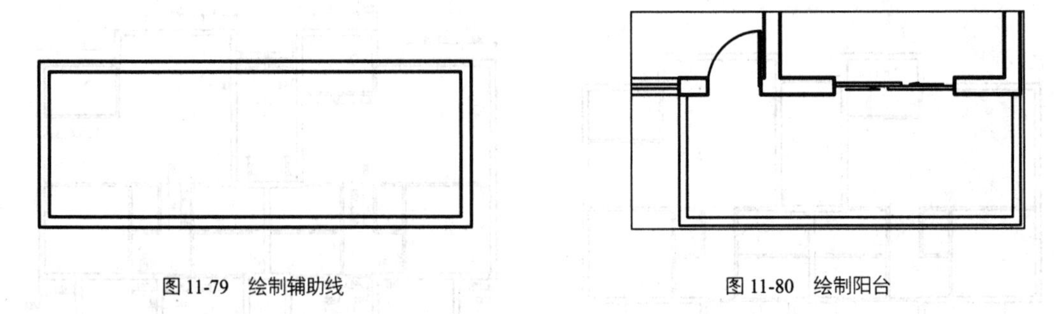

图 11-79　绘制辅助线　　　　图 11-80　绘制阳台

14 调用【MI】(镜像）命令，镜像阳台，结果如图 11-81 所示。

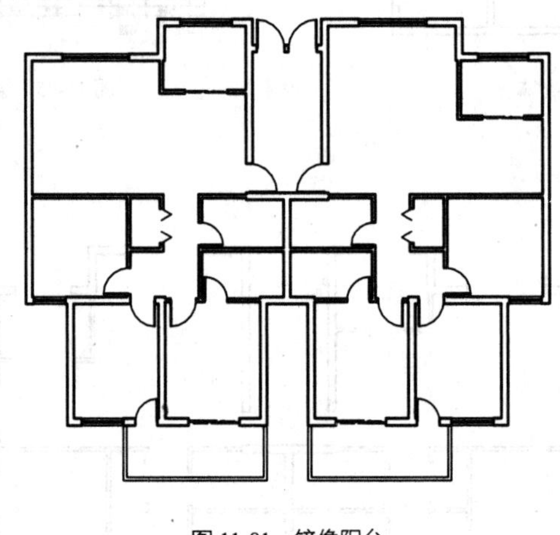

图 11-81　镜像阳台

3. 插入室内图块

01 将【洁具】图层置为当前图层，调用【PL】(多段线）命令，绘制灶台，如图 11-82 所示。

02 调用【I】(插入块）命令，插入配套资源中的【灶炉】【洗菜盆】【烟道】【坐便器】【淋浴室】【洗漱池】和【洗衣机】图块，如图 11-83 所示。

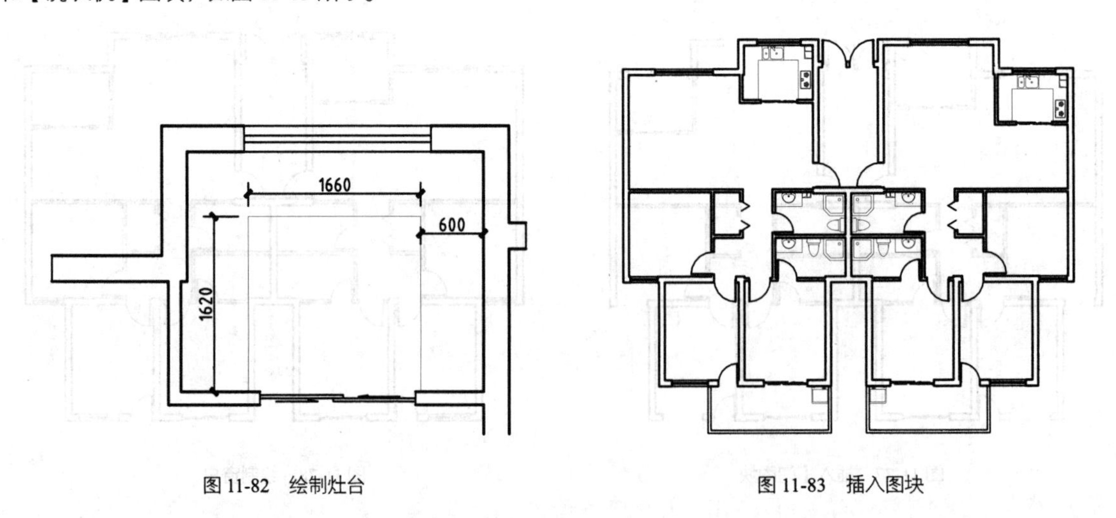

图 11-82　绘制灶台　　　　图 11-83　插入图块

4. 绘制楼梯

01 将【墙体】图层置为当前图层，调用【REC】(矩形）命令，绘制 120mm×3540mm 的矩形，并放置在相应位置，完成隔墙的绘制，如图 11-84 所示。

02 将【楼梯】图层置为当前图层，调用【REC】(矩形)命令，绘制 1110mm×260mm 的矩形，如图 11-85 所示。

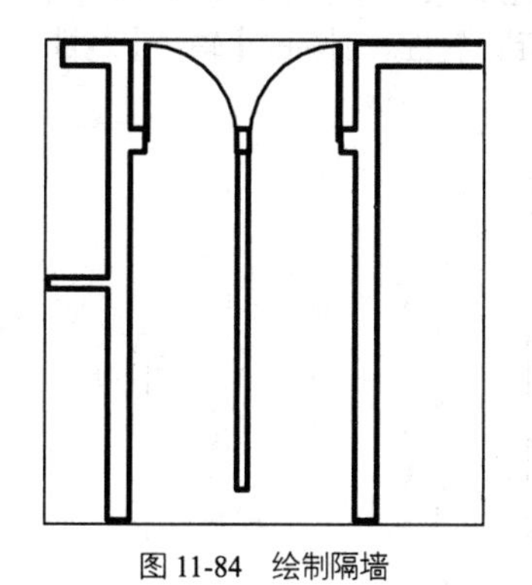

图 11-84　绘制隔墙

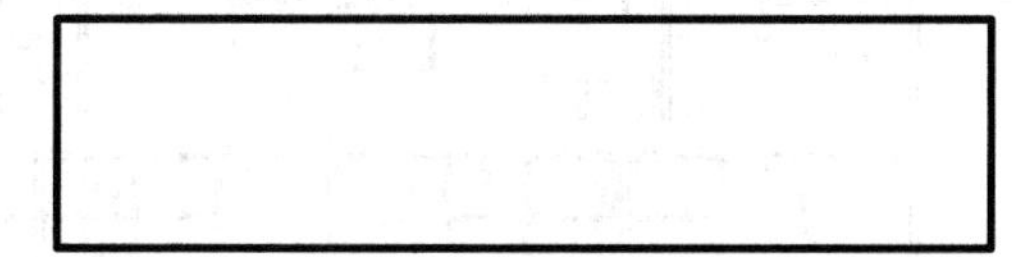

图 11-85　绘制矩形

03 调用【CO】(复制)命令，将矩形移动复制到相应的位置，完成楼梯的绘制，如图 11-86 所示。

04 调用【REC】(矩形)命令，绘制出楼梯扶手，如图 11-87 所示。

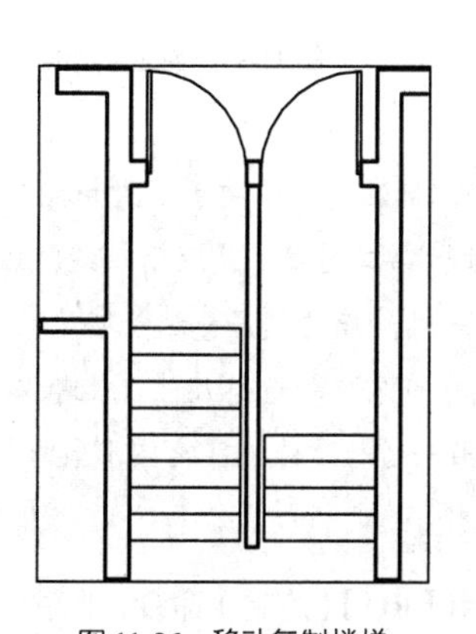

图 11-86　移动复制楼梯

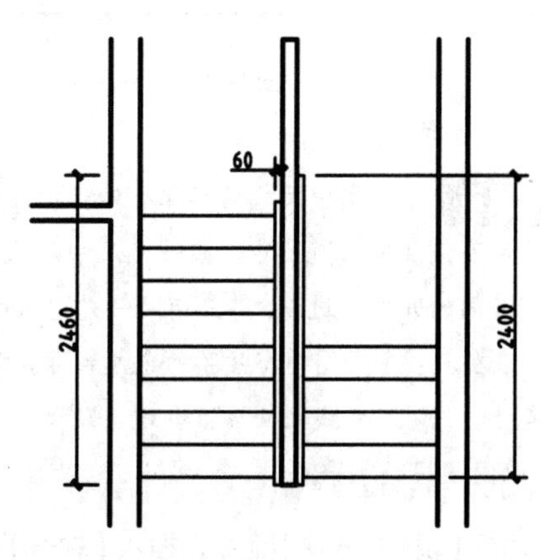

图 11-87　绘制楼梯扶手

5. 文字说明及图形标注

01 将【标注】图层置为当前图层，将【文字说明】文字样式置为当前。调用【DT】(单行文字)命令，输入文字标注，如图 11-88 所示。

02 调用【MI】(镜像)命令，将平面图镜像至另一侧，如图 11-89 所示。

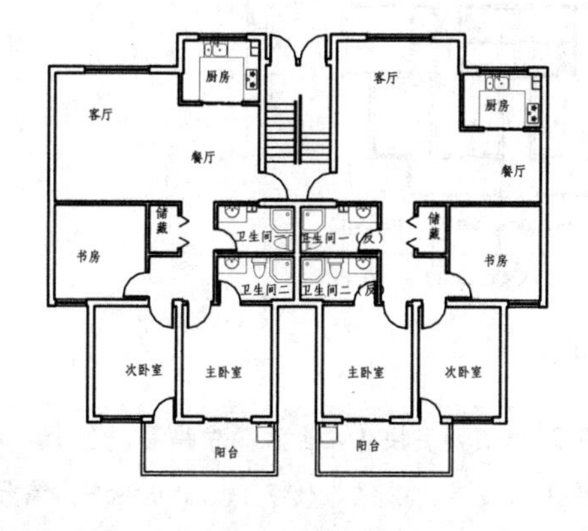

图 11-88　输入文字标注

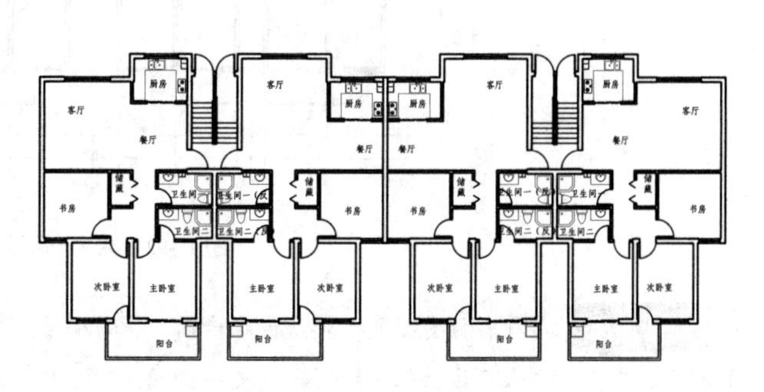

图 11-89　镜像图形

03 将【标注】图层置为当前图层调用【DLI】(线性标注)命令，结合【DCO】(连续性标注)命令，对平面图进行尺寸标注，如图 11-90 所示。

04 调用【C】(圆)命令，绘制半径为 400mm 的圆，再调用【L】(直线)命令，以圆的象限点为起点，绘制长为 200mm 的直线，然后调用【ATT】(属性定义)命令，对其定义属性。创建的【轴号】属性块如图 11-91 所示。

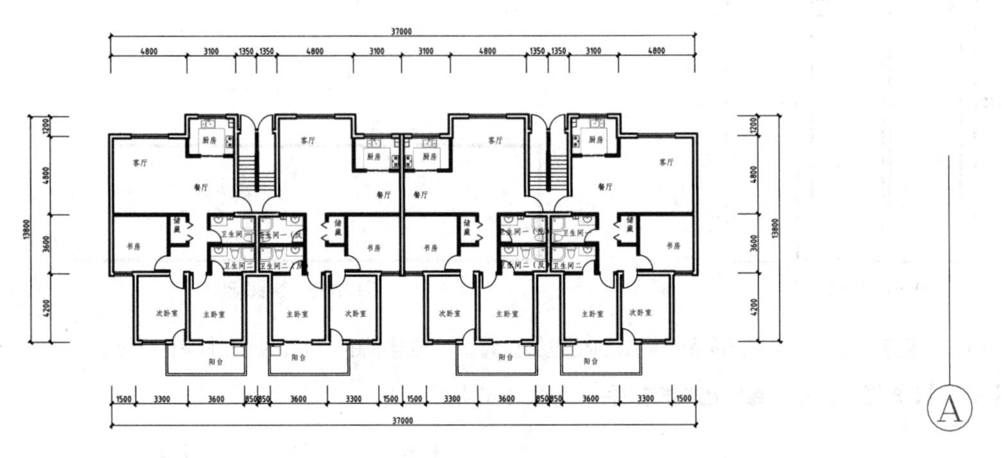

图 11-90　标注尺寸　　　　图 11-91　创建【轴号】属性块

设计点拨 平面图中尺寸的标注有外部标注和内部标注两种。外部标注是为了便于读图和施工，一般在图形的下方和左侧注写三道尺寸，第一道尺寸是表示外墙门窗洞的尺寸；第二道尺寸是表示轴线间距离的尺寸，用以说明房间的开间和进深；第三道尺寸是建筑的外包总尺寸，即从一端外墙边到另一端外墙边的总长和总宽的尺寸。若在底层平面图中标注了外包总尺寸，则在其他各层平面图中可省略外包总尺寸，或者仅标注出轴线间的总尺寸。三道尺寸线之间应留有适当距离（一般为 7～10mm，但第一道尺寸线应距离图形最外轮廓线 15～20mm），以便注写数字等。

05 调用【I】(插入块)命令，插入【轴号】属性块，并结合使用【RO】(旋转)命令，标注一层平面图轴号，结果如图 11-92 所示。

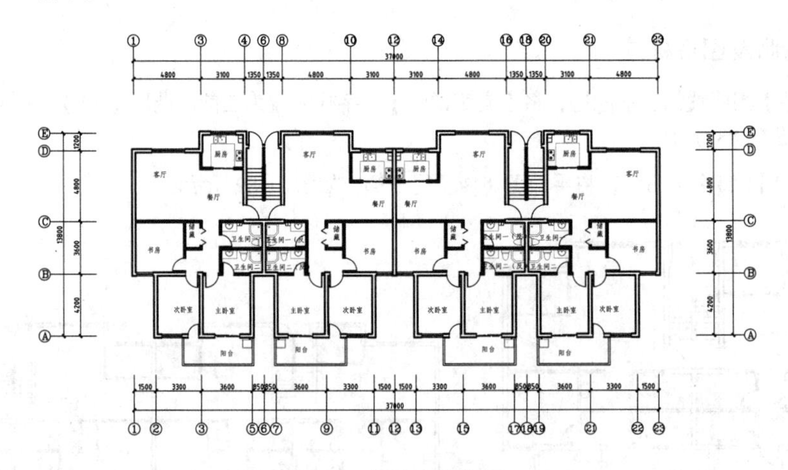

图 11-92　标注一层平面图

设计点拨 编写平面图上定位轴线的编号时，横向编号应用阿拉伯数字按从左至右顺序编写，竖向编号应用大写英文字母按从下至上顺序编写。英文字母的 I、Z、O 不得用作编号，以免与数字 1、2、0 混淆。编号应写在定位轴线端部的圆内，该圆的直径为 800～1000mm，横向、竖向的圆心各自对齐在一条线上。

06 将【文字说明】文字样式置为当前，调用【T】(多行文字)命令，添加图名及比例，如图 11-93 所示。

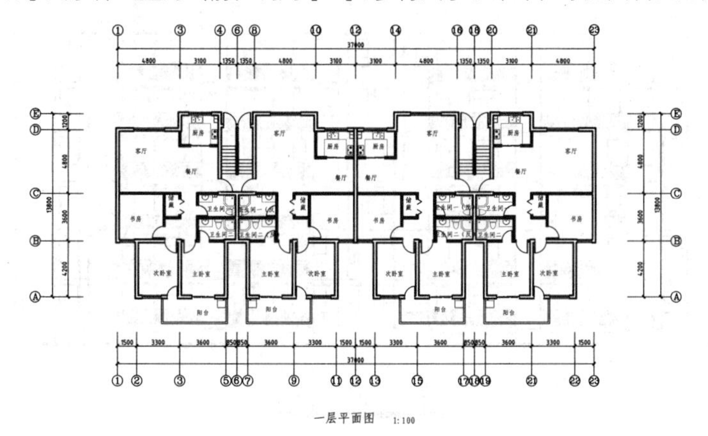

图 11-93　添加图名及比例

07 调用【PL】(多段线)命令，添加图名下划线，结果如图 11-94 所示，至此，住宅楼一层平面图绘制完成。

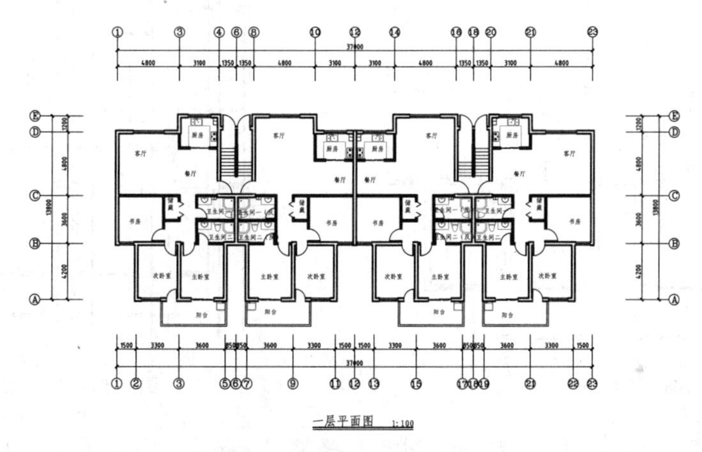

图 11-94　最终效果

设计点拨 为了说明房间的净空大小和室内的门窗洞、孔洞、墙厚和固定设施（如厕所、工作台、隔板、厨房等）的大小和位置，以及室内楼地面的高度，在平面图上应清楚地注写出有关的内部尺寸和楼地面标高。相同的内部构造或设备尺寸可省略或简化标注。其他各层平面图的尺寸除标注出轴线间的尺寸和总尺寸外，其余与底层平面图相同的细部尺寸均可省略。

11.5.2　绘制住宅楼立面图

建筑立面图主要用来表示建筑物的体型和外貌、外墙装修、门窗的位置与形式，以及遮阳板、窗台、窗套、屋顶水箱、檐口、雨篷、雨水管、水斗、勒脚、平台、台阶等构配件各部位的标高和必要尺寸。

本例绘制的住宅楼立面图如图 11-95 所示。

1．整理图形

01 单击快速访问工具栏中的【新建】按钮，新建图形文件。

02 调用【OPEN】(打开)命令，打开绘制好的一层平面图，并将其复制到新建文件中。调用【TR】(修剪)、【E】(删除)命令，整理图形，如图 11-96 所示。

03 将【墙体】图层置为当前图层，调用【XL】(构造线)命令，过墙体及门窗边缘绘制构造线，进行墙体和窗体的定位，如图 11-97 所示。

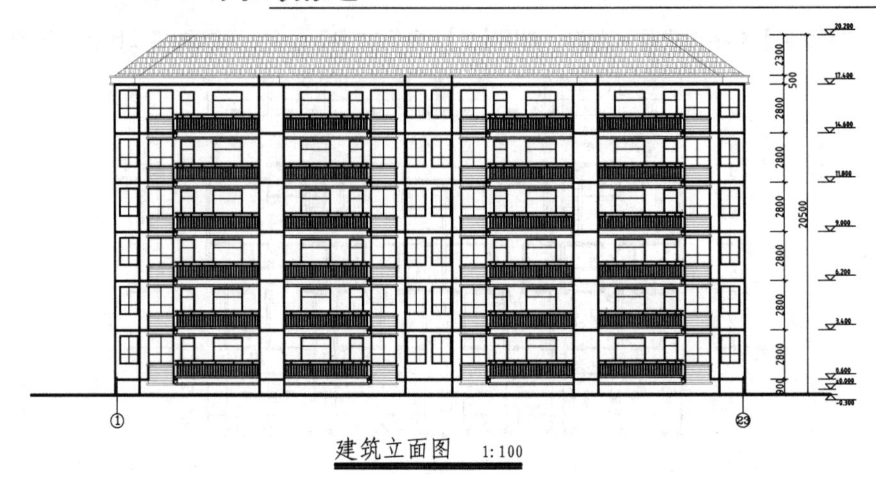

图 11-95　住宅楼立面图

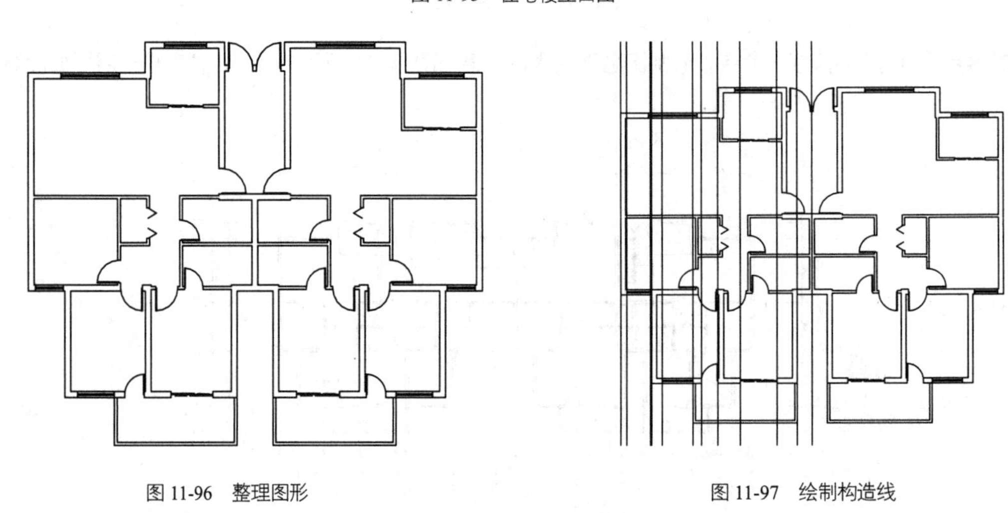

图 11-96　整理图形　　　图 11-97　绘制构造线

设计点拨 一般以墙中线作为定位轴线，因此最右侧的构造线应位于该处墙体的中线位置。

04 重复调用【XL】(构造线)命令，绘制一条水平构造线，并将其向上偏移 900mm、2800mm，然后修剪多余的线条，完成辅助线的绘制，如图 11-98 所示。

05 调用【TR】(修剪)命令，修剪图形，结果如图 11-99 所示。

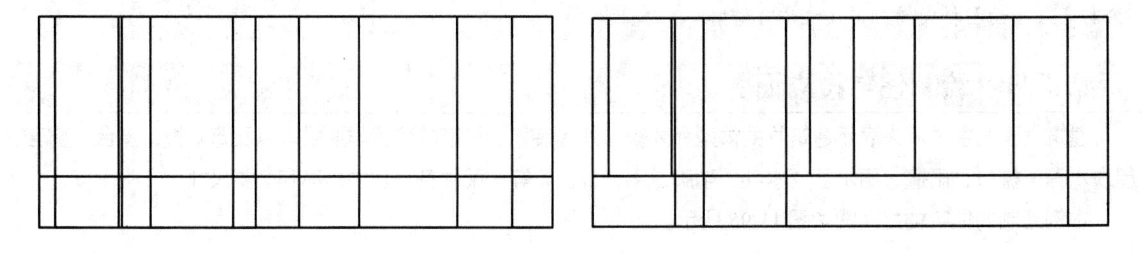

图 11-98　绘制辅助线　　　图 11-99　修剪图形

2．绘制外部设施

01 调用【REC】(矩形)命令，绘制外置空调箱，如图 11-100 所示。

02 调用【L】(直线)命令，绘制箱体百叶，如图 11-101 所示。

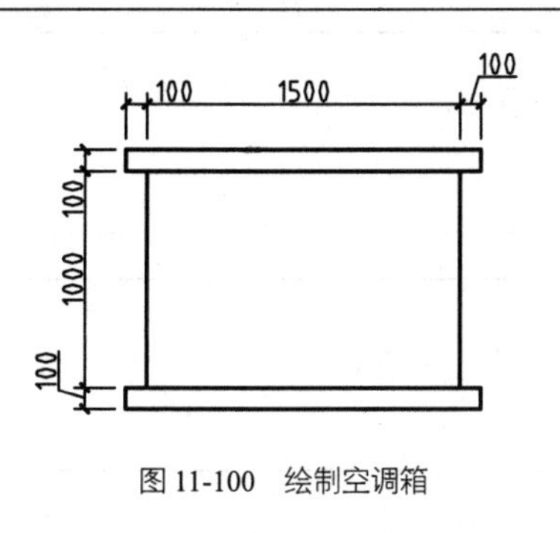

图 11-100　绘制空调箱

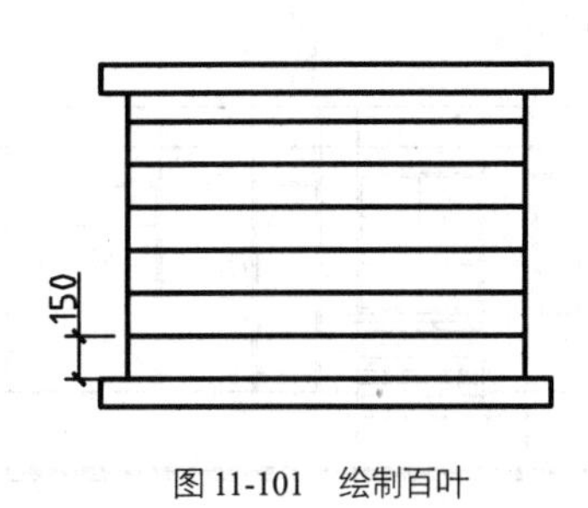

图 11-101　绘制百叶

03 调用【M】(移动)、【TR】(修剪)命令，将空调箱放置在相应位置并进行修剪，结果如图 11-102 所示。

3．绘制门窗

01 将【门窗】图层设置为当前图层，调用【REC】(矩形)、【L】(直线)、【O】(偏移)命令，绘制窗图形，如图 11-103 所示。

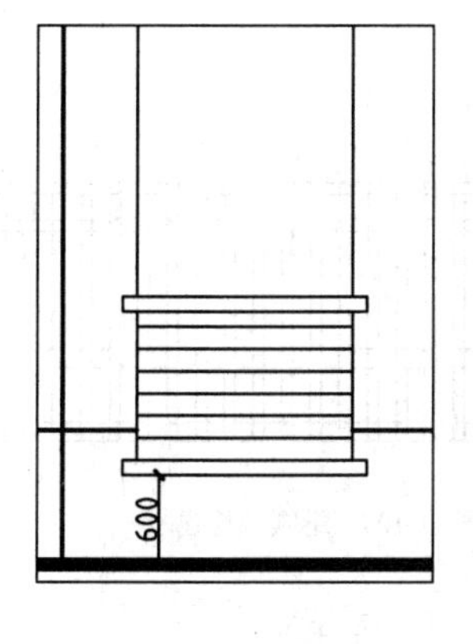

图 11-102　修剪图形

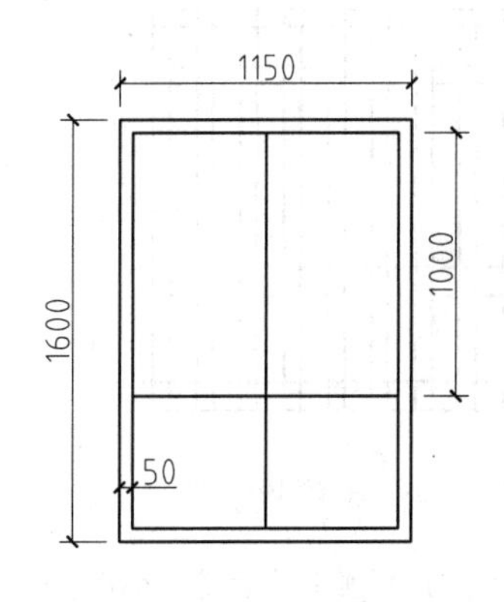

图 11-103　绘制窗

02 使用相同方法，绘制另一个窗图形，如图 11-104 所示。

03 按照相同方法，绘制两个立面门图形，如图 11-105 所示。

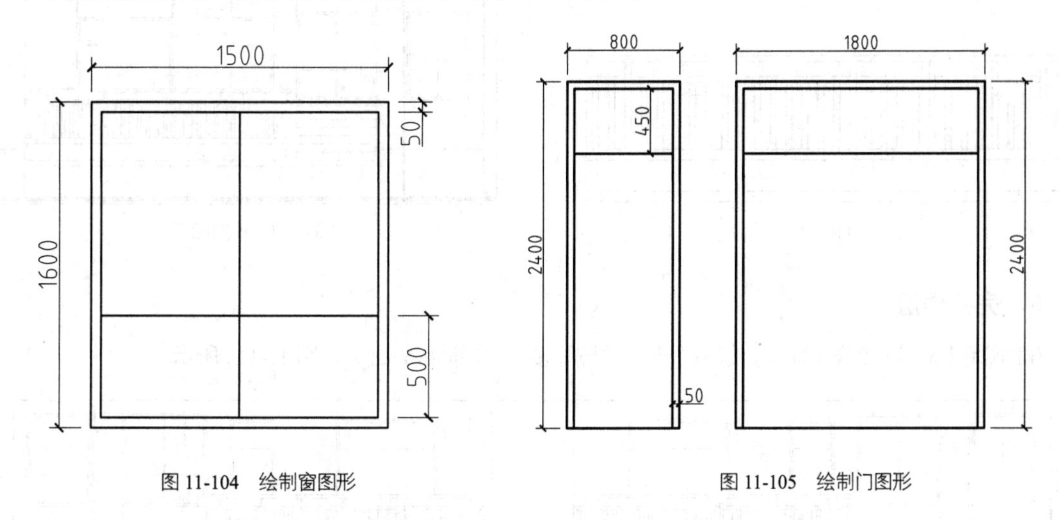

图 11-104　绘制窗图形

图 11-105　绘制门图形

04 调用【M】(移动)命令，将各图形放置在相应的位置上，结果如图 11-106 所示。

4．绘制阳台

01 将【阳台】图层设置为当前图层，调用【REC】(矩形)命令，绘制 5020mm×1400mm 的矩形，如图

11-107 所示。

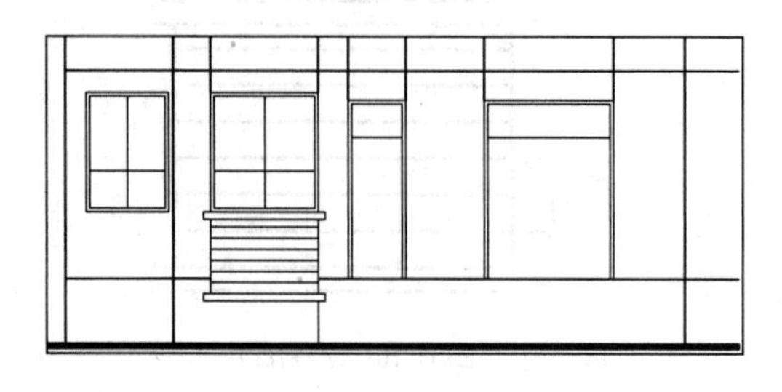

图 11-106　放置图形

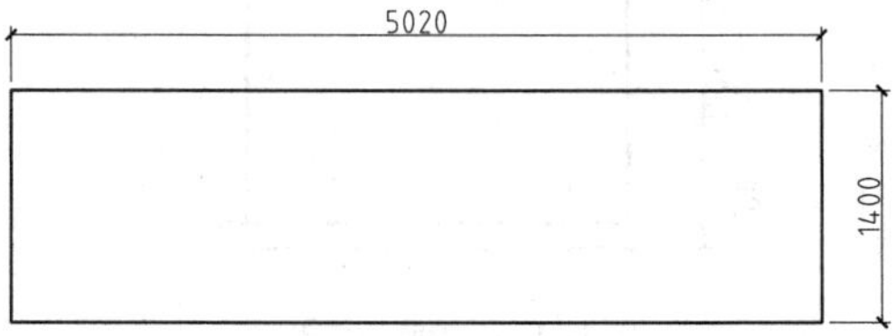

5020
1400

图 11-107　绘制矩形

02 调用【X】(分解)命令，分解矩形，再调用【O】(偏移)命令，偏移线段，结果如图 11-108 所示。

03 继续偏移线段，结果如图 11-109 所示。

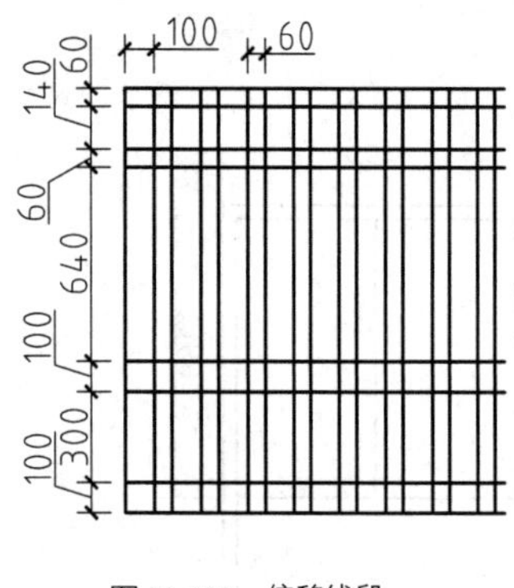

图 11-108　偏移线段

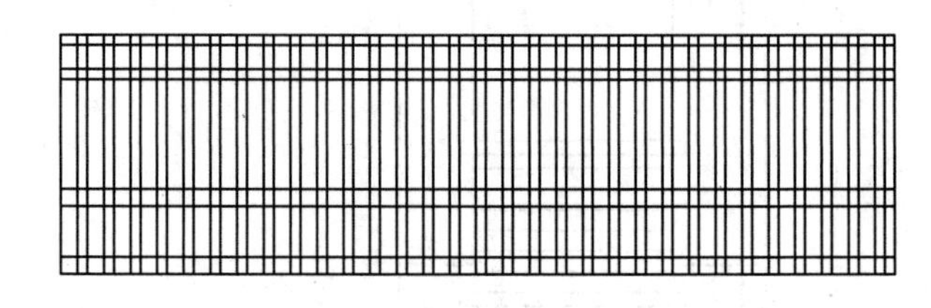

图 11-109　继续偏移线段

04 调用【TR】(修剪)命令，修剪图形，阳台完成效果如图 11-110 所示。

05 调用【M】(移动)命令，将阳台移动到相应位置，再调用【TR】(修剪)命令，修剪图形，结果如图 11-111 所示。

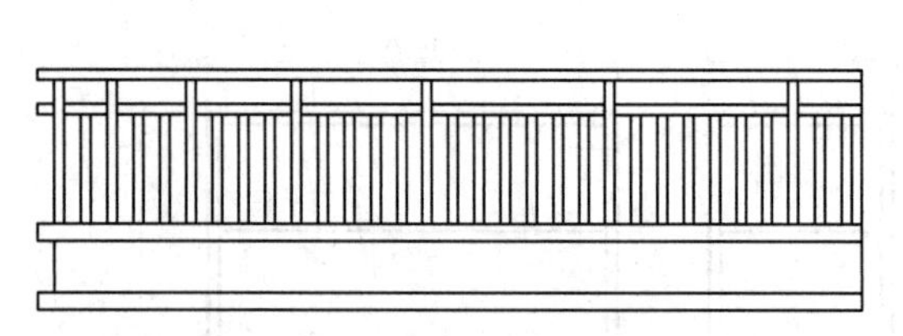

图 11-110　绘制阳台

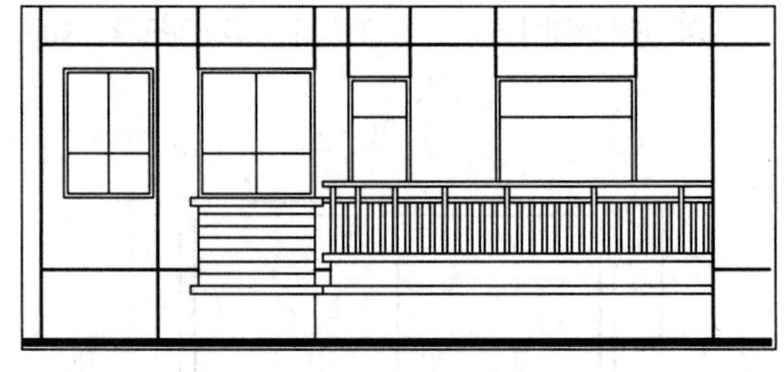

图 11-111　修剪图形

5．完善楼层

01 调用【MI】(镜像)命令，镜像图形，并删除多余的辅助线，结果如图 11-112 所示。

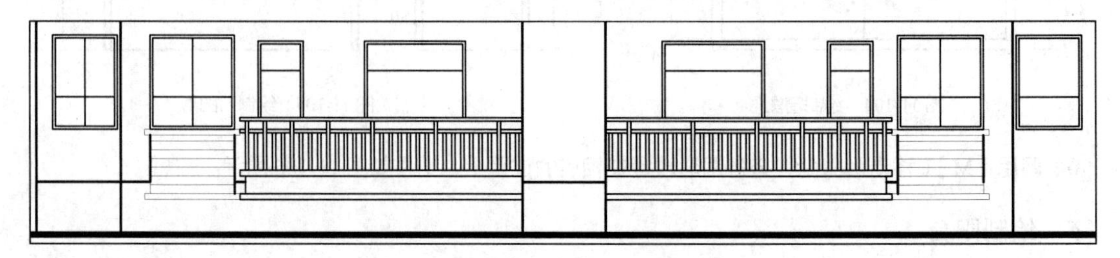

图 11-112　镜像图形

02 继续调用【MI】(镜像)命令，镜像图形，再调用【TR】(修剪)命令，修剪图形，结果如图 11-113 所示。

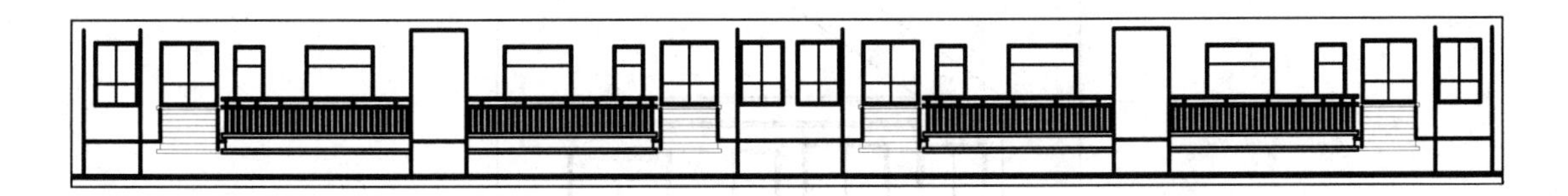

图 11-113　镜像并修剪图形

03 调用【CO】(复制)命令，将一层立面图向上移动复制，结果如图 11-114 所示。

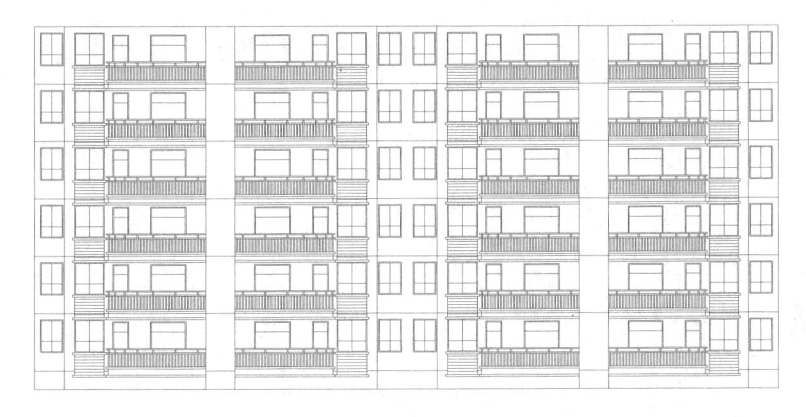

图 11-114　复制立面图

6．绘制屋顶

01 新建【屋顶】图层，设置颜色为 8，并将其置为当前图层。调用【L】(直线)命令，绘制屋檐，如图 11-115 所示

02 调用【CO】(复制)命令，将屋檐移动复制到相应位置，调用【MI】(镜像)和【L】(直线)命令，完成屋檐绘制，如图 11-116 所示。

图 11-115　绘制屋檐　　图 11-116　绘制另一侧屋檐

03 调用【L】(直线)命令，绘制屋顶，如图 11-117 所示。

04 调用【H】(填充)命令，选择【预定义】类型，再选择【AR-RSHKE】填充图案，设置角度为 0°、比例为 100，进行填充，结果如图 11-118 所示。

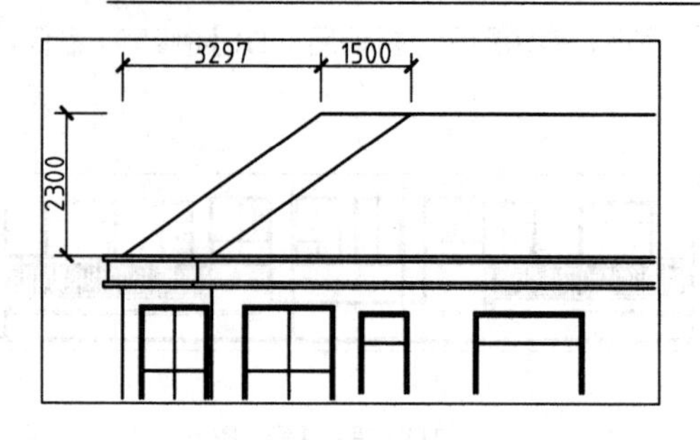

图 11-117　绘制屋顶

图 11-118　填充屋顶

05 调用【PL】(多段线)命令，设置线宽为 50mm，绘制地平线，如图 11-119 所示。

图 11-119　绘制地平线

7．标注图形

01 将【标注】图层置为当前图层，调用【DLI】(线性标注)命令，对图形进行尺寸标注，如图 11-120 所示。

02 调用【I】(插入块)命令，插入本章素材文件中的【标高】图块到指定位置，并修改其标高值，如图 11-121 所示。

图 11-120　尺寸标注

图 11-121　插入【标高】图块

03 调用【C】(圆)、【L】(直线)命令，绘制半径为 400mm 的圆和长 2100mm 的直线，结合使用【DT】(单行文字)、【CO】(复制)命令，添加轴号，如图 11-122 所示。

图 11-122　添加轴号

04 将【文字】图层置为当前图层，调用【T】(多行文字)命令，设置字高为 500mm，添加图名及比例，再调用【PL】(多段线)命令，设置线宽为 500 mm，添加图名下划线，然后调用【O】(偏移)命令，将下划线向下偏移 200 mm，并将其分解，结果如图 11-123 所示。

图 11-123 添加图名及比例

11.5.3 绘制住宅楼剖面图

建筑剖面图用于表示建筑内部的结构，垂直方向的分层情况，各层楼地面、屋顶的构造及相关尺寸、标高等。这里绘制的为剖切位置位于楼梯处的住宅楼剖面图，如图 11-124 所示。

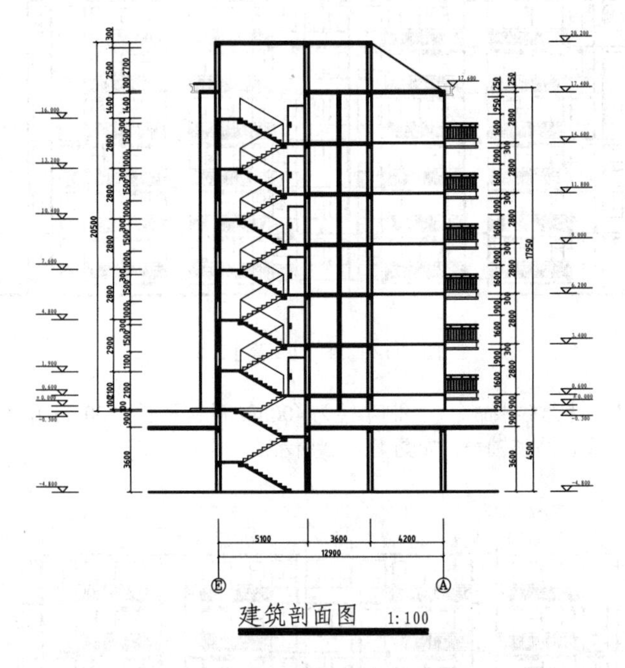

图 11-124 住宅楼剖面图

设计点拨 剖面图的剖切位置和数量应根据建筑物自身的复杂情况而定，一般剖切位置选择在建筑物的主要部位或构造较为典型的部位，如楼梯间等处。习惯上，剖面图不画基础，断开面上材料图例与图线的表示均与平面图相同，即被剖到的墙、梁、板等用粗实线表示，没有剖到的但是可见的部分用中粗实线表示，被剖切断开的钢筋混凝土梁、板涂黑表示。

1. 绘制外部轮廓

01 单击快速访问工具栏中的【新建】按钮，新建图形文件。

02 调用【OPEN】(打开)命令，打开绘制好的一层平面图，将其复制到新建文件中，并顺时针旋转 270°。

03 复制平面图和立面图于绘图区空白处，并对图形进行清理，只保留主体轮廓，如图 11-125 所示。

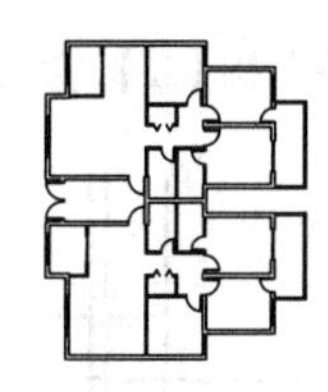

图 11-125　复制平、立面图

设计点拨 业内绘制立面图的一般步骤是先根据平面图和立面图绘制出一个户型的剖面轮廓，再绘制细部构造，使用“复制”和“镜像”命令完善图形，然后绘制屋顶剖面结构，最后进行文字和尺寸等的标注。本例绘制的为剖切位置位于楼梯处的剖面图，在绘制时可以先绘制出一层和二层的剖面结构，再复制出 3 ~ 6 层的剖面结构，最后绘制屋顶结构。

04 将【墙体】图层置为当前图层。调用【RAY】(射线)命令，过墙体、楼梯、楼层分界线进行墙体和梁板的定位，绘制辅助线，如图 11-126 所示。

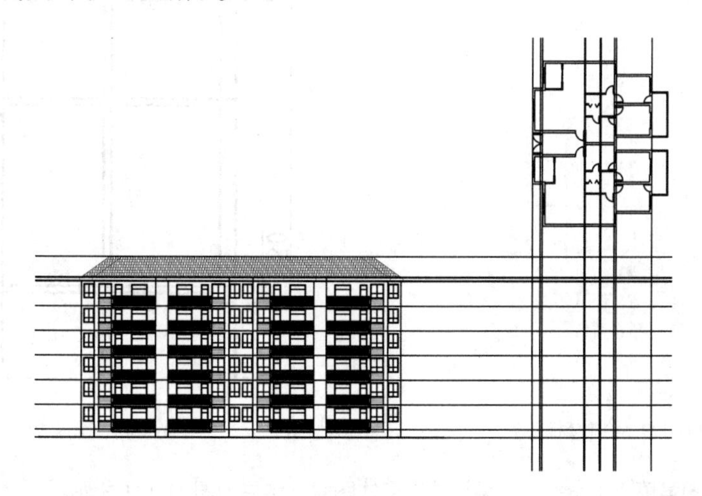

图 11-126　绘制辅助线

05 调用【TR】(修剪)命令，修剪轮廓线，结果如图 11-127 所示。

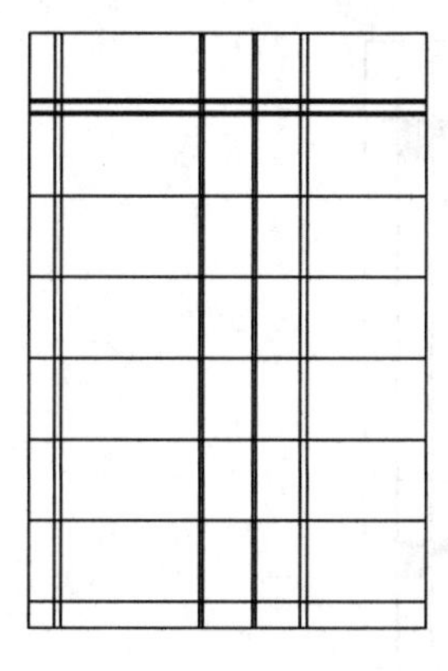

图 11-127　修剪轮廓线

06 调用【O】(偏移)和【L】(直线)命令，绘制地下室轮廓线，如图 11-128 所示。

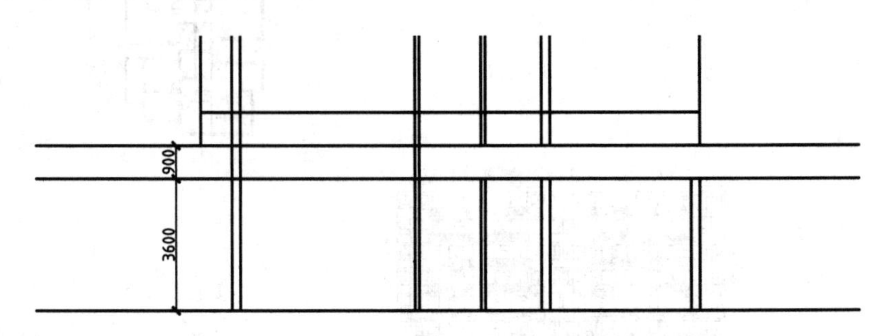

图 11-128 绘制地下室轮廓线

2. 绘制楼板结构

01 新建【梁、板】图层，指定图层颜色为【白】，并将该图层置为当前图层。

02 调用【O】(偏移)和【TR】(修剪)命令，绘制厚度为 100mm 的各层楼板，并对其进行修剪，结果如图 11-129 所示。

03 继续调用【O】(偏移)和【TR】(修剪)命令，绘制梁板，结果如图 11-130 所示。

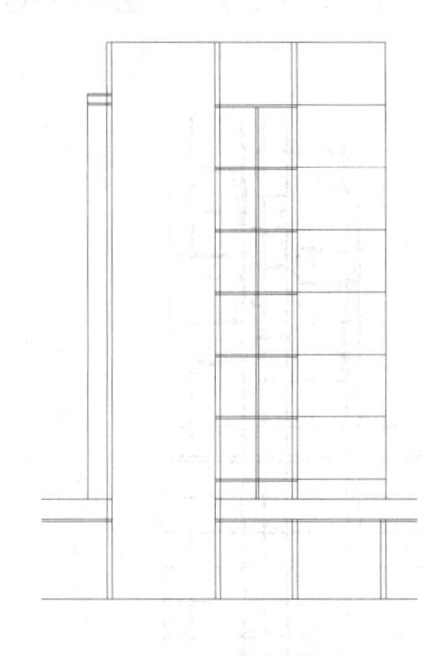

图 11-129 绘制楼板

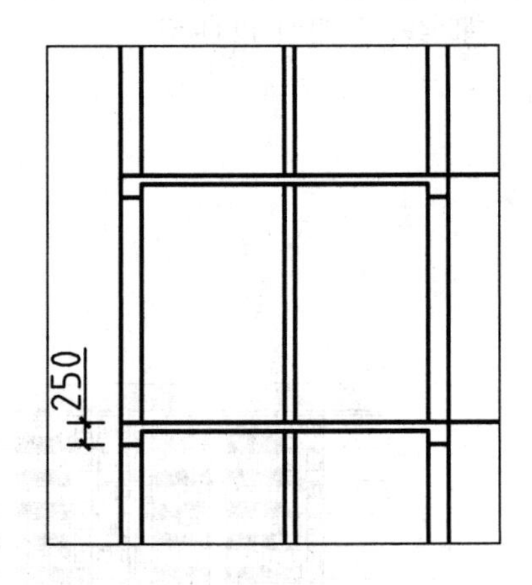

图 11-130 绘制梁板

04 调用【H】(图案填充)命令，为梁板填充实体图案，结果如图 11-131 所示。

05 重复上述操作，完成其他梁板的绘制，结果如图 11-132 所示。

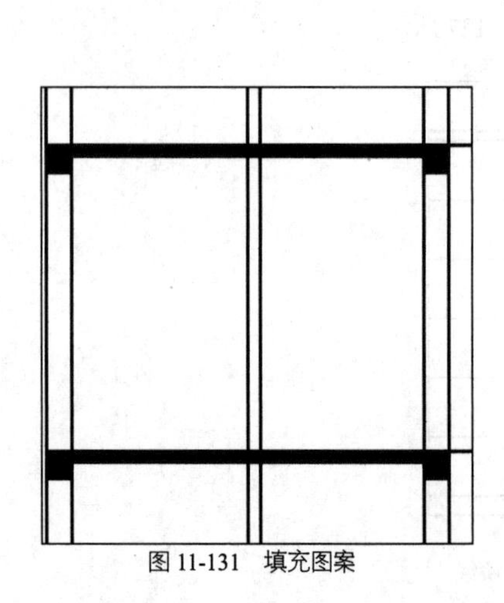

图 11-131 填充图案

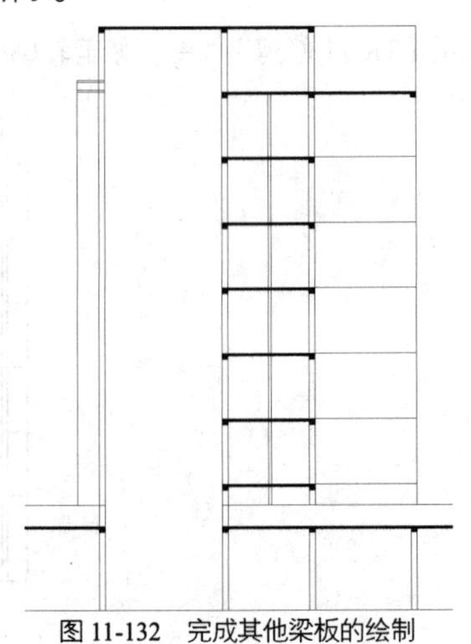

图 11-132 完成其他梁板的绘制

3．绘制楼梯

01 新建【楼梯、台阶】图层，并将其置为当前图层。

02 调用【L】(直线)命令，绘制高150mm、宽270mm的台阶，然后通过延伸捕捉从墙体处画直线，对齐最上边的台阶，并进行修剪，绘制完成的楼梯第一跑及平台如图11-133所示。

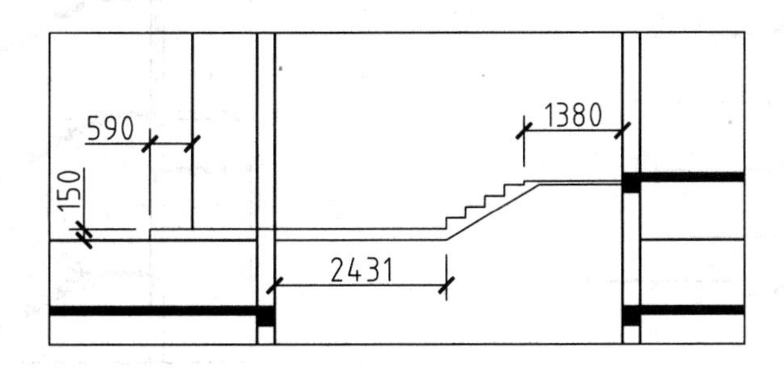

图11-133　绘制楼梯第一跑及平台

03 使用同样的方法，绘制左侧楼梯第二跑的9级台阶，如图11-134所示。

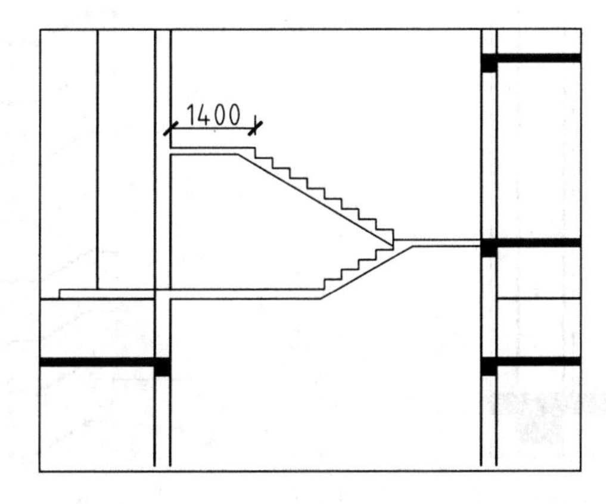

图11-134　绘制楼梯第二跑

04 使用相同的方法绘制其他梯段和楼梯平台，并填充图案，结果如图11-135所示。

4．绘制门窗

01 调用【TR】(修剪)命令，修剪出剖面图的门窗洞。

02 运用绘制平面图窗图形的方法，创建【窗】多线样式并置为当前，将【门窗】图层设置为当前图层，调用【ML】(多线)命令，绘制剖面门窗，如图11-136所示。

03 调用【L】(直线)命令，绘制立面门，并移动复制到相应位置，如图11-137所示。

5．绘制楼梯栏杆和阳台

01 指定【楼梯、台阶】图层为当前图层。

02 调用【L】(直线)命令，在楼面板与楼梯平台台阶处分别向上绘制高1100mm的直线，如图11-138所示。

03 复制立面图阳台，调用【TR】(修剪)命令，对阳台进行修剪，结果如图11-139所示。

04 调用【CO】(复制)命令，将阳台移动复制至相应位置，结果如图11-140所示。

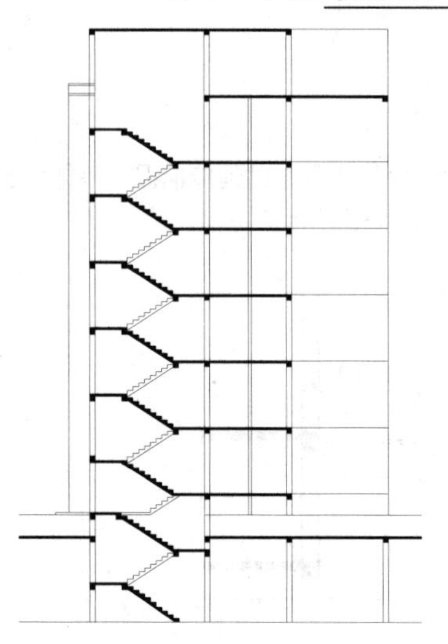

图 11-135　绘制完成楼梯平台

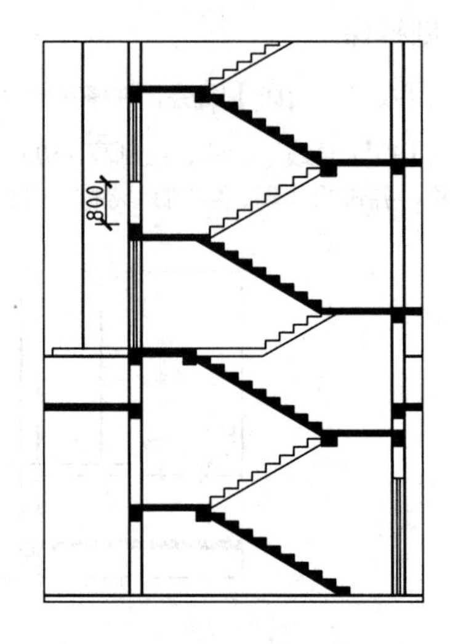

图 11-136　绘制剖面门窗

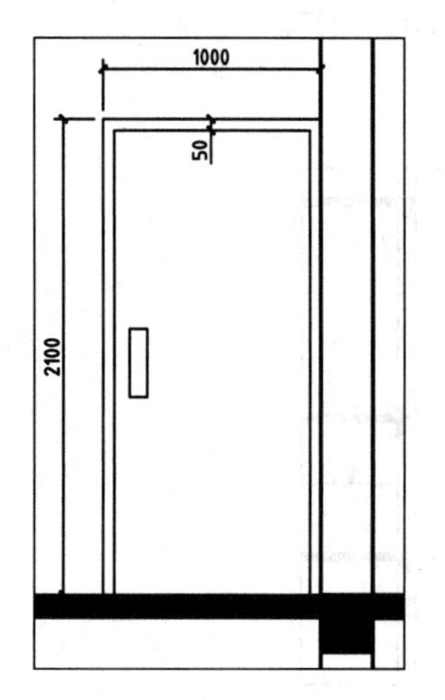

图 11-137　绘制立面门

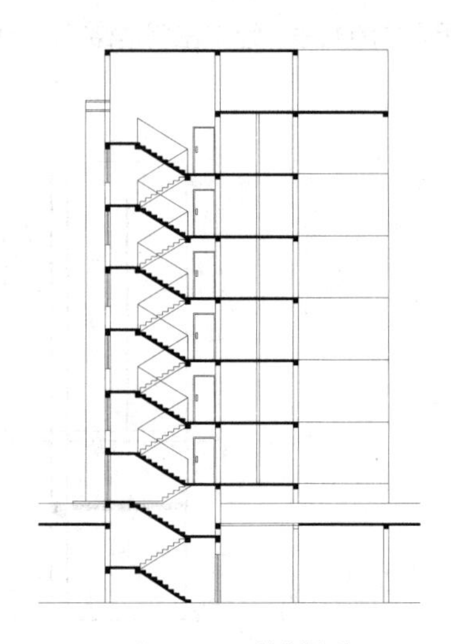

图 11-138　绘制扶手

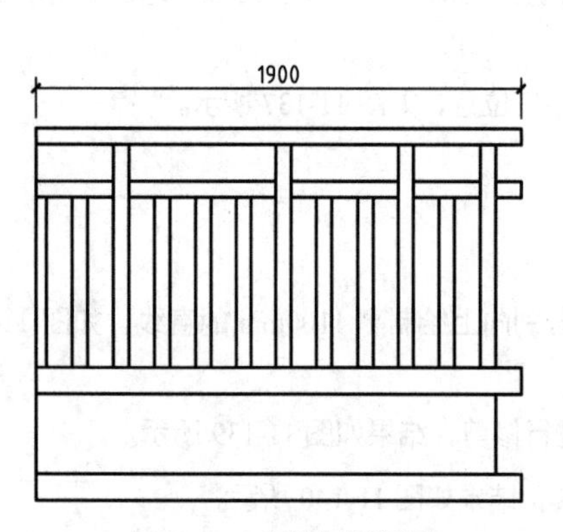

图 11-139　复制并修剪阳台

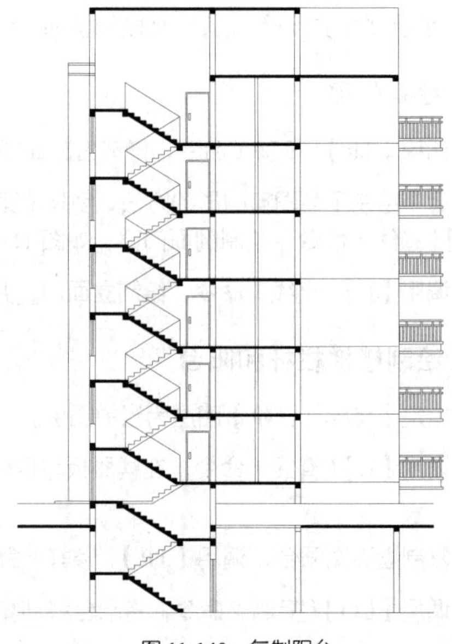

图 11-140　复制阳台

6．绘制屋顶、檐沟

01 将【屋顶】图层置为当前图层。调用【L】(直线)命令，结合【TR】(修剪)命令，绘制屋顶，如图 11-141 所示。

02 调用【H】(图案填充)命令，填充屋顶，结果如图 11-142 所示。

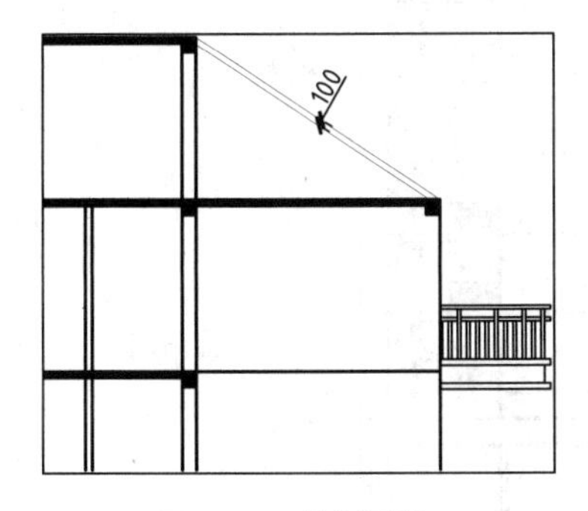

图 11-141　绘制屋顶

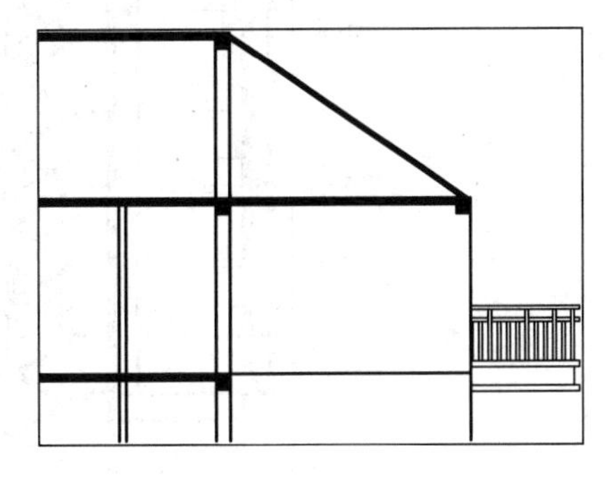

图 11-142　填充屋顶

03 调用【L】(直线)命令，绘制檐沟，如图 11-143 所示。

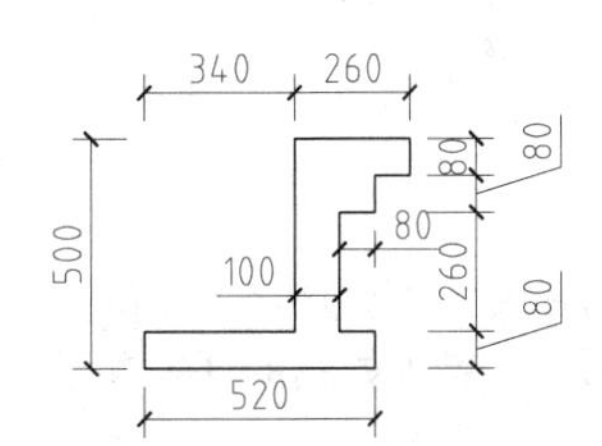

图 11-143　绘制檐沟

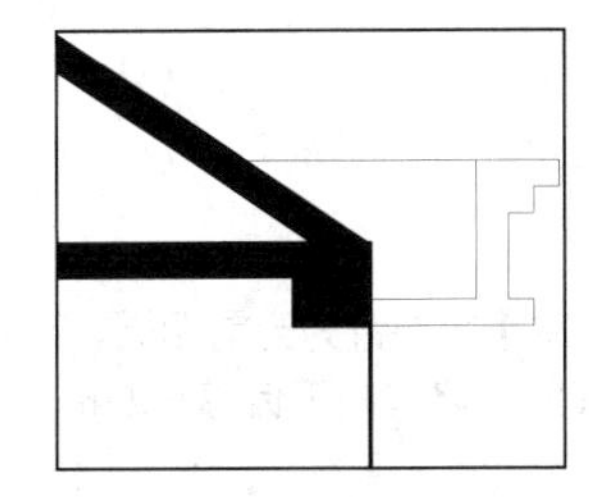

图 11-144　完成效果

04 将绘制好的檐沟移动复制到屋顶边线位置，调用【L】(直线)命令，绘制连接屋顶的直线，再调用【MI】(镜像)命令，镜像至另一侧，并删除多余的线段，结果如图 11-144 所示。

7．图形标注

01 参照立面图标高的标注方法，将标高图形复制对齐并修改高度数据，标注标高，结果如图 11-145 所示。

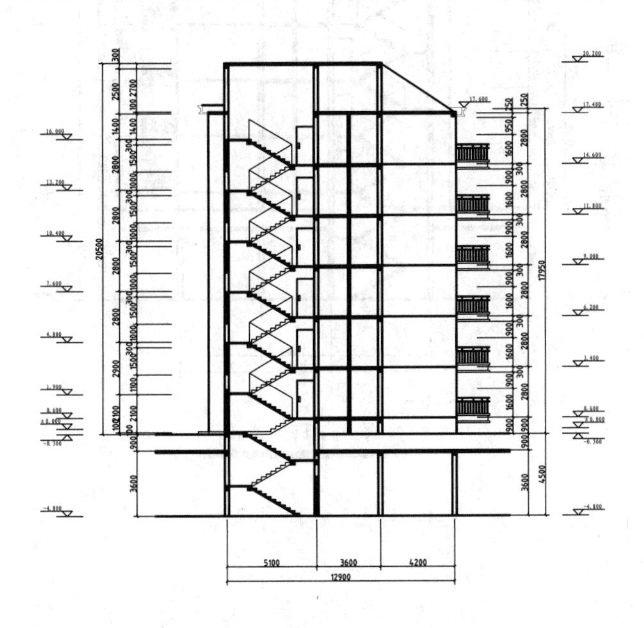

图 11-145　标注标高

02 参照本章平面图轴号的标注方法，标注轴号，结果如图 11-146 所示。

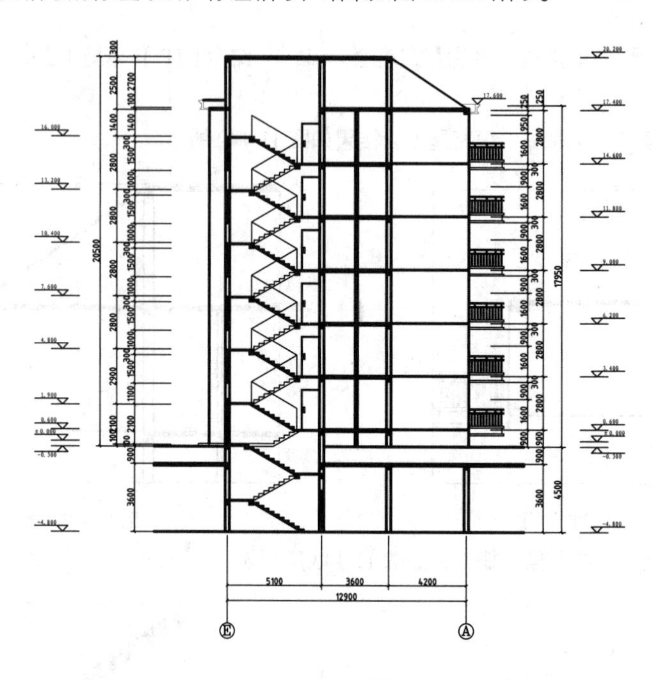

图 11-146　标注轴号

03 将【文字】图层置为当前图层，调用【DT】(单行文字)命令，标注图名及比例，在文字下端绘制一条宽 50mm 的多段线，将其向下偏移 200mm，并分解偏移后的多段线，结果如图 11-147 所示。

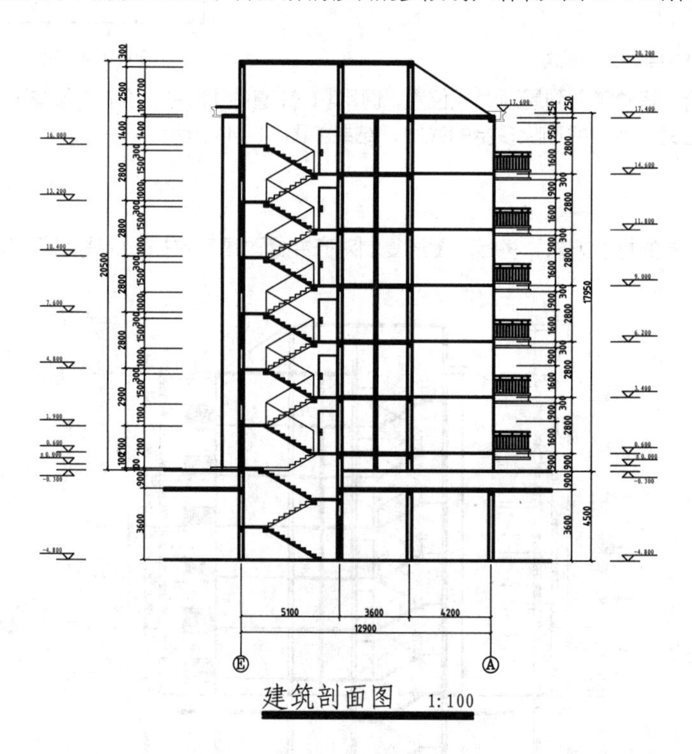

图 11-147　标注文字说明